Lebensmittelanalytik

Reinhard Matissek · Markus Fischer

Lebensmittel-analytik

7. Auflage

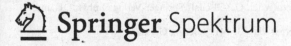

Reinhard Matissek
Technische Universität Berlin
Berlin, Deutschland (im Ruhestand)

Markus Fischer
Hamburg School of Food Science – Institut
für Lebensmittelchemie
University of Hamburg
Hamburg, Deutschland

ISBN 978-3-662-63408-0   ISBN 978-3-662-63409-7   (eBook)
https://doi.org/10.1007/978-3-662-63409-7

Die Deutsche Nationalbibliothek verzeichnet diese Publikation in der Deutschen Nationalbibliografie;
detaillierte bibliografische Daten sind im Internet über ▶ http://dnb.d-nb.de abrufbar.

Planung/Lektorat: Ken Kissinger
Redaktion: Reinhard Matissek
Springer Spektrum ist ein Imprint der eingetragenen Gesellschaft Springer-Verlag GmbH, DE und ist
ein Teil von Springer Nature.
Die Anschrift der Gesellschaft ist: Heidelberger Platz 3, 14197 Berlin, Germany

Proömium – Kompetenz in Lebensmittelanalytik

>> *Nichts ist für Analysierende wichtiger als zu wissen, warum was, wann und wie untersucht wird – und was das Ergebnis bedeutet. (Reinhard Matissek)*

Bei der Analyse von Lebensmitteln stellen sich zu Beginn stets die gleichen Fragen: Was soll wie, wann und warum untersucht werden? Was bedeuten die Ergebnisse und wie erfolgt eine sachgemäße Interpretation und Beurteilung? Wie werden Analysenmethoden validiert, verifiziert, valutiert? Um diesen Herausforderungen gerecht zu werden, ist *Kompetenz in Lebensmittelanalytik* Voraussetzung. Dies verlangt Beherrschen von Spezialwissen sowohl hinsichtlich modernster instrumenteller als auch klassisch-herkömmlicher Analysenverfahren gepaart mit exzellenter Qualifikation in lebensmittelchemischen, lebensmittelkundlichen und lebensmittelrechtlichen Belangen.

Das zentrale Anliegen dieses Lehrbuchs ist es, dabei zu helfen, die erforderliche Übersicht zu erlangen, den notwendigen Durchblick zu gewinnen und die manchmal sehr komplexen Hintergründe zu verstehen, um das Labyrinth des schier unüberschaubaren Angebots an Vielfalt und Varianten bei analytischen Methoden und Verfahren navigationsgesteuert zu durchdringen. Prämisse hierfür ist sowohl das Trainieren methodisch-strategischer Vorgehensweisen inklusive der Auswahl der *richtigen Methode* ebenso wie die Fähigkeit zur Bewertung und Einordnung der Messergebnisse.

Das Buch umfasst vier Essentials: Grundlagen *in puncto* Lebensmittel und Analytik, Qualität im Labor, instrumentelle Techniken sowie die eigentliche Untersuchung von Lebensmitteln und ihren Rohstoffen mit Hilfe von klar und verständlich verfassten, geprüften Arbeitsanweisungen. Letztere bilden das charakteristische Herzstück des Werks und realisieren die Ermittlung von Major- und Minorkomponenten, von Zusatzstoffen und von sicherheitsrelevanten/unerwünschten Stoffen wie Kontaminanten, Prozesskontaminanten, Biotoxinen etc. Darüber hinaus werden Authentizitäts- und Herkunftsprüfungen beschrieben. Weiterführende Literaturangaben laden zum Vertiefungsstudium ein. Der einheitliche Aufbau erleichtert das erfolgreiche Prozedere im Labor:
- Einführendes Hintergrundwissen
- Methodische Grundlagen
- Reaktionsgleichungen und -mechanismen
- Anleitung zur Auswertung
- Beurteilung und Bewertung der Ergebnisse
- Tipps und Tricks für die Praxis

Das Werk wurde in seiner siebten Auflage erneut grundlegend überarbeitet und vollständig aktualisiert. Verbesserte Übersichtlichkeit, Strukturiertheit und Lesbarkeit bilden dabei die Garanten für gutes Verständnis. Supplementäre Basisinformationen in Form von sog. *Eye Catchern*, die sich durch das ganze Buch ziehen und jeweils an Ort und Stelle zur Verfügung stehen, kommen verstärkt zur Anwendung. Neu aufgenommen wurden Kapitel betreffend Genome Editing mit dem CRISPR-Cas9-System, Massenspektrometrie mit induktiv gekoppeltem Plasma (ICP-MS) zur Isotopenprofilanalyse, Sekundärelektronenvervielfacher, Headspace- und Festphasenmikroextraktions-Technik (SPME) sowie Kakaoschalenanalytik (Tryptamidgehalte), a_w-Wert-Bestimmung etc.

Frau Alexandra Scharf von der Hamburg School of Food Science (HSFS, Universität Hamburg) sei für die wertvolle Mitarbeit am Kapitel Genome Editing herzlichst gedankt. Für die engagierte Mitarbeit bei der Erstellung des Kapitels ICP-MS möchten wir außerdem namentlich danken Herrn Torben Segelke sowie Herrn Kristian von Wuthenau (HSFS, Universität Hamburg). Frau Dr. Marina Creydt sowie Herrn Carsten Möller von der HSFS gilt ein besonderer Dank für kritisches Lesen einiger neuen Kapitel. Unser Dank gilt ferner zahlreichen Fachkolleginnen und Fachkollegen sowie vielen Studierenden für ihre wertvollen Verbesserungsvorschläge und Hinweise. Last but not least danken wir dem Springer-Verlag für die allzeit hervorragende Zusammenarbeit.

Reinhard Matissek
Markus Fischer
im Sommer 2021

Sicherheitshinweis

Im Labor wird mit Chemikalien gearbeitet, die bei Einwirkung auf den menschlichen Organismus zu Erkrankungen oder Schädigungen führen können. Eine Aufnahme ist über den Verdauungsweg, den Atemweg oder durch Resorption über die Haut möglich.

Da die Giftigkeit von Chemikalien eine Frage der Konzentration ist, wurden Grenzwerte für die maximal zulässigen Konzentrationen am Arbeitsplatz (MAK-Werte) festgelegt.

Deshalb sind Arbeiten im Labor unter dem Abzug durchzuführen und es muss entsprechende Schutzkleidung (Laborkittel, Schutzbrille, geschlossenes Schuhwerk, Schutzhandschuhe) getragen werden. Bei Arbeiten mit giftigen oder krebserzeugenden Stoffen sind grundsätzlich geeignete Schutzhandschuhe zu tragen.

Die gesetzlichen Regelungen der Gefahrstoffverordnung, der Technischen Regeln für Gefahrstoffe (TRGS), sowie der Vorgaben der Berufsgenossenschaft Rohstoffe und Chemie (BG RCI) sind zu beachten und einzuhalten.

Inhaltsverzeichnis

II   Qualität im Labor

IV   Untersuchung von Lebensmitteln

Über der Autor

Reinhard Matissek Staatlich geprüfter Lebensmittelchemiker und Diplom-Lebensmittelteltechnologe, seit 1991 außerplanmäßiger Professor für Lebensmittelchemie am Institut für Lebensmittelchemie und Lebensmitteltechnologie der Technischen Universität Berlin. Reinhard Matissek, geboren 1952 in Bassum/Niedersachsen, war nach dem Studium der Lebensmittelchemie und Lebensmitteltechnologie in Berlin dort zunächst als Wissenschaftlicher Angestellter beim damaligen Bundesgesundheitsamt (Promotion in Lebensmittelanalytik, 1980) und anschließend als Wissenschaftlicher Mitarbeiter an der Technischen Universität Berlin tätig. Nach einer Zeit als Hochschulassistent/ Assistenzprofessor (Habilitation im Fachgebiet Lebensmittelchemie, 1986) wechselte er 1988 als Institutsleiter und Direktor zum Lebensmittelchemischen Institut (LCI) des Bundesverbandes der Deutschen Süßwarenindustrie e.V. in Köln. Im Sommer 2019 ging er in den Ruhestand.

Die Hauptarbeitsgebiete von Reinhard Matissek umfassen die Analytik von Lebensmitteln insbesondere Kakao & Schokolade, Feine Backwaren und Knabberartikel sowie von Bedarfsgegenständen und kosmetischen Mitteln. Schwerpunkte der wissenschaftlichen Forschung betreffen Tenside, Biozide, Kontaminanten, Prozesskontaminanten und Phytochemicals. Reinhard Matissek nahm vielfältige Aufgaben in Gremien der Wissenschaft und der Lebensmittelindustrie wahr, so als Mitglied der DFG-Senatskommission zur gesundheitlichen Bewertung von Lebensmitteln (SKLM), als Mitglied der Kommission für Kontaminanten und anderer gesundheitlich unerwünschter Stoffe in der Lebensmittelkette (Kontam) des Bundesinstituts für Risikobewertung (BfR), als Mitglied der Kommission für Lebensmittelzusatzstoffe, Aromastoffe und Verarbeitungshilfsstoffe (LAV) des BfR, als Mitglied mehrerer Arbeitsgruppen im Rahmen der §64-Arbeiten an amtlichen Analysenmethoden des Bundesamtes für Verbraucherschutz und Lebensmittelsicherheit (BVL), als Mitglied des Kuratoriums der Deutschen Gesellschaft für Ernährung (DGE), als Mitglied des Kuratoriums des Fraunhofer Instituts für Verpackung und Verfahrenstechnik (IVV-FhG) in Freising, als Wissenschaftlicher Leiter und stellvertretender Vorstandsvorsitzender des Instituts für Qualitätsförderung in der Süßwarenwirtschaft (IQ. Köln) in Köln, als Mitglied des Wissenschaftlichen Ausschusses des Forschungskreises der Ernährungsindustrie (FEI/AIF) in Bonn, als Mitglied des Beirates Naturwissenschaften des Lebensmittelverbandes Deutschland (vormals Bund für Lebensmittelrecht und Lebensmittelkunde, BLL), als Vorstandmitglied der Stiftung der Deutschen Kakao- und Schokoladenwirtschaft in Hamburg, als Mitglied diverser Fachbeiräte der Stiftung Warentest sowie in verschiedenen Fachbeiräten von Zeitschriften.

Reinhard Matissek ist durch zahlreiche Veröffentlichungen und Vorträge sowie Bücher und Buchbeiträge hervorgetreten und Inhaber mehrerer wissenschaftlicher Auszeichnungen. Er ist Autor der bekannten Lehrbücher LEBENSMITTELANALYTIK, LEBENSMITTELCHEMIE sowie LEBENSMITTELSICHERHEIT, alle im Springer-Verlag erschienen. Seit 2015 ist Reinhard Matissek Herausgeber für das Fachgebiet Lebensmittelchemie bei der RÖMPP ONLINE-ENZYKLOPÄDIE CHEMIE des Thieme-Verlages.

Reinhard Matissek wurde 2003 mit dem Hans-Dresel-Memorial-Award der International Associations of Confections (PMCA – Hershey/Pennsylvania, USA) ausgezeichnet. Im

Jahr 2005 erhielt er den Fincke-Preis für Wissenschaft und Technik des Bundesverbandes der Deutschen Süßwarenindustrie (BDSI – Bonn, Germany) und im Jahr 2007 den Kooperationspreises der Agrar- und Ernährungswirtschaft (Food Processing Initiative – Osnabrück, Germany). Im Jahr 2019 verlieh ihm der BDSI zum zweiten Mal den Fincke-Preis für Wissenschaft und Technik für die Anerkennung seines Lebenswerkes.
Sein ganz besonderes Interesse gilt Büchern, Reisen und dem Genuss.

Markus Fischer studierte Lebensmittelchemie an der Technischen Universität München, an der er 1997 im Bereich Molekularbiologie/Proteinchemie promovierte. Nach der Habilitation (2003; Thema: Biosynthesewege von Vitaminen: Enzyme, Strukturen, Funktionen und Anwendungen) in den Fachgebieten Lebensmittelchemie und Biochemie, wurde er 2006 als Professor für Lebensmittelchemie und Institutsdirektor an die Universität Hamburg (Nachfolge Prof. Dr. Dr. H. Steinhart) berufen. Seit 2011 ist er Gründer und Direktor der Hamburg School of Food Science – Institut für Lebensmittelchemie der Universität Hamburg (HSFS).
Markus Fischer ist in zahlreichen nationalen und internationalen wissenschaftlichen Gremien tätig, so unter anderem als Mitglied des Wissenschaftlichen Ausschusses des Forschungskreises der Ernährungsindustrie (FEI) in Bonn, als Mitglied des wissenschaftlichen Beirats des Bundesinstituts für Risikobewertung (BfR), Berlin sowie als Mitglied des wissenschaftlichen Beirats des Lebensmittelverbands Deutschland, Berlin. Seit 2019 ist er Vizepräsident der International Association of Environmental Analytical Chemistry (IAEAC), Lausanne, Schweiz und als einer der beiden Deutschen Vertreter in der European Association for Chemical and Molecular Sciences (EuCheMS) – Division of Food Chemistry. Seit 2016 ist er Sprecher des Competence Network Food Profiling (CNFP) und seit 2019 Sprecher des naturwissenschaftlichen Teils (Artefact Profiling) des Exzellenzclusters „Understanding Written Artefacts, EXC2176" der Universität Hamburg.
Markus Fischer gründete 2016 das Competence Network Food Profiling. Seit 2008 ist er Kuratoriumsmitglied der Zeitschrift CHEMIE IN UNSERER ZEIT, Wiley-VCH Verlag GmbH & Co. KGaA, Weinheim. Er wurde 2004 mit dem Kurt-Täufel-Preis des jungen Wissenschaftlers und 2014 mit dem Phoenix Pharmazie Wissenschaftspreis ausgezeichnet.

Abkürzungsverzeichnis

α	Drehwinkel	**Bd**	Band
[α]	spezifische Drehung	**BEFFE**	Bindegewebseiweißfreies
A	Adenin		Fleischeiweiß
Å	Ångs-	**bez.**	bezogen
	tröm (0,1 nm = 10^{-10} m)	**BHA**	Butylhydroxyanisol
AA	Atomabsorption	**BHT**	Butylhydroxytoluol
AAS	Atomabsorptionsspektro-	**bp**	Basenpaar
	metrie	**BG**	Bestimmungsgrenze
Abb.	Abbildung	**BTCM**	Bromtrichlormethan
abs.	absolut	**BTX**	Benzol, Toluol, Xylol
ACP	Ascorbylpalmitat	**bidest.**	doppeltdestilliertes (Was-
ADC	Automatic Developing		ser)
	Chamber	**BSA**	Rinderserumalbumin
ADP	Adenosin-5'-diphosphat	**BVL**	Bundesanstalt für Ver-
AE	Auxiliary-Electrode		braucherschutz und Le-
AFLP	Amplified Fragment		bensmittelsicherheit
	Length Polymorphism	**bzw.**	beziehungsweise
am.	amerikanisch	**c**	Konzentration
AMD	Automated Multiple De-	**C**	Cytosin
	velopment	**°C**	Grad Celsius
amu	atomare Masseneinheit	**CB**	Chemical Bonded
	(engl. atomic mass unit)	**CC**	Column Chromatography
AOAC	Association of Official	**CDPK**	Calcium Dependent Pro-
	Analytical Chemists		tein Kinase
APCI	Atmospheric Pressure	**CI**	Chemische Ionisierung
	Chemical Ionisation	**C. I.**	Colour Index
APM	L-Aspartyl-L-phenyl-ala-	**CL**	Citrat-Lyase
	nin-methylester	**CLC**	Centrifugal Layer Chro-
APPI	Atmospheric Pressure		matography
	Photoionisation	**5-CMF**	5-Chlormethylfurfural
APS	Ammoniumperoxodisul-	**CTAB**	Cetyltrimethylammoni-
	fat		umbromid
ATP	Adenosin-5'-triphosphat	**CV-AAS**	Cold Vapour-AAS, AAS
AS	Ascorbinsäure; Amino-		mit Kaltdampftechnik
	säure	**CW**	Continous Wave
ASU	Amtliche Sammlung von	*d*	relative Dichte; Schichtdi-
	Untersuchungsverfahren		cke
	nach § 64 LFGB	**D**	Durchlässigkeit; Diffusi-
AW	Acid Washed		onskoeffizient; Dichtemit-
BAM	Bundesanstalt für Materi-		tel
	alforschung und -prüfung	ᴅ	Symbol zur Kennzeich-
BAnz	Bundesanzeiger		nung der Konfiguration

DAD	(Photo-)Dioden Array Detektor	**dTTP**	Desoxythymidin-Triphosphat
DAkkS	Deutsche Akkreditierungsstelle GmbH	**e**	Energie
		e [@]	Elektron
DAS	Dehydroascorbinsäure	**E**	molarer Extinktionskoeffizient [1000 cm ^{2} /mol]
dATP	Desoxyadenosin-Triphosphat		
		E	Extinktion; Potential
DART	Direct Analysis in Real-time	**E$_{1/2}$**	Halbstufenpotential
		ECD	Elektroneneinfangdetektor
DBCM	Dibromchlormethan		
DC	Dünnschichtchromatographie; Direct Current (Polarographie)	**EDL**	Elektrodenlose Entladungslampe
		EDTA	Ethylendiamintetraessigsäure
dCTP	Desoxycytidin-Triphosphat		
		EG	Erfassungsgrenze
DEG	Diethylenglycol	**EI**	Electron Impact
DEGS	Diethylenglycolsuccinat	**ELISA**	Enzyme Linked Immuno Sorbent Assay
DESI	Desorption Electrospray Ionisation		
		EMQ	6-Ethoxy-1,2-dihydro-2,2,4-trimethylchinolin
dest.	destilliertes bzw. deionisiertes (Wasser)		
		EN	Europäische Normung
dGTP	Desoxyguanidinin-Triphosphat	**engl.**	englisch
		ESI	Electrospray-Interface
DI	2,6-Dichlorphenolindophenol	**F**	Verdünnungsfaktor
		F-6-P	Fructose-6-phosphat
di-BHA	4-Methoxy-2,6-di-tert.-butylphenol	**F-AAS**	Flammen-AAS
		FAME	Fatty Acids Methyl Ester
DHPLC	Denaturierende HPLC	**FAO**	Food and Agriculture Organization
DIN	Deutsches Institut für Normung		
		FCKW	Fluorchlorkohlenwasserstoff
DGF	Deutsche Gesellschaft für Fettwissenschaft e.V.		
DMCS	Dimethyldichlorsilan	**FFKTM**	fettfreie Kakaotrockenmasse
DME	Dropping Mercury Electrode		
		FID	Flammenionisationsdetektor
DMF	Dimethylformamid		
DNA	Desoxyribonucleic Acid	**FFA**	Free Fatty Acids (Freie Fettsäuren)
DNS	Desoxyribonucleinsäure		
dNTP	Desoxynucleotid-Triphosphat	**FSME**	Fettsäuremethylester
		g	mittlere Erdbeschleunigung ($g = 9,80665$ m/s²)
DON	Deoxynivalenol		
DPP	Differential-Puls-Polarographie	**G**	Guanin
		G-6-P	Glucose-6-phosphat
Ds	doppelsträngige DNA	**G6P-DH**	Glucose-6-phosphat-Dehydrogenase
dt.	deutsch		
DTT	Dithiothreitol		

GA	Galacturonsäureanhydrid	I	Strom; Intensität
GC	Gaschromatographie	i. A.	im Allgemeinen
GC-MS	Gaschromatographie mit massenspektrometrischer Detektion	IAC	Immunoaffinitäts-Chromatographie
		IARC	International Agency for Research on Cancer
GE	Glycidylester		
GF-AAS	Graphitofen-AAS	i. B.	im Besonderen
G-FE	Glycidyl-Fettsäureester	ICA	International Confectionery Association
g. g. A.	Geschützte geographische Angabe		
		ICP-MS	Massenspektrometrie mit induktiv gekoppeltem Plasma
Gl.	Gleichung		
GKTM	Gesamtkakaotrockenmasse		
		ID	Innendurchmesser
GLC	Gas Liquid Chromatography	i. d. F.	in der Fassung
		i. E.	Internationale Einheit (≙ biologische Einheit)
GMO	Genetically Modified Organism		
		IEC	Ion Exchange Chromatography
GOT	Glutamat-Oxalacetat-Transaminase		
		IEF	Isoelektrische Fokussierung
GSC	Gas Solid Chromatography		
		IFU	Internationale Fruchtsaftunion
g. t. S.	garantiert traditionelle Spezialität		
		IOCCC	International Office of Cocoa, Chocolate and Sugar Confectionery Industries
g. U.	geschützte Ursprungsbezeichnung		
GVO	Gentechnisch veränderte Organismen		
		IP	Isoelektrischer Punkt
h	Stunde	IPC	Ion Pair Chromatography, Ionenpaar-Chromatographie
HBsZ	Halbmikro-Buttersäurezahl		
		IQ-1	2-Amino-3-methylimidazo[4,5-f]chinolin
HF	High Frequency		
HK	Hexokinase	IR	Infrarot
HKL	Hohlkathodenlampe	IRMM	Institute for Reference Materials and Measurements
HMF	Hydroxymethylfurfural		
HP	Hydroxyprolin		
HPIC	Hochleistungs-Ionenaustauschchromatographie	ISO	International Organization for Standardization
HPLC	Hochleistungs-Flüssigchromatographie	ITP	Isotachophorese
HPTLC	Hochleistungs-Dünnschichtchromatographie	i. Tr.	in der Trockenmasse
		IZ	Iodzahl
hR_f	r_f-Wert × 100	J	Joule
HRGC	Hochauflösungs-Gaschromatographie	K	Kelvin
		KB	Kakaobutter
Hrsg	Herausgeber	kcal	Kilocalorien
HT	High Temperatur	kDa	Kilodalton

konz.	konzentriert	MeOH	Methanol
korr.	korrigiert	meq	Milliäquivalent
Kp.	Siedepunkt	min	Minute
kPa	Kilopascal	mind.	Mindestens
λ	Wellenlänge	mL	Milliliter
l	Länge	µL	Mikroliter
i	Symbol zur Kennzeich- nung der Konfiguration	mmol	Millimol
		MOAH	Mineral Oil Aromatic Hy- drocarbons
L	Liter		
LC	Liquid Chromatography	MORE	Mineral Oil Refined Par- affinic Hydrocarbons
LC-MS/MS	Flüssigchromatographie mit Tandem-massenspekt- rometrischer Detektion		
		MOSH	Mineral Oil Saturated Hy- drocarbons
LDH	Lactat-Dehydrogenase	MRI	Magnetic Resonance Ima- ging
LFA	Lateral Flow Assay		
LFGB	Lebensmittel- und Futter- mittelgesetzbuch	MS	Massenspektrometrie
		MSD	massenspektrometrische Detektion
LHKW	leichtflüchtige Halogen- kohlenwasserstoffe		
		mval	Millival
l-MDH	l-Malat-Dehydrogenase	m/z	Masse zu Ladungsverhält- nis
LLC	Liquid Liquid Chromato- graphy		
		n	Brechungsindex
LOD	Limit Of Detection	N	Normalität (ältere Be- zeichnung für Äquivalent- konzentration)
LOQ	Limit Of Quantification		
LQ	Lichtquant(en)		
LSC	Liquid Solid Chromato- graphy	NAD $\oplus$	Nicotinamidadenin- dinucleotid, oxidiert
M	molare Masse	NADH	Nicotinamidadenin- dinucleotid, reduziert
m	Molarität (ältere Bezeich- nung für Stoffmengenkon- zentration)		
		NADP $\oplus$	Nicotinamidadenin- dinucleotidphosphat, oxi- diert
m-%	≙ %, d. h. Massenprozent (≙ g/100 g)		
		NADPH	Nicotinamidadenin- dinucleotidphosphat, re- duziert
M-6-P	Mannose-6-phosphat		
MALDI	Matrix Assisted Laser Desorption Ionisation	NASA	National Aeronautics and Space Administration (USA)
MAS	Magnetic Angle Spinning		
2-MCPD	2-Monochlor-propandiol		
3-MCPD	3-Monochlor-propandiol	NAW	Non Acid Washed
3-MCPD-FE	3-Monochlor-propan- diol-Fettsäureester	NDBA	N-Nitrosodibutylamin
		NDEA	N-Nitrosodiethylamin
MCPDE	Monochlorprodandioles- ter	NDiPA	N-Nitrosodiisopropyla- min
MDH	Malat-Dehydrogenase	NDGA	Nordihydroguajaretsäure
MEI	Methylimidazol	NDMA	N-Nitrosodimethylamin
MHz	Megahertz	NDPA	N-Nitrosodipropylamin

NEM	Nahrungsergänzungsmittel
NG	Nachweisgrenze
NH3	Ammoniak-Lösung
NIST	National Institute of Standards and Technology (USA)
N-Kammer	Normalkammer für DC
NMOR	N-Nitrosomorpholin
NMR	Nuclear Magnetic Resonance
NO	Nitrosogruppe
NP	Normal Phase
NPIP	N-Nitrosopiperidin
NPP	Normal-Puls-Polarographie
NPU	Netto-Proteinverwertung (Net Protein Utilization)
NPYR	N-Nitrosopyrrolidin
NS	Normalschliff
o. ä.	oder ähnlich
OPT	o-Phthaldialdehyd
OTA	Ochratoxin A
P	Eigendrehimpuls
p. a.	*pro analysi* (analysenrein)
PAGE	Polyacrylamidgelelektrophorese
PAK	Polycyclische aromatische Kohlenwasserstoffe
PAO	Polyalphaolefine
PC	Papierchromatographie
PCB	Polychlorierte Biphenyle
PCDD	Polychlorierte Dibenzodioxine
PCDF	Polychlorierte Dibenzofurane
PCR	Polymerase Chain Reaction (Polymerase-Kettenreaktion)
PE	Potterat-Eschmann
Per	Perchlorethylen (Tetrachlorethen)
PFT	Pulse Fourier Transform
PG	Prüfgröße
PGI	Phosphoglucose-Isomerase
PKU	Phenylketonurie
PLB	Porous Layer Beads
PME	Pektinmethylesterase
PMI	Phosphomannose-Isomerase
POSH	Polyolefine Oligomeric Saturated Hydrocarbons
POZ	Peroxidzahl
ppb	parts per billion (µg/kg)
ppm	parts per million (mg/kg)
ppq	parts per quadrillion (pg/kg)
ppt	parts per trillion (ng/kg)
PSB	1-Palmitoyl-2-stearoyl-3-butyroylglycerol
psi	pound-force per square inch (1 psi ≈ 0,069 bar)
Q	Quant
Q-TOF	Quadrupol-Time-Of-Flight
QUID	Quantitative Ingredients Declaration
R	Rest
R	Remission
RAPD	Randomly Amplified Polymorphic DNA
rel.	relativ
resp.	respektive
r. F.	relative Feuchte
R_f-Wert	Retentionsfaktor (auch: r_f-Wert)
R_f	Responsefaktor
RFLP	Restriktionsfragment-Längenpolymorphismus
RGF	relative Gleichgewichtsfeuchte
RI	Refraktionsindex
RNA	Ribonucleic acid
RNS	Ribonucleinsäure
RPC	Rotary Planar Chromatography
RP	Reversed Phase
Rpm	Revolutions/rotations per minute (Umdrehungen pro Minute)

RSD	relative Standardabwei-chung (engl. Relative Standard Deviation)	**TCD**	Thermal Conductivity Detector
RSK-Werte	Richtwerte und Schwan-kungsbreiten bestimmter Kennzahlen (für Frucht-säfte)	**TEA**	Thermal Energy Detector
		TEAA	Triethylammoniumacetat
		tert.	tertiär
		TFA	trans fatty acids
s	Sekunde	**THBP**	2,4,5-Trihydroxybutyro-phenon
s.	siehe	**THI**	2-Acetyl-tetrahydroxy-bu-tylimidazol
S	Seite		
SC	Säulenchromatographie	**TIC**	Total Ion Current
SCF	Scientific Commitee for Food	**TLC**	Thin-Layer Chromatogra-phy
SCIC	Single Column Ion Chro-matography	**TMB**	3,3',5,5'-Tetramethylben-zidin
SCOT	Support Coated Open Tu-bular	**TMCS**	Trimethylchlorsilan
		TMSH	Trimethylsilylhydroxid
SDS	Sodiumdodecylsulfat	**TOF-MS**	time-of-flight-Massens-pektrometer
SEV	Sekundärelektronenver-vielfacher		
		TPP	Thiaminpyrophosphat
SFC	Supercritical Fluid Chro-matography	**Tr.**	Trockenmasse (Trocken-substanz)
S. I.	Internationales Einhei-tensystem(franz. für: Système international d'unités)	**Tris**	Tris(hydroxymethyl)ami-nomethan
		TSIM	Trimethylsilylimidazol
		U	Umdrehungen
SIM	Selected Ion Monitoring	**UHF**	Ultra High Frequency
SIVA	Stabilisotopenverdün-nungsanalyse	**UHPLC**	Ultra Hochleistungs-Flüs-sigchromatographie
Skt.	Skalenteile	**UHT**	Ultra High Temperature
SNIF-NMR	Site Specific Natural Iso-tope Fractionation-NMR	**UV**	Ultraviolett
		v, **V**	Volumen
spp.	Standard	v	Wellenzahl (cm^{-1})
Std.	Spezies = die Arten (Bei-spiel: *Tuber* spp. = „meh-rere Arten der Gattung *Tuber*")	v'	Frequenz (s^{-1})
		VC	Vinylchlorid
		verd.	verdünnt
		Vib	Vibration
SZ	Säurezahl	**Vis**	Visuell (visible)
t	Zeit; absolute Retentions-zeit	**VO**	Verordnung
		Vol-%	Volumenprozent (≙ ml/100 ml)
T	Temperatur		
T	Thymin	**v/v**	Volumenteil pro Volumen-teil
Tab.	Tabelle		
TBHQ	tert.-Butylhydrochinon	**VZ**	Verseifungszahl
TBS	Thiobarbitursäure	**WCOT**	Wall Coated Open Tubu-lar
t-BME	tert. Butylmethylether		

WE	Working Electrode	‰	Promille (≙ 1 g/kg)
WHO	World Health Organization	Ø	Durchmesser
		§	Paragraph
WLD	Wärmeleitfähigkeitsdetektor	>	größer als
		≥	größer gleich
w/v	Gewichtsteil pro Volumenteil	<	kleiner als
		≤	kleiner gleich
Z	Zentralwert	‖	Betrag
z. B.	zum Beispiel	[ ]	Maßeinheit, Literaturangabe
ZEA	Zearalenon		
ZRM	Zertifiziertes Referenzmaterial		
%	Prozent (ohne weitere Spezifizierung hier immer „Massenprozent" (≙ g/100 g ≙ 10 g/kg)		

Konstanten (Auswahl)

N_A Avogadro-Konstante: $6{,}02214076 \cdot 10^{23}$ mol^{-1}

c Vakuum-Lichtgeschwindigkeit: $2{,}997925 \cdot 10^{8}$ m/s

F Faraday-Konstante: $9{,}64867 \cdot 10^{4}$ A $\cdot$ s/val

h Plancksches Wirkungsquantum: $6{,}62620 \cdot 10^{-34}$ J $\cdot$ s

R Gaskonstante: $8{,}3143$ J/K $\cdot$ mol

Kurzzeichen für Standardliteratur

AOAC   Official Methods of Analysis of AOAC International

AOCS   American Oil Chemistry Society

ASU   Bundesamt für Verbraucherschutz und Lebensmittelsicherheit (BVL) (Hrsg) Amtliche Sammlung von Untersuchungsverfahren, nach §64 LFGB, §38 Tabakerzeugnisgesetz, §28b GenTG. Beuth Verlag, Berlin Wien ZürichHinweis: Sofern mehrere Methoden für unterschiedliche Matrizes veröffentlicht sind, werden diese hier nicht im einzelnen genannt, sondern es wird der Hinweis "diverse" gegeben. Bei einzelnen Methoden erfolgt die Angabe der genauen Methodennummer

BD   Beythien A, Diemair W (1970) Laboratoriumsbuch für den Lebensmittelchemiker. Verlag Gisela Liedl, München

BGS   Belitz HD, Grosch W, Schieberle P (2008) Lehrbuch der Lebensmittelchemie. 6. Auflage, Springer Verlag, Berlin Heidelberg New York

DEV   Deutsche Einheitsverfahren zur Wasser-, Abwasser- und Schlammuntersuchung

DIN   Deutsches Institut für Normung e. V., Beuth Verlag, Berlin

DGF   Deutsche Gesellschaft für Fettwissenschaft (Hrsg) Deutsche Einheitsmethoden zur Untersuchung von Fetten, Fettprodukten, Tensiden und verwandten Stoffen. Wissenschaftl Verlagsges, Stuttgart

FG   Fischer M, Glomb (Hrsg) Moderne Lebensmittelchemie. Behr's Verlag, Hamburg

Heimann   Heimann W (1969) Grundzüge der Lebensmittelchemie. Verlag Theodor Steinkopff, Dresden

HLMC   Schormüller J (Hrsg) (1965–1970) Handbuch der Lebensmittelchemie. Springer Verlag, Berlin

IFU   Analysensammlung der internationalen Fruchtsaft-Union

IOCCC   International Office of Cocoa, Chocolate and Sugar Confectionery

IUPAC   IUPAC Compendium of Chemical Terminology (the "Gold Book"). P 825. doi: 10.1351/goldbook.C01182

KMD   Kroh LW, Matissek R, Drusch S (Hrsg) Angewandte instrumentellen Lebensmittelanalytik. Behr's Verlag. Hamburg

M-LMC   Matissek R (2019) Lebensmittelchemie, 9. Auflage, Springer Verlag, Berlin

M-LMS   Matissek R (2020) Lebensmittelsicherheit. Kontaminanten – Rückstände – Biotoxine, 1. Auflage. Springer Verlag, Berlin

REF　　　　Rauscher K, Engst R, Frei-
　　　　　　　muth U (1986) Untersu-
　　　　　　　chung von Lebensmitteln.
　　　　　　　VEB Fachbuchverlag, Leip-
　　　　　　　zig

Schormüller　Schormüller J (1974) Lehr-
　　　　　　　buch der Lebensmittelche-
　　　　　　　mie. Springer Verlag, Berlin
　　　　　　　Heidelberg New York

SLMB　　　Schweizerisches Lebensmit-
　　　　　　　telbuch – Methoden für die
　　　　　　　Untersuchung und Beurtei-
　　　　　　　lung von Lebensmitteln und
　　　　　　　Gebrauchsgegenständen.
　　　　　　　Eidg Drucksachen- und
　　　　　　　Materialzentrale, Bern

Grundlagen

Teil I befasst sich in einem eigenen Kapitel mit den Strategien zur Untersuchung von Lebensmitteln. Als Basis hierfür wird zunächst die Frage beantwortet, was Objekte eigentlich zu Lebensmitteln macht und welche Kategorien von interessierenden Analysenparametern es gibt, um dann die methodische Vorgehensweise bei der Lebensmittelanalyse vorzustellen. Eine Übersicht über die wichtigsten rechtlichen Regelungen im Lebensmittelbereich runden das Kapitel ab. Ein weiteres Kapitel in diesem Teil befasst sich mit der Darstellung der verschiedenen Methodenkategorien und -arten und deren Aussagekraft.

Inhaltsverzeichnis

Strategien zur Untersuchung von Lebensmitteln

Inhaltsverzeichnis

© Der/die Autor(en), exklusiv lizenziert durch Springer-Verlag GmbH, DE, ein Teil von
Springer Nature 2021
R. Matissek und M. Fischer, *Lebensmittelanalytik*,
https://doi.org/10.1007/978-3-662-63409-7_1

Zusammenfassung

Bei der Untersuchung von Lebensmitteln stellen sich vor Beginn der Analyse stets die gleichen Fragen: Was soll wie, wann und warum untersucht werden und was bedeuten die Ergebnisse? Lebensmittel sind komplexe biologische Systeme, die auf unterschiedliche Art und Weise und auf unterschiedlichen Ebenen untersucht werden können. Um zielorientiert und effizient zu eindeutigen und verlässlichen Aussagen bei der Untersuchung von Lebensmitteln zu kommen, können mit Hilfe des Entscheidungsbaumes die für die Analyse relevanten Parameter erkannt und abgeleitet werden. Die Wahl der Analyten und damit auch des Analysenverfahrens richtet sich zunächst nach einer eventuell vorgegebenen Fragestellung bzw. einer allgemeinen Problemlage. Darüber hinaus ist einerseits insbesondere die Analyse toxikologisch relevanter Parameter von Interesse, um die Sicherheit der Lebensmittel überprüfen zu können, andererseits sind aber auch qualitative Identitätsparameter von Relevanz, um einer möglichen Verbrauchertäuschung entgegenzuwirken.

1.1 Grundprinzipien der Untersuchung von Lebensmitteln

1.1.1 Untersuchungsfokus

Bei der Untersuchung von Lebensmitteln stellen sich vor Beginn der Analyse stets die gleichen Fragen: Was soll wie, wann und warum untersucht werden und was bedeuten die Ergebnisse?

Analytik ↔ Analyse

- **Analytik** (engl. analytics) ist die Wissenschaft von der Durchführung systematischer Untersuchungen von Materialien wie Gegenständen, Substanzen oder hier: Lebensmitteln und ihren Roh-, Inhalts- und Begleitstoffen (oder auch von Sachverhalten). Das Untersuchungsgut wird dabei in seine Faktoren und Komponenten getrennt; diese werden qualitativ oder quantitativ gemessen.
- Als **Analyse** (engl. analysis) wird der Untersuchungsprozess selbst bezeichnet.
- *Erläuterung:* Der Begriff kommt aus dem Griechischen von *analyein* und bedeutet „auflösen".

Analyt ↔ Messgröße ↔ Matrix

- Als **Analyt** (engl. analyte) wird der in einer Probe enthaltene Stoff bezeichnet, der von Interesse und der eigentliche Gegenstand der chemischen Analyse ist; es handelt sich also um den gesuchten Probenbestandteil. Analyten können

1

qualitativ und quantitativ bestimmt werden. Sie sind gleicherweise in eine Matrix eingebettet.

- **Analyt** ist ferner ein Synonym für **Messgröße.** Die Messgröße ist normalerweise bei chemischen Messungen die Substanzmenge (Stoffmenge, Masse) und wird in mol oder g, mg, µg, pg u. dgl. angegeben. Messgrößen stellen auch sogenannte Ergebnisgrößen dar, weil sie in der Analytik das Ergebnis eines Messverfahrens sind.
- Als **Matrix** (engl. matrix) werden diejenigen Bestandteile einer Probe bezeichnet, die nicht analysiert, sondern meistens mehr oder weniger, im Idealfall praktisch vollständig – abgetrennt werden (siehe hierzu auch Kasten „Matrix ↔ Interferenz" ► Kap. 5).

1.1.2 Untersuchungsniveau

Lebensmittel sind komplexe biologische Systeme (► Abschn. 1.2.6), die auf *unterschiedliche Art und Weise* und auf *unterschiedlichen Ebenen* untersucht werden können.

- **Unterschiedliche Art und Weise**
  ⇨ je nach Fragestellung kann grundsätzlich differenziert werden zwischen dem:
  - klassisch-analytischen Ansatz mit seiner Fragestellung nach Zusammensetzung, Vorkommen bzw. Nicht-Nachweisbarkeit bestimmter Stoffe, Einhaltung von Grenzwerten und dgl. unter Anwendung laborüblicher Technologien
  - forschungsorientierten Ansatz mit seiner Fragestellung nach Authentizität, Herkunft, Verfälschung und dgl. meist unter Anwendung modernster hochauflösender, sog. *Omics*-Technologien (► Kap. 21).
- **Unterschiedliche Ebene**
  ⇨ betrachtet wird die Eindringtiefe in die verschiedenen stofflichen (Sub-)Stufen:
  - Genom
  - Transkriptom
  - Proteom
  - Metabolom
  - Isotopolom

om-Definitionen

- Das **Genom** ist das Erbgut eines Lebewesens und entspricht der Gesamtheit der materiellen Träger der vererbbaren Informationen einer Zelle (DNA, RNA).
- Das **Transkriptom** umfasst die Summe aller zu einem bestimmten Zeitpunkt in einer Lebewesenzelle transkribierten Gene, also alle produzierten RNA-Moleküle.

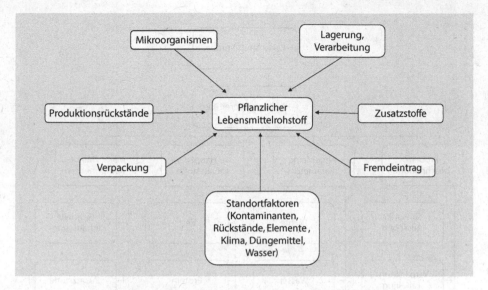

◘ Abb. 1.1 Einflüsse auf das biologische System: Pflanzlicher Lebensmittelrohstoff

- Das **Proteom** ist die Gesamtheit aller Proteine in einem Lebewesen, einem Gewebe, einer Zelle oder einem Zellkompartiment.
- Das **Metabolom** fasst die Gesamtheit aller Metabolite einer Zelle bzw. eines Gewebes oder Organismus zusammen (kleine Moleküle).
- Das **Isotopolom** bezeichnet das Element- bzw. Isotopenmuster von Stoffen.

Verfahren zur Analyse der Ebenen (*Genomics, Proteomics, Metabolomics* und *Isotopolomics*) dienen der kohärenten Beschreibung eines biologischen Systems und dessen Reaktionen auf innere und äußere Einflüsse. Sie stellen den Informationsfluss vom Geno- zum Phänotyp, ausgehend vom Genom über das Transkriptom und Proteom zum Metabolom, dar [1–3]. Aus den gewonnenen Daten können Hinweise auf die chemische und biologische Identität sowie die Herkunft der Rohstoffe mittels Anwendung multivariater statistischer Verfahren abgeleitet werden (◘ Abb. 1.1) [4]. Vertiefende Erläuterungen zu -*omics* finden sich in ▶ Kap. 21.

1.2 Methodische Vorgehensweise bei der Untersuchung von Lebensmitteln

Um zielorientiert und effizient zu eindeutigen und verlässlichen Aussagen bei der Untersuchung von Lebensmitteln zu kommen, können mit Hilfe des **Entscheidungsbaumes** (◘ Abb. 1.2) die für die Analyse relevanten Parameter erkannt und

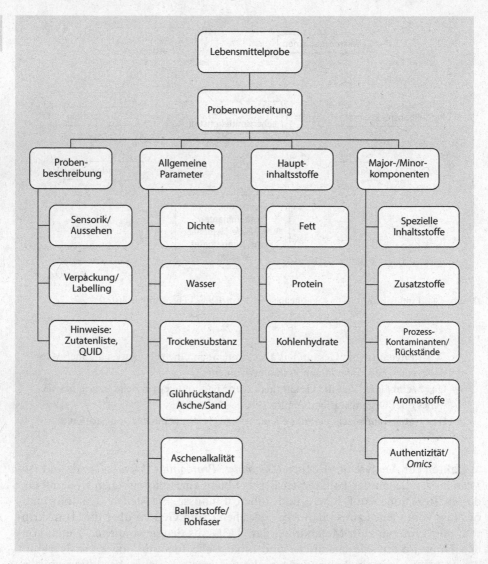

◘ Abb. 1.2 Entscheidungsbaum zur Lebensmittelanalytik – Methodische Vorgehensweise (schematisch)

abgeleitet werden. Die Wahl der Analyten und damit auch des Analysenverfahrens richtet sich zunächst nach einer eventuell (auftragsgemäß) vorgegebenen Fragestellung bzw. einer allgemeinen Problemlage. Darüber hinaus ist einerseits insbesondere die Analyse toxikologisch relevanter Parameter von Interesse, um die Sicherheit der Lebensmittel überprüfen zu können, andererseits sind aber auch qualitative Identitätsparameter von Relevanz, um einer möglichen (Verbraucher-) Täuschung entgegenzuwirken.

An dieser Stelle ist die fachliche Kompetenz des Analysierenden in Bezug auf die Zusammensetzung und Chemie der Lebensmittel von herausragender Bedeutung gemäß dem nachstehend wiedergegebenen Leitsatz (siehe Kasten „Analytik – Motto").

Analytik – Motto

Nichts ist für Analysierende wichtiger, als zu wissen, warum wird was, wann und wie untersucht – und was das bedeutet Ergebnis.
(Reinhard Matissek)

1.2.1 Probenbeschreibung

Vor Beginn der Analyse sollte stets eine **Probenbeschreibung** erfolgen. Die beschreibende **Sensorik** ist dabei ein Bereich, der bei jedem Lebensmittel von großer Bedeutung ist. Denn auf diese Weise können spezifische Charakteristika bzw. Abweichungen im Aussehen, Geruch oder Geschmack auf spezielle, zu ermittelnde Analysenparameter hinweisen.

Anhand der **Zutatenliste** oder der mengenmäßigen Angabe wertgebender Bestandteile (**QUID**, engl. Quantitative Ingredients Declaration) sowie anhand von bildlichen Darstellungen auf der Verpackung (engl. labelling) können einzelne, für das jeweilige Lebensmittel relevante Analysenparameter erkannt werden, mit Hilfe derer diese Angaben folglich analytisch verifiziert oder falsifiziert werden können. Bestimmte Auslobungen, wie „ohne Farbstoffe", lassen sich dann zielgerichtet analytisch überprüfen.

Des Weiteren werden in lebensmittelrechtlichen Vorschriften für bestimmte Lebensmittel **Mindest-** aber auch **Höchstgehalte** einzelner Bestandteile festgelegt. So werden in den Leitsätzen für Fleisch und Fleischerzeugnisse beispielsweise Mindestgehalte für bindegewebseiweißfreies Fleischeiweiß (BEFFE) vorgegeben. Der BEFFE-Anteil lässt sich mit Hilfe des Gehaltes der in Bindegewebsproteinen vorkommenden Aminosäure Hydroxyprolin bestimmen (▶ Abschn. 16.2.3). Die lebensmittelrechtlichen Bestimmungen für die Vielzahl der verschiedenen Bereiche sind der spezifischen Fachliteratur bzw. den offiziellen Verlautbarungen zu entnehmen.

1.2.2 Probenvorbereitung

Zur Probenvorbereitung gehört die **Homogenisierung** der gesamten Probe, denn Entmischungen oder Inhomogenitäten verfälschen die Aussage über die zur Untersuchung vorliegende Probe. Die Probe selbst sollte durch *gute Probenahme* (engl. best practice) die Grundgesamtheit richtig und vollständig repräsentieren. Bei zusammengesetzten – aus trennbaren Kompartimenten aufgebauten – Lebensmitteln ist es häufig sinnvoll – in Einzelfällen aber durchaus auch zwingend

1

erforderlich, einzelne Bestandteile bzw. Fraktionen zu separieren und dann eben auch separat zu untersuchen.

Als Beispiele, bei denen sich eine (händische) **Separierung** anbietet, sind unter anderen Fleischsalat, Fischstäbchen oder auch Pralinen zu nennen:

— Nach Separation lassen sich sowohl die·Anteile am Gesamtprodukt wie beispielsweise der Anteil an Wurstbrät im Fleischsalat, der Anteil an Panade bei Fischstäbchen, als auch die Zusammensetzung der Panade bestimmen.

— Bei Pralinen kann die zum Überzug verwendete Schokolade auf ihre Zusammensetzung untersucht werden, während die Füllung der Pralinen (z. B. Marzipan) gesondert auf ihre Qualitätsmerkmale oder dergleichen zu prüfen ist.

Wichtig ist dabei ganz generell, die saubere, möglichst verschleppungsfreie Separierung der einzelnen Fraktionen. Eine Übersicht über wichtige Probenvorbereitungstechniken gibt ◨ Abb. 1.3.

1.2.3 Analysenparameter

1.2.3.1 Allgemeine Parameter

Mit Hilfe der **allgemeinen Parameter** kann ein Lebensmittel in der Grundzusammensetzung klassifiziert werden. Auf diese Weise werden auch die Grundparameter für nährwertbezogene Angaben, wie Brennwert, Eiweiß, Kohlenhydrate, Ballaststoffe und Fett, ermittelt (▶ Kap. 15–17).

1.2.3.2 Spezielle Parameter

Die Analytik der **speziellen Parameter** ergibt sich entweder aus der (sensorischen) Beschreibung bzw. Auslobung, den lebensmittelrechtlich besonders geforderten Mindest- bzw. Maximalgehalten bestimmter Inhaltsstoffe oder der Kennzeichnung bestimmter Zusatzstoffe/Aromastoffe und der Prüfung der Einhaltung, der für sie vorgegeben Höchst- bzw. Mindestwerte.

Die Ermittlung definierter Kontaminanten/Prozesskontaminanten oder Rückstände erfolgt bei Verdachtsmomenten oder besonderen Anforderungen bzw. Hinweisen; hier geht es i. d. R. um die Einhaltung von Höchstgehalten. Beispiele für die entsprechenden Analysenparameter sind in ▶ Kap. 20 aufgeführt.

1.2.3.3 Authentizitätsparameter

Die **Authentizitätsprüfung** von Lebensmitteln dient der analytischen Überprüfung auf deren Originalität, Echtheit bzw. Unverfälschtheit. Im Hinblick auf deren Herkunft, Einordnung, Auslobung (Kennzeichnung) und Produktionsweise bzw. Vortäuschung einer besseren Beschaffenheit ("höhere Qualität"). Hierzu kann je nach Fragestellung das gesamte Portfolio aller Analysenverfahren und -techniken eingesetzt werden oder es werden spezielle Authentizitätsparameter gezielt analysiert (▶ Abschn. 7.2.5.8 und ▶ Kap. 21). Authentizitätsparameter können bestimmte Markersubstanzen oder Sequenzen (DNA) sein.

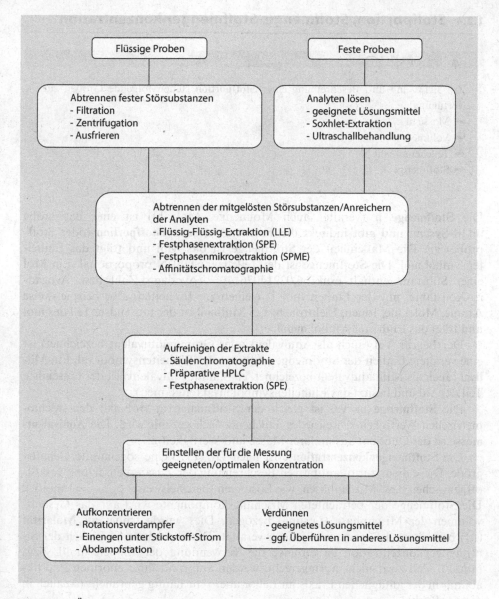

Abb. 1.3 Übersicht über wichtige Probenvorbereitungstechniken. (Nach [5])

1

1.2.4 Stoffportion, Stoffmenge, Stoffmengenkonzentration

Größen zum Erfassen von Stoffportionen

Zur Erfassung und Beschreibung einer **Stoffportion** stehen folgende Größen zur Verfügung:
- Masse m
- Volumen V
- Teilchenanzahl N
- Stoffmenge n

Die **Stoffmenge** n (veraltet auch Molmenge, Molzahl) ist eine Basisgröße im SI-System und gibt indirekt die Teilchenzahl einer **Stoffportion** (oder Stoffprobe) an. Die Maßeinheit der Stoffmenge ist das **Mol** und trägt das Einheitensymbol **mol**. Die Stoffmenge ist der Teilchenanzahl N proportional. Ein Mol einer Substanz enthält exakt $6{,}02214076 \cdot 10^{23}$ (Avodagro-Zahl bzw. Avogadro-Konstante, mit der Einheit mol^{-1}) elementare Einheiten, also beispielsweise Atome, Moleküle, Ionen, Elektronen. Ein **Millimol** ist der tausendste Teil des mol und trägt das Einheitensymbol **mmol.**

Der Begriff **Val** (auch als Äquivalent oder Grammäquivalent bezeichnet) ist eine veraltete Einheit der Stoffmenge und trägt das Einheitensymbol **val**. Ein **Millival** (auch als Milliäquivalent bezeichnet, engl. milli equivalent) ist der tausendste Teil des Val und besitzt das Einheitensymbol **mval** (engl. meq).

Die **Stoffmenge** in Val ist gleich der Stoffmenge in Mol mal der stöchiometrischen Wertigkeit z, weil jedes Teilchen z-fach gezählt wird. Die **Äquivalentmasse** ist der Quotient aus molarer Masse und Wertigkeit z.

Die **Stoffmengenkonzentration** c ist nach DIN1310 eine sogenannte Gehaltsgröße. Diese dient zur quantitativen Beschreibung der Zusammensetzung von Stoffgemischen bzw. Mischphasen, wie Lösungen (beispielsweise: $c_{Stoff(x)} = 1$ mol/L). Die Stoffmenge der betrachteten Mischungskomponente wird auf das Gesamtvolumen der Mischphase (Lösung) bezogen. Dies wurde früher als **Molarität** (*M*) bezeichnet, ist inzwischen jedoch veraltet. Die abgeleitete **SI-Einheit** der Stoffmengenkonzentration ist mol/m^3; die Verwendung der Einheit mol/L bzw. mmol/L sind zwar nicht normgerecht, werden aufgrund ihrer enormen Praktikabilität in der alltäglichen Praxis im Labor aber sehr häufig gebraucht (so auch in diesem Buch).

Der Begriff **Normalität** (*N*) ist ebenso ein veraltetes Maß für die Stoffmengenkonzentration und wird daher nicht mehr in der DIN-Norm und auch in diesem Buch nicht verwendet. Es wurde durch den Begriff **Äquivalentkonzentration** c_{eq} ersetzt. Der Begriff Normalität wurde früher vor allem bei Säure/Base- und Redox-Reaktionen verwendet, weil damit die Anzahl der in einem Liter einer Lösung gelösten Grammäquivalente (Val), also die Wertigkeit z (das heißt, wie viele Protonen oder Elektronen pro Molekül aufgenommen werden) und auch der Dissoziationsgrad berücksichtigt wurden [6–7].

Vertiefende Erläuterungen sind der spezifischen Fachliteratur zu entnehmen.

1.2.5 Molare Masse

Die **molare Masse** M ist der Quotient aus der Masse einer Stoffportion und der Stoffmenge dieser Stoffportion. Die molare Masse ist abhängig von der Stoffart (x). Der Zahlenwert der Teilchenmasse ist gleich dem Zahlenwert der molaren Masse:

$$M_{(x)} = \frac{m_{(x)}}{n_{(x)}} \qquad [M] = \frac{[g]}{[mol]}$$

mit

$M_{(x)}$ – molare Masse von Stoff x in g/mol

$m_{(x)}$ – Masse von Stoff x in g

$n_{(x)}$ – Stoffmenge von Stoff x in mol

1.2.6 Blindtests

1.2.6.1 Blindprobe

Mit einer sogenannten **Blindprobe** wird bei **qualitativen Analysen** überprüft, ob das Nachweisreagenz im Reaktionsansatz (Analysengemisch) richtig funktioniert und gebrauchstauglich ist. Folgende Ergebnisse sind möglich:

— **Positive Blindprobe**

⇨ Zu dem Reaktionsansatz mit dem Nachweisreagenz wird der nachzuweisende Stoff gegeben. Der Nachweis *muss positiv* sein.

⇨ Die positive Blindprobe stellt sicher, dass die gesuchte Substanz gefunden wird, wenn sie vorhanden ist.

— **Negative Blindprobe**

⇨ Zu dem Reaktionsansatz mit dem Nachweisreagenz wird ein Stoff zugegeben, der den nachzuweisenden Stoff *nicht* enthält. Es darf *keine* Nachweisreaktion stattfinden.

⇨ Die negative Blindprobe stellt sicher, dass die gesuchte Substanz nicht gefunden wird, wenn sie nicht vorhanden ist.

— **Doppelte Blindprobe**

⇨ Die parallele Anwendung sowohl der positiven als auch der negativen Blindprobe, stellen die Zuverlässigkeit des angewandten Nachweisverfahrens für den betrachteten Fall sicher.

1.2.6.2 Blindversuch, Blindwert

Bei **quantitativen Analysen** wird mit Hilfe eines Blindversuchs geprüft, ob ein Reaktionsansatz, der mutmaßlich frei von dem zu bestimmenden Stoff (Analyt) ist, ein Messsignal bzw. einen Analysenwert ergibt, der von Null (⇨ Blindwert) abweicht. Dieser sog. **Blindwert** ist vom ermittelten Hauptwert des Analyten zu abstrahieren. Blindwerte können verursacht werden durch Matrixeffekte bzw. Interferenzen oder durch unvermeidbare Kontaminationen der verwendeten Reagenzien/Chemikalien und begrenzen das Analysenverfahren in seiner Aussage [8].

1

1.2.7 Aliquot

Als **Aliquot** (aliquoter Teil) wird eine Teilportion einer Probe/Probelösung bezeichnet. Aliquote Teile werden in der Analytik dann benötigt, wenn die Gesamt-
probe (Gesamtprobelösung) nicht vollständig analysiert werden kann. Dieses
Aufteilen (Aliquotieren) gestattet es, die Probe/Probelösung mehrfach zu nutzen,
beispielsweise für Wiederholanalysen.

Aliquot ↔ Aliquant

- Der Begriff **Aliquot** wird gemäß IUPAC-Definition dann verwendet, wenn der
  Quotient aus Gesamtprobe/Gesamtprobelösung und Teilprobemenge ganzzah-
  lig ist [9].
  Beispiel: 1 mL aus eine 10-mL-Probelösung
  ⇨ *Erläuterung:* **Aliquot** kommt aus dem Lateinischen von *aliquot* und meint „ei-
  nige", „ein paar". In der Mathematik wird der Begriff verwendet für „ohne Rest
  teilend".
  Beispiel: 5 ist ein aliquoter Teil von 10
- Der Begriff **Aliquant** wird demgemäß für nicht-ganzzahlige Quotienten verwendet.
  Beispiel: 1,5 mL aus einer 10-mL-Probelösung
  ⇨ *Erläuterung:* **Aliquant** leitet sich vom lateinischen Wort *aliquantus* ab und bedeutend „ziemlich groß", „ziemlich viel". In der Mathematik wird der Begriff
  verwendet für „nicht ohne Rest teilend". Der aliquante Teil einer Zahl ist jede
  dem Betrag nach kleinere Zahl, die nicht als Teiler auftreten kann. *Beispiel:* 4 ist
  der aliquante Teil zur Zahl 6.

1.2.8 Gravimetrische Analyse

Die **gravimetrische Analyse** (Gravimetrie, Gewichtsanalyse) ist ein quantitatives
Messverfahren, bei dem die Messung von Stoffmengen auf der Bestimmung der
Massen (der sog. Auswaage) beruht. Voraussetzung ist also das Verfügen über
entsprechend empfindliche und geeignete, geeichte **Analysenwaagen.** Im Allgemeinen müssen die Ionen bzw. Moleküle zunächst jedoch in eine **Fällungsform**
(schwerlösliche Verbindung) gebracht werden. Diese wird dann abfiltriert, gewaschen und getrocknet – und eventuell in einigen Fällen durch Glühen im Muffelofen in eine stöchiometrische Wägeform umgewandelt. Um exakte und wiederholbare Ergebnisse zu erhalten, müssen allerdings einige Randbedingungen eingehalten werden (siehe Spezialliteratur).

Die Gravimetrie kann auch zur quantitativen Bestimmung von organi-
schen Bestandteilen wie beispielsweise des Fettgehaltes in Lebensmitteln eingesetzt werden. Grundvorsetzung hierfür ist die Ausnutzung des unterschiedlichen
Grades an Hydrophilie ↔ Lipophilie der Stoffe. So sind **Fette** (Lipide) in lipophilen Lösemitteln wie Diethylether sehr gut löslich und können auf diese Weise

von den anderen (hydrophoben) Lebensmittelbestandteilen abgetrennt und deren Gehalt gravimetrisch ermittelt werden (vgl. ▶ Abschn. 15.2.1, 15.2.2, 15.3.1, 15.3.2 und 15.3.3).

1.2.9 Maßanalyse

Die **Maßanalyse** ist ein Messverfahren zur quantitativen Bestimmung von Analyten, beruhend auf der Messung von Volumina konzentrationsbekannter sogenannter Maßlösungen **(Volumetrie)**. Das Grundprinzip besteht darin, dass beispielsweise ein bestimmtes Ion I, das in einer Probelösung in unbekannter Konzentration vorliegt, in einer zielgerichteten Reaktion mit einer geeigneten Reaktant-Lösung umgesetzt und dabei das dafür verbrauchte Volumen (in mL) der konzentrationsbekannten Maßlösung ($c_{(x)} = y$ mol Reaktant/L) exakt gemessen (titriert) wird. Der Vorgang selbst wird **Titration** genannt; zur Messung des verbrauchten Volumens der Maßlösung dient eine sog. **Bürette** (engl. burette, am. buret).

Aufgrund der Stöchiometrie der zugrundeliegenden Reaktionen kann die unbekannte Konzentration an Stoff I in der Probelösung berechnet werden. Grundvoraussetzung für wiederholbare und genaue Messungen ist, dass der Äquivalenzpunkt exakt erkannt wird (hierfür dienen Indikatoren für den visuellen Bereich oder entsprechende Elektroden für den elektrochemischen Bereich). Titrationen lassen sich gut automatisieren. Bei optimierten Titrationsverfahren sind die Ergebnisse sehr genau.

Je nach verwendetem Reaktant in der Maßlösung wird unterschieden beispielsweise in **Säure-Base-Titrationen** (▶ Abschn. 15.4.1.1, 15.4.1.3, · und 15.4.1.8), **Iodometrie** (Iod-Ionen, ▶ Abschn. 15.4.1.2, und 15.4.1.4; vgl. auch Kasten „Iodometrie ↔ Iodimetrie" in ▶ Abschn. 15.4.1.2), **Argentometrie** (Silber-Ionen, ▶ Abschn. 18.11.4.1, 18.11.4.2, 18.11.4.3 und 18.11.4.4), **Manganometrie** (Permanganat-Ionen), **Chelatometrie** (Prinzip der Komplexbildungsreaktionen) und andere.

1.3 Explikation Lebensmittel

1.3.1 Was sind Lebensmittel?

Lebensmittel sind gemäß der europäischen **Lebensmittelbasisverordnung** alle Stoffe oder Erzeugnisse, die dazu bestimmt sind oder von denen nach vernünftigem Ermessen erwartet werden kann, dass sie in verarbeitetem, teilweise verarbeitetem oder unverarbeitetem Zustand von Menschen aufgenommen werden (Verordnung (EG) Nr. 178/2002 [10]). Auch Getränke, Kaugummi sowie alle Stoffe (einschließlich Wasser), die dem Lebensmittel bei seiner Herstellung oder Verarbeitung oder Bearbeitung absichtlich zugesetzt werden, gehören zu Lebensmitteln.

1

Nicht zu den Lebensmitteln zählen:
- Futtermittel
- lebende Tiere, soweit sie nicht für das Inverkehrbringen zum menschlichen Verzehr hergerichtet worden sind
- Pflanzen vor dem Ernten
- Arzneimittel
- kosmetische Mittel
- Tabak und Tabakerzeugnisse
- Betäubungsmittel und psychotrope Stoffe
- Rückstände und Kontaminanten.

1.3.2 Skurrile Spezialitäten

Die Legaldefinition (▶ Abschn. 1.3.1) spezifiziert damit nicht, welche Tier- oder Pflanzenarten oder welche Teile davon oder welche sonstigen Lebewesen als Lebensmittel gelten; dies wird bewusst offengelassen. Was als Lebensmittel angesehen wird, ist in der Realität nämlich stark dominiert von Gewohnheit, Geschichte, Lebensumständen, kulturellen und religiösen Aspekten und regionalen Eigenheiten – und kann je nach den Umständen und Entwicklungen (kategorischen) Änderungen unterliegen. Das, was von einem Teil der Menschheit als **„normales"** Lebensmittel definiert wird, wird vom anderen als Nahrungstabu strikt abgelehnt oder als **„skurrile"** Spezialität (engl. strange food) angesehen [11]. Im Bereich der tierischen Lebensmittel ist dabei die Spannweite der Skurrilität sicherlich viel weiter gefasst als bei den pflanzlichen Produkten (siehe Kasten „Lebensmittel ↔ Skurrile Spezialitäten?").

Lebensmittel ↔ Skurrile Spezialitäten?

Säugetiere
- Hunde, Katzen, Pferd, Ratte, Maus, Fledermäuse, Primaten und anderes Buschfleisch, Bison, Wasserbüffel, Yak, Wal
- Innereien, Ohren, Augen, Nasen, Zunge, Lungen, Lippen, Zahnfleisch, Drüsen, Füße, Genitalien

Reptilien und Wasserlebewesen
- Schlange, Echsen, Alligator, Krokodil, Frosch, Kröte, Hai, Kugelfisch, Quallen, Schnecken, Würmer, Fischeier

Insekten, Spinnen und Skorpione
- Heuschrecken, Ameisen, Termiten, Spinnen, Skorpione, Käfer, Grillen, Zikaden, Schmetterlinge, Falter, Fliegen, Libellen

Vögel
- Strauß, Emu, Singvögel, Tauben, Vogelnester, Balut (das sind weichgekochte, 16–18 Tage alte Enten- oder Hühnerembryos)

Pflanzen
- Giftpflanzen, Blüten, Kakteen, Durian

Reste/Sonstiges
- Blut, lebende bzw. fast lebende Lebensmittel, vergorene Lebensmittel, Gold, Silber, Perlen, Erde, Lehm

(Nach Hopkins [11])

1.3.3 Basale Bausteine der Lebensmittel

Lebensmittel sind Stoffe oder Erzeugnisse, die – gegebenenfalls nach entsprechender Zubereitung – bei gesunden Menschen über den Mund aufgenommen werden und zum Zweck der Ernährung und dem Genuss dienen. Außer Trinkwasser und Mineralien (wie Salz) sind Lebensmittel üblicherweise lebende oder getötete Organismen (Lebewesen) pflanzlicher, tierischer, pilzlicher bzw. mikrobieller Herkunft (auch Algen) oder werden aus diesen gewonnen. Es gibt energieliefernde und nicht-energieliefernde Lebensmittelbestandteile.

Die basalen Bausteine der Lebewesen (**Biomoleküle**) und damit unserer Lebensmittel konstituieren sich aus den sechs häufigsten **Elemente** Kohlenstoff (C), Wasserstoff (H), Sauerstoff (O), Stickstoff (N), Phosphor (P) und Schwefel (S). Auf die ersten vier entfallen allein 99 % der Biomasse der Erde. Zudem übernehmen Alkali- und Erdalkalimetalle und Eisen wichtige Funktionen bei biochemischen Prozessen. Eine geradezu explizierte Bedeutung bei allen Biomolekülen kommt dem Kohlenstoff zu, der vier Bindungsstellen aufweist und damit äußerst vielfältige Verbindungen aufbauen kann, von kleinen Molekülen wie beispielsweise Methan bis hin zu großen Polymeren wie komplexen Zuckern, Proteinen oder Nucleinsäuren. Da die Bindungsenergien zwischen C–C- und C–O-Bindungen ähnlich hoch sind, hat die Evolution Myriaden von Biomolekülen hervorgebracht, die auf C–C-Verknüpfungen basieren.

In **Proteinen** kommen Aminosäuren vor, die vornehmlich die Elemente C, H, O und N enthalten und zu Ketten verknüpft sind. Die Aminosäuren Cystein und Methionin enthalten außerdem Schwefel, ebenso wie die B-Vitamine Biotin und Thiamin. **Nucleinsäuren** sind Makromoleküle und bilden sog. Doppelhelices, die aus C, H, O, N und P bestehen. Ihr Gerüst besteht aus spezifischen Zuckern und Phosphat während die Querverstrebungen durch Nucleinbasen mit Hilfe von Wasserstoffbrücken gebildet werden, deren charakteristische Reihenfolge das Alphabet des Lebens darstellt. **Fette** und **Kohlenhydrate** setzen sich lediglich aus C, H und O zusammen, **Phospholipide** enthalten zusätzlich P.

Mengenmäßig bedeutsam sind ferner die Elemente Natrium (Na), Kalium (K), Calcium (Ca), Magnesium (Mg) und Chlor (Cl), wobei die ersten vier in der Zelle als Kationen vorliegen, Chlor liegt als Anion vor. Beim Aufbau harter Strukturen spielt Calcium eine tragende Rolle: So bestehen Muschelschalen, Schneckenhäuser und die Skelette von Steinkorallen aus **Calciumcarbonat** ($CaCO_3$).

1

Die Knochen der Wirbeltiere enthalten das Skleroprotein Kollagen, an das sich Kristalle aus **Hydroxylapatit** ($Ca_5(PO_4)_3OH$) anlagern.

Elemente wie Eisen (Fe), Fluor (F), Iod (I), Kobalt (Co), Kupfer (Cu), Magnesium (Mg), Mangan (Mn), Molybdän (Mo), Zink (Zn), Selen (Se) kommen in geringeren Konzentrationen in Organismen vor und haben dennoch wichtige Funktionen bei biochemischen Prozessen. So spielt Eisen eine äußerst wichtige Rolle im **Hämoglobin,** dem roten Blutfarbstoff der Wirbeltiere. Entscheidend für die Funktion des Blutfarbstoffs ist, dass das zentrale Fe(II)-Atom ein Sauerstoffmolekül reversibel binden und in Organen oder im Muskelgewebe wieder freisetzen kann (Grundlage des Atmens). Gliedertiere wie Krebse und Spinnen und Weichtiere wie Schnecken oder Muscheln nutzen den Blutfarbstoff **Hämocyanin** zur Sauerstoffatmung. Diesbezüglich bindet ein Sauerstoffmolekül an zwei Cu-Atome, die zwischen den Oxidationsstufen +I und +II wechseln.

In der Pflanzenwelt kommt Magnesium eine überragende Funktion zu: Es bildet das Zentralatom des grünen Blattfarbstoffs **Chlorophyll,** der dem Hämoglobin strukturell ähnlich ist. Chlorophyll kommt in den Chloroplasten der Zellen vor und verleiht den Blättern höherer Pflanzen ihre grüne Farbe. Chlorophyll dient als Sonnenlichtfänger bei der Photosynthese. Bei diesem biochemischen Vorgang wird Lichtenergie in chemische Energie umgewandelt, die in der Folge zum Aufbau von energiereichen organischen Verbindungen (primär Kohlenhydrate) aus energiearmen anorganischen Stoffen (CO_2 und H_2O) eingesetzt wird (sog. **Assimilation**) (nach [12]).

> **Elemente**
>
> Ein **chemisches Element** ist ein Reinstoff, der mit chemischen Methoden nicht weiter zerteilt werden kann. Die Elemente sind die Grundstoffe aller chemischen Reaktionen. Die kleinstmögliche Menge eines Elements ist das Atom Die chemischen Elemente sind folglich die grundlegenden arteigenen Bausteine der anorganischen und organischen Materie, eben auch der Lebewesen und damit unmittelbar den daraus gewonnenen Lebensmitteln.

1.4 Gewährleistung von Qualität und Sicherheit der Lebensmittel

Die Lebensmittelanalytik als angewandte wissenschaftliche Disziplin leistet einen gewichtigen Beitrag zur Sicherung der Versorgung der Bevölkerung mit sicheren, unverfälschten, nahrhaften und gewissen Vorgaben entsprechenden Lebensmitteln in ausreichender Menge (sog. Lebensmittelsicherung). Systematisch betrachtet, wird die Lebensmittelsicherung beeinflusst durch die Faktoren Lebensmittelqualität, Lebensmittelsicherheit, Lebensmittelverfälschung, Lebensmittelbetrug und Lebensmittelschutz (siehe ◘ Abb. 1.4).

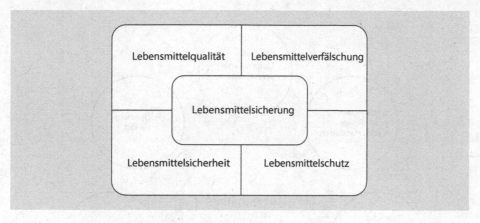

■ Abb. 1.4 Konstitution der Lebensmittelsicherung. *Erläuterung:* siehe Text

1.4.1 Lebensmittelsicherung

Der Begriff **Lebensmittelsicherung** (engl. food security, auch als **„Ernährungssicherung"** bezeichnet) beschreibt die Versorgungssicherheit und damit den ausreichenden Zugang der Weltbevölkerung zu Lebensmitteln, damit ein aktives, gesundes Leben möglich ist.

1.4.2 Lebensmittelqualität

Als **Lebensmittelqualität** (engl. food quality) wird die Gesamtheit aller Eigenschaften eines Lebensmittels in Bezug auf einen bestimmten Verwendungszweck bezeichnet. Dazu zählen der Nährwert und die gesundheitliche Unbedenklichkeit, der Genusswert und der ideelle Wert.

1.4.3 Lebensmittelsicherheit

Lebensmittelsicherheit (engl. food safety) umfasst alle Maßnahmen und Konzepte, die sicherstellen, dass Lebensmittel für Verbraucher zum Verzehr geeignet sind und dass von diesen keine gesundheitlichen Gefahren ausgehen.

Lebensmittelsicherheit als System

— **Lebensmittelsicherheit** umfasst alle Maßnahmen und Konzepte, die sicherstellen, dass ein Lebensmittel für Verbraucherinnen und Verbraucher zum Verzehr geeignet ist und dass von diesem keine gesundheitlichen Gefahren ausgehen. Das Ziel eines jeden in der Lebensmittelkette Beteiligten muss es sein, **sichere**

1

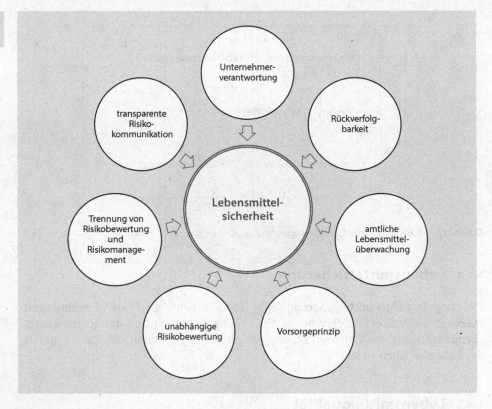

❑ **Abb. 1.5**   Die sieben Grundprinzipien der Lebensmittelsicherheit (Nach BMEL [13]). *Erläuterung: siehe Text*

Lebensmittel herzustellen. Dazu ist ein gut funktionierendes System notwendig, in dem die Verantwortlichkeiten und Aufgaben für alle Stakeholder klarzugewiesen sind. Der rechtliche Rahmen für die Erzeugung von und den Handel mit Lebensmitteln ist in der EU weitgehend harmonisiert.

— Der allumfassende Sicherheitsansatz **„vom Acker bis zum Teller"** (auch „von Hof auf den Tisch", engl. from farm to fork) gilt in der EU für die gesamte Lebensmittelkette und basiert auf den sieben in ❑ Abb. 1.5 dargestellten Grundprinzipien [13].

1.4.4 Lebensmittelverfälschung, Lebensmittelbetrug

Lebensmittelverfälschung/Lebensmittelbetrug (engl. food fakery, food fraud) ist die Vortäuschung einer anderen, in der Regel besseren Beschaffenheit eines Lebensmittels als der tatsächlich gegebenen. Es ergibt sich daraus meist eine Wertminderung im Nährwert, im Genusswert oder in der Brauchbarkeit des Lebensmittels.

Ein wertgemindertes Lebensmittel ist aber dennoch verkehrsfähig, wenn die Abweichung deutlich kenntlich gemacht ist und diese dem Verbraucher ermöglicht, die abweichende Beschaffenheit deutlich zu erkennen. Oftmals geht es jedoch um die vorsätzliche und unerlaubte (illegale) Substitution, Addition, Beimischung, Verdünnung, Fälschung, Imitation, Manipulation oder Falschdarstellung (engl. mis-representation) von Lebensmitteln, mit der Absicht, dadurch einen ökonomischen Vorteil zu erzielen (vgl. auch Authentizitätsparameter ▶ Abschn. 1.2.3.3 und 7.2.5.8).

In Deutschland verwenden die Aufsichtsbehörden für diesen Gesamtkomplex zunehmend die Vokabel **Lebensmittelkriminalität** (engl. food crime) (weiterführende Literatur: zum Beispiel [14]).

1.4.5 Lebensmittelschutz

Unter **Lebensmittelschutz** (engl. food defense) wird der Produkt- und Produktionsschutz von Lebensmitteln vor mutwilliger Kontamination oder Verfälschung durch biologische, chemische, physikalische oder auch radioaktive Stoffe verstanden.

Sichere Lebensmittel

Lebensmittel gelten als *nicht* sicher, wenn sie
- gesundheitsschädlich
  oder
- für den Verzehr ungeeignet sind.

Genauere Ausführungen siehe Fachliteratur (beispielsweise [15]).

1.5 Rechtliche Regelungen und Normen im Lebensmittelbereich

Bezüglich der gesetzlichen Regelung von Lebensmitteln existiert eine Vielzahl an Rechtsvorschriften. Generell wird dabei in europäisches und nationales Recht unterschieden. Das EU-Recht hat grundsätzlich Vorrang vor den nationalen Vorschriften der Mitgliedstaaten, das heißt, das nationale Recht muss konform mit dem EU-Recht sein. Bestehen dennoch Konflikte, darf das nationale Recht von den Behörden nicht angewendet werden.

1.5.1 Europäische Gesetzgebung

Verordnungen, die von der EU erlassen werden, gelten in allen Mitgliedstaaten allgemein und unmittelbar. Die Umsetzung einer Verordnung in nationales Recht ist

1

nicht erforderlich. Neben den im Folgenden aufgeführten europäischen Verordnungen sind zum Teil noch weitere nationale Verordnungen gültig, welche die europäischen Verordnungen ergänzen und solange angewendet werden, bis sie von europäischen Bestimmungen abgelöst werden. Durchführungsverordnungen legen die Anwendung eines Gesetzes dar, weisen aber keinen Gesetzescharakter auf.

Richtlinien sind zwar ebenfalls für alle EU-Mitgliedstaaten verbindlich, aber nur hinsichtlich der festgelegten Ziele. Die Mitgliedstaaten müssen die Richtlinien in nationales Recht umsetzen. Bezüglich der Form und der Mittel, wie diese Ziele erreicht werden sollen, haben die Mitgliedstaaten freie Wahl. Im Sinne eines einheitlichen Binnenmarkts und einer harmonischen Rechtslage wurden in den letzten Jahren vorrangig Verordnungen erlassen.

Richtlinien und Verordnungen werden in zwei Regelungstypen unterteilt. **Horizontale** Regelungen werden produktübergreifend angewendet so z. B. die Basisverordnung 178/2002 [6], die auf alle Lebensmittel anzuwenden ist, während **vertikale** Regelungen produktspezifisch sind, wie die Verordnung über Milcherzeugnisse [10].

1.5.1.1 Basisverordnung

In der **EU-Basisverordnung** (EG) Nr. 178/2002werden die Grundsätze des europäischen Lebensmittelrechts festgehalten und das europäische Lebens- und Futtermittelrecht harmonisiert:

- Im ersten Kapitel finden sich eine Reihe von Definitionen und Begriffsbestimmungen.
- Im zweiten Kapitel folgen die allgemeinen lebensmittelrechtlichen Grundsätze, zu denen das Gebot der Lebensmittelsicherheit, die Durchführung von Risikoanalysen, das Vorsorgeprinzip, der Schutz der Verbraucherinteressen und das Prinzip der Rückverfolgbarkeit zählen.
- Im dritten Kapitel sieht die Verordnung die Einführung einer europäischen Behörde für Lebensmittelsicherheit vor, die in der EFSA (engl. European Food Safety Authority) umgesetzt wurde. Die EFSA hat ihren Sitz in Parma und unterstützt das EU-Parlament, die EU-Kommission sowie die EU-Mitgliedstaaten bei Risikobewertungen beispielsweise bezüglich der Zulassung oder Ablehnung von Lebensmittelzusatzstoffen und Pestiziden sowie bei der Erhebung und Auswertung wissenschaftlicher Daten.
- Im vierten Kapitel sind die Grundsätze zur Einführung eines Schnellwarnsystems (RASFF) sowie zum Krisenmanagement und für Notfälle beschrieben [6].

1.5.1.2 Schnellwarnsystem für Lebens- und Futtermittel (RASFF)

Das Europäische Schnellwarnsystem für Lebens- und Futtermittel (engl. Rapid Alert System for Food and Feed, **RASFF**) dient der Datenübermittlung zwischen den EU-Mitgliedstaaten, um einen schnellen und lückenlosen Informationsfluss zu gewährleisten, wenn Produkte identifiziert werden, die eine Gefahr für die Gesundheit darstellen könnten. Die nationalen Koordinationsstelle – in Deutschland das Bundesamt für Verbraucherschutz und Lebensmittelsicherheit

(BVL) – informiert dann gegebenenfalls die Öffentlichkeit. Beim RASFF werden vier Arten von Meldungen unterschieden [6]:

- **Warnmeldungen** betreffen Lebensmittel, die ein ernstes Risiko für die menschliche Gesundheit aufweisen und sofortige Maßnahmen erfordern, da sich diese bereits im Verkehr befinden.
- **Informationsmeldungen** erfordern keinen unmittelbaren Handlungsbedarf, die Weitergabe der Informationen ist aber für die anderen Mitgliedstaaten von Interesse, da ein Risiko erkannt wurde.
- **Grenzzurückweisungen** betreffen Lebensmittel, die an einer EU-Außengrenze zurückgewiesen wurden, weil ein Gesundheitsrisiko besteht. Entweder wird die Lieferung in das Herkunftsland verbracht oder direkt vernichtet.
- **Nachrichten** fallen in keine der oben genannten Kategorien sind aber dennoch von Relevanz für die Mitgliedsstaaten.

1.5.1.3 Hygiene-Paket

Nach der Einführung der Basisverordnung 178/2002, in welcher der europäische Gesetzgeber zum einem ein „hohes Schutzniveau" fordert und zum anderen festlegt, dass die Verantwortung für die Lebensmittelsicherheit beim Lebensmittelunternehmer liegt, verabschiedete die EU das sog. **Hygienepaket,** um diese Ansprüche entsprechend zu untermauern.

Das Hygienepaket setzt sich aus insgesamt drei Verordnungen zusammen:
- VO (EG) Nr. 852/2004 über Lebensmittelhygiene
- VO (EG) Nr. 853/2004 mit spezifischen Vorschriften für Lebensmittel tierischen Ursprungs
- VO (EG) Nr. 854/2004 mit Vorschriften über die amtliche Überwachung von Erzeugnissen tierischen Ursprungs.

Diese werden zusätzlich noch ergänzt durch weitere nationale Vorschriften sowie einer Verordnung über mikrobiologische Kriterien in Lebensmitteln VO (EG) Nr. 2073/2005 [10–12].

1.5.1.4 HACCP-Konzept

Zur Stärkung der Verantwortlichkeit des Unternehmers erließ die EU-Kommission in der VO (EG) Nr. 852/2005 die sogenannten **HACCP**-Grundsätze. Das *Hazard Analysis and Critical Control Points*-Konzept (zu Deutsch in etwa: Gefahrenanalyse und kritische Kontrollpunkte) ist ein vorbeugendes System, das die Sicherheit von Lebensmitteln und Verbrauchern gewährleisten soll, indem die kritischen Lenkungspunkte (engl. Critical Control Points, CCP) geregelt werden. Ein CCP ist dabei ein Prozessschritt, von dem eine potentielle Gesundheitsgefahr ausgehen könnte, beispielsweise eine Unterbrechung der Kühlkette. Die Prinzipien von HACCP beinhalten sieben Grundsätze:
1. Durchführung einer Gefahrenanalyse (engl. hazard analysis)
2. Festlegung der kritischen Lenkungspunkte (engl. critical control points)
3. Festlegung von Grenzwerten (engl. critical limits)
4. Aufbau eines Systems zur Überwachung (engl. monitoring)

1

5. Festlegung von Korrekturmaßnahmen, wenn ein Lenkungspunkt nicht mehr beherrscht wird (engl. corrective measures)
6. Verifizierung der Wirksamkeit des HACCP-Systems (engl. verification)
7. Dokumentation aller Vorgänge und Aufzeichnungen (engl. documentation).

Das HACCP-Konzept wurde ursprünglich von der NASA für Astronautennahrung entwickelt und später von der Codex Alimentarius Kommission der WHO/FAO (WHO engl. für World Health Organization, Weltgesundheitsorganisation; FAO engl. für Food and Agriculture Organization of the United Nations; Codes Alimentarius Kommission, zu dt. Ernährungs- und Landwirtschaftskommission der Vereinten Nationen) übernommen, bevor es Eingang in die gesetzlichen Regelungen fand [10].

1.5.1.5 Lebensmittelinformationsverordnung

Mit der Einführung der EU-Lebensmittelinformationsverordnung (**LMIV,** VO (EU) Nr. 1169/2011) wurde vom Europäische Gesetzgeber eine einheitliche europaweite Kennzeichnung von Lebensmitteln vorgesehen. Diese soll dem Verbraucher das Recht auf Information gewährleisten und sicherstellen, dass die Verbraucher in geeigneter Weise in Kenntnis gesetzt werden. Dazu zählt zum einen, wie die Kennzeichnung zu erfolgen hat und zum anderen, dass die Informationen über ein Lebensmittel nicht irreführend sein dürfen [13].

1.5.1.6 Zusatzstoffverordnung

Mit der VO (EG) Nr. 1333/2008 über **Lebensmittelzusatzstoffe** (EU-Zusatzstoffverordnung) wird der Einsatz von Zusatzstoffen in Lebensmitteln geregelt. Zusatzstoffe werden in Lebensmitteln aus technologischen Gründen z. B. zur Konservierung beigefügt. Grundsätzlich gilt für die Anwendung von Zusatzstoffen das Verbotsprinzip mit Erlaubnisvorbehalt, d. h. ein Zusatzstoff darf nur dann verwendet werden, wenn er ausdrücklich zugelassen wurde [14].

1.5.1.7 Rückstände und Kontaminanten

Lebensmittel können durch **Rückstände** oder **Kontaminanten** verunreinigt sein. Als Rückstände werden Reste von Stoffen, die während der Herstellung und Produktion von Lebensmitteln bewusst und ordnungsgemäß eingesetzt werden, bezeichnet. Zu nennen sind hier zum Beispiel Pflanzenschutzmittel oder Tierarzneimittel. Kontaminanten sind Stoffe, die nicht bewusst in ein Lebensmittel eingetragen wurden, dazu zählen u. a. Schimmelpilze oder Schwermetalle.

Eine Besonderheit bilden die sogenannten **Prozesskontaminanten,** die aus Lebensmittelinhaltsstoffen ungewollt während der Herstellung oder Zubereitung entstehen (engl. foodborne toxicants). Sowohl Kontaminanten, Prozesskontaminanten als auch Rückstände sind grundsätzlich unerwünscht. Sie können aber nicht immer zwangsläufig vermieden werden.

Für die Festlegung von Höchstwerten für **Pflanzenschutzmittel** hat der europäische Gesetzgeber die Verordnung (EG) Nr. 396/2005 und für die Determinierung von Höchstgehalten für Kontaminanten die Verordnung (EG) Nr.

1881/2006 erlassen. Für die Beurteilung von Rückständen an pharmakologisch wirksamen Stoffen in Lebensmittel wird die Verordnung (EG) Nr. 470/2009 zusammen mit der Verordnung (EU) Nr. 37/2010 über pharmakologisch wirksame Stoffe und ihre Einstufung hinsichtlich der Rückstandshöchstmengen in Lebensmitteln tierischen Ursprungs herangezogen [15–18].

1.5.1.8 Biologisch erzeugte Lebensmittel

Die Produktion von **biologisch/ökologisch** erzeugten Erzeugnisse ist oftmals kosten- und flächenintensiver, so dass entsprechende Verfälschungen potentielle denkbar sind. Um Verbraucherinteressen zu schützen, das Vertrauen der Verbraucherinnen und Verbraucher zu bewahren und einen fairen Wettbewerb zu gewährleisten, wurde vom europäischen Gesetzgeber die Verordnung (EG) Nr. 834/2007 erlassen. Dieser Verordnung unterliegen alle Stufen der Produktion, der Aufbereitung und des Vertriebs ökologischer/biologischer Erzeugnisse sowie deren Kennzeichnung und Werbung und umfassen unter anderem den Einsatz von Düngemitteln, Substanzen zur Bodenverbesserung und Pflanzenschutzmitteln [19].

1.5.1.9 EU-Kontrollverordnung

Lebens- und Futtermittelüberwachung sind national und auf EU-Ebene geregelt. Die **EU-Kontrollverordnung** (VO (EU) 2017/625) [26] legt die grundsätzlichen Anforderungen an den Aufbau und die Durchführung der amtlichen Lebensmittel- und Futtermittelkontrollen innerhalb der EU für alle Mitgliedstaaten verbindlich fest. Die Umgestaltung dieser Verordnung resultierte u. a. aus dem Pferdefleischskandal und soll Lebensmittelbetrug künftig besser verhindern.

Bekämpfung von Lebensmittelkriminalität

- Mit der Kontroll-VO rückt die Bekämpfung von **Lebensmittelverfälschung/Lebensmittelkriminalität** stärker als bisher in den Fokus der Kontrollstrategie. Der Ansatz der *risikoorientierten Kontrolle* wird dadurch nicht mehr ausschließlich auf die Lebensmittelsicherheit beschränkt, sondern soll nunmehr auch verstärkt auf das *Risiko von betrügerischen Praktiken* ausgerichtet werden.
- Darüber hinaus schafft diese VO die Möglichkeit, europäische Referenzzentren für die Echtheit und Integrität der Lebensmittelkette **(Lebensmittelauthentizität)** zu etablieren, die den EU-Mitgliedstaaten durch wissenschaftliche Expertise bei der Prävention und Bekämpfung von betrügerischen Praktiken Unterstützung bieten.

Geregelt werden durch die VO folgende Bereiche:
- Durchführung amtlicher Kontrollen und anderer amtlicher Tätigkeiten der zuständigen Behörden der Mitgliedstaaten
- Finanzierung der amtlichen Kontrollen
- Amtshilfe zwischen den Mitgliedstaaten und deren Zusammenarbeit
- Durchführung von Kontrollen durch die Kommission in den Mitgliedstaaten und in Drittländern

1

- Festlegung von Bedingungen für Tiere und Waren, die aus Drittländern in die Union verbracht werden
- Einrichtung eines computergestützten Informationssystems zur Verwaltung von Informationen und Daten über die amtlichen Kontrollen.

Die Verordnung gilt ferner für die amtlichen Kontrollen:
- der Lebensmittel und der Lebensmittelsicherheit sowie der Vorschriften zu den Gegenständen, die dazu bestimmt sind, mit Lebensmitteln in Berührung zu kommen
- der absichtlichen Freisetzung genetisch veränderter Organismen (GVO) zur Herstellung von Lebens- und Futtermitteln in die Umwelt der Futtermittel und der Futtermittelsicherheit
- der Anforderungen im Bereich der Tiergesundheit und des Tierschutzes
- der ökologischen/biologischen Produktion und deren Kennzeichnung der Verwendung der Angaben:
  - „geschützte Ursprungsbezeichnung" ⇨ g. U.
  - „geschützte geographische Angabe" ⇨ g. g. A.
  - „garantiert traditionelle Spezialität" ⇨ g. t. S.

1.5.2 Nationales Recht

In Deutschland werden sowohl Gesetze als auch Verordnung erlassen. Gesetze werden von der Legislative, also dem Bundestag oder Bundesrat, in einem meist sehr langwierigen Vorgang beschlossen. Verordnungen können schneller und einfacher von der Exekutive zum Beispiel der Bundesregierung erlassen werden, bedürfen aber als Ermächtigungsgrundlage ein Gesetz.

1.5.2.1 Lebensmittel-, Bedarfsgegenstände- und Futtermittelgesetzbuch

Das Lebensmittel-, Bedarfsgegenstände- und Futtermittelgesetzbuch (**LFGB**) bildet die Grundlage für das deutsche Lebensmittelrecht und ist aus dem europäischen Harmonisierungsprozess hervorgegangen. Mit dem LFGB regelt der deutsche Gesetzgeber die Lücken, die von der EU nicht erfasst wurden und bildet die Grundlage für nationale Sanktionen.

Das LFGB besteht aus insgesamt elf Abschnitten und beinhaltet nicht nur den Verkehr mit Lebensmitteln, sondern auch mit Futtermitteln, kosmetischen Mitteln und Bedarfsgegenständen. Auf diese Weise fand eine Bündelung vorheriger separater Gesetze statt, um eine Vereinheitlichung zu erzielen. Darüber hinaus findet sich in § 64 die Gesetzesgrundlage für die amtlichen Untersuchungsmethoden, die bei der Analyse von Lebensmitteln allgemein angewendet werden, um eine vergleichbare Qualität der Untersuchungsergebnisse zu gewährleisten [20–29].

1.5.3 Normen und Empfehlungen

Normen und **Empfehlungen** sind rechtlich unverbindlich und die Anwendung ist grundsätzlich freiwillig, so dass jedem Unternehmen freigestellt ist, eine Norm einzuhalten. Sie dienen aber häufig Gerichten und Behörden als Hilfestellung bei der Auslegung der rechtlichen Regelungen. In bestimmten Fällen können sie zudem in gesetzliche Regelungen eingebunden werden. Zudem geben Normen die Anforderung an Produkte, Dienstleistungen oder Verfahren wieder und erleichtern auf diese Weise den freien Warenverkehr. Außerdem dienen sie zur Qualitätssicherung und sollen die Sicherheit von Menschen und Sachen gewährleisten.

1.5.3.1 ISO-Normen

Die **ISO-Normen** werden von der Internationalen Organisation für Normung herausgegeben und sind weltweit anerkannt. Mitglieder sind die nationalen Institute für Normungen verschiedenster Länder weltweit. Jedes Land kann nur ein Mitglied stellen. Deutschland wird vom Deutschen Institut für Normung vertreten.

Seit 2005 besteht die weltweit anerkannte Norm DIN EN ISO 22000, welche die Anforderungen an **Managementsysteme für Lebensmittelsicherheit** in der gesamten Lebensmittelkette definiert. Die ISO 22000 vereinigt die bisher für Teilbereiche der Lebensmittelproduktion bestehenden Qualitätsstandards wie **HACCP, IFS** (engl. International Food Standard), **BRC** (engl. British Retail Consortium) und **ISO 9001,** eine internationale Norm, die Mindeststandards vorgibt, nach denen die Abläufe in einem Unternehmen zu gestalten sind, damit sichergestellt wird, dass die Kunden die erwartete Qualität erhalten.

Die DIN **EN ISO/IEC 17025** liefert die Basis für die weltweite Arbeit von **Prüf- und Kalibierlaboratorien,** Das heißt, alle staatlichen Überwachungslaboratorien und privaten Laboratorien die Untersuchungen im Auftrag der Wirtschaft durchführen und deren Ergebnisse rechtlich anerkannt werden sollen, müssen die Anforderung der letztgenannten Norm erfüllen.

1.5.3.2 EN-Normen

Auf europäischer Ebene werden Normen vom Europäischen Komitee für Normung (**CEN,** franz. Comité Européen de Normalisation) zur Harmonisierung der nationalen Normen erstellt.

1.5.3.3 DIN-Normen

DIN-Normen vom Deutschen Institut für Normung entwickelt. Das **DIN** ist Mitglied in den internationalen Gremien **ISO** und **CEN** und vertritt in diesem Rahmen die deutschen Interessen. An der Entstehung der Normen können sich alle interessierten Kreise beteiligten so z. B. Hersteller, Verbraucher, Forschungsinstitute oder Behörden. Alle fünf Jahre werden die DIN-Normen auf ihre Aktualität überprüft und gegebenenfalls überarbeitet.

1.5.3.4 Codex Alimentarius

Die **Codex Alimentarius Kommission** ist ein Gremium der **WHO/FAO,** welche den Codex Alimentarius (aus dem Lateinischen; dt. Lebensmittelkodex) herausgibt.

1

Dabei handelt es sich um eine Sammlung von Normen zur Festlegung von Lebensmittelstandards, um die Lebensmittelsicherheit zu gewährleisten sowie den weltweiten Handel zu unterstützen. Auch wenn die Codex-Standards keine rechtliche Bindung haben, werden sie weltweit anerkannt und auch von der Welthandelsorganisation (engl. World Trade Organization, **WTO**) eingesetzt.

1.5.3.5 International Food Standard

Der **International Food Standard (IFS)** ist ein von der **GFSI** (Global Food Safety Initiative) anerkannter Prüfstandard und steht für eine einheitliche Formulierung und Durchführung von Audits, für eine gegenseitige Anerkennung der Audits und für eine hohe Transparenz innerhalb der gesamten Lieferkette. Unter einem Audit ist eine systematische und unabhängige Prüfung zu verstehen, um zu bestimmen, ob die Aktivitäten und die relevanten Ergebnisse mit den Anforderungen eines Standards übereinstimmen. Der IFS wurde ursprünglich von Organisationen des deutschen und französischen Einzelhandels 2002 begründet und wird seitdem laufend weiterentwickelt.

1.5.3.6 Leitsätze

Die sogenannten **Leitsätze** werden von der Deutschen Lebensmittelbuch-Kommission herausgegeben und als Sammlung im **Deutschen Lebensmittelbuch** zusammengefasst. Sie dienen zur Beschreibung der Beschaffenheit und Merkmalen von Lebensmitteln. In den Fachausschüssen der Lebensmittelbuch-Kommission sitzen Vertreter aus Wissenschaft, Lebensmittelüberwachung, Verbraucherschaft und Lebensmittelwirtschaft. Rechtliche Grundlage der Leitsätze sind § 15 und § 16 des LFGB, dennoch haben auch die Leitsätze keinen rechtlich bindenden Charakter, sondern dienen als Orientierungshilfe und geben die allgemeine Verkehrsauffassung wieder.

1.5.3.7 Produktrichtlinien

Die sogenannten **Produktrichtlinien** (oder Richtlinien) der Deutschen Lebensmittelindustrie (wie beispielsweise die Richtlinie für Zuckerwaren [30]) sind keine Rechtsnormen und damit nicht rechtsverbindlich. Sie beschreiben die handelsübliche Verkehrsauffassung über die Zusammensetzung und die sonstige Beschaffenheit der jeweiligen Lebensmittel und benennen deren verkehrsübliche Bezeichnung im Sinne der LMIV. Die Produktrichtlinien können als Auslegungshilfe für die Frage, ob eine Irreführung im Sinne des Lebensmittelrechts vorliegt, herangezogen werden.

Literatur

1. Davies H (2010) A role for omics technologies in food safety assessment. Food Control 21:1601
2. Pielaat A, Barker GC, Hendriksen P, Hollmann P, Peijnenburg A, Kuile T (2013) A foresight study on emerging technologies: state of the art of Omics technologies and potential applications in food and feed safety. EFSA Support Pub 10:126

3. Ferri E, Galimberti A, Casiraghi M, Airoldi C, Ciaramelli C, Palmioli A, Mezzasalma V, Bruni I, Labra M (2015) Towards a universal approach based on omics technologies for the quality control of food. Biomed Res Int 2015:365794. ► https://doi.org/10.1155/2015/36594

4. Fischer M, Creydt M, Felbinger C, Fischer C, Klockmann S, Werner P, Klare J, Hüninger T, Hackl T (2014) Food Profiling – Strategien zur Überprüfung der Authentizität von Rohstoffen. J Verb Lebensm. ► https://doi.org/10.1007/s00003-014-0921-9

5. Schmid T (2017) ETH Zürich Analytische Chemie Vorlesung. ► www.analytik.ethz.ch/vorlesungen/biopharm/Trennmethoden/AnalytischeChemie_Skript_6_Probenvorbereitung.pdf

6. DIN 1310 (1984) Zusammensetzung von Mischphasen (Gasgemische, Lösungen, Mischkristalle); Begriffe, Formelzeichen. Februar 1984. S 2 ff.

7. Normalität. ► https://www.chemie.de/lexikon/Normalit%C3%A4t.html. Zugegriffen: 30. Okt. 2020

8. Strähle J, Schweda E (1995) Jander-Blasius – Einführung in das anorganisch-chemische Praktikum. Hirzel, Stuttgart

9. IUPAC. Compendium of Chemical Terminology, 2nd ed. (the „Gold Book"). Compiled by A. D. McNaught and A. Wilkinson. Blackwell Scientific Publications, Oxford (1997). Online version (2019-) created by S. J. Chalk. ISBN 0-9678550-9-8. ► https://doi.org/10.1351/goldbook

10. Verordnung (EG) Nr. 178/2002 des Europäischen Parlaments und des Rates vom 28. Januar 2002 zur Festlegung der allgemeinen Grundsätze und Anforderungen des Lebensmittelrechts, zur Errichtung der Europäischen Behörde für Lebensmittelsicherheit und zur Festlegung von Verfahren zur Lebensmittelsicherheit

11. Hopkins J (1999) Strange Food – Skurrile Spezialitäten. Komet, Frechen

12. GDCh (2019) Gesellschaft Deutscher Chemiker (Hrsg) Elemente – 150 Jahre Periodensystem. Spektrum der Wissenschaftlichen Verlagsges, Heidelberg

13. BMEL (2018) Bundesministerium für Ernährung und Landwirtschaft (Hrsg) Lebensmittelsicherheit verstehen. Fakten und Hintergründe. ► https://www.bmel.de/SharedDocs/Downloads/Broschueren/Lebensmittelsicherheit-verstehen.pdf?__blob=publicationFile. Prüfdatum: 15. Nov. 2019

14. Nöhle U (2019) (Hrsg) Food Fraud – Lebensmittelbetrug und Lebensmittelkriminalität (Food Crime) in Zeiten der Globalisierung. Behr's, Hamburg

15. M-LMC: S 16–21

16. Verordnung (EG) Nr. 852/2004 des Europäischen Parlaments und des Rates vom 23. April 2004 über Lebensmittelhygiene

17. Verordnung (EG) Nr. 853/2004 des Europäischen Parlaments und des Rates vom 29. April 2004 mit spezifischen Hygienevorschriften für Lebensmittel tierischen Ursprungs

18. Verordnung (EG) Nr. 854/2004 des Europäischen Parlaments und des Rates vom 29. April 2004 mit besonderen Verfahrensvorschriften für die amtliche Überwachung von zum menschlichen Verzehr bestimmten Erzeugnissen tierischen Ursprungs

19. Verordnung (EU) Nr. 1169/2011 des Europäischen Parlaments und des Rates vom 25. Oktober 2011 betreffend die Information der Verbraucher über Lebensmittel

20. Verordnung (EG) Nr. 1333/2008 des Europäischen Parlaments und des Rates vom 16. Dezember 2008 über Lebensmittelzusatzstoffe

21. Verordnung (EG) Nr. 396/2005 des Europäischen Parlaments und des Rates vom 23. Februar 2005 über Höchstgehalte an Pestizidrückständen in oder auf Lebens- und Futtermitteln pflanzlichen und tierischen Ursprungs

22. Verordnung (EG) Nr. 1181/2006 der Kommission vom 19. Dezember 2006 zur Festsetzung der Höchstgehalte für bestimmte Kontaminanten in Lebensmittel

23. Verordnung (EG) Nr. 470/2009 des Europäischen Parlaments und des Rates vom 6. Mai 2009 über die Schaffung eines Gemeinschaftsverfahrens für die Festsetzung von Höchstmengen für Rückstände pharmakologisch wirksamer Stoffe in Lebensmitteln tierischen Ursprungs

24. Verordnung (EU) Nr. 37/2010 der Kommission vom 22. Dezember 2009 über pharmakologisch wirksame Stoffe und ihre Einstufung hinsichtlich der Rückstandshöchstmengen in Lebensmitteln tierischen Ursprungs

25. Verordnung (EG) Nr. 834/2007 des Rates vom 28. Juni 2007 über die ökologische/biologische Produktion und die Kennzeichnung von ökologischen/biologischen Erzeugnissen EU-Kontrollverordnung
26. Verordnung (EU) Nr. 2017/625 des Europäischen Parlaments und des Rates vom 15. März 2017 über amtliche Kontrollen und andere amtliche Tätigkeiten zur Gewährleistung der Anwendung des Lebens- und Futtermittelrechts und der Vorschriften über Tiergesundheit und Tierschutz, Pflanzengesundheit und Pflanzenschutzmittel
27. Lebensmittel-, Bedarfsgegenstände- und Futtermittelgesetzbuch (LFGB) in der Fassung der Bekanntmachung vom 3. Juni 2013 (BGBl. I S. 1426), zuletzt geändert durch Artikel 10 des Gesetzes vom 12. Mai 2021 (BGBl. I S. 1087)
28. Weck M (2013) Lebensmittelrecht. Kohlhammer, Stuttgart
29. Hagenmeyer M (2015) Lebensmittelrecht: Skript 2015/2016. Behr's, Hamburg
30. Lebensmittelverband Deutschland (Hrsg) (2017) Richtlinie für Zuckerwaren. ▶ https://www.lebensmittelverband.de/de/publikationen/richtlinien/richtlinie-zucker-waren

Methodenkategorien

Inhaltsverzeichnis

2

Zusammenfassung

Methoden für die Analyse von Lebensmitteln können nach verschiedenen Erkenntnisformen differenziert werden. Unterschieden werden Methodenkategorien nach Merkmalsausprägung und Methodenarten nach Akzessibilität (Zugänglichkeit, Verfügbarkeit). Allen Methoden gemein ist, dass sie validiert sein müssen, um korrekte Ergebnisse erzielen zu können. Analysenmethoden sind entweder zerstörend oder zerstörungsfrei arbeitende systematische Untersuchungen, bei denen die zu untersuchenden Objekte im Allgemeinen in ihre Bestandteile aufgeschlüsselt und diese als definierte Parameter weiter vermessen werden. Je nach Fragestellung kann ein Parameter auf unterschiedliche Art und Weise analysiert werden.

2.1 Exzerpt

Methoden für die Analyse von Lebensmitteln können nach verschiedenen Erkenntnisformen differenziert werden. Unterschieden werden **Methodenkategorien** nach Merkmalsausprägung (◨ Abb. 2.1) und **Methodenarten** nach Akzessibilität (Zugänglichkeit, Verfügbarkeit) (◨ Abb. 2.2). Allen Methoden gemein ist, dass

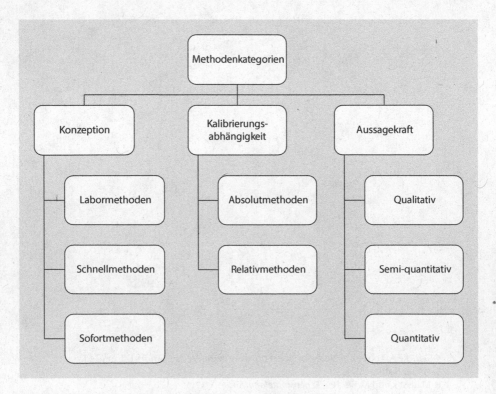

◨ **Abb. 2.1**   Methodenkategorien nach Merkmalsausprägung

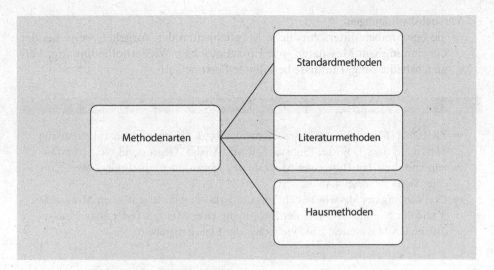

■ Abb. 2.2   Methodenarten nach Akzessibilität

sie validiert sein müssen, um korrekte Ergebnisse erzielen zu können. Zur detaillierteren Beschreibung einer Methodenvalidierung ▶ Abschn. 3.2.1.

2.2 Messung, Messwert

Bei einer **Messung** beeinflussen sich das Messobjekt, die Messgeräte und die Umgebung einschließlich der beteiligten Personen gegenseitig. Erhalten wird als Ergebnis ein Zahlenwert oder es werden mehrere Zahlenwerte (durch Ablesen) erhalten. Häufig ist es erforderlich diese sog. **Ablesewerte** bestimmten Rechenverfahren (beispielsweise Kalibrierfunktion) zu unterwerfen, um zu den eigentlichen Messwerten zu gelangen. Messergebnisse können zusätzlich Verknüpfungen von Messwerten zu neuen Größen erfordern.

Um Aussagen über die Zuverlässigkeit oder Vertrauenswürdigkeit der Messergebnisse treffen zu können, wird der gesamte Prozess der Gewinnung von Messergebnissen von verschiedenen Seiten betrachtet [1]:

— **Messsystem**
 ⇨ das Systemverhalten kann klassifiziert werden mit Begriffen wie Messbereich, Übertragungsfaktor, Linearität, Offset u. a.
— **Messprozess**
 ⇨ messtechnische Vorgänge lassen sich nach ihren Zielsetzungen und Anwendungen gliedern, beispielsweise in Messen, Zählen, Prüfen etc.
— **Eigenschaften** der Probe bzw. des untersuchten Objekts
 ⇨ mögliche Einflüsse werden beschrieben durch Begriffe wie Einflussmatrix, Robustheit, Selektivität, Spezifität, Stabilität u. a.

2

— **Versuchsbedingungen**
⇒ sie beschreiben unterschiedliche Möglichkeiten der Vorgehensweise bei der Gewinnung von Messdaten, wie Einzelmessung, Wiederholbedingung, Vergleichsbedingung, Einflüsse beteiligter Personen etc.

Messung – Messen

- Ziel einer **Messung** (engl. measurement) ist es, bestimmte charakteristische Merkmale eines Objektes (Substanz, Stoff, Analyt, Gegenstand etc.) zu ermitteln und diese mit Hilfe einer **Maßzahl** anzugeben oder mittels eines Werts auf einer Skala abzulesen (Ablesewert).
- Der Vorgang des **Messens** besteht aus der Erfassung der eigentlichen **Messgröße** X und der Normierung, d. h. der Zuordnung einer Maßzahl (oder anders ausgedrückt: des Messwertes) x als Vielfaches der **Einheitengröße** N:

$$X = x \cdot N$$

- Zwei **Prämissen** müssen erfüllt sein:
    – Die zu messende Größe muss eindeutig definiert und quantitativ bestimmbar sein.
    – Das Messnormal muss durch eine Konvention festgelegt sein [2].

Merke: Jede physikalische Größe (also die Messgröße) ist demnach das Produkt eines Zahlenwertes mit einer Einheitengröße.
Beispiele: Weg: 1 m; elektrische Spannung: 1 V; Temperatur: 293 K.

Ablesewert

Der **Ablesewert** ist der Zahlenwert, der sich an einem Messgerät ablesen lässt. Er kann als Ziffernfolge notiert werden.

Messgröße ↔ Messwert ↔ Messreihe

- Nach DIN 1319 ist die **Messgröße** X (engl. measurand) diejenige physikalische Größe, der eine Messung gilt (Länge, Temperatur, Druck, Spannung etc.) [3].
- Der Wert der Messgröße X ist der **Messwert** x einschließlich seiner Einheitengröße (Dimension). Der Messwert kann mit dem Ablesewert identisch sein, aber auch Korrekturen oder sonstige Berechnungen enthalten
- Wird eine Messgröße X mehrmals gemessen, so bilden die einzelnen Messwerte x_i $(i = 1, 2, ..., n)$ eine **Messreihe** vom Umfang n.

Messnormal – Definition

Messnormale (engl. measurement standards) sind physikalische Präzisionsreferenz-quellen, die zur Eichung und Kalibrierung, zum Abgleichen und zur Ermittlung des Wertes einer unbekannten Größe dienen.

2.3 Analysenmethoden

Analysenmethoden sind entweder zerstörend oder zerstörungsfrei arbeitende systematische Untersuchungen, bei denen die zu untersuchenden Objekte im Allgemeinen in ihre Bestandteile aufgeschlüsselt und diese als definierte Parameter gemessen werden. Je nach Fragestellung kann ein Parameter auf unterschiedliche Art und Weise analysiert werden:

- **qualitativ** (engl. qualitatively)
  ⇨ Welcher Stoff kommt in einer Probe vor?
- **quantitativ** (engl. quantitatively)
  ⇨ Wie viel ist von einem betreffenden Stoff in einer Probe enthalten (Menge, Konzentration)?

Qualität ↔ Quantität

- Die **Qualität** (engl. quality) ist eine Angabe über die Güte (von lat. *qualitas* = wie beschaffen).
- Die **Quantität** (engl. quantity) einer Messgröße ist eine Angabe über die Menge (von lat. *quantitas* = der Menge, der Größe, der Anzahl nach).

Die klassischen lebensmittelchemischen Analysemethoden basieren überwiegend auf der Erfassung einzelner spezifischer Analyten/Parameter oder geeigneter Summenparameter (das sind in Gruppen zusammengefasste Analyten/Parameter). Bei derartigen, **zielgerichteten Ansätzen** (engl. targeted analysis) sind die interessierenden Analyten/Parameter bereits bekannt und können somit qualifiziert und auch quantifiziert werden. Sind bei besonderen Fragestellungen, beispielsweise bei Authentizitätsprüfungen oder Nachweisen der geographischen Herkunft, die spezifischen Parameter nicht bekannt, müssen diese zunächst identifiziert und festgelegt werden. Diese Verfahren werden als **nicht-zielgerichtete Verfahren** (engl. non-targeted analysis) bezeichnet.

Methoden werden weiterhin nach den eingesetzten Verfahren unterschieden. Dies sind beispielsweise chemische Verfahren, physikalische Verfahren, biochemische und molekularbiologische Verfahren bis hin zu sehr aufwendigen und

2

komplexen instrumentellen Verfahren. Methoden können zudem differenziert werden nach Aspekten der Durchführungsschnelligkeit bzw. -aufwändigkeit sowie der Frage der notwenigen Einrichtung (Labor/Nicht-Labor) bzw. Mobilität (mobil/nicht mobil).

Methode

Eine **Methode** (engl. method) ist ein auf einem Regelsystem aufbauendes Verfahren, das zur Erlangung von Erkenntnissen oder praktischen Ergebnissen dient [4].

2.3.1 Methodenkategorien nach Konzeption

2.3.1.1 Labormethoden

In der Analytik wird ganz allgemein unter **Methode** der planmäßig durchgeführte Gang einer Untersuchung verstanden. Diese ist im Normalfall an ein Labor oder eine laborähnliche Einrichtung gebunden und beinhaltet ausgehend von der Probenahme und -vorbereitung über die eigentliche Messung auch die Befundauswertung. In diesem Fall wird von einer **Labormethode** gesprochen.

2.3.1.2 Schnellmethoden

Schnellmethoden (engl. rapid methods, quick methods, fast analysis) lassen sich in verschiedene Typen unterteilen, denn diese Methoden können schnell im Sinne von **„in kurzer Zeit"** oder **„mit hoher Geschwindigkeit"** ablaufen. Bei Methoden, die durch Austausch von Verfahren in kurzer Zeit zu einem Ergebnis führen, werden als Schnellmethoden des **Substitutionstyp** bezeichnet. Werden Ergebnisse jedoch deshalb schnell erhalten, weil ein Verfahren mit hohem Probendurchsatz (das heißt, mit hoher Geschwindigkeit) gewählt wurde, so liegt eine Schnellmethode des **Organisationstyps** vor. Über die systematische Einteilung und Zuordnung von Schnellmethoden vgl. die Fachliteratur; siehe beispielsweise [5, 6].

Schnellmethoden eignen sich oftmals für einfache Analysen, die bestenfalls direkt vor Ort (*in field* oder *on site*) ohne größeren apparativen Aufwand durchgeführt werden können [5]. Dies erfordert robuste und unkomplizierte Vorgehensweisen, die auch von ungeschultem Personal umgesetzt werden können. Neben der Einfachheit liegt der wesentliche Vorteil in der Schnelligkeit der Erzielung der Ergebnisse. Zu nennen sind hier als Beispiele die pH-Messung, die refraktometrische Extraktbestimmung, Teststäbchen, Test-Kits und viele andere Konzepte mehr. Nachteilig ist allerdings die Aussagekraft, da sich die Antwort in der Regel auf „ja" oder „nein" beschränkt. Apparative Labortechniken wie LC–MS- oder NMR-Applikationen sind hierbei jedoch aus prinzipiellen Gründen grundsätzlich überlegen.

2.3.1.3 Sofortmethoden

Werden Messungen *on line* bzw. zerstörungsfreie, das Lebensmittel nicht beeinträchtigende Messungen, *in line* ausgeführt und in die Produktion integriert, können sie zur kontinuierlichen **Prozesskontrolle** dienen. Für die Produktionssteuerung im Hersteller- bzw. Verarbeitungsbetrieb ist diese Art der Messung der anzustrebende – wenn auch seltene – Idealfall einer Schnellmethode, die exakter jedoch als **Sofortmethode** zu bezeichnen wäre.

2.3.2 Methoden nach Kalibrierungsabhängigkeit

2.3.2.1 Absolutmethoden

Bei den **Absolutmethoden** (engl. absolute methods) wird eine physikalische Größe gemessen, die der Konzentration bzw. Menge des Analyten direkt proportional ist. Zu nennen ist hier die Bestimmung der Masse mittels Gravimetrie (Wägen) bzw. die Bestimmung des Volumens (z. B. einer Maßlösung) bei der Maßanalyse (Titrimetrie). Eine Kalibrierung ist nicht notwendig, da Waagen sind normalerweise geeicht sind.

2.3.2.2 Relativmethoden

Bei den **Relativmethoden** (engl. relative methods) wird eine physikalische Größe wie die Absorption, die Extinktion, die Spannung, der Stromfluss u. dgl. gemessen, die abhängig von der Konzentration bzw. Menge einer Substanz ist. Die Zuordnung des Wertes dieser Messgröße zur Konzentration oder Menge geschieht über eine Kalibrierfunktion (idealerweise eine Kalibriergerade), die speziell ermittelt werden muss. Unter die Relativmethoden fallen alle chromatographischen und spektrometrischen Verfahren. Matrixeinflüsse sind zu beachten.

2.3.3 Methoden nach Aussagekraft

Je nach Problemstellung, Aufbau und Ausführung können Analysenmethoden unterschiedliche Aussagekraft besitzen. Unterschieden werden:
- **qualitative Methoden**
  - ⇨ Nachweise, Screenings
- **Schätzmethoden**
  - ⇨ genäherte Feststellung von Größen, Zahlenwerten oder Parametern durch Erfahrung, statistische Methoden oder Augenschein
- **Grenzwertmethoden**
  - ⇨ Feststellung eines maximalen bzw. minimalen Toleranzwertes

2

- **Tests**
  ⇨ methodischer Versuch zur Überprüfung von Eigenschaften bzw. Zusammensetzung
- **Bestimmungsmethoden**
  ⇨ quantitativer bzw. semiquantitativer Art

2.3.4 Methodenarten nach Akzessibilität

2.3.4.1 Standardmethoden

Als **Standardmethoden (Konventionsmethoden,** Konventionalmethoden, engl. standard methods) werden Methoden bezeichnet, die allgemein anerkannt – standardisiert – sind. *Allgemein anerkannt* bedeutet, dass die Methoden vor der Veröffentlichung in sog. Ringversuchen (▶ Abschn. 4.4) mit vielen teilnehmenden Laboren validiert und geprüft wurden. Die Vorgaben bei diesen Methoden werden von jedem, der diese Methoden anwendet, eingehalten.

Werden Standardmethoden angewendet, so sind diese Methoden vorab im Labor zu verifizieren (▶ Abschn. 3.2.2). Dies bedeutet, dass nachgewiesen wird, dass die in der Methode angegebenen Präzisionsdaten eingehalten werden.

Offizielle Methoden

Standardmethoden werden häufig auch als **offizielle Methoden** (engl. official methods) bezeichnet, denn sie werden von Behörden oder anderen Organisationen veröffentlicht. In Deutschland gibt es die vom Bundesamt für Verbraucherschutz und Lebensmittelsicherheit (BVL) herausgegebene Amtliche Sammlung von Untersuchungsmethoden (ASU), die ihre Grundlage im § 64 Lebensmittel- und Futtermittelgesetzbuch (LFGB), § 38 Tabakerzeugnisgesetz und § 28b Gentechnikgesetz hat. Diese **ASU-Methoden** finden Anwendung im gesamten Bereich der Lebensmittel, kosmetischen Mittel, Bedarfsgegenstände, Tabakerzeugnisse, Futtermittel und Proben, die im Rahmen der gentechnikrechtlichen Überwachungstätigkeit der Bundesländer angewendet werden. Die Methodensammlung wird stets auf aktuellem Stand gehalten und es werden weitere Methoden aufgenommen.

Europäische Methoden werden als **Europa-Norm**-Methoden (EN) herausgegeben. Diese Methoden werden häufig auch als **DIN-Methoden** vom Deutschen Institut für Normung in Deutschland übernommen oder liegen auch als weltweit gültige **ISO-Methoden** (International Standard Organisation) vor und finden vor allem in der Wasseruntersuchung Anwendung (▶ Abschn. 1.5.3.1).

AOAC-Methoden gehen auf die Association of Official Analytical Chemists (AOAC International) zurück. Das amerikanische Landwirtschaftsministerium (USDA) wollte vor über 100 Jahren eine Grundlage schaffen, auf der einheitliche Methoden zur Analytik von vielen Laboren herangezogen werden können. Bei diesen international weit verbreiteten Methoden wird das gesamte Spektrum der Lebensmittel abgedeckt.

In der Schweiz wurde das Schweizerische Lebensmittelbuch (SLMB) mit allgemein anerkannten Methoden herausgegeben. Diese amtliche Sammlung von Untersuchungsmethoden steht als Online-Version zur Verfügung.

Des Weiteren gibt es Methoden, die sich mit einem bestimmten Bereich von Lebensmitteln beschäftigen. So gibt es Deutsche Einheitsmethoden zur Untersuchung von Fetten, Fettprodukten, Tensiden und verwandten Stoffen, die von der Deutschen Gesellschaft für Fettwissenschaft e. V. (DGF) herausgegeben werden.

Die Internationale Fruchtsaftunion (IFU) hat eine eigene Kommission gebildet, die sich mit der Entwicklung von Analysenmethoden beschäftigt. In den IFU-Methoden werden die Inhaltsstoffe von Fruchtsaft und Fruchterzeugnissen behandelt.

Im Bereich Süßwaren/Schokoladen gibt es offizielle Methoden, die noch nach der Vorgänger-Organisation IOCCC (International Organization for Cocoa, Chocolate and Confectionery) bezeichnet sind. Heute ist IOCCC in die International Association of Confectionery (ICA) eingebunden, die Methoden behalten aber weiterhin ihre Gültigkeit.

Modifizierte Standardmethoden

Sobald die offiziellen Methoden in irgendeiner Form abgeändert werden, kann die offizielle Methode nicht mehr direkt zitiert werden. In diesem Fall ist die Methode als **modifiziert** anzugeben.

Jegliche Form von Modifizierung ist jedoch vorab zu validieren, um nachzuweisen, dass die Änderung keine Auswirkungen auf das Ergebnis hat (▶ Abschn. 3.2.1).

2.3.4.2 Literaturmethoden

Sind für die Analytik eines bestimmten Parameters keine Standardmethoden bekannt, können auch sogenannte **Literaturmethoden** angewandt werden. Das sind Methoden, die in Büchern, Fachzeitschriften und Journalen veröffentlicht wurden. Bevor diese Literaturmethoden jedoch für die Routineanalytik eingesetzt werden können, müssen auch diese validiert werden (▶ Abschn. 3.2.1).

2.3.4.3 Hausmethoden

Wenn die benötigte Analytik weder in Standardwerken noch in der Fachliteratur beschrieben wurde, kann es sinnvoll bzw. erforderlich sein, eine eigene Methode zu entwickeln. Diese Art der Methode wird als **Hausmethode** bezeichnet. Wie aus dieser Bezeichnung hervorgeht, sind derartige Methoden nur einem internen Kreis innerhalb einer Einrichtung bzw. Instituts zugänglich. Im Vergleich zu den vorher beschriebenen Methoden ist in diesem Fall der Validierungsaufwand am größten.

2

Literatur

1. Messunsicherheit   (2012).   ▶ http://www.carl-engler-schule.de/culm/culm/culm2/th_messdaten/mdv5/messunsicherheit.pdf. Zugegriffen: 10. Dez. 2020
2. Testo Industrial Services (2019) (Hrsg) Messunsicherheitsfibel. ▶ https://www.testotis.de/fileadmin/testotis.de/downloads/fibeln/Testo_Industrial_Services_GmbH_Messunsicherheitsfibel.pdf. Zugegriffen: 10. Dez. 2020
3. DIN 1319-1. Definition des Begriffs Messgröße. Kapitel 2, Nr. 1.1
4. Drosdowski G (Hrsg) (1978) Duden – Das große Wörterbuch der deutschen Sprache, Bd. 4. Bibliographisches Institut, Mannheim
5. Matissek R (2004) Schnellmethoden in Lebensmitteln – Möglichkeiten und Grenzen. In: Baltes W, Kroh LW (Hrsg) Schnellmethoden zur Beurteilung von Lebensmitteln und ihren Rohstoffen. Behr's, Hamburg, S 1–30
6. Matissek R, Janßen K, Kroh LW (2020) Methoden in der analytischen Chemie. In: KMD, S 1–12

Qualität im Labor

Teil II behandelt als Hauptthema Fragen der Qualität im Labor. Hier geht es einerseits um die Qualität und die Beurteilung von Methoden, wie Validierung, Selektivität, Spezifität u. dgl. und anderseits um die Qualität und die Beurteilung von Ergebnissen, wie Nachweis- und Bestimmungsgrenze, Ausreißer, Angabe des Ergebnisses, Messunsicherheit, Umgang mit Datensätzen, zensierte Daten und Nulltoleranz. Ein eigenes Kapitel widmet sich den Aufgaben des Qualitätsmanagements selbst und gibt Hinweise zur Qualitätslenkung, Akkreditierung, Validierung etc.

Inhaltsverzeichnis

Beurteilung von Methoden und Ergebnissen

Inhaltsverzeichnis

3

Zusammenfassung

Neben der Auswahl der „richtigen" Methode für die jeweilige analytische Frage-stellung ist die richtige Interpretation der Ergebnisse ausschlaggebend für eine zu-verlässige verlässliche Beurteilung von Lebensmitteln. Zu unterscheiden sind Para-meter, die eine Beurteilung der Analysenmethode erlauben und Parameter, die Aus-kunft über Genauigkeit und Streuung des Messergebnisses geben. Bei der Auswahl einer geeigneten Methode ist zu prüfen, ob es sich um eine standardisierte Methode handelt, bei der die Zuverlässigkeit der Methode angegeben ist oder um eine Li-teratur-/Hausmethode handelt, bei der die Zuverlässigkeit noch bestimmt werden muss. Der Stichprobenumfang hat einen unmittelbaren Einfluss auf die Richtigkeit des Messergebnisses. Je größer er ist, desto genauer wird das Ergebnis. Entschei-dend ist, dass sich die Bezeichnung Mehrfachbestimmungen immer auf die kom-plette Analytik bezieht. Bei der Angabe von Analysenergebnissen sowie der Angabe der dazugehörigen Messunsicherheit ist zu berücksichtigen, wie viele Stellen anzu-geben sind und auf welche Art das Ergebnis zu runden ist.

3.1 **Exzerpt**

Neben der Auswahl der „richtigen" Methode für die jeweilige analytische Frage-stellung ist die richtige Interpretation der Ergebnisse ausschlaggebend für eine zu-verlässige verlässliche Beurteilung von Lebensmitteln. Zu unterscheiden sind:

- **Parameter,** die eine Beurteilung der Analysenmethode erlauben.
- **Parameter,** die Auskunft über Genauigkeit und Streuung des Messergebnisses geben.

Letztere sind entscheidend für die Einschätzung, inwieweit das experimentell er-mittelte Ergebnis vom wahren Wert μ entfernt liegt. Die Übersicht in ◘ Abb. 3.1 zeigt auf der linken Seite wichtige Kriterien zur Beurteilung von Methoden und rechten Seite eine Reihe statistischer Hilfsmittel, die zur Beurteilung der Ergeb-nisse herangezogen werden können.

Parameter ↔ Analyt ↔ Matrix

- **Parameter**
  Eine Substanz (⇨Analyt) oder eine technische Größe, die mit chemischen oder physikalischen Messverfahren bestimmt werden kann.
- **Analyt**
  Eine Substanz/ein Stoff, die/der mit chemischen Verfahren qualifiziert oder quantifiziert werden kann. Analyten sind in der Regel in eine Matrix eingebettet (vgl. ▶ Abschn. 1.1).
- **Matrix**
  Die Matrix beinhaltet diejenigen Bestandteile, die häufig für die Untersuchung durch verschiedene Probenaufbereitungsverfahren vom Analyten abgetrennt werden müssen (vgl. ▶ Abschn. 1.1).

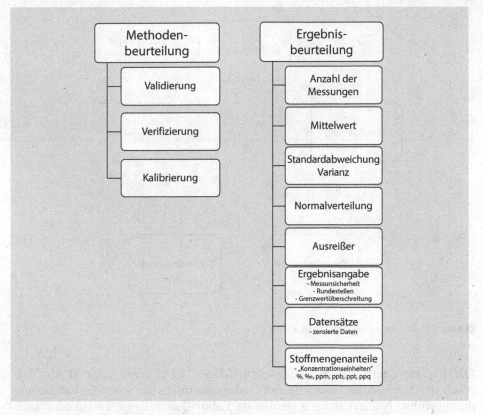

Abb. 3.1 Übersicht – Beurteilung von Methoden und Ergebnissen. *Erläuterungen:* siehe Text

3.2 Beurteilung von Methoden

3.2.1 Validierung

Nach Auswahl einer geeigneten Methode ist zu prüfen, ob es sich um eine standardisierte (genormte) Methode handelt, bei der die Zuverlässigkeit der Methode angegeben ist oder um eine Literatur-/Hausmethode handelt, bei der die Zuverlässigkeit noch bestimmt werden muss.

Validierung ↔ Verifizierung

- Mit Hilfe einer **Validierung**(engl. validation) werden die Methodenkenndaten festgelegt. Validierung ist die Bestätigung durch Untersuchung und Bereitstellung eines Nachweises, dass die besonderen Anforderungen für einen speziellen beabsichtigten Gebrauch erfüllt werden [1–6].
- Eine **Verifizierung**(engl. verification) ist eine verkürzte Validierung für die Anwendung von Normmethoden, bei der die in der Methode vorgegebenen Präzisionsdaten bestätigt werden.

3

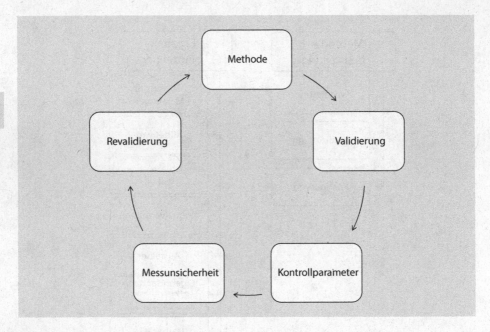

▫ **Abb. 3.2**   Struktur eines Validierungsplans

Die übergeordnete Struktur einer planmäßigen Validierung zeigt ▫ Abb. 3.2. Nach der Methodenentwicklung bzw. -adaption im Labor wird die Validierung durchgeführt. Nach Abschluss werden im Labor Qualitätsregelkarten oder auch Eignungsprüfungen im Rahmen der internen und externen Qualitätssicherung durchgeführt [7]. Als ein Ergebnis aus der Validierung kann die Messunsicherheit bestimmt werden. Bei Veränderungen in der Anwendung der validierten Methode (z. B. durch Matrixänderungen oder Modifikationen in der Durchführung) ist eine **Revalidierung** vorzunehmen.

Der Umfang einer Validierung ist in ▫ Abb. 3.3 verdeutlicht.

Eine Analysenmethode ist **spezifisch,** wenn nur eine Komponente (der Analyt) der Mischung bestimmt werden kann. Die zu bestimmende Komponente kann demnach ohne Verfälschung durch in der Probe vorhandene Komponenten erfasst werden.

Eine Analysenmethode ist **selektiv,** wenn sie verschiedene, nebeneinander zu bestimmende Komponenten ohne gegenseitige Störungen erfasst. Unterschiedliche Komponenten einer Mischung können demnach nebeneinander störungsfrei bestimmt werden.

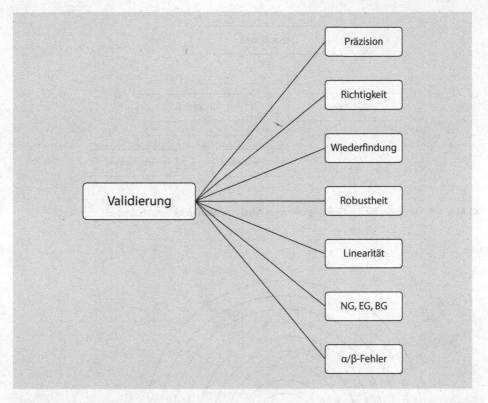

Abb. 3.3   Umfang einer Validierung. *Erläuterung:* NG Nachweisgrenze; BG Bestimmungsgrenze

Spezifität ↔ Selektivität

- **Spezifität** (engl. specificity) ist eine Eigenschaft, aus einer Menge von Objekten ein Objekt auszuwählen.
- **Selektivität** (engl. selectivity) ist eine Eigenschaft, aus einer Menge von Objekten mehrere auszuwählen.

3.2.1.1 Präzision

Die **Präzision** (mit ihren Unteraspekten Wiederholbarkeit und Vergleichbarkeit; ▶ Abschn. 3.2.1.1) *und* die **Richtigkeit** (▶ Abschn. 3.2.1.2) bestimmen die **Genauigkeit** eines Analysenverfahrens, wie in ◘ Abb. 3.4 schematisch dargestellt.

Präzision (engl. precision) ist das Maß für die Übereinstimmung unabhängiger Analysenergebnisse untereinander oder anders ausgedrückt: das Maß für die Streuung von Analysenergebnissen um den Mittelwert. ◘ Abb. 3.5 zeigt in einer Allegorie (Zielscheibe) schematisch die Verdeutlichung der Begriffe Genauigkeit, Präzision und Auflösung [9].

3

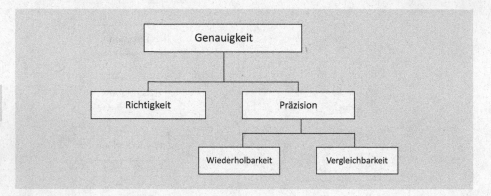

□ **Abb. 3.4**   Begriffe, die die Genauigkeit eines Analysenverfahrens beschreiben

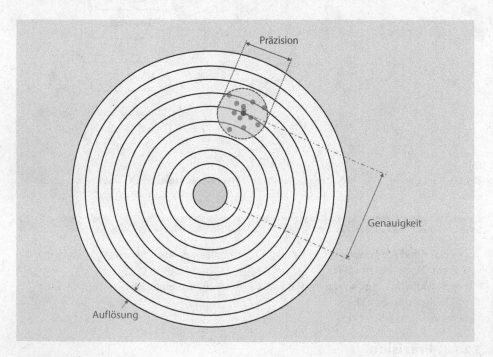

□ **Abb. 3.5**   Eine Zielscheibe als Allegorie für die Verdeutlichung der Begriffe Genauigkeit, Präzision und Auflösung

Die **Präzision** wird durch den Verfahrenskoeffizient *VK* (Synonym: relative Standardabweichung) beschrieben, der sich wiederum aus der Standardabweichung *s* berechnet:

$$s = \sqrt{\frac{\sum_{i-1}^{n}(x_i - \bar{x})^2}{n-1}} \quad VK[\%] = \frac{s}{\bar{x}} \cdot 100$$

mit
x_i – Messwert (Gehalt)
n – Anzahl der Messungen
$\bar{x}$ – Mittelwert

An Präzisionsarten wird zwischen **Wiederholbarkeit** (engl. repeatability; das heißt, eine Probe wird von einem Prüfer an demselben Gerät innerhalb eines Arbeitsganges mehrfach untersucht) und **Laborinterner Vergleichbarkeit** (engl. intermediate precision; das heißt, eine Probe wird von mehreren Mitarbeitern an verschiedenen Tagen und wenn möglich auch an verschiedenen gleichartigen Geräten untersucht) unterschieden. **Laborunabhängige Vergleichbarkeiten** (engl. reproducibility) werden bei Eignungsprüfungen festgelegt (▶ Abschn. 5.4).

Zur Ermittlung der jeweiligen Präzision wird ein Referenzmaterial zwölfmal vermessen. Aus der ermittelten Standardabweichung kann die Wiederholpräzision (r) bzw. Vergleichspräzision (R) berechnet werden.

$$r = f \cdot \sqrt{2} \cdot s_r$$

$$R = f \cdot \sqrt{2} \cdot s_R$$

Für ein Signifikanzniveau $P = 95\%$ und unter der Annahme einer Normalverteilung ist der Wert von $f = 1{,}96$ und somit r bzw. R:

$$r = 1{,}96 \cdot \sqrt{2} \cdot s \approx 2{,}8 \cdot s_r$$

$$R = 1{,}96 \cdot \sqrt{2} \cdot s_R \approx 2{,}8 \cdot s_R$$

Das heißt, es wird akzeptiert, wenn in 5 Fällen von 100 ($= 95\%$) die Differenz zweier Einzelmessungen bis ca. die dreifache Standardabweichung beträgt.

3.2.1.2 Richtigkeit, Wiederfindungsrate

Die **Richtigkeit** (engl. trueness) ist das Maß der Übereinstimmung zwischen dem ermittelten Wert und einem als richtig angesehenen Wert. Als Bezug dient dabei ein Wert, der konventionell als fehlerfrei und somit als richtig gilt, z. B. ein zertifiziertes Referenzmaterial, da der wahre Wert prinzipiell nicht bekannt sein kann.

Als Maß für die Richtigkeit wird die **Wiederfindungsrate WFR** (Soll/Ist-Vergleich, engl. recovery) herangezogen. In erster Linie sollte versucht werden, die Wiederfindungsrate durch die Untersuchung von zertifiziertem Referenzmaterial aus der Wiederfindungsfunktion zu bestimmen. Das zertifizierte Referenzmaterial wird mehrmals unter Wiederholbedingungen vermessen.

Wiederfindungsrate

— Die **Wiederfindungsrate** (WFR) einer Messung ist der Quotient aus Messwert x_{ist} und Referenzwert x_{soll}.
— Die **WFR** einer idealen Messung beträgt 1 – oder 100 %, wenn der Quotient in Prozent angegeben wird.

3.2.1.3 Wiederfindungsfunktion

Für die folgenden Berechnungen liegt die allgemeine Geradengleichung zu Grunde:

$$y = mx + b$$

mit

m – Steigung

b – y-Achsenabschnitt

Für die Ermittlung einer **Wiederfindungsfunktion** (engl. recovery function) erfolgt zunächst eine matrixfreie Grundkalibrierung (Standard $x_{g(1\ bis\ n)}$). Die Grundkalibrierfunktion lautet:

$$y_G = m_G x + b_G$$

Anschließend wird jeder einzelne Kalibrierstandard dem Matrixeinfluss ($x_{m(1\ bis\ n)}$) der realen Probe ausgesetzt und analysiert. Über die Messsignale $y_{m(1\ bis\ n)}$ resultiert daraus die zweite Kalibrierfunktion:

$$y_M = m_M x + b_M$$

Unter der Annahme, dass Grund- und Matrixkalibrierung (engl. Matrix Matched Calibration) (vgl. auch ▶ Abschn. 5.4.8) die gleiche Streuung besitzen (Prüfung auf Homogenität der Verfahrensstandardabweichungen $s_V = s_R/m$ beider Verfahren, vgl. einschlägige Literatur), werden die Messsignale $y_{m(1\ bis\ n)}$ mit der Grundkalibrierfunktion ausgewertet:

$$x_{WF(1\ bis\ n)} = \frac{y_{m(1\ bis\ n)} - b_G}{m_G}$$

Die errechneten Konzentrationen $x_{WF(1\ bis\ n)}$ werden anschließend gegen die eingesetzten Konzentrationen $x_{m(1\ bis\ n)}$ graphisch aufgetragen und die Wiederfindungsfunktion ermittelt:

$$x_{WF} = m_{WF} x + b_{WF}$$

Sind keine Abweichungen durch **Matrixeffekte** vorhanden, so hat die Wiederfindungsfunktion eine Steigung vom $m_{WF} = 1$ und einen y-Achsenabschnitt von $b_{WF} = 0$. Bei konstant-systematischen Abweichungen ist $b_{WF} \neq 0$ (mit $m_{WF} = 1$), während sich bei proportional-systematischen Abweichungen die Steigung ändert $m_{WF} \neq 1$ (mit $b_{WF} = 0$). Bei proportional-systematischen Abweichungen ist $m_{WF} = WFR$ und das Probenergebnis kann entsprechend korrigiert werden (vgl. ▶ Abschn. 3.2.1.3.1).

Verluste bei der Aufarbeitung oder störende Matrixeffekte führen häufig zu Messergebnissen, die um einen bestimmten Betrag kleiner (Verluste) oder größer (z. B. durch Matrixeffekte) als der wahre Wert μ sind. Ist dieser Betrag unabhängig von der Analytkonzentration immer gleich (Steigung m bleibt gleich), so handelt es sich um eine konstant-systematische Abweichung. Ändert dieser sich hingegen in Abhängigkeit der Analytkonzentration (veränderte Steigung m), so handelt es sich um eine proportional-systematische Abweichung.

Um diese *Verschiebung* des Messergebnisses zu erkennen und zu korrigieren, wird die Wiederfindung eines Analyten in einer bestimmten Matrix bestimmt. Hierzu stehen mehrere Verfahren zur Verfügung: siehe nachfolgende Ausführungen.

Schnelltest

Beim **Schnelltest** wird eine bekannte, definierte Menge x_i des Analyten in eine analytfreie Matrix gegeben und die Konzentration x_b über ein etabliertes, kalibriertes Verfahren bestimmt. Alternativ wird der Analytgehalt x_p in der Probe ermittelt, die Probe anschließend mit einer bekannten, definierten Menge des Analyten dotiert und erneut vermessen. Die Wiederfindungsrate *WFR* ergibt sich wie folgt:

$$WFR = \frac{x_b - x_P}{x_i} \cdot 100$$

mit

x_i – Menge Analyt

x_p – Konzentration Analyt in Probe

x_b – Konzentration Analyt in dotierter Probe

Das Messergebnis der Probe $x_{p,korr}$ wird abschließend um die *WFR* korrigiert:

$$x_{p,korr} = \frac{x_P}{WFR}$$

Der Nachteil an dieser Methode ist, dass keine Information vorhanden ist, ob es sich bei den Abweichungen um konstant- oder proportional-systematische Abweichungen handelt. Auf alle Fälle ist die angewandte rechnerische Korrektur der Messergebnisse um die *WFR* klar und nachvollziehbar anzugeben.

Interne Standardmethode

Bei der **Internen Standardmethode** (engl. internal standard method) wird ein Interner Standard eingesetzt. Dies ist eine Substanz, die ähnliche physikalisch-chemische Eigenschaften besitzt, wie der Analyt. Folglich wird davon ausgegangen, dass sich der Interne Standard bei der Aufarbeitung und Analytik ähnlich zum Analyten verhält (also ähnlichen Matrixeinflüssen und Aufarbeitungsverlusten unterliegt). Vor der eigentlichen Analytik der Probe wird ein Korrekturfaktor *KF* ermittelt, dieser wird auch **Responsefaktor *RF*** genannt:

$$KF = \frac{c_{A,KF} \cdot y_{S,KF}}{c_{S,KF} \cdot y_{A,KF}}$$

mit

$c_{A,KF}$ – Konzentration des Analyten

$c_{S,KF}$ – Konzentration des Internen Standards

$y_{S,KF}$ – Messsignal des Internen Standards

$y_{A,KF}$ – Messsignal des Analyten

3

Bei der Analyse der Probe wird vor der Aufarbeitung der Interne Standard in bekannter Konzentration c_S zugegeben und die Probe analysiert. Die Analytkonzentration c_A wird mit Hilfe der Messsignale unter Berücksichtigung des *KF* und der Wiederfindung des Internen Standards ermittelt:

$$c_A = y_A \cdot \frac{c_S \cdot KF}{y_S}$$

mit

c_S – Konzentration des Internen Standards

y_S – Messsignal des Internen Standards

y_A – Messsignal des Analyten

Stabilisotopen-Verdünnungsanalyse (SIVA)

Eine besondere Form der Internen Standardmethode ist die **Stabilisotopen-Verdünnungsanalyse (SIVA,** engl. Stabile Isotope Dilution Analysis, SIDA). Diese Methode eignet sich besonders für Substanzen, die nur in kleinen Konzentrationen vorhanden sind und die für die Analytik aufwändig aufgearbeitet werden müssen. Diese Schwankungen können durch die SIVA ausgeglichen werden. Hierbei werden isotopenmarkierte Standards eingesetzt, die mittels massenspektrometrischer Detektion ausgewertet werden. Das Prinzip wird in ◘ Abb. 3.6 dargestellt.

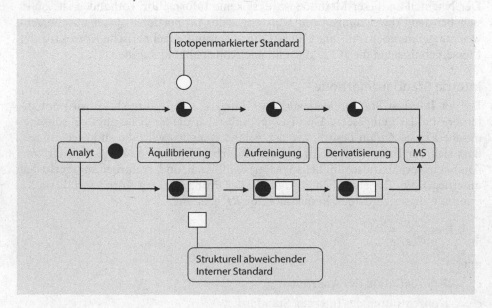

◘ **Abb. 3.6**   Prinzip der Stabilisotopen-Verdünnungsanalyse (SIVA). *Erläuterung:* ● Analyt; ○ stabilisotopenmarkierter Interner Standard; □ strukturell abweichender Interner Standard; **MS** Massenspektrometer. *Weitere Erläuterungen:* siehe Text

Isotopenmarkierung (Labelling)

- **Isotope** sind Atomarten, deren Atomkerne gleich viele Protonen, aber unterschiedlich viele Neutronen aufweisen. Isotope haben die gleiche Ordnungszahl und stellen daher das gleiche Element dar, weisen aber verschiedene Massenzahlen auf: z. B. bei Wasserstoff ^{1}H, ^{2}H (D, Deuterium, schwerer Wasserstoff) bzw. ^{3}H (T, Tritium, überschwerer Wasserstoff). Isotope können mittels massenspektrometrischer Untersuchung differenziert werden.

- Bei den Isotopen wird zwischen den stabilen und instabilen Typen unterschieden. Durch den Austausch von (Stabil-)**Isotopen** (zum Beispiel D gegen H oder ^{13}C gegen ^{12}C) innerhalb eines Moleküls (sog. Markierung, engl. labelling) lassen sich in sonst identischen Molekülen die markierten von den unmarkierten im Verlauf einer Reaktion oder bei der massenspektrometrischen Analyse differenzieren. Das Arbeiten mit Stabilisotopen ist deshalb eher gefragt, als das Arbeiten mit radioaktiven (instabilen) Isotopen, da in diesem Fall keine besonderen Sicherheitsvorkehrungen notwendig sind.

- Das Symbol **U** kennzeichnet eine Substanz, in der alle Atome eines bestimmten Elements in demselben Isotopenverhältnis markiert (engl. **uniformity labelling**) sind. So ist beispielsweise eine als **[U-^{13}C]-Glucose** bezeichnete Verbindung ein Glucose-Isotopomer, in dem alle sechs C-Atome aus ^{13}C bestehen.

- Die **Deuterierung** (engl. deuterium labelling) ist eine Technik zur Markierung von Molekülen, bei der einige oder alle Wasserstoffatome (^{1}H) in einem Molekül durch Deuteriumatome (^{2}H, D) substituiert werden. Dadurch ändern sich die chemischen Eigenschaften der Moleküle praktisch nicht, wohl aber die physikalischen. Diese Unterschiede können gezielt zur Untersuchung von Molekülen – zum Beispiel mit Massenspektrometern – eingesetzt werden. Die Deuterierung stellt den häufigsten Anwendungsfall der Isotopenmarkierung dar. Beispiel: Acrylamid-d$_3$ ist ein deuteriertes Acrylamid, bei dem drei D-Atome eingefügt sind (▶ Abschn. 20.4.1).

Standardadditionsmethode

Für das **Standardadditionsverfahren** (die Standardadditionsmethode) (engl. standard addition method) wird im ersten Schritt eine matrixfreie Grundkalibrierung durchgeführt (vgl. Wiederfindungsfunktion, Standard $x_{g(1-n)}$, $y_G = m_G x + b_G$). Über diese wird der Analytgehalt x_P in der Probe abgeschätzt. Durch Zugabe definierter Mengen an Analyt (c_{1-4}) werden mindestens vier Aufstockproben x_{1-4} hergestellt. Dabei ist zu beachten, dass zum einen die Aufstockschritte äquidistant sein sollten und zum anderen die Konzentration der höchsten Aufstockung c_4 mindestens so hoch sein sollte, wie der abgeschätzte Analytgehalt x_P der Probe sowie alle Aufstockproben innerhalb des linearen Arbeitsbereiches der Kalibrierfunktion (▶ Abschn. 3.2.1.5) liegen müssen. Durch Vermessung der **Aufstockproben** und der Probe entsteht die Standardadditionsfunktion:

$$y_{SA} = m_{SA} x + b_{SA}$$

3

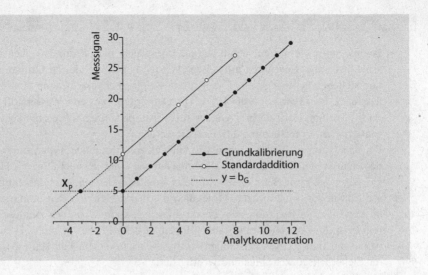

● **Abb. 3.7**   Graphische Bestimmung der Probenkonzentration X_P aus Grundkalibrierung und Standardaddition. *Erläuterungen:* siehe Text

mit
$b_{SA} = y_P$

Die exakte Probenkonzentration wird aus dem Schnittpunkt der Standardadditionsfunktion mit $y = b_G$ bestimmt (● Abb. 3.7) und ist bereits um die Wiederfindung korrigiert:

$$|x_{Pr}| = \left| \frac{b_G - y_P}{m_{SA}} \right|$$

Die Wiederfindungsrate *WFR* kann berechnet und folgendermaßen angegeben werden, die Probe wird jedoch nicht nochmal damit korrigiert:

$$WFR\,(\%) = \frac{m_{SA}}{m_G} \cdot 100$$

Einschachtelungsverfahren

Statt der Ermittlung der Gehalte über eine Kalibrierkurve kann auch nach dem **Einschachtelungsverfahren** ausgewertet werden. Für diesen Zweck werden zwei Kalibrierlösungen mit Analytgehalten hergestellt, die möglichst nahe ober- und unterhalb des Gehaltes der Probenmesslösung liegen. Die Konzentrationen der Kalibrierlösungen können der der Probenmesslösung beliebig genähert werden. Bei größeren Unterschieden zwischen den Kalibrierlösungen und nicht gegebener Linearität in diesem Bereich können Fehler auftreten.

Bei Serienuntersuchungen ist zudem der Aufwand größer als beim Kalibrierkurvenverfahren. Ein Beispiel ist im ► Abschn. 18.11.1 beschrieben, wo es um die Bestimmung von Natrium und Kalium mittels Flammenphotometrie geht.

Die Konzentration des betreffenden Analyten in der Probenmesslösung c_x in mg/L wird beim Einschachtelungsverfahren wie folgt berechnet:

$$c_x\,[\mathrm{mg/L}] = c_1 + \frac{E_x - E_1}{E_2 - E_1} \cdot (c_2 - c_1)$$

mit

c_1 – Konzentration der Kalibrierlösung mit niedrigem Gehalt an Analyt in mg/L

c_2 – Konzentration der Kalibrierlösung mit höherem Gehalt an Analyt in mg/L

E_x – Ablesewert (z. B. Extinktion) bei Messung der Probenmesslösung

E_1 – Ablesewert bei Messung der Kalibrierlösung mit niedrigem Gehalt an Analyt

E_2 – Ablesewert bei Messung der Kalibrierlösung mit höherem Gehalt an Analyt

3.2.1.4 Robustheit

Eine Methode ist robust, wenn das Ergebnis nach Änderungen in der Durchführung nicht verändert wird. Zur Überprüfung der **Robustheit** (engl. robustness) können einzelne Kriterien in der Aufarbeitung verändert werden und die Ergebnisse nach der Änderung werden mit den Ergebnissen nach üblicher Aufarbeitung verglichen. Dabei werden die akzeptierten Schwankungsbreiten als Zielvorgabe vorab festgelegt.

3.2.1.5 Linearität

Die **Linearität** (engl. linearity) beschreibt die Fähigkeit einer Methode, innerhalb eines gegebenen Konzentrationsbereiches Ergebnisse zu liefern, die der Konzentration des Analyten direkt proportional sind.

Zur Überprüfung der Linearität wird mindestens eine Fünfpunktkalibration vorgenommen. Auch hier werden mindestens Doppelbestimmungen von jedem Konzentrationsniveau durchgeführt. Die Werte werden einzeln in die Graphik eingetragen (◘ Abb. 3.8). Der Arbeitsbereich der Kalibriergeraden sollte so gewählt werden, dass sich die zu erwartende Konzentration der Probe in der Mitte der Kalibriergeraden befindet:

- Bei **analytfreier Matrix** wird die zu analysierende Substanz in verschiedenen Konzentrationen zudotiert.
- Bei *nicht* **analytfreier Matrix** ist eine Extrapolation nach Standardaddition durchzuführen. Es ist darauf zu achten, dass keine Verdünnungseffekte auftreten (möglich bei Verringerung der Einwaage) und der Matrixeinfluss dadurch vernachlässigbar wird.

3.2.1.6 Nachweisgrenze, Erfassungsgrenze, Bestimmungsgrenze

Wird bei der Probenanalyse ein geringfügig über Null (bzw. Blindwert) liegender Messwert gewonnen, so sind zwei Interpretationen möglich:

1. Die Probe enthält die gesuchte Substanz *nicht*.

   ⇨ Der Messwert ist lediglich auf die Unpräzision des Analysenverfahrens zurückzuführen und der Messwert ist dem Streubereich des Blindwertes zuzuordnen.

3

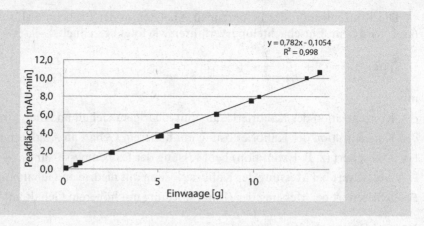

■ **Abb. 3.8**   Kalibriergerade der Linearität. *Erläuterungen:* siehe Text

2. Die Probe *enthält* die gesuchte Substanz.
   ⇨ Wiederholte Analysen würden einen Messwert ergeben, in dessen Streubereich der erste, in Frage gestellte Messwert liegt.

Eine statistische Entscheidungshilfe bei der Interpretation von kleinen Messwerten ist die Angabe von **Nachweisgrenze** (NG), **Erfassungsgrenze** (EG) und **Bestimmungsgrenze** (BG) einer Methode.

Die Bestimmung von NG, EG und BG einer Methode ist abhängig davon, ob
ein sog. Leerwert mit Hilfe einer analytfreien Matrix bestimmt werden kann. In
diesen Fällen können NG, EG und BG direkt über die **Leerwertmethode** bestimmt
werden. Ist es nicht möglich eine analytfreie Matrix herzustellen, werden die drei
Parameter indirekt über eine Kalibrierung **(Kalibriermethode)** ermittelt. In beiden Fällen wird eine Normalverteilung der Daten vorausgesetzt. Kann diese Anforderung nicht erfüllt werden bzw. ist keine Kalibrierung des Systems möglich,
kann auf sog. **Schätzmethoden** zurückgegriffen werden.

Weitere Beschreibungen zur Ermittlung von NG, EG und BG über die oben
genannten Verfahren siehe Literaturhinweise am Ende des Kapitels.

NG ↔ LOD || BG ↔ LOQ

— Die hier verwendeten Begriffsdefinitionen von **NG** (Nachweisgrenze) und **BG**
  (Bestimmungsgrenze) sind aus der DIN 32645 [10] übernommen worden; diese
  werden aber nicht immer einheitlich verwendet.
— Die englischen Begriffe **LOQ** *(Limit of Detection)* und **LOD** *(Limit of Quantification* oder *Limit of Quantitation)* werden hier synonym zu den entsprechenden
  deutschen Begriffen verwendet, können aber in der Literatur bzw. Praxis durchaus anders definiert sein.

— Ein **α-Fehler** (oder Fehler 1. Art) bezeichnet eine falsch-positive Entscheidung. Dies bedeutet, dass beim Test die Nullhypothese zurückgewiesen wird, obwohl sie in Wirklichkeit korrekt ist.

— Ein **β-Fehler** (oder Fehler 2. Art) bezeichnet eine falsch-negative Entscheidung. Dies bedeutet, dass der Test die Nullhypothese fälschlicherweise bestätigt, obwohl die Alternativhypothese korrekt ist. Weitere Erläuterungen siehe Kasten „Hypothese".

— Ein **falsch positiver** Test ist einer, der etwas zu bestätigen scheint, was in Wirklichkeit falsch ist.

— Ein **falsch negativer** Test ist einer, der etwas zu widerlegen scheint, was in Wirklichkeit stimmt.

— Als **Hypothese** wird eine Annahme bezeichnet, die mit Methoden der mathematischen Statistik auf Basis empirischer Daten geprüft wird. Dabei wird zwischen Nullhypothese und Alternativhypothese unterschieden.

— Die **Nullhypothese** sagt dabei aus, dass kein Effekt bzw. Unterschied vorliegt oder das ein bestimmter Zusammenhang nicht besteht.

— Wenn diese These nach Prüfung verworfen wird, bleibt die **Alternativhypothese** als Möglichkeit übrig. Auf diese Weise soll die Wahrscheinlichkeit für eine irrtümliche Verwerfung der Nullhypothese kontrolliert klein bleiben.

Nachweisgrenze

An der **Nachweisgrenze (NG)** x_{NG} (entspricht in der Regel engl. Limit Of Detection, LOD; siehe Kasten „NG ↔ LOD ‖ BG ↔ LOQ") wird der Analyt nur in 50 % der Messungen qualitativ erkannt. Die Wahrscheinlichkeit für eine falsch-negative Entscheidung (β-Fehler) liegt bei 50 %, für eine falsch-positive Entscheidung (α-Fehler) bei 5 %. Die Visualisierung der Nachweisgrenze mit Kalibriergerade und Vertrauensband ist ◘ Abb. 3.9 zu entnehmen. Die Verteilungskurven im Bereich der Nachweisgrenze zeigt ◘ Abb. 3.10.

Die **Nachweisgrenze** x_{NG} kann nach der Kalibriergeradenmethode wie folgt bestimmt werden [11]:

$$x_{NG} = \frac{y_c - a}{b}$$

3

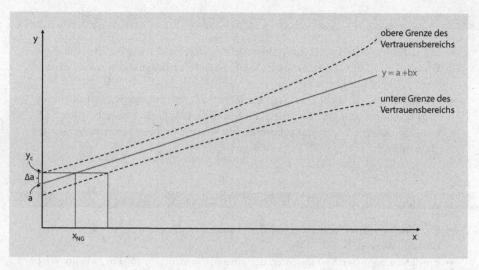

□ Abb. 3.9 Nachweisgrenze mit Kalibriergerade und Vertrauensband (Nach [11]). *Erläuterung:* **y** Messsignal (Messgröße); y_c kritischer Wert der Messgröße; **x** Messwert (Analytkonzentration); **a, b** Konstanten der Kalibriergeraden; **Δa** Vertrauensbereich. *Weitere Erläuterungen:* siehe Text

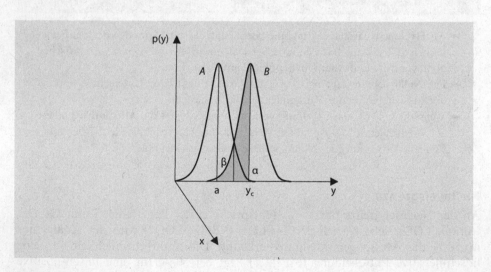

□ Abb. 3.10 Verteilungskurven im Bereich der Nachweisgrenze. *Erläuterung:* **A** Blindprobe; **B** Probe mit Gehalt. **y** Messsignal (Messgröße); y_c kritischer Wert der Messgröße; **x** Messwert (Analytkonzentration); **α** α-Fehler; **ß** ß-Fehler. *Weitere Erläuterungen:* siehe Text

$$y_c = a + \Delta a = a + s_y \cdot t \cdot \sqrt{\frac{1}{n} + \frac{1}{m} + \frac{\bar{x}^2}{\sum_{i=1}^{n}(x_i - \bar{x})^2}}$$

Daraus ergibt sich:

$$x_{NG} = \frac{s_y}{b} \cdot t \cdot \sqrt{\frac{1}{n} + \frac{1}{m} + \frac{\bar{x}^2}{\sum_{i=1}^{n}(x_i - \bar{x})^2}}$$

mit

x_{NG} – Messwert Nachweisgrenze

Δa – Vertrauensbereich

s_y – Standardabweichung der Reste

t – Tabellenwert der t-Verteilung

a, b – Konstanten der Kalibriergeraden

n – Anzahl der Messwerte

m – Anzahl der Parallelbestimmungen

x_i – Messwert (Gehalt)

$\bar{x}$ – Mittelwert

y_c – kritische Größe

Als Bedingung gilt, dass der Quotient aus dem Maximum der Messwertreihe und der Nachweisgrenze kleiner gleich 10 ist.

Erfassungsgrenze

An der **Erfassungsgrenze (EG)** x_{EG} wird der Analyt in 95 % der Messungen qualitativ erkannt. Die Wahrscheinlichkeit für eine falsch-negative Entscheidung (β-Fehler) liegt bei 5 %, für eine falsch-positive Entscheidung (α-Fehler) bei ebenfalls 5 %. Die Visualisierung der Erfassungsgrenze mit Kalibriergerade und Vertrauensband ist ◘ Abb. 3.11 zu entnehmen. Die Verteilungskurven im Bereich der Erfassungsgrenze zeigt ◘ Abb. 3.12.

Die **Erfassungsgrenze** x_{EG} berechnet sich aus dem doppelten Wert der Nachweisgrenze x_{NG} [11]:

$$x_{EG} = 2 \cdot x_{NG}$$

mit

x_{EG} – Messwert Erfassungsgrenze

x_{NG} – Messwert Nachweisgrenze

Bestimmungsgrenze

Ab der **Bestimmungsgrenze (BG)** x_{BG} (entspricht in der Regel engl. Limit Of Quantification, LOQ; siehe Kasten „NG ↔ LOD ‖ BG ↔ LOQ") kann der Analyt mit einer bestimmten Ergebnisunsicherheit α sicher quantifiziert werden (◘ Abb. 3.14). Die Bestimmungsgrenze ist somit der kleinste Gehalt einer Substanz in einer Probe, die bei vorgegebener statistischer Sicherheit und einem festgelegten relativen Vertrauensbereich $\Delta x_{LOQ}/x_{LOQ}$ quantitativ bestimmbar ist. Δx_{LOQ} entspricht dabei der halben Breite des zweiseitigen Vorhersagebereichs 1–α. Als Faustregel gilt: Die BG entspricht dem dreifachen Wert der NG.

3

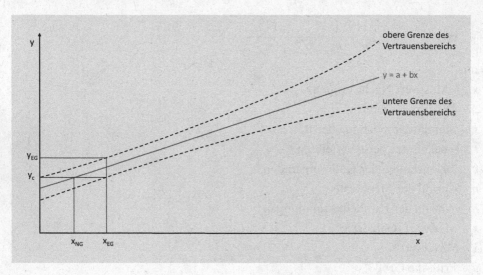

■ **Abb. 3.11**   Erfassungsgrenze mit Kalibriergerade und Vertrauensband (Nach [11]). *Erläuterung:* **y** Messsignal (Messgröße); y_c kritischer Wert der Messgröße; y_{EG} Messgröße an der Erfassungsgrenze; **x** Messwert (Analytkonzentration); **a, b** Konstanten der Kalibriergeraden. *Weitere Erläuterungen:* siehe Text

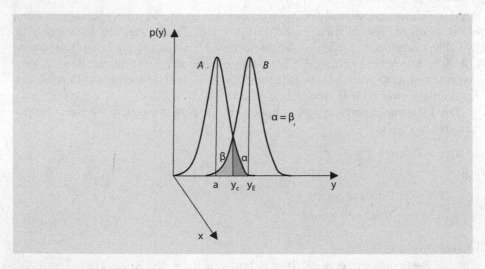

■ **Abb. 3.12**   Verteilungskurven im Bereich der Erfassungsgrenze. *Erläuterung:* **A** Blindprobe; **B** Probe mit Gehalt. **y** Messsignal (Messgröße); y_c kritischer Wert der Messgröße; y_{EG} Wert der Messgröße an der Erfassungsgrenze; **x** Messwert (Analytkonzentration); **α** α-Fehler; **ß** ß-Fehler. *Weitere Erläuterungen:* siehe Text

Die Visualisierung der Bestimmungsgrenze mit Kalibriergerade und Vertrauensband ist ■ Abb. 3.13 zu entnehmen. Die Verteilungskurven im Bereich der Bestimmungsgrenze zeigt ■ Abb. 3.14.

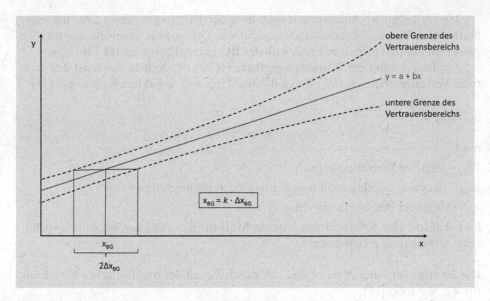

◨ **Abb. 3.13** Bestimmungsgrenze mit Kalibriergerade und Vertrauensband (Nach [11]). *Erläuterung:* **y** Messsignal (Messgröße); **x** Messwert (Analytkonzentration); x_{BG} Messwert an der Bestimmungs-grenze; **a, b** Konstanten der Kalibriergeraden; **k** k-Faktor. *Weitere Erläuterungen:* siehe Text

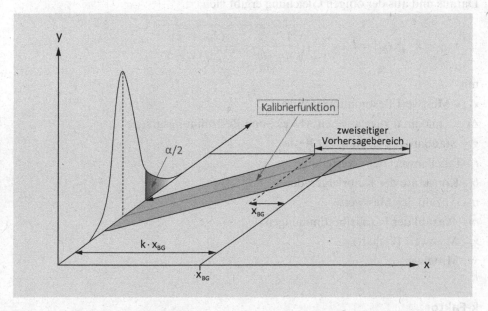

◨ **Abb. 3.14** Verteilungskurve im Bereich der Bestimmungsgrenze (Nach DIN 32645 [10]). *Erläu-terung:* **y** Messsignal (Messgröße); **x** Messwert (Analytkonzentration); x_{BG} Messwert an der Bestim-mungsgrenze; Δx_{BG} maximal zugelassene Abweichung für die Bestimmungsgrenze; **k** k-Faktor; **α** α-Fehler (falsch-positive Entscheidung). *Weitere Erläuterungen:* siehe Text

Merke: Liegt der Analytgehalt unterhalb der BG, so gilt dieser zwar mit einer bestimmten Wahrscheinlichkeit als qualitativ nachgewiesen, sinnvolle quantitative Aussagen können jedoch erst oberhalb der BG gemacht werden (■ Tab. 3.2).

Zur Berechnung der **Bestimmungsgrenze** ist es erforderlich, zunächst den relativen Vertrauensbereich VB_{rel} durch die Wahl des sog. **k-Faktors** festzulegen [11]:

$$VB_{rel} = \frac{1}{k} = \frac{\Delta x_{BG}}{x_{BG}}$$

mit

VB_{rel} – relativer Vertrauensbereich

Δx_{BG} – maximal zugelassenen Abweichung Bestimmungsgrenze

x_{BG} – Messwert Bestimmungsgrenze

k – k-Faktor: Der Kehrwert von k ist ein Maß für die wählbare, maximal zugelassene Abweichung pro Messwert

Die Bestimmungsgrenze berechnet sich durch Lösen der quadratischen Gleichung für x_{BG} wie folgt [11]:

$$x_{BG} + \Delta x_{BG} = x_{BG} + \frac{s_y}{b} \cdot t \sqrt{\frac{1}{n} + \frac{1}{m} + \frac{(x_{BG} - \bar{x})^2}{\sum_{i=1}^{n}(x_i - \bar{x})^2}}$$

Daraus und aus der obigen Gleichung ergibt sich:

$$x_{BG} = k \cdot \Delta x_{BG} = k + \frac{s_y}{b} \cdot t \sqrt{\frac{1}{n} + \frac{1}{m} + \frac{(x_{BG} - \bar{x})^2}{\sum_{i=1}^{n}(x_i - \bar{x})^2}}$$

mit

x_{BG} – Messwert Bestimmungsgrenze

Δx_{BG} – maximal zugelassenen Abweichung Bestimmungsgrenze

s_y – Standardabweichung der Reste

t – Tabellenwert der t-Verteilung

b – Konstante der Kalibriergeraden

n – Anzahl der Messwerte

m – Anzahl der Parallelbestimmungen

x_i – Messwert (Gehalt)

$\bar{x}$ – Mittelwert

k-Faktor

Der k-Faktor k ist wichtig für die Festlegung des reaktiven Vertrauensbereichs sowohl für NG, EG und BG (■ Tab. 3.1). Für NG und EG ergeben sie sich aus den Festlegungen für diese Grenzen, für BG wird meistens $k = 3$ gewählt.

◘ **Tab. 3.1**   k-Faktoren

Grenzen	$\Delta \frac{x_{BG}}{x_{BG}}$	k	VB_{rel} (%)
x_{NG}	$\frac{x_N}{x_N}$	1	100
x_{EG}	$\frac{x_N}{2x_N}$	2	50
x_{BG}	$\frac{x_N}{3x_N}$	3	33

Quelle: Nach [11]

◘ **Tab. 3.2**   Angabe des Ergebnisses einer Untersuchung unter Berücksichtigung von NG und BG

Ergebnis	Angabe des Ergebnisses als
x > BG	Zahlenwert
NG < x < BG	„nachweisbar" oder „ < BG"
x < NG	„nicht nachweisbar" oder „n. n." oder „ < NG"

Quelle: Nach DIN 32645 [10]

Akzentuierung der Nachweisgrenze, Bestimmungsgrenze

Liegt der Analytgehalt unterhalb der BG, so gilt dieser zwar mit einer bestimmten Wahrscheinlichkeit als qualitativ nachgewiesen, sinnvolle quantitative Aussagen können jedoch erst oberhalb der BG gemacht werden; siehe ◘ Tab. 3.2.

3.2.2 Verifizierung

Für die Anwendung von Normmethoden wird eine **Verifizierung** durchgeführt, bei der die in der Methode vorgegebenen Präzisionsdaten bestätigt werden. Eine Verifizierung ist eine verkürzte Validierung. Hierfür sind die Präzision, die Linearität sowie die Nachweis- und Bestimmungsgrenze von Bedeutung (► Abschn. 3.2.1.1, 3.2.1.5 und 3.2.1.6).

3.2.3 Kalibrierung

Kalibrierung ↔ Eichung

— **Kalibrierung** beschreibt das Ermitteln des Zusammenhangs zwischen Messwert oder Erwartungswert der Ausgangsgröße und dem zugehörigen wahren oder richtigen Wert der als Eingangsgröße vorliegenden Messgröße für eine betrachtete Messeinrichtung bei vorgegebenen Bedingungen. Bei der Kalibrierung erfolgt kein Eingriff, der das Messgerät verändert [12].

3

— **Eichen** (Eichung) ist die von der zuständigen Eichbehörde vorzunehmende Prüfung und Stempelung eines Messgerätes nach den Eichvorschriften. Durch die Prüfung wird festgestellt, ob das vorgelegte Messgerät den an seine Beschaffenheit und seine messtechnischen Eigenschaften zu stellenden Anforderungen genügt, insbesondere ob es die Eichfehlergrenze einhält [13].

Eine Kalibrierung (engl. calibration) dient dazu, eine Verbindung zwischen Messsignal und Analytkonzentration herzustellen. In den meisten Fällen liegt ein proportionaler (seltener: reziprok proportionaler) Zusammenhang vor, das heißt, je größer die Konzentration, desto größer (oder kleiner) wird das Messsignal. Besonders häufig besteht ein linearer Zusammenhang; somit stehen das Messsignal y und die Konzentration x über folgende Geradengleichung in Verbindung:

$$y = mx + b$$

mit

m – Steigung

b – y-Achsenabschnitt

Im Rahmen einer korrekten Kalibrierung müssen folgende Punkte beachtet werden:
- Bei der Herstellung der Kalibrierlösungen sollte darauf geachtet werden, dass die Konzentrationen äquidistant sind.
- Der Arbeitsbereich der Kalibriergeraden sollte so liegen, dass sich die zu erwartende Konzentration der Probe in der Mitte des Arbeitsbereiches befindet.
- Die Kalibrierung kann nur dann verwendet werden, wenn zwischen den Messsignalen der mehrfach vermessenen kleinsten und größten Konzentrationen Varianzenhomogenität (▶ Abschn. 3.3.2) besteht (F-Test):

$$PG = \frac{s_1^2}{s_2^2}$$

mit $s_1 > s_2$

Diese Prüfgröße wird mit dem Wert aus der F-Tabelle (Restrisiko $\alpha = 5\,\%$) bei $f_1 = n_1 - 1$ (für s_1) und $f_2 = n_2 - 1$ (für s_2) verglichen (◨ Tab. 3.3).

Ist PG < Tabellenwert, so ist mit 95 % Wahrscheinlichkeit von einer Varianzenhomogenität auszugehen.

- Es findet eine lineare Regression nach $y = mx + b$ statt. Die Linearität kann über das Bestimmtheitsmaß B beurteilt werden. Über das Bestimmtheitsmaß (auch Determinationskoeffizient) kann die Wahrscheinlichkeit eines linearen Zusammenhangs ($B = 1$) ermittelt werden. Daneben wird die Reststandardabweichung $s_{R,L}$ bestimmt:

$$s_{R,L} = \sqrt{\frac{\sum (y_i - y*_i)^2}{n - 2}}$$

☐ **Tab. 3.3**   F-Tabelle für $\alpha = 0{,}05$

f_2 \ f_1	1	2	3	4	5	6	7	8	9	10	15	20	30	60	∞
1	647,8	799,5	864,2	899,6	921,8	937,1	948,2	956,7	963,3	968,6	984,9	993,1	1001	1010	1018
2	38,51	39,00	39,17	39,25	39,30	39,33	39,36	39,37	39,39	39,40	39,43	39,45	39,46	39,48	39,5
3	17,44	16,04	15,44	15,10	14,88	14,73	14,62	14,54	14,47	14,42	14,25	14,17	14,08	13,99	13,9
4	12,22	10,65	9,98	9,60	9,36	9,20	9,07	8,98	8,90	8,84	8,66	8,56	8,46	8,36	8,26
5	10,01	8,43	7,76	7,39	7,15	6,98	6,85	6,76	6,68	6,62	6,43	6,33	6,23	6,12	6,02
6	8,81	7,26	6,60	6,23	5,99	5,82	5,70	5,60	5,52	5,46	5,27	5,17	5,07	4,96	4,85
7	8,07	6,54	5,89	5,52	5,29	5,12	4,99	4,90	4,82	4,76	4,57	4,47	4,36	4,25	4,14
8	7,57	6,06	5,42	5,05	4,82	4,65	4,53	4,43	4,36	4,30	4,10	4,00	3,89	3,78	3,67
9	7,21	5,71	5,08	4,72	4,48	4,32	4,20	4,10	4,03	3,96	3,77	3,67	3,56	3,45	3,33
10	6,94	5,46	4,83	4,47	4,24	4,07	3,95	3,85	3,78	3,72	3,52	3,42	3,31	3,20	3,08
11	6,72	5,26	4,63	4,28	4,04	3,88	3,76	3,66	3,59	3,53	3,33	3,23	3,12	3,00	2,88
12	6,55	5,10	4,47	4,12	3,89	3,73	3,61	3,51	3,44	3,37	3,18	3,07	2,96	2,85	2,72
13	6,41	4,97	4,35	4,00	3,77	3,60	3,48	3,39	3,31	3,25	3,05	2,95	2,84	2,72	2,60
14	6,30	4,86	4,24	3,89	3,66	3,50	3,38	3,29	3,21	3,15	2,95	2,84	2,73	2,61	2,49
15	6,20	4,77	4,15	3,80	3,58	3,41	3,29	3,20	3,12	3,06	2,86	2,76	2,64	2,52	2,40
16	6,12	4,69	4,08	3,73	3,50	3,34	3,22	3,12	3,05	2,99	2,79	2,68	2,57	2,45	2,32
17	6,04	4,62	4,01	3,66	3,44	3,28	3,16	3,06	2,98	2,92	2,72	2,62	2,50	2,38	2,25
18	5,98	4,56	3,95	3,61	3,38	3,22	3,10	3,01	2,93	2,87	2,67	2,56	2,44	2,32	2,19
19	5,92	4,51	3,90	3,56	3,33	3,17	3,05	2,96	2,88	2,82	2,62	2,51	2,39	2,27	2,13

(Fortsetzung)

◻ **Tab. 3.3** (Fortsetzung)

f_1 / f_2	1	2	3	4	5	6	7	8	9	10	15	20	30	60	∞
20	5,87	4,46	3,86	3,51	3,29	3,13	3,01	2,91	2,84	2,77	2,57	2,46	2,35	2,22	2,09
21	5,83	4,42	3,82	3,48	3,25	3,09	2,97	2,87	2,80	2,73	2,53	2,42	2,31	2,18	2,04
22	5,79	4,38	3,78	3,44	3,22	3,05	2,93	2,84	2,76	2,70	2,50	2,39	2,27	2,14	2,00
23	5,75	4,38	3,75	3,41	3,18	3,02	2,90	2,81	2,73	2,67	2,47	2,36	2,24	2,11	1,97
24	5,72	4,32	3,72	3,38	3,15	2,99	2,87	2,78	2,70	2,64	2,44	2,33	2,21	2,08	1,94
25	5,69	4,29	3,69	3,35	3,13	2,97	2,85	2,75	2,68	2,61	2,41	2,30	2,18	2,05	5,61
26	5,66	4,27	3,67	3,33	3,10	2,94	2,82	2,73	2,65	2,59	2,39	2,28	2,16	2,03	1,88
27	5,63	4,24	3,65	3,31	3,08	2,92	2,80	2,71	2,63	2,57	2,36	2,25	2,13	2,00	1,85
28	5,61	4,22	3,63	3,29	3,06	2,90	2,78	2,69	2,61	2,55	2,34	2,23	2,11	1,98	1,83
29	5,59	4,20	3,61	3,27	3,04	2,88	2,76	2,67	2,59	2,53	2,32	2,21	2,09	1,96	1,81
30	5,57	4,18	3,59	3,25	3,03	2,87	2,75	2,65	2,57	2,51	2,31	2,20	2,07	1,94	1,79
40	5,42	4,05	3,46	3,13	2,90	2,74	2,62	2,53	2,45	2,39	2,18	2,07	1,94	1,80	1,64
60	5,29	3,93	3,34	3,01	2,79	2,63	2,51	2,41	2,33	2,27	2,06	1,94	1,82	1,67	1,48
120	5,15	3,80	3,23	2,89	2,67	2,52	2,39	2,30	2,22	2,16	1,94	1,82	1,69	1,53	1,31
∞	5,02	3,69	3,12	2,79	2,57	2,41	2,29	2,19	2,11	2,05	1,83	1,71	1,57	1,39	1,00

◘ Tab. 3.4   F-Tabelle für den Anpassungstest nach Mandel ($\alpha = 0{,}01$); $f_1 = 1$

$f_2 = n_Q\text{-}3$		$f_2 = n_Q\text{-}3$		$f_2 = n_Q\text{-}3$		$f_2 = n_Q\text{-}3$	
1	4052	10	10,04	19	8,18	28	7,64
2	98,50	11	9,65	20	8,10	29	7,60
3	34,12	12	9,33	21	8,02	30	7,56
4	21,20	13	9,07	22	7,95	40	7,31
5	16,26	14	8,86	23	7,88	60	7,08
6	13,75	15	8,68	24	7,82	120	6,85
7	12,25	16	8,53	25	7,77	∞	6,63
8	11,26	17	8,40	26	7,72		
9	10,56	18	8,29	27	7,68		

mit

y_i – Messsignal der i-ten Kalibrierlösung

y^*_i – errechneter Wert $= mx_i + b$

━ Zusätzlich findet eine quadratische Regression nach $y = ax^2 + bx + c$ statt. Die Reststandardabweichung $s_{R,Q}$ errechnet sich wie folgt:

$$s_{R,Q} = \sqrt{\frac{\sum (y_i - y*_i)^2}{n - 3}}$$

mit

y_i – Messsignal der i-ten Kalibrierlösung

y^*_i – errechneter Wert $= mx_i^2 + bx_i + c$

━ Durch Vergleich der beiden Reststandardabweichungen wird das bessere Modell ausgewählt. Ist $s_{R,L} > s_{R,Q}$, wird mit Hilfe des Anpassungstests nach Mandel entschieden, ob dieser Unterschied wirklich signifikant ist (s. ◘ Tab. 3.4). Die Prüfgröße PG errechnet sich zu:

$$PG = \frac{(n_L - 2) \cdot s_{R,L}^2 - (n_Q - 3) \cdot s_{R,Q}^2}{s_{R,Q}^2}$$

Diese Prüfgröße wird mit dem Wert aus der F-Tabelle (Restrisiko $\alpha = 1\,\%$) bei $f_1 = 1$ und $f_2 = n_Q\text{-}3$ verglichen.
Ist PG < Tabellenwert, so ist mit 99 % Wahrscheinlichkeit keine bessere Anpassung durch die quadratische Regression zu erwarten. Die lineare Kalibrierfunktion kann zur Auswertung der Probe(n) herangezogen werden.
Grundsätzlich müssen Kalibrierfunktionen ausreißerfrei sein. Steht ein Wert im Verdacht ein Ausreißer zu sein, so muss dieses mit dem Ausreißertest nach Huber

(für lineare Kalibrierfunktionen) überprüft werden (▶ Abschn. 3.3.4; siehe auch einschlägige Literatur). Wird der Wert als Ausreißer identifiziert, muss die gesamte Kalibrierung wiederholt werden, da bei einer Eliminierung des Wertes die Äquidistanz der Kalibrierkonzentrationen nicht mehr gegeben ist.

3.3 Beurteilung von Ergebnissen

3.3.1 Anzahl von Einzelmessungen

Der Stichprobenumfang n hat einen unmittelbaren Einfluss auf die **Richtigkeit** des Messergebnisses. Je größer n, desto genauer wird das Ergebnis. Entscheidend ist, dass sich die Bezeichnung Mehrfachbestimmungen immer auf die komplette Analytik bezieht. Erfolgt beispielsweise eine einfache Aufarbeitung der Probe mit anschließender dreifacher Analytik mittels HPLC, so spiegelt das gemittelte Ergebnis lediglich den Fehler der HPLC wider, nicht aber Verluste, die durch die Aufarbeitung entstanden sind. Der Stichprobenumfang sollte mindestens $n = 3$ betragen. Bei Doppelbestimmungen (also $n = 2$) kann ein fehlerhafter Wert schwer erkannt werden.

3.3.2 Mittelwert, Standardabweichung, Varianz

Mittelwert und Standardabweichung sind die am häufigsten eingesetzten statistischen Parameter. Für eine weitere statistische Auswertung der Daten (siehe unten) werden meistens beide Parameter benötigt. Bei deren Berechnung sollten die Nachkommastellen in Abhängigkeit der Rohdaten und in Hinblick auf mögliche Vergleichs-/Soll-/Grenzwerte auf ein vernünftiges Maß gerundet werden.

3.3.2.1 Mittelwert

Der **Mittelwert** $\bar{x}$ (engl. mean value) gehört zu den sog. Lageparametern und entspricht bei normalverteilten Stichproben dem Maximum der Glockenkurve. Mathematisch errechnet sich der Mittelwert aus dem Quotienten der Summe aller Einzelwerte x_i und dem Stichprobenumfang n:

$$\bar{x} = \frac{\sum x_i}{n}$$

Da der Mittelwert durch Extremwerte (also beispielsweise **Ausreißer**) stark beeinflusst wird, sollte von Fall zu Fall entschieden werden, ob nicht andere Lageparameter eine höhere Aussagekraft besitzen. Besonders, wenn es sich nicht um normalverteilte Daten handelt (z. B. links- oder rechtsgipflige Verteilungen), sollten zusätzlich das sog. **Dichtemittel D** (Wert, der am häufigsten auftritt, auch als **Modalwert** bezeichnet) und/oder der **Zentralwert Z** (teilt die Datenreihe genau in der Mitte, auch als **Median** bezeichnet) angegeben werden. Detaillierte Beschreibungen zu Dichtemittel und Zentralwert befinden sich in der am Ende des Kapitels angegebenen Literatur.

3.3.2.2 Standardabweichung, Varianz, Variationskoeffizient

Die (absolute) **Standardabweichung** s (engl. standard deviation) bzw. die **Varianz** (engl. variance) sind ein Maß für die Abweichung der Einzelwerte vom Mittelwert und gehören zu den sog. Streuparametern. Die **Varianz** s^2 ist wie folgt definiert:

$$s^2 = \frac{\sum (x_i - \bar{x})^2}{n - 1}$$

Da Varianz und Mittelwert nicht die gleiche Einheit besitzen, wird bevorzugt mit der Quadratwurzel der Varianz, der Standardabweichung s gearbeitet:

$$s = \sqrt{\frac{\sum (x_i - \bar{x})^2}{n - 1}}$$

Ein statistischer Parameter, der sich aus der Standardabweichung ableitet, ist der Standardfehler $s_{\bar{x}}$. Im Intervall $\bar{x} \pm 2s_x$ liegt mit etwa 95 % Sicherheit der wahre Wert μ. Der Variationskoeffizient cv ist ein wichtiger Parameter zum Vergleich zweier Stichproben mit unterschiedlichen Stichprobenumfängen n_1 und n_2 oder verschiedener Nachweisverfahren (Verfahrensvariationskoeffizient).

$$s_{\bar{x}} = \frac{s}{\sqrt{n}}$$

$$cv = \frac{s}{\bar{x}}$$

Relative Standardabweichung (RSD)

Die **relative Standardabweichung** (auch **Variationskoeffizient** genannt; engl. Relative Standard Deviation, **RSD**) setzt die absolute Standardabweichung s ins Verhältnis zum Mittelwert $\bar{x}$.

$$RSD = \frac{s}{\bar{x}}$$

Im Gegensatz zur Varianz s^2 ist der Variationskoeffizient RSD ein relatives Streuungsmaß. Dies bedeutet, dass RSD nicht von der Maßeinheit der statistischen Variablen abhängt. Die Verwendung von RSD ist nur sinnvoll für Messreihen mit ausschließlich positiven oder negativen Werten oder Messreihenvergleichen.

3.3.3 Prüfung auf Normalverteilung – Schnelltest

Die meisten statistischen Testverfahren lassen sich nur anwenden, wenn es sich um normalverteilte Daten handelt. Eine **Normalverteilung** (engl. normal distribution) liegt dann vor, wenn die Einzelwerte in einer Glockenkurve gleichmäßig um den wahren Wert μ streuen. Eine schnelle Überprüfung auf Normalverteilung bietet der Schnelltest nach David.

3

◘ **Tab. 3.5**   Prüfung auf Normalverteilung nach David, $P=0,9$

n	Untere Grenze	Obere Grenze	n	Untere Grenze	Obere Grenze
3	1,78	2,00	25	3,45	4,53
4	2,04	2,41	30	3,59	4,70
5	2,22	2,71	35	3,70	4,84
6	2,37	2,95	40	3,79	4,96
7	2,49	3,14	45	3,88	5,06
8	2,54	3,31	50	3,95	5,14
9	2,68	3,45	55	4,02	5,22
10	2,76	3,57	60	4,08	5,29
11	2,84	3,68	65	4,14	5,35
12	2,90	3,78	70	4,19	5,41
13	2,96	3,87	75	4,24	5,46
14	3,02	3,95	80	4,28	5,51
15	3,07	4,02	90	4,36	5,60
16	3,12	4,09	100	4,44	5,68
17	3,17	4,15	150	4,72	5,96
18	3,21	4,21	200	4,90	6,15
19	3,25	4,27	500	5,49	6,72
20	3,29	4,32	1000	5,92	7,11

Hierbei wird der Quotient aus Variationsbreite V (Differenz zwischen größtem und kleinstem Wert) und der Standardabweichung s gebildet ($\Longrightarrow$ Prüfgröße, PG). Dieser Wert muss innerhalb eines tabellarisch festgelegten Intervalls (abhängig vom Strichprobenumfang, vgl. ◘ Tab. 3.5) liegen. Wird diese Voraussetzung erfüllt, so entspringen die Daten der Stichprobe mit einer Wahrscheinlichkeit von $P=90\,\%$ (Restrisiko $\alpha=0,1$) aus einer normalverteilten Grundgesamtheit.

$$PG = \frac{V}{s}$$

mit

V – Variationsbreite

s – Standardabweichung

3.3.4 Ausreißer

Bevor eine zuverlässige Interpretation der Analysenergebnisse möglich ist, muss die Datenreihe auf **Ausreißer** (engl. outlier) geprüft werden. Besonders der

Mittelwert wird durch nicht erkannte Ausreißer stark beeinflusst (► Abschn. 3.3.2). Wird ein Wert als Ausreißer erkannt, wird dieser als solcher gekennzeichnet und nicht mehr in weitere Berechnungen einbezogen. Der Stichprobenumfang verringert sich entsprechend um die Zahl der Ausreißer. Die verbleibende Datenreihe sollte erneut auf Ausreißer geprüft werden.

Es gibt verschiedenen Testverfahren, um Datenreihen auf Ausreißer zu überprüfen. Die gängigsten Verfahren sind die **Ausreißertests** nach David, Hartley und Pearson, Dixon, Grubbs und Nalimov. Da diese Tests unterschiedlich scharf Ausreißer identifizieren, muss immer der Name des Testes angegeben werden. Allen Tests gemeinsam ist die Bildung einer Prüfgröße (PG), die anschließend mit einem Tabellenwert verglichen wird. Überschreitet die PG den Tabellenwert, so handelt es sich bei dem überprüften Wert mit einer bestimmten Wahrscheinlichkeit P um einen Ausreißer.

3.3.4.1 Test nach David, Hartley und Pearson

$$PG = \frac{V}{s}$$

Ist PG > Tabellenwert, so ist der Extremwert mit dem größeren Abstand zu $\bar{x}$ mit einer bestimmen Wahrscheinlichkeit P ein Ausreißer (◙ Tab. 3.6).

3.3.4.2 Test nach Dixon

Beim Test nach Dixon sind die Formeln für die Bildung der Prüfgrößen abhängig vom Stichprobenumfang und sind in der ◙ Tab. 3.7 mit angegeben.

Ist PG > Tabellenwert, so ist der kleinste bzw. größte Wert mit einer Wahrscheinlichkeit von $P = 95\%$ ein Ausreißer.

3.3.4.3 Test nach Grubbs

$$PG = \frac{|\bar{x} - x^*|}{s}$$

mit

$x^* = $ Extremwert (größter bzw. kleinster Wert)

Ist PG > Tabellenwert so ist der kleinste bzw. größte Wert mit einer Wahrscheinlichkeit P ein Ausreißer (◙ Tab. 3.8).

3.3.4.4 Test nach Nalimov

$$PG = \frac{|x* - \bar{x}|}{s} \cdot \sqrt{\frac{n}{n-1}}$$

mit

$x^* = $ Extremwert (größter bzw. kleinster Wert)

3

◘ Tab. 3.6   Ausreißertest nach David, Hartley und Pearson [14]

n	P				n	P			
	0,90	**0,95**	**0,99**	**0,995**		**0,90**	**0,95**	**0,99**	**0,995**
3	1,997	1,999	2,000	2,000	30	40.700	4,890	5,260	5,400
4	2,409	2,429	2,445	2,447	35	4,840	5,040	5,420	5,570
5	2,712	2,753	2,803	2,813	40	4,960	5,160	5,560	5,710
6	2,949	3,012	3,095	3,115	45	5,060	5,260	5,670	5,830
7	3,143	3,222	3,338	3,369	50	5,140	5,350	5,770	5,930
8	3,308	3,399	3,543	3,585	55	5,220	5,430	5,860	6,020
9	3,449	3,552	3,720	3,772	60	5,290	5,510	5,940	6,100
10	3,570	3,685	3,875	3,935	65	5,350	5,570	6,010	6,170
11	3,680	3,800	2,012	4,079	70	5,410	5,630	6,070	6,240
12	3,780	3,910	4,134	4,208	75	5,460	5,680	6,130	6,300
13	3,870	4,000	4,244	4,325	80	5,510	5,730	6,180	6,350
14	3,950	4,090	4,340	4,431	85	5,560	5,780	6,230	6,400
15	4,020	4,170	4,440	4,530	90	5,600	5,820	6,270	6,450
16	4,090	4,240	4,520	4,620	95	5,640	5,860	6,320	6,490
17	4,150	4,310	4,600	4,700	100	5,680	5,900	6,360	6,530
18	4,210	4,370	4,670	4,780	150	5,960	6,180	6,640	6,820
19	4,270	4,430	4,740	4,850	200	6,150	6,390	6,840	7,010
20	4,320	4,490	4,800	4,910	500	6,720	6,940	7,420	7,600
25	4,530	4,710	5,060	5,190	1000	7,110	7,330	7,800	7,990

Ist $PG >$ Tabellenwert, so ist der kleinste bzw. größte Wert mit einer Wahrscheinlichkeit P ein Ausreißer (◘ Tab. 3.9).

3.3.5 Angabe von Messergebnissen

3.3.5.1 Konfidenzintervall für kleine Stichprobenumfänge

Neben der Angabe des Mittelwertes $\bar{x}$ der Versuchsergebnisse, ist die Angabe des Intervalls von Interesse, in dem mit einer bestimmten Wahrscheinlichkeit P der **wahre Wert μ** liegt.

Für kleine Stichprobenumfänge ($n < 30$) ist dieses Konfidenzintervall wie folgt definiert:

$$\bar{x} - t_\alpha \cdot \frac{s}{\sqrt{n}} \le \mu \le \bar{x} + t_\alpha \cdot \frac{s}{\sqrt{n}}$$

⬛ **Tab. 3.7** Ausreißertest nach Dixon

n	$P = 0{,}95$	PG unten	PG oben
3	0,941	$\dfrac{x_2-x_1}{x_n-x_1}$	$\dfrac{x_n-x_{(n-1)}}{x_n-x_1}$
4	0,765		
5	0,642		
6	0,560		
7	0,507		
8	0,554	$\dfrac{x_2-x_1}{x_{(n-1)}-x_1}$	$\dfrac{x_n-x_{(n-1)}}{x_n-x_2}$
9	0,512		
10	0,477		
11	0,576	$\dfrac{x_3-x_1}{x_{(n-1)}-x_1}$	$\dfrac{x_n-x_{(n-2)}}{x_n-x_2}$
12	0,546		
13	0,521		
14	0,546	$\dfrac{x_3-x_1}{x_{(n-2)}-x_1}$	$\dfrac{x_n-x_{(n-2)}}{x_n-x_3}$
15	0,525		
16	0,507		
17	0,490		
18	0,475		
19	0,462		
20	0,450		
21	0,440		
22	0,430		
23	0,421		
24	0,413		
25	0,403		
26	0,399		
27	0,393		
28	0,387		
29	0,381		

$x_1/x_2/x_3$ = kleinster/zweitkleinster/drittkleinster Wert
$x_n/x_{n-1}/x_{n-2}$ = größter/zweitgrößter/drittgrößter Wert

Der Wert für t wird aus der zweiseitigen **t-Tabelle** entnommen, er ist abhängig vom Freiheitsgrad $f = n-1$ und dem Restrisiko $\alpha = 1-P$. Für $n > 30$ gilt die Standardnormalverteilung. Hier sei auf einschlägige Literatur verwiesen.

3

◻ Tab. 3.8 Ausreißertest nach Grubbs [15]

n	$P=0,95$	$P=0,99$	n	$P=0,95$	$P=0,99$
3	1,153	1,155	24	2,644	2,987
4	1,463	1,492	25	2,663	3,009
5	1,672	1,749	26	2,681	3,029
6	1,822	1,944	27	2,698	3,049
7	1,938	2,097	28	2,714	3,068
8	2,032	2,221	29	2,730	3,085
9	2,110	2,323	30	2,745	3,103
10	2,176	2,410	35	2,811	3,178
11	2,234	2,485	40	2,861	3,240
12	2,285	2,550	45	2,914	3,292
13	2,331	2,607	50	2,956	3,336
14	2,371	2,659	55	2,992	3,376
15	2,409	2,705	60	3,025	3,411
16	2,443	2,747	65	3,056	3,442
17	2,475	2,785	70	3,082	3,471
18	2,504	2,821	75	3,107	3,496
19	2,532	2,854	80	3,130	3,521
20	2,557	2,884	85	3,151	3,543
21	2,580	2,912	90	3,171	3,563
22	2,603	2,939	95	3,189	3,582
23	2,624	2,963	100	3,207	3,600

Konfidenzintervall

Unter **Konfidenzintervall** (auch Vertrauensintervall, Vertrauensbereich) wird in der Statistik ein Intervall (Wertebereich) verstanden, das die Präzision der Lageschätzung eines Parameters (beispielsweise Mittelwert) angeben soll. Es handelt sich also um den Bereich, der bei unendlicher Wiederholung einer Messung (eines Experiments) mit einer gewissen Wahrscheinlichkeit, dem sog. dem Konfidenzniveau, die wahre Lage des Parameters einschließt.

Ein häufig verwendetes **Konfidenzniveau** ist 95 %, so dass in diesem Fall ein 95 %-Konfidenzintervall in näherungsweise 95 % aller Fälle den unbekannten „wahren" Parameter überdecken wird.

◻ **Tab. 3.9** Ausreißertest nach Nalimov

$f=n-2$	P			$f=n-2$	P		
	0,95	**0,99**	**0,999**		**0,95**	**0,99**	**0,999**
1	1,409	1,414	1,414	32	1,946	2,502	3,095
2	1,644	1,710	1,725	34	1,947	2,507	3,107
3	1,758	1,924	1,987	36	1,948	2,511	3,117
4	1,816	2,057	2,185	38	1,948	2,514	3,126
5	1,849	2,146	2,335	40	1,949	2,517	3,135
6	1,870	2,209	2,451	42	1,950	2,520	3,142
7	1,885	2,257	2,542	44	1,950	2,523	3,149
8	1,895	2,293	2,616	46	1,951	2,525	3,155
9	1,904	2,322	2,677	48	1,951	2,527	3,161
10	1,910	2,346	2,728	50	1,951	2,529	3,166
11	1,915	2,366	2,772	55	1,952	2,534	3,178
12	1,919	2,383	2,809	60	1,953	2,537	3,187
13	1,923	2,397	2,841	70	1,954	2,543	3,203
14	1,926	2,409	2,870	80	1,955	2,548	3,214
15	1,928	2,420	2,895	90	1,956	2,551	3,223
16	1,930	2,429	2,917	100	1,956	2,554	3,231
17	1,932	2,438	2,937	150	1,958	2,562	3,253
18	1,934	2,445	2,955	200	1,958	2,566	3,264
19	1,935	2,452	2,971	250	1,959	2,568	3,271
20	1,937	2,458	2,986	300	1,959	2,570	3,275
22	1,939	2,469	3,012	400	1,959	2,572	3,281
24	1,941	2,478	3,034	500	1,960	2,573	3,284
26	1,943	2,485	3,053	1000	1,960	2,576	3,291
28	1,944	2,492	3,069	2000	1,960	2,577	3,295
30	1,945	2,497	3,084				

3.3.5.2 Messunsicherheit, erweiterte Messunsicherheit

Für die Interpretation von Ergebnissen ist die Kenntnis der mit den Messergebnissen verbundenen **Unsicherheit** unerlässlich. Ohne Informationen über die Unsicherheit analytischer Ergebnisse besteht ein Risiko zur Fehlinterpretation, weil es unmöglich ist, zu entscheiden, ob beobachtete Unterschiede zwischen Ergebnissen auf normale statistische Streuungen um den „wahren Wert" zurückzuführen sind oder ob Rechtsvorschriften bzw. Spezifikationen mit **Zielwerten** (wie Höchstgehalte, Mindestgehalte, Grenzwerte, Richtwerte, Spezifikationen u. dgl.)

verletzt worden sind. Die Arbeitsgruppen Lebensmittelwirtschaft, Lebensmittel-überwachung, Qualitätsmanagement und Hygiene, Lebensmittellaboratorien, Elemente und Elementspezies sowie Pestizide der Lebensmittelchemischen Gesellschaft (LChG) haben aus diesem Grund ein *Positionspapier zur Angabe und Anwendung der erweiterten Messunsicherheit* erarbeitet und publiziert, dass hier als Basis für weitere Ausführungen zugrunde gelegt wird [16].

Messunsicherheit

Die Angabe der **Messunsicherheit** *u* (engl. uncertainty, measurement uncertainty) eines Messergebnisses ist äußerst wichtig, den sie berücksichtigt neben zufälligen Fehlern (**Präzision**) auch systematische Fehler (**Richtigkeit**) und erweitert damit den Bereich des **Konfidenzintervall** [8] (► Abschn. 3.3.5.1) und kann wie folgt berechnet werden:

$$u = \sqrt{u_P^2 + u_R^2}$$

mit

u_P – Fehler aus zufälligen Fehlern (Präzision)

u_R – Fehler aus systematischen Fehlern (Richtigkeit)

Erweiterte Messunsicherheit

Von akkreditierten Laboratorien wird aufgrund der DIN EN ISO/IEC 17025 gefordert, die **erweiterte Messunsicherheit** *U* von analytischen Ergebnissen zahlenmäßig zu bestimmen und sie auszuweisen, wo dies von Bedeutung ist oder verlangt wird. *U* kennzeichnet dabei einen Wertebereich, der den „wahren Wert" der Messgröße unter Berücksichtigung von zufälligen und systematischen Fehlern mit hoher statistischer Wahrscheinlichkeit enthält. Die Mindestanforderungen an die Ermittlung der erweiterten Messunsicherheit sind in einer Vielzahl von Veröffentlichungen beschrieben und im oben genannten Positionspapier zusammengefasst worden [16].

Es ist evident, dass *U* abhängig ist von dem Untersuchungsverfahren bzw. der Untersuchungsmethode, der vorliegenden Matrix und dem betrachteten Konzentrationsbereich. *U* wird ermittelt, in dem die (kombinierte) Messunsicherheit u_c mit einem Erweiterungsfaktor k multipliziert wird. Empfohlen wird im *Guide to the expression of unvertainty in measurement (GUM)* des Joint Committee for Guides in Metrology (JCGM) [8] k = 2 zu setzen, was einem Signifikanzniveau von etwa 95 % (2σ, exakt 95,5 %) entspricht. Das bedeutet, dass der „wahre Wert" der ermittelten Größe mit einer Wahrscheinlichkeit von etwa 95 % in diesem Vertrauensbereich liegt [16]. Die Angabe der einfachen (kombinierten) Messunsicherheit u_c oder einer einfachen Standardabweichung (s_r bzw. s_R) wird als unzureichend angesehen.

Gemäß dem *Leitfaden zur Schätzung der Messunsicherheit* der Deutschen Akkreditierungsstelle (DAkkS) [17] wird die Angabe von *U* im Prüfbericht in absoluten Zahlen in der gleichen Einheit und mit der gleichen Anzahl an Kommastellen wie der eigentliche Messwert vorgenommen. Die Berechnung von U erfolgt aus dem gerundeten Messwert, wobei die letzte Stelle stets aufgerundet wird [19]. Ebenso sind das Vertrauensintervall (95 %) und/oder der Erweiterungsfaktor k im Prüfbericht anzugeben.

Die **erweiterte Messunsicherheit** U berechnet sich nach folgender Formel:

$$U = 2 \cdot u$$

Eine weitere Möglichkeit, die Messunsicherheit anzugeben, basiert auf der Verwendung der Daten aus Ringversuchen. Hierbei wird die ermittelte Vergleichsstandardabweichung in die Berechnung einbezogen. Das Labor sollte jedoch im Vorfeld überprüft haben, ob es die Präzisionsdaten aus dem Ringversuch einhalten kann:

$$U = 2 \cdot s_R$$

mit

s_R – Vergleichsstandardabweichung des Analyten

Um die aus den Ringversuchsdaten ermittelte Messunsicherheit auf Plausibilität zu überprüfen, kann der *HORRAT*-**Koeffizient** berechnet werden.

$$HORRAT = \frac{v_R}{v_{R,\,soll}}$$

mit

v_R – Vergleichsstandardabweichung

v_R*soll* – Soll-Vergleichsstandardabweichung nach $v_{R,\,soll} = 2 \cdot x_m^{-0,15}$

x_m – Massenanteil des Analyten in der Kontrollprobe

Liegt der *HORRAT*-Koeffizient im Bereich zwischen $0,5 \leq HORRAT \leq 2$, so ist die ermittelte U plausibel.

Horwitz-Trompete

Der Einfluss des Analysenverfahrens auf die Messunsicherheit wird durch die sogenannte **„Horwitz-Trompete"** veranschaulicht [18] (◫ Abb. 3.15). Je kleiner der gemessene Wert ist, desto größer ist der Schwankungsbereich.

3.3.5.3 Rundestellen bei Ergebnissen

Bei der Angabe von Analysenergebnissen sowie der Angabe der dazugehörigen Messunsicherheit ist zu berücksichtigen, wie viele Stellen anzugeben sind und auf welche Art das Ergebnis zu runden ist.

Das Runden von Zahlenangaben wird durch die DIN 1333 geregelt [19]. Die letzte verbleibende Stelle wird **Rundestelle** genannt. Je nachdem, ob eine Maßzahl mit oder ohne Messunsicherheit angegeben werden soll, sind unterschiedliche Regeln für die Rundungsschritte zu beachten.

3

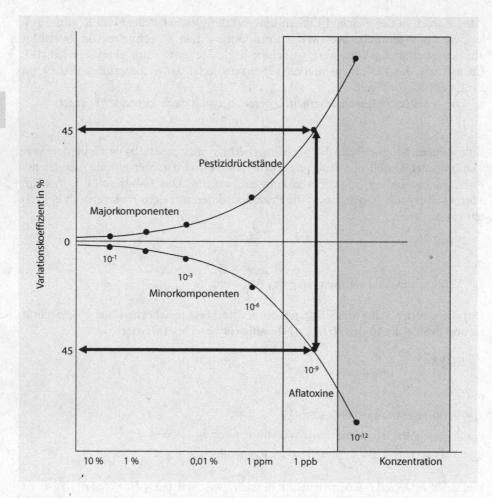

⬛ **Abb. 3.15**   Horwitz-Trompete (Nach [18]). *Erläuterungen:* siehe Text

Da für Maßzahl und Messunsicherheit die Rundestelle stets gleich ist, wird die Zahl der verbleibenden Stellen durch die Messunsicherheit bestimmt. Liegt keine Information über die Messungenauigkeit vor, so ist die Zahl der signifikanten Stellen für die Wahl der Rundestelle heranzuziehen.

Signifikante Stellen in einer abgelesenen Größe sind:

— alle Ziffern ungleich Null

— eine Null links vom Dezimalkomma und zwischen zwei Ziffern ungleich Null

— eine Null rechts vom Dezimalkomma und direkt rechts von einer Ziffer ungleich Null

Jede Einzelmessung wird dabei mit der signifikanten Stelle angegeben. Bei nachfolgenden Rechenoperationen, wie beispielsweise Ermittlung des Mittelwertes, entscheidet dann die Größe mit der geringsten Anzahl signifikanter Stellen über die Zahl der signifikanten Stellen des Ergebnisses (hier: des Mittelwertes). Das Ergebnis wird anschließend je nach Wert der Folgestelle entweder **abgerundet** (Wert der Folgestelle <5) oder **aufgerundet** (Wert der Folgestelle ≥5).

3.3.5.4 Bestimmungsgrenze als Schranke

Liegt der Analytgehalt unterhalb der BG, so gilt dieser zwar mit einer bestimmten Wahrscheinlichkeit als qualitativ nachgewiesen, sinnvolle quantitative Aussagen können jedoch erst oberhalb der BG gemacht werden; siehe ◘ Tab. 3.2. Die Bestimmungsgrenze stellt somit eine fundamentale Schranke dar.

3.3.5.5 Vergleich eines Mittelwertes mit einem Sollwert/Grenzwert

In vielen Fällen ist von Interesse, ob der Gehalt des Analyten einen vorgegebenen Grenzwert μ überschreitet bzw. einem angegebenen Sollwert μ entspricht. In diesen Fällen wird die Prüfgröße wie folgt gebildet:

$$PG = \frac{|\bar{x} - \mu|}{\frac{s}{\sqrt{n}}}$$

Diese Prüfgröße wird mit dem Wert aus der einseitigen (Grenzwert) bzw. zweiseitigen (Sollwert) t-Tabelle (abhängig vom Freiheitgrad $f = n-1$ und dem Restrisiko $\alpha = 1-P$) verglichen (◘ Tab. 3.10).

Ist $PG >$ Tabellenwert, so wird der Grenzwert mit einer bestimmten Wahrscheinlichkeit P überschritten bzw. weicht der Wert mit einer bestimmten Wahrscheinlichkeit P vom Sollwert ab.

Voraussetzung für diese Tests ist, dass die Stichprobe aus einer normalverteilten Grundgesamtheit stammt (▶ Abschn. 3.3.3).

3.3.5.6 Beurteilung hinsichtlich Überschreitung/Unterschreitung eines Grenzwertes

Zur Beurteilung eines gemessenen Gehaltes w' eines Analyten mit der dazugehörigen erweiterten Messunsicherheit U bezüglich der Frage, ob es sich um eine (sichere) **Überschreitung** oder (sichere) **Unterschreitung** im Vergleich zu einem Zielwertes handelt, ist die graphische Darstellung in Form der möglichen Lage der Gauss-Kurven hilfreich [16]. Wie aus ◘ Abb. 3.16 zu entnehmen ist, kann demzufolge grundsätzlich differenziert werden zwischen den beiden Kategorien:

⇨ Überschreitung

   oder

⇨ Unterschreitung

eines Zielwertes. Die beiden Kategorien können jeweils entsprechend der Lage der Gauss-Kurve weiter unterteilt werden in zwei Fälle, wie in ◘ Tab. 3.11 dargelegt.

3

■ Tab. 3.10 t-Tabelle

Irrtumswahrscheinlichkeit α für den zweiseitigen Test

$f = n - 1$	$\alpha = 1 - P$									
	0,500	0,200	0,100	0,05	0,020	0,010	0,002	0,001	0,0001
1	1,000	3,078	6,314	12,706	31,821	63,657	318,309	636,619	6366,198
2	0,816	1,886	2,920	4,303	6,965	6,965	9,925	22,327	99,992
3	0,765	1,638	2,353	3,182	4,541	5,841	10,214	12,924	28,000
4	0,741	1,533	2,132	2,776	3,747	4,604	7,173	8,610	15,544
5	0,727	1,476	2,015	2,571	3,365	4,032	5,893	6,869	11,178
6	0,718	1,440	1,943	2,447	3,143	3,707	5,208	5,959	9,082
7	0,711	1,415	1,895	2,365	2,998	3,499	4,785	5,408	7,885
8	0,706	1,397	1,860	2,306	2,896	3,355	4,501	5,041	7,120
9	0,703	1,383	1,833	2,262	2,821	3,250	4,297	4,781	6,594
10	0,700	1,372	1,812	2,228	2,764	3,169	4,144	4,587	6,211
11	0,697	1,363	1,796	2,201	2,718	3,106	4,025	4,437	5,921
12	0,695	1,356	1,782	2,179	2,681	3,055	3,930	4,318	5,094
13	0,694	1,350	1,771	2,160	2,650	3,012	3,852	4,221	5,513
14	0,692	1,345	1,761	2,145	2,624	2,977	3,787	4,140	5,363
15	0,691	1,341	1,753	2,131	2,602	2,947	3,733	4,073	5,239
16	0,690	1,337	1,746	2,120	2,583	2,921	3,686	4,015	5,134
17	0,689	1,333	1,740	2,110	2,567	2,898	3,646	3,965	5,044
18	0,688	1,330	1,734	2,101	2,552	2,878	3,610	3,922	4,966

(Fortsetzung)

◻ Tab. 3.10 (Fortsetzung)

Irrtumswahrscheinlichkeit α für den zweiseitigen Test

$f = n-1$	$\alpha = 1-P$								
	0,500	0,200	0,100	0,05	0,020	0,010	0,002	0,001	0,0001
19	0,688	1,328	1,729	2,093	2,539	2,861	3,579	3,883	4,897
20	0,687	1,325	1,725	2,086	2,528	2,845	3,552	3,850	4,837
21	0,686	1,323	1,721	2,080	2,518	2,831	3,527	3,819	4,784
22	0,686	1,321	1,717	2,074	2,508	2,819	3,505	3,792	4,736
23	0,685	1,319	1,714	2,069	2,500	2,807	3,485	3,767	4,693
24	0,685	1,318	1,711	2,064	2,492	2,797	3,467	3,745	4,654
25	0,684	1,316	1,708	2,060	2,485	2,787	3,450	3,725	4,619
26	0,684	1,315	1,706	2,056	2,479	2,779	3,435	3,707	4,587
27	0,684	1,314	1,703	2,052	2,473	2,771	3,421	3,690	4,558
28	0,683	1,313	1,701	2,048	2,467	2,763	3,408	3,674	4,530
29	0,683	1,311	1,699	2,045	2,462	2,756	3,396	3,659	4,506
30	0,683	1,310	1,697	2,042	2,457	2,750	3,385	3,646	4,482
32	0,682	1,309	1,694	2,037	2,449	2,738	3,365	3,622	4,441
34	0,682	1,307	1,691	2,032	2,441	2,728	3,348	3,601	4,405
35	0,682	1,306	1,690	2,030	2,438	2,724	3,340	3,591	4,389
36	0,681	1,306	1,688	2,028	2,434	2,719	3,333	3,582	4,374
38	0,681	1,304	1,686	2,024	2,429	2,712	3,319	3,566	4,346
40	0,681	1,303	1,684	2,021	2,423	2,704	3,307	3,551	4,321

(Fortsetzung)

◨ Tab. 3.10 (Fortsetzung)

Irrtumswahrscheinlichkeit α für den zweiseitigen Test

$f=n-1$	$\alpha=1-P$								
	0,500	0,200	0,100	0,05	0,020	0,010	0,002	0,001	0,0001
42	0,680	1,302	1,682	2,018	2,418	2,698	3,296	3,538	4,298
45	0,680	1,301	1,679	2,014	2,412	2,690	3,281	3,520	4,269
47	0,680	1,300	1,678	2,0120	2,408	2,685	3,273	3,510	4,251
50	0,679	1,299	1,676	2,009	2,403	2,678	3,261	3,496	4,228
55	0,679	1,297	1,673	2,004	2,396	2,668	3,245	3,476	4,196
60	0,679	1,296	1,671	2,000	2,390	2,660	3,232	3,460	4,169
70	0,678	1,294	1,667	1,994	2,381	2,648	3,211	3,435	4,127
80	0,678	1,292	1,664	1,990	2,374	2,639	3,195	3,416	4,096
90	0,677	1,291	1,662	1,987	2,368	2,632	3,183	3,402	4,072
100	0,677	1,290	1,660	1,984	2,364	2,626	3,174	3,390	4,053
120	0,677	1,289	1,658	1,980	2,358	2,617	3,160	3,373	4,025
200	0,676	1,286	1,653	1,972	2,345	2,601	3,131	3,340	3,970
500	0,675	1,283	1,648	1,965	2,334	2,586	3,107	3,310	3,922
1000	0,675	1,282	1,646	1,962	2,330	2,581	3,098	3,300	3,906
∞	0,675	1,282	1,645	1,960	2,326	2,576	3,090	3,290	3,891
$f=n-1$	0,250	0,100	0,050	0,025	0,010	0,005	0,001	0,00050	0,00005

$\alpha=1-P$

Irrtumswahrscheinlichkeit α für den einseitigen Test

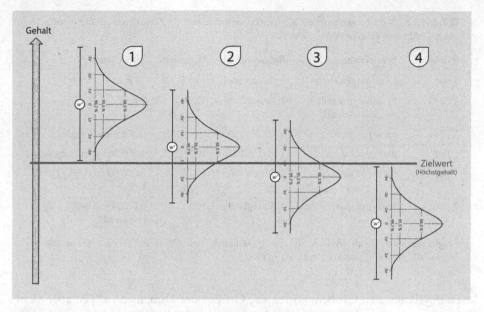

◘ Abb. 3.16 Darstellung des analytischen Messwertes mit seinem Vertrauensbereich (P) im Vergleich zum Zielwert (Nach [16]). *Erläuterung:* **Zielwert** hier maximaler Wert wie Höchstgehalt; w' Messwert des Analyten. **P** etwa 95 %; die 4 Fälle (◘ Tab. 3.11). *Weitere Erläuterungen:* siehe Text.

◘ Tab. 3.11 Die vier Fälle bei der Beurteilung von w' im Vergleich zum Zielwert[1] am Beispiel eines Höchstgehaltes (vgl. ◘ Abb. 3.16). *Erläuterungen:* siehe Text

Kategorie	Fall 1	Fall 2[2]	Fall 3	Fall 4
Überschreitung	⇒ sicher	⇒ nicht sicher	keine	–
Unterschreitung	–	–	⇒ nicht sicher	⇒ sicher

Quelle: Nach [16]
– nicht relevant
[1]In diesem Beispiel wird davon ausgegangen, dass es sich bei dem Zielwert um einen maximalen Wert handelt. Ist dies nicht der Fall, sondern handelt es sich um einen Mindestgehalt, der hinsichtlich der Unterschreitung zu bewerten ist, sind die getroffenen Aussagen entsprechend *vice versa* anzuwenden.
[2]Aus einer nicht gesicherten Überschreitung kann nicht automatisch Nichtkonformität abgeleitet werde. U ist hierbei immer von w' abzuziehen. Weitere und ausführlichere Erläuterungen mit konkreten Rechenbeispielen siehe Originalliteratur [16].

3.3.6 Stoffmengenanteile, Massenanteile, Volumenanteile

In der modernen chemischen, chemisch-physikalischen und physikalischen Analyse können Massen-, Volumen- oder **Stoffmengenanteile** im ppm-, ppb- und sogar zum Teil auch im ppt- und ppq-Bereich erfasst werden. Diese nicht korrekt als **„Konzentrationseinheit"** bezeichnete Hilfsmaßeinheit (Werte von dimensions-

◻ Tab. 3.12   Stoffmengenanteile („Konzentrationseinheiten") – Zusammenstellung, Bedeutung, Definition. *Erläuterungen:* siehe Text

Symbol	Bezeichnung	Bedeutung[g]	Definition	Umrechnung
1 %	Prozent (percent[a])	1 Hundertstel	10^{-2}	10 g/kg (1 g/100 g)
1 ‰	Promille (per mille[a]; per mil[b], permil[b])	1 Tausendstel	10^{-3}	1 g/kg
1 ppm	parts per million[c]	1 Millionstel	10^{-6}	0,001 g/kg (1 mg/kg)[h]
1 ppb	parts per billion[d]	1 Milliardstel	10^{-9}	0,000.001 g/kg (1 µg/kg)[i]
1 ppt	parts per trillion[e]	1 Billionstel	10^{-12}	0,000.000.001 g/kg (1 ng/kg)[k]
1 ppq	parts per quadrillion[f]	1 Billiardstel	10^{-15}	0,000.000.000.001 g/kg (1 pg/kg)[m]

[a]engl.; [b]am.; [c]am. für dt. Million; [d]am. für dt. Milliarde; [e]am. für dt. Billion; [f]am. für dt. Billiarde; [g]dt.; [h]m milli; [i]µ mikro; [k]n nano; [m]p pico

losen physikalischen Größen, korrekter „Größen der Dimension 1") ist aber nicht SI-konform, weil mehrdeutig in der Aussage. Ihre Verwendung ist aber insbesondere in der Toxikologie, der Umweltanalytik, der Geologie und in manchen Bereichen der Lebensmittelanalytik allgemein üblich und in der Literatur weit verbreitet (vgl. ◻ Tab. 3.12). Gemeint sind dann bei Lösungen und Feststoffen die **Massenanteile** (beispielsweise ppm = µg/kg = ng/g = mg/t) bzw. bei Gasen die **Volumenanteile** (beispielsweise ppt = mm³/m³ = nL/L) [20].

Wie aus ◻ Tab. 3.12 hervorgeht, haben die Zahlnamen *billion, trillion, quadrillion* etc. in verschiedenen Ländern (je nach Gebrauch der „Lange und kurze Skala" von Zahlennamen im Dekadischen Zahlensystem) unterschiedliche Bedeutung. Das Wort *billion* kann demnach *Milliarde* oder *Billion* bedeuten. Aus diesem Grund wird in SI- und IUPAC-Regeln empfohlen, die Begriffe ppm, ppb, ppt und ppq nicht zu verwenden [21].

ppbw ↔ ppbv

Um zwischen Massenanteilen und Volumenanteilen besser differenzieren zu können, sind in der Literatur folgende Varianten zu finden (wird laut SI- und IUPAC-Regeln aber nicht empfohlen):

- **ppbv** (ppmv, pptv)
  ⇒ parts per billion (million, trillion) by volume (Volumenanteile); 1 ppbv = 10^{-7} Vol.-%
- **ppbw** (ppmw, pptw)
  ⇒ parts per billion (million, trilion) by weight (Massenanteile); 1 ppbw = 10^{-7} m-%

Für größere Stoffmengenanteile sind die Angaben in Prozent bzw. seltener in Promille üblich.

Prozent ↔ Promille

- **Prozent** (engl. percent, auch part per hundred, pph) ist die Bezeichnung für ein Hundertstel der Einheit 1.
  - Das Prozent kann zur Angabe eines Massenbruches, eines Stoffmengenanteils oder eines Volumenbruches verwendet werden. Das übliche Symbol % wird wie ein Einheitssymbol, folglich also mit Leerzeichen verwendet [22].
  - **Massenprozent** werden schlicht mit dem Symbol % oder zur Verdeutlichung manchmal mit m-%, **Volumenprozent** mit Vol.-% gekennzeichnet.

- **Promille** (engl. per mille, auch parts per thousand, ppt) ist die Bezeichnung für ein Tausendstel der Einheit 1.
  - Das Promille kann zur Angabe eines Massenbruches, eines Stoffmengenanteils oder eines Volumenbruches verwendet werden. Das übliche Symbol ‰ wird wie ein Einheitssymbol, d. h. mit Leerzeichen verwendet.
  - Die gebräuchlichste Verwendung des Promille findet bei Angabe des **Blutalkoholgehaltes** statt.

3.3.7 Umgang mit Datensätzen

Neben den bisher beschriebenen Einzelergebnissen und deren Bewertung können in der Analytik auch viele Einzelergebnisse, die zu sogenannten **Datensätzen** zusammengefasst werden, für die Beurteilung herangezogen werden. Solche Datensätze werden beispielsweise dann erhalten, wenn **Monitoringuntersuchungen** durchgeführt oder Ergebnisse aus Forschungsprojekten zusammengestellt werden.

3.3.7.1 Zensierte Daten

Wenn nicht alle Werte einer statistischen Variablen bekannt sind, werden diese Daten als **zensierte** Daten (engl. censored data) bezeichnet. Es handelt sich demnach um Daten, von denen ein Teil nur unvollständig bekannt ist. Beispielsweise sind sie kleiner oder größer als ein bestimmter Grenzwert, aber die genauen Werte selbst sind unbekannt.

Der Begriff **zensiert** ist hier im positiven Sinne gemeint und bedeutet: begutachten, durchsehen, einer Prüfung unterwerfen/unterziehen. Er leitet sich von **trunkiert** (engl. truncate) ab und verdeutlicht, dass es sich auf Basis wissenschaftlich-mathematisch begründeter Notwendigkeiten um gestutzte bzw. beschnittene Daten (trunkierte Daten, engl. truncated data) handelt.

Zensierte Daten liegen dann vor, wenn bestimmte Beobachtungen (Messungen) nicht gemacht werden können, weil zum Beispiel ein Teil der Messwerte unterhalb der analytischen Nachweis- oder Bestimmungsgrenze liegt. Zensierte Daten sind daher genau betrachtet fehlende Werte, allerdings mit der Zusatzinformation bezüglich einer Schwelle.

Drei Arten werden unterschieden:

— Linkszensierte Daten

⇨ Die genauen Werte von Daten, die unterhalb einer bestimmten Schwelle liegen, sind unbekannt.

— Rechtszensierte Daten

⇨ Die genauen Werte von Daten, die oberhalb einer bestimmten Schwelle liegen, sind unbekannt.

— Intervallzensierte Daten

⇨ Die Daten außerhalb eines Intervalls – also zwischen der „größer Schwelle" und „kleiner Schwelle" sind unbekannt.

3.3.7.2 Linkszensierte Daten

In der Praxis der analytischen Chemie treten Datensätze mit Werten unterhalb der Bestimmungs- oder Nachweisgrenze der jeweiligen angewendeten Methode recht häufig auf. Diese Daten werden als **nicht nachweisbar** (engl. non-detected) bezeichnet und die resultierende Verteilung der auftretenden Werte ist **linkszensiert.**

Die statistische Analyse dieser Variablen stellt die Analytiker bei der Auswertung ihrer Datensätze jedoch vor eine Herausforderung, da die Anwendung von statistischen **Standardmethoden** ohne die Berücksichtigung der Besonderheiten dieser Variablen in der Regel zu einer (immensen) Verzerrung (Bias) der Ergebnisse führt. Deshalb können Berechnungsmodelle unter Berücksichtigung von Grenzen (siehe Kasten „Schwankungsbereich von Daten") ausgeführt werden.

Weil in der Lebensmittelanalytik häufig der Fall **linkszensierter Daten** auftritt und diese Daten für die Bewertung wichtig sind, hat sich die Europäische Behörde für Lebensmittelsicherheit (*European Food Safety Authority,* EFSA) in einem wissenschaftlichen Bericht mit der Frage des Managements von diesen Daten bei der Expositionsbewertung von chemischen Substanzen in der Ernährung auseinandergesetzt [23] und Empfehlungen zur Behandlung von Datensätzen, die unterschiedliche Proportionen an nicht-quantifizierbaren Ergebnissen enthalten, ausgesprochen. Zusammenfassend sind die Erkenntnisse in ◼ Tab. 3.13 wiedergegeben.

◻ Tab. 3.13 Behandlung von Datensätzen bei nicht quantifizierbaren Ergebnissen (Nach EFSA [23])

Ergebnis < BG	Angabe des Wertes	Angabe von Mittelwert, Median, Standardabweichung
Alle Werte quantifiziert	real ermittelter Mittelwert	
≤60 % nicht quantifiziert	BG/2 für alle Ergebnisse < BG	siehe [24–25]
>60 % – ≤80 % nicht quantifiziert und >25 Ergebnisse quantifiziert	Schwankungsbereich von 0 bis BG für alle Ergebnisse < BG[a]	Siehe [24–25]; *Achtung:* bei insgesamt < 100 Ergebnissen
>80 % nicht quantifiziert oder > 60 % – ≤80 % nicht quantifiziert und <25 Ergebnisse quantifiziert	Schwankungsbereich von 0 bis BG für alle Ergebnisse < BG[a]	nicht möglich

[a]Die untere Grenze wird aus allen Ergebnissen nicht nachweisbarer **und** nicht quantifizierbarer Werte als Null festgelegt; die obere Grenze wird aus allen Ergebnissen nicht nachweisbarer Werte als NG **und** aus allen Ergebnissen nicht quantifizierbarer Werte als BG festgelegt

Schwankungsbereich von Daten

Um Daten, die als **„nicht nachweisbar"** oder **„nicht quantifizierbar"** bezeichnet sind, für die Auswertung heranziehen zu können, sind folgende Berechnungsmodelle nutzbar:

- Die Ergebnisse liegen **unterhalb der Nachweisgrenze**
  ⇨ untere Grenze (engl. lower bound): Null
  ⇨ mittlerer Wert (engl. middle bound): NG/2
  ⇨ obere Grenze (engl. upper bound): NG

- Die Ergebnisse liegen **oberhalb der Nachweisgrenze,** sind aber nicht quantifizierbar
  ⇨ untere Grenze: Null
  ⇨ mittlerer Wert: BG/2
  ⇨ obere Grenze: BG

3.3.8 Nulltoleranz, Null

Null

Null kommt aus dem Lateinischen von *nullus* und bedeutet „keiner", „niemand" und stellt somit ein Symbol für das Nichtvorhandensein eines Stoffes (oder Objektes) dar.

Der Begriff **Nulltoleranz** bedeutet, dass ein Stoff im jeweiligen Lebensmittel nicht vorhanden sein darf. Nulltoleranzen wurden vom Gesetzgeber (den Risikomanagern) für solche Stoffe festgelegt, deren Vorkommen im jeweiligen Lebensmittel nicht erlaubt oder direkt verboten ist.

In den Naturwissenschaften – und folglich auch in der Analytik – ist „Null" bzw. eine „Nulltoleranz" aber mit grundsätzlichen Problemen behaftet, da es Null als Wert nicht gibt.

Gemäß der alten philosophischen Weisheit:

> » „Die Abwesenheit eines Dinges lässt sich nicht positiv beweisen"

kann der Nachweis auf Abwesenheit von Stoffen wissenschaftlich nicht geführt werden. Allerdings erlaubt eine heutzutage extrem empfindliche Messtechnik den Nachweis von Stoffen nahe Null (wandernde Nachweis- bzw. Bestimmungsgrenzen). Das bedeutet: einen „Nullgehalt" kann niemand messen. Einen „Nullgehalt" kann es demnach auch nicht geben [26–27].

Deswegen ist es bei analytischen Messungen äußerst wichtig, neben dem Analysenwert, die Messunsicherheit sowie die Bestimmungsgrenze (oder Nachweisgrenze) anzugeben. Erst dann ist ein Ergebnis vollständig und sinnvoll (► Abschn. 3.2.1.6 und 3.3.5.2).

Literatur

1. Gottwald W, Gruber U, Klein W (Hrsg) (2000) Statistik für Anwender. Wiley-VCH, Weinheim
2. Köhler W, Schachtel G, Voleske P (2007) Biostatistik. Springer, Berlin
3. Bosch K (2007) Basiswissen Statistik. Oldenburg Wissenschaftsverlag, München
4. Eckey HF, Kosfeld R, Türck M (2005) Wahrscheinlichkeitsrechnung und Induktive Statistik. Gabler/GWV Fachverlage, Wiesbaden
5. Eckey HF, Kosfeld R, Türck M (2008) Deskriptive Statistik. Gabler/GWV Fachverlage, Wiesbaden
6. Funk W, Dammann V, Donnevert G (2005) Qualitätssicherung in der Analytischen Chemie. Wiley-VCH, Weinheim
7. Thompson M et al (2000) Recent trends in interlaboratory precision at ppb and sub ppb concentrations in relation to fitness for purpose criteria in proficiency testing. Analyst 125:315–386
8. GUM (1995) Evaluation of measurement data – Guide to the expression of uncertainty in measurement. JCGM (Joint Committee for Guides in Metrology): 100:2008. GUM 1995 with minor corrections. ► https://www.bipm.org/utils/common/documents/jcgm/JCGM_100_2008_E.pdf. Zugegriffen: 4. Dez. 2020
9. Zappa M (2009) Messtechnische Begriffe und ihre Bedeutung im Laboralltag, Teil 1: Richtigkeit, Präzision und Genauigkeit. Mettler Toledo UserCom 1:1–7
10. DIN 32645 (2008) Chemische Analytik – Nachweis-, Erfassungs- und Bestimmungsgrenze unter Wiederholbedingungen – Begriffe, Verfahren, Auswertung
11. Nachweisgrenze, Erfassungsgrenze, Bestimmungsgrenze. ► http://www.chemgapedia.de/vsengine/vlu/vsc/de/ch/16/bbz/bbz_addin.vlu/Page/vsc/de/ch/16/bbz/bbz_addin_nachweis.vscml/Supplement/2.html. Zugegriffen: 1. Dez. 2020
12. DIN 1319 (1995) Teil 1 Grundlagen der Messtechnik: Grundbegriffe

13. Gesetz über das Inverkehrbringen und die Bereitstellung von Messgeräten auf dem Markt, ihre Verwendung und Eichung sowie ihrer Fertigpackungen (Mess- und Eichgesetz), BGBl. I S 2722, 2723, zuletzt geändert durch Artikel 1 des Gesetzes vom 11. April 2016 (BGBl. I S 718)

14. David HA, Hartley HO, Pearson ES (1954) The distribution of the ratio, in a single, normal sample, of range to standard deviation. Biometrika 41:482–493

15. Grubbs FE (1950) Sample criteria for testing outlying observations. Ann Math Stat 21(1):27–58

16. Positionspapier der Arbeitsgruppen Lebensmittelwirtschaft, Lebensmittelüberwachung, Qualitätsmanagement und Hygiene, Lebensmittellaboratorien, Elemente und Elementspezies sowie Pestizide der Lebensmittelchemischen Gesellschaft (LChG) zur Angabe und Anwendung der erweiterten Messunsicherheit – Fassung vom 25.04.2018. ► https://www.gdch.de/fileadmin/downloads/Netzwerk_und_Strukturen/Fachgruppen/Lebensmittelchemiker/Positionspapiere_und_Drucksachen/posi_messunsicherheit_2018.pdf. Zugegriffen: 3. Dez. 2020

17. DAkkS-Leitfaden zur Schätzung der Messunsicherheit gemäß DIN EN ISO/IEC 17025 für Prüflaboratorien auf dem Gebiet der chemischen Analytik in den Bereichen Gesundheitlicher Verbraucherschutz, Agrarsektor, Chemie und Umwelt – 71 SD 4016 Revision 1.0 vom 19.01.2017 (Deutsche Akkreditierungsstelle)

18. Horwitz W et al (2006) The Horwitz ratio: a useful index of method performance with respect to precision. J AOAC Int 89(4):1095–1109

19. DIN 1333 (1992) Zahlenangaben. ► https://dx.doi.org/10.31030/2426986

20. RÖMPP-Autor (2021) ppb, RD-16-03847 (2008). In: Böckler F, Dill B, Dingerdissen U, Eisenbrand G, Faupel F, Fugmann B, Gamse T, Matissek R, Pohnert G, Sprenger G, (Hrsg) RÖMPP [Online]. Georg Thieme, Stuttgart [Januar 2021]. ► https://roempp.thieme.de/lexicon/RD-16-03847

21. IUPAC (1996). In: Homann KH (Hrsg) Größen, Einheiten und Symbole in der physikalischen Chemie. VCH Verlagsgesellschaft, Weinheim. S 81 ff.

22. RÖMPP-Autor (2021) Prozent, RD-16-06035 (2008). In: Böckler F, Dill B, Dingerdissen U, Eisenbrand G, Faupel F, Fugmann B, Gamse T, Matissek R, Pohnert G, Sprenger G, RÖMPP [Online]. Georg Thieme, Stuttgart [Januar 2021]. ► https://roempp.thieme.de/lexicon/RD-16-06035

23. EFSA (2010) Management of left-censored data in dietary exposure assessment of chemical substances. EFSA J 8(3):1557

24. Vlachonikolis IG, Marriott FHC (1995) Evaluation of censored contamination data. Food Addit Contam 12:637–644

25. Hecht H, Honikel HO (1995) Assessment of data sets containing considerable values below the detection limits. ZLUF 201:592–597

26. BfR (2007) Nulltoleranzen in Lebens- und Futtermitteln. Positionspapier vom 12(03):2007

27. Heberer T, Lahrssen-Wiederholt M, Schafft H, Abraham K, Pzyrembeld HK, Juergen Henning HKJ, Schauzu M, BraeunigJ LN, MG, Gundert-Remy U, Luch A, Appel B, Banasiak U, Böl GB, Lampen A, Wittkowski R, Hensel A, (2007) Zero tolerances in food and animal feed – Are there any scientific alternatives? A European point of view on an international controversy. Toxicol Lett 175(1–3):118–135

Qualitätsmanagement im Labor

Inhaltsverzeichnis

4

Zusammenfassung

Ein Qualitätsmanagementsystem bietet durch die Strukturierung seiner Aufbau- und Ablauforganisation dem Management die Möglichkeit zur wirksamen Steuerung und Kontrolle aller qualitätsrelevanten Tätigkeiten. Ziel muss dabei sein, mit einem Minimum an Kosten ein Maximum an Qualität zu realisieren. Dabei wird unter Qualität nicht etwa Exzellenz oder Großartigkeit verstanden, sondern eine sich an vorgegebenen Anforderungen orientierende, zuverlässig gleichbleibende Einhaltung der Abläufe. Ein Kompetenznachweis, Analysen durchführen zu können, kann durch eine Akkreditierung erbracht werden. Diesbezüglich ist es für das Labor wichtig, die festgelegte Qualitätspolitik durch entsprechende Maßnahmen zu überwachen und zu optimieren. Als ein wichtiges Instrument der vorbeugenden Maßnahmen sind Eignungsprüfungen geeignet.

4.1 Exzerpt

Ein Qualitätsmanagementsystem (QM-System) bietet durch die Strukturierung seiner Aufbau- und Ablauforganisation dem Management (der Laborleitung) die Möglichkeit zur wirksamen Steuerung und Kontrolle aller qualitätsrelevanten Tätigkeiten. Ziel muss dabei sein, mit einem Minimum an Kosten ein Maximum an Qualität zu realisieren. Dabei wird unter **Qualität** nicht etwa Exzellenz oder Großartigkeit verstanden, sondern eine sich an vorgegebenen Anforderungen orientierende, zuverlässig gleichbleibende Einhaltung der Abläufe [1].

Ein Kompetenznachweis, Analysen durchführen zu können, kann durch eine Akkreditierung erbracht werden. Diesbezüglich ist es für das Labor wichtig, die im QM-System festgelegte Qualitätspolitik durch entsprechende Maßnahmen zu überwachen und zu optimieren (Qualitätslenkung). Als ein wichtiges Instrument der vorbeugenden Maßnahmen sind **Eignungsprüfungen** geeignet.

Qualitätsmanagement (QM)

Zum **Qualitätsmanagement** (engl. quality management) gehören alle Tätigkeiten der Gesamtführungsaufgabe in einem Unternehmen, die Qualitätspolitik, Ziele und Verantwortungen festlegen sowie diese durch Mittel wie Qualitätsplanung, Qualitätslenkung, Qualitätssicherung und Qualitätsverbesserung im Rahmen einem QM-Systems verwirklichen (nach DIN ISO 8402).

4.2 Akkreditierung

4.2.1 Akkreditierung von Laboratorien

Akkreditieren

Der Begriff **Akkreditieren** (engl. accredit) kommt aus dem Lateinischen und bedeutet im allgemeinen Sinne neben *bevollmächtigen* bzw. *beglaubigen* in dem hier interessierenden (wirtschaftlichen) Sinne am besten *Glauben schenken* oder *in einer bestimmten Funktion anerkennen, zulassen.*

Die **Akkreditierung** (engl. accreditation) von Laboren ist ein Kompetenznachweis, Analysen durchführen zu können. Als Basis wird die DIN EN ISO/IEC 17025 herangezogen [2]. Aufgrund der internationalen Harmonisierung der Norm erfahren Labore, die danach akkreditiert sind, weltweite Anerkennung.

Der Prozess der Akkreditierung durchläuft vier Phasen:

⇨ Antragsphase
⇨ Begutachtungsphase
⇨ Akkreditierungsphase
⇨ Überwachungsphase

4.2.2 Akkreditierungsstelle

Seit 2010 gibt es nach einer Forderung der Europäischen Kommission in jedem EU-Mitgliedsstaat eine Akkreditierungsstelle, die alle Akkreditierungen des jeweiligen Landes koordiniert und überwacht. In Deutschland ist dies die **Deutsche Akkreditierungsstelle (DAkkS)** in Berlin. Die Anforderungen an Akkreditierungsstellen selbst, die Konformitätsbewertungsstellen wie Laboratorien, Inspektions- und Zertifizierungsstellen akkreditieren, sind in der Norm DIN EN ISO/IEC 17011 festgelegt. Voraussetzung für die Beantragung einer Akkreditierung ist, dass das Labor über ein Managementsystem verfügt, in dem alle Anforderungen aus der Norm und deren laborspezifische Umsetzung festgelegt werden.

4.2.3 Akkreditierungsurkunde

Eine Akkreditierung war bislang fünf Jahre gültig, im Anschluss war eine Re-Akkreditierung möglich, um den Status der Akkreditierung zu verlängern. Während der Akkreditierungsphase finden Überwachungsbegehungen statt. Seit September 2018 verzichtet die DAkkS bei Erst- und Re-Akkreditierungen in der Regel

4

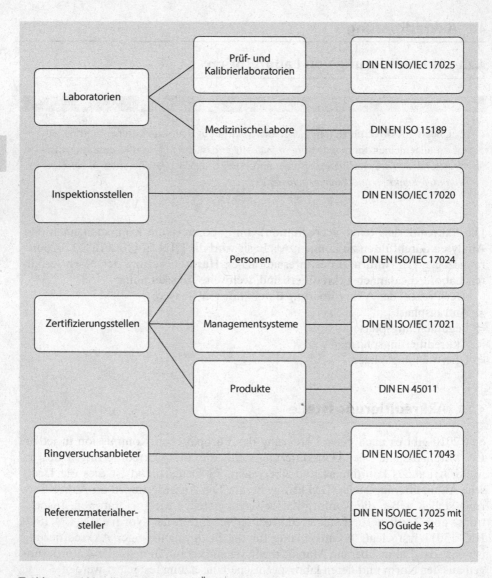

◘ **Abb. 4.1**   Akkreditierungsnormen – Übersicht

auf eine Befristung der Gültigkeit der **Akkreditierungsurkunde.** Ausgenommen sind Akkreditierungsbereiche, bei denen eine befristete Akkreditierung gesetzlich vorgeschrieben ist. Seit Juni 2019 sind Änderungen an einer Akkreditierung (zum Beispiel Erweiterungen oder Umstellungen) automatisch mit einer Entfristung der Akkreditierungsurkunde verbunden [3].

Eine Übersicht über Normen im Bereich der Akkreditierung gibt ◘ Abb. 4.1.

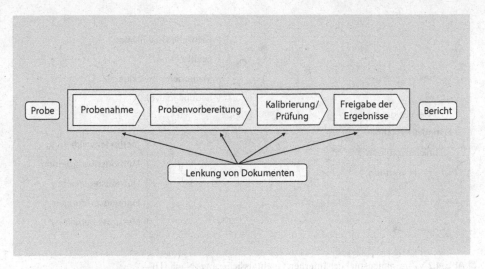

■ **Abb. 4.2**   Prozessschema der Qualitätslenkung

4.3 Qualitätslenkung

Im Rahmen einer Akkreditierung ist es für das Labor wichtig, die im Managementsystem festgelegte Qualitätspolitik durch entsprechende Maßnahmen zu
überwachen und zu optimieren. Dabei gibt es verschiedene Werkzeuge zur **Qualitätslenkung.**

Das Schema in ■ Abb. 4.2 gibt ein Beispiel für den Laboralltag, welche Qual-
itätslenkungsverfahren bei der Bearbeitung einer Probe in die Routinearbeit
eingehen.

4.3.1 Interne Qualitätssicherung

Unter den Begriff **Interne Qualitätssicherung** fallen alle Maßnahmen, die das Labor eigenständig durchführen kann. Hierzu gehören neben der analytischen Qualitätssicherung durch Qualitätssicherungsproben, die bei den durchgeführten
Analysen mitgeführt werden, auch Gerätekalibrierungen sowie Personalqualifi-
zierungen, Interne Audits und Plausibilitätskontrollen (■ Abb. 4.3).

4.3.1.1 Qualitätssicherungsproben, Referenzmaterial

Als **Qualitätssicherungsproben** können dabei **zertifizierte Referenzmaterialien
(ZRM)** (engl. certificated reference materials) oder selbst eingekaufte Lebensmittelproben **(Internes Referenzmaterial, IRM)** (engl. internal reference materials)
eingesetzt werden. ZRM werden in Deutschland von der Bundesanstalt für Ma-
terialforschung und -prüfung **(BAM)** in Berlin vertrieben. Das Institute for Reference Materials and Measurements **(IRMM)** in Geel, Belgien, gibt die ZRM auf

4

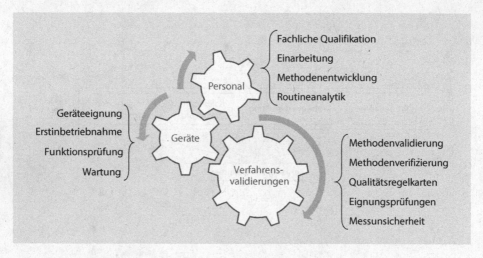

■ **Abb. 4.3**   Zusammenspiel der Internen Qualitätssicherung (Nach [1])

europäischer Ebene heraus, in den USA ist das National Institute of Standards and Technology **(NIST)** zuständig.

4.3.1.2 Qualitätsregelkarten

Mit Hilfe von **Qualitätsregelkarten** (engl. quality control chart) kann systematisch die analytische Qualität aufgezeigt werden und ermöglicht dem Labor, frühzeitig bei Veränderungen einzugreifen. Nach Ablauf einer Vorlaufperiode, in der die statistischen Daten wie Mittelwert und Standardabweichung bestimmt werden, werden die Warn- und Eingriffsgrenzen graphisch vermerkt (■ Abb. 4.4). Jede Untersuchung des ZRM oder IRM wird in die Qualitätsregelkarte eingetragen und gibt so dem Analysierenden eine schnelle Rückmeldung, ob die durchgeführte Analyse im tolerierten Schwankungsbereich der Methode liegt.

Zum Begriff „Quality Control Chart"

„Chart" bedeutet hier nicht *Karte* im eigentlichen Sinne, sondern vielmehr *Schaubild* oder *Datenblatt*.

Geräte werden durch Kalibrierungen auf einwandfreien Betrieb geprüft. Zum Beispiel können für die Kalibrierung des pH-Meters rückgeführte Pufferlösungen (beispielsweise vom NIST) eingesetzt werden.

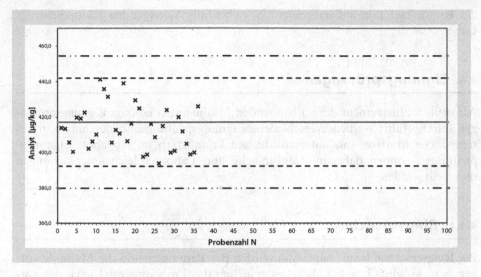

◘ Abb. 4.4 Beispiel einer Qualitätsregelkarte. *Erläuterung:* —— **Mittelwert;** – – – Warngrenze; —·—
Eingriffsgrenze; **x** Einzelmesswert

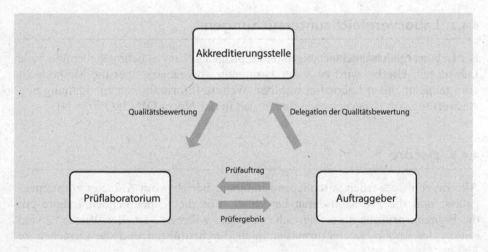

◘ Abb. 4.5 Externe Qualitätsbewertung (Nach [1])

4.3.2 Externe Qualitätssicherung

Die **Externe Qualitätssicherung** erfolgt zum einen durch die Akkreditierungsstelle,
die während der Dauer einer Akkreditierung mehrere Überwachungsbegehungen,
die auch als **Externes Audit** bezeichnet werden können, durchführt (◘ Abb. 4.5).

Es ist ebenfalls möglich, dass Kunden oder Lieferanten ein Externes Audit in
einem Labor durchführen. Über die Bewertung der Akkreditierungsstelle erhält

4

der Kunde/Lieferant auf indirektem Weg ebenfalls Aussagen zur Kompetenz des Labors.

4.4 Eignungsprüfungen

Als weiteres Instrument der vorbeugenden Maßnahmen können **Eignungsprüfungen** durchgeführt werden. Verschiedene Eignungsprüfungsanbieter haben unterschiedliche Matrizes mit unterschiedlichen Parametern im Angebot. Eignungsprüfungen können dabei in Ringversuche und Laborvergleichsuntersuchungen unterteilt werden.

4.4.1 Ringversuche

Bei **Ringversuchen** (engl. ring tests) werden der Parameter und die Methode vorgegeben. Möglichst viele Labore untersuchen das Probenmaterial nach der vorgegebenen Methode. Um vernünftige statistische Auswertungen durchführen zu können, gilt die Faustregel: mindestens 10 teilnehmende Labore.

4.4.2 Laborvergleichsuntersuchungen

Bei **Laborvergleichsuntersuchungen** (engl. proficiency tests) nehmen ebenfalls viele Labore teil. Hierbei wird zwar der Parameter vorgegeben, aber die Methode ist vom teilnehmenden Labor frei wählbar. Weitere Informationen zur Planung und Auswertung von Ringversuchen finden sich in der Norm DIN ISO 5725 [4].

4.4.3 z-score

Alle Ergebnisse werden anschließend in einem Bericht vom Anbieter zusammengefasst und die Präzisionsdaten berechnet. Für die teilnehmenden Labore gilt die Eignungsprüfung als erfolgreich, wenn der **z-score** <2 ist. Bei Werten >2 sind seitens des Labors Korrekturmaßnahmen durchzuführen und die Ursachen zu klären.

---

z-score (z-Wert)

— In der mathematischen Statistik wird zur **Transformation einer Zufallsvariablen** die sog. Standardisierung oder z-Transformation durchgeführt, so dass die resultierende Zufallsvariable den Erwartungswert „0" und die Varianz „1" erhält. Die Standardabweichung entspricht der Wurzel der Varianz und ist somit auch gleich „1". Die standardisierte Zufallsvariable wird häufig **z-score** genannt und bildet ein Fundament zur Konstruktion statistischer Tests [5].

- Der **z-score** gibt den Betrag wieder, um den sich der Labormittelwert von der Zielstandardabweichung nach **Horwitz** oder der Vergleichsstandardabweichung einer im Ringversuch getesteten Methode unterscheidet. Horwitz hat in den 1980er Jahren eine empirische Formel entwickelt, mit der die maximal akzeptierte Streuung in Abhängigkeit vom Anteil des Analyten in der Probe berechnet werden kann [6–9].

$$z = \left| \frac{(m - M)}{s_{Ziel}} \right|$$

m Labormittelwert

M Median oder Gesamtmittelwert

s_{Ziel} Zielstandardabweichung nach Horwitz $= 2^{(1 - 0,5 \log M)}$

Literatur

1. Kirchhoff E (2010) Akkreditierung von amtlichen und nichtamtlichen Prüflaboratorien im Bereich Lebensmittel und Futtermittel. In: Frede W (Hrsg) Handbuch für Lebensmittelchemiker. Springer, Berlin
2. DIN EN ISO 17025 (2017) Allgemeine Anforderungen an die Kompetenz von Prüf- und Kalibrierlaboratorien
3. DAkkS (Hrsg) ▶ https://www.dakks.de/content/g%C3%BCltigkeit-der-akkreditierung. Zugegriffen: 16. Okt. 2020
4. DIN ISO 5725 (2003) Genauigkeit (Richtigkeit und Präzision) von Messverfahren und Messergebnissen
5. Wooldridge J (2015) Introductory econometrics: a modern approach. Nelson Education, Toronto, S 736
6. DIN EN ISO/IEC 17043-05:2010 Konformitätsbewertung – Allgemeine Anforderungen an Eignungsprüfungen/Conformity assessment – General requirements for proficiency testing
7. Horwitz W (1982) Evaluation of analytical methods used for regulation of foods and drugs. Anal Chem 54(1):67A–76A
8. Boyer KW, Horwitz W, Albert R (1985) Anal Chem 57:454–459
9. Thomson M, Ellison SLR, Wood R (2006) The international harmonized protocol for the proficiency testing of analytical chemistry laboratories. Pure Appl Chem 78(1):145–196

Instrumentelle Techniken in der Lebensmittelana- lytik

Teil III des Buches enthält Basisinformationen zu den wichtigsten, etablierten instrumentellen Analysenverfahren für die Lebensmitteluntersuchung. Behandelt werden Verfahren und Techniken aus dem Bereich der chromatographischen, optischen, spektroskopischen, spektrometrischen, elektrochemischen, elektrophoretischen, enzymatischen, immunchemischen und molekularbiologischen Analyse. Die Kapitel in diesem Teil sind als Leitfaden und Ergänzung zu den im Teil IV abgehandelten Analysenmethoden zu verstehen. Berücksichtigt werden deshalb neben methodischen Grundlagen insbesondere Hinweise zur allgemeinen praktischen Anwendung und Auswertung.

Zum vertiefenden Studium der behandelten Verfahren bzw. zum Studium von gleichfalls wichtigen, hier nicht aufgeführten Verfahren zur speziellen Anwendung – wie rheologische und sonstige physikalisch-mechanische Methoden – sei auf die einschlägige Fachliteratur verwiesen.

Inhaltsverzeichnis

Chromatographie

Inhaltsverzeichnis

© Der/die Autor(en), exklusiv lizenziert durch Springer-Verlag GmbH, DE, ein Teil von
Springer Nature 2021
R. Matissek und M. Fischer, *Lebensmittelanalytik*,
https://doi.org/10.1007/978-3-662-63409-7_5

Zusammenfassung

Chromatographische Verfahren sind Trennverfahren, die darauf basieren, dass die zu trennenden Substanzen an zwei Phasen multiplikativ verteilt werden. Eine dieser Phasen ist immobil, das heißt, fixiert, die andere Phase ist beweglich. Beschrieben werden die Dünnschichtchromatographie (DC) an Normal- und Umkehr-Phasen, die Hochleistungs-Dünnschichtchromatographie (HPTLC), die Gaschromatographie (GC), die Hochleistungs-Flüssigchromatographie (HPLC) mit verschiedenen Phasen und Detektoren, die Denaturierende HPLC sowie die Headspace-GC und die Festphasenextraktions-Technik (SPME).

5.1 Exzerpt

Chromatographische Verfahren (engl. chromatographic procedures) sind stets Trennverfahren, die darauf basieren, dass die zu trennenden Substanzen über zwei Phasen multiplikativ, d. h. wiederholt verteilt werden. Eine dieser Phasen ist immobil, das heißt, fixiert (≙ **stationäre Phase;** engl. stationery phase), die andere Phase ist beweglich (≙ **mobile Phase;** engl. mobil phase). Bei der Trennung durchströmt die mobile Phase die stationäre Phase. Die stationäre Phase ist entweder ein Feststoff (Adsorbens) oder eine Flüssigkeit. Die mobile Phase ist entweder ein nichtlösliches Gas oder eine mit der stationären Phase nichtmischbare Flüssigkeit; in einer neueren Variante auch ein überkritisches Gas, also ein Fluid (sog. Supercritical Fluid Chromatography, SFC).

Die Einteilung chromatographischer Verfahren kann nach verschiedenen Prinzipien erfolgen:

a) **Nach dem mechanischen Aufbau der Trennstrecke**
   - Papierchromatographie, PC (engl. Paper Chromatography, PC)
   - Dünnschichtchromatographie, DC (engl. Thin-Layer Chromatography, TLC)
   - Säulenchromatographie, SC (engl. Column Chromatography, CC)
   - Gaschromatographie, GC (engl. Gas Chromatography, GC) etc.

b) **Nach der Kombination der Phasenarten**
   - Flüssig-Flüssig-Chromatographie (engl. Liquid–Liquid-Chromatography, LLC)
   - Gas-Flüssig-Chromatographie (engl. *Gas–Liquid-Chromatography,* GLC)
   - Gas-Fest-Chromatographie (engl. Gas–Solid-Chromatography, GSC)
   - Flüssig-Fest-Chromatographie (engl. Liquid–Solid-Chromatography, LSC)

c) **Nach der Art der Verteilung**
   - Verteilungschromatographie: LLC, GLC, sowie als besondere Variante die Gelchromatographie
   - Adsorptionschromatographie: GSC, LSC, sowie als spezielle Variante die Ionenchromatographie

5

Sorbens ↔ Sorbat

- **Sorbens** ⇨ zu absorbierendes Molekül
- **Sorbat** ⇨ absorbiertes Molekül

Die Grundlagen der chromatographischen Theorie wurden in den 1950er Jahren entwickelt. Die **Auflösung** R zweier Peaks wird durch das Zusammenspiel von drei Einflussgrößen beschrieben:

$$R = \frac{1}{4}(\alpha - 1) \cdot \sqrt{N \frac{k}{1 + k}}$$

mit

R – geometrischer Abstand der Peaks voneinander (Differenz ihrer Retentionszeiten und Breite der Peaks)

α – Selektivitätsfaktor

N – Trennstufenzahl der Säule

k – Trennfaktor

Mit einem hohen Selektivitätsfaktor kann durch geschickte Wahl von mobiler und stationärer Phase eine gute Trennung erreicht werden. Hierfür sind gute chemische Kenntnisse Voraussetzung. Je feinkörniger die stationäre Phase und je länger die Säule, desto höher ist die Trennstufenzahl und desto besser ist die Trennung. Der Nachteil liegt in einem hohen aufzuwendenden Druck. Als weitere variable Größe kann der Trennfaktor eingesetzt werden. Je größer der Trennfaktor ist, desto besser ist die Trennung und desto später wird ein Peak eluiert. Die Retentionszeit wird dabei mit der Durchflusszeit der mobilen Phase normiert.

Beschrieben werden in diesem Kapitel die Dünnschichtchromatographie (DC) an Normal- und Umkehr-Phasen, die Hochleistungs-Dünnschichtchromatographie (HPTLC), die Gaschromatographie (GC), die Hochleistungs-Flüssigchromatographie (HPLC) mit verschiedenen Phasen und Detektoren sowie die Denaturierende HPLC (eine Übersicht zur Chromatographie gibt ◻ Abb. 5.1).

Matrixeffekt ↔ Interferenz

- **Matrixeffekte** können bei vielen (insbesondere bei chromatographischen und spektrometrischen) Methoden in der Analytik auftreten. Der Begriff Matrixeffekt (von lat. *mater,* dt. Mutter) bezeichnet die Gesamtheit aller Effekte/Einflüsse durch Probenbestandteile (der Matrix) außer dem Analyten auf Messungen von Analytmengen (siehe hierzu auch Kasten „Analyt ↔ Matrix" in ▶ Abschn. 1.1).
- Als **Interferenz** wird hingegen die Störung während der Messung durch eine spezifische Komponente als Ursache bezeichnet.

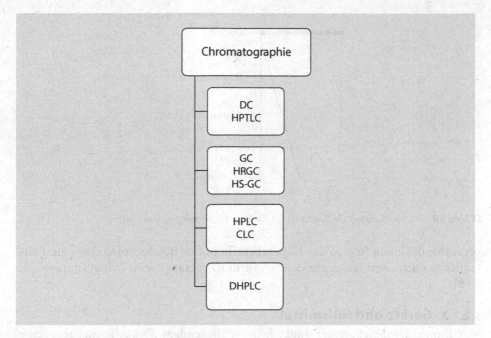

◘ **Abb. 5.1** Chromatographie – Übersicht

5.2 Dünnschichtchromatographie (DC)

5.2.1 Eindimensionale DC

5.2.1.1 Prinzip

Die **DC** (engl. Thin-Layer Chromatography, TLC) ist ein schnelles und einfaches Verfahren zur Auftrennung von Substanzgemischen und zur Identifizierung/Charakterisierung bzw. halbquantitativen Bestimmung der einzelnen Komponenten, so dass sie häufig als Screening-Verfahren für bestimmte Stoffgruppen eingesetzt wird.

Wie bei anderen chromatographischen Methoden beruht die Trennung darauf, dass die zu untersuchenden Substanzen zwischen einer stationären und einer mobilen Phase in unterschiedlicher Weise verteilt werden: Bei der DC bewegt sich das Laufmittel (mobile Phase) über eine dünne Schicht des Sorptionsmittels (stationäre Phase) und transportiert dabei die einzelnen Komponenten des Substanzgemisches je nach Löslichkeit und/oder Adsorptionsverhalten unterschiedlich weit. Hervorzuheben ist, dass der Trennvorgang im Gegensatz zur Säulenchromatographie in einem offenen System – der planaren Trennschicht – abläuft. Die jeweilige Laufstrecke der Substanzen (r_f-Wert, siehe unten) kann dann zu ihrer Identifizierung benutzt werden.

DC-Trennungen erfolgen im Allgemeinen **linear** nach der **aufsteigenden Methode;** dabei wird die untere Kante der vorbereiteten DC-Platte in das Laufmittel

5

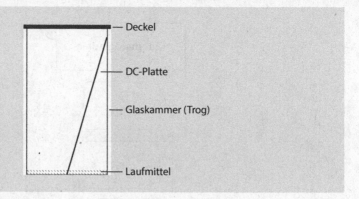

— Deckel

— DC-Platte

— Glaskammer (Trog)

— Laufmittel

☐ **Abb. 5.2**   Normalkammer (N-Kammer) für die DC. *Erläuterungen:* siehe Text

getaucht, das dann infolge der Kapillarkräfte in der Beschichtung über die Plattenfläche nach oben (entgegen der Schwerkraft) gesaugt wird (Literaturauswahl: [1–9]).

5.2.1.2 Geräte und Hilfsmittel

- Chromatographiekammer (mit dicht schließendem Deckel); meistens eine sog. Normalkammer (**N-Kammer**) mit einer Gasraumtiefe ≫ 3 mm, siehe, ☐ Abb. 5.2
- DC-Platten (selbst hergestellt oder Fertigplatten bzw. -folien)
- Mikroliter-Pipetten oder Schmelzpunkt-Kapillaren
- Glasgefäß mit Sprühaufsatz (zusätzlich: Sprühkabinett)
- Messzylinder oder Erlenmeyer-Kolben mit Stopfen (zum Ansetzen und Mischen des Laufmittels)
- Fön
- DC-Schablone bzw. Lineal
- UV-Lampe zur Prüfung auf Fluoreszenz bzw. Fluoreszenzminderung

---

DC-Platten selbst herstellen

Anleitungen zur Herstellung **selbstgezogener DC-Platten** siehe ▶ Abschn. 17.2.1.1 und 19.2.1 sowie ▶ Abschn. 20.5.1. Vor dem Gebrauch werden die beschichteten Platten durch Erwärmen im Trockenschrank (ca. 10 min bei 100 °C) aktiviert; nach Abkühlen (Exsikkator!) sind diese dann gebrauchsfertig.

DC-Sprühkabinett

Ein sog. **DC-Sprühkabinett** ist vereinfacht betrachtet eine Box mit Absaugkanal. Es dient zum Abführen von Reagenziennebeln (Aerosolen) beim Besprühen von DC-Platten mit Detektionsreagenzien. Das Sprühkabinett wird üblicherweise in einen Laborabzug gestellt.

Aerosol

- Ein **Aerosol** ist ein Stoffgemisch, das aus einem gasförmigen Dispersionsmittel und flüssigen oder festen (kolloiden) Bestandteilen besteht. Die dispersen Bestandteile sind Schwebstoffe und werden als **Aerosolpartikel** bezeichnet. Sind sie flüssig, spricht man von Nebel; sind sie fest, so liegen Staub oder Rauch vor.
- **Aerosole** sind demnach feinste feste oder flüssige Teilchen im Mikrometerbereich (μm) die in einem Gas – in der Regel Luft – verteilt sind [10].

5.2.1.3 DC-Platten und Sorbentien – Stationäre Phasen

DC-Platten (engl. TLC plates) bestehen aus planaren, inerten Trägern (Glasplatten, Aluminium- oder Kunststoff-Folie), auf die mit möglichst gleichmäßiger Schichtdicke (im Allgemeinen 0,25 mm) das Sorptionsmittel aufgebracht wurde. Hierbei handelt es sich je nach Trennproblem um Kieselgel, Aluminiumoxid, Polyamid, Cellulose u. dgl. oder auch Mischschichten derselben. DC-Platten können vornehmlich für qualitative Zwecke leicht angefertigt werden, indem aus dem pulverförmigen Sorptionsmittel und Wasser eine dickflüssige Suspension hergestellt und diese auf Glasplatten aufgetragen wird.

Für viele Anwendungen, speziell für (halb)quantitatives Arbeiten, sind auch Fertigplatten kommerziell erhältlich, die meist eine bessere Haftfestigkeit und eine wesentlich gleichmäßigere Beschichtung aufweisen.

Während in der HPLC überwiegend Umkehrphasen-Materialien (engl. Reversed Phase) eingesetzt werden, überwiegt in der DC die Chromatographie an Normal-Phasen-Materialien wie z. B. Kieselgel (◘ Tab. 5.1). Neben den normalen (20 × 20 cm großen) Platten werden von vielen Herstellern auch Platten mit feinkörnigeren und gleichmäßigeren Sorbentien (sog. High Performance Thin-Layer Chromatography-Platten, **HPTLC-Platten,** siehe ▶ Abschn. 5.3) angeboten. HPTLC-Platten zeichnen sich bei richtiger Anwendung durch höhere Trennstufenzahlen und kürzere Trennzeiten aus. Die Entwicklung findet entweder *aufsteigend* oder mit Hilfe von Spezialkammern *horizontal* statt.

◘ **Tab. 5.1** Charakteristika von ausgewählten DC-Sorbentien (Nach [5])

Größe	Kieselgel	Aluminiumoxid
Mittlere Porenweite[a] – für spezielle Anwendungen auch	6 nm 4; 10; 15 nm	6 nm 9, 15 nm
Spezifische Oberfläche	500 m^2/g	200 m^2/g
Spezifisches Porenvolumen	0,75 mL/g	0,2 mL/g
Korngröße – für HPTLC	10–12 μm 5–6 μm	10–12 μm

[a]Die mittlere Porenweite angegeben in Å (1 nm = 10 Å) wird üblicherweise zur Produktklassifizierung verwendet, z. B. *Kieselgel 60* hat eine mittlere Porenweite von 60 Å

DC-Platten mit sog. **Konzentrierungszone** (≙ Auftragezone) besitzen eine ca. 2 cm breite Zone aus Kieselgur oder einem sehr großporigen Kieselgel, so dass bei der Entwicklung der DC-Platte in dieser Zone praktisch keine chromatographische Trennung auftritt. Der besondere Vorteil besteht darin, dass die gesamten aufgetragenen Substanzen zu einem schmalen Band an der Startlinie (Trennlinie zwischen Konzentrierungszone und Sorbenszone) aufkonzentriert werden. Somit ist es möglich, auch größere Volumina aufzutragen und scharfe Trennungen zu erhalten.

Aktivierung

- Für einige DC-Trennungen müssen die DC-Platten (genauer: die Sorbentien) **aktiviert** werden. Das heißt, dass die Belegung der Oberflächen mit Wassermolekülen (aus der Atmosphäre) durch Erhitzen (z. B. im Trockenschrank auf 100 °C) und Abkühlen sowie Aufbewahren unter Ausschluss von Feuchtigkeit (im Exsikkator) gesteuert werden kann. Eine andere Möglichkeit besteht durch Vorbedampfen, das meint, Vorbelegung der Sorbentien mit über die Gasphase adsorbierten Laufmittelmolekülen.
- **Wasserdampf** kann aus dem Entwicklungssystem auch durch Bindung/Adsorption an geeignete, in das System eingebrachte Materialien wie hygroskopische Stoffe (z. B. Schwefelsäure-Lösungen mit entsprechend eingestellten Konzentrationen) entfernt und damit das Sorbens aktiviert werden.

5.2.1.4 Laufmittel – Mobile Phasen

Bei der **Normalphasen-DC** besteht das Laufmittel (⇨ mobile Phase) aus einem unpolaren Lösungsmittel bzw. Lösungsmittelgemisch, dem bei bestimmten Anwendungen geringe Mengen eines polaren Lösungsmittels bzw. Wasser zugesetzt werden.

Bei der **Umkehrphasen-DC** (engl. Reversed Phase-DC, RP-DC) verhält es sich umgekehrt. Die mobile Phase besteht in der Regel aus einem relativ polaren, mit Wasser mischbaren organischen Lösungsmittel in der Regel Acetonitril oder Methanol). Die Polarität des Laufmittels kann durch die Zugabe eines bestimmten Wasseranteils evtl. mit Zusatz von Salzen zur Erzeugung von Puffersystemen mit bestimmten pH-Werten eingestellt werden.

Das verwendete Wasser muss hochgereinigt sein *(HLPC-grade)*, da eventuell vorhandene organische Verunreinigungen insbesondere auf RP-Phasen stark retardiert werden und in der Folge sogenannte *Geisterpeaks* verursachen können.

Die **Elutionskraft** $E°$ verschiedener Elutionsmittel/Lösungsmittel lässt sich empirisch bestimmen. ◻ Tab. 5.2 zeigt einen Auszug aus der sog. **Eluotropen Reihe** (engl. eluotropic series), d. h. hier wurden die Eluenten nach ihrer Elutionskraft geordnet:

⇨ Ein in der NP-Chromatographie starker Eluent ist polar, ein schwacher ist unpolar.

⇨ Bei der RP-Chromatographie ist dies entsprechend umgekehrt.

◘ Tab. 5.2 Polarität und UV-Grenze ausgewählter Elutionsmittel – Eluotrope Reihe[a]

Eluent	Polarität $E°$	UV-Grenze (nm)
n-Hexan	0,00	190
Toluol	0,29	285
Chloroform	0,40	245
Dichlormethan	0,42	230
Aceton	0,56	330
Essigsäuremethylester	0,58	260
Dimethylsulfoxid	0,62	270
Diethylamin	0,63	275
Acetonitril	0,65	190
Ethanol	0,88	210
Methanol	0,95	205
Wasser	>1,11	<190

[a]Die $E°$-Werte gelten für Aluminiumoxid als Sorbens. Für Silicagel verschieben sie sich um einen konstanten Faktor: $E° = 0,77 \cdot E°(Al_2O_3)$

In ◘ Tab. 5.2 ist neben der Polarität auch die Grenze für die Durchgängigkeit von UV-Strahlung (sog. „UV-Grenze") (wichtig für die Detektion) angegeben.

5.2.1.5 Auftragen der Lösungen

Probenlösungen und Vergleichslösungen werden mit Mikroliter-Pipetten (oder vergleichbaren Geräten, auch Automaten) auf die DC-Platte aufgetragen, wobei der Abstand der Fleckmittelpunkte vom unteren Rand etwa 1,5 cm und von den seitlichen Rändern sowie untereinander etwa 1–2 cm betragen sollte (◘ Abb. 5.3a). Die erforderlichen Volumina (V) hängen von den Konzentrationen der Lösungen ab: Allgemein werden bei der Dünnschicht-Chromatographie 1–10 µg Substanz pro Fleck (Spot) aufgetragen. Ist die Konzentration der zu überprüfenden Substanz in der Probe auch größenordnungsmäßig nicht bekannt, so sollte die Probelösung mehrfach, jedoch mit deutlich unterschiedlichen Volumina aufgetragen werden.

Größere Volumina werden zur Vermeidung einer zu großen Ausdehnung der Substanzflecken in mehreren Portionen und mit jeweiligem Zwischentrocknen (Aufblasen von Heiß- oder Kaltluft, Pressluft bzw. Stickstoff) aufgetragen.

Für quantitative DC-Bestimmungen unter Verwendung konventioneller DC-Platten sind Auftragevolumina um 0,5–1,0 µL pro Spot angebracht. Auftragsvolumina von mehr als 5,0 µL sollten grundsätzlich vermieden werden und nur besonderen Ausnahmefällen – dann portionsweises Auftragen – vorbehalten bleiben. Bei HPTLC-Platten stellt ein Auftragevolumen von 0,5 µL bereits die obere Grenze dar. Diese Angaben gelten nicht für DC-Platten mit Konzentrierungszone sowie für strichförmiges Auftragen.

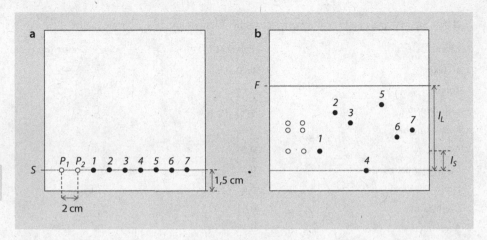

5

◘ **Abb. 5.3**   Praxis der Dünnschichtchromatographie. *Erläuterung:* **a** DC-Platte vor der Entwicklung
– Auftragen: **S** Startlinie; **P** Probe ($V_{P1} > V_{P2}$; mit V Auftragevolumen); **1–7** Vergleichssubstanzen. **b**
DC-Platte nach der Entwicklung – Auswertung: **F** Laufmittelfront; I_L Laufstrecke des Laufmittels (ca.
13 cm); $I_{S(1)}$ Laufstrecke der Substanz 1. *Weitere Erläuterungen:* siehe Text

5.2.1.6 Entwicklung

Die **Entwicklung** der DC-Platten findet in sog. DC-Kammern statt. Dies sind üblicherweise Glasgefäße mit entsprechender Geometrie. Die einfachste DC-Kammer ist die sog. N-Kammer, die aus einem kastenförmigen Trog mit Deckel besteht, in den die DC-Platten gestellt werden (◘ Abb. 5.2).

Das Laufmittel, dessen Zusammensetzung auf das jeweilige Trennproblem abgestimmt ist, wird in der Regel mindestens 30 min vor Beginn der DC-Trennung
bis zu einer Höhe von ca. 0,5 cm Flüssigkeitsstand in eine Chromatographiekammer gefüllt, diese (zur Sättigung mit Lösungsmitteldämpfen) mit dem Deckel
geschlossen und an einem nicht zugigen Ort aufgestellt. Um eine bessere Sättigung zu erreichen, kann die Kammer auch mit Fließpapier (Filterpapierbögen)
ausgekleidet werden (dieses ist in der jeweiligen Vorschrift ggf. explizit angegeben).

Zur Entwicklung wird die DC-Platte mit der unteren Kante in das Laufmittel
gestellt und die Kammer sofort wieder geschlossen. Um Auswaschungen zu vermeiden, müssen die aufgetragenen Flecken vollständig *über* der Flüssigkeitsoberfläche liegen!

Das Laufmittel wird durch Kapillarkräfte in der Beschichtung nach oben gesaugt; die Laufstrecke sollte je nach Trennung zwischen 5 cm und max. 15 cm
liegen, wobei die dafür benötigte Zeit vom Sorptionsmaterial, von der Schichtdicke und von der Zusammensetzung des Laufmittels abhängt.

5.2.1.7 **Auswertung**

> **Inneres Chromatogramm ↔ Äußeres Chromatogramm**
>
> **Chromatogramme** sind die sichtbaren (visualisierbaren) bzw. detektierbaren Ergebnisse chromatographischer Trennungen. Unterschieden wird in innere Chromatogramme und äußere Chromatogramme:
>
> — Bei einem **inneren Chromatogramm** wird das Ergebnis der Trennung direkt auf der Trennstrecke detektiert. Sie entstehen beispielsweise bei der DC, HPTLC, PC.
>
> — **Äußere Chromatogramme** werden bei chromatographischen Trennverfahren erhalten, bei denen die Detektion der aufgetrennten Einzelsubstanzen außerhalb der eigentlichen Trennstrecke erfolgt. Dies ist beispielsweise der Fall bei der GC, HPLC, SC u. dgl.

Nach der Entwicklung des Chromatogramms wird die Platte aus der Kammer genommen und (nach Markierung der Laufmittelfront) an der Luft oder vorsichtig mit dem Fön getrocknet.

Die **Lage der Substanzflecken** auf diesem sogenannten inneren Chromatogramm (vgl. Kasten „Inneres Chromatogramm ↔ Äußeres Chromatogramm") kann bestimmt werden:

— durch ihre Eigenfarbe
— durch ihre Fluoreszenz
— durch Löschung bzw. Minderung der Fluoreszenz, wenn die Plattenbeschichtung einen Fluoreszenzindikator enthält
— durch chemische Umsetzungen: Dabei wird die getrocknete Platte ganz oder teilweise mit bestimmten Reagenzlösungen besprüht, so dass sich charakteristische Färbungen oder Eigenfluoreszenzen ergeben.

Die **Charakterisierung** der einzelnen Substanzflecken erfolgt anhand ihrer Farbe und ihres r_f-Wertes (engl. retention factor); auch oft als R_f-Wert oder als hR_f (= $R_f \cdot 100$) angegeben, d. h. des Quotienten aus den Laufstrecken der Substanz und des Laufmittels (◘ Abb. 5.3b):

$$r_f = \frac{l_S\,[cm]}{l_L\,[cm]}$$

mit l_S bzw. l_L ◘ Abb. 5.3b

Zur Identifizierung werden die Farben bzw. Anfärbungen und die r_f-Werte mit denen von Referenzsubstanzen verglichen, die unter den gleichen Bedingungen (nach Möglichkeit im identischen Chromatogramm) entwickelt und nachgewiesen wurden. Zur Absicherung werden zusätzlich sog. Misch-Chromatogramme angefertigt, das bedeutet, Probenlösung und Lösung der vermuteten

Referenzsubstanz werden auf *einem* Spot gemeinsam auftragen. Findet keine Aufsplittung statt, erscheint der Fleck also homogen, kann davon ausgegangen werden, dass die richtige Vergleichssubstanz zugeordnet wurde.

5.2.1.8 Anwendungsgebiete

Die DC wird in der Mehrzahl der Fälle für schnelle und einfach durchzuführende qualitative Fragestellungen (Screening) eingesetzt. Quantitative Auswertungen sind mit entsprechendem Equipment (DC-Auftrageeinheiten, Scanner, HPTLC- bzw. CLC-Systeme) möglich. Die DC kann auch für präparative Zwecke eingesetzt werden. Anwendungsbeispiele siehe Teil IV.

5.2.2 Zweidimensionale DC

Um eine unvollständige Trennung zu verbessern, können zwei je eindimensionale Chromatographie-Schritte wie folgt kombiniert werden:
1. **Schritt**
   ⇨ Die Probenlösung wird an einer Ecke der Platte aufgetragen und wie oben beschrieben in aufsteigender Richtung entwickelt.
2. **Schritt**
   ⇨ Die entwickelte und getrocknete Platte wird um 90° gedreht, so dass sich das bereits teilweise aufgetrennte Gemisch am unteren Rand befindet; es wird dann mit einem zweiten Laufmittel in der zweiten Richtung entwickelt. Nachweis und Identifizierung erfolgen dann wie oben beschrieben.

Eine ausführliche Anleitung zur Durchführung zweidimensionaler DC-Trennungen ist in ▶ Abschn. 20.5.1 zu finden.

5.2.3 Zirkulare DC (CLC)

Während die normale DC bzw. HPLTC (▶ Abschn. 5.3) linear ausgeführt wird, besteht in Form einer speziellen Weiterentwicklung die Möglichkeit, die Trennung auf gleichmäßig und schnell rotierenden Scheiben vorzunehmen, sog. **zirkulare DC** (engl. Centrifugal Layer Chromatography, **CLC** oder Rotary Planar Chromatography, **RPC**).

Zu Beginn des Chromatographieprozesses befindet sich die Probe in einer wenige Millimeter starken Kreiszone in der Mitte der Scheibe. Das Laufmittel wird mit Hilfe eine Pumpe zur Mitte der Scheibe geleitet und von dort wird es durch die Fliehkraft nach außen getrieben. Hierbei findet die Auftrennung des Substanzgemisches der Probe in eine entsprechende Anzahl von Ringen (anstelle der Spots bei der linearen DC) statt.

Die **CLC** kann auch präparativ zur Reinigung oder Gewinnung kleiner Substanzmengen eingesetzt werden: Die am Rand der Scheibe angelangten Substanzen können voneinander getrennt und zur weiteren Verwendung in entsprechenden Laborgefäßen aufgefangen werden.

5.3 Hochleistungs-Dünnschichtchromatographie (HPTLC)

5.3.1 Prinzip

Die **Hochleistungs-Dünnschichtchromatographie** (**HPTLC,** engl. High Performance Thin Layer Chromatography) stellt eine Weiterentwicklung der Dünnschichtchromatographie (DC) dar. Die Fortschritte bestehen in der Verbesserung des Schichtmaterials, der Automatisierung von Arbeitsschritten, der Möglichkeit zur Quantifizierung sowie der Kopplung zur Massenspektrometrie. Das Trennprinzip unterscheidet sich dabei nicht von dem der DC (▶ Abschn. 5.2).

Zu Beginn einer HPTLC-Analyse werden die Proben automatisch auf die HPTLC-Platten aufgetragen. Anschließend wird die Platte in eine Entwicklungseinheit überführt, in der zwischen einer ein- oder mehrstufigen automatischen Entwicklung gewählt werden kann (AMD, engl. Automated Multiple Development).

Zur Auswertung des sogenannten inneren Chromatogramms (▶ Abschn. 5.2.1.7) wird die Platte in eine Photodokumentationseinheit gelegt. In diesem Gerät erfolgt die visuelle Detektion bei UV-Strahlung und Weißlicht, welche ggf. durch Derivatisierungen ergänzt werden kann (▶ Abschn. 5.2).

Eine Identifizierung unbekannter Stoffe kann auf zwei Arten erfolgen. Ein Wellenlängenscanner für HPTLC-Platten ermöglicht die Aufnahme eines Absorptions- oder Emissionsspektrums von der getrennten Probenbande, welches durch den Vergleich mit dem Spektrum eines Standards identifiziert werden kann. Zusätzlich können die getrennten Substanzen direkt von der HPTLC-Platte massenspektrometrisch analysiert werden. Bei genauer Kenntnis über die Probeninhaltsstoffe kann eine densitometrische Quantifizierung mittels externer Kalibrierung erfolgen (Literaturauswahl: [11–19]).

5.3.2 Geräte und Hilfsmittel

- HPTLC-Platten
- automatische Auftrageeinheit (engl. autosampler)
- automatische Entwicklungseinheit (engl. Automatic Developing Chamber, ADC)
- Tauchkammer mit automatischer Tauchvorrichtung (engl. immersion device)
- Wellenlängenscanner für HPTLC-Platten (engl. wavelength scanner)
- Photodokumentationseinheit (engl. visualizer)

5.3.3 HPTLC-Platten

Die chemische Zusammensetzung des Sorptionsmittels von HPTLC-Platten unterscheidet sich nicht von denen der DC. Allerdings gibt es bezüglich der physikalischen Kenngrößen entscheidende Merkmalsdifferenzen, die in ◘ Tab. 5.3

◼ Tab. 5.3   Charakteristika von HPTLC- und DC-Platten (Nach [11])

	HPTLC	DC
Partikelgröße	5–6 µm	10–12 µm
Partikelgrößenverteilung	4–8 µm	5–20 µm
Schichtdicke	200 µm (100 µm)	250 µm
Höhe der Platte	12 µm	30 µm
Laufhöhe	3–6 cm	10–15 cm
Laufzeit	3–20 min	20–200 min
Proben pro Platte	<36 (72)	<10
Probenvolumen	0,1–0,5 µL	1–5 µL
Nachweisgrenzen für:		
Absorption	100–500 pg	1–5 ng
Fluoreszenz	5–10 pg	50–100 pg

5

dargestellt sind. Typischerweise werden in der HPTLC Platten mit den Maßen 20×10 cm und 10×10 cm verwendet. Als Trägermaterialien werden vorrangig Glas- oder Alufolien eingesetzt.

5.3.4 Auftragen und Entwickeln

Das Auftragen der Proben erfolgt automatisch. Dabei wird zwischen einer Sprüh- und einer Kontaktauftragung unterschieden. Während der Sprühauftragung werden Banden oder Flächen variabler Breite und Höhe auf die HPTLC-Platten aufgesprüht, wobei die Trocknung der Probenflüssigkeit durch einen Gasstrom unterstützt wird. Je nach Flüchtigkeit des Lösungsmittels kann die Auftragegeschwindigkeit variiert werden. Bei der Kontaktauftragung setzt die Spritzennadel auf die Schicht auf und stellt so eine Verbindung zur Platte her.

Die automatische Entwicklung der HPTLC-Platte kann isokratisch oder als Gradient erfolgen, wobei beliebig viele Schritte gewählt werden können. Es besteht die Möglichkeit mehrere Lösungsmittelflaschen anzuschließen. Das Laufmittel wird vor der Entwicklung zunächst in der Mischkammer gemischt, entlüftet und anschließend in einen Trog gepumpt. Die HPTLC-Platte steht senkrecht in der Entwicklungskammer, wobei sich die untere Kante der Platte im Laufmitteltrog befindet. Bei Erreichen der gewünschten Laufhöhe, welche durch einen Sensor verfolgt wird, wird das Laufmittelreservoir entleert und die Platte unter Vakuum getrocknet. Die Trocknungszeit kann je nach Flüchtigkeit des Elutionsmittels variiert werden.

5.3.5 Dokumentieren und Quantifizieren

Die Dokumentation des Trennergebnisses erfolgt in einer Photodokumentations-einheit oder mit einem Scanner. Dabei können die durch Eigenfärbung sichtbaren Banden mit weißem Auf- und Durchlicht detektiert werden. Eigenfluoreszenz bzw. Fluoreszenzlöschung werden unter UV-Strahlung erkennbar. Im Anschluss kann eine chemische Derivatisierung erfolgen. Dafür wird die Platte mit einer automatischen Tauchvorrichtung zur reproduzierbaren Auftragung von Reagenzien in eine Derivatisierungslösung getaucht.

Bei der Quantifizierung über Absorptionsmessungen im UV-Bereich wird die Oberfläche der Schicht mit monochromatischer Strahlung bestrahlt und die diffus reflektierte Strahlung (die **Remission** R) gemessen. Die Remissionsgradänderung, bezogen auf den Leerwert der Schicht ($\beta = 100\,\%$), wird rechnergesteuert erfasst und liefert das in Peaks umgesetzte Densitogramm. Als Remission R wird der Quotient des abgestrahlten Strahlungsstromes bezogen auf die eingestrahlte Leistung bezeichnet:

$$R = \frac{\Phi}{\Phi_0}$$

$$\beta = \frac{B}{B_0} \cdot 100\,\%$$

mit

Φ – Strahlungsstrom

Φ_0 – Leistung

Wird das Strahlungsdichte-Verhältnis gemessen und der obige Quotient in Prozent angegeben, so resultiert daraus der Remissionsgrad β. Zur direkten Bestimmung der Substanzmengen wird die Remissionsgradänderung bei der Wellenlänge maximaler Absorption in Abhängigkeit vom Ort registriert. Bei Untersuchungen an parallel analysierten Kalibriermengen ergeben sich nach der graphischen Darstellung von Peakhöhen oder -flächen Kurven, die zur weiteren Auswertung dienen können.

5.3.6 Anwendungsgebiete

Generell kann die HPTLC für jedwede Identifizierung und Quantifizierung von farbigen, fluoreszierenden oder UV-aktiven Lebensmittelinhaltsstoffen eingesetzt werden. Stoffe, die diese Eigenschaften nicht besitzen, können durch eine Derivatisierung umgesetzt und erfasst werden. Anwendungsbeispiele siehe Buchteil IV.

Ein klarer Vorteil besteht im weitest gehenden Verzicht auf die Probenaufarbeitung. Am Sorptionsmittel haftende Matrixbestandteile, die bei der HPLC zum Verstopfen der Säule führen würden, verbleiben am Startfleck und üben somit keinen Einfluss auf die Chromatographie aus.

Die im Vergleich zur HPLC und GC geringere Bodenzahl wird durch eine selektive Derivatisierung ausgeglichen. Hervorzuheben sind zudem die Kosten- und Zeiteffizienz. So wurde bei der Bestimmung von wasserlöslichen Lebensmittelfarbstoffen für eine Probe eine Analysenzeit von 1,5 min und ein Lösungsmittelverbrauch von 200 µL erreicht.

5.4 Gaschromatographie (GC)

5.4.1 Prinzip

Die **GC** ist ein Verfahren zur Trennung flüchtiger Verbindungen, die in einem Gasstrom über/durch die in einem langen, dünnen Rohr fixierte stationäre Phase strömen. Die Gaschromatographie ist also definitionsgemäß eine **Säulenchromatographie** (vgl. Kasten „Column Chromatography (dt. Säulenchromatographie) – Definition nach IUPAC").

Das Trägergas (Inertgas; beispielsweise Stickstoff, Helium, Wasserstoff, Argon) übernimmt dabei den Transport der in der injizierten Probe enthaltenen flüchtigen Substanzen. Voraussetzung für eine Trennung ist, dass die einzelnen Komponenten von der stationären Phase gelöst oder adsorbiert werden. Je nach den chemischen Eigenschaften der Komponente und Phase wirkt die Phase als Löse- oder Adsorptionsmittel. Die verschiedenen Komponenten werden von der Phase somit mehr oder weniger stark zurückgehalten (retardiert) und erreichen den am Ende der Säule befindlichen Detektor dementsprechend nach kürzerer oder längerer Strömungszeit des Trägergases (siehe Schema in ◘ Abb. 5.4) (Literaturauswahl: [4, 5, 20–31]).

Die GC kann qualitative und quantitative Aussagen liefern. Prinzipiell können folgende Trennalternativen angestrebt werden:
— Bei hoher Auflösung:
⇨ ist die Trennung auch strukturell chemisch ähnlicher Verbindungen bei allerdings (relativ) hohem Zeitaufwand möglich.
— Bei geringer Auflösung:
⇨ gelingt die schnelle Trennung von Mischungen einfacher bekannter Verbindungen.

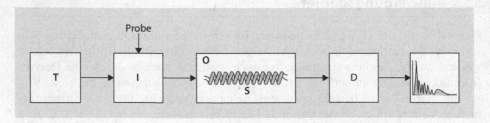

◘ **Abb. 5.4**   Schematischer Aufbau einer GC-Trennung. *Erläuterung:* **T** Trägergasversorgung; **I** Injektor; **S** Trennsäule; **O** Säulenofen; **D** Detektor

5.4.2 Geräte und Hilfsmittel

- Gasflasche mit reinem Trägergas
- Gasflaschen mit FID-Brenngasen (Pressluft und Wasserstoff)
- Strömungsregler
- temperierbarer Raum für die Trennsäule (Säulenofen)
- Injektor (T=const.)
- Detektor (T=const.)
- Auswerteeinheit
- Mikroliterspritze für die GC: 10 µL

5.4.3 Trennsäulen und stationäre Phasen

Handelt es sich bei der stationären Phase um einen Feststoff (das heißt, um ein Packungsmaterial mit Adsorptionseigenschaften, wie Porapak: vgl. ▶ Abschn. 18.2.3), so wird diese GC-Variante als Gas-Solid-Chromatography (**GSC**) bezeichnet.

Ist die stationäre Phase dagegen eine nichtflüchtige (viskose) Flüssigkeit, die als dünner Film auf einen inerten Träger aufgebracht wurde, oder eine mit einem Film belegte dünne Säule, so wird von Gas-Liquid-Chromatography (**GLC**) gesprochen. Durch die große Anzahl flüssiger Phasen, die bis zu Arbeitstemperaturen oberhalb von 400 °C zur Verfügung stehen, ist die GLC die vielseitigste und selektivste Form der GC. Es können gasförmige oder vollständig verdampfbare (d. h. relativ niedermolekulare) Stoffe untersucht werden.

> **Column Chromatography (dt. Säulenchromatographie) – Definition nach IUPAC [36]**
>
> „A separation technique in which the stationary bed is within a tube. The particles of the solid stationary phase or support coated with a liquid stationary phase may fill the whole inside volume of the tube (packed column) or be concentrated on or along the inside tube wall leaving an open, unrestricted path for the mobile phase in the middle part of the tube (open-tubular column)."

Bei der GC wird grundsätzlich unterschieden in: (a) **GC mit gepackten Säulen** und (b) **GC mit Kapillarsäulen:**

- *ad (a)* Bei diesem Fall handelt es sich um konventionelle Säulen mit Innendurchmessern (ID) über 1 mm und Längen von vornehmlich 2–3 m (aus Glas, Metall), die mit Phasen getränktem Festkörpergranulat gefüllt wurden. Bekannte Trägermaterialien sind z. B. Chromosorb G, P, W (ausgeglühtem Kieselgur hergestellt), Chromosorb T (aus Teflonfasern) und Carbopack C (aus graphitiertem Kohlenstoff). Die Korngrößen liegen bei 0,125–0,150 mm bei kürzeren Säulen und bei 0,180–0,250 mm bei längeren Säulen.

Je nach Vorbehandlung der Trägermaterialien wird unterschieden zwischen:

– AW ⇨ acid washed

– NAW ⇨ non acid washed

– DMCS ⇨ mit Dimethyldichlorsilan behandelt.

Durch die Vorbehandlung wird im Allgemeinen die Aktivität des Trägermaterials verringert

■ *ad (b)* Bei den Kapillarsäulen handelt es sich um lange Glas-/Silica-Kapillaren (ID: häufig 0,2–0,3 mm; Länge: in der Regel 50 m, aber auch kürzer (häufig 25 m) oder länger (selten 100 m)), die, wie nachstehend angegeben, noch weiter unterschieden werden:

⇨ **SCOT-Kapillaren** (engl. Support Coated Open Tubular)

Bei den **Dünnschicht-Kapillaren** (Dünnschicht-Trennsäulen) wird die Oberfläche mit Trägermaterialien (z. B. Kieselgel) beschichtet (recht raue, große Oberfläche), die dann mit der flüssigen Phase belegt wird.

⇨ **WCOT-Kapillaren** (engl. Wall Coated Open Tubular)

Bei den **Dünnfilm-Kapillaren** wird die Trennflüssigkeit (Phase) auf die vorbehandelte, relativ glatte Innenoberfläche aufgebracht. Dies ist der üblicherweise eingesetzte Kapillartyp.

⇨ **Chemisch gebundene Phasen** (CB) (engl. Chemical Bonded, CB)

Hier ist die Trennphase chemisch (kovalent) an die Glaswand gebunden. Säulenbluten ist dadurch praktisch unmöglich, und die Kapillaren können bei Bedarf mit Lösungsmitteln gespült werden, ohne dass die Phase abgelöst wird.

⇨ **Fused Silica-Kapillaren**

Kapillaren (meist WCOT) werden mit einem thermostabilen Kunststoffmantel versehen und sind dadurch weitgehend bruchsicher. Sie haben die früher üblichen, bruchanfälligen, nicht ummantelten Glaskapillaren heute weitgehend verdrängt.

Trennsäulen aus Quarzglas (Kapillarsäulen) haben sich seit Jahren in der vollen Breite durchgesetzt und die gepackten Säulen aufgrund der überzeugenden Vorteile – bis auf einige Spezialanwendungen – nahezu abgelöst.

„Kapillarsäule" – ein semantischer Widerspruch?

Kann es eigentlich den Begriff „Kapillar*säule*" geben? Ist dies nicht ein Widerspruch in sich selbst, der Begriff also ein Oxymoron (= Verbindung zweier sich nach dem Wortsinn widersprechender Begriffe)?

■ **Kapillaren** (engl. capillaries) sind definitionsgemäß **Röhrchen** mit sehr kleinen Innendurchmessern. Im Bereich der (Gas)Chromatographie, werden darunter lange bis sehr lange Glas-/Silica-Röhrchen verstanden, deren innere Oberfläche mit geeigneten chromatographischen Trägermaterialien (Trennphase) beschichtet/belegt sind (sog. Dünnschicht-Kapillaren) oder, die mit geeigneten chromatographischen dünnen Filmen/Trennflüssigkeiten (Trennphase) beschichtet und dabei meistens chemisch gebunden sind (sog. Dünnfilm-Kapillaren).

■ **Säulen** (engl. columns) sind – aus mathematischer Sicht – Körper bei denen Grundfläche und Deckfläche dieselben sind. Sie können auch als zylindri-

sches **Rohr** (engl. tube) angesehen werden, welches einen länglichen Hohlkör-
per darstellt, dessen Länge in der Regel wesentlich größer als sein Durchmesser
ist. Wird nun ein Rohr mit einem chromatographischen Adsorbens gefüllt, entsteht eine Säule, die aus dem Adsorbens gebildet wird. Große oder (sehr) kleine
Durchmesser sind möglich.

- Der Begriff **Kapillarsäule** (engl. capillary column) – obwohl semantisch nicht
ganz korrekt – hat sich in der (Gas)Chromatographie dennoch etabliert und
wird deshalb auch in diesem Buch verwendet, weil er beinhaltet, dass die chromatographische Trennung an einer an einer *Quasi-Säule,* nämlich der offenen
Röhrensäule (engl. open tubular column) = Kapillare, stattfindet.
- Auch nach **IUPAC** wird die Chromatographie an *open tubular columns* als „column chromatography" definiert (siehe Kasten „Column Chromatography (dt.
Säulenchromatographie) – Definition nach IUPAC", oben). Der Begriff *Säule*
hat sich als Oberbegriff durchgesetzt.

Zur Auswahl der geeigneten Trennflüssigkeit sei auf die spezielle Literatur verwiesen. Als Auswahlkriterien dienen experimentell ermittelte Kennwerte wie
McReynolds- bzw. Rohrschneider-Konstanten. Aufgrund der hohen Auflösung
beim Arbeiten mit Kapillarsäulen wird die Kapillar-GC auch oftmals als Hoch-
auflösungs-Gaschromatographie (engl. High Resolution Gas Chromatography,
HRGC) bezeichnet.

5.4.4 Probenaufgabe, Injektion

Die Probe soll möglichst schnell als ein „Gaspfropfen" auf die Trennsäule gebracht werden. Üblicherweise werden Flüssigkeiten mittels Injektionsspritzen
(Mikroliterspritzen mit Gesamtvolumina zwischen $0,5\,\mu L$ und $10\,\mu L$) (manuell
oder automatisch mit Probensampler) durch eine selbstdichtende Gummimem-
bran (Septum) in den thermostatisierten Injektor (Einlassteil) gebracht, und die
Komponenten werden verdampft. Nach der manuellen Injektion kann die aufge-
gebene Menge direkt von der Kalibrierung (Skala) der Spritze abgelesen werden.

Die aufzugebende Probenmenge hängt ab vom Säulentyp (gepackte Säule
oder Kapillare), von der Menge an stationärer Phase in der Säule bzw. der Filmdicke bei Dünnfilm-Kapillaren, von der Löslichkeit der wichtigen Komponenten
in der stationären Phase (d. h. der Polarität von gelöstem Stoff und Lösemittel)
und von der Temperatur.

Bei gepackten Säulen liegen die optimalen Probenaufgabemengen zwischen
$0,1\,\mu L$ und $1\,\mu L$ pro Komponente, das heißt, sie sind für die gesamte Menge je
nach Zahl der Komponenten höher. Bei SCOT-Kapillaren sind mit Rücksicht
auf die Trennleistung die zulässigen Probenmengen um einen Faktor 200–1000
kleiner.

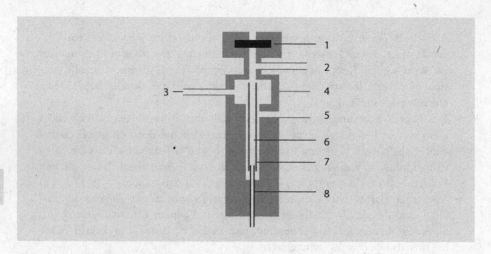

▫ Abb. 5.5   Prinzip der Split-Injektion. *Erläuterung:* **1** Septum; **2** Purge-Ausgang; **3** Trägergaseingang; **4** Heizblock; **5** Splitausgang; **6** Verdampfungskammer; **7** Glasliner; **8** Säule

Bei Kapillarsäulen wird zur Probenaufgabe im Allgemeinen Stromteilung angewendet **(Split-Injektion)** (▫ Abb. 5.5). Eine spezielle Aufgabemethode für die Spurenanalytik ist die stromteilerlose Probenaufgabe **(Splitless-Injektion).** Bei der Kapillar-GC wird vermehrt die verschiedene Vorteile aufweisende Technik der direkten Aufgabe der Testlösung auf die Trennkapillare, d. h. ohne hoch-beheizten Injektor, angewendet (sogenannte (Cool-)*On-Column*-Injektion).

5.4.5 Headspace-Extraktion

Die **Headspace-GC** (HS-GC, dt. Dampfraumanalyse oder Kopfraumanalyse) ist ein Probenahmeverfahren, bei dem in Spurenkonzentrationen vorliegende flüchtige Verbindungen in flüssigen oder festen Proben indirekt über die Gaschromatographie bestimmt werden. Die Dampfphase, die im thermodynamischen Gleichgewicht mit der Probe steht, wird dabei in einem geschlossenen System analysiert. Im Vergleich mit anderen Verfahren (wie Lösungsmittelextraktion, Wasserdampfdestillation und Vakuumdestillation) liefert die Headspace-Analyse einen Extrakt, der auf flüchtige Komponenten beschränkt ist, und der sich ideal für die GC eignet.

Die inhärenten Nachteile in Bezug auf die Co-Extraktion von Matrixkomponenten und die Einführung von Fremdstoffen aus dem Extraktionsmedium sind dadurch bei der Headspace-Extraktion nicht gegeben. Da es sich um flüchtige Analyten handelt, reduziert dies insgesamt den Bedarf an Reinigung und Wartung des Injektors, der Säule und des Detektors. Die Headspace-Analytik unterscheidet grundsätzlich zwischen statischen und dynamischen Ansätzen.

Headspace

- Als **Headspace** (HS; dt. Dampfraum, Kopfraum) wird der Raum mit „Dampf" oberhalb einer Lösung bezeichnet. Hierin halten sich konzentrationsabhängig von Verteilungskoeffizienten flüchtige Komponenten (Stoffe) auf, die die (den) jeweiligen Analyten darstellen und mit Hilfe der GC schnell und einfach zu bestimmen sind. Die Kopplung von HS und GC wird Headspace-GC (HS-GC) genannt.
- Das Verfahren basiert auf dem physikalischen Prinzip, dass der Partialdruck eines Stoffes aus dem Kopfraum proportional zur Konzentration des Stoffes in der Lösung ist.

5.4.5.1 Statische Headspace-GC

Bei den statischen Headspace-Methoden, die seit den späten 1950er Jahren bekannt sind, werden Probe und Dampf in einem geschlossenen Gefäß ins Gleichgewicht gebracht und der Kopfraum entweder manuell mit einer gasdichten Spritze oder automatisch beprobt. Hierbei wird nur die Gasphase oberhalb der Probe in die GC-Säule eingeleitet. Im Zuge der **statischen HS-GC** wird der Analyt aus einem hermetisch verschlossenen Probengefäß entnommen, nachdem sich bei einer vorgegebenen Temperatur ein Gleichgewicht zwischen der Matrix und ihren flüchtigen Bestandteilen eingestellt hat.

Die Probe, die mit der Headspace-Technik analysiert werden soll, wird zunächst in einem gekühlten und möglichst vollständig gefüllten Probengebinde aufbewahrt. Die Vermeidung eines Dampfraumvolumens schützt vor Verlusten flüchtiger Bestandteile bzw. reduziert diese auf ein Minimum. Unmittelbar vor der Analyse wird die flüssige oder feste Probe bei Raumtemperatur in ein Probengefäß gegeben, so dass ein erheblicher Dampfraum (oder Kopfraum, engl. Headspace) über der Probe verbleibt. Anschließend wird das Fläschchen verschlossen und kontrolliert erhitzt.

Die flüchtigen Analyten beginnen, von der Probe in die Gasphase überzugehen, bis ein Gleichgewichtszustand erreicht ist. An diesem Punkt ist das Verhältnis der Analytkonzentrationen in der Gasphase und in der flüssigen oder festen Phase eine Konstante, welche als **Verteilungskoeffizient** α_{12} bezeichnet wird. Es handelt sich folglich um eine Gleichgewichtseinstellung (Äquilibrierung) zwischen den Grenzflächen der Phasen 1 und 2 (siehe ◘ Abb. 5.6), deren Verteilung durch den Verteilungskoeffizienten quantitativ beschrieben werden kann. Der Verteilungskoeffizient α_{12} sinkt mit steigender Temperatur und variiert auch mit Änderungen in der Matrix:

$$\alpha_{12} = \frac{c_{Analyt\ Phase\ 1}}{c_{Analyt\ Phase\ 2}}$$

mit

α_{12} – Verteilungskoeffizient

$c_{Analyt\ Phase\ 1}$ – Konzentration des Analyten in Phase 1

$c_{Analyt\ Phase\ 2}$ – Konzentration des Analyten in Phase 2

☑ **Abb. 5.6** Headspace-Ansatz – Phasenübergang bei einer Extraktion in einem Schritt (Verändert nach Schwedt et al. [31]). *Erläuterungen:* siehe Text

Die Menge des auf diese Weise extrahierten Analyten hängt von den Phasenvolumina und dem Verteilungskoeffizienten ab. Erfolgt ein quantitativer, also vollständiger, Phasenübergang, so wird dieses als erschöpfende Extraktion bezeichnet. In der einfachsten Form wird die Probe in eine Glasflasche gegeben, die mit einer Gummiseptumkappe verschlossen und in einen Thermostaten gestellt wird. Nach Erreichen des thermodynamischen Gleichgewichts, wird ein Aliquot des Dampfes mit einer gasdichten Spritze entnommen und sofort in einen Gaschromatographen injiziert.

Obwohl die Headspace-Probenahme manuell durchgeführt werden kann, werden eine bessere Präzision und niedrigere Nachweisgrenzen in der Regel mit einem speziellen **Headspace-System** erreicht. Es sind verschiedene Systeme erhältlich, die sich in ihrem Automatisierungsgrad unterscheiden können. Der Transfer der Analyten zum Gaschromatographen erfolgt mit einem Gasprobenahmeventil, einer gasdichten Spritze oder dem druckausgeglichenen System. Darüber hinaus sind auch Headspace-Sampler erhältlich, bei denen Komponenten der Gasprobe zunächst auf einem Sorptionsmittel gebunden werden, anstatt sie direkt in den Gaschromatographen einzuleiten (vgl. ☑ Abb. 5.7).

Die **Headspace-Probenahme** wird in der Regel bei erhöhter Temperatur durchgeführt, um den Dampfdruck der Probe zu erhöhen. Daraus ergibt sich eine günstigere Verteilungskonstante, die letztlich die Empfindlichkeit der Methode verbessert. Neben der Gefahr des Berstens des Probenbehälters muss auch die thermische Stabilität der Probe berücksichtigt werden. Alternativ kann eine Steigerung der Empfindlichkeit durch eine Erhöhung des Aktivitätskoeffizienten der Probe erreicht werden. Dies kann durch Veränderung des pH-Wertes der Probe oder durch Zugabe von anorganischen Salzen (Aussalzen) wie Kaliumcarbonat, Natriumcarbonat und Natriumchlorid zu wässrigen Lösungen bzw. Wasser zu organischen Lösungsmitteln erzielt werden. Das Ausmaß des Aussalzungseffekts hängt oft von der Art des verwendeten Salzes ab.

Die Genauigkeit der Ergebnisse einer Headspace-Extraktion beruht auf vielen Faktoren. So sollte das Volumen des Headspace-Gefäßes im Vergleich zu dem der Probe nicht zu groß sein, um eine totale Verdampfung der flüchtigen Komponenten in die Gasphase zu vermeiden. Die Annahme eines Gleichgewichts wäre unter solchen Umständen nicht mehr gültig. Die Probenahme aus

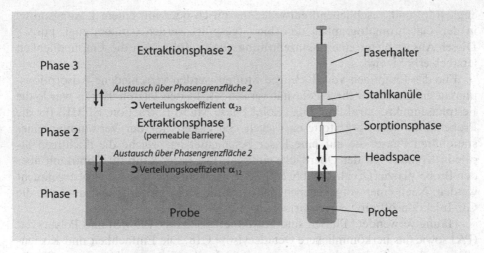

□ Abb. 5.7 Headspace-Ansatz – Phasenübergang bei einer Extraktion in zwei Schritten am Beispiel der Headspace-SPME-GC (Verändert nach Schwedt et al. [31]). *Erläuterungen:* siehe Text

mit Gummiseptumkappen verschlossenen Behältern kann mit Unsicherheiten behaftet sein, die sowohl die Richtigkeit als auch die Präzision der Analyse beeinflussen.

Bei der konventionellen Headspace-Methode liegen die Analyten üblicherweise in Konzentrationen im ppb-Bereichen bis hin zu niedrigen Prozentsätzen vor. Beispiele, bei denen die Headspace-Analyse besonders geeignet ist, sind die Bestimmung von Verunreinigungen und migrierenden flüchtigen Bestandteilen in Verpackungen und Lebensmitteln, die Bestimmung von Pestizidrückständen, Aroma- und Trinkwasseranalysen sowie die Bestimmung von Blutalkohol oder Lösungsmittelrückständen in Arzneimitteln.

5.4.5.2 Dynamische Headspace-GC und SPME-GC

Eine weitere Möglichkeit zur Durchführung einer Head-Space-Analyse besteht in einer **Extraktion über einen weiteren Phasenübergang.** Während in □ Abb. 5.6 der Analyt unmittelbar in die Gasphase überführt und anschließend in den GC injiziert wird, kann sich auch ein weiterer Übergang in eine weitere Phase anschließen. Der erste Übergang von der Probe in die Gasphase dient i. d. R. in erster Linie zur Abtrennung störender Matrixbestandteile, wodurch dieser Schritt eine Barrierefunktion einnimmt. Der zweite Phasenübertritt von der Gasphase an eine feste Phase (Sorbent) dient der Anreicherung des Analyten (siehe □ Abb. 5.7).

Zu den dynamischen Methoden gehören verschiedene Techniken, die als *Strip-Trap and Purge, Gasphasen-Stripping-Analyse* und *Purge and Trap* bezeichnet werden. Bei dynamischen Methoden wird ein Inertgasstrom durch die Probe oder über deren Oberfläche geleitet, um den/die Analyten zu isolieren (engl. strip). In beiden Fällen wird das ausströmende Gas nach dem Strippen im Allgemeinen durch ein geeignetes Einfangmedium wie eine Kühlfalle, Aktivkohle oder ein poröses Polymer geleitet, wo die flüchtigen Bestandteile gebunden (einfangen;

engl. trap) und anschließend entweder thermisch oder mit einem Lösungsmittel in den Gaschromatographen desorbiert (gespült) werden (spülen; engl. purge). Dieser Ansatz bietet einen Konzentrationseffekt, durch den die Empfindlichkeit letztlich erhöht wird.

Für das Einfangen von flüchtigen Stoffen werden verschiedene Adsorptions-phasen entsprechend ihrer Polarität verwendet. In den letzten Jahren wurde die Festphasenmikroextraktion (engl. Solid Phase Micro Extraction, **SPME**) für die Probenahme flüchtiger Stoffe entwickelt. Sie basiert auf der Verwendung einer stationären Phase, die auf eine Faser beschichtet ist, welche die flüchtigen Stoffe in Kontakt mit der Oberfläche einfängt. Die Faser kann im Kopfraum über der Probe platziert (vgl. ◘ Abb. 5.7) oder auch in eine flüssige Probe getaucht werden. Nach einer vorgegebenen Zeit wird die Faser entfernt und direkt in die GC-Injektionsöffnung eingeführt.

Häufig verwendete Phasen sind Polydimethylsiloxan (PDMS) und Polyacrylat (PA) sowie das herkömmlichere Octadecylsilyl C18. Die Einfachheit und Kosten-effizienz dieser Technik hat zu ihrer weit verbreiteten Anwendung bspw. für die Aromenanalyse geführt.

SPME

- Das Akronym **SPME** steht für die Bezeichnung **Solid Phase Micro Extraction** und bedeutet **Festphasenmikroextraktion.** Das noch recht junge Verfahren wurde von Janusz Pawlizyn et al. im Jahre 1989 entwickelt und eignet sich hervorra-gend zur Anreicherung organischer Verbindungen aus wässrigen Medien oder aus dem Dampfraum über der Probe (Headspace). Das Verfahren beruht auf folgendem Prinzip: Eine beschichtete Faser wird mit der Matrix in Kontakt ge-bracht. Der Analyt reichert sich dort nach den Gesetzmäßigkeiten der Vertei-lung und/oder Adsorption in der Schicht an. Auf diese sehr elegante Art wird eine saubere Trennung von Analyt und Matrix erzielt, die grundlegend für die weitere Bestimmung ist. Zum vertiefenden Studium sei auf folgende Literatur verwiesen (Auswahl: [32–35]).

- Inzwischen existieren einige Modifikationen bzw. Neuerungen wie **SPME Ar-row** (dt. Pfeilspitze) mit gutem Potential für innovative Anwendungen (z. B. in der Furan-Analytik). Die SPME-Arrow-Methodik basiert auf einem stabilen Edelstahllinnenstab, der mit einer geeigneten Sorptionsphase ummantelt ist. Die pfeilförmige Spitze *(Arrow)* gestattet ein reibungsloses Eindringen durch die Septa der Probenfläschchen (Vials) und minimiert Störeinflüsse, wie den Verlust von Analyten während des Transfers [32, 35].

- Der weltweit alleinige Lizenznehmer für die SPME-Technologie ist die Firma Supelco.

Die relativen Konzentrationen der extrahierten Verbindungen können bei der SPME im Vergleich zur Lösungsmittelextraktion niedriger sein. Dieses liegt an der begrenzten Oberfläche, die für die Adsorption an der SPME-Faser zur

Verfügung steht. Ein weiterer Unterschied zwischen den beiden Techniken ist der extrahierte Molekulargewichtsbereich. Mit der Lösungsmittelextraktion kann ein größerer Molekulargewichtsbereich erfasst werden. Obwohl es bei der SPME Einschränkungen gibt, kann diese für Anwendungen vorteilhaft sein, bei denen es notwendig ist, störende Begleitverbindungen zu vermeiden und einen reinen Extrakt zu erzeugen.

Thermische Desorptionstechniken beinhalten die Extraktion von flüchtigen Stoffen aus einer in einem Glasrohr enthaltenen Probe oder aus einem Adsorbermaterial direkt in einen GC-Injektionsport.

Für eine zuverlässige quantitative Analyse ist eine Form der Kryofokussierung oder eine gekühlte Injektion erforderlich.

5.4.6 Säulentemperatur und Trennung

Der isotherme Betrieb schränkt die Verwendbarkeit der GC-Analyse auf Verbindungen mit engem Siedepunktsbereich ein. Einerseits eluieren bei konstanter Temperatur die Verbindungen mit niedrigen Siedepunkten oft schnell nacheinander, so dass sich ihre Peaks überlappen, andererseits eluieren die höhersiedenden Komponenten dann als flache, kaum registrierbare Peaks bzw. werden auf der Säule ganz zurückgehalten (sog. Memory-Effekte).

Durch Temperaturprogrammierung, das heißt, die kontrollierte Veränderung der **Säulen(ofen)temperatur** während der GC-Analyse, kann dagegen für jede einzelne Fraktion oder Komponente der optimale Siedebereich erzielt werden, so dass für jede Komponente des Gemisches ausgeprägte, im Idealfall vollständig abgetrennte Peaks resultieren.

5.4.7 Detektoren

Mit Detektoren werden Änderungen in den physikalischen Eigenschaften der Gase gemessen, die durch mitgeführte Probensubstanzen verursacht werden. Es gibt eine Vielzahl der nach den verschiedensten Prinzipien arbeitenden Detektoren.

5.4.7.1 Flammenionisationsdetektor

Ein sehr häufig eingesetzter Detektor in der allgemeinen Lebensmittelanalytik ist der **Flammenionisationsdetektor (FID).** Hierbei wird der durch die Ionisation der Moleküle in einer Wasserstoff-Flamme (benötigte Brenngase: Wasserstoff und Pressluft) resultierende Ionenstrom gemessen, verstärkt und registriert (◘ Abb. 5.8). Der FID ist ein universeller, sog. unspezifischer Detektor mit besonderer Eignung für quantitative Messungen. Beim FID handelt es sich um einen **massenstromabhängigen Detektor,** das bedeutet, dass Signal ist umso größer, je mehr Substanz in der Zeiteinheit (Maßeinheit: [g/s]) in der Flamme ionisiert wird.

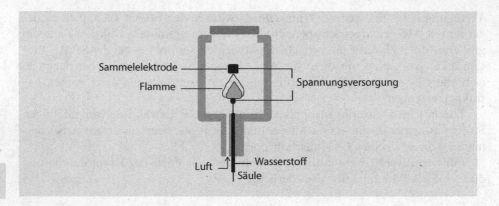

Sammelelektrode
Flamme
Spannungsversorgung
Luft
Wasserstoff
Säule

□ Abb. 5.8   Aufbau eines Flammenionisationsdetektors – schematisch. *Erläuterungen:* siehe Text

5.4.7.2 Wärmeleitfähigkeitsdetektor

Ein weiterer wichtiger – universeller – Detektortyp ist der **Wärmeleitfähigkeits-detektor (WLD;** engl. Thermal Conductivity Detector, TCD), der insbesondere zur Messung von Permanentgasen, Stickstoff, Kohlendioxid, Schwefeldioxid und Egelgasen eingesetzt wird. Das Messprinzip basiert auf der Messung der Wärmeleitfähigkeitsdifferenz zwischen Probengasstrom und einem Referenzgasstrom. Die Signale sind der Probenkonzentration im Trägergas proportional.

   Bei der Detektion werden die Analyten nicht zerstört, so dass der WLD mit anderen Detektoren gekoppelt werden kann (z. B. mit einem nachgeschalteten FID): sog. *Tandemdetektion.* WLD weisen einen linearen Bereich auf, der üblicherweise fünf Zehnerpotenzen umfasst. Da Wärmeleitfähigkeitsdetektoren vergleichsweise geringe Nachweisempfindlichkeiten zeigen, sind sie für die Spurenanalytik nicht geeignet.

5.4.7.3 Elektroneneinfangdetektor

In der Spurenanalytik werden im Allgemeinen Detektoren eingesetzt, die für bestimmte Substanzklassen eine hohe Ansprechempfindlichkeit (Response) zeigen, sog. *spezifische Detektoren.* Von besonderer Bedeutung in der Rückstands-/Kontaminantenanalytik ist der **Elektroneneinfangdetektor** (engl. Electron Capture Detector, **ECD**). Der ECD hat die Eigenschaft, solche Stoffe anzuzeigen, die eine hohe Elektronenaffinität aufweisen (also Halogene, aber auch andere elektronenaffine funktionelle Gruppen im Molekül).

   Im Gegensatz zum FID misst der ECD eine Signalverringerung anstelle einer Signalvergrößerung. Stickstoff, der als Trägergas durch den Detektor fließt, wird mit Hilfe einer β-Strahlen emittierenden (radioaktiven) Quelle (z. B. Ni^{63}-Folie) ionisiert, wodurch sog. *langsame Elektronen* erzeugt werden, die zur Anode fließen (Grundstrom). Gelangt Trägergas mit Substanzen, die eine hohe Elektronenaffinität besitzen, in den Detektor, so wird aufgrund der Absorption von Elektronen der Elektronenstrom verringert. Diese Stromverringerung ist die eigentliche Messgröße, die der Menge der vorhandenen Substanz proportional ist. Es ist zu beachten, dass alle ECDs einen recht kleinen linearen Bereich haben.

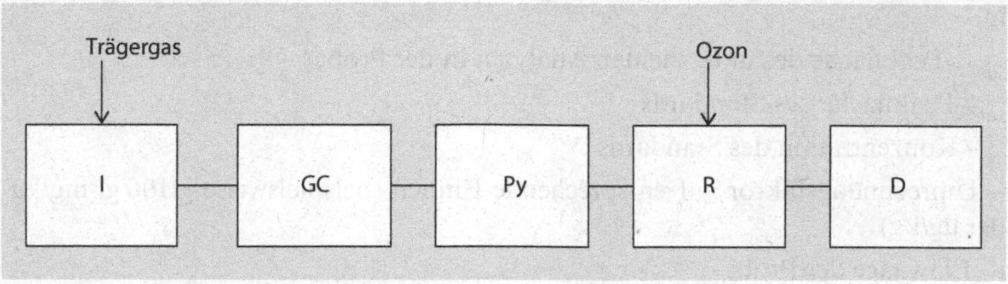

Abb. 5.9 Schematischer Aufbau eines GC mit TEA-Detektor. *Erläuterung:* **I** Injektor; **GC** Gaschromatograph; **Py** Pyrolisator; **R** Reaktionskammer; **PM** Photomultiplier

5.4.7.4 Chemolumineszenzdetektor

Der **Chemolumineszenzdetektor** (engl. Thermal Energy Analyser, **TEA**) ist ein hochspezifischer Detektor (zum Aufbau siehe Abb. 5.9) für die Erfassung von Nitrosaminen (Bestimmungsmethode vgl. ▶ Abschn. 20.4.5). Letztere werden nach der gaschromatographischen Trennung zunächst pyrolytisch gespalten. Die Pyrolyseprodukte unter anderem NO-Radikale werden im Trägergasstrom in eine Reaktionskammer geleitet, in der diese mit Ozon zu angeregtem NO_2 reagieren. Die beim Übergang in den unangeregten Grundzustand emittierte Strahlung wird als Messsignal ausgenutzt.

Für die eindeutige Identifizierung eines Stoffes wird inzwischen immer häufiger die Massenspektrometrie als Detektionsmethode genutzt (vgl. ▶ Kap. 6).

5.4.8 Gaschromatogramme/Auswertung

Bei GC-Trennungen werden die sogenannten äußere Chromatogramme erhalten (▶ Abschn. 5.2.1.7). Jede qualitative Analyse erfordert zunächst grundsätzlich zur Zuordnung der Peaks in den Chromatogrammen Vergleichsmessungen mit Referenzsubstanzen (bis hin zu sog. Misch-Chromatogrammen, analog zu ▶ Abschn. 5.2).

Für die quantitative Auswertung der Chromatogramme werden im Allgemeinen die Flächen der Peaks integriert und anschließend zu den Peakflächen der Kalibriermessungen in Relation gesetzt. Die Gaschromatographie ist eine Relativmethode.

5.4.8.1 Externe Standardmethode

Bei der **Externen Standardmethode** wird die Berechnung des Parameters in Relation zum gemessenen Standard gesetzt. Der Analyt wird mit bekannter Konzentration in der Standardlösung separat gemessen.

Der Gehalt eines Analyten *w* in der Probe berechnet sich nach:

$$w = \frac{A_{Stoff} \cdot c_{Std} \cdot F}{A_{Std} \cdot m}$$

mit

A_{Stoff} – Peakfläche des untersuchten Analyten in der Probe

A_{Std} – Peakfläche des Standards

c_{Std} – Konzentration des Standards

F – Umrechnungsfaktor auf entsprechende Einheit (beispielsweise g/100 g, mg/kg oder µg/kg)

m – Einwaage der Probe

Alternativ kann eine Kalibrierreihe aus dem Standard erstellt werden und der Gehalt des zu untersuchenden Analyten anhand der Regressionsgeraden berechnet werden.

5.4.8.2 Interne Standardmethode

Der **Interne Standard** (▶ Abschn. 3.2.1.2) wird so ausgewählt, dass er dem Analyten sehr ähnlich ist. Am geeignetsten sind deuterierte Standards, die mittels MS-Detektion ausgewertet werden. Dieses Verfahren wird auch als **Stabilisotopen-Verdünnungsanalyse** (SIVA) bezeichnet. Der Interne Standard wird sowohl der Externen Standardlösung als auch der Probenlösung zugesetzt.

Bei der Auswertung über den Internen Standard wird zunächst der **Responsefaktor** berechnet. Dieser beschreibt das Verhältnis des Internen Standards in einer Standardlösung im Vergleich zur untersuchten Substanz in einer Standardlösung. Beim Einsatz eines Internen Standards werden alle Einflussmöglichkeiten bei der Aufarbeitung optimal berücksichtigt und eventuelle Verluste werden kompensiert.

Der Responsefaktor R_f berechnet sich nach:

$$R_f = \frac{c_{Std} \cdot A_{ISTD}}{c_{ISTD} \cdot A_{Std}}$$

mit

c_{Std} – Konzentration des Stoffes in der Standardlösung

c_{ISTD} – Konzentration des Internen Standards in der Standardlösung

A_{ISTD} – Peakfläche des Internen Standards in der Standardlösung

A_{Std} – Peakfläche des Stoffes in der Standardlösung

Im Anschluss daran kann der Gehalt des Stoffes w in der Probe wie folgt berechnet werden:

$$w = \frac{A_{Stoff} \cdot c_{ISTD} \cdot R_f \cdot F}{A_{ISTD} \cdot m}$$

mit

c_{ISTD} – Konzentration des Internen Standards in der Probe

A_{Stoff} – Peakfläche des Stoffes in der Probe

A_{ISTD} – Peakfläche des Internen Standards in der Probe

R_f – Responsefaktor

F – Umrechnungsfaktor auf Einheit (beispielsweise g/100 g, mg/kg oder µg/kg)

m – Einwaage

5.4.8.3 Standardadditionsmethode

Die **Standardadditionsmethode** eignet sich bei Analyten, bei denen keine analytfreie Matrix vorkommt. Einer Matrix werden verschiedene Konzentrationen des Analyten zugesetzt und anschließend gemessen und in einer Kalibrierkurve aufgetragen (▶ Kap. 3). Durch Extrapolation kann der Gehalt des Analyten berechnet werden (▶ Abschn. 8.5 und 3.2.1.2).

5.4.9 Matrixeffekte

Als Matrixeffekte werden matrixbedingte Quantifizierungsstörungen bezeichnet (zur Definition Matrix bzw. Analyt ▶ Abschn. 1.1). Sowohl die Ursachen als auch die Auswirkungen zwischen GC- und LC-MS-Anwendungen sind grundverschieden. So wird bei der GC das Probensignal praktisch immer verstärkt, während in der LC-MS das Probensignal meisten unterdrückt wird [37]. Eine Übersicht der Matrix-bedingten Effekte bei der GC *vs.* LC-MS wird anhand schematischer Kalibrierkurven dargelegt (◘ Abb. 5.10).

Oberflächenaktive Stellen und Ablagerungen nicht flüchtiger Probenbestandteile können in der GC das sogenannte **„Matrix-Induced Response Enhancement"**

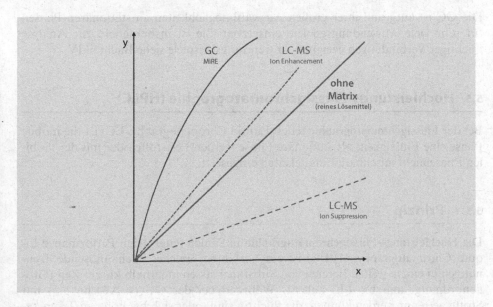

◘ **Abb. 5.10** Matrix-Induced Response Enhancement (MIRE) bei der GC *vs.* Matrixeffekte bei der LC-MS (Nach [37]). *Erläuterung:* **y** Detektorsignal; **x** Konzentration Zielanalyt. *Weitere Erläuterungen:* siehe Text

(MIRE) auslösen und dadurch Ergebnisse verfälschen. Entscheidend für diese Matrixstörungen sind der Umfang der Ablagerungen und der Typ der aktiven Stellen, die sich im Injektor und am Säulenanfang bilden können. Auch der Matrixtyp spielt natürlich eine wesentliche Rolle, d. h. die Art der nicht verdampfbaren Rückstände und deren Konzentration. Möglichkeiten zu Reduzierung der störenden Matrixbestandteile wie Clean-up sind oftmals, wenn überhaupt durchzuführen (Analytverluste, hoher Aufwand etc.) sehr schwierig und eventuell uneffektiv. Eine Möglichkeit zur Abhilfe bei der vielfach verwendeten Splitless-Technik (▶ Abschn. 5.4.4) ist der regelmäßige Austausch der verunreinigten Liner gegen gereinigte und gut deaktivierte sowie das Abschneiden der Kapillarsäure am Säulenanfang (beispielsweise eine Windung).

Wenn Matrixeffekte nicht effektiv verhindert oder auf ein vertretbares Maß reduziert werden können, ist die klassische Vorgehensweise die Kompensation durch Standardaddition (Standardadditionsmethode, Aufstockung; ▶ Abschn. 5.4.8.3) oder Matrixkalibrierung (vgl. ▶ Abschn. 3.2.1.3). Die Anwendung der Stabilisotopen-Verdünnungsanalyse (SIVA) (vgl. ▶ Abschn. 5.4.8.2, 6.4, 18.9.1, und 20.4.2.1) unter Verwendung isotopenmarkierter Interner Standards führt in Abhängigkeit vom Markierungsgrad und der Markierungsvariante (^{2}H, ^{13}C) zu mehr oder weniger identem Verhalten im Vergleich zu den Analyten („native Vorbilder"). Für die praktische Anwendung gut beschrieben Gegenstrategien sind beispielsweise zu finden bei [37].

5.4.10 Anwendungsgebiete

Die GC ist aufgrund ihrer großen Auswahlmöglichkeiten an stationären Phasen für sehr viele Anwendungsgebiete einsetzbar. Sie ist insbesondere zur Analyse flüchtiger Verbindungen geeignet. Anwendungsbeispiele siehe Buchteil IV.

5.5 Hochleistungs-Flüssigchromatographie (HPLC)

Bei der **Flüssigchromatographie** (engl. Liquid Chromatography, **LC**) ist die mobile Phase eine Flüssigkeit; als stationäre Phase werden Feststoffe oder mit der mobilen Phase nicht mischbare Flüssigkeiten eingesetzt.

5.5.1 Prinzip

Die **Hochleistungs-Flüssigchromatographie** in Säulen (engl. High Performance Liquid Chromatography, **HPLC**) ist ein Verfahren, welches hochauflösende Trennungen in einem weiten Bereich von Substanzklassen innerhalb kurzer Zeit (Größenordnung: min bis 1 h) zulässt. Während bei der GC (▶ Abschn. 5.5) nur Stoffe getrennt werden können, die flüchtig sind, oder sich bei höheren Temperaturen unzersetzt verdampfen lassen, oder von denen flüchtige Derivate reproduzierbar hergestellt werden können, bietet die HPLC die Möglichkeit, Stoffe und

Stoffgruppen zu trennen, die schwerflüchtig oder thermisch instabil sind oder sich nur mit Schwierigkeiten in flüchtige Derivate umwandeln lassen.

Da die mobile Phase bei der HPLC – wie durch die Namensgebung bereits zum Ausdruck kommt – flüssig ist, ist allerdings Prämisse, dass sich die Probe in einem Lösungsmittel löst. Dies trifft mit Ausnahme der vernetzten hochmolekularen Stoffe für alle organischen und die meisten ionischen, anorganischen Stoffe zu.

Die HPLC liefert analog zur GC qualitative und quantitative Aussagen in einem Analysengang. Eine Optimierung von HPLC-Trennungen kann durch Variation von Säulendimension, chemischer Oberflächenkonstitution des Säulenfüllmaterials, Korngröße, Porencharakteristik und Eluentenzusammensetzung, -temperatur und -druck erzielt werden (Literaturauswahl: [5, 38–51]).

Abkürzung HPLC

Die **HPLC** wird auch als Hochleistungs-*Flüssigkeits*-Chromatographie bezeichnet. Hier wird wegen der kürzeren Schreibweise der moderne Ausdruck Hochleistungs-*Flüssig*chromatographie verwendet.

5.5.2 Geräte und Hilfsmittel

- Vorratsgefäß für Lösungsmittel (Elutionsmittelreservoir)
- Fritte aus Sintermetall (zur Filtration des Elutionsmittels)
- Hochdruckpumpe (evtl. mit Durchflussanzeige)
- Sicherheitsventil
- Manometer und Pulsationsdämpfer
- Injektor (üblich sind Probenschleifensysteme: 1–2000 µL, oft 20 µL)
- Detektor
- Auswerteeinheit
- Mikroliterspritze (entsprechend der zu befüllenden Probenschleife)
- Gefäß für Lösungsmittelabfall
- (evtl. Thermostatofen für die Trennsäule)

5.5.3 Trennsäulen und Teilchentypen

HPLC-Säulen bestehen meistens aus Edelstahl (Chrom-Nickel-Molybdän-Stahl), seltener aus Glas. Für analytische Zwecke werden üblicherweise Säulen mit einem inneren Durchmesser (ID) von 2–5 mm verwendet. Beim Arbeiten mit Mikroteilchen (3; 5; 7 oder 10 µm Teilchendurchmesser) beträgt die Säulenlänge dann üblicherweise 5; 10; 15 oder 25 cm (je nach Trennproblem verschiedene Längen je Mikroteilchendurchmesser möglich). Als Säulenverschluss dienen Stahlfritten, deren Porenweite kleiner sein muss als die Korngröße der Säulenfüllung (z. B. 2-µm-Fritten bei 5-µm-Teilchen) (◘ Abb. 5.11).

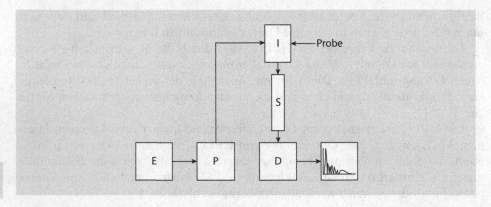

5

◘ **Abb. 5.11**   Schematischer Aufbau für eine HPLC-Anlage. *Erläuterung:* **E** Elutionsmittelreservoir; **P** Pumpe (Elutionsmittelfördersystem); **I** Injektor (Probenschleife); **S** Trennsäule (evtl. im Thermostatofen); **D** Detektor

Da es zur Erzielung **hoher Trennstufenzahlen** notwendig ist, die Diffusionswege in den Poren der stationären Phase kurz zu halten, werden aus diesem Grund heute in der Regel Mikroteilchen (sehr häufig: 5 μm Durchmesser) verwendet.

Die Säulenfüllmaterialien für die HPLC müssen druckstabil sein. Unterschieden werden zwei Gruppen von Materialien:

— **Vollkommen poröse Teilchen**
  ⇨ Irregulär geformte oder sphärische Teilchen mit Teilchendurchmessern von meistens 3; 5; (7) oder 10 μm; mit enger Siebfraktion.
— **Oberflächenporöse, sphärische Teilchen**
  ⇨ Sogenannte Dünnschichtteilchen bzw. **Porous Layer Beads** (PLB) mit Teilchendurchmessern von 30–60 μm, bei denen auf einen undurchlässigen Kern (meist aus Glas) eine aktive, dünne, poröse Schicht (1–3 μm) aus Kieselgel, modifiziertem Kieselgel, Polyamid, Ionenaustauscherharz u. dgl. aufgebracht ist. PLBs können als optimales Füllmaterial für Vorsäulen verwendet werden; fanden aber kaum Eingang in die Praxis. Nachfolgend kamen auf diesem Prinzip basierend viel kleinere sogenannte **Core Shell-Phasen** auf den Markt. Core Shell-Materialien haben Durchmesser von 1,7–2,7 μm; die äußere, poröse Schicht beträgt 0,25–0,5 μm. Dank kurzer Diffusionswege werden schnelle Trennungen bei höchster Trennleistung ermöglicht.

5.5.4 **Trennverfahren und Säulenfüllmaterialien**

Für die unterschiedlichen flüssigchromatographischen Trennverfahren ist eine Fülle verschiedenartiger Säulenfüllmaterialien (stationärer Phasen) im Handel erhältlich. Hier soll ein kurzer Überblick über die wichtigsten Trennverfahren und deren Prinzipien sowie die dafür erforderlichen Säulenfüllmaterialien gegeben werden. Zur ausführlichen Information und zur Wahl der Methode, insbesondere

Möglichkeiten zur Lösung eines Elutionsproblems, sei auf die spezielle Literatur verwiesen.

5.5.4.1 Adsorptionschromatographie – Normalphasen-Chromatographie

Die **Adsorptionschromatographie**, auch als Flüssig-Fest-Chromatographie, engl. Liquid Solid Chromatography) bezeichnet, basiert auf Unterschieden in der relativen Affinität von Substanzen zu einem festen Adsorbens (stationäre Phase). Die Kombination einer relativ polaren stationären Phase mit einer relativ unpolaren mobilen Phase wird als „Normal-Phasen"-System – im Gegensatz zum „Umkehr-Phasen"-System – bezeichnet.

Das Trennprinzip beruht auf der unterschiedlichen Adsorption der verschiedenen Moleküle des Probengemisches an der stationären Phase. Da Wasser einen großen Einfluss auf adsorptionschromatographische Trennungen hat, muss der Wassergehalt der mobilen Phase kontrolliert werden:

— Als **stationäre Phase** dient ein relativ polares Füllmaterial mit hoher spezifischer Oberfläche
  ⇨ häufig Kieselgel (Silicagel), seltener Aluminiumoxid
— Die **mobile Phase** ist relativ unpolar
  ⇨ Heptan bis Tetrahydrofuran

Als Säulenfüllmaterialien mit besonderen, selektiven Eigenschaften werden in der modernen Normalphasen-Chromatographie auch chemisch gebundene Phasen mit funktionellen Gruppen wie Diol (entsprechend zwei vicinalen OH-Gruppen), Dialkylamin, Nitro, Cyanamin, Nitril, Propionitril, Aminopropyl und Amin eingesetzt.

5.5.4.2 Reversed Phase-Chromatographie (RP) – Umkehrphasen-Chromatographie

Als stationäre Phase werden bei der RP-Chromatographie – im Gegensatz zur Normalphasen-Chromatographie – chemisch **modifizierte Trägermaterialien** verwendet, die relativ unpolar sind. Die mobile Phase ist stark polar: Wasser bis Dioxan. Das System verhält sich deshalb umgekehrt zur Normalphasen-Chromatographie.

Zur Modifizierung der „normalen" Säulenfüllmaterialien werden die endständigen OH-Gruppen an der Kieselgeloberfläche (sog. Silanolgruppen) durch chemische Reaktionen umgesetzt. Häufig wird ein Alkylrest bestimmter Kettenlänge oder ein Rest mit einer beliebigen funktionellen Gruppe eingeführt. Die meist verwendete RP-Phase ist Octadecylsilan (als C-18 bzw. RP-18 bezeichnet); es entsteht eine monomere Bedeckung der Oberfläche mit organischen Kettenmolekülen, sog. *Bürsten*. Daneben haben Phasen mit Octyl-, Hexyl-, Cyclohexyl-, Methyl-, Dimethyl-, Phenyl- und Docosyl-Belegung Bedeutung erlangt.

Die **RP-Chromatographie** wird überwiegend zur Auftrennung von Gemischen (relativ) polarer Verbindungen eingesetzt, das bedeutet, die Analyten müssen in einem Gemisch aus Wasser und organischem Lösungsmittel löslich sein.

Als mobile Phasen hoher Polarität werden üblicherweise Wasser und Mischungen von Wasser/Methanol oder Wasser/Acetonitril verwendet. Wegen der sehr guten Reproduzierbarkeit der Trennungen an chemisch modifizierten Phasen hat die RP-HPLC eine sehr breite Anwendung gefunden.

5.5.4.3 Ionenpaarchromatographie (IPC)

Zur Trennung **ionischer Substanzen** kann die **IPC** (engl. Ion Pair Chromatography) eingesetzt werden. Gearbeitet wird im Modus der wässrigen RP-Chromatographie unter Zugabe eines Gegenions (des Ionenpaar-Reagenzes) zur Bildung eines Ionenpaares. Ein Ionenpaar verhält sich in der wässrigen mobilen Phase – vereinfachend betrachtet – wie ein nichtionisches Molekül und wird daher an der RP-Phase retardiert und erst bei zunehmender Konzentration des Methanol- oder Acetonitrilanteils in der polaren mobilen Phase eluiert. Der Hauptvorteil ist, dass keine Ionenaustauscher, sondern die weitverbreiteten RP-Systeme für viele Anwendungen möglich sind.

Zur Trennung von Kationen wird häufig Pentansulfonsäure als Ionenpaar-Reagenz, für Anionen-Trennungen u. a. Tetrabutylammoniumphosphat verwendet.

5.5.4.4 Ionenaustauschchromatographie (IEC) und Ionenchromatographie (HPIC)

Zur Trennung ionischer Verbindungen (zum Beispiel Salze, amphotere Verbindungen, starke und schwache Säuren und Basen) kann der bekannte, an **Ionenaustauschern** stattfindende Trennprozess auch in Form der HPLC durchgeführt werden.

Als **Ionenchromatographie** (engl. High Performance Ion Chromatography, HPIC) wird dabei ein Spezialfall der **Ionenaustauschchromatographie** (engl. Ion Exchange Chromatography, IEC) bezeichnet, der sich mehr durch apparative Besonderheiten als durch den eigentlichen Trennprozess unterscheidet. Als druckstabile Teilchen werden Materialien mit geringen Teilchendurchmessern (makro- oder mikrovernetzte Copolymere des Polystyrols mit Divinylbenzol) oder Dünnschichtteilchen (mit kieselgelgebundenem Ionenaustauscherfilm) bzw. oberflächenporöse Ionenaustauscher (poröse Oberfläche, mit Harzaustauscher beschichtet) eingesetzt. Als funktionelle Gruppen sind bei einem Kationenaustauscher beispielsweise Sulfonsäuren, bei einem schwachen Anionenaustauscher z. B. tertiäre Amine oder bei einem starken Anionenaustauscher quartäre Ammoniumgruppen mit den jeweiligen austauschbaren, entgegengesetzt geladenen Gegenionen. An den funktionellen Gruppen sind die jeweiligen austauschbaren Gegenionen ionisch gebunden.

Die Trennung wird außer durch die unterschiedlichen Bindungsaffinitäten der Probenionen zu den im Ionenaustauscherharz gebundenen funktionellen ionischen Gruppen bei organischen Probenionen zusätzlich durch die Wechselwirkung zwischen dem hydrophoben Teil des Moleküls und dem Harzkörper in Form von Adsorptionseffekten beeinflusst. Dieser letztgenannte Effekt kann durch die Zugabe von sog. **Modifiern** (auch „Moderatoren") wie Methanol unterdrückt werden.

Zum Prinzip sowie zur Ausführung und Anwendung der **HPIC** in Form der Einsäulentechnik (Einsäulen-Ionenchromatographie, engl. Single Column Ion Chromatography, SCIC) vgl. ▶ Abschn. 18.11.6.

5.5.4.5 Weitere Trennverfahren

Neben den oben beschriebenen Trennverfahren sind weitere, auf anderen Mechanismen basierende HPLC-Methoden bekannt, von denen hier folgende kurz erwähnt werden sollen:

- **Ausschlusschromatographie** (engl. exclusion chromatography) in den Varianten
  ⇨ Gelpermeationschromatographie
  ⇨ Gelfiltrationschromatographie
- **Aussalzchromatographie** (engl. salting out cromatography)
- **Verteilungschromatographie** (engl. partition chromatography)
- **Affinitätschromatographie** (engl. affinity chromatography)

Zur Trennung von optisch aktiven (chiralen) Verbindungen stehen sogenannte **chirale Phasen** zum Beispiel auf Cyclodextrin-Basis zur Verfügung. Daneben sind spezielle Varianten entwickelt worden, wie beispielsweise die **Microbore-Technik,** bei der sog. Niederquerschnittsäulen mit inneren Durchmessern von ca. 1 mm oder 2 mm verwendet werden (typische Flussraten liegen hier bei 100–800 μL/min) oder die **Schnelle HPLC** (High Speed HPLC) bzw. die **Superschnelle HPLC** (Very High Speed HPLC), die sich durch sehr kurze Analysenzeiten ohne nennenswerte Verluste an Trennleistung auszeichnen (kurze Säulenlängen: ca. 7,5–10 mm; Teilchengrößen: 3 μm).

Eine interessante Weiterentwicklung stellt die **UHPLC** (Ultra High Performance Liquid Chromatography), auch als High Frequency (HF), Ultra High Frequency (UHF), High Temperature (HT) oder Ultra High Temperature (UHT) bezeichnet, dar. Das Säulenmaterial besitzt eine Partikelgröße von weniger als 2 μm, wodurch eine erhöhte Geschwindigkeit und Effizienz der chromatographischen Auftrennung, unter höheren Drücken als üblicherweise bei der HPLC vorliegen, erzielt werden können. Zum weiterführenden Studium dieser Techniken sei auf die Spezialliteratur verwiesen.

5.5.5 Probenaufgabe, Injektion

Die Dosierung („Injektion") der Probenlösung erfolgt mit Hilfe von Dosierschleifen (Dosierschlaufen, Probenschleifen) bzw. -ventilen, die eine quantitative, reproduzierbare Probenaufgabe bei hohen Säulendrücken gewährleisten. Hierbei wird die Probenlösung üblicherweise zunächst drucklos in eine Dosier-/Speicherschleife gegeben, die Volumina zwischen 1 μL und 2000 μL (oftmals 20 μL) besitzen kann. (Die Dosierschleifen selbst lassen sich am Dosierventil anschrauben und leicht auswechseln.) Anschließend wird der Inhalt der Schleife durch Umschalten des Elutionsmittelstroms nach dem Prinzip eines Mehrwegehahns oder von Membranventilen auf die Trennsäule gespült.

Zwei Möglichkeiten zur Befüllung der Probenschleife stehen zur Verfügung:
- **Vollständige Füllung**
  ⇨ Die Schleife hat ein definiertes Volumen und wird komplett gefüllt.
- **Partielle Füllung**
  ⇨ Mit einer Injektionsspritze wird ein beliebiges, abgemessenes Volumen in die Speicherschleife gegeben.

Die Probenlösung darf keine Feststoffe enthalten (sonst verstopft die Säule); ggf. muss membranfiltriert werden. Am zweckmäßigsten wird die Probe – falls im Gesamtanalysengang möglich – im Elutionsmittel der jeweiligen Trennung gelöst.

Bei der Probenaufgabe sollte das Probenvolumen möglichst klein gehalten werden, um eine Bandenverbreiterung zu verhindern. Das Dosiervolumen sollte einer Faustregel zufolge nicht mehr als ein Viertel des Elutionsvolumens des schmalsten Peaks betragen. Die benötigten Substanzmengen liegen je nach Trennproblem im µm- bis ng-Bereich. Silicagelsäulen können mit je 1–10 µg einer Probenkomponente pro g Säulenmaterial ohne Überladung belastet werden; RP-Phasen (C-18) weisen demgegenüber eine etwa 10fache Probenkapazität auf. Eine Überladung von Säulen ist durch Auftreten von Tailing oder Fronting der Peaks im Chromatogramm erkennbar.

5.5.6 Elutionsmittel und Flussrate

Für die Auswahl der mobilen Phase (Elutionsmittel, Eluent) sind vor allem die chromatographischen Eigenschaften der Analyten von Bedeutung, d. h. die Wechselwirkung mit der geeigneten stationären Phase soll möglichst optimal und die Trennung möglichst rasch sein. Darüber hinaus sollten dem jeweiligen Trennproblem entsprechend folgende Kriterien beachtet werden: Viskosität, UV-Durchlässigkeit, Siedepunkt, Brechungsindex, Inertheit gegenüber den Probesubstanzen, Korrosionsverhalten, Toxizität und letztendlich Preis und Entsorgung.

Wichtig ist, dass alle verwendeten Lösungsmittel der Fragestellung entsprechend rein sind (HPLC-Qualität) bzw. aufgereinigt werden (zum Beispiel durch Rektifikation mit einer leistungsfähigen Destillationskolonne). Unmittelbar vor Gebrauch zur HPLC sollen die Lösungsmittel membranfiltriert (ist die Pumpe auf der Saugseite mit einer Fritte ausgestattet, ist dies nicht unbedingt erforderlich, jedoch empfehlenswert) und entgast werden. Das Entgasen ist unbedingt notwendig, um Blasenbildung durch Gase in der HPLC-Säulenpackung und im Detektor zu vermeiden.

Wegen der Feinkörnigkeit des Säulenfüllmaterials und des damit verbundenen hohen Strömungswiderstands muss die Fließgeschwindigkeit der mobilen Phase durch einen hohen Eingangsdruck (10–400 bar) erhöht werden. Die optimale Strömungsgeschwindigkeit ist abhängig von dem Durchmesser der Packungsteilchen (van-Deemter-Kurve), liegt aber im Allgemeinen zwischen 0,1 cm/s und 5 cm/s. Für die Praxis resultieren hieraus übliche Werte von 0,7–1,5 mL/min für die Flussrate (Flow) bei den häufig verwendeten 5-µm-Teilchen und Säulendimensionen von ca. 250×4 mm.

Größte Bedeutung bei der RP-HPLC haben Elutionsmittel, die Wasser, Acetonitril oder Methanol enthalten.

5.5.7 Trennmodus und Temperatureinfluss

Es sind zwei Trennmodi bei der HPLC möglich:

— **Isokratische Elution**
  ⇨ Bei der isokratischen Elution bleibt die mobile Phase in ihrer Zusammensetzung unverändert, das heißt, sie behält gleichbleibende Elutionsstärke während des gesamten Chromatographievorganges. Für die HPLC-Apparatur ist nur eine Pumpe erforderlich.

— **Gradientenelution**
  ⇨ Bei der Gradientenelution wird die Zusammensetzung der mobilen Phase, das heißt, die Elutionsstärke während des Chromatographievorganges, verändert. Diese Veränderung kann kontinuierlich linear, nichtlinear oder in Stufen (Stufengradient) erfolgen. Für die programmierte Änderung der Zusammensetzung der mobilen Phase sind von Seiten der apparativen Ausstattung sog. Gradientensysteme erforderlich (Hoch- bzw. Niederdruck-Gradientenmischung mit Hilfe einer zusätzlichen Pumpe je Elutionsmittelkomponente bzw. mittels Mischkammern/-ventilsystemen).

Die **Thermostatisierung** der Trennsäule im Thermostatofen ist bei der HPLC weniger wichtig als bei der GC. Bei den meisten Elutionsmitteln bewirkt eine Temperaturerhöhung eine Verkürzung der Analysenzeit (Viskositätserniedrigung der mobilen Phase). Der Einfluss auf die Auflösung ist unterschiedlich, meist ist sie jedoch schlechter als bei Normaltemperatur (allerdings ist bei höheren Temperaturen ein besserer Stoffaustausch möglich, so dass die Bodenzahl der Säule ansteigt).

Ein wesentlicher Nachteil bei der Temperaturerhöhung ist jedoch, dass der Dampfdruck der Lösungsmittel im Eluenten steigt und damit die Gefahr der Blasenbildung (des „Gasens") größer wird, so dass dadurch die Qualität der Säulenpackung leiden kann oder es durch das Auftreten von Blasen in der Durchflusszelle des (Spektralphotometer-)Detektors zu einer unruhigen Nulllinie oder Geisterpeaks kommen kann.

Die HPLC-Analyse bei höherer Temperatur ist insbesondere dann sinnvoll, wenn einige Komponenten erst sehr spät eluiert werden und andere Mittel zur Beschleunigung nicht mehr möglich sind (z. B. stärkere mobile Phase, Durchflusserhöhung, Lösungsmittelgradient) oder wenn die Probe oder das Elutionsmittel zu viskos ist.

5.5.8 Detektoren

Die Arbeitsweise der Detektoren beruht entweder auf der Messung spezieller Eigenschaften der getrennten Probenkomponenten (sog. selektive Detektoren) oder auf der Differenzmessung von allgemeinen Eigenschaften der Lösung im

Vergleich zum reinen Eluenten (sog. universelle Detektoren). Die wichtigsten in der HPLC verwendeten Detektoren sind:

- **Selektiver Typ**
  ⇨ Ultraviolett/Visuell-Detektor (UV/VIS-Detektor), Fluoreszenzdetektor, elektrochemischer Detektor
- **Universeller Typ**
  ⇨ Differentialrefraktometerdetektor (Refraktionsindexdetektor, engl. Refractive Index Detector, RI-Detektor), Leitfähigkeitsdetektor

5.5.8.1 UV/VIS-Detektor

Ein in der HPLC sehr häufig eingesetzter Detektor ist der **UV/VIS-Detektor,** der Substanzen registriert, die ultraviolette Strahlung (oder sichtbares Licht) absorbieren. Er kann sehr empfindlich sein, weist einen großen linearen Bereich auf, ist relativ unempfindlich gegenüber Temperaturschwankungen und auch bei Gradientenelution einsetzbar.

Zur Anwendung kommen oftmals die für viele Problemstellungen vorteilhaften Spektralphotometerdetektoren mit variabler Wellenlängeneinteilung zwischen 190 nm und 600 nm oder die eine sehr gute Nachweisempfindlichkeit aufweisenden Festwellenlängendetektoren. Verfügbar sind für den UV/VIS-Bereich auch Multiwellenlängen- oder (Photo)**Dioden-Array-Detektoren** (DAD).

5.5.8.2 Fluoreszenzdetektor

Der **Fluoreszenzdetektor** eignet sich für Substanzen, die fluoreszieren. Beim Übergang eines elektronisch angeregten Systems (Anregungswellenlänge) in einen Zustand niedrigerer Energie wird Strahlung emittiert (Emissionswellenlänge) (◘ Abb. 5.12).

5.5.8.3 Refraktionsindexdetektor

RI-Detektoren gestatten die Registrierung von allen Substanzen (in der Messzelle), die einen anderen Brechungsindex aufweisen als die reine mobile Phase (in der Referenzzelle). Das Messsignal ist dabei umso größer, je stärker die Differenz der Brechungsindizes von Probenkomponente und Eluent ist. RI-Detektoren

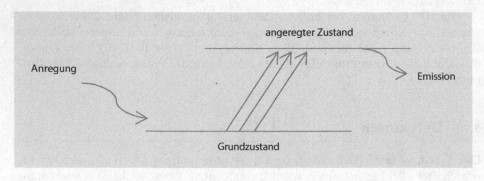

◘ **Abb. 5.12**   Prinzip der Fluoreszenz. *Erläuterungen:* siehe Text

sind unselektiv (d. h. universell) wirksam und um einige Größenordnungen unempfindlicher als selektive Detektoren. Sie werden oftmals als Ergänzung zu UV/VIS-Detektoren eingesetzt. Da der Brechungsindex einer Flüssigkeit stark temperaturabhängig ist, ist eine sehr gute Thermostatisierung der Messzelle notwendig. Da RI-Detektoren im Differenzverfahren arbeiten, können sie nicht für HPLC-Trennungen mit Gradientenelution verwendet werden (Problem der zeitlich exakten Abstimmung der Zusammensetzungsänderung des Eluenten in der Mess- und der Referenzzelle).

Für die eindeutige Identifizierung eines Stoffes wird inzwischen immer öfter die Massenspektrometrie als Detektionsmethode genutzt (vgl. ▶ Kap. 6).

5.5.8.4 Chemilumineszenzdetektor

Beim **Chemilumineszenz-Detektor** wird Licht, das nach Anregung einer chemischen Reaktion emittiert wird, mit Hilfe eines Photomultipliers verstärkt und gemessen. Dieses Verfahren wird unter anderem bei der Analytik von Stickstoff-Gasen verwendet.

5.5.8.5 Lichtstreudetektor

Der **Lichtstreudetektor** (engl. Evaporative Light Scattering Detector, ELSD) zählt zu den sogenannten **Aerosoldetektoren.** Mit Hilfe dieser Detektoren können auch nicht UV-absorbierende bzw. nicht-fluoreszierende Substanzen (Substanzen ohne Chromophore) unselektiv gemessen werden. Beim Lichtstreudetektor werden die eluierten Komponenten mit Hilfe eines Inertgases (meistens Stickstoff) zerstäubt, das Aerosol an einer Lichtquelle vorbeigeleitet und die erfolgte Lichtstreuung mit Hilfe eines Lasers gemessen (◨ Abb. 5.13).

Der Anwendungsbereich liegt beispielsweise bei der Analytik von nicht-flüchtigen Verbindungen, wie oberflächenaktiven Substanzen (Tenside) und Zuckern. Der Detektor eignet sich ausgezeichnet bei der Anwendung von Gradientensystemen, da die Art der Detektoren keinen Einfluss auf die Basislinie hat.

Chromophor

Als **Chromophor** wird der Teil eines Farbstoffes bezeichnet, in dem anregbare Elektronen verfügbar sind, die mit einem Photon passender Energie in Wechselwirkung treten können.
Bei organischen Stoffen sind dies meist Systeme aus konjugierten Doppelbindungen, bei anorganischen Farbstoffen teilgefüllte innere Elektronenschalen der Übergangsmetalle.

Lichtstreuung

Die Ablenkung eines Objektes – in diesem Fall Licht – durch Wechselwirkung mit einem lokalen anderen Objekt – hier Atome, Moleküle oder Feinstaub – wird als **Lichtstreuung** bezeichnet.

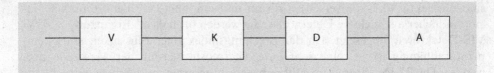

■ **Abb. 5.13**   Schematischer Aufbau eines Lichtstreudetektors. Erläuterung: V Verneblerdüse; K heizbare Verdampferkammer; D Detektorkammer mit Lichtquelle und Photomultiplier; A Auswerteeinheit

5.5.8.6 Massenselektive Detektoren

▶ Siehe Kap. 6.

5.5.9 Flüssigchromatogramme – Auswertung

Bei HPLC-Trennungen werden sogenannte **äußere Chromatogramme** erhalten (▶ Abschn. 5.2.1.7). Da bei der HPLC die Retentionszeit von der Fließgeschwindigkeit der mobilen Phase und der Länge der Trennsäule abhängig ist und somit zur Charakterisierung einer Substanz nicht geeignet ist, wird der Kapazitätsfaktor – der sog. **k'-Wert** – verwendet:

$$k'_i = \frac{t_i - t_0[s]}{t_0[s]}$$

mit

t_0 – Retentionszeit einer nicht retardierten Komponente in s

t_i – Retentionszeit der Komponente i in s

k'_i – Kapazitätsfaktor für die Komponente i (ohne Einheit)

Der k'_i-Wert ist ein Maß für die Retention einer beliebigen Komponente *i* bei gegebener stationärer Phase und mobiler Phase.

Zur qualitativen und quantitativen Auswertung von Chromatogrammen vgl. ferner die prinzipiellen Ausführungen in ▶ Abschn. 5.4. Zu beachten ist hier, dass in der HPLC das Detektorsignal viel stärker von speziellen Stoffeigenschaften abhängig ist als bei der GC. Ein Beispiel dafür ist der Extinktionskoeffizient bei Messungen mit dem UV-Detektor, der selbst bei homologen Verbindungen recht verschieden sein kann.

Quantitative Auswertungen von Flüssigchromatogrammen werden über die Peakfläche vorgenommen. Für die quantitative Spurenanalytik ist die Peakhöhenmessung besser geeignet, da die Peakhöhe in der Regel von überlappenden Nebenpeaks weniger beeinträchtigt wird als die Peakfläche. Zu beachten ist, dass bei den oben genannten Detektoren die Peakhöhe relativ unabhängig ist vom Volumenstrom der mobilen Phase, jedoch stark abhängig von deren Zusammensetzung (das heißt genauer: vom k'-Wert).

5.5.10 Anwendungsgebiete

Die Anwendung der HPLC in ihren vielfältigen Varianten ist sehr breit gefächert. Insbesondere eignet sie sich für schwerflüchtige, thermolabile bzw. ionische Verbindungen. Anwendungsbeispiele siehe Teil IV.

5.5.11 Matrixeffekte

Als Matrixeffekte werden .matrixbedingte Quantifizierungsstörungen bezeichnet (zur Definition Matrix bzw. Analyt ▶ Abschn. 1.1). Sowohl die Ursachen als auch die Auswirkungen zwischen LC-MS- und GC-Anwendungen sind grundverschieden. So wird in der LC-MS das Probensignal meisten unterdrückt, während es bei der GC das Probensignal praktisch immer verstärkt wird [37]. Eine Übersicht der Matrix-bedingten Effekte bei der LC-MS *vs.* GC wird anhand schematischer Kalibrierkurven dargelegt (▶ Abschn. 5.4.9, ◘ Abb. 5.10).

5.6 Denaturierende HPLC

Diese Methode bildet den Schnittpunkt der klassischen Chromatographie mit molekularbiologischen Methoden.

5.6.1 Prinzip

Bei der **Denaturierenden HPLC** (engl. Denaturing High Performance Liquid Chromatography, **DHPLC**) handelt es sich um eine Ionenpaar-Umkehrphasen-Hochleistungs-Flüssigchromatographie (vgl. ▶ Abschn. 5.5.4.3) für eine schnelle und effiziente Trennung von einzel- und doppelsträngiger DNA.

Als **Ionenpaarreagenz** wird Triethylammoniumacetat (TEAA) verwendet, das amphiphile Eigenschaften aufweist. Das Ionenpaarreagenz fungiert als „Bindeglied" zwischen der stationären Phase und dem Analyten, den Nucleinsäuren. Die Ethylgruppen des TEAA können hydrophobe Wechselwirkungen mit der stationären Phase eingehen und das positiv geladene Ammonium-Ion kann mit dem negativ geladenen Rückgrat der DNA interagieren. Die hydrophobe Säule besteht aus C_{18}-alkylierten Polystyren-Divinylbenzen-Polymeren. Als mobile Phase dienen Acetonitril/Wasser-Gemische in denen jeweils das Ionenpaarreagenz enthalten ist. Durch Erhöhung der Acetonitril-Konzentration im Eluentensystem wird die Interaktion des TEAA/DNA-Komplexes und der Säule unterbrochen und dies führt zur Elution des Analyten.

Nach Austritt aus der Säule werden die Nucleinsäuren über einen UV-Detektor bei 260 nm erfasst. Der schematische Aufbau einer DHPLC-Anlage ist vergleichbar mit einer HPLC-Anlage (◘ Abb. 5.11) mit einem speziellen Säulenofen. Der Temperaturbereich in dem gearbeitet werden kann, erstreckt sich von

40–80 °C. Die Trennung von Nucleinsäuren hängt von der Fragmentgröße, der Sequenz der zu untersuchenden DNA, der Temperatur und der Acetonitrilkonzentration ab (Literaturauswahl: [52–58]).

5.6.2 Geräte und Hilfsmittel

- Flüssigchromatograph mit Detektor und Auswerteeinheit
- Pufferlösung A: 0,1 M TEAA in Wasser
- Pufferlösung B: 0,1 M TEAA in Wasser und 25%igem Acetonitril
- Injektionsspritzenwaschlösung: 4%iges Acetonitril in Wasser
- Waschlösung: 75%iges Acetonitril in Wasser
- Fritte zur Filtration des Elutionsmittels
- Kühlbares Probenaufbewahrungssystem für 96-well Platten/PCR-Caps

5.6.3 Arbeitsweise

Die DHPLC bietet drei unterschiedliche Möglichkeiten zur chromatographischen Trennung von Nucleinsäuren. Es wird zwischen dem nicht-denaturierenden Modus, dem partiell-denaturierenden Modus und dem komplett-denaturierenden Modus unterschieden. Diese drei Modi unterscheiden sich hauptsächlich durch die verwendete Analysetemperatur.

Vor der Analytik der **DNA-Fragmente** werden diese üblicherweise mittels PCR amplifiziert (vgl. ▶ Abschn. 13.4). Um keine zusätzlichen Mutationen durch die PCR zu erzeugen, ist es empfehlenswert eine DNA-Polymerase mit einer *proofreading*-Aktivität zu verwenden. Durch die *proofreading*-Aktivität können die Polymerasen während der Elongation, den falschen Einbau eines Nucleotids erkennen und anschließend den Fehler ausbessern. Nach einer erfolgreichen PCR werden die Proben ohne weitere Aufreinigung direkt injiziert.

Das Injektionsvolumen ist abhängig – wie bei einer klassischen HPLC – von der Konzentration der Probe (etwa 5–10 μL werden üblicherweise aufgetragen). Wichtig hierbei ist, dass die Probenpeaks deutlich erkennbar sind und sich von evtl. vorkommenden Vorpeaks leicht unterscheiden lassen. Bei der chromatographischen Auftrennung werden vor und nach den Proben jeweils Standards vermessen.

Die Proben werden generell zwischen den Standards aufgetragen, um möglichst einheitliche Bedingungen für Standard und Probenamplifikat zu gewährleisten. Es wird mit einer Gradientenelution gearbeitet, wobei diese in verschiedene Phasen zu unterteilen ist.In der ersten Phase erfolgt die Injektion der DNA-Probe. In der zweiten Phase, der eigentlichen Gradientenphase, findet die Elution des DNA-Fragments von der Säule statt. In dieser Phase variiert der Anteil des Puffers B, d. h. die Acetonitrilkonzentration wird erhöht. In der dritten Phase wird die Säule gereinigt. Zu diesem Zweck wird die Acetonitrilkonzentration nochmals

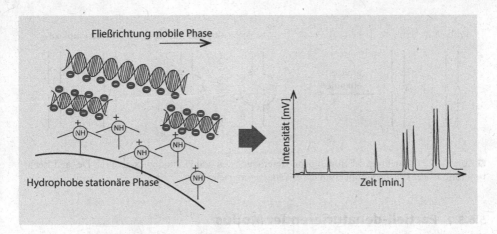

■ Abb. 5.14 Schematische Darstellung des Trennmechanismus des nicht-denaturierenden Modus. *Erläuterung:* Auf der rechten Seite ist ein Chromatogramm eines Standards mit Fragmenten verschiedener Größe abgebildet. *Weitere Erläuterungen:* siehe Text

erhöht. So werden alle noch mit der Säule interagierenden DNA-Fragmente eluiert. Die vierte Phase dient der Equilibrierung der Säule.

5.6.3.1 Nicht-denaturierender Modus

Bei der Verwendung des **nicht-denaturierenden Modus** erfolgt die Trennung in Abhängigkeit der Länge des doppelsträngigen DNA-Fragmentes (■ Abb. 5.14). Kurze Fragmente weisen weniger negative Ladung am Rückgrat auf und dementsprechend auch weniger Bindungen mit dem TEAA, d. h. kurze DNA-Fragmente eluieren im Vergleich zu längeren zuerst. Der Säulenofen wird auf eine Temperatur zwischen 40–50 °C eingestellt und es wird ebenfalls mit einer Gradientenelution gearbeitet. Es können DNA-Fragmente von ca. 50 bp bis 1000 bp (Basenpaare) getrennt und detektiert werden.

Im Gegensatz zur **Agarose-Gelelektrophorese** (▶ Abschn. 11.4), ist die DHPLC-Methode schneller und höher auflösend. Durch eine Optimierung des Gradienten können DNA-Fragmente mit ca. 10 bp Unterschied eindeutig getrennt werden. Als Standard dient ein Gemisch aus DNA-Fragmenten bekannter Größe, was einen Rückschluss auf die Größe des Fragmentes bzw. der Fragmente der Probe zulässt. Neben der Identifizierung von DNA-Abschnitten, können auch Gemische aufgetrennt werden.

Ein weiterer Vorteil der DHPLC liegt in der Auswertung der Chromatogramme. Diese können nicht nur hinsichtlich ihrer Retentionszeit betrachtet werden, auch die Größen der Peakflächen können wichtige Hinweise über die Zusammensetzung der Probe liefern. Darüber hinaus ist eine Quantifizierung über die integrierten Peakflächen grundsätzlich möglich. Bei Temperaturen über 50 °C sinkt mit steigender Temperatur die Retentionszeit, da die DNA zu denaturieren beginnt, und die Einzelstränge im Vergleich zum Doppelstrang eine verminderte negative Ladung besitzen, wodurch die TEAA-vermittelte Interaktion mit der Säule verringert wird.

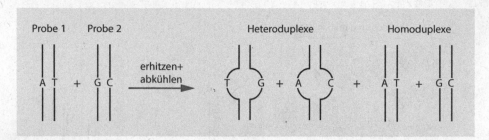

Probe 1   Probe 2   Heteroduplexe   Homoduplexe

A T + G C   →erhitzen+ abkühlen→   T G + A C + A T + G C

D Abb. 5.15   Darstellung der Bildung von Heteroduplexen und Homoduplexen durch De- und Renaturierung zweier Fragmentpopulationen. *Erläuterungen:* siehe Text

5.6.3.2 Partiell-denaturierender Modus

Wird im **partiell-denaturierenden Modus** gearbeitet, erfolgt eine Trennung von
Hetero- und Homoduplexen auf Grund der physikalischen Veränderungen der
Doppelstrang-DNA bei der Duplexbildung. Duplexe werden generiert, indem
PCR-Amplifikate denaturiert werden, d. h. sie werden auf 95 °C erhitzt und liegen als Einzelstränge vor. Diese lagern sich nach Abkühlen wieder zu Doppelsträngen zusammen, sie renaturieren. Liegen in einem Gemisch Sequenzunterschiede vor, z. B. ein Einzelbasenaustausch (Punktmutation), so entstehen statistisch neben den ursprünglichen Homoduplexen auch Heteroduplexe
(D Abb. 5.15).

Homo- und Heteroduplexe weisen ein unterschiedliches Schmelzverhalten auf.
Bei doppelsträngiger DNA ist die Stabilität abhängig von der Art der Basen-
paarung. Die Paarung Guanin/Cytosin (G/C) enthält drei und die Paarung
Adenin/Thymin (A/T) enthält zwei Wasserstoffbrückenbindungen, d. h. zur
Strangtrennung muss bei einem G/C-Basenpaar mehr Energie aufgebracht
werden als bei einem A/T-Paar. Bei einem Heteroduplex entsteht eine Stelle mit
Basenfehler, an dieser Stelle fehlen die entsprechenden Wasserstoffbrücken und
somit denaturiert ein Heteroduplex vor einem Homoduplex.

Aufgrund dieser Eigenschaft können bei Anwendung einer sequenzspezifischen Temperatur Hetero- von Homoduplexen getrennt und somit Punktmutationen identifiziert werden. Die Hetroduplexe eluieren als erstes bei der Gradientenelution, da sie durch den Basenfehler partiell aufgeschmolzen sind und
somit schwächer mit der Säule interagieren. Durch weitere Erhöhung der Acetonitril-Konzentration lösen sich schließlich auch die Homoduplexe. Im Idealfall
wären vier Peaks zu identifizieren (D Abb. 5.16). Ist mehr als nur eine Punktmutation vorhanden, können auch mehrere Peaks (Peakmuster) auftreten. Wichtig
jedoch ist, dass die Mischungen von Hetero- und Homoduplexen eindeutig von
den reinen Proben zu unterscheiden sind.

Entscheidend für eine sequenzspezifische Analyse ist die Wahl der Ofen-
temperatur, die bei 200–500 bp Fragmenten im Bereich von 52–75 °C liegt. Mit
Hilfe von mathematischen Algorithmen kann Software-gestützt eine theoretische
Schmelzkurve errechnet werden. Diese Werte geben einen Hinweis zu welchem
Anteil die Probe bei der jeweiligen Temperatur als Doppel- oder Einzelstrang

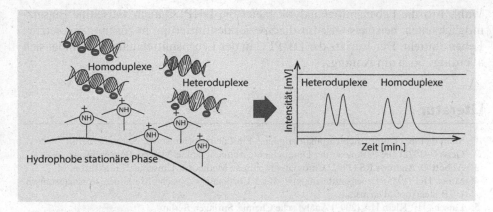

Abb. 5.16 Schematische Darstellung des Trennmechanismus des partiell-denaturierenden Modus und einem Chromatogramm mit zwei Heteroduplexen und zwei Homoduplexen. *Erläuterungen:* siehe Text

(denaturiert) vorliegt und können als Richtwert zur Erstellung einer Methode am Gerät dienen.

Eine experimentelle Ermittlung der endgültigen Ofentemperatur sollte folgen. Die PCR-Fragmente sollten nicht kleiner als 200 bp sein, da sonst die Gefahr besteht, dass der Doppelstrang über einen zu geringen Temperaturgradienten aufschmilzt. Bei zu langen PCR-Fragmenten kann es Einbußen in der Sensitivität geben und es kann innerhalb der Sequenz zur Ausbildung von verschiedenen Schmelzdomänen kommen.

5.6.3.3 Komplett-denaturierender Modus

Wird die Analysentemperatur bis auf 80 °C erhöht, so können einzelsträngige DNA-Fragmente getrennt werden. Dieser Modus wird als **komplett-denaturierend** oder als **total-denaturierend** bezeichnet. Die DNA-Fragmente werden auf Grund ihrer Größe und bei gleicher Größe wegen ihrer Sequenz voneinander getrennt. Diese Methode wird vor allem zur Trennung von sehr kurzen Fragmenten von 50–100 bp verwendet, die sich nur in ein oder wenigen Basenpaaren unterscheiden.

5.6.4 Anwendungsgebiete

Hauptanwendung findet die **DHPLC** in der Medizin. Im nicht-denaturierenden Modus werden beispielsweise pathogene Mikroorganismen bzw. Bakterienpopulationen analysiert. Der Vorteil hierbei ist, dass die DHPLC die Analyse einer Mischflora ermöglicht. Weiter verbreitet ist die Verwendung des partiell-denaturierenden Modus zur Detektion von genetischen Mutationen vor allem von Punktmutationen in Markergenen für Krebserkrankungen. Heteroduplexbildung erfolgt durch die Mischung eines Wildtypen mit einem Mutanten. Beim Screening ist die DHPLC auf Grund ihrer schnellen Durchführbarkeit die Methode der

Wahl. Für die Lebensmittelanalytik bietet die DHPLC auch vielseitige Einsatzmöglichkeiten, beispielsweise für die Speziesidentifizierung in zusammengesetzten Lebensmitteln. Der Einsatz der DHPLC in der Lebensmittelanalytik befindet sich allerdings noch am Anfang.

Literatur

1. Stahl E (1962) Dünnschichtchromatographie – Ein Laboratoriumsbuch. Springer, Berlin
2. Geiss F (1972) Die Parameter der Dünnschichtchromatographie. Vieweg, Braunschweig
3. Abbott D, Andrews RS (1982) Chromatographische Methoden. Umschau, Frankfurt a. M.
4. Maier HG (1985) Lebensmittelanalytik, Bd 2 Chromatographische Methoden, Ionenaustausch. UTB Steinkopff, Darmstadt
5. Latscha HP, Klein HA (2007) Analytische Chemie. Springer, Berlin
6. Ebel S (1987) Dünnschichtchromatographie – Marktübersicht. Nachr Chem Techn Lab 35(1):M1–M12
7. Schwedt G (1986) Chromatographische Trennmethoden. Thieme, Stuttgart
8. Geiss F (1987) Fundamentals of thin-layer-chromatography. Wüthig, Heidelberg
9. Sherma J (2012) Biennial review of planar chromatography: 2009–2011. J AOAC Int 95(4):992–1009
10. Aerosol Definition. ► https://www.bfga.de/arbeitsschutz-lexikon-von-a-bis-z/fachbegriffe-a-b/aerosol-fachbegriff/. Zugegriffen: 5. Nov. 2020
11. Merck Millipore (Hrsg) (2015) ChromBook. Merck KGaA, Darmstadt. S 94–139. ► www.merck-chemicals.com/chromatography. Zugegriffen: 27. Juni 2021
12. Jork H (1966) Direkte spektralphotometrische Auswertung von Dünnschicht-Chromatogrammen im UV-Bereich. Z Anal Chem 221:17–33
13. Morlock G, Schwack W (2010) Coupling of planar chromatography to mass spectrometry. Trac-Trends Anal Chem 29(10):1157–1171
14. Luftmann H (2004) A simple device for the extraction of TLC spots: direct coupling with an electrospray mass spectrometer. Anal Bioanal Chem 378(4):964–968
15. Fuchs B et al (2007) A direct and simple method of coupling matrix-assisted laser desorption and ionization time-of-flight mass spectrometry (MALDI-TOF MS) to thin-layer chromatography (TLC) for the analysis of phospholipids from egg yolk. Anal Bioanal Chem 389(3):827–834
16. Morlock G, Ueda Y (2007) New coupling of planar chromatography with direct analysis in real time mass spectrometry. J Chromatogr A 1143(1–2):243–251
17. Van Berkel GJ, Ford MJ, Deibel MA (2005) Thin-layer chromatography and mass spectrometry coupled using desorption electrospray ionization. Anal Chem 77(5):1207–1215
18. Morlock GE, Oellig E (2009) Rapid planar chromatographic analysis of 25 watersoluble dyes used as food additives. J of AOAC Int 92(3):745–756
19. KMD: S 77 ff
20. Schomburg G (1977) Gaschromatographie. Chemie, Weinheim
21. McNair HM, Miller JM (1997) Basic gas chromatography. Wiley-Interscience, New York
22. Kaiser R (1984) Chromatographie in der Gasphase, I. Gas-Chromatographie, 2. Aufl. Bibliographisches Institut, Mannheim
23. Kaiser R (1984) Chromatographie in der Gasphase, II. Kapillar-Chromatographie, Dünnfilm-und Dünnschichtkapillar-GC, 3. Aufl. Bibliographisches Institut, Mannheim
24. Günther W, Schlegelmilch F (1984) Gaschromatographie mit Kapillar-Trennsäulen, Bd 1 Grundlagen. Vogel-Buchverlag, Würzburg
25. Günther W, Schlegelmilch F (1985) Gaschromatographie mit Kapillar-Trennsäulen, Bd 2 Praktikum zu Bd 1. Vogel Buchverlag, Würzburg
26. Hoevermann W (1987) Gaschromatographische Detektoren – Marktübersicht. Nachr Chem Techn Lab 35(5):M1–M20
27. Wittkowski R, Matissek R (1992) Capillary gas chromatography in: food control and research. Behr's Verlag, Hamburg

28. Grob RL, Barry EF (2004) Modern practice of gas chromatography. Wiley-Interscience, New York
29. KMD: S 113 ff
30. Sparkman OD, Penton ZE, Kitson FG (2011) Gas chromatography and mass spectrometry – a practical guide. Academic Press, London
31. Schwedt G, Schmidt TC, Schmitz O (2016) Analytische Chemie. Wiley-VCH, Weinheim
32. KMD: S 26 ff
33. Pawliszyn J (2000) Theory of solid-phase microextraction. J Chrom Sci 38:270–278
34. Risticevic S, Lord H, Górecki T, Arthur VK, Pawliszyn J (2010) Protocol for solid-phase microextraction method development. Nat Protoc 5(1):122–139
35. Kremser A, Jochmann MA, Schmidt TC (2016) SPME arrow – evaluation of a novel solid-phase microextraction device for freely dissolved PAHs in water. Analyt and Bioanalyt Chem 408(3):943–952
36. Column Chromatography. IUPAC Recommendations (1993) In: IUPAC Compendium of Chemical Terminology (the "Gold Book"). S. 825. ▶ https://doi.org/10.1351/goldbook.C01182. Zugegriffen: 29. Okt. 2020
37. Brodacz W (2017) Matrixeffekte in der Gaschromatographie – Ursachen, Auswirkungen und Gegenstrategien. Labo 6(2017):12–15
38. Meyer V (2002) Praxis der Hochleistungs-Flüssigchromatographie, 8. Aufl. Verlag Diesterweg, Salle/Verlag Sauerländer, Aarau
39. Heisz O (1987) Hochleistungs-Flüssigkeits-Chromatographie. Hüthig, Heidelberg
40. Engelhardt H (1991) Hochdruck-Flüssigkeits-Chromatographie, 2. Aufl. Springer, Berlin
41. Snyder LR, Kirkland JJ (1979) Introduction to modern liquid chromatography. Wiley-Interscience, New York
42. Pryde A, Gilbert MT (1979) Applications of high performance liquid chromatography. Chapman & Hall, London
43. Kaiser RE, Oelrich E (1979) Optimierung in der HPLC. Hüthig, Heidelberg
44. Weiß J (1985) Handbuch der Ionenchromatographie. VCH Verlagsges, Weinheim
45. Matissek R, Wittkowski R (1992) High performance liquid chromatography in food control and research. Behr's Verlag, Hamburg
46. Snyder LR, Kirkland JJ, Dolan JW (2010) Introduction to modern liquid chromatography. Wiley, New Jersey
47. Meyer VR (2012) HPLC 2012 – Neue Lösungen für alte Theorie: Core Shell oder Monolith? GIT Labor Fachz 56(9):640–641
48. Kromidas S (Hrsg) (2006) HPLC richtig optimiert. Wiley-VCH, Weinheim
49. Kromidas S (Hrsg) (2014) Der HPLC-Experte – Möglichkeiten und Grenzen der modernen HPLC. Wiley-VCH, Weinheim
50. Kromidas S (Hrsg) (2015) Der HPLC-Experte 2. Wiley-VCH, Weinheim
51. KMD: S 205 ff
52. Heinritz W (2004) Molekulargenetische Mutationsanalyse des APC-Gens mittels DHPLC bei Patienten mit Familiärer Adenomatöser Polyposis (FAP), TENEA Verlag für Medien, Berlin
53. Frueh FW, Noyer-Weidne M (2003) The use of denaturing high-performance liquid chromatography (DHPLC) for the analysis of genetic variations: impact for diagnostics and pharmacogenetics. Clin Chem Lab Med 41(4):452–461
54. Huck CW, Bakry R, Bonn GK (2006) Monolithische und enkapsulierte Polystyrol/-divinylbenzol-Kapillarsäulen für die Analytik von Nukleinsäuren. Chemie Ingenieur Technik 78(5):633–638
55. Harvey JF, Sampson JR (2004) Mutation scanning for the clinical laboratory: DHPLC. Methods Mol Med 92:45–66
56. Premstaller A, Oefner PJ (2002) Denaturing HPLC of Nucleic Acids Lc Gc Eur 15(7):410
57. Cardinale M, Brusetti L, Quatrini P, Borin S, Puglia AM, Rizzi A, Zanardini E, Sorlini C, Corselli C, Daffonchio D (2004) Comparison of different primer sets for use in automated ribosomal intergenic spacer analysis of complex bacterial communities. Appl Environ Microbiol 70:6147–6156
58. Goldenberg O, Herrmann S, Adam T, Marjoram G, Hong G, Göbel U, Graf B (2005) Use of denaturing high-performance liquid chromatography for rapid detection and identification of seven Candida species. J Clin Microbiol 43:5912–5915

Massenspektrometrie

Inhaltsverzeichnis

© Der/die Autor(en), exklusiv lizenziert durch Springer-Verlag GmbH, DE, ein Teil von
Springer Nature 2021
R. Matissek und M. Fischer, *Lebensmittelanalytik,*
https://doi.org/10.1007/978-3-662-63409-7_6

Zusammenfassung

Die Massenspektrometrie (MS) ist eine Methode zur Trennung und Messung von Ionen unterschiedlicher Masse in der Gasphase. Es wird das Masse-zu-Ladungs-verhältnis (*m*/*z*) der Ionen gemessen und die Intensität des auf einen Detektor fallenden Ionenstrahls konzentrationsproportional aufgenommen. Der Ionisierungsgrad ist hierbei ein wichtiges Kriterium für die Nachweisempfindlichkeit des Massenspektrometers. MS-Systeme bestehen grundsätzlich aus einem Einlasssystem für die Probe, einer Ionenquelle, einem Massenanalysator und einer Registriereinheit, die das entsprechende massenspezifische Signal empfängt und verstärkt. Je nach Probeneinlass können verschiedene physikalische oder chemische Techniken zur Ionisierung angewendet werden, die hier beschrieben werden. Verschiedene Ionenanalysatoren stehen zur Verfügung.

6.1 Exzerpt

Die **Massenspektrometrie** (**MS,** engl. Mass Spectrometry) ist eine Methode zur Trennung und Messung von Ionen unterschiedlicher Masse in der Gasphase. Dabei wird die zu untersuchende Probe in das Massenspektrometer eingebracht, verdampft und ionisiert. In einem Massenspektrometer wird das Masse-zu-Ladungs-verhältnis (*m*/*z*) der Ionen gemessen und die Intensität des auf einen Detektor fallenden Ionenstrahls konzentrationsproportional aufgenommen. Der Ionisierungsgrad ist hierbei ein wichtiges Kriterium für die Nachweisempfindlichkeit des Massenspektrometers.

In ◘ Abb. 6.1 ist eine Übersicht über die nachfolgend behandelten Verfahren und Techniken der Massenspektrometrie dargestellt.

6.2 Prinzip

MS-Systeme bestehen grundsätzlich aus einem Einlasssystem für die Probe, einer Ionenquelle (zur Erzeugung von Ionen), einem Massenanalysator (zur Auftrennung eines Ionengemisches in die Ionensorten) und einer Registriereinheit (Ionendetektor), die das entsprechende massenspezifische Signal empfängt und verstärkt (◘ Abb. 6.2) (Literaturauswahl: [1–11]).

6.3 Ionenerzeugung

Je nach Probeneinlass können verschiedene physikalische oder chemische Techniken zur **Ionisierung** angewendet werden. Schließt sich die Massenspektrometrie an eine gaschromatographische Trennung (► Abschn. 6.4) an, kann die Ionisierung zum Beispiel mittels **Elektronenstoßionisation** (**EI,** engl. Electron Impact)

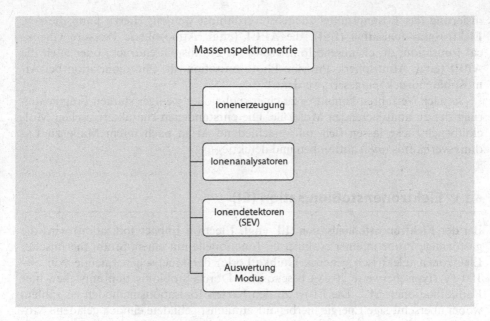

□ Abb. 6.1 Massenspektrometrie – Übersicht

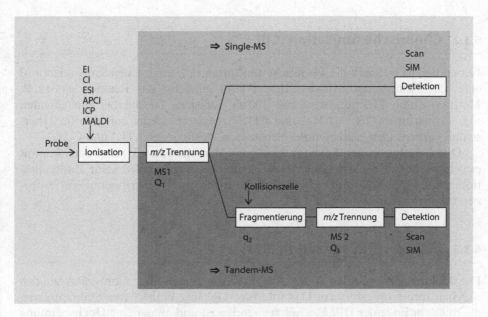

□ Abb. 6.2 Aufbau eines MS-Systems. *Erläuterungen:* siehe Text

oder der **Chemischen Ionisierung (CI,** engl. Chemical Ionisation) unmittelbar in der Gasphase durchgeführt werden. Wird ein Massenspektrometer an ein flüssigchromatographisches System (▶ Abschn. 6.5) angeschlossen, muss vor der Ionisierung das Lösungsmittel zunächst verdampft werden. Hierzu kann die sog. **Elektrospray-Ionisation (ESI), die APCI** (engl. Atmospheric Pressure Chemical Ionisation, dt. chemische Ionisierung bei Atmosphärendruck) oder auch die **APPI** (engl. Atmospheric Pressure Photoionisation, dt. Photoionisation bei Atmosphärendruck) eingesetzt werden.

Je nach Verfahren kommt es zu einer mehr oder weniger starken **Fragmentierung** der zu analysierenden Moleküle. Die entstandenen charakteristischen Molekülbruchstücke lassen sich auf verschiedene Arten nach ihrem Maße zu Ladungsverhältnis (m/z) auftrennen und detektieren.

6.3.1 Elektronenstoßionisation (EI)

Bei der **Elektronenstoßionisation** (EI, engl. Electron Impact Ionization) wird die gasförmige Probe in einer evakuierten Ionenquelle mit einem Strahl thermischer Elektronen (elektrisch geheizte Glühkathode) der kinetischen Energie von 50–100 eV (typischerweise 70 eV) beschossen. Durch Stoßionisation entstehen hier Radikalkationen $M^{+\cdot}$. Die EI ist zu den harten Ionisationsmethoden zu zählen, wobei überschüssige Energie hierbei auf zunächst gebildete einfach geladene Molekülionen abgegeben wird, das heißt, es kommt hier zu einer weitgehenden Fragmentierung der untersuchten Substanz.

6.3.2 Chemische Ionisation (CI)

Neben der EI ist auch die **Chemische Ionisation** (CI, engl. Chemical Ionization) eine harte Ionisationsmethode. Hierbei wird zunächst das Reaktandgas (z. B. Methan) durch Elektronenstoß mit 300 eV ionisiert. Die hierbei entstehenden sog. Primärionen $CH_4^{+\cdot}$, CH_3^+ und $CH_2^{+\cdot}$ reagieren schnell mit den im Überschuss vorliegenden Methanmolekülen zu den Plasmaionen CH_5^+ und $C_2H_5^+$.

Durch Kollision der Analytmoleküle mit den erzeugten Plasmaionen kommt es schlussendlich zur eigentlichen Ionisierung. Hierbei werden keine Radikalkationen gebildet, die Ionisierung erfolgt viel mehr durch Übertragung von Protonen bzw. von Hydridionen.

6.3.3 Elektrosprayionisation (ESI)

Die **Elektrosprayionisation** (ESI, engl. Electron Spray Ionization) zählt zu den weichen Ionisierungsformen. Das Interface-Gehäuse enthält eine Stahlkapillare, die mit dem Ende der HPLC-Säule verbunden ist und an der eine Hochspannung von etwa 3–6 kV anliegt. Die Polarität dieser Hochspannung richtet sich nach der Polarität des Analyten:

- **Anionen**
  ⇨ beispielsweise solche mit funktionellen Carbonsäuregruppen, werden üblicherweise im negativen Ionenmodus detektiert
- **Kationen**
  ⇨ beispielsweise Analyten mit funktionellen Aminogruppen, werden dagegen im positiven Ionenmodus detektiert.

Die Vernebelung der flüssigen Probe erfolgt mit Hilfe eines heißen Inertgases (meist Stickstoff) in ein Hochspannungsfeld, wobei geladene Tröpfchen entstehen. Mit zunehmender Lösungsmittelverdampfung sinkt der Tröpfchenradius so lange, bis eine kritische Größe erreicht ist und eine Coloumb-Explosion den Tropfen auseinanderreißt. Am Ende dieser sich stetig wiederholenden Kaskade können bei einer Tröpfchengröße von ~10 nm freie gasförmige Ionen entstehen, die über ein elektrisches Linsensystem in das Massenspektrometer fokussiert werden.

6.3.4 Chemische Ionisierung unter Atmosphärendruck (APCI)

Die **Chemische Ionisierung unter Atmosphärendruck** (APCI, engl. Atmospheric Pressure Chemical Ionization) ist der ESI-Technik sehr ähnlich. Die Ionisationsbedingungen sind jedoch härter als bei der ESI, so dass auch die Ionisierung weniger polarer Verbindungen gelingt. Es findet eine chemische Ionisierung statt, bei der die Ladung mittels eines Reaktants, in der Regel die mobile Phase, übertragen wird.

Die mobile Phase wird bei Temperaturen von bis zu 600 °C durch eine Kapillare versprüht und komplett verdampft. Eine unter Spannung stehende Korona-Nadel erzeugt Entladungen, in deren Folge die im Überschuss vorhandenen Bestandteile der mobilen Phase, wie beispielsweise Methanol oder Wasser protoniert bzw. deprotoniert werden. Anschließend erfolgt ein Protonentransfer zu (positiver Modus) oder von (negativer Modus) den Analytmolekülen.

Neben der APCI wird auch die **Photoionisation unter Atmosphärendruck** (APPI, engl. Atmospheric Pressure Photo Ionization) eingesetzt.

6.3.5 Induktiv gekoppeltes Plasma (ICP)

Für die Elementanalyse kann ein spezielles Verfahren verwendet werden, bei dem eine wässrige Lösung der Analysenprobe in einem Plasmabrenner ionisiert wird (**ICP,** engl. Inductively Coupled Plasma, dt. induktiv gekoppeltes Plasma). Detailliertere Ausführungen zur ICP siehe ▶ Abschn. 7.2.5.

6.3.6 Matrix-unterstützte Laserdesorptionsionisation (MALDI)

Die Ionenerzeugung kann auch an Oberflächen stattfinden. Eine Methode, die im Besonderen routinemäßig bei der Analytik von Biopolymeren (Proteinen, Glycokonjugaten) eingesetzt wird, ist das **MALDI**-Verfahren (engl. Matrix Assisted Laser Desorption Ionisation). Zur Erzeugung der Ionen wird die Probe zusammen mit niedermolekularen Matrixmolekülen (zum Beispiel 2,5-Dihydroxybenzoesäure, Nicotinsäure, Sinapinsäure) auf einem Träger getrocknet. Durch Bestrahlung mit einem gepulsten Laser (meist UV bei 337 nm) werden Molekülionen erzeugt. Die Strahlungsenergie wird dabei zunächst von der Matrix aufgenommen, wobei die verdampfende Matrix die Probenmoleküle mit in die Gasphase schleppt.

6

6.4 Ionenanalysatoren

In einem **Ionenanalysator** werden die Massen m und die Ladungen z der Ionen analysiert. Auf dem Gebiet der Lebensmittelanalytik kommen als Ionenanalysatoren in der LC–MS typischerweise Quadrupole (Q) oder Ionenfallen (Trap), seltener **Flugzeitanalysatoren** (engl. **Time-Of-Flight, TOF**) oder **Hybrid-Massenspektrometer (Q-TOF, Q-Trap)** zum Einsatz. Viele Methoden in der Lebensmittelanalytik, die zunächst nur auf der HPLC mit UV-Detektion beruhen, wurden auf LC-MS und vor allem auf LC-MS/MS (Triple-Quadrupole) umgestellt, um hier von der höheren Selektivität und Empfindlichkeit zu profitieren.

Gleiches gilt für die GC. Die höhere Selektivität lässt häufig auch einen geringeren Aufwand in der Probenvorbereitung zu. Hierbei ist jedoch zu berücksichtigen, dass Matrixeffekte (siehe hierzu auch Kasten „Matrix ↔ Interferenz" in ► Kap. 5). die Ionisierung und somit die Quantifizierung stark beeinflussen können, so dass in diesen Fällen idealerweise mit stabilisotopenmarkierten Standardsubstanzen (Stabilisotopenverdünnungsanalyse, SIVA; ► Abschn. 5.4.7.2) gearbeitet werden sollte. Im Folgenden soll über die wichtigsten Systeme ein kurzer Überblick gegeben werden.

6.4.1 Quadrupol-Massenspektrometer

Beim **Quadrupol-Ionenanalysator** wird an jedes Paar der vier parallel zueinander angeordneten Stabelektroden eine Gleichspannung U angelegt, die von einer hochfrequenten Wechselspannung V überlagert wird (◨ Abb. 6.3). Der Ionenstrom wird durch das Innere des Stabsystems gelenkt und durch das Hochfrequenzfeld zu Schwingungen angeregt, die massenabhängig sind. In Abhängigkeit vom Verhältnis von Frequenz und Amplitude der Wechsel- sowie Gleichspannung können nur Ionen mit einem bestimmten Verhältnis von Masse zu Ladung (m/z) das Quadrupol auf einer stabilen Flugbahn (Massenfilter) passieren und zum Detektor gelangen.

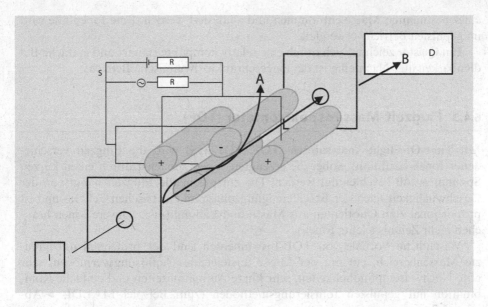

◧ **Abb. 6.3** Aufbau eines Quadrupols. *Erläuterung:* **A** Ion mit instabiler Bahn; **B** Ion mit stabiler Bahn; **D** Detektor; **I** Ionenquelle; **S** Gleich-und Wechselspannungsquelle; **R** Widerstand. *Weitere Erläuterungen:* siehe Text

Bei Ionen mit einem anderen Masse-Ladungs-Verhältnis wird die Spiralbahn dagegen instabil. Sie werden dann entweder ins Zentrum des Quadrupols gezogen und dort abgeleitet oder verlassen die Spiralbahn nach außen und werden direkt von der Vakuumpumpe abgesaugt. Durch Scannen von U und V kann der jeweilige *m/z*-Wert eingestellt und ein Massenspektrum aufgenommen werden. Ein wesentlicher Vorteil des Quadrupols liegt in einer schnellen Aufnahme von Spektren. Im Gegensatz zu anderen Systemen ist der Massenbereich durch einen scharfen Intensitätsabfall nach oben begrenzt.

Quadrupole eignen sich sehr gut zum Aufbau von Tandem-Systemen. MS/MS-(Tandem) Instrumente haben immer zwei oder mehrere Ionenanalysatoren (Massenspektrometer) hintereinandergeschaltet. Ein häufig angewendetes System ist dabei die Verwendung von drei Quadrupolen (Triple-Quadrupol).

6.4.2 Ionenfallen – Ion Trap

Bei einer **Quadrupol-Ionenfalle** (Quistor, engl. Ion Trap Detector) werden Ionen mittels elektrischer und/oder magnetischer Felder innerhalb eines *Käfigs* festgehalten. Die dazu notwendigen magnetischen Wechselfelder werden vergleichbar mit dem Quadrupol-Analysator durch Anlegen von Spannungen an spezielle Elektroden erzeugt. Abhängig von der Elektrodenspannung können gezielt Ionen einer bestimmten Masse (*m/z*) gefangen gehalten werden. Alternativ können sämtliche Ionen in der Falle aufbewahrt und durch Veränderung der Felder Ionen einer bestimmten Masse entnommen und analysiert werden. Eine Ionenfalle wird im gepulsten Betrieb verwendet.

Ein **Quistor** zeichnet sich durch eine relativ kompakte Bauart und einfache Bedienbarkeit aus. Nachteilig ist der eingeschränkte dynamische Bereich.

6.4.3 Flugzeit-Massenspektrometer (TOF)

Mit **Time-Of-Flight-Analysatoren (TOF, TOF-MS)** wird die Flugzeit verschiedener Ionen bestimmt, wobei die erzeugten Ionen zunächst durch einen kurzen Spannungsstoß beschleunigt werden. Die entsprechende Flugzeit hängt von der Geschwindigkeit nach der Beschleunigungsphase im elektrischen Feld ab und ist proportional zum Quotienten aus Masse und Ladung (m/z; schwere Ionen brauchen mehr Zeit als leichte Ionen).

Wesentliche Vorteile von TOF-Instrumenten sind der prinzipiell unbegrenzte Massenbereich, ein mit der Masse ansteigendes Auflösungsvermögen, sehr gute Nachweisempfindlichkeiten, sehr kurze Aufnahmezeiten und einfache Kombination mit gepulsten Ionisierungsmethoden (zum Beispiel MALDI, ▶ Abschn. 6.3.6).

6.4.4 Sektorfeld-Massenspektrometer

Im **Sektorfeldanalysator** werden die Ionen in elektrischen und magnetischen Feldern aufgrund ihrer Energie bzw. ihres Impulses abgelenkt. Die Masse kann dann in Kenntnis von Ladung, Energie und Impuls ermittelt werden. Vorteile von Sektorfeldinstrumenten sind im hohen Massenbereich bei ausreichender Nachweisempfindlichkeit und gutem Auflösungsvermögen, in einer sehr genauen Massenbestimmung und einem hohen dynamischen Bereich zu sehen. Im Gegensatz zu Quadrupol-Geräten wirkt sich bei diesem Verfahren die relativ langsame Scanrate nachteilig aus.

6.5 Ionendetektoren

Ursprünglich wurde zum Ionennachweis die Eigenschaft der Ionen zur Schwärzung einer photographischen Silbersalz-Schicht ausgenutzt. Moderne Verfahren arbeiten elektronisch mit sogenannten Faraday-Auffängern oder **Sekundärelektronenvervielfachern** (SEV) (vgl. ▶ Abschn. 6.5.1). Letztere arbeiten mit sogenannten Dynoden und zählen zu den Standard-Detektorsystemen der Massenspektrometrie. Eine Dynode ist eine Elektrode, an der eine bestimmte Spannung anliegt, wodurch die Dynode beim Auftreffen einer Ladung (Elektron oder Ion) selbst Elektronen emittiert. Mehrere in Reihe geschaltete Dynoden dienen sowohl als Detektor als auch als Verstärker (Kaskadenverstärkung). Vorteile sind die hohe

Nachweisempfindlichkeit, der große dynamische Bereich und kurze Ansprechzeiten für eine schnelle Registrierung.

6.5.1 Sekundärelektronenvervielfacher (SEV)

Sekundäre Emission ist in der Physik ein Phänomen, bei dem primär einfallende Teilchen mit ausreichender Energie beim Auftreffen auf eine Oberfläche oder beim Durchgang durch ein Material die Emission von Sekundärteilchen induzieren.

Der Begriff **Sekundärelektronenemission** (engl. Secundary Electron Emission, SEE) bezieht sich oft auf die Emission von niederenergetischen Elektronen, wenn hochenergetische Elektronen in einer Vakuumröhre auf eine Oberfläche eines Emissionsmaterials treffen; diese werden als **Sekundärelektronen** bezeichnet. SEM sind in unterschiedlichen Konstruktionsweisen verfügbar. Drei dieser Anordnungen sind nachfolgend dargestellt.

Die frühen **SEV-Detektoren** (engl. Secundary Electron Multiplier, SEM) wurden von der Photonendetektion oder PMT (engl. Photomultiplier Tube-Technologie) abgeleitet. Der erste PMT wurde 1934 als empfindlicher, rauscharmer und schneller Lichtdetektor erfunden. PMTs werden häufig in Szintillationsdetektoren für verschiedene Zwecke eingesetzt. SEV-Detektoren sind fensterlose PMT mit einer ionenempfindlichen ersten Dynode. Mit dem SEV ist es möglich, einzelne Ionen zu detektieren. Ionen, die auf die erste Dynode treffen, erzeugen Sekundärelektronen, und nachfolgende Folgedynoden produzieren eine Elektronenkaskade, die das einzelne einfallende Ion effektiv vervielfachen.

Der SEV besteht folglich aus einer Reihe von **Dynoden**, die so in Reihe geschaltet sind, dass zwischen der ersten und der letzten Dynode über eine Widerstandskette von Dynode zu Dynode eine hohe Spannung abfällt. Die ankommenden positiven Clusterionen werden zunächst durch ein bei etwa $-1,4\,\text{kV}$ bis $-5\,\text{kV}$ liegendes Gitter beschleunigt und treffen auf die erste Dynode. Zur Beschleunigung der Elektronen werden positive Spannungen von ca. 100 V zwischen den Dynoden angelegt. Beim Aufprall werden Elektronen freigesetzt, die wiederum zur zweiten Dynode beschleunigt werden, wo sie weitere Sekundärelektronen erzeugen. Die spezielle Form der Dynoden ermöglicht dabei die Fokussierung der Sekundärelektronen jeweils auf die nächste Dynode. Dieser Vorgang setzt sich fort, bis die letzte Dynode erreicht ist, was zu einer extremen Verstärkung des Stroms führt.

Unter der Annahme, dass jedes Elektron drei weitere Sekundärelektronen auslöst, wird beim Auftreffen eines einzelnen geladenen Teilchens auf die erste Dynode einen Stromimpuls von 3^n Elektronen an der letzten Dynode erhalten. Dabei ist n die Anzahl der verwendeten Dynoden. Bei einer Verwendung von 10–20 Dynoden wird ein Verstärkungsfaktor von 10^6–10^9 erreicht. Der Grad der Vervielfachung hängt u. a. von der Zusammensetzung der einzelnen Dynodenoberflächen, der Beschleunigung pro Stufe sowie der Anzahl der Dynoden ab. Im

6

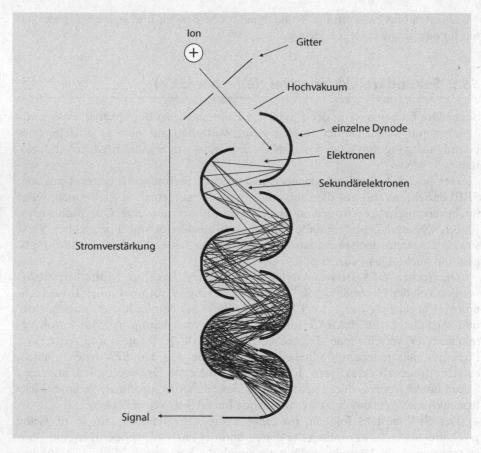

○ **Abb. 6.4** Prinzip des Sekundärelektronenvervielfachers (SEV) – bestehend aus einer Reihe von einzelnen Dynoden (engl. discrete dynode detektor). *Erläuterungen:* siehe Text

„analogen" Zählmodus wird der unverstärkte Detektorsekundärelektronenstrom über einen Strom-zu-Spannung-Wandlerverstärker mit anschließender Digitalisierung verarbeitet (siehe ○ Abb. 6.4) (Literaturauswahl: [12]–[14]).

6.5.1.1 Kanalelektronenvervielfacher

Ein kontinuierlicher **Sekundärelektronenvervielfacher** (engl. Continuous Secondary Electron Multiplier, CSEM) besteht aus einem Glasrohr, das innen mit einer leitfähigen Schicht mit hohem Widerstand belegt ist. Eine einzelne CSEM kann in Form einer gebogenen Röhre oder eines gewundenen Kanals hergestellt werden. Die Vorspannung über der isolierenden Oberfläche erzeugt ein kontinuierliches Beschleunigungsfeld. Ionen, die am Detektoreingang auf die Oberfläche treffen, erzeugen Sekundärelektronen, die wiederum kaskadenartig den Kanal hinunterfließen und zusätzliche Elektronenemission verursachen. Diese Art von Detektoren werden als Continuous-Dynode-EMs (CDEMs) oder als

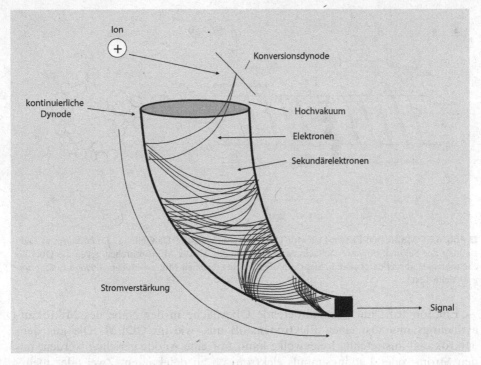

Ion
(+)
Konversionsdynode

kontinuierliche
Dynode

Hochvakuum

Elektronen

Sekundärelektronen

Stromverstärkung

Signal

■ Abb. 6.5 Kanalelektronenvervielfacher (KEV) – schematische Darstellung. *Erläuterungen:* siehe Text

Kanalelektronenvervielfacher (KEV) oder auch als **Channeltron** (engl. Chanel Electron Multiplier, CEM) bezeichnet. Der KEV arbeitet nach dem gleichen Prinzip wie der SEV (■ Abb. 6.4). Diese Elektronenvervielfacher sind kompakt, robust und in einer Vielzahl von spezifischen Geometrien und Größen erhältlich (■ Abb. 6.5).

6.5.1.2 Multikanal-Platten-Detektor

Eine Variante des CDEM ist der **Multikanal-Platten-Detektor** (engl. Multi Channel Plate, **MCP**), bei dem das verstärkende Volumen eine Reihe von Mikrokanälen in einer platten- oder scheibenförmigen Vorrichtung ist (■ Abb. 6.6). Ein MCP besteht aus einer großen Anzahl von Mikroröhrchen, die um einen Winkel α gegen die Oberflächennormale ausgerichtet sind. Fliegt ein geladenes Teilchen senkrecht auf das MCP, wird es in ein Röhrchen eindringen und aufgrund der Ausrichtung des Röhrchens früher oder später mit der Röhrcheninnenwand kollidieren. Ab diesem Punkte werden Sekundärelektronen freigesetzt und beschleunigt. Durch weitere Kollisionen mit der Röhrcheninnenwand wird eine Sekundärelektronenlawine ausgelöst, die letztlich zu einer Signalverstärkung führt. In diesem Format haben die einzelnen Kanäle einen Durchmesser von einigen zehn Mikrometern und eine Länge von einigen Millimetern.

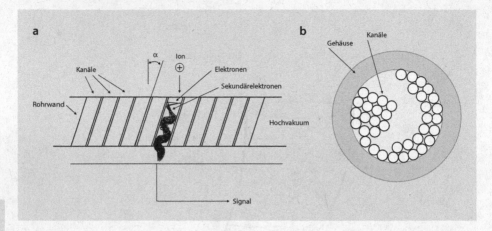

◻ Abb. 6.6 Multikanal-Platten-Detektor (MCP) – schematische Darstellung. *Erläuterung:* **a:** Darstellung der Sekundärionenvervielfachung; α Winkel, um die die Mikroröhrchen gegen die Oberflächennormale ausgerichtet sind. **b:** Sicht von oben in die einzelnen Mikroröhrchen. *Weitere Erläuterungen:* siehe Text

Ein Ion trifft auf die emittierende Oberfläche in der Nähe des Mikrokanaleingangs und löst einen Elektronenstoß aus, wie im CDEM. Die aus dem Mikrokanal austretende Ionenwolke kann auf eine Anode gerichtet werden, um den Strom- oder Ladungsimpuls elektronisch zu detektieren. Zwei oder mehrere MCPs können, um zusätzliche Verstärkungen zu erzeugen, gestapelt werden. Die Verstärkung beträgt dabei typischerweise 102–104/Platte. Aufgrund des sehr kurzen Elektronenwegs für diese Vervielfacher werden sehr kurze Elektronenpulsbreiten (~1 ns) erzielt. Dies macht den MCP, entweder einzeln oder als Komponente in einem Hybridgerät, zum Detektor der Wahl für TOF-MS, der präzise Flugzeiten und schmale Pulsbreiten erfordert. Ein Nachteil ist, dass diese Platten recht zerbrechlich und empfindlich sind.

6.5.1.3 Daly-Detektor

Bei einem **Daly-Detektor,** ein frühes Beispiel für einen Konversionsdynodendetektor, werden Ionen in Richtung einer Hochspannungskonversionsdynode beschleunigt, und Sekundärelektronen werden durch das gleiche Potentialfeld in die entgegengesetzte Richtung zu einem Szintillationsschirm beschleunigt (siehe ◻ Abb. 6.7). Ein konventioneller PMT detektiert die intensiven Photonenblitze. Die relativ schnelle Ansprechzeit (schmale Pulsbreite für ein einzelnes Ion) ergibt eine gute Zeitauflösung und damit Massenauflösung für TOF-MS. Ein wesentlicher Vorteil dieses Ansatzes ist, dass der Szintillationsschirm auch als Vakuumfenster dienen kann; dadurch kann der PMT-Detektor außerhalb der MS-Vakuumkammer platziert werden. Darüber hinaus minimiert der Daly-Detektor mit einer richtig konzipierten Konversionsdynode Massenverzerrungseffekte, da letztlich nur Photonen detektiert werden.

Beim Konversionsdynodendetektor kann der SEV auch durch einen KEV oder durch ein MCP ersetzt werden.

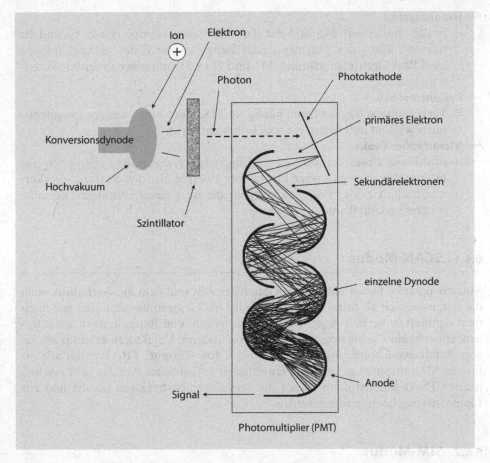

Abb. 6.7 Konversions-Dynoden-Detektor (Daly-Detektor) – schematische Darstellung. *Erläuterung:* Das Funktionsprinzip stammt von N. R. Daly [14]. *Weitere Erläuterungen:* siehe Text

6.6 Auswertung

Ebenso vielfältig wie die Arten der Ionenanalysatoren kann, je nach analytischer Fragestellung, die Aufnahmetechnik und Auswertemöglichkeit sein.

In der Regel ist das Ergebnis einer massenspektrometrischen Analyse das typische **Strichspektrum,** in dem das detektierte Masse zu Ladungsverhältnis (m/z) gegen die relative Intensität aufgetragen ist. Der intensivste Peak dieses Spektrums wird Basis-Peak genannt und ist das stabilste Fragment der Ionisierung. Je nach Ionisierungsart (► Abschn. 6.3) werden verschiedene Spektren erhalten. Anhand von speziellen Spektren-Datenbanken ist es möglich, eine Substanz über ihr Massenspektrum zu identifizieren.

Massenspektren weisen mehrere unterschiedliche Gruppen von Peaks auf:

— **Molekülpeak**

  ⇨ ist nicht immer nachzuweisen oder ist nur schwach ausgeprägt.

— **Isotopenpeaks**

⇨ in der „normalen" MS sind nur die natürlichen Isotope von C, Cl und Br relevant. Für jedes Fragment, dass beispielsweise Chlor enthält, müssen zwei Peaks auftreten: nämlich M^+ und $(M+2)^+$ mit einer Intensitätsverteilung von 3:1.

— **Fragmentpeaks**

⇨ Verbindungen fragmentieren häufig im MS; diese Ionen werden Fragmentionen genannt und liefern die sog. Fragmentpeaks.

— **Metastabiler Peaks**

⇨ sind breite Peaks bei nicht-ganzzahligen Massewerten und resultieren aus Fragmenten mit geringerer kinetischer Energie. Sie dienen dazu, die Verwandtschaft zweier Peaks zu belegen, die über einen einstufigen Zerfallsprozess verknüpft sind.

6

6.6.1 SCAN-Modus

Massenspektrale Daten haben neben der Intensität und dem m/z-Verhältnis noch die Retentionszeit als dritte Dimension. Wird die Gesamtintensität aller m/z in einem definierten Bereich gegen die chromatographische Retentionszeit aufgetragen, entsteht ein Chromatogramm wie es von anderen Detektoren bekannt ist. Im sog. **Totalionen-Chromatogramm** (engl. Total Ion Current, **TIC**) werden alle erfassten Massenspuren gegen die Retentionszeit aufgetragen. Aus den dort erscheinenden Peaks können dann wieder die verschiedenen Spektren isoliert und zur Identifizierung herangezogen werden.

6.6.2 SIM-Modus

Im **Selected Ion Monitoring (SIM)** werden nur die m/z-Verhältnisse betrachtet, die für die Auswertung von Interesse sind. Diese m/z-Verhältnisse müssen vor dem Analysengang festgelegt werden. In der Regel wird der Basispeak eines Spektrums und zwei weitere gewählt. Auf Grund der Tatsache, dass der Massenanalysator so gesteuert wird, dass nur die analytisch relevanten Ionen erfasst werden, wird die Empfindlichkeit und Peakform im Wesentlichen positiv beeinflusst. Der SIM-Modus wird typischerweise für routinemäßige Quantifizierungen eingesetzt. Der Basispeak eines Spektrums wird hierbei als sog. Quantifier und meistens zwei weitere m/z-Verhältnisse als sog. Qualifier genutzt.

6.6.3 SRM-Modus

Im Tandem-Massenspektrometer kann die Auswertung über **Selected Reaction Monitoring (SRM)** erfolgen, da durch das zweite Quadrupol neben dem Molekül-Ion auch spezielle Tochterionen für die Auswertung herangezogen werden können.

Der SRM-Modus lässt sich als Reaktionsgleichung darstellen:

$$ABCD^+ \rightarrow AB + CD^+ \tag{6.1}$$

Das Vorläufer-Ion ABCD wird im ersten Quadrupol des Massenspektrometers (Q_1) selektiert und zerfällt in das Molekül AB und das Produktion CD^+, welches selber dann im Q_3 selektiert und detektiert wird (◘ Abb. 6.2). SRM wird häufig bei der zielgerichteten Proteomanalytik eingesetzt.

6.6.4 MRM-Modus

Multiple Reaction Modus (MRM) ist die Anwendung des SRM-Modus auf multiple Produktionen, die aus einem oder mehreren Vorläuferionen nach folgendem Schema gebildet werden:

$$ABCD^+ \rightarrow AB + CD^+ \tag{6.2}$$

$$ABCD^+ \rightarrow AB^+ + CD \tag{6.3}$$

Das Vorläufer-Ion ($ABCD^+$) wird wiederum im Q_1 selektiert und zerfällt über zwei Wege entweder in AB^+ oder in CD^+, die dann im Q_3 selektiert und detektiert werden (◘ Abb. 6.2).

Literatur

1. Gross JH (2013) Massenspektrometrie. Springer, Berlin
2. Karas M, Bahr U (1986) Laser desorption mass spectrometry. Trends Anal Chem 5:90–93
3. NN (1998) Focus on matrix assisted laser desorption/ionization mass spectrometry. J Am Mass Spectrom 9
4. Mikkelsen SR, Corton E (2004) Bioanalytical chemistry. Wiley, Hoboken
5. Wanner K, Höfner G (2007) Mass spectrometry in medicinal chemistry. Wiley-VCH, Weinheim
6. Helm M, Wölfl S (2007) Instrumentelle Bioanalytik. Wiley-VCH, Weinheim
7. Bahrmann P (2007) Einführung eines Quadrupol ICP-MS am Landesamt für Geologie und Bergbau Rheinland-Pfalz, Mainzer geowissenschaftliche Mitteilungen Bd. 35:187
8. Thomas R (2008) Practical guide to ICP-MS. Tutorial for Beginners (Practical Spectroscopy). Crc Pr Inc, New York
9. Nelms S (2005) Inductively Coupled Plasma Mass Spectrometry Handbook. Blackwell Publishing, Oxford
10. Taylor HE (2000) Inductively coupled plasma-mass spectrometry: practices and techniques. Academic, San Diego
11. KMD: S 131 ff
12. Tao SX, Chan HW, van der Graaf H (2016) Secondary electron emission materials for transmission dynodes in novel photomultipliers: a review. Materials 9:1017
13. Koppenaal DW, Barinaga CJ, Denton MB, Sperline RP, Hieftje GM, Schilling GD, Andrade FJ, Barnes JH (2005) MS detectors. Analyt Chem 77(21):418A–427A
14. Daly NR (1960) Scintillation type mass spectrometer ion detector. Rev Sci Instrum 31:264

Kopplungstechniken

Inhaltsverzeichnis

Zusammenfassung

Kopplungstechniken beschreiben meist *on-line*-Verbindungen zweier oder mehrerer analytischer Verfahren. Prinzipiell gibt es vier verschiedene Kopplungsverfahren, als da wären: die Kopplung zweier unterschiedlicher Techniken; die Kopplung von Chromatographie und Spektrometrie, wie GC-MS, LC-MS/MS, ICP-MS, IRMS; die Kopplung zweier chromatographischer Verfahren miteinander, wie LC-GC sowie die Kopplung von Chromatographie mit Chromatographie und Spektrometrie bzw. spezifischen Detektoren, wie GCxGC-TOF-MS, LC-MALDI-TOF-MS.

7.1 Exzerpt

7

Kopplungstechniken (engl. coupling techniques) beschreiben meist *on-line*-Verbindungen zweier oder mehrerer analytischer Verfahren. Prinzipiell gibt es vier verschiedene Kopplungsverfahren (Literaturauswahl: [1–21]):

a) **Kopplung zweier unterschiedlcher Techniken**
   ⇨ Ein chromatographisches Trennverfahren kann beispielsweise mit einem spezifischen Immunoassay (LC-Immunoassay) oder mit der Kapillar- oder Gelelektrophorese gekoppelt werden.

b) **Kopplung von Chromatographie und Spektrometrie**
   ⇨ Diese Systeme werden bei der Identifizierung bzw. Charakterisierung unbekannter Probenkomponenten eingesetzt. Bei gleichbleibender Auflösung wird die Spezifität erhöht. Anwendung findet diese Kopplung zum Beispiel bei GC-MS, GC-MS/MS, LC-MS, LC-MS/MS, LC-UV, LC-ELSD, LC-FTIR, LC-NMR, LC-ICP, LC-AAS, LC-MALDI-TOF-MS, ICP-MS, IRMS.

c) **Kopplung zweier chromatographischer Verfahren miteinander**
   ⇨ Bei komplexen Stoffgemischen ist oft die Selektivität eines einzelnen chromatographischen Systems nicht ausreichend, um alle Analyten zu trennen. Mit Hilfe der online-Kopplung mit einem zweiten chromatographischen System, welches nach einem anderen Trennprinzip oder einer anderen Selektivität trennen soll, kann die Trennkapazität enorm gesteigert werden, beispielsweise LC-GC, GC-GC, LC-DC, zweidimensionale DC.

d) **Kopplung von Chromatographie mit Chromatographie und Spektrometrie bzw. spezifischen Detektoren:**
   ⇨ Geeignet für die komplexe Trennung inklusive Identifizierung bzw. Charakterisierung unbekannter Probenkomponenten. Sowohl die Trennkapazität (Auflösung) als auch die Selektivität werden erhöht. Angewendet wird diese Kopplungsart unter anderem bei Techniken wie GCxGC-TOF-MS, LCxLC-MS, LCxLC-MS/MS, LCxGC-MS, GCxGC-FID, GCxGCxGC.

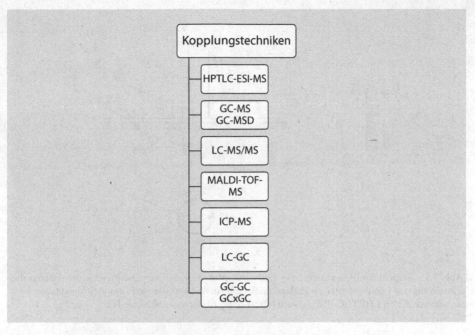

■ **Abb. 7.1** Kopplungstechniken – Übersicht

Kopplungszeichen

- Das **Multiplexzeichen** „x" (kleiner Buchstabe) wird zur Kurzbezeichnung für die umfassende zweidimensionale Chromatographie verwendet (zum Beispiel GCxGC).
- Das Zeichen „-" **(Bindestrichzeichen)** bedeutet eine Kopplung, die nicht umfassend ist, beispielsweise LC-GC. Es werden nur Teile der ersten Trennung auf das zweite Verfahren übertragen (sog. Heart-Cut).
- Zur Kennzeichnung von Tandem-Massenspektrometrie wird das Zeichen „/" **(Schrägstrichzeichen, Schräger, Slash)** bei der Abkürzung als MS/MS verwendet.

In ■ Abb. 7.1 ist eine Übersicht über die nachfolgend behandelten Kopplungstechniken zusammengestellt.

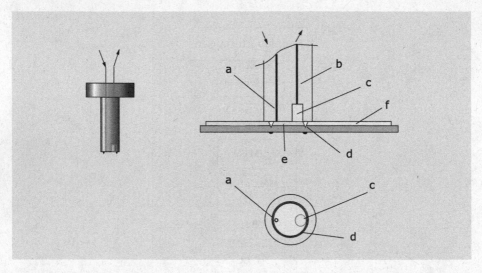

7

◨ **Abb. 7.2**   Ansicht und Querschnitt des Elutionskopfes. *Erläuterung:* Die Pfeile symbolisieren die Fließrichtung des Lösungsmittels; **a** Einlasskapillare; **b** Auslasskapillare; **c** Fritte; **d** Schneidkante; **e** zu analysierende Zone; **f** HPTLC-Platte (Nach [4]). *Weitere Erläuterungen:* siehe Text

7.2 Kopplung Chromatographie und Massenspektrometrie

7.2.1 Massenspektrometrie mit HPTLC (HPTLC-ESI-MS)

Es ist möglich, die HPTLC mit der Massenspektrometrie zu koppeln [3, 18]. Die **elutionsbasierte Kopplung** der HPTLC an ein Elektrospray-Ionisations-Massenspektrometer (HPTLC-ESI-MS) wird durch ein kommerziell erhältliches Interface realisiert (◨ Abb. 7.2).

Zur Identifikation eines Spots wird die Platte unter dem Elutionskopf platziert, welcher anschließend pneumatisch auf die Oberfläche aufgesetzt wird. Die Schneidkante sorgt dabei für ein dichtes Abschließen des Kopfes auf der Platte. Mit einer Hilfspumpe wird Lösungsmittel durch die Einlasskapillare auf die zu analysierende Zone gegeben und durch die Auslasskapillare zum Massenspektrometer abgeführt. Eine Fritte verhindert, dass Partikel des Schichtmaterials in die Auslasskapillare gelangen. Die unbekannte Substanz gelangt schließlich ins Massenspektrometer, in dem das Masse-zu-Ladungsverhältnis (m/z) bestimmt wird und ein Fragmentspektrum aufgenommen werden kann, um die Substanz zu identifizieren.

Neben der **HPTLC-ESI-MS** hat sich auch die Kopplung zur **MALDI-MS** (Matrix Assisted Laser Desorption Ionisation-MS) etabliert. Dabei wird eine HPTLC-Folie mit einer geeigneten MALDI-Matrix beschichtet, in einen Träger eingespannt und direkt ins Massenspektrometer gegeben.

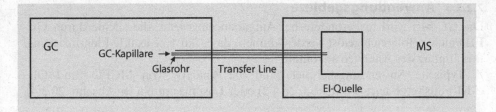

● **Abb. 7.3** Interface für die direkte Kopplung. *Erläuterungen:* **GC** Gaschromatograph; **MS** Massenspektrometer; **EI** Elektronenstoßionisation. *Weitere Erläuterungen:* siehe Text

Weitere Kopplungsmöglichkeiten sind u. a. die **HPTLC-DART-MS** (engl. Direct Analysis in Real Time-MS) und die **HPTLC-DESI-MS** (engl. Desorption Electrospray Ionisation-MS).

7.2.2 Massenspektrometrie mit Gaschromatographie (GC-MS und GC-MSD)

Die Kopplung von Gaschromatograph und Single-Quadrupol-Massenspektrometer ist in der Lebensmittelanalytik eine häufig eingesetzte Kombination mit einer großen Anzahl an möglichen Applikationen. Bei dieser Kopplung dient das MS als selektiver Detektor für die GC. Aus diesem Grund wird von massenselektiven Detektoren (MSD) gesprochen und die Kopplung als GC-MSD abgekürzt.

7.2.2.1 Prinzip
Das bereits gasförmige Eluat der gaschromatographischen Trennung wird im Hochvakuum der Ionenquelle entweder durch **Elektronenstoßionisation** (▶ Abschn. 6.3.1 und ● Abb. 7.3) oder durch **Chemische Ionisation** ionisiert und durch eine an den sogenannten Repeller (abstoßend gepolte Elektrode) angelegte positive Spannung aus der Ionenquelle heraus beschleunigt. Vor Eintritt in den Quadrupol wird der Ionenstrahl durch zwei Linsen fokussiert. Die Ionen, die aufgrund Ihres m/z-Verhältnisses den Quadrupol passieren konnten, setzen aus einer Hochenergiedynode Elektronen frei, die durch eine Kaskade im Elektronenvervielfacher ein elektronisch auswertbares Signal erzeugen.

7.2.2.2 Vergleich GC-MS *versus* LC-MS/MS
Der Erfassungsbereich der GC-MS wird relativ stark durch die Polarität und die molare Masse der Substanzen begrenzt. Diese Limitierung kann durch die Kombination von LC und MS umgangen werden, das heißt, der Erfassungsbereich wird dadurch deutlich größer, wie ● Abb. 7.5 schematisch zeigt.

7.2.2.3 Anwendungsgebiete

Die **GC-MS** wird insbesondere bei Aufgaben eingesetzt, die alleine durch GC-FID nicht erfolgreich gelöst werden können, da es auf eine exakte Identifizierung/Bestätigung der Analyten ankommt.

Typische Anwendungsbeispiele sind die Analytik von MCPD- und Glycidyl-Fettsäureestern (▶ Abschn. 20.4.2) oder Lösungsmitteln (▶ Abschn. 20.3.4).

7.2.3 Tandem-Massenspektrometrie mit Flüssigchromatographie (LC-MS/MS)

7.2.3.1 Prinzip

Beim der häufig in der Lebensmittelanalytik verwendeten Kombination **LC-ESI-Triple Quadrupol-Massenspektrometer** ist zwischen LC und Tandem-MS ein ESI-Interface geschaltet. Diese Anordnung wird deshalb als LC-ESI-MS oder auch als LC-MS/MS bezeichnet (siehe hierzu Kasten „Tandem-MS ↔ Triple-Quadrupol"). Es werden zunächst kleinste geladene Tröpfchen der Probenflüssigkeit im hohen elektrischen Feld erzeugt und dann wird das Lösungsmittel durch heißes Stickstoff-Gas verdampft. Nach Eintritt der Ionen über eine feine Kapillare in das Massenspektrometer erfolgt die eigentliche massenspektrometrische Analyse.

In einem typischen **Tandem-Massenspektrometer** kommen verschiedene **Quadrupole** zum Einsatz. Der Ionenstrahl, der im ESI-Interface unter Atmosphärendruck entsteht, wird zuerst in ein Hochvakuum transportiert. Anschließend wird das Quadrupol Q1 so eingestellt, dass nur die Masse des ionisierten Analyten Q1 passieren kann (Ionendetektion). Alle anderen Ionen werden von Q1 ausgeblendet. Im Anschluss gelangt der Analyt in eine geschlossene Zelle (Stoßzelle, auch Kollisionszelle genannt), die das Quadrupol q2 enthält und mit Stickstoff gefüllt ist. Durch Kollision mit Stickstoff-Molekülen findet hier eine spezifische Fragmentierung des Analyten in sog. Tochterionen statt, die im Massenfilter Q3 analysiert werden (Ionenanalysator) (◨ Abb. 7.4).

Tandem-MS ↔ Triple-Quadrupol

– Der Begriff **Tandem-Massenspektrometer** (MS/MS) leitet sich von den zwei in Reihe stehenden filternden Quadrupolen Q1 (Ionenselektion ⇒ MS 1) und Q3 (Ionenanalysator, Massenfilter ⇒ MS 2) ab.
– Die Bezeichnung **Triple-Quadrupol** hat sich aufgrund des Aufbaus etabliert, da neben Q1 und Q3 die Stoßzelle (Kollisionszelle, q2) ebenfalls den Aufbau eines Quadrupols hat, aber nicht die Quadrupol-Funktionen selbst (also keine massenspektrometrischen Funktionen).

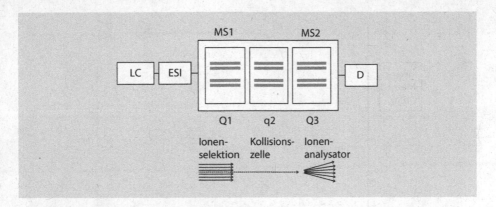

◘ Abb. 7.4 Schematischer Aufbau einer Kopplung von LC mit einem Tandem-Massenspektrometers (LCI-ESI-Triple-Quadrupol-MS; LC-MS/MS). *Erläuterung:* **LC** Flüssigchromatographie; **ESI** Elektronen-Spray-Ionisation; **MS** Massenspektrometer (MS1 = Ionenselektion; MS2 = Ionenanalysator, Massenfilter); **Q** Quadrupol; **q2** Stoßzelle bzw. Kollisionszelle; **D** Detektor. *Weitere Erläuterungen:* siehe Text

7.2.3.2 Anwendungsgebiete

Die LC-MS/MS wird vielfach im Rahmen von Multimethodenentwicklungen als Multimethode eingesetzt, z. B. auf den Gebieten der Pflanzenschutzmittel- und Tierarzneimittelanalytik. Da die Geräte inzwischen erschwinglicher sind und die Probenaufarbeitung für LC-MS/MS-Anwendungen in der Regel einfacher ausfallen als bei weniger selektiven Detektorsystemen, werden diese zunehmend auch für Single-Analyt-Methoden in der schnellen Routineanalytik eingesetzt, zum Beispiel bei der Bestimmung von:

⇨ Acrylamid (▶ Abschn. 20.4.1)
⇨ Cumarin (▶ Abschn. 18.9.1)
⇨ Mykotoxinen (▶ Abschn. 20.3.1)

7.2.3.3 Matrixeffekte

Als Matrixeffekte werden matrixbedingte Quantifizierungsstörungen bezeichnet (zur Definition Matrix bzw. Analyt ▶ Abschn. 1.1). Sowohl die Ursachen als auch die Auswirkungen zwischen LC-MS- und GC-Anwendungen sind grundverschieden. So wird in der LC-MS das Probensignal meisten unterdrückt, während es bei der GC das Probensignal praktisch immer verstärkt wird. Eine Übersicht der Matrix-bedingten Effekte bei der LC-MS *vs.* GC wird anhand schematischer Kalibrierkurven dargelegt (▶ Abschn. 5.4.8).

7.2.3.4 Vergleich LC-MS/MS *versus* GC-MS

Der Erfassungsbereich der GC-MS wird relativ stark durch die Polarität und die molare Masse der Substanzen begrenzt. Der Erfassungsbereich wird deutlich größer, wenn Kombinationen von LC und MS angewandt werden (◘ Abb. 7.5).

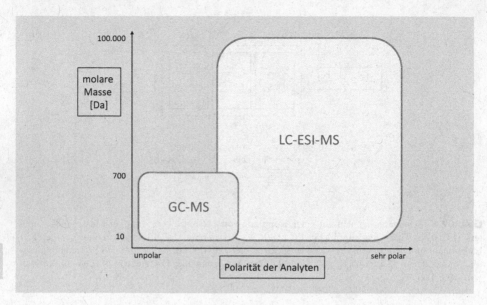

7

■ **Abb. 7.5**   Vergleich der Erfassungsbereiche von GC-MS und LC-ESI-MS – schematisch (Nach [16]). *Erläuterungen:* siehe Text

7.2.4 Matrix-unterstützte Laserdesorption/Ionisierung-Flugzeit-Massenspektrometrie (MALDI-TOF-MS)

7.2.4.1 Prinzip

Die **Matrix-unterstützte Laserdesorption/Ionisierung-Flugzeit-Massenspektrometrie** (engl. Matrix-Assisted Laser Desorption/Ionization-Time-Of-Flight-Mass Spectrometry, **MALDI-TOF-MS**) wird zur Bestimmung der Masse von Proteinen und Peptiden eingesetzt. Wegen der gepulsten Ionenerzeugung werden TOF-Analysatoren häufig mit einer MALDI gekoppelt (■ Abb. 7.6).

Die Probe wird zunächst mit Hilfe eines gepulsten Lasers ionisiert. Die dabei entstehenden (positiv geladenen) Ionen werden in einem elektrischen Feld beschleunigt und an einem Detektor analysiert. Die Flugzeit ist dem Verhältnis aus Masse und Ladung (*m/z*) proportional.

7.2.4.2 Anwendungsgebiete

MALDI-TOF-Spektrometer werden häufig zur Analyse von synthetischen oder natürlichen Biopolymeren (zum Beispiel von Proteinen) eingesetzt.

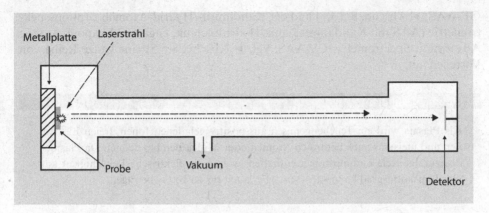

◻ Abb. 7.6 Prinzip des MALDI-TOF-Massenspektrometers. *Erläuterungen:* siehe Text

7.2.5 Massenspektrometrie mit induktiv gekoppeltem Plasma (ICP-MS)

7.2.5.1 Prinzip

Die **Massenspektrometrie mit induktiv gekoppeltem Plasma** (auch bezeichnet als Induktiv gekoppelte Plasma-Massenspektrometrie; engl. Inductively Coupled Plasma Mass Spectrometry, **ICP-MS**) ist eine Analysetechnik, die zur Messung von Isotopenverhältnissen und Elementen im Spurenbereich verwendet werden kann. Seit ihrer Einführung in den 1980er Jahren hat sich die ICP-MS zur wohl vielseitigsten, elementspezifischen Detektionstechnik entwickelt. Parallel dazu hat sich aufgrund der rasanten Entwicklungen auf dem Gebiet der Elementspeziation auch das Nutzungskonzept der ICP-MS deutlich verändert (Literaturauswahl: [19–21]).

ICP-MS weist im Vergleich zu anderen Techniken wie der induktiv gekoppelten Plasma-Atomemissionsspektrometrie (engl. Inductively Coupled Plasma Atomic Emission Spectrometry, ICP-AES – auch als ICP-OES; engl. Inductively Coupled Plasma Optical Emission Spectrometry bezeichnet), der Flammen-Atomemissionsspektrometrie (engl. Flame Atomic Emission Spectrometry, AES – auch bezeichnet als Optische Emissionsspektrometrie, OES; engl. Optical Emission Spectrometry, OES; ferner bezeichnet als Flammenphotometrie; engl. Flame Photometry, vgl. ► Abschn. 8.6), der Flammen-Atomabsorptionsspektrometrie (engl. Flame Atomic Absorption, F-AAS, vgl. ► Abschn. 8.5.3.1), der Graphitrohr-Atomabsorptionsspektrometrie (AAS mit elektrothermischer Aufheizung/ Graphitrohrtechnik; engl. Graphite Furnace Atomic Absorption Spectrometry,

GF-AAS; ▶ Abschn. 8.5.3.1) und der Kaltdampf-/Hydrid-Atomabsorptionsspektrometrie (AAS mit Kaltdampftechnik/Hydridtechnik; engl. Cold Vapour Atomic Absorption Spectrometry, CV-AAS; vgl. ▶ Abschn. 8.5.5) eine ganze Reihe von Vorteilen auf.

> **Plasma – Definition**
>
> Als **Plasma** wird ein Teilchengemisch aus positiv geladenen Ionen, freien Elektronen und meistens auch neutralen Atomen oder Molekülen bezeichnet. Da Plasmen demzufolge freie Ladungsträger enthalten, weisen sie elektrische Leitfähigkeit auf. Der Ionisationsgrad kann < 1 % sein, aber auch bis zu 100 % betragen.

7

Ein wesentlicher Vorteil ist die **Multielementfähigkeit** der ICP-MS, mit der mehrere Elemente gleichzeitig in einer einzigen Analyse gemessen werden können. Darüber hinaus sprechen ein großer analytischer Bereich (Quantifizierung vom µg/L bis g/L möglich), eine niedrige Nachweisgrenze sowie eine einfache Probenvorbereitung für den Einsatz einer ICP-MS. Hochauflösende und Tandem-Massenspektrometrie-Geräte (Triple-Quadrupol) bieten zudem ein sehr hohes Maß an Interferenzkontrolle. Nachteilig sind ein hoher Anschaffungspreis, Betriebskosten (Argon als Plasmagas, Strom für Pumpen und Aufrechterhaltung des Plasmas), allgemein die Kosten für die Einrichtung des Labors (Klimatisierung, Verrohrung, Maßnahmen zur Staubreduzierung) sowie ein hohes Maß an Fachwissen des Personals.

7.2.5.2 Anwendungsgebiete

Trinkwasserproben können aufgrund der wässrigen Form und der bereits solvatisierten Elementanalyten nach einer Azidifizierung direkt analysiert werden. Für Weine und Biere kann eine vorangehende Filtration oder Verdünnung ausreichend sein. Lebensmittel, die jedoch eine anspruchsvollere Matrix vorweisen sowie fester Konsistenz sind, muss zunächst die Probe einer Probenvorbereitung bzw. eines Probenaufschlusses unterzogen werden. Erst danach kann die aufgeschlossene Probe mittels ICP-MS vermessen werden.

7.2.5.3 Probenvorbereitung und Aufschluss

Proben von pflanzlichen Lebensmitteln werden zunächst mit reinem Wasser gesäubert, um beispielsweise Erdreste zu entfernen. Anschließend werden die Proben mit einer Messermühle unter Verwendung von Trockeneis vermahlen und gefriergetrocknet (Einstellen eines einheitlichen Wassergehaltes; ⇨ **Lyophilisat**). Daraufhin werden die Proben dahingehend aufgearbeitet, dass die biologische Matrix vollständig entfernt wird und die zu bestimmenden Elemente in gelöster Form vorliegen.

Dies kann grundsätzlich durch eine Veraschung (Muffelofen) oder durch einen **Säureaufschluss** durchgeführt werden. Ein Säureaufschluss kann in offenen (Kochen der Probe in Salpetersäure unter Rückfluss) sowie geschlossenen System erfolgen; letzterer Ansatz ermöglicht eine standardisierte Probenaufarbeitung ohne die Gefahr vor Kontaminationen, der besonders in Routineapplikationen durchgeführt und mittels Mikrowellen realisiert wird.

Als eine beispielhafte **Mikrowellenaufschlussmethode** sei die folgende Durchführung mit Parametern genannt:

- **Aliquote des Lyophilisates** (ca. 0,5 g) werden in Teflongefäßen mit Salpetersäure und Wasserstoffperoxid aufgeschlossen. Die Proben werden mit einem in einem Mikrowellengerät unter Druck auf 200 °C durch die Mikrowellenstrahlung erhitzt, wobei die Temperatur für ca. 15 min gehalten wird. Letztlich ermöglichen die verschlossenen Teflongefäße und der Aufschluss unter Druck, dass bei Temperaturen oberhalb der Siedetemperatur von Wasser gearbeitet werden kann, was die benötigte Aufschlusszeit gegenüber offenen Systemen verringert. Die erhaltenen Aufschlusslösungen werden mit Reinstwasser verdünnt und in Messgefäße überführt. Die Messgefäße müssen dabei sorgfältig vorgereinigt werden (über Nacht in Salpetersäure (5%ig, v/v) einweichen und anschließend mit Reinstwasser spülen und danach trocknen).
- **Feste Proben** können direkt beispielsweise durch Laserablation (dt. Laserverdampfen; in Kombination mit ICP-MS, LA-ICP-MS) analysiert werden. LA-ICP-MS ermöglicht präzise, schnelle und ortsaufgelöste Messungen von Elementen und Isotopenverhältnissen im Spuren- und Ultraspurenbereich bei minimaler Probenvorbereitung. Das zu analysierende Probenmaterial wird mittels eines fokussierten Laserstrahls abgetragen und mit einem Trägergas (Argon oder Helium) in die induktiv gekoppelte Plasmaquelle eines ICP-MS transportiert. Die entstehenden Laserkrater sind nur wenige μm groß, so dass sich diese mikroinvasive Methode neben Lebensmitteln auch für wertvolles Material gut einsetzen lässt. Verwendet werden üblicherweise 213-nm-Nd:YAG-Laser oder 193-nm-Excimer-Laser.

7.2.5.4 Aufbau eines ICP-MS-Gerätes

Ein **Single-Quadrupol-ICP-MS-Gerät** besteht aus sechs grundlegenden Komponenten:

- der dem Probenzuführungssystem
- dem induktiv gekoppelten Plasma (ICP)
- einem Interface
- der Ionenoptik
- dem Massenanalysator
- einem Detektor

Eine Übersicht über den schematischen Aufbau eine Single-Quadrupol-ICP-MS-Gerätes gibt ❑ Abb. 7.7. Flüssige Proben werden zunächst im Probeneinführungssystem vernebelt, wodurch ein feines Aerosol entsteht, das anschließend in das Argon-Plasma übertragen wird. Das Hochtemperaturplasma atomisiert und ionisiert die Probe, die dann durch den Grenzflächenbereich und in einen Satz elektrostatischer Linsen, die Ionenoptik, extrahiert werden. Die Ionenoptik fokussiert und leitet den Ionenstrahl in den Quadrupol-Massenanalysator. Der

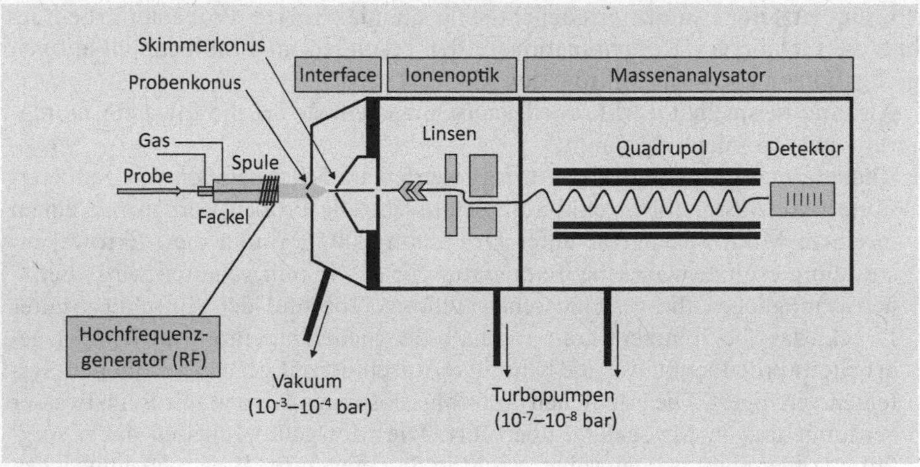

□ **Abb. 7.7**   Schematischer Aufbau eines Single-Quadrupol-ICP-MS-Gerätes. *Erläuterungen:* siehe Text

Massenanalysator trennt die Ionen nach ihrem Masse-Ladungs-Verhältnis (*m/z*), und diese Ionen werden am Detektor gemessen.

Probenzuführungssystem

ICP-MS-Geräte sind in erster Linie für die Analyse von Flüssigkeiten ausgelegt, die jedoch zunächst mit Hilfe eines Vernebler (engl. nebulizer) in ein Aerosol übergeführt werden müssen. Im Handel sind verschiedene Vernebler erhältlich, darunter pneumatische, Ultraschall- und Desolvationsvernebler. Pneumatische Vernebler, die einen Gasfluss zur Erzeugung des Aerosols nutzen, sind der gängigste Typ für Routineanwendungen. Im Gegensatz zur pneumatischen Ausführung nutzt ein Ultraschallvernebler Schallenergie (von einem piezoelektrischen Wandler), um das Aerosol zu erzeugen. Desolvierende Verneblersysteme verwenden eine beheizte Sprühkammer, um die Probe zu desolvatisieren, bevor sie das Plasma erreicht.

Nachdem die Probe durch den Vernebler aerosolisiert wurde, gelangt sie in die **Sprühkammer.** Die Sprühkammer ist einfach aufgebaut, dient aber einigen wichtigen Zwecken:

- Sie filtert selektiv die größeren Aerosoltröpfchen heraus, die vom Vernebler erzeugt werden. Dies ist wichtig, da die Ionisierung, bei der Dissoziation großer Tröpfchen (>10 μm Durchmesser) ineffizient ist.
- Dies dient zur Glättung der von der Peristaltikpumpe erzeugten Vernebelungsimpulse:
  ⇨ In einer Doppel-Pass-Sprühkammer treten Aerosoltröpfchen aus dem Vernebler aus und wandern durch einen zentralen Schlauch in der Sprühkammer nach unten. Am Ende des Rohrs verlassen größere Aerosoltröpfchen die Sprühkammer und werden in den Abfall abgeleitet, während kleinere Tröpfchen, etwa <10 μm Durchmesser, in das Plasma überführt werden.

⇨ Zyklon-Sprühkammern haben einen anderen Aufbau, funktionieren aber ähnlich.

Im Gegensatz zu Techniken wie der Graphitrohr-Atomabsorption ist der Probeneinführungsprozess bei ICP-MS recht ineffizient. Normalerweise erreichen nur 1–2 % der Probe das Plasma; der Rest fließt in den Abfallkanister.

Induktiv gekoppeltes Plasma

Ein **Plasma** ist im Wesentlichen ein ionisiertes Gas, bestehend aus positiv geladenen Ionen und freien Elektronen. Die Aufgabe des Plasmas (ICP) in der ICP-MS ist es, die Probe zu ionisieren. Im Gegensatz zu den sogenannten *weichen* Ionisierungsquellen, die bei anderen Massenspektrometern verwendet werden (z. B. Elektrospray-Ionisation, ESI), die relativ wenig Energie auf den Analyten übertragen, wird das ICP als *harte* Ionisierungstechnik betrachtet, da es die meisten Atome in der Probe vollständig atomisiert und ionisiert. ICP-MS-Geräte verwenden ein Argon-Plasma, obwohl auch Helium-Plasmen beschrieben wurden. Obwohl die Verwendung von Helium mehrere Vorteile bietet, wird Argon aus Kostengründen bevorzugt.

Nachdem die Probe vernebelt wurde, wird das sog. tertiäre Aerosol, das aus der Sprühkammer austritt (bestehend aus den kleinsten Tröpfchen des vom Vernebler erzeugten primären Aerosols), in einem Argon-Gasstrom entlang des Injektors in das Plasma gespült. Nach Erreichen des Hochtemperaturplasmas wird die Probe desolvatisiert, verdampft, atomisiert und ionisiert. Die meisten Elemente bilden einfach geladene positive Ionen, einige Elemente können jedoch auch einen kleinen Anteil (1–3 %) an doppelt geladenen Ionen bilden.

Der Grad, in dem ein Element ionisiert wird, hängt von der Temperatur des Plasmas und dem Ionisierungspotenzial des Elements ab. Bei einer gegebenen Temperatur nimmt der Ionisierungsgrad (%) in einem Argon-Plasma mit steigendem Ionisierungspotenzial ab und sinkt bei Werten über 15,76 eV (dem Ionisierungspotenzial von Argon selbst) auf fast null. Die meisten Elemente weisen ein erstes Ionisierungspotenzial auf, das niedriger ist als das von Argon, und werden daher im Plasma effizient ionisiert. ICP-MS ist daher in der Lage, fast alle Elemente des Periodensystems zu messen, ein wesentlicher Vorteil gegenüber Techniken wie der Flammen-Atomabsorption, die aufgrund der niedrigeren Temperaturen in der Flamme Probleme mit refraktären Elementen in der Oxid-Form hat. Die analytische Empfindlichkeit eines Analyten in der ICP-MS hängt sowohl von seiner Gesamtionisierung als auch von der Isotopenhäufigkeit des gemessenen Isotops ab.

Das **Plasma** wird im Ende eines Satzes von drei konzentrischen Quarzrohren gebildet, die zusammen als *Fackel* (Plasmafackel; engl. torch) bezeichnet werden. Durch alle drei Rohre strömt Argon-Gas. Das innere Rohr wird als Injektor bezeichnet und enthält das Probenaerosol in einem Argon-Strom, der die Probe dem Plasma zuführt. Konzentrisch zu dieser Röhre befindet sich ein tangentialer Argon-Strom, das sogenannte Hilfsgas, das das Plasma bildet. Die äußere Röhre enthält einen Argon-Strom, der als Kühlschicht dient, um ein Schmelzen der Fackel zu verhindern. Das hintere Ende der Fackel ist von einer Kupferinduktionsspule (oder Lastspule; engl. loading coil) umgeben, die an einen Hochfrequenzgenerator (engl. Radio Frequency, RF) angeschlossen ist.

Der **RF-Generator** (27 MHz) (◘ Abb. 7.7) versorgt die Lastspule mit Strom und erzeugt einen hochfrequenten Wechselstrom, der wiederum ein zeitlich veränderliches elektromagnetisches Feld in der Fackel induziert. Während Argon-Gas durch die Fackel strömt, wird eine Hochspannungsentladung angelegt, die einen Teil der Argon-Atome ionisiert und Ionen und Elektronen erzeugt. Die Ionen und Elektronen in der Fackel werden durch das elektromagnetische Feld beeinflusst, werden beschleunigt und kollidieren mit anderen Argon-Atomen. Wenn diese Kollisionen genügend Energie liefern, werden weitere Atome ionisiert, wobei Elektronen und Ionen entstehen, die die Kaskade fortführen. Gleichzeitig laufen durch Elektroneneinfang komplementäre Prozesse ab, sodass sich ein Gleichgewicht im Plasma einstellt.

Durch die Bewegung der Elektronen und Ionen in der Fackel wird eine enorme Hitze erzeugt. Das Ergebnis wird als ICP bezeichnet, das eine Temperatur von bis zu 10.000 K erreichen kann (heißer als die Oberfläche der Sonne).

Interface

Zwei koaxiale Kegel oder Konen aus Nickel (oder Platin) trennen das Plasma von der Vakuumkammer des Massenspektrometers (◘ Abb. 7.7). Der erste Konus (in Kontakt mit dem Plasma) wird als **Probenkonus** und der zweite als **Skimmerkonus** bezeichnet.

Ionen, Photonen und neutrale Atome oder Moleküle werden aus dem Plasma in den Grenzflächenbereich über eine kleine Öffnung an der Spitze des Probenkegels (≈1 mm Durchmesser) extrahiert. Wenn Ionen in diesen Grenzflächenbereich eintreten, bewirkt die drastische Druckverringerung eine Ausdehnung der Ionen, wodurch ein sogenannter Freistrahl erzeugt wird. Anschließend werden die Ionen durch eine noch kleinere Öffnung im Skimmerkonus (≈0,45 mm Durchmesser) in die Hauptvakuumkammer extrahiert, die von einer Turbomolekularpumpe unter Hochvakuum gehalten wird. Bei diesem Druck können die Ionen durch geladene Oberflächen, sogenannte elektrostatische Linsen, effektiv geführt werden. Eine Kühlflüssigkeit zirkuliert kontinuierlich zwischen einer Kühleinheit und dem Instrument (insbesondere der RF-Spule und dem Probenkonus), um eine Überhitzung dieser Komponenten zu verhindern.

Ionenoptik

Der Satz elektrostatischer Linsen, der sich hinter dem Skimmerkonus befindet, wird als Ionenoptik (◘ Abb. 7.7) bezeichnet. Die Aufgabe der Ionenoptik besteht darin, den Ionenstrahl zum Massenanalysator zu leiten und zu verhindern, dass Photonen und andere neutrale Spezies (z. B. nicht ionisierte Matrixkomponenten) den Detektor erreichen.

Während Photonen bei Atomemissionsverfahren wie der Flammenphotometrie und der ICP-AES die Grundlage der Messung sind, stellen sie bei der ICP-MS eine Quelle von Rauschen und Signalinstabilität dar, wenn sie den

Detektor erreichen können. Die Ionenoptik verhindert dies in der Regel durch die Positionierung eines *Photonenstopps* (oder *Schattenstopps*) im Ionenweg oder durch die Führung des Ionenstrahls außerhalb der Achse. Omega-Linsen (so genannt, weil sie dem griechischen Buchstaben Ω ähneln), verschieben den Ionenstrahl leicht aus der Achse.

Massenanalysator

Nachdem die Ionen das ionenoptische System durchlaufen haben, erreichen sie den **Massenanalysator** (◘ Abb. 7.7). Für ICP-MS werden verschiedene Arten von Massenanalysatoren verwendet, darunter Quadrupol, Sektorfeld und (selten) Flugzeit-Massenanalysatoren (engl. Time-Of-Flight, TOF). Der Quadrupol-Massenanalysator (siehe Kasten „Quadrupol", unten; vgl. auch ► Abschn. 6.4.1) ist der bei weitem am häufigsten verwendete Typ für Routineanwendungen.

Quadrupol

- Wie alle Massenanalysatoren ist ein **Quadrupol** im Wesentlichen ein Massenfilter, der Ionen auf der Grundlage ihres m/z-Verhältnisses trennt. Ein Quadrupol besteht aus vier parallelen hyperbolischen oder zylindrischen Metallstäben, die in einem quadratischen Feld angeordnet sind. An die Stäbe werden hochfrequente Wechselstrom- (engl. Alternating Current, AC) und Gleichstrompotentiale (DC) angelegt, wodurch ein zeitlich veränderliches elektrisches Feld im Zentrum entsteht, durch das Ionen hindurchfliegen (siehe auch ► Abschn. 6.4.1).
- Für ein Ion mit einem bestimmten m/z-Verhältnis führen nur bestimmte Kombinationen von Wechsel- und Gleichspannungen zu einer stabilen **sinuskurvigen Flugbahn** durch den Quadrupol. Ionen mit instabilen Flugbahnen kollidieren mit den Stäben und können den Detektor entsprechend nicht erreichen. Diese Spannungen können sehr schnell eingestellt werden, sodass der gesamte Massenbereich innerhalb weniger Millisekunden abgetastet werden kann.
- Durch die hohe **Scan-Geschwindigkeit** moderner Geräte können Daten für mehrere Elemente praktisch gleichzeitig erfasst werden.

Die Zeit, die das Gerät mit der Datenerfassung bei einem bestimmten m/z-Wert verbringt, wird als **Verweilzeit** bezeichnet. Längere Verweilzeiten ermöglichen präzisere (und empfindlichere) Messungen am Detektor, indem das Signal über einen längeren Zeitraum gemittelt wird. Eine Reihe anderer Quadrupol-Parameter, wie der Modus der Datenerfassung (kontinuierliche Abtastung oder *Peak-Hopping*) und die Anzahl der Abtastungen oder Wiederholungen können ebenfalls vom Bediener festgelegt werden.

Detektor

Der am häufigsten verwendete Detektor (◘ Abb. 7.7) für ICP-MS ist ein **Sekundärelektronenvervielfacher** (SEV, engl. Secondary Electron Multiplier oder

Electron Multiplier, EM) (ausführlich beschrieben in ▶ Abschn. 6.5.1; vgl. auch
▶ Abschn. 8.5.3.4).

Das Prinzip des **SEV** ist:

— Positiv geladene Analyt-Ionen treffen auf die erste Dynode des Detektors, die
an einer hohen negativen Spannung gehalten wird.

— Der Aufprall des Ions auf den Detektor verursacht die Emission mehrerer
Elektronen von der Oberfläche, die wiederum auf die nächste Dynode treffen
und weitere Elektronen freisetzen.

— Dieser Prozess (**Sekundäremission** genannt) setzt sich fort und erzeugt eine
Verstärkungskaskade, die in einem Signal gipfelt, das groß genug ist, um zuverlässig als messbaren Ionenfluss (= Strom) gemessen zu werden.

— Auf diese Weise kann ein SEV einen messbaren Signalimpuls aus dem Auftreffen eines einzelnen Ions auf den Detektor erzeugen, was eine sehr hohe analytische Empfindlichkeit zur Folge hat.

Die **Nachweisgrenzen** reichen bis in den ng/L-Bereich (teilweise pg/L), wobei der
genaue Wert vom Element, der Art der biologischen Matrix, dem Design des Pro-
beneinführungssystems, den Betriebsbedingungen des Geräts (einschließlich Plas-
matemperatur) und den Hintergrundsignalen (Reagentienreinheit usw.) abhängt.

Dualdetektoren sind in der Lage, sowohl im Impuls- (digital) als auch im
Analogmodus zu arbeiten und schalten automatisch vom Puls- in den Analogmodus um, wenn die Signalintensität einen bestimmten Schwellenwert überschreitet,
wodurch der lineare Dynamikbereich des Detektors auf ca. 8–12 dekadische
Größenordnungen erweitert werden kann. Diese beiden Detektormodi erfordern
eine spezielle Kalibrierung *(Kreuzkalibrierung),* um eine optimale lineare Reaktion über diesen Bereich zu gewährleisten.

7.2.5.5 Spezielle Qualitätsparameter in der ICP-MS-Analytik

Die allgemeinen Parameter zur Beurteilung von Analysenmethoden und Messwerten sind in ▶ Abschn. 3.2 und in ▶ Abschn. 3.3 umfassend abgehandelt worden. Für die ICP-MS-Analysenmethode sind aufgrund ihrer Eigenständigkeit jedoch einige Qualitätsparameter besonders, d. h. spezifischer zu interpretieren und
zu berücksichtigen. Diese werden hier als *spezielle Qualitätsparameter* bezeichnet
und im Folgenden tiefergehend erläutert.

Auflösung

Die **Auflösung** (engl. Resolution, R) eines Massenanalysators ist ein Maß für seine
Fähigkeit, benachbarte Massen aufzulösen. Es gibt zwei Möglichkeiten, die Auflösung bei der ICP-MS zu definieren:

— **Die erste** ist die Messung der Breite des Massenpeaks bei einer bestimmten Peakhöhe (normalerweise 10 % des Maximums).
  ⇨ Bei Quadrupol-Analysatoren beträgt die Auflösung hier normalerweise
  etwa 0,75 amu (atomare Masseneinheiten).

— **Das zweite Maß** ist die Berechnung des Verhältnisses $m/\Delta m$, wobei m die
Masse des Peaks des Analyten ist und Δm die Massendifferenz zum nächstge-
legenen Peak, der getrennt werden kann.

⇨ Unter Verwendung dieses zweiten Maßes arbeiten Quadrupol-Analysatoren für ICP-MS in der Regel mit einer Auflösung von ca. $R \approx 300$. Diese Auflösung ist für die meisten Anwendungen ausreichend, jedoch sind Quadrupol-Geräte vielfach nicht in der Lage, spektroskopische Interferenzen aufzulösen.

Kalibrierung

▪▪ Externe Kalibrierung

Das vom ICP-MS-Detektor gemessene Signal wird in Einheiten von *Zählungen pro Sekunde* (engl. counts per second, CPS) angegeben. Dies ist ein Maß für die Anzahl der Ionen, die pro Sekunde auf den Detektor treffen. Um diese Daten in einen Konzentrationswert umzuwandeln, können Kalibrierstandards mit bekannten Elementkonzentrationen verwendet werden, um eine Kalibrierkurve zu erstellen. Diese Technik wird als **externe Kalibrierung** bezeichnet.

▪▪ Interne Standardisierung

Die **interne Standardisierung** wird in der Regel eingesetzt, um Änderungen der Betriebsbedingungen des Geräts und probenspezifische Matrixeffekte, die das Analytsignal verstärken oder unterdrücken können, zu korrigieren. Jeder Probe, jedem Standard und jedem Leerwert wird die gleiche Menge an internem Standard zugesetzt, und die Ergebnisse werden anhand des Verhältnisses zwischen dem Signal des Analyten und des internen Standards berechnet. Ein idealer interner Standard hat ähnliche physikalische und chemische Eigenschaften wie der Analyt und verhält sich daher ähnlich wie der Analyt; daher sollte das Verhältnis von Analyt und internem Standard unabhängig von der Probenmatrix oder Schwankungen der Betriebsbedingungen des Gerätes *(Drift)* sein. Ein Interner Standard wird oft in das für die Probenvorbereitung verwendete Lösungsmittel eingearbeitet, er kann aber auch über ein T-Stück im Probenzuführungssystem zugegeben werden. Bei Methoden, die interne Standards verwenden, hängt die Genauigkeit des Messergebnisses eindeutig von der Eignung des internen Standards ab.

Bei der ICP-MS sind die Masse und das Ionisierungspotenzial eines Elements zwei der wichtigsten Determinanten für Matrixeffekte. Daher hat ein idealer interner Standard eine ähnliche Masse und ein ähnliches Ionisationspotential wie der Analyt.

Neben der Masse und dem Ionisationspotential sollten bei der Auswahl eines internen Standards eine Reihe weiterer Faktoren berücksichtigt werden. Zum Beispiel sollte der interne Standard keine spektroskopischen Interferenzen mit der Probenmatrix aufweisen und selbst keine spektroskopischen Interferenzen mit dem Analyten verursachen. Außerdem sollte der interne Standard keine Kontaminationsquelle für den Analyten darstellen.

Zu den internen Standards, die üblicherweise in der ICP-MS verwendet werden, gehören Lithium (^{6}Li), Scandium (^{45}Sc), Germanium (^{72}Ge), Yttrium (^{89}Y), Rhodium (^{103}Rh), Indium (^{115}In), Tellur (^{125}Te), Terbium (^{159}Tb), Rhenium (^{185}Re) und Iridium (^{191}Ir). Bei einer Multielement-Methode wird oft eine

Kombination von internen Standards verwendet, um den analytischen Massenbereich abzudecken.

▪▪ Matrixangepasste Kalibrierung

Selbst bei der Verwendung interner Standards kann es zu analytischen Verzerrungen kommen, wenn Proben und Kalibrierstandards nicht matrixangepasst sind. Kalibrierungsstandards werden daher oft mit einer *matrixangepassten Lösung* aufgestockt, um die Matrix der Probe nachzuahmen. Matrixangepasste Standards können kommerziell erworben oder bei spezielleren Proben selbst hergestellt werden.

Bei der Verwendung biologischer Proben zum Zweck der **Matrixanpassung** ist mit einer analytischen Verzerrung zu rechnen, wenn der/die interessierende(n) Analyt(en) in nennenswerten Mengen in der matrixangepassten Lösung vorhanden sind. In einem solchen Fall müssen die Kalibrierungen angepasst werden, um dies zu berücksichtigen.

▪▪ Isotopenverdünnung

Die effektivste Methode zur Korrektur eines Gerätedrifts als auch von bei der ICP-MS ist die **Isotopenverdünnung**. Bei dieser Technik wird der Probe eine bekannte Menge eines angereicherten Isotops des Analyten zugesetzt, und die gemessene Änderung des Isotopenverhältnisses wird zur Berechnung der ursprünglichen Zusammensetzung der Probe verwendet. Das angereicherte Isotop dient sowohl als Kalibrierstandard als auch als interner Standard.

Ein Nachteil ist, dass die Isotopenverdünnung voraussetzt, dass der Analyt mindestens zwei Isotope hat, die frei von isobaren Interferenzen sind. Daher ist die Methode nicht auf monoisotopische Elemente wie Beryllium, Mangan, Arsen und Thorium anwendbar. Obwohl diese Methoden sehr genau und robust sind, sind sie auch aufwendig, teuer und sind für einen hohen Probendurchsatz kaum geeignet.

▪▪ Standardadditionsmethode

Bei komplexen Probenmatrices, bei denen sich die externe Kalibrierung mit matrixangepassten Standards und die interne Standardisierung als unzureichend erweisen, um Matrixeffekte zu korrigieren, kann die Methode der **Standardaddition** verwendet werden. Bei dieser Technik werden bekannte und steigende Analytmengen zu mehreren Teilmengen der Probe zugegeben.

7.2.5.6 Interferenzen in der ICP-MS-Analytik

Spektroskopische Interferenzen

Spektroskopische Interferenzen treten auf, wenn Nicht-Analyt-Ionen das gleiche m/z-Verhältnis wie der Analyt haben, während sich sekundäre Interferenzen auf Effekte beziehen, die auf die Probenmatrix oder die Gerätedrift zurückzuführen sind.

Wenn zwei Isotope verschiedener Elemente die gleiche Masse haben, werden sie als **isobar** bezeichnet. Zum Beispiel haben Eisen und Nickel beide Isotope bei einer Masse von 58 amu. Daher wird Eisen mit der Messung von Nickel bei diesem Isotop interferieren und umgekehrt. Beispiele für isobare Elementüberschneidungen sind $^{40}Ca/^{40}Ar$, $^{48}Ca/^{48}Ti$, $^{87}Rb/^{87}Sr$, $^{114}Sn/^{114}Cd$, $^{115}Sn/^{115}In$ und $^{204}Hg/^{204}Pb$.

Die meisten Elemente bilden im ICP einfach geladene Ionen, jedoch bilden auch Elemente mit einem zweiten Ionisationspotential, das niedriger ist als das erste Ionisationspotential von Argon, einen kleinen, aber signifikanten Anteil an **doppelt geladenen Ionen.** Die Bedeutung dieser Art von Interferenz ist abhängig von der relativen Konzentration der beiden Isotope. Zu diesen Elementen gehören Calcium, Barium, Strontium, Lanthanoide (einschließlich Gadolinium und Samarium) und die leichteren Actiniden. Massenspektrometer können Ionen auf der Grundlage des m/z-Verhältnisses trennen, weshalb ein Analyt mit einer bestimmten Masse (m) nur schwerlich von einem doppelt geladenen Ion mit der doppelten Masse ($2\,m$) unterschieden werden kann.

Eine oft übersehene Quelle für spektroskopische Interferenzen in der ICP-MS ist die, die durch spektrale Überlappung von einer benachbarten Masse entsteht. Das Ausmaß dieser Art von Interferenz hängt von der **Abundanzempfindlichkeit** des Massenanalysators ab. Beispielsweise hat Mangan ein einziges Isotop mit einer Masse von 55 amu, das auf beiden Seiten von Isotopen von Eisen (^{54}Fe und ^{56}Fe) flankiert wird. Ist in der Probe die Konzentration von Eisen viel höher als die von Mangan, können die Massenpeaks von Eisen zum Mangansignal beitragen und ein falsch positives Ergebnis bedingen und so das Ergebnis erheblich verfälschen.

Es gibt eine Reihe von Strategien, um **spektroskopische Interferenzen** in der ICP-MS zu reduzieren oder zu eliminieren. Diese Techniken können auf die präanalytische, analytische oder postanalytische Phase der Laboruntersuchung abzielen. Doppelt-fokussierende Sektorfeld-ICP-MS-Geräte sind als hochauflösende Instrumente in der Lage, die meisten Fälle von spektroskopischen Interferenzen zu trennen. Solche Geräte sind in der Lage, mit einer Auflösung von ca. 10.000 ($m/\Delta m$) zu arbeiten, was ausreicht, um viele Interferenzen aufzulösen. Hochauflösende Geräte sind jedoch deutlich teurer und wartungsintensiver als Quadrupol-Geräte und werden daher hauptsächlich für Forschungszwecke eingesetzt.

Für Quadrupol-Geräte in der **Routineanalytik,** ist die Kollision oder Reaktion mit einem Gas in einer geschlossenen Zelle, die unmittelbar vor dem Quadrupol (Q) positioniert ist, eine übliche Methode zur Reduzierung spektroskopischer Störungen. Diese Zelle wird als Kollisions- oder Reaktionszelle (engl. Collision Reaction Cell, CRC) bezeichnet. Sie besteht aus einem Multipol höherer Ordnung wie zum Beispiel einem **Oktopol,** der in einer Zelle eingeschlossen ist, in die ein Gas eingeleitet werden kann. Inerte oder reaktive Gase (oder eine Kombination aus beiden) werden in die Zelle eingeleitet, um Kollisionen mit den im ICP erzeugten Ionen zu induzieren. Diese Kollisionen können die spektroskopischen Störungen entweder durch einen chemischen Reaktionsprozess oder durch die Verringerung der kinetischen Energie (kinetische Energiediskriminierung, KED) der polyatomaren Ionen reduzieren. Die meisten modernen ICP-Q-MS-Geräte sind mit einer KED ausgestattet, wobei die Ausführung je nach Hersteller etwas variiert.

Eine relativ neue Entwicklung in der ICP-MS ist die Einführung von **Triple-Quadrupol-Geräten** (QqQ, Tandem-Massenspektrometrie). Diese Geräte sind mit einem zusätzlichen Quadrupol ausgestattet, der vor dem CRC angeordnet ist. Dieser Quadrupol vereinfacht die Reaktionschemie in der Zelle, indem es nur bestimmte Ionen (mit einem bestimmten m/z) eintreten lässt, wodurch kontrollier- und vorhersagbarere Reaktionsprozesse möglich sind.

Nicht-spektroskopische Interferenzen

Nicht-spektroskopische Interferenzen können grob in Matrixeffekte und Gerätedrift unterteilt werden. Beide können analytische Fehler verursachen, wenn sie nicht entsprechend korrigiert werden. Hierzu zählen Matrixeffekte. Matrixeffekte können definiert werden als eine Verstärkung oder, häufiger, eine Unterdrückung eines Analytsignals aufgrund von Eigenschaften oder Bestandteilen der Probenmatrix. Es wird angenommen, dass diese Effekte durch ein kompliziertes Zusammenspiel verschiedener Mechanismen entstehen, die in fast allen Komponenten des Geräts auftreten. Dazu zählen Effekte bei der Probenzuführung, Plasma-Effekte, Raumladungseffekte oder Gerätedrift.

7.2.5.7 Isotopenverhältnis-Massenspektrometrie (IRMS)

Die **Isotopenverhältnis-Massenspektrometrie** (eng. Isotope Ratio Mass Spectrometry, **IRMS**) ermöglicht die präzise Messung von Isotopenverhältnissen natürlich vorkommender Elemente mit vorwiegend kleinen Massen wie $^2H/^1H$, $^{13}C/^{12}C$, $^{15}N/^{14}N$, $^{18}O/^{17}O/^{16}O$, $^{36}S/^{34}S/^{33}S/^{32}S$. Bei derartigen Geräten handelt es sich um geschlossene Systeme, bei denen der Probenaufschluss mit der Ionisierung und der Messung als eine Einheit erfolgt. Mittels Elemental Analyzers (EA) bzw. des Thermal Conversion Elemental Analyzers (TC/EA) kann die Probe *on line* in das für die IRMS benötigte Messgas überführt werden. Atmosphärische Störungen können dadurch ausgeschlossen werden.

Dies ist ein wesentlicher Unterschied zu ICP-MS-Geräten, bei denen der Probenaufschluss von der Messung getrennt erfolgt und die Fackel in Kontakt mit der Atmosphäre steht. Das ist bei der Analyse von Isotopenverhältnissen bei Elementen mit größeren Massen nicht erforderlich, da Beiträge aus der umgebenden Atmosphäre die Messung nicht stören können.

In der IRMS-Analytik wird der **δ-Wert** (Angabe in Promille) für die Angabe von Isotopenverhältnissen herangezogen: Die Isotopenverhältnisse unterscheiden sich nur sehr geringfügig und es werden daher nicht die direkten Verhältnisse, sondern **normalisierte Differenzen** im Verhältnis zu internationalen Standards (von der Internationalen Atomenergiebehörde; engl. Atomic Energy Agency, IAEA) angegeben. Beispielsweise wäre der δ-^{13}C-Wert die Abweichung des $^{13}C/^{12}C$-Verhältnisses einer Probe relativ zu einem Standard.

Einen weiteren Unterschied im instrumentellen Aufbau betrifft die **Anzahl der Detektoren:** Herkömmliche ICP-MS-Geräte, die primär für die

Multielementanalyse konzipiert sind, besitzen nur einen Detektor und können nicht zwei oder mehr Massen gleichzeitig detektieren. IRMS-Geräte sind meist Magnet-Sektorfeldgeräte und besitzen im Gegensatz dazu einen Doppel-, meist jedoch einen Dreifach- oder Mehrfach-Kollektor, mit denen die Ionenströme von zwei bzw. mehreren Massen gleichzeitig erfasst werden können.

ICP-MS-Geräte mit einem Detektor erlauben allerdings dennoch eine Aussage über das zu analysierende Isotopenverhältnis, indem durch ein sehr schnelles Hin- und Herschalten zwischen den betrachteten Massen eine Annäherung an die gewünschte Gleichzeitigkeit erwirkt wird. Verglichen an der Präzision der Messergebnisse sind Sektorfeld-ICP-MS-Geräte mit einem Detektor (0,03–0,1 % RSD; zum Akronym *RSD* vgl. ▶ Abschn. 3.3.2.2) jedoch jenen Geräten mit mehreren Detektoren (bis zu 0,002 % RSD) unterlegen.

Zur Bestimmung der Isotopenverhältnisse der **Kohlenstoffisotope** $^{13}C/^{12}C$ werden die zu untersuchenden Substanzen zunächst vollständig zu CO_2 umgesetzt und *on line* die Mengenverhältnisse der Kohlendioxid-Isotope mit *m/z* 44 ($^{12}C^{16}O^{16}O$) und *m/z* 45 ($^{13}C^{16}O^{16}O$, $^{12}C^{16}O^{17}O$) bestimmt (Zweifachkollektor). Geräte, die einen Dreifachkollektor (drei Faraday Cups) besitzen, können zudem die *m/z* 46 ($^{13}C^{16}O^{17}O$, $^{12}C^{16}O^{18}O$, $^{12}C^{17}O^{17}O$) simultan zu *m/z* 44 und *m/z* 45 erfassen. Aus den integrierten Signalen können dann die Isotopenverhältnisse berechnet werden. Um alle Massen in ungefähr der gleichen Intensität darstellen zu können, werden Korrekturfaktoren eingeführt.

Der IRMS kann eine chromatographische Trennung vorgeschaltet werden. So erfolgt in der GC/C-IRMS vor der Umsetzung der Probe zu CO_2 eine gaschromatographische Auftrennung der Probe in einzelne Analytgruppen bzw. Analyten. Die GC unterscheidet sich dabei nicht von einer klassischen Gaschromatographie. Das Isotopenverhältnis im Messgas wird anschließend online bestimmt.

Warum gibt unterschiedliche Isotopenverhältnisse bei den kleinen Massen in biologischen Proben?

⇨ **Beispiel Wasser (^1H, ^2H, ^{16}O, ^{18}O)**
- Kinetische und thermodynamische **Isotopeneffekte** sind die Ursache für die **Isotopendiskriminierung** bei geologischen und biologischen Prozessen. Wenn Wasser verdampft, werden die leichteren Wassermoleküle, die aus ^1H oder ^{16}O bestehen, zunächst in der Gasphase angereichert, während die schwereren Moleküle aus ^2H und ^{18}O schneller kondensieren. Daher enthalten Regen- und Grundwasser mit zunehmender Entfernung vom Meer vergleichsweise mehr ^1H- und ^{16}O-Isotope (Kontinentaleffekt).
- Zusätzlich wird das Isotopenverhältnis von der **Temperatur** beeinflusst, da mit steigenden Temperaturen ^{18}O und ^2H bei der Verdunstung angereichert werden. Daraus ergibt sich ein Gradient vom Äquator zu den Polen **(Latitudeneffekt)**, da die Temperaturen in den Äquatorregionen aufgrund des steileren Winkels der Sonneneinstrahlung höher sind.
- Weiterhin spielen unterschiedliche Höhenlagen eine Rolle **(Höheneffekt)** sowie Auswirkungen von Jahreszeiten und Windrichtungen.

7

Warum gibt unterschiedliche Isotopenverhältnisse bei den kleinen Massen in biologischen Proben?

$\Rightarrow$ **Beispiel Kohlenstoff (^{12}C, ^{13}C)**
- Das Isotopenverhältnis von ^{13}C und ^{12}C wird hauptsächlich durch photosynthetische Prozesse bestimmt. Pflanzen können Kohlenstoff aus der Luft auf unterschiedliche Weise in Glukose umwandeln:
  - **C3-Pflanzen** fixieren Kohlendioxid aus der Luft, indem sie es an Ribulose-1,5-Bisphosphat mit Hilfe des Enzyms Ribulose-1,5-Bisphosphat-Carboxylase/-Oxygenase (RuBisCO) binden.
  - **C4-Pflanzen** wie Mais oder Zuckerrohr bedienen sich des Enzyms Phosphoenolpyruvat-Carboxylase zur Vorfixierung von Kohlendioxid und können mehr Biomasse aufbauen als C3-Pflanzen. Das Enzym Phosphoenolpyruvat-Carboxylase hat eine höhere Affinität für Kohlendioxid im Vergleich zu RuBisCO. Im Gegensatz zur Phosphoenolpyruvat-Carboxylase diskriminiert das Enzym RuBisCO das schwerere Kohlenstoffisotop, d. h. das Enzym reagiert schneller mit ^{12}CO$_2$. Kurzum, ^{13}C-Isotope werden dadurch in geringeren Konzentrationen in C3-Pflanzen angereichert.
  - Auf diese Weise ist es möglich zu unterscheiden, ob der Zucker z. B. aus **Zuckerrüben** (C3-Pflanze) oder aus **Zuckerrohr** (C4-Pflanze) gewonnen wurde. Pflanzen, wie Ananas oder Vanille, die über einen kombinierten Stoffwechsel verfügen (engl. Crassulacean Acid Metabolism, CAM; dt. Crassulaceen-Säurestoffwechsel oder CAM-Stoffwechsel), führen die einzelnen Schritte der Photosynthese abhängig von der Tageszeit durch, wobei die CO$_2$-Fixierung in der Nacht erfolgt. Tagsüber können die Pflanzen auf den Syntheseweg der C3-Pflanzen zurückgreifen. Daher liegt das Isotopenverhältnis der **CAM-Pflanzen** zwischen dem der C3- und C4-Pflanzen. Die unterschiedlichen Isotopenverteilungen treten auch in tierischen Produkten auf, je nachdem, welche Futterquellen die Tiere erhalten haben.

Warum gibt unterschiedliche Isotopenverhältnisse bei den kleinen Massen in biologischen Proben?

$\Rightarrow$ **Beispiel Stickstoff (^{14}N, ^{15}N)**
- Das Isotopenverhältnis von Stickstoff wird hauptsächlich durch landwirtschaftliche **Düngemittel** determiniert. Organische Düngemittel und bodengebundener Stickstoff sind im Allgemeinen mit ^{15}N angereichert, während synthetische Dünger deutlich geringere Mengen an ^{15}N aufweisen.
- **Synthetische Dünger** enthalten Ammonium- und Nitratsalze, die meist aus dem Haber-Bosch-Prozess stammen, bei dem der atmosphärische Stickstoff umgesetzt wird, der hauptsächlich das Isotop ^{14}N enthält. Das Isotopenverhältnis von Stickstoff kann somit zum Nachweis biologisch erzeugter Lebensmittel herangezogen werden, da Pflanzen Stickstoff aus dem Boden ohne Diskriminierung aufnehmen.

- Auch in **tierischen Lebensmitteln,** bspw. Fleisch oder Milch, konnten solche Unterschiede festgestellt werden, die mit dem Futter der Tiere korrelieren. Es muss jedoch berücksichtigt werden, dass Leguminosen und Rhizobien (auch als Knöllchenbakterien bezeichnet; weit verbreitete Bodenbakterien der Familie Rhizobiaceae; zugehörig zur Klasse der Alphaproteobacteria) auch Stickstoff aus der Luft fixieren, was zu Abweichungen führen kann.

7.2.5.8 Anwendung der Isotopenprofilanalyse

Die Feststellung der geographischen Herkunft und die Unterscheidung von öko-logischen und konventionellen Lebensmitteln kann prinzipiell auf **Metabolome-bene** oder auf Basis der Analyse der submolekularen Zusammensetzung erfolgen:
- **Pflanzen,** die ihre Nährstoffe überwiegend aus dem Boden beziehen, haben in Abhängigkeit von der Bodenzusammensetzung eine charakteristische Ele-ment- bzw. Isotopenprofil, das sich sowohl in der qualitativen Zusammenset-zung als auch in den jeweiligen Konzentrationen unterscheiden und für einen geographischen Herkunftsnachweis herangezogen werden kann.
- Darüber hinaus werden diese Profile über das **Futter** vom tierischen Körper aufgenommen und können dadurch zur Unterscheidung von tierischen Pro-dukten verwendet werden.
- Neben der Analyse von Makro- und Mikronährstoffen können Seltene Er-den besonders geeignet für eine geographische **Herkunftsdifferenzierung** sein. Diese 17 Elemente (Lanthanoide plus Scandium und Yttrium, die ver-gesellschaftet vorkommen) sind ubiquitär verbreitet, allerdings in vergleichs-weise geringen Konzentrationen. Die Profile der **Seltenen Erden** unterscheiden sich in Anhängigkeit der geologischen Formation, damit des geographischen Standortes und können somit ebenfalls zum Nachweis der geographischen Herkunft herangezogen werden.

Isotope – Definition

Isotope des gleichen Elements unterscheiden sich in der Anzahl der Neutronen, ha-ben aber die gleiche Anzahl von Protonen und Elektronen.

Mittels ICP-MS lassen sich nicht nur Elemente, sondern auch Isotope und davon abgeleitet Isotopenverhältnisse bestimmen:
- So eignet sich das **Isotopenverhältnis** von ^{87}Sr und ^{86}Sr sehr gut für Herkunfts-analysen. ^{87}Sr entsteht durch radioaktiven Zerfall aus ^{87}Rb, mit einer Halb-wertszeit von $4,8 \cdot 10^{10}$ Jahren. Dieser Zerfall ist abhängig vom Alter und den geologischen Eigenschaften der Böden und kann dadurch zum Nachweis der geographischen Herkunft (Authentizität, vgl. Kasten „Authentizität", unten) verwendet werden. **Strontium** hat ähnliche Eigenschaften (Ionenradius und Wertigkeit) wie Calcium und kann daher leicht von Pflanzen über den Boden

und von Tieren durch Futteraufnahme ohne diskriminierende Effekte aufgenommen werden.

- Auch die **Isotopenverhältnisse der leichten Elemente** $^2H/^1H$, $^{13}C/^{12}C$, $^{15}N/^{14}N$, $^{18}O/^{17}O/^{16}O$, $^{36}S/^{34}S/^{33}S/^{32}S$ können sehr aussagekräftig für die geographische Herkunft oder die Anbaubedingungen sein, allerdings muss diese Analyse aus den o. g. Gründen mit Hilfe der IRMS erfolgen.

7

Authentizität

Authentizität von Lebensmitteln bedeutet Originalität, Echtheit bzw. Unverfälschtheit.

⇨ Der Thematik *Authentizitäts- und Herkunftsprüfung von Lebensmitteln* ist in diesem Buch ein ganzes Kapitel gewidmet, auf das hier verwiesen werden soll; siehe ► Kap. 21.

⇨ Nachfolgend werden in diesem Kapitel moderne Ansätze zum Nachweis der geographischen Herkunft bzw. der biologische Identität ausgewählter, besonders wertiger Lebensmittel (wie Walnüsse, Trüffel, Spargel) mit Hilfe der Isotopenprofilanalyse vorgestellt (siehe ► Abschn. 7.2.5.8.1, 7.2.5.8.2 und 7.2.5.8.3).

Geographische Herkunft von Walnüssen

Das Interesse an nachhaltigen und regionalen Lebensmitteln wächst zunehmend. Infolgedessen sind die Verbraucher bereit, höhere Preise für Produkte mit einer bestimmten geographischen Herkunft zu akzeptieren. Die **Element- und Isotopenprofilanalyse** *(Isotopolomics)* ist besonders für die **Herkunftsanalyse** geeignet, da sie den Einfluss des Bodens und damit die geographische Herkunft widerspiegelt. Das Elementmuster kann beispielsweise als besonders geeignet für die Bestimmung der geographischen Herkunft von **Walnüssen** (*Juglans regia* L.) angenommen werden, da die Walnusskerne im Inneren der Schale wachsen und somit vor der Umwelt geschützt sind, d. h. praktisch unbeeinflusst von Störeinflüssen wie anthropogenen Aerosolen und Bodenstaub. Folglich sollten in den Walnusskernen ausschließlich die elementaren Eigenschaften des Bodens zu erkennen sein.

Dennoch kann die Analyse aus analytischer Sicht eine Herausforderung darstellen, da in den fettreichen Walnusskernen nur geringe Mengen an Elementen zu erwarten sind. Die Elementanalyse der Walnuss mit ICP-MS in Kombination mit chemometrischen Auswerteansätzen erwies sich als leistungsfähige Technik für die geographische Herkunftsunterscheidung auf weltweiter und regionaler Ebene. Obwohl die seltenen Erden aufgrund zu geringer Konzentrationen nicht berücksichtigt wurden, wurde die globale geographische Herkunft von zehn betrachteten Herkunftsländern mit einer Gesamtgenauigkeit von 73 % erfolgreich vorhergesagt. Die wichtigsten Variablen waren Al, Ba, Co, Cu, Fe, Mo, Ni und Sr.

Um die entwickelte analytische Methode in der Anwendbarkeit zu vereinfachen, wurde untersucht, inwiefern sich die Elementverhältnisse untereinander statt der absoluten Elementkonzentrationen bezogen auf die Trockenmasse für die Herkunftsdifferenzierung eignen. Es wurde dabei kein signifikanter Genauigkeitsverlust beobachtet, sodass zukünftig auch frische Walnussproben ohne einen Trocknungsschritt analysiert werden können. Auf regionaler Ebene in Frankreich, Deutschland und Italien war die Differenzierung von Walnussproben mit einer Gesamtgenauigkeit von 91 %, 77 % bzw. 94 % möglich [22].

Biologische Identität und geographische Herkunft von Trüffel

Der Preis der gehandelten **Trüffelarten** variiert erheblich, und da die visuelle Unterscheidung innerhalb der weißen und innerhalb der schwarzen Trüffel schwierig ist, kann Lebensmittelbetrug (vgl. allgemein zu dieser Thematik ▶ Abschn. 1.4) nicht ausgeschlossen werden.

In einer Studie wurden Messungen sowohl mit einem HR-ICP-MS-Gerät (engl. High Resolution-ICP-MS) als auch mit einem ICP-Q-MS-Gerät (engl. ICP-Quadrupol-MS) durchgeführt:

- Um Hypothesen zu generieren, wurden mehrere Boden- sowie Trüffelproben mittels HR-ICP-MS untersucht.
- Anschließend wurde die Multielement-Methode auf ein ICP-Q-MS-Gerät übertragen, um die Implementierung für die Routineanalyse sicherzustellen.
- Klassifizierungsmodelle, die auf die Spezies und die Herkunft abzielen, wurden mittels verschachtelter Kreuzvalidierung validiert und waren in der Lage, den teuersten *Tuber magnatum* von allen anderen untersuchten Trüffeln zu unterscheiden.

Für die schwarzen Trüffeln wurde eine Gesamtklassifizierungsgenauigkeit von 90,4 % erreicht, und, was am wichtigsten ist, eine Verfälschung der teuren *Tuber melanosporum* durch die chinesischen Trüffel konnte ausgeschlossen werden. Hinsichtlich der geographischen Herkunft wurden für Italien und Spanien jeweils ein Eins-zu-eins-Klassifikationsmodelle berechnet, das die Trüffelproben zu 75,0 % bzw. 86,7 % von anderen Herkünften unterscheiden konnte. Zusammenfassend zeigt diese Studie, dass ICP-MS ein vielversprechendes Werkzeug für die parallele **Arten- und Herkunftsauthentifizierung** von Trüffeln ist [23].

Geographische Herkunft von Spargel

Besonders in Deutschland ist eine starke Nachfrage nach heimischem **Gemüsespargel** (*Asparagus* officinalis) zu beobachten und sechs registrierte Regionen mit der Deklaration „**g. g. A.**" (Erläuterungen hierzu siehe Kasten „Was bedeutet g. g. A.?") unterstreichen die Erwartungen an eine hohe Qualität. Darüber hinaus ist Spargel das flächenmäßig wichtigste deutsche Gemüse. Er hat aufgrund hoher Verkaufspreise und einer jährlichen Produktionsmenge von 130.000 t (2017) eine erhebliche wirtschaftliche Bedeutung.

Was bedeutet g. g. A.?

Die **EU-Kontrollverordnung** (VO (EU) 2017/625) [25] legt die grundsätzlichen Anforderungen an den Aufbau und die Durchführung der amtlichen Lebensmittel- und Futtermittelkontrollen innerhalb der EU für alle Mitgliedstaaten verbindlich fest. Die umfangreiche Verordnung gilt für den großen Bereich der amtlichen Kontrollen – aber auch speziell für die amtlichen Kontrollen:

- der ökologischen/biologischen Produktion und deren Kennzeichnung der Verwendung der Angaben:

  - „geschützte Ursprungsbezeichnung" – ⇨ g. U.

    „geschützte geographische Angabe" – ⇨ g. g. A.

    „garantiert traditionelle Spezialität" – ⇨ g. t. S.

⇨ Näheres zu diesem Thema siehe die VO selbst bzw. die diesbezüglichen zusammengefassten Ausführungen in ▶ Abschn. 1.5.1.9.

7

Die Vorhersage der **geographischen Herkunft** von weißem Spargel wurde mit Hilfe der Massenspektrometrie mit induktiv gekoppeltem Plasma (ICP-MS) und maschinellen Lernverfahren realisiert:

- Das Elementprofil von 319 Spargelproben, die aus Deutschland, Polen, den Niederlanden, Griechenland, Spanien, China und Peru stammten, wurde bestimmt.
- Unter Verwendung einer Support-Vektor-Maschine (SVM) in Kombination mit einer verschachtelten Kreuzvalidierung wurde bei der Klassifizierung des Herkunftslandes eine Vorhersagegenauigkeit von 91,2 % erreicht.
- Die Genauigkeit kann bei Teilmengen von Proben mit hohen SVM-Vorhersageergebnissen auf bis zu 98 % gesteigert werden.
- Die relevantesten Elemente für die Herkunftsunterscheidung waren Lithium, Kobalt, Rubidium, Strontium, Uran und die seltenen Erden.
- Darüber hinaus lieferte die Multielement-Methode spezifische Fingerabdrücke von Spargelanbaugebieten innerhalb Deutschlands, die mit einer Genauigkeit von 82,6 % korrekt zugeordnet werden konnten.

Die Spargelsorte und das Erntejahr hatten keinen signifikanten Einfluss auf die Herkunftsunterscheidung, was die Robustheit dieser Studie weiter unterstreicht. Die Multielement-Analyse in Verbindung mit effizienten maschinellen Lernverfahren eignet sich sehr gut, um die geographische Herkunft zu unterscheiden und darüber hinaus einen spezifischen Fingerabdruck von kleinräumigen Provenienzen zu erstellen [24].

7.3   Kopplung Chromatographie und Chromatographie

7.3.1   Flüssigchromatographie mit Gaschromatographie (LC-GC)

7.3.1.1   Prinzip

Die **Kopplung von Flüssigchromatographie und Gaschromatographie** verbindet zwei unterschiedliche Trennverfahren. Ziel ist es, mit der vorgeschalteten LC die

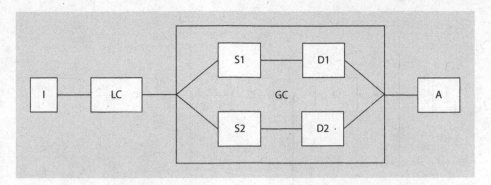

☐ **Abb. 7.8** Schematische Darstellung einer LC-GC-Kopplung. *Erläuterung:* **I** Injektor; **LC** Flüssigchromatograph; **S1** GC-Säule 1; **S2** GC-Säule 2; **D1** Detektor für Säule 1; **D2** Detektor für Säule 2; **A** Auswerteeinheit; **GC** Gaschromatograph

Analyten von störenden Matrixkomponenten abzutrennen *(clean up)*. Die eigentliche Bestimmung und Quantifizierung erfolgt mit der nachgeschalteten GC (☐ Abb. 7.8). Um eine flüssige Phase in eine Gasphase zu überführen, wird ein effizientes Verdampfungsverfahren als Interface eingesetzt.

In der Regel wird die **Retention Gap-Technik** eingesetzt. Dabei wird die aus der LC austretende Fraktion über ein **Y-Stück** mit Trägergas gemischt und in eine Vorsäule gespült. In der Vorsäule wird der größte Teil des Lösungsmittels verdampft und ausgeblasen. Der kleinere Teil des verdampften Lösungsmittels wird quantitativ auf die GC-Säule überführt und anschließend mittels FID detektiert.

7.3.1.2 Anwendungsgebiete

Diese Kopplungstechnik wurde entwickelt, um mineralische Kohlenwasserstoffe in Lebensmitteln, Kosmetischen Mitteln, Futtermitteln und Verpackungen empfindlich nachweisen und quantitativ bestimmen zu können (vgl. ▶ Abschn. 20.3.2). Diese Technik kann auch im Bereich der Reinheitsprüfung, dem Nachweis von Verfälschungen zur Identifizierung und Authentifizierung von pflanzlichen Fetten und Ölen über die Sterin-Verteilung angewendet werden.

7.3.2 Gaschromatographie mit Gaschromatographie

Die mehrdimensionale Gaschromatographie wird häufig auch als **zweidimensionale Chromatographie** bezeichnet. Diese Form der Chromatographie findet bei komplexen Stoffgemischen Anwendung, wenn nach der ersten Trennung (1. Dimension) nicht getrennte Stoffe in einem zweiten chromatographischen System (2. Dimension) weiter getrennt werden. Gegebenenfalls kann noch eine dritte Dimension angehängt werden.

Der schematische Aufbau einer gaschromatographischen Kopplung wird in ☐ Abb. 7.9 dargestellt.

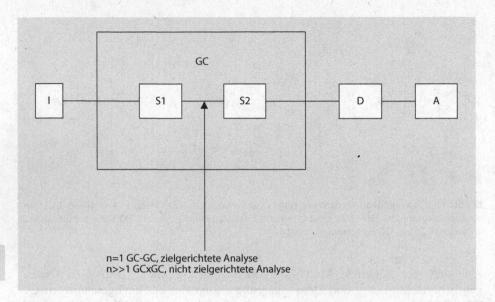

7

◘ **Abb. 7.9**   Schematischer Aufbau einer gaschromatographischen Kopplung. *Erläuterung:* **I** Injektor; **S1** GC-Säule 1; **S2** GC-Säule 2 mit anderer Polarität als GC-Säule 1; **D** Detektor; **A** Auswerteeinheit; *n* Anzahl der Transfer-Schritte (Anzahl der transferierten Fraktionen); **GC** Gaschromatograph

7.3.2.1 Mehrdimensionale Gaschromatographie (GC-GC)

Um interferierende (co-eluierende) Peaks voneinander zu trennen, wird eine chromatographische Säule mit anderen Trenneigenschaften der ersten Säule (1. Dimension) nachgeschaltet. Die Zielkomponenten (Analyten) zeigen dann auf der zweiten Säule (2. Dimension) Retentionszeiten (Retentionsindizes), die sich von denen auf der ersten Säule unterscheiden. Auf diese Weise lassen sich Stoffe, die auf der ersten Säule co-eluieren, auf der zweiten Säule trennen und identifizieren bzw. quantifizieren (◘ Abb. 7.10). Diese Form der Kopplung wird **mehrdimensionale** oder bei zwei Säulen **zweidimensionale Gaschromatographie** genannt.

Mit Hilfe einer speziellen **Säulenschalttechnik** (sog. **Deans-Switch**) wird nur ein Bereich mit den Zielkomponenten (n = 1 Teilfraktion) von der ersten GC-Säule auf die zweite GC-Säule transferiert. Da hier also nur das sog. **Herzstück** (Kernstück) transferiert wird, wird dies als **Heart-Cut**-Technik bezeichnet.

Deans-Switch

Durch diese **Säulenschalttechnik** werden anhand von Druckunterschieden Komponenten entweder direkt zum Detektor oder in die zweite Säule geschickt. Diese Technik wurde nach David R. Deans benannt, der sich in den 1960er Jahren als Pionier auf diesem Gebiet hervorgetan hat.

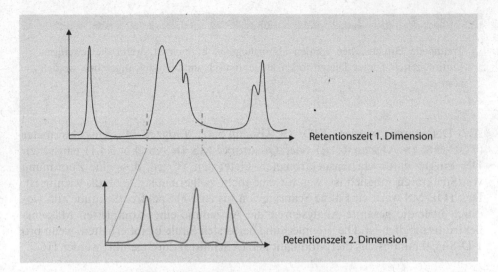

■ **Abb. 7.10** Schematische Darstellung einer zweidimensionalen Trennung bei der GC. *Erläuterung:* **oben:** Trennung in der 1. Dimension; **unten:** Trennung in der 2. Dimension nach Transfer der betreffenden Fraktion (hier symbolisch angezeigt durch den Abstand der beiden gestrichelten Linien) mittels Säulenschalttechnik. *Weitere Erläuterungen:* siehe Text

7.3.2.2 Multidimensionale umfassende Chromatographie (GCxGC)

Im Gegensatz zur Heart-Cut-Technik werden bei der **umfassenden Chromatographie** alle, die erste GC-Säule verlassenden Komponenten in n≫1 Teilfraktionen aufgeteilt und mit Hilfe einer besonderen Technik anschließend alle Teilfraktionen auf die zweite GC-Säule transferiert und weitergetrennt. Die Transferierung der Fraktionen von der ersten auf die zweite Säule wird durch einen sogenannten Modulator gesteuert.

Über einen **Kryo-Modulator** werden sehr kurze Retentionsabschnitte im Sekundenbereich schrittweise am Ende der ersten Säule durch einen kalten Stickstoff-Strom angehalten („eingefroren"), fokussiert und anschließend durch Einschalten eines heißen Stickstoff-Stroms auf die zweite Säule überführt. Durch diese kurze **Fokussierung** werden schmale chromatographische Banden und eine hohe Auflösung erreicht.

Eine **zweidimensionale Trennung** wird als **umfassend** (engl. **comprehensive**) bezeichnet, wenn:

- jeder Probenbestandteil zwei unterschiedlichen Trennungen unterzogen wird
- die gleichen prozentualen Anteile von allen Probenbestandteilen beide Trennsysteme passieren und den Detektor erreichen
- die in der ersten Dimension erreichte Auflösung im Wesentlichen beibehalten wird.

Orthogonale Dimensionen

Trennende Dimensionen werden als **orthogonal** bezeichnet, wenn die jeweiligen Elutionszeiten beider Dimensionen als statistisch unabhängig angesehen werden können.

Als Detektoren werden FID (▶ Abschn. 5.4), Flugzeit-Massenspektrometer (TOF-MS) (▶ Abschn. 6.4.3) oder Quadrupol-MS (▶ Abschn. 6.4.1) eingesetzt. Der Einsatz eines Massenspektrometers bietet den Vorteil, dass eine Zuordnung von Strukturen möglich ist, was für eine nicht-zielgerichtete Analytik wichtig ist. Das TOF-MS weist eine hohe Scanrate von bis zu 500 Spektren/Sekunde auf, wodurch über die gesamte Analysenzeit die Aufnahme eines kompletten Massenspektrums möglich ist. Die Trennleistung der ersten Säule bleibt erhalten, wenn pro 1-D-Signal mindestens drei Modulationen (3 Schnitte) durchgeführt werden [16].

7

■ **Anwendungsbeispiel**

Mit Hilfe der mehrdimensionalen GC-MS-Messung können die Ergebnisse zur Absicherung der eindimensionalen Messung sowie zur Identifizierung von Einzelsubstanzen genutzt werden. Bei der Fragestellung, ob eine Probe ein toxikologisches Potential besitzt, kann diese Technik ebenfalls zur Beurteilung herangezogen werden.

Literatur

1. Kromidas S (Hrsg) (2006) HPLC richtig optimiert. Wiley-VCH, Weinheim
2. Kromidas S (Hrsg) (2014) Der HPLC-Experte – Möglichkeiten und Grenzen der modernen HPLC. Wiley-VCH, Weinheim
3. Kromidas S (Hrsg) (2015) Der HPLC-Experte 2. Wiley-VCH, Weinheim
4. Mikkelsen SR, Corton E (2004) Bioanalytical chemistry. Wiley, Hoboken
5. Wanner K, Höfner G (2007) Mass spectrometry in medicinal chemistry. Wiley-VCH, Weinheim
6. Helm M, Wölfl S (2007) Instrumentelle Bioanalytik. Wiley-VCH, Weinheim
7. Bahrmann P (2007) Einführung eines Quadrupol ICP-MS am Landesamt für Geologie und Bergbau Rheinland-Pfalz. Mainz Geowiss Mitt 35:187
8. Thomas R (2008) Practical guide to ICP-MS, tutorial for beginners (practical spectroscopy). Crc Pr Inc, New York
9. Nelms S (2005) Inductively coupled plasma mass spectrometry handbook. Blackwell, Oxford
10. Taylor HE (2000) Inductively coupled plasma-mass spectrometry: practices and techniques. Academic, San Diego
11. Karas M, Bahr U (1986) Laser desorption mass spectrometry. Trends in Anal Chem 5:90–93
12. Gross ML (1998) Focus on matrix assisted laser desorption/ionization mass spectrometry. J Am Soc Mass Spectrom 9:865
13. Gross JH (2013) Massenspektrometrie. Springer, Berlin
14. Nestola M, Becker E (2015) HPLC-GC-Kopplung in der Praxis: Grundlagen, Applikationsbeispiele und Ausblick. In: Kromidas S (Hrsg) Der HPLC-Experte. Wiley-VCH, Weinheim
15. Gorecki T, Harynuk J, Panic O (2004) The evolution of comprehensive two-dimensional gas chromatography (GC x GC). J Sep Sci 27:359–379

16. Seiwert B, Leeuwen S, Hayen H, Vogel M, Karst U (2002) Flüssigchromatographie und Massenspektrometrie für die Analytik unpolarer Verbindungen. Universität Twente, Institut für Nanotechnologie, Niederlande. Zitiert in: Henschel B (2013) Entwicklung und Prüfung eines LC-ESI/MS/TOF-Verfahrens für die toxikologische Analytik im Akutkrankenhaus. Dissertation, Ludwig-Maximilians-Universität München, Deutschland. ▶ https://edoc.ub.uni-muenchen.de/16465/. Zugegriffen: 18. Okt. 2020

17. KMD: S 131 ff, 205 ff

18. KMD: S 94

19. Wilschefski SC, Baxter MR (2919) Inductively coupled plasma mass spectrometry: introduction to analytical aspects. Clin Biochem Rev 40(3). ▶ https://doi.org/10.33176/AACB-19-00024

20. Katerinopoulou K, Kontogeorgos A, Salmas CE, Patakas A, Ladavos A (2020) Geographical origin authentication of agri-food products: a review. Foods 9:489. ▶ https://doi.org/10.3390/foods9040489

21. Pröfrock D, Prange A (2012) Inductively coupled plasma-mass spectrometry (ICP-MS) for quantitative analysis in environmental and life sciences: a review of challenges, solutions, and trends. Appl Spectrosc 66(8):843–868. ▶ https://doi.org/10.1366/12-06681

22. Segelke T, von Wuthenau K, Kuschnereit A, Müller MS, Fischer M (2020) Origin determination of walnuts (*Juglans regia* L.) on a worldwide and regional level by inductively coupled plasma mass spectrometry and chemometrics. Foods (Special Issue: Techniques for Food Authentication: Trends and Emerging Approaches) 9:1708

23. Segelke T, von Wuthenau K, Neitzke G, Müller MS, Fischer, M (2020) Food authentication: species and origin determination of truffles (Tuber spp.) by inductively coupled plasma mass spectrometry (ICP-MS) and chemometrics. J Agri Food Chem (Special Issue: Food Profiling – Analytical Strategies for Food Authentication) 68:14374–14385

24. Richter B, Gurk S, Wagner D, Bockmayr M, Fischer M (2019) Food authentication: multi-elemental analysis of white asparagus for provenance discrimination. Food Chem 286:475–482

25. Verordnung (EU) Nr. 2017/625 des Europäischen Parlaments und des Rates vom 15. März 2017 über amtliche Kontrollen und andere amtliche Tätigkeiten zur Gewährleistung der Anwendung des Lebens- und Futtermittelrechts und der Vorschriften über Tiergesundheit und Tierschutz, Pflanzengesundheit und Pflanzenschutzmittel

Spektrometrie

Inhaltsverzeichnis

Zusammenfassung

Die optischen, spektroskopischen bzw. spektrometrischen Verfahren in der analytischen Chemie beruhen auf einem gemeinsamen Merkmal, nämlich der Wechselwirkung von Materie und Energie in Form von Strahlung. Die Strahlung umfasst den Bereich der Radiowellen bis hin zu den Gammastrahlen. Als Licht wird nur der sichtbare Teil des elektromagnetischen Spektrums (Wellenlänge: 400 bis 800 nm) bezeichnet. Beschrieben werden die UV/VIS-, die Infrarot-, die Kernspinresonanz-Spektrometrie, die Atomabsorptionsspektrometrie, die Flammenphotometrie, die Polarimetrie, die Refraktometrie sowie spektrometrische Schnellmethoden.

8.1 Exzerpt

Die optischen, spektroskopischen bzw. spektrometrischen Verfahren in der analytischen Chemie beruhen auf einem gemeinsamen Merkmal, nämlich der Wechselwirkung von Materie und Energie in Form von **Strahlung.** Die Strahlung umfasst den Bereich der Radiowellen bis hin zu den Gammastrahlen (◘ Abb. 8.1). Als **Licht** wird nur der sichtbare Teil des elektromagnetischen Spektrums (Wellenlänge: 400 bis 800 nm) bezeichnet.

Die nachstehend genannten Arten der Wechselwirkung sind für die betreffenden Verfahren in der Lebensmittelanalytik von besonderer Bedeutung und bilden die Grundlage für die in diesem Abschnitt zu behandelnden instrumentellen Techniken:

- **Absorption** von Strahlung durch Materie
  ⇨ UV/VIS-Spektrometrie, Photometrie, IR-Spektrometrie, AAS
- **Emission** von Strahlung durch Materie
  ⇨ Flammenphotometrie
- **Drehung** von linear polarisiertem Licht durch Materie
  ⇨ Polarimetrie
- **Brechung** von Licht durch Materie
  ⇨ Refraktometrie

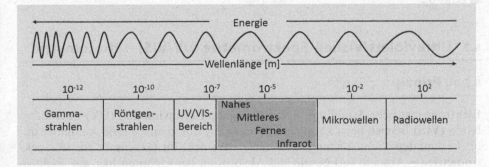

◘ **Abb. 8.1** Aufschlüsselung des elektromagnetischen Spektrums. *Erläuterung:* **UV** ultraviolette Strahlung; **VIS** Visueller Bereich. *Weitere Erläuterungen:* siehe Text

Spektroskopische Methoden haben bei Fragen der Charakterisierung unbekannter Substanzen große Bedeutung erlangt. In der Lebensmittelanalytik sind es besonders die UV/VIS- und die IR(Infrarot)-Techniken, deren Anwendung wichtige Hinweise auf die Probenzusammensetzung liefern können:

1. **Qualitative Interpretationen der Spektren**
   ⇨ ermöglichen (häufig) die Identifizierung einzelner Strukturelemente oder ganzer Verbindungen
2. **Quantitative Aussagen**
   ⇨ anhand quantitativer Auswertung der Absorptionsbanden können Gemische analysiert und Einzelkomponenten bestimmt werden
   ⇨ quantitative Aussagen werden insbesondere durch die photometrischen Analysenverfahren gewonnen; die große Zahl dieser Methoden macht deren Stellenwert deutlich.

Spektrometrie ↔ Spektroskopie ↔ Photometrie

- Als **Spektrometrie** (engl. spectrometry) wird eine Klasse von Methoden bezeichnet, die das Energiespektrum einer Probe/Substanz untersuchen und dabei die Strahlung nach ihrer Energie zerlegen. Während Spektroskope zur visuellen Betrachtung optischer Spektren dienen, werden aufzeichnende Geräte als Spektrometer bezeichnet.
- Die Bezeichnungen Spektrometrie und Spektroskopie werden häufig synonym verwendet. Während der Begriff **Spektroskopie** (engl. spectroscopy) eher auf die Interpretation von Spektren-Zusammenhängen bezogen wird, bezeichnet die Spektrometrie vorwiegend quantitative Messungen, häufig bei einer konstanten Wellenlänge des Spektrums. Zur Spektrometrie werden im weiteren Sinne auch Methoden gezählt, bei denen nicht nach der Energie aufgelöst wird, sondern nach der Masse von Teilchen. Diese werden als Massenspektrometer bezeichnet.
- Der Begriff **Photometrie** (engl. photometry) bezeichnet Messverfahren im Wellenlängenbereich der UV-Strahlung und des (sichtbaren) Lichts (VIS).

Eine Übersicht über die hier beschrieben Verfahren der Spektrometrie gibt ◘ Abb. 8.2.

8.2 Ultraviolett/Visuell-Spektrometrie (UV/VIS) – Photometrie

8.2.1 Prinzip

Elektromagnetische Strahlung, deren Energie im ultravioletten **(UV)** oder sichtbaren **(VIS)** Bereich liegt, kann beim Durchgang durch eine Probe von dieser unter bestimmten Voraussetzungen absorbiert werden. Im Gegensatz zur IR-Spektrometrie (▶ Abschn. 8.4) beruht die Absorption der Quanten hier auf **Elektronenübergängen** zwischen diskreten Energiezuständen der Moleküle in der Probe;

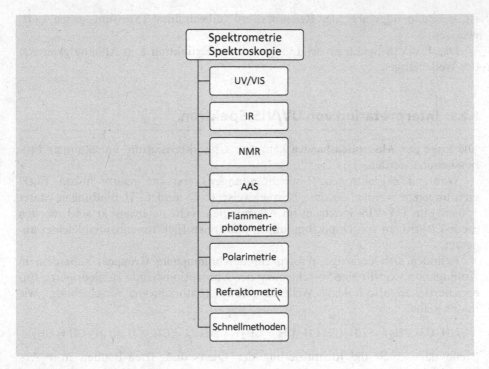

```
        ┌─────────────────┐
        │  Spektrometrie  │
        │  Spektroskopie  │
        └─────────────────┘
                │
                ├──┤ UV/VIS │
                │
                ├──┤ IR │
                │
                ├──┤ NMR │
                │
                ├──┤ AAS │
                │
                ├──┤ Flammen- │
                │   │ photometrie │
                │
                ├──┤ Polarimetrie │
                │
                ├──┤ Refraktometrie │
                │
                └──┤ Schnellmethoden │
```

◻ **Abb. 8.2** Spektrometrie – Übersicht

dabei erfolgen die Übergänge im Allgemeinen zwischen einem bindenden Orbital oder dem Orbital eines einsamen Elektronenpaars und einem nicht-bindenden oder antibindenden Orbital. Auch für diesen Fall gilt analog die Resonanzbedingung: Die Wellenlänge, bei der die Absorption eintritt, hängt mit dem Abstand zwischen den Energiezuständen zusammen und ermöglicht daher Rückschlüsse auf bestimmte Strukturelemente der Moleküle in der Probe (Literaturauswahl: [1–4]).

8.2.2 Aufnahme von UV/VIS-Spektren

Die **Spektren** werden im Allgemeinen von sehr verdünnten Lösungen aufgenommen (etwa 1 mg Probe/100 mL Lösungsmittel). Als Lösungsmittel werden dabei häufig Wasser, Ethanol oder Kohlenwasserstoffe verwendet. Die gelöste Probe wird luftblasenfrei in eine Küvette (je nach Wellenlängenbereich und Lösungsmittel aus Quarz, Glas oder Kunststoff) mit einer Schichtdicke von (üblicherweise) 1 cm eingefüllt, bei leicht flüchtigen Lösungsmitteln abgedeckt und in den Probenstrahl eingesetzt.

Bei Zweistrahlgeräten wird in den Referenzstrahl eine Küvette gleicher Schichtdicke, die mit einer Vergleichslösung (z. B. reines Lösungsmittel) gefüllt ist, gebracht oder aber der Referenzstrahl unbeeinflusst (Messung gegen Luft) gelassen.

Das UV/VIS-Spektrum zeigt graphisch die **Extinktion** E in Abhängigkeit von der Wellenlänge λ.

8.2.3 Interpretation von UV/VIS-Spektren

Die Lage der **Absorptionsbanden** kann zur Charakterisierung unbekannter Proben benutzt werden.

Während σ-Elektronen (Einfachbindungen) erst bei relativ hohen Energien angeregt werden, so dass beispielsweise C–C- und C–H-Bindungen (unter 150 nm) im UV/VIS-Spektrum im Allgemeinen nicht nachweisbar sind, werden die π-Elektronen von Doppelbindungen und freien Elektronenpaaren leichter angeregt.

Befinden sich derartige Teilstrukturen **(chromophore Gruppen)** außerdem in Konjugation, so tritt eine Verschiebung der Absorptionsbande zu niedrigeren Energiebereichen, also höheren Wellenlängen auf (bathochrome Verschiebung), wie in der Reihe:

$$\lambda(H_2C = CH_2) < \lambda(H_2C = CH-CH = CH_2) < \lambda(H_2C = CH-CH = CH-CH = CH_2)$$

(siehe dazu auch die Identifizierung der Dien- und Trien-Banden in ▶ Abschn. 18.4.2.1).

Aus Anzahl, Lage und Intensität der UV/VIS-Banden können Rückschlüsse auf die Zusammensetzung und auf Teilstrukturen einer unbekannten Substanz abgeleitet werden. Hierzu sind jedoch Sammlungen von Vergleichsspektren, empirische Korrelationen und Korrelationstabellen erforderlich. Vorteilhaft ist außerdem die Kombination mit anderen Verfahren wie etwa der IR-Spektrometrie.

8.2.4 Das Lambert-Beersche Gesetz

Lambert-Beersches Gesetz

Das **Lambert-Beersche Gesetz** (auch Lamber-Beer Gesetz genannt) beschreibt die Intensitätsabnahme elektromagnetischer Strahlung durch Absorption in einem Medium. Es bildet die Grundlage der modernen Photometrie und geht zurück auf Arbeiten von August Beer (1852) und Johann Heinrich Lambert (1760) bzw. Pierre Bouguer (1729) – und wird daher seltener auch das Bouguer-Lambert-Beersches Gesetz genannt. Zu den Gesetzmäßigkeiten siehe die Formeln und den Text unten; vgl. auch ◘ Abb. 8.3.

Das Lambert–Beer Gesetz gilt bei Verwendung monochromatischer Strahlung und für klare verdünnte Lösungen ($E = 0{,}2$ bis $0{,}8$).

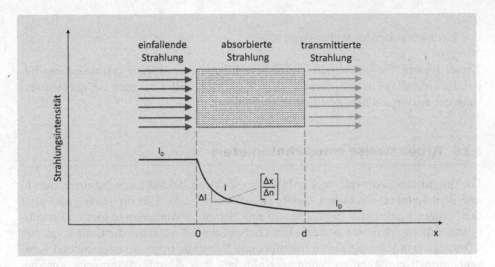

◻ Abb. 8.3   Das Lambert-Beersche Gesetz. *Erläuterung:* I_0 Intensität der Strahlung vor Durchgang durch die Probe; I_D Intensität der Strahlung nach Durchgang durch die Probe (den Absorbanden); **d** Schichtdicke = absorbierende Probe der Dicke **Δx**; **ΔI** absorbierte Intensität; **Δn** Anzahl der absorbierenden Teilchen. Die absorbierte Intensität ΔI ist proportional zur Anzahl Δn der absorbierenden Teilchen. *Weitere Erläuterungen:* siehe Text

Bei hinreichend verdünnten Lösungen besteht zwischen der Konzentration c der absorbierenden Moleküle und der Durchlässigkeit D der Probe gegenüber UV/VIS-Strahlung folgender Zusammenhang:

$$D_\lambda = \frac{I_D}{I_0} = 10^{-\varepsilon_\lambda \cdot c \cdot d}$$

mit

D_λ – Durchlässigkeit der Probe bei der Wellenlänge λ

I_D – Intensität der Strahlung nach Durchgang durch die Probe

I_0 – Intensität der Strahlung vor Durchgang durch die Probe (entsprechend der Intensität des Referenzstrahls)

ε_λ – molarer dekadischer Absorptionskoeffizient bei der Wellenlänge λ

c – Konzentration der absorbierenden Moleküle

d – Schichtdicke der Küvette

Die **Extinktion** E (auch optische Dichte, Absorbanz; aus dem lat. extinctio, bedeutet „Auslöschung"; engl. extinction) die als negativer dekadischer Logarithmus der Durchlässigkeit definiert ist, ist ein Parameter, der der Konzentration c direkt proportional ist und der im Allgemeinen direkt aus den UV/VIS-Spektren abgelesen werden kann:

$$E_\lambda = -\lg D_\lambda = \lg \frac{I_0}{I_D} = \varepsilon_\lambda \cdot c \cdot d$$

mit

E_λ – Extinktion bei der Wellenlänge λ

Dieser lineare, für hinreichend verdünnte Lösungen gültige Zusammenhang bildet die Grundlage der photometrischen Verfahren und wird auch bei der Auswertung der enzymatischen Bestimmungen benutzt.

8.2.5 Arbeitsweise eines Photometers

Die quantitative Auswertung der UV/VIS-Spektren bekannter Substanzen beruht auf dem **Lambert-Beerschen Gesetz** (▶ Abschn. 8.2.4). Hierfür muss nicht über den ganzen Spektrenbereich, sondern nur bei einer Wellenlänge (dem Absorptionsmaximum) gemessen werden. Üblicherweise wird zunächst die Extinktion von Lösungen ermittelt, die die zu bestimmende Substanz in genau eingestellten Konzentrationen enthalten (sogenannte Kalibrier- bzw. Standardlösungen); aus diesen Werten wird dann (oftmals graphisch) die Kalibrierkurve der Form $E = f(c)$ aufgestellt. Durch Interpolation kann anschließend mit Hilfe der Kalibrierkurve aus dem Extinktionswert der aufbereiteten Probe die Konzentration der untersuchten Substanz graphisch bzw. rechnerisch ermittelt werden (vgl. dazu die verschiedenen angegebenen photometrischen Bestimmungen im ▶ Teil IV des Buches).

Grundsätzlich wird zwischen Einstrahlphotometern und Zweistrahlphotometern unterschieden:

- **Bei Einstrahlgeräten**
  ⇨ muss vor jeder Messung der Probenlösung bei der eingestellten Messwellenlänge zur Eliminierung der Eigenabsorption des Lösungsmittels mit diesem ein Nullabgleich durchgeführt werden.
- **Bei Zweistrahlgeräten**
  ⇨ werden die Strahlungsintensitäten des Mess- und Referenzstrahles laufend automatisch miteinander verglichen; dadurch wird die Eigenabsorption des Lösungsmittels eliminiert.

In ◻ Abb. 8.4 ist der schematische Aufbau eines Zweistrahlphotometers dargestellt.

Kolorimetrie

Die Photometrie unterscheidet sich grundsätzlich von der Kolorimetrie:
- **Kolorimetrische Methoden** (engl. calorimetry) beruhen auf einem Farbvergleich.
- **Photometrische Methoden** beruhen auf der Messung der Strahlungsabsorption bzw. Strahlungsdurchlässigkeit von Lösungen.
- Wichtig ist, dass alle photometrischen Methoden monochromatische Strahlung benötigen. Bei unvollkommener **Monochromasie** ist die Abhängigkeit der Strahlungsabsorption von der Konzentration nicht linear.

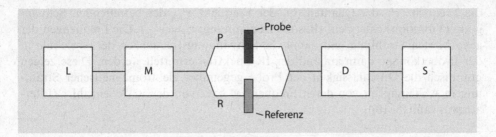

Abb. 8.4 Schematischer Aufbau eines Zweistrahlphotometers. *Erläuterung:* **L** Strahlungsquelle („Lichtquelle"); **M** Monochromator; **P** Probenstrahl; **R** Referenzstrahl, **D** Detektor, **S** Signalauswerteeinheit. *Weitere Erläuterungen:* siehe Text

8.2.6 Anwendungsgebiete

Die UV/VIS-Spektrometrie dient hauptsächlich in Form der Photometrie zur quantitativen Bestimmung von Lebensmittelinhaltsstoffen und Zusatzstoffen. Im Allgemeinen ist es erforderlich, zunächst durch chemische Umsetzung mit entsprechenden Reagenzien gefärbte Produkte zu bilden, die dann im Visuellen Bereich photometriert werden. Andererseits sind in geeigneten Fällen auch viele Stoffe direkt, d. h. originär im UV-Bereich photometrierbar. Die photometrische Messung bildet darüber hinaus auch die Grundlage für die quantitative enzymatische Analyse (**UV-Tests,** ▶ Kap. 10).

8.2.7 Auswertung

Die Schwächung von Strahlungsintensitäten durch Absorption wird gemessen und auf die von Standards (Kalibrierlösungen) bezogen (**Relativmethode**). Ausgewertet wird über eine **Kalibrierkurve** (Extinktion als Funktion der Konzentration), die bei Gültigkeit des Lambert-Beerschen Gesetzes und Messung gegen eine Blindlösung eine Ursprungsgerade darstellt.

8.3 Infrarotspektrometrie (IR)

8.3.1 Prinzip

Wie andere spektrometrische Verfahren beruht auch die **IR-Spektrometrie** (engl. infrared spectrometry) auf der Wechselwirkung zwischen elektromagnetischer Strahlung und Materie.

Im IR-Spektrometer wird die Probe (gasförmig, flüssig oder gelöster bzw. präparierter Feststoff) polychromatischer Strahlung ausgesetzt, deren Energie im IR-Bereich liegt. Dadurch werden **Schwingungen der Moleküle** in der Probe angeregt: Die Moleküle gehen unter Absorption von Lichtquanten vom Schwingungsgrundzustand in den ersten angeregten Schwingungszustand über, wenn die Frequenz v'_Q der Quanten (Q) der Frequenz v'_{vib} der betreffenden Schwingung (Vibration) entspricht (Resonanzbedingung: $v'_Q = v'_{vib}$). Die Frequenzen der absorbierten Strahlung und damit die Schwingungsfrequenzen der Moleküle in der Probe können dann anhand der IR-Spektren ermittelt werden. Diese zeigen graphisch die Durchlässigkeit der Probe gegenüber elektromagnetischer Strahlung in Abhängigkeit von deren Frequenz v' bzw. von deren Wellenzahl v (Literaturauswahl: [5–10]).

Anmerkung

— In der **Schwingungsspektrometrie** wird anstelle der Frequenz v' häufig die Wellenzahl v verwendet. Sie ist definiert als reziproker Wert der Wellenlänge λ und damit der Frequenz v' direkt proportional:
v (cm^{-1}) $= 10^4/\lambda$ (μm) $= v'$ (s^{-1})$/c$ (cm · s^{-1})

— Ein **IR-Spektrum** (mittleres IR) zeigt im Allgemeinen den Wellenzahl-Bereich von 400 cm^{-1} bis 4000 cm^{-1} (entsprechende Wellenlänge von 2,5 μm bis 25 μm).

— **NIR** ist die Abkürzung für **Nah-Infrarot.** Die NIR-Spektrometrie arbeitet mit Strahlung zwischen ca. 780 nm und 2,5 μm (entsprechend einer Wellenzahl von 4000 cm^{-1} bis 12.800 cm^{-1}).

8

8.3.2 Schwingungen in IR-Spektren

Ein gewinkeltes Molekül mit n Atomen hat $N = 3 \cdot n{-}6$ mechanisch mögliche Normalschwingungen; bei linearen Molekülen sind dies $N = 3 \cdot n{-}5$. Nicht alle mechanisch möglichen Schwingungen müssen auch IR-aktiv sein, d. h. im IR-Spektrum auftreten. Eine Normalschwingung kann nur dann angeregt werden, wenn sich in ihrem Verlauf das Dipolmoment des Moleküls periodisch ändert. Nach der Schwingungsform wird unterschieden in:

— **Valenzschwingungen** (Symbol v)
  ⇨ die in der periodischen Änderung einer oder mehrerer Bindungslängen bestehen

— **Deformationsschwingungen**
  ⇨ bei denen sich ein oder mehrere Bindungswinkel ändern (Symbol δ für ebene *(in plane)* bzw. γ für nichtebene *(out of plane)* Deformationsschwingungen)

— **Torsionsschwingungen** (Symbol τ)
  ⇨ Änderung des Torsionswinkels, also des Winkels zwischen zwei Ebenen, die eine Bindung gemeinsam haben.

Diese Schwingungsformen werden nach ihrem Symmetrieverhalten in symmetrische, antisymmetrische und entartete Schwingungen unterteilt.

8.3.3 Arbeitsweise eines IR-Spektrometers

Ein wesentlicher Vorteil der IR-Spektrometrie besteht darin, dass Proben aller Aggregatzustände gemessen werden können:

— **Gasförmige Proben**
⇨ werden in Küvetten überführt, die aus einem etwa 10 cm langen Glaszylinder mit strahlungsdurchlässigem Fenstermaterial (NaCl, KBr, CaF_2 u. a.) bestehen.

— **Flüssigkeiten**
⇨ können am schnellsten gemessen werden, indem ein Tropfen direkt zwischen zwei Platten aus NaCl oder KBr gebracht wird; bei einem Wassergehalt von mehr als 1 % muss dafür ein gegenüber Wasser resistentes Material (CaF_2 u. dgl.) verwendet werden.

— **Festkörper**
⇨ werden im Allgemeinen nicht direkt gemessen, sondern zuvor mit einem Einbettungsmaterial (im Allgemeinen KBr, aber auch NaCl, CsI und Ähnliches) in einer Pressform unter Vakuum zu durchsichtigen, tablettenförmigen Presslingen verarbeitet (sogenannte *KBr-Tabletten*) oder die Proben werden mit Suspensionsmitteln (Paraffinöl, Nujol, Perfluorkerosin) zu zähflüssigen Pasten verrieben und dann wie Flüssigkeiten zwischen KBr- oder NaCl-Platten gebracht. Eine weitere Möglichkeit der Probenvorbereitung besteht darin, den Feststoff in einem Solvens zu lösen, dessen Banden die der Probe nicht überdecken; die weniger intensiven Banden können im Allgemeinen gut durch das Einsetzen einer nur mit dem Lösungsmittel gefüllten Küvette in den Vergleichsstrahl ausgeglichen werden; diese Probenvorbereitung eignet sich besonders für Aufgabenstellungen, bei denen nur ein bestimmter Ausschnitt des Spektrums benötigt wird.

Wasser als Lösemittel für IR ungeeignet

Wegen seiner breiten Banden ist Wasser als Lösungsmittel für die IR-Spektrometrie **nicht** geeignet.

Der Aufbau eines IR-Spektro(photo)meters ist schematisch in ◻ Abb. 8.5 dargestellt. Als Quelle für die **IR-Strahlung** wird der sogenannte **Nernst-Stift** (ein dünner Stab aus Zirkonoxid und anderen Oxidzusätzen) oder einen **Globar** (Siliziumcarbid-Stab) verwendet, die bei einer Temperatur von 1900 bzw. 1500 K betrieben werden. Die emittierte Strahlung wird in zwei Strahlen (Probenstrahl und Referenzstrahl) geteilt und hinter dem Probenraum wieder zusammengeführt. Im Monochromator wird die polychromatische Strahlung in kleinere Wellenzahlintervalle zerlegt und gelangt dann auf den Detektor, und zwar in schnellem Wechsel der Anteil, der die Probe durchlaufen hat, und der unbeeinflusste Referenzstrahl.

Der **Detektor,** häufig ein thermischer Strahlungsempfänger in Form eines Thermoelements, prüft die beiden Anteile auf Intensitätsgleichheit: Wenn der

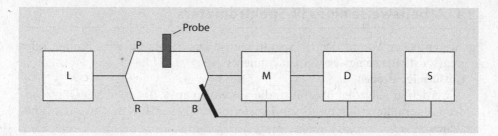

■ **Abb. 8.5** Schematischer Aufbau eines IR-Spektrometers. *Erläuterung:* **L** Strahlungsquelle („Lichtquelle"); **P** Probenstrahl; **R** Referenzstrahl; **B** Kammblende (zur Abschwächung des Referenzstrahls); **M** Monochromator; **D** Detektor; **S** Signalauswerteeinheit. *Weitere Erläuterungen:* siehe Text

Probenstrahl schwächer ist, die Probe also Strahlung absorbiert hat, wird nach dem Prinzip des optischen Nullabgleichs der Referenzstrahl durch Vorschieben einer Kammblende im gleichen Maß geschwächt; deren Bewegung stellt ein Maß für die Stärke der Absorption durch die Probe dar und wird direkt auf den Schreiber übertragen.

8

8.3.4 Anwendungsgebiete

Neben der Charakterisierung und Identifizierung unbekannter Substanzen und der quantitativen Analyse von Mischungen wird die IR-Spektrometrie bei zahlreichen anderen Aufgabenstellungen eingesetzt. Diese reichen von der einfachen Produkt- und Qualitätskontrolle durch Spektrenvergleich bis zu komplizierteren Anwendungen wie etwa der Bestimmung der Molekülsymmetrie und der Berechnung von Kraftkonstanten und Bindungsverhältnissen. Zu einer weiterführenden Beschäftigung mit diesem Thema sei auf die Spezialliteratur verwiesen.

8.3.5 Auswertung/Interpretation von IR-Spektren

Die schnelle und direkte Identifizierung einzelner Strukturelemente ist ein entscheidender Vorteil der IR-Spektrometrie gegenüber anderen spektroskopischen Verfahren.

Allgemein liegt die **Wellenzahl** von Valenzschwingungen umso höher, je stärker die betreffende Bindung ist und je kleiner die daran beteiligten Atommassen sind, also:

$$\upsilon(C \equiv C) > \upsilon(C = C) > \upsilon(C{-}C)$$

und

$$\upsilon(C{-}H) > \upsilon(C{-}C) > \upsilon(C{-}Cl) \text{ usw.}$$

Besonders in organischen Molekülen werden für die Schwingungen bestimmter Strukturelemente wie zum Beispiel C–H, C=O, C=C oft eng begrenzte, charakteristische Absorptionsbereiche beobachtet. Diese Frequenzbereiche und die zu erwartenden Intensitäten der betreffenden Schwingungsbanden sind in Form von sog. *Korrelationstabellen* zusammengefasst (vgl. Monographien zur Schwingungsspektrometrie). Die Identifizierung und Charakterisierung unbekannter Substanzen anhand dieser Tabellen und durch Vergleich mit Standardspektren stellt eine der wichtigsten Anwendungen der IR-Spektrometrie dar.

Für die quantitative Auswertung von IR-Spektren gilt wie bei den UV-Spektren das **Lambert-Beersche Gesetz** (▶ Abschn. 8.2):

$$lg\frac{I_0}{I} = \varepsilon \cdot c \cdot d = E$$

mit

I – Ausgangsintensität der Strahlung (nach der Probe)

I_0 – Eingangsintensität der Strahlung (vor der Probe) (▶ Abschn. 15.4.2.3)

ε – molarer Absorptionskoeffizient

c – Konzentration

d – Schichtdicke

E – Extinktion

8.4 Kernspinresonanzspektrometrie (NMR)

Mit Hilfe der **Kernspinresonanzspektrometrie** oder **NMR-Spektrometrie** (engl. Nuclear Magnetic Resonance Spectrometry) lassen sich Übergänge von Atomkernen zwischen energetisch unterschiedlichen Zuständen in einem äußeren Magnetfeld beobachten. Sie gehört zu den wichtigsten analytischen Verfahren zur Charakterisierung und Strukturaufklärung von chemischen Verbindungen.

Mit Hilfe der NMR-Spektrometrie können auch geringe Substanzmengen zerstörungsfrei untersucht werden. Neben der Hochfeld-NMR-Spektrometrie mit ihrer Vielfalt an unterschiedlichen ein- und mehrdimensionalen Messverfahren haben vor allem quantitative Anwendungen und die Entwicklung der Niederfeld-Spektrometer der NMR-Spektrometrie den Weg in die Lebensmittelanalytik und die Qualitätskontrolle bereitet (Literaturauswahl: [11–24]).

Der Einsatz der NMR-Spektrometrie zur Überprüfung der Authentizität und Herkunft wurde zum Beispiel in der Analytik von pflanzlichen Ölen, von Kaffee, Fruchtsäften, Wein und Bier beschrieben. Bei Herkunfts- bzw. Authentizitätsbestimmungen wird häufig die interne **Deuterium-Verteilung** bestimmt (siehe unter Anwendungen).

8.4.1 Prinzip

Die meisten Atomkerne (außer denen mit einer geraden Anzahl an Protonen und Neutronen) besitzen einen von Null unterschiedlichen Eigendrehimpuls P, den sogenannten **Kernspin** (◘ Abb. 8.6).

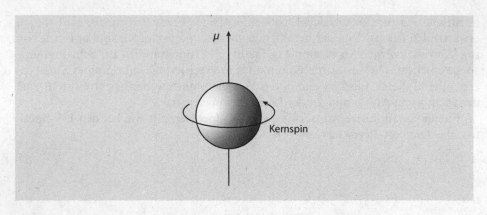

■ **Abb. 8.6**   Kernspin und magnetisches Moment μ. *Erläuterungen:* siehe Text

Da der Kern geladen ist, resultiert daraus ein dem Kernspin proportionales magnetisches Moment μ:

$$\mu = \gamma P$$

mit

γ – Proportionalitätskonstante

P – Eigendrehimpuls

Die Proportionalitätskonstante γ, das gyromagnetische Verhältnis, ist eine kernspezifische Größe und bestimmt neben der Häufigkeit der Kernsorte ihre Nachweisempfindlichkeit in der NMR-Spektrometrie (■ Tab. 8.1).

In einem äußeren Magnetfeld B_0 kann das magnetische Moment eines Kernes $2I+1$ ($I \triangleq$ Kernspinquantenzahl) verschiedene Orientierungen einnehmen, die sich durch die Magnetquantenzahl m_I unterscheiden. Dadurch entstehen $2I+1$

■ **Tab. 8.1**   Für die NMR-Spektrometrie wichtige Kerne

Kern	Kernspinquantenzahl I	Natürliche Häufigkeit (%)	Gyromagnetisches Verhältnis γ (10^7 rad · T^{-1} · s^{-1})
^{1}H	1/2	99,985	26,7519
^{2}H	1	0,015	4,1066
^{13}C	1/2	1,108	6,7283
^{14}N	1	99,63	1,9338
^{15}N	1/2	0,37	−2,7126
^{17}O	5/2	0,037	−3,6280
^{19}F	1/2	100	25,1815
^{35}P	1/2	100	10,8394

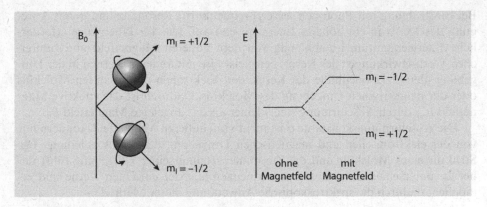

■ **Abb. 8.7** Energieniveaus eines Kerns mit $I = 1/2$ im äußeren Magnetfeld B_0. *Erläuterung:* **m** Magnetquantenzahl; **E** Energieniveau. *Weitere Erläuterungen:* siehe Text

unterschiedliche Energieniveaus für den Kern. Für Wasserstoff (^1H) mit $I = 1/2$ gibt es beispielsweise zwei Orientierungen und zwei Energieniveaus (■ Abb. 8.7).

$$E = -m_I \gamma \frac{h}{2\pi} B_0$$

mit
$$m_I = I, I\text{-}1, ..., \text{-}I$$

Das magnetische Moment μ führt im äußeren Magnetfeld eine Präzessionsbewegung um die z-Achse (die Richtung des äußeren Magnetfeldes) mit der Larmor-Frequenz ω_0 aus (■ Abb. 8.8).

$$\omega_0 = \gamma B_0$$

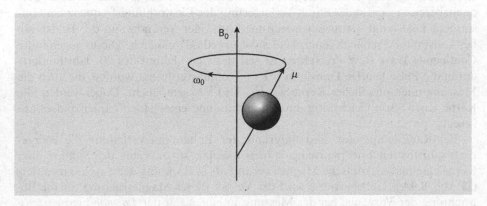

■ **Abb. 8.8** Präzessionsbewegung des magnetischen Moments um die Achse des Magnetfeldes. *Erläuterung:* siehe Text

Bei Einstrahlung mit Photonen dieser Frequenz tritt Resonanz und damit Anregung des Kerns in ein höheres Energieniveau auf. Das für Übergänge erforderliche Energiequantum ist abhängig von dem äußeren Magnetfeld und zahlreichen Wechselwirkungen des Kerns, beispielsweise mit anderen Kernen in der Umgebung, der Elektronenhülle des Kerns, den Elektronen des gesamten Moleküls oder der magnetischen Umgebung des Moleküls. Dadurch ist das effektive Magnetfeld B_{eff} durch Abschirmung stets kleiner als das angelegte Magnetfeld B_0.

Die Abschirmungskonstante σ ist nicht vom äußeren Magnetfeld, sondern nur von der elektronischen und magnetischen Umgebung des Kerns abhängig. Die Struktur eines Moleküls und die Zusammensetzung seiner Umgebung führt daher zu unterschiedlichen Resonanzfrequenzen ω_{eff} der einzelnen Kerne und ermöglicht dadurch die spektroskopische Anwendung dieser Methode:

$$B_{eff} = (1 - \sigma)B_0 \quad \text{und damit}$$

$$\omega_{eff} = (1 - \sigma)B_0$$

Die erhaltenen Signale werden teilweise weiter aufgespalten durch die Wechselwirkungen nichtäquivalenter Kerne untereinander. Der beobachtete Kern hat durch das kleine Magnetfeld eines Nachbarkerns so viele Resonanzfrequenzen, wie dessen Spin Orientierungen im Magnetfeld annehmen kann. Daraus resultieren bei n benachbarten NMR-aktiven Kernen $2nI + 1$ Resonanzlinien.

Da die exakte Lage der Resonanzlinien und ihre Feinstruktur also durch die chemische Umgebung der Kerne beeinflusst werden, hat die Kernresonanzspektrometrie größte Bedeutung als analytisches Werkzeug in der Chemie und Biologie und vielen anderen Gebieten.

8.4.2 Messverfahren

Eine Messung der Resonanzfrequenzen ist durch einfaches „Abtasten" eines Frequenzbereiches, entweder durch Veränderung der Einstrahlungsfrequenz bei konstantem Feld (engl. frequency sweep method) oder Veränderung der Feldstärke bei konstanter Frequenz (engl. field sweep method) möglich. Dieses sogenannte **Continuous Wave** (CW)-Verfahren ist seit den 70er Jahren des 20. Jahrhunderts durch die **Pulse Fourier Transform** (PFT)-Technik verdrängt worden, die auch die Messung unempfindlicher Kerne wie ^{13}C und ^{15}N ermöglicht. Dabei werden alle Kerne einer Sorte gleichzeitig durch Einstrahlung eines Hochfrequenzpulses angeregt.

Bei Raumtemperatur sind aufgrund der Boltzmann-Verteilung die energetisch günstigeren Energieniveaus stärker besetzt, so dass aus der Summe aller Kerne eine makroskopische Magnetisierung M_0 in Richtung der z-Achse resultiert (◘ Abb. 8.9A). Üblicherweise wird der Vektor dieser Magnetisierung für die Betrachtung der Vorgänge bei der Messung in einem mit der *Larmor*-Frequenz rotierenden Koordinatensystem dargestellt (mit den Achsen z, x' und y'). Bei Einstrahlung eines 90°-Pulses in Richtung der Achse x' wird M_0 in Richtung y' ausgelenkt (◘ Abb. 8.9B).

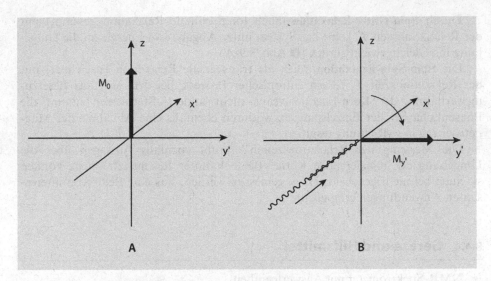

□ Abb. 8.9 Makroskopische Magnetisierung im Gleichgewicht (**A**) und nach Auslenkung durch einen 90° Puls (**B**). *Erläuterungen:* siehe Text

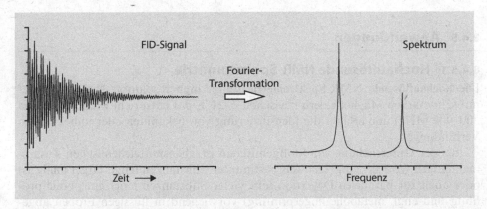

□ Abb. 8.10 Detektiertes Signal (engl. Free Induction Decay, FID) und durch Fourier-Transformation erhaltenes frequenzaufgelöstes Spektrum. *Erläuterungen:* siehe Text

Anschließend kehrt das System durch **Relaxation** wieder ins Gleichgewicht zurück. Dabei wird im Detektor ein abklingendes Signal (engl. Free Induction Decay, FID) beobachtet, das eine Überlagerung aller Resonanzfrequenzen der Probe enthält. Durch Fourier-Transformation entsteht daraus das **NMR-Spektrum** (□ Abb. 8.10).

8.4.3 Relaxation

Es gibt im Wesentlichen zwei Prozesse, die den Abbau der Magnetisierung in y'-Richtung (□ Abb. 8.9-B) bestimmen.

Durch **Spin-Gitter-Relaxation** (auch longitudinale Relaxation genannt) mit der Relaxationszeit T_1 kehrt das System unter Abgabe von Energie an die Umgebung ins Gleichgewicht zurück (◘ Abb. 8.9-A).

Die **Spin-Spin-Relaxation** (auch als transversale Relaxation bezeichnet) mit der Relaxationszeit T_2 ist ein entropischer Prozess, bei dem sich das Besetzungsverhältnis der Kern-Energieniveaus nicht ändert. Stattdessen nimmt die Phasenkohärenz der Einzelspins ab, wodurch ebenfalls eine Abnahme der Magnetisierung in y'-Richtung resultiert.

Die Messung der Relaxationszeiten erlaubt ebenfalls Aussagen über die Umgebung der relaxierenden Kerne. Bei bekannter Resonanzfrequenz können sie auch bei niedrigen Feldstärken gemessen werden, was eine Reihe von interessanten Anwendungen ermöglicht.

8.4.4 Geräte und Hilfsmittel

- NMR-Spektrometer mit Auswerteeinheit
- Deuterierte Lösungsmittel (D_2O, $CDCl_3$, MeOH-d_6, DMSO-d_6)
- NMR-Probenröhrchen

8.4.5 Anwendungen

8.4.5.1 Hochauflösende NMR-Spektrometrie

Die **hochauflösende NMR-Spektrometrie** (engl. high resolution NMR) arbeitet mit sehr starken Magnetfeldern (zwischen 7–21 T, das entspricht Frequenzen von 300–900 MHz) und erlaubt die Identifizierung von bekannten oder unbekannten Verbindungen.

Bei der Untersuchung von Stoffgemischen in lebensmittelchemischen Zusammenhängen wird sie zum Nachweis bestimmter Substanzen (engl. target analysis) oder auch zur parallelen Detektion sehr vieler Substanzen (engl. metabolic profiling und engl. metabolic fingerprinting) vorwiegend in flüssigen Proben angewendet. Dabei ist es möglich, die einzelnen Bestandteile zu quantifizieren; bei der parallelen Analyse sehr vieler verschiedener Substanzen wird hier auch auf statistische Methoden zurückgegriffen.

So lassen sich Korrelationen zwischen geographischer Herkunft und Verarbeitungsmethoden und dem Profil der Inhaltsstoffe herstellen, die dann eine Überwachung der Lebensmittel ermöglichen. Diese Methode ist bei Olivenöl, Wein, Bier und Fruchtsäften in Gebrauch. Mittlerweile gibt es sogar kommerzielle Geräte speziell für diese Anwendung.

8.4.5.2 SNIF-NMR

Ein Spezialfall der hochauflösenden NMR-Spektrometrie ist **SNIF-NMR** (engl. Site Specific Natural Isotope Fractionation NMR). Mit dieser quantitativen Methode lässt sich die Verteilung von natürlichen Stabil-Isotopen (^{2}H, ^{13}C, ^{18}O) auf bestimmte Positionen eines Moleküls bestimmen. Diese Bestimmung ist für die Authentizitätsprüfung von Bedeutung, da die Deuteriumverteilung biologisch synthetisierter organischer Moleküle nicht statistisch erfolgt, sondern vom jeweiligen Biosyntheseweg abhängt.

Durch Abweichungen von der erwarteten Verteilung sind Verfälschungen von Wein und Fruchtsäften (Zusatz von Zucker oder Wasser) mit dieser Methode leicht nachzuweisen. Bei Olivenöl kann auch der Zusatz preiswerterer („billigerer") Pflanzenöle mit dieser Methode detektiert werden.

8.4.5.3 Festkörper-NMR

Die NMR-Spektrometrie, die normalerweise flüssige Proben untersucht, kann unter bestimmten Voraussetzungen auch auf Feststoffe angewandt werden. Um die extreme Signalverbreiterung im Festkörper aufzuheben, wird die Probe in einem Winkel von 54,7° zum statischen Magnetfeld schnell rotiert (engl. Magic Angle Spinning, MAS), wodurch eine zu Flüssigkeiten vergleichbare Linienbreite erreicht wird.

Damit können zusätzlich zu den oben genannten flüssigen Produkten auch feste Produkte wie Früchte, Gemüse, Fleisch, Fisch, Käse, Getreide und Kaffeebohnen NMR-spektroskopisch untersucht werden.

8.4.5.4 Kernspintomographie (MRI-NMR)

Um die Struktur eines Produktes zu erfassen, sind 2-oder 3-dimensionale ortsaufgelöste Messungen notwendig (engl. Magnetic Resonance Imaging, MRI). Dabei wird die Beobachtung auf ein bestimmtes Signal beschränkt (Wasser, Fettsäuren); es werden keine frequenzaufgelösten Spektren gemessen, sondern die unterschiedlichen Relaxationszeiten, und es werden Feldgradienten an Stelle des normalerweise homogenen Magnetfeldes verwendet. Durch die Feldgradienten unterscheidet sich das Resonanzverhalten der Kerne in den verschiedenen Raumrichtungen. Damit ist eine zerstörungsfreie Beobachtung der inneren Struktur von Lebensmitteln möglich.

8.4.5.5 Niederfeld-NMR

Während diese Methode in der Medizin hohe Auflösungen und damit auch hohe Magnetfeldstärken erfordert, sind für die Analytik von Lebensmitteln und in der Qualitätskontrolle je nach Anforderung (Wasser- oder Fettgehalt einer Probe) auch niedrigere Feldstärken ausreichend.

Während die hochaufgelöste NMR-Spektrometrie mit Feldstärken von 7–21 T heliumgekühlte Kryo-Magneten verwendet, ist bei Feldstärken unter 1,5 T **(Niederfeld-NMR)** durch die Verwendung einfacherer Technik auch der Bau tragbarer und kostengünstigerer Geräte möglich.

8.5 Atomabsorptionsspektrometrie (AAS)

8.5.1 Prinzip

Bei der **AAS** (engl. Atomic Absorption Spectrometry) wird die Resonanz-Absorption von Strahlungsenergie (Lichtenergie) durch Atome gemessen. Das Phänomen der Strahlungsabsorption wurde schon Anfang des 18. Jahrhunderts hauptsächlich an Kristallen und Flüssigkeiten untersucht [25–27]). Dabei wurde festgestellt, dass die ursprüngliche Bestrahlungsstärke in drei Teile zerfällt:

- reflektierte
- durchgelassene
- absorbierte

Strahlung.

Erkannt wurde das Prinzip der Atomabsorption (AA) in der Mitte des 19. Jahrhunderts von G. R. Kirchhoff und R. Bunsen. Kirchhoff formulierte den Zusammenhang zwischen Absorption und Emission in einem allgemeingültigen Gesetz:

8

> **Gesetz der Strahlungsenergie**
>
> Die **Absorption** von Strahlung/Licht durch Atome findet auf derselben Wellenlänge statt, auf der diese Atome auch Strahlung/Licht **emittieren.**

Max Planck (1858–1947) bestätigte diese früheren Befunde und stellte das Gesetz der quantenhaften Emission und Absorption der Strahlungsenergie auf. Dieses besagt, dass jedes Atom nur in bestimmten Energiezuständen existenzfähig ist. Übergänge zwischen den einzelnen Energiezuständen sind jeweils mit der Aufnahme und Abgabe einer genau definierten Energiemenge e verbunden.

Unter **Atomabsorption** wird demnach nichts anderes als ein Übergang von einem niedrigen Energiezustand A in einen höheren Energiezustand B durch Aufnahme der für den Übergang erforderlichen Energie in Form von Strahlungs-/Lichtquanten $h\nu'$ verstanden:

$$e = h\nu' = \frac{hc}{\lambda}$$

mit

h – Plancksches Wirkungsquantum

c – Lichtgeschwindigkeit

ν' – Frequenz

λ – Wellenlänge

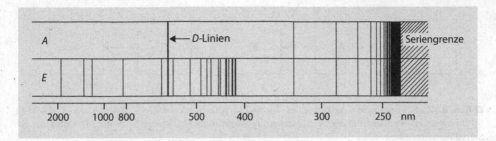

● **Abb. 8.11** Absorptions- und Emissionsspektrum von Natrium (Nach [26]). *Erläuterung: A* Absorptionsspektrum (linienärmer); *E* Emissionsspektrum (wesentlich linienreicher)

Werden Atome thermisch oder elektrisch angeregt, so senden diese die aufgenommene Energie in Form des Emissionsspektrums aus. Erfolgt die Anregung durch Strahlungsenergie, so nehmen die Atome nur genau definierte Energiebeträge (d. h. Strahlung/Licht bestimmter Frequenz) auf, und es wird das **Absorptionsspektrum** beobachtet (● Abb. 8.11). Die auf diese Weise aufgenommene Energie wird in Form des Emissions- bzw. Fluoreszenzspektrums wieder abgegeben. **Emissionsspektren** sind komplexer, da das Leuchtelektron der angeregten Atome durch Stöße mit anderen Atomen beliebige Terme erreichen und auf verschiedene Niveaus zurückfallen kann.

Wenn es in einem Atom nur *einen* angeregten Zustand gäbe, könnte auch nur eine einzige Emissions-, Absorptions- oder Fluoreszenzlinie auftreten. Das Absorptionsspektrum eines Atoms zeigt dagegen aber eine Vielzahl von Linien („Strichcode"). Diese erscheinen nach kürzeren Wellenlängen hin (= zunehmende Energie) in immer engeren Abständen. Sie nehmen dabei an Intensität ab, bis schließlich eine Häufungsstelle (Konvergenzstelle) auftritt, ab der keine Linien mehr, sondern eine kontinuierliche Absorption auftritt.

Der Spektralbereich der Atomabsorption liegt zwischen 852,1 nm (für Cäsium), also im nahen IR, und 193,7 nm (für Arsen), im beginnenden Vakuum-UV. Dazwischen liegen die Resonanzlinien (d. h. die Wellenlängen, bei denen die Atome mit Strahlungs-/Lichtquanten in Resonanz treten, also absorbieren können) aller Metalle und Halbmetalle. Nicht erfassbar sind alle typischen Nichtmetalle wie S, C oder Halogene, die unterhalb von 190 nm absorbieren.

Die Atomabsorption gehorcht dem **Lambert-Beerschen Gesetz** (▶ Abschn. 8.2); deshalb kann sie auch zur quantitativen Analyse herangezogen werden. Die untersuchten Atome befinden sich vornehmlich im Grundzustand; das Verfahren ist deshalb empfindlicher als die Flammenphotometrie (vgl. ▶ Abschn. 8.6.3).

8.5.2 Arbeitsweise eines Atomabsorptionsspektrometers

Die wesentlichen Komponenten eines AAS-Gerätes sind:

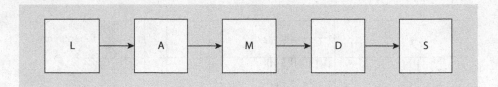

◘ **Abb. 8.12**   Schematischer Aufbau eines Atomabsorptionsspektrometers. *Erläuterung:* **L** Licht-/ Strahlungsquelle (Linienstrahler); **A** Atomisierungseinrichtung; **M** Monochromator; **D** Detektor; **S** Signalauswerteeinheit

— eine Strahlungsquelle, die das Spektrum des interessierenden Elementes aussendet
— eine „Absorptionszelle", in der aus der zu untersuchenden Probe durch thermische Dissoziation Atome gebildet werden
— ein Monochromator zur spektralen Zerlegung der Strahlung, mit dem Austrittsspalt, der die Resonanzlinie aussondert
— ein Empfänger, der die Messung der Strahlungsintensität ermöglicht
— und ein Verstärker sowie ein Anzeigegerät, das die Ablesung der Absorptionswerte gestattet (◘ Abb. 8.12).

8.5.3 Strahlungsquelle

Meist wird eine **Hohlkathodenlampe** (HKL) benutzt (◘ Abb. 8.13). Sie besteht aus einem Glaszylinder, der unter einem geringen Druck mit Edelgas gefüllt ist und in den zwei Elektroden eingeschmolzen sind. Die Anode ist ein einfacher Draht (meist aus Wolfram oder Nickel). Die Kathode hat die Form eines Hohlzylinders, der an einer Seite geöffnet ist: Sie ist entweder ganz aus spektralreinem Metall gefertigt oder mit diesem befüllt. Wird nun eine Spannung an die beiden Elektroden angelegt (bis ca. 400 V), dann kommt es zu einer Glimmentladung, d. h. das Edelgas wird bei dem herrschenden niedrigen Druck ionisiert.

Die gebildeten Ionen treffen, dem Spannungsgefälle folgend, auf die Kathode und schlagen dort Metallatome heraus, die ihrerseits wieder in der Glimment-

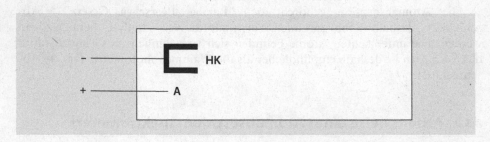

◘ **Abb. 8.13**   Schematischer Aufbau einer Hohlkathodenlampe. *Erläuterung:* **HK** Hohlkathode; **A** Anode

ladung angeregt werden und ein (für das jeweilige Element) charakteristisches Emissionsspektrum aussenden. HKL lassen sich für praktisch alle mit der AAS bestimmbaren Elemente herstellen.

Elektrodenlose Entladungslampen (EDL, engl. Electrodeless Discharge Lamp) besitzen eine höhere Lichtintensität und werden vor allem für leichtflüchtige Elemente (zum Beispiel für As, Rb, Cs) verwendet. Hier erfolgt die Anregung des interessierenden Elements durch ein elektromagnetisches Hochfrequenzfeld. Der eigentliche Strahler besteht aus einem Kieselglaskolben, in dem das Element unter einem Füllglasdruck von etwa 1 kPa eingeschmolzen ist.

8.5.3.1 Atomisierung

Bei der **Atomisierung** soll ein möglichst hoher Anteil von Atomen in den gasförmigen Aggregatzustand überführt, aber möglichst wenig angeregte oder ionisierte Atome erzeugt werden. Dazu muss die Probe zunächst verdampft (frei von Lösungsmitteln und leicht flüchtigen Bestandteilen) und verascht werden und dann in freie Atome dissoziieren. Unterschieden wird zwischen **Flammenatomisierung** (F-AAS) und elektrothermaler Atomisierung im Graphitofen (**Graphitrohrofen-AAS,** GF-AAS).

▪▪ Atomisierung mit der Flamme (Flammen-AAS, F-AAS)

Die Probe wird von einem pneumatischen Zerstäuber in eine Kammer versprüht, mit einem Brenngas (z. B. Acetylen) und Oxydans (Luft, Lachgas) vermischt und gelangt dann durch einen Brennerschlitz in die Flamme. Dort wird sie durch die herrschende Temperatur in die Atome dissoziiert, die die Strahlung der Hohlkathodenlampe absorbieren. Die thermische Dissoziation ist allerdings ein sehr komplexer Vorgang: Die Probe wird dabei zuerst getrocknet, das heißt, vom Lösungsmittel befreit. Bei zunehmender Konzentrierung gehorchen die Ionen dem Massenwirkungsgesetz, das heißt, die Verbindung mit dem kleinsten Löslichkeitsprodukt kristallisiert zuerst aus.

Unter dem Einfluss der Temperatur treten Abspaltungs- und Umlagerungsreaktionen auf. Der eigentliche Schmelz- und Verdampfungsprozess ist dann eine temperaturabhängige Gleichgewichtsreaktion. Außerdem enthalten die heißen Flammengase außerordentlich reaktionsfähige Komponenten (z. B. atomarer Sauerstoff, OH-Radikale etc.), die wiederum die thermische Dissoziation beeinflussen können. Das Licht der Hohlkathodenlampe wird direkt durch die Flamme geleitet, so dass die gebildeten Atome noch in der Flamme absorbieren können. Das Erreichen des Gleichgewichtszustandes hängt ab von:

— der Tröpfchengröße des Aerosols
— den anionischen Komponenten (Bildung von schwer schmelz- oder verdampfbaren Verbindungen)
— der Flammentemperatur.

Die Gesamtzahl N an absorptionsbereiten Atomen kann sich aus folgenden Gründen verändern ($\triangleq$ Interferenzen):

a) **Ionisationsinterferenz**

⇨ Sie tritt auf, wenn das zu bestimmende Element eine höhere Energie, als zur Atomisierung notwendig ist, aufnimmt und dadurch schon in einen höheren Anregungszustand überführt oder gar ionisiert wird. Die Folge ist, dass keine Strahlungs-/Lichtabsorption mehr möglich ist (besonders bei Alkali- und Erdalkalielementen bei höheren Flammentemperaturen).

⇨ Diese Erscheinung kann umgangen werden, indem absichtlich ein leichter ionisierbares Element der Probenlösung zugesetzt wird: Dadurch wird die Ionisation des zu bestimmenden Elementes zurückgedrängt.

b) **Physikalische Interferenz**

⇨ Ursachen hierfür sind unterschiedliche Dichte, Viskosität oder Oberflächenspannung der Lösung, die die Ansaugrate des Zerstäubers (pro Zeiteinheit gelangen weniger Atome in die Flamme) und die Tröpfchengröße des Aerosols beeinflussen.

⇨ Aufgrund dieser Interferenzerscheinungen sollten Proben- und Kalibrierlösungen ungefähr dieselbe Zusammensetzung besitzen.

c) **Chemische Interferenz**

⇨ Die Einstellung des Atomisierungsgleichgewichtes kann durch Ausbildung schwerlöslicher Verbindungen verhindert werden.

▪ ▪ Elektrothermale (elektrothermische) Atomisierung (Graphitrohr-Technik, GF-AAS)

Im Gegensatz zur konventionellen AAS wird hier die Probe nicht in einer Flamme, sondern in einem glühenden **Graphitrohr** (also flammenlos) atomisiert, das sich im Strahlengang des AAS-Gerätes befindet. Bei der in ▣ Abb. 8.14 wiedergegebenen Anordnung ist das Graphitrohr zwischen zwei Graphitkonen in einem zweigeteilten Metallgehäuse angeordnet. Wasser strömt zur Kühlung durch Kammern, um die Graphitkonen und die Kontaktflächen Graphit/Metall auf niedriger Temperatur zu halten. Gleichzeitig wird dadurch ein schnelles Abkühlen nach dem Atomisieren erreicht – von maximaler Temperatur auf Zimmertemperaturen in 30 s – und eine hohe Analysenfrequenz möglich.

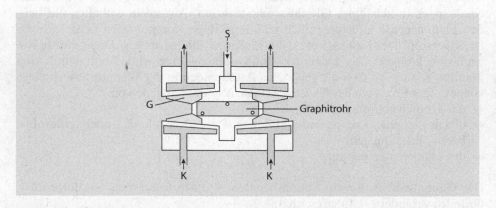

▣ **Abb. 8.14** Beispiel eines Graphitrohrofens mit Graphitrohrküvette – schematisch (Nach [25]). *Erläuterung:* **S** Schutzgas; **G** Graphitkonen; **K** Kühlwasser

Um ein Verbrennen der Graphitteile bei höheren Temperaturen zu vermeiden, strömt Argon oder Stickstoff als inertes Gas um und durch das Rohr. An jedem Ende des Graphitrohres befinden sich zwei tangentiale Bohrungen, die über den Querschnitt des Rohres eine laminare Strömung entstehen lassen. Diese „Gasvorhänge" verlängern die höhere Präzision der Messungen. Die inerte Gasatmosphäre verhindert auch während der thermischen Zersetzung eine nachteilige Oxidbildung, wie sie oft in der Flamme beobachtet wird. Zur Information über andere Anordnungen, wie eine Argonkammer nach Massmann siehe weiterführende Literatur.

8.5.3.2 Ablauf eines Analysenganges

Die Probe wird mit Hilfe einer Mikropipette in das kalte Graphitrohr eingebracht, dann zunächst durch stufenweißes Erhöhen der Temperatur thermisch vorbehandelt (z. B. Trocknen 25 s bei etwa 100 °C, dann Zersetzen 20 s bei ca. 800–1200 °C) und so von störenden Begleitsubstanzen befreit und schließlich durch eine rasche weitere Temperatursteigerung atomisiert (zum Beispiel 8 s bei 2600 °C; anschließend Ausheizen 3 s bei 2700 °C). Das Aufheizen des Rohres erfolgt durch Anlegen hoher Stromstärken (zum Beispiel 500 A bei 10 V) an die Rohrenden aufgrund des inneren Widerstandes von Graphit (Widerstandsheizung), wobei die Temperatur über den Strom (bzw. die Spannung) einstellbar ist und maximal 2700 °C erreicht (vgl. ◨ Abb. 8.14).

— **Vorteile**
⇨ Gesteigerte Empfindlichkeit und Nachweisgrenze für fast alle metallischen Elemente, die im Wesentlichen auf einer deutlich verlängerten Aufenthaltszeit (ca. 1 s) der gebildeten Atome im Strahlengang beruht.
⇨ Inerte Umgebung (durch Schutzgasatmosphäre); chemische Interferenzen werden so gut wie nicht beobachtet.
⇨ Die Signalhöhe ist proportional zur absoluten Menge (nicht der Konzentration!), da die eingebrachte Probe spontan und unabhängig von ihrem ursprünglichen Volumen atomisiert wird.
⇨ Austauschbarkeit von Volumen und Konzentration, d. h. die relative Empfindlichkeit hängt von dem dosierten Probenvolumen ab. Zur Erfassung kleinster Konzentrationen ist es erforderlich, relativ große Volumina (beispielsweise 100 µL) in das Graphitrohr einzugeben.

— **Nachteile**
⇨ Es werden hohe Anforderungen an die Homogenität der Probe gestellt, da sonst Fehlmessungen resultieren.
⇨ Gefahr der Bildung von schwer atomisierbaren Carbiden (z. B. bei Titan, Vanadium usw.).

8.5.3.3 Monochromator

Der **Monochromator** hat die Aufgabe, den interessierenden Spektralbereich zu erfassen und die Resonanzlinie des interessierenden Elements von anderen Emissionslinien abzutrennen (◨ Abb. 8.15). Das wichtigste Kriterium für die Qualität eines Monochromators in der AAS ist die Frage, welcher Anteil der von der

8

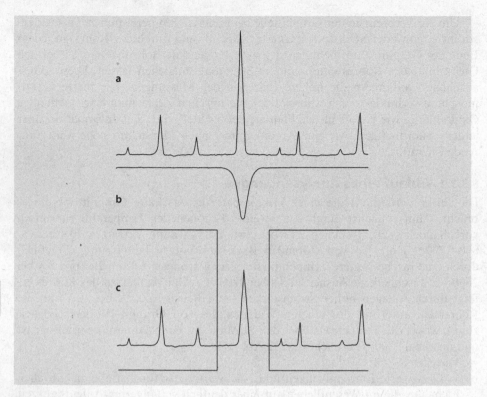

◧ **Abb. 8.15**   Zur Messung der Absorption (Nach [25]). *Erläuterung:* **a** Emissionsspektrum der Hohlkathodenlampe; **b** Absorption in der Atomisierungseinrichtung (Flamme); **c** Wirkung von Monochromator und Austrittsspalt: Nach der spektralen Zerlegung der Strahlung im Monochromator wird
durch den Austrittsspalt die Resonanzlinie selektiert; alle anderen Linien werden ausgeblendet

Hohlkathodenlampe emittierten Strahlung durch den Monochromator auf den
Detektor gelangt, da hier auftretende Strahlungsverluste nur durch hohe Nach-
verstärkung in der Elektronik wieder ausgeglichen werden können. Dies führt jedoch stets zu erhöhtem „Rauschen" des Signals und damit zu einer verringerten
Präzision und zu schlechten Nachweisgrenzen.

Die geometrische Abmessung des Eintrittsspaltes, auf den die emittierende
Kathode abgebildet wird, entscheidet über die Strahlungsstärke des Monochromators. Eintritts- und Austrittsspalt müssen in erster Näherung dieselben ge-
ometrischen Dimensionen besitzen.

Die geometrische Spaltbreite (sie gibt an, welche mechanische Breite in mm
oder μm der Ein- oder Austrittsspalt bei einer gegebenen Spaltbreite effektiv haben) bedingt die spektrale Spaltbreite, die ihrerseits durch das Auflösungsvermögen des Monochromators begrenzt wird (das Auflösungsvermögen gibt an,
welche kleinste spektrale Spaltbreite erreicht werden kann bzw. welche kleinste geometrische Spaltbreite aus Gründen der Beugung noch sinnvoll eingesetzt
wird). Sie bestimmt die Strahlungsmenge, die auf das Dispersionselement und
demnach schließlich auf den Detektor fällt.

8.5.3.4 Detektor

Es eignen sich **Sekundärelektronenvervielfacher** (SEV; engl. Photomultiplier, ausführlich beschrieben unter ▶ Abschn. 6.5.1), die den Photonenstrom in einen Elektronenstrom umwandeln: Sie bestehen aus einer Anode, einer strahlungsempfindlichen Elektrode (Photokathode) und mehreren Emissionskathoden (Dynoden), die ein zunehmend positives Potential gegenüber der Photokathode besitzen. Ein von der Photokathode freigesetztes Photoelektron wird von der ersten Dynode angezogen (dabei fällt es mit einer bestimmten kinetischen Energie entsprechend dem Spannungsgefälle auf diese Dynode) und setzt dort einige Sekundärelektronen frei, die erneut beschleunigt werden und ihrerseits eine noch größere Zahl von Elektronen auslösen (Verstärkungseffekt).

8.5.4 Leistungsfähigkeit und Untergrundkompensation

8.5.4.1 Spezifität

Durch die Verwendung einer elementspezifischen Strahlungsquelle ist die **Spezifität** hoch. Besondere Bedeutung kommt dabei der Linienbreite der Emissionslinien zu, da die Spezifität nur so lange gewahrt ist, wie die Resonanzlinie eines anderen Elementes noch keine Strahlung dieser Linie absorbieren kann.

8.5.4.2 Selektivität

Selektivität wird erreicht durch eine Modulation der Strahlungsquelle (Rotation eines Sektorspiegels) und gleichzeitige Verwendung eines Selektivverstärkers. Dieser verstärkt nur die mit einer bestimmten Modulationsfrequenz ankommenden Signale. Die nicht modulierte Komponente (die ja ebenfalls auf den Photomultiplier trifft und diesen verstärkt verlässt) wird eliminiert.

8.5.4.3 Störmöglichkeiten

Durch molekulare Absorption oder durch Strahlungsstreuung an festen (oder flüssigen) Partikeln können unspezifische Strahlungsverluste resultieren. Kann die Probe nicht quantitativ atomisiert werden (zum Beispiel durch zu niedrige Temperatur oder zu hohe Matrixkonzentration), dann liegen noch Teile der Matrix in Form von gasförmigen Molekülen oder von festen Partikeln vor, die im Strahlengang zu Störungen und Fehlmessungen führen können.

8.5.4.4 Kompensation unspezifischer Strahlungsverluste

Bei der Kompensation unspezifischer Strahlungsverluste durch einen Deuterium-Untergrundkompensator wird abwechselnd die Strahlung der Hohlkathodenlampe und die Strahlung eines Kontinuumstrahlers (Deuterium-Lampe, D_2-Lampe) durch die atomisierte Probe geschickt. Erstere emittiert ein definiertes Linienspektrum, zweiter emittiert ein Kontinuum.

Der Austrittsspalt des Monochromators isoliert aus dem Spektrum der Hohlkathodenlampe die Resonanzlinie einer Halbwertsbreite von ca. 0,02 Å, während er aus dem Kontinuum der D_2-Lampe ein der eingestellten spektralen

Spaltbreite (etwa 2 oder 7 Å) entsprechendes Stück aussondert. Die Intensitäten der beiden Strahlungsquellen innerhalb des betrachteten Spektralbereichs werden ausgeglichen. Im Falle einer normalen Linienabsorption durch das interessierende Element wird die Intensität der Hohlkathodenlampe entsprechend der Konzentration dieses Elementes geschwächt, während die Intensität der Deuteriumlampe in erster Näherung nicht geschwächt wird. Eine unspezifische, breitbandige Untergrundabsorption schwächt die Intensität der beiden Strahlungsquellen dagegen gleichermaßen. Eine zusätzlich auftretende Linienabsorption schwächt die Intensität der Hohlkathodenlampe wieder entsprechend der Konzentration des interessierenden Elements, während die Intensität der Deuteriumlampe in erster Näherung nicht weiter geschwächt wird.

Besondere Bedeutung hat dieses Verfahren bei der *flammenlosen AAS* (▸ Abschn. 8.5.3.1) erreicht, und zwar dann, wenn es nicht restlos gelingt, in der Probe durch thermische Vorbehandlung das interessierende Element weitgehend von der Matrix zu befreien.

8.5.5 Anwendungsgebiete

Die AAS eignet sich zur schnellen Bestimmung verschiedener Schwermetalle (wie Blei, Quecksilber, Zink, Cadmium, Arsen) sowie von Erdalkalien (beispielsweise Sr), während die Empfindlichkeit bei Alkalimetallen jedoch nicht größer ist als bei der Flammenphotometrie, so dass zu deren Bestimmung die preiswertere letztgenannte Methode herangezogen wird (▸ Abschn. 8.6). Die AAS ist *die* Methode der Wahl zur Bestimmung von Quecksilber (▸ Abschn. 21.2.2); hierbei wird sie von keiner anderen Analysenmethode übertroffen. Allerdings wird hierbei die sogenannte **Kaltdampftechnik** (eng. Cold Vapour-AAS, CV-AAS) angewendet. Atomares Quecksilber wird mit Hilfe eines Reduktionsmittels (z. B. Natriumborhydrid, Zinn (II)-chlorid) generiert.

8.5.6 Auswertung

Die Schwächung der Strahlungsintensität durch die Resonanzabsorption wird gemessen und auf diejenige eines Standards (Referenz) bezogen (Relativmethode). Ausgewertet wird über eine Kalibrierkurve (Extinktion als Funktion der Konzentration), die bei Gültigkeit des Lambert-Beerschen Gesetzes eine Ursprungsgerade darstellt.

Zur Eliminierung von Matrixstöreinflüssen wird häufig nach der **Standardadditionsmethode** gearbeitet:

Hier dient das zu bestimmende Element selbst als Leitelement. Zur Durchführung wird die Probe in drei, meist aber vier aliquote Anteile geteilt und jedem dieser Probenanteile ein bestimmtes Volumen einer Kalibrierlösung mit steigender Konzentration des zu bestimmenden Elementes zugesetzt. Ein Anteil wird auf dasselbe Volumen mit Wasser verdünnt. Nach Durchmischen haben alle Teile exakt die gleiche Matrixzusammensetzung.

Die erhaltenen Extinktionswerte werden gegen die zugesetzten Konzentrationen aufgetragen und eine Kalibrierkurve erhalten, die nicht durch den Nullpunkt geht, sondern die Extinktionsachse in einem Punkt größer Null schneidet (≙ Extinktionswert der Lösung ohne Standardzusatz). Durch Extrapolation der erhaltenen Kalibrierkurve durch die Konzentrationsachse lässt sich dann der wahre Gehalt der Probe an dem zu bestimmenden Element ablesen. Zur Vorgehensweise bei der Standardadditionsmethode vgl. ▶ Abschn. 3.2.1.3, ◘ Abb. 3.5.

8.6 Flammenphotometrie

8.6.1 Prinzip

Bei der **Flammenphotometrie** (engl. Flame Photometry, genauer: Flame Atomic Emission Spectrometry, AES) handelt es sich um einen Spezialfall der Emissionsphotometrie. Diesen Sachverhalt drückt die Bezeichnung **Flammenemissionsphotometrie** zwar genauer aus, wird aber wegen der Länge des Wortes nur selten angewandt. Die Emission (und auch die Absorption; vgl. hierzu ▶ Abschn. 8.6) von Strahlung ist charakteristisch für jede Elementspezies; die Flammenemission ist spezifisch für **Alkalimetalle,** so dass eine Trennung der verschiedenen Elemente vor der Analyse nicht erforderlich ist (zum Beispiel Natrium: 589 nm; Kalium: 767 nm).

Die Flammenemission beruht darauf, dass die äußeren Elektronen einzelner Atome durch eine heiße Flamme auf ein höheres Energieniveau angehoben werden und bei der Rückkehr in den Grundzustand Strahlung (Licht) charakteristischer Wellenlänge(n) emittieren (Linienspektrum; auch „Strichcode" genannt). Die Intensität der Strahlung ist proportional zur Konzentration des betreffenden Elements, so dass bei geeigneter Messanordnung quantitative Aussagen gewonnen werden können (Literaturauswahl: [28–29]).

8.6.2 Arbeitsweise eines Flammenphotometers

Grundvoraussetzung für flammenphotometrische Messungen ist, dass die Analysenlösung auf geeignete Art und Weise, in die die Strahlungsquelle der Messanordnung darstellende Flamme gebracht wird. Dies kann entweder durch direktes Ansaugen (**Direktzerstäuber**) in eine turbulente Flamme oder nach vorherigem Versprühen in einer Vorkammer (**Vorkammerzerstäuber**) in eine laminare Flamme geschehen.

Bei dem in ◘ Abb. 8.16 skizzierten Prinzip der Vorkammerzerstäubung wird die Analysenlösung aus einer (Kunststoff-)Schale angesaugt und mittels eines Pressluft erzeugenden, im Flammenphotometer eingebauten Kompressors gleichmäßig und kontinuierlich zerstäubt, um anschließend in einer fein regulierbaren, konstant gehaltenen Gasbrennerflamme verbrannt zu werden. Die Intensität der emittierten Strahlung wird nach Sammeln durch einen Hohlspiegel/

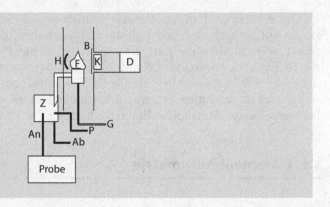

🔲 **Abb. 8.16**   Schematischer Aufbau eines Flammenphotometers (Typ: M6D, Fa. Lange, Berlin; nach [31]). *Erläuterung:* **H** Hohlspiegel; **B** Blende; **D** Detektor (Photoelement); **F** Flamme; **K** Kondensor; **G** Gaseintritt; **Z** Zerstäuber; **P** Pressluft; **An** Ansaugrohr; **Ab** Ablaufrohr

Kondensor-System und Passieren eines Filters (häufig Metallinterferenzfilter) mit Hilfe eines Detektors (Photozelle, Photoelement u. dgl.) gemessen.

8.6.3 Anwendungsgebiete

Die Anzahl der messbaren Elemente ist von der **Flammentemperatur** abhängig. Während die Temperatur einer normalen Gasflamme (Stadtgas/Luft-Gemisch ca. 1800 °C oder Propan bzw. Butan/Luft-Gemisch) ausreicht, um die äußeren Elektronen der Alkali- und Erdalkalimetalle mit Ausnahme von Magnesium genügend anzuregen, ist zur Anregung der übrigen Metalle eine (wesentlich) heißere Flamme (zum Beispiel Acetylen/Luft-Gemisch ca. 2200 °C oder Wasserstoff/ Luft-Gemisch ca. 2800 °C) notwendig. Häufig wird ein Acetylen/Luft-Gemisch eingesetzt.

Die Flammentemperatur hängt außer von der Gaszusammensetzung auch von der Strömungsgeschwindigkeit, der Brennerform und der Art des Einbringens der Probenlösung ab. Zu beachten ist, dass bei relativ niedriger Flammentemperatur – wie oben angeführt – zwar relativ wenig Elemente angeregt, d. h. gemessen werden können, dass andererseits aber auch viel weniger Störungen durch fremde Spektrallinien oder durch gegenseitige Beeinflussung auftreten.

Wegen der leichteren Anregbarkeit der Alkali- und Erdalkalimetalle können mit Hilfe der Flammenphotometrie noch sehr geringe Konzentrationen bestimmt werden. In der Lebensmittelanalytik wird die Flammenphotometrie hauptsächlich zur Bestimmung von Na und K eingesetzt. Die Proben werden normalerweise bei höchstens 500 °C verascht und im Anschluss in verdünnter Salzsäure aufgenommen. Entsprechend geeignete Proben, wie beispielsweise Fruchtsäfte, können auch direkt – wie in ▶ Abschn. 18.10.1 beschrieben – zur Flammenphotometrie eingesetzt werden.

Hinsichtlich **Störungen** ist anzumerken, dass sich verschiedene Elemente gegenseitig beeinflussen können, und dass bei den Erdalkalien Störungen durch verschiedene Anionen und Kationen (z. B. Phosphat, Sulfat, Al; Bildung schwer anregbarer Verbindungen) auftreten können. Auch Ionisation der Elemente in der Flamme stört exakte Messungen (Möglichkeiten zur Unterdrückung siehe [32] bzw. ▶ Abschn. 18.10.1).

8.6.4 Auswertung

Bei der Quantifizierung mittels Flammenphotometrie wird eine Strahlungsintensität gemessen, die auf diejenige eines Standards (Referenz) bezogen wird (Relativmethode). Da für genaue flammenphotometrische Messungen das Eliminieren des Flammenuntergrundes (Emissionen durch Moleküle, Ionen, Radikale, chemische Umsetzungen) von besonderer Bedeutung ist, muss durch Versprühen des reinen Lösungsmittels (bidest. Wasser) oder einer Blindlösung öfter auf Durchlässigkeit „Null" eingestellt werden.

Neben den in ▶ Abschn. 18.11.1 angegebenen Auswertemethoden, wie **externe Kalibrierung** oder **Einschachtelungsverfahren,** wird zur Eliminierung von Matrixeinflüssen bei quantitativen Bestimmungen die **Standardzusatzmethode** (Standardadditionsmethode) empfohlen (siehe auch ▶ Abschn. 3.2.1.3, ◘ Abb. 3.5).

Der günstigste Konzentrationsbereich liegt für Na und K bei 1–10 µg/mL; die Erfassungsgrenze beträgt für Na 0,002 µg/mL und für K 0,05 µg/mL.

8.7 Polarimetrie

8.7.1 Prinzip

Natürliches Licht besteht nach der Wellentheorie aus elektromagnetischen Transversalwellen verschiedener Wellenlängen, deren elektrischer Feldvektor auf alle Raumrichtungen senkrecht zur Fortpflanzungsrichtung verteilt ist. Keine dieser Schwingungsebenen ist bevorzugt (◘ Abb. 8.17a).

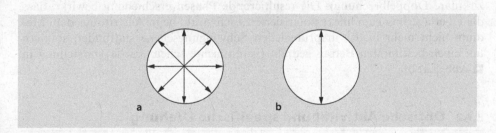

◘ **Abb. 8.17** Darstellung der Feldvektoren eines Lichtstrahls, der senkrecht zur Papierebene verläuft. *Erläuterung:* **a** natürliches Licht; **b** linear polarisiertes Licht. *Weitere Erläuterungen:* siehe Text

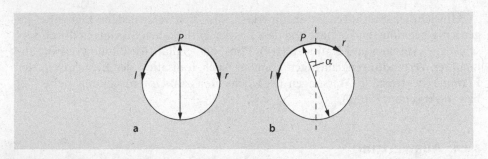

○ **Abb. 8.18** Vektorbilder – vereinfachte schematische Darstellung. *Erläuterung:* **a** Addition von links- und rechtszirkular polarisierten Lichtstrahlen; **b** Drehung der Polarisationsebene. *Erläuterung:* **P** Polarisationsebene; **l** linkszirkular polarisierter Strahl; **r** rechtszirkular polarisierter Strahl; α Drehwinkel. *Weitere Erläuterungen:* siehe Text

   Linear polarisiertes Licht wird aus natürlichem Licht erhalten, wenn mit geeigneten optischen Anordnungen (z. B. **Nicol-Prisma,** Polarisationsfilter) alle Anteile herausselektiert werden, deren Schwingungen nicht in einer bestimmten Ebene, der sog. **Polarisationsebene** liegen (○ Abb. 8.17b). Wird zusätzlich nur eine bestimmte Wellenlänge polarisiert, entsteht **monochromatisches,** linear polarisiertes Licht, welches in der Polarimetrie (engl. polarimetry) zur Messung verwendet wird.

   Ein linear polarisierter Lichtstrahl kann aufgefasst werden als in Erscheinung tretende Summe zweier kohärenter, zirkulär polarisierter Strahlenteile mit entgegengesetztem Drehsinn. Beim Durchgang durch ein optisch inaktives Medium heben sich zu jedem Zeitpunkt alle nicht in der Polarisationsebene liegenden Komponenten gegenseitig auf, so dass beim Austritt aus dem Medium durch die Überlagerung der beiden zirkulär polarisierten Strahlen ein linear polarisierter Strahl resultiert. Abb. ○ Abb. 8.18a zeigt diese Vorstellung in einem vereinfachten Schema.

   Befindet sich eine **optisch aktive Substanz** im Strahlengang, so wird wegen der unterschiedlichen Wechselwirkung eines links- bzw. rechtszirkular polarisierten Lichtstrahls mit einem asymmetrischen Molekül die ursprüngliche Kohärenz der beiden Strahlenteile aufgehoben. Bedingt wird dies durch die unterschiedlichen Fortpflanzungsgeschwindigkeiten (≙ unterschiedlichen **Brechungsindices**) der entgegengesetzt zirkulär polarisierten Strahlen in dem optisch aktiven Medium (sog. zirkuläre Doppelbrechung). Die resultierende Phasenverschiebung bewirkt, dass die Überlagerung zum linear polarisierten Lichtstrahl beim Austritt aus dem Medium nicht mehr in der ursprünglichen Schwingungsebene stattfindet, sondern um einen bestimmten Betrag gedreht (vereinfachte schematische Darstellung in ○ Abb. 8.18b).

8.7.2 Optische Aktivität und spezifische Drehung

Das Drehvermögen optisch aktiver Substanzen ist von mehreren Faktoren abhängig:

— Wellenlänge des polarisierten Lichts λ (nm)
— Temperatur T (°C)
— Art des Lösungsmittels (meist Wasser)
— Konzentration der Messlösung c (g/mL)
— Durchstrahlte Schichtdicke l (dm)

Die Zusammenhänge zwischen **optischem Drehvermögen** (engl. optical rotation) und Molekülstruktur sind sehr kompliziert. Das Drehvermögen optisch aktiver Substanzen ist unter definierten Messparametern konstant und kann zu ihrer Charakterisierung herangezogen werden. Darüber hinaus kann das Drehvermögen auch zur Konzentrationsbestimmung dienen, wenn Proportionalität zur Konzentration der Substanz in der Lösung gegeben ist und wenn die Messung bei konstanter Schichtdicke durchgeführt wird (**Biotsches Gesetz**; vgl. hierzu ▶ Abschn. 8.7.3).

Die **spezifische Drehung** $[\alpha]_l^T$ einer Substanz ist eine Stoffkonstante, die für folgende, konstant gehaltene Parameter gilt, und ist wie unten angegeben definiert:
$\lambda = 589{,}3$ nm (die üblicherweise zur Messung verwendete D-Linie des Natriumlichtes)
$\alpha =$ Drehwinkel in Grad (°)
$T = 20$ °C
$l = 1$ dm
$c = 1$ g/mL

Angegebene Lösungsmittel, ansonsten dest. Wasser.

8.7.3 Das Biotsche Gesetz

▶ Drehwinkel ↔ Spezifischer Drehwinkel ↔ Biotsches Gesetz

— Der gemessene **Drehwinkel** α (auch Drehwert oder Drehung genannt; engl. angle of rotation) eines individuellen Stoffs (gelöste chemische Substanz oder Flüssigkeit als Reinstoff) ist abhängig von der Wellenlänge der verwendeten Strahlungsquelle (Lichtquelle), der Temperatur, dem verwendeten Lösungsmittel, der durchstrahlten Schichtdicke des Messlösung oder Messflüssigkeit. Der Drehwinkel trägt die Einheit Grad (°) und trägt ein Vorzeichen. Das Vorzeichen ist positiv (+) und wird als Rechtsdrehung bezeichnet, wenn die Ebene der Strahlung beim Blick in Richtung der Strahlungsquelle im Uhrzeigersinn gedreht wird; *vice versa* bekommt der Drehwinkel bei einer Linksdrehung ein negatives Vorzeichen (−). *Besonderheiten:* Reinstoffe mit Drehspiegelachse verfügen über $\alpha = 0°$, sind also optisch inaktiv. Auch bei Racematen, als Gemische von Enantiomeren im Verhältnis 1:1, beträgt $\alpha = 0°$, da sich die Drehwinkel der Enantiomeren gegenseitig eliminieren.

— Der **spezifische Drehwinkel** $[\alpha]_l^T$ (auch spezifische Drehung; engl. specific angle of rotation) ist eine physikalische Größe (Stoffkonstante), die die **optische Aktivität** eines Stoffs (gelöste chemische Substanz oder Flüssigkeit als Reinstoff) beschreibt und dient dem Vergleichen verschiedener Stoffe. Der spezifische Drehwinkel trägt die Einheit [° · ml · dm^{-1} · g^{-1}]. Obwohl diese nicht SI-konform ist, wird sie in der Literatur und in der Praxis üblicherweise verwendet. Bei Gebrauch ist also Vorsicht geboten.

— Jean-Baptiste Biot hat die Gesetzmäßigkeiten 1850 erstmals beschrieben, so dass diese Zusammenhänge als **Biotsches Gesetz** bekannt geworden sind (Formel siehe unten).

$$[\alpha]_D^{20} = \frac{\alpha}{l \cdot c}$$

mit:

Erläuterungen zu den Symbolen ▶ Abschn. 8.7.2

Zu beachten ist, dass diese Formel auf ganz spezielle Einheiten angepasst ist, die von den üblicherweise in der Lebensmittelanalytik verwendeten Konzentrations- und Längeneinheiten abweichen.

Bei Kenntnis von $[\alpha]_D^{20}$ sowie l kann durch Messung von α und Auflösung der obigen Gleichung nach c der Gehalt beispielsweise einer Zuckerlösung quantitativ ermittelt werden (▶ Abschn. 17.2.2.1). Für die einzelnen Zuckerarten sind die spezifischen Drehwerte in der Literatur angegeben. Hier sollen nur die Werte der wichtigsten Zucker (gelöst in dest. Wasser) berücksichtigt werden (nach [30]):

⇨ Glucose $[\alpha]_D^{20} = +52,7°$ (Mutarotation beachten! Siehe: Kasten „Mutarotation")

⇨ Fructose $[\alpha]_D^{20} = -92,4°$

⇨ Saccharose $[\alpha]_D^{20} = +66,5°$

⇨ Invertzucker $[\alpha]_D^{20} = -19,8°$

Der spezifische Drehwert für Invertzucker berechnet sich nach:

$$[\alpha]_{D,\,\text{Invertzucker}}^{20} = 0,5\,[\alpha]_{D,\,\text{Glucose}}^{20} + 0,5\,[\alpha]_{D,\,\text{Fructose}}^{20}$$

8.7.4 Arbeitsweise eines Polarimeters

Das eigentliche Kernstück von Polarimetern bilden zwei Polarisatoren; das sind häufig sog. Nicolsche Prismen oder Glan-Thompson-Prismen, die nach dem Prinzip der **Doppelbrechung** arbeiten und zur Aussonderung des einen linear polarisierten Strahls (des *außerordentlichen Lichtstrahls*) dienen. Der von der Lichtquelle (üblich **D-Linie** des Natriums; vgl. oben) weiter entfernt angeordnete Polarisator wird Analysator genannt (◘ Abb. 8.19).

Ein im Polarisator polarisierter Lichtstrahl geht durch den Analysator ungeschwächt hindurch, wenn die Schwingungsebene des Analysators gegen die des Polarisators um den Winkel $\beta = 0°$ bzw. 180° gedreht ist; bei $\beta = 90°$ bzw. 270° tritt kein Licht durch. Alle Drehwinkel, die dazwischenliegen, führen zu einer Lichtschwächung. Wird eine Küvette (in der Polarimetrie werden üblicherweise längere, geschlossene Polarimeterrohre eingesetzt) mit Analysenlösung zwischen die vor der Messung gekreuzt eingestellten beiden Polarisatoren ($\beta = 90°$, d. h. es tritt

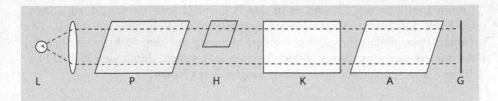

L   P   H   K   A   G

■ **Abb. 8.19** Schematischer Aufbau eines Halbschattenpolarimeters. *Erläuterung:* L Lichtquelle; P Polarisator; H Hilfs-Nicol; K Küvette mit Probenlösung (*Polarimeterrohr*); A Analysator; G Gesichtsfeld, betrachtet durch ein Okular. *Weitere Erläuterungen:* siehe Text

zuvor kein Licht durch den Analysator) gebracht, so wird die Ebene durch die enthaltene optisch aktive Probenlösung um einen Betrag gedreht, und der Analysator wird wieder lichtdurchlässig. Die eigentliche Messung beruht darauf, dass der Analysator um den Winkel α zurückgedreht wird, bis kein Licht mehr durchtritt (maximale Dunkelheit): Dieser Winkel entspricht der zu messenden optischen Drehung durch die Probenlösung.

Aus praktischen Gründen werden bei den vielfach üblichen visuell arbeitenden Geräten **Halbschattenpolarimeter** eingesetzt, bei denen das **Gesichtsfeld** beim Betrachten in zwei zunächst unterschiedliche Hälften geteilt wird, die bei der Messung dann auf gleiche Dunkelheit/Helligkeit abgeglichen werden. Der besondere Vorteil dieses Messprinzips ist, dass das Auge besser zwei leuchtende Flächen vergleichen kann, als optimale Dunkelheit (oder Helligkeit) zu erkennen. Erreicht wird dies durch den als **Hilfs-Nicol** bezeichneten Hilfspolarisator, der kleiner als der Polarisator ist und nur die Hälfte des Polarisators abdeckt. Die polarisierende Achse des Hilfs-Nicols bildet mit dem Polarisator einen Winkel von einigen Graden (üblich 5° oder 6°), den **Halbschattenwinkel** (je kleiner dieser Halbschattenwinkel ist, desto genauer ist die Ablesung; je größer er ist, desto heller dagegen ist das Gesichtsfeld und umso bequemer ist die Ablesung). Dadurch verdunkelt sich die obere Hälfte (■ Abb. 8.19) des durch ein Okular betrachteten Gesichtsfeldes geringfügig.

Beim Drehen des Analysators um eine volle Umdrehung ($\beta = 360°$) werden zwei Stellen, bei denen beide Halbfelder gleiche Helligkeit aufweisen und zwei Stellen, bei denen beide Halbfelder gleiche Dunkelheit aufweisen, durchlaufen. Dies liegt daran, dass beide, wenn auch nur um den geringen, feststehenden Betrag des Halbschattenwinkels unterschiedlich polarisierten Teilstrahlen durch den Analysator gemeinsam gedreht werden.

Der Nullpunkt wird – ohne die Küvette – durch Drehen des Analysators so eingestellt, dass beide Halbfelder gleich dunkel erscheinen. (Die Dunkelmessung ist beim menschlichen Auge empfindlicher als die bequemere Hellmessung.) Nach dem Einbringen des Polarimeterrohres mit der Probenlösung in den gemeinsamen Strahlengang – wie in ■ Abb. 8.19 gezeigt – zwischen Hilfs-Nicol und Analysator, weisen beide Halbfelder aufgrund der simultanen Drehung der Ebene beider Teilstrahlen unterschiedliche Helligkeiten auf. Zur Messung wird durch Drehen des Analysators auf Halbschattengleichheit eingestellt und der Winkel α abgelesen.

Beim Einfüllen der Flüssigkeit in das Polarimeterrohr ist darauf zu achten, dass keine Luftblasen innerhalb des durchstrahlten Volumens entstehen. Die gefüllten Polarimeterrohre sollen vor der Messung auf den Röhrenschlitten des Polarimeters gelegt werden und dort 2–3 min lang ruhen, damit sich Wirbel bzw. Schlieren und Temperaturunterschiede ausgleichen können.

8.7.5 Anwendungsgebiete

In der Lebensmittelanalytik findet die Polarimetrie hauptsächlich Anwendung zur quantitativen Bestimmung von Kohlenhydraten, wie Saccharose, Invertzucker und Glucose (▶ Abschn. 17.2.2) oder Stärke (▶ Abschn. 17.3.2). Störungen können durch andere optisch aktive Verbindungen wie Milchsäure, Weinsäure, aber auch Proteine, Aminosäuren, Alkaloide u. a. hervorgerufen werden.

8.7.6 Auswertung

8

Jede Einstellung am Polarimeter ist mindestens fünfmal durchzuführen; aus den Ablesungen wird das arithmetische Mittel gebildet. Bei stark absorbierenden Probenlösungen ist es empfehlenswert, kürzere Polarimeterrohre einzusetzen. *Erläuterung:* Während sich die Drehung nur linear vermindert, nimmt die Absorption exponentiell ab.

Mutarotation

- Der Begriff **Mutarotation** beschreibt die Erscheinung, dass frisch hergestellte Lösungen, beispielsweise von Zuckern, beim Stehenlassen kontinuierlich eine Änderung ihrer **optischen Drehung** zeigen, bis schließlich ein konstant bleibender Endwert erreicht wird. Dieser Wert entspricht dem der spezifischen Drehung $[\alpha]$ des betreffenden Zuckers und ist von der Konzentration unabhängig. Die im Mutarotationsgleichgewicht vorliegende α- und β-Form der D-Glucose in ihren verschiedenen Schreibweisen zeigt beispielhaft ◌ Abb. 8.20.
- Werden die **anomeren Zucker** α-D-Glucose und β-D-Glucose jeweils getrennt in Wasser gelöst, so liegen die Anfangswerte der optischen Drehung bei $+109°$ bzw. $+18{,}7°$. Nach mehreren Stunden zeigen beide Lösungen einen Endwert von $+52{,}7°$ – unbeachtet, ob von α- oder β-Glucose ausgegangen wurde. Dies entspricht einem Gehalt von 37 % α- und 63 % β-Glucose. Da sich bei β-Glucose alle Hydroxylgruppen in der äquatorialen Lage befinden, ist diese thermodynamisch stabiler als α-Glucose. Die Geschwindigkeit der Einstellung dieses Gleichgewichtes ist temperatur- und pH-abhängig.
- **Anomere** sind bei Strukturen von Kohlenhydraten eine besondere Art von Isomeren, die sich nur in der Konfiguration am anomeren Zentrum unterscheiden. Sie treten bei Kohlenhydraten und analogen Verbindungen in der cyclischen Form auf. Die Konfiguration am anomeren Zentrum wird durch die Ste-

Fischer-Projektion:

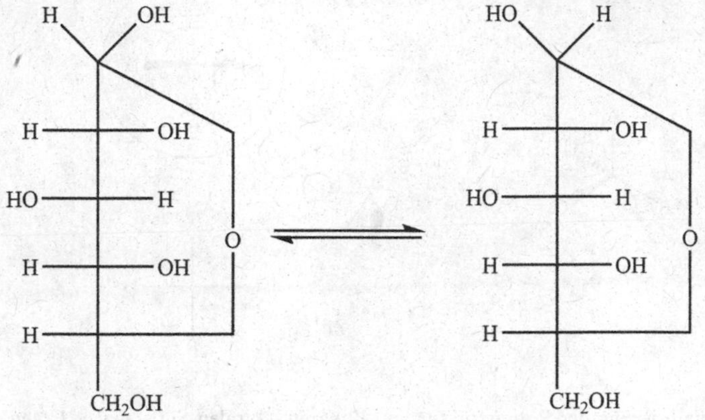

Haworth-Projektion:

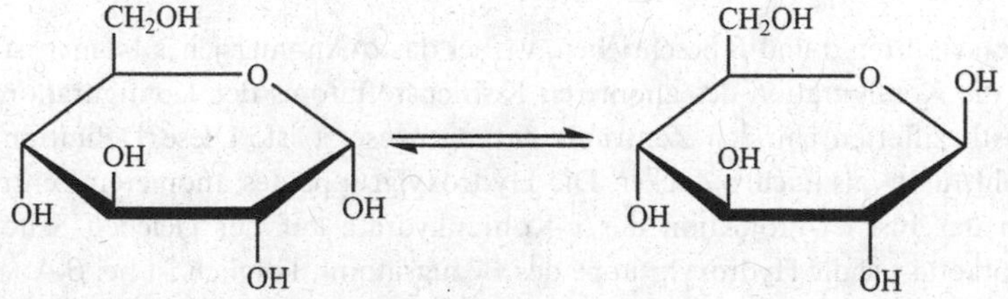

Sesselform-Schreibweise:

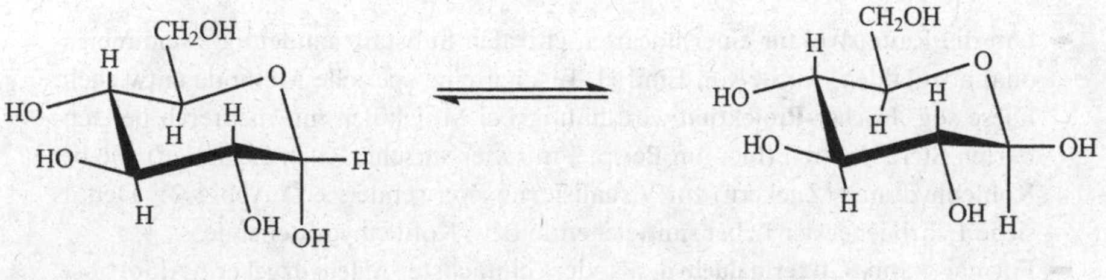

□ Abb. 8.20 Die im Mutarotationsgleichgewicht vorliegende α-und β-Form der D-Glucose in ihren verschiedenen Schreibweisen. *Erläuterungen:* siehe Text

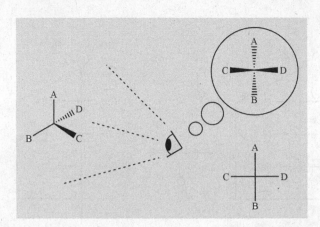

⬛ Abb. 8.21   Visualisierung der Raumstruktur von linearen, chiralen Substanzen. **Unten rechts:** Fischer-Projektion. **Links oben:** Keilstrichformel. *Erläuterung:* **A, B, C** und **D** verschiedene Liganden. *Weitere Erläuterungen:* siehe Text

8

reodeskriptoren α und β beschrieben, wobei das α-Anomer jenes Isomer ist, bei dem die Konfiguration des anomeren Kohlenstoffatoms der Konfiguration des höchstbezifferten chiralen Zentrums entgegengesetzt ist. Diese Definition gilt sowohl für *D*- als auch *L*-Zucker. Die Hydroxylgruppe des anomeren Zentrums ist in der Fischer-Projektion der *D*-Kohlenhydrate auf der gleichen Seite der Hauptkette wie die Hydroxylgruppe des Bezugsatoms. Folglich ist bei β-Anomeren die Hydroxylgruppe des Bezugsatoms der *D*-Kohlenhydrate auf entgegengesetzter Seite der Hauptkette [33]. Vgl. hierzu auch ⬛ Abb. 8.21.

Fischer-Projektion

— Um die Raumstruktur einer linearen, chiralen Substanz eindeutig zweidimensional abzubilden, wurde von Emil H. Fischer eine spezielle Methode entwickelt. Diese sog. **Fischer-Projektion** wird häufig bei Molekülen mit mehreren benachbarten Stereozentren (hier am Beispiel mit vier verschiedenen Liganden) wie bei Kohlenhydraten (Zuckern) zur Visualisierung verwendet; s. ⬛ Abb. 8.21. Details siehe Lehrbücher der Lebensmittelchemie bzw. Kohlenhydratchemie.

— Formal kann **Glycerinaldehyd** als der einfachste **Aldehydzucker** (Aldotriose, Anzahl der C-Atome = 3) aufgefasst werden. In den schematischen Formeln in ⬛ Abb. 8.21 entspricht dann für die Darstellung des *L*(−)-Glycerinaldehyds als Beispiel A = CHO; B = CH_2OH; C = OH und D = H. Glycerinaldehyd besitzt bereits ein **asymmetrisches C-Atom** (im Zentrum, hier nicht hervorgehoben) und ist damit optisch aktiv, wobei die *D*(+)-Form das linear polarisierte Licht genauso stark nach rechts (*D* abgeleitet von *dextro* = rechts) dreht wie die *L*(−)-Form nach links (*L* abgeleitet von *laevo* = links). Beide sind **optische Antipoden** bzw. sind einander **enantiomer,** d. h. sie haben gleiche chemische und physikalische Eigenschaften und unterscheiden sich lediglich durch den Drehsinn des polarisierten Lichts.

— Wird nun zwischen das oberste, asymmetrische C-Atom und die Aldehydgruppe des Glycerinaldehyds eine CHOH-Gruppe eingefügt, so entstehen je nach Ausrichtung der neuen Hydroxyl-Gruppe zwei **Aldotetrosen,** nämlich Threose und Erythrose. Im Sinne der nach E. H. Fischer benannten **Projektion** werden die OH-Gruppen an der neu hinzugekommenen Gruppe entsprechend entweder nach rechts oder nach links geschrieben.

8.8 Refraktometrie

8.8.1 Prinzip

Der **Brechungsindex** n (auch als Brechzahl bezeichnet) ist definitionsgemäß der Quotient aus dem Sinus des Einfallswinkels (sin i_1) und dem Sinus des Brechungswinkels (sin i_2) des monochromatischen Lichts beim Übergang zwischen Luft und einem optisch dichteren Medium:

$$n = \frac{\sin i_1}{\sin i_2}$$

Für die Brechung an den Grenzen beliebiger Medien mit den Brechzahlen n_1 bzw. n_2 gilt:

$$\frac{n_2}{n_1} = \frac{\sin i_1}{\sin i_2}$$

Die Zusammenhänge sind in ◘ Abb. 8.22 dargestellt.

◘ Abb. 8.23 zeigt den Strahlengang bei der Totalreflexion. Es ist zu beachten, dass der Strahlengang in ◘ Abb. 8.23 umgekehrt dargestellt ist (hier: Wasser → Luft). Der gebrochene Strahl tritt noch *streifend* aus, wenn $i_1 < i_{gr}$. Für $i_1 > i_{gr}$ wird nun das gesamte Licht reflektiert: → *Totalreflexion.* Der Strahl mit $i_1 = i_{gr}$ wird als *Grenzwinkel der totalen Reflexion* bezeichnet.

Der Brechungsindex hängt stark von der Zusammensetzung der Probe, von der Temperatur und von der Wellenlänge des verwendeten Lichts ab. Allgemein wird n bei der Spektrallinie des gelben Natriumlichts (D-Linie: 589 nm) und bei $T = 20$; 25 oder 40 °C gemessen und in folgender Schreibweise angegeben: n_D^T.

Die Bestimmung von n erfolgt in einem sog. **Refraktometer,** das im Allgemeinen nach dem Prinzip der Messung des Grenzwinkels der Totalreflexion *(i_{gr})* arbeitet: Für $i_2 = 90°$ (d. h. sin 90 = 1) ist $i_1 = i_{gr}$ und $n = 1/\sin i_{gr}$ (mit $n_2 \sim 1$).

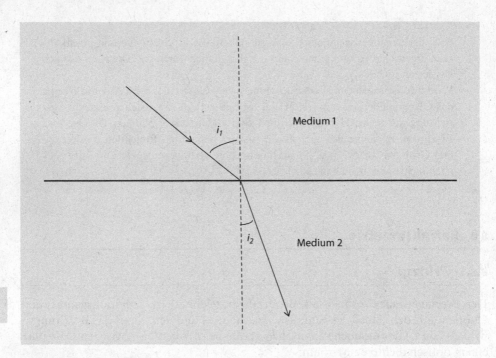

8

◘ **Abb. 8.22**   Das Brechungsgesetz – schematische Darstellung. *Erläuterung:* **Medium 1:** Luft mit $n_1 \sim 1$; **Medium 2:** zum Beispiel Wasser ($n_2 = 1,33$); i_1 Einfallswinkel; i_2 Brechungswinkel (Ausfallswinkel). *Weitere Erläuterung:* siehe Text

8.8.2   Arbeitsweise eines Refraktometers

Das Messprinzip beruht auf der Bestimmung des Grenzwinkels der **Totalreflexion**. Häufig werden sog. **Abbe-Refraktometer** verwendet (nach Ernst Abbe benannt). Den schematischen Aufbau eines derartigen Gerätes zeigt ◘ Abb. 8.24.

Zur Untersuchung wird ein Tropfen der Probenflüssigkeit (ggf. Probe vorher verflüssigen) mit Hilfe eines Glasstabes (vorsichtig; ohne die Prismenflächen damit zu berühren) als dünne Schicht zwischen das aufklappbare Prismenpaar des temperierten Refraktometers (häufig 40 °C, aber auch 20 °C oder 25 °C) gebracht und durch Zusammenklappen geschlossen (◘ Abb. 8.25). Nach 1 min Temperierzeit wird der Grenzwinkel durch die Winkellage eines mit Fadenkreuz (**F;** ◘ Abb. 8.26) auf die Hell-Dunkel-Grenze (**G**) einzustellenden Fernrohrs gemessen (oberer Teil des Gesichtsfelds). Der Brechungsindex *n* wird im unteren Teil des Gesichtsfelds abgelesen (◘ Abb. 8.26; Skalenzuordnung beachten!). Für weißes Licht ist diese Dispersion kompensiert, so dass das Ergebnis für eine mittlere Wellenlänge (grün) gilt. Die Refraktometer enthalten im Allgemeinen auch eine Skala zum Ablesen der Saccharosekonzentration (°Brix).

Nach jeder Messung werden die Prismenflächen sorgfältig und vorsichtig mit einem Wattebausch oder Leinentuch gesäubert und getrocknet. Zu beachten ist dabei, dass die empfindlichen Prismen nicht zerkratzt werden. Zur Aufbewahrung des Gerätes wird ein Filterpapierstückchen zwischen die Prismen gelegt.

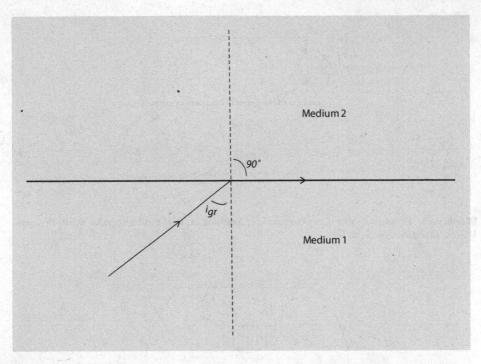

▫ Abb. 8.23   Die Totalreflexion – schematische Darstellung. *Erläuterung:* **Medium 1:** zum Beispiel Wasser ($n_1 = 1{,}33$); **Medium 2:** z. B. Luft ($n_2 \sim 1$); i_{gr} Grenzwinkel der Totalreflexion. *Weitere Erläuterung:* siehe Text

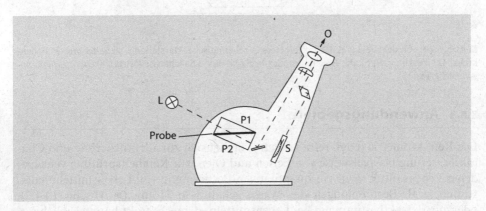

▫ Abb. 8.24   Schematischer Aufbau eines Abbe-Refraktometers (Nach [34]). *Erläuterung:* **L** Lichtquelle; **P1, P2** Prismen; **S** Skala; **O** Okular. *Weitere Erläuterungen:* siehe Text

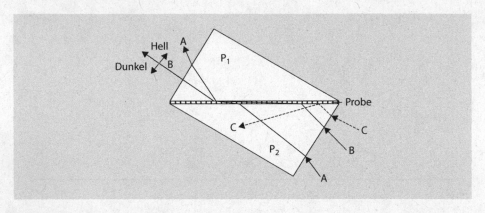

■ Abb. 8.25   Prinzip des Abbe-Refraktometers. *Erläuterung:* **A, B, C** Strahlenbündel; **P₁**, **P₂** Prismen. *Weitere Erläuterungen:* siehe Text

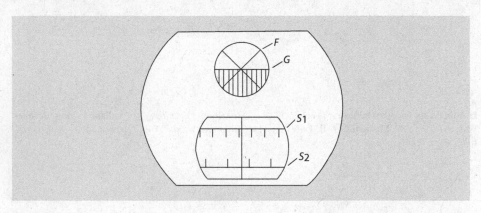

■ Abb. 8.26   Gesichtsfeld des Refraktometers – schematische Darstellung. *Erläuterung:* **F** Fadenkreuz; **G** Grenzlinie; **S₁** Skala: Brechungsindex n; **S₂** Skala: % Saccharose (°Brix). *Weitere Erläuterungen:* siehe Text

8.8.3 Anwendungsgebiete

Die Refraktometrie (engl. refractometry) eignet sich zur Identifizierung und Charakterisierung beispielsweise von Fetten und Ölen, zur Reinheitsprüfung verschiedener Lebensmittel sowie zur quantitativen Bestimmung von Lebensmittelinhaltsstoffen, z. B. Bestimmungen des Wassergehaltes in Honig (▶ Abschn. 14.4.2), oder zur Extraktbestimmung bei Lebensmitteln, deren Extrakt hauptsächlich aus Zucker (Saccharose) besteht, wie Konfitüren, Honig, Stärkesirup, Säfte u. dgl.

8.8.4 Auswertung

Es werden jeweils zwei Einstellungen und Ablesungen vorgenommen; daraus wird der Mittelwert gebildet. Im Allgemeinen werden vier Dezimalstellen abgelesen.

Eine Überprüfung des Refraktometers wird üblicherweise mit dest. Wasser $n_D^{40} = 1,3307$ oder einer anderen geeigneten Flüssigkeit mit bekanntem Brechungsindex vorgenommen; eventuell wird neu kalibriert (vgl. Angaben der Gerätehersteller).

8.9 Spektrometrische Schnellmethoden

Analog zu den **Fingerprinting-Methoden** (engl. non-targeted) werden in Abhängigkeit der Fragestellung und der Analyten unterschiedliche technologische Prinzipien für die Entwicklung von Schnelltestsystemen eingesetzt. Als **spektroskopische** (von griech. = „schauen", „betrachten") Methoden wurden ursprünglich Verfahren bezeichnet, die auf Wechselwirkungen zwischen elektromagnetischer Strahlung und den Analyten beruhen, während **spektrometrische** (von griech. = „vermessen") Methoden einen quantitativen Zusammenhang berücksichtigen. Inzwischen werden die beiden Begriffe jedoch häufig miteinander vermischt und teilweise auch simultan verwendet, da die Techniken nicht immer eindeutig abgegrenzt werden können (vgl. Kasten „Spektrometrie ↔ Spektroskopie ↔ Photometrie", oben.

8.9.1 Prinzip

Für eine schnelle und einfach Analytik gewinnen neben der klassischen Infrarotspektroskopie (IR) (▶ Abschn. 8.4) vor allem die Nahinfrarotspektroskopie **(NIR)** aber auch die Fourier-Transformations-Infrarotspektroskopie **(FT-IR)** und Techniken im mittleren Infrarotbereich **(MIR)** zunehmend an Bedeutung (◙ Abb. 8.1). Im Gegensatz zu den genannten Technologien, die auf absorptiven Prozessen elektromagnetischer Strahlung beruhen, kommt darüber hinaus die Messung von Streuprozessen bei der Raman-Spektroskopie zum Einsatz.

Häufig beruhen Schnelltest-Applikationen auch auf bereits etablierten Techniken, die durch entsprechende Miniaturisierung- und Vereinfachungsprozesse für eine direkte Anwendung modifiziert wurden. Hochtechnisierte Plattformen wie massenspektrometrische oder kernresonanzspektroskopische Verfahren werden zunehmend auf die wesentlichen Komponenten reduziert und transportable Geräte konstruiert. Anstatt aufwändiger Probenvorbereitung kann mittels **DART** (engl. Direct Analysis in Real Time) oder **DESI** (engl. Desorption Electrospray Ionisation) die Ionisierung der Analytmoleküle unter Atmosphärendruck direkt aus der Matrix erfolgen, indem entweder ein Lösungsmittelstrom mit hoher kinetischer Energie oder ein Plasma auf das Lebensmittel gelenkt wird, sodass das Ergebnis in wenigen Sekunden erhalten werden kann.

Eine weitere Option bietet die **Ionenmobilitätspektroskopie,** bei der im Unterschied zur Massenspektrometrie unter Normaldruckbedingungen gearbeitet wird, sodass der apparative Aufwand entsprechend geringer ausfällt. Die Tendenz zur Miniaturisierung zeigt sich auch in der Kernresonanzspektroskopie, so werden im Gegensatz zur Hochfeld-NMR bei der Niederfeld-NMR, schwächere Magneten eingesetzt, die durch die Implementierung von Resonatoren sehr gute Ergebnisse liefern sollen, jedoch deutlich günstiger und kompakter sind.

8.9.2 Anwendungsgebiete

Spektroskopische Verfahren können zur Erstellung von **spektralen Fingerabdrücken** eingesetzt werden. Insbesondere die NIR-Spektroskopie wird seit Jahrzehnten zur Prozess- und Produktkontrolle für die Analyse verschiedenster Lebensmittel verwendet, da die Probenaufarbeitung vergleichsweise einfach und nicht destruktiv ist sowie die kompakten Benchtop-Geräte sehr kostengünstig in Unterhalt und Anschaffung sind und sich in ihrer einfachen Bedienbarkeit auszeichnen.

Aktuelle Entwicklungen beschäftigen sich mit Miniaturisierungen und Vereinfachungen, so dass die Geräte mobil und dadurch im Prozess anwendbar werden. Bei Integration in Produktionsabläufe können Messungen *on-line* durchgeführt werden, ohne dass zusätzliche Probenentnahmen oder Laboranalysen durchgeführt werden müssen. Ähnliche Vorteile ergeben sich für eine vor Ort-Anwendung in Form von kompakten mobilen Systemen [35–37].

Literatur

1. Kortüm G (1962) Kolorimetrie, Photometrie, Spektrometrie. Springer, Berlin
2. Williams DH, Fleming I (1975) Spektroskopische Methoden zur Strukturaufklärung. Thieme, Stuttgart
3. Maier HG (1985) Lebensmittelanalytik. Optische Methoden, Bd 1. UTB Steinkopff, Dresden, S 8 ff
4. Kliem M, Streck R (1977) Elektrochemische und optische Analyse in der Pharmazie. Wissenschaftliche Verlagsges, Stuttgart. S 63 ff, 79 ff
5. Lüttke W (1951) Ultrarotspektrometrie als analytisches Hilfsmittel. Angew Chem 63:402
6. Schnepel FM (1979) Physikalische Methoden in der Chemie; Infrarotspektrometrie. Chemie in unserer Zeit 13:33
7. Fadini A, Schnepel FM (1985) Schwingungsspektrometrie – Methoden, Anwendungen. Thieme, Stuttgart
8. Gremlich HU, Günzler H (2003) IR-Spektrometrie – Eine Einführung. Verlag Chemie, Weinheim
9. Kössler I (1966) Methoden der Infrarot-Spektrometrie in der chemischen Analyse. Akad Verlagsges Geest und Portig, Leipzig
10. KMD: S 343 ff
11. Friebolin H (2006) Ein- und zweidimensionale NMR-Spektrometrie. Wiley-VCH, Weinheim
12. Mannina L, Sobolev AP (2011) High resolution NMR characterization of olive oils in terms of quality, authenticity and geographical origin. Magn Reson Chem 49:3–11
13. Mannina L et al (2001) Geographical characterization of italian extra virgin olive oils using highfield ^{1}H NMR spectroscopy. J Agric Food Chem 49:2687–2696
14. Hong YS (2011) NMR-based metabolomics in wine science. Magn Reson Chem 49:13–21

15. Rodrigues JE, Gil AM (2011) NMR methods for beer characterization and quality control. Magn Reson Chem 49:37–45

16. Duarte I et al (2002) High-resolution nuclear magnetic resonance spectroscopy and multivariate analysis for the characterization of beer. J Agric Food Chem 50:2475–2481

17. Ogrinc N et al (2003) The application of NMR and MS methods for detection of adulteration of wine, fruit juices, and olive oil. A rev, Anal Bioanal Chem 376:424–430

18. Laws DD, Bitter HML, Jerschow A (2002) Solid-state NMR spectroscopic methods in chemistry. Angew Chem Int Ed 41:3096–3129

19. Valentini M et al (2011) The HRMAS-NMR tool in foodstuff characterisation. Magn Reson Chem 49:121–125

20. Beauvallet C, Renou JP (1992) Applications of NMR spectroscopy in meat research. Trends Food Sci Technol 3:241–246

21. Hills B (1998) Magnetic resonance imaging in food science. Wiley, New York

22. Goetz J (2006) MRI in food process engineering. Modern Magn Reson 3:1791–1796

23. Hills BP (2006) Applications of low-field NMR to food science. Ann Rep NMR Spectrosc 58:177–230

24. KMD: S 409 ff, 433 ff

25. Welz B, Sperling M (1997) Atomabsorptionsspektrometrie. Verlag Chemie, Weinheim

26. Pohl B, Thiermeyer H (1993) Atomspektrometrische Analysenverfahren, Einführung in die Atomabsorptionsspektrometrie. Merck, Darmstadt

27. José AC, Broekhaert E, Hywel E (2003) Atomic spectroscopy. Ullmann's Encyclopedia of Industrial Chemistry, Bd 4. Wiley-VCH, Weinheim, S 119 ff

28. Herrmann R (1960) Flammenphotometrie. Springer, Berlin

29. Latscha HP, Klein HA (2007) Analytische Chemie, Springer, Berlin

30. Beyer H, Francke W, Walter W (2004) Lehrbuch der Organischen Chemie. Hirzel, Leipzig

31. Hinzpeter A (1975) Physik als Hilfswissenschaft. Optik, Bd 5. UTB Vandenhoeck & Ruprecht, Göttingen

32. Schuhknecht W, Schinkel H (1963) Beitrag zur Beseitigung der Anregungsbeeinflussung bei flammenspektralanalytischen Untersuchungen – Eine Universalvorschrift zur Bestimmung von Kalium, Natrium und Lithium in Proben jeder Zusammensetzung. Z analyt Chem 194:11

33. Anomere. ▶ www.chemie.de/lexikon/Anomere.html. Zugegriffen: 16. Sept. 2018

34. Kliem M, Streck R (1977) Elektrochemische und optische Analyse in der Pharmazie. Wissenschaftliche Verlagsges, Stuttgart, S 63 ff

35. Ellis D, Muhamadali H, Haughey S, Elliott C, Goodacre R (2015) Point-and-shoot: rapid quantitative detection methods for on-site food fraud analysis – moving out of the laboratory and into the food supply chain. Anal Meth 7:9401–9414

36. Jakes W, Gerdova A, Defernez M, Watson A, McCallum C, Limer E, Colquhoun I, Williamson D, Kemsley EK (2015) Authentication of beef versus horse meat using 60 MHz 1H NMR spectroscopy. Food Chem 175:1

37. Suefke M, Liebisch A, Blümich B, Appelt S (2015) External high-quality-factor resonator tunes up nuclear magnetic resonance. Nat Phys 11:767

Polarographie

Inhaltsverzeichnis

© Der/die Autor(en), exklusiv lizenziert durch Springer-Verlag GmbH, DE, ein Teil von Springer Nature 2021
R. Matissek und M. Fischer, *Lebensmittelanalytik*,
https://doi.org/10.1007/978-3-662-63409-7_9

Zusammenfassung

Mit Hilfe der Polarographie lassen sich über das Strom-Spannungsverhalten einer polarisierbaren Elektrode während Oxidations- bzw. Reduktionsreaktionen Art und Quantität elektrochemisch aktiver Substanzen bestimmen. Bei der Polarographie wird eine tropfende Quecksilberelektrode, deren Oberfläche sich laufend erneuert, eingesetzt. Neben anorganischen Kationen (Metallionen) können auch diverse auch anorganische Anionen und organische Verbindungen, wie Vitamine, Aldehyde, manche Alkaloide, Amine, Halogenverbindungen, Harnstoff erfasst werden. Polarographische Methoden sind Multielement-/Multiverbindungs-Bestimmungsmethoden. Obwohl der Anwendungsbereich der Polarographie sehr groß ist, hat sie sich letztendlich – bis auf einige Spezialanwendungen – in der Breite nicht durchgesetzt.

9.1 Exzerpt

Mit Hilfe der **Polarographie** (engl. polarography) bzw. **Voltametrie** lassen sich über das Strom-Spannungsverhalten einer polarisierbaren Elektrode während Oxidations- bzw. Reduktionsreaktionen Art und Quantität elektrochemisch aktiver Substanzen bestimmen. Voltametrie und Polarographie unterscheiden sich dabei prinzipiell in der Konstruktion der Arbeitselektrode: Diese ist bei der Polarographie eine tropfende Quecksilberelektrode (engl. Dropping Mercury Electrode, DME), deren Oberfläche sich laufend erneuert, während die Elektrodenoberfläche bei der Voltametrie während des gesamten Messvorganges erhalten bleibt. Elektrodenmaterialien sind dann Edelmetalle, Kohle und chemisch modifizierte Materialien (Literaturauswahl: [1–6]).

Eine Übersicht über die hier beschrieben Verfahren der Polarographie findet sich in ◘ Abb. 9.1.

9.2 Prinzip

Bei der Polarographie wird mit drei in ihrer Funktion verschiedenen Elektrodenarten gearbeitet: Arbeits-, Hilfs- und Bezugselektrode. An der polarisierbaren Arbeitselektrode laufen die interessierenden Elektrodenprozesse ab (engl. Working Electrode, WE), deren resultierende **Potentialänderungen** gegen eine ebenfalls polarisierbare Hilfselektrode (engl. Auxiliary Electrode, AE) gemessen werden. Da nur die Vorgänge an der Arbeitselektrode von Interesse sind und die gesamte äußere, angelegte Spannung nur zu einer Änderung des Potentials dieser Arbeitselektrode führen darf, wird außerdem eine stromfreie, verhältnismäßig großflächige Referenzelektrode mit stromunabhängigem Potential (zum Beispiel Ag/AgCl- oder **Kalomel-Elektrode**) verwendet.

An der Referenzelektrode fließt bei jedem Potential ein Strom, während an der Arbeitselektrode, wie oben schon erwähnt, nur dann ein Stromfluss erfolgt,

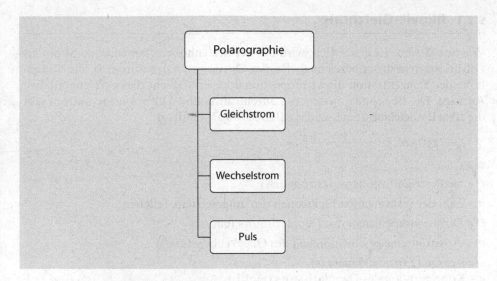

Abb. 9.1 Polarographie – Übersicht

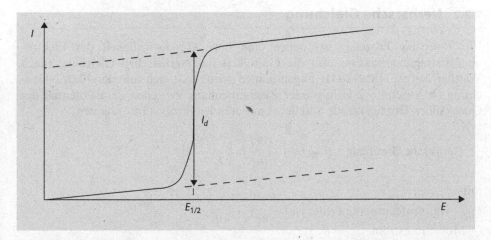

Abb. 9.2 Stromstärke-Spannungskurve (Polarographische Kurve). *Erläuterung:* **I** Strom; I_d Diffusionsgrenzstrom; **E** Potential (Spannung); $E_{1/2}$ Halbstufenpotential. *Weitere Erläuterungen:* siehe Text

wenn bei einem bestimmten Potential ein Stoff reduziert bzw. oxidiert wird; dabei kommt es zu einer Übertragung von Elektronen an der Grenzfläche zwischen Elektrode und Lösung. Die Grenzfläche verarmt mit der Zeit an elektrochemisch aktiver Substanz und muss durch Diffusion aus der näheren Umgebung der Elektrode nachgeliefert werden. Der Stromfluss wird dadurch nur noch von der Diffusionsgeschwindigkeit bestimmt, dem sogenannten **Diffusionsgrenzstrom.**

Den typischen Verlauf einer **polarographischen Kurve** zeigt Abb. 9.2.

9.2.1 Ilkovič-Gleichung

Wie aus ◘ Abb. 9.2 ersichtlich, wird der der Stufenhöhe entsprechende Strom als Diffusionsgrenzstrom bezeichnet. Da der Diffusionsgrenzstrom, d. h. die Stufenhöhe der Konzentration direkt proportional ist, ermöglicht dies eine quantitative Aussage. Die Beziehung zwischen Konzentration und Diffusionsgrenzstrom gibt die **Ilkovič-Gleichung** (nach Dionýz Ilkovič, 1907–1980) an:

$$I_d = 607 \cdot n \cdot D^{1/2} \cdot m^{2/3} \cdot t^{1/6} \cdot c$$

mit

I_d – mittlerer Diffusionsgrenzstrom (μA)

n – Zahl der verbrauchten Elektronen pro umgesetztem Teilchen

D – Diffusionskoeffizient des Depolarisators (cm^2/s)

m – Ausströmungsgeschwindigkeit des Quecksilbers (mg/s)

t – Tropfzeit (Tropfendauer) (s)

c – Konzentration des Depolarisators (mol/L)

9.2.2 Nernstsche Gleichung

Für reversible Prozesse, bei denen eine hohe Geschwindigkeit der Elektronenübertragungsreaktion und die Gültigkeit der **Nernstschen Gleichung** (nach Walther Nernst, 1864–1941) angenommen wird, lässt sich aus der Ilkovič-Gleichung (► Abschn. 9.2.1) folgender Zusammenhang zwischen dem Potential der Quecksilber-Tropfelektrode und der resultierenden Stromstärke ableiten:

$$\text{Nernstsche Gleichung} \quad E = E_{1/2} - \frac{RT}{nF} ln\left(\frac{I}{I_d - I} \right)$$

mit

$E_{1/2}$ – Halbstufenpotential (hier ist $I = I_{d/2}$)

I – Momentanstrom

I_d – Diffusionsgrenzstrom

F – Faraday-Konstante (siehe Anhang)

N – Zahl der ausgetauschten Elektronen pro umgesetztem Teilchen

R – allgemeine Gaskonstante (siehe Anhang)

T – absolute Temperatur

9.3 Polarographische Verfahren

An dieser Stelle soll nur ein kurzer Überblick über die wichtigsten Grundtypen der Polarographie gegeben werden.

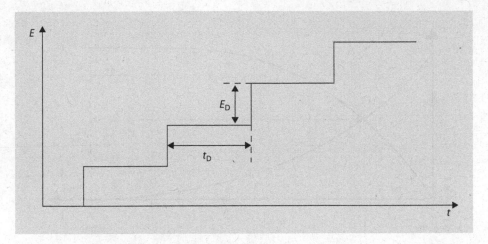

■ Abb. 9.3 Schema zur Gleichstrompolarographie. *Erläuterung:* **E** Potential; **E_D** Potentialänderung zwischen zwei Tropfen; **t** Zeit; **t_D** Zeitdauer eines Tropfenlebens. *Weitere Erläuterungen:* siehe Text

9.3.1 Gleichstrompolarographie

Bei dieser **Gleichstrompolarographie**-Methode wird im Normalfall eine treppenförmig wachsende Spannung an die Elektroden angelegt und der dann resultierende Strom gemessen (engl. Direct Current, DC) (■ Abb. 9.3).

9.3.1.1 Direct-Current-Technik

Bei der normalen **Direct-Current-Technik** fällt der Quecksilber-Tropfen frei aus der Kapillare, während bei der DC-Rapid-Technik der Quecksilber-Tropfen nach einer bestimmten Zeit abgeschlagen wird. Die angelegte Spannung während eines Tropfenlebens wird konstant gehalten. Die Strommessung selbst erfolgt mit einer sehr geringen Zeitverzögerung und wird als Integral des resultierenden Stromflusses registriert.

9.3.1.2 DC-Tastpolarographie

Bei der **DC-Tastpolarographie** als weiterer Variante schließlich wird die Messung erst gegen Ende des Tropfenlebens durchgeführt. Diese Messart hat folgenden Grund: Wird an eine Elektrode eine Spannung angelegt, dann stellt sich ein bestimmtes Potential ein; es erfolgt also eine Aufladung der Elektrode. Dies hat zur Folge, dass sich Teilchen aus der Lösung mit entgegengesetzter Ladung an die Oberfläche dieser Elektrode anlagern (≙ **Helmholtzsche Doppelschicht**; siehe Kasten „Doppelschicht", unten). Die so gebildete Schicht verhält sich wie ein Kondensator: Wird die Spannung geändert, fließt aufgrund der neuen Aufladung ein Strom, der **Kapazitätsstrom**. Dieser ist zu Beginn des Tropfenlebens besonders groß, klingt aber mit der Zeit ab. Der **Faraday-Strom** ist dagegen zu Beginn sehr gering, wächst dann schnell an und bleibt am Ende des Tropfenlebens konstant (■ Abb. 9.4).

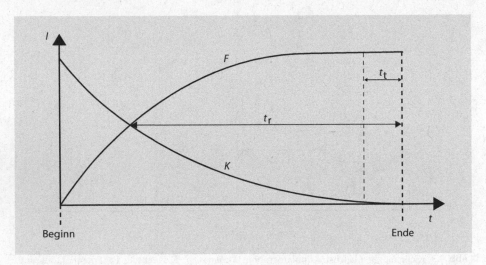

◘ Abb. 9.4   Schema zur DC-rapid- bzw. DC-tast-Technik. *Erläuterung:* **I** Strom; **F** Faraday-Strom; **K** Kapazitätsstrom; **t** Zeit, t_r Messzeit bei DC-rapid; t_t Messzeit bei DC-tast. *Weitere Erläuterungen: siehe Text*

9

Doppelschicht

— **Doppelschicht** (elektrochemische Doppelschicht, elektrolytische Doppelschicht) ist die gebräuchliche Bezeichnung für eine Grenzschicht, an der sich elektrisch geladene Schichten gegenüberstehen. Dies kann an der Grenze zwischen einem Elektronenleiter (Elektrode) und einem Ionenleiter (Elektrolyt) der Fall sein. Besser ist jedoch Verwendung des Begriffs *Phasengrenze Elektrode-Elektrolyt,* da sie unabhängig von der tatsächlichen Ladungsverteilung und damit unabhängig von dem zur Beschreibung verwendeten Modell ist. Typischerweise stehen sich genau zwei Ladungsschichten gegenüber, die – wie in einem Kondensator – entgegengesetztes Vorzeichen tragen.

— Auch an der Flüssig-Flüssig-Phasengrenze nicht mischbarer Elektrolyten tritt eine Doppelschicht auf.

— Die Bezeichnung **Helmholtzsche Doppelschicht** geht auf Untersuchungen von Herman von Helmholtz (1821–1894) zum elektrokinetischen Transport und dem elektroosmotischen Phänomen zurück.

9.3.2 Wechselstrompolarographie

Bei der **Wechselstrompolarographie** wird der treppenförmig anwachsenden Gleichspannung eine Wechselspannung mit konstanter Amplitude (10 mV bis 50 mV) und Frequenz (10 Hz bis 100 Hz) überlagert (◘ Abb. 9.5).

Wird zum Beispiel das Potential E_2, das aus der angelegten Gleichspannung resultiert, mit einer Wechselspannung $E_{\sim 2}$ moduliert, dann schwankt dieses

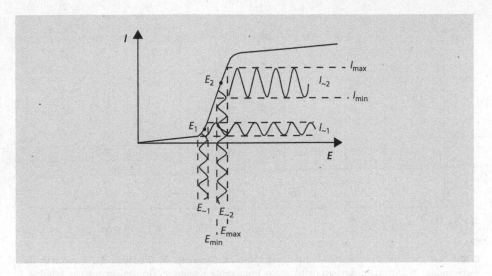

◘ Abb. 9.5 Schema zur Wechselstrompolarographie. *Erläuterung:* **I** Strom; **E** Potential. *Weitere Erläuterungen:* siehe Text

Potential zeitabhängig zwischen E_{max} und E_{min}. Gleichzeitig resultiert daraus ein Stromfluss, der mit gleicher Frequenz zwischen I_{max} und I_{min} schwankt ($I_{\sim2}$). Ist diese Schwankungsbreite groß, resultiert ein Wechselstrom mit großer Amplitude, ist sie dagegen klein, besitzt auch der resultierende Wechselstrom eine kleine Amplitude ($I_{\sim1}$) (◘ Abb. 9.5). Im Gegensatz zur Gleichstrompolarographie werden auf dem **Polarogramm** keine Stufen, sondern Peaks registriert.

9.3.3 Pulspolarographie

Bei der **Pulspolarographie** wird auf die vorgegebene Gleichspannung ein Spannungsimpuls aufgesetzt. Unterschieden werden hier zwei Durchführungsarten: die Normal-Pulspolarographie ▶ Abschn. 9.3.3.1 und die Differential-Pulspolarographie ▶ Abschn. 9.3.3.2.

9.3.3.1 Normal-Pulspolarographie
Prinzip der Normal-Pulspolarographie (NPP): Auf eine konstante Basisspannung (M_1) wird jeweils gegen Ende eines Tropfenlebens ein Puls (Spannungsimpuls) wachsender Größe (M_2) aufgeprägt (◘ Abb. 9.6).

9.3.3.2 Differential-Pulspolarographie
Prinzip der Differential-Pulspolarographie (DPP): Die angelegte Basisspannung (M_1) wird treppenförmig erhöht und dieser zum Ende eines Tropfenlebens jeweils ein konstanter Spannungsimpuls (M_2) aufgesetzt (◘ Abb. 9.7).

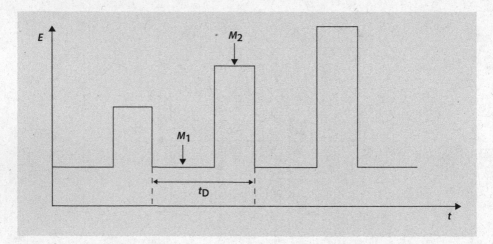

■ **Abb. 9.6**   Schema zur Normal-Pulspolarographie. *Erläuterung:* **E** Potential; **M₁** konstante Basisspannung; **M₂** Spannungsimpuls (wird gegen Ende eines jeweiligen Tropfenlebens stetig erhöht); **t** Zeit; **t_D** Zeitdauer eines Tropfenlebens. *Weitere Erläuterungen:* siehe Text

9

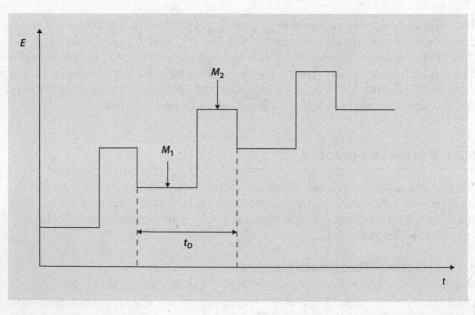

■ **Abb. 9.7**   Schema zur Differential-Pulspolarographie. *Erläuterung:* **E** Potential; **M₁** Basisspannung; wird treppenförmig erhöht (jeweils zum Beginn eines Tropfenlebens); **M₂** konstanter Spannungsimpuls; **t** Zeit; **t_D** Zeitdauer eines Tropfenlebens. *Weitere Erläuterungen:* siehe Text

9.4 Arbeitsweise und Durchführung

Bei der Polarographie wird der Lösung ein **Leitelektrolyt** zugesetzt, um eine ausreichende Leitfähigkeit zu gewährleisten. Dieser Leitelektrolyt besitzt gegenüber der zu untersuchenden Substanz eine vielfache Konzentration. Hierdurch wird eine Wanderung geladener Elektrolytteilchen im elektrischen Feld weitgehend verhindert. Die Zusammensetzung dieser Grundlösung bestimmt im Wesentlichen den nutzbaren Spannungsbereich, da die Kationen und Anionen des Elektrolyten bei höheren Spannungen ebenfalls polarographisch aktiv sind. Im anodischen Bereich liegt die Grenze bei ca. +0,4 V, da dann die Oxidation der Quecksilberelektrode beginnt.

Vor Aufnahme eines Polarogramms muss die Lösung außerdem sauerstofffrei sein, da der in der Probe gelöste Sauerstoff selbst folgende elektrochemische Reaktionen (▶ Gl. 9.1 und 9.2) eingeht:

$$O_2 + 2\,H^{\oplus} + 2e^{\ominus} \rightarrow H_2O_2$$
$$E_{1/2} = -0,05 \text{ bis } -0,2 \text{ V}$$

(9.1)

$$H_2O_2 + 4\,H^{\oplus} + 4e^{\ominus} \rightarrow 4\,H_2O$$
$$E_{1/2} = -0,7 \text{ bis } -1,0 \text{ V}$$

(9.2)

Entlüftet wird am besten durch Einleiten von sauerstofffreiem Stickstoff (mit Pyrogallol-Lösung gewaschen).

Die Probenaufbereitung zur polarographischen Analyse ist stark matrixabhängig: Hohe Elektrolytanteile oder Tenside können beispielsweise die Viskosität der Analysenlösung sehr stark erhöhen und durch eine verminderte Diffusion den Diffusionsgrenzstrom beeinflussen. Viskositätserhöhende organische Stoffe werden vor der Bestimmung durch einen Veraschungsschritt entfernt.

Die Anwesenheit von Komplexbildnern kann die Halbstufenpotentiale von Metallkationen deutlich verschieben. Bei organischen Verbindungen, die sich nicht oder relativ schlecht in Wasser lösen, muss mit nichtwässrigen Lösungsmitteln gearbeitet werden. Da Leitsalze in derartigen Medien sehr schlecht dissoziieren, ist der elektrische Lösungswiderstand beträchtlich höher als in wässrigen Lösungen.

9.5 Anwendungsgebiete

Obwohl der Anwendungsbereich der Polarographie sehr groß ist, hat sie sich letztendlich – bis auf einige Spezialanwendungen – in der Breite nicht durchgesetzt. So können neben den anorganischen Kationen (Metallionen) auch anorganische Anionen ($Cl^{\ominus}$, $Br^{\ominus}$, $I^{\ominus}$, $CN^{\ominus}$ u. v. a. m.) und organische Verbindungen (wie Vitamine, Aldehyde, manche Alkaloide, Amine, Halogenverbindungen, Harnstoff) erfasst werden.

Polarographische Methoden sind Multielement-/Multiverbindungs-Bestimmungsmethoden; oft gelingt die Simultanbestimmung von drei, vier oder gar fünf Komponenten.

Wichtigste Anwendung in der Lebensmittelanalytik ist die Spurenbestimmung von Schwermetallen.

9.6 Auswertung

Die Auswertung erfolgt in der Praxis durch Aufstellung von Kalibrierkurven. Dazu werden Polarogramme mit bekannten Konzentrationen unter gleichen Bedingungen aufgenommen. Die Stufenhöhe wird über der Konzentration aufgetragen.

Liegen in einer Probe mehrere Komponenten vor und sind die Halbstufenpotentiale genügend weit auseinander, so treten im Polarogramm getrennte Stufen auf: Der Grenzstrom der unteren Stufe stellt dann gleichzeitig den Grundstrom der nächsten Stufe dar.

9

Literatur

1. Meites L (1966) Polarographic Techniques. Interscience Publ, New York
2. Heyrovsky J, Kuta J (1965) Grundlagen der Polarographie. Akademie, Berlin
3. Nürnberg HW, Kastening B (1973) Polarographische und voltametrische Methoden in: Methodicum Chimicum, Bd. I/2. Thieme, Stuttgart, S 606 ff
4. Krjukowa TA, Sinjakowa SJ, Arefjewa TF (1964) Polarographische Analyse. VEB Deutscher Verlag für Grundstoffindustrie, Leipzig
5. Neeb R (1963) Neuere polarographische und voltametrische Verfahren zur Spurenanalyse. Fortschr Ehem Forschung 4:333
6. Neeb R (1974) Polarographische Analysenverfahren. Labo (Kennziffer-Fachzeitschrift für Labortechnik) 4(1037), 1310

Enzymatische Analyse

Inhaltsverzeichnis

© Der/die Autor(en), exklusiv lizenziert durch Springer-Verlag GmbH, DE, ein Teil von
Springer Nature 2021
R. Matissek und M. Fischer, *Lebensmittelanalytik*,
https://doi.org/10.1007/978-3-662-63409-7_10

Zusammenfassung

Der Begriff der enzymatischen Analyse umfasst zwei prinzipiell unterschiedliche analytische Verfahrensweisen: Erstens, die analytische Bestimmung von Substanzen (Substraten) mit Hilfe von Enzymen, die sog. UV-Tests und zweitens, die Ermittlung von Enzymaktivitäten. Die enzymatische Substratbestimmung verbindet gleichzeitig alle Anforderungen, die an Referenzmethoden, gebräuchliche Methoden und Schnellmethoden gestellt werden. Da sie zudem sehr spezifisch und auch empfindlich arbeitet, hat die enzymatische Analyse bei der Untersuchung von Lebensmitteln verstärkten Eingang gefunden. Bei der enzymatischen Analyse ist die Bestimmung von Kohlenhydraten, organischen und anorganischen Säuren, Alkoholen, Stickstoff-Verbindungen sowie weiteren Analyten (Cholesterin, Lecithin, Triglyceride u. a.) von besonderer Bedeutung.

10.1 Exzerpt

Der Begriff der **enzymatischen Analyse** (engl. enzymatic analysis) umfasst zwei prinzipiell unterschiedliche analytische Verfahrensweisen:
1. Analytische **Bestimmung von Substanzen** *(Substraten)* mit Hilfe von Enzymen
2. Ermittlung von **Enzymaktivitäten** (engl. enzyme activities)

Zur ersten Gruppe gehören, neben den in ► Kap. 17 und 18 beschriebenen Methoden zur Bestimmung von Glucose, Fructose und Mannose (► Abschn. 17.2.5.1), Saccharose und Glucose (► Abschn. 17.2.5.2), L-Äpfelsäure (► Abschn. 18.3.4.1) und Citronensäure (► Abschn. 18.3.4.2), zahlreiche weitere Analysenverfahren. Als Beispiele für die zweite Gruppe seien die Bestimmungen der Amylase-Aktivität in Honig (► Abschn. 18.8.1) und der Phosphatase-Aktivität in Milchpulver (► Abschn. 18.8.2) angeführt.

In diesem Kapitel werden die Grundlagen sowie das allgemein gültige Arbeitsschema für die Durchführung der enzymatischen Analyse dargestellt (sog. **UV-Tests**) (Literaturauswahl: [1–6]).

Eine Übersicht über die hier beschrieben Verfahren der enzymatischen Analyse findet sich in ◘ Abb. 10.1.

10.2 Prinzip

In der Lebensmittelanalytik herangezogene **enzymatische Reaktionen** verlaufen in der Regel nach folgender Gleichung (► Gl. 10.1):

$$\text{Substrat} + \text{Coenzym} \rightleftarrows \text{Produkt} + \text{Coenzym}' \tag{10.1}$$

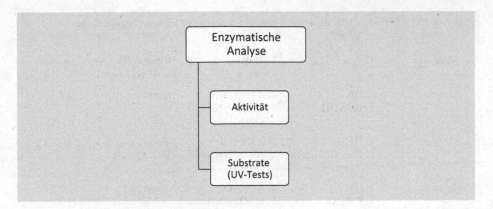

● **Abb. 10.1** Enzymatische Analyse – Übersicht

In dieser Reaktion hat das Enzym die Funktion eines Katalysators, der die Umsetzung des Substrats (d. h., der zu bestimmenden Substanz) mit dem Coenzym bewirkt.

Dabei werden Enzyme unterschiedlicher Spezifität unterschieden: Neben absolut spezifischen Enzymen, die für nur eine Substanz wirksam sind, werden je nach Problemstellung auch gruppenspezifische (z. B. für Oligo- und Polysaccharide) oder stereospezifische Enzyme (zur Umsetzung nur einer von zwei stereoisomeren Formen) eingesetzt. Bei der Kopplung von Enzymreaktionen können auch weniger spezifische oder unspezifische Enzyme zur Anwendung kommen.

Während das Enzym also im Allgemeinen dem Substrat angepasst wird, wird als korrespondierendes Substanzpaar Coenzym/Coenzym' bei einer Vielzahl von enzymatischen Reaktionen das System $NAD^{\oplus}$/NADH bzw. $NADP^{\oplus}$/NADPH eingesetzt (vgl. ● Tab. 10.1): Die reduzierte Form (NADH bzw. NADPH) zeigt im UV-Spektrum gegenüber der oxidierten Form ($NAD^{\oplus}$ bzw. $NADP^{\oplus}$) eine zusätzliche Absorptionsbande mit dem Maximum bei 340 nm (● Abb. 10.2), und da die umgesetzte Coenzym-Menge aufgrund des Reaktionstyps der zu bestimmenden Substratmenge äquivalent ist, kann diese bei den meisten Reaktionen indirekt anhand der Zunahme oder Abnahme der NADH- bzw. NADPH-Bande bestimmt werden. Die enzymatischen Analyseverfahren werden deshalb häufig auch als UV-Tests bezeichnet.

In ● Tab. 10.1 sind die hier beschriebenen Bestimmungsmethoden systematisch zusammengestellt.

◘ Tab. 10.1   Übersicht über die beschriebenen enzymatischen Bestimmungsmethoden (UV-Tests)

Substrat	Enzym	Coenzym/ Coenzym'	Intensität der UV-Bande bei 340 nm	Abschnitt
Glucose	a) HK b) G6P-DH	a) ATP/ADP b) NADP$^\oplus$/NADPH	Nimmt zu	17.2.5.1
Fructose	a) HK b) PGI, G6P-DH	a) ATP/ADP b) NADP$^\oplus$/NADPH	Nimmt zu	17.2.5.1
Mannose	a) HK b) PMI, G6P-DH	a) ATP/ADP b) NADP$^\oplus$/NADPH	Nimmt zu	17.2.5.1
Saccharose	nach Spaltung wie Glucose		Nimmt zu	17.2.5.2
L-Äpfelsäure	L-MDH	NAD$^\oplus$/NADH	Nimmt zu	18.3.4.1
Citronensäure	a) CL b) MDH, LDH	NADH/NAD$^\oplus$	Nimmt ab	18.3.4.2

Erläuterungen:
1) Enzyme: HK Hexokinase; G6P-DH Glucose-6-phosphat-Dehydrogenase; PGI Phosphoglucose-Isomerase; PMI Phosphomannose-Isomerase; L-MDH L-Malat-Dehydrogenase; CL Citrat-Lyase; MDH Malat-Dehydrogenase; LDH Lactat-Dehydrogenase
2) Coenzyme: ATP Adenosin-5'-triphosphat; ADP Adenosin-5'-diphosphat; NAD$^\oplus$/NADH oxidiertes/reduziertes Nicotinamid-adenin-dinucleotid; NADP$^\oplus$/NADPH oxidiertes/reduziertes Nicotinamid-adenin-dinucleotid-phosphat

10

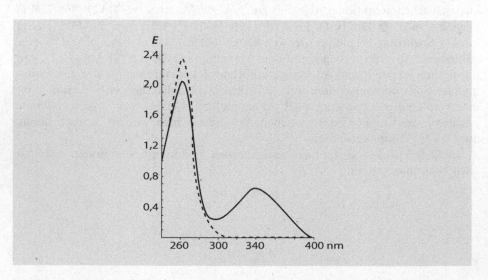

◘ Abb. 10.2   Absorptionskurven von NAD(P)$^\oplus$ und NAD(P)H. *Erläuterung:* E Extinktion, --- NAD$^\oplus$ (NADP$^\oplus$); — NADH (NAD(P)H). *Weitere Erläuterungen:* siehe Text

NAD(P)H

NAD(P)$^\oplus$

R_2 = Ribo-ADP

R_1 = H, NADH
R_1 = H, NADPH

10.3 Arbeitsweise und Durchführung

10.3.1 Probenvorbereitung

Eine Vortrennung oder Isolierung des Substrats ist im Allgemeinen nicht nötig, da die Bestimmung durch Wahl eines geeigneten Enzyms oder durch Kombination von Enzymreaktionen spezifisch gestaltet werden kann.

Eine Probenvorbereitung kann jedoch erforderlich werden, um **Störungen** bei der eigentlichen (photometrischen) Messung zu umgehen:

— **Fruchtsäfte, Weine**
  ⇨ Trübe Probenlösungen werden filtriert; bei stark gefärbten Flüssigkeiten werden 10 mL mit 0,1 g Polyamidpulver oder Polyvinylpyrrolidon etwa 1 min lang verrührt und schnell filtriert (Vorlauf verwerfen). Anschließend ist die Probenlösung auf den für die Messung erforderlichen Konzentrationsbereich zu verdünnen (siehe unten bzw. die einzelnen Versuchsvorschriften).
— **CO_2-haltige Proben**
  ⇨ sind durch Rühren mit einem Glasstab oder durch Filtrieren zu entgasen.
— **Feste Lebensmittel**
  ⇨ wie Backwaren, Obst, Gemüse, Fleisch- und Milcherzeugnisse werden im Mixer zerkleinert, gut durchmischt (ggf. homogenisiert) und mit bidest. Wasser (eventuell auf 60 °C erwärmt) extrahiert. Der wässrige Extrakt wird in einem Messkolben auf ein definiertes Volumen aufgefüllt und anschließend filtriert; ggf. wird das Filtrat weiter verdünnt (siehe unten).

— **Schokolade**
   ⇨ wird fein geraspelt; 1 g wird im 100-mL-Messkolben mit 70 mL bidest. Wasser vermischt und 20 min lang auf 60–65 °C erwärmt (Wasserbad). Nach vollständigem Suspendieren der Schokolade wird abgekühlt, mit bidest. Wasser bis zur Marke aufgefüllt und die Lösung zur Abscheidung von Fett mindestens 20 min lang im Kühlschrank abgekühlt. Die kalte Lösung wird durch ein angefeuchtetes Filterpapier filtriert (Vorlauf verwerfen); 10 mL des Filtrats werden im 50-mL-Messkolben mit bidest. Wasser bis zur Marke aufgefüllt.

— **Konfitüre, Marmelade, Fruchtaufstriche**
   ⇨ 0,5 g der homogenisierten Probe werden im 100-mL-Messkolben mit bidest. Wasser bis zur Marke aufgefüllt und filtriert (Vorlauf verwerfen); 1 mL des klaren Filtrats wird mit 9 mL bidest. Wasser verdünnt.

— **Honig**
   ⇨ dickflüssiger oder kristallisierter Honig wird im Becherglas etwa 10 min lang auf etwa 60 °C erwärmt; nach Abkühlen wird 1 g mit bidest. Wasser im Messkolben auf 100 mL aufgefüllt. Dünnflüssiger Honig kann ohne Erwärmen direkt verdünnt werden.

Als weitere Probenvorbehandlungen können auch Zentrifugieren, Klärung nach Carrez, Perchlorsäure-Behandlung (Enteiweißung) in Betracht kommen.

10.3.2 Einstellen des Konzentrationsbereichs

Wenn die Probe das Substrat in einer zu hohen Konzentration enthält, die zu nicht mehr messbaren oder außerhalb des Linearitätsbereichs liegenden Extinktionswerten führen würde, ist die Probenlösung vor der enzymatischen Umsetzung mit bidest. Wasser zu verdünnen; dabei können in Einzelfällen durchaus Verdünnungen bis zu 1:1000 erforderlich sein.

Bei Konzentrationen, die für die Messung zu niedrig sind, wird für die Bestimmung ein größeres Probenvolumen eingesetzt. Der bei der Bestimmung einzuhaltende Konzentrationsbereich wird bei den einzelnen Vorschriften angegeben.

10.3.3 Messung

Die enzymatische Reaktion wird durch direktes Pipettieren und Mischen der einzelnen Lösungen in den Messküvetten durchgeführt; dabei werden im Allgemeinen Einwegküvetten oder Glasküvetten mit der Schichtdicke $d = 1$ cm verwendet. Zum Mischen der Lösungen benutzt man Rührspatel (sog. Plümper).

Die **Extinktion** wird bei $\lambda = 340$ nm gemessen; wenn nur ein **Spektrallinienphotometer** mit Hg-Dampflampe zur Verfügung steht, erfolgt die Messung bei 365 oder 334 nm. Für die Auswertung (s. unten) ist der Extinktionskoeffizient ε von NADH bzw. NADPH bei der betreffenden Wellenlänge einzusetzen. Zur Theorie und Praxis der Photometrie ▶ Abschn. 8.2.

10.3.4 Arbeitsschema

Die meisten **enzymatischen Bestimmungsverfahren** können nach dem folgenden allgemeinen Schema durchgeführt werden:

Grundsätzlich werden Blindwert (B) und Probe (P) parallel angesetzt und gemessen:

- In einem ersten Schritt werden in beide Küvetten Puffer und Coenzym einpipettiert und mit bidest. Wasser gemischt, wobei in der Probenküvette ein Teil des bidest. Wassers durch die Probenlösung ersetzt wird.
- Durch Messung der Extinktion erhält man die Werte $E_1(B)$ bzw. $E_1(P)$ für Blindwert bzw. Probe; diese Extinktionswerte entsprechen der NADH (NADPH)-Menge vor der enzymatischen Reaktion.
- Danach wird die Reaktion durch Zugabe des Enzyms in beiden Küvetten gestartet.
- Nach Ablauf der Reaktion wird erneut die Extinktion in beiden Küvetten gemessen (Messwerte $E_2(B)$ bzw. $E_2(P)$).

Die **Extinktionsdifferenz** ΔE, berechnet aus den Extinktionsdifferenzen von Probe und Blindwert, ist ein Maß für die Zunahme bzw. Abnahme der NADH (NADPH)-Menge während der enzymatischen Umsetzung und kann daher direkt zur Berechnung der Substrat-Konzentration der Probenlösung eingesetzt werden:

$$\Delta E = \Delta E(P) - \Delta E(B) = |E_2(P) - E_1(P)| - |E_2(B) - E_1(B)|$$

Im vorliegenden Buch wird die Durchführung der enzymatischen Bestimmungen mit Lösungen beschrieben, die aus den betreffenden Einzelreagenzien selbst angesetzt werden können. Daneben sind im Handel fertige **Test-Kombinationen** (UV-Testsätze) zu beziehen, die bereits die fertigen Lösungen und Suspensionen enthalten.

10.4 Anwendungsgebiete

10.4.1 Enzymatische Substratbestimmung – UV-Tests

Die enzymatische **Substratbestimmung** verbindet gleichzeitig alle Anforderungen, die an Referenzmethoden, gebräuchliche Methoden und Schnellmethoden gestellt werden. Da sie zudem sehr spezifisch und auch empfindlich (Messungen bis in den ppm-Bereich sind meist ohne größere Probleme möglich) arbeitet, hat die enzymatische Analyse bei der Untersuchung von Lebensmitteln verstärkten Eingang gefunden.

Bei den Substratbestimmungen ist die Analyse von Kohlenhydraten (wie Glucose, Fructose, Galactose, Saccharose, Maltose, Lactose, Raffinose, Stärke), organischen und anorganischen Säuren (wie L-Äpfelsäure, Ameisensäure, Ascorbinsäure, Dehydroascorbinsäure, Asparaginsäure, Bernsteinsäure, Brenztraubensäure, Citronensäure, Essigsäure, D-Gluconsäure, Glutaminsäure, Hydroxybuttersäure, Isocitronensäure, L-Milchsäure, D-Milchsäure, Oxalsäure, Nitrat, Sulfit), Alkoholen (wie Ethanol, Glycerin, Sorbit), Stickstoff-Verbindungen (wie Kreatin, Kreatinin, Harnstoff, Ammoniak) sowie weiteren Analyten (z. B. Cholesterin, Lecithin, Triglyceride) von besonderer Bedeutung.

10.4.2 Bestimmung von Enzymaktivitäten

Die Ermittlung der **Enzymaktivitäten,** also die Prüfung auf das Vorhandensein von Enzymen nach Art und „Menge" (genauer: Aktivität), kann zur Kennzeichnung des Frischezustandes bzw. zur Ermittlung einer beginnenden Verderbnis oder zur Erkennung besonderer Behandlungen bei Lebensmitteln dienen.

10.5 Auswertung

Die Konzentration c in g/L der zu bestimmenden Substanz wird nach folgender Gleichung berechnet:

$$c[\text{g/L}] = \frac{V \cdot M}{\varepsilon \cdot d \cdot \upsilon \cdot 1000} \cdot \Delta E \cdot F$$

mit

V – Testvolumen in den Küvetten (Summe aller einpipettierten Lösungen) in mL

υ – Probenvolumen (eingesetzte Probenlösung) in mL

M – Molare Masse des Substrates in g/mol

d – Schichtdicke der Küvetten (im Allgemeinen $d = 1$ cm)

ε – Extinktionskoeffizient:

λ (nm)	ε $(\text{L} \cdot \text{mmol}^{-1} \cdot \text{cm}^{-1})$	
	NADH	NADPH
340	6,3	6,3
365 (Hg)	3,4	3,5
354 (Hg)	6,18	6,18

F – Verdünnungsfaktor (bei einer Verdünnung von 1 Volumenteil Probe mit x Volumenteilen bidest. Wasser ist $F = 1 + x$)

ΔE – Extinktionsdifferenz (siehe oben)

Literatur

1. Henniger G (1979) Enzymatische Lebensmittelanalytik. Z Lebensm-Technol Verfahrenstechnik 30(137):182
2. Gombocz E, Hellwig E, Vojir F, Petuely F (1981) Über die erzielbare Genauigkeit von enzymatischen Analysenverfahren bei Lebensmitteln; Einsatz eines Zentrifugalanalysators als Analysenautomat. Deut Lebensm Rundsch 77:1
3. Bergmeyer HU (1974) Methoden der enzymatischen Analyse. Verlag Chemie, Weinheim
4. Bergmeyer HU, Gawehn K (1986) Grundlagen der enzymatischen Analyse. Verlag Chemie, Weinheim
5. Bergmeyer HU (1986) Methods of Enzymatic Analysis, Bd I–XII. Verlag Chemie, Weinheim
6. KMG: S 519 ff

Elektrophorese

Inhaltsverzeichnis

© Der/die Autor(en), exklusiv lizenziert durch Springer-Verlag GmbH, DE, ein Teil von Springer Nature 2021
R. Matissek und M. Fischer, *Lebensmittelanalytik*,
https://doi.org/10.1007/978-3-662-63409-7_11

Zusammenfassung

Elektrophoretische Verfahren nutzen die Wanderung von geladenen Teilchen im elektrischen Feld als Messgröße. Aufgrund ihrer unterschiedlichen Ladungen und molaren Massen, wandern die Teilchen unterschiedlich schnell und können dadurch voneinander getrennt werden. Bei der Untersuchung von Nucleinsäuren ist die Agarose-Gelelektrophorese zu einem festen Bestandteil der Analysenmethoden geworden.. Bei der SDS-PAGE werden durch die Verwendung eines negativ geladenen Detergens, wie Natriumdodecylsulfat (SDS), Proteine vor der eigentlichen Elektrophorese solubilisiert und denaturiert. Durch Verwendung eines Proteinmarker-Gemisches kann eine semi-quantitative Abschätzung der molaren Masse der Probe vorgenommen werden. Bei der Isoelektrischen Fokussierung (IEF-PAGE) wird der isoelektrische Punkt der Proteine als Charakteristikum genutzt.

11.1 Exzerpt

Elektrophoretische Verfahren (engl. electrophoretic methods) nutzen die Wanderung von geladenen Teilchen im elektrischen Feld als Messgröße. Aufgrund ihrer unterschiedlichen Ladungen und molaren Massen („Größen"), wandern die Teilchen unterschiedlich schnell und können dadurch voneinander getrennt werden. Die elektrische Feldstärke hängt ab von der Länge des Trennungsmediums und der angelegten Spannung. Die Wanderungsgeschwindigkeit v lässt sich mathematisch als Produkt aus der elektrischen Feldstärke E und der substanzspezifischen Mobilität μ ausdrücken:

$$E = \frac{\text{angelegte Spannung}}{\text{Länge des Gels}}$$

$$v = \frac{q}{f_c} \cdot E = \mu \cdot E$$

mit

E – elektrische Feldstärke (V/cm)

f_c – Reibungskoeffizient

q – Ladung

μ – Substanzspezifische Mobilität

Der Reibungskoeffizient ist abhängig von der Viskosität des Mediums und von der Porengröße des Trägermaterials (und damit der Größe der Teilchen). Der Quotient aus Teilchenladung und Reibungskoeffizient wird als substanzspezifische Mobilität bezeichnet. Neben elektrophoretischen Trennungen in stabilisierenden Matrizes, wie Membranen und Gelen, kann auch eine trägerfreie Elektrophorese durchgeführt werden.

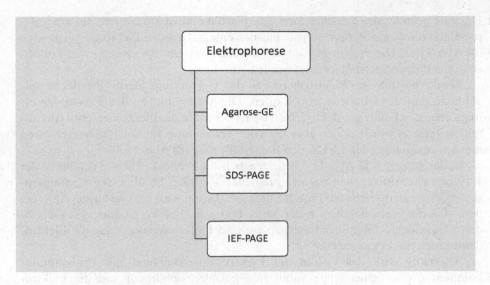

◨ **Abb. 11.1**   Elektrophorese – Übersicht

Es kommen hauptsächlich drei verschiedene elektrophoretische Verfahren zur Anwendung:

- **Zonenelektrophorese**
  ⇨ bei einem homogenen Puffersystem wird von Zonenelektrophorese gesprochen
- **Isotachophorese (ITP)**
  ⇨ die ITP wird unter Einsatz eines diskontinuierlichen Puffersystems durchgeführt
- **Isoelektrische Fokussierung (IEF)**
  ⇨ die Verwendung eines pH-Gradienten wird als IEF bezeichnet. Sie wird nur bei der Trennung von amphoteren Substanzen, wie Peptiden und Proteinen eingesetzt.

Im Folgenden sollen die gängigsten Elektrophoreseapparaturen und Trägermaterialien besprochen werden (Literaturauswahl: [1–5]). Eine Übersicht über die hier beschrieben Verfahren der Elektrophorese findet sich in ◨ Abb. 11.1

11.2 Aufbau einer Elektrophoreseeinheit

Der Versuchsaufbau benötigt in jedem Fall ein Netzteil mit der Möglichkeit zur Kontrolle der Spannung und/oder der Stromstärke. Der Aufbau der Elektrophoresekammern unterscheidet sich, je nachdem ob eine **horizontale** oder **vertikale** Elektrophorese durchgeführt wird, sollte aber nach Möglichkeit kühlbar sein. Bei der vertikalen Elektrophorese „stehen" die Gele senkrecht in der Kammer.

Das Gel befindet sich zwischen zwei Glasplatten und ist am oberen und am unteren Ende durch ein Pufferreservoir mit der entsprechenden Elektrode verbunden (◘ Abb. 11.2). Die Proben werden mit Glycerin versetzt (beschwert) und können so in die Probentaschen pipettiert werden.

Bei der **horizontalen Elektrophorese** ist das Gel auf eine inerte Oberfläche aufgebracht, auf der Oberseite jedoch offen. Die Verbindung zu den Elektroden erfolgt über mit Puffer getränkte Filterstreifen, auf die die Elektroden entweder direkt aufgesetzt werden oder über die eine Verbindung zu den Pufferreservoiren mit den entsprechenden Elektroden hergestellt wird (◘ Abb. 11.3).

In der gezeigten ◘ Abb. 11.3 befinden sich die Probentaschen in der Nähe der Kathode zur Auftrennung negativ geladener Proteine. Ist über den Ladungszustand der zu analysierenden Proteine nichts bekannt, wird ein Gel ausgewählt, bei dem sich die Probentaschen in der Mitte befinden. Die Verbindung des Gels zu den Elektroden erfolgt über Filterpapiere und Pufferreservoire oder die Elektroden werden direkt aufgesetzt.

Alternativ wird das Gel in der Elektrophoresekammer mit Probenpuffer komplett überschichtet (engl. submarine gel electrophoresis) und die Elektroden befinden sich an den gegenüberliegenden Enden der Elektrophoresekammer (◘ Abb. 11.4). Diese Anordnung wird typischerweise zur Trennung von DNA-Fragmenten in Agarosegelen angewendet. Auch hier müssen die Proben mit Glycerin versetzt (beschwert) werden.

11

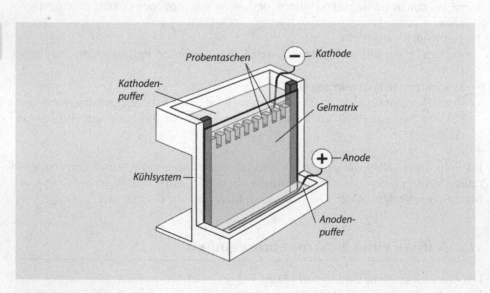

◘ **Abb. 11.2**   Typischer Aufbau eines vertikalen Gelelektrophoresesystems zur Auftrennung von negativ geladenen Proteinen. *Erläuterung:* siehe Text

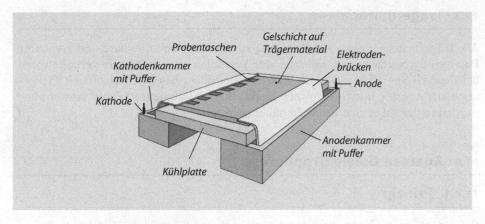

■ **Abb. 11.3** Horizontales Gelelektrophoresesystem. *Erläuterung:* siehe Text

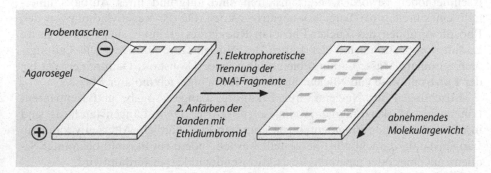

■ **Abb. 11.4** Horizontale *submarine* Gelelektrophorese zur Auftrennung von DNA-Fragmenten. Das Gel wird in der Kammer vollständig mit Puffer überschichtet. *Erläuterung:* siehe Text

---

Besondere Sicherheitshinweise

- Neben den allgemein zu beachtenden **Sicherheitshinweisen** zum Arbeiten in chemischen Laboratorien, sei hier noch speziell auf einige Besonderheiten bei der Durchführung der in diesem Kapitel beschriebenen elektrophoretischen Verfahren hingewiesen.
- Aufgrund seiner **interkalierenden Eigenschaften** ist **Ethidiumbromid** ein starkes Mutagen und entsprechende Vorsichtsmaßnahmen sind im Umgang bzw. bei der Entsorgung benutzter Färbelösungen zu treffen. Darüber hinaus sollte auf den Umgang mit festem Farbstoff verzichtet und auf handelsübliche fertige Stammlösungen zurückgegriffen werden.
- Da es sich beim **Acrylamid-Monomer** um ein Neurotoxin mit potenziell mutagenen Eigenschaften handelt, müssen bei der Herstellung und beim Umgang mit Stamm- und Arbeitslösungen entsprechende Sicherheitsvorkehrungen beachtet werden. Darüber hinaus sollte auf den Umgang mit festem Acrylamid verzichtet und auf handelsübliche fertige Stammlösungen zurückgegriffen werden.

11.3 Trägermaterial

Als Trägermaterial bieten sich Matrizes an, die eine beeinflussbare und konstante Porengröße besitzen, sich während des Versuches chemisch inert verhalten und bei denen keine Elektroosmose auftritt. Besonders bewährt haben sich Gelsysteme aus **Agarose** und aus **Polyacrylamid**. Beide Systeme und deren Anwendung werden in den folgenden Kapiteln näher erläutert.

11.4 Agarose-Gelelektrophorese

11.4.1 Prinzip

Bei der Untersuchung von Nucleinsäuren ist die **Agarose-Gelelektrophorese** (AGE, engl. Agarose Gel Electrophoresis) zu einem festen Bestandteil der Analysenmethoden geworden. Nucleinsäuren sind aufgrund ihres Aufbaus innerhalb eines breiten pH-Bereiches negativ geladen. Da die Negativladung von den Phosphatgruppen des Zucker-Phosphat-Rückgrates stammt, steigt die negative Ladung proportional mit der Länge des Nucleinsäure-Stranges. Die Ladungsdichte (molare Masse/Ladung) bleibt dabei jedoch konstant. Dadurch erfolgt bei der Elektrophorese von Nucleinsäuren die Trennung nach molarer Masse.

Mischungen aus Nucleinsäuren bekannter Länge (Angabe in Basenpaaren) können als Marker-Fragmente eingesetzt werden. DNA-Längenstandards sind in unterschiedlichen Fragmentlängen kommerziell erhältlich. Alternativ kann ein Längenstandard auch selbst hergestellt werden, indem ein Plasmid bekannter Sequenz mit einer oder mehreren Restriktionsendonukleasen verdaut wird.

Nach der elektrophoretischen Trennung ist eine Sichtbarmachung der Nucleinsäuren nötig. Dies erfolgt üblicherweise mit Hilfe des **Interkalationsfarbstoffes Ethidiumbromid.** Ethidiumbromid zeigt in Lösung eine schwache Fluoreszenz, die durch Wechselwirkung (Interkalation) mit einem Nucleinsäure-Molekül erhöht wird. Nucleinsäuren erscheinen als stark fluoreszierende, rot-orange leuchtende Banden auf schwach fluoreszierendem Hintergrund (Ethidiumbromid/Nucleinsäure-Komplex: Anregung: 254 nm, 302 nm oder 366 nm; Emission: 500–590 nm). Die Nachweisgrenze liegt bei ungefähr 1 ng DNA. Eine Alternative zu Ethidiumbromid stellt die Silberfärbung dar.

Ethidiumbromid

11.4.2 Probenvorbereitung

Um die Nucleinsäuren in die Probentaschen eines submarinen Gels pipettieren zu können, müssen sie mit Glycerin beschwert werden. Dies kann zum Beispiel durch Zugabe eines glycerinhaltigen (50%igen) 10-fach Probenpuffers erfolgen. Meist beinhalten solche Probenpuffer zusätzlich zwei Farbstoffe. Diese Farbmarker erleichtern das Auftragen der Probe und dienen als Anhaltspunkt für die Wanderung der Nucleinsäuren. Beispielsweise wandert in einem 2,5–3%igem Agarosegel Bromphenolblau bis zu einer Laufhöhe von ca. 100 bp, während Xylencyanol sich in etwa wie ein 800 bp-Nucleinsäure-Fragment verhält.

11.4.3 Agarosegele

Die **Agarose** ist ein Polysaccharid aus β-D-Galactopyranose und 3,6-Anhydro-α-L-galactopyranose, die alternierend über (1/4)- und (1/3)-Bindungen miteinander verbunden sind. Zusätzlich ist ca. jeder zehnte Galactose-Rest mit Schwefelsäure verestert.

Durch Aufkochen in einem Puffer löst sich die Agarose und geliert beim Abkühlen. Dabei bildet das Polysaccharid Doppelhelices aus, die sich in Gruppen zu relativ dicken Fäden zusammenlagern. Durch diese strukturelle Eigenschaft werden stabile Gele mit relativ großen Porendurchmessern (150–500 nm bei Agarosekonzentrationen von 1–0,16 %) gebildet. Je nach Agarosekonzentration eignet sich das Gel zur Auftrennung unterschiedlich großer Nucleinsäure-Fragmente. ❏ Tab. 11.1 gibt einen Überblick über Agarosekonzentrationen und den optimalen Trennbereich von doppelsträngiger DNA.

❏ **Tab. 11.1** Optimaler Trennbereich für doppelsträngige DNA in Gelen mit unterschiedlicher Agarosekonzentration

Agarosekonzentration (%)	Trennbereich (bp)
0,6	1000–20.000
0,7	800–10.000
0,9	500–7000
1,2	400–6000
1,5	300–3000
2,0	200–2000
3,0	50–500

11.4.4 Elektrophorese

Die Proben werden in Probentaschen in der Nähe der Kathode aufgetragen. Neben den Proben wird ein Leitermarker aufgetragen, der nach der Elektrophorese eine Größenabschätzung erlaubt. Die elektrophoretische Trennung wird bei konstanter elektrischer Feldstärke durchgeführt. Die Wanderung der Nucleinsäuren in Richtung Anode wird mit Hilfe der Farbmarker kontrolliert.

11.4.5 Auswertung

Die qualitative Auswertung erfolgt nach Inkubation mit Ethidiumbromid unter UV-Strahlung unter Zuhilfenahme von DNA-Fragment-Standards bekannter Länge (► Abschn. 16.3.1).

11.4.6 Anwendungsgebiete

Agarosegelsysteme zählen zu den Standardmethoden zur Trennung, Identifizierung und Reinigung von linearen DNA-Fragmenten, zirkulärer Plasmid-DNA und RNA-Proben. Daneben kann die Agarose-Gelelektrophorese auch zur Trennung hochmolekularer Proteine (>500 kDa) verwendet werden.

11.5 Natriumdodecylsulfat-Polyacrylamid-Gelelektrophorese (SDS-PAGE)

11.5.1 Prinzip

Durch die Verwendung eines negativ geladenen Detergenzes (= grenzflächenaktive Substanz, Tensid) wie **Natriumdodecylsulfat** (engl. Sodium Dodecylsulphate, **SDS**) werden die Proteine vor der eigentlichen Elektrophorese solubilisiert und denaturiert. Unabhängig von ihrer ursprünglichen negativen oder positiven Nettoladung (saure oder basische pI-Werte) wird eine negative Gesamtladung eingeführt. Jedes Protein besitzt dadurch ein einheitliches Verhältnis von Ladung zu Masse, das heißt, Proteinmoleküle werden nach ihrer Größe und damit nach ihrem molaren Masse und nicht nach ihrer ursprünglichen Ladung aufgetrennt. Durch Verwendung eines Proteinmarker-Gemisches kann eine semi-quantitative Abschätzung der molaren Masse der Probe vorgenommen werden.

11.5.2 Arbeitsweise

Das Gel besteht aus einem Polymer von Acrylamid-Monomeren und N,N'-Methylenbisacrylamid als Vernetzer (**PAGE**). Die Polymerisation folgt dabei einem radikalischen Reaktionsmechanismus. Als Starter der Reaktion wird Ammonium-peroxodisulfat, ein Salz dessen Anion leicht in freie Radikale zerfällt, dazugegeben (◘ Abb. 11.5). Das Gel ist chemisch inert und mechanisch relativ stabil.

Die Porengröße des Gels wird durch die Konzentration an Acrylamid *(T)* in g/100 g und den Gehalt an Vernetzer *(C)* in g/100 g reproduzierbar festgelegt. Mathematisch lässt sich dieser Zusammenhang wie folgt beschreiben:

$$T = \frac{a+b}{V} \cdot 100$$

$$C = \frac{b}{a+b} \cdot 100$$

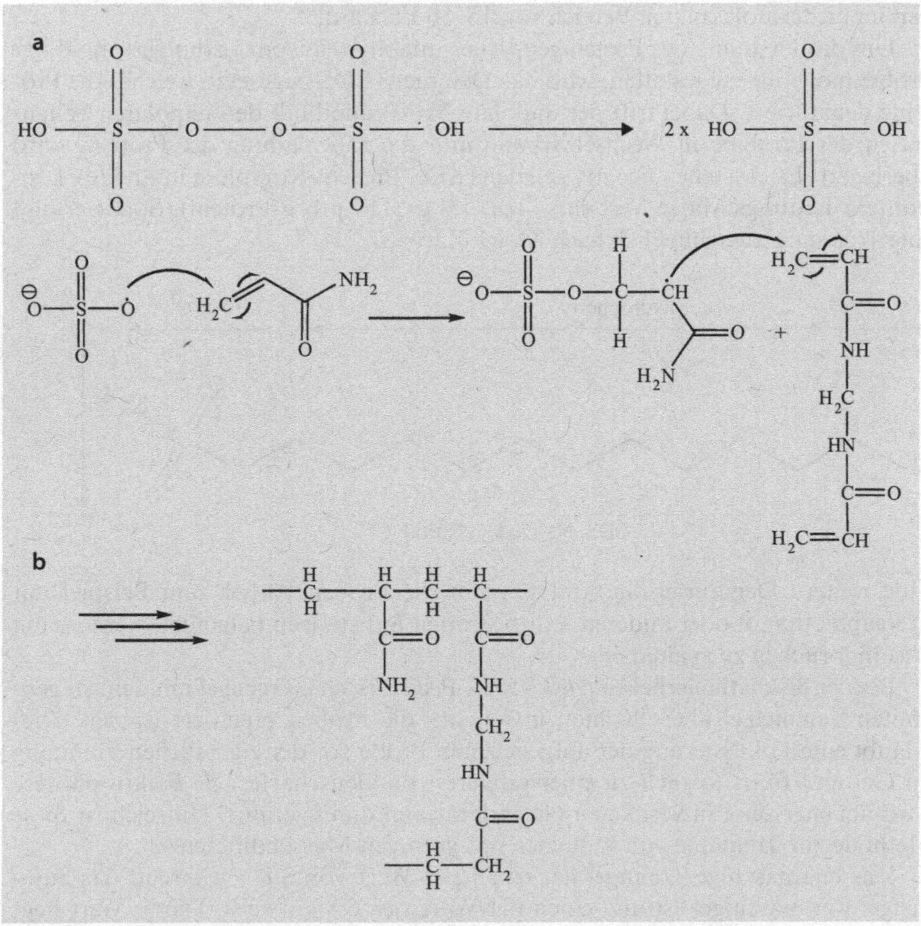

◘ **Abb. 11.5** Formelschema zur Herstellung von Polyacrylamidgelen. *Erläuterung:* **a** Peroxodisulfationen zerfallen in freie Radikale; **b** Radikalische Bildung von Polyacrylamid aus Acrylamid und N,N′-Methylenbisacrylamid. *Weitere Erläuterungen:* siehe Text

mit

a – Menge an Acrylamid in g

b – Menge an N,N-Methylenbisacrylamid in g

V – Volumen in mL

Mit konstantem Gehalt an Vernetzer und zunehmender Konzentration an Acrylamid nimmt die Porengröße ab. Mit konstanter Konzentration an Acrylamid und zunehmendem Vernetzer-Gehalt folgt die Porengröße einer parabolischen Funktion: Bei sehr hohen und sehr niedrigen Gehalten an Vernetzer sind die Poren groß.

Die üblichen Konzentrationen für Acrylamid liegen zwischen 7,5 % und 16 %. Dabei sind Gele mit geringerem Acrylamid-Gehalt besser für die Trennung von größeren Proteinen (50–200 kDa) geeignet, Gele mit höherer Konzentration trennen im niedermolekularen Bereich von 15–50 kDa auf.

Um die Trennung des Proteingemisches unabhängig vom Ladungszustand der Probenmoleküle zu gestalten, wird das Detergens SDS zugesetzt, welches die Proteine denaturiert. Dabei tritt der unpolare Molekülteil mit den unpolaren Seitenketten der Proteine in Wechselwirkung und die Eigenladung der Proteine wird überlagert. Es entstehen negativ geladene SDS-Protein-Komplexe mit relativ konstantem Ladungs/Masse-Verhältnis (ca. 1,4 g SDS pro g Protein). Somit erfolgt eine Trennung ausschließlich nach Molekülgröße.

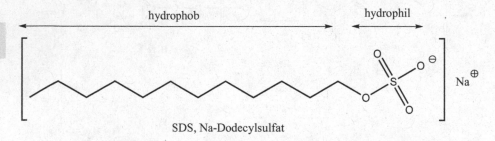

hydrophob   hydrophil

SDS, Na-Dodecylsulfat

Eine weitere Denaturierung erfolgt, wenn die Proben vorher zum Beispiel mit Mercaptoethanol oder anderen reduzierenden Substanzen behandelt werden, um Disulfidbrücken zu spalten.

Bei der **diskontinuierlichen** *(disk)* SDS-PAGE ist das **Trenngel** mit dem so genannten **Sammelgel** überschichtet, in welches die Proben pipettiert werden. Dies erlaubt eine Fokussierung der aufgegebenen Probe vor der eigentlichen Trennung im Gel und führt folglich zu einer größeren Bandenschärfe. Die Elektrophorese wird üblicherweise in vertikalen Gelapparaturen durchgeführt. Hilfreich ist diese Methode zur Trennung von Proteinen mit geringen Massendifferenzen.

Das engmaschige Trenngel hat einen pH-Wert von 8,8 – während das Sammelgel weitmaschiger ist und einen pH-Wert von 6,8 aufweist. Dieser Wert liegt in der Nähe des isoelektrischen Punktes von Glycin (6,06), welches im Elektrophoresepuffer (Laufpuffer mit pH 8,3) enthalten ist und als Ladungsträger fungiert. Beim Eintritt des Glycinats in das Sammelgel wird durch den niedrigeren pH-Wert das ungeladene Glycin gebildet, welches dadurch viel langsamer wandert und aus diesem Grund als Folge-Ion bezeichnet wird.

Alle verwendeten Puffer enthalten Chlorid-Ionen, die durch ihre Ladung und ihre geringe Größe eine hohe elektrophoretische Mobilität aufweisen, weshalb sie als Leitionen bezeichnet werden.

Durch das nicht wandernde Glycin entsteht im System ein Mangel an frei beweglichen Ionen, was den Stromfluss herabsetzt. Dadurch erhöht sich die Spannung zwischen Glycin und Chlorid-Ionen. Es wird ein Feldstärkegradient aufgebaut, da im Bereich des Chlorids eine niedrige, im Bereich des Glycins eine hohe elektrische Feldstärke herrscht. Die Proteine ordnen sich entsprechend ihrer Geschwindigkeit im Feldstärkegradienten zwischen Ionen mit einer niedrigen (Glycin-Ionen) und einer hohen Mobilität (Chlorid-Ionen) an; dies führt darüber hinaus zu einer Fokussierung der Probenmoleküle, denn Moleküle mit hoher Mobilität werden im Bereich des Chlorids durch die niedrige Feldstärke gebremst, Moleküle mit geringer Mobilität durch die hohe Feldstärke im Bereich des Glycins beschleunigt. Sobald das Glycin das Trenngel erreicht, wird bei pH 8,8 wieder Glycinat gebildet, welches schneller wandert als die Probenmoleküle, wodurch wieder eine konstante Feldstärke entsteht.

11.5.3 Auswertung

Nach der elektrophoretischen Entwicklung erfolgt eine Färbung zur Sichtbarmachung der **Proteinbanden**. Diese kann beispielsweise mit dem Farbstoff Coomassie Brillant Blue G250 erfolgen.

Coomassie Brillant Blue G250

Der Farbstoff lagert sich unspezifisch an kationische und hydrophobe Seitenketten des Proteins. Das Protein wird während der Färbung zudem durch die in der

Färbelösung anwesende Essigsäure fixiert. Das entwickelte Gel wird zunächst in einer Färbelösung inkubiert, anschließend wird überschüssiger Farbstoff mit Hilfe einer Entfärbelösung ausgewaschen.

Alternativ kann die Sichtbarmachung der Banden mittels **Silberfärbung** erfolgen. Die Silberionen bilden dabei Komplexe mit funktionellen Gruppen der Seitenketten aus. Durch Reduktion entsteht elementares Silber, wodurch die Banden sichtbar werden. Diese Methode hat eine deutlich niedrigere Nachweisgrenze (5 ng) als die Coomassie-Färbung (50–100 ng), es werden allerdings auch Matrixbestandteile wie Nucleinsäuren, Lipopolysaccharide und Glycolipide mitgefärbt. Die Intensität der Färbung ist in beiden Fällen vom jeweiligen Protein abhängig.

11.5.4 Anwendungsgebiete

Die SDS-PAGE ist eine wichtige biochemische Methode zur Analyse von Proteinen bzw. Proteingemischen. Die Methode eignet sich grundsätzlich zur Abschätzung der molaren Masse von Proteinen.

11.6 Isoelektrische Fokussierung auf Polyacrylamid-Gelen (IEF-PAGE)

11

11.6.1 Prinzip

Bei der **IEF-PAGE** wird der **isoelektrische Punkt** *pI* der Proteine als Charakteristikum genutzt. Der isoelektrische Punkt ist der pH-Wert, an dem die Nettoladung des Proteins, das heißt, die Summe aller negativen und positiven Ladungen an den Aminosäureseitenketten, gleich null ist. Wird eine Proteinmischung an einem bestimmten Punkt in einem pH-Gradienten aufgetragen, wandern positiv geladene Proteine in Richtung der Kathode, negativ geladene in Richtung der Anode, bis sie bei dem pH-Wert, der ihrem *pI* entspricht, zum Stillstand kommen (◘ Abb. 11.6).

11.6.2 Arbeitsweise

Zur **IEF** werden Polyacrylamidgele mit pH-Gradienten, auf denen sich die Proteine während der Elektrophorese entsprechend ihres isoelektrischen Punktes als scharfe Zonen einordnen, angewendet. Im Gegensatz zu anderen Elektrophoreseverfahren ist die IEF-PAGE ein Endpunktverfahren, da die Proteine nach Erreichen des ihrem isoelektrischen Punkt entsprechenden pH-Wertes nicht mehr weiter im elektrischen Feld wandern. Um einen unerwünschten, nach Molekülgröße trennenden Siebeffekt zu vermeiden, kommen weitporige Polyacrylamidgele

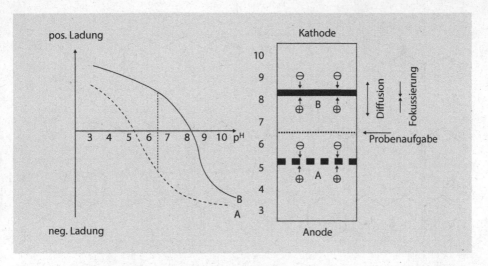

■ **Abb. 11.6** Prinzip der isoelektrischen Fokussierung – schematische Darstellung. *Erläuterung:* **Links:** Nettoladungskurven zweier Proteine (A und B). **Rechts:** Verhalten der beiden Proteine A und B in einem pH-Gradienten. **pos.** positive; **neg.** negative. *Weitere Erläuterungen:* siehe Text

($T = 4\,\%$, $C = 3\,\%$, vgl. ▶ Abschn. 11.5) zum Einsatz. Der pH-Bereich der Gele geht meistens von pH 3–10 und erfasst damit die meisten Proteine. Für spezielle Anwendungen sind auch Gele mit engeren pH-Bereichen, zum Beispiel mit pH 3–7 erhältlich.

Die Grundbedingung für reproduzierbare und vergleichbare Ergebnisse ist ein stabiler und kontinuierlicher pH-Gradient mit konstanter Leitfähigkeit, der sich unter dem Einfluss der angelegten Spannung nicht verändert. Dies kann durch immobilisierte pH-Gradienten erreicht werden, die schon beim Gießen Bestandteil der Gelmatrix sind. Dabei copolymerisieren Acrylamid-Monomere mit Acrylamid-Derivaten, den **Immobilinen®**, die entsprechend puffernde Gruppen tragen. Die allgemeine Formel lautet $CH_2 = CH_2-CO-NH-R$. Dabei trägt R entweder eine Carboxyl- oder eine tertiäre Aminogruppe (■ Abb. 11.7).

Ein pH-Gradient kommt durch eine kontinuierliche Veränderung des Immobiline®-Mischungsverhältnisses während des Gelgießens zustande. Der jeweilige pH-Wert lässt sich für jedes Mischungsverhältnis über die Henderson-Hasselbach-Gleichung berechnen. Da die pK-Werte der Immobiline® und der zu trennenden Proteine temperaturabhängig sind, muss das Gel auf eine bestimmte Temperatur thermostatisiert werden.

Eine Alternative zu den Immobilinen® stellen **Ampholine** (Trägerampholyte) dar. Ampholine sind unterschiedliche langkettige aliphatische Oligoamino-oligocarbonsäuren, die in einem Gelstreifen oder einem langen zylindrischen Gel (meist in einem Röhrchen) frei beweglich sind. Durch eine geschickte Wahl der Trägerampholyte können bestimmte pH-Bereiche abgedeckt werden (wie der pH-Bereich von 3–10 oder der Bereich von 4–5).

Im Gegensatz zu Ampholinen sind Immobiline® keine amphoteren Substanzen, sondern in Abhängigkeit ihres Restes Säuren oder Basen mit definiertem

Die Strukturformeln zeigen:

Struktur	pK-Wert
(oben links)	3,6
(oben rechts)	8,5
(2. links)	4,6
(2. rechts)	9,3
(3. links, Morpholin)	6,2
(3. rechts)	10,3
(4. links, Morpholin)	7,0
(4. rechts)	>12

☐ **Abb. 11.7**   Beispiele für Immobiline® und ihre pK-Werte

11

pK-Wert. Bevor das Gel gebrauchsfertig ist, muss es bei Verwendung von Ampholinen vorfokussiert werden, d. h. die Trägerampholyte müssen im Gel durch Anlegen einer Spannung positioniert werden. Nachdem das Gel vorfokussiert wurde, werden die Proben aufgetragen und die eigentliche Fokussierung im pH-Gradienten kann erfolgen. Je mehr unterschiedliche Ampholine verwendet werden, desto kontinuierlicher wird der pH-Gradient. Allerdings ist der Gradient zeitinstabil, temperaturabhängig und die Gele zeigen im Vergleich zu Immobilinen® eine schlechte Reproduzierbarkeit.

11.6.3 Anwendungsgebiete

Die IEF ist eine wichtige biochemische Methode zur Analyse von Proteinen bzw. Proteingemischen. Die Methode eignet sich grundsätzlich zur Bestimmung des isoelektrischen Punktes von Proteinen. Bei der Anwendung ist zu beachten, dass es sich um ein nicht-denaturierendes Verfahren handelt, bei dem die Gefahr besteht, dass die Proteine aggregieren oder präzipitieren.

Literatur

1. Lottspeich F, Zorbas H (1998) Bioanalytik. Spektrum Akademischer Verlag, Heidelberg
2. Westermeier R (1993) Electrophoresis in practice. VCH, Weinheim
3. Sambrook J et al (2001) Molecular cloning. A laboratory manual. Cold Spring Harbor Laboratory, Cold Spring Harbor
4. Schrimpf G (2002) Gentechnische Methoden. Spektrum Akademischer Verlag, Heidelberg
5. Linnemann M, Kühl M (2005) Biochemie für Mediziner. Springer, Berlin

Immunchemische Verfahren

Inhaltsverzeichnis

© Der/die Autor(en), exklusiv lizenziert durch Springer-Verlag GmbH, DE, ein Teil von
Springer Nature 2021
R. Matissek und M. Fischer, *Lebensmittelanalytik*,
https://doi.org/10.1007/978-3-662-63409-7_12

Zusammenfassung

Allen immunchemischen Verfahren ist gemeinsam, dass die Detektion des Analyten auf einer spezifischen Antigen-Antikörper-Reaktion beruht. Aufgrund der Spezifität der Antikörper gegenüber dem entsprechenden Antigen sind immunchemische Methoden geeignet, auch geringe Mengen an Antigen im Kontext einer komplexen Matrix nachzuweisen bzw. zu quantifizieren, was die starke Verbreitung dieser Methoden begründet. Zudem kann theoretisch für jedes Antigen, das identifiziert und charakterisiert ist, ein entsprechender Antikörper hergestellt werden. Für eine sehr große Anzahl Proteine sind darüber hinaus Antikörper im Handel erhältlich. Bei allen ELISA-Verfahren wird die Immunreaktion an einer Festphase durchgeführt, an die entweder Antikörper oder Antigene gebunden werden. Am häufigsten werden der Sandwich-ELISA und der kompetitive ELISA durchgeführt. In der Lebensmittelanalytik werden ELISA-Verfahren beispielsweise zum Nachweis von Lebensmittelallergenen eingesetzt.

12.1 Exzerpt

Eine Übersicht über die in diesem Kapitel behandelten immunchemischen Verfahren zeigt ◘ Abb. 12.1.

Allen immunchemischen Verfahren (engl. immunochemical methods) ist gemeinsam, dass die Detektion des Analyten auf einer spezifischen **Antigen-Antikörper-Reaktion** beruht. Aufgrund der Spezifität der Antikörper (◘ Abb. 12.2) gegenüber dem entsprechenden Antigen sind immunchemische Methoden

12

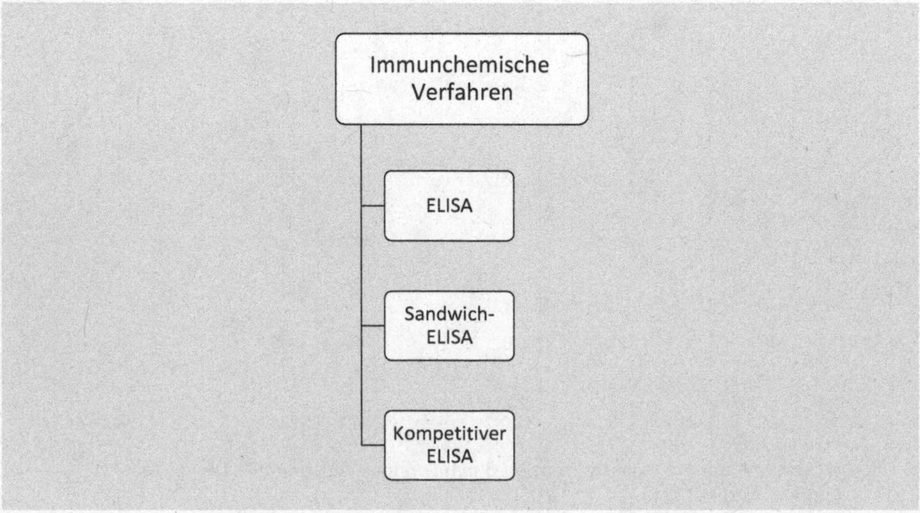

◘ **Abb. 12.1** Immunchemische Verfahren – Übersicht

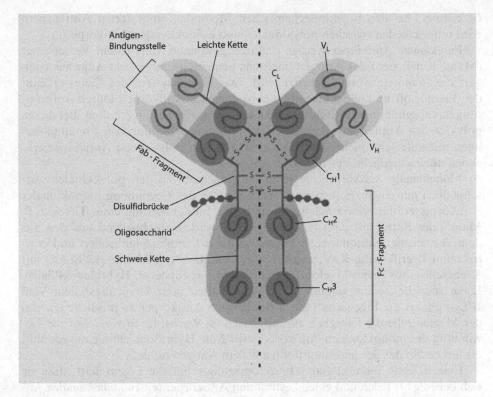

Abb. 12.2 Vereinfachte Darstellung eines IgG-Antikörpers. *Erläuterung:* Vier Disulfidbrücken verknüpfen zwei leichte Ketten mit zwei schweren Ketten, wobei jede Kette in separate Domänen aufgefaltet ist. Die stark variierenden Domänen V_L und V_H bilden die Antigenbindungsstelle, während die konstanten Regionen (C_H1, C_H2 und C_H3) die Grundstruktur des Moleküls bilden. *Weitere Erläuterungen:* siehe Text

geeignet, auch geringe Mengen an Antigen im Kontext einer komplexen Matrix nachzuweisen bzw. zu quantifizieren, was die starke Verbreitung dieser Methoden begründet. Zudem kann theoretisch für jedes Antigen, das identifiziert und charakterisiert ist, ein entsprechender Antikörper hergestellt werden. Für eine sehr große Anzahl Proteine sind darüber hinaus Antikörper im Handel erhältlich.

Antikörper (Immunglobuline, Ig) werden im Rahmen der humoralen Immunantwort von Plasmazellen sezerniert, um in den Organismus eingedrungene, körperfremde Proteinstrukturen (zum Beispiel Krankheitserreger oder auch allergene Substanzen) dadurch unschädlich zu machen, dass sich der Antikörper an das **Antigen** bindet. Vereinfacht kann die Bindung zwischen Antigen und Antikörper dabei mit dem Schlüssel-Schloss-Prinzip beschrieben werden. Es wird ein Komplex gebildet, der hauptsächlich über Van-der-Waals-Kräfte und Wasserstoffbrücken aber vereinzelt auch über Ionenpaarbindungen stabilisiert wird.

Der variable Molekülbereich des Antikörpers, der das Antigen zunächst erkennt und dann mit ihm in Verbindung tritt, wird **Paratop** genannt. Die entsprechende Bindungsstelle des Antigens wird als **Epitop** oder antigene Determinante bezeichnet. Bei den in immunchemischen Methoden eingesetzten Antikörpern wird unterschieden zwischen polyklonalen und monoklonalen Antikörpern.

Polyklonale Antikörper werden dadurch gewonnen, dass einem Versuchstier (Maus, Kaninchen) das Antigen, meistens gemeinsam mit einem **Adjuvans** (steigert die Immunantwort), gespritzt wird. Das Immunsystem des Tieres erkennt den Fremdstoff und bildet daraufhin entsprechende Antikörper. Durch Aufbereitung des abgenommenen Blutes werden Antikörper im Serum erhalten. Bei diesen polyklonalen Antikörpern handelt es sich um eine Mischung von Immunglobulinen mit unterschiedlicher Spezifität und Affinität; polyklonale Antikörper erkennen unterschiedliche Epitope eines Antigens.

Monoklonale Antikörper reagieren im Gegensatz zu den polyklonalen ausschließlich mit einem Epitop eines Antigens. Bei der Gewinnung monoklonaler Antikörper erfolgt zwar zunächst ebenfalls die Immunisierung eines Tieres, z. B. Maus oder Ratte, mit dem Antigen, jedoch werden anschließend aus den aus dem Versuchstier entnommenen Milzzellen die B-Lymphozyten isoliert und *in vitro* (zum Begriff siehe Kasten „*in vitro* – Definition", ▶ Abschn. 13.10.5.2) mit Krebszellen (aus einem Myelom) verschmolzen – es entstehen **Hybridomzelllinien.** Diese spezielle Zellart vereinigt die Eigenschaften ihrer Ursprungszellen: Vom B-Lymphozyt die Eigenschaft einen bestimmten Antikörper zu produzieren, von der Myelomzelle die Fähigkeit zu unbegrenztem Wachstum *in vitro.* Für die Gewinnung des monoklonalen Antikörpers wird die Hybridomzelllinie ausgewählt, die am besten das gewünschte Epitop auf dem Antigen bindet.

Eine isolierte monoklonale Hybridomzelllinie hat die Eigenschaft, dass sie sich beliebig oft teilen und einen bestimmten Antikörper (einen *monoklonalen* Antikörper) produzieren kann.

Der äußerst hohen Spezifität der monoklonalen Antikörper stehen um ein Vielfaches höhere Produktionskosten gegenüber. Polyklonale Antikörper sind vergleichsweise kostengünstiger, sind aber im Gegensatz zu den monoklonalen Antikörpern nicht standardisierbar (Literaturauswahl: [1–4]).

12.2 Enzyme-linked Immunosorbent Assay (ELISA)

12.2.1 Prinzip

Bei allen **ELISA-Verfahren** (dt. enzymgekoppelten Immunoadsorptionstests) wird die Immunreaktion an einer Festphase (Mikrotiterplatte) durchgeführt, an die entweder Antikörper oder Antigene gebunden werden. Am häufigsten werden der **Sandwich-ELISA** und der **kompetitive ELISA** durchgeführt. In der Lebensmittelanalytik werden ELISA-Verfahren beispielsweise zum Nachweis von **Lebensmittelallergenen** eingesetzt. Darüber hinaus sind zahlreiche Testkits kommerziell erhältlich, die die quantitative Analyse von beispielsweise Haselnuss-, Erdnuss-, Kuhmilch- und Hühnereianteilen in Lebensmitteln erlauben.

12.2.2 Arbeitsweise

12.2.2.1 Sandwich-ELISA

Bei der Methode des Sandwich-ELISA werden zwei unterschiedliche Antikörper verwendet, die zwar beide an das zu analysierende Protein, jedoch an unterschiedliche Epitope binden (◘ Abb. 12.3). Der erste, primäre Antikörper ist dabei an der Festphasenoberfläche immobilisiert, an den bei Probenzugabe das Antigen (z. B. ein Allergen in einem Lebensmittel) bindet.

Aufgrund der Bindung des Antigen-Antikörperkomplexes an die Festphase ist es möglich, alle ungebundenen Matrixbestandteile durch Waschzyklen zu entfernen. Durch Zugabe des zweiten, sekundären Antikörpers bildet sich das so genannte **Sandwich** aus, indem das Antigen von zwei Antikörpern umgeben ist. Der sekundäre Antikörper ist enzymmarkiert, so dass die Detektion des Antigens über eine enzymatische Reaktion erfolgen kann. Die Menge des entstehenden farbigen Produktes ist proportional zur ursprünglichen Menge an Antigen in der zu untersuchenden Probe. Unter Verwendung einer entsprechenden Kalibrierreihe kann der Gehalt photometrisch quantifiziert werden.

12.2.2.2 Kompetitiver ELISA

Bei der Methode des **kompetitiven ELISA** werden dem primären Antikörper gleichzeitig zwei Antigene angeboten (◘ Abb. 12.3). Zum einen ein festphasengebundenes Antigen und konkurrierend dazu eine antigenhaltige Probe. Je geringer die Konzentration des Antigens in der Probe ist, desto größer ist die Menge an Antikörper, der an dem immobilisierten Antigen bindet.

Im Gegensatz zum Sandwich-ELISA ist beim kompetitiven ELISA die Farbgebung demnach umso stärker, je weniger Analyt in der Probe vorhanden war. Hier ist der Antigengehalt in der Probe also indirekt proportional (reziproke Proportionalität) zur Farbintensität und photometrisch quantifizierbar (► Abschn. 16.3.4.1).

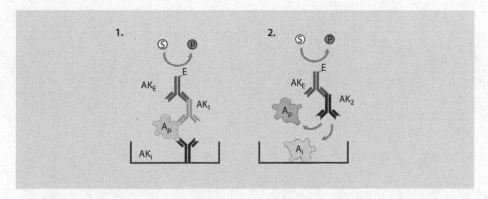

◘ **Abb. 12.3** Prinzip des ELISA-Verfahrens: **1.** Sandwich-ELISA; **2.** kompetitiver ELISA. *Erläuterung:* AK_i primärer, immobilisierter Antikörper; A_P Antigen in der Probe; AK_1 und AK_2 primärer Antikörper; AK_E sekundärer, enzymgekoppelter Antikörper; S farbloses Substrat; P farbiges Produkt; A_i immobilisiertes Antigen. *Weitere Erläuterungen:* siehe Text

Der Sandwich-ELISA ist vorteilhaft, wenn das zu quantifizierende Antigen nur schlecht an die Festphase bindet. Zudem ist er durch Verwendung zweier unterschiedlicher Antikörper, die an dasselbe Antigen binden, besonders spezifisch.

12.2.3 Anwendungsgebiet

Die ELISA-Technik ist die am häufigsten angewandte Methode der Lebensmittelindustrie und -überwachung, um Allergene in Lebensmitteln nachzuweisen und zu quantifizieren.

Literatur

1. Braden BC, Poljak RJ (1995) Structural features of the reactions between antibodies and protein antigens. FASEB J 9:9–16
2. Koppelman SJ, Hefle SL (Hrsg) (2006) Detecting allergens in food. CRC Press Inc., Boca Raton
3. Besler M, Kasel U, Wichmann G (2002) Determination of hidden allergens in foods by immunoassays. Internet Symp Food Allergens 4:1–18
4. KMD: S 477 ff

12

Molekularbiologische Verfahren

Inhaltsverzeichnis

© Der/die Autor(en), exklusiv lizenziert durch Springer-Verlag GmbH, DE, ein Teil von Springer Nature 2021
R. Matissek und M. Fischer, *Lebensmittelanalytik*,
https://doi.org/10.1007/978-3-662-63409-7_13

Zusammenfassung

Die DNA liegt in einer genau definierten Kopienzahl pro Zelle vor und ist chemisch und physikalisch relativ stabil, wodurch auch die Analyse von stark verarbeiteten Produkten, die beispielsweise thermisch behandelt wurden, möglich ist. Grundsätzlich muss vor jeder molekularbiologischen Analyse die zugrunde liegende DNA aus dem zu untersuchenden Lebensmittel isoliert, d. h. von störenden Begleitstoffen befreit werden. Im Rahmen der Lebensmittelanalytik spielen besonders PCR-basierte Methoden eine Rolle. Im Bereich der Tier- oder Pflanzenartendifferenzierung finden u. a. die Endpunkts-PCR oder Restriction Fragment Length Polymorphism-Methoden Verwendung. Neben Einzelnachweisen wurden darüber hinaus Multiplexmethoden entwickelt. Die spezifischen Nachweise erfolgen über verschiedene Amplifikatgrößen nach Trennung mittels Elektrophorese. Angewendet wird die PCR beispielsweise zum Nachweis einer Pflanzen- oder Tierart. Auch der Nachweis, ob ein Organismus gentechnisch verändert ist, wird idealerweise mittels PCR geführt. Als transgene Eigenschaften werden häufig Resistenzen z. B. gegenüber Herbiziden, in den Empfängerorganismus übertragen. Im Bereich der Lebensmittelmittelmikrobiologie werden die Methoden zur Identifizierung von pathogenen Keimen wie enterohämorrhagische Escherichia coli, Listerien oder Salmonellen verwendet.

13.1 **Exzerpt**

Seit den 1970er Jahren wurden eine Vielzahl **molekularbiologischer Methoden** (engl. molecular biological methods) entwickelt, die Verwendung finden in verschiedenen Fachrichtungen, wie der Medizin, der Forensik, der Biotechnologie aber auch der Lebensmittelanalytik. Grundsätzlich können molekularbiologische Methoden auf alle Lebensmittelbestandteile angewendet werden, die Nucleinsäuren enthalten. Die Vorteile molekularbiologischer Methoden liegen in geringen Nachweisgrenzen und in hohen Spezifitäten. Typischerweise beschränkt sich die Lebensmittelanalytik auf das Arbeiten mit DNA (Desoxyribonucleic Acid), sie stellt für einige relevante Fragestellungen einen besonders geeigneten Analyten dar.

Klassische analytische Verfahren beruhen häufig auf der Bestimmung von Sekundärmetaboliten, die beispielsweise klimatischen oder umweltbedingten Schwankungen unterliegen und dadurch in ihrer Aussagekraft eingeschränkt sind. Die DNA dagegen liegt in einer genau definierten Kopienzahl pro Zelle vor und ist chemisch und physikalisch relativ stabil, wodurch auch die Analyse von stark verarbeiteten Produkten, die beispielsweise thermisch behandelt wurden, möglich ist.

Grundsätzlich muss vor jeder molekularbiologischen Analyse die zugrunde liegende DNA aus dem zu untersuchenden Lebensmittel isoliert, d. h. von störenden Begleitstoffen befreit werden.

Im Rahmen der Lebensmittelanalytik spielen besonders **PCR-basierte Methoden** (engl. **Polymerase Chain Reaction**, dt. **Polymerase-Kettenreaktion**) eine Rolle.
Im Bereich der Tier- oder Pflanzenartendifferenzierung finden u. a. die Endpunkts-PCR oder **PCR-RFLP**-Methoden (engl. Restriction Fragment Length
Polymorphism) Verwendung, die in den folgenden Kapiteln näher beschrieben
werden. Neben Einzelnachweisen wurden darüber hinaus Multiplexmethoden
entwickelt. In diesem Fall werden mehrere Primerpaare eingesetzt, um in einer
Reaktion gleichzeitig verschiedene Zielsequenzen zu amplifizieren. Die spezifischen Nachweise erfolgen über verschiedene Amplifikatgrößen nach Trennung
mittels Elektrophorese. Im Bereich der Lebensmittelmikrobiologie werden zur
Typisierung mitunter die **RAPD-PCR** (Randomly Amplified Polymorphic DNA)
oder die **AFLP-PCR** (engl. Amplified Fragment Length Polymorphism) eingesetzt. Mit Hilfe dieser Methoden können genetische Fingerabdrücke (engl. finger-
prints) erstellt werden und so eine Identifizierung der entsprechenden Mikroben
erfolgen.

Eine wichtige Entwicklung im Bereich der molekularbiologischen Verfahren
ist die Realtime-PCR. Bei der Realtime-PCR werden die entstehenden Amplifika-
tionsprodukte in Echtzeit während jedes Zyklus gemessen. Die fluorimetrische
Detektion erfolgt durch Zugabe des Fluorophors **SYBR Green I**® oder durch
fluoreszenzmarkierte Sonden. Der große Vorteil dieser Methodik besteht in der
Möglichkeit auch quantitative Bestimmungen durchzuführen. Realtime-Meth-
oden finden z. B. zur Überprüfung von Grenzwerten im Rahmen der Lebensmittelüberwachung Verwendung.

Weitere molekularbiologische Verfahren, wie Northern- oder Southern-Blot-
ting und DNA-Microarrays, sind bisher in der Lebens- oder Futtermittelana-
lytik weniger gebräuchlich und werden daher in diesem Kapitel nicht näher besprochen [1–5]. Eine Übersicht über die in diesem Kapitel behandelten molekularbiologischen Verfahren gibt ◘ Abb. 13.1.

13

Besondere Sicherheitshinweise

- Neben den allgemein zu beachtenden **Sicherheitshinweisen** zum Arbeiten in chemischen Laboratorien, sei hier noch speziell auf einige Besonderheiten bei der
  Durchführung der in diesem Kapitel beschriebenen molekularbiologischen Verfahren hingewiesen.
- Aufgrund seiner interkalierenden Eigenschaften ist **Ethidiumbromid** ein starkes Mutagen und entsprechende Vorsichtsmaßnahmen sind im Umgang bzw.
  bei der Entsorgung benutzter Färbelösungen zu treffen. Darüber hinaus sollte
  auf den Umgang mit festem Farbstoff verzichtet und auf handelsübliche fertige
  Stammlösungen zurückgegriffen werden.
- Da es sich bei **SYBR Green I**® um ein mögliches Mutagen handelt, sollte ebenfalls auf den Umgang mit festem Farbstoff verzichtet und auf handelsübliche
  fertige Stammlösungen zurückgegriffen werden.

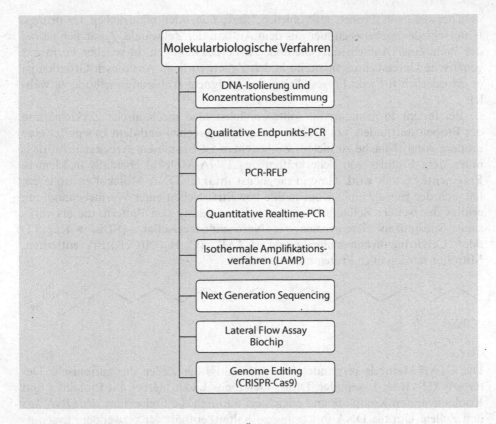

■ **Abb. 13.1** Molekularbiologische Methoden – Übersicht

13.2 DNA-Isolierungsverfahren

13.2.1 Prinzip

Die Methoden zur Isolierung von Nucleinsäuren beinhalten grundsätzlich einen Zellaufschluss und die Reinigung, das heißt, die Abtrennung unerwünschter Begleitstoffe der isolierten DNA. Diese Schritte sind in der Regel nötig, um qualitativ geeignete DNA für molekularbiologische Arbeiten zu erhalten. Der **Zellaufschluss** erfolgt durch mechanische, chemische und thermische Behandlung. Weitere Schritte zur **Aufreinigung** beruhen beispielsweise auf Fällung der DNA, Bindung an Silicaoberflächen oder Anionenaustauschchromatographie [5–9].

13.2.2 Arbeitsweise

Die zum Aufschluss der Zellen nötigen Arbeiten richten sich nach dem Untersuchungsmaterial. Dabei handelt es sich bei lebensmittelchemischen Fragestellungen üblicherweise um Proben mikrobiellen, tierischen oder pflanzlichen Ursprungs. Unterschiede ergeben sich hier aus dem Aufbau der Zellwände. Zusätzlich ist bei der Wahl einer Aufarbeitungsmethode zu berücksichtigen, in welcher Form das genetische Untersuchungsmaterial in den Zellen vorliegt. Aus diesen Gründen ist es erforderlich für jede Fragestellung eine geeignete Isolierungsmethode zu wählen.

Bei festem Probenmaterial sollte zunächst eine mechanische Zerkleinerung der Proben stattfinden, um die Zellverbände zu brechen und dem Lysepuffer eine größere Angriffsfläche zu bieten. Zu beachten ist bei diesem Arbeitsschritt, dass unter dem Einfluss von Scherkräften das DNA-Molekül ebenfalls in kleinere Fragmente zerteilt wird. Um ein möglichst intaktes DNA-Molekül zu isolieren, hat sich der Einsatz einer Kugelmühle bewährt. Neben einer Wärmebehandlung erfolgt der weitere Zellaufschluss durch Verwendung von Puffern, die als wirksame Substanzen Detergenzien wie **Natriumdodecylsulfat** (**SDS**, ▶ Kap. 11) oder **Cetyltrimethylammoniumbromid** (**CTAB**, $(C_{16}H_{33})N(CH_3)_3Br$) enthalten. Mitunter werden auch Proteasen eingesetzt.

CTAB

Die CTAB-Methode verwendet zum Aufschluss der Zellen das kationische Detergens CTAB im Lysepuffer. Dieses Detergens bildet hierbei mit Proteinen und Kohlenhydraten Komplexe und erleichtert dadurch die Freisetzung der DNA aus den Zellen. Um die DNA in Lösung zu halten, enthält der verwendete Lysepuffer eine hohe Salzkonzentration *(Hochsalzbedingung)*. Durch Zentrifugation werden Zellrückstände und denaturierte Proteine entfernt. Zur weiteren Entfernung von Proteinen, im Besonderen auch von DNA-abbauenden Enzymen, erfolgt eine Behandlung mit organischen Lösungsmitteln. Hierzu werden häufig Phenol oder Chloroform eingesetzt. Die störenden Bestandteile werden zusammen mit der organischen Phase abgetrennt.

Die weitere Aufreinigung der DNA erfolgt bei der klassischen CTAB-Methode durch die Zugabe eines Präzipitationspuffers. Dieser Puffer enthält ebenfalls CTAB allerdings in Gegenwart geringer Salzkonzentration *(Niedrigsalzbedingung)*. Die Fällung der DNA erfolgt bei Raumtemperatur durch Komplexbildung mit dem Detergens. Nach Zentrifugieren wird der wässrige Überstand abgetrennt und die gefällte DNA wird erneut unter Hochsalzbedingungen (NaCl) gelöst. Die DNA löst sich in Gegenwart der monovalenten Natriumionen, da die negativen Ladungen des Phosphatrückgrates der DNA abgeschirmt werden. Eine Wechselwirkung der DNA mit dem Detergens ist dadurch nicht mehr möglich. Nach einer weiteren Reinigung mit Chloroform wird die DNA mit einem Alkohol (z. B. Isopropanol) erneut ausgefällt. Der Alkohol hat Auswirkungen auf die Hydrathülle der DNA, was eine Abnahme ihrer Löslichkeit zur Folge hat. Häufig wird ein zusätzlicher Waschschritt z. B. mit 70 %igem Ethanol durchgeführt, um weitere Substanzen zu entfernen. Nach Abtrennen des Überstandes kann die

DNA in demineralisiertem Wasser oder in Niedrigsalz-Puffern aufgenommen werden.

Andere Verfahren nutzen die Möglichkeit die DNA an Silicaoberflächen zu binden. Zu Beginn dieser Entwicklungen wurde häufig Silicagel verwendet. Eine einfachere und schnellere Durchführung wird durch den Einsatz von Silicamembranen in sog. Spinkartuschen oder durch magnetische Silicapartikel erreicht. Die Bindung der DNA an die Silicaoberflächen erfolgt in Gegenwart chaotroper Salze oder Alkohol, wobei die Hydrathüllen der DNA und der Silanolgruppen beeinflusst werden, so dass eine Bindung durch Zunahme der Entropie begünstigt wird. Der Bindungsmechanismus der DNA an die Silicaoberfläche ist nicht vollständig geklärt. Grundsätzlich soll die Bindung auf zwischenmolekularen Kräften beruhen, wie beispielsweise elektrostatischen Anziehungen und Wasserstoff-Brückenbindungen zwischen der Silica-Oberfläche und dem Phosphat-Zucker-Rückgrat der DNA.

Die Vorteile silicabasierter Methoden gegenüber der CTAB-Methode liegen vor allem in einer schnelleren Durchführung. Die Nachteile sind höhere Kosten und geringere Ausbeuten. Die Reinheit der isolierten DNA ist bei beiden Verfahren vergleichbar.

13.3 DNA-Konzentrationsbestimmungsverfahren

13.3.1 Prinzip

13.3.1.1 Photometrische Konzentrations- und Reinheitsbestimmung

Die Grundlagen der **Photometrie** werden in ▶ Abschn. 8.2 beschrieben. Die Konzentrationsbestimmung von dsDNA (ds = doppelsträngig) erfolgt analog über das **Lambert-Beersche Gesetz** (▶ Abschn. 8.2.4). In den meisten Fällen erfolgt die Berechnung der Konzentration über den molaren Extinktionskoeffizienten durch Messung der Probenlösung bei einer Wellenlänge von 260 nm. Ein linearer Zusammenhang besteht bis zu einer Extinktion von maximal 1,5. Die Angaben gelten für einen pH von 7. Zur korrekten Konzentrationsbestimmung sollte daher in einem geeigneten Puffer gemessen werden. Zur Berechnung wird das folgende Verhältnis verwendet:

$$E_{260\,nm} = 1 \approx 50\,ng/\mu L\,dsDNA$$

mit

E_{260nm} – Extinktion bei 260 nm

dsDNA – doppelsträngige DNA

Zur photometrischen Reinheitsbestimmung von dsDNA werden die Quotienten aus zwei Wellenlängen gebildet. Dabei soll das Verhältnis der Extinktionen von $E_{260nm}/E_{280nm} = 1,8$ für reine DNA sein. Verunreinigungen beispielsweise durch Proteine oder phenolische Verbindungen werden durch kleinere Werte deutlich.

13.3.1.2 Fluorimetrische Konzentrationsbestimmungen

Einige Verbindungen haben die Fähigkeit, in bestimmten Spektralbereichen die auf sie einfallende Strahlung zu absorbieren (Anregung) und anschließend längerwellige Strahlung auszusenden (Emission). Verschwindet die Ausstrahlung nach Abschalten der anregenden Strahlung sofort (innerhalb von etwa 10^{-8} s), so wird dies als **Fluoreszenz** bezeichnet.

Zur fluorimetrischen DNA-Konzentrationsbestimmung werden Interkalationsfarbstoffe benötigt, da die DNA selber nicht fluoresziert. Es werden mehrere Farbstoffe kommerziell angeboten. Nachfolgend soll ausschließlich **SYBR Green I®** (**SG**) beschrieben werden. SG hat die Eigenschaft selektiv an dsDNA zu binden und lagert sich in die kleine Furche der DNA-Doppelhelix ein. Durch diese Bindung nimmt die Fluoreszenz um ein Vielfaches zu. Das Fluoreszenzsignal ist dabei über einen weiten Bereich der Konzentration an dsDNA proportional. Die Konzentrationsbestimmung erfolgt über eine externe Kalibriergerade nach linearer Regression.

SYBR Green I

13.3.2 Arbeitsweise

Auf Grund der häufig geringen Probenvolumina nach der DNA-Isolierung sind spezielle Messtechniken erforderlich. Die Messungen der Proben sollten deshalb in Kapillaren oder speziellen Photo- bzw. Fluorimetern erfolgen, bei denen Volumina von 1–100 μL gemessen werden können. Zur Bestimmung der Reinheit sollten die Photometer einen Wellenlängenscan ermöglichen.

13.3.3 Anwendungsgebiete

Konzentrations- und Reinheitsbestimmungen werden zur Beurteilung der Qualität der isolierten DNA verwendet. Für die Durchführung von PCR-Nachweisen muss darüber hinaus die Konzentration der Matrizen-DNA eingestellt werden, um reproduzierbare Ergebnisse zu erlangen.

13.4 Qualitative Endpunkts-PCR

13.4.1 Prinzip

Die **qualitative Endpunkts-PCR** ist ein schnelles Verfahren, um DNA pflanzlichen, tierischen oder mikrobiellen Ursprungs in einer Probe eindeutig nachzuweisen oder zu identifizieren. Der Nachweis beruht auf der spezifischen Amplifikation eines DNA-Abschnittes der nachzuweisenden Art. Die Detektion der Produkte erfolgt im Anschluss an die PCR.

Zu diesem Zweck wird die isolierte doppelsträngige DNA zunächst bei 95 °C in die komplementären Einzelstränge gespalten (Denaturierung) (◘ Abb. 13.2).

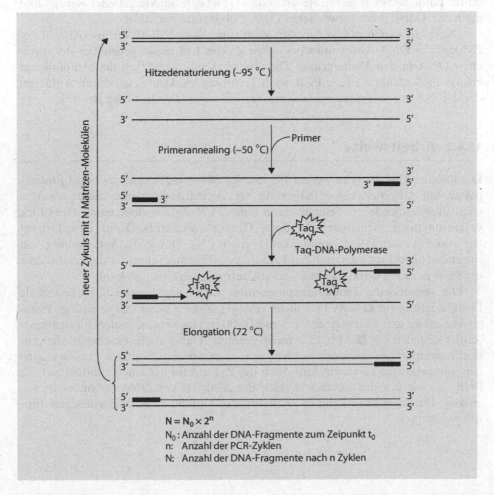

$$N = N_0 \times 2^n$$

N_0: Anzahl der DNA-Fragmente zum Zeipunkt t_0
n: Anzahl der PCR-Zyklen
N: Anzahl der DNA-Fragmente nach n Zyklen

◘ **Abb. 13.2**   Prinzip der Polymerase-Kettenreaktion. *Erläuterung:* **Taq** Taq-Polymerase. *Weitere Erläuterungen:* siehe Text

Beim Abkühlen auf ca. 50–60 °C binden die **Primer** an die DNA (**Hybridisierung oder Annealing**). Primer sind zwei Oligonucleotide mit einer Länge von ca. 20 bp, die die komplementären Sequenzen des 3'-Endes eines zu amplifizierenden einzelsträngigen DNA-Abschnittes darstellen, d. h. diese Squenzen begrenzen den zu amplifizierenden Bereich. Je nach Anwendung werden die Primersequenzen so ausgewählt, dass ein Annealing nur an die DNA einer bestimmten Art, das heißt, an einen nicht-konservierten Bereich, erfolgt.

Alternativ dazu können die Primer auch so gewählt werden, dass sie an einen konservierten Bereich binden und auf diese Weise den Nachweis mehrere Arten gleichzeitig ermöglichen. Anschließend synthetisiert eine DNA-Polymerase den von den Primern eingegrenzten DNA-Anschnitt (**Elongation**), so dass eine Verdoppelung der DNA stattfindet. Diese Schritte werden mehrfach, in der Regel bis zu max. 40mal wiederholt. Eine größere Anzahl an Zyklen macht keinen Sinn, da im Laufe der PCR Substrate verbraucht, Nebenprodukte gebildet werden und auch die Aktivität der verwendeten DNA-Polymerase nachlässt.

Durch die exponentielle Amplifikation (im besten Fall 2^n; mit n = Anzahl der Zyklen) des DNA-Abschnittes bei jedem Zyklus tritt dieser gegenüber der restlichen DNA in den Vordergrund. Die abschließende Detektion des Amplifikates erfolgt im Anschluss an die PCR nach Trennung im Agarosegel durch Anfärben der dsDNA mit einem Interkalationsfarbstoff unter UV-Strahlung [10–15].

13.4.2 Arbeitsweise

Die meisten **Thermocycler** weisen 48; 96 oder 384 *well*-Formate, das sind Probenplätze, auf. Üblicherweise enthalten die Geräte Peltier-Elemente, die es ermöglichen die verschiedenen Temperaturen eines PCR-Zyklus über einen Heizblock vollautomatisch anzusteuern. Moderne Geräte erreichen bei Kühl- bzw. Heizraten von 5 °C/s eine Regelgenauigkeit von ± 0,1 °C. Durch die Verwendung von thermostabilen Enzymen und den Einsatz von Thermocyclern wird erreicht, dass die PCR in einem Gefäß, schnell und vollautomatisch ablaufen kann.

Die verwendeten Temperaturprogramme lassen sich in die Schritte initiale Denaturierung (in ◘ Abb. 13.2 nicht gezeigt), Zyklen aus Denaturierung, Primer-Annealing und Elongation (ca. 1 min/1000 bp) und einen finalen Elongationsschritt einteilen (in ◘ Abb. 13.2 nicht gezeigt). Dabei sollte besonders die Annealingtemperatur optimiert werden, um unspezifische Produkte bei zu niedrigen Temperaturen zu vermeiden. Auch die Zyklenzahl hat einen Einfluss auf die PCR, da wie o. g. bei höheren Zyklen die Aktivität der DNA-Polymerasen nachlässt. Darüberhinaus kann es vermehrt zur Amplifikation unerwünschter Produkte kommen.

> **Wells**
>
> **Mikrotiterplatten** bestehen meist aus Kunststoff (beispielsweise olystyrol) und enthalten viele voneinander getrennte Näpfchen (**Kavitäten**, engl. wells) in Reihen und Spalten. In den sog. *wells* finden die entsprechenden Reaktionen und Messungen statt.

Die eingesetzte DNA (**Template** oder **Matrize**) sollte rein und möglichst weder chemisch noch physikalisch verändert sein. Die Wahl einer geeigneten Isolierungsmethode in Bezug auf die jeweilige Lebensmittelmatrix ist in jedem Fall nötig. Es ist dabei darauf zu achten, dass die DNA nicht durch starke Scherkräfte oder DNasen in zu kleinen Bruchstücken vorliegt. Zusätzlich ist auf die Entfernung PCR-inhibierender Substanzen, wie phenolischer Substanzen, zu achten. Auch Reagenzien (wie EDTA, Ethanol), die während der Isolierung verwendet werden, können die PCR hemmen und müssen abgetrennt werden. Es sollte stets mit sterilen, DNase-freien Materialien gearbeitet werden. Zur Vermeidung von Kontaminationen wird empfohlen, die Probenaufarbeitung von der eigentlichen Amplifikation (PCR) räumlich zu trennen.

Die Entwicklung geeigneter **Primer** stellt besonders bei der artspezifischen PCR eine Herausforderung dar, da die Gefahr von Kreuzreaktionen mit anderen Arten, insbesondere bei naher Verwandtschaft, gegeben ist. Es sollte darauf geachtet werden, dass hierzu möglichst nicht-konservierte DNA-Bereiche verwendet werden. Nach einem Vergleich der Sequenzen werden die Primer so konstruiert, dass sie vollständig komplementär zur DNA der nachzuweisenden Art sind, andererseits sollten sie möglichst nicht-komplementär zu Sequenzen anderer Arten sein. Allgemein ist darauf zu achten, dass die Vorwärts- und Rückwärtsprimer ähnliche Schmelztemperaturen (T_M) und damit Annealingtemperaturen aufweisen und dass das G/C-zu A/T-Verhältnis nahezu gleich ist. Großen Einfluss auf die Ergebnisse der PCR hat zudem die eingesetzte Primerkonzentration. Bei zu hohen Konzentrationen können unspezifische Produkte durch Primerdimere oder ein Fehlannealing entstehen. Übliche Konzentrationen liegen im Bereich von 0,05–1 µM im PCR-Ansatz.

Zentraler Bestandteil der PCR sind die verwendeten DNA-Polymerasen. Dem Anwender stehen verschiedene Polymerasen zur Verfügung. Die meisten für die PCR verwendeten Polymerasen wurden aus thermophilen Bakterien gewonnen. Häufig finden hochreine, gentechnisch gewonnene oder modifizierte Enzyme Verwendung, die z. B. eine geringere Fehlerrate bei der DNA-Synthese durch eine Fehlerkorrektur-Aktivität (**proofreading**) aufweisen oder eine Hitzeaktivierung (Hot-Start-Polymerasen) benötigen, um spezifischere Ergebnisse zu liefern.

Die bekannteste Polymerase ist die sog. **Taq-Polymerase,** die aus *Thermus aquaticus* gewonnen wurde und ihr Syntheseoptimum bei 72 °C besitzt. Die Syntheserichtung der Polymerasen ist in $5' \rightarrow 3'$-Richtung des DNA-Stranges. Als Startmolekül benötigen die Polymerasen einen dsDNA-Abschnitt, wobei der Primer ein intaktes 3'-OH-Ende aufweisen muss.

Entscheidend für eine erfolgreiche, effiziente PCR ist der verwendete Puffer. Der Puffer sollte auf das pH-Optimum der Polymerase eingestellt sein und bei jeder Temperatur ein geeignetes Umfeld für die Polymerase bieten. Die Pufferkomponenten haben großen Einfluss auf die PCR-Ergebnisse und sind für die jeweiligen Nachweise zu optimieren. Die wichtigsten Pufferkomponenten werden im Folgenden beschrieben.

Als Synthesebausteine sind immer alle vier 2'-Desoxynucleotidtriphosphate (dNTPs) enthalten. Es werden in äquimolaren Anteilen Desoxyadenosin-Triphosphat (dATP), Desoxycytidin-Triphosphat (dCTP), Desoxyguanosin-Triphosphat (dGTP) und Desoxythymidin-Triphosphat (dTTP) eingesetzt. Die dNTPs bilden nach Komplexbildung mit $Mg^{2\oplus}$-Ionen das Substrat für die Polymerase. Die eingesetzte Konzentration, steht dabei in Zusammenhang mit der Konzentration an $Mg^{2\oplus}$-Ionen. $Mg^{2\oplus}$-Ionen werden üblicherweise als $Mg(Cl)_2$- oder $MgSO_4$-Salze zugegeben. Freie $Mg^{2\oplus}$-Ionen sind darüber hinaus entscheidend für die Aktivität der Polymerase, da sie als Cofaktoren fungieren. Die Einstellung einer optimalen $Mg^{2\oplus}$-Konzentration stellt bei der Entwicklung von PCR-Methoden einen essentiellen Schritt dar und hat Einfluss auf die Spezifität der Ergebnisse und die Ausbeute der Reaktion.

Die Detektion der Produkte erfolgt nach der PCR im Anschluss an eine Trennung der Amplifikate mittels Elektrophorese. Abhängig von der Länge des Amplifikates werden 1–3 %ige Agarosegele verwendet und die Produkte in der Regel mit Hilfe des Interkalationsfarbstoffes Ethidiumbromid angefärbt. Neben Agarosegelen werden zum Beispiel auch Polyacrylamidgele verwendet oder die Kapillarelektrophorese eingesetzt.

13.4.3 Auswertung

Die Auswertung der Gele erfolgt durch Betrachten unter UV-Strahlung (312 nm). Durch Trennung mittels Elektrophorese und Vergleich mit einem DNA-Marker kann ein qualitativer Nachweis über die erwartete Bandengröße erfolgen. Bei einer artspezifischen PCR sollte nur im Falle eines positiven Nachweises eine Bande in der entsprechenden Länge zu beobachten sein.

Als Bestätigung der Ergebnisse kann ein Verdau mit Restriktionsenzymen, eine Sequenzierung oder eine Southern Hybridisierung durchgeführt werden. Die PCR-Ansätze sollten jeweils dreifach durchgeführt und zusätzlich sollten Blind- und Positiv-Vergleiche mit analysiert werden.

13.4.4 Anwendungsgebiete

Angewendet wird die PCR beispielsweise zum Nachweis einer Pflanzen- oder Tierart. Auch der Nachweis, ob ein Organismus gentechnisch verändert ist, wird idealerweise mittels PCR geführt. Als transgene Eigenschaften werden häufig Resistenzen beispielsweise gegenüber Herbiziden, in den Empfängerorganismus übertragen. Als Zielsequenzen zum Nachweis der Veränderung eignen sich die für die Resistenz codierende DNA-Sequenz, deren 5'- oder 3'-regulatorische Sequenzen oder Sequenzen von zusätzlich eingeführten **Marker-** oder **Reportergenen.**

In die Pflanze übertragene regulatorische DNA-Abschnitte wie Promotor- und Terminatorsequenzen eignen sich zur Entwicklung von Screening-Methoden, die unabhängig von der Sequenz des Zielgens arbeiten, da sie bei vielen gentechnischen Veränderungen identisch sind.

Im Bereich der Lebensmittelmittelmikrobiologie werden die Methoden zur Identifizierung von pathogenen Keimen wie enterohämorrhagische *Escherichia coli,* Listerien oder Salmonellen verwendet.

13.5 PCR-Restriktionsfragmentlängenpolymorphismus (RFLP)

13.5.1 Prinzip

Die **PCR-RFLP** (engl. Restriction Fragment Length Polymorphism) ist ein schnelles Verfahren, um Organismen in einer Probe neben anderen Organismen eindeutig nachzuweisen oder zu identifizieren. Zusätzlich sind halbquantitative Abschätzungen auf einem Agarosegel möglich.

Das Grundprinzip ist wie auch bei der Endpunkts-PCR die Amplifikation eines ausgewählten DNA-Abschnittes. Der wesentliche Unterschied liegt zunächst in der Konstruktion der Primer. Die Basensequenz der Primer wird komplementär zu konservierten Bereichen der DNA gewählt. Dadurch findet, im Gegensatz zur artenspezifischen PCR, eine Amplifikation der DNA für mehr als eine Art statt.

Zur Unterscheidung der Arten werden die PCR-Produkte mit **Restriktionsenzymen** geschnitten. Aufgrund von geringen Unterschieden in den DNA-Sequenzen der zu differenzierenden Arten schneiden die Enzyme ausschließlich die Amplifikate einer Art (◘ Abb. 13.3). Zur Detektion dient schließlich die Trennung der DNA-Fragmente mittels Elektrophorese.

13.5.2 Arbeitsweise

Die Voraussetzungen und Arbeitsweise für die Amplifikation der DNA wurden bereits in ► Abschn. 13.5 beschrieben.

Bei der Entwicklung einer PCR–RFLP-Methode ist zunächst die Identifizierung geeigneter DNA-Sequenzen nötig. Die Sequenzen sollten einerseits konservierte Bereiche enthalten (Primer-Bindung) und andererseits genügend Unterschiede aufweisen, um geeignete Schnittstellen für die Differenzierung zu finden.

Für die Konstruktion der Primer empfiehlt es sich, einen Vergleich der DNA-Sequenzen durchzuführen **(Sequenz-Alignment),** um homologe Bereiche in den verschiedenen Sequenzen zu finden und die Primer komplementär zu

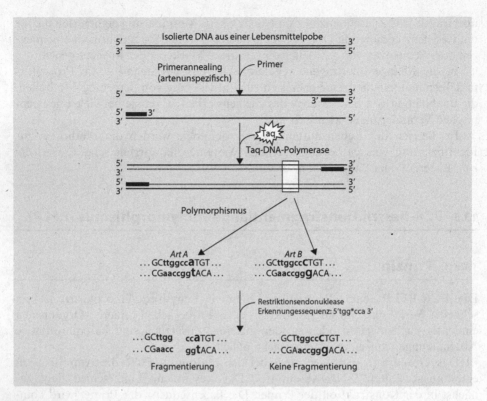

○ **Abb. 13.3**   Prinzip der PCR–RFLP-Analyse. *Erläuterungen:* siehe Text

diesen Bereichen zu synthetisieren. Für das Finden von Schnittstellen zur Arten-differenzierung eignen sich zum Beispiel nicht-kodierende DNA-Abschnitte, wie beispielsweise Introns. Zu beachten ist die Lage der Primer und der Restriktions-schnittstelle, da die nach dem Restriktionsverdau entstehenden Fragmente größer als 50 bp sein sollten, um die spätere Detektion zu ermöglichen.

Zum Schneiden der PCR-Produkte werden ausschließlich Restriktionsendo-nucleasen des Typs II verwendet. Diese Enzyme schneiden die DNA in der Nähe bzw. an einer bestimmten Erkennungssequenz. Da diese Erkennungssequenzen bekannt sind, lassen sich die erwarteten Fragmentlängen vorhersagen. Die Erk-ennungssequenzen bestehen in der Regel aus 4, 6 oder 8 Basen. Bereits ein **Einzel-nucleotidpolymorphismus** in der Erkennungssequenz führt dazu, dass ein Restrik-tionsenzym nicht schneidet (○ Abb. 13.3). Tritt eine solche Sequenzvariation im Bereich der Erkennungssequenz zwischen verschiedenen Arten auf, kann durch den Verdau mit einem geeigneten Restriktionsenzym zwischen diesen Arten dif-ferenziert werden.

Die Enzyme für die verschiedenen Schnittstellen sind kommerziell erhältlich und werden vom Hersteller mit einem optimierten Puffer geliefert. In den meisten Fällen werden Tris-Puffer in verschiedenen Zusammensetzungen verwendet.

Der Verdau findet bei einer bestimmten Temperatur, abhängig von der ver-wendeten Restriktionsendonuclease, statt. Der PCR-Reaktionsmix kann in der Regel nach Zugabe des Puffers direkt eingesetzt werden. Sollte dies nicht möglich sein, weil das Enzym beispielsweise durch Komponenten des PCR-Ansatzes gehemmt wird, empfiehlt sich eine Aufreinigung des Amplifikates unter Verwendung von Silicaspinkartuschen. Der Restriktionsverdau sollte idealerweise vollständig erfolgen. Die Dauer beträgt zwischen einer und mehrerer Stunden. Im Anschluss an den Verdau werden die Fragmente elektrophoretisch getrennt.

13.5.3 Auswertung

Im Falle einer gelelektrophoretischen Trennung erfolgt die Auswertung nach Anfärben mit einem **Interkalationsfarbstoff** (z. B. Ethidiumbromid) unter UV-Strahlung. Bei einem positiven Nachweis sollten zwei kleinere Banden mit der erwarteten Fragmentgröße beobachtet werden.

Ein negativer Nachweis ist zu beobachten, wenn eine einzelne Bande in der erwarteten Größe des PCR-Produktes zu erkennen ist. Die Nachweise sollten jeweils als dreifach PCR-Ansätze durchgeführt werden und zusätzlich Blind- und Positiv-Vergleiche mit analysiert werden.

13.5.4 Anwendungsgebiete

Die Methode der PCR-RFLP wird in der Lebensmittelanalytik häufig zum Nachweis verschiedener Arten verwendet. Der Nachweis von Fleischsorten in verarbeiteten Produkten kann anhand von mitochondrialen Cytochrom b-Sequenzen erfolgen.

Die Identifizierung von Fischarten konnte ebenfalls erfolgreich gezeigt werden. Im Bereich der Pflanzenartendifferenzierung konnten neben der in diesem Buch beschrieben Unterscheidung von Kakaoarten (▶ Abschn. 16.4.2) z. B. auch Kaffeearten differenziert werden.

13.6 Quantitative Realtime-PCR

13.6.1 Prinzip

Bei der **Realtime-PCR** (dt. Echtzeit-PCR) handelt es sich um eine molekularbiologische Amplifikations-Methode, die quantitative Aussagen über die Menge der enthaltenen DNA auf der Basis fluorimetrischer Echtzeitmessungen zulässt [10].

Um quantitative Aussagen über die ursprünglich vorhandene Menge N_0 an DNA pflanzlichen, tierischen oder mikrobiellen Ursprungs in einer Probe zu erhalten, wird die bereits in ▶ Abschn. 13.4 (◘ Abb. 13.2) beschriebene Reaktionskinetik der PCR ausgenutzt:

$$N_n = N_0 \cdot (1 + E)^n$$

mit

N_n – Menge an DNA im Reaktionsansatz zum Zyklus n

n – Anzahl der Zyklen

N_0 – Anfangsmenge an DNA

E – Reaktionseffizienz

Wird während der PCR bei einer bestimmten Zyklenzahl n die vorhanden Menge N_n an DNA bestimmt, so kann (bei Kenntnis von E) mit Hilfe der oben genannten Formel N_0 berechnet werden. Über die Genomgröße oder andere Kalibrierverfahren kann von der DNA-Menge auf die Menge an tierischem, pflanzlichen oder Material mikrobiellen Ursprungs in der Probe geschlossen werden. Für die quantitative **Realtime-PCR** ist es notwendig den Reaktionsverlauf sichtbar zu machen. Dafür können prinzipiell zwei Detektionsverfahren eingesetzt werden:

Dem Reaktionsansatz wird der Interkalationsfarbstoff SYBR-Green I® zugesetzt, welcher mit dsDNA interagieren kann. Durch die Wechselwirkung findet eine **Fluoreszenzzunahme** statt (▶ Abschn. 13.3). In Abhängigkeit der Gesamtmenge an dsDNA im Reaktionsansatz steigt das Fluoreszenzsignal während der PCR an. Bei diesem Verfahren wird unspezifisch jegliche Art von dsDNA detektiert, beispielsweise auch unerwünschte Nebenprodukte. Eine Kontrolle mittels **Schmelzpunktanalyse** (siehe unten) am Ende der Reaktion ist daher unbedingt empfehlenswert.

Es erfolgt der Einsatz von sequenzspezifischen, fluoreszenzmarkierten DNA-Sonden. Diese zusätzlichen Oligonukleotide besitzen eine Hybridisierungsstelle auf der Zielsequenz zwischen den Bindungsstellen der beiden PCR-Primer. Es sind verschiedene Sondensysteme bekannt; am häufigsten eingesetzt werden jedoch die im Folgenden beschriebenen Hydrolysesonden (◨ Abb. 13.4). Diese sind am 5′-Ende mit einem Fluorophor markiert, am 3′-Ende tragen sie ein

13

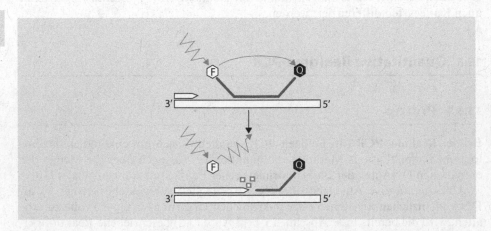

◨ **Abb. 13.4** Schematische Darstellung der Fluoreszenzzunahme während der PCR unter Einsatz einer Hybridisierungssonde. **Oben:** Annealing. **Unten:** Elongation. *Erläuterung:* Durch die 5′-3′-Exonukleaseaktivität der Polymerase wird die Sonde während der Elongation abgebaut, der Fluorophor wird freigesetzt und kann fluoreszieren. **F** Fluorophor; **Q** Quencher. *Weitere Erläuterungen:* siehe Text

Quenchermolekül. Der Quencher ist in der Lage die emittierte Fluoreszenz des Fluorophors abzufangen.

Bei einer intakten Sonde ist der Abstand zwischen Fluorophor und Quencher klein genug, so dass keine Fluoreszenz detektiert werden kann. Während des Elongationsschrittes der PCR trifft die Polymerase auf die hybridisierte Sonde und diese wird durch die 5′-3′-Exonuclease-Aktivität des Enzyms abgebaut. Der Fluorophor wird freigesetzt und fluoresziert. Mit Fortschreiten der PCR kann ein steigendes Fluoreszenzsignal beobachtet werden, welches unmittelbar mit der Menge des spezifischen PCR-Produktes korreliert.

Um die Fluoreszenz während der PCR direkt detektieren zu können (Realtime), ist ein **Thermocycler** mit optischem Detektionssystem notwendig [10, 16–21].

13.6.2 Geräte und Hilfsmittel

— Thermocycler mit optischem Detektionssystem
— variable Kolbenhubpipetten
— PCR-Reaktionsgefäße

13.6.3 Arbeitsweise

Der Versuchsaufbau einer **Realtime-PCR** entspricht grundsätzlich dem einer qualitativen PCR (▶ Abschn. 13.4). In Abhängigkeit des Quantifizierungsverfahrens (s. Auswertung ▶ Abschn. 13.6.4) müssen ein oder mehrere Kalibrierlösungen in den Versuch einbezogen werden. Ebenfalls unerlässlich ist der Einsatz einer Positiv- sowie einer Negativ-Kontrolle.

Da die **Fluoreszenz** während der Reaktion gemessen werden soll, muss mit einem Realtime-PCR-Gerät gearbeitet werden. Während der Reaktion findet die Messung der Fluoreszenz während des Elongationsschrittes oder in einem separaten Messschritt danach statt (für SYBR Green I® oder Sonden).

Beim SYBR Green I®-System schließt sich nach der PCR eine **Schmelzpunktanalyse** an. Hierzu wird nach einer kurzen kompletten Denaturierung und Renaturierung der PCR-Produkte die Temperatur schrittweise erhöht und gleichzeitig die Fluoreszenz detektiert. Bei der Temperatur, bei der die im Reaktionsansatz befindliche dsDNA in Abhängigkeit ihrer Länge und des GC-Gehaltes aufschmilzt, wird SYBR Green I® freigesetzt und eine deutliche Fluoreszenzabnahme ist zu beobachten.

Durch ihre spezifischen Schmelzpunkte können auf diese Weise PCR-Produkte von unerwünschten Nebenprodukten (wie Primerdimere) unterschieden werden. Bei einer zu hohen Nebenproduktbildung kann allerdings keine zuverlässige quantitative Auswertung mehr erfolgen. In diesen Fällen muss eine Optimierung der Versuchsparameter durchgeführt werden.

13.6.4 Auswertung

Die Auswertung kann nach zwei Prinzipien erfolgen.

13.6.4.1 Absolute Quantifizierung

Für die absolute Quantifizierung ist eine **externe Kalibriergerade** mit Standard-lösungen notwendig. In den Standardlösungen ist die Menge an Ziel-Organis-mus-DNA bekannt und diese wird seriell verdünnt (Grundkalibrierung). Al-ternativ wird der nachzuweisende Organismus in bekannten Mengen in die ent-sprechende Lebensmittelmatrix eingearbeitet und aus diesen Proben die DNA extrahiert (Matrixkalibrierung). In ◘ Abb. 13.5 oben sind die PCR-Kurvenver-läufe einer Kalibrierreihe (Detektion mittels SYBR Green I®) dargestellt.

Als Messsignal wird der Zeitpunkt jeder Kurve genommen, bei der die Kurve erstmalig eine bestimmte **Schwellenwert-Fluoreszenz** übersteigt. Dieser Punkt wird als **Schwellenwert-Zyklus** (engl. Threshold-Cycle) bzw. C_T-**Wert** bezeichnet. Bei den meisten Realtime-PCR Geräten werden die C_T-Werte automatisch erfasst. Werden die C_T-Werte gegen den Logarithmus der Konzentration aufgetragen, so erhält man eine lineare Kalibrierfunktion, wie in ◘ Abb. 13.5 unten dargestellt.

Die Kalibrierfunktion leitet sich aus dem folgenden Zusammenhang ab:

$$N_{C_T} = N_0 \cdot (1 + E)^{C_T}$$

$$C_T = \frac{1}{\log(1+E)} \cdot \log N_0 + \frac{\log N_{C_T}}{\log(1+E)}$$

mit

N_{C_T} – Konzentration der Schwellenwert-Fluoreszenz

E – Effizienz

C_T – Schwellenwert-Fluoreszenz

N_0 – Anfangskonzentration

Aus der Steigung der Kalibriergerade lässt sich die Effizienz E der Reaktion er-mitteln. Eine Effizienz von 1 % bzw. 100 % entspricht einer Verdopplung der DNA pro Zyklus. Die Reaktionseffizienz sollte zwischen 89,57 % und 110,12 % liegen.

Für die Probe wird in einer Mehrfachbestimmung ebenfalls der C_T-Wert er-mittelt und aus der Kalibriergeraden die Konzentration berechnet.

13.6.4.2 Relative Quantifizierung

Die **relative Quantifizierung** bezieht die Menge an amplifizierter DNA auf eine Referenz, die entweder ein Referenzgen im selben Organismus und/oder eine Ver-gleichsprobe sein kann. Das Ergebnis ist kein absoluter Wert (vgl. absolute Quan-tifizierung) sondern ein Faktor in Bezug auf den Vergleich. Wird gegen ein im selben Organismus vorhandenes Referenzgen quantifiziert, findet eine zusätzli-che Realtime-PCR mit einem spezifischen Primerpaar (und ggf. einer spezifischen

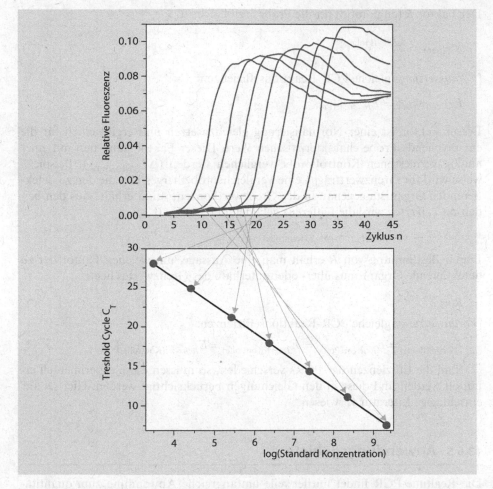

■ **Abb. 13.5** PCR einer Kalibrierreihe (SYBR Green I®-Detektion). **Oben:** Reaktionsverläufe von sieben Kalibrierlösungen in Abhängigkeit der Anfangskonzentration N_0. *Erläuterung:* Je kleiner N_0, desto später steigt die Kurve an. Der Fluoreszenzschwellenwert ist als gestrichelte Linie dargestellt. **Unten:** Ermittlung der Kalibrierfunktion durch Auftragung von C_T gegen logN_0. *Weitere Erläuterungen:* siehe Text

Sonde) für dieses Gen statt. Diese PCR wird in einem zweiten Reaktionsansatz parallel zur eigentlichen Target-PCR durchgeführt.

Alternativ können bei Einsatz von Sonden, beide Primerpaare und Sonden demselben Reaktionsansatz zugegeben werden **(Duplex-PCR)**. Nach Ermittlung der C_T-Werte für das Target und die Referenz wird die Differenz zwischen beiden C_T-Werten gebildet, der **ΔC_T-Wert:**

$$\Delta C_{T(\text{Probe})} = C_T(\text{Target}) - C_T(\text{Referenz})$$

Der Faktor R (engl. ratio) für die Probe ergibt sich zu:

$$R_{(\text{Probe})} = 2^{\Delta C_T (\text{Probe})}$$

[*Voraussetzung:* gleiche PCR-Reaktionseffizienzen:

$$E_{Target(\text{Probe})} = E_{Referenz(\text{Probe})}$$

Dieser Faktor ist einer Normalisierung gleichzusetzen und ergibt einen für die entsprechende Probe charakteristischen Wert. Dieser Faktor kann nun mit einer analog vermessenen Kontrollprobe verglichen werden ($\Delta C_{T(\text{Kontrolle})}$). Beispielsweise wird für Grenzwertfragen eine Vergleichsprobe hergestellt, die den zu detektierenden Organismus genau in der Grenzwertkonzentration erhält. Aus den beiden ΔC_T-Werten wird die Differenz gebildet, der $\Delta\Delta C_T$-Wert:

$$\Delta\Delta C_T = \Delta C_{T(\text{Probe})} - \Delta C_{T(\text{Kontrolle})}$$

Durch Bestimmung von R erhält man eine Aussage, um welchen Faktor der zu detektierende Organismus über- oder unterhalb des Grenzwertes liegt:

$$R = 2^{\Delta\Delta C_T}$$

[*Voraussetzung:* gleiche PCR-Reaktionseffizienzen:

$$E_{Target(\text{Probe})} = E_{Referenz(\text{Probe})} = E_{Target(\text{Kontrolle})} = E_{Referenz(\text{Kontrolle})}]$$

Sind die Effizienzen der PCRs verschieden, so müssen diese experimentell ermittelt werden und diese in den Gleichungen berücksichtigt werden. Hier sei auf einschlägige Literatur verwiesen.

13.6.5 Anwendungsgebiete

Die Realtime-PCR findet mittlerweile umfangreiche Anwendung zum quantitativen Nachweis von allergenen Organismen in Lebensmitteln (Allergenanalytik), zur Bestimmung des GVO-Gehaltes in Lebensmitteln (GVO-Analytik) oder zur Quantifizierung eines wertgebenden Bestandteiles tierischer oder pflanzlicher Art eines Lebensmittels (Authentizitätskontrolle).

13.7 Isothermale Amplifikationsverfahren

13.7.1 Übersicht

DANN-basierte Nachweistechniken eignen sich prinzipiell für alle Lebensmittel tierischen oder pflanzlichen Ursprungs. Aktuelle Anwendungsgebiete molekularbiologischer Methoden in der Lebensmittelanalytik sind Authentizitäts- und Qualitätskontrollen sowie der Nachweis von lebensmittelpathogenen oder gentechnisch veränderten Organismen (GVO).

Traditionell erfolgt die Vervielfältigung von DNA-Sequenzen mittels PCR. Über spezifische Primer, die komplementär zur Zielsequenz sind, stellt die verwendete DNA-Polymerase in einem iterativen Prozess (Endpunkt-PCR) hochspezifisch Kopien der DNA (Amplifikation) her (▶ Abschn. 13.4).

Im Gegensatz zur PCR, die unter Verwendung dreier unterschiedlicher Temperaturzyklen abläuft, erfolgt eine **isothermale Amplifikation** bei einer konstanten Temperatur, wie sie zum Beispiel auch im natürlichen Stoffwechsel bei der Replikation von DNA vorliegt. Da die Auftrennung der doppelsträngigen DNA bei diesen Verfahren nicht über einen Temperaturschritt erfolgt, müssen hierfür z. B. Enzyme mit Strangverdrängungsaktivität eingesetzt werden.

Für isothermale Verfahren werden keine Thermocycler oder speziellen Detektionseinheiten benötigt, so dass diese folglich ohne größeren technischen Aufwand auch außerhalb eines Labors, direkt vor-Ort (engl. *in field* oder *on site*) durchgeführt werden können.

Inzwischen existieren zahlreiche isothermale DNA-Amplifikationsmethoden, wie Strand Displacement Amplification **(SDA),** Helicase-Dependent Amplification **(HDA),** Recombinase Polymerase Amplification **(RPA)** oder Loop-Mediated Isothermal Amplification **(LAMP),** die attraktive und innovative **Alternativen zur PCR** darstellen. Sie sind schnell, kosteneffektiv sowie robust und eignen sich auch besonders gut für die Integration in Systeme zur Vor-Ort-Diagnostik. So wurde ein auf der RPA-basierender Schnelltest zum Nachweis einer Ebola-Infektion in ein autarkes Kofferlabor integriert. Dieser Test kann sogar in entlegenen Gegenden ohne Stromversorgung und funktionierende Kühlkette angewendet werden [22–25].

13.7.2 LAMP – Loop-Mediated Isothermal Amplification

Beim **LAMP-Verfahren,** welches sich seit einigen Jahren als isothermales Verfahren für lebensmittelanalytische Fragestellungen etabliert hat, werden insgesamt vier Primer eingesetzt, die wiederum an sechs Sequenzbereiche der Ziel-DNA binden. Die Amplifikation erfolgt bei dieser Methode hochspezifisch (sechs Primerbindungsstellen!). Die Durchführung erfolgt unter isothermalen Bedingungen, da die eingesetzten DNA-Polymerasen über ausgeprägte Strangverdrängungsaktivitäten verfügen, d. h. die verwendeten DNA-Polymerasen sind in der Lage die synthetisierten Doppelstränge in Einzelstränge zu trennen, während sie diese gleichzeitig zu neuen Doppelsträngen vervollständigen. Es ist also keine wiederkehrende thermische Denaturierung wie bei der PCR notwendig. Unabhängig davon wird eine initiale Denaturierung üblicherweise dennoch durchgeführt, da diese die Prozesszeit erheblich verkürzt. Diese initiale Denaturierung kann, wie bei der PCR üblich, thermisch oder chemisch durch Zusatz alkalischer Puffer erreicht werden.

Für die Amplifikation der DNA ist die Konstruktion von jeweils zwei speziellen Vorwärts- (IP- und ÄP-Fw) und Rückwärtsprimern (IP- und ÄPRev) (**LAMP-Primer**) notwendig, deren Sequenzen auf sechs, in bestimmter Lage zueinander liegenden spezifischen Bindungsstellen (BS 1–3 und r1-r3) basieren (◘ Abb. 13.6a).

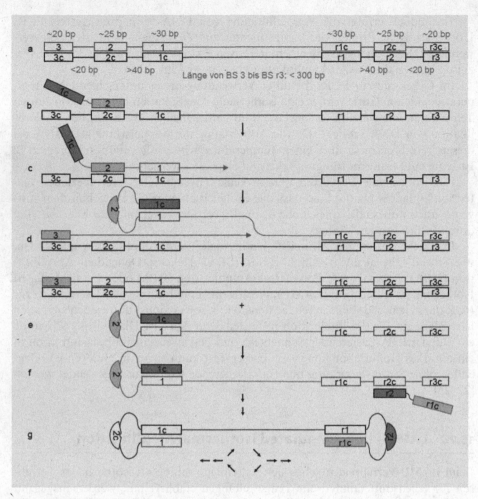

◘ Abb. 13.6   Schematische Darstellung des Beginns einer LAMP. *Erläuterung:* Die Schritte **b-g** sind nur für den unteren Einzelstrang dargestellt. **a** Aufbau des zu amplifizierenden DNA-Abschnittes mit den Bindungsstellen 3 für die Konstruktion der äußeren Primer (ÄP-Fw/ÄP-Rev) und den Bindungsstellen 1 und 2 für die Konstruktion der inneren Primer (IP-Fw/IP-Rev); **b** initiale Denaturierung und Anlagerung des IP-Fw; **c** Beginn der Amplifikation von IP-Fw; **d** Anlagerung des ÄP-Fw, Strangverdrängung und Ausbildung von Schleifen; **e** erstes Zwischenprodukt mit einseitiger Hantelstruktur; **f** Äquivalente Reaktion (zu **b-e**) mit IP-/ÄP-Rev; **g** zyklisches Regenerieren der Hantelstrukturen und Bildung von höheren Reaktionsprodukten. Die amplifizierende bzw. verdrängende Polymerase ist durch eine graue Pfeilspitze symbolisiert. *Weitere Erläuterungen:* siehe Text

Die **inneren Primer** (IP) bestehen – in 5′-3′-Richtung beschreibend – aus der Sequenz von BS 1 und, über eine Brücke aus etwa vier Basen verbunden, aus der reversen und komplementären Sequenz von BS 2. Außerdem werden die äußeren **Primer** (ÄP) eingesetzt, die analog zu PCR-Primern aufgebaut sind, an BS 3 binden und die BS der IP flankieren (◘ Abb. 13.6a).

Wird von einer Bindung von den IP an BS 2 und von den ÄP an BS 3 eines Einzelstranges ausgegangen, hat die Polymerase zwei Ansatzpunkte, um den korrespondierenden Strang neu zu synthetisieren. Die Polymerase, die von BS 3 aus amplifiziert, wird, sobald sie auf den IP an BS 2 trifft, den hier neu synthetisierten Strang verdrängen (◘ Abb. 13.6b–e). Ist die Verdrängung über die BS 1 hinaus erfolgt, kann der IP-Fw mit seinem 5′-Ende (Sequenzregion von BS 1) auf demselben Strang binden und bildet dadurch eine einzelsträngige Schleife aus (◘ Abb. 13.6e). Der neu gebildete Strang enthält ebenfalls die nötigen BS r1–r3, um mit den entsprechenden Primern (IP- und ÄP-Rev) den komplementären Strang in gleicher Weise zu synthetisieren (◘ Abb. 13.6f). So wiederholt sich die beschriebene Reaktion, und als Reaktionsprodukt entsteht eine hantelartige Struktur mit zwei einzelsträngigen Schleifen an den Enden (◘ Abb. 13.6g).

Diese hantelförmige Struktur ist die zentrale Struktur der LAMP, da die Schleifen die Sequenzregionen von BS 2 bzw. BS r2 enthalten und hier die inneren Primer erneut binden können. So kann diese Struktur in einem Reaktionszyklus über die Bildung verschiedener Zwischenprodukte und ihrer komplementären Struktur immer wieder neu generiert werden. Die Zwischenprodukte enthalten ebenfalls einzelsträngige Schleifen, durch die weitere Reaktionsprodukte höherer Ordnungen entstehen, die auf Grund ihrer Struktur als blumenkohlartig beschrieben werden) [26, 27].

13.7.3 Methodenvergleich LAMP *versus* PCR

Spezifität und **Sensitivität** der PCR beruhen auf selektiv bindenden Primer-Paaren, die sowohl den amplifizierten DNA-Abschnitt als auch die Länge des Amplifikats definieren. Je ausgedehnter die Primerbindungsstelle ist, desto spezifischer ist die Reaktion. Physikalische Randbedingungen begrenzen allerdings die Länge der eingesetzten Primer, da beispielsweise die Hybridisierungstemperatur einen bestimmten Höchstwert nicht überschreiten sollte und auch nicht überschreiten kann.

Bei der **Spezifität** ist die LAMP der PCR überlegen, da sie aufgrund des sehr komplexen Primerdesigns (sechs Primerbindungsstellen) einen größeren Hybridisierungsbereich abdeckt, ohne die Annealing-Temperatur nachteilig zu beeinflussen. Durch Kombination dieser Primer mit Polymerasen, die über eine Strangverdrängungsaktivität verfügen, kann die LAMP unter isothermalen Reaktionsbedingungen ablaufen.

Nach einer elektrophoretischen Auftrennung ist eine sehr charakteristische leiterähnliche Anordnung der Reaktionsprodukte zu erkennen. Im Gegensatz zur PCR wird kein einzelnes Amplifikat mit einer definierten Basenpaarlänge erhalten. Die LAMP-Reaktion führt zu einer hohen Produktbildung gepaart mit einem hohen Umsatz an dNTPs zur Synthese der Neustränge. Durch den Verbrauch an dNTPs entsteht Pyrophosphat, welches mit Magnesiumionen als schwerlösliches Magnesiumpyrophosphat ausfällt. Dieser weiße Niederschlag kann als Trübung vermessen bzw. zur visuellen Detektion herangezogen werden.

Alternative Methoden für eine visuelle Detektion bedienen sich Farbreaktionen, die für das menschliche Auge deutlicher zu erkennen sind:

— **Fluorophore**

⇨ können durch Interkalation mit dsDNA eine **Fluoreszenz** hervorrufen wie SYBR Green I®.

— **Fluoreszenzfarbstoffe**

⇨ Alternativ dazu, bildet der **Fluoreszenzfarbstoff** Calcein, ein Metallindikator, Komplexe mit bivalenten Metallionen, wie Magnesium oder Mangan, wobei Manganionen als **Quencher** fungieren. Der Magnesium-Calcein-Komplex weist eine intensive Fluoreszenz auf, hingegen der Komplex mit Mangan nicht. Werden einem Reaktionsansatz sowohl Manganionen als auch Calcein zugefügt, kann eine **Fluoreszenz** bei einem positiven Nachweis beobachtet werden. Die enthaltenen Manganionen bilden schwerlösliche Verbindungen mit dem entstehenden Pyrophosphat.

— **Metallionenindikator**

⇨ Ein weiterer **farbiger Metallionenindikator** ist Hydroxynaphtholblau (HNB), bei dem ein Farbumschlag von Violett zu Blau bei Bildung der LAMP-Produkte und einhergehend der schwerlöslichen Magnesiumpyrophosphat-Komplexe zu beobachten ist.

Neben den Farbreaktionen kann ein LAMP-Produkt auch mittels eines **Lateral Flow Assays** (LFA) bestimmt werden. Hierbei handelt es sich um Teststreifen, die auf der Lateralflusstechnologie mittels **Goldpartikeln** basieren (► Abschn. 13.10.2). Die Teststreifen sind beschichtet und besitzen verschiedene Zonen. Auf Höhe der Testbande befindet sich in der Regel ein immobilisierter Biotin-Ligand, auf Höhe der Kontrollbande ein immobilisierter Anti-Kaninchen-Antikörper. Für die Detektion von LAMP-Produkten wird ein Biotin-markierter Primer sowie eine sequenzspezifische Fluorescein-Isothiocyanat (FITC)-markierte Sonde benötigt.

Bei einer erfolgreichen LAMP entsteht ein Komplex aus biotinyliertem LAMP-Produkt und FITC markierter Sonde. Im nächsten Schritt kann der entstandene Komplex mit Gold-markierten FITC-spezifischen Antikörpern reagieren, die sich im Probenauftragebereich des Teststreifens befinden. Anschließend diffundiert die Reaktionslösung durch Kapillarkräfte über den Papierstreifen.

Beim Überströmen der Test-Bande wird der biotinylierte LAMP-Sonden-Antikörper-Komplex gebunden und bildet durch die Goldpartikel eine farbige Testbande. Freie Gold-markierte FITC spezifische Antikörper überströmen die Kontrollbande, werden dort durch die Anti-Kaninchen-Antikörper gebunden und bilden ebenfalls eine farbige Bande. Durch eine solche visuelle Detektion wird die zeitintensive und apparativ anspruchsvolle Agarose-Gelelektrophorese mit anschließendem Anfärben zur Sichtbarmachung der LAMP-Produkte überflüssig [28, 29].

13.8 Moderne DNA-Sequenzierungsverfahren – Next Generation Sequencing

13.8.1 Prinzip

Molekularbiologische Methoden sind mittlerweile ein fester Bestandteil lebensmittelchemischer Analysen. Die DNA ist zwar als Makromolekül physikalisch nur begrenzt belastbar, chemisch allerdings vergleichsweise sehr stabil, d. h. sie kann auch noch in verarbeiteten Produkten, die moderaten Temperaturen und Scherkräften ausgesetzt waren, sehr gut nachgewiesen werden.

Durch die Verwendung von hypothesenfreien nicht-zielgerichteten genetischen Fingerabdrücken oder den gezielten Vergleich ganzer Genome oder Genomabschnitte kann generell die biologische Identität von Individuen, beispielsweise von pflanzlichen Rohstoffen oder Tierarten, geklärt werden. Basis für alle molekularbiologischen Analysen sind **spezifische Sequenzen** oder **Sequenzabschnitte,** die es nachzuweisen gilt. Entscheidend hierfür sind reproduzierbare Nachweisverfahren (wie zielgerichtete Verfahren auf PCR-Basis) auf Basis spezifischer Marker (zum Beispiel SSR, engl. Simple Sequence Repeats) oder bei direktem Vergleich von DNA-Abschnitten, die Kenntnis der zugrundeliegenden DNA-Sequenzen.

13.8.2 Aktuelle Verfahren

In der Vergangenheit wurden Sequenzierungen üblicherweise nach der Kettenabbruchmethode von Sanger durchgeführt. Dieses Verfahren war über viele Jahre als Goldstandard für derartige Fragestellungen etabliert. Allerdings ist diese Vorgehensweise sowohl sehr zeit- als auch sehr kostenintensiv, da technisch bedingt nur kurze Abschnitte sequenziert werden konnten.

Seit dem Aufkommen der ersten Hochleistungssequenzierungs-Maschinen können große DNA-Abschnitte in sehr viel kürzerer Zeit und kosteneffizienter sequenziert werden. Diese als **Next Generation Sequencing** (NGS) oder als Technologien der 2., 3. und 4. Generation bezeichneten Verfahren umfassen ca. 20 auf dem Markt verfügbare Gerätetypen, welche zum Teil deutliche Unterschiede in den **Leselängen** (engl. reads), Kapazitäten, Fehlerraten, Laufzeiten, Anschaffungs- und Unterhaltungskosten sowie dem Preis pro Experiment aufweisen.

Alle neuen Techniken basieren auf dem sogenannten **Schrotschussansatz** (engl. **shotgun**), bei dem das Genom zunächst enzymatisch oder mechanisch fragmentiert wird, sodass statistisch verteilte Bruchstücke und dadurch bedingt überlappende Sequenzen erhalten werden, an deren Enden Adaptoren (doppelsträngige kurze Abschnitte bekannter Sequenz) ligiert werden.

Je nach System erfolgt die Amplifikation mittels Brücken- oder Emulsions-PCR. Bei den Geräten der 1. und 2. Generation wird während der Sequenzierung ein DNA-Strang synthetisiert und beim Einbau der jeweiligen komplementären Base ein entsprechendes Signal zum Beispiel in Form eines Lichtsignals erzeugt. Da dieser Prozess nicht mit einer 100-prozentigen Effizienz abläuft, werden bei jedem Sequenzierungsschritt Nebenprodukte gebildet, sodass mit diesen Plattformen die Leselängen begrenzt sind.

Ein wesentliches Ziel bei der Weiterentwicklung dieser Geräte besteht in der Steigerung der Effizienz und somit einer Verbesserung der Leselängen. Die erhaltenen *reads* werden unter Anwendung bioinformatischer Algorithmen (im Wesentlichen **Alignments**) analysiert und anhand von überlappenden Basenabfolgen zu *contigs* (engl. contiguous sequence) zusammengefügt, die wiederum zu einem Gerüst (engl. **scaffold**) zusammengefasst werden. Häufig bleiben jedoch aufgrund von sich wiederholenden Basenabfolgen oder schlecht sequenzierbaren Abschnitten (zum Beispiel AT-reiche Sequenzabschnitte) Lücken. Diese können durch gezieltes schrittweises Sequenzieren (engl. primer walking) oder der Anwendung anderer Sequenzierungsverfahren (siehe unten) geschlossen werden.

Zur Sequenzierung von DNA sind mittlerweile eine Reihe von leistungsfähigen Verfahren kommerziell verfügbar. Bei der Sequenzierung mit Brückensynthese, eine Strategie der zweiten Generation, die sich momentan als Standardverfahren etabliert hat, wird die doppelsträngige DNA durch Ligation mit Adaptoren versehen, einzelsträngig auf eine Trägerplatte (engl. flow cell) gebunden und anschließend per Brückenamplifikation *in situ* (siehe Kasten „*in situ* ↔ *In-situ*-Derivatisierung", ▶ Abschn. 19.2.1) vervielfältigt. Dadurch entstehen auf der Platte je nach Gerätekapazität 25–5000 Mio. getrennte molekulare Bereiche (engl. cluster) mit DNA identischer Sequenz. In einer *sequencing by synthesis*-Reaktion wird über die Einführung eines Fluoreszenzfarbstoffes mittels Fluoreszenzmikroskopie die DNA-Sequenz ermittelt (◘ Abb. 13.7).

Bei den Geräten der sogenannten 3. Generation wird auf eine optische Detektion verzichtet, der dNTP-Einbau wird direkt über die pH-Wert Änderung (bei der Reaktion wird ein Proton freigesetzt) über einen Halbleiterchip gemessen (IonTorrent, Thermo Fisher Scientific Inc. Waltham, Massachusetts, USA) [30–33].

Eine Alternative zu den meisten aktuellen Techniken stellt das PacBio-System dar, welches Leselängen von mehreren Tausend Basenpaaren erreichen kann, weshalb es sehr gut für die Erstellung von sog. *scaffolds* geeignet ist. Da die Zielsequenz eines Genoms generell wesentlich länger als ein einzelner Read ist, muss die Genomsequenz letztlich aus vielen Reads softwaregestützt zu einer lückenlosen Konsensus-Sequenz assembliert werden. Das PacBio-System erleichtert

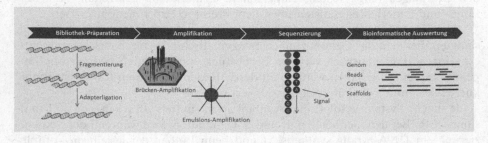

◘ **Abb. 13.7** Schematischer Ablauf von Next-Generation-Sequenzierungsverfahren. *Erläuterungen:* siehe Text

diese Aufgabe besonders durch seine zwar vergleichsweise geringe Kapazität (60.000 *reads*) aber demgegenüber überragenden Leselängen (> 4 kbp) [34].

Eine neue Sequenzierungsstrategie, die Low-coverage whole genome shotgun-Sequenzierung eignet sich für eine Resequenzierung extrachromosomaler DNA (z. B. Chloroplasten-DNA oder Mitochondrien-DNA) bei gleichzeitiger Anwesenheit nukleärer DNA, d. h. der genetischen Information, die im Zellkern enthalten ist. Eine grüne pflanzliche Zelle besitzt im einfachsten Fall einen diploiden nuklearen Chromosomensatz (bei polyploiden Pflanzen tetra- oder hexaploid) pro Zelle, während die Chloroplasten-DNA in derselben Zelle einige hundert Male vorkommt, was die grundlegende Voraussetzung für diese Methode ist. Lediglich *high-copy*-Fraktionen, also das plastidäre Genom bzw. redundante Sequenzbereiche der kerngenomischen DNA (rDNA) werden bei einer niederabundanten Sequenzierung (engl. low coverage) gesehen, d. h. erfasst [35].

13.8.3 Limitationen und Ausblick

Vorbedingung für alle Sequenzierungen ist die reproduzierbare Gewinnung reiner DNA. Bei Pflanzen liegen grundsätzlich drei DNA-Typen vor:
- die kerngenomische DNA (~400 Mbp)
- die mitochondriale DNA (~165 kbp)
- Plastiden-DNA (~150 kbp)

In der Regel muss vor einer Sequenzierung eine Fraktionierung dieser drei Typen bspw. über Gradientenzentrifugation stattfinden. Eine Ausnahme betrifft die Low-coverage whole genome shotgun-Sequenzierung.

Sämtliche Next-Generation-Sequenzierungs-Ansätze haben ihre Vor- und Nachteile. Ein gemeinsamer Nachteil der meisten dieser Verfahren sind die relativ kurzen Leselängen und die teilweise sehr ausgeprägten Fehlerraten. Der Vorteil liegt bei den aktuellen Geräten eindeutig in der Menge der generierten Daten pro Zeit, was trotz der kurzen Reads (150–300 bp) eine Sequenzierung ganzer Genome ermöglicht.

Die Fragmente werden dabei softwaregestützt auf Überlappungen untersucht und, sofern möglich, automatisiert zu einer lückenlosen Konsensus-Sequenz zusammengesetzt (Assemblierung). Kontaktstellen zwischen den einzelnen Reads werden dabei durch mehrfache Sequenzabdeckung *(coverage)* ermittelt.

Derzeit wird an der Entwicklung weiterer Geräte (Single-molecule-Sequencing; Nanopore-Sequencing) gearbeitet. Ziel hierbei ist eine Maximierung der Leselängen (aktuell bis zu 20 kb) und eine Steigerung der Genauigkeit der erhaltenen Sequenzinformation, so dass *de-novo*-Sequenzierungen auch von sehr komplexen Genomen möglich werden.

Im Gegensatz zu den Modellen der Vorgängergenerationen soll zudem eine Vervielfältigung der DNA zur Signalverstärkung nicht mehr notwendig sein. Iterative Wasch- und Scanschritte sollen künftig entfallen, da die DNA-Sequenzen direkt analysiert werden, sodass eine deutliche Zunahme in der Geschwindigkeit erzielt wird. Darüber hinaus werden Sequenzveränderungen, die bei einer PCR-Amplifikation vorkommen können, minimiert.

13.9 Molekularbiologische Schnellmethoden

13.9.1 Analyterfassung – Antikörper und Aptamere

Zielgerichtete Schnelltest-Anwendungen beruhen häufig auf der Verwendung von spezifisch-bindenden Biorezeptoren. Diesbezüglich werden **Antikörper-basierte Rezeptoren** im großen Umfang eingesetzt, aber auch die rein synthetisch entwickelten Aptamere erfahren eine zunehmende Bedeutung.

13.9.1.1 Prinzip

Insbesondere immunologische, d. h. Antikörper-basierte Tests, sind aufgrund der Spezifität und Sensitivität weit verbreitet (▶ Kap. 12). Die Herstellung von Antikörpern erfolgt *in vivo* (siehe Kasten „*in vivo* – Definition", ▶ Abschn. 13.9.1.1), das bedeutet, im tierischen Organismus durch Immunisierung. Meistens werden zu diesem Zweck Kaninchen oder Mäuse eingesetzt. Zudem kann sich die Erzeugung bei bestimmten Substanzklassen als schwierig bis unmöglich erweisen, wenn diese hochtoxisch sind oder aufgrund ihrer geringen Größe keine immunogene Wirkung aufweisen.

Als Alternative hat sich in den letzten Jahren die Entwicklung von Aptameren herausgestellt. Der Terminus **Aptamer** leitet sich von dem lateinischen Wort *aptus* (dt. passend) und dem griechischen Wort *meros* (dt. Teil) ab. Aptamere sind einzelsträngige DNA- oder RNA-Moleküle, die aus bis zu 100 Basen bestehen und dreidimensionale Strukturen aufgrund intramolekularer Basenpaarungen, vergleichbar mit der Faltung, eines Proteins ausbilden. Aufgrund der sequenzspezifischen Faltung ermöglichen Aptamere mit hoher Spezifität und Affinität die Interaktion mit beliebigen – auch toxischen – Zielmolekülen.

Im Gegensatz zu Antikörpern werden Aptamersequenzen *in vitro* durch einen sogenannten **SELEX-Prozess** (engl. Systematic Evolution of Ligands by Exponential Enrichment, ◘ Abb. 13.8) nach dem Darwinschen Evolutionsprozess, bestehend aus Sequenzvariation, Selektion und Replikation, ermittelt. Der Ausgangspunkt des Selektionsverfahrens ist eine randomisierte Sequenzbibliothek mit einer theoretischen Diversität von bis zu 4^{40} verschiedenen Sequenzen (bei einer Länge des randomisierten Bereichs von 40 Nukleotiden und eines Strukturraumes von 4 unterschiedlichen Basen). Der zentrale, randomisierte Bereich (in der Regel ca. 40 Basen) wird von konstanten Primerbereichen mit einer Länge von bis zu 20 Basen flankiert.

Jede dieser Sequenzen ist aufgrund spezifischer intramolekularer Wasserstoffbrückenbindungen in der Lage, definierte individuelle dreidimensionale (Faltungs-) Strukturen auszubilden. Zunächst erfolgt die Inkubation der eingesetzten Bibliothek mit dem Target unter zuvor definierten, auf die Fragestellung ausgerichteten,

13

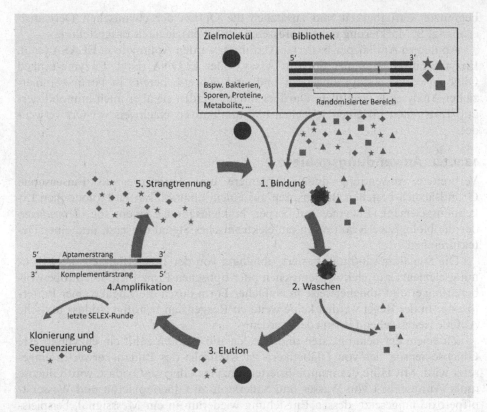

■ **Abb. 13.8** Schematische Darstellung des SELEX-Prozesses (Nach [36, 37]). *Erläuterung:* **1.** Bindung: Die einzelsträngige Oligonukleotid-Bibliothek und das Zielmolekül werden zusammen inkubiert; bei einer strukturellen Entsprechung binden die passenden Aptamere an das Zielmolekül; **2.** Waschen: Mit dem sich anschließenden Waschschritt werden alle nicht-bindenden Oligonukleotide entfernt; **3.** Elution: Durch die folgenden Elution werden die gebundenen Sequenzen von Zielmolekül entfernt; **4.** Amplifikation: Mittels PCR-Amplifikation wird der erhaltene einzelsträngige Sub-Pool vervielfältigt. **5.** Strangtrennung: Nach der Amplifikation liegen die Sequenzen in Form und Doppelsträngen vor, die wiederum in die Einzelstränge überführt werden, sodass eine erneute SELEX-Runde durchgeführt werden kann. *Weitere Erläuterungen:* siehe Text

Pufferbedingungen. Hierbei treten sequenzbedingt unterschiedlich starke Interaktionen der enthaltenen DNA-Sequenzen mit dem zu bindenden Analyten auf.

Nicht bindende oder weniger affine Sequenzen werden durch wiederholte und unterschiedlich stringente Waschschritte abgetrennt. Die mit dem SELEX-Prozess einhergehende Stringenzerhöhung führt im besten Fall nach 10–20 SELEX-Zyklen zu Aptameren mit Affinitäten im nanomolaren bis picomolaren Bereich, die mit denen von Antikörpern vergleichbar sind. Die hohe Spezifität wird erreicht, indem sich die 3D-Struktur des Oligonukleotides genau um den Bindungspartner herumfaltet (adaptive Bindung). Die chemische Vollsynthese, d. h. die synthetische Vermehrung der identifizierten Sequenz(en), ermöglicht eine unbegrenzte Verfügbarkeit und zusätzlich die Option der chemischen Derivatisierung (z. B. Markierung mit Fluoreszenzfarbstoffen), je nach Fragestellung.

Analog zu Antikörper-basierten Verfahren werden Aptamere in **ELASA** (engl. Enzyme-Linked Aptamer Sorbent Assay) oder **ELONA** (engl. Enzyme-Linked Oligonucleotide Assay) eingesetzt und sind teilweise bereits in Form kommerzieller Analysekits erhältlich. Darüber hinaus werden sie aber auch immobilisiert auf Teststreifen für einen schnellen und qualitativen Nachweis vor-Ort verwendet.

13.9.1.2 Anwendungsgebiete

Verbreitete Anwendung finden Aptamere und Antikörper als **Biosensoren**. Grundsätzlich bestehen Biosensoren aus einem immobilisierten biologischen Erkennungselement (Enzyme, Antikörper, Nukleinsäuren), einem sog. *Transducer,* der die biologische Reaktion in ein elektronisches Signal umsetzt, und einer Detektoreinheit.

Die Signalumwandlung basiert, abhängig von der Beschaffenheit des Erkennungselements, auf elektrochemischen oder optischen Prinzipien. Die Probenvorbereitung erfolgt üblicherweise in einfacher Form durch die Zugabe einer Pufferlösung. In der Regel werden keine weiteren Reagenzien benötigt, sodass toxische Abfälle weitestgehend vermieden werden.

Zu einem der bekanntesten und ältesten Biosensoren zählt ein enzymbasierte Glucose-Sensor, der von Diabetikern zu Kontrolle des Blutzuckerwertes eingesetzt wird. Mit Hilfe des immobilisierten Enzyms Glucose-Oxidase wird Glucose unter Anwesenheit von Wasser und Sauerstoff zu Gluconolacton und Wasserstoffperoxid umgesetzt, dessen Entstehung wiederum in ein Messsignal, beispielsweise durch die Bildung eines Farbstoffes oder in ein elektrochemisches Signal, umgewandelt wird.

13.9.2 Auslesetechniken – Lateral Flow Assay

Streifentests oder sogenannte **Lateral Flow Assays** (LFA oder auch LFD, engl. Lateral Flow Devices) werden zum qualitativen Nachweis bestimmter Analyten mittels eines optischen Signals eingesetzt und bieten eine sehr einfache und günstige Alternative zu den traditionellen chemischen Laborverfahren, zumal die Auswertung nur wenige Minuten in Anspruch nimmt.

13.9.2.1 Prinzip

Ein **Lateral Flow Assay** besteht aus insgesamt vier Bereichen, die auf einer Trägermembran (engl. backingcard) aufgebracht wurden und sich überlappen (◨ Abb. 13.9). Der Probenbereich (engl. sample pad), auf den die Probe aufgegeben wird, enthält Puffersalze zur Einstellung des notwendigen pH-Bereichs und der erforderlichen chemischen Umgebung und dient als Filter um feste Matrixbestandteile zurückzuhalten. Nach Zugabe eines Laufmittels, wandert die Probe aufgrund von Kapillarkräften durch die porösen Strukturen des Teststreifens.

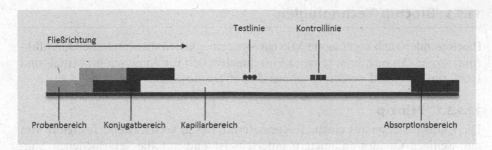

Abb. 13.9 Schematischer Aufbau eines Lateral Flow Assays. *Erläuterungen:* siehe Text

Im Konjugatbereich (engl. conjugate pad) ist eine Erkennungssubstanz mittels Gold- oder Latex-Nanopartikeln aufgebracht bspw. spezifische Antikörper, Aptamere, DNA- oder RNA-Fragmente gebunden, die in der Lage sind, mit dem Analyten eine spezifische Interaktion einzugehen. Anschließend trifft der Komplex aus Analyt und der Erkennungssubstanz auf die Testlinie, dort befindet sich eine weitere immobilisierte Erkennungssubstanz, an welcher der Komplex gebunden wird.

Durch die Ausbildung und Anreicherung des **Sandwich-Komplexes** bildet sich bei Überschreitung einer Schwellenkonzentration (in Abhängigkeit des vorher gewählten dynamischen Bereichs) eine Färbung aus, die mit bloßem Auge sichtbar ist. Nicht-gebundene Moleküle der ersten Erkennungssubstanz wandern weitern zur Kontrolllinie und werden dort gebunden, sodass unabhängig vom eigentlichen Testergebnis, ebenfalls ein Farbsignal erzeugt wird. Die Kontrollbande dient zum Ausschluss von systematischen Fehlern, um sicherzustellen, dass der Test korrekt durchgeführt wurde.

Am Ende des Teststreifens ist ein Absorptionsbereich (engl. wicking pad) angebracht, welches den Fluss des Laufmittels über den Teststreifen gewährleistet und einen Rückfluss verhindert. Die meisten kommerziell verfügbaren LFA werden auf der Basis von ELISA-Systemen entwickelt und beruhen auf einer Antigen-Antikörper-Reaktion. Im Vergleich zu den ELISA-Anwendungen weisen LFA häufig vergleichbare Sensitivitäten auf.

13.9.2.2 Anwendungsgebiete

Weit verbreitete Anwendung finden LFA in der medizinischen Diagnostik, insbesondere in Form von Schwangerschaftstests, die auf der Detektion des Hormons Choriongonadotropin im Harn schwangerer Frauen, beruhen. In der Lebensmittelanalytik werden LFA zum Beispiel zum schnellen Nachweis von Allergenen, Pathogenen oder Mykotoxinen, zur Kontrolle von Rohwaren oder von Reinigungsprozessen eingesetzt [38–40].

13.9.3 Biochip-Technologien

Biochips oder auch sogenannte **Microarrays** ermöglichen die simultane Durchführung von bis zu mehreren tausend Einzelnachweisen für Analysen im Mittel- und Hochdurchsatz und werden zunehmend häufiger eingesetzt.

13.9.3.1 Prinzip

Die **Chips** bestehen aus einem Trägermaterial, das in verschiedene Testfelder von nur wenigen Quadratmillimetern unterteilt ist und auf die verschiedenen Sonden (engl. probe) also beispielsweise einzelsträngige DNA-Fragmente, Antikörper oder Aptamere, aufgebracht wurden. Bei Kontakt mit der Probe werden die Wechselwirkungen mit jeder einzelnen Sonde gemessen. Auf diese Weise wird ein hoher Parallelisierungsgrad erreicht und der Verbrauch von Reagenzien- und Probenmaterial minimiert sowie der Arbeitsaufwand verringert. Zudem besteht die Möglichkeit die Verfahren zusätzlich automatisiert durchzuführen. Von Nachteil können allerdings die vergleichsweise hohen Fertigungskosten sein und die notwendige Anschaffung spezieller Geräte für die Auswertung.

Traditionell weisen die Chips analog zu den Objektträgern, die in der Mikroskopie verwendet werden, eine Größe von $2{,}5 \times 7{,}5$ cm auf, inzwischen wurden auch weitere Formate mit verschiedenen Anzahlen an Sonden etabliert, die jedoch häufig nur kompatibel mit eigens angefertigten Auswerteinheiten sind. Als Trägermaterial werden in der Regel Glas oder Kunststoff mit speziellen Beschichtungen eingesetzt, welche die Fixierung der Sonden sicherstellt und gegebenenfalls eine Signalverstärkung erzielen, wenn zusätzlich fluoreszenzverstärkende Schichten eingearbeitet wurden. Bei der Herstellung werden in der Regel zwei unterschiedliche Verfahren angewendet, die größtenteils robotorgestützt durchgeführt werden.

Beim *Spotting* werden zunächst die Sonden synthetisiert und anschließend mittels Nadeldruck- oder Druckstrahlverfahren (engl. print jet) auf das Trägermaterial aufgebracht. Beim *in-situ*-Verfahren werden die Sonden direkt auf dem Träger erzeugt. Dadurch können Sondendichten von bis zu über einer Million pro Träger erreicht werden, während beim *Spotting*-Verfahren maximal ca. 30.000 Sonden auf dem Chip aufgebracht werden können. Allerdings erlaubt eine *in-situ*-Synthese keine Qualitätskontrolle der Sonden und es können lediglich nur kurze Sequenzen synthetisiert werden.

Zur Durchführung einer DNA-Chip basierten Analyse wird die DNA zunächst isoliert und mittels PCR amplifiziert. Nach der Auftrennung der DNA in die Einzelstränge werden diese fluoreszenzmarkiert. Die einzelsträngigen DNA-Fragmente binden auf dem Chip an die komplementären Sonden während nicht bindende Sequenzen durch einen Waschschritt entfernt werden. Durch Anregung der Fluoreszenzmarker mittels entsprechender Wellenlängen wird ein Signal erzeugt, das umso intensiver ist, desto mehr DNA gebunden wurde (◘ Abb. 13.10). Für unterschiedliche Gensequenzen können verschiedene Fluoreszenzfarbstoffe verwendet werden, sodass parallele Messungen unterschiedlicher Proben möglich ist.

13

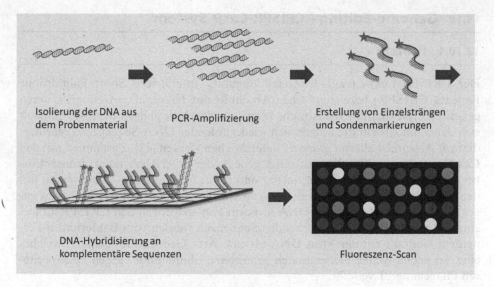

Isolierung der DNA aus dem Probenmaterial

PCR-Amplifizierung

Erstellung von Einzelsträngen und Sondenmarkierungen

DNA-Hybridisierung an komplementäre Sequenzen

Fluoreszenz-Scan

◨ **Abb. 13.10** Schematischer Arbeitsablauf beim Einsatz von DNA-Chips. *Erläuterungen:* siehe Text

Unter Einbindung mikrofluidischer Strukturen aus haarfeinen Kanälen sowie der Miniaturisierung von Ventilen, Pumpen, Messkammern und Sensoren lassen sich ganze Labore auf eine Fläche von wenigen Quadratzentimetern reduzieren. Diese sogenannten *Lab-on-a-chip*-**Systeme** ermöglichen schnelle und vollautomatische Analysen bei minimalem Proben- und Reagenzienverbrauch.

13.9.3.2 **Anwendungsgebiete**

Derzeit werden die Chips überwiegend für den medizinischen Bereich zu hohen Fertigungskosten entwickelt. In der Lebensmittelanalytik werden DNA-basierte Chips z. B. eingesetzt um allergene oder gentechnisch veränderte Lebensmittel nachzuweisen, die Sorte/Art eines Lebensmittels zu bestimmen oder das Lebensmittel auf die Anwesenheit bestimmter Mikroorganismen zu untersuchen.

Zudem gibt es erste Prototypen bspw. für einen 40-minütigen PCR-basierten quantitativen Nachweis von Salmonellen in Lebensmitteln oder für die Differenzierung von Fischarten. Die zusätzliche Einbindung von Smartphones, auch bezeichnet als *Lab-on-a*-**Smartphone,** ermöglicht zudem den Verbrauchern entsprechende Nachweise eigenständig und vor-Ort durchzuführen und darüber hinaus eine einfache Anbindung an das Internet. Primäre Entwicklungen hinsichtlich dieser mini-Labore bestehen bereits für einen kolorimetrischen Nachweis von Allergenen in Lebensmitteln [41, 42].

13.10 Genome-Editing – CRISPR-Cas9-System

13.10.1 Prinzip

Der **CRISPR-Lokus** (engl. Clustered Regulary Interspaced Short Palindromic Repeats, CRISPR) bezeichnet einen Abschnitt auf bakteriellen Genomen, deren genetische Information zur Abwehr bspw. von Bakteriophagen dient. Es handelt sich dabei um Abschnitte kurzer, sich wiederholender DNA-Sequenzen *(repeats)*, die von Abstandshaltern *(spacern)* unterbrochen werden [43]. Zusammen mit den **Cas-Genen** (eng. CRISPR-associated genes), der tracrRNA (engl. transactivating crRNA) sowie einer Leitsequenz, sind sie auf bakteriellen Genomen zu finden (◘ Abb. 13.11) [44]. Wird eine Bakterienzelle von einem Bakteriophagen angegriffen, können Teile seiner DNA in Form von spacern in den CRISPR-Lokus eingebaut werden. Die entsprechenden Sequenzen werden vom Bakterium bei erneutem Kontakt mit der Virus-DNA als eine Art „Gedächtnis" genutzt, welches eine, an nachfolgende Generationen vererbbare, „Immunität" gegen einen weiteren Phagenangriff verleiht.

Genome Editing ↔ CRISPR ↔ Cas9

- Unter **Genome Editing** (engl. Synonyme: Genome Engineering, Gene Editing; dt. Genombearbeitung) werden gerichtete und gezielte Änderungen der Nucleotidsequenz des Genoms von Organismen verstanden. Die Begriffe *gerichtet* resp. *gezielt* beziehen sich *auf den Ort* resp. *auf den Ort und die Art* der Veränderung.
- **CRISPR** ist ein Akronym, gebildet aus der englischen Bezeichnung Clustered Regularly Interspaced Short Palindromic Repeats für gruppierte kurze **palindromische** Wiederholungen mit regelmäßigen Abständen.
- **Cas9** ist die Bezeichnung für eine **Endonuclease und ein Ribonucleinprotein** aus Bakterien. Dieses System ist ein präzises Instrument, das punktuelle Veränderungen der DNA ermöglicht. Es leitet sich von einem Mechanismus ab, mit dem sich Bakterien wie bei einem Immunsystem vor schädlichen Viren schützen.

13

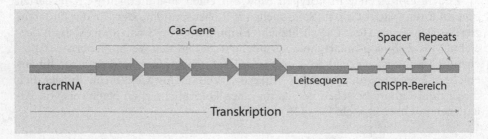

◘ **Abb. 13.11**   Schematische Darstellung eines CRISPR-Lokus (Nach [45]). *Erläuterung:* Mittlerweile sind zahlreiche unterschiedliche CRISPR-Systeme bekannt, die in Abhängigkeit des Organismus für unterschiedliche Cas-Proteine kodieren, eine variierende Anzahl an *Repeat-Spacer*-Einheiten aufweisen und teilweise ohne eine tracrRNA auskommen CRISPR-Lokus auf dem *Streptococcus pyogenes*-Genom (Typ II CRISPR-Cas-System). *Weitere Erläuterungen:* siehe Text

> **Palindrom**
>
> Unter **Palindrom** (engl. palindrome) werden Wörter, Wortteile oder Sätze verstanden, die rückwärts gelesen genau denselben Text ergeben wie beim vorwärts lesen, wie Rentner, Otto u. dgl.

Im Rahmen der Transkription und weiterer Prozessierungen in der Zelle, wird aus den von *repeats* eingerahmten *spacern,* die sogenannte **CRISPR-RNA** (crRNA) hergestellt, die über eine kurze Sequenzhomologie an die tracrRNA bindet. Die tracrRNA wiederum rekrutiert das Enzym, die Cas9-Nuklease. Nach erfolgter Komplexbildung dieser drei Komponenten, leitet die spezifische crRNA die Cas9-Nuklease zur Zielsequenz (Virus-DNA) und es kommt bei erfolgreicher Bindung an die homologe Zielsequenz zu einem Doppelstrangschnitt auf der Virus-DNA.

Einzige weitere Voraussetzung für die Induktion der Spaltung ist das Vorhandensein einer Art Orientierungssequenz, der sogenannten PAM-Region (engl. Protospacer Adjacent Motif). Diese muss sich direkt hinter der Zielsequenz auf der Virus-DNA befinden, damit die Nuklease aktiviert wird. Hierdurch ist es dem CRISPR-System möglich, später zwischen Fremd-DNA und eigener DNA unterscheiden zu können.

13.10.2 Neues molekularbiologisches Werkzeug

Bereits ein halbes Jahr nach der Entdeckung des CRISPR-Cas9-Systems in Bakterien und Archaeen konnte gezeigt werden, dass sich das Typ II CRISPR-Cas9-System aus dem Bakterium *Streptococcus pyogenes* sich zur spezifischen Veränderung des Genoms verschiedener Organismen eignet [46, 47].

Für die Funktionalität des Systems müssen lediglich drei Komponenten (vgl. ❏ Abb. 13.12) vorhanden sein:

- **crRNA**
  ⇨ 20 Basen identisch zur gewählten Zielsequenz ohne PAMRegion (5'-NGG-3' bzw 3'-NCC-5'; N = A, T, G oder C)
- **tracrRNA**
  ⇨ bindet über eine Repeat-Region an crRNA und rekrutiert anschließend die Cas9-Nuklease
- **Cas9-Nuklease**
  ⇨ induziert Schnitt beider DNA-Stränge nach Komplexbildung und spezifischer Bindung der crRNA an Zielsequenz mit PAM-Region.

Eine Weiterentwicklung des Systems im Jahre 2012 wurde durch die sogenannte *single guide* RNA (sgRNA) erreicht. Dabei handelt es sich um eine synthetisch erzeugte Chimäre, bestehend aus crRNA und tracrRNA, bei der eine Bindung über die Repeat-Region entfällt und das System somit weiter vereinfacht wird [46].

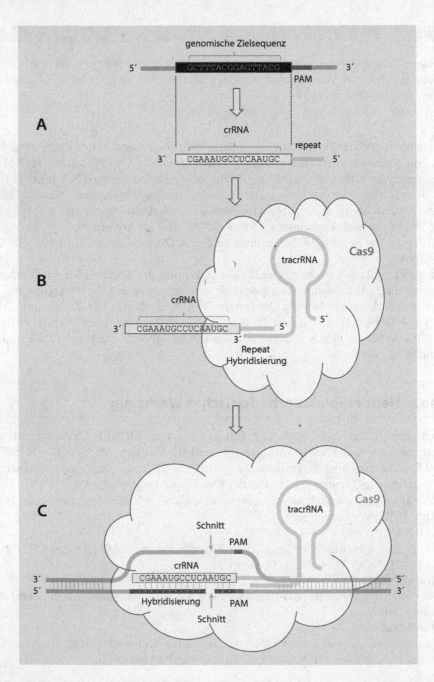

Abb. 13.12   Komponenten der CRISPR-Cas9-Technologie. *Erläuterungen:* **A** Struktur der Target-Sequenz und Bildung der crRNA durch Transkription; **B** Bildung des Dreikomponentenkomplexes aus tracrRNA, crRNA und Cas9-Enzym; **C** Erkennen der Target-Sequenz mit PAM-Region (hier: 5'-NGG-3'), Bindung an die Cas9-Nuklease und Schneiden der doppelsträngigen DNA. *Weitere Erläuterungen:* siehe Text

13.10.3 Arbeitsweise

Um das Genom beispielsweise eines Tieres oder einer Pflanze mit Hilfe der genannten Komponenten zielgerichtet zu modifizieren sind grundsätzlich folgende Schritte erforderlich:

- **Festlegung**
  ⇨ des Ziel-Ortes und der Art der Veränderung
- **Aufschneiden**
  ⇨ des Genoms an der beabsichtigten Stelle
- **Zusammenfügen**
  ⇨ der entstandenen doppelsträngigen DNA-Enden mit oder ohne Einführung einer „fremden" DNA mit den vorhandenen zellulären Reparatursystemen.

Um nun in einer Kulturpflanze (z. B. Kartoffel) an einer bestimmten Stelle des Genoms eine **Mutation** in Form eines Gen-Knockouts, eines Einzelbasenaustausches (Punktmutation) oder einer Insertion bzw. Deletion eines größeren Genabschnittes zu induzieren, muss zunächst der Bereich auf der genomischen Sequenz ausgewählt werden, innerhalb dessen die Veränderung des Genoms stattfinden soll. Diese Sequenz wird dann auf eine geeignete, etwa 20 bp lange crRNA hin untersucht, die sich unmittelbar vor einer PAM-Region befindet. Anschließend werden die Gensequenzen für die crRNA, tracrRNA in DNA übersetzt zusammen mit der Cas9-Nuklease und in einen Vektor (Ti-Plasmid) kloniert, das aus dem Bodenbakterium *Agrobacterium tumefaciens* stammt. Das rekombinante Plasmid wird anschließend zurück in das Bakterium transformiert und die Bakteriensuspension mittels Agroinfiltration in das Plasma infiltriert.

Das Bakterium zusammen mit dem Ti-Plasmid besitzt folglich die Fähigkeit Pflanzen zu infizieren und dabei bspw. rekombinante DNA in die pflanzliche Wirtszelle zu transportieren. Weitere Möglichkeiten, DNA in eine Pflanzenzelle einzubringen, sind beispielsweise die Protoplastentransformation, Mikroinjektion, Elektroporation und das Partikelbombardement.

Ab hier läuft das CRISPR-Cas9-System in nahezu allen Organismen mehr oder weniger identisch ab: Die crRNA, die als eine Art **Sonde** fungiert, muss im Genom (bspw. Genomgröße der Kartoffel ca. 844 Mio. Basenpaare) exakt an die Stelle binden, an der eine Genmodifikation vorgenommen werden soll. Bildlich ausgedrückt: Wenn ein Basenpaar einem Millimeter entspräche, dann würde das bedeuten, dass auf einer Strecke von 844 km einen Zielort von 1 mm adressieren werden müsste. Möglich ist dies nur aufgrund der spezifischen Basenabfolge der crRNA, die komplementär zur Zielsequenz auf dem Genom ist, sowie der PAM-Region, die als Orientierungssequenz dient. Die crRNA leitet zusammen mit der tracrRNA die Cas9-Nuklease zur Zielsequenz.

In den meisten Organismen können hier zwei unterschiedliche **Reparatursysteme** in Kraft treten:

- **NHEJ-System**
  ⇨ engl. Non-Homologous End Joining System
- **HDR-System**
  ⇨ engl. Homology-Directed Repair System.

Mittels **NHEJ-Reparatursystem** erfolgt durch Einfügen von Insertionen oder Deletionen (sog. *Indels*) lediglich das Zusammenfügen der beiden Strangenden, wobei das aufgeschnittene Genom zwar wieder *repariert,* aber die eigentliche Sequenz zwangsläufig verändert wird. Mit dieser Strategie können mit dem NHEJ-System Gene gezielt *ausgeschaltet* werden, was für bestimmte Manipulationen von Bedeutung sein kann.

Mit Hilfe des **HDR-Systems** und einer zusätzlich in den Organismus eingeführten „DNA-Reparaturvorlage" kann dagegen einerseits der DNA-Strang fehlerfrei wiederhergestellt oder auch zusätzliche Bereiche eingefügt werden. Dazu ist es notwendig, diesen „Fremd-DNA"-Bereich mit zur genomischen Sequenz homologen Bereichen links und rechts von der Cas9-Schnittstelle flankieren zu lassen. Die anschließende Reparatur nimmt die „eingeführte" DNA als Matrize und repariert das Genom nach dieser Vorlage. Zum eindeutigen Nachweis der genetischen Veränderung werden die Pflanzen anschließend mittels moderner Sequenzierungstechniken untersucht.

13.10.4 Anwendungsgebiete

13.10.4.1 *In-vivo*-Veränderungen

In vivo – Definition

Die Bezeichnung *in vivo* kommt aus dem Lateinischen von *im Lebendigen.* Gemeint sind damit Vorgänge bzw. Versuche die innerhalb eines lebenden Organismus stattfinden und beobachtet werden.

13

Das CRISPR-Cas9-System ermöglicht eine nicht auf bestimmte Organismen begrenzte Einsetzbarkeit. So wurden mit dieser neuen Technik bereits **Genomveränderungen** in humanen Zellen, Säugetieren, Fischen, Würmern, Pflanzen, Pilzen, Hefen sowie Bakterien durchgeführt. Mögliche Genmodifikationen sind dabei Gen-Knockouts (Deletionen) sowie das Einfügen neuer Gene/Genabschnitte oder einzelner Basen (Insertionen).

Darüber hinaus wurden weitere CRISPR-Systeme, wie das **CRISPRCpf1-System** in Bakterien entdeckt, die für eine Anwendung im Genome Editing interessant sein könnten. Das CRISPR-Cpf1-System besitzt beispielsweise die Fähigkeit neben DNA auch RNA schneiden zu können und funktioniert – anders als das CRISPR-Cas9-System – ohne die tracrRNA, was das System weiter vereinfacht [48].

Im Lebensmittelbereich sind potenzielle Anwendungsgebiete der neuen **Genome-Editing-Technologie** vorwiegend in der genetischen Veränderung von Kulturpflanzen und Nutztieren zu sehen. So wird beispielsweise mittels CRISPR-Cas9 an ertragreicherem Wachsmais, einer Allergenfreien Erdnuss und Pilzresistenten Weizenpflanzen geforscht. Beim Kulturchampignon *(Agaricus bisporus)* wurde bspw. eines von sechs Genen ausgeschaltet, das für die Polyphenoloxidase kodiert. Hierdurch wird der druckempfindliche Champignon langsamer braun und kann somit maschinell geerntet und länger gelagert werden.

Mögliche **biochemische Anwendungen** der CRISPR-Cas9-Technologie liegen vor allem in der biotechnologischen Optimierung industriell (z. B. Herstellung von Biokraftstoffen) bzw. pharmazeutisch (z. B. Herstellung von Wirkstoffen) eingesetzter Mikroorganismen. Auch die Aufklärung noch unbekannter Biosynthesewege in Bakterien, ist mit Hilfe der CRISPR-Cas9-Technologie möglich.

13.10.4.2 *In-vitro*-Veränderungen

In vitro – Definition

Die Bezeichnung *in vitro* kommt aus dem Lateinischen von *im Glas*. Gemeint sind damit Vorgänge bzw. Versuche die außerhalb eines lebenden Organismus stattfinden und beobachtet werden, also in einer künstlichen Umgebung, wie in einem Glasgefäß, Reagenzglas u. dgl.

Genomanalysen eignen sich aufgrund der Einzigartigkeit der zugrundeliegenden DNA-Sequenzen hervorragend um Sorten oder Arten, also die biologische Identität, zu bestimmen [49]. Bei Vorliegen der vollständigen Sequenzen bspw. von verschiedenen Sorten, können diese durch Vergleich (engl. alignment) auf einzelne Basenunterschiede sogenannte SNPs (engl. Single Nucleotide Polymorphisms) untersucht werden. Werden Unterschiede erkannt, können gerichtete, meist PCR-getriebene *targeted*-Methoden zum Nachweis entwickelt werden (zum Begriff *targeted* siehe ▶ Abschn. 2.3).

Der Nachweis einzelner Basenaustausche ist jedoch eine Herausforderung, da einige Methoden den Einsatz von Restriktionsendonukleasen erfordern. Kurzum, ein entsprechendes PCR-Fragment wird einem Verdau unterzogen und die spezifisch entstehenden Fragmente über eine Elektrophorese aufgetrennt und anschließend detektiert. Voraussetzung für die erfolgreiche Anwendung dieser Methode ist jedoch das Vorhandensein einer entsprechenden Erkennungssequenz (Schnittstelle). Der Einsatz der programmierbaren Cas9-Endonuklease stellt eine Alternative dar, falls keine geeignete Schnittstelle auf der Sequenz vorhanden ist. Die Programmierung verläuft ähnlich eines *in-vivo*-Einsatzes des Systems. Der SNP muss sich dafür lediglich in der Nähe einer obligatorischen PAM-Region befinden. Darauf basierend wird eine sgRNA konstruiert, mit der sowohl die Cas9 aktiviert als auch an die ausgewählte Stelle dirigiert werden kann. Die Fragmentierung kann anschließend mittels Agarose- oder Kapillargel-Elektrophorese (AGE ▶ Abschn. 11.4 und CGE) erfasst werden [50].

13.10.5   Genauigkeit der CRISPR-Cas9-Technik

Trotz des großen Potenzials der CRISPR-Cas9-Technik und seiner im Vergleich mit der traditionellen Gentechnik außerordentlich hohen Präzision, wurde festgestellt, dass die crRNA zusammen mit der Cas9-Nuklease zusätzlich zum eigentlichen Zielort, auch an weitere, sehr ähnliche Stellen auf dem Genom binden kann und dort einen Doppelstrangbruch induziert.

Es entstehen sog. *off-target*-Mutationen. Diese sind besonders wahrscheinlich, wenn die DNA-Abfolge der Sonde auch mit weiteren Abschnitten im Genom übereinstimmt. Der Nachweis von *off-target*-Mutationen ist sehr aufwendig und erfolgt einerseits über eine stark abdeckende Sequenzierung (engl. deep sequencing) sowie eine Abschätzung über mathematische Algorithmen. In letzter Zeit wurden einige vielversprechende Modifikationen des CRISPR-Cas9-Systems veröffentlicht. Dabei konnten in einigen Studien die auftretenden *off-target*-Effekte deutlich reduziert werden.

13.10.6   Ist das Ergebnis einer genetischen Veränderung mittels CRISPR-Cas ein GVO?

Der EuGH (Europäische Gerichtshof) entschied am 25. Juli 2018, dass die neuen *Genome Editing*-Verfahren als **„Gentechnik"** anzusehen sind und den gleichen Zulassungs- und Kennzeichnungsvorschriften unterliegen wie gentechnisch veränderte Organismen (GVO) [51]. Das Dilemma dabei ist, dass Einzelmutationen, die mittels CRISPR-Cas eingeführt wurden, sich nicht von natürlich entstandenen Mutationen unterscheiden lassen und folglich das „Genome-Editing" nicht nachgewiesen und damit auch nicht sanktioniert werden kann.

13   Literatur

1. Germini A et al (2004) Development of a seven-target multiplex PCR for the simultaneous detection of transgenic soybean and maize in feeds and foods. J Agric Food Chem 52:3275–3280
2. Klein G (2003) Anwendung molekularbiologischer Methoden in der Lebensmittelmikrobiologie am Beispiel probiotisch genutzter Laktobazillen. Berl Munch Tierarztl Wochenschr 116(11–12):510–516
3. Näther G, Toutounian K, Ellerbroek L (2007) Genotypisierung von *Campylobacter spp*, mittels AFLP in wiederkehrend *Campylobacter*-positiven Masthähnchenherden. Arch Lebensmittelhyg 589(10):175–179
4. Waiblinger HU et al (2005) Die Untersuchung von transgenem Rapspollen in Honigen mittels Real-time-PCR. Deut Lebensm Rundsch 101(12):543–549
5. KMD: S 501 ff
6. Brackenridge JC, Bachelard HS (1969) Extraction and some properties of membrane-bound proteins from ox cerebral cortex microsomes. Int J Protein Res 1(3):157–168
7. Dias R et al (2002) DNA-lipid systems. A physical chemistry study. Braz J Med Biol Res 35:509–522
8. Mao Y et al (1994) DNA binding to crystalline silica characterized by Fourier-transform infrared spectroscopy. Environ Health Perspect 102(Suppl 10):165–171

9. ASU L15.05-1
10. Lottspeich F, Zorbas H (1998) Bioanalytik. Spektrum Akademischer Verlag, Heidelberg
11. Müller HJ (2001) PCR – Polymerase-Kettenreaktion. Spektrum Akademischer Verlag, Heidelberg
12. Fischer M, Haase I (2006) PCR in der Lebensmittelanalytik – Bedeutung und Anwendungsbeispiele. GIT Labor-Fachzeitschrift 03:206–209. GIT Verlag, Darmstadt
13. Roux KH (1995) Optimization and troubleshooting in PCR. PCR Methods Appl 4:185–194
14. Allmann M, Candrian U, Hofelein C, Liithy J (1993) Polymerase chain reaction (PCR): a possible alternative to immunochemical methods assuring safety and quality of food. Z Lebensm Unters Forsch 196:248–251
15. Garciacanas V, Cifuentes A, Gonzalez R (2004) Detection of genetically modified organisms in food by DNA amplification techniques. Crit Rev Food Sci Nutr 44:425–436
16. Malorny B, Tassios PT, Rådström P, Cook N, Wagner M, Hoorfar J (2003) Standardization of diagnostic PCR for the detection of foodborne pathogens. Int J Food Microbiol 83(1):39–48
17. ENGL European Network of GMO Laboratories (2008) Definition of Minimum Performance Requirements for Analytical Methods of GMO Testing. Technical Report by the Joint Research Centre, European Commission
18. Pfaffl MW (2004) Quantification strategies in real-time PCR. In: Bustin SA (Hrsg) A–Z of quantitative PCR Kapitel 3. International University Line (IUL), La Jolla, S 87–112
19. Pfaffl MW (2001) A new mathematic model for relative quantification in real-time RT-PCR. Nucleic Acids Res 29(9):45
20. Maurer J (Hrsg) (2006) PCR methods in foods. Springer, New York
21. Bustin SA et al (2009) The MIQE guidelines: minimum information for publication of quantitative real-time PCR experiments. Clin Chem 55(4):611–622
22. Mayer F et al (2012) Use of polymorphisms in the γ-gliadin gene of spelt and wheat as a tool for authenticity control. J Agric Food Chem 60(6):1350–1357
23. Gill P, Ghaemi A (2008) Nucleic acid isothermal amplification technologies – a review. Nucleos Nucleot Nucl 27:224–243
24. Kim J, Easley CJ (2011) Isothermal DNA amplification in bioanalysis: strategies and applications. Bioanalysis 3:227–239
25. Li J, Macdonald J (2015) Advances in isothermal amplification: novel strategies inspired by biological processes. Biosens Bioelectron 64:196–211
26. Madesis P, Ganopoulos I, Sakaridis I, Argiriou A, Tsaftaris A (2014) Advances of DNA-based methods for tracing the botanical origin of food products. Food Res Int 60:163–172
27. Notomi T, Okayama H, Masubuchi H, Yonekawa T, Watanabe K, Amino N, Hase T (2000) Loop-mediated isothermal amplification of DNA. Nucleic Acids Res 28(12):63
28. Nagamine K, Hase T, Notomi T (2002) Accelerated reaction by loop-mediated isothermal amplification using loop primers. Mol Cell Probe 16:223–229
29. Vaagt F, Haase I, Fischer M (2013) Loop-mediated isothermal amplification (LAMP)-based method for rapid mushroom species identification. J Agri Food Chem 61:1833–1840
30. Focke F, Haase I, Fischer M (2013) Loop-mediated isothermal amplification (LAMP): methods for plant species identification. Food J Agri Food Chem 61:2943–2949
31. Metzker ML (2010) Applications of next-generation sequencing sequencing technologies – the next generation. Nat Rev Genet 11:31–46
32. Goodwin S, McPherson JD, McCombie WR (2016) Coming of age: ten years of next-generation sequencing technologies. Nat Rev Genet 17:333–351
33. Liu L, Li YH, Li SL, Hu N, He YM, Pong R, Lin DN, Lu LH, Law M (2012) Comparison of next-generation sequencing systems. J Biomed Biotechnol 251364
34. Mardis ER (2008) The impact of next-generation sequencing technology on genetics. Trends Genet 24:133–141
35. Ku CS, Roukos DH (2013) From next-generation sequencing to nanopore sequencing technology: paving the way to personalized genomic medicine. Expert Rev Med Devic 10:1–6
36. Kane N, Sveinsson S, Dempewolf H, Yang JY, Zhang D, Engels JM, Cronk Q (2012) Ultra-barcoding in cacao (Theobroma spp.; Malvaceae) using whole chloroplast genomes and nuclear ribosomal DNA. Am J Bot 99:320–329

37. Fischer C, Kallinich C, Klockmann S, Schrader J, Fischer M (2016) Automatized enrichment of sulfanilamide in milk matrices by utilization of aptamer linked magnetic particles. J Agric Food Chem 64:9246

38. Hünniger T, Felbinger C, Wessels H, Mast S, Hoffmann A, Schefer A, Märtelbauer E, Paschke-Kratzin A, Fischer M (2015) Food targeting: a real-time PCR assay targeting 16S rDNA for direct quantification of Alicyclobacillus spp. spores after aptamer-based enrichment. J Agric Food Chem 63:4291

39. Vaagt F, Haase I, Fischer M (2013) Loop-mediated isothermal Amplification (LAMP) based method for rapid mushroom species identification. J Agric Food Chem 61:1833

40. Wu J, Kodzius R, Cao W, Wen W (2013) Extraction, amplification and detection of DNA in microfluidic chip-based assays. Microchimica Acta 181:1611

41. Sajid M, Kawde A, Muhammad D (2015) Designs, formats and applications of lateral flow assay: a literature review. J Saudi Chem Soc 19:689

42. Mark S, Haeberle S, Roth G, Von Stetten F, Zengerle R (2010) Microfluidic lab-on-a-chip platforms: requirements, characteristics and applications. Chem Soc Rev 39:1153

43. Horvath P, Barrangou R (2010) CRISPR/Cas, the immune system of bacteria and archaea. Science 327(5962):167–170

44. Van der Oost J, Jore MM, Westra ER, Lundgren M, Brouns SJ (2009) CRISPR-based adaptive and heritable immunity in prokaryotes. Trends Biochem Sci 34(8):401–407

45. Makarova KS, Wolf YI, Iranzo J, Shmakov SA, Alkhnbashi OS, Brouns SJJ, Charpentier E, Cheng D, Haft DH, Horvath P, Moineau S, Mojica FJM, Scott D, Shah SA, Siksnys V, Terns MP, Venclovas Č, White MF, Yakunin AF, Yan W, Zhang F, Garrett RA, Backofen R, van der Oost J, Barrangou R, Koonin EV (2020) Evolutionary classification of CRISPR-Cas systems: a burst of class 2 and derived variants. Nat Rev Microbiol 18(2):67–83. ▶ https://doi.org/10.1038/s41579-019-0299-x

46. Jinek M, Chylinski K, Fonfara I, Hauer M, Doudna JA, Charpentier E (2012) A programmable dual-RNA-guided DNA endonuclease in adaptive bacterial immunity. Science 337(6096):816–821

47. Sternberg SH, Doudna JA (2015) Expanding the biologist's toolkit with CRISPR-Cas9. Mol Cell 58(4):568–574

48. Zetsche B, Gootenberg JS, Abudayyeh OO, Slaymaker IM, Makarova KS, Essletzbichler P, Koonin EV (2015) Cpf1 is a single RNA-guided endonuclease of a class 2 CRISPR-Cas system. Cell 163(3):759–771

49. Herrmann L, Haase I, Blauhut M, Barz N, Fischer M (2014) DNA-based differentiation of the Ecuadorian cocoa types CCN-51 and Arriba based on sequence differences in the chloroplast genome. J Agric Food Chem 62:12118–12127

50. Scharf A, Lang C, Fischer M (2020) Genetic authentication: Differentiation of fine and bulk cocoa (*Theobroma cacao* L.) by a new CRISPR/Cas9-based in vitro method. Food Control 114:107219

51. EuGH – Urteil des Gerichtshof (Große Kammer) (2018) ▶ http://curia.europa.eu/juris/document/document.jsf?text=&docid=204387&pageIndex=0&doclang=DE&mode=req&dir=&occ=first&part=1&cid=732085

13

Untersuchung von Lebensmitteln

Teil IV bildet den Hauptteil des Buches. Hier wird eine Vielzahl von exemplarisch wichtigen Analysen zur Untersuchung von Lebensmitteln beschrieben. Die ausgewählten Analyten, Methoden, Verfahren und Techniken gestatten einen Rund-um-Blick über das Gesamtgebiet der Lebensmittelanalytik und sind so detailliert beschrieben, dass die praktische Durchführung und der wissenschaftliche Hintergrund klar vor Augen liegen. Aus didaktischen Gründen wurden die Methoden („Kochvorschriften") so gewählt, dass sowohl klassische Ansätze als auch hoch moderne Anwendungen zu Tragen kommen und dadurch die volle Breite der möglichen Verfahren zum Einsatz kommt. Behandelt werden Verfahren und Techniken aus dem Bereich der gravimetrischen, maßanalytischen, chromatographischen, optischen, spektroskopischen, spektrometrischen, elektrochemischen, elektrophoretischen, enzymatischen, immunchemischen und molekularbiologischen Analyse. Basisinformationen zu den wichtigsten, etablierten instrumentellen Analysenverfahren für die Lebensmitteluntersuchung liefert hingegen Teil III – und stellt somit Grundlage und Ergänzung zugleich dar.

Zu konstatieren ist, dass dieses Werk trotz des immensen Inhalts und Umfangs nur eine momentane *zurecht geschnittene* Übersicht vermitteln kann. Die Zahl der zu bestimmenden Parameter und Analyten kann je nach Fragestellung und (zukünftigen) Möglichkeiten/ Innovationen ins schier Unermessliche gehen – daher bedarf es der kontinuierlichen Hinterfragung und Anpassung. Zum vertiefenden Studium ist deshalb das Heranziehen der weiterführenden Fachliteratur evident.

Inhaltsverzeichnis

Basisparameter

Inhaltsverzeichnis

© Der/die Autor(en), exklusiv lizenziert durch Springer-Verlag GmbH, DE, ein Teil von
Springer Nature 2021
R. Matissek und M. Fischer, *Lebensmittelanalytik*,
https://doi.org/10.1007/978-3-662-63409-7_14

Zusammenfassung

Die Basisuntersuchung von Lebensmitteln und ihren Rohstoffen umfasst neben den eigentlichen wertbestimmenden Hauptbestandteilen wie Fett, Eiweiß und Kohlenhydraten sowie speziellen Inhaltsstoffen auch die Bestimmung allgemeiner Kenngrößen. Bei den allgemeinen Kenngrößen handelt es sich vornehmlich um Summenparameter von Major- bzw. Minorkomponenten, die sich durch chemisch-physikalische Messmethoden meist auf einfache Art und Weise ermitteln lassen und zur Beurteilung sowie Charakterisierung der Erzeugnisse herangezogen werden. Zu diesen allgemeinen Bestimmungen in Lebensmitteln gehören unter anderem so grundsätzliche Methoden wie die zur Ermittlung der Dichte und des a_w-Werts, des Wasser- bzw. Trockensubstanzgehaltes, des sogenannten Asche- und Sandgehaltes sowie ferner des Ballaststoff- bzw. Rohfasergehaltes.

14.1 Exzerpt

Die **Basisuntersuchung** von Lebensmitteln und ihren Rohstoffen umfasst neben den eigentlichen wertbestimmenden Hauptbestandteilen wie Fett, Eiweiß und Kohlenhydraten sowie speziellen Inhaltsstoffen auch die Bestimmung allgemeiner Kenngrößen. Bei den allgemeinen Kenngrößen handelt es sich vornehmlich um **Summenparameter** von Major- bzw. Minorkomponenten, die sich durch chemisch-physikalische Messmethoden meist auf einfache Art und Weise ermitteln lassen und zur Beurteilung sowie Charakterisierung der Erzeugnisse herangezogen werden. Zu diesen allgemeinen Bestimmungen in Lebensmitteln gehören unter anderem so grundsätzliche Methoden wie die zur Ermittlung der Dichte und des a_w-Werts, des Wasser- bzw. Trockensubstanzgehaltes, des sogenannten Asche- und Sandgehaltes sowie ferner des Ballaststoff- bzw. Rohfasergehaltes.

Eine Übersicht liefert ◘ Abb. 14.1.

14.2 Dichte

Die **Dichte** (oder spezifische Masse, engl. volumetric mass density; specific mass) eines Stoffes ist definiert als die Masse seiner Volumeneinheit [g/mL] und wird durch Wägung ermittelt. Die Dichte ist temperatur- und druckabhängig. Während die Messtemperatur bei jeder Dichteangabe mit angegeben werden muss, ist eine Druckangabe bei Flüssigkeiten (und Festkörpern) nicht erforderlich, da diese praktisch nicht kompressibel sind. Für exakte Dichtebestimmungen ist der durch den Luftauftrieb verursachte Messfehler entsprechend zu korrigieren oder im Vakuum zu wägen. Als schnelle Alternativmethode wird die Dichtebestimmung elektrometrisch mittels Biegeschwinger (► Abschn. 14.2.2) durchgeführt [1–4].

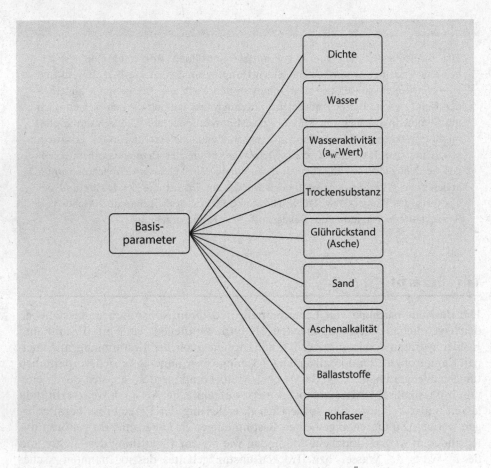

◘ Abb. 14.1   Allgemeine Parameter bei der Analyse von Lebensmitteln – Übersicht

14.2.1 Pyknometrische Bestimmung der relativen Dichte

■ **Anwendungsbereich**
— Getränke
— Fruchtsäfte
— Wein, Bier, alkoholische Getränke

■ **Grundlagen**

In der Praxis wird zumeist anstelle der Dichte das leicht messbare sog. **Tauchgewichtsverhältnis** bestimmt, das sich durch Verhältnisbildung der Wägung gleicher Volumina des zu untersuchenden Stoffs und des Vergleichsstoffs (meist Wasser) in Luft ergibt. Hervorragend bewährt hat sich dazu *in praxi* ein spezielles Glasgefäß, dass als Pyknometer bezeichnet wird (siehe Kasten „Pyknometer"). Diese Verhältniszahl wird als Zahlenwert ohne Einheitenzeichen angegeben. Aus dem

Tauchgewichtsverhältnis kann unter Berücksichtigung des Luftauftriebs die Dichte berechnet werden (Unterschiede erst ab der 4. Dezimalstelle).

Vielfach wird das Tauchgewichtsverhältnis nicht ganz exakt auch als „relative Dichte" bezeichnet. Der Bestimmung direkt zugänglich ist aber nicht die *relative Dichte* (Luftauftrieb wird berücksichtigt), sondern die *scheinbare relative Dichte* (das heißt, der Luftauftrieb bleibt unkorrigiert), das sogenannte *Tauchgewichtsverhältnis*.

Hier soll unter der Bezeichnung **„relative Dichte *d* 20/20"** das Verhältnis der Masse eines bestimmten Volumens der zu untersuchenden Flüssigkeit bei 20 °C zur Masse des gleichen Volumens reinen Wassers bei 20 °C verstanden werden [1].

Pyknometer

- Als **Pyknometer** (engl. pycnometer) werden Messgeräte bezeichnet, die zur Bestimmung der Dichte von Festkörpern oder Flüssigkeiten durch Wägung dienen. Der Begriff kommt aus dem Griechischen und bedeutet *dicht gedrängt*. Das Füllvolumen bei Pyknometern ist genau justiert.
- Es gibt im Wesentlichen zwei Typen von Pyknometern und zwar solche:
  - die einem Messkolben ähneln, dabei aber einen sehr dünnen Hals mit **Meniskus** (vgl. Kasten „Meniskus", unten) haben (◘ Abb. 14.2). Bei diesem Typus muss der Meniskus (etwas aufwändig) händisch eingestellt werden.

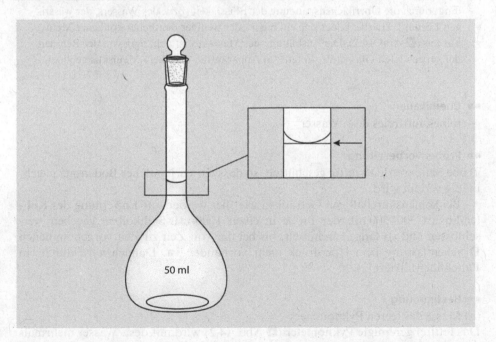

◘ **Abb. 14.2** Pyknometer. *Erläuterung:* Der Zoomausschnitt zeigt die angebrachte Marke auf dem Glaskolben (gekennzeichnet mit einem Pfeil) mit dem exakt eingestellten konkaven Meniskus der Flüssigkeit (Lösung). *Weitere Erläuterungen:* siehe Kasten „Meniskus"

– die aus einem Glaskolben bestehen, der in einen speziellen, mit einem dünnen vertikalen Durchlass „durchbohrten" Schliffstopfen **(Kapillare)** übergeht. Das Messprinzip beruht auf der Verdrängung der im Gefäß befindlichen Flüssigkeit. Bei diesem Typus muss kein Meniskus eingestellt werden.

- **Prinzip der Methode**

Die relative Dichte d (20/20) wird pyknometrisch ermittelt.

- **Durchführung**
- **Geräte und Hilfsmittel**
- Wasserbad mit Thermostat
- Pyknometer mit zugehörigem Stopfen: 50 mL (◘ Abb. 14.2)
- Pyknometertrichter
- Glaskapillare
- Filterpapierröllchen

Meniskus

Wässrige Lösungen besitzen aufgrund ihrer adhäsiven Kräfte die Eigenschaft Glaswandungen zu **benetzten,** d. h. sich an diesen heraufzuziehen. Diese Eigenart ist bedingt durch die Oberflächenspannung der Flüssigkeit (bzw. des Wassers, der wässrigen Lösung). Hierbei bildet sich ein mehr oder weniger deutlicher konkaver Meniskus aus (◘ Abb. 14.2). Die Ausbildung des Meniskus ist abhängig von der Reinheit der verwendeten Glasgeräte. In fettigen Apparaturen wird kein Meniskus gebildet.

- **Chemikalien**
- reines, luftfreies dest. Wasser

14

- **Probenvorbereitung**

Trübe Säfte werden kräftig geschüttelt, so dass ein vorhandener Bodensatz gleichmäßig verteilt wird.

Bei kohlensäurehaltigen Getränken wie Bier werden zur Entfernung des Kohlendioxids 300–500 mL der Probe in einen 1000-mL-Stehkolben gegeben, verschlossen und so lange geschüttelt, bis bei der von Zeit zu Zeit vorgenommenen Druckentlastung kein Überdruck mehr vorhanden ist. Danach wird durch ein Faltenfilter filtriert [2].

- **Bestimmung**

(a) Masse des leeren Pyknometers

Das fettfrei gereinigte Pyknometer (◘ Abb. 14.2) wird mit dest. Wasser mehrmals gespült und bei Raumtemperatur vorsichtig getrocknet. (Durch starke Erhitzung erfolgt eine Beeinflussung des Pyknometervolumens, die unbedingt zu vermeiden ist!) Nach Aufsetzen des zugehörigen (markierten) Stopfens wird im Waagekasten 15 min lang temperiert und anschließend auf 4 Dezimalstellen gewogen. Die Messwerte aus 3 Bestimmungen werden gemittelt.

(b) Masse des mit Wasser gefüllten Pyknometers
Dasselbe Pyknometer (vgl. (a)) wird mit frisch ausgekochtem destilliertem Wasser bis kurz über die Marke gefüllt, verschlossen und 30 min lang bei $20,00\,°C \pm 0,05\,°C$ im Wasserbad temperiert. Mit Hilfe der Glaskapillare wird exakt auf die Marke eingestellt, d. h. der untere Rand der meniskusförmig gekrümmten Flüssigkeitsoberfläche muss mit der Marke gerade übereinstimmen (◨ Abb. 14.2). Anschließend wird der leere Teil des Pyknometerhalses mit einem gerollten Filterpapier von anhängenden Wasserresten befreit, der Stopfen aufgesetzt und das Pyknometer nach Herausnehmen aus dem Wasserbad mit einem weichen, fusselfreien Tuch gut abgetrocknet, für 30 min in den Waagekasten gestellt und auf 4 Dezimalstellen gewogen. Die Messwerte aus 3 Bestimmungen werden gemittelt.

(c) Masse des mit der Untersuchungsflüssigkeit gefüllten Pyknometers
Das mit Wasser gefüllte Pyknometer (nach (b)) wird entleert und mit der Untersuchungsflüssigkeit mehrmals sorgfältig in kleinen Portionen (5–10 mL) ausgespült. Nach Füllen mit der Untersuchungslösung bis kurz über die Marke wird entsprechend Abschnitt (b) verfahren.

- **Auswertung**
Die relative Dichte $d\,(20/20)$ der Probe wird wie folgt berechnet:

$$d\,20/20 = \frac{m_3 - m_1}{m_2 - m_1}$$

mit

m_1 – Masse des leeren Pyknometers in g

m_2 – Masse des mit Wasser gefüllten Pyknometers bei 20 °C in g

m_3 – Masse des mit Untersuchungsflüssigkeit gefüllten Pyknometers bei 20 °C in g

Der Faktor $1/(m_2 - m_1)$ ist bei allen Bestimmungen mit demselben Pyknometer gleich und ist nur gelegentlich zu überprüfen.

14.2.2 Dichtebestimmung mittels Biegeschwinger

- **Anwendungsbereich**
- Getränke
- Fruchtsäfte
- Wein, Bier, alkoholische Getränke

■ **Grundlagen**

Als alternative Dichtemessung kann die **Dichte** auch elektronisch mit Hilfe eines **Biegeschwingers** erfolgen. Der Biegeschwinger ersetzt nach und nach das Pyknometer, da die Biegeschwingermessungen schneller, einfacher, automatisierbar und mit größerer Genauigkeit durchgeführt werden können. Als Nachteile sind jedoch hohe Anschaffungskosten, große Empfindlichkeit gegen Partikel in Suspensionen sowie Gasbläschen in der Probe anzusehen. Weiterhin ist der Arbeitsbereich beschränkt auf Dichtemessungen zwischen 500 und 1500 kg/m^3 [5–10].

■ **Prinzip der Methode**

Die Schwingungszeit eines die Probe enthaltenden Röhrchens, auf das ein elektromagnetischer Impuls einwirkt, wird gemessen. Aus der Schwingungszeit wird die Dichte errechnet.

■ **Durchführung**
■ ■ **Geräte und Hilfsmittel**
— elektronisches Densimeter mit Biegeschwinger:
  Messzelle mit Messröhrchen, thermostatierter Behälter, System, das das Röhrchen in Schwingung bringt, Uhr, Digitalanzeige

■ ■ **Chemikalien**
— Referenzfluide:
  trockene, saubere Luft, bidest. Wasser, Wasser-Alkohol-Lösungen der Referenzvolumenmasse, Lösungen, die über den nationalen Viskositätsstandard von weniger als 2 mm^2/s definiert sind
— Detergentien
— Säuren
— Ethanol: 96Vol.-%ig
— Aceton

■ **Probenvorbereitung**

14

Wässrige Lösungen können direkt eingesetzt werden. Kohlensäurehaltige Getränke müssen vorher entgast werden. Alkoholische Lösungen müssen vorab destilliert werden, um nichtflüchtige Bestandteile zu entfernen (▶ Abschn. 18.1.1).

■ ■ **Bestimmung**
(a) Kontrolle der Temperatur der Messzelle
Das Messröhrchen wird in den thermostatierten Behälter eingesetzt. Die Temperatur wird auf 20,00 °C ± 0,02 °C eingestellt und mittels geeichtem Thermometer überprüft.

(b) Kalibrierung des Gerätes
Das Gerät muss vor der ersten Anwendung kalibriert werden. Als Referenzfluide werden trockene, saubere Luft und bidest. Wasser mit einer hohen Leitfähigkeit von > 18 MΩ eingesetzt.

Vor jeder Anwendung wird die Kalibrierung mit den obigen Referenzfluiden überprüft.

(c) Dichtemessung der Testlösung
Das Messröhrchen wird mit der Untersuchungsflüssigkeit mehrmals sorgfältig ausgespült. Nach dem luftblasenfreien Füllen mit der Untersuchungslösung wird die Messung gestartet.

- **Auswertung**
Die relative Dichte d (20/20) der Probe wird wie folgt berechnet:

$$d\,(20/20) = \left(\frac{C}{4n^2V}\right) \cdot T^2 - \left(\frac{M}{V}\right) = A \cdot T^2 - B$$

mit

T – hervorgerufene Schwingungszeit
M – Masse des leeren Röhrchens
C – Federkonstante
V – Volumen der in Schwingung versetzten Probe

mit den gerätespezifischen Konstanten:

$$A = \frac{C}{4n^2V}$$

$$B = \frac{M}{V}$$

14.3 Wasser – Wasseraktivität

In Lebensmitteln liegen die **Wassermoleküle** teilweise in freier Form und teils gebunden – in verschiedenartigen chemischen bzw. physikalischen Bindungsformen – vor. Die Wasserbindung erfolgt dabei zunächst einmal rein adsorptiv an den Grenzflächen der Lebensmittelinhaltsstoffe. Neben der Adsorption sind aber auch andere Kräfte wirksam. Von wesentlicher Bedeutung ist dabei der Kapillardruck, der zu einer festeren Bindung des Wassers in den feinen Kapillaren von Lebensmitteln führt.

Bestimmungen des *Wassergehaltes* sind daher nicht immer ganz so einfach, wie es zunächst aussehen mag. Um Ergebnisse vergleichen zu können, wurden Konventionsmethoden entwickelt, in denen bestimmte Verfahrensweisen festgelegt sind (vgl. ▶ Abschn. 14.3.2 bzw. ▶ Abschn. 14.4.1). Bei der Auswahl der geeignetsten Methode ist im Einzelfall zu prüfen und zu entscheiden, ob die Richtigkeit der Analysenergebnisse durch die Anwendung anderer Methoden (zum Beispiel ▶ Abschn. 14.3.1) nicht deutlich verbessert werden kann.

Die **Wasseraktivität** (angegeben als sog. a_w-Wert) ist ein Maß bezüglich der Verfügbarkeit von Wasser für chemische, biochemische und mikrobielle Reaktionen. Die Kenntnis des a_w-Wertes ist ein wichtiger Faktor für Aussagen zur Haltbarkeit von Lebensmitteln (vgl. ▶ Abschn. 14.3.3).

14.3.1 Bestimmung von Wasser – Karl-Fischer-Titration

▪ **Anwendungsbereich**
— Lebensmittel, allgemein
— insbesondere solche Produkte mit niedrigem Wassergehalt wie Fette bzw. Öle

▪ **Grundlagen**
Karl Fischer entwickelte 1935 eine chemische Wasserbestimmungsmethode, bei der die Umsetzung von Schwefeldioxid mit Iod in Gegenwart von **Wasser maßanalytisch** ausgenutzt wird (▶ Gl. 14.1). Durch Zusatz einer Base Y (Pyridin) und eines Alkohols (Methanol) konnte er das Reaktionsgleichgewicht auf die Seite der Produkte verschieben, wobei beide Stoffe direkt an der Reaktion beteiligt sind und Pyridin sowohl die Edukte als auch die Produkte komplexiert und stabilisiert. Die Reaktionen, die bei der Titration einer wasserhaltigen Probe mit Karl-Fischer-Lösung in methanolischem Medium ablaufen, lassen sich nach dem heutigen Kenntnisstand wie in ▶ Gl. 14.2 dargestellt formulieren. Da bei der Umsetzung von 1 Mol SO_2 mit 1 Mol I_2 1 Mol H_2O benötigt wird, liefert diese Reaktion quantitative Aussagen.

$$I_2 + SO_2 + 2H_2O \rightleftharpoons 2HI + H_2SO_4 \tag{14.1}$$

$$I_2 + SO_2 + 3Y + CH_3OH + H_2O \rightarrow 2\ YH^{\oplus}I^{\ominus} + YH^{\oplus}\ CH_3SO_4^{\ominus} \tag{14.2}$$

Da Pyridin toxische Wirkungen besitzt, versuchte E. Scholz es durch ein anderes basisches Amin mit ähnlichen Eigenschaften zu ersetzen. Dies gelang durch die Entwicklung eines neuen Zweikomponentensystems, das sich durch gute Lagerstabilität und Titerkonstanz auszeichnet und stabile Endprodukte bei hoher Reaktionsgeschwindigkeit liefert:

| Lösung I: | Diethanolamin + Schwefeldioxid + Methanol |
| Lösung II: | Iod + Methanol |

Die Wasserbestimmung nach Karl Fischer wird häufig in den Fällen angewandt, bei denen Wasser- bzw. Feuchtigkeitsbestimmungen durch Trocknungsverlust ungenau verlaufen (z. B. bei Lebensmitteln mit sehr geringem Wassergehalt). Die verwendeten Endpunktindikationen beruhen auf einer Anzeige des Iod-Überschusses, der in dem Titriergefäß entsteht, wenn kein Wasser mehr vorhanden ist (▶ Gl. 14.1). Das Iod kann visuell, photometrisch oder – wie hier beschrieben – elektrometrisch detektiert werden.

Der besondere Vorteil der Karl-Fischer-Methode (**KF-Methode**) ist, dass Wasser spezifisch und selektiv erfasst werden kann, da der Bestimmung eine chemische Reaktion zugrunde liegt. Es kann sowohl „freies", d. h. oberflächlich adsorbiertes Wasser, als auch „gebundenes", d. h. Kristallwasser, bestimmt werden. Die Titration dauert im Allgemeinen nur ca. 2–5 min, so dass es sich hierbei um eine Schnellmethode handelt. Ferner können Wassergehalte über einen weiten Konzentrationsbereich (mg/kg bis 100 %) ermittelt werden.

Theorie und Praxis der Karl-Fischer-Titration wurden in der Literatur ausführlich beschrieben [11–19].

- **Prinzip der Methode**

Das homogenisierte Untersuchungsmaterial wird in methanolischer Diethanolamin/Schwefeldioxid-Lösung suspendiert bzw. gelöst und anschließend mit methanolischer Iod-Lösung volumetrisch titriert. Der Titrationsendpunkt wird elektrometrisch nach der **Dead-Stop-Methode** (Polarisationsstromtitration mit zwei Indikatorelektroden) bestimmt. Bei Iod-Überschuss finden am Äquivalenzpunkt folgende Reaktionen statt (▶ Gl. 14.3 und 14.4):

$$\text{Kathode: } I_2 + 2e^{\ominus} \rightarrow 2\,I^{\ominus} \tag{14.3}$$

$$\text{Anode: } 2\,I^{\ominus} \rightarrow I_2 + 2\,e^{\ominus} \tag{14.4}$$

- **Durchführung**
- ■ **Geräte und Hilfsmittel**
- — Titriergerät für Karl-Fischer-Bestimmungen (◘ Abb. 14.3):
- — Endpunktsanzeigegerät mit Platindoppelelektrode
- — Titriergefäß (100 mL) mit Magnetrührgerät
- — Automatische Bürette mit Vorratsgefäß und Trocknungsrohr

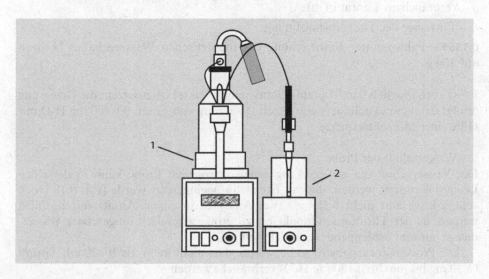

◘ **Abb. 14.3** Titrierapparatur für die Wasserbestimmung nach Karl-Fischer – schematisch. **1** Automatische Bürette; **2** Titriergefäß

■ ■ Chemikalien
- Solvent: Lösungsmittel für die Karl-Fischer-Titration nach Scholz (≙ Lösung I)
- Titrant 5: Titrationsmittel für die Karl-Fischer-Titration nach Scholz (≙ Lösung II) (1 mL Titrant 5 ≙ 5,00 mg ± 0,02 mg H_2O)
- di-Natriumtartrat-Dihydrat (oder Oxalsäure-Dihydrat): p. a.

■ ■ Bestimmung
(a) Vortitration
In das Titrationsgefäß der Karl-Fischer-Apparatur (schematische Darstellung
◙ Abb. 14.3) werden 20 mL Solvent vorgelegt und mit Titrant bis zum Endpunkt,
d. h. bis zu einem konstanten Stromfluss, titriert. Wegen der hohen Reaktionsgeschwindigkeit muss besonders langsam titriert werden. Dabei werden das Arbeits-
medium und das Titriergefäß vorgetrocknet (vollständige Entwässerung).

(b) Titereinstellung
In das Wägeschiffchen der Apparatur werden 200–500 mg di-Natriumtartrat-Dihydrat (oder Oxalsäure-Dihydrat) auf ± 0,1 mg genau eingewogen, diese
mit Hilfe des Seitentubus des Titriergefäßes (in ◙ Abb. 14.3 nicht dargestellt)
in das – wie unter (a) beschrieben – austitrierte Solvent gegeben, gelöst und erst
dann mit Titrant wiederum bis zum Endpunkt titriert. Di-Natriumtartrat-Dihydrat hat einen theoretischen Wassergehalt von 15,66 %, ist unter Normalbedingun-
gen stabil, verwittert nicht und nimmt keine Feuchtigkeit auf.

Aus dem Verbrauch a wird der Titer N wie folgt berechnet:

$$N \ [\text{mg } H_2O/\text{mL Titrant}] = \frac{E_T \cdot 0{,}1566}{a}$$

mit

a – Verbrauch an Titrant in mL

E_T – Einwaage der Titersubstanz in mg

0,1566 – Faktor unter Einbeziehung des theoretischen Wassergehaltes bezogen
auf 100 g

14

Es ist auch möglich, zur Titereinstellung reines Wasser einzusetzen; die Dosierung
erfolgt dann zweckmäßigerweise durch Dosierung von genau 30–100 mg H_2O mit
Hilfe einer Mikroliterspritze.

(c) Wassergehalt der Probe
Der Wassergehalt der auf ± 0,1 mg genau gewogenen Probe kann in derselben
Lösung bestimmt werden, die zur Titerstellung eingesetzt wurde (vgl. (b)). Doch
sollten insgesamt nicht mehr als zwei Analysen in einem Ansatz durchgeführt
werden, da der Titrationsendpunkt bei zu großer chemisch umgesetzter Wasser-
menge nur sehr schleppend angezeigt wird.

Die Probeneinwaage wird so bemessen, dass nicht mehr als 10–20 mL Titrant
(≙ 50 mg bis maximal 100 mg H_2O) verbraucht werden.

- Zur **Ermittlung der Probeneinwaage** wird die Differenzmasse von Wägeschiffchen plus Probenmaterial und Wägeschiffchen nach dessen Entleerung in das Titriergefäß (und nach Beendigung der Titration) festgestellt.
- Bei der **Untersuchung von Fetten/Ölen** werden wegen der schlechten Löslichkeit dieser Stoffe ca. 10 g Probe auf ±0,1 mg genau in einen 100-mL-Messkolben eingewogen, in Chloroform gelöst und bis zur Marke aufgefüllt. 10,0 mL dieser Lösung werden zur Titration eingesetzt. Allerdings ist dann auch der Wassergehalt des Chloroforms zu bestimmen und bei der Berechnung zu berücksichtigen. Es ist auch möglich, für die Wasserbestimmung in Fetten und Ölen ein spezielles, Chloroform und Methanol enthaltendes Solvent einzusetzen.
- Der **Ausschluss der Luftfeuchtigkeit** ist eine unabdingbare Voraussetzung für die Wasserbestimmung nach Karl Fischer. Die diesbezüglich zu beachtenden Grundlagen sind in der Literatur ausführlich beschrieben.

- **Auswertung**

Der prozentuale Wassergehalt W berechnet sich wie folgt:

$$W\ [\%] = \frac{b \cdot N}{E_{Pr} \cdot 10}$$

mit

b – Verbrauch an Titrant zur Titration der Probe in mL

N – Titer des Titranten in mg H_2O/mL (vgl. (b))

E_{Pr} – Probeneinwaage in g

- Sind nur sehr geringe Wassermengen zu bestimmen, kann der Titrant mit Hilfe von wasserfreiem Methanol verdünnt werden.
- Über die unterschiedliche **Vorbehandlung** des Probenmaterials zur Wasserbestimmung nach Karl Fischer siehe die angeführte Literatur am Ende des Kapitels.

14.3.2 Bestimmung von Wasser durch azeotrope Destillation

- **Anwendungsbereich**
- inhomogene, sperrige Lebensmittel (z. B. Trockengemüse, Sauerkraut)
- thermolabile, pastöse Lebensmittel (beispielsweise Tomatenketchup, Tomatenmark)

■ **Grundlagen**

Azeotrope sind Mischungen von zwei oder mehr verschiedenen Flüssigkeiten, die einen bestimmten, konstanten Siedepunkt aufweisen, der höher oder niedriger als die Siedepunkte der einzelnen reinen Komponenten ist. Eine azeotrope Mischung lässt sich durch nicht in ihre Komponenten zerlegen, da Flüssigkeits- und Dampfphase ab einem bestimmten Punkt dieselbe Zusammensetzung besitzen. Dieses Verhalten zweier Flüssigkeiten wird bei der Wasserbestimmung durch Destillation genutzt. Zwar ist die Genauigkeit des Verfahrens durch beispielsweise fehlerhaftes Ablesen am Messrohr, Überdestillieren von mit Wasser mischbaren Substanzen oder Zersetzungsreaktionen von zuckerhaltigen und sauren Lebensmitteln geringer als bei der gravimetrischen Methode (▶ Abschn. 14.4.1), doch besteht der Vorteil der azeotropen Destillation in der relativ kurzen Zeitdauer und der Möglichkeit der größeren Probeneinwaage [20–23].

■ **Prinzip der Methode**

Die Lebensmittelprobe wird unter Zusatz von Toluol bzw. Xylol destilliert. Das sich bildende Azeotrop Toluol/H_2O (Kp. 84 °C) bzw. Xylol/H_2O (Kp. 92 °C) entmischt sich durch die geringere Dichte des Toluols bzw. Xylols nach Kondensieren wieder. Das „übergeschleppte" Wasser kann nach Beendigung der Destillation direkt mit Hilfe eines kalibrierten Messrohres abgelesen werden.

Da reines Toluol (Kp. 110 °C) einen niedrigeren Siedepunkt aufweist als reines Xylol (Kp. 144 °C) – dies trifft auch auf die jeweiligen Azeotrope zu – wird ersterem häufig der Vorzug gegeben.

■ **Durchführung**
■ ■ **Geräte und Hilfsmittel**
— Destillationsapparatur für die Wasserbestimmung mit 500-mL-Rundkolben (◘ Abb. 14.4)
— Siedesteinchen

14

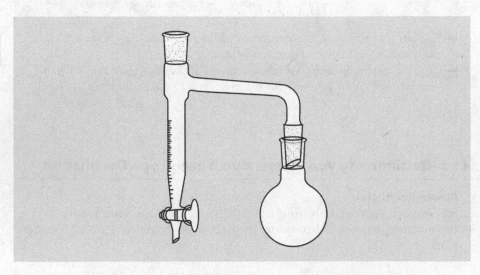

◘ **Abb. 14.4** Destillationsapparatur zur Wasserbestimmung. *Erläuterungen:* siehe Text

■■ **Chemikalien (p. a.)**

━ Toluol bzw. Xylol

■■ **Bestimmung**

Die Einwaage des Lebensmittels richtet sich nach dem zu erwartenden Wassergehalt, da im kalibrierten Messteil maximal 10 mL Wasser erfasst werden können. Die Probe (etwa 10–100 g) wird auf ± 10 mg gewogen, im Kolben der Destillationsapparatur mit Siedesteinchen und 100–300 mL Toluol bzw. Xylol (abhängig vom Probenvolumen) versetzt und nach dem Verbinden mit dem Destillationsaufsatz zum Sieden gebracht (◘ Abb. 14.4). Es wird so lange erhitzt, bis sich im Messrohr keine Wassertröpfchen mehr abscheiden bzw. bis sich der Stand des Meniskus im Messrohr nicht mehr ändert (ca. 0,5–1 h).

Das Volumen des aufgefangenen Wassers wird im Messrohr auf ± 0,1 mL genau abgelesen.

Reinigung der Glasgeräte

Es ist wichtig, die Glasgeräte sorgfältig zu reinigen und vor allem **Fettspuren** zu entfernen, da sonst die Wassertröpfchen an der Glaswand nicht richtig abfließen können.

● **Auswertung**

Der prozentuale Wassergehalt W errechnet sich nach der angegebenen Gleichung. Da die Methode selbst eine Messungenauigkeit von 0,5–1 % aufweist [2], kann das exakter als „Volumeneinheit Wasser" in 100 g Probe (mL/100 mL) anzugebende Ergebnis im Rahmen der Messgenauigkeit näherungsweise auch als „Masseneinheit Wasser" in 100 g (g/100 g = %) bezeichnet werden.

$$W\ [\%] = \frac{(V + 0,1)}{E} \cdot 100$$

mit

V – abgelesenes Volumen Wasser in mL

0,1 – Korrektur für an der Apparatur anhaftendes Wasser

E – Probeneinwaage in g

Anmerkungen

Die Methode ist zur Bestimmung des Wassergehaltes in **Seifen, Seifenerzeugnissen** und ähnlichen Produkten standardisiert worden [23].

14.3.3 Wasseraktivität (a_w-Wert)

Für Reaktionen und damit für Veränderungen in einem Lebensmittel steht nur der Teil des Wassers zur Verfügung, der frei vorliegt. Als Maß hierfür dient die **Wasseraktivität** (engl. activity of water), die als sog. **a_w-Wert**) angegeben wird. In Lebensmitteln gebundenes Wasser weist infolge der Bindung einen niedrigeren Dampfdruck auf als freies Wasser. Je stärker das Wasser gebunden ist, desto niedriger ist sein Dampfdruck und umso geringer ist seine Verfügbarkeit.

---

a_w-Wert – Definition

Der **a_w-Wert** kann auch als Maß für den Energiestatus des Wassers in einem System angesehen werden.

Zwischen dem Gesamtwassergehalt und der Wasseraktivität eines Materials besteht eine von der Temperatur abhängige Beziehung, die meist nur empirisch bestimmt werden kann, insbesondere bei komplexeren Materialien wie Lebensmitteln. Die Beziehung wird mathematisch durch dessen Sorptionsisotherme dargestellt. Abnehmende Wasseraktivität bremst zunächst das Wachstum von Mikroorganismen, dann folgen enzymatische Reaktionen und schließlich nicht-enzymatische Bräunung.

Der a_w-Wert ist dimensionslos und liegt zwischen 0 ($\triangleq$ kein Wasser verfügbar) und 1 ($\triangleq$ es tritt Kondenswasserbildung auf). Die Wasseraktivität entspricht 1/100 der **relativen Gleichgewichtsfeuchtigkeit (RGF).**

Die Wasseraktivität wird häufig als Kennzahl für die Verderblichkeit von Lebensmitteln verwendet. Bakterien benötigen in der Regel einen a_w-Wert von > 0,98; aber auch deutlich niedrige a_w-Werte von bis zu 0,6 können beispielsweise von halophilen Bakterien toleriert werden.

— Durchschnittliche a_w-Werte ausgewählter Lebensmittel [24, 25] liegen bei:
— Getreidemehl 0,75
— Honig 0,75
— Salami 0,78
— Hartkäse 0,92
— Leberwurst 0,96
— Trockenobst 0,72–0,80

Destilliertes Wasser hat einen a_w-Wert von 1.

- **Anwendungsbereich**
— Lebensmittel, allgemein

- **Grundlagen**

Der a_w-Wert ist ein Maß für die Konzentration freier Wassermoleküle in der die Probe umgebenden Gasphase und demgemäß für die freie Enthalpie des Wassers in einem Lebensmittel. Er wird berechnet als Quotient des Wasserdampfpartial-druckes in der Probenumgebung p zum Sättigungsdampfdruck über reinem Wasser p_0:

$$a_w = \frac{p}{p_0}$$

Es ist auch möglich, die Wasseraktivität mit der relativen Luftfeuchtigkeit φ, die in der Probenumgebung herrscht, gleichzusetzen. Für diesen Zweck wird die in Prozent angegebene relative Luftfeuchtigkeit φ (% r. F.) durch 100 % dividiert:

$$a_w = \frac{\varphi}{100\ \%}$$

- **Prinzip der Methode**

Die Messung des a_w-Wertes erfolgt nach dem Prinzip des Hygrometers:

Wird eine Lebensmittelprobe bei gegebener Temperatur in einen hermetisch abgeschlossenen Behälter gebracht, so äquilibrieren sich die Feuchte der Behälteratmosphäre und die Feuchte des Lebensmittels. Die sich ergebende **Gleichgewichtsfeuchte** der Behälteratmosphäre (engl. Equilibrium Relative Humidity, ERH) (⇨ relative Gleichgewichtsfeuchtigkeit, RGF) in % entspricht dem 100fachen des a_w-Wertes.

- **Durchführung**
- ■ **Geräte und Hilfsmittel**
- Wasseraktivitätsmessgerät: thermostatisierbar, mit Feuchtesensor (resistive Elektrolytmesszelle) z. B. von Novasina AW SPRINT®
- Probeschalen/Probebecher
- Feuchtestandards auf Basis von gesättigten Salzlösungen in Form von Kunststofftabletten, mit feuchte-durchlässiger Membran (mit Zertifikat); z. B. mit 11; 33; 53; 75; 90 und 98 % r. F.

- ■ **Bestimmung**

Die Probe des zu messenden Produktes in einen Probebecher geben. Dabei darauf achten, möglichst bis auf 3 mm Abstand zum Rand aufzufüllen. Je weniger Luft sich im Behälter befindet, desto schneller kann das Gleichgewicht erreicht werden. Wichtig: Die Probe darf den Messkopf des Fühlers nicht berühren, denn eine Verunreinigung des Messkopfs würde alle weiteren Messungen verfälschen.

Den Probebecher anschließend in die dafür vorgesehene, dicht abschließende Messkammer einbringen. Der mit Feuchte- und Temperatursensor ausgerüstete Messkopf regelt die Temperatur in der Messkammer während der Messung, so dass die gesamte Probe (und die gesamte Messkammer) auf die gewünschte Temperatur (wählbar zwischen 0 und 50 °C) gebracht wird (konstante Temperatur!).

Über den Feuchtesensor wird die Wasseraktivität in der Kammer direkt erfasst: das heißt, es ist so lange zu warten, bis Wasserdampfdruck und Temperatur ein Gleichgewicht in der Messkammer erreicht haben (ca. 5 min) und dann den Wert ablesen.

- **Auswertung**

Die relative Gleichgewichtsfeuchte *RGW* wird in % gemessen und steht mit dem a_w-Wert in folgendem Zusammenhang:

$$a_w = \frac{RGW\ (\%)}{100\ (\%)}$$

Feuchtestandards

Mit den Feuchtestandards werden in festgelegte Abständen Kalibriermessungen durchgeführt.

Feuchtigkeitsausgleich

Die Messung des a_w-Wertes liefert nur dann aussagekräftige Werte, wenn es einen **Feuchtigkeitsausgleich** in der Probe gegeben hat (beispielsweise in einer Gebäckprobe). Aus diesem Grund sollte Gebäck mindestens 14 h in der Verpackung gelagert sein. Wichtig ist es auch, zur Messung einen repräsentativen Querschnitt der Probe zu verwenden [26].

14.4 Trockensubstanz – Trockenmasse

Unter der **Trockensubstanz** (engl. dry substance) oder **Trockenmasse** (engl. dry matter) eines Lebensmittels wird die Summe aller nicht flüchtigen Bestandteile verstanden. Hierzu gehören im Wesentlichen die Lipide, Kohlenhydrate, Proteine, Mineralstoffe und andere. Die Trockensubstanz wird üblicherweise durch Trocknen der Probe und Wägung des Rückstands (▶ Abschn. 14.4.1) bzw. durch Messung der Refraktion (▶ Abschn. 14.4.2) oder der Dichte (▶ Abschn. 14.2.1) ermittelt. Die Differenz des Trockensubstanzgehaltes zu 100 % wird im Allgemeinen – nicht ganz korrekt – als „Wassergehalt" (engl. moisture content) bezeichnet (vgl. hierzu ▶ Abschn. 14.3).

14

14.4.1 Gravimetrische Bestimmung der Trockensubstanz

- **Anwendungsbereich**
- Lebensmittel, allgemein

- **Grundlagen**

Die Bestimmung des Trocknungsverlustes mit Hilfe erhöhter Temperatur, evtl. unter zusätzlicher Anwendung eines Vakuums, ist wohl die älteste Methode, um den **Trockensubstanzgehalt** bzw. „Wassergehalt" in Lebensmitteln zu ermitteln. Vor dem Einsatz dieses Verfahrens sollten jedoch die sich ergebenden Fehlermöglichkeiten abgeschätzt und die Grenzen beachtet werden. So täuschen

z. B. flüchtige Stoffe wie Kohlensäure, Alkohole, ätherische Öle etc. einen höheren Wassergehalt vor. Außerdem kann durch chemische Umsetzungen (z. B. Maillard-Reaktion) Wasser gebildet werden, das dann ebenfalls miterfasst wird und so zu einem höheren Wassergehalt führt. Die Methode ist somit nur bei Lebensmitteln anwendbar, die bei thermischer Trocknung keine Veränderungen erfahren. Exakter ist daher die Bezeichnung **Trocknungsrückstand, Trockensubstanz** bzw. **Trockenmasse.**

Bei rieselfähigen Materialien kann direkt getrocknet werden, während bei pastösen, eine Haut bildenden Proben zur Vergrößerung der Oberfläche mit Seesand verrieben wird (**Seesandmethode,** Sandschalenmethode). Wasserreiche Produkte, in denen die Feuchtigkeit ungleich verteilt vorliegt, werden zwecks besserer Homogenisierung zunächst bei niedrigen Temperaturen vorgetrocknet und anschließend endgetrocknet. Zur Bestimmung der Trockensubstanz existieren für bestimmte Lebensmittelgruppen zum Teil sehr genau vorgegebene Ausführungsvorschriften, wie die Methoden nach ASU [27]. Nachstehend sind Rahmenbedingungen und Grundprinzipien zur gravimetrischen Ermittlung der Trockensubstanz angegeben [28–31].

- **Prinzip der Methode**

Die Probe wird direkt oder nach Verreiben mit Seesand im Trockenschrank bei üblicherweise angewendeter Temperatur von 103 °C ± 2 °C (evtl. unter Vakuum, dann jedoch bei ca. 70 °C) bis zur Massenkonstanz getrocknet und der Rückstand durch Differenzwägung ermittelt.

- **Durchführung**
- ■ **Geräte und Hilfsmittel**
- (Vakuum-)Trockenschrank
- Wägegläschen: Höhe bis 30 mm, Durchmesser 50 mm, mit Deckel
- Flache Glas-/Porzellan-/Aluminiumschale: Durchmesser 60–80 mm
- Seesand: gereinigt, geglüht

Trockenschrank

Ein **Trockenschrank** ist eine backofenähnliche Vorrichtung zum Trocknen/Entfeuchten von Proben für Temperaturbereiche von Raumtemperatur bis ca. 250 °C. Spezielle Ausführungen gestatten schonendes Trocknen unter Anlegen eines Vakuums.

- ■ **Bestimmung**

(a) **Direkte Trocknung**

Die Trocknung kann je nach Art des Materials und Teilchengröße (3–6 h) variieren, sollte aber bis zur Massenkonstanz durchgeführt werden. In der Regel werden je nach dem zu erwartenden Trocknungsverlust (bzw. Wassergehalt) und der Homogenität des Materials 1–10 g Lebensmittelprobe in ein Wägegläschen genau eingewogen und 3 h lang im Trockenschrank bei 103 °C ± 2 °C getrocknet.

Bei Getreide und Getreidemahlprodukten (wie Mehlen) werden etwa 5 g Probe genau eingewogen und 1,5 h lang bei 130 °C getrocknet. Nach Abkühlen im Exsikkator wird der Trocknungsverlust durch Wägung bestimmt [2].

(b) Trocknung im Vakuum (Vakuumtrocknung)
Um bei zucker- und fettreichen Lebensmitteln (wie Honig, Käse) die bei Erhitzung auf über 100 °C auftretenden sekundären Umsetzungen zu vermeiden, wird unter vermindertem Druck und bei niedrigeren Temperaturen (meist unter 70 °C) im Vakuumtrockenschrank getrocknet. Dabei können die Proben zur Auflockerung mit Seesand vermischt werden (siehe (c)).

(c) Trocknung nach Verreiben mit Seesand (Seesandmethode)
Bei schwer zu trocknenden, eine Oberflächenhaut bildenden Proben (Fleischerzeugnisse, Sirupe, Milcherzeugnisse, Käse u. dgl.) ist es zweckmäßig, das Material zur Oberflächenvergrößerung und Auflockerung mit Seesand zu verreiben. Dazu wird die Wägeschale mit etwa 10–30 g Seesand und einem kleinen Glasstäbchen befüllt, im Trockenschrank bei 103 °C ± 2 °C getrocknet, anschließend im Exsikkator abgekühlt und ausgewogen (Leermasse). Nach dem genauen Einwägen von 1–10 g Probe wird diese mit Hilfe des Glasstäbchens gleichmäßig vermischt. Dabei ist darauf zu achten, dass keine Körnchen herausspringen. Nach Trocknen bis zur Massenkonstanz (etwa 2–3 h) wird im Exsikkator abgekühlt und gewogen.

- **Auswertung**

Der prozentuale Trockensubstanzgehalt T errechnet sich nach folgender Gleichung:

$$T \ [\%] = \frac{m_3 - m_1}{m_2 - m_1} \cdot 100$$

mit

m_1 – Leermasse von Wägegläschen bzw. -schale (evtl. mit getrocknetem Seesand und Glasstab) in g

m_2 – Masse von Wägegläschen bzw. -schale (evtl. mit getrocknetem Seesand und Glasstab) und Probe vor der Trocknung in g

m_3 – Masse von Wägegläschen bzw. -schale (evtl. mit getrocknetem Seesand und Glasstab) und Probe nach der Trocknung in g

$(m_2 - m_1)$ – Probeneinwaage

Der prozentuale „Wassergehalt" W der Probe errechnet sich nach:

$$W \ [\%] = 100 \ [\%] - T \ [\%]$$

14.4.2 Refraktometrische Bestimmung der Trockensubstanz

- **Anwendungsbereich**
- Honig
- Invertzuckercreme (früher als „Kunsthonig" bezeichnet)

- **Grundlagen**

Der **Brechungsindex** n kann zur Identifizierung reiner flüssiger Stoffe und zur Charakterisierung von Mischungen herangezogen werden. Er wird mit Hilfe eines Refraktometers bestimmt. Basisinformationen zu Theorie und Praxis enthält ▶ Abschn. 8.8 (Literaturauswahl: [32–34].)

- **Prinzip der Methode**

Der Brechungsindex der ggf. verflüssigten Probe wird bei 40 °C gemessen und daraus ihr prozentualer Gehalt an Trockensubstanz berechnet.

- **Durchführung**
- **Geräte und Hilfsmittel**
- Refraktometer (nach Abbé) mit Thermostat (▶ Abschn. 8.8)
- Wägegläschen
- Glasstab

- **Probenvorbereitung**

Kandierter Honig ist vor der Messung zu verflüssigen. Dazu wird die gut durchmischte Probe im verschlossenen Wägegläschen bei 50 °C im Trockenschrank verflüssigt und vor dem Öffnen das Gläschen abgekühlt.

- **Bestimmung**

Ein Tropfen der ggf. verflüssigten Probe wird mit dem Glasstab vorsichtig als dünne Schicht zwischen das aufklappbare Prismenpaar des auf 40 °C temperierten Refraktometers gebracht und dieses zur Vermeidung der Wasserverdunstung schnell geschlossen (siehe hierzu ◘ Abb. 8.13 und 8.14 in ▶ Abschn. 8.8). Nach 1 min bei 40 °C wird der Grenzwinkel gemessen und der Brechungsindex n abgelesen. Angaben zur Arbeitsweise und Hinweise zum Ablesen eines Refraktometers sind in ▶ Abschn. 8.8 zu finden.

- **Auswertung**

Für die Berechnung der Trockensubstanz T gelten die nachstehend angegebenen empirischen Formeln.

(a) Für reinen Bienenhonig:

$$T\ [\%] = 78,0 + 390,7 \cdot (n - 1,4768)$$

(b) Für Invertzuckercreme:

$$T\ [\%] = 78,0 + 378,0 \cdot (n - 1,4756)$$

Anmerkung Kalibrierung

Die Überprüfung des Refraktometers wird mit dest. Wasser bei 40 °C durchgeführt: $n_D^{40} = 1,3307$. Gegebenenfalls ist neu zu kalibrieren.

14.4.3 Pyknometrische Bestimmung der Trockensubstanz

■ **Anwendungsbereich**
— Honig
— Konfitüre, Marmelade, Fruchtaufstriche

■ **Grundlagen**
Bei Lebensmitteln, die überwiegend Zucker enthalten, kann der Anteil an **Tro-ckensubstanz** anhand der **Dichte** eines definierten Probenextrakts ermittelt werden. Zur Theorie der Dichtemessung ▶ Abschn. 14.2 (Literaturauswahl: [35, 36]).

■ **Prinzip der Methode**
Das Dichteverhältnis von Probenextrakt zu dest. Wasser bei 20 °C (relative Dichte d 20/20) wird pyknometrisch bestimmt. Aus diesem Wert wird der Trockensubstanzanteil der Probe mit Hilfe von empirisch aufgestellten Formeln berechnet oder anhand von Tabellen ermittelt.

■ **Durchführung**
■■ **Geräte und Hilfsmittel**
— ▶ Abschn. 14.2.1, außerdem:
— Becherglas: 250 mL
— Messkolben: 100 mL

■■ **Chemikalien**
— ▶ Abschn. 14.2.1

■■ **Bestimmung**
(a) Kalibrierung des Pyknometers
Die Masse des leeren Pyknometers wird nach ▶ Abschn. 14.2.1(a), die Masse des mit Wasser gefüllten Pyknometers nach ▶ Abschn. 14.2.1(b) ermittelt.

(b) Messung des Probenextrakts
20 g Probe werden in dem Becherglas auf ± 0,01 g genau eingewogen, in ca. 40 mL warmem dest. Wasser gelöst und anschließend unter Nachspülen in den Messkolben überführt. Nach Temperieren auf 20 °C wird mit dest. Wasser zur 100-mL-Marke aufgefüllt.

Das zur Kalibrierung benutzte Pyknometer wird geleert, mehrfach mit einigen mL Probenflüssigkeit ausgespült und anschließend mit dieser, wie unter ▶ Abschn. 14.2.1(c) beschrieben, gefüllt, temperiert und der Meniskus eingestellt. Die Wägung erfolgt dann nach 30 min Aufbewahrungszeit im Waagekasten. Die Messwerte von 3 Bestimmungen werden gemittelt.

- **Auswertung**

Die relative Dichte d (20/20) der Untersuchungsflüssigkeit wird wie folgt berechnet:

$$d\ 20/20 = \frac{m_3 - m_1}{m_2 - m_1}$$

mit

m_1 – Masse des leeren Pyknometers in g

m_2 – Masse des mit Wasser gefüllten Pyknometers bei 20 °C in g

m_3 – Masse des mit Untersuchungsflüssigkeit gefüllten Pyknometers bei 20 °C in g

Aus d (20/20) kann der Anteil der Probe an Trockensubstanz T anhand von Tabellen (z. B. REF: S 914–915) ermittelt werden. Für spezielle Probenmaterialien sind daneben auch empirische Formeln aufgestellt worden; so gilt für reinen Bienenhonig:

$$T\ [\%] = 1300{,}4 \cdot [(d\ 20/20) - 1]$$

14.5 Glührückstand – Asche

Der Begriff **Glührückstand** bzw. die „**Asche**" (engl. residue on ignition, ash content) bezeichnet den Rückstand, der bei der vollständigen Verbrennung (Veraschung) der organischen Bestandteile eines Lebensmittels unter festgelegten Bedingungen entsteht. Nach Abzug etwaiger Verunreinigungen und Kohlepartikel (aus unvollständiger Verbrennung) korreliert dieser Rückstand mit dem Mineralstoffgehalt des Lebensmittels (▶ Abschn. 14.5.1). Der säureunlösliche Glührückstand entspricht näherungsweise dem Sandgehalt (▶ Abschn. 14.5.2).

Die Bestimmung der Asche ergibt eine Kennzahl, die neben anderen Stoffsummen zur Charakterisierung bzw. Qualitätsbewertung des betreffenden Lebensmittels herangezogen werden kann. So erfolgt u. a. die Ermittlung der Typen von Getreidemehlen anhand des Aschegehaltes (▶ Abschn. 14.5.3). Weitere Aussagen sind beispielsweise in der Fruchtsaftanalytik durch die Bestimmung der Aschenalkalität (▶ Abschn. 14.5.4) möglich, bei der die alkalisch reagierenden Stoffe der Asche wie Carbonate und Oxide gesondert erfasst werden.

Unterschieden wird die trockene Veraschung (**Verbrennung**) von der nassen Veraschung (**Mineralisation, Aufschluss**). Zur Erfassung flüchtiger Metalle (z. B. Quecksilber) oder bestimmter Nichtmetalle ist die trockene Veraschung nicht geeignet. In derartigen Fällen wird die nasse Veraschung mit Säuregemisch oder eine Mineralisation durch Schmelzen mit Alkali vorgenommen. Bei der trockenen Veraschung soll die Temperatur etwa 550 °C betragen, da bei Überschreitung von 600 °C Verluste an Alkalichloriden (z. B. Kochsalz) auftreten.

⇨ Ausnahme: Mehlaschen werden bei höheren Temperaturen, nämlich bei 900 °C ermittelt (▶ Abschn. 14.5.3).

14.5.1 Bestimmung des Glührückstandes durch direkte Veraschung – Aschegehalt

- **Anwendungsbereich**
- Lebensmittel, allgemein

- **Grundlagen**

Der bei der direkten Veraschung einer Lebensmittelprobe erhaltene Rückstand kann neben dem eigentlichen Mineralstoffgehalt des Lebensmittels möglicherweise Kohlepartikel aus unvollständigen Verbrennungsvorgängen oder auch dem Lebensmittel anhaftende Verunreinigungen (Sand, Ton) enthalten. Dieser Rückstand wird daher auch als **Rohasche** bezeichnet, besser jedoch als **Glührückstand.** Die **Reinasche** entspricht der Differenz aus Rohasche und dem *Gehalt an „Kohle" (Verkohltem) und Verunreinigungen* [27, 37, 38].

- **Prinzip der Methode**

Die Probe wird (ggf. nach Vortrocknung) bei 550 °C im Verbrennungsofen oder Muffelofen verascht und ihr Glührückstand durch Differenzwägung ermittelt.

- **Durchführung**
- ■ **Geräte und Hilfsmittel**
- Verbrennungsofen bzw. Muffelofen
- Oberflächenverdampfer (Infrarotstrahler)
- Platin- oder Quarzschale
- Glasstab
- aschefreies Filterpapier

Muffelofen

- Ein Muffelofen ist ein spezieller **Ofen,** in welchem durch Verwendung eines hitzebeständigen Einsatzes (üblicherweise Schamott) die Wärmequelle von der Brennkammer separiert ist. Dieser hitzebeständige Einsatz wird **Muffel** genannt.
- **Muffelöfen** werden zum Veraschen von Proben eingesetzt; dabei wird der Glührückstand (sog. Asche) erhalten. Üblicherweise werden im Labor dabei Temperaturen zwischen 550 °C und 950 °C eingesetzt.

- ■ **Chemikalien (p. a.)**
- Wasserstoffperoxid-Lösung: 30%ig

- ■ **Bestimmung**

Die leere, gereinigte Schale wird über dem Bunsenbrenner geglüht, an der Luft vorgekühlt, dann zum endgültigen Abkühlen in einen Exsikkator gestellt und anschließend gewogen.

Die Einwaage der Probe richtet sich nach der zu erwartenden Aschemenge: Diese sollte mindestens 0,5 g an Auswaage betragen. Feste Proben können direkt eingesetzt werden, flüssige und pastenförmige Proben sind zunächst unter dem Oberflächenverdampfer vorzutrocknen. Dabei ist darauf zu achten, dass durch Gas- oder Wasserdampfentwicklung keine Substanzpartikel aus der Schale geschleudert werden. Zum Zerstoßen von Krusten wird ein Glasstab verwendet, der anschließend mit kleinen Stücken eines aschefreien Filterpapiers von anhaftenden Probeteilchen gereinigt wird. Diese Papierstücke werden in die Schale gegeben und anschließend zusammen mit der Probe verascht.

Die (ggf. vorgetrocknete) Probe wird durch vorsichtiges Bewegen der Schale über der nichtleuchtenden Bunsenbrennerflamme erhitzt, bis keine Verschwelungsprodukte mehr entweichen und dann der Inhalt schwach durchgeglüht (vgl. hierzu „Besondere Probenhandhabung"). Anschließend wird die Schale in den Muffelofen gestellt und bei 550 °C ± 25 °C etwa 1–3 h bis zur Massenkonstanz geglüht, d. h., bis die Asche weiß aussieht.

Sollte die Asche nicht weiß werden, wird die Schale abgekühlt und mit einigen Tropfen dest. Wasser oder Wasserstoffperoxid-Lösung durchfeuchtet, wobei verkohlte Anteile mit dem Glasstab zerdrückt werden können. Der Glasstab ist wie oben angegeben zu reinigen. Dann werden Vortrocknung und Veraschung wiederholt.

Anschließend wird die Schale durch Abstellen auf eine feuerfeste Unterlage vorabgekühlt und nach dem endgültigen Abkühlen im Exsikkator gewogen.

- **Auswertung**

Der prozentuale Glührückstand (Aschegehalt) G wird wie folgt berechnet:

$$G\,[\%] = \frac{m_2 - m_1}{E} \cdot 100$$

mit

m_1 – Masse der leeren Schale in g

m_2 – Masse von Schale und Probe nach der Veraschung in g

E – Probeneinwaage in g

Besondere Probenhandhabung

- Bei **eiweißreichen Proben,** die sich oft schwer veraschen lassen, ist ein Durchfeuchten der Asche meist unerlässlich.
- Leicht verbrennbare **fettreiche Proben** werden bis zur Entzündung der entweichenden Dämpfe erhitzt und nach Entfernung der Heizflamme weiter abgebrannt. Erst nach Verlöschen der brennenden Probesubstanz wird die Schale in den Muffelofen gebracht.

14.5.2 Bestimmung des säureunlöslichen Glührückstandes – Sandgehalt

■ **Anwendungsbereich**
— Lebensmittel, vornehmlich pflanzliche

■ **Grundlagen**
Einige Lebensmittel können als anhaftende Verunreinigungen **Sand/Erde** enthalten. Mit derartigen Verunreinigungen ist vornehmlich bei Erzeugnissen aus bodennah wachsenden Gemüsearten (zum Beispiel bei Spinat), Pilzen u. dgl., aber auch bei Tomatenkonserven zu rechnen. Da der Sandgehalt im Allgemeinen nicht homogen verteilt ist, können größere Abweichungen bei Parallelbestimmungen auftreten [39, 40]

■ **Prinzip der Methode**
Der durch Glühen bei 550 °C erhaltene Glührückstand der Probe wird mit verdünnter Mineralsäure behandelt und der unlösliche Anteil nach Abfiltrieren und erneutem Glühen bei 550 °C durch Differenzwägung ermittelt. Dieser Rückstand wird als Sandgehalt bezeichnet, obwohl neben Siliciumdioxid in der Regel auch noch andere unlösliche Substanzen enthalten sind.

■ **Durchführung**
■■ **Geräte und Hilfsmittel**
— Muffelofen
— Trockenschrank
— Platin- oder Quarzschale
— Becherglas: 250 mL
— Uhrglas
— Glastrichter
— Glasstab
— aschefreies Filterpapier

■■ **Chemikalien (p. a.)**
— Salzsäure: 10%ig
— Silbernitrat-Lösung: $c \sim 0,1$ mol/L

■■ **Bestimmung**
(a) Der nach ► Abschn. 14.5.1 erhaltene Glührückstand wird in der Schale mit Hilfe des Glasstabes vorsichtig zerstoßen bzw. aufgelockert und quantitativ in das Becherglas überführt. Die Schale und der Glasstab werden dazu portionsweise mit insgesamt 20 mL der Salzsäure nachgespült und der Glasstab nachfolgend in das Becherglas gestellt. Nach Bedecken des Becherglases mit einem Uhrglas wird 10 min lang unter leichtem Sieden erhitzt (weiter nach (c)).

(b) Stehen ausreichend große Glühschalen zur Verfügung, kann der Glührückstand nach ▶ Abschn. 14.5.1 auch direkt in der Schale mit 20 mL Salzsäure versetzt und anschließend 10 min lang auf dem siedenden Wasserbad erhitzt werden (weiter nach (c)).

(c) Die nach (a) oder alternativ nach (b) erhaltene heiße Lösung wird durch ein aschefreies Rundfilter filtriert, mit heißem dest. Wasser bis zur Chloridfreiheit gewaschen (Prüfung mit Silbernitrat-Lösung, c~0,1 mol/L), das Filter in die zuvor verwendete Schale mit bekannter Leermasse gegeben, bei 105 °C im Trockenschrank getrocknet und bei 550 °C ± 25 °C im Muffelofen 30 min lang geglüht. Die Schale mit dem säureunlöslichen Glührückstand wird abschließend im Exsikkator abgekühlt und gewogen.

- **Auswertung**

Der prozentuale säureunlösliche Glührückstand (Sandgehalt) *SUG* wird wie folgt berechnet:

$$SUG \ [\%] = \frac{m_2 - m_1}{E} \cdot 100$$

mit

m_1 – Masse der leeren Schale in g

m_2 – Masse von Schale und säureunlöslichem Glührückstand der Probe in g

E – Probeneinwaage in g

14.5.3 Bestimmung der Type von Getreidemehl

- **Anwendungsbereich**
- Getreidemehle, Schrote

- **Grundlagen**

Bei Getreide liegt der Hauptteil der Mineralstoffe in der Kornschale (etwa 5 % gegenüber 0,4 % im Endosperm). Da der **Glührückstand ("Aschegehalt")** demnach ein Maßstab für den Schalengehalt und somit für den Ausmahlungsgrad eines Mehles darstellt, kann er zur **Typisierung von Getreidemehlen** verwendet werden. Mit zunehmender Ausmahlung gelangen mehr Schalenteile·ins Mehl. Die **Mehltype** ergibt sich aus dem prozentualen, auf Trockenmasse (Trockensubstanz, Tr.) bezogenen Glührückstand durch Multiplikation mit dem Faktor 1000 [41–43].

Die Mehltype ↔ Typisierung von Mehl

- **Mehltype** ist gemäß Duden ein feminines Substantiv.
- Die **Mehltype** (oder auch „die Type") gibt den mittleren Aschegehalt des Mehls in mg bezogen auf 100 g Mehltrockenmasse (bez. auf Tr.) an. Sie ist also ein

Maß für den Mineralstoffgehalt eines Mehls. Aussagen über die Feinheit eines Mehls können daraus nicht abgeleitet werden.

— Weizenmehl mit der **Typenbezeichnung:**
  - „405" enthält demzufolge ~405 mg Mineralstoffe (Asche)/100 g Tr.
  - „1050" enthält demnach ~1050 mg Mineralstoffe (Asche)/100 g Tr. etc.

— **Mehltypen** für Weizenmehle, Durumweizenmehl, Weizenbackschrot, Dinkel-mehle und Roggenmehle und Roggenbackschrot sind in der DIN 10355 [44] be-züglich ihrer Benennung, Backeigenschaften sowie der Mindestmineralstoffge-halte (bez. auf Tr.) und Höchstmineralstoffgehalte (bez. auf Tr.) definiert. So be-trägt der Mineralstoffgehalt bez. auf Tr. bei:
  - 405er Weizenmehl höchstens 500 mg/kg (= 0,50 %)
  - 1050er Weizenmehl mindestens 910 mg/kg (= 0,91 %) und höchstens 1200 mg/kg (= 1,20 %)

— *Merke:* Je **kleiner** der Zahlenwert bei der Typenbezeichnung, desto **niedriger** ist der Mineralstoffgehalt und desto **heller** ist die Farbe des Mehls:
  - 405er Weizenmehl ist sehr hell, fast weiß
  - 1050er Weizenmehl indessen hat eine deutlich bräunliche Färbung

■ **Prinzip der Methode**

Das Mehl wird zunächst über dem Bunsenbrenner verkohlt und anschließend bei 900 °C geglüht. Der Glührückstand wird durch Differenzwägung ermittelt und auf Trockenmasse/Trockensubstanz (nach ▶ Abschn. 14.4.1 ermittelt) um-gerechnet.

■ **Durchführung**
■■ **Geräte und Hilfsmittel**
— ▶ Abschn. 14.5.1

14

■■ **Chemikalien (p. a.)**
— Ethanol: 96 Vol.-%ig
— Ammoniumnitrat

■■ **Bestimmung**

Die leere, gereinigte Schale wird über der Bunsenbrennerflamme geglüht, an der Luft vorgekühlt, dann zum endgültigen Abkühlen in einen Exsikkator gestellt und anschließend auf vier Dezimalstellen gewogen.

Etwa 5 g des sorgfältig gemischten Mehls (bzw. Schrots) werden auf vier De-zimalstellen genau eingewogen, mit 1–2 mL Ethanol befeuchtet (dadurch lassen sich Verpuffungen und damit verbundene Substanzverluste vermeiden) und zu-nächst an die Eingangsöffnung des auf 900 °C ± 10 °C geheizten Muffelofens gestellt. Nachdem das Mehl unter hell aufleuchtender Flamme verbrannt bzw.

verkohlt ist, wird die Schale in den Muffelofen geschoben und für 60–90 min geglüht. Die Veraschung ist beendet, wenn der Glührückstand durchfeuchtet rein weiß erscheint. Sind noch schwarze Partikel von unverbrannter Substanz wahrnehmbar, wird der Glührückstand durchfeuchtet und wie unter ▶ Abschn. 14.5.1 beschrieben weiterverfahren. Stattdessen kann dem abgekühlten Glührückstand auch etwas Ammoniumnitrat (dieses zersetzt sich thermisch) zugefügt und anschließend weiter geglüht werden.

Nach beendetem Glühen wird die Schale durch Abstellen auf eine feuerfeste Unterlage vorabgekühlt und nach dem endgültigen Abkühlen im Exsikkator auf vier Dezimalstellen gewogen. Die Rückwägung muss wegen der hohen Hygroskopizität des Glührückstandes schnellstmöglich erfolgen.

■ **Auswertung**

Der Glührückstand (Aschegehalt) G des lufttrockenen Mehls wird nach der in ▶ Abschn. 14.6.1 angegebenen Gleichung berechnet.

Zur Ermittlung der Mehltype M wird der erhaltene Glührückstand G nach folgender Gleichung auf Trockenmasse/Trockensubstanz bezogen und berechnet:

$$M = \frac{G \cdot 100}{(100 - W)} \cdot 1000$$

mit

G – Glührückstand der Probe in %

W – Wassergehalt der Probe in %

14.5.4 Bestimmung der Aschenalkalität

■ **Anwendungsbereich**
- Fruchtsäfte, Fruchtsaftgetränke
- Wein

■ **Grundlagen**
Die **Aschenalkalität** bezeichnet den Gesamtgehalt an alkalisch reagierenden Stoffen (Carbonate, Oxide, ggf. auch Phosphate) in dem durch Veraschung erhaltenen Rückstand (Glührückstand, Asche). Aus diesem Wert können orientierende Hinweise abgeleitet werden, beispielsweise auf den Fruchtanteil einer Probe.

Die Aschenalkalität wird angegeben als die Menge Natriumhydroxid in mmol, die der Menge alkalisch reagierender Bestandteile der Asche aus 1 L Probeflüssigkeit äquivalent ist [45–47, 40].

■ **Prinzip der Methode**
Die Probe wird zunächst zur Trockne eingedampft und bei 550 °C verascht. Der Rückstand wird in Schwefelsäure definierter Molarität aufgenommen und erhitzt.

Nach Abkühlen wird die nicht verbrauchte Säuremenge durch Titration mit Natriumhydroxid-Maßlösung bestimmt.

- **Durchführung**
- ■ ■ **Geräte und Hilfsmittel**
- — ▶ Abschn. 14.5.1, außerdem:
- — Platinschale
- — Bürette: 10 mL
- — Vollpipetten: 10 mL, 15 mL, 20 mL, 25 mL
- — Messzylinder: 100 mL
- — Erlenmeyerkolben: 200 mL
- — Wasserbad
- — Uhrglas

■ ■ **Chemikalien (p. a.)**
- — Schwefelsäure: c = 0,05 mol/L
- — Natriumhydroxid-Maßlösung: c = 0,1 mol/L
- — Mischindikatorlösung: 100 mg Methylrot und 50 mg Methylenblau werden in 100 mL Ethanol (50 Vol.-%ig) gelöst.

■ ■ **Bestimmung**
25,0 mL der Probenflüssigkeit werden in die Platinschale pipettiert und wie in ▶ Abschn. 14.5.1 angegeben zunächst unter dem Oberflächenverdampfer vorsichtig bis zur Trockne eingedampft, der Rückstand über einer Bunsenbrennerflamme verkohlt und anschließend im Muffelofen verascht; die Temperatur soll dabei 550 °C nicht überschreiten. Eventuell im Glührückstand durch unvollständig verbrannte Kohlenstoffreste vorliegende dunkle Partikel werden nach ▶ Abschn. 14.6.1 behandelt.

Die Schale wird nach vollständig durchgeführter Veraschung im Exsikkator abgekühlt, anschließend mit 10,0–25,0 mL (Pipette) Schwefelsäure (c = 0,05 mol/L) übergossen, mit einem Uhrglas abgedeckt und bis zum beginnenden Sieden (Vertreibung von Kohlendioxid) auf dem Wasserbad erhitzt. Dann wird der Inhalt unter mehrfachem Abspülen von Schale und Uhrglas in den Erlenmeyerkolben überführt und gegen den Mischindikator mit Natriumhydroxid-Maßlösung (c = 0,1 mol/L) titriert.

- **Auswertung**
Die Gesamtalkalität A der Asche, angegeben in mmol NaOH pro Liter Probeflüssigkeit, wird wie folgt berechnet:

$$A \ [\text{mmol/L}] = 4 \cdot (a - b)$$

mit

a – Vorlage an Schwefelsäure (c = 0,05 mol/L) in mL

b – Verbrauch an Natriumhydroxid-Maßlösung (c = 0,1 mol/L) in mL

14.6 Ballaststoffe, Rohfaser

Als **Ballaststoffe** (engl. dietary fibre) werden die vom menschlichen Organismus nicht bzw. schlecht verwertbaren Bestandteile von Blättern, Früchten oder Wurzeln bezeichnet. Es sind dies insbesondere Pflanzenfaserstoffe, d. h. fibrilläre, polymere Stoffe wie Polysaccharide (Cellulose, Hemicellulosen, Pektine) und Lignine (Polymere aus Phenylpropan), aber auch Lipide (Wachse, Cutin).

Da im menschlichen Organismus ein Enzymsystem zur Spaltung der obengenannten Polymere fehlt, gelangen die Ballaststoffe ungehindert in den Dickdarm (Kolon) und bewirken durch ihre gute Quell- und Gleitfähigkeit eine Regulation der Peristaltik und dadurch eine optimale Resorption der übrigen verwertbaren Nahrungsbestandteile. Ballaststoffe beeinflussen außerdem den Gallensäurestoffwechsel günstig, indem sie Gallensalze binden und somit deren Ausscheidung erhöhen.

Im Gegensatz zum Begriff Ballaststoffe stellt der Ausdruck **Rohfaser** (engl. raw fibre, crude fibre) eine ausschließlich analytisch definierte Messgröße dar (vgl. hierzu ▶ Abschn. 14.6.2).

Ballaststoffe ↔ Dietary Fibre ↔ Rohfaser

Im Angelsächsischen wird für Ballaststoffe die Bezeichnung *Dietary Fibre* verwendet. Über Definitionen und Abgrenzungen in diesem Bereich berichten Meuser und Suckow in einer umfangreichen Monographie zu diesem speziellen Thema (Meuser F, Suckow P (1981): „Standortbestimmung im Bereich Rohfaser/Ballaststoffe/Dietary Fibre", Schriftenreihe aus dem Fachgebiet Getreidetechnologie, Technische Universität Berlin) sowie die EFSA (Europäische Behörde für Lebensmittelsicherheit) im Request Nr. EFSA-Q-2008–463 vom 5.03.2010.

14.6.1 Bestimmung der unlöslichen organischen Ballaststoffe – Methode nach van Soest

- **Anwendungsbereich**
- Lebensmittel auf Getreidebasis

- **Grundlagen**

Der Gehalt an **unlöslichen organischen Ballaststoffen** entspricht dem aschefreien Rückstand, der nach Anwendung eines Aufschlussverfahrens mit Neutral-Detergentienlösung und α-Amylase verbleibt. In der Durchführung handelt es sich im Prinzip um einen ähnlichen Versuch wie die in ▶ Abschn. 14.6.2 beschriebene Bestimmung der Rohfaser. Da jedoch gänzlich andere Aufschlussbedingungen vorliegen, hat der Rückstand nicht die gleiche Zusammensetzung: Beim hier beschriebenen Verfahren werden keine löslichen organischen Ballaststoffe wie Pektine usw., sondern vorwiegend Cellulose, unlösliche Hemicellulosen und Lignin erfasst [27, 50].

■ **Prinzip der Methode**

Das Untersuchungsmaterial wird zerkleinert, ggf. entfettet, mit Neutral-Detergentienlösung und α-Amylase aufgeschlossen und filtriert. Der Rückstand wird getrocknet und bei 500–520 °C verascht. Der Gehalt an unlöslichen Ballaststoffen ergibt sich durch Differenzwägung vor und nach der Veraschung.

■ **Durchführung**
■■ **Geräte und Hilfsmittel**
— ▶ Abschn. 14.5.1; außerdem:
— Rückflusskühler mit Schliff NS 29
— Messzylinder: 100 mL
— Stehkolben mit Schliff NS 29: 250 mL
— Glastrichter und aschefreies Filterpapier oder
— Filtertiegel (Glas- oder Quarzgutfritte 1 G3, 50 mL), Saugflasche und Wasserstrahlpumpe
— Wägegläschen
— pH-Papier
— Messzylinder: 1000 mL
— Messpipette: 10 mL

■■ **Chemikalien (p. a.)**
— Neutral-Detergentienlösung:
 – Teillösung A: 6,8 g di-Natriumtetraborat-10-hydrat und 4,6 g di-Natriumhydrogenphosphat (kristallwasserfrei) werden in 222 mL heißem dest. Wasser gelöst und mit 19,7 g Ethylendiamintetraessigsäure (EDTA), Di-Natriumsalz (Dihydrat) versetzt.
 – Teillösung B: 30,0 g Dodecylhydrogensulfat-Natriumsalz werden in 778 mL dest. Wasser gelöst.
— Die Lösungen A und B werden vorsichtig gemischt und mit 10 mL Ethylenglycolmonoethylether versetzt. Nach 24 h wird der pH-Wert kontrolliert und ggf. auf 6,9–7,1 eingestellt. (Bei Aufbewahrung unter 20 °C fällt das Detergens aus; es kann durch Erwärmen auf ca. 60 °C wieder gelöst werden.)
— Amylase-Lösung:
— 2 g α-Amylase (aus *Bacillus subtilis,* 50–100 U/mg) werden in 90 mL dest. Wasser gelöst, durch ein Filterpapier filtriert und mit 10 mL Ethylenglycolmonoethylether versetzt (Haltbarkeit ca. 4 Wochen bei 4 °C).
— Iod-Lösung: $c \sim 0{,}05$ mol/L
— Aceton
— Petroleumbenzin: Siedebereich 30–60 °C

■■ **Bestimmung**
(a) Vorbehandlung
Fettreiches Analysenmaterial wird nach der Einwaage zunächst entfettet, indem es zwei- bis dreimal mit Petroleumbenzin übergossen und dieses dann dekantiert wird; Reste des Lösungsmittels verdunsten lassen.

14

(b) Aufschluss

0,5 g der zerkleinerten Probe werden im Stehkolben mit 50 mL Neutral-Detergentienlösung versetzt und 30 min lang unter Rückfluss erhitzt. Danach wird die Gefäßwandung mit weiteren 50 mL Neutral-Detergentienlösung abgespült, wobei Feststoffanteile ggf. mit einem Gummiwischer von der Gefäßwand gelöst werden, und nach Zugabe von 2 mL Amylase-Lösung weitere 60 min lang unter Rückfluss erhitzt. Je nach Probenmaterial wird der Kolbeninhalt über ein vorgetrocknetes, gewogenes, aschefreies Filterpapier abfiltriert oder durch einen getrockneten und genau gewogenen Fritten-Filtertiegel abgesaugt. Der Rückstand wird mit heißem dest. Wasser gewaschen, bis das dabei ablaufende Filtrat nicht mehr schäumt. Anschließend wird der Rückstand mit 30 mL dest. Wasser von 80 °C und 2 mL Amylase-Lösung stehen gelassen (dazu wird das Ablaufrohr des Trichters mit einem Stopfen verschlossen) und die Flüssigkeit anschließend ablaufen gelassen. Falls bei Zugabe von 1 bis 2 Tropfen Iod-Lösung (c~0,05 mol/L) auf den Rückstand eine Blauviolett-Färbung auftritt, ist der Stärkeabbau nicht vollständig verlaufen; in diesem Fall ist die Bestimmung zu wiederholen. Der Rückstand wird zweimal mit je 30 mL kochendem dest. Wasser und dreimal mit 15 mL Aceton gewaschen. Der Filtertiegel bzw. das Filterpapier mit Rückstand in einer gewogenen Glühschale werden über Nacht bei 103 °C ± 2 °C getrocknet, im Exsikkator auf Raumtemperatur abgekühlt und gewogen.

(c) Veraschung

Nach einer Vorveraschung des Trockenrückstandes erfolgt die Veraschung bei 500–520 °C; anschließend wird die Asche ausgewogen (vgl. ▶ Abschn. 14.5.2).

- **Auswertung**

Der prozentuale Gehalt an unlöslichen organischen Ballaststoffen B errechnet sich wie folgt:

$$B\ [\%] = \frac{m_1 - m_2}{E} \cdot 100$$

mit

m_1 – Auswaage nach Aufschluss, d. h. Masse des Rückstands auf dem Filterpapier bzw. im Filtertiegel nach der Trocknung in g

m_2 – Auswaage nach Veraschung, d. h. Masse des Glührückstands in g

E – Probeneinwaage in g

14.6.2 Bestimmung der Rohfaser – Methode nach Scharrer-Kürschner

- **Anwendungsbereich**
- pflanzliche Lebensmittel

■ **Grundlagen**

Der Begriff **Rohfaser** bezeichnet den nach einer definierten Aufschlussmethode verbleibenden aschefreien Rückstand eines pflanzlichen Produktes. Als Aufschlussmittel können Laugen und Säuren oder auch Säuremischungen allein eingesetzt werden.

Die Zusammensetzung der Rohfaser hängt weitgehend davon ab, inwieweit das Aufschlussmittel die einzelnen Komponenten der Zellmembran (Cellulose, Pentosane, Pektinstoffe, Lignin) in Lösung bringt. Bei dem hier beschriebenen Verfahren nach Scharrer und Kürschner wird Lignin oxidiert bzw. nitriert und dadurch in Lösung gebracht, so dass im Allgemeinen eine ligninfreie, pentosanhaltige Rohfaser resultiert.

Bei der Anwendung abweichender Aufschlussverfahren ist der Rückstand anders zusammengesetzt (▶ Abschn. 14.6.1). Allgemein stellt der Rohfasergehalt keine absolute Kennzahl dar; er dient vielmehr als Hinweis auf die Menge der im Organismus nicht verwertbaren Stoffe eines Lebensmittels, beispielsweise zum Nachweis von Schalenanteilen bei Getreideerzeugnissen und Kakao. In der Praxis wird der Rohfasergehalt daher hauptsächlich zur Qualitätsbeurteilung verwendet.

Richtwerte für den Rohfasergehalt verschiedener pflanzlicher Produkte finden sich in der Literatur (Auswahl: [48–55]).

■ **Prinzip der Methode**

Das zerkleinerte Untersuchungsmaterial wird ggf. entfettet, dann mit einem Säuregemisch aufgeschlossen, anschließend filtriert, der Rückstand mit Ethanol und Ether gewaschen, getrocknet und gewogen. Nach der Veraschung wird der Aschegehalt des Rückstands von der Auswaage abgezogen.

■ **Durchführung**
■■ **Geräte und Hilfsmittel**
— ▶ Abschn. 14.6.1

■■ **Chemikalien (p. a.)**
— Säuremischung:
— 25 g Trichloressigsäure in 500 mL 70%iger Essigsäure lösen, mit 124 mL 65%iger Salpetersäure vermischen und mit 70%iger Essigsäure auf 1000 mL auffüllen.
— Ethanol: 96Vol.-%ig
— Diethylether: Siedebereich 34–35 °C
— Petroleumbenzin: Siedebereich 30–60 °C

■■ **Bestimmung**
(a) Vorbehandlung
    ▶ Abschn. 14.6.1

(b) Aufschluss

Einwaage: je nach Rohfasergehalt 3–20 g.

Die Probe wird genau gewogen, in den Stehkolben überführt und mit 80 mL Säuremischung versetzt (zunächst werden nur ca. 60 mL zugegeben, dann wird der Kolbeninhalt kräftig geschüttelt und die innere Gefäßwand mit den restlichen ca. 20 mL abgespült). Es wird 30 min lang unter Rückfluss erhitzt, dann zuerst an der Luft und später unter fließendem Wasser abgekühlt.

Aschefreies Filterpapier wird 1 h lang bei 103 °C ± 2 °C getrocknet, im Exsikkator abgekühlt und genau gewogen (s. Anmerkung). Je nach Probenmaterial wird der Kolbeninhalt über das gewogene Filterpapier abfiltriert oder mit Hilfe einer Saugflasche und einem aufgesetzten Filtertiegel abgesaugt.

Der Kolben wird mit warmem Wasser ausgespült und damit das Filterpapier säurefrei gewaschen (Kontrolle mit pH-Papier); dabei sollte die Saugflasche mehrfach entleert werden, da sonst die leicht flüchtige Essigsäure das Vakuum verringert und das Auswaschen verzögern kann. Anschließend wird der Rückstand dreimal mit je 10 mL Ethanol und zweimal mit je 10 mL Diethylether gewaschen. Filterpapier und Rückstand werden dann in eine gewogene Glühschale gegeben, eine Stunde lang bei 103 °C ± 2 °C getrocknet, im Exsikkator abgekühlt und genau gewogen.

(c) Veraschung

Filterpapier und Rückstand werden nach einer Vorveraschung ca. 1 h lang bei 700 °C verascht; anschließend wird die Asche ausgewogen (▶ Abschn. 14.5.1).

Blindversuch mit Filterpapier

Das **Filterpapier** wird im Allgemeinen durch die Aufschlussmittel angegriffen, so dass eine genaue Bestimmung des Aufschlussrückstandes durch Differenzwägung (Filterpapier ohne/mit Rückstand) nicht gewährleistet ist. Um diesen Fehler zu verringern, wird die Durchführung eines Blindversuchs empfohlen, d. h. Aufschlussmittel wird durch ein vorher gewogenes Filterpapier filtriert oder gesaugt und dieses anschließend getrocknet und zurückgewogen.

▪ Auswertung

Der prozentuale Rohfasergehalt R errechnet sich wie folgt:

$$R \ [\%] = \frac{(m_1 - m_f) - m_2}{E} \cdot 100$$

mit

m_1 – Auswaage nach Aufschluss, d. h. Masse von Rückstand + Filterpapier in g

m_f – Masse des getrockneten Filterpapiers in g (bei Durchführung des in der Anmerkung beschriebenen Blindversuchs wird für m_f die Auswaage des mit Aufschlussmittel behandelten Filterpapiers eingesetzt)

m_2 – Auswaage nach Veraschung, d. h. Masse des Glührückstandes in g

E – Probeneinwaage in g

Die Auswaage an Rohfaser (m_1–m_f) sollte 60–200 mg betragen; andernfalls ist die Bestimmung mit einer entsprechend geänderten Probenmenge zu wiederholen.

Literatur

1. ASU: L 31.00-1, L 36.00-3
2. Allgemeine Verwaltungsvorschrift für die Untersuchung von Wein und ähnlichen alkoholischen Erzeugnissen sowie von Fruchtsäften vom 26. April 1960 (BAnz Nr. 86 vom 5. Mai 1960) i. d. F. vom 8. September 1969 (BAnz Nr. 171 vom 16. September 1969)
3. REF: S 26
4. HLMC: Bd U/. S 14
5. ASU: L 36.00-3a
6. IFU: Nr. 1a
7. SLMB: Kap. 67
8. Stabinger H (1994) Density measurement using modern oscillating transducers. South Yorkshire Trading Standards Unit
9. Verordnung (EG) Nr. 355/2005 der Kommission vom 28. Februar 2005 zur Änderung der Verordnung (EG) Nr. 2676/90 zur Festlegung gemeinsamer Analysenmethoden für den Weinsektor (ABl L 56 v. 2.3.2005, S 3)
10. Lachenmeier DW, Sviridov O, Frank W, Athanasakis C (2003) Schnellbestimmung des Alkoholgehaltes in Emulsionslikören und anderen Spirituosen mittels Wasserdampfdestillation und Biegeschwinger. Deut Lebensm Rundsch 99(11):439–444
11. ASU: L 46.03–5
12. HLMC: Bd. II/. S 25
13. Jander G, Jahr KF, Schulze G, Simon J (2009) Maßanalyse. Walter de Gruyter, Berlin
14. Eberius E (1958) Wasserbestimmung mit Karl-Fischer-Lösung. Verlag Chemie, Weinheim
15. Scholz E (1980) Karl-Fischer-Reagentien ohne Pyridin. Fresenius Z Anal Chem 303:203
16. Scholz E (1983) Wasserbestimmung in Lebensmitteln: Karl-Fischer-Reagentien ohne Pyridin. Deut Lebensm Rundsch 79:302
17. Scholz E (1984) Karl-Fischer-Titration. Springer Verlag, Berlin
18. Zürcher U, Hadorn H (1978) Wasserbestimmung in Lebensmitteln nach der Methode von Karl Fischer. Deut Lebensm Rundsch 74(249):287
19. Wieland G (1985) Wasserbestimmung durch Karl-Fischer-Titration. GIT Verlag, Darmstadt
20. HLMC: Bd. II/2. S 23
21. REF: S 77
22. BD: S 2
23. DGF: G-III 13
24. Engelhardt U, Gänzle M (2004) Wasseraktivität. RD-23-00267. In: Böckler F, Dill B, Dingerdissen U, Eisenbrand G, Faupel F, Fugmann B, Gamse T, Matissek R, Pohnert G, Sprenger G, RÖMPP [Online] (Hrsg) Georg Thieme, Stuttgart. ▶ https://roempp.thieme.de/lexicon/RD-23-00267. Zugegriffen: Okt. 2020
25. Hahn A (2019). Wasser. In: Matissek R. Lebensmittelchemie. Springer-Verlag, Berlin. S 66ff
26. Freund W (2017) Bestimmung und Beeinflussung der Wasseraktivität in Backwaren. Cereal Technol 2:110–113
27. ASU: diverse
28. Rohrlich M, Brückner G (1967) Das Getreide II. Teil. Verlag Paul Parey, Berlin, S 43
29. HLMC: Bd. II/2. S 3
30. SLMB: Bd. 1 (1964). S 495
31. REF: S 75

14

32. HLMC: Bd. II/2. S 40
33. SLMB: Kap. 23A, 2
34. REF: S 626
35. REF: S 627
36. REF: S 914
37. HLMC: Bd. II/2. S 54
38. REF: S 78
39. ASU: L 26.11.03-6
40. REF: S 80
41. REF: S 531
42. HLMC: Bd. V/I. S 64, 128
43. Arbeitsgemeinschaft für Getreideforschung (Hrsg) (1971) Standardmethoden für Getreide. Verlag Moritz Schäfer, Detmold, Mehl und Brot
44. DIN 10355 (1991) Mahlerzeugnisse aus Getreide; Anforderungen, Typen, Prüfung
45. ASU: L 31.00-5
46. IFU: Nr. 10
47. HLMC: Bd. II/2. S 56
48. Robertson JB, van Soest JP (1977) Dietary fiber estimation in concentrate feedstuffs. J Anim Sci Suppl 45(1):254
49. HLMC: Bd. U/2. S 510
50. BGS: S 734
51. BD: S 28
52. REF: S 119
53. Heimann: S 353
54. Schormüller: S 104, 228
55. Scharrer K, Kürschner K (1932) Ein neues, rasch durchführbares Verfahren zur Bestimmung der Rohfaser in Futtermitteln. Centralbl Agrikulturchemie 3:302

Fette und Fettbegleitstoffe

Inhaltsverzeichnis

R. Matissek und M. Fischer, *Lebensmittelanalytik*,
https://doi.org/10.1007/978-3-662-63409-7_15

Zusammenfassung

Die eigentlichen Fette (Triglyceride) sind stickstofffreie organische Verbindungen, die im pflanzlichen und tierischen Stoffwechsel gebildet werden und physiologisch gesehen einen hohen Nährwert besitzen. Unter den Nährstoffen zählen sie zu den größten Energielieferanten. Fette sind in der Regel mit zahlreichen Begleitstoffen (Lipoiden) vergesellschaftet, die biogenetisch in naher Beziehung zueinanderstehen. Fette und Fettbegleitstoffe – subsumiert unter dem Begriff Lipide – unterscheiden sich zwar grundlegend im chemischen Aufbau voneinander, weisen jedoch in ihrer Gesamtheit ähnliche chemisch-physikalische Eigenschaften auf, wie beispielsweise die Löslichkeit in organischen Lösungsmitteln. Dieses Verhalten wird in der Analytik ausgenutzt, wobei durch die Extraktion mit lipophilen Lösungsmitteln eine Bestimmung des Gesamtfettgehaltes erfolgt. Dieser Messwert ist vor allem für die Nährwertberechnung sowie die Qualitätskontrolle bzw. zur Erkennung von Verfälschungen von Bedeutung. Durch Kombination mit anderen, empfindlichen analytischen Charakterisierungsmöglichkeiten können weitergehende Aussagen gemacht werden. Wichtige Analysenmethoden zur Beurteilung von Fetten und Fettbegleitstoffen unter anderem auch Fettkennzahlen werden beschrieben.

15.1 Exzerpt

Fette und Fettbegleitstoffe werden gemeinschaftlich zusammen auch **Lipide** (engl. lipids) bezeichnet; eine Übersicht zur Einteilung gibt ◻ Abb. 15.1. Fette und Fettbegleitstoffe unterscheiden sich zwar grundlegend im chemischen Aufbau voneinander (strukturelle Vielfalt ◻ Abb. 15.2), weisen jedoch in ihrer Gesamtheit ähnliche chemisch-physikalische Eigenschaften auf, wie beispielsweise die Löslichkeit in organischen Lösungsmitteln. Dieses chemisch/physikalische Verhalten wird in der Analytik ausgenutzt, wobei durch die Extraktion mit lipophilen Lösungsmitteln eine Bestimmung des Gesamtfettgehaltes erfolgt. Dieser Messwert ist vor allem für die Nährwertberechnung sowie die Qualitätskontrolle bzw. zur Erkennung von Verfälschungen von Bedeutung. Durch Kombination mit anderen, empfindlichen analytischen Charakterisierungsmöglichkeiten können weitergehende Aussagen gemacht werden. Wichtige Analysenmethoden zur Beurteilung von Fetten und Fettbegleitstoffen werden in ◻ Abb. 15.3 in einer Übersicht dargestellt.

Die eigentlichen **Fette** (engl. fats) oder **Triglyceride** (engl. triglycerides) sind stickstofffreie organische Verbindungen, die im pflanzlichen und tierischen Stoffwechsel gebildet werden und physiologisch gesehen einen hohen Nährwert (Brennwert) besitzen. Unter den Nährstoffen zählen sie zu den größten Energielieferanten (1 g Fett ≙ 9,3 kcal ≙ 38,9 kJ). Fette sind in der Regel mit zahlreichen sog. Fettbegleitstoffen (auch als **Lipoide** bezeichnet) vergesellschaftet, die biogenetisch in naher Beziehung zueinanderstehen.

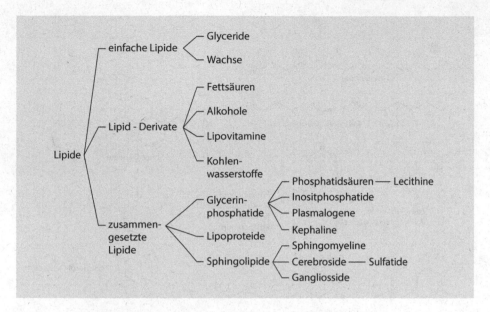

Abb. 15.1 Einteilung der Lipide

15.2 Fettgehalt

Die quantitative Bestimmung des **Fettgehalts** eines Lebensmittels erfolgt im Allgemeinen mit Hilfe der Gravimetrie durch Extraktion mit einem lipophilen Lösungsmittel und anschließende Auswägung. Das **freie Fett** wird durch direkte Extraktion (▶ Abschn. 15.2.1) erfasst, während der als **Gesamtfett** bezeichnete Gehalt aufgrund des angewendeten Säureaufschlusses außer dem freien Fett auch die **gebundenen Fette** und die **fettlöslichen Begleitstoffe** umfasst (▶ Abschn. 15.2.2).

Für Lebensmittel allgemein ist demnach – von einigen Ausnahmen abgesehen – die Extraktion nach Säureaufschluss, die am häufigsten eingesetzte Methode. Nach ihren Entwicklern benannt, trägt sie deshalb den Namen Weibull-Stoldt-Methode. Für Milch und Milcherzeugnisse gelten besondere Vorschriften zur quantitativen Bestimmung des Fettgehaltes, da bei derartigen Erzeugnissen das Fett grundsätzlich von einer Proteinhülle eingeschlossen vorliegt (▶ Abschn. 15.3).

15.2.1 Direkte Extraktion – Methode nach Soxhlet

- **Anwendungsbereich**
- Lebensmittel, allgemein: jedoch mit Ausnahme solcher, bei denen Lipide eingeschlossen vorliegen (z. B. Milcherzeugnisse ▶ Abschn. 15.3)
- Gewinnung des freien Fettanteils der Probe zur nachfolgenden Charakterisierung

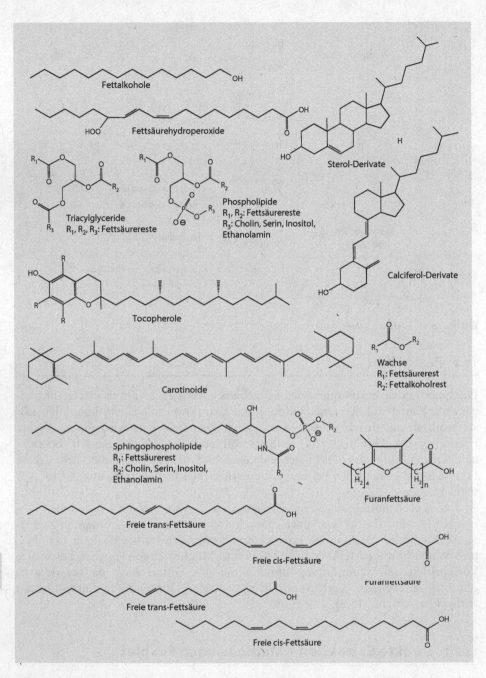

15

◘ Abb. 15.2 Strukturelle Vielfalt der Fette und Fettbegleitstoffe

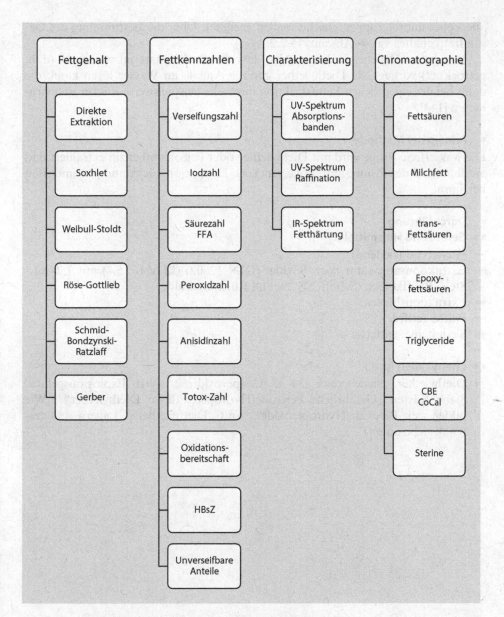

□ **Abb. 15.3** Fettanalytik/Fettbegleitstoffanalytik – Übersicht

■ **Grundlagen**

Durch **direkte Extraktion** von Lebensmittelproben mit lipophilen Lösungsmitteln wie Diethylether oder Petroleumbenzin kann der sog. freie Fettgehalt bestimmt werden. Lipide sind häufig von Kohlenhydraten bzw. Proteinen eingeschlossen (beispielsweise bei Milchprodukten) und werden deshalb bei der Extraktion ohne vorherigen Aufschluss nur zum Teil erfasst. Die direkte Extraktion ist nicht für alle Lebensmittelgruppen gleichermaßen geeignet. Über die Bestimmung des Gesamtfettgehaltes vgl. ▶ Abschn. 15.2.2.

Von grundsätzlicher Bedeutung ist, dass das Probenmaterial wasserfrei (d. h. getrocknet) vorliegt, da Diethylether geringe Anteile an Wasser lösen kann, die dann bei der eigentlichen Fettextraktion ihrerseits beispielsweise Zucker mitextrahieren [1–4].

- **Prinzip der Methode**

Die wasserfreie Probe wird mit Diethylether oder Petroleumbenzin extrahiert und anschließend der lösungsmittelfreie, trockene Extraktionsrückstand gravimetrisch bestimmt.

- **Durchführung**
- ■ **Geräte und Hilfsmittel**
- Wasserbad (siedend)
- Extraktionsapparatur nach Soxhlet (DIN 12602) (◙ Abb. 15.4) mit 250-mL-Steh-/Rundkolben (Schliff NS 29) und Rückflusskühler
- Extraktionshülsen
- Watte: fettfrei
- Siedesteine: entfettet

- ■ **Chemikalien (p. a.)**
- Diethylether: Siedebereich 34–35 °C (peroxidfrei: sonst Explosionsgefahr! Siehe Kästen „Gefährliche Peroxide/Hydroperoxide in Diethylether", „Wie bilden sich Peroxide/Hydroperoxide?" und „Diethylether – Lagern und testen!"; siehe unten)

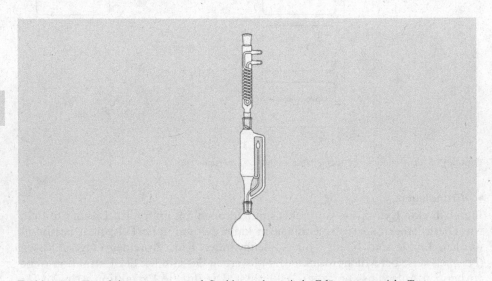

◙ **Abb. 15.4**   Extraktionsapparatur nach Soxhlet – schematisch. *Erläuterungen:* siehe Text

- (Petroleumbenzin: Siedebereich 40–60 °C)
- (Natriumsulfat: trocken)
- Diethylether – Lagern und testen!

▪▪ Bestimmung

Etwa 5–10 g der homogenisierten, ggf. vorgetrockneten Probe (siehe Anmerkung) werden auf ± 1 mg genau in eine fettfreie Extraktionshülse eingewogen und diese nach Verschließen mit Watte in das Mittelstück der Extraktionsapparatur nach Soxhlet (◘ Abb. 15.4) gebracht. Der mit Siedesteinchen versehene, bei 103 °C ± 2 °C getrocknete und genau gewogene Steh-/Rundkolben wird mit einer ausreichenden Menge Lösungsmittel befüllt und an die Apparatur angeschlossen. Während der Extraktion, die auf dem siedenden Wasserbad erfolgt und 4–6 h dauert, sollte sich der Extraktionsraum, also das Mittelstück der Apparatur, regelmäßig durch das Heberrohr entleeren (ca. 20–30 Entleerungen).

Nach Beendigung der Extraktion wird das Lösungsmittel weitgehend abdestilliert. Hierzu kann die Soxhlet-Apparatur direkt verwendet werden: Das kondensierende Extraktionsmittel wird nach Entfernen der Extraktionshülse im Extraktionsraum so aufgefangen, dass der Flüssigkeitsspiegel den Überlaufpunkt im Heberrohr nicht übersteigt und portionsweiße in einen Sammelbehälter entleert. (Wird zum Abziehen des Extraktionsmittels aber ein Rotationsverdampfer benutzt, ist streng darauf zu achten, dass kein Stehkolben, sondern ein Rundkolben verwendet wird. Implosionsgefahr!) Anschließend wird der Kolben 1 h lang in einen auf 103 °C ± 2 °C geheizten Trockenschrank gelegt und somit der Rückstand von den letzten Lösungsmittelresten befreit. Nach Abkühlen im Exsikkator wird der Kolben ausgewogen.

▪ Auswertung

Der prozentuale Fettgehalt F wird nach folgender Gleichung berechnet:

$$F[\%] = \frac{m_2 - m_1}{E} \cdot 100$$

mit

m_1 – Masse des leeren, getrockneten Steh-/Rundkolbens (mit Siedesteinchen) in g
m_2 – Masse des Steh-/Rundkolbens (mit Siedesteinchen) mit Fett nach der Trocknung in g
E – Probeneinwaage in g

Besondere Probenbehandlung

- Feuchtes Probenmaterial kann nach der Einwaage in die Extraktionshülse 2–3 h lang bei 103 °C ± 2 °C getrocknet werden.
- Bei feucht-flüssigen bzw. pastösen Lebensmitteln wird die Probe in eine Glas- oder Porzellanschale genau eingewogen, mit Seesand und wasserfreiem Natriumsulfat verrieben und anschließend quantitativ unter Auswischen der Schale mit extraktionsmittelgetränkter Watte in die Extraktionshülse überführt. Analog hierzu ist auch die Verwendung der nach Trocknung nach der Seesandmethode (▶ Abschn. 17.3.1) anfallenden Trockenmasse möglich.
- Für die Fettgehaltsbestimmung in Margarine und Halbfettmargarine existiert eine besondere Vorschrift, wonach mit Petroleumbenzin extrahiert wird [1].

Gefährliche Peroxide/Hydroperoxide in Diethylether

- Gemäß den *Richtlinien für Laboratorien* [5] und den *Technischen Regeln für Gefahrstoffe* (TRGS 526, 5.2.3) [6] ist vorgeschrieben, dass Flüssigkeiten, die zur Bildung organischer Peroxide neigen, vor der Destillation und dem Abdampfen auf Anwesenheit von Peroxiden untersucht und die Peroxide entfernt werden müssen. Flüssigkeiten, die zur Bildung organischer Peroxide neigen, sind vor Licht – insbesondere UV-Strahlung – geschützt aufzubewahren (beispielsweise in braunen Glasflaschen oder Metallbehältern).
- **Organische Peroxide** gehören zu den gefährlichsten Stoffen im Labor. Bei Sicherheitsunterweisungen wird deshalb inständig darauf hingewiesen, dass diverse organische Verbindungen (die häufig auch als Lösemittel verwendet werden, wie beispielsweise der in diesem Kapitel eine wichtige Rolle spielende Diethylether; vgl. Auflistung in Kasten „Wie bilden sich Peroxide/Hydroperoxide"; siehe unten) beim Aufbewahren bzw. Stehen mit dem Luftsauerstoff (innerhalb weniger Tage; durch Reaktion mit Singulett-Sauerstoff) Peroxide und Hydroperoxide bilden können. Diese Oxidationsprodukte sind insbesondere empfindlich gegen mechanische Einwirkungen, also gegen Erschütterungen und Reibung, aber auch gegen Wärmeeinwirkung [7].
- Die Peroxide bzw. Hydroperoxide sind schwer flüchtig und reichern sich vornehmlich bei Destillationen in der Destillationsblase an, wo sie sich **detonativ zersetzen** können. Besonders gefährlich sind Rückstände in Ethergebinden, aus denen das Lösemittel verdunstet ist [7]. Schon 5 mg (!) sollen genügen, um eine Glasapparatur zu zerstören. Verfärbungen, Auskristallisierungen oder Schichtenausbildung in peroxid-bildenden organischen Stoffen (Lösungen) sind als Hinweis auf eine mögliche Explosionsgefahr zu werten. Sitzen die Verschlüsse von solchen Gebinden fest, so sollten diese ungeöffnet entsorgt werden.

15

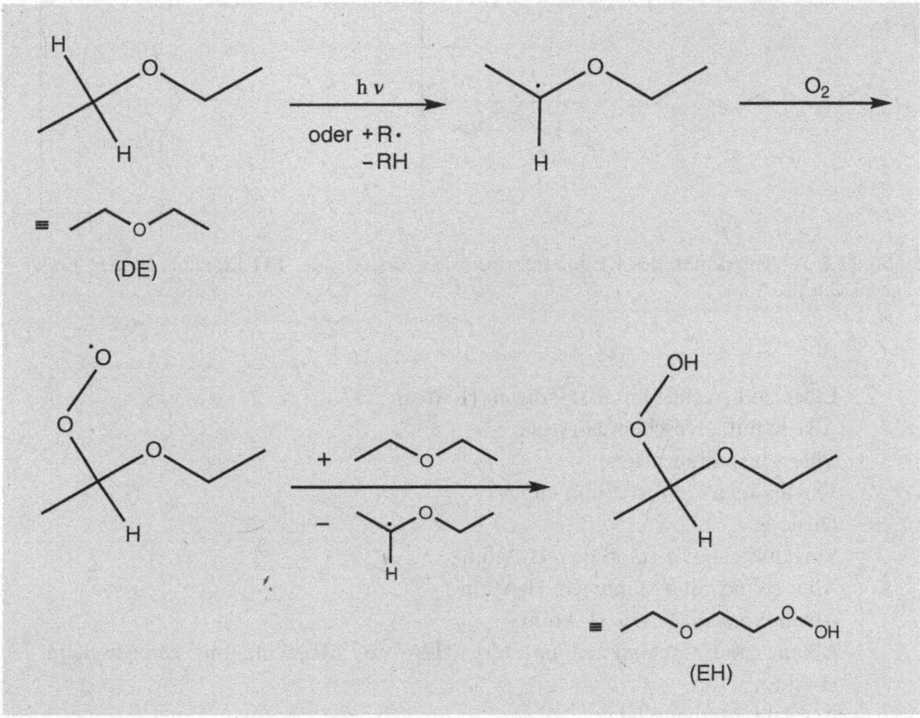

Abb. 15.5 Bildung von 1-Ethoxyethylhydroperoxid (**EH**) aus Diethylether (**DE**). *Erläuterungen:* siehe Text

---

Wie bilden sich Peroxide/Hydroperoxide?

— Die **Bildung** der Hydroperoxide erfolgt nach einem radikalischen Kettenmechanismus, initiiert durch Lichtquanten (insbesondere UV-Strahlung), Radikalquellen oder die Peroxide selbst (vgl. hierzu auch die Ausführungen ▶ Abschn. 15.4.1.4). Am Beispiel des Diethylethers (**DE**) – mit seinen α-ständigen Wasserstoff-Atomen, als wesentliches Kriterium für das Potential der Peroxidierung – wird die Bildung des 1-Ethoxyethylhydroperoxids (**EH**) in ◯ Abb. 15.5 aufgezeigt. Die anschließende Polymerisation zu einem explosionsgefährlichen Polymer unter Abspaltung von Ethanol (**ET**) ist in ◯ Abb. 15.6 dargestellt.

— Aus den **Reaktionsmechanismen** ist zu erkennen, dass zwar die Aussperrung von Sauerstoff (beispielsweise durch Aufbewahrung unter Argon in dicht schließenden Gebinden) die Peroxidbildung verhindert, nicht in jedem Fall jedoch der Ausschluss von Licht als alleinige Maßnahme ausreichend ist. Auch eine Aufbewahrung unter Kühlung ist keine sichere Maßnahme gegen die Oxidation [7] (vgl. Kasten „Diethylether – Lagern und testen!"; siehe unten).

— Potentielle organische **Peroxidbildner** sind (geordnet nach Schnelligkeit der Peroxidbildung; nach [7]):

◩ **Abb. 15.6** Polymersation des 1-Ethoxyethylperoxids. *Erläuterung:* **EH** Ethanol. *Weitere Erläuterungen:* siehe Text

- Ether und Acetale mit α-ständigem H-Atom
- Alkene mit allylischem H-Atom
- Chlor- und Fluoralkene
- Vinylhalogenide, -ester und -ether
- Diene
- Vinylalkine mit α-ständigem H-Atom
- Alkylalkine mit α-ständigem H-Atom
- Alkylalkine mit tert. α-H-Atom
- Alkane und Cycloalkane mit tert. H-Atom, Moleküle mit benzylischem H-Atom
- Acrylate, Methacrylate
- Sekundäre Alkohole
- Ketone mit α-ständigem H-Atom
- Aldehyde
- Harnstoffe, Amide und Lactame mit α-ständigem H-Atom an einem dem N-Atom benachbarten C-Atom

Diethylether – Lagern und testen!

- Bei schnellen Peroxidbildnern wie **Diethylether** ist zu empfehlen, die Gebinde zur Aufbewahrung mit dem Wareneingangsdatum und dem Datum der erstmaligen Öffnung zu versehen sowie diese monatlich auf Peroxidgehalt zu testen [7]. Eine Prüfung ist beispielsweise nach dem Europäischen Arzneibuch durch Oxidation von Kaliumiodid zu Iod und anschließender Iod-Stärke-Reaktion (vgl. hierzu auch ▶ Abschn. 17.3.1) möglich [8].
- Diethylether-Handelsprodukte werden üblicherweise durch Zusätze von beispielsweise Natriumdiethyldithiocarbamat, Pyrogallol oder 2,6-Di-tert.-butyl-4-methylphenol (BPH) stabilisiert. Dadurch wird die Peroxidbildung zwar verlangsamt, jedoch nicht gänzlich verhindert, da die **Stabilisatoren/Inhibitoren** im Lauf der Zeit verbraucht werden [9].

15

15.2.2 Extraktion nach Säureaufschluss – Methode nach Weibull-Stoldt

■ **Anwendungsbereich**
- Lebensmittel, allgemein
- insbesondere auch Milcherzeugnisse (▶ Abschn. 14.4.1)
- Gewinnung des gesamten Fettanteils der Probe zur nachfolgenden Charakterisierung

■ **Grundlagen**
Der Fettanteil in Lebensmitteln kann durch direkte Extraktion mit Hilfe von Fettlösungsmitteln (▶ Abschn. 15.3.1) nur unvollständig erfasst werden, da Lipide zum Teil chemisch oder adsorptiv an Proteine, aber auch an Kohlenhydrate gebunden sind. Vor der eigentlichen Fettgehaltsbestimmung wird daher ein **Aufschluss** durch Einsatz von Säuren oder Alkalien notwendig. Dabei können die Lipide jedoch chemische Veränderungen, wie Hydrolyse von Esterbindungen, erfahren. Inwieweit der nach dieser Methode gewonnene Fettanteil zur Charakterisierung, das heißt, für die Bestimmung von Fettkennzahlen u. ä. herangezogen werden kann, ist für den jeweiligen Einzelfall zu prüfen [10–14].

■ **Prinzip der Methode**
Die homogenisierte Probe wird mit Salzsäure aufgeschlossen und das Fett durch Filtration abgetrennt. Der Filterrückstand wird mit heißem Wasser neutral gewaschen, getrocknet und wie in ▶ Abschn. 15.3.1 angegeben in der Soxhlet-Apparatur extrahiert. Der getrocknete Extraktionsrückstand wird ausgewogen.

Mikromethode zu gravimetrischen Fettbestimmung

- Von E. Schulte wurde die gravimetrische Bestimmung des Fettgehaltes von Lebensmitteln nach Säureaufschluss hinsichtlich Lösungsmittelverbrauch und Zeitbedarf verkürzt. Der Aufschluss wird in Zentrifugengläsern mit Schraubkappe mit Salzsäure (25 %ig) bei 120 °C und 1,4 bar durchgeführt. Als Lösemittel wird nunmehr Toluol verwendet, wobei das Fett nur einmal extrahiert wird im Gegensatz zur klassischen Soxhlet-Extraktion des Filters mit ihren mindesten 30 Extraktionsschritten. Die Resultate liegen statt nach 8 h bei der klassischen Soxhlet-Methode schon nach 1,5–2,5 h vor. Diese Methode wird als **Mikromethode** bezeichnet.
- Nach Feststellung des Autors lassen sich die mit der Mikromethode – die ja als klassische Schnellmethode bezeichnet werden kann (vgl. hierzu ▶ Abschn. 2.3.1.2) – erhaltenen Werte nur begrenzt mit denen vergleichen, die mit Methoden auf anderer Grundlage gefunden wurden [15].

- **Durchführung**
- ■ **Geräte und Hilfsmittel**
- ▶ Abschn. 15.2.1; außerdem:
- Heizplatte
- Messzylinder: 200 mL
- Becherglas: 600 mL, hohe Form
- Uhrglas: Ø ca. 10 cm
- Glastrichter: Ø ca. 15 cm
- Faltenfilter: Ø ca. 27 cm (zur Fettbestimmung)
- Glasstab: ca. 20 cm lang

■ ■ **Chemikalien (p. a.)**
- ▶ Abschn. 15.3.1; außerdem:
- Salzsäure: etwa 25%ig, d (20 °C) = 1,122–1,124 g/mL
- Silbernitrat-Lösung: c~0,1 mol/L
- pH-Papier

■ ■ **Bestimmung**

Die Probeneinwaage richtet sich nach dem zu erwartenden Fettgehalt, sollte aber zwischen 0,5 g und 1,5 g Fettauswaage betragen (◘ Tab. 15.1).

Die gut homogenisierte Probe wird auf ± 1 mg genau in das Becherglas eingewogen, mit dest. Wasser auf etwa 100 mL ergänzt, mit 100 mL Salzsäure (20%ig) und einigen Siedesteinchen versetzt, mit einem Glasstab zur Verhinderung der Klumpenbildung umgerührt und mit einem Uhrglas bedeckt. Die Aufschlussflüssigkeit wird unter gelegentlichem Umrühren (Glasstab) zum Sieden erhitzt und je nach Produkt 30–60 min lang am schwachen Sieden gehalten. Dabei ist insbesondere darauf zu achten, dass sich keine Probeteilchen an der Glaswandung festsetzen und das Volumen der Flüssigkeit in etwa konstant bleibt. (Falls erforderlich, wird mit heißem dest. Wasser ergänzt.) Danach werden ca. 100 mL heißes dest. Wasser zugefügt und die Aufschlussflüssigkeit durch ein vorher angefeuchtetes Faltenfilter filtriert. Das Filter und der Rückstand werden sorgfältig unter gleichzeitigem Nachspülen von Uhr- und Becherglas so lange gewaschen, bis das Waschwasser neutral reagiert bzw. keine Chloridionen mehr nachweisbar sind (prüfen mit Silbernitrat-Lösung!).

Der feuchte Filter mit Inhalt wird auf ein Uhrglas oder eine Glasschale gelegt und im Trockenschrank bei 103 °C ± 2 °C getrocknet (ca. 2–3 h). Zur

15

◘ **Tab. 15.1**   Richtwerte für die Einwaage (Nach [10])

Erwarteter Fettgehalt (%)	Einwaage (g)
<1	100
1–5	50–20
5–20	20–5
>20	5–3

anschließenden Extraktion wird das vollkommen trockene Filter in eine Extraktionshülse gegeben, das Uhrglas sowie das zum Aufschluss verwendete Becherglas mit einem mit Diethylether getränkten Wattebausch ausgerieben und dieser ebenfalls in die Extraktionshülse gegeben. Anschließend wird das Fett wie unter ▶ Abschn. 15.3.1 beschrieben in der Apparatur von Soxhlet extrahiert und gravimetrisch bestimmt.

- **Auswertung**

Der prozentuale Fettgehalt F wird nach folgender Gleichung berechnet:

$$F[\%] = \frac{m_2 - m_1}{E} \cdot 100$$

mit

m_1 – Masse des leeren, getrockneten Steh-/Rundkolbens (mit Siedesteinchen) in g

m_2 – Masse des Steh-/Rundkolbens (mit Siedesteinchen) mit Fett nach der Trocknung in g

E – Probeneinwaage in g

15.3 Fettgehalt in Milch und Milcherzeugnissen

Milch ist eine Öl-in-Wasser-Emulsion, deren weißliche bis gelblichweiße Farbe durch Lichtstreuung und -absorption an Fetttröpfchen und Proteinmicellen bedingt ist. Die Fetttröpfchen sind von einer etwa 5 nm dicken Phospholipoidschicht umgeben, deren apolare Seitenketten sich mit den Fettsäuremolekülen der Triglyceride aufgrund hydrophober Wechselwirkungskräfte zusammenlagern, während die polaren Seitenketten der Phospholipoide eine Verbindung zu den polaren Gruppen der äußeren Proteindoppelschicht herstellen.

Für die Analytik bedeutet dies, dass das Fett der Milch vor der eigentlichen quantitativen Erfassung zuerst freigesetzt werden muss, d. h. die Proteinschicht aufzuspalten und zu entfernen ist. Dies kann entweder durch **Denaturierung** bzw. **Hydrolyse** im alkalischen (▶ Abschn. 15.3.1) oder sauren Milieu (▶ Abschn. 15.3.2 und 15.3.3, auch ▶ Abschn. 15.2.2) erfolgen.

15.3.1 Extraktion nach Ammoniakaufschluss – Methode nach Röse-Gottlieb

- **Anwendungsbereich**
- Milch, teilentrahmte Milch, Milchpulver
- gezuckerte und ungezuckerte Kondensmilch
- Sahne, Schlagsahne
- Molke

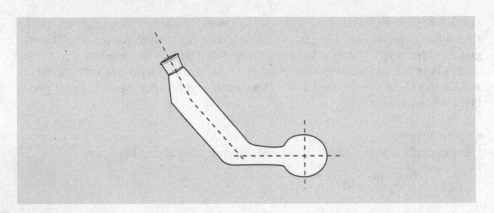

☒ **Abb. 15.7** Extraktionsröhrchen nach Mojonnier – schematisch (Nach [21]). *Erläuterungen:* siehe Text

■ **Grundlagen**

Diese Methode liefert die genauesten Fettgehaltwerte bei Milch, Milchpulver, Sahne sowie Molke und gilt daher als Referenzverfahren [16–22].

■ **Prinzip der Methode**

Die Eiweißstoffe werden durch Behandlung der Probe mit Ammoniak aufgeschlossen und das freigesetzte Fett mit organischen Lösungsmitteln extrahiert. Nach dem Abdestillieren der Lösungsmittel wird der isolierte Fettanteil getrocknet und gewogen.

■ **Durchführung**
■■ **Geräte und Hilfsmittel**

— Extraktionsröhrchen nach Mojonnier (☒ Abb. 15.7)
— Erlenmeyerkolben mit Schliff NS 29: 200 mL
— Zentrifuge zum Zentrifugieren der Extraktionsröhrchen
— Destillationsapparatur
— Vollpipetten: 2 mL, 10 mL, 15 mL, 25 mL
— Siedesteinchen

15

■■ **Chemikalien (p. a.)**

— Natriumchlorid-Lösung: 0,5%ig
— Ammoniak (konz.): 25%ig
— Ethanol: 96 Vol.-%ig
— Diethylether: Siedebereich 34–35 °C (peroxidfrei: sonst Explosionsgefahr! Siehe Kästen „Gefährliche Peroxide/Hydroperoxide in Diethylether", „Wie bilden sich Peroxide/Hydroperoxide?" und „Diethylether – Lagern und testen!"; ▶ Abschn. 15.2.1)
— Petroleumbenzin: Siedebereich 30–60 °C

◻ **Tab. 15.2**   Empfohlene Probeneinwaage

Milchprodukt	Einwaage (g)
Vollmilchpulver	1–1,1
Magermilchpulver	1,5–1,6
Sahne, Schlagsahne	2–3
Kondensmilch, gezuckert	3–3,5
Kondensmilch, ungezuckert	4–5
Vollmilch, Magermilch	10–11

■■ **Bestimmung**

Der Erlenmeyerkolben wird mit einigen Siedesteinchen etwa 1 h lang bei 103 °C ± 2 °C getrocknet, an der Luft im Wägeraum abgekühlt und auf ± 1 mg genau gewogen.

Die Probe wird nach Maßgabe der ◻ Tab. 15.2 (empfohlene Einwaagen) in das Extraktionsröhrchen (◻ Abb. 15.7) auf ± 1 mg genau eingewogen, falls erforderlich mit dest. Wasser auf ca. 10 mL verdünnt (bei Sahne ist die Natriumchlorid-Lösung (0,5%ig) zu verwenden) und solange geschüttelt, bis das Produkt vollständig dispergiert ist (bei Milchpulver ist es erforderlich, das Extraktionsröhrchen mit Inhalt ca. 15 min lang im Wasserbad auf 60–70 °C zu erwärmen; auch hier ist gelegentlich zu schütteln). Dann werden 2 mL Ammoniak-Lösung (25%ig) hinzugegeben, gemischt und nach dem Abkühlen 10 mL Ethanol zugefügt. Nach Zugabe von 25 mL Diethylether wird das Extraktionsröhrchen mit einem Stopfen verschlossen und unter gelegentlichem Umstürzen 1 min lang geschüttelt. Anschließend werden 25 mL Petroleumbenzin hinzugefügt, und nach dem Verschließen wird 30 s lang erneut unter gelegentlichem Umstürzen geschüttelt.

Nach vollständiger Phasentrennung, die durch längeres Stehen lassen des Extraktionsröhrchens oder durch mindestens 5 min langes Zentrifugieren (500–600 U/min) erreicht wird, wird so viel wie möglich von der organischen (oberen) Phase in den gewogenen Erlenmeyerkolben abgegossen. Die Extraktion des wässrigen Rückstandes wird ein zweites Mal mit je 15 mL Diethylether und Petroleumbenzin wiederholt. Die organischen Phasen werden anschließend vereinigt, die Lösungsmittel (auch das Ethanol) abdestilliert und der Rückstand im liegenden Kolben etwa 1 h lang bei 103 °C ± 2 °C getrocknet. Nach Abkühlen an der Luft wird der Kolben auf ± 1 mg genau ausgewogen. Das Trocknen wird so lange wiederholt, bis die Masseabnahme weniger als 1 mg beträgt

■ **Auswertung**

Der prozentuale Fettgehalt F wird wie folgt berechnet:

$$F\,[\%] = \frac{m_2 - m_1}{E} \cdot 100$$

mit

m_1 – Masse des leeren, getrockneten Erlenmeyerkolbens in g

m_2 – Masse des Erlenmeyerkolbens mit dem extrahierten Fettanteil nach dem Trocknen in g

E – Probeneinwaage in g

Blindversuch

Zur Überprüfung der Chemikalien wird ein Blindversuch empfohlen, bei dem anstelle der Probe 10 mL dest. Wasser eingesetzt werden.

15.3.2 Extraktion nach Säureaufschluss – Methode nach Schmid-Bondzynski-Ratzlaff

- **Anwendungsbereich**
- Käse, Schmelzkäse

- **Grundlagen**

Die **gravimetrische Bestimmung** des Fettgehaltes in Käse und Schmelzkäse kann nicht nach der Methode von Röse-Gottlieb (► Abschn. 15.3.1) erfolgen, sondern muss nach der im folgenden angegebenen Methode (DIN EN ISO 1735) vorgenommen werden. Die Weibull-Stoldt-Methode (► Abschn. 15.3.2) kommt nur bei sauren Milcherzeugnissen und bei solchen mit milchfremden Bestandteilen (wie Käsezubereitungen) zur Anwendung [24–27].

- **Prinzip der Methode**

Die Käseprobe wird durch Kochen mit Salzsäure aufgeschlossen. Das freigesetzte Fett wird nach Zugabe von Ethanol mit Diethylether und Petroleumbenzin extrahiert. Nach dem Abdampfen der Lösungsmittel wird der Rückstand gewogen.

- **Durchführung**
- ■■ **Geräte und Hilfsmittel**
- Extraktionsröhrchen nach Mojonnier (◘ Abb. 15.7)
- Stehkolben (oder Rundkolben) mit Schliff NS 29: 250 mL
- Zentrifuge zum Zentrifugieren der Extraktionsröhrchen mit einer Zentrifugalbeschleunigung von 80 g ± 15 g
- Rotationsverdampfer
- Vollpipetten: 10 mL, 15 mL, 25 mL
- Cellulosefolie (Zellglas) unlackiert: Dicke 0,03–0,05 mm, Größe 50 mm × 75 mm oder Pergamentpapierschiffchen
- Gerät zum Zerkleinern von Käse (z. B. Fleischwolf, Reibe)

15

■■ **Chemikalien (p. a.)**
– Salzsäure: ca. 25%ig, d (20 °C) = 1,125 g/mL
– Ethanol: 94–97 Vol.-%ig
– Diethylether: Siedebereich 34–35 °C (peroxidfrei: sonst Explosionsgefahr! Siehe Kästen „Gefährliche Peroxide/Hydroperoxide in Diethylether", „Wie bilden sich Peroxide/Hydroperoxide?" und „Diethylether – Lagern und testen!"; ▶ Abschn. 15.2.1)
– Petroleumbenzin: Siedebereich 30–60 °C

■■ **Probenvorbereitung**
Vor der Untersuchung wird die Rinde, Schmiere oder schimmelige Oberfläche des Käses entfernt. Die Probe wird dann mit Hilfe eines geeigneten Gerätes (Fleischwolf, Reibe u. dgl.) zerkleinert, schnell vermischt und bis zur Untersuchung wasserdampfdicht verschlossen und aufbewahrt. Die Kondensation von Feuchtigkeit an der inneren Oberfläche des Probengefäßes muss verhindert werden.

■■ **Bestimmung**
(a) Blindversuch
Gleichzeitig mit dem Hauptversuch wird ein Blindversuch mit 10 mL dest. Wasser durchgeführt, wobei die gleichen Extraktionsgefäße, dieselben Chemikalien, dieselben Mengen und dieselben nachstehend beschriebenen Verfahrensschritte angewendet werden. Falls die Auswaage beim Blindversuch höher ist als 0,5 mg, müssen die Chemikalien geprüft und evtl. gereinigt oder substituiert werden.

(b) Hauptversuch
Etwa 1–3 g der vorbereiteten Probe werden auf ± 0,1 mg genau auf Cellulosefolie oder einem Pergamentpapierschiffchen eingewogen und in ein Extraktionsröhrchen (◨ Abb. 15.7) gebracht. Nach Zugabe von 10 mL Salzsäure (25%ig) wird das Gefäß vorsichtig im siedenden Wasserbad oder über kleiner Flamme erhitzt, bis der Käse vollständig gelöst ist. Danach wird das Extraktionsröhrchen 20 min lang im siedenden Wasserbad stehen gelassen und anschließend abgekühlt (z. B. fließendes Wasser).

Nach Abkühlen und Zugabe von 10 mL Ethanol wird die Füllung vorsichtig, aber gründlich im nicht verschlossenen Röhrchen durchgemischt. Dann werden 25 mL Diethylether zugegeben; das Extraktionsröhrchen wird mit einem Stopfen verschlossen und unter gelegentlichem Umstürzen 1 min lang kräftig geschüttelt. Nach evtl. erforderlichem Abkühlen (fließendes Wasser) wird der Stopfen vorsichtig entfernt, und es werden 25 mL Petroleumbenzin zugegeben, wobei die ersten mL dazu verwendet werden, die am Stopfen und an der Innenseite des Gefäßhalses haftenden Rückstände in das Gefäß zu spülen. Das Röhrchen wird dann verschlossen, 30 s lang durch ständiges Hin- und Herkippen gut gemischt und so lange stehen gelassen, bis die Diethylether-/Petroleumbenzinschicht klar geworden ist und sich vollständig von der wässrigen Phase getrennt hat. Eine beschleunigte Trennung der Schichten kann durch ein mindestens 5 min langes Zentrifugieren erreicht werden.

Nach Entfernen des Stopfens werden die am Stopfen und an der Innenseite des Gefäßhalses anhaftenden Rückstände mit einigen mL eines Lösungsmittelgemisches von gleichen Volumenteilen Diethylether und Petroleumbenzin in das Extraktionsgefäß gespült und von der oberen Phase so viel wie möglich durch Dekantieren in einen zuvor getrockneten (evtl. mit Siedeperlen versetzten) und auf 0,1 mg gewogenen Stehkolben überführt. Die Extraktion wird auf analoge Weise ein zweites und drittes Mal jedoch mit je 15 mL Diethylether und 15 mL Petroleumbenzin wiederholt, wobei die organische Phase jedes Mal in den Stehkolben gegeben wird.

Die Lösungsmittel werden anschließend abdestilliert (wird ein Rundkolben anstelle eines Stehkolbens verwendet, kann am Rotationsverdampfer abgezogen werden. Bei Stehkolben Vorsicht! Implosionsgefahr!) oder verdampft (auch das Ethanol), und der Kolben wird liegend 1 h lang im Trockenschrank bei 103 °C ± 2 °C getrocknet. Nach Abkühlen des Kolbens an der Luft auf die Temperatur des Wägeraumes wird auf ± 0,1 mg gewogen und die Trocknung so lange fortgesetzt, bis Massenkonstanz eingetreten ist.

- **Auswertung**

Der Fettgehalt F in Massenprozent wird nach folgender Gleichung berechnet:

$$F[\%] = \frac{(m_2 - m_1) - (m_4 - m_3)}{E} \cdot 100$$

mit

m_1 – Masse des leeren Stehkolbens beim Hauptversuch in g

m_2 – Masse von Stehkolben und extrahiertem Fett beim Hauptversuch in g

m_3 – Masse des leeren Stehkolbens beim Blindversuch in g

m_4 – Masse des Stehkolbens nach der Extraktion und Trocknung beim Blindversuch in g

E – Probeneinwaage in g

15.3.3 Acidobutyrometrische Bestimmung – Methode nach Gerber

- **Anwendungsbereich**
- Milch mit einem Fettgehalt von 1–8 %
- saure Milch

- **Grundlagen**

Diese Methode wurde von N. Gerber im Jahr 1892 als schnelles Fettbestimmungsverfahren für die Praxis entwickelt. Durch den Einsatz neuerer, instrumenteller Analysenverfahren hat die Gerber-Methode als Schnellmethode an Bedeutung verloren. Es handelt sich jedoch in Bezug auf Durchführung und Aufwand um eine äußerst einfache Methode, die eine gute Reproduzierbarkeit und Genauigkeit aufweist [27–30].

■ **Abb. 15.8**   Butyrometer nach Gerber – schematisch. *Erläuterungen:* siehe Text

■ **Prinzip der Methode**

Die Eiweißfraktion der Milch wird in einem sog. Butyrometer durch Zugabe von Schwefelsäure in der Wärme aufgeschlossen und das freigesetzte Fett durch Zentrifugation abgetrennt. Der Zusatz von Amylalkohol erleichtert dabei die Phasentrennung, so dass der Fettgehalt nach dem Zentrifugieren direkt auf einer speziell geeichten Skala abgelesen werden kann.

■ **Durchführung**
■■ **Geräte und Hilfsmittel**
– Butyrometer: geeicht nach DIN 12836 (■ Abb. 15.8)
– Zentrifuge zur Milchfettbestimmung mit geeichtem Drehzahlmesser
– Abmessvorrichtungen oder Pipetten: 1 mL, 10 mL
– Vollpipette für Milch: 10,75 mL (!)
– Wasserbad

■■ **Chemikalien (p. a.)**
– Schwefelsäure: d (20 °C) = 1,818 g/mL ± 0,003 g/mL
– Amylalkohol: d (20 °C) = 0,811 g/mL ± 0,002 g/mL, Siedegrenzen: 98 % müssen zwischen 128 °C und 132 °C bei 1 bar überdestillieren

■■ **Bestimmung**
(a) Probenvorbereitung
Die Milchprobe wird auf 20 °C gebracht und möglichst ohne Schaumbildung gründlich durchmischt. Kann auf diesem Wege keine homogene Fettverteilung erzielt werden, dann sollte die Milch langsam unter vorsichtigem Umschwenken auf 35–40 °C erwärmt werden. Zum Pipettieren wird sie wieder auf 20 °C abgekühlt.

(b) Fettbestimmung in nicht homogenisierter Milch
In das Butyrometer (■ Abb. 15.8) werden nacheinander 10 mL Schwefelsäure, 10,75 mL (!) vorbehandelte Milch und 1 mL Amylalkohol pipettiert, und zwar so, dass der Hals des Butyrometers nicht benetzt wird und sich die Flüssigkeiten nicht mischen. Das Butyrometer wird mit dem Stopfen verschlossen, bis zur vollständigen Auflösung des Eiweißes kräftig geschüttelt (s. Anmerkung), mehrfach umgestürzt und noch heiß ca. 5 min lang bei 1100 U/min zentrifugiert.

Anschließend wird mit Hilfe des Stopfens die Fettsäule so reguliert, dass sie sich innerhalb der Skala befindet (Vorsicht: Schutzbrille tragen!) und dann das gesamte Butyrometer mindestens 5 min lang in einem Wasserbad von 65 °C ± 2 °C temperiert.

Mit Hilfe des Stopfens wird erneut die Fettsäule so eingestellt, dass die Trennungslinie Schwefelsäure/Fett auf einen ganzen Teilstrich der Skala fällt.

■ **Auswertung**

Die Höhe der Fettsäule, die sich aus der Differenz zwischen den Ablesungen für den tiefsten Punkt des oberen Meniskus der Fettphase und für die Trennungslinie Schwefelsäure/Fett ergibt, ist durch die spezielle Eichung der Butyrometerskala direkt dem Fettgehalt in % proportional.

Anmerkungen zur Praxis

— Bei **homogenisierter Milch** kann die Auflösung des Eiweißes bzw. die Phasentrennung Schwierigkeiten bereiten. Es wird dann mehrmals zentrifugiert bzw. geschüttelt und immer wieder zwischendurch bei 65 °C temperiert.

— Zur raschen Fettbestimmung in **Rahm, Milchpulver und Käse** wurde die Gerber-Methode dem jeweiligen Produkt entsprechend modifiziert. Da diese Methoden jedoch praktisch keine Bedeutung mehr haben, soll hier auf eine Darstellung verzichtet werden. Ausführliche Angaben finden sich unter [30].

15.3.4 Angabe des Fettgehaltes

Der Fettgehalt spielt bei vielen Lebensmitteln eine wichtige Rolle in deren Beurteilung. Ganz besonders ausgeprägt ist dies auch bei Milch und Milcherzeugnissen sowie bei Käse und Erzeugnissen aus Käse. Nach der Käse-VO sind Käse frische oder in verschiedenen Graden der Reife befindliche Erzeugnisse, die aus dickgelegter Käsereimilch hergestellt worden sind. Käse und Erzeugnisse aus Käse dürfen nach ihrem **Fettgehalt in der Trockenmasse (Fett i. Tr.)** nur in den bestimmten **Fettgehaltsstufen** in den Verkehr gebracht werden (◘ Tab. 15.3).

Der **Fettgehalt von Käse** kann angegeben werden als:

— Fett i. Tr.
— Fettstufe
— zusätzlich ist die Angabe des absoluten Fettgehaltes erlaubt.

15.3.4.1 Fett i. Tr

Wie oben dargelegt, ist die Angabe **Fett in Trockenmasse** bzw. in Kurzform **Fett i. Tr.** bei Käse und Erzeugnissen aus Käse gesetzlich vorgeschrieben. Der Grund besteht darin, dass während der Reifung und Lagerung Wasser verdunstet und der Käse an Gewicht verliert. Eine Fettangabe, die sich auf das Käsegewicht beziehen würde, müsste also ständig geändert werden. Der Anteil Fett an der gesamten Trockenmasse bleibt dagegen praktisch gleich.

15

> **◘ Tab. 15.3** Der Fettgehalt i. Tr. als Basis für die Angabe der Fettgehaltsstufe bei Käse und Erzeugnissen aus Käse (Gemäß Käseverordnung [31])

Fettgehaltsstufe	Fettgehalt i. Tr. (%)	
Doppelrahmstufe	Höchstens	87
	Mindestens	60
Rahmstufe	Mindestens	50
Vollfettstufe	Mindestens	45
Fettstufe	Mindestens	40
Dreiviertelfettstufe	Mindestens	30
Halbfettstufe	Mindestens	20
Viertelfettstufe	Mindestens	10
Magerstufe	Weniger als	10

Bei der Angabe **Fett i. Tr.** handelt es sich um den Massenanteil des Fettes an der Trockenmasse des Käses, d. h. aller Käsebestandteile außer dem Wasser. Die Angabe erfolgt in Gewichtsprozent und lässt sich leicht aus den Fettgehaltsbestimmungen (► Abschn. 15.2) wie folgt berechnen:

$$\text{Fett i. Tr. } [\%] = 100 \cdot \frac{F}{Tr} = 100 \cdot \frac{F}{G - W}$$

mit

F – Fettmasse in g

Tr – Trockenmasse in g

G – Gesamtmasse in g

W – Wassermasse in g

15.4 Charakterisierung von Fetten und Ölen

Die Untersuchung der zum menschlichen Verzehr bestimmten Fette und Öle (engl. edible fats and oils) bzw. der aus Lebensmitteln durch geeignete Isolierungsverfahren gewonnenen Fettanteile hat im Allgemeinen zum Ziel, diese Stoffe zu charakterisieren. Das heißt, es sollen Aussagen über die **Identität,** die **Zusammensetzung** (Reinheit, Unverfälschtheit) und die **Qualität** (Frischezustand, Lagerfähigkeit) erbracht werden. Zu diesem Zweck besteht die Möglichkeit, verschiedene chemische bzw. chemisch-physikalische, aber auch sensorische Untersuchungsmethoden einzusetzen. Nachfolgend werden relevante chemische Messgrößen – gleichbedeutend mit *Kennzahlen* – sowie wichtige spektroskopische und chromatographische Analysenverfahren beschrieben.

Viele Fette und Öle sind mit diesen Kennzahlen in den Leitsätzen für Speisefette und Speiseöle und Codex Alimentarius näher charakterisiert und beschrieben [32, 33].

15.4.1 Chemische Methoden – Fettkennzahlen

Die **Fettkennzahlen** (engl. fat parameters) entstammen der klassischen Fettanalytik. Das System der Beurteilung nach Kennzahlen basiert darauf, dass anstelle
der durch die Analyse selbst nicht individuell zugänglichen Bestandteile die äquivalente Menge von Reagenzien bestimmt wird, die sich mit funktionellen Gruppen der Fette/Öle bzw. ihrer Inhaltsstoffe summarisch umsetzen. Zu beachten ist
dabei, dass für die Kennzahlen keine durchgängig einheitlichen Einheiten existieren. Die Gründe dafür sind in der historischen Entwicklung zu sehen.

Die frühere große Bedeutung der chemischen Kennzahlen zur Charakterisierung von Fetten und Ölen ist aufgrund der heute zur Verfügung stehenden, fein
differenzierenden instrumentellen Methoden der modernen Analytik stark zu-
rückgegangen. Einige Kennzahlen haben jedoch wegen ihrer besonderen Aus-
sagefähigkeit und ihrer einfachen, wenig aufwändigen Durchführbarkeit eine gewisse Relevanz behalten.

15.4.1.1 Bestimmung der Verseifungszahl

- **Anwendungsbereich**
- pflanzliche und tierische Fette und Öle

- **Grundlagen**
Die **Verseifungszahl** (VZ, engl. saponification value) ist ein Maß für die in Fetten/
Ölen vorkommenden gebundenen und freien Säuren und steht in direktem Zu-
sammenhang mit deren mittlerer molaren Masse: Je kleiner die mittlere molare
Masse der enthaltenen Fettsäuren (das heißt, je höher der Anteil an kurzkettigen
Fettsäuren), desto größer ist die VZ. Die VZ kann zur Reinheitsprüfung von Fet-
ten herangezogen werden [34–39].

Verseifungszahl (VZ) – Definition

Die Verseifungszahl bezeichnet die Menge an Kaliumhydroxid in mg, die zur Verseifung von 1 g Fett/Öl unter festgelegten Bedingungen erforderlich ist.

15

- **Prinzip der Methode**
Die Fettprobe wird mit einem Überschuss an ethanolischer Kaliumhydroxid-Lösung verseift. Die nicht verbrauchte KOH-Menge wird durch Titration mit Salzsäure bestimmt (► Gl. 15.1).

$$R_1OO \quad OOR_2 \qquad \xrightarrow[- \text{Glycerin}]{+ 3 \text{ KOH}} \qquad \qquad \qquad (15.1)$$
$$R_3OO$$

- **Durchführung**
- ■■ **Geräte und Hilfsmittel**
- — Magnetrührer mit Heizung
- — Rückflusskühler mit Schliff NS 29
- — Bürette: 25 mL
- — Vollpipette: 25 mL
- — Stehkolben mit Schliff NS 29: 250 mL
- — Siedesteinchen

■■ **Chemikalien (p. a.)**
- — Ethanol: 96 Vol.-%ig
- — ethanolische Kaliumhydroxid-Lösung: $c \sim 0,5$ mol/L in Ethanol
- — Salzsäure: $c = 0,5$ mol/L
- — Phenolphthalein-Lösung: 1%ig in Ethanol

■■ **Bestimmung**
(a) Hauptversuch
Etwa 2 g der filtrierten Fettprobe werden auf ± 5 mg genau in den Stehkolben eingewogen und mit 25,0 mL Kaliumhydroxid-Lösung sowie einigen Siedesteinchen versetzt. Die Mischung wird 60 min lang unter Rückfluss erhitzt, wobei der Kolben zur vollständigen Lösung des Fettes gelegentlich vorsichtig umgeschwenkt wird. Anschließend wird die noch heiße Lösung mit einigen Tropfen der Phenolphthalein-Lösung versetzt und mit Salzsäure ($c = 0,5$ mol/L) bis zum Verschwinden der Rotfärbung titriert.

(b) Blindversuch
Unter den gleichen Bedingungen wird ein Blindversuch ohne Fetteinwaage durchgeführt.

Indikatorumschlag

Wenn der Umschlagspunkt von Phenolphthalein schlecht zu erkennen ist (wie häufig bei dunklen Fetten), kann als Indikator alternativ **Thymolphthalein** oder **Alkaliblau-6-B** eingesetzt werden.

■ **Auswertung**

Die Verseifungszahl VZ wird nach folgender Gleichung berechnet:

$$VZ = \frac{(b - a) \cdot N \cdot 56,1}{E}$$

mit

b – Verbrauch an Salzsäure (c = 0,5 mol/L) im Blindversuch in mL

a – Verbrauch an Salzsäure (c = 0,5 mol/L) im Hauptversuch in mL

N – Titer der Salzsäure in mol/L

E – Fetteinwaage in g

56,1 – Molare Masse von KOH in g/mol

◨ Tab. 15.4 zeigt die Verseifungszahlbereiche einiger ausgewählter Fette/Öle.

15.4.1.2 Bestimmung der Iodzahl – Methode nach Kaufmann

■ **Anwendungsbereich**

— pflanzliche und tierische Fette und Öle

◨ **Tab. 15.4**   Verseifungszahlbereiche einige Fette/Öle

Verseifungszahlbereich	Fett/Öl
120–150	Pottwalöl
176–192	Traubenkernöl
182–192	Weizenkeimöl
184–195	Erdnussöl
185–196	Olivenöl
186–195	Sonnenblumenöl
188–196	Leinöl
190–200	Kakaobutter
218–235	Butterfett
250–264	Kokosfett

15

■ **Grundlagen**

Iodometrie ↔ Iodimetrie

Beide Begriffe beziehen sich auf **titrimetrische Methoden** unter Verwendung von Iod zur Bestimmung der Konzentration eines zu untersuchenden Analyten. Die Methoden unterscheiden sich jedoch im Ansatz wie folgt: Die Iodometrie ist eine indirekte Titrationsmethode; wohingegen die Iodimetrie eine direkte Titrationsmethode darstellt.

— Iodometrie
- als Ergebnis einer vorangegangenen Redoxreaktion wird das gebildete Iod mit einem Reduktionsmittel wie Thiosulfat-Ionen titriert
- es handelt sich um eine indirekte Analysemethode
- es treten zwei Redoxreaktionen auf:
  - Iod wird zuerst oxidiert und anschließend durch ein Reduktionsmittel reduziert
- Iodometrische Titrationen sind recht weit verbreitet

— Iodimetrie
- eine Iod-Lösung wird direkt mit einer Reduktionslösung titriert
- die Iodimetrie ist eine direkte Analysemethode
- es findet nur eine Redoxreaktion statt:
  - Iod wird reduziert
- Iodimetrische Titrationen sind im Vergleich zur iodometrischen weniger verbreitet

Die **Iodzahl** (IZ, engl. iodine value) ist ein Maß für den ungesättigten Charakter der in Fetten/Ölen vorkommenden Verbindungen. Sie ist um so größer, je höher die Anzahl der **Doppelbindungen** pro Einheit Fett ist, und kann daher zur Reinheits- und Identitätsprüfung von Fetten dienen (so beträgt die IZ für Ölsäure: 90; für Linolsäure: 181; für Linolensäure: 274). Neben Doppelbindungen der ungesättigten Fettsäuren werden auch die ungesättigten Fettbegleitstoffe, wie Sterine, miterfasst.

Iod selbst reagiert nicht mit Doppelbindungen; an seiner Stelle werden das additionsfreudige Brom oder Mischhalogene wie ICl oder IBr verwendet. Der Name ist historisch bedingt. Die Halogenaddition an die Doppelbindungen wird durch die Konstitution und Konfiguration der ungesättigten Verbindungen, die Art des Halogens und des Lösungsmittels sowie die äußeren Bedingungen beeinflusst; sie verläuft selten quantitativ. Zur Reproduzierbarkeit von Ergebnissen sind deshalb die standardisierten Arbeitsparameter exakt einzuhalten.

Es ist zu beachten, dass die zur Bestimmung der IZ bekanntgewordenen, verschiedenen Methoden nicht völlig übereinstimmende Resultate liefern.

Die wichtigsten verschiedenen Ausführungsformen der Bestimmung der IZ sind die nach:

- **Kaufmann** mit dem Reagenz: Brom
- **Hanuš** mit dem Reagenz: Iodmonobromid
- **Wijs** mit dem Reagenz: Iodmonochlorid

Es ist daher die Methodik anzugeben. Die Methode nach Kaufmann hat den Vorteil, dass das Reagenz sehr einfach herzustellen ist [40–46].

Iodzahl (IZ) – Definition

Die **Iodzahl** bezeichnet die Menge an Halogen in g, bezogen auf das Element Iod, die von 100 g Fett/Öl oder Fettsäuren unter festgelegten Bedingungen unter Entfärben formal gebunden wird.

- **Prinzip der Methode**

Es handelt sich um eine Methode aus dem Bereich der Iodometrie (siehe Kasten „Iodometrie ↔ Iodimetrie"). Das gelöste Fett/Öl wird mit einem Überschuss an Brom versetzt. Die nicht zur Anlagerung an die Doppelbindungen (▶ Gl. 15.2) verbrauchte Brommenge oxidiert eine Iodid-Lösung zu Iod (▶ Gl. 15.3), das im Anschluss durch Titration mit Natriumthiosulfat-Lösung bestimmt wird (▶ Gl. 15.4). Die Additionsreaktion wird im Dunkeln ausgeführt, um lichtinduzierte radikalische Nebenreaktionen (und dadurch einen vorgetäuschten Mehrverbrauch an Halogen) auszuschließen.

$$Br_2 + R^2 \quad \diagup\diagdown\diagup R^2 \quad \longrightarrow \quad R^2 \quad \diagdown\diagup R^1 \qquad (15.2)$$

$$Br_2 + 2\,I^\ominus \rightarrow I_2 + 2\,Br^\ominus \qquad (15.3)$$

$$I_2 + 2\,S_2O_3^{2\ominus} \rightarrow 2\,I^\ominus + S_4O_6^{2\ominus} \qquad (15.4)$$

- **Durchführung**
- **Geräte und Hilfsmittel**
- Erlenmeyerkolben mit Schliff NS und Glasstopfen („Iodzahlkolben"): 250 mL
- Vollpipetten: 10 mL, 15 mL, 25 mL
- Bürette: 25 mL

◪ Tab. 15.5 Erwartete Iodzahl und entsprechende Einwaage

Erwartete IZ	Einwaage (g)
0–20	0,5–1,0
20–60	0,3–0,5
60–120	0,2–0,3
120–200	0,1

■■ **Chemikalien (p. a.)**

— Chloroform

— methanolische Brom-Lösung: 5,2 mL Brom in 1000 mL wasserfreiem, mit Natriumbromid (vorgetrocknet bei 130 °C) gesättigtem Methanol lösen (dies entspricht c~0,1 mol/L)

— Kaliumiodid-Lösung: 10%ig

— Natriumthiosulfat-Maßlösung: c = 0,1 mol/L

— Stärke-Lösung: ~1%ig

■■ **Bestimmung**

(a) Hauptversuch

Die Einwaage richtet sich nach der zu erwartenden Iodzahl und ist ◪ Tab. 15.5 zu entnehmen.

0,1–1,0 g Fett (je nach Höhe der zu erwartenden IZ) werden auf ± 5 mg genau gewogen, im Erlenmeyerkolben mit 10 mL Chloroform gelöst und mit 25,0 mL methanolischer Brom-Lösung versetzt. Unabhängig von etwas evtl. ausgefallenem Natriumbromid wird der Kolben verschlossen und nach kurzem Umschwenken 30 min lang (bei IZ > 120: 2 h) unter Lichtausschluss stehen gelassen. Nach Zugabe von 15 mL Kaliumiodid-Lösung wird die freigesetzte Iodmenge mit Natriumthiosulfat-Maß (c = 0,1 mol/L) zunächst bis zur Gelbfärbung der Lösung (nahender Äquivalenzpunkt) und nach Zusatz von Stärkelösung als Indikator (freies Iod und Stärke geben eine starke Violettfärbung; vgl. zur Iod-Stärke-Reaktion ▸ Abschn. 17.3.1) bis zur Farblosigkeit (Äquivalenzpunkt) titriert.

b) Blindversuch

In gleicher Weise wird ein Blindversuch ohne Fetteinwaage durchgeführt.

■ **Auswertung**

Die Iodzahl IZ wird berechnet nach:

$$IZ = \frac{(b - a) \cdot N \cdot 126{,}91}{E \cdot 10} \quad [\text{g } 1/100 \text{ g Fett}]$$

◘ **Tab. 15.6**   Klassifizierung von Fetten/Ölen

IZ	Typ	Beispiel
<100	Nicht trocknend	Olivenöl (IZ = 80–85)
100–140	Schwach trocknend	Sonnenblumenöl (IZ = 125–150)
>140	Trocknend	Leinöl (IZ = 175–200)

◘ **Tab. 15.7**   Iodzahlbereiche einiger Speisefette/Speiseöle

IZ	Speisefette/Speiseöle
7–10	Kokosfett
30–43	Butterfett
34–38	Kakaobutter
50–70	Schweineschmalz
80–85	Olivenöl
85–100	Erdnussöl
125–150	Sonnenblumenöl
140–180	Lebertran
175–200	Leinöl

mit

b – Verbrauch an Natriumthiosulfat-Maß (c = 0,1 mol/L) im Blindversuch in mL

a – Verbrauch an Natriumthiosulfat-Maß (c = 0,1 mol/L) im Hauptversuch in mL

N – Titer der Natriumthiosulfat-Maß in mol/L

E – Fetteinwaage in g

126,91 – Molare Masse von Iod in g/mol

Fette bzw. Öle können in Abhängigkeit von ihrem Sättigungsgrad bei der Lagerung unterschiedlich schnell altern. Diese Vorgänge werden auch als „Trocknen" bezeichnet. ◘ Tab. 15.6 gibt eine Übersicht zu einer diesbezüglichen Klassifizierung.

Die Iodzahlbereiche für einige Speisefett/Speiseöle sind in ◘ Tab. 15.7 zusammengestellt und dienen als Anhaltspunkt zur Charakterisierung.

15.4.1.3 Bestimmung der Säurezahl und des FFA-Gehaltes

■ **Anwendungsbereich**
— pflanzliche und tierische Fette und Öle
— Fettsäuren

- **Grundlagen**

Die **Säurezahl** (SZ, engl. acid value) ist ein Maß für den in Fetten/Ölen und Fettsäuren auftretenden Gehalt an freien Säuren; dabei können neben Fettsäuren
auch evtl. vorliegende Mineralsäuren erfasst werden. Im Gegensatz zur Bestimmung der Verseifungszahl (▶ Abschn. 15.4.1.1) werden jedoch nicht die (als Glyceride) gebundenen Säuren erfasst. Die Kenntnis des Gehalts an freien Fettsäuren dient zur Reinheitsprüfung und lässt in bestimmten Fällen Rückschlüsse auf
die Vorbehandlung oder stattfindende Zersetzungsreaktionen zu. Rohe, nicht raf-
finierte Fette weisen im Allgemeinen eine SZ bis 10 auf, während sie bei raffinierten Ölen in der Regel <0,2 ist [32, 33, 45–53].

Säurezahl (SZ) – Definition

Die **Säurezahl** bezeichnet die Menge an Kaliumhydroxid in mg, die zur Neutralisation der in 1 g Fett/Öl (oder Fettsäuren, Weichmachern, Lösemitteln) enthaltenen
freien (Fett)säuren (FFA) erforderlich ist (siehe Kasten „FFA – Definition", unten).

FFA – Definition

FFA bezeichnet den prozentualen Gehalt eines Fettes/Öles an freien Fettsäuren
(engl. **Free Fatty Acids**) berechnet als Ölsäure. Bei mineralsäurefreien Proben kann
aus der SZ der prozentuale Gehalt an freien Fettsäuren berechnet werden.

- **Prinzip der Methode**

Die SZ wird durch Titration einer Lösung einer Probe in einem Gemisch aus
Diethylether und Ethanol oder Toluol und Ethanol bestimmt. In den ASU-Methoden werden drei Varianten der Bestimmung beschrieben [47].

Die Probe wird in einem organischen Lösungsmittel gelöst, und die anwesen-
den Säuren werden mit Kaliumhydroxid-Lösung gegen Phenolphthalein titriert
(▶ Gl. 15.5).

$$(15.5)$$

- **Durchführung**
- ■ **Geräte und Hilfsmittel**
- Erlenmeyerkolben: 200 mL, weithalsig
- Bürette: 25 mL
- Messzylinder: 50 mL

Tab. 15.8   Empfohlene Einwaage und Laugenkonzentration

Öl/Fett-Probe	Erwartete SZ	Einwaage (g)	KOH-Maßlösung (mol/L)
Raffinierte Speiseöle/tierische Speisefette	0,2–1	10–20	0,1
Rohe Pflanzenöle/techn. tierische Fette	1–10	3–10	0,1
Fettsäuren	80–260	1–6	0,5

▪▪ Chemikalien (p. a.)

– Ethanol: 96Vol.-%igToluol oder Diethylether: Siedebereich 34–35 °C (peroxidfrei: sonst Explosionsgefahr! Siehe Kästen „Gefährliche Peroxide/Hydroperoxide in Diethylether", „Wie bilden sich Peroxide/Hydroperoxide?" und „Diethylether – Lagern und testen!"; ▸ Abschn. 15.2.1)

– Diethylether (peroxidfrei: sonst Explosionsgefahr! Siehe Kästen „Gefährliche Peroxide/Hydroperoxide in Diethylether", „Wie bilden sich Peroxide/Hydroperoxide?" und „Diethylether – Lagern und testen!"; ▸ Abschn. 15.2.1)

– Lösungsmittelgemisch A: Ethanol und Toluol werden im Verhältnis 1 + 1 Volumenteile gemischt und mit Kaliumhydroxid-Maß gegen Phenolphthalein neutralisiert oder

– Lösungsmittelgemisch B: Ethanol und Diethylether werden analog zu Lösungsmittelgemisch A zubereitet

– Kaliumhydroxid-Maß: c = 0,1 bzw. 0,5 mol/L

– Phenolphthalein-Lösung: 1%ig in Ethanol

▪▪ Bestimmung

Einwaage und Konzentration der Titrierlösung richten sich nach dem vorliegenden Fett und können aus ▪ Tab. 2.5 entnommen werden.

Ca. 1 bis 20 g Fettprobe (vgl. ▪ Tab. 15.8) werden auf ± 0,1 mg genau in den Erlenmeyerkolben eingewogen, in ca. 50 mL des neutralisierten Lösungsmittelgemisches (zur Verwendung von Gemisch A oder B siehe Hinweise) – wenn nötig, unter Erwärmen – gelöst, mit einigen Tropfen Phenolphthalein-Lösung versetzt und mit Kaliumhydroxid-Maßlösung (c = 0,1 bzw. 0,5 mol/L; siehe ▪ Tab. 15.8) bis zur bleibenden Rotfärbung titriert.

▪ Auswertung

(a) Säurezahl

Die Säurezahl *SZ* wird nach folgender Gleichung berechnet:

$$SZ = \frac{a \cdot T \cdot 56,1}{E} \text{ [mg KOH/1 g Fett]}$$

◻ **Tab. 15.9**   Standards für die Säurezahl (Nach [32, 33])

	SZ
Native und nicht raffinierte Fette/Öle	≤4,0
Palmöl	≤10,0
Raffinierte Fette/Öle	≤0,6
Für Olivenöle, Kakaobutter und tierische Fette/Öle gelten besondere Bestimmungen	

mit

a – Verbrauch an Kaliumhydroxid-Maßlösung (c = 0,1 bzw. 0,5 mol/L) in mL

T – Titer der Kaliumhydroxid-Lösung in mol/L

E – Fetteinwaage in g

56,1 – Molare Masse von KOH in g/mol

Die Säurezahl als Maß für den Gehalt an freien Fettsäuren übersteigt nach nationalen bzw. internationalen Standards nicht die in ◻ Tab. 15.9 angegebenen Werte.

(b) Gehalt an freien Fettsäuren (FFA-Gehalt)

Bei mineralsäurefreien Proben kann aus der SZ der prozentuale Gehalt an freien Fettsäuren *FFA* wie folgt berechnet werden. Zur angenäherten Berechnung werden die molaren Massen der Majorfettsäuren zugrundegelegt. Für höhere Genauigkeit ist es erforderlich, die mittleren molaren Massen der Gesamtfettsäuren einzusetzen.

$$FFA[\%] = SZ \cdot \frac{M_{FS} \cdot 100}{56,1 \cdot 1000}$$

mit

M_{FS}		Molare Masse der betreffenden Majorfettsäure bzw. mittlere molare Masse der Gesamtfettsäuren:
z. B $M_{\text{Ölsäure}}$	=	282 g/mol
$M_{\text{Palmitinsäure}}$	=	256 g/mol
$M_{\text{Laurinsäure}}$	=	200 g/mol

Hinweise

- Das Lösungsmittelgemisch A ist für alle Fette/Öle geeignet, insbesondere auch für hochschmelzende. Liegen keine hochschmelzenden Fette vor, so kann stattdessen auch Lösungsmittelgemisch B verwendet werden.
- Wenn der Umschlagspunkt von Phenolphthalein schlecht zu erkennen ist (wie häufig bei dunklen Fetten), kann als Indikator alternativ **Thymolphthalein** oder **Alkali-6-B** eingesetzt werden.
- Beim Vorliegen von hochschmelzenden Fettsäuren wird zur Titration eine ethanolische Kaliumhydroxid-Maßlösung empfohlen.

15.4.1.4 Bestimmung der Peroxidzahl – Methode nach Wheeler

■ **Anwendungsbereich**
— pflanzliche und tierische Fette und Öle
— Fettsäuren
— fetthaltige Lebensmittel (nach Isolierung des Fettanteils)

■ **Grundlagen**
Die **Peroxidzahl** (POZ, engl. peroxide value) ist ein Maß für peroxidisch gebundenen Sauerstoff in Fetten/Ölen. Als primäre Oxidationsprodukte entstehen insbesondere Hydroperoxide neben geringen Mengen anderer Peroxide infolge von
Oxidationsvorgängen (Autoxidation bzw. Photoxidation; Erläuterungen siehe unten). Die POZ gibt daher Hinweise auf den Oxidationsgrad der Probe (d. h. ihres Gesamtgehaltes an Peroxiden) und ermöglicht mit gewissen Einschränkungen
eine Einschätzung, inwieweit das vorliegende Fett/Öl verdorben ist. In diesem Zusammenhang ist zu beachten, dass bei fortschreitender Oxidation ein zunehmender Zerfall der Peroxide auftritt, so dass deshalb auch die POZ abnimmt [32, 33,
54–62].
Als Lösemittel für das zu untersuchende Fett bzw. Öl wird ein Gemisch aus
Chloroform und Eisessig verwendet und die Freisetzung von elementarem Iod
aus Kaliumiodid durch den aktiven Sauerstoff gemessen. Es sind verschiedene
Varianten der POZ-Bestimmungsmethode bekannt: Die hier beschriebene Methode nach **Wheeler** arbeitet in der Kälte, wohingegen das Verfahren von **Sully**
in siedendem Lösungmittel durchgeführt wird [54]. Je nach Probe kann das Lösemittel Chloroform gegen Decanol oder Hexanol ausgetauscht werden.

Peroxidzahl (POZ) – Definition

Die **Peroxidzahl** bezeichnet die unter festgelegten Bedingungen erfassbare Menge
an aktivem Sauerstoff (O), die in 1 kg Fett/Öl enthalten ist – und wird gemäß DIN
[55] in „Milliäquivalenten Sauerstoff je Kilogramm Fett" angegeben; also als mval
(O)/kg Fett (≙ 0,5 mmol (-O–O-)/kg Fett).
Durch Multiplikation der POZ mit der Äquivalentmasse des Sauerstoffs (8 g/mol)
berechnet sich die **Menge an aktivem Sauerstoff** in mg/kg Probe.

15

Erläuterungen zur Definition der POZ

— Die konventionelle Einheit **mval** (als tausendster Teil des val) gilt als veraltet,
   mitunter auch deshalb, weil der erhaltene Zahlenwert von seiner Verwendung in
   der betrachteten chemischen Reaktion abhängt und damit nicht immer eindeutig ist.
— Die in der DIN-Norm [55] verwendete Definition „Milliäquivalente Sauerstoff je Kilogramm Fett" entspricht der **Stoffmenge** an peroxidisch gebundenen Sauerstoff-Atomen (-O–O-) und wird gemäß SI-Einheiten-System als **mol**

ausgedrückt; also hier übertragen als mmol (-O–O-)/kg Fett (mit mmol als tausendster Teil des mol):

– 1 mmol (-O–O-) $\overset{\triangle}{=}$ 2 mmol (O) $\overset{\triangle}{=}$ 2 mval (O)

- Gemäß den Reaktionsgleichungen (15.6) und (15.7) finden folgende stöchiometrische Umsetzungen bei Ablauf der POZ-Messung statt:

– 1 mmol (-O–O-) $\overset{\triangle}{=}$ 2 mval (O) $\overset{\triangle}{=}$ 2 mmol I$^-$ $\overset{\triangle}{=}$ 2 mmol S$_2$O$_3^{2-}$ (Thiosulfat)

- Zum besseren Verständnis sei hier eine **Beispielsrechnung** angeführt: Angenommen, 1 kg Fettprobe enthält 0,5 mmol Peroxidgruppen (-O–O-), dann bedeutet dies, dass darin einmal 0,5 mmol = 2 mmol Sauerstoff-Atome (O) peroxidisch gebunden sind. Dies ist deshalb der Fall, weil jede Peroxidgruppe zwei Sauerstoff-Atome enthält. Damit beträgt die POZ in diesem Fall 1.

Photoxidation

Bei der **Photoxidation** reagiert ein durch Strahlung (UV, Licht) aktivierte Sensibilisator (wie Chlorophylle, Phaetophytine, einige Protoporphine oder Riboflavin) entweder:

- direkt mit dem Substrat (RH) unter Radikalbildung (Typ 1): Sen* + RH → R* + Sen, mit *Radikal
- oder der aktivierte Sensibilisator (Sen*) reagiert zunächst mit dem Triplett-Sauerstoff (^{3}O$_2$) der Luft, wobei kurzlebiger Singulett-Sauerstoff (^{1}O$_2$) gebildet wird, der dann mit dem Substrat (z. B. ungesättigten Fettsäuren) weiter reagiert (Typ 2): Sen* + ^{3}O$_2$ → ^{1}O$_2$ + Sen [56].

Die Photoxidation ist also eine Oxidation beispielsweise von ungesättigten Lipiden mit Singulett-Sauerstoff als Enophil in einer En-Reaktion, die durch längeren Kontakt des Fetts/Öls mit der sauerstoffhaltigen Luft abläuft. Im Singulett-Sauerstoff sind die Spins der beiden ungepaarten Elektronen des O$_2$-Moleküls entgegengesetzt ausgerichtet (O$_2$($^1\Delta_g$)). Dieser Zustand ist nach der Hundschen Regel energiereicher und deshalb kurzlebig. Die stärkere Oxidationskraft des Singulett-Sauerstoffs gegenüber Triplett-Sauerstoff ist darauf zurückzuführen, dass bei einer chemischen Reaktion der Gesamtspin der Reaktionsteilnehmer erhalten bleiben muss.

Autoxidation

Als **Autoxidation** wird eine Oxidation durch Luftsauerstoff bezeichnet. Sie verläuft sehr langsam und ohne merkliche Wärmeentwicklung. Die Autoxidation von Alken- und Polyalkenfettsäuren ist eine Radikalkettenreaktion, bei der unterschiedliche Teilreaktionen ablaufen. Zunächst reagiert ein Initiatorradikal mit Sauerstoff (^{3}O$_2$) unter Bildung eines Peroxyradikals. Dieses Peroxyradikal abstrahiert ein Wasserstoff-Atom aus einer Alkylkette, dies führt zu einem Hydroperoxid und einem

Alkylradikal. Das Alkylradikal reagiert anschließend mit Sauerstoff zu einem Peroxyradikal. Diese Reaktion läuft sehr rasch ab, da der Sauerstoff im Grundzustand als Triplett-Sauerstoff vorliegt, der leicht 1-Elektronenreaktionen mit Radikalen eingeht. Zunächst werden demnach Hydroperoxide gebildet, die unter Bruch der O–O-Bindung zu je einem Alkoxyradikal und Hydroxylradikal zerfallen können. Diese Radikale können anschließend weitere C-H-Bindungen brechen und dadurch Alkohol bzw. Wasser und Alkylradikale bilden. Letztere reagieren wiederum mit Sauerstoff zu Peroxyradikalen [56, 57].

Mol ↔ Millimol ↔ Val ↔ Millival ↔ Stoffmenge ↔ Äquivalentmasse

- **Mol** ist die SI-Einheit der Stoffmenge und trägt das Einheitensymbol mol.
- Ein **Mol** einer Substanz enthält exakt $6{,}02214076 \times 10^{23}$ (Avodagro-Zahl) elementare Einheiten, also beispielsweise Atome, Moleküle oder Ionen.
- **Millimol** ist der tausendste Teil des mol. Einheitensymbol mmol.
- Das **Val** (auch als Äquivalent oder Grammäquivalent bezeichnet) ist eine veraltete Einheit der Stoffmenge und trägt das Einheitensymbol val.
- Ein **Millival** (auch als Milliäquivalent bezeichnet, engl. milli equivalent) ist der tausendste Teil des val und besitzt das Einheitensymbol mval (engl. meq).
- Die **Stoffmenge** (veraltet auch Molmenge, Molzahl) ist eine Basisgröße im SI-System und gibt indirekt die Teilchenzahl einer Stoffportion an. Die Maßeinheit der Stoffmenge ist das Mol.
- Die **Stoffmenge** in Val ist gleich der Stoffmenge in Mol mal der stöchiometrischen Wertigkeit z, weil jedes Teilchen z-fach gezählt wird.
- Die **Äquivalentmasse** ist der Quotient aus Molarer Masse und Wertigkeit z.

- **Prinzip der Methode**

Die Probe wird in einem Gemisch aus Chloroform und Eisessig gelöst und mit einer Kaliumiodid-Lösung versetzt. Die durch Reaktion mit den Peroxidgruppen freigesetzte Iodmenge (▶ Gl. 15.6) wird anschließend durch Titration mit Natriumthiosulfat-Lösung bestimmt (▶ Gl. 15.7).

15

$$\underset{R^1}{\overset{R^2}{\diagdown}}\!\!\diagup\!\!\overset{O}{\diagdown}\!\!\diagup OH + 2\,I^{\ominus} + 2\,H^{\oplus} \longrightarrow \underset{R^1}{\overset{R^2}{\diagdown}}\!\!\diagup\!\!\overset{}{\diagdown}\!\!OH + H_2O + I_2 \tag{15.6}$$

$$I_2 + 2\,S_2O_3^{2\ominus} \rightarrow 2\,I^{\ominus} + S_4O_6^{2\ominus} \tag{15.7}$$

- **Durchführung**
- ■ **Geräte und Hilfsmittel**
- Erlenmeyerkolben mit Schliff NS 29: 250 mL
- Messzylinder: 50 mL
- Messpipette: 1 mL
- Bürette: 10 mL

■ ■ **Chemikalien (p. a.)**
- Chloroform
- Essigsäure: 96%ig (Eisessig)
- Lösungsmittelgemisch: Eisessig und Chloroform werden im Verhältnis 3 + 2 *(v/v)* gemischt
- Kaliumiodid-Lösung: gesättigt
- Natriumthiosulfat-Maßlösung (in ◘ Abb. 15.9 auch als Thiosulfatlösung bezeichnet): c = 0,1 mol/L oder 0,01 mol/L
- Stärkelösung: ~1%ig

■ ■ **Reinigung der Glasgeräte**

Die Glasgeräte, die zur Bestimmung der POZ benutzt werden, müssen einwandfrei sauber sein. Ein unsichtbarer Ölfilm, Metallspuren sowie Reinigungsmittelrückstände auf der Oberfläche können zu völlig falschen Resultaten führen. Die Glasgeräte werden deshalb mit warmer Spülmittellösung gewaschen und gründlich unter fließendem Leitungswasser und anschließend mit dest. Wasser ausgespült. Die Glasgeräte sind vor Staub geschützt trocken aufzubewahren; die Innenseite darf nicht berührt werden.

■ ■ **Bestimmung**

(a) Hauptversuch

Etwa 1 g der Fettprobe (bei POZ von ≤ 2,0 wird mit einer Einwaage von 5 g gearbeitet) werden auf ± 0,1 mg genau in den Erlenmeyerkolben eingewogen und in 30 mL des Lösungsmittelgemisches unter Umschwenken gelöst. Nach Zugabe von 0,5 mL der gesättigten Kaliumiodid-Lösung wird der Kolben verschlossen und genau 60 s lang (Uhr!) kräftig geschüttelt. Unmittelbar danach wird die Lösung mit 30 mL dest. Wasser verdünnt und das ausgeschiedene Iod mit der Natriumthiosulfat-Maßlösung (0,1 mol/L) titriert. Kurz vor dem Endpunkt der Titration (Verschwinden der gelben Farbe) wird etwa 0,5 mL Stärkelösung hinzugefügt und bis zum Verschwinden der Blaufärbung (zur Iod-Stärke-Reaktion vgl. ▶ Abschn. 17.3.1) weitertitriert. Werden bei der Titration weniger als 0,5 mL der Natriumthiosulfat-Maßlösung (c = 0,1 mol/L) verbraucht, ist die Bestimmung mit der Natriumthiosulfat-Maßlösung (c = 0,01 mol/L) zu wiederholen. In ◘ Abb. 15.9 wird der Analysengang schematisch dargestellt.

(b) Blindversuch

In gleicher Weise wie beim Hauptversuch wird ein Blindversuch ohne Fetteinwaage durchgeführt. Es sollte nicht mehr als 0,1 mL der verwendeten Natriumthiosulfat-Maßlösung verbraucht werden.

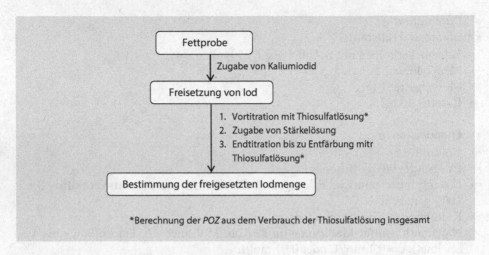

Fettprobe

Zugabe von Kaliumiodid

Freisetzung von Iod

1. Vortitration mit Thiosulfatlösung*
2. Zugabe von Stärkelösung
3. Endtitration bis zu Entfärbung mitr
   Thiosulfatlösung*

Bestimmung der freigesetzten Iodmenge

*Berechnung der *POZ* aus dem Verbrauch der Thiosulfatlösung insgesamt

◘ **Abb. 15.9**   Schema zur Bestimmung der POZ

■ **Auswertung**

Die Peroxidzahl *POZ* in Milliäquivalent (O) pro kg Fett (mval (O)/kg) wird nach folgender Gleichung berechnet:

$$POZ = \frac{(a-b) \cdot N}{E} \cdot 1000 \; [\text{mval (O)/kg Fett}]$$

mit

a – Verbrauch an Natriumthiosulfat-Maßlösung im Hauptversuch in mL

b – Verbrauch an Natriumthiosulfat-Maßlösung im Blindversuch in mL

N – Konzentration der verwendeten Natriumthiosulfat-Maßlösung in mol/L ≙ mmol/mL

E – Fetteinwaage in g

1000 – Faktor zur Umrechnung auf 1 kg (gemäß Definition POZ)

Die POZ als Maß für beginnende oxidative Fettveränderungen übersteigt nach nationalen und internationalen Standards nicht die in ◘ Tab. 15.10 angegebenen Werte.

15

◘ **Tab. 15.10**   Standards für die Peroxidzahl

	POZ[a]	POZ[b]
Native und nicht-raffinierte Fette/Öle	≤10,0	≤15,0
Raffinierte Fette/Öle	≤5,0	≤10,0

Für Olivenöle, Kakaobutter und tierische Fette/Öle gelten besondere Bestimmungen
[a] Leitsätze für Speisefette und Speiseöle [32]
[b] Codex Alimentarius Standards für Fette uns Öle [33]

Aussage der POZ

- Bei **einwandfreien Ölen und Fetten** liegt die POZ < 6 (in der Regel zwischen 0 und 3), während eine POZ > 10 auf oxidativen Verderb hinweist. **Ausnahme Olivenöl:** hier liegt die POZ eines frischen Öles höher.
- Aussagen über die Haltbarkeit bzw. Lagerfähigkeit eines Öles oder Fettes können über eine beschleunigte Alterung unter definierten Bedingungen gewonnen werden. Ein diesbezüglicher Folgeversuch zur POZ ist in ▶ Abschn. 15.4.1.7 angegeben.

15.4.1.5 Bestimmung der Anisidinzahl

- **Anwendungsbereich**
- Pflanzliche und tierische Fette und Öle, raffiniert und nicht raffiniert
- Fettsäuren

- **Grundlagen**
Die **Anisidinzahl** (AnZ, engl. anisidine value) ist ein Maß für die Menge an α,β-ungesättigten Aldehyden, die in einem Fett/Öl als sekundäre Oxidationsprodukte enthalten sind. Anisidin gibt mit den während der Fettoxidation gebildeten konjugierten Dialdehyden eine gelben Farbkomplex, dessen Absorption bei 350 nm gemessen wird. Die bei der Autoxidation von Fetten/Ölen entstehenden α,β-ungesättigten Aldehyde stellen vorwiegende 2-Alkanale und 2,4-Dienale dar, aber auch im Triglyceridverband gebundene Oxo-Verbindungen werden miterfasst [65]. Die Intensität des Reaktionsproduktes aus Aldehyden mit para-Anisidin ist abhängig von der Struktur der vorliegenden Aldehyde. Einfach ungesättigte Aldehyde erhöhen die AnZ stärker als gesättigte [66].

Aussage der AnZ

- Die **AnZ** gibt Aufschluss über die Vorgeschichte eines Fettes/Öles („präoxidierte Rohöle") und kann in manchen Fällen Hinweise auf deren mögliche Haltbarkeit geben. Für die Beurteilung der Haltbarkeit von Fetten/Ölen ist es von besonderer Bedeutung, dass die AnZ im Laufe der üblichen Raffination in demselben Maße ansteigt, wie die ursprüngliche POZ abnimmt [33, 63–67].
- In gebrauchten **Frittierfetten** wurden gemäß Literaturangaben bei N = 378 eine AnZ zwischen 0 und 173 resp. bei N = 42 eine AnZ zwischen 0,2 und 174 gefunden [68, 69].
- Mit alleiniger Hilfe der AnZ sind Bewertungen von Fetten/Ölen nicht gut möglich, aber in Zusammenhang mit der POZ schon. Die **Totox-Zahl** – als die Summe aus der AnZ und dem zweifachen Wert der POZ – berücksichtigt bei der Bewertung der Fette/Öle neben **primären Oxidationsprodukten auch sekundäre Abbauprodukte; das macvh sie so wertvoll.** Vgl. hierzu ▶ Abschn. 15.4.1.6.

Anisidinzahl (AnZ) – Definition

Die AnZ ist gemäß ISO-Standard der hundertfache Betrag der bei einer Wellenlänge von 350 nm in einer 10-mm-Küvette gemessenen Extinktion einer Prüflösung von 1 g Fett/Öl in 100 mL eines Gemisches aus Lösungsmittel und Anisidinreagenz [67].

■ **Prinzip der Methode**

Die Probe wird in *iso*-Octan gelöst, mit einer essigsauren Lösung von *p*-Anisidin zur Reaktion gebracht und die Zunahme der Extinktion photometrisch gemessen.

■ **Durchführung**
■■ **Geräte und Hilfsmittel**
— Spektrometer (▶ Kap. 8)
— Messkolben: 25 mL, 50 mL, 100 mL
— Reagenzgläser
— Pipetten: 1 mL, 5 mL

■■ **Chemikalien (p. a.)**
— Natriumsulfat Na_2SO_4, wasserfrei
— *iso*-Octan (2,2,4-Trimethylpentan)
— *p*-Anisidin (4-Anisidin, 4-Methoxyanilin):
— *p*-Anisidin ist giftig und ist als cancerogen eingestuft, Sicherheitshinweise sind zu beachten. Aufbewahrung in einer dunklen Flasche im Dunkeln.
— Essigsäure: 96%ig (Eisessig)
— Anisidin-Reagenz:
  – 0,125 g *p*-Anisidin werden in einem 50-mL-Messkolben in Eisessig gelöst und mit Eisessig bis zur Marke aufgefüllt. Diese Lösung ist stets frisch herzustellen.
  – Vor der Verwendung dieser Lösung wird die Extinktion gegen *iso*-Octan bei 350 nm gemessen. Bei einem Extinktionsunterschied von >0,2 ist die Lösung frisch herzustellen.

15

Sicherheitshinweis zu Anisidin

p-**Anisidin** kann Krebs erzeugen. Die entsprechenden Sicherheitshinweise sind zu beachten.

Reinigung von p-Anisidin

Das *p*-Anisidin ist vor der Verwendung auf Verfärbung zu prüfen. Bei einer Verfärbung ist Anisidin vor der Verwendung zu reinigen. Dazu werden 4 g *p*-Anisidin in 100 mL Wasser bei 75 °C gelöst, 0,5 g Natriumsulfit und 2 g Aktivkohle dazugegeben, 5 min gerührt und durch ein Papierfilter filtriert. Das klare Filtrat wird auf 0 °C abgekühlt und mind. 4 h bei 0 °C gehalten. Anschließend werden die Kristalle unter Vakuum abfiltriert und mit einer kleinen Menge Wasser gewaschen. Die Kristalle werden in einem Vakuumexsikkator getrocknet.

▪▪ Bestimmung

(a) Probenvorbereitung
Die Einwaage der homogenisierten Probe ist abhängig von der Beschaffenheit der Probe, den Kenndaten des eingesetzten Spektrometers und liegt im Allgemeinen zwischen 0,4 g und 4 g.

Feste Fette werden auf 10 °C über ihrem Schmelzpunkt erwärmt.

(b) Herstellung der Probenlösung
Die Probe wird auf ± 1 mg genau in einen 25-mL-Messkolben eingewogen und in 5–10 mL *iso*-Octan gelöst und anschließend bis zur Marke aufgefüllt.

(c) Probenlösung vor der Reaktion (E_0)
5 mL der Probenlösung werden in ein Reagenzglas pipettiert und 1 mL Eisessig zugegeben. Das Reagenzglas wird verschlossen und kräftig geschüttelt. Das Reagenzglas wird 8 min bei Raumtemperatur im Dunkeln aufbewahrt ⟹ Probelösung (E_0).

(d) Probenlösung nach der Reaktion (E_1)
5 mL der Probenlösung werden in ein Reagenzglas pipettiert und 1 mL Anisidinreagenz zugegeben. Das Reagenzglas wird verschlossen und kräftig geschüttelt. Das Reagenzglas wird 8 min bei Raumtemperatur im Dunkeln aufbewahrt ⟹ Probelösung (E_1).

(e) Blindversuch (E_2)
5 mL *iso*-Octan werden in ein Reagenzglas pipettiert und 1 mL Anisidinreagenz zugegeben. Das Reagenzglas wird verschlossen und kräftig geschüttelt. Das Reagenzglas wird 8 min bei Raumtemperatur im Dunkeln aufbewahrt ⟹ Blindlösung (E_2).

(f) Photometrische Messung
Innerhalb weiterer 2 min werden die beiden Lösungen in eine Küvette überführt und nach einer Gesamtreaktionsdauer von 10 min ± 1 min ab Zugabe des Anisidinreagenzes bei 350 nm photometrisch gegen *iso*-Octan gemessen.

■ **Auswertung**

Die Anisidinzahl *AnZ* ist dimensionslos und wird nach folgender Gleichung berechnet:

$$AnZ = \frac{100 \cdot Q \cdot V}{m} \cdot [1{,}2 \cdot (E_1 - E_2 - E_0)]$$

mit

V – Volumen, in dem die Probe gelöst wurde in mL (*V* = 25 mL)

m – Einwaage in g

Q – Gehalt an Probe in der Prüflösung (in g/mL), nach der die AnZ gemäß Definition gemessen und angegeben wird (*Q* = 1 g/100 mL $\triangleq$ 0,01 g/mL)

E_0 – Extinktion der Probenlösung vor der Reaktion

E_1 – Extinktion der Probenlösung nach der Reaktion

E_2 – Extinktion der Blindlösung

1,2 – Korrekturfaktor für die Verdünnung der Probenlösung mit 1 mL Reagenz oder Eisessig

100 – Faktor gemäß Definition

15.4.1.6 Bestimmung der Totox-Zahl

■ **Grundlagen**

Für die Beurteilung des oxidativen Verderbs eines Fettes/Öles kann als Kennzahl die sogenannte **Totox-Zahl** (engl. totox value, total oxidation value) herangezogen werden.

Totox-Zahl – Definition

Die **Totox-Zahl** ist die Summe aus der **Anisidinzahl** (AnZ) und dem Zweifachen der **Peroxidzahl** (POZ in meq (O)/kg Fett) [32, 70, 71].

$\Rightarrow$ *Hinweis:* 1 meq (O)/kg Fett $\triangleq$ 1 mval (O)/kg Fett $\triangleq$ ½ mmol (-O–O-)/kg Fett (vgl. ▶ Abschn. 15.4.1.4).

15

■ **Auswertung**

Die Totox-Zahl (*Totox*) berechnet sich nach folgender Gleichung:

$$Totox = AnZ + 2 \cdot POZ$$

mit

AnZ – Anisidinzahl

POZ – Peroxidzahl in meq (O)/kg (*Erläuterungen* ▶ Abschn. 15.4.1.4

Totox ist dimensionslos und übersteigt nach nationalen und internationalen Standards nicht die in ◘ Tab. 15.11 angegebenen Werte.

◘ Tab. 15.11 Standards für die Totox-Zahl (Nach [32])

	Totox-Zahl
Raffinierte pflanzliche Fette/Öle	max. 10
Kaltgepresste pflanzliche Fette/Öle	max. 20

Aussage der Totox-Zahl

Die **Totox-Zahl** berücksichtigt bei der Bewertung der Fette/Öle neben primären Oxidationsprodukten auch sekundäre Abbauprodukte. Die Totox-Zahl bildet nämlich die Erfassung analytischer Reaktionsprodukte ab, die sich in verschiedenen Stadien der Autoxidation bilden können. Während Hydroperoxide bei der Bleichung zerstört und die gebildeten flüchtigen Aldehyde bei der anschließenden Desodorierung abgetrennt werden, können die in Triglyceridmolekülen gebundenen Aldehyde nicht entfernt werden. So können Öle aus einer qualitativ schlechten Saat nach der Raffination eine niedrige POZ von unter <1, aber eine AnZ >3 aufweisen.

Es ist auf Grund der großen Komplexität der Zusammenhänge zu beachten, dass die Totox-Zahl nur einen orientierenden Charakter hat.

15.4.1.7 Bestimmung der Oxidationsbereitschaft

- **Anwendungsbereich**
- Fette und Öle: als Folgeversuch zu ▶ Abschn. 15.4.1.4

- **Grundlagen**

Aussagen über die Haltbarkeit bzw. Lagerfähigkeit eines Öles oder Fettes können über eine beschleunigte, künstliche Alterung unter definierten Bedingungen (Zeit, Temperatur etc.) gewonnen werden. Es sind verschiedene Methoden beschrieben worden. In diesem Versuch erfolgt die analytische Kontrolle durch regelmäßige Probenahmen und Ermittlung der Peroxidzahl (POZ) [65, 70].

- **Prinzip der Methode**

Als Maß für die **Oxidationsbereitschaft** (engl. oxidation susceptibility) eines Fettes/Öls wird die Peroxidzahl nach 48stündiger Temperierung auf 60 °C sowie die Dauer der Induktionsperiode herangezogen. Unter der Induktionsperiode wird dabei die Zeit, in der die relative Zunahme der POZ gering bleibt, verstanden.

- **Durchführung**
- **Geräte und Hilfsmittel**
- ▶ Abschn. 15.4.1.4, außerdem:
- Bechergläser: 250 mL

■■ **Chemikalien (p. a.)**

— ▶ Abschn. 15.4.1.4

■■ **Bestimmung**

Es wird eine Messreihe mit insgesamt 12 POZ-Tests durchgeführt. Die Ausführung der POZ-Bestimmung ist unter ▶ Abschn. 15.4.1.4 ausführlich angegeben.

Test 1: Zunächst wird die POZ des vorliegenden, nicht erhitzten Fettes bzw. Öles ermittelt (Zeitpunkt: $t = 0$).

Test 2 bis 12: Anschließend werden 1-L-Bechergläser, die mit je 30 g des zu untersuchenden Fettes/Öles gefüllt sind, in einen auf $60\,°C \pm 0{,}2\,°C$ geheizten Trockenschrank gestellt; die Startzeit wird notiert ($t = 0$). Nach 1 h wird ein Becherglas aus dem Trockenschrank entnommen und die POZ ($t = 1$ h) ermittelt. Die gleiche Bestimmung wird nach jeweils 2; 3; 5; 7; 8; 24; 30; 48; 72 und 96 h mit den anderen Proben ausgeführt ($t = 2$ bis 96 h).

■ **Auswertung**

In einem Diagramm werden die ermittelten Peroxidzahlen (Ordinate) gegen die Zeit t (Abszisse) aufgetragen. ◪ Abb. 15.10 zeigt in einem Beispiel den typischen Kurvenverlauf. Die Haltbarkeit des Fettes/Öles kann anhand seiner Oxidationsbereitschaft mit Hilfe der ◪ Tab. 15.12 abgeschätzt werden.

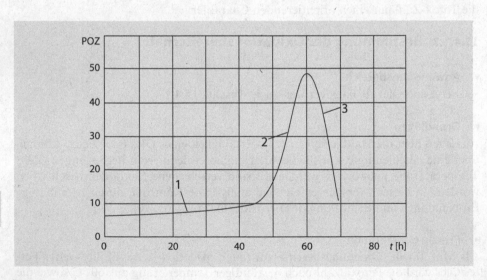

◪ **Abb. 15.10** · Zeitlicher Verlauf der Peroxidzahl bei Temperierung. *Erläuterung:* **1** Induktionsperiode; **2** außer Hydroperoxiden entstehen auch Peroxide anderer Struktur; **3** beginnende Polymerisierungsreaktionen und Zerfall der Peroxide

15

◘ Tab. 15.12 Zur Haltbarkeit von Fetten und Ölen

POZ (nach 48 h bei 60 °C)	Aussage
8–12	Haltbar
20–24	Bedingt haltbar (3–4 Monate)
>24	Muss raffiniert werden

15.4.1.8 Bestimmung der Halbmikro-Buttersäurezahl

■ **Anwendungsbereich**
— Milcherzeugnisse, auch beispielsweise Fettmischungen mit Butter
— Lebensmittel mit Milch- oder Butterzusatz (wie Feine Backwaren, Brot, Toastbrot, Kleingebäck aus Brotteigen, Kekse, Milchschokoladen) jeweils nach Isolierung des Fettanteils nach der Methode von Weibull-Stoldt (► Abschn. 15.2.2).

■ **Grundlagen**
Die **Halbmikro-Buttersäurezahl** (HBsZ, engl. semi-micro butyric acid value) ist ein Maß für den Gehalt eines Fettes an Buttersäure. Bei reinem Milchfett schwankt die HBsZ je nach Zusammensetzung (abhängig von Provenienz, Rasse, Fütterung etc.) zwischen 16,6 und 22,7 bei einem Mittelwert für Berechnungen von 20 (nach [76]).

Die Ermittlung der HBsZ lässt eine Rückrechnung auf den Milchfettgehalt von milchfetthaltigen Produkten zu (z. B. Milchfett- bzw. Buttergehaltsbestimmung in Butterkuchen).

Zur Bestimmung des **Milchfettgehaltes** kann auch die Gaschromatographie herangezogen werden (vgl. hierzu ► Abschn. 15.4.3.3) [74–78].

Halbmikro-Buttersäurezahl (HBsZ) – Definition

Die **Halbmikro-Buttersäurezahl** gibt an, wie viel mL Natriumhydroxid-Maßlösung ($c = 0,01$ mol/L) notwendig sind, um diejenigen aus 0,5 g Fett erhaltenen flüchtigen Fettsäuren zu neutralisieren, die in einer mit Kaliumsulfat und Caprylsäure gesättigten, schwefelsauren Lösung löslich sind.

■ **Prinzip der Methode**
Der aus den Lebensmittelproben isolierte, wasserfreie Fettanteil wird mit ethanolischer Kaliumhydroxid-Lösung verseift, nach Zugabe von Glycerin das Ethanol abdestilliert und die getrocknete Seife in Kaliumsulfat-Lösung gelöst. Nach dem Zusatz von Kokosseifenlösung werden die Fettsäuren mit Schwefelsäure freigesetzt, die löslichen Fettsäuren abfiltriert und das Filtrat einer Wasserdampfdestillation unterworfen. Das Destillat wird mit Natronlauge gegen Phenolphthalein als Indikator titriert.

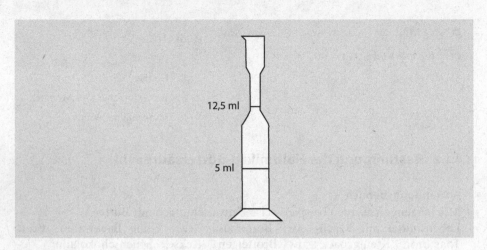

▫ Abb. 15.11 12,5-mL-Röhrchen nach Beckel. *Erläuterung:* siehe Text

■ **Durchführung**

■■ **Geräte und Hilfsmittel**

— Heizplatte
— Vollpipetten: 0,5 mL, 1 mL, 5 mL, 15 mL
— Stehkolben mit Schliff NS 29 oder 14,5: 100 mL
— Rückflusskühler mit Schliff NS 29 oder 14,5
— Erlenmeyerkolben: 100 mL
— Becherglas: 50 mL
— Destillationsapparatur mit Schliffansatz NS 29 oder 14,5 (▫ Abb. 15.12)
— Röhrchen nach Beckel: 11,0 mL und 12,5 mL (▫ Abb. 15.11)
— Bürette: 10 mL
— Faltenfilter: mittelhart, Ø 90 mm

■■ **Chemikalien (p. a.)**

— Natriumsulfat: getrocknet
— Kaliumhydroxid-Lösung (Kalilauge): 49%ig, d (20 °C) = 1,5 g/mL
— Ethanol: 95 Vol.-%ig
— Ethanolische Kaliumhydroxid-Lösung (KOH-Lösung): 40 mL der Kalilauge (49%ig) werden mit 40 mL dest. Wasser vermischt und mit Ethanol (95 Vol.-%ig) zu 1000 mL aufgefüllt. (Der Ethanol-Gehalt dieser Lösung soll nicht über 90 Vol.-% liegen. 5 mL der Lösung sollen bei der Titration mit Phenolphthalein als Indikator 25–27 mL einer Salzsäure (c = 0,1 mol/L) verbrauchen. Andernfalls muss die ethanolische KOH-Lösung entsprechend eingestellt werden.)
— Natriumhydroxid-Maßlösung: c = 0,01 mol/L
— Schwefelsäure: 25%ig
— Gesättigte Kaliumsulfat-Lösung (bei 20 °C etwa 10 g K_2SO_4 in 100 g wässriger Lösung)
— Phenolphthalein-Lösung: 1%ig in Ethanol

- Glycerin: rein, ca. 87%ig
- Kakaobutter: frisch
- Kieselgur: gereinigt
- Kokosfett: rein, raffiniert, nicht gehärtet (Schmelzpunkt etwa 24–26 °C), z. B. Palmin®
- Kokosseifenlösung: 10 g Kokosfett, 10 mL Ethanol und 4 mL Kalilauge (49%ig) werden in einem 100-mL-Stehkolben auf dem siedenden Wasserbad am Rückflusskühler bis zur Ausbildung einer klaren Lösung erhitzt und danach noch 10 min siedend gehalten (Verseifung des Kokosfettes). Nach Abdampfen des Ethanols wird die Seife bei 110 °C im Trockenschrank bis zum Verschwinden des Ethanolgeruchs getrocknet, anschließend mit dest. Wasser gelöst, in einen 100-mL-Messkolben überführt und mit dest. Wasser bis zur Marke aufgefüllt.
- Bimssteingrieß
- Wasser: frisch destilliert, CO_2-frei

■■ Probenvorbereitung
(a) Fetthaltige Lebensmittel
Aus den vorgetrockneten, zerkleinerten Proben wird der Fettanteil nach Säureaufschluss (Methode nach Weibull-Stoldt, ▸ Abschn. 15.2.2) gewonnen und das extrahierte Fett 1 h lang bei 105 °C getrocknet (Kolben schräg legen). Die Probeneinwaage richtet sich nach dem Fettgehalt der Lebensmittel, soll aber so bemessen sein, dass etwa 1 g Fett gewonnen werden kann.

(b) Wasserhaltige Fettmischungen
Bei Fettmischungen mit Wasseranteil (z. B. Butter/Margarine) wird zur Entfernung des Wassers folgende Schnellmethode angewandt: ca. 20 g Fettprobe werden in ein 50-mL-Becherglas gegeben und für 30 min bei 105 °C im Trockenschrank erhitzt. Die obere Phase (flüssiges Fett) wird abgenommen, durch ein mit getrocknetem Natriumsulfat befülltes Faltenfilter filtriert und das klare Filtrat für die *HBsZ*-Einwaage verwendet.

■■ Bestimmung
(a) Hauptversuch
Verseifung: 500–520 mg wasserfreies Fett werden in einen 100-mL-Stehkolben genau eingewogen und nach Zugabe von 5,0 mL ethanolischer Kaliumhydroxid-Lösung und einigen Bimssteinkörnchen auf dem siedenden Wasserbad am Rückflusskühler vollständig verseift. Nachdem die Seifenlösung klar geworden ist (d. h. keine *Fettaugen* mehr erkennbar sind), noch kurze Zeit weiter sieden lassen, so dass die Gesamtsiedezeit etwa 15 min beträgt, den Rückflusskühler entfernen, 1 mL Glycerin hinzugeben und den offenen Kolben weiter erhitzen, bis das Ethanol größtenteils verdampft ist. Dies ist an dem eintretenden stärkeren Schäumen der Seifenlösung erkennbar. Zur vollständigen Entfernung des Ethanols wird der Kolben im Liegen 1 h bei 105 °C im Trockenschrank erhitzt. Freisetzen der Fettsäuren: Unmittelbar nach dem Herausnehmen des Stehkolbens aus dem

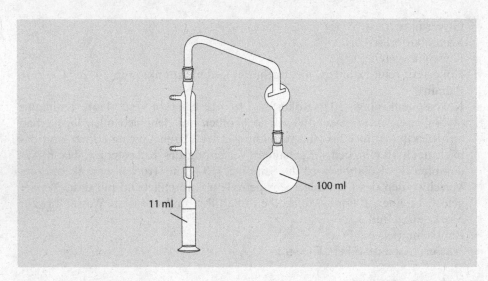

□ Abb. 15.12 Destillationsapparatur für die Bestimmung der HBsZ mit 11-mL-Beckel-Röhrchen (Nach [74]). *Erläuterungen:* siehe Text

Trockenschrank wird der Inhalt mit 15,0 mL gesättigter Kaliumsulfat-Lösung versetzt und so lange kräftig geschüttelt, bis sich die Seife gleichmäßig verteilt hat. Liegen zähe, schwer lösliche Seifen vor, so wird der verschlossene Kolben nochmals kurz im Trockenschrank erwärmt.

Die homogene Lösung wird nach Abkühlen auf Raumtemperatur in einem Wasserbad von 20 °C temperiert, der Reihe nach unter jeweiligem Umschwenken 0,5 mL Schwefelsäure, 1 mL Kokosseifenlösung und 0,1 g Kieselgur (als Filtrationshilfsmittel) zugegeben und erneut etwa 5 min in dem auf genau 20 °C eingestellten Wasserbad temperiert. Der Kolbeninhalt ($V_1 = 17,5$ mL) wird kräftig geschüttelt und durch ein Faltenfilter in ein Röhrchen nach Beckel (□ Abb. 15.11) filtriert, bis zur Marke bei 12,5 mL (= V_2). Um genügend Filtrat zu erhalten, kann es evtl. notwendig sein, den Rückstand im Filter mit Hilfe eines Reagenzglases (oder Glasstabes) etwas auszupressen.

Destillation: Das Filtrat wird in einen 100-mL-Stehkolben umgefüllt, das Beckel-Röhrchen mit 5 mL CO_2-freiem dest. Wasser nachgespült und ebenfalls in den Stehkolben entleert. Nach der Zugabe von einigen Bimssteinkörnern wird der Kolben an die Destillationsapparatur (□ Abb. 15.12) angeschlossen und in ein 11-mL-Beckel-Röhrchen (siehe ebenfalls □ Abb. 15.11) bis zum Erreichen der Marke destilliert.

Titration: Das Destillat wird quantitativ aus dem Röhrchen unter Nachspülen mit insgesamt 5 mL CO_2-freiem dest. Wasser in einen 100-mL-Erlenmeyerkolben überführt und nach Zugabe von 1–2 Tropfen Phenolphthalein-Lösung mit der Natriumhydroxid-Maßlösung auf schwache Rosa-Färbung titriert. Die Färbung soll mindestens 30 s bestehen bleiben.

(b) Blindversuch

In gleicher Weise wie unter a) beschrieben wird ein Blindversuch mit 500 mg Kakaobutter-Einwaage durchgeführt. Der ermittelte Verbrauch b an Natrium-hydroxid-Maßlösung ($c = 0{,}01$ mol/L) soll bei 500 mg Kakaobutter zwischen 0,6 und 1,0 mL betragen.

Werden nicht genau 500 mg Kakaobutter eingewogen, ist der Verbrauch b an Natriumhydroxid-Maßlösung ($c = 0{,}01$ mol/L) für genau 500 mg Kakaobutter nach folgender Gleichung zu korrigieren:

$$b\,[\text{ml}] = \frac{b_0 \cdot 500}{E_0}$$

mit

b – Verbrauch an Natriumhydroxid-Maßlösung ($c = 0{,}01$ mol/L) in mL, für genau 500 mg Kakaobutter

b_0 – Verbrauch an Natriumhydroxid-Maßlösung ($c = 0{,}01$ mol/L) in mL für E_0

E_0 – Einwaage an Kakaobutter in mg

■ **Auswertung**

Die Halbmikro-Buttersäurezahl (*HBsZ*) wird nach folgender Gleichung berechnet:

$$HBsZ = \frac{(a - b) \cdot 1{,}4 \cdot 500}{E}$$

mit

a – Verbrauch an Natriumhydroxid-Maßlösung ($c = 0{,}01$ mol/L) im Hauptver-such in mL

b – Verbrauch an Natriumhydroxid-Maßlösung ($c = 0{,}01$ mol/L) im Blindversuch in mL

1,4 – Umrechnungsfaktor ($V_1/V_2 = 17{,}5/12{,}5$)

E – Fetteinwaage in mg

Besteht der Gesamtfettanteil der Probe aus Milchfett und Fremdfett, kann der Milchfettanteil in der Probe bzw. der Milchfettanteil im Gesamtfett nach folgenden Gleichungen berechnet werden:

$$Milchfett\ in\ der\ Probe\ [\%] = \frac{Gesamtfett\ [\%] \cdot HBsZ}{20}$$

$$Milchfett\ im\ Gesamtfett\ [\%] = \frac{Milchfett\ in\ der\ Probe\ [\%] \cdot 100}{Gesamtfett}$$

15.4.1.9 Bestimmung der Unverseifbaren Anteile

■ **Anwendungsbereich**
— Fette und Öle

■ **Grundlagen**

Die Bestimmung der **Unverseifbaren Anteile** (UVA oder **Unverseifbares,** UV, engl. unsaponifiable matter) dient zur Reinheitsprüfung und Beurteilung von Fetten und Ölen. Sie umfassen die natürlichen unverseifbaren, mit bestimmten lipophilen Lösungsmitteln extrahierbaren Bestandteile wie Sterine, Kohlenwasserstoffe, Alkohole u. a. sowie evtl. vorhandene, mit Wasserdampf nichtflüchtige, unverseifbare organische Verunreinigungen wie Mineralöle u. dgl.

> **Unverseifbares – Definition**
>
> Als **Unverseifbares** wird die Summe derjenigen Bestandteile eines Fettes oder Öles bezeichnet, die nach der Verseifung aus wässrig-alkalischer Lösung mit Petroleumbenzin bzw. Diethylether extrahierbar sind und nach Trocknung bei $103\,°C \pm 2\,°C$ als nichtflüchtiger Rückstand ausgewogen werden. Dazu gehören Sterole, Tocopherole, Kohlenwasserstoffe (u. a. Squalen, aber auch Mineralölkohlenwasserstoffe wie MOSH und MOAH, vgl. ▶ Abschn. 20.3.2) und Triterpenalkohole. Die Angabe erfolgt in Massenprozent.

Zur Extraktion wird im Allgemeinen Petroleumbenzin eingesetzt (sog. **Petrolether-Methode**). Diese, im nachfolgenden angegebene Methode, ist auf alle Fette und Öle anwendbar, mit Ausnahme von solchen, die einen Gehalt von mehr als 3 % an Unverseifbarem aufweisen – und mit Ausnahme von Seetierölen. Bei Fetten und Ölen mit höheren Gehalten und bei Seetierölen ist wegen der begrenzten Löslichkeit der Verbindungen in Petroleumbenzin grundsätzlich die Methode mit Diethylether als Extraktionsmittel anzuwenden (sog. **Diethylether-Methode**). Die Methoden sind standardisiert worden. Bei der Angabe des Ergebnisses ist das Extraktionsmittel stets anzugeben [79–82].

■ **Prinzip der Methode**

Die Fette werden mit ethanolischer Kaliumhydroxid-Lösung verseift, und das Unverseifbare wird aus der verdünnten Seifenlösung mit Petroleumbenzin extrahiert. Nach dem Abdampfen des Lösungsmittels und anschließendem Trocknen wird der Rückstand gewogen.

15

■ **Durchführung**

■■ **Geräte und Hilfsmittel**

— Rotationsverdampfer
— Messzylinder: 50 mL, 100 mL
— Rundkolben mit Schliff NS 29: 250 mL
— Rückflusskühler mit Schliff NS 29
— Scheidetrichter: 500 mL
— Exsikkator
— Rundfilter: Ø 110 mm
— pH-Papier

■■ **Chemikalien (p. a.)**
- Ethanol: 96Vol.-%ig
- Ethanol: 50Vol.-%ig
- ethanolische Kaliumhydroxid-Lösung: etwa 2 mol/L, mit einem Gehalt von mindestens 90 Vol.-% Ethanol
- Petroleumbenzin: Siedeende nicht über 50 °C
- Natriumsulfat: getrocknet
- Siedesteine

■■ **Bestimmung**
(a) Verseifung
Etwa 5 g der Probe werden auf ± 5 mg genau in den Rundkolben eingewogen, mit 50 mL der ethanolischen Kaliumhydroxid-Lösung versetzt und 1 h lang am Rückfluss auf dem Wasserbad verseift, wobei gelegentlich umzuschütteln ist. Die erhaltene, warme Seifenlösung wird in einen Scheidetrichter (A) überführt und der Kolben mit insgesamt 50 mL dest. Wasser in mehreren Teilportionen nachgespült.

(b) Extraktion
Nach Abkühlen werden 100 mL Petroleumbenzin in den Scheidetrichter A zugefügt, kräftig geschüttelt und bis zur klaren Phasentrennung stehen gelassen. Falls sich Emulsionen bilden, können diese durch Zudosierung geringer Mengen (<1–2 mL) Ethanol (50Vol.-%ig), die vorsichtig an der Innenseite des Scheidetrichters unter Drehen zulaufen gelassen werden, zerstört werden. Danach wird die wässrige Seifenlösung (untere Phase) in einen zweiten Scheidetrichter B abgelassen.

Zu der Petroleumbenzinphase in Scheidetrichter A werden 40 mL dest. Wasser gegeben, es wird umgeschwenkt und die wässrige Phase in den Scheidetrichter B abgelassen. Anschließend werden nochmals 40 mL dest. Wasser zu der Petroleumbenzinphase in Scheidetrichter A gegeben, umgeschwenkt und stehen gelassen.

Die Seifenlösung in Scheidetrichter B wird zur zweiten Extraktion mit 100 mL Petroleumbenzin versetzt, geschüttelt, bis zur klaren Phasentrennung stehen gelassen und dann die wässrige Seifenlösung in einen dritten Scheidetrichter C, die Petroleumbenzinphase in den Scheidetrichter A abgelassen.

Die Petroleumbenzinphase in Scheidetrichter A wird nochmals mit 40 mL dest. Wasser ausgeschüttelt und nach erfolgter Phasentrennung die Wasserphase in den Scheidetrichter C abgelassen und mit den darin befindlichen Seifenlösungen vereinigt. Die Petroleumbenzinphase in Scheidetrichter A wird mit 50 mL Ethanol (50Vol.-%ig) gewaschen, bis die Waschflüssigkeit neutral reagiert. Anschließend wird eine Spatelspitze (ca. 1–2 g) Natriumsulfat (trocken) in die Petroleumbenzinphase gegeben und unter gelegentlichem Umschwenken 10 min lang getrocknet.

(c) Einengen und Auswägen

Die getrocknete Petroleumbenzinphase in Scheidetrichter A wird durch ein Rundfilter in einen zuvor getrockneten und mit Siedesteinen gewogenen 250-mL-Rundkolben filtriert, der Scheidetrichter, das Trockenmittel sowie das Rundfilter sorgfältig nachgewaschen, der Rundkolben an einen Rotationsverdampfer gehängt und das Petroleumbenzin abgezogen. Der Kolben wird dann zum Trocknen für 30 min in einen auf 103 °C ± 2 °C eingestellten Trockenschrank gelegt, im Exsikkator abgekühlt und auf ± 1 mg konstant gewogen.

▪ Auswertung

Der Gehalt *Unverseifbares (Petroleumbenzin)* wird nach folgender Gleichung berechnet:

$$Unverseifbares\ (Petroleumbenzin)\ [\%] = \frac{(m_2 - m_1)}{E} \cdot 100$$

mit

m_1 – Masse des leeren Rundkolbens in g

m_2 – Masse von Rundkolben und den unverseifbaren Anteilen in g

E – Fetteinwaage in g

15.4.2 Spektrometrische Methoden

Diese Methoden basieren auf der Messbarkeit der Wechselwirkung von elektromagnetischer Strahlung bestimmter Energiebereiche mit Molekülen der Fettprobe, so dass qualitative und quantitative Aussagen hinsichtlich relevanter Strukturelemente möglich sind. Bedeutung zur Charakterisierung von Fetten/Ölen haben insbesondere die Ultraviolett (UV)- und Infrarot (IR)-Spektroskopie erlangt. Basisinformationen zu Theorie und Praxis der optischen Verfahren enthält ▶ Kap. 8.

15.4.2.1 Charakterisierung von Fetten und Ölen anhand des UV-Spektrums

▪ Anwendungsbereich

— Fette und Öle

▪ Grundlagen

Das **UV-Spektrum** kann sowohl zur qualitativen Analyse einer Substanz (durch Auswertung der Bandenlage) als auch zur quantitativen Bestimmung (anhand der Bandenintensität) herangezogen werden. Durch das Auftreten von Absorptionsbanden in Wellenlängenbereichen, die für bestimmte Strukturelemente charakteristisch sind, lassen sich Aussagen über Alterungsprozesse und die Raffination von Fetten/Ölen ableiten:

1. Bei der Alterung nimmt der Anteil an konjugierten Dien-Strukturen infolge von Spaltung und Umlagerung der Fettsäuren zu. Aus den Isolen-Strukturen der Fettsäuren (isolierte Doppelbindungen) entstehen dann Konjuen-Strukturen (konjugierte Doppelbindungen, wie Konju-Dien).
2. Bei der Raffination werden durch Abbau autoxidativ entstandener Hydroperoxide Konju-Trien- und Konju-Tetraen-Fettsäuren gebildet, die in unbehandelten Fetten/Ölen nicht auftreten.

Bei unraffinierten, naturbelassenen Fetten/Ölen sind außer der Dien-Bande, deren Intensität vom Alterungsgrad des Fettes abhängt, im kurzwelligen UV-Bereich keine weiteren ausgeprägten Absorptionsbanden erkennbar. Dagegen erscheinen bei raffinierten Fetten/Ölen zusätzlich Trien-Banden, die infolge der höheren Konjugation der Doppelbindungen bei längeren Wellenlängen auftreten; außerdem werden gelegentlich Tetraen-Banden beobachtet (vgl. ◘ Tab. 15.13).

Bei der Alterung frischer und raffinierter Fette/Öle nimmt die Intensität der Dien-Bande zu. Die Trien- (und Tetraen-)Banden im Spektrum der raffinierten Fette bleiben in Gegensatz dazu unverändert [83, 86].

■ **Prinzip der Methode**

Die Probe wird in *iso*-Octan gelöst und ein UV-Spektrum aufgenommen. Um eine Überlagerung mit dem Spektrum der Isolenfettsäuren zu vermeiden, werden diese gegenkompensiert, das heißt, die zu prüfende Lösung wird nicht wie üblich gegen reines Lösungsmittel gemessen, sondern gegen die Lösung einer ähnlich

◘ **Tab. 15.13** Strukturmerkmale von Fettsäuren und deren UV-Absorptionsbanden

Fettsäuretyp	Strukturmerkmal	Absorptionsbanden in nm
Isolen-		<210
(Konju-)Dien-		230–240
(Konju-)Trien-		3 Banden: 258, 268, 279
(Konju-)Tetraen-		300–316

wie Isolenfettsäuren absorbierenden Substanz beispielsweise Stearinsäuremethyl-
lester (Differenzspektroskopie).

- **Durchführung**
- ■ **Geräte und Hilfsmittel**
- — UV-Spektralphotometer (▶ Abschn. 8.2)
- — Quarzküvetten: $d = 1$ cm
- — Messkolben: 100 mL

Chemikalien (p. a.)
- — *iso*-Octan: zur UV-Spektroskopie
- — Stearinsäuremethylester
- — Lösung zur Gegenkompensation: 1%ig Stearinsäuremethylester, in *iso*-Octan

■ ■ **Bestimmung**
Einwaage: 0,25 g bei Erdnuss-, Sonnenblumen-, Raps-, Maiskeim- und Sojaöl
bzw. 0,5 g bei Olivenöl.

Das zu untersuchende Öl wird in den 100-mL-Messkolben eingewogen und
mit *iso*-Octan bis zur Marke aufgefüllt. Diese Lösung sowie die Lösung zur
Gegenkompensation werden in je eine Küvette gefüllt. Anschließend wird das
Differenzspektrum der Lösung unter Gegenkompensation im Bereich von 225–
300 nm registriert.

- **Auswertung**
Die Auswertung des UV-Spektrums erfolgt anhand von ◨ Tab. 15.13. Eine typische Absorptionskurve ist in ◨ Abb. 15.13 (Kurve ① (Abschn. 15.5.2.2) dargestellt.

15.4.2.2 Nachweis der Fettraffination mittels UV-Spektrometrie

- **Anwendungsbereich**
- — Fette und Öle: als Folgeversuch zu ▶ Abschn. 15.4.2.1

15

- **Grundlagen**
Der Einfluss der **Raffination** (engl. fat refining) auf den Gehalt der Dien- bzw.
Trien-Fettsäuren kann durch UV-Spektrenvergleich der Originalölprobe mit einer Ölprobe verdeutlicht werden, die einer Bleicherdebehandlung (⇨ *Proberaffination*) unterzogen wurde.

Bleicherden (Fullererde, Floridaerde, Bentonite, Walkerde) sind kolloidale,
feinstzerteilte, wasserhaltige Al–Mg-Silikate aus der Montmorillonitgruppe mit
hohem Adsorptionsvermögen. Sie entfernen adsorptiv unerwünschte Farbstoffe
wie Carotinoide, Chlorophyll, Blutfarbstoffe (bei Seetierölen) sowie auch Schwer-
metallspuren, Seifenreste und Autoxidationsprodukte. Neben der Farbaufhellung

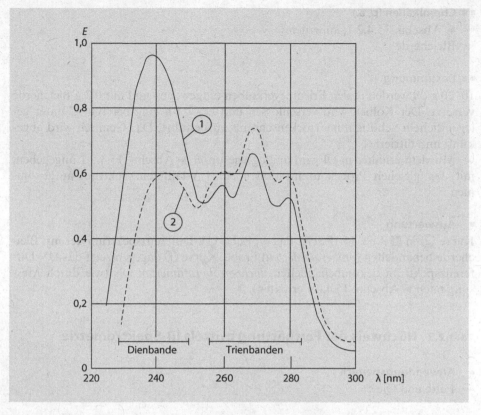

Abb. 15.13   UV-Absorptionsspektren (Differenzspektren). *Erläuterung:* ① Öl (raffiniert, gealtert): jedoch ohne zusätzliche Behandlung mit Bleicherde; ② Öl (dasselbe wie bei ①): jedoch zusätzlich mit Bleicherde behandelt. E Extinktion; λ Wellenlänge. *Weitere Erläuterungen:* siehe Text

der Fette/Öle spielt auch die Entfernung von Stoffen, die die Geruchs- oder Geschmackseigenschaften beeinflussen (z. B. geruchsintensive Carbonyle) oder die Haltbarkeit beeinträchtigen können, eine wichtige Rolle [87–88].

■ **Prinzip der Methode**
Von der Fett-/Ölprobe wird vor und nach einer Bleicherdebehandlung (⇒ *Proberaffination*) ein UV-Spektrum aufgenommen. Die Änderung der UV-Absorption bestimmter Wellenlängenbereiche (▶ Abschn. 15.4.2.1) lässt dann Rückschlüsse auf eine Vorbehandlung des Fettes/Öles zu.

■ **Durchführung**
■■ **Geräte und Hilfsmittel**
— ▶ Abschn. 15.4.2.1; außerdem:
— Erlenmeyerkolben mit Schliff NS 29:100 mL
— Faltenfilter

■ ■ **Chemikalien (p. a.)**
— ▶ Abschn. 15.4.2.1; außerdem:
— Bleicherde

■ ■ **Bestimmung**
10–20 g Öl werden in den Erlenmeyerkolben eingewogen und mit 0,2 g Bleicherde versetzt. Der Kolben wird verschlossen und etwa 1 h lang bei 100 °C unter gelegentlichem Schütteln im Trockenschrank aufbewahrt. Das Gemisch wird abgekühlt und filtriert.

Mit dem erhaltenen Öl wird analog wie unter ▶ Abschn. 15.4.2.1 angegeben, mit den gleichen Probekonzentrationen ein UV-Differenzspektrum aufgenommen.

■ **Auswertung**
Kurve ② in ◘ Abb. 15.13 zeigt das typische UV-Differenzspektrum der mit Bleicherde behandelten (*proberaffinierten*) Probe. Kurve ① dagegen zeigt das UV-Differenzspektrum des unbehandelten, *nicht-proberaffinierten* Öls (wie durch Messung nach ▶ Abschn. 15.4.2.1 erhalten).

15.4.2.3 Nachweis der Fetthärtung mittels IR-Spektrometrie

■ **Anwendungsbereich**
— Fette und Öle

■ **Grundlagen**
Zur **Härtung** (engl. fat hardening), das heißt, zur Erhöhung des Schmelzpunktes von Fetten kann eine Hydrierung (engl. hydrogenation) durchgeführt werden. Diese kann vollständig oder teilweise durchgeführt werden. Bei der **Teilhärtung** werden neben der eigentlichen Addition von Wasserstoff (Hydrierung) an Doppelbindungen auch die natürlich vorkommenden cis-substituierten Fettsäuren in die entsprechenden trans-Konfigurationen überführt. So kann z. B. Ölsäure in ihr thermodynamisch stabileres Stereoisomer, die Elaidinsäure, übergehen (◘ Abb. 15.14). Bei der **Vollhärtung** gehen dagegen alle ungesättigten Fettsäuren in gesättigte Fettsäuren über.

Derartige Veränderungen an Strukturelementen wie der vorliegenden Doppelbindung lassen sich mit Hilfe der IR-Spektrometrie nachweisen, da die genaue

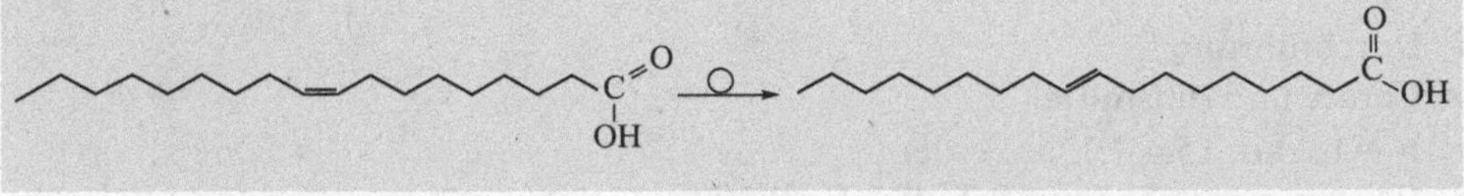

◘ **Abb. 15.14** Entstehung von trans-Isomeren am Beispiel (cis)-Ölsäure → Elaidinsäure (trans-Öl-säure). *Erläuterungen:* siehe Text

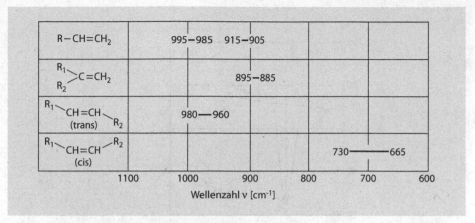

□ Abb. 15.15 Bandenlage der *out-of-plane* Deformationsschwingungen unterschiedlich substituierter Olefine (Nach [90]). *Erläuterungen:* siehe Text

spektrale Lage der IR-Absorptionsbanden durch die jeweiligen Schwingungsformen der einzelnen Moleküleile bestimmt wird (□ Abb. 15.15). Öle/Fette mit weniger als 3 % trans-Fettsäuren können als nicht gehärtet angesehen werden, während Fette mit 15–30 % als wenig gehärtet, solche mit mehr als 30 % trans-Fettsäuren als stark gehärtet gelten. Zu beachten ist, dass trans-Fettsäuren auch natürlich vorkommen können. Sie werden im Magen der Wiederkäuer durch hydrierende Enzyme von Pansenmikroorganismen gebildet und gehen von dort in Depot- und Milchfett über. Rinderfett enthält ca. 3,5–10 %, Butter etwa 4–11 % sowie Schaf- und Ziegenfett bis zu 12 % trans-Fettsäuren. trans-Fettsäuren können auch bei der Autoxidation und der Raffination entstehen [89–91].

- **Prinzip der Methode**

Das Vorliegen von trans-Fettsäuren kann anhand der IR-Absorptionsbande bei 960–980 cm^{-1} (□ Abb. 15.16) qualitativ nachgewiesen werden. Eine quantitative Bestimmung ist durch Ermittlung der Extinktion und Vergleich mit der entsprechenden Bande einer Standardsubstanz möglich. Als Berechnungsgrundlage dient Elaidinsäure, da Ölsäure (⟹ ihr cis-Isomer) in allen natürlichen Fetten enthalten ist.

- **Durchführung**
- **■ Geräte und Hilfsmittel**
- — IR-Spektralphotometer (▶ Abschn. 8.3)
- — IR-Flüssigkeitsküvetten: NaCl- oder KBr-Fenster
- — Spritze mit abgestumpfter Nadel: 2–10 mL
- — Messkolben: 10 mL

- **■ Chemikalien (p. a.)**
- — Schwefelkohlenstoff: zur Spektroskopie
- — Elaidinsäuremethylester (Methylelaidinat) oder Trielaidin

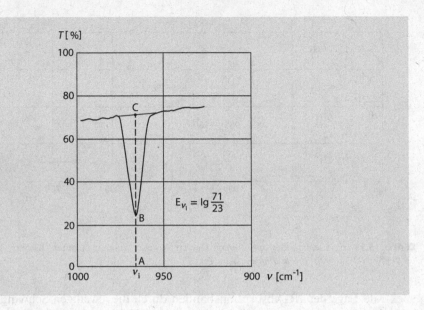

□ Abb. 15.16   Zur quantitativen Auswertung einer IR-Bande. *Erläuterung:* **T** Transmission (Durchlässigkeit); *ν* Wellenzahl; **AC** Transmission der Grundlinie; **AB** Transmission der Bande. *Weitere Erläuterungen:* siehe Text

— Kalibrierlösung:
  0,2 g Methylelaidinat oder Trielaidin werden auf ± 0,5 mg in einen
  10-mL-Messkolben eingewogen und mit Schwefelkohlenstoff bis zur Marke
  aufgefüllt
— Natriumsulfat: getrocknet

▪ **Probenvorbereitung**
Feste Fette mit einem höheren Wasser-Gehalt werden vor dem Lösen geschmolzen, mit Natriumsulfat (trocken) zum Trocknen versetzt und heiß filtriert.

15

▪▪ **Bestimmung**
0,2 g Fettprobe werden auf ± 0,5 mg genau in einen 10-mL-Messkolben eingewogen und mit Schwefelkohlenstoff bis zur Marke aufgefüllt. Probelösung bzw. Kalibrierlösung werden mit der Spritze luftblasenfrei in die Flüssigkeitsküvetten gefüllt und nacheinander jeweils gegen Schwefelkohlenstoff die IR-Spektren aufgenommen.
    Die Transmission der IR-Bande zwischen 960 cm^{-1} und 980 cm^{-1} sollte zwi-
schen 20 % und 70 % liegen; andernfalls wird die Messung mit einer angepassten
Probenkonzentration wiederholt.

- **Auswertung**

(a) Qualitativer Nachweis

Beim Auftreten einer Absorptionsbande zwischen $960\ cm^{-1}$ und $980\ cm^{-1}$ liegen trans-Fettsäuren vor.

(b) Quantitative Bestimmung der trans-Fettsäuren

Die Extinktion E einer IR-Bande einer bestimmten Wellenzahl v_i entspricht dem dekadischen Logarithmus des Quotienten aus Transmission der Grundlinie $(\overline{AC})$ in % und Transmission der Bande $(\overline{AC})$ in %. Ein Beispiel hierzu kann ◙ Abb. 15.16 entnommen werden.

$$E_{v_i} = lg\frac{(\overline{AC})v_i}{(\overline{AB})v_i}$$

Der prozentuale Gehalt an *trans-Fettsäuren* (bezogen auf Elaidinsäure) in der Probe kann nach folgender Gleichung berechnet werden:

trans-Fettsäuren (als Elaidinsäure) $[\%] = \dfrac{E_p}{E_0} \cdot 100$

mit

E_p – Extinktion der Probe

E_o – Extinktion der Kalibrierlösung

15.4.3 Chromatographische Methoden

Je nachdem, welche der vielen chromatographischen Methoden zur Anwendung kommt, lassen sich unterschiedliche Trennungen der Bestandteile eines Fettes/Öls vornehmen und daraus entsprechende Aussagen ableiten. In der Fettanalytik haben wegen der starken Lipophilie der Verbindungen insbesondere gaschromatographische Methoden (GC) Bedeutung erlangt. Wichtige von ihnen werden hier behandelt. Zur besonderen Feinauflösung verschiedener Isomere bei Trigyceriden sind auch spezielle HPLC-Methoden entwickelt worden (diese sind hier allerdings nicht Thema). Zur schnellen Charakterisierung eines Fettes kann in einfachen Fällen auch die Dünnschichtchromatographie (DC) an Umkehr-Phasen mit Erfolg herangezogen werden, wie im Folgenden gezeigt wird. Zur Theorie und Praxis der chromatographischen Verfahren ► Kap. 5.

15.4.3.1 Charakterisierung von Fetten und Ölen mittels DC

- **Anwendungsbereich**
- Fette und Öle

■ **Grundlagen**

Die **Dünnschichtchromatographie** eignet sich zur raschen und einfachen Charakterisierung von typenreinen Fetten und Ölen. Gemische von verschiedenen Fetten bzw. Ölen werden jedoch nur bedingt aufgetrennt, so dass eine Charakterisierung der Komponenten Schwierigkeiten bereitet. In solchen Fällen ist eine Trennung und Identifizierung mit Hilfe der Gaschromatographie (▶ Abschn. 15.4.3.2 bis 15.4.3.6) durchzuführen.

■ **Prinzip der Methode**

Triglyceride werden dünnschichtchromatographisch an **Umkehr-Phasen-Material** (engl. Reversed Phase, RP-Material) unterschiedlich stark retardiert und dadurch getrennt. Der Nachweis erfolgt durch Farbreaktion mit Molybdatophosphorsäure. Die Verwendung von DC-Platten mit einer speziellen Konzentrierungszone bewirkt, dass die als großflächige Flecken aufgetragenen Testlösungen zu einer Startbande zusammengezogen werden (Konzentrierungseffekt). Bei der anschließenden Entwicklung treten scharf getrennte Banden auf, die sich visuell sehr gut differenzieren lassen. Auf diese Weise ist es möglich, ohne aufwändige instrumentelle DC-Auftragegeräte bandenförmige Trennungen vorzunehmen.

■ **Durchführung**

■■ **Geräte und Hilfsmittel**

— ▶ Abschn. 5.2; außerdem:

— Messkolben: 5 mL

■■ **Chemikalien (p. a.)**

DC/HPTLC-Platte	RP-18 mit Konzentrierungszone
Laufmittel	Aceton/Acetonitril/Chloroform 5 + 4 + 2 (*v/v/v*)
Vergleichslösungen	10 mg der Vergleichsfette in 5 mL Aceton lösen
Sprühreagenz	1 g Molybdatophosphorsäure in 100 mL Methanol lösen

■■ **Bestimmung**

a) Herstellung der Probelösung

— 10 mg des Fettes bzw. Öls werden in 5 mL Aceton gelöst.

b) DC-Trennung

— Auftragung der Lösungen: 5 µL der Probelösung nach (a) bzw. der Vergleichslösungen.

— Entwicklung: aufsteigend in N-Kammer (ohne Filterpapiereinlage) bis zu einer Laufhöhe von etwa 6 cm (Dauer 10–15 min).

— Die entwickelten Platten werden unter dem Abzug an der Luft oder durch vorsichtiges Aufblasen von Luft (Fön) getrocknet.

15

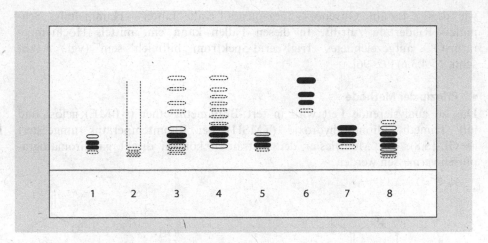

Abb. 15.17 Charakterisierung von Fetten und Ölen mittels RP-DC. *Erläuterung:* **1** Schweinefett; **2** Rinderfett; **3** Erdnussöl; **4** Weizenkeimöl; **5** Olivenöl; **6** Rizinusöl; **7** Sonnenblumenöl; **8** Rapsöl

c) Detektion
- Die entwickelten und getrockneten Platten werden mit dem Sprühreagenz intensiv besprüht und bis zur optimalen Farbausbildung im Trockenschrank auf 110 °C erhitzt (ca. 15 min).

■ Auswertung
Die Triglyceride geben sich durch graublau angefärbte Banden auf gelblich-bläulichem Hintergrund zu erkennen. Charakteristisch für die einzelnen Fette ist die jeweilige Bandenanzahl und -folge sowie deren Lage (r_f-Wert) (vgl. Beispiele in ■ Abb. 15.17).

15.4.3.2 Trennung und Identifizierung von Fettsäuren als Methylester mittels GC-FID

■ Anwendungsbereich
- Fette und Öle
- fetthaltige Lebensmittel nach Isolierung des Fettes nach ▶ Abschn. 15.2.2.

■ Grundlagen
Durch gaschromatographische Analyse der durch Umesterung aus den Triglyceriden gewonnenen **Fettsäuremethylester (FSME,** engl. Fatty Acid Methyl Ester, FAME) kann die qualitative und quantitative Zusammensetzung (Fettsäurespektrum) von pflanzlichen und tierischen Fetten/Ölen ermittelt werden. Vermischungen von Fetten bzw. Ölen lassen sich aufgrund der Kenntnis des Fettsäurespektrums in einer Vielzahl von Fällen jedoch nicht eindeutig nachweisen. So gelingt der Nachweis nicht bei Fetten/Ölen mit sehr ähnlichem Fettsäurespektrum,

wie dies z. B. auf Olivenöl ↔ Teesamenöl, Kakaobutter ↔ Hammeltalg, Sch-
malz ↔ Rindertalg zutrifft. In diesen Fällen kann ein, mittels Hochtempe-
ratur-GC aufgezeichnetes Triglycerid-Spektrum hilfreich sein (vgl. ▶ Abschn. 15.4.3.6) [92–96].

- **Prinzip der Methode**

Das zu analysierende Fett wird in tert.-Butylmethylether (t-BME) gelöst und
mit Trimethylsulfoniumhydroxid (TMSH) bei Raumtemperatur umgeestert
(▶ Gl. 15.8). Die Methylester der Fettsäuren können direkt gaschromatographisch vermessen werden.

Triglycerid   Fettsäuremethylester
                                                                      (15.8)

Methylierung

Zur Herstellung von **Fettsäuremethylestern** (FSME) stehen noch weitere Metho-
denvarianten, wie die **Bortrifluorid-Methode** bzw. das Umesterungsverfahren mit
Kaliumhydroxid zur Verfügung [92].

- **Durchführung**
- ■ **Geräte und Hilfsmittel**
- – Gaschromatograph mit FID (▶ Abschn. 5.3)
- – Reagenzglas mit Schliffstopfen (10 mL)
- – verschiedene Kolbenhubpipetten
- – GC-Vials

- ■ **Chemikalien (p. a.)**
- – tert.-Butylmethylether (t-BME)
- – Trimetylsulfoniumhydroxid (TMSH) in Methanol: $c \geq 0,15$ mol/L
- – Methylester der Speisefettsäuren

▬ Standardlösung:
▬ Zur Ermittlung des FID-Korrekturfaktors wird eine geeignete Standardlösung mit bekannter Konzentration aus den entsprechenden Fettsäuremethylestern in t-BME hergestellt.

■■ **Bestimmung**

(a) Herstellung der Probenlösung:
100 mg Fett werden auf ± 0,1 mg genau in ein Reagenzglas mit Schliffstopfen eingewogen und in 5 mL t-BME gelöst. Zur Herstellung der Messlösung wird 1 mL dieser Lösung in einem GC-Vial mit 0,5 mL TMSH gemischt und kräftig geschüttelt. Die Lösung kann sofort gaschromatographisch vermessen werden.

(b) Herstellung der Kalibrierlösung:
1 mL der Standardlösung wird mit 0,5 mL Methanol versetzt und kann direkt gaschromatographisch vermessen werden.

(c) Kapillar-GC-Parameter:

Trennsäule	Fused Silica Kapillare mit 50 % Cyanopropyl-50 % Methyl-Polysiloxan, Polyethylenglycol oder modifiziertes Polyethylenglycol: ID 0,25 mm, Länge 30 m, Filmdicke 0,25 μm
Temperaturprogramm	40 °C (2,5 min), 20 °C/min bis 160 °C, 4 °C/min bis 220 °C (8 min)
Injektionsvolumen	1 μL
Injektortemperatur	280 °C
Trägergas	Wasserstoff 1,2 mL/min
Split-Flow	120 mL/min
FID-Temperatur	250 °C

■ **Auswertung**

Die Peaks des erhaltenen Gaschromatogramms werden anhand ihrer Retentionszeiten (t_R) einzelnen Fettsäuren zugeordnet. Die Identifizierung erfolgt durch Vergleich mit den unter gleichen Bedingungen aufgenommenen Gaschromatogrammen ausgewählter Referenzsubstanzen bzw. der Standardlösungen (◨ Abb. 15.18).

Aus der für den jeweiligen Fettsäuremethylester ermittelten Peakfläche A_{Std} der Standardlösung und dem bekannten Massenanteil w_{Std} in der Standardlösung wird der Korrekturfaktor K_f des FID-Detektors für diesen Fettsäuremethylester berechnet:

$$K_f = \frac{w(FSME)_{Std} \cdot \sum A(FSME)_{Std} \cdot 100}{A(FSME)_{Std}}$$

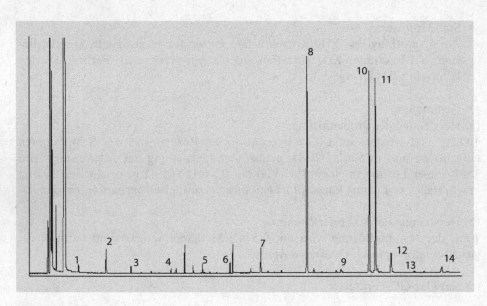

● **Abb. 15.18**   Zuordnung und Identifizierung der Fettsäuren (FSME) anhand ihrer C-Zahlen. *Erläuterung:* **1** C4; **2** C5; **3** C6; **4** C8; **5** C10: **6** C12; **7** C14; **8** C16; **9** C17; **10** C18; **11** C18:1; **12** C18:2; **13** C18:3; **14** C20

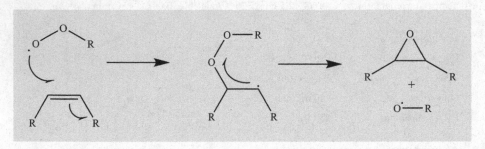

● **Abb. 15.19**   Bildung von Epoxyfettsäuren durch Autoxidation von Fetten und Ölen. *Erläuterungen:* siehe Text

15

mit

K_f – FID-Korrekturfaktor

$w(FSME)_{Std}$ – Massenanteil des FSME in der Standardlösung (%)

$A(FSME)_{Std}$ – Peakfläche des FSME in der Standardlösung

$\Sigma A(FSME)_{Std}$ – Summe aller Peakflächen der FSME in der Standardlösung

Der Anteil der einzelnen Fettsäure w_i in g/100 g Fett berechnet sich wie folgt:

$$w_i = \frac{A(FSME)_i \cdot K_f \cdot 100}{\sum A(FSME)_n}$$

mit

w_i – Massenanteil des FSME in g/100 g Fett

100 – Umrechnungsfaktor auf g/100 g

15.4.3.3 Quantifizierung des Milchfettgehaltes mittels GC-FID

■ **Anwendungsbereich**
— Milcherzeugnisse
— Lebensmittel mit Milch- oder Butterzusatz
— jeweils nach Isolierung des Fettanteils nach der Methode von Weibull-Stoldt (▶ Abschn. 15.2.2).

■ **Grundlagen**
Im Unterschied zum Körperfett von Tieren und zu den meisten pflanzlichen Fetten enthält **Milchfett** auch Glyceride kurzkettiger Fettsäuren. Diese liegen lückenlos mit Kettenlängen ab vier C-Atomen in geradzahliger Form vor. Der **Buttersäure-Gehalt** (Kurzschreibweise: C_4 oder C4) im Milchfett ist annähernd konstant (3,4 %) [101], so dass dieser Analysenwert zur Qualitätskontrolle der oben genannten Produkte herangezogen werden kann. Die Quantifizierung erfolgt hierbei über das Verfahren des Internen Standards, geeignet sind Methylester ungradzahliger Fettsäuren, wie z. B. Valeriansäuremethylester (C_5), die im Fett natürlicherweise nicht vorhanden sind und ähnliche Retentionszeiten wie die Analyten aufweisen [97–104].

■ **Prinzip der Methode**
Das isolierte Fett wird in t-BME gelöst und mit Valeriansäuremethylester (C_5 oder C5) als Internem Standard versetzt. Durch Umesterung mit Trimethylsulfoniumhydroxid (TMSH) werden die Methylester der Fettsäuren dargestellt und können unmittelbar gaschromatographisch vermessen werden.

■ **Durchführung**
■■ **Geräte und Hilfsmittel**
— ▶ Abschn. 15.4.3.2; außerdem:
— graduierte Messkolben verschiedener Größe

■■ **Chemikalien (p. a.)**
— ▶ Abschn. 15.4.3.2; außerdem:
— Buttersäuremethylester
— Valeriansäuremethylester
— Standardlösung I; c = 4 mg/mL:
  je 100 mg Butter- und Valeriansäuremethylester werden auf ± 0,5 mg genau in einen 25-mL-Messkolben eingewogen und mit t-BME auf 25 mL aufgefüllt.
— Interne Stammlösung; c = 4 mg/mL:
  100 mg Valeriansäuremethylester werden auf ± 0,5 mg genau in einen 25-mL-Messkolben eingewogen und mit t-BME auf 25 mL auffüllen.

— Interne Standardlösung; $c = 0,2$ mg/mL:

  5 mL von der Internen Stammlösung in einem 100-mL-Messkolben mit t-BME auf 100 mL auffüllen.

■■ Bestimmung

(a) Herstellung der Probenlösung

▶ Abschn. 15.4.3.2

  Statt 5 mL t-BME werden 5 mL der Internen Standardlösung verwendet.

(b) Herstellung der Kalibrierlösung

▶ Abschn. 15.4.3.2

(c) GC-Parameter

▶ Abschn. 15.4.3.2

■ Auswertung

Zur Quantifizierung wird für Buttersäuremethylester (C_4) der Responsefaktor R_f nach folgender Formel berechnet:

$$R_f = \frac{c(C_4) \cdot A(C_5)}{c(C_5) \cdot A(C_4)}$$

mit

c – Konzentration des FSME

A – Peakfläche des FSME

Der Buttersäure-Gehalt w_{C4} als Methylester in g/100 g Fett wird wie folgt berechnet:

$$w_{C4} = \frac{A(C_4) \cdot c(C_5)_{\text{Probe}} \cdot R_f \cdot 100}{A(ISTD) \cdot m}$$

mit

$c(C_5)_{\text{Probe}}$ – Absolutmenge des Internen Standards in 5 mL Interner Standard-lösung (mg)

A – Peakfläche des FSME

R_f – Responsefaktor des FSME

m – Probeneinwaage [mg]

100 – Faktor zur Umrechnung auf g/100 g

Der Milchfettgehalt $w_{Milchfett}$ in g/100 g Fett berechnet sich nach folgender Formel:

$$w_{Milchfett} = \frac{w_{C4} \cdot 100}{F}$$

mit

F – Durchschnittlicher Gehalt an Buttersäure in Milchfett: 3,1–3,8 % [102]

15.4.3.4 Trennung und Identifizierung von trans-Fettsäuren als Methylester mittels GC-FID

■ **Anwendungsbereich**
— Fette und Öle
— fetthaltige Lebensmittel nach Isolierung des Fettanteils

■ **Grundlagen**
Trans-Fettsäuren sind ungesättigte Fettsäuren mit mindestens einer ungesättigten Doppelbindung in der sog. trans-Konfiguration. Hierbei stehen sich die Wasserstoff-Atome der $C=C$-Doppelbindung diagonal (trans) gegenüber (vereinfachte Darstellung).

Die Konfiguration der Doppelbindung hat Einfluss auf die physikalischen und chemischen Eigenschaften von Fetten, wie den Schmelzpunkt. Fettsäuren mit trans-konfigurierter Doppelbindung weisen ähnliche Eigenschaften wie gesättigte Fettsäuren auf. Im Gegensatz zu Fettsäuren mit cis-konfigurierten Doppelbindungen sind gesättigte und trans-Fettsäuren nicht gekrümmt und haben somit auf Grund von stärkeren intermolekularen Anziehungskräften höhere Schmelzpunkte.

Diese Eigenschaften werden bei der industriellen Härtung (genauer: **Teilhydrierung;** vgl. auch ► Abschn. 15.4.2.3) von Ölen zur Herstellung von halbfesten oder festen Speisefetten genutzt. Hierbei können durch molekulare Umlagerungsprozesse aber auch trans-Fettsäuren, sog. **industrielle trans-Fettsäuren** (oder nicht-ruminante Fettsäuren), gebildet werden. Durch enzymatische Biohydrogenierung im Pansen von Wiederkäuern können aus mehrfach ungesättigten Fettsäuren trans-Fettsäuren auf natürlichem Wege gebildet werden.

Diese sog. **ruminanten trans-Fettsäuren** sind dadurch in Wiederkäuerprodukten, wie Milchfett, zu finden. Daneben ist auch anzumerken, dass sich trans-Fettsäuren ebenso durch Erhitzen und Braten von Ölen bei hohen Temperaturen bilden können [105, 106].

■ **Prinzip der Methode**
► Abschn. 15.4.3.2

■ **Durchführung**
■■ **Geräte und Hilfsmittel**
► Abschn. 15.4.3.2

■ ■ **Chemikalien (p. a.)**
► Abschn. 15.4.3.2

■ ■ **Bestimmung**
(a) Herstellung der Probenlösung und Standardlösung
► Abschn. 15.4.3.2

(b) Kapillar-GC-Parameter:
Es kann je nach Analyseziel zwischen verschiedenen gaschromatographischen Trennbedingungen unterschieden werden. Soll ein Überblick über den Gehalt an trans-Fettsäuren, ohne detaillierte Trennung der einzelnen Isomere, erstellt werden, bietet das GC-Programm (b1) die Möglichkeit sowohl alle Fettsäuren von C4–C24 als auch die Summe der C18:1 trans-Fettsäureisomeren zu erfassen. Eine detaillierte Trennung der trans-Fettsäureisomeren erfolgt jedoch nur durch Ausführung von isothermen Temperaturprogrammen (b2), die wiederum eine Auftrennung aller Fettsäuren zwischen C4 und C24 unmöglich machen.
b1) Kapillar-GC-Parameter:

Trennsäule	Kapillare mit Polyethylenglycol oder modifiziertes Polyethylenglycol: ID 0,25 mm, Länge 25 m, Filmdicke 0,25 µm
Temperaturprogramm	40 °C (4 min), 8 °C/min bis 180 °C, 2 °C/min bis 215 °C, 20 °C/min bis 230 °C (5 min)
Injektionsvolumen	1 µL
Injektortemperatur	280 °C
Trägergas	Wasserstoff 3,0 mL/min
Split-Flow	120 mL/min
FID-Temperatur	280 °C

(b2) Kapillar-GC-Parameter:

Trennsäule	Kapillare mit 90 % Biscyanopropyl/10 % Phenylcyanopropyl-Polysiloxan: ID 0,25 mm, Länge 105 m, Filmdicke 0,20 µm
Temperaturprogramm	40 °C (4 min), 8 °C/min bis 180 °C, 2 °C/min bis 215 °C, 20 °C/min bis 230 °C (5 min)
Injektionsvolumen	1 µL
Injektortemperatur	280 °C
Trägergas	Wasserstoff 3,0 mL/min
Split-Flow	120 mL/min
FID-Temperatur	280 °C

15

■ **Auswertung**

▶ Abschn. 15.4.3.2

Mit den obengenannten Analysenbedingungen ist es möglich, die beiden C18:1 trans-Fettsäureisomere Elaidinsäure (C18:1 trans 9) und Vaccensäure (C18:1 trans 11) getrennt voneinander zu quantifizieren. Wiederkäuerfette, sog. ruminante Fette, weisen eine sehr charakteristische Verteilung der trans-Fettsäuren auf, die Vaccensäure (lat. Vacca = die Kuh) kann daher als Indikator-Fettsäure zur Unterscheidung zwischen ruminanten und nicht ruminanten (industriell entstandenen) TFA herangezogen werden. Hierzu wird der für C18:1 trans 9 quantifizierte Gehalt durch den ermittelten C18:1 trans 11-Gehalt dividiert. Ein t9/t11-Index < 1 weist auf einen höheren Anteil ruminanter TFA hin, während ein t9/t11-Index > 1 auf einen höheren Gehalt an nicht ruminanten TFA schließen lässt.

15.4.3.5 Bestimmung von Epoxyfettsäuren mittels GC-FID

■ **Anwendungsbereich**

— Fette und Öle

— fetthaltige Lebensmittel nach Isolierung des Fettanteils

■ **Grundlagen**

Epoxyfettsäuren (engl. Epoxy Fatty Acid, EFA) sind ungesättigte Fettsäuren mit einer oder mehreren zusätzlichen funktionellen Epoxygruppe(n). EFA kommen einerseits natürlicherweise in Samenfetten als Vernolsäure (12,13-Epoxy-9-cis-octadecensäure) vor.

Andererseits entstehen sie durch Autoxidation von Fetten und Ölen unter Einwirkung hoher Temperaturen. Dabei reagieren die Hydroperoxyradikale mit der Doppelbindung der ungesättigten Fettsäuren (◨ Abb. 15.9) zu cis- bzw. trans-Isomeren der Epoxyfettsäuren.

Cis-Isomere kommen dabei vermehrt in unbehandelten Ölen oder ölreichen Lebensmitteln wie Kürbiskernen, Mandeln oder Kakaobutter vor. Cis- und trans-Isomere kommen dagegen in frittierten Lebensmitteln vor.

Epoxyfettsäuren sind bioaktive Verbindungen, die im Verdauungstrakt resorbiert werden können. Bisher ist die toxikologische Bewertung noch nicht abgeschlossen.

■ **Prinzip der Methode**

Das isolierte Fett wird in *iso*-Octan gelöst und mit dem Internen Standard versetzt. Unter Erhalt der Epoxygruppe werden die Fettsäuren mittels methanolischer Natriummethylat-Lösung verestert [107, 108].

■ **Durchführung**
■■ **Geräte und Hilfsmittel**

— Reagenzgläser mit Schraubverschluss: 8 mL
— Reagenzglasschüttler
— Rotationsverdampfer
— Kolbenhubpipetten: diverse
— Überkopfschüttler
— Zentrifuge
— SPE-Kartusche
— Vakuumkammer
— Bechergläser
— Messzylinder
— EPA-Gläser mit Deckel, 40 mL
— GC-Vials
— Gaschromatograph mit FID (▶ Abschn. 5.4)

■■ **Chemikalien (p. a.)**

— *iso*-Octan
— methanolische Natriummethylat-Lösung: 30%ig
— Ethylacetat
— *iso*-Octan/Ethylacetat 98 + 2 (*v/v*)
— Phosphorsäure: 1 mL 85%ige Phosphorsäure in 100 mL bidest. Wasser lösen
— Standardlösung: cis-10,11-Epoxyheptadecansäuremethylester, c = 1 mg/mL in *iso*-Octan
— Standardsubstanzen sind kommerziell nicht erhältlich und müssen aus den Fettsäuremethylestern hergestellt werden.

■■ **Bestimmung**

(a) Herstellung der Probenlösung und Standardlösung

Das Fett eventuell aus der Probenmatrix durch Kaltextraktion mit *iso*-Octan isolieren.

100 mg Fett auf ± 0,1 mg genau in ein Reagenzglas einwiegen und 0,5 mL Internen Standard zugeben. 1,5 mL *iso*-Octan zugeben und lösen. Nach Zugabe von 0,5 mL Natriummethylat-Lösung werden die Reagenzgläser 5 min im Überkopfschüttler geschüttelt, die Reaktion vorsichtig mit 2 mL Phosphorsäure abgestoppt und anschließend 2 min bei 3000 U/min bei RT zentrifugiert.

Die obere Phase der Proben wird auf die mit 20 mL *iso*-Octan vorkonditionierte SPE-Kartusche gegeben und mit 10 mL *iso*-Octan/Ethylacetat (98 + 2, *v/v*) gewaschen.

Die Elution der Epoxyfettsäuren erfolgt mit 20 mL iso-Octan/Ethylacetat (96 + 4, v/v). Das Eluat wird in EPA-Gläsern gesammelt. Die Eluate werden bis zur Trockne eingeengt, der Rückstand in 1 mL iso-Octan aufgenommen, in ein GC-Vial überführt und gaschromatographisch gemessen.

(b) Kapillar-GC-Parameter:

Trennsäule	Kapillare mit 90 % Bicyanopropyl/10 % Phenylcyanopropylpolysiloxan: ID 0,25 mm, Länge 105 m, Filmdicke 0,20 µm
Temperaturprogramm	120 °C, 4 °C/min bis 240 °C, 240 °C (15 min)
Injektionsvolumen	1 µL
Injektortemperatur	250 °C
Trägergas	Wasserstoff 1,4 mL/min
Split	20:1
FID-Temperatur	280 °C

▪ **Auswertung**

Der Gehalt an Epoxyfettsäuren w_{EFA} berechnet sich in g/kg Fett nach folgender Formel:

$$w_{(EFA)} = \frac{A_{EFA} \cdot m_{(ISTD)}}{A_{STD} \cdot m_{Probe}} \cdot 0{,}953$$

mit

EFA – Epoxyfettsäure

$ISTD$ – Interner Standard

A – Fläche der jeweiligen Epoxyfettsäure oder des Internen Standards

m_{ISTD} – Absolutmenge des Internen Standards in g

m_{Probe} – Einwaage in g

0,953 – Umrechnungsfaktor Methylester in freie Säure für den Internen Standard

15.4.3.6 Bestimmung der Triglyceridverteilung mittels Hochtemperatur-GC-FID

▪ **Anwendungsbereich**

━ Fette und Öle

━ Fettvermischungen, Fettkompositionen

▪ **Grundlagen**

In Fetten vorliegende **Triglyceride** (engl. triglyceride) sind Triester des dreiwertigen Alkohols Glycerin, die als Säurekomponente entweder jeweils aus einer Art Fettsäure aufgebaut (einsäurig) sind oder verschiedene Fettsäuren enthalten (gemischtsäurig). Art und wechselnde Anordnung der zahlreichen, verschiedenartigen Fettsäuren in den Triglyceridmolekülen bestimmen deren chemisches und

physikalisches Verhalten. In vielen pflanzlichen Triglyceriden liegen die gesättigten Fettsäuren (Palmitin- und Stearinsäure) überwiegend in der primären Hydroxylgruppe des Glycerins verestert vor (sn-1- und sn-3-Stellung). Mehrfach ungesättigte Fettsäuren sind bevorzugt in der sekundären Hydroxylgruppe (sn-2)
verestert (vgl. Kasten „*sn*-Nomenklatur", unten).

Die Kenntnis der Fettsäurezusammensetzung (Abschn. 15.5.3.2) genügt in
vielen Fällen nicht zur Identifizierung von Fetten, da viele Fette zwar annähernd
dieselbe Fettsäurezusammensetzung aufweisen, sich aber durch die Zahl bzw.
Struktur der in ihnen enthaltenen Triglyceride unterscheiden. Die Bestimmung
charakteristischer Triglyceride mit Hilfe der **Hochtemperatur-Gaschromatographie**
kann in solchen Fällen den Identitätsnachweis erbringen [109–111].

sn-Nomenklatur

- Die *sn*-**Nomenklatur** (*sn*, engl. für stereospecific numbering) beschreibt die sog.
  stereospezifische Nummerierung von chiralen Derivaten des Glycerins (Glycerols)
  [112]. Das Konzept ist zum genauen Verständnis des Aufbaus von nahezu allen
  natürlicherweise vorkommenden Glycerinabkömmlingen (Lipide, Lipoide) von
  Bedeutung.
- Bein *sn*-Konzept, wird konventionsgemäß die (freie oder substituierte) OH-
  Gruppe in Position 2 (*sn*-2) des Glycerinteils nach links weisend und das gemi-
  nale H-Atom nach rechts gezeichnet und als über die Zeichenebene herausra-
  gend gedacht, woraufhin das C-Atom 1 (*sn*-1) des Glycerinteils nach oben, das
  C-Atom 3 (*sn*-3) nach unten gerichtet sind [113]. Bezogen auf die *R/S*-Nomen-
  klatur (nach der Cahn-Ingold-Prelog-Konvention) sind alle *sn*-Glycerinderivate
  Abkömmlinge des virtuellen, weil **prochiralen** „*2R*"-Glycerins (◘ Abb. 15.20).
- Es ist auch möglich, von der **Fischer-Projektion** des prochiralen *L*-Glycerins
  auszugehen: ⇨ dann werden die C-Atome von oben nach unten aufsteigend
  durchnummeriert. Um diese Art der Nummerierung deutlich zu unterscheiden,
  wird das Präfix *sn* verwendet [114]. Zur besseren Veranschaulichung siehe hierzu
  ◘ Abb. 15.21).

15

■ **Prinzip der Methode**

Triglyceride können bei hohen Temperaturen direkt gaschromatographisch an geeigneten thermisch stabilen, stationären Phasen getrennt und analysiert werden.
Die Trennung der Triglyceride erfolgt in Abhängigkeit von der Gesamt-Kohlen-
stoffzahl bzw. der molaren Masse.

■ **Durchführung**
■ ■ **Geräte und Hilfsmittel**
— Gaschromatograph mit FID (▶ Abschn. 5.3)
— Messkolben: 200 mL

◻ Abb. 15.20 Das *sn*-Glycerin als virtueller Grundkörper aller sn-Verbindungen. *Erläuterungen:* siehe Text

◻ Abb. 15.21 Zur Veranschaulichung der *sn*-Nomenklatur. **a** Stereospezifische Nummerierung des prochiralen *L*-Glycerins. **b** Stereospezifische Nummerierung des Glyceridbaustens in Acylglyceriden. *Weitere Erläuterungen:* siehe Text

■■ **Chemikalien (p. a.)**
— *iso*-Octan
— zertifizierte Triglyceride, z. B. zertifiziertes Kakaobutter-Referenzmaterial (ZRM) IRMM-801

■■ **Bestimmung**
(a) Herstellung der Probelösung
— Etwa 200 mg der zuvor bei 50 °C vollständig aufgeschmolzenen Probe werden in einen 200-mL-Messkolben eingewogen, mit *iso*-Octan gelöst und zur Marke aufgefüllt. Ein Aliquot dieser Lösung kann direkt in ein GC-Vial abgefüllt und gaschromatographisch vermessen werden.

(b) Kapillar-GC-Parameter:

Trennsäule	Kapillare belegt mit 65 % Diphenyl- und 35 % Dimethylpoly-siloxanen: ID 0,25 mm, Länge 30 m, Filmdicke 0,1 µm
Temperaturprogramm	340 °C (1 min), 1 °C/min bis 360 °C (3 min)
Injektionsvolumen	0,5 µL
Injektortemperatur	390 °C
Trägergas	Wasserstoff 1,5 mL/min
Split-Flow	60 mL/min
FID-Temperatur	370 °C

Anmerkungen zur GC

Es können verschiedene chromatographische Trennsäulen und Temperaturpro-gramme zur Trennung der Triglyceride verwendet werden. Zum Vertiefungsstudium siehe [109].

▪ Auswertung

Die Identifizierung der Triglyceride erfolgt durch Vergleich der Retentionszeiten des Triglycerid-ZRM [110]. Im Allgemeinen eluieren die Triglyceride in der Rei-henfolge der ansteigenden Anzahl an Kohlenstoffatomen und der zunehmenden Ungesättigtheit der gleichen Anzahl an Kohlenstoff-Atomen. Die Elutionsreihen-folge der Triglyceride ist der ◘ Abb. 15.22 und die Benennung der Triglyceride

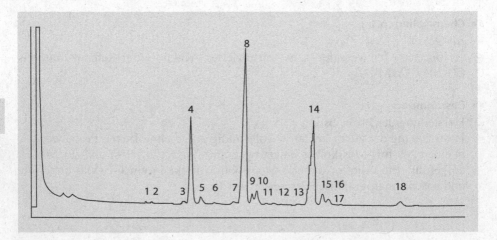

◘ **Abb. 15.22** Chromatogramm von Triglyceriden mit Zuordnung und C-Zahlen (am Beispiel von typischen Kakaobutter-Triglyceriden). *Erläuterung:* **1** PPP; **2** MOP; **3** PPS; **4** POP; **5** PLP; **6** nicht identifiziert; **7** PSS; **8** POS; **9** POO; **10** PLS; **11** PLO; **12** nicht identifiziert; **13** SSS; **14** SOS; **15** SOO; **16** SLS, **17** OOO; **18** SOA. *Weitere Erläuterung:* siehe ◘ Tab. 15.14 und Text

◻ Tab. 15.14	Benennung wichtiger Triglyceride (vgl. ◻ Abb. 15.22)
PPP	**Tripalmitin**
MOP	1-Margaroyl-2-oleoyl-3-palmitoylglycerin
PPS	1,2-Dipalmitoyl-3-stearoylglycerin
POP	1,3-Dipalmitoyl-2-oleoylglycerin
PLP	1,3-Dipalmitoyl-2-linoleoylglycerin
PSS	1-Palmitoyl-2,3-distearoylglycerin
POS	1-Palmitoyl-2-oleoyl-3-stearoylglycerin
POO	1-Palmitoyl-2,3-dioleoylglycerin
PLS	1-Palmitoyl-2-linoleoyl-3-stearoylglycerin
PLO	1-Palmitoyl-2-linoleoyl-3-oleoylglycerin
SSS	Tristearin
SOS	1,3-Distearoyl-2-oleoylglycerin
SOO	1-Stearoyl-2,3-dioleoylglycerin
SLS	1,3-Distearoyl-2-linoleoylglycerin
OOO	Triolein
SOA	1-Stearoyl-2-oleoyl-3-arachidoylglycerin

nach dem Einbuchstandencode für Fettsäuren (Näheres siehe Spezialliteratur) ist ◻ Tab. 15.14 zu entnehmen.

Zur quantitativen Auswertung des Triglyceridspektrums muss zunächst der Korrekturfaktoren K_f für das jeweilige Triglycerid berechnet werden. Dazu wird das Triglycerid-ZRM unter den gleichen Bedingungen wie die Probe analysiert, der prozentuale Anteil der Triglycerid-Fraktionen w_i berechnet und mit den Gehalt w_s dieser Triglyceridfraktion im Zertifikat des ZRM wie folgt verrechnet.

$$w_i = \frac{A(\text{Triglycerid})_i}{\sum A(\text{Triglyceride})_i} \cdot 100$$

mit

A – Peakfläche des Triglycerids

ΣA – Summe von POP, POS, POO, SOS und SOO im Chromatogramm

100 – Umrechnungsfaktor zur Normierung auf 100 %

$$K_f = \frac{w_s}{w_i}$$

mit

w_i – prozentualer Anteil des Triglycerids im ZRM (über die Peakflächen)

w_s – Anteil des Triglycerides des ZRM gemäß Zertifikat

Der prozentuale Anteil der Triglyceride in der Probe w_{Probe} wird nach folgender Formel berechnet:

$$w_{Probe} = \frac{A(\text{Triglycerid}) \cdot K_f \cdot 100}{\sum (K_f \cdot A(\text{Triglyceride}))}$$

mit

A – Peakfläche des Triglycerids

K_f – Korrekturfaktor für das jeweilige Triglycerid

100 – Umrechnungsfaktor zur Normierung auf 100 %

15.4.3.7 Bestimmung von Kakaobutteräquivalenten mittels GC-FID – CoCal-Verfahren

- **Anwendungsbereich**
- vgl. ▶ Abschn. 15.3.2 extrahierte Fette aus Milchschokoladen

- **Grundlagen**

Kakaobutter ist die überwiegende Fettkomponente in Schokoladenerzeugnissen. Die entscheidenden charakteristischen physikalischen und sensorischen Eigenschaften von Schokolade werden maßgeblich durch die Verwendung der Kakaobutter beeinflusst. Es ist daher gebräuchlich, dass bei der Schokoladenherstellung neben der Kakaobutter, die in der verwendeten Kakaomasse enthalten ist, zusätzliche Kakaobutter hinzugefügt wird.

Die Richtlinie 2000/36/EG über Kakao-und Schokoladen-Erzeugnisse [116], umgesetzt durch die deutsche Kakaoverordnung [117], erlaubt ein Zusetzen von definierten anderen pflanzlichen Fetten von bis zu 5 g/100 g. Dieser Zusatz muss den in der Kakao-Verordnung festgelegten Vorgaben entsprechen und kenntlich gemacht werden. **Kakaobutteräquivalente** (engl. Cocoa Butter Equivalents, CBE) werden nicht-laurische, nicht-gehärtete Pflanzenfette genannt, die in ihrer chemischen Zusammensetzung und ihrem physikalischen Verhalten der Kakaobutter ähnlich sind und deren Eigenschaften nicht beeinträchtigen.

CBE können anhand ihres Triglycerid-Spektrums von reiner Kakaobutter unterschieden werden. Zwar geben CBE qualitativ die gleichen Peakgruppen, das Verhältnis dieser ist jedoch deutlich unterschiedlich und dadurch zur qualitativen und quantitativen Analyse geeignet.

Hier wird nur die Aufarbeitung von Milchschokoladen beschrieben. Für milchfreie Schokolade existiert ein vereinfachtes Verfahren [115–119]. Ausführlich beschrieben ist die Analytik von CBE bei Schokoladenerzeugnissen in [120].

- **Prinzip der Methode**

Der Milchfettgehalt der Schokolade wird unter Verwendung des Internen Standards α-Cholestan über das Triglycerid 1-Palmitoyl-2-stearoyl-3-butyroylglycerol

15

(PSB) quantifiziert. PSB ist ein charakteristisches Triglycerid des Milchfettes, welches nur geringen Schwankungsbreiten unterliegt und in anderen Fetten natürlicherweise nicht vorkommt. Die Quantifizierung der CBEs erfolgt, nach Abzug des Milchfettgehaltes, über den Vergleich mit der zertifizierten Kakaobutter *IRMM-801*.

- **Durchführung**
- ■ **Geräte und Hilfsmittel**
- Gaschromatograph mit FID (▶ Abschn. 5.4)
- graduierte Messkolben verschiedener Größe
- verschiedene Kolbenhubpipetten
- Pasteurpipetten
- GC-Vials

■■ **Chemikalien (p. a.)**
- ▶ Abschn. 15.4.3.6; außerdem:
- 1-Palmitoyl-2-stearoyl-3-butyroylglycerol (PSB)
- PSB-Stammlösung; $c = 0,8$ mg/mL:
  40 mg PSB in einem 50-mL-Messkolben mit *iso*-Octan lösen und bis zur Marke auffüllen.
- PSB-Kalibrierlösungen; $c = 0,016$; $0,032$; $0,064$; $0,096$ und $0,128$ mg/mL:
  In jeweils 5 verschiedene 25-mL-Messkolben ca. 250 mg zertifizierte Kakaobutter einwiegen, 0,5; 1; 2; 3; und 4 mL der PBS-Stammlösung zugeben und mit *iso*-Octan zur Marke auffüllen.
- Interner Standard: α-Cholestan
- α-Cholestan-Stammlösung; $c = 1$ mg/mL:
  50 mg α-Cholestan in einen 50-mL-Messkolben einwiegen und mit *iso*-Octan zur Marke auffüllen.
- Interne Standardlösung α-Cholestan; $c = 0,01$ mg/mL:
  1 mL der α-Cholestan-Stammlösung in einem 100-mL-Messkolben mit *iso*-Octan verdünnen.
- Zertifiziertes Kakaobutter-Referencematerial (IRMM-801)
- IRMM 801-Stammlösung; $c = 10$ mg/mL:
  Kakaobutter vollständig aufschmelzen, eine Pasturpipette ebenfalls auf ca.60°C erwärmen. 100 mg *IRMM-801* in einen 10-mL-Messkolben einwiegen und mit *iso*-Octan bis zur Marke auffüllen.
- *IRMM-801*-Arbeitslösung; $c = 1$ mg/mL:
  1 mL der IRMM-801-Stammlösung in einem 10-mL-Messkolben bis zur Marke auffüllen.
- reines Milchfett
- Milchfettlösung; $c = 5$ mg/mL:
  250 mg Milchfett in einem 50-mL-Messkolben mit *iso*-Octan zur Marke auffüllen.

▪▪ Bestimmung

(a) Herstellung der Probenlösung:

— 100 mg Fett auf.±0,1 mg genau in einen 20-mL-Messkolben einwiegen mit *iso*-Octan zur Marke auffüllen. 750 µL dieser Probelösung in einem GC-Vial mit 750 µL der Internen Standardlösung α-Cholestan versetzen und gaschromatographisch analysieren.

(b) Herstellung der PSB-Kalibrierreihe:

— Die PSB-Kalibrierlösungen arbeitstäglich mit *iso*-Octan 1:1 verdünnen. 750 µL dieser Lösung in einem GC-Vial mit 750 µL der Internen Standardlösung α-Cholestan versetzen und gaschromatographisch analysieren ($c_{PSB} = 0,004$; 0,008; 0,016; 0,024 und 0,032 mg/mL).

(c) Herstellung der Milchfettlösung:

— 750 µL der Milchfettlösung im GC-Vial mit 750 µL der Internen Standardlösung α-Cholestan versetzen.

(d) Kapillar-GC-Parameter:

Trennsäule	Kapillare belegt mit 65 % Diphenyl- und 35 % Dimethylpolysiloxanen: ID 0,25 mm, Länge 30 m, Filmdicke 0,1 µm
Temperaturprogramm	200 °C (1 min), 15 °C/min bis 360 °C, 1 °C/min bis 370 °C
Injektionsvolumen	1 µL
Injektortemperatur	380 °C
Trägergas	Wasserstoff 1,5 mL/min
Split-Flow	25 mL/min
FID-Temperatur	380 °C

(e) Messreihenfolge:

— 1. Kalibrierreihe: jeden Punkt als Einfachinjektion
— *IRMM-801:* Dreifachinjektion
— Milchfettlösung: Doppelinjektion
— Probenlösungen: Einfachinjektion
— 2. Kalibrierreihe: jeden Punkt als Einfachinjektion

Anmerkung zur GC

Es können verschiedene chromatographische Trennsäulen und Temperaturprogramme zur Trennung der Triglyceride verwendet werden. Siehe dazu auch [109].

- **Auswertung**

Die Identifizierung von PSB und α-Cholestan erfolgt durch Retentionszeitenvergleich mit den Referenzstandards. Die Identifizierung der fünf Haupttriglyceride (POP, POS, POO, SOS und SOO) erfolgt durch Vergleich mit den Retentionszeiten der Triglyceride der zertifizierten Kakaobutter.

Da in Milchfett ebenfalls die fünf Haupttriglyceride der Kakaobutter enthalten sind, wird zunächst der Milchfettanteil der Schokolade über das Triglycerid PSB ermittelt.

$$M_{PSB} [\%] = \frac{A_{PSB} \cdot c_{ISTD} \cdot R_{f(PSB)}}{A_{ISTD} \cdot c_{Probe}} \cdot 100$$

$$M_{Milchfett} [\%] = 0{,}19 + (44{,}04 \cdot M_{PSB})$$

mit

A_{PSB} – Peakfläche von PSB in der Probe

A_{ISTD} – Peakfläche des Internen Standards α-Cholestan in der Probe

$R_f (_{PSB)}$ – Responsefaktor für PSB

$c_{Cholestan}$ – Konzentration des Internen Standards in der Probe (mg/mL)

c_{Probe} – Konzentration der Probe (mg/mL)

M_{PSB} – Massenanteil von PSB in der Probe

$M_{Milchfett}$ – Massenanteil von Milchfett im Gesamtfett

Hintergrundinformation

Die Berechnungsformel wurde durch Auswertung einer Datenbank entwickelt, die Informationen von **über 900 Triglyceridspektren** von angefertigten Kakaobutte/ Milchfett- und Kakaobutter/Milchfett/CBE-Mischungen enthält [118].

Zur Berechnung des CBE-Gehaltes in der Schokolade wird ein Rechenmodell angewendet, das auf den, um den Milchfettgehalt korrigierten, drei Triglyceriden POP, POS und SOS basiert. Der Massenanteil der Triglyceride im Schokoladenfett $M_{i,}$ *total,* der Massenanteil der Triglyceride im Milchfett $M_{i,}$ *MF* und der um den aus dem Milchfett stammende Triglyceridanteil korrigierte Massenanteil der Triglyceride $M_{i,}$ *korr.* berechnen sich nach:

$$M_{i, total} [\%] = \frac{R_{f,i} \cdot A_i \cdot 100}{\sum A_{alle\ TG}}$$

$$M_{i, MF} [\%] = \frac{M_{Milchfett} \cdot M_{i, ref\ MF}}{100}$$

$$M_{i, korr.} [\%] = M_{i, total} - M_{i, MF}$$

mit

$R_{f,i}$ – Responsefaktor des jeweiligen Triglycerids über *IRMM-801*

A_i – Peakfläche des jeweiligen Triglycerids

ΣA_{alleTG} – Summe der Flächen aller Triglyceride in der Probe

$M_{i,}$ total – Massenanteil des jeweiligen Triglycerids in der Probe

$M_{i,}$ refMF – durchschnittlicher Massenanteil (%) des jeweiligen Triglycerids im Milchfett (aus Datenbank)

$M_{i,}$ korr – Massenanteil des jeweiligen Triglycerids korrigiert um den Eintrag aus dem Milchfett

Über die korrigierten Massenanteile der Triglyceride kann nun geprüft werden, ob zur Herstellung der Schokolade reine Kakaobutter verwendet wurde:

$$M_{POP, korr.} < 44{,}03 - 0{,}73 \cdot M_{SOS, korr.} \rightarrow \text{reine Kakaobutter}$$

$$M_{POP, korr.} > 44{,}03 - 0{,}73 \cdot M_{SOS, korr.} \rightarrow \text{CBE} - \text{Zusatz}$$

Der CBE-Gehalt der Milchschokolade $M_{CBE\ in\ Schoko\text{-}Fett}$ kann im Anschluss wie folgt quantifiziert werden:

$$M_{CBE, Schoko-Fett} = -4{,}24 - \left(0{,}23 \cdot M_{Milchfett}\right) + \left(1{,}52 \cdot M_{POP, total}\right) - \left(1{,}47 \cdot M_{POS, total}\right) \\ + \left(1{,}29 \cdot M_{SOS, total}\right)$$

CoCal-Rechenprogramm

Es kann ein frei erhältliches Rechenprogramm im Excel-Format zur Bestimmung des CBE-Gehaltes in Milchschokoladen verwendet werden [119].

15.5 Fettbegleitstoffe

15.5.1 Nachweis und Identifizierung von Sterinen mittels Kombination von DC und GC-FID

■ **Anwendungsbereich**
- Fette und Öle
- Margarine

■ **Grundlagen**

Zur Unterscheidung von tierischen und pflanzlichen Fetten können die in ihnen enthaltenen **Sterine** (auch: Sterole, engl. sterols) herangezogen werden. Sie finden sich im Unverseifbaren der Fette/Öle (vgl. ► Abschn. 15.4.1.9). Unter dem Begriff Sterine werden verschiedene Derivate zusammengefasst, die sich vom

Cyclopentanoperhydrophenanthren ($\triangleq$ Steran) ableiten. Nach ihrer Herkunft werden Sterine in drei Gruppen eingeteilt:

1. **Zoosterine** – in tierischen Fetten
   $\Rightarrow$ Cholesterin, Dihydrocholesterin u. a.
2. **Phytosterine**– in pflanzlichen Fetten
   $\Rightarrow$ Sitosterin, Stigmasterin, Brassicasterin, Campesterin etc.
3. **Mycosterine**– in Hefe- bzw. Pilz-Fetten
   $\Rightarrow$ beispielsweise Ergosterin

Das am weitesten verbreitete Phytosterin ist das Sitosterin, das in mehreren isomeren Formen (α, β, γ) vorkommt und sich in hohen Anteilen in Sojaöl, Maiskeimöl und Weizenkeimöl findet. Das Zoosterin Cholesterin kommt zwar in allen tierischen Fetten vor, wurde aber auch vereinzelt in pflanzlichen Fetten (z. B. Palmöl) in beachtlichen Mengen gefunden. Der Nachweis von Cholesterin lässt daher nicht mit absoluter Sicherheit auf die Gegenwart tierischer Fette schließen. Es ist deshalb wichtig, neben dem Sterinnachweis auch andere Parameter der Probe heranzuziehen wie die Fettsäurezusammensetzung ($\blacktriangleright$ Abschn. 15.4.3.2), die Triglyceridverteilung ($\blacktriangleright$ Abschn. 15.4.3.6) bzw. weitere Fettbegleitstoffe beispielsweise Tocopherole oder Squalen.

Der Squalen-Gehalt kann deshalb ein wichtiges Indiz zur Unterscheidung von tierischen und pflanzlichen Fetten liefern, da dieser Kohlenwasserstoff in Pflanzenölen, mit Ausnahme von Olivenöl (1040–7080 mg/kg), nur in relativ geringen Konzentrationen vorkommt (bis ca. 500 mg/kg).

Die einzelnen Sterine weisen in ihren chemisch-physikalischen Eigenschaften große Ähnlichkeiten auf, können aber mit Hilfe chromatographischer Methoden getrennt werden. Üblicherweise wird hierbei eine Kombination von DC und GC angewendet. Squalen lässt sich mit der angegebenen Methode simultan erfassen [121–126].

- **Prinzip der Methode**

Die Fettprobe wird zunächst verseift und das **Unverseifbare** (UV) isoliert. Es folgt eine dünnschichtchromatographische Fraktionierung des Unverseifbaren und die anschließende gaschromatographische Untersuchung der relevanten Fraktionen. Für hochauflösende Kapillar-GC-Trennungen ist eine vorhergehende Derivatisierung erforderlich.

- **Durchführung**
- **Geräte und Hilfsmittel**
- $\blacktriangleright$ Abschn. 5.4.1.9 und 5.1; außerdem:
- Glasfläschchen mit Deckel: 1 mL, 2 mL
- Gaschromatograph mit FID ($\blacktriangleright$ Abschn. 5.3)
- Vollpipetten: 0,1 mL, 1 mL, 2 mL
- Spitzkolben: 5 mL
- Glasspritze: 5 µL

■■ Chemikalien (p. a.)

- *n*-Hexan: destilliert in Glas
- Diethylether: Siedebereich 34–35 °C (peroxidfrei: sonst Explosionsgefahr! Siehe Kästen „Gefährliche Peroxide/Hydroperoxide in Diethylether", „Wie bilden sich Peroxide/Hydroperoxide?" und „Diethylether – Lagern und testen!"; ▶ Abschn. 15.2.1)
- für DC:

DC-Platten	Kieselgel 60
Laufmittel	*n*-Hexan/Diethylether/Eisessig 70 + 30 + 1 (*v/v/v*)
Vergleichslösungen	Etwa 0,5 mg Cholesterin, 0,5 mg β-Sitosterin (bzw. andere Sterine) und 0,5 mg Squalen werden jeweils in 1 mL *n*-Hexan gelöst
Sprühreagenz	0,2 g Mangan(II)-chlorid ($MnCl_2 \cdot 4\ H_2O$) in 30 mL dest. Wasser lösen und 30 mL Methanol sowie 2 mL Schwefelsäure (98 %ig) zugeben

- Silylierungsmittel:
- 50 µL 1-Methylimidazol werden zu 1 mL *N*-Methyl-*N*-trimethylsilylheptafluor(o)butyramid gegeben

■■ Bestimmung

(a) Isolierung des Unverseifbaren
Die Gewinnung und Isolierung des Unverseifbaren der Fettprobe erfolgt wie unter ▶ Abschn. 15.4.1.9 angegeben.

(b) Dünnschichtchromatographische Fraktionierun
Etwa 20–30 mg des Unverseifbaren werden in einem kleinen Glasfläschchen oder direkt im Rundkolben (von ▶ Abschn. 15.4.1.9) in 1 mL *n*-Hexan gelöst. Von dieser Probenlösung sowie den Vergleichslösungen werden ca. 10–30 µL in Form einer Bande auf die DC-Platte aufgetragen. Die DC-Platte sollte zweckmäßigerweise in 2 gleiche Teile aufgeteilt werden, auf die die Proben- bzw. Vergleichslösungen jeweils analog aufgetragen werden. Dies dient dazu, dass nach dem Entwickeln der Platte im oben angegebenen Laufmittel (aufsteigend, in gesättigter N-Kammer, Laufzeit ca. 20 min für 10 cm Laufstrecke) nur eine Plattenhälfte zur Lokalisation der Substanzbanden mit dem Sprühreagenz behandelt wird. Die andere Plattenhälfte wird zuvor abgedeckt und bleibt für die anschließende gaschromatographische Analyse unbehandelt. Zur Ausbildung der Färbung wird die so teilbesprühte DC-Platte für 10 min auf 120 °C im Trockenschrank erhitzt. Der Vergleichslauf dient als Markierung für die Laufhöhe der Sterine.

Es geben sich im Allgemeinen drei deutlich sichtbare Zonen zu erkennen:
- Zone 1
  - enthält die Sterine
  - rotviolett bis olivgrün gefärbte Zone bei $r_f \sim 0,15$–0,3

15

- Zone 2
  - wird nicht benötigt
  - bräunlich gefärbte Zone bei $r_f \sim 0,3\text{–}0,4$
- Zone 3
  - enthält Squalen
  - bräunlich bis violett gefärbte Zone im oberen Bereich der DC-Platte

Die markierten Sterine (Zone 1) und bei Bedarf auch die Substanzen der Zone 3 (u. a. Squalen) werden großzügig mit Hilfe eines Spatels ausgekratzt (die Zonen können zur weiteren GC-Analyse einzeln eingesetzt oder auch vereinigt werden) und in einem kleinen Fläschchen in 2 mL Diethylether gelöst. Die Lösung wird in einen Spitzkolben filtriert, mit maximal 1 mL Diethylether nachgespült, der Ether am Rotationsverdampfer abgezogen, der Rückstand getrocknet und anschließend in 0,1 mL n-Hexan aufgenommen.

(c) Kapillar-GC-Parameter:
100 µL Siliylierungsmittel werden in das Reaktionsgefäß mit der isolierten Sterinfraktion gegeben. Das verschlossene Gefäß wird 15 min im Trockenschrank bei 103 °C ± 2 °C erhitzt, anschließend auf Raumtemperatur abgekühlt und die Lösung direkt in den GC eingespritzt.

Trennsäule	Kapillare belegt mit 65 % Diphenyl- und 35 % Dimethylpolysiloxanen: Länge 30 m, ID 0,25 mm, Filmdicke 0,1 µm
Temperaturprogramm	230–250 °C, 2 °C/min
Injektionsvolumen	1 µL
Injektortemperatur	350 °C
Trägergas	Wasserstoff, Helium oder Stickstoff
Split-Flow	25 mL/min
FID-Temperatur	350 °C

- **Auswertung**

Die Peaks des erhaltenen Gaschromatogramms werden anhand ihrer Retentionszeiten den einzelnen Sterinen zugeordnet. Die Identifizierung erfolgt durch Vergleich mit den unter gleichen Bedingungen aufgenommenen Gaschromatogrammen ausgewählter Referenzsubstanzen. ❏ Abb. 15.23 zeigt das Gaschromatogramm einer derart untersuchten Margarineprobe.

Anmerkung

Zur gaschromatographischen Bestimmung des Cholesterin-Gehaltes in Feinen Backwaren und (Eier-) Teigwaren sind spezielle Methoden veröffentlicht worden [121].

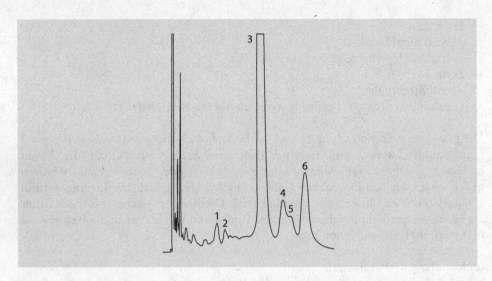

◘ **Abb. 15.23**   Gaschromatogramm der Sterin- und Squalen-Fraktionen einer Walöl/Sojaöl-Margarine. *Erläuterung:* **1** Squalen; **2** 5-α-Cholestan; **3** Cholestan; **4** Campesterin; **5** Sigmasterin; **6** ß-Sitosterin

Literatur

1. ASU: L 13.05–3
2. SLMB: Bd 1 (1964). S 532
3. HLMC: Bd III/2. S 1201
4. REF: S 121
5. Laborrichtlinien „Sicheres Arbeiten in Laboratorien" (Ausgabe 12/2008) DGUV Information 213–850. (Nachfolger BGI/GUV-I850-0, BGR 120, GUV-R 120) mit TRGS 526. ► https://www.bgrci.de/fachwissen-portal/themenspektrum/laboratorien/laborrichtlinien/die-neuen-laborrichtlinien/. Zugegriffen: 6. Nov. 2020
6. TRGS 526 Laboratorien – Technische Regel für Gefahrstoffe. ► https://www.baua.de/DE/Angebote/Rechtstexte-und-Technische-Regeln/Regelwerk/TRGS/TRGS-526.html. Zugegriffen: 6. Nov. 2020
7. Unfälle durch Peroxid bildende Substanzen. ► https://www.arbeitsschutz-schulen-nds.de/fileadmin/Dateien/Fachbezogene_Themen/Chemie/Dokumente/peroxidbildende_subst_bgchemie.pdf. Zugegriffen: 6. Nov. 2020
8. Europäisches Arzneibuch (Ph.Eur.) 7.0 (2011) Monographie: Ether zur Narkose. ► https://illumina-chemie.de/viewtopic.php?t=454. Zugegriffen: 7. Nov. 2020
9. GisChem: Diethylether Datenblatt. ► https://www.gischem.de/download/01_0-000060-29-7-000000_2_1_1201.PDF. Zugegriffen: 7. Nov. 2020
10. ASU: L 01.00-20
11. DIN 10342
12. HLMC: Bd. III/2. S 1201
13. SLMB: Bd 1 (1964). S 534
14. REF: S 122
15. Schulte E (2001) Mikromethode zur schnellen gravimetrischen Bestimmung des Fettgehaltes von Lebensmitteln nach Säureaufschluss. Deutsch Lebensm Rundsch 97(3):85–89
16. ASU: L 01.00-9
17. HLMC: Bd. III/1. S 34, 215

15

18. REF: S 404
19. Schormüller, S 378
20. Kiermeier F, Lechner E (1973) Milch und Milcherzeugnisse. Verlag Paul Parey, Berlin, S 228, 240, 247
21. Schulz M (1952) Milchwissenschaft 7:130
22. DIN EN ISO 1211
23. DIN EN ISO 1735: 2005-05
24. ASU: L 03.00-8
25. Kiermeier F, Lechner E (1973) Milch und Milcherzeugnisse. Verlag Paul Parey, Berlin, S 247
26. REF: S 434
27. DIN 10310
28. HLMC: Bd. III. S 216
29. REF: S 405
30. Kiermeier K, Lechner E (1973) Milch und Milcherzeugnisse. Verlag Paul Parey, Berlin, S 228
31. Deutsche Käseverordnung, BGBl. I S. 412 und BGBl. I S. 2272)
32. Deutsche Lebensmittelbuch-Kommission (2011) Leitsätze für Speisefette und Speiseöle vom 30. Mai 2011 (BAnz Nr. 111a vom 27.07.2011)
33. Codex Alimentarius Kommission. Ausarbeitung von weltweiten Standards für Fette und Öle, die von Tieren oder Pflanzen stammen
34. DGF: C-V 3
35. HLMC: Bd IV. S 557
36. BGS: S 649
37. Pardun H (1976) Analyse der Nahrungsfette. Verlag Paul Parey, Berlin Hamburg, S 86
38. ASU: L 13.00–18
39. SLMB: Kap. 7, 2.6
40. DGF: C-V 11 b
41. HLMC: Bd IV. S 569
42. 42. BGS: S 649
43. Pardun H (1976) Analyse der Nahrungsfette. Verlag Paul Parey, Berlin, S 93
44. REF: S 141
45. ASU: L 13.00-10
46. DIN EN ISO 3961
47. ASU: L 13.00-5
48. DGF: C-V 2
49. HLMC: Bd IV. S 552
50. Pardun H (1976) Analyse der Nahrungsfette. Verlag Paul Parey, Berlin, S 85
51. REF: S 132
52. DIN EN ISO 660
53. SLMB: Kap. 7, 4.3
54. ASU: L 13.00-6
55. DIN EN ISO 27107:2010-08: Tierische und pflanzliche Fette und Öle – Bestimmung der Peroxidzahl – Potentiometrische Endpunktbestimmung
56. Wüst M (2015) Lipide, Fett, Fetterzeugnisse. In: FG: S 105 ff.
57. Autoxidation. ► https://www.chemie.de/lexikon/Autoxidation.html. Zugegriffen: 8. Nov. 2020
58. DGF: C-VI 6a
59. HLMC: Bd IV. S 903
60. Pardun H (1976) Analyse der Nahrungsfette. Verlag Paul Parey, Berlin, S 225
61. Hadorn H, Jungkunz R (1953) Beitrag zur Bestimmung der Peroxidzahl. Mitt Gebiete Lebensm Hyg 44:495
62. SLMB: Kap. 7, 5.2
63. DGF: C-VI 6e (05)
64. ASU: L 13.00-15
65. Pardun H (1976) Analyse der Nahrungsfette. Verlag Paul Parey, Berlin, S 232 ff.
66. Matthäus B, Brühl L, Fiebig HJ (2013) Sensorik. In: Matthäus B, Fiebig HJ (Hrsg) Speiseöle und –fette. Recht, Sensorik, Analytik. Eling Verlag, Clenze

67. ISO-STANDARD (2016) Tierische und pflanzliche Fette und Öle – Bestimmung der Anisidin- zahl 6885: 1–10
68. Behmer D (2013) Zeit für einen Ölwechsel? Überwachung von Frittierprozessen mit FT-NIR-Spektrometrie. ▶ https://www.bruker.com/fileadmin/user_upload/5-Events/2013/Optics/AT_2013/Oelwechsel_Frittieren_Behmer_AT13.pdf. Zugegriffen: 27. Dez. 2020
69. Harb T (2010) Ermittlung der Qualität von Frittierfetten aus Wiener Imbissständen und Fast Food Restaurants. Diplomarbeit Universität Wien, S 40ff.
70. DGF (2012) Hinweise zur Bestimmung der Totox-Zahl und den DGF-Einheitsmethoden C-VI 6a (02) und C-VI 6e (05) zur Bestimmung der Peroxidzahl und der Anisidinzahl. Gemeinschafts- ausschuss für die Analytik von Fetten, Ölen, Fettprodukten, verwandten Stoffen und Rohstoffen
71. Pardun H (1976) Analyse der Nahrungsfette. Verlag Paul Parey, Berlin, S 234
72. Hadorn H, Zürcher K (1966) Über Unstimmigkeiten und Fehlerquellen bei der Bestimmung der Peroxidzahl und der Oxidationsbereitschaft. Mitt Gebiete Lebensm Hyg 57:127
73. Hadorn H, Zürcher K (1974) Bestimmung der Oxidationsstabilität von Ölen und Fetten. Deut Lebensm Rundsch 70:57
74. ASU: L 18.00-1
75. DGF: C-V 9a
76. HLMC: Bd IV. S 596
77. REF: S 137
78. Pardun H (1976) Analyse der Nahrungsfette. Verlag Paul Parey, Berlin, S 95
79. DGF: C-III 1b
80. DGF: C-III 1a
81. Pardun H (1976) Analyse der Nahrungsfette. Verlag Paul Parey, Berlin, S 164
82. SLMB: Kap. 7, 3.3
83. HLMC: Bd IV. S 517
84. Hadorn H, Zürcher K (1966) Eine vereinfachte Differenz-UV-Absorptions-Analyse für die Beur- teilung von Speiseölen. Mitt Gebiete Lebensm Hyg 57:27
85. Hadorn H, Zürcher K (1966) Beurteilung von Speiseölen aufgrund des UV-Spektrums. Mitt Ge- biete Lebensm Hyg 57:189
86. SLMB: Kap. 7, 5.7
87. 87. HLMC: Bd IV. S 517
88. Baltes J (1975) Gewinnung und Verarbeitung von Nahrungsfetten. Verlag Paul Parey, Berlin, S 159
89. HLMC: Bd IV. S 527
90. Günzler H, Gremlich H (2003) IR-Spektroskopie – Eine Einführung. Chemie, Weinheim
91. Kaufmann HP, Volbert F, Mankel G (1959, 1961) Die Anwendung der Infrarot-Spektroskopie auf dem Fettgebiet. Fette Seifen Anstrichmittel 61: 547 (Teil I), 61:643(Teil II), 63:8 (Teil IV)
92. ASU: L 13.00-27
93. DGF: C-VI 10 (07)
94. DGF: C-VI 10a (00)
95. HLMC: Bd IV. S 657
96. Pardun H (1976) Analyse der Nahrungsfette. Verlag Paul Parey, Berlin, S 115 bzw. 121
97. ASU: L 17.00-12
98. ASU: L 13.00-27
99. 101. HLMC: Bd IV. S 657
100. Pardun H (1976) Analyse der Nahrungsfette. Verlag Paul Parey, Berlin, S 118
101. Hadorn H, Zürcher K (1971) Fettsäureverteilung sowie Milchfett- und Kokosfettbestimmung in Fetten, Ölen und fetthaltigen Lebensmitteln. Mitt Gebiete Lebensm Hyg 62:123
102. Hadorn H, Zürcher K (1970) Universal-Methode zur gaschromatographischen Untersuchung von Speisefetten und -ölen. Deut Lebensm Rundsch 66:70
103. Molkenthin J, Precht D (1997) Representative determination of the butyric acid content in Euro- pean milk fats. Milchwissenschaft 52:82
104. SLMB: Kap. 7, 3.7

15

105. ASU: L 13.03/04-2
106. DGF: C-VI 11a
107. Brühl L, Weisshaar R, Matthäus B (2016) Epoxy fatty acids in used frying oils, edible oils and chocolate and their formation in oils during heating. Eur J Lipid Sci Technol 118:425–434
108. Mubiru E, Shrestha K, Papastergiadis A, Meulenaer B (2014) Development and validation of a gas chromatography-flame ionization detection method for the determination of epoxy fatty acids in food matrices. J Agric Food Chem 62(13):2982–2988
109. ASU: L 13.03.06-1/2
110. European Commission: Joint Research Center – Institute for Reference Material and Measurement, Geel/Belgium
111. Buchgraber M, Anklam E (2003) Method Description for the Detection of Cocoa Butter Equivalents in Cocoa Butter and Plain Chocolate, European Commission Joint Research Centre, Institute for Reference Materials and Measurement, Geel/Belgium
112. IUPAC-IUB Commission on Biochemical Nomenclature (1977) Eur J Biochem 79:11–21
113. Kolter T, RÖMPP-Redaktion, Hartmann-Schreier J (2020) Phospholipide (RD-16-01940). In: Böckler F, Dill B, Dingerdissen U, Eisenbrand G, Faupel F, Fugmann B, Gamse T, Matissek R, Pohnert G, Sprenger G (Hrsg) RÖMPP [Online]. Thieme, Stuttgart. ▶ https://roempp.thieme.de/lexicon/RD-16-01940
114. Wüst M (2015) Lipide, Fett, Fetterzeugnisse. In: FG: S 91
115. Buchgraber M, Androni S (2007) Detection and Quantification of Cocoa Butter Equivalents in Milkchocolate EUR 22666 EN, European Commission Directorate – General Joint Research Centre, Institut for Reference Materials and Measurement, Geel/Belgium
116. Richtlinie 2000/36/EG des Europäischen Parlaments und des Rates vom 23. Juni 2000 über Kakao- und Schokoladenerzeugnisse für die menschliche Ernährung (ABl. EG Nr. L 197 S 19)
117. Verordnung über Kakao- und Schokoladenerzeugnisse vom 15. Dezember 2003 (BGBl. I S 2738), zuletzt geändert am 30. September 2008 (BGBl. I S 1911)
118. Buchgraber M, Androni S, Anklam E (2007) Quantification of milkfat in chocolate fats by triacylglycerol analysis using gas-liquid chromatography. J Agric Food Chem 55:3275–3283
119. ▶ https://ec.europa.eu/jrc/en/research-topic/foreign-fats-chocolate. Zugegriffen: 2. Dez. 2016
120. Matissek R, Janßen K, Thorkildsen J (2013) Kakaobutter-Äquivalente (CBE) in Schokoladenerzeugnissen. In: Matthäus B, Fiebig HJ (Hrsg) Speiseöle und -fette – Recht. Analytik. Erling/Agrimedia Verlag, Sensorik, S 247–266
121. ASU: diverse
122. DGF: F III-1
123. Baltes J (1975) Gewinnung und Verarbeitung von Nahrungsfetten. Verlag Paul Parey, Berlin, S 58, 159
124. Pardun H (1976) Analyse der Nahrungsfette. Verlag Paul Parey, Berlin, S 167, 172
125. Halpaap H (1978) DC-Fertigplatten mit Konzentrierungszone: Bestimmung von Lipiden im Serum. Kontakte (merck) 1(78):32
126. Johansson A, Hoffmann I (1979) The effect of processing on the content and composition of free sterols and sterol esters in soybean oil. J Am Oil Chem Soc 56:886

Aminosäuren, Peptide, Proteine, Nucleinsäuren

Inhaltsverzeichnis

R. Matissek und M. Fischer, *Lebensmittelanalytik*,
https://doi.org/10.1007/978-3-662-63409-7_16

Zusammenfassung

Aminosäuren sind fundamentale Bestandteile von Lebensmitteln und zudem notwendige Bausteine für die Proteinbiosynthese. Peptide entstehen durch Verknüpfung von Aminosäuren in einer definierten Reihenfolge über Säureamidbindungen. Peptide unterscheiden sich von Proteinen allein durch ihre Größe, d. h. Anzahl der verknüpften Aminosäuren. Proteine gehören zu den Grundbausteinen aller Zellen. Nucleinsäuren zählen wie die Proteine zu den Makromolekülen, die aus einzelnen Bausteinen, den Nucleotiden, aufgebaut sind. Die DNA ist der Hauptspeicher der Zellen für genetische Information. Aminosäuren können mit Hilfe chromatographischer Methoden getrennt werden. Beschrieben wird ferner die Bestimmung der Formolzahl, von Hydroxyprolin und von Prolin sowie die Ermittlung des Gesamt- und des Reinproteingehaltes. Bei den elektrophoretischen Methoden kommt die SDS-PAGE zur Bestimmung der molaren Masse von Proteinuntereinheiten, die Differenzierung von Tierarten mittels Isoelektrischer Fokussierung und bei den immunchemischen Methoden die Bestimmung von Molkenproteinen mittels ELISA zum Tragen. Für die molekularbiologische Differenzierung werden PCR-Methoden beschrieben zum Nachweis von Bt-Mais sowie zur Differenzierung von Kakaoarten.

16.1 Exzerpt

16.1.1 Aminosäuren

L-konfigurierte α-Aminosäuren (AS, engl. amino acids) sind fundamentale Bestandteile von Lebensmitteln und sind u. a. notwendige Bausteine für die Proteinbiosynthese. Der Bauplan für ein Protein ist genetisch kodiert, die entsprechenden Bausteine werden als proteinogene oder kanonische oder auch als Standardaminosäuren bezeichnet. Eine Einteilung der Aminosäuren kann nach physikalischen Kriterien oder ernährungsphysiologischen Gesichtspunkten erfolgen (◘ Abb. 16.1).

Kanonische Aminosäuren ⇔ Codon

16

- Als **kanonische Aminosäuren** oder **Standardaminosäuren**, werden die 20 klassischen proteinogenen Aminosäuren bezeichnet, für die sich Codons in der Standardversion des genetischen Codes finden.
  ⇨ *Erläuterung:* Der Ausdruck **kanonisch** stammt aus dem Lateinischen von *canonicus* bzw. dem Griechischen von *kanonikós* ab und bedeutet „regelgerecht" resp. „den Regeln entsprechend".
- Ein **Codon** ist die Gesamtheit von drei aufeinanderfolgenden Basen einer Nucleinsäure, die den Schlüssel für die Genese einer Aminosäure im Protein darstellen.
  ⇨ *Erläuterung:* Der Begriff **Codon** kommt aus dem Französischen von *codon* und steht für „Code".

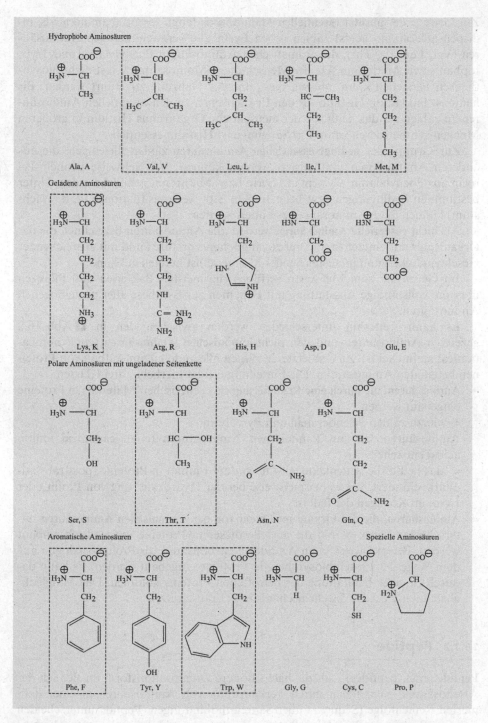

Abb. 16.1 Standardaminosäuren (kanonische Aminosäuren) und ihre Einteilung nach physikalischen und ernährungsphysiologischen Gesichtspunkten. *Erläuterung:* Essentielle Aminosäuren sind durch Umrahmung mit einem gestrichelten Kasten hervorgehoben

Zur Gruppe der **absolut essentiellen Aminosäuren** (engl. essential amino acids, indispensable amino acids) zählen neben Lysin alle verzweigtkettigen Aminosäuren (Val, Leu, Ile, Thr), die aromatischen Aminosäuren Phenylalanin und Tryptophan sowie Methionin. Da der Mensch diese Aminosäuren selbst nicht biosynthetisch herstellen kann, müssen diese mit der Nahrung zugeführt werden. Bis heute ist unklar, ob Histidin für den Erwachsenen zu den essentiellen Aminosäuren zu zählen ist, das heißt, ob der menschliche Organismus Histidin in größeren Mengen synthetisieren kann. Für Säuglinge ist Histidin essentiell.

Zur Gruppe der **bedingt essentiellen Aminosäuren** zählen diejenigen, die aus anderen Aminosäuren synthetisiert werden können. Beispielsweise können Tyrosin aus Phenylalanin, Cystein aus Serin bzw. Methionin gebildet werden. Unter bestimmten Bedingungen bzw. bei extremen Stoffwechselsituationen (z. B. Wachstum) können diese Aminosäuren essentiell werden.

Als **nicht essentielle Aminosäuren** werden alle Aminosäuren bezeichnet, die der Organismus aus einfachen und gut zugänglichen Vorstufen und mit ausreichender Geschwindigkeit und in ausreichender Menge selbst herstellen kann.

Im Gegensatz zum Menschen verfügen die meisten Bakterien und Pflanzen über die vollständige Ausstattung mit Enzymen zur Synthese aller proteinogenen Aminosäuren.

Es kann weiterhin unterschieden werden zwischen den in ◘ Abb. 16.2 gezeigten Aminosäuren und den **nicht-kanonischen Aminosäuren** (engl. non-canonical amino acids). Zu den letzteren zählen alle anderen am Aufbau von Proteinen beteiligten Aminosäuren. Die Einteilung erfolgt hierbei in drei Klassen:

- **Aminosäuren, die durch eine Rekodierung** des genetischen Materials in Proteine eingebaut werden
  ⇨ hierzu zählen Selenocystein und Pyrrolysin
- Aminosäuren, die aus kanonischen Aminosäuren (engl. canonical amino acids) entstehen
  ⇨ das heißt, die Seitenkette wird nach dem Einbau in Proteine (posttranslational) verändert, wie es beispielsweise bei der Hydroxylierung von Prolin oder Lysin im Kollagen der Fall ist
- **Aminosäuren, die der Organismus nicht von den kanonischen Aminosäuren** unterscheiden kann ⇨ und die anstelle dieser in Proteine unspezifisch einbaut werden. Beispielsweise kann Azetidin-2-carbonsäure, als Prolin-Analogon auf dem Wege der Proteinbiosynthese in Proteine eingebaut werden. Es kann dadurch zu einer Fehlfaltung des betroffenen Proteins kommen. Das Maiglöckchen nutzt dies als Abwehrmechanismus (Fraßschutz).

16

16.1.2 Peptide

Peptide (engl. peptides) – als die nächsthöhere Organisationsform im Bereich der Aminosäuren – entstehen durch Verknüpfung von Aminosäuren in einer definierten Reihenfolge (Sequenz) über Säureamidbindungen. Peptide unterscheiden sich von Proteinen allein durch ihre Größe, d. h. Anzahl der verknüpften Aminosäuren, also ihrer molaren Massen. Die Definition, ab wann Peptide in Proteine

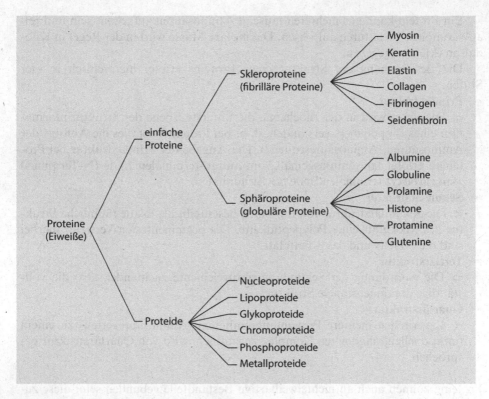

● **Abb. 16.2**   Einteilung der Proteine (Eiweiße)

übergehen ist unscharf; ab ungefähr 100 verknüpften Aminosäuren wird das Polymer als Protein bezeichnet.

Sowohl Aminosäuren als auch Peptide können direkt zum Geschmack von Lebensmitteln beitragen und stellen darüber hinaus Vorläufer für Aromastoffe und Farbstoffe dar. Die sensorischen Eigenschaften werden meist durch thermische und/oder enzymatische Reaktionen bei der Gewinnung, Verarbeitung und Lagerung von Lebensmitteln gebildet. An diesen Reaktionen können auch andere Lebensmittelinhaltsstoffe, z. B. Kohlenhydrate, beteiligt sein.

16.1.3 Proteine

Proteine (umgangssprachlich auch als Eiweiß bezeichnet, engl. proteins) gehören zu den Grundbausteinen aller Zellen. Sie verleihen der Zelle Struktur und können als *molekulare Maschinen* Stoffe transportieren (Transporter), Ionen pumpen (Ionenpumpen), chemische Reaktionen katalysieren (Enzyme), Signalstoffe erkennen (Rezeptoren) oder körperfremde Strukturen binden (Antikörper). Die Seitenketten der Aminosäuren sind im Wesentlichen für die intra- und intermolekularen Wechselwirkungen bei Proteinen verantwortlich. Aus der Gesamtheit der Wechselwirkungen ergeben sich die Eigenschaften der Proteine.

Ein Protein kann aus mehreren tausend Aminosäuren aufgebaut sein und relativ komplexe Strukturen aufweisen. Die molare Masse wird in der Regel in Kilodalton (kDa) angegeben.

Die Beschreibung der Struktur eines Proteins erfolgt hierarchisch in vier Stufen:

— **Primärstruktur**
  ⇨ Hierunter wird in der Biochemie die unterste Ebene der Strukturinformation eines Biopolymers verstanden, d. h. bei Proteinen ist dies die Abfolge der Aminosäuren (Aminosäuresequenz). Die Angabe der Primärstruktur bei Proteinen erfolgt konventionsgemäß vom amino-terminalen Ende (N-Terminus) zum carboxyl-terminalen Ende (C-Terminus).

— **Sekundärstruktur**
  ⇨ Die Sekundärstruktur von Proteinen beschreibt die lokale räumliche Struktur des Rückgrats einer Polypeptidkette. Die prominentesten Vertreter hierbei sind die α-Helix und das β-Faltblatt.

— **Tertiärstruktur**
  ⇨ Die Anordnung der Sekundärstrukturelemente zueinander, also die vollständige dreidimensionale Struktur.

— **Quartärstruktur**
  ⇨ Lagern sich mehrere Proteinuntereinheiten (Aminosäureketten) zu einem funktionellen, oligomeren Komplex zusammen, wird von Quartärstruktur gesprochen.

Proteine können auch an nichteiweißartige Bestandteile gebunden sein; diese zusammengesetzten Eiweiße wurden früher als „**Proteide**" bezeichnet (Einteilung siehe ◨ Abb. 16.2).

Proteine, die neben den Lipiden und Kohlenhydraten zu den Hauptnährstoffen zählen, erfüllen weniger die Funktion als Energielieferant (1 g Eiweiß ≙ 4,1 kcal ≙ 17,2 kJ), sondern werden vielmehr als stickstoffhaltige Verbindungen zur Synthese körpereigener Stoffe benötigt.

Bei der Vielfalt der zur Verfügung stehenden Nahrungsproteine wird der Nährwert durch die Verzehrbarkeit bestimmt, die vom Bau des Proteins, d. h. von der Aminosäurezusammensetzung abhängt. Der Gehalt an essentiellen Aminosäuren bestimmt dabei die **biologische Wertigkeit**, d. h. die physiologische Verwertbarkeit eines Proteins durch den Organismus. Es gilt dabei das Gesetz des Minimums: Ist das Angebot an essentiellen Aminosäuren zu gering, so ist der Umfang der resultierenden Syntheseleistungen von derjenigen Aminosäure abhängig, die in kleinster Menge vorhanden ist (**= limitierende Aminosäure**). Die wichtigsten limitierenden Aminosäuren sind Lysin (in Getreide und Kartoffeln) und Methionin (in Fleisch und Milch).

◨ Tab. 16.1 gibt einen Überblick über die Proteingehalte und -nährwerte der wichtigsten proteinliefernden Nahrungsmittel. Der Nährwert wird in NPU-Einheiten (engl. Net Protein Utilization) angegeben: Ein NPU-Wert von 100 entspricht dem Nährwert eines idealen Eiweißes.

16

◨ **Tab. 16.1** Proteingehalt und Proteinnährwert (in NPU-Einheiten) einiger Lebensmittel. (Nach [1])

Lebensmittel	NPU-Wert	Proteingehalt (%)
Vollei	94	13
Hülsenfrüchte	30	21–26
Sojabohnen	72	37
Weizenmehl	35	10–12
Kartoffeln	67	2
Rindfleisch (mager)	76	19
Fisch	80	ca. 18
Milch	86	3–4

16.1.4 Nucleinsäuren

Nucleinsäuren (Nukleinsäuren; engl. nucleic acids) zählen wie die Proteine zu den Makromolekülen, die aus einzelnen Bausteinen, allerdings nicht aus den Aminosäuren, sondern aus den Nucleotiden, aufgebaut sind. **Desoxyribonucleinsäure** (DNS oder engl. Desoxyribonucleic Acid, **DNA**) ist der Hauptspeicher der Zellen für genetische Information. Die DNA besteht aus zwei gegenläufigen Ketten kovalent verknüpfter Nucleotide. Jedes **Nucleotid** enthält einen Zucker, die Desoxyribose, eine Phosphorylgruppe und je eine der vier Basen Adenin (A), Guanin (G), Cytosin (C) oder Thymin (T) (◨ Abb. 16.3, dargestellt sind die Triphosphate).

Die Speicherung der genetischen Information beruht in einer spezifischen Abfolge dieser Basen (Sequenz). Jeweils drei Nucleotide (Codon, Basentriplett) definieren dabei eine Aminosäure. Gene sind aus vielen Codons aufgebaut und enthalten somit die „Baupläne" für Proteine. Jede Base der DNA ist mit einer komplementären Base des gegenüberliegenden Stranges über Wasserstoffbrückenbindungen verbunden. Diese Bindungen können sinnvoll nur zwischen den Basen A und T bzw. G und C ausgebildet werden.

Seit Jahrtausenden werden Pflanzen durch Züchtung an menschliche Bedürfnisse angepasst. Während der letzten zwei Jahrzehnte wird versucht, mit Hilfe moderner molekularbiologischer Methoden, auch als Gentechnologie bekannt, diese Selektionsvorgänge zu beschleunigen. Die gentechnologische Einführung von Eigenschaften bzw. deren Kombination mit vorhandenen Eigenschaften ist bereits in weiten Bereichen der menschlichen und tierischen Ernährung verbreitet. Als erste gentechnisch veränderte Pflanze erhielt in den USA im Jahr 1994 die FlavrSavr®-Tomate eine Zulassung zum Anbau und zur Vermarktung als Lebensmittel. Der Nachweis gentechnischer Veränderungen an Pflanzen, Tieren oder Mikroorganismen kann am einfachsten mit Hilfe molekularbiologischer Verfahren erfolgen (▶ Abschn. 16.4).

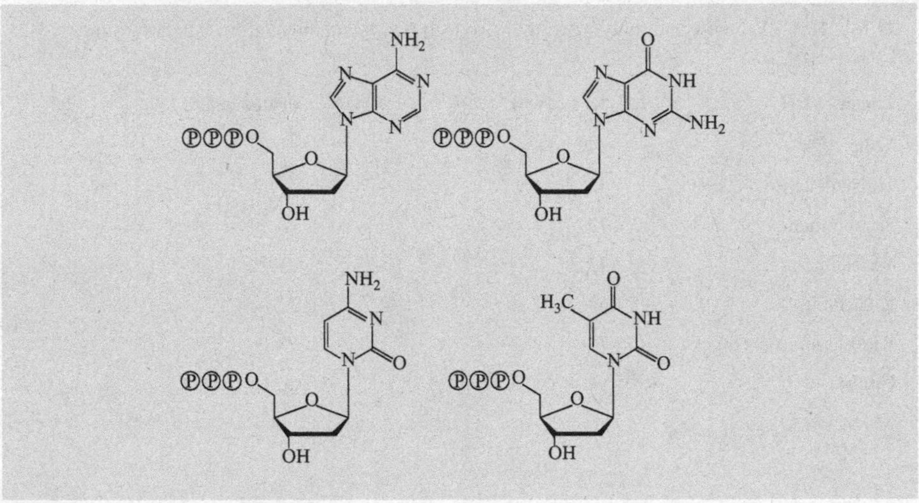

☐ **Abb. 16.3**   Desoxyribonucleotide. *Erläuterung:* oben links: Adenin (A); oben rechts: Guanin (G); unten links: Cytosin (C); unten rechts: Thymin (T); Ⓟ Phosphorylgruppe. *Weitere Erläuterungen:* siehe Text

16.2 Aminosäureanalytik

Aminosäuren können unter anderem mit Hilfe chromatographischer Methoden getrennt und bestimmt werden (siehe Übersicht in ☐ Abb. 16.4). Einen schnellen Überblick über die vorkommenden Majoraminosäuren in Proben liefert die Dünnschichtchromatographie (▶ Abschn. 16.3.1). Darüber hinaus existieren empfindliche analytische Methoden, die beispielsweise mit Hilfe der HPLC bzw. **Aminosäureanalysatoren** neben qualitativen auch quantitative Aussagen gestatten.

Zur summarischen Erfassung von freien Aminosäuren kann die Formoltitration eingesetzt werden, die auf einfache Art und Weise schnell einen jedoch begrenzt aussagekräftigen Anhaltspunkt für Beurteilungen, insbesondere bei Fruchtsafterzeugnissen, liefert (▶ Abschn. 16.3.2).

Ferner sind auf chemischen Nachweisreaktionen beruhende Methoden bekannt, die z. T. aufgrund ihrer Spezifität für die Bestimmung bestimmter Aminosäuren bzw. sie enthaltende Proteine eingesetzt werden. Die farbigen Reaktionsprodukte werden anschließend photometrisch quantifiziert (▶ Abschn. 16.3.3 und 16.3.4).

16

16.2.1 Identifizierung von Aminosäuren mittels DC

- **Anwendungsbereich**
- eiweißhaltige Erzeugnisse
- gelatinehaltige Produkte

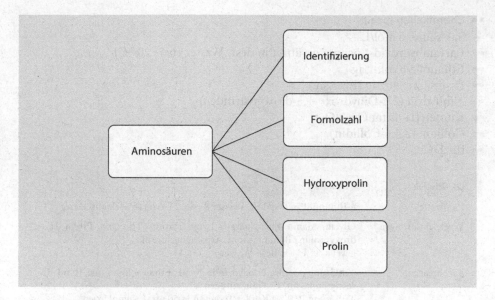

Abb. 16.4   Aminosäureanalytik – Übersicht

■ **Grundlagen**

Freie Aminosäuren können mit Hilfe der DC getrennt und charakterisiert bzw. identifiziert werden. Der Nachweis von Aminosäuren in Lebensmitteln erlaubt gewisse Rückschlüsse bzw. Aussagen über deren Zusammensetzung: So lässt sich z. B. Gelatine als Verdickungsmittel schnell und einfach aufgrund des Nachweises von Aminosäuren von anderen Hydrokolloiden (Pflanzengummis, Stärke etc.) unterscheiden.

Weitergehende Aussagen können über die Identifizierung einzelner Aminosäuren gewonnen werden. Die Aminosäuren sind zu diesem Zweck vor Anwendung der DC aus den (Poly)-Peptiden durch Hydrolyse freizusetzen. Da bei der sauren Hydrolyse jedoch Tryptophan zerstört wird, ist bei Fragestellungen, bei denen auf den Nachweis dieser Aminosäure Wert gelegt wird, zusätzlich eine alkalische Hydrolyse vorzunehmen [2].

■ **Prinzip der Methode**

Nach Hydrolyse werden die freien Aminosäuren dünnschichtchromatographisch getrennt und durch Umsetzung mit Ninhydrin-Reagenz detektiert (▶ Abschn. 16.3.1.1).

■ **Durchführung**
■ ■ **Geräte und Hilfsmittel**
— ▶ Abschn. 5.2; außerdem:
— Erlenmeyerkolben mit Schliff NS 29: 100 mL
— Messzylinder: 10 mL

■■ Chemikalien (p. a.)

— Salzsäure: 6 mol/L
— Bariumhydroxid-Lösung: gesättigt in dest. Wasser (bei~20 °C)
— Ethanol: 96Vol.-%ig
— Essigsäure: 96%ig (Eisessig)
— Ninhydrin (2,2-Dihydroxy-1,3-dioxohydrinden)
— Kupfer(II)-nitrat $Cu(NO_3)_2$
— Collidin (2,4,6-Collidin)
— für DC:

DC-Platten	Cellulose
Laufmittel	n-Butanol/Eisessig/dest. Wasser $8 + 4 + 2$ ($v/v/v$) (Frisch ansetzen!)
Vergleichslösungen	Glycin, Alanin, Phenylalanin, Lysin, Tyrosin, Threonin, Prolin, Hydroxyprolin, Glutaminsäure, Asparaginsäure etc. jeweils ca. 1 % in dest. Wasser
Sprühreagenz	Teillösung A: 0,1 g Ninhydrin in 50 mL Ethanol lösen und 10 mL Eisessig und 2 mL Collidin zufügen Teillösung B: 0,5 g Kupfer(II-)nitrat in 50 mL Ethanol lösen Vor Gebrauch werden 50 Volumenteile A mit 3 Volumenteilen B gemischt

■■ Bestimmung

(a) Hydrolyse/Herstellung der Probenlösung

Als Probenlösung für die DC kann neben den nachstehend hergestellten Lösungen auch die nach saurer Hydrolyse gewonnene Analysenlösung der Hydroxyprolin-Bestimmung nach ▶ Abschn. 16.3.3 eingesetzt werden.

Etwa 100 mg Eiweiß werden im ersten Ansatz in 10 mL Salzsäure (6 mol/L) bzw. in einem Parallelansatz mit 10 mL gesättigter Bariumhydroxid-Lösung in einem mit Schliffglasstopfen verschlossenen Erlenmeyerkolben im Trockenschrank bei 100 °C über Nacht (ca. 16 h) erhitzt. Die Salzsäure wird durch Abziehen unter Vakuum bis zur Trockne entfernt bzw. das Bariumhydroxid durch Einleiten von CO_2 neutralisiert und abfiltriert. Die Ansätze werden mit dest. Wasser auf ein geeignetes Volumen (z. B. 10–20 mL) aufgefüllt.

(b) DC-Trennung

Auftragung der Lösungen:

2 µL bis 10 µL der nach (a) hergestellten Probenlösungen (bei unbekannten Konzentrationen am besten verschiedene Volumina) sowie je 5 µL der Vergleichslösungen.

Entwicklung:

Aufsteigend in N-Kammer (mit Filterpapierauskleidung) bis zu einer Laufhöhe von etwa 13 cm. Die entwickelten Platten werden unter dem Abzug an der Luft oder durch Aufblasen von Luft (Fön) getrocknet.

(c) Detektion

Die entwickelten und getrockneten Platten werden gleichmäßig mit dem Sprühreagenz besprüht und darauf etwa 15 min lang im Trockenschrank bei 110 °C inkubiert.

◘ **Tab. 16.2**   Anfärbungen einiger Aminosäuren bei der DC

Aminosäure	Färbung nach der Detektion
Glycin	Gelb mit blauem Kern
Lysin	Rot
Alanin	Rot mit blauem Kern
Threonin	Rot
Prolin	Gelb
Hydroxyprolin	Gelbrot
Glutaminsäure	Rot
Asparaginsäure	Rosa

■ **Auswertung**

Viele Aminosäuren zeigen charakteristische Färbungen. Die Aminosäuren unterscheiden sich in der Geschwindigkeit, mit welcher sie die Färbungen ausbilden. ◘ Tab. 16.2 enthält eine Zusammenstellung von Anfärbungen einiger Aminosäuren.

16.2.2 Titrimetrische Bestimmung der Formolzahl

■ **Anwendungsbereich**
− Fruchtsäfte, Konzentrate
− Gemüsesäfte

Grundlagen

Formolzahl – Definition

Die **Formolzahl** (engl. formol value) bezeichnet die Menge an Natriumhydroxid-Lösung ($c = 0{,}1$ mol/L) in mL, die zur Neutralisation der $H^{\oplus}$-Ionen verbraucht wird, die bei der Reaktion von 100 mL Probeflüssigkeit mit einer wässrigen Formaldehyd-Lösung (Formol®) freigesetzt werden.

Dabei werden Aminogruppen, Ammoniak und primäre Amine vollständig, sekundäre Aminogruppen und phenolische OH-Gruppen teilweise, tertiäre Amine, SH-Gruppen und aliphatische OH-Gruppen dagegen nicht erfasst. Die Formolzahl lässt daher keine Schlüsse auf Art und Konzentration der mit Formaldehyd umsetzbaren Substanzen zu; sie stellt vielmehr eine Kennzahl dar, die für bestimmte Frucht- und Gemüsesäfte charakteristisch ist [3–7].

Formolzahl – Begriffe

Die Formolzahl wird auch als **Formolwert** oder **Formol-N** bezeichnet.

■ **Prinzip der Methode**

Die Probenflüssigkeit wird mit Natriumhydroxid-Lösung auf pH 8,1 eingestellt, mit Formaldehyd-Lösung gleichen pH-Wertes versetzt und anschließend wieder auf pH 8,1 titriert (▶ Gl. 16.1). Schwache Säuren (z. B. Phosphorsäure, Citronen-, Äpfel- und Weinsäure) werden vor der Formaldehyd-Zugabe neutralisiert; Schweflige Säure wird durch Zugabe von Wasserstoffperoxid oxidiert.

$$(16.1)$$

■ **Durchführung**

■■ **Geräte und Hilfsmittel**

— pH-Messgerät mit pH-Glaselektrode
— Bürette: 25 mL
— Vollpipetten: 10 mL, 15 mL, 25 mL
— Becherglas: 200 mL

■■ **Chemikalien (p. a.)**

— Natriumhydroxid-Maßlösung: $c = 0,25$ mol/L
— Formaldehyd-Lösung: eine mindestens 35%ige wässrige Lösung von Formaldehyd wird mit Natronlauge auf genau pH = 8,1 eingestellt
— Wasserstoffperoxid-Lösung: ~30%ig

■■ **Bestimmung**

— 25 mL Probenflüssigkeit (bei Zitronensaft 10 mL Probe, verdünnt mit 15 mL dest. Wasser) bzw. 25 mL eines verdünnten Konzentrats werden im Becherglas mit Natriumhydroxid-Maßlösung ($c = 0,25$ mol/L) versetzt, bis der pH-Wert 8,1 erreicht ist (Einstellung mit pH-Messgerät). Dann wird die Lösung mit 10 mL Formaldehyd-Lösung versetzt und nach etwa 1 min mit Natriumhydroxid-Maßlösung ($c = 0,25$ mol/L) erneut auf pH 8,1 titriert. Wenn dabei mehr als 45 mL Natriumhydroxid-Maßlösung ($c = 0,25$ mol/L) verbraucht werden, sollte der Versuch mit 15 mL anstelle von 10 mL Formaldehyd-Lösung wiederholt werden.

16

- **Auswertung**

Die Formolzahl *F* wird folgendermaßen berechnet:

$$F = a \cdot 10$$

mit

a – Verbrauch an Natriumhydroxid-Maßlösung (c = 0,25 mol/L) in mL je 25 mL der Probe

---

Anmerkung – Anwesenheit von Schwefliger Säure

Bei Anwesenheit von **Schwefliger Säure** wird die abgemessene Probeflüssigkeit zunächst mit einigen Tropfen Wasserstoffperoxid-Lösung versetzt und erst dann auf pH 8,1 eingestellt.

16.2.3 Photometrische Bestimmung von Hydroxyprolin

- **Anwendungsbereich**
- Fleisch und Fleischerzeugnisse
- gelatinehaltige Produkte

- **Grundlagen**

Die **Bindegewebsproteine** (Kollagen und Elastin) weichen in ihrer Aminosäurenzusammensetzung wesentlich von den anderen Fleischproteinen ab.

Für Kollagen sind vor allem die hohen Gehalte an Glycin, Prolin, Hydroxyprolin und 5-Hydroxylysin charakteristisch. Da das Vorkommen von **4-Hydroxyprolin** auf Bindegewebe beschränkt ist, kann es zur Bestimmung des Bindegewebseiweißanteiles in Fleischwaren und damit auch zur Feststellung des Gehaltes an weniger wertvollen Sehnen-, Knorpel-, Knochen- und Hautteilen herangezogen werden [8–14]. In den Leitsätzen zum Deutschen Lebensmittelbuch wurden BEFFE-Werte (bindegewebseiweißfreies Fleischeiweiß) als Beurteilungskriterien für Fleisch festgelegt [15].

BEFFE

- BEFFE (%) = Fleischeiweiß (%) – Bindegewebseiweiß (%)
- *Bindegewebseiweiß* (%) = 8 · *HP* (Hydroxyprolingehalt der Probe) in %

- **Prinzip der Methode**

Hydroxyprolin (HP) wird durch saure Hydrolyse aus dem Bindegewebseiweiß freigesetzt und nach Abtrennung des Fettanteils mit Hilfe von Chloramin T oxidiert (▶ Gl. 16.2). Das Oxidationsprodukt bildet mit *p*-Dimethylaminobenzaldehyd rotgefärbte Kondensationsprodukte (▶ Gl. 16.3), die bei 558 nm photometriert werden. Prolin gibt diese Farbreaktion nicht. Für die eigentliche Farbe ist ein mesomerie-stabilisiertes Kation verantwortlich, das sich durch die Grenzstrukturen in ▶ Gl. 16.3 beschreiben lässt.

(16.2)

(16.3)

- ▪ **Durchführung**
- ▪▪ **Geräte und Hilfsmittel**
- — thermostatisierbares Wasserbad
- — Spektralphotometer (▶ Kap. 8)
- — Glasküvetten: $d = 1$ cm
- — Rückflusskühler mit Schliff NS 29
- — Vollpipetten: 2 mL, 4 mL, 5 mL, 10 mL, 15 mL, 20 mL
- — Messkolben: 250 mL, 500 mL, 1000 mL
- — Messzylinder: 250 mL
- — Erlenmeyerkolben mit Schliff NS 29: 100 mL
- — Erlenmeyerkolben (enghalsig): 500 mL
- — Glastrichter: Ø ca. 10 cm
- — Reagenzgläser
- — Faltenfilter
- — Siedesteinchen

- ▪▪ **Chemikalien (p. a.)**
- — Salzsäure: ca. 6 mol/L
- — Petroleumbenzin: Siedebereich 60–80 °C

16

- Pufferlösung mit dem pH-Wert etwa 6,8:
26,0 g Citronensäure-Monohydrat, 14,0 g Natriumhydroxid-Plätzchen und 78,0 g Natriumacetat (wasserfrei) werden in etwa 500 mL dest. Wasser gelöst, mit 100 mg Natriumethylmercurithiosalicylat (rein) versetzt und quantitativ in einen 1000-mL-Messkolben überführt. Nach Zusatz von 250 mL n-Propanol wird mit dest. Wasser bis zur Marke aufgefüllt.
- Bei Schutz vor Lichteinwirkung und einer Aufbewahrungstemperatur von 4 °C ist die Pufferlösung etwa 2 Monate haltbar.
- Hydroxyprolin-Stammlösung I; c = 600 mg/L:
120 mg L-Hydroxyprolin (für biochem. Zwecke) werden in dest. Wasser gelöst; die Lösung wird im 200-mL-Messkolben bis zur Marke aufgefüllt.
- Hydroxyprolin-Stammlösung II; c = 6 mg/L:
5 mL der Stammlösung I werden in einen 500-mL-Messkolben pipettiert und mit dest. Wasser bis zur Marke aufgefüllt.
- Hydroxyprolin-Standardlösungen:
Von der verdünnten Hydroxyprolin-Stammlösung II werden 10; 15; 20; 25; 30; 35 bzw. 40 mL in 100-mL-Messkolben pipettiert. Nach Zusatz von jeweils etwa 30 mg Natriumethylmercurithiosalicylat (rein) wird mit dest. Wasser bis zur Marke aufgefüllt. Die Konzentrationen dieser Standardlösungen betragen 60; 90; 120; 150; 180; 210 bzw. 240 µg pro 100 mL. Die Standardlösungen sind bei Raumtemperatur etwa eine Woche, bei 4 °C etwa 2 bis 3 Monate haltbar.
- Oxidationsreagenz:
1,4 g Chloramin T (N-Chlor-4-toluolsulfonsäureamid-Natriumsalz, Trihydrat) werden in 100 mL der Pufferlösung gelöst.
Hinweis: Bei Schutz vor Lichteinwirkung und einer Aufbewahrungstemperatur von 4 °C ist das Oxidationsreagenz etwa eine Woche lang haltbar.
- Farbreagenz: 10,0 g p-Dimethylaminobenzaldehyd (zur Synthese) werden in 35 mL Perchlorsäure (etwa 60%ig, Dichte etwa 1,53 g/mL) gelöst. Anschließend werden langsam 65 mL n-Propanol hinzugefügt. Diese Lösung sollte erst am Tage der Verwendung hergestellt werden.

■■ **Bestimmung**
(a) Hydrolyse
Circa 4 g der gut homogenisierten Probe werden auf ± 1 mg genau in einen 100-mL-Erlenmeyerkolben eingewogen, 30 mL Salzsäure und einige Siedesteinchen hinzugefügt und 8 h lang unter Rückfluss bei schwachem Sieden gehalten.

Das Hydrolysat wird quantitativ mit dest. Wasser in einen 500-mL-Messkolben überführt, mit etwa 5 mL Petroleumbenzin versetzt und mit dest. Wasser so bis zur Marke aufgefüllt, dass die Petroleumbenzinschicht mit dem darin gelösten Fett über der Marke liegt. Nach gründlichem Mischen wird die fetthaltige Petroleumschicht durch Absaugen entfernt und die wässrige Phase durch ein Faltenfilter in einen 500-mL-Erlenmeyerkolben filtriert.

Aus dem Hydrolysat wird eine geeignete Verdünnung hergestellt, so dass die erwartete Hydroxyprolin-Konzentration im Bereich 0,6 bis 2,4 µg/mL liegt. In der Regel genügen 10 mL Hydrolysat, die auf 250 mL verdünnt werden.

(b) Farbreaktion

4 mL der so hergestellten Verdünnung werden in ein Reagenzglas pipettiert, mit 2 mL Oxidationsreagenz versetzt, gemischt und bei Raumtemperatur 20 min (± 1 min) lang stehen gelassen. Anschließend werden 2 mL Farbreagenz zugesetzt. Nach gründlichem Durchmischen wird das Reagenzglas schnell in ein Wasserbad von 60 °C $\pm 0{,}5$ °C gestellt und dort für 15 min belassen. Danach wird das Reagenzglas unter fließendem Leitungswasser mindestens 3 min lang gekühlt und bis zur Messung ½ h bei Raumtemperatur stehen gelassen. Die Extinktion der Lösung wird bei 558 nm in einer Glasküvette ($d = 1$ cm) gegen die mit denselben Reagenzien angesetzte Blindlösung (statt 4 mL des verdünnten Hydrolysates werden 4 mL dest. Wasser eingesetzt) gemessen.

(c) Kalibrierkurve

Zur Erstellung der Kalibriergeraden werden jeweils 4 mL der oben beschriebenen Hydroxyprolin-Standardlösungen zur Farbreaktion eingesetzt und gegen eine Blindlösung (siehe (b)) gemessen; die Konzentrationen der Kalibrierlösungen betragen damit 0,6; 0,9; 1,2; 1,5; 1,8; 2,1 bzw. 2,4 µg/mL Hydroxyprolin.

- **Auswertung**

(a) Der prozentuale Hydroxyprolin-Gehalt *HP* der Probe wird nach folgender Gleichung berechnet:

$$HP \ [\%] \ = \ \frac{12{,}5 \cdot a}{E \cdot V}$$

mit

V – Volumen des Hydrolysats in mL, das für die Verdünnung auf 250 mL verwendet wurde

a – Hydroxyprolin-Konzentration in µg/mL im verdünnten Hydrolysat (aus der Kalibriergeraden ermittelt)

E – Probeneinwaage in g

12,5 – Der Umrechnungsfaktor 12,5 ergibt sich aus der Verdünnung des Hydrolysates auf 250 mL, der Verdünnung der Einwaage auf 500 mL, der Umrechnung von µg auf g sowie der Angabe des Ergebnisses bezogen auf 100 g Probe

(b) Berechnung des Bindegewebsanteils

Der prozentuale Anteil der Probe an *kollagenem Bindegewebseiweiß* ($\triangleq$ absoluter Gehalt) ergibt sich aus dem Hydroxyprolin-Gehalt *HP* durch Multiplikation mit dem Faktor 8, der auf einem mittleren Hydroxyprolin-Gehalt des Bindegewebseiweißes von etwa 12,4 % beruht:

   abs. kollagenes Bindegewebseiweiß [%] $= 8 \cdot HP$ (bezogen auf Probe)

Zur Qualitätsbeurteilung ist der Anteil des *kollagenen Bindegewebseiweißes am Gesamtproteingehalt* ($\triangleq$ relativer Gehalt) von Bedeutung; es gilt:

$$\text{rel. kollagenes Bindegewebseiweiß [\%]} \ = \ \frac{8 \cdot HP}{P} \cdot 100 \ \text{(bezogen auf Gesamtprotein)}$$

16

mit

P – Proteingehalt der Probe ($\triangleq N \cdot 6{,}25$)

Zur Bedeutung der Größe N und des Faktors 6,25 vgl. ► Abschn. 16.3.4.1

16.2.4 Photometrische Bestimmung von Prolin

- **Anwendungsbereich**
- Fruchtsäfte

- **Grundlagen**

Bei Obst entfallen im Durchschnitt 50 % der löslichen Stickstoff-Verbindungen auf **freie Aminosäuren**. Die Aminosäuremuster sind für die Obstarten charakteristisch und können zur analytischen Kennzeichnung von Obstprodukten herangezogen werden. Verfälschungen von Fruchtsäften, speziell Verfälschungen von Orangensäften, können über den Aminosäuregehalt und das Konzentrationsverhältnis der Aminosäuren zueinander beurteilt werden.

Als ein Indiz zur Beurteilung eines natürlichen Ursprungs kann bei Orangensaft (Citrussäften) der Gehalt an **Prolin** dienen. Prolin ist die in Orangensaft in höchster Konzentration vorhandene Aminosäure (**RSK-Wert: mind. 575 mg/L** [16], die andererseits die Formolzahl am wenigsten beeinflusst. Neben der Prolin-Konzentration ist der Prolin-Quotient (Formolzahl für 100 mL Prolin in [g/L]) ein zusätzliches Beurteilungskriterium. Bei unverfälschten Säften liegt der Prolin-Quotient unter 30 [16–20].

RSK-Werte

RSK-Werte beschreiben **Richtwerte** und **Schwankungsbreiten** bestimmter **Kennzahlen** zur Identifizierung von Fruchtsäften, die rechtlich nicht verbindlich sind. Zur Ermittlung der RSK-Werte werden viele vermutlich natürliche Säfte nach verschiedenen Methoden auf verschiedene Parameter untersucht. Die Schwankungsbreiten berücksichtigen dabei neben den technischen Einflüssen bei der Herstellung von Fruchtsäften auch den Einfluss unterschiedlicher Erntejahre und Herkünfte. Abweichungen von den Erfahrungswerten können Anzeichen auf unzulässige Zusätze, Behandlungen oder auch Wertminderungen sein, die jedoch durch weitere Untersuchungen untermauert werden müssen.

- **Prinzip der Methode**

Prolin bildet mit Ninhydrin ein farbiges Reaktionsprodukt, welches mit Essigsäure-*n*-butylester extrahiert wird. Die Extraktionslösung wird bei 509 nm photometrisch gemessen.

■ **Durchführung**
■■ **Geräte und Hilfsmittel**
— Spektralphotometer (▶ Kap. 8)
— Glasküvetten: $d = 1$ cm
— Vollpipetten: 1 mL, 2 mL, 10 mL
— Reagenzgläser mit Schliff und Stopfen: 25 mL
— Kurzzeitmesser
— hydrophobe Faltenfilter: Ø 12,5 cm; oder normale Faltenfilter (s. Anmerkung)

Anmerkung – Faltenfilter

Stehen keine hydrophoben Faltenfilter zur Verfügung, so können bei Einsatz einer ausreichenden Menge Natriumsulfat (wasserfrei) anstelle dieser auch normale Faltenfilter verwendet werden.

■■ **Chemikalien (p. a.)**
— Ameisensäure: 98–100%ig
— Essigsäure-n-butylester
— Ethylenglycolmonomethylether
— Natriumsulfat, wasserfrei: getrocknet
— Ninhydrin-Lösung:
  3 g Ninhydrin werden in 100 mL Ethylenglycolmonomethylether gelöst.
— Prolin-Stammlösung:
  100 mg L(+)-Prolin werden im Messkolben in dest. Wasser zu 100 mL gelöst.
— Prolin-Standardlösungen:
  Aus der Prolin-Stammlösung werden Prolin-Standardlösungen mit Gehalten von 5; 10; 25; 40 und 50 mg Prolin/L hergestellt.

■■ **Bestimmung**
(a) Probenaufarbeitung
Proben mit einem zu erwartenden Gehalt von > 500 (bis 1000) mg Prolin/L werden mit dest. Wasser 1 + 19 verdünnt.

Proben mit einem zu erwartenden Gehalt von 50–500 mg Prolin/L werden mit dest. Wasser 1 + 9 verdünnt.

Proben mit Gehalten bis zu 50 mg/L werden direkt eingesetzt; sind die Proben tiefgefärbt, so wird entsprechend dem Grad ihrer Eigenfärbung 1 + 1 bzw. 1 + 4 (v/v) mit dest. Wasser verdünnt.

(b) Farbreaktion
1,0 mL Probenlösung nach (a) wird in ein Schliffreagenzglas pipettiert und mit 1 mL Ameisensäure und 2 mL Ninhydrin-Lösung versetzt, wobei nach jeder

16

Zugabe das verschlossene Reagenzglas kräftig geschüttelt wird. Das Reagenzglas wird dann in ein siedendes Wasserbad gestellt (dabei soll die gesamte Flüssigkeitssäule des Reagenzglases eintauchen) und unter Beibehaltung des Siedens genau 15 min lang (Uhr!) erhitzt. Nach Abkühlen auf 20 °C wird die gefärbte Lösung mit 10 mL Essigsäure-*n*-butylester versetzt und das farbige Reaktionsprodukt durch Schütteln des verschlossenen Reagenzglases extrahiert.

Anschließend wird der gesamte Ansatz durch ein mit ca. 1 g getrocknetem Natriumsulfat (wasserfrei) beschicktes, hydrophobes Faltenfilter (s. hierzu die Anmerkung) filtriert. Nach etwa 15 min wird die Extinktion des Filtrats (organische Phase) bei 509 nm in einer Glasküvette ($d = 1$ cm) gegen die mit denselben Reagenzien angesetzte und analog behandelte Blindlösung (statt 2 mL Ninhydrin-Lösung werden 2 mL Ethylenglycolmonomethylether zugegeben) gemessen.

(c) Kalibrierkurve
Zur Erstellung der Kalibriergeraden werden jeweils 1,0 mL der oben angegebenen Prolin-Standardlösungen zur Farbreaktion eingesetzt und gegen eine Blindlösung (siehe (b)) gemessen.

▪ **Auswertung**
Aus der Kalibriergeraden wird der Prolin-Gehalt der Messlösung ermittelt und unter Berücksichtigung der Verdünnung auf die Probelösung umgerechnet. Der Prolin-Gehalt wird in mg/L angegeben.

16.3 Proteinanalytik

16.3.1 Charakterisierung von Proteinen

Proteine (engl. proteins) weisen äußerst komplexe Molekülstrukturen auf. Die Analytik derartiger Verbindungen ist deshalb ebenfalls außerordentlich komplex. In diesem Kapitel sollen deshalb nur einige Anregungen gegeben werden, wie Proteine überhaupt nachgewiesen und näher charakterisiert werden können. Eine Übersicht zeigt ◘ Abb. 16.5.

16.3.1.1 Allgemeine Nachweisreaktionen
Die folgenden Tests können direkt im Untersuchungsmaterial durchgeführt werden.

Biuret-Reaktion
Auch als Biuret-Test bzw. Biuret Assay bezeichnet. Polypeptide (kleinste reagierende Einheiten sind Tripeptide) reagieren mit verdünnter Kupfersulfat-Lösung in stark alkalischem Milieu und zeigen eine charakteristische Blaufärbung:

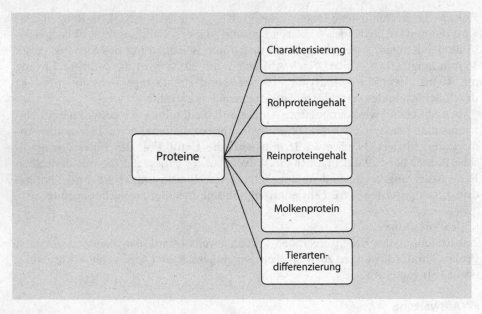

◘ **Abb. 16.5**   Proteinanalytik – Übersicht

$$(16.4)$$

Ninhydrin-Reaktion

Bei der Ninhydrin-Reaktion reagieren α-Aminosäuren mit Ninhydrin unter Bildung eines blauvioletten bis rotbraunen Farbstoffs. Die Aminosäure wird dabei decarboxyliert und es entsteht ein um ein C-Atom verminderter Aldehyd oxidiert. Bei Aminosäuren mit sekundären Aminogruppen läuft die Reaktion nur teilweise ab, so bildet Prolin hier einen gelben Farbstoff.

16

$$\text{(Ninhydrin-Struktur)} + \text{(Aminosäure)} \xrightarrow{-2\,H_2O}$$

$$\text{(Zwischenprodukt)} \xrightarrow[-\,H^{\oplus}]{+\text{Ninhydrin}} \quad (16.5)$$

$$\text{(Ruhemann-Purpur-Struktur)} +\; \text{(Rest)} $$

Anmerkung

Prolin und Hydroxyprolin geben gelbrote Färbungen!

Xanthoprotein-Reaktion

Bei Zusatz von konzentrierter Salpetersäure bilden sich bei Anwesenheit von aromatischen Aminosäuren gelb gefärbte Nitroderivate.

$$\text{(Tyrosin)} \xrightarrow[-\,H_2O]{+\,HNO_3} \text{(Nitrotyrosin-Derivat)} \qquad (16.6)$$

Bleisulfid-Reaktion

Bei Zusatz von Bleiacetat-Lösung zeigt sich im stark alkalischen Milieu eine Schwarzfärbung (≙ Anwesenheit von schwefelhaltigen Eiweißverbindungen).

16.3.1.2 Reinigung und Anreicherung

Folgende Möglichkeiten zur Reinigung und Anreicherung von Proteinen bestehen:

- **Proteine** lassen sich im wässrigen Milieu mit organischen Lösungsmitteln wie Ethanol oder Aceton sowie mit Neutralsalzen (wie Ammoniumsulfat) reversibel **ausfällen**. Bei Variation von pH-Wert und Salzkonzentration können verschiedene Proteinarten fraktioniert werden.
- **Fällungsreaktionen** mit Säuren oder Schwermetallsalzen (▶ Abschn. 16.3.2) führen in der Regel zur Zerstörung der Tertiärstruktur, d. h. zur Denaturierung eines Proteins. Sie sind nicht geeignet zur Isolierung von Enzymen, da die Funktion eines Enzyms unmittelbar mit dessen intakter Struktur verbunden ist.
- Mit Hilfe **chromatographischer Methoden** lassen sich Peptide und Proteine von verunreinigenden Begleitstoffen abtrennen. Eine sehr gebräuchliche Anwendungsform ist die Gelfiltration, bei der durch Verwendung poröser Gele sehr große von sehr kleinen Molekülen getrennt werden können. Die Trennung von Aminosäuregemischen erfolgt meist durch Ionenaustauschchromatographie oder Umkehrphasen-Flüssigkeitschromatographie (engl. Reversed Phase Liquid Chromatography, RPLC). Die Affinitätschromatographie (Bindung über einen spezifischen Liganden oder Antikörper) wird zur Reinigung, Anreicherung und Bestimmung von Proteinen und Peptiden eingesetzt.
- Durch Einsatz von präparativen **Ultrazentrifugen** kann die unterschiedliche Sedimentationsgeschwindigkeit von Proteinen zur Reinigung eingesetzt werden (Dichte-Gradienten-Zentrifugation).
- Mit Hilfe der **Elektrophorese** können Peptide und Proteine abhängig vom pH-Wert aufgrund ihres amphoteren Charakters in einem elektrischen Feld nach ihrer Beweglichkeit aufgetrennt werden.

16.3.1.3 Möglichkeiten der Identifizierung – Strukturanalyse

Nach der Isolierung eines Proteins bzw. Peptids aus dem Probenmaterial ist zur vollständigen Identifizierung eine **Strukturanalyse** notwendig. Diese vermittelt Kenntnisse darüber:

- Welche Aminosäuren das Molekül aufbauen.
- Wie viele dieser Aminosäuren in dem Molekül vorhanden sind.
- In welcher Reihenfolge (Sequenz) diese Aminosäuren im Proteinmolekül aufeinanderfolgen (Primärstruktur).
- Wie groß die Molekülmasse des Proteins ist.
- Wie die dreidimensionale Struktur (Sekundär-, Tertiär- und Quartärstruktur) des Proteins aufgebaut ist.

Das Protein wird sauer hydrolysiert und anschließend das Aminosäuregemisch chromatographisch in seine Komponenten getrennt (Aminosäureanalyse). Aus der Menge jeder einzelnen Aminosäure kann man rechnerisch die Anzahl der Moleküle im Protein ermitteln. Die Bestimmung der Sequenz erfolgt durch Kombination von Endgruppenanalyse, das heißt, Identifizierung der Aminosäurereste an den Enden der Peptidketten (z. B. Sanger-Abbau, Edman-Abbau, Bestimmung des C-endständigen Restes durch enzymatischen Abbau) und partieller Hydrolyse.

Die Primärstruktur eines Proteins kann zudem mittels moderner massenspektrometrischer Methoden bestimmt werden. Massenspektrometrie ist darüber hinaus eine schnelle und empfindliche Methode zur genauen Bestimmung der Molekülmasse. Mittels SDS-Polyacrylamid-Gelelektrophorese (▶ Abschn. 11.5) kann die Reinheit der Proteinpräparation überprüft und die Molekülmasse eines Proteins abgeschätzt werden. Die Aufklärung der dreidimensionalen Struktur eines Proteins erfolgt in der Regel durch Röntgenkristallographie oder in bestimmten Fällen auch mittels NMR-Spektrometrie (▶ Abschn. 8.4).

16.3.2 Bestimmung von Proteinen

Methoden zur **quantitativen Bestimmung** des Proteingehaltes basieren auf verschiedenen Prinzipien:
- Erfassung des **Stickstoff**-Gehaltes
  ⇨ **Kjeldahl-Methode**
- Chemische Reaktion der **Peptidbindung** und anschließende photometrische Messung
  ⇨ z. B. **Biuret-Methode**
- Chemische Reaktionen bestimmter **Aminosäuren** der Proteine und anschließende photometrische Messung
  ⇨ zum Beispiel Bestimmung mit **Folin-Ciocalteu-Reagenz**; in erster Linie reagiert Tyrosin
- Messung der **UV-Absorption**
  ⇨ Erfassung der aromatischen Aminosäuren Tryptophan, Tyrosin und Phenylalanin; die Absorptionsmaxima liegen bei etwa 280 nm
- **Trübungsmessung**
  ⇨ durch Ausflockung gelösten Eiweißes durch Proteinfällungsmittel
- **Dumas-Methode**
  ⇨ Die Probe wird bei hohen Temperaturen (bis zu 1800°C) mit reinem Sauerstoff katalytisch verbrannt. Im Verbrennungsgas gebildete Stickoxide (NO_x) werden über einen heißen Kupfer- oder Wolfram-Kontakt (ca. 600–900 °C) zu molekularem Stickstoff (N_2) reduziert, gaschromatographisch separiert und mit Hilfe eines Wärmeleitfähigkeits-Detektors (WLD, ▶ Abschn. 5.4.6) detektiert und quantifiziert.

Bei der Untersuchung von Lebensmitteln hat die Kjeldahl-Methode überragende Bedeutung erlangt (▶ Abschn. 16.3.2.1).

16.3.2.1 Bestimmung des Gesamtproteingehaltes über Stickstoff – Methode nach Kjeldahl

■ **Anwendungsbereich**
— Lebensmittel, allgemein

■ **Grundlagen**
Aufgrund ihres Aufbaus aus einzelnen Aminosäuren schwankt der Stickstoff-Gehalt der Proteine nur in relativ engen Grenzen (15 % bis 18 %; durchschnittlich: 16 %). Zur analytischen Erfassung des *Gesamtprotein-* oder *Rohproteingehaltes* wird daher in der Regel der Stickstoff-Anteil *(N)* nach Aufschluss der organischen Substanz mit Schwefelsäure (**Kjeldahl-Verfahren;** benannt nach dem dänischen Chemiker Johan Kjeldahl, 1849–1900) bestimmt und anschließend unter Zuhilfenahme eines Faktors (üblicherweise $F = 6{,}25$) der Proteingehalt berechnet.

Es wird angenommen, dass während des Aufschlusses das sich bei hohen Temperaturen bildende Schwefeltrioxid als ·Lewis-Säure an die NH-Gruppe der Peptidbindung (Lewis-Base) des Proteins anlagert und sich die entsprechende Amidosulfonsäure bildet (▶ Gl. 16.7). Die Amidosulfonsäure ist beständig gegen weitere Oxidation und geht durch Zersetzung in Ammoniumsulfat über. Das Ammoniumsulfat kann anschließend nach Freisetzen des NH_3 und Destillation mittels Säure-Base-Titration erfasst werden.

(16.7)

Die katalytisch beschleunigte oxidative Zersetzung organischer Verbindungen mit Schwefelsäure bei Temperaturen zwischen 360 °C und 410 °C wird als Kjeldahl-Aufschluss bezeichnet. Die oxidativen chemischen Umsetzungen lassen sich summarisch wie in ▶ Gl. 16.8 angegeben darstellen (nach [21]). Beim Aufschluss wird der Kohlenstoff des organischen Materials zu Kohlendioxid oxidiert; die Schwefelsäure wird zu Schwefeldioxid reduziert.

$$C_nH_mO_1N_{d=a+b+c} + (2n + m/2 - 1 - 1{,}5a + 25b)O \rightarrow$$

$$nCO_2 + (m/2 - 1{,}5a - 0{,}5b) H_2O + aNH_3 + bHNO_3 + c/2N_2 \qquad (16.8)$$

Der Abbau organischer funktioneller Stickstoff-Gruppen unter schwefelsauren Bedingungen erfolgt entsprechend der Bindungsform des Stickstoffs über mehrere Zwischenstufen zum Ammoniumsulfat, zur Salpetersäure oder zum elementaren Stickstoff. Die funktionellen Stickstoff-Gruppen organischer Moleküle und die ihnen entsprechenden Zersetzungsprodukte sind in ◘ Tab. 16.3 zusammengestellt (nach [21]).

Welcher „Stickstoff" wird eigentlich erfasst beim Kjeldahl-Verfahren?

— Beim **Kjeldahl-Aufschluss** von Lebensmitteln werden nicht nur Proteine und freie Aminosäuren erfasst, sondern neben Nucleinsäuren und Ammoniumsalzen auch der organisch gebundene Stickstoff von Aromastoffen, wie Pyrazine, Cyclopentapyrazine, Pyrrole und Oxazole sowie der organisch gebundene Stickstoff von Vitaminen, z. B. Vitamin B_1, Vitamin B_2, Nicotinsäureamid. Aus diesem Grund erfolgt die Angabe des organisch gebundenen Stickstoffs als:
⇨ **„Gesamtstickstoff**, berechnet als Protein" bzw. als **„Gesamtprotein ($N \cdot F$)"** (Erklärung der Symbole siehe „Auswertung")
— Da Lebensmittel in der Regel nur Spuren an stickstoffhaltigen Aromastoffen und Vitaminen enthalten, ist der dadurch entstehende Fehler aber praktisch **vernachlässigbar.**
— Stickstoffhaltige Substanzen, wie Harnstoff oder Melamin (2,4,6-Triamino-1,3,5-triazin) können dagegen aber einen erhöhten Stickstoff-Gehalt **vortäuschen** [21–23]. Vgl. hierzu Kasten „Fallstricke der Kjeldahl-Methode".

■ **Prinzip der Methode**

Das Ablaufschema des Analysengangs ist zur besseren Übersicht in ◘ Abb. 16.6 schematisch dargestellt. Die Untersuchungssubstanz wird mit konzentrierter Schwefelsäure unter Zusatz eines Katalysatorgemisches (Metallsalze/oxide dienen zur Sauerstoff-Übertragung unter intermediärer Bildung nascierenden Sauerstoffs; Kaliumsulfat dient zur Erhöhung der Siedetemperatur) oxidativ aufgeschlossen (▶ Gl. 16.9; hier dargestellt am Beispiel einer Peptidgruppe).

Aus dem entstandenen Ammoniumsulfat wird das nach Alkalizusatz freigesetzte Ammoniak mit Hilfe einer Wasserdampfdestillation in eine borsäurehaltige Vorlage übergetrieben (▶ Gl. 16.10 und 16.11) und mit Salzsäure-Maßlösung titrimetrisch bestimmt (▶ Gl. 16.12). Der Proteingehalt der Probe wird unter Berücksichtigung des durchschnittlichen Stickstoff-Anteils der vorliegenden Proteinart errechnet.

$$(-CONH-) \xrightarrow[\text{Katalysator}]{H_2SO_4} (NH_4)_2SO_4 + CO_2\uparrow + SO_2\uparrow$$

Peptid

$$(16.9)$$

$$(NH_4)_2SO_4 + 2\,NaOH \longrightarrow Na_2SO_4 + 2\,NH_3\uparrow + 2\,H_2O \qquad (16.10)$$

◘ **Tab. 16.3** Zersetzungsprodukte funktioneller Stickstoff-Gruppen nach Säureaufschluss. (Nach [21]). *Erläuterung:* siehe Text

Abteilung[*]	funktionelle Gruppe	Bezeichnung	Zersetzungsprodukt)
a	O=C–N(H)–	Peptidgruppe	
	O=C–NH$_2$	Carbamingruppe (Amid)	
	O–C≡N	Oxocyanatgruppe	
	N=C=O	Isooxocyanatgruppe	
	S–C≡N	Thiocyanatgruppe	NH_3
	N=C=S	Isothiocyanatgruppe	
	N≡C–	Nitrilgruppe	
	$\overset{\ominus}{C}$≡$\overset{\oplus}{N}$–	Isocyanidgruppe	
	–NH$_2$	Aminogruppe	
	=NH	Iminogruppe	
	=N–	heterogener Stickstoff	
		ohne N – N-Bindung	

16

■ Tab. 16.3 (Fortsetzung)

Abteilung*	funktionelle Gruppe	Bezeichnung	Zersetzungsprodukt)
b	(Struktur)	Nitrosogruppe	
	(Struktur)	Nitrogruppe	
	(Struktur)	Isonitrogruppe	HNO_3
	(Struktur)	Hydroxylamingruppe	
	(Struktur)	Oximgruppe	
c	(Struktur)	Hydrazingruppe	
	(Struktur)	Hydrazongruppe	
	(Struktur)	Azogruppe	N_2
	(Struktur)	Azinogruppe	
	(Struktur)	Diazoniumgruppe	

*Die Zusammenfassung der Zersetzungsprodukte funktioneller Stickstoff-Gruppen in die Abteilungen a, b und c entspricht den Koeffizienten *a*, *b* und *c* der Gl. 16.8

482 Kapitel 16 · Aminosäuren, Peptide, Proteine, Nucleinsäuren

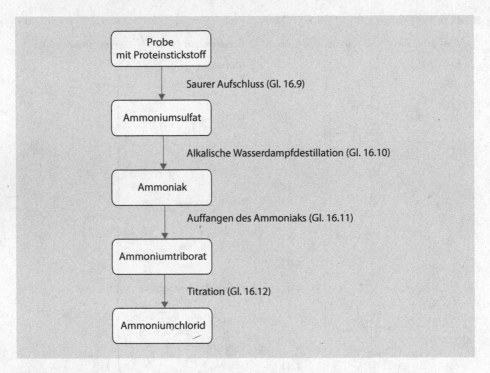

◘ Abb. 16.6 Ablaufschema – Methode nach Kjeldahl

$$B(OH)_4^{\ominus} + H^{\oplus} + NH_3 \longrightarrow B(OH)_4^{\ominus} + NH_4^{\oplus} \tag{16.11}$$

$$B(OH)_4^{\ominus} + NH_4^{\oplus} + HCl \longrightarrow NH_4Cl + H[B(OH)_4] \tag{16.12}$$

■ **Durchführung**

■■ **Geräte und Hilfsmittel**

— Destillationsapparatur (nach Parnas-Wagner oder dgl.)

— Veraschungsgestell, möglichst mit Absaugvorrichtung

— Kjeldahl-Kolben, klassisch: 250 mL (◘ Abb. 16.7, moderne Apparatur ◘ Abb. 16.8)

— Feinbürette

— Messkolben: 100 mL, 1000 mL

— Vollpipette: 10 mL

— Messzylinder: 25 mL

— Erlenmeyerkolben: 250 mL

— Pergamentschiffchen: N_2-frei

— Glasperlen

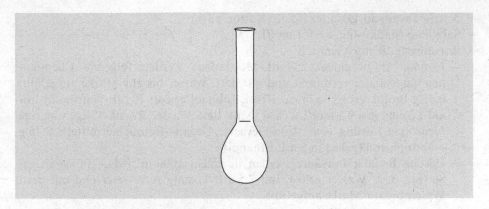

◨ **Abb. 16.7** Klassischer Kjeldahl-Kolben

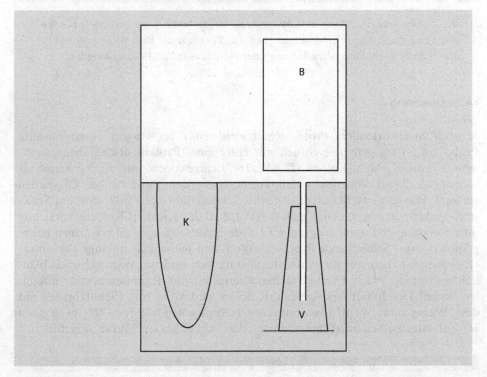

◨ **Abb. 16.8** Moderne Kjeldahl-Apparatur. *Erläuterung:* **B** Bedienfeld; **K** Destillationskolben; **V** Vorlage

■■ **Chemikalien (p. a.)**

— Schwefelsäure: 98%ig, zur Stickstoff-Bestimmung (konz.)

— Katalysatorgemisch:

— 3 g Titandioxid TiO_2, 3 g Kupfersulfat $CuSO_4 \cdot 5\,H_2O$ und 100 g Kaliumsulfat K_2SO_4 werden im Mörser intensiv miteinander verrieben

- Natriumhydroxid-Lösung: 50%ig (Natronlauge)
- Salzsäure-Maßlösung: c = 0,1 mol/L
- Borsäure-Indikator-Gemisch:
  - Lösung A: In einem 250-mL-Messkolben werden folgende Chemikalien miteinander vermischt und mit dest. Wasser bis zur Marke aufgefüllt: 0,35 g Bromkresolgrün in ca. 10 mL Ethanol gelöst; 10 mL Natriumhydroxid-Lösung (c = 0,1 mol/L); ca. 150 mL dest. Wasser; 22 mL 1%ige wässrige Neucoccin-Lösung (Fa. Agfa-Gevaert: Negativ-Retouchiermittel); 0,75 g *p*-Nitrophenol (gelöst in 5 mL Ethanol)
  - Lösung B: 20 g Borsäure werden in einem 1000-mL-Messkolben in ca. 800 mL dest. Wasser gelöst, mit 7,5 mL Lösung A versetzt und mit dest. Wasser bis zur Marke aufgefüllt

---

Hinweis

Bei Zugabe von ca. 3 Tropfen Lösung A zu 10 mL eines Acetatpuffers (pH = 4,6) sollte eine graubraune Färbung entstehen. Ist dies nicht der Fall, ist eine Korrektur durch Zugabe von Neucoccin-Lösung oder Bromkresolgrün-Lösung möglich.

∎∎ **Bestimmung**

(a) Aufschluss

Je nach zu erwartendem Proteingehalt werden 0,1 bis 4 g gut homogenisierte Probe auf ± 1 mg genau, eventuell mit Hilfe eines Pergamentschiffchens, in einem 250-mL-Kjeldahl-Kolben (◻ Abb. 16.7) eingewogen, mit ca. 3 g Katalysatorgemisch, 20 mL konz. Schwefelsäure (s. Anmerkung) und einigen Glasperlen versetzt. Das gesamte Material sollte mit Schwefelsäure getränkt sein, um Stickstoff-Verluste zu vermeiden. Deshalb den Inhalt des Kjeldahl-Kolbens vorsichtig umschwenken, erst dann langsam (!) auf dem Aufschlussgestell erwärmen (siehe „Anmerkung – Schäumende Proben", unten) und schließlich so lange am schwachen Sieden halten, bis die Aufschlusslösung klar und nur noch schwach bläulich gefärbt ist. Nach 15 min Nacherhitzungszeit auf Raumtemperatur abkühlen lassen! Der Inhalt des Kjeldahl-Kolbens wird vorsichtig (Schutzbrille!) mit dest. Wasser (max. 40 mL) verdünnt, unter Nachspülen mit dest. Wasser in einen 100-mL-Messkolben überführt und nach dem Abkühlen zur Marke aufgefüllt.

16

Schwefelsäuremenge

Die **Schwefelsäuremenge** sollte so dosiert werden, dass nach Beendigung des Aufschlusses noch ca. 5–6 mL unverbrauchte Säure vorliegen.

Schwefelsäurebedarf pro g Einwaage in mL	
Fett	10
Kohlenhydrat	4
Protein	5

Bei stark **schäumenden Proben** den Kolben sofort unter fließendem Wasser abkühlen und eine Spatelspitze Stearinsäure zusetzen, da diese in der Regel die Oberflächenspannung verringert.

(b) Destillation

Zum **Auffangen** des Ammoniaks kann prinzipiell jede Säure verwendet werden. Wird jedoch – wie im vorliegenden Fall – eine schwache Säure (z. B. Borsäure) verwendet, kann die beim Auffangen in der Vorlage entstandene starke Base (Ammoniumhydroxid) mit einer starken Säure (Salzsäure) titriert werden, ohne dass überschüssige schwache Auffangsäure miterfasst wird. Dies hat überdies den Vorteil, dass die schwache Auffangsäure nicht genau abgemessen werden muss.

Mit 10 mL der aufgefüllten Aufschlusslösung wird nach Zusatz von Natronlauge im Überschuss eine Wasserdampfdestillation durchgeführt. Dabei muss das Kühlerrohr der Destillationsapparatur in die Vorlage – ca. 20 mL Borsäure-Indikator-Gemisch – eintauchen. Schlägt die Farbe des Mischindikators von blau nach grün um, wird noch 10 min weiter destilliert, dann die Vorlage abgesenkt und nach einer weiteren Minute die Destillation beendet. Das Kühlerrohr wird mit dest. Wasser außen und innen abgespült.

- Der Umschlag mit dem hier angegebenen Indikator ist sehr gut erkennbar und hat sich in der Praxis bewährt. Der Indikator kann aber gegen den üblicherweise verwendeten Indikator nach Tashiro ausgetauscht werden.
- Beim **Tashiro-Indikator** handelt es sich ebenfalls um einen Mischindikator. Der Umschlag erfolgt von violettrot über grau nach hellgrün. Es wird auf Grauton titriert.
- **Tashiro-Indikator-Lösung:** 100 mL einer Lösung von 0,03 % Methylrot in 70 Vol.-%igem Ethanol werden mit 15 mL einer 0,1%igen wässrigen Methylenblau-Lösung gemischt.
- Die Mischung ist auch in einer Braunglasflasche nur begrenzt haltbar. Die Zersetzung des Indikators wird durch das Ausbleiben der richtigen Grautönung am Äquivalenzpunkt der Titration erkannt.

◼ Tab. 16.4 Faktoren zur Proteinberechnung aus dem analytisch ermittelten Stickstoff-Anteil von Lebensmitteln. (Nach [21–23, 25, 26, 33])

Lebensmittel	F
Ölsamen, Obst	5,30
Gelatine	5,55
Soja und Erzeugnisse	5,71
Lebensmittel auf Getreidebasis	5,80
Lebensmittel, allgemein[a]	6,25
Öle und Fette	6,34
Milch, Milchprodukte	6,38

[a]universeller Faktor nach Lebensmittel-Informationsverordnung (VO (EU) 1169/2011)[35]

(c) Titration

Das Wasserdampfdestillat wird bis zum ersten Farbumschlag (von grün nach blau) mit Salzsäure-Maßlösung (c = 0,1 mol/L) schnell und dann bis zum zweiten Farbumschlag (von blau nach farblos) tropfenweise titriert (Alternative: Tashiro-Indikator, siehe Kasten „Tashiro-Indikator").

(d) Blindversuch

Mit den verwendeten Chemikalien wird ein Blindwertversuch durchgeführt.

▪ **Auswertung**

Der prozentuale Proteingehalt P der Probe wird wie folgt berechnet:

$$P = \frac{(a - b) \cdot 1{,}4008 \cdot F}{E}$$

mit

a – Verbrauch an Salzsäure-Maßlösung (c = 0,1 mol/L) im Hauptversuch in mL

b – Verbrauch an Salzsäure-Maßlösung (c = 0,1 mol/L) im Blindversuch in mL

F – Umrechnungsfaktor zur Errechnung des Proteingehaltes (vgl. ◼ Tab. 16.4)

E – Probeneinwaage in g

16

1,4008 – 1 mL Salzsäure-Maßlösung (c = 0,1 mol/L) ≙ 1,4008 mg Stickstoff

Fallstricke der Kjeldahl-Methode (nach [36])

━ Im Jahr 2007 häuften sich Meldungen über unerlaubte Zusätze von **Melamin** in Futtermitteln, Reisproteinkonzentraten sowie Mais- und Weizengluten aus China und den USA. Diese Verbindung erlangte Aufmerksamkeit aufgrund rätselhafter Todesfälle von Katzen und Hunden in den USA, Kanada und Südafrika. Als Todesursache wurde Nierenversagen festgestellt, und die Analysen der verdächtigen Futtermittelproben ergaben den Nachweis von Melamin. Im Jahr 2008 traten dann in China systematisch mit Melamin *gestreckte Milch* und Milchprodukte auf, die insbesondere für Säuglinge und Kleinkinder verwendet wurden. Eine Vielzahl von Erkrankungen und einige Todesfälle machten den Vorfall weltweit bekannt. Unter anderem wurde auch über Befunde von Melamin auch in Eipulver, Gluten und Backtriebmitteln berichtet.

— *Erklärung des Phänomens:* **Melamin** ist aufgrund seines hohen Stickstoff-Anteils mutmaßlich aus kriminellen Gründen zur Streckung/Verfälschung (engl. food fraud) von proteinhaltigen Produkten eingesetzt worden, da es einen höheren analytisch ermittelten Proteingehalt vorzutäuschen vermag. Dies steht in dem Zusammenhang, dass bei den üblicherweise angewendeten Bestimmungsverfahren nach Kjeldahl der Proteingehalt über den ermittelten **Stickstoff-Anteil** berechnet wird, also keine Spezifität vorliegt. Die Tatsache, dass Melamin als industrielles Nebenprodukt wesentlich günstiger als die gewünschten pflanzlichen Proteine ist, legt den Verdacht nahe, dass Melamin absichtlich zugesetzt wurde, um einen höheren Proteingehalt vorzutäuschen. Beispielsweise führt der Zusatz von einem Prozent Melamin bei der Berechnung zu einem ca. vier Prozentpunkte höheren, vorgetäuschten Rohproteingehalt.

— Aus amerikanischen Untersuchungen geht hervor, dass sich Melamin sowie dessen Desaminierungsprodukte **Cyanursäure**, **Ammelin** und **Ammelid** (engl. cyanuric acid, ammeline, ammelide) (◨ Abb. 16.9) nicht im tierischen Gewebe anreichern, sondern bis zu 98 % unverändert mit dem Urin zusammen wieder ausgeschieden werden. Melamin steht im Verdacht, massive **Nierenschäden** bei Hunden und Katzen verursachen zu können, allerdings ist bisher noch unklar, ob das Melamin selbst diese Schäden hervorruft oder ob es evtl. eine bisher nicht identifizierte weitere toxische Substanz die beobachteten Erkrankungsfälle hervorruft.

— Für **Melamin** hat die EFSA im Jahr 2010 einen neuen abgesenkten **TDI-Wert** von 0,2 mg/kg Körpergewicht und Tag abgeleitet [37].

16.3.2.3 Bestimmung des Reinproteingehaltes – Methode nach Barnstein

■ **Anwendungsbereich**
— Lebensmittel, allgemein

■ **Grundlagen**
Unter dem Begriff **Rohprotein** (engl. crude protein) (Abschn. 16.4.2.1) werden außer den eigentlichen Proteinen auch andere stickstoffhaltige Verbindungen, z. B. niedermolekulare Peptide, Aminosäuren, Amide, Ammoniumsalze, Alkaloide, Nucleinsäuren u. dgl. zusammengefasst. Soll der **Reinproteingehalt** (engl. pure protein) ermittelt werden, müssen die echten Proteine zuerst abgetrennt werden. Zur Abscheidung dieser stickstoffhaltigen Hochpolymere aus der

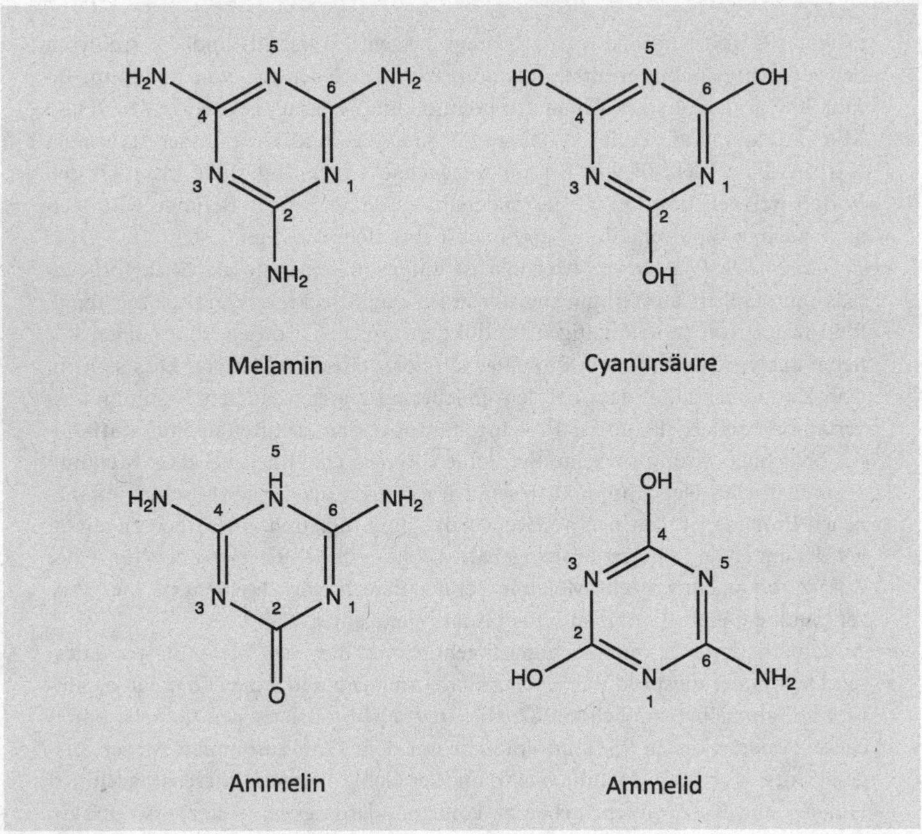

Abb. 16.9   Melamin und seine Desaminierungsprodukte

Untersuchungssubstanz wird ihre Eigenschaft ausgenutzt, mit Schwermetallsalzen Fällungsreaktionen einzugehen; dabei finden denaturierende, das heißt, strukturverändernde, Vorgänge statt. Die übrigen N-haltigen Verbindungen bleiben in Lösung [38].

- **Prinzip der Methode**

Der Proteinanteil der homogenisierten Untersuchungssubstanz wird zunächst durch Zusatz von Kupfersulfat denaturiert und als Niederschlag abgetrennt. Im Isolat wird der Stickstoff-Gehalt wie unter Abschn. 16.4.2.1 angegeben bestimmt und mit Hilfe eines Faktors (**Tab. 16.4**) der Proteingehalt berechnet.

- **Durchführung**
- **Geräte und Hilfsmittel**
- Abschn. 16.4.2.1; außerdem:
- Becherglas: 250 mL
- Messzylinder: 50 mL

- Trichter: Durchmesser ca. 8 cm
- Faltenfilter: asche- und stickstofffrei

■■ **Chemikalien (p. a.)**

- Abschn. 16.4.2.1; außerdem:
- Kupfersulfat-Lösung:
  60 g $CuSO_4 \cdot 5\ H_2O$ werden im 1000-mL-Messkolben mit dest. Wasser bis zur Marke aufgefüllt.
- Natriumhydroxid-Lösung: c = 0,3 mol/L
- Bariumchlorid-Lösung: c = 0,5 mol/L

■■ **Bestimmung**

0,1 g bis 1 g der gut homogenisierten Probe werden auf ± 1 mg genau in ein 250-mL-Becherglas eingewogen, ca. 50 mL dest. Wasser zugefügt, erwärmt und für kurze Zeit am Sieden gehalten. (Stärkehaltige Proben werden unter mehrmaligem Umrühren ca. 10 min im Wasserbad erhitzt.)

Zum Untersuchungsansatz werden 25 mL Kupfersulfat-Lösung gegeben und anschließend langsam 25 mL Natriumhydroxid-Lösung eingerührt. Der entstehende Niederschlag wird absitzen gelassen und die überstehende Lösung (pH < 7) unter mehrmaligem Auswaschen des Niederschlages mit Wasser durch ein Faltenfilter abdekantiert. Der gesamte Niederschlag wird erst dann auf das Filterpapier gegeben, wenn im Filtrat nach Zusatz von Bariumchlorid-Lösung kein Bariumsulfat mehr ausfällt (d. h. Sulfat nicht mehr nachweisbar ist).

Das Filter mit dem Niederschlag wird quantitativ in einen Kjeldahl-Kolben überführt und der Stickstoff-Gehalt – wie unter ▶ Abschn. 16.3.2.1 beschrieben – bestimmt.

■ **Auswertung**

Der Reinproteingehalt wird in Analogie zu ▶ Abschn. 16.3.2.1 berechnet und in g/100 g angegeben.

16.3.3 **Elektrophoretische Methoden**

16.3.3.1 **Bestimmung der molaren Masse von Proteinuntereinheiten mittels SDS-PAGE**

■ **Anwendungsbereich**

- proteinhaltige Lebensmittel, Mikroorganismenkulturen

■ **Grundlagen**

Bei diesem elektrophoretischen Verfahren werden Proteine nach ihrer molaren Masse aufgetrennt [39–41].

■ **Prinzip der Methode**

Proteinproben werden durch den Zusatz von SDS (engl. Sodium Dodecyl Sulphate, dt. Natriumdodecylsulfat) und Mercaptoethanol unter Erhitzen so denaturiert, dass die Eigenladung unterdrückt und Disulfidbrücken gespalten werden, wodurch ein einheitliches Ladungs/Masse-Verhältnis erreicht wird. Die Proben werden zusammen mit einem Molmassenmarker auf ein Gel aus Polyacrylamid aufgetragen und elektrophoretisch aufgetrennt (PAGE, Polyacrylamid-Gelelektrophorese). Durch ein diskontinuierliches Gelsystem lässt sich die Bandenschärfe erhöhen. Die Detektion erfolgt durch Anfärben der Proteinbanden mit Coomassie Blue R250.

■ **Durchführung**
■ ■ **Geräte und Hilfsmittel**
— Apparatur zum Gießen von Acrylamidgelen
— Erlenmeyerkolben: 50 mL
— Pipetten: 10 μL, 100 μL, 1000 μL und 5000 μL, variabel
— Pipettenspitzen
— Filterpapier
— Reaktionsgefäße: 1,5 mL
— Heizblock oder Wasserbad
— Elektrophoreseeinheit mit Netzteil (Stromquelle)
— Schüttler
— Kamera oder Scanner

■ ■ **Chemikalien (p. a.)**
— Acrylamid
— Acrylamid-Lösung:
  40%ige (*w/v*) Acrylamid/N,N'-Methylenbisacrylamid-Lösung 29 + 1 (*v/v*)
— Ammoniumperoxodisulfat
— Natriumdodecylsulfat (SDS)
— Tetramethylethylendiamin (TEMED)-Lösung: 99%ig für die Elektrophorese
— Ammoniumperoxodisulfat (APS)-Lösung: 10%ig in (*w/v*) in Wasser
— Tris(hydroxymethyl)aminomethan (Tris)
— Trenngelpuffer (4-fach):
  1,5 M Tris/HCl; pH 8,8; 0,4%ig (*w/v*) SDS

16

- Sammelgelpuffer (2-fach):
  0,25 M Tris/HCl; pH 6,3; 0,2%ig (*w/v*) SDS
- Isopropanol: 30%ig (*v/v*) in Wasser
- Laufpuffer:
  25 mM Tris/HCl; pH 8,3; c = 192 mM Glycin und c = 0,1 % (*w/v*) SDS
- Probenpuffer:
  100 mM Tris/HCl; pH 6,8; c = 20 (*w/v*) Glycerin; c = 4 % SDS, c = 4 % Mercaptoethanol und 0,05 % Bromphenolblau
- Färbelösung:
  c = 40 % (*v/v*) Methanol; c = 10 % (*v/v*) Eisessig und c = 0,2 % (*ω/v*) Coomassie Blue R250
- Entfärbelösung:
  c = 40 % (*v/v*) Methanol; und c = 10 % (*v/v*) Eisessig
- Marker-Proteine gelöst in Probenpuffer:
  - Serumalbumin (Rind, 66 kDa): c = 2 mg/mL
  - Ovalbumin (Huhn, 45 kDa): c = 2 mg/mL
  - Trypsin-Inhibitor (Soja, 20 kDa): c = 2 mg/mL
  - Ribonuclease A (Rind, 13,7 kDa): c = 2 mg/mL
  - Carboanhydrase (Rind, 29 kDa): c = 2 mg/mL
  - Glyceraldehyd-3-Phosphatdehydrogenase (36 kDa): c = 5 mg/mL

▪▪ Bestimmung

(a) Herstellung des Molmassen-Markers
Die oben angegebenen Marker-Proteine werden jeweils in 1,5-mL-Reaktionsgefäße entsprechend der angegebenen Konzentrationen eingewogen und in Probenpuffer unter Aufkochen (10 min) gelöst. Es werden jeweils 250 µL der einzelnen Lösungen vereinigt und erneut aufgekocht. Anschließend wird die Lösung zu 50 µL in 1,5-mL-Reaktionsgefäße aliquotiert und bei −20 °C gelagert.

(b) Gießen der Gele
Die Apparatur wird nach Herstellerangaben zusammengebaut. Dem ungeübten Anwender ist eine Überprüfung der Dichtigkeit der Apparatur mit entionisiertem Wasser zu empfehlen.

Es wird zunächst das Trenngel gegossen. Dazu werden die Reagenzien entsprechend der gewünschten Konzentration an Acrylamid nach der untenstehenden Tabelle in ein entsprechendes Becherglas pipettiert und gemischt. Die Angaben reichen für jeweils zwei Gele. Der Gießstand wird so befüllt, dass etwa 1,5 cm für das Sammelgel frei bleiben. Anschließend wird das Gel bis zur vollständigen Polymerisation mit *iso*-Propanol (30%ig) überschichtet. Die Zugabe von *iso*-Propanol führt zu einer glatten Oberkante des Trenngels.

Vor dem Gießen des Sammelgels wird das *iso*-Propanol abgegossen und noch vorhandene Reste mit Filterpapier entfernt, der Kamm eingesetzt und die Zwischenräume luftblasenfrei befüllt.

	Trenngel				Sammelgel	
	10 %	12 %	15 %	16 %	3 %	4 %
Bidest. Wasser	5 mL	4,5 mL	3,75 mL	3,5 mL	2,1 mL	2 mL
Puffer	2,5 mL	2,5 mL	2,5 mL	2,5 mL	2,5 mL	2,5 mL
Acrylamid	2,5 mL	3 mL	3,5 mL	4 mL	0,4 mL	0,5 mL
APS	50 µL	50 µL	50 µL	50 µL	50 µL	50 µL
TEMED	5 µL	5 µL	5 µL	5 µL	5 µL	5 µL

APS Ammoniumperoxodisulfat, **TEMED** Tetramethylethylendiamin.

(c) Vorbereiten und Auftragen der Proben
Die Proben (Lösung oder pelletiertes Material) werden in einem 1,5-mL-Reaktionsgefäß mit Probenpuffer in unterschiedlichen Mischungsverhältnissen versetzt (zum Beispiel 1:1; 1:2 oder 1:5) und für drei Minuten im Heizblock (ca. 100 °C) bzw. in kochendem Wasserbad erhitzt.

Nach der Polymerisation wird das Gel mit Glasplatte, Trägerplatte und Spacern (Abstandhalter zwischen den beiden Platten) aus dem Gießstand genommen, in die Elektrophoreseeinheit eingespannt und die Apparatur mit Elektrophoresepuffer gefüllt, wobei das Gel vollständig mit Puffer überschichtet sein soll. Danach wird der Kamm durch leichtes, gleichmäßiges Ziehen nach oben entfernt.

Die Probenlösungen können zu 10–20 µL in die Taschen pipettiert werden. In eine der Spuren werden 8 µL Marker aufgetragen.

Anschließend wird die Apparatur verschlossen und an die Spannungsquelle angeschlossen. Es wird ein Lauf mit 35 mA pro Gel gestartet, wobei die Entwicklung ca. 40 min dauert.

(d) Färben und Entfärben des Gels
Nach der Entwicklung wird das Gel einschließlich der Glasplatte und der Trägerplatte aus der Apparatur genommen. Die Glasplatte wird abgenommen und das Sammelgel verworfen. Zur leichteren Zuordnung der einzelnen Spuren wird die untere rechte Ecke des Trenngels abgeschnitten und das Gel vorsichtig von der Trägerplatte gelöst und in eine Schale mit Färbelösung gegeben; das Gel sollte stets gut mit Färbelösung bedeckt sein. Um eine effiziente Färbung zu gewährleisten, sollte die Schale auf einem Schütteltisch in Bewegung gehalten werden. Nach einer Stunde wird das Gel solange in eine entsprechende Schale mit Entfärbelösung (ebenfalls unter Umschwenken) gegeben, die ggf. nochmals erneuert werden kann, bis die Banden gut sichtbar sind.

Eine Dokumentation kann mit Hilfe einer Kamera oder durch Scannen erfolgen.

■ **Auswertung**
Die Auswertung erfolgt anhand des Bandenmusters. Dabei werden die Banden der Proben, mit denen des Markers verglichen und entsprechend zugeordnet.

16.3.3.4 Differenzierung von Tierarten mittels IEF

▪ **Anwendungsbereich**
— Fleisch und Fisch

▪ **Grundlagen**
Bei der **isoelektrischen Fokussierung** (IEF, ▶ Abschn. 11.5) erfolgt die Trennung auf der Basis des für jedes Protein charakteristischen isoelektrischen Punktes (IP). Am IP hat das Protein keine Nettoladung und wandert deshalb nicht mehr im elektrischen Feld. Die IEF erfolgt in einem Polyacrylamidgel, das einen pH-Gradienten enthält. Die Analytik dient dazu, die Einhaltung der Kennzeichnungsvorschriften zu überprüfen und den Verbraucher dadurch vor Täuschung zu schützen [42, 43].

▪ **Prinzip der Methode**
Aus der Probe werden die Proteine isoliert (▶ Abschn. 16.4) und die Proteinkonzentration bestimmt. Anschließend wird eine isoelektrische Fokussierung durchgeführt. Die aufgetrennten Proteine bilden diskrete Banden. Das Bandenmuster ist charakteristisch für die jeweilige **Tierart** (engl. animal species) und erlaubt durch Vergleich mit parallel untersuchten Referenzproben die Identifizierung.

▪ **Durchführung**
▪▪ **Geräte und Hilfsmittel**
— Labormühle
— Zentrifugenröhrchen: 15 mL
— Reaktionsgefäße: 1,5 mL
— Pipetten: 10 μL, 100 μL, 1000 μL und 5000 μL variabel
— *Vortexer* und Zentrifuge
— Photometer und 1,5-mL-Einmalküvetten
— Elektrophorese-Apparatur (▶ Kap. 11)

▪▪ **Chemikalien (p. a.)**
— Extraktionspuffer: $c = 6$ mol/L Harnstoff und $c = 30$ mmol/L Dithiothreitol (DTT):
  36,06 g Harnstoff und 463 mg DTT in 100 mL dest. Wasser
— Bradford-Lösung zur Konzentrationsbestimmung:
  $c = 8,5\%$ H_3PO_4; $c = 4,8\%$ Ethanol; $c = 0,01\%$ Coomassie Brilliant Blue G250 in dest. Wasser
— Protein-Standardlösung zur Photometerkalibrierung (BSA (Rinderserumalbumin)-Lösungen, in Konzentrationen von 1; 2; 3 und 4 mg/mL)
— IEF-Fertiggele pH 3–10
— Anoden-, Kathoden- und Probenpuffer: z. B. Novex® von Invitrogen
— IEF Marker für pH 3–10
— Fixierlösung:
  $c = 12\%$ Trichloressigsäure in Wasser

— Färbelösung:
c = 40 % (*v/v*) Methanol, c = 10 % (*v/v*) Eisessig und c = 0,2 % (*w/v*) Coomassie Blue G250
— Entfärbelösung:
c = 40 % (*v/v*) Methanol und c = 10 % (*v/v*) Eisessig

■■ Bestimmung

(a) Extraktion:
Die gefrorenen und kleingeschnittenen Fleischproben werden in einer Labormühle fein zermahlen und ca. 1 g in ein 15-mL-Zentrifugenröhrchen eingewogen. Die Probe wird mit 7,5 mL Extraktionspuffer versetzt und mit Hilfe eines *Vortexers* suspendiert. Die Suspensionen werden mindestens 2 h bei Raumtemperatur inkubiert und regelmäßig *gevortext*. Anschließend wird die Suspension bei ca. 2500 g zentrifugiert. Der Überstand, der die gelösten Proteine enthält, wird abgenommen und für die weiteren Schritte verwendet.

(b) Bestimmung der Proteinkonzentration:
In ein 1,5-mL-Reaktionsgefäß wird 1 mL Bradford-Lösung und je 1 µL der Protein-Standardlösungen bzw. 1 µL Probenextrakt pipettiert. Das Photometer wird gegen Bradford-Lösung als Blindwert kalibriert.

Nach Durchmischen werden die Lösungen zur vollständigen Farbreaktion 10 min im Dunkeln stehen gelassen. Die Kalibrier- und Probenlösungen werden anschließend bei 595 nm photometrisch vermessen.

Die Proteinkonzentration soll zwischen 1 mg/mL und 4 mg/mL liegen und wird gegebenenfalls entsprechend verdünnt.

(c) IEF:
Die Durchführung folgt den Empfehlungen des Gelherstellers. Richtwerte sind:

Proteinmenge	5 bis 10 µg/Geltasche
Elektrophoresebedingungen	100 V für 1 h
	200 V für 1 h
	500 V für 3 h

Fixierung der Proteinbanden für 30 min in Fixierlösung ($c_{\text{Trichloressigsäure}}$ = 12 %).
Färbung der Gele in Coomassie Brilliant Blue G250-Lösung für 30 min, nach zweimaligem Waschen mit Wasser Entfärbung in jeweils frischem Wasser für 2-mal 1 h.

■ Auswertung

Die Auswertung erfolgt anhand des Bandenmusters auf dem IEF-Gel und Vergleich mit den Proteinbandenmustern parallel untersuchter Standards.

16

16.3.4 Immunchemische Methoden

16.3.4.1 Bestimmung von Molkenproteinen mittels ELISA

■ **Anwendungsbereich**
— Mehlprodukte, Bäckereiprodukte und Backwaren

■ **Grundlagen**
Bei dieser Methode werden **Molkenproteine** (engl. whey proteins) immunologisch bestimmt. Molkenproteine werden in der Mehl- und Backwarenindustrie vielfältig als Zutat eingesetzt und stellen darüber hinaus bedeutende potentielle Lebensmittelallergene dar. Bei der Herstellung von molkefreien Erzeugnissen in der gleichen Produktionsstätte besteht die Gefahr des unbeabsichtigten Eintrags von Molkenproteinen in diese Produkte, sog. *cross contact*.

Unbeabsichtigt eingetragene **Allergene** werden auch als versteckte Allergene bezeichnet, da sie im Zutatenverzeichnis nicht deklariert sind. Der Nachweis und die Kennzeichnung von versteckten Allergenen sind zum Schutze von Lebensmittelallergikern notwendig, da bereits geringe Mengen an Allergenen zu lebensbedrohlichen allergischen Reaktionen führen können [44].

■ **Prinzip der Methode**
Molkenproteine werden durch einen Carbonat-Puffer aus dem Lebensmittel extrahiert. Die im Extrakt enthaltenen Molkenproteine werden anschließend in einem kompetitiven ELISA (Enzyme-linked Immunosorbent Assay, ▶ Kap. 12) durch spezifische Antikörper gebunden und mittels Enzym-katalysierter Farbreaktion detektiert.

■ **Durchführung**
■■ **Geräte und Hilfsmittel**
— Schüttelmaschine oder Magnetrührer
— Laborzentrifuge
— Mikrotiterplatten
— Variable Pipetten für Volumina von 1–1000 μL und 1–10 mL
— Messkolben: 10, 100 und 1000 mL
— Photometer für Mikrotiterplatten; Messwellenlänge 450 nm

■■ **Chemikalien (p. a.)**
— Natriumcarbonat Na_2CO_3
— Natriumhydrogencarbonat $NaHCO_3$
— Tris(hydroxymethyl)aminomethan (Tris)
— Natriumchlorid NaCl
— Polyethylensorbitanmonolaurat (Tween 20)
— Citronensäuremonohydrat
— Kaliumhydroxid KOH
— 3,3',5,5'-Tetramethylbenzidin (TMB)

- Aceton
- Methanol
- Wasserstoffperoxid: 1%ig
- Schwefelsäure: $c = 2$ mol/L
- Molkenpulver
- Carbonat-Puffer (pH 9,6):
  7,95 g Natriumcarbonat und 14,7 g Natriumhydrogencarbonat werden mit bidest. Wasser gelöst und auf 1000 mL aufgefüllt.
- Tris-Puffer (pH 9,6):
  6,06 g Tris, 8,77 g Natriumchlorid und 5 mL Tween 20 werden mit bidest. Wasser gelöst und auf 1000 mL aufgefüllt

Antikörperverdünnung

Die ideale Antikörperverdünnung hängt von vielen Faktoren, wie dem Wirt, der Art, dem Hersteller und der Produktionscharge ab. Diese Angabe ist daher nur beispielhaft.

- Citrat-Puffer (pH 4,0):
  4,41 g Citronensäuremonohydrat und 1,68 g Kaliumhydroxid werden mit bidest. Wasser gelöst und auf 100 mL aufgefüllt.
- Farbsubstrat:
  5 mg TMB wird kurz vor Gebrauch in 125 µL Aceton gelöst und mit Methanol auf 1000 µL aufgefüllt. Zu dieser Lösung werden anschließend 19 mL Citrat-Puffer und 200 µL 1%iges Wasserstoffperoxid hinzugegeben
- Primärer Antikörper: Polyklonale Anti-Kuhmolke Immunoglobuline, 1:60.000 verdünnt in Tris-Puffer
- Sekundärer Antikörper: Polyklonale Ziege Anti-Kaninchen Immunoglobuline/HRP, 1:2000 verdünnt in Tris-Puffer

■■ Bestimmung
(a) Probenaufarbeitung
   1 g der Probe wird zweimal mit je 4 mL Carbonat-Puffer für 1 h unter Schütteln oder Rühren extrahiert. Der Überstand wird durch Zentrifugation abgetrennt, in einen 10-mL-Messkolben überführt und bis zur Marke aufgefüllt.

(b) Kalibrierkurve
Zur Erstellung der Kalibrierkurve werden verschiedene Lösungen zwischen 1–10.000 µg Molkenpulver/mL in Carbonat-Puffer hergestellt.

(c) Kompetitiver ELISA
150 µL einer Lösung von 2 mg Molkenpulver/mL in Carbonat-Puffer werden in die Kavitäten einer Mikrotiterplatte pipettiert und über Nacht im Kühlschrank inkubiert. Die Mikrotiterplatte wird durch zügiges Umdrehen entleert und die restliche Flüssigkeit durch Abklopfen der Platte auf saugfähigem Papier ent-

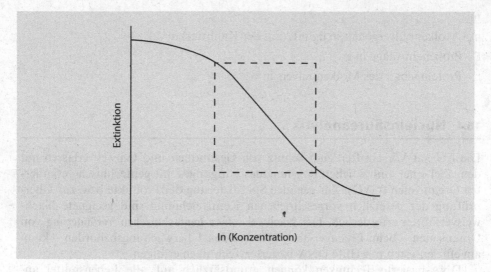

Abb. 16.10 Kalibrierkurve des kompetitiven ELISA. *Erläuterung:* gestrichelt-umrahmtes Rechteck: linearer Bereich

fernt. Anschließend werden die Kavitäten gewaschen, indem diese dreimal mit je 250 µL Tris-Puffer gefüllt und wieder entleert werden (entspricht einem Waschschritt). Abschließend werden freie nicht mit Molkenprotein bedeckte Stellen auf der Oberfläche der Kavitäten mit 200 µL Tris-Puffer für 2 h bei Raumtemperatur blockiert und ein Waschschritt durchgeführt. 50 µL des primären Antikörpers und 75 µL der Proben- bzw. Kalibrierlösungen werden in die Kavitäten gegeben, für 1 h bei Raumtemperatur inkubiert und ein Waschschritt durchgeführt. Von dem sekundären Antikörper werden 125 µL in die Kavitäten gegeben, für 1 h bei Raumtemperatur inkubiert und ein Waschschritt durchgeführt. Die Farbentwicklung erfolgt durch Zugabe von 125 µL Farbsubstrat und wird bei ausreichender Farbentwicklung (etwa 10–15 min. bei Raumtemperatur) durch Zugabe von 75 µL Schwefelsäure (c = 2 mol/L) gestoppt. ⇨ Anschließend wird die Farbintensität photometrisch gemessen.

■ **Auswertung**

Die Extinktionswerte der Kalibrierlösungen werden gegen die jeweilige Molkenpulverkonzentration aufgetragen. Die Bestimmung des Molkenpulvergehaltes erfolgt interpolativ mittels 4-parametrischer Regression (z. B. mit Hilfe der Photometer-Software). Alternativ kann eine Interpolation mittels linearer Regression im linearen Abschnitt der Kalibrierkurve angewendet werden. Bei beiden Regressionstypen kann eine logarithmische Auftragung der Konzentration (halblogarithmische Auftragung) hilfreich sein (■ Abb. 16.10).

Der Molkenproteingehalt M wird wie folgt umgerechnet:

$$M \, [\, \mu\text{g/g} \,] = \frac{m \cdot 10}{E \cdot 100} \cdot p$$

mit

m – Molkenpulvergehalt in μg/mL (aus der Kalibrierkurve)

E – Probeneinwaage in g

p – Proteingehalt des Molkenpulvers in %

16.4 Nucleinsäureanalytik

Die EU hat Vorschriften zum Schutz von Gesundheit und Umwelt erlassen mit dem Ziel einer einheitlichen Regelung des Umganges mit gentechnisch veränderten Organismen (GVO). Zur genauen Spezifizierung der Produkte bzw. zur Überprüfung der gesetzlich vorgeschriebenen Kennzeichnung sind geeignete Nachweisverfahren erforderlich. Der Nachweis einer **gentechnischen Veränderung** von Organismen – beim Erzeuger aber auch bei den Überwachungsbehörden – kann am effizientesten mit Hilfe DNA-basierter Techniken erfolgen.

DNA-basierte Techniken können grundsätzlich auf alle Lebensmittel angewendet werden, die auf der Basis von pflanzlichem bzw. tierischem Material oder mit Hilfe von Mikroorganismen hergestellt wurden. So können beispielsweise Lebensmittel mit Hilfe DNA-basierter Methoden differenziert und identifiziert werden aber auch „gute", d. h. Mikroorganismen, die absichtlich zur Herstellung von Lebensmitteln eingesetzt werden, und „schlechte" Mikroorganismen, die beispielsweise mikrobielle Infektionen auslösen (pflanzen-, tier- und humanpathogene Mikroorganismen) oder auch gentechnisch veränderte Mikroorganismen nachgewiesen werden.

Für die molekularbiologische Identifizierung von gentechnischen Veränderungen oder DNA stehen prinzipiell zwei Verfahren zur Verfügung:

- **DNA** kann mit Hilfe spezifischer **Gen-Sonden**
  ⇨ durch eine einfache Hybridisierungsreaktion nachgewiesen werden
- **DNA** kann mit Hilfe der **Polymerase-Kettenreaktion** (engl. Polymerase Chain Reaction, PCR)
  ⇨ amplifiziert, d. h. vervielfältigt werden

Bei beiden Verfahren werden zunächst Hybridmoleküle zwischen jeweils einem Strang der Proben-DNA und dem zu diesem Strang passenden Oligonucleotid ausgebildet. Anders als bei einfachen Hybridisierungsverfahren kommt es bei der PCR zu einer Vermehrung der Proben-DNA. Besondere Versuchsanordnungen erlauben bei dieser Methode auch eine Quantifizierung des Probenmaterials. Beide Verfahren lassen sich, je nach Fragestellung, miteinander und mit einer Vielzahl anderer molekularbiologischer Techniken kombinieren.

16

- **Limitationen**

Molekularbiologische Nachweisverfahren bieten eine Vielzahl von Vorteilen, sind jedoch nicht uneingeschränkt einsetzbar. Auf einige wesentliche Voraussetzungen bzw. Limitationen sei hier eingegangen:

- **DNA** muss in der Probe vorhanden sein:
  ⇨ Bei hochverarbeiteten Lebensmitteln, wie Öl, Zucker, Stärke, Aromen oder Zusatzstoffen kann es zu einer weitgehenden Abtrennung der DNA kommen. Ein molekularbiologischer Nachweis ist dann nur schwer bzw. nicht mehr durchführbar.
- **DNA** ist ein **sehr stabiles Makromolekül,** jedoch hat jedes Lebensmittel seine individuelle Vorgeschichte:
  ⇨ Eine Fragmentierung der DNA kann durch Scherkräfte während der Lebensmittel-Prozessierung oder durch enzymatische Prozesse erfolgen. Beispielsweise können Nucleasen im Rahmen von lebensmitteltechnologischen Prozessen aus Zellkompartimenten freigesetzt werden. Eine Fragmentierung kann auch durch spontane nicht-enzymatische Hydrolyse der DNA erfolgen. Niedrige pH-Werte führen darüber hinaus zu Depurinierung (Abspaltung der Base) und anschließender Hydrolyse der Phosphodiester-Bindung. Dieser Vorgang kann beschleunigt werden durch eine Hitzebehandlung im Laufe der Lebensmittelverarbeitung. Begegnet werden kann dieser Abreicherung der DNA durch Zusatz von Proteasen und denaturierenden Agenzien während der Aufarbeitung und durch möglichst kurze Ziel- und Referenzsequenzen.
- **Inhibitoren** der PCR:
  ⇨ In der Lebensmittelmatrix können neben der DNA eine Vielzahl inhibitorisch wirksamer Komponenten (Polysaccharide, Lipide, Polyphenole, Chelatoren etc.) enthalten sein. Diese Verbindungen können die Effizienz der PCR negativ beeinflussen, bis hin zu falsch-negativen Ergebnissen führen. Abhilfe schaffen hier spezielle, an die jeweilige Lebensmittelmatrix angepasste Aufarbeitungsverfahren. Routinemäßige Verwendung von Positivkontrollen bei Amplifikations-Reaktionen erhöhen die Sicherheit der erzielten Ergebnisse.
- Die **zu untersuchende DNA-Sequenz** sollte bekannt sein:
  ⇨ Die wesentliche Grundlage der DNA-basierten Analyse von Lebensmitteln bildet die Kenntnis der nachzuweisenden DNA-Sequenz, anhand derer die spezifischen Primer oder Sonden konstruiert werden. Ist die Sequenz nicht bekannt, ist ein Nachweis zwar möglich, jedoch nicht ohne erheblichen molekularbiologischen Entwicklungsaufwand.

Besondere Sicherheitshinweise

Da es sich beim Interkalationsfarbstoff **Ethidiumbromid** um ein starkes Mutagen handelt, sollten spezielle Sicherheitsvorkehrungen, wie das Tragen von Nitril- bzw. geeigneten Einweghandschuhen etc., getroffen werden. Darüber hinaus sollte auf den Umgang mit festem Farbstoff verzichtet und auf handelsübliche fertige Stammlösungen zurückgegriffen werden.
Die Detektion bzw. Dokumentation erfolgt unter sehr kurzwelliger UV-Strahlung (312 nm), es sind besondere Schutzmaßnahmen erforderlich.

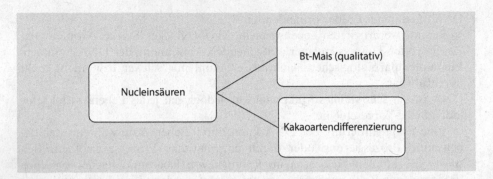

Abb. 16.11   Nucleinsäureanalytik – Übersicht

- **Spezialchemikalien, Enzyme und Geräte**

Alternativ zu den angegebenen Spezialchemikalien, Enzymen und Geräten kann auch qualitativ gleichwertiges Material verwendet werden.

· **Abb. 16.11** zeigt eine Übersicht zu den hier behandelten Analysenverfahren zur Untersuchung von Nucleinsäuren.

16.4.1 Nachweis von Bt-Mais mittels Qualitativer PCR

- **Anwendungsbereich**
- Maisprodukte

- **Grundlagen**

Bei **Bt-Mais** (Event Bt-176) handelt es sich um eine Maissorte *(Zea mays)*, in die die genetische Information zur Bildung des so genannten Bt-Toxins (synthetische Version des CryIA(b)-Gens aus *Bacillus thuringiensis*) und einer regulatorischen DNA-Sequenz (Promotor der calciumabhängigen Proteinkinase, CDPK, engl. Calcium Dependent Protein Kinase) mittels gentechnischer Methoden eingebracht wurde. Die natürlicherweise nicht in Mais vorkommende genetische Information (Event-Gen) verleiht der Pflanze (GVO oder engl. Genetically Modified Organism, GMO) eine Resistenz gegen den Maiszünsler *(Ostrinia nubilalis)*.

Die im Folgenden beschriebene Methode soll den Nachweis von Event Bt-176 in Maisprodukten ermöglichen. Hierzu werden zur PCR Primer eingesetzt, die zum einen auf der regulatorischen DNA-Sequenz und zum anderen auf dem rekombinierten Event-Gen hybridisieren. Die Bildung eines Amplifikates mit einer Länge von 211 bp (Basenpaare) zeigt die Anwesenheit von Event Bt-176 in den untersuchten Maisprodukten an [45, 46].

- **Prinzip der Methode**

Zunächst muss die DNA aus der Probe extrahiert werden. Hierzu wird die Probe mit einem detergentienhaltigen Extraktionspuffer versetzt und die Zellwand wird durch den Einsatz einer Kugelmühle mechanisch zerstört. Die DNA wird durch verschiedene Lösungs- und Präzipitationsschritte von den übrigen Matrixbestandteilen befreit.

Die isolierte DNA dient als Matrize (engl. template) für eine PCR mit GVO-spezifischen und universell Mais-spezifischen Primern. Letztere dienen als Positivkontrolle und liefern sowohl bei der gentechnisch veränderten als auch bei der nicht-veränderten Pflanze ein identisches Amplifikat. Parallel sollten Blind- und Negativkontrollen zur PCR eingesetzt werden.

Die erhaltenen Amplifikate werden anschließend mit Hilfe der Agarose-Gelelektrophorese getrennt. Die Dokumentation erfolgt nach Sichtbarmachung der DNA unter Verwendung des Interkalationsfarbstoffes Ethidiumbromid auf einem UV-Leuchttisch durch Photographieren des Gels.

▪ **Durchführung**
▪▪ **Geräte und Hilfsmittel**
— sterile Pipettenspitzen mit Aerosolschutzfiltern: 10 μL, 100 μL und 1000 μL
— sterile Reaktionsgefäße: 0,2 mL, 1,5 mL und 2,0 mL
— Pipetten: 10 μL, 100 μL und 1000 μL variabel
— Kugelmühle und Stahlkugeln (1/8", entfettet, sterilisiert)
— Wasserbad
— Mikrozentrifuge
— Vakuumexsikkator
— Thermocycler
— Agarose-Gelelektrophorese-Apparatur
— UV-Leuchttisch (312 nm)
— Dokumentation mittels spezieller Polaroidkamera oder digitaler Dokumentationseinheit

▪▪ **Chemikalien (p. a.)**
— Cetyltrimethylammoniumbromid (CTAB)
— Natriumchlorid
— Tris(hydroxymethyl)-aminomethan (Tris)
— Ethylendiamintetraessigsäure-Dinatriumsalz (Na_2-EDTA)
— Salzsäure: 25%ig
— Chloroform
— *iso*-Propanol
— Ethanol: 96Vol-%ig
— Agarose für Elektrophorese
— Glycerin
— Bromphenolblau
— Xylencyanol
— Ethidiumbromid
— DNA-Extraktionspuffer:
  2,00 g CTAB; 8,19 g NaCl; 1,21 g Tris und 672 mg Na_2-EDTA werden in 90 mL bidest. Wasser gelöst, mit Salzsäure auf pH 8 titriert, mit bidest. Wasser auf 100 mL aufgefüllt und autoklaviert oder steril filtriert.

— DNA-Präzipitationspuffer:
500 mg CTAB und 230 mg NaCl werden in 100 mL bidest. Wasser gelöst und autoklaviert oder steril filtriert.
— NaCl-Lösung: $c = 1,2$ mol/L (in bidest. Wasser, autoklavieren oder steril filtrieren)
— Ethanol: $c = 70\,\%$ (v/v, in bidest., sterilem Wasser)
— Taq-DNA-Polymerase: $c = 2$ U/µL
— PCR-Puffer, 10-fach: $c = 100$ mM Tris–HCl; $c = 500$ mM KCl; $c = 1\,\%$ Triton X-100; pH 8,8
— MgCl-Lösung: $c = 50$ mM
— dNTP-Mix: $c = 2,5$ mM je dNTP
— Primer: $c = 100$ µM (in bidest. und sterilem Wasser):

Mais-Vorwärts	5'-CCGCTGTATCACAAGGGCTGGTACC-3'
Mais-Rückwärts	5'-GGAGCCCGTGTAGAGCATGACGATC-3'
Bt-176-Vorwärts	5'-CTCTCGCCGTTCATGTCCGT-3'
Bt-176-Rückwärts	5'-GGTCAGGCTCAGGCTGATGT-3'

— TAE-Puffer:
4,85 g Tris und 672 mg Na_2-EDTA werden in 950 mL dest. Wasser gelöst, mit Eisessig auf pH 8,2 titriert und mit dest. Wasser auf 1000 mL aufgefüllt
— Lade-Puffer:
5 mL Glycerin, 25 mg Bromphenolblau, 25 mg Xylencyanol werden in 5 mL TAE-Puffer gelöst
— DNA-Leitermix
— Ethidiumbromid-Stammlösung: 10 mg/mL
— Ethidiumbromid-Färbelösung:
100 µL Ethidiumbromid-Stammlösung mit dest. Wasser auf 1000 mL aufgefüllt (Endkonzentration: 1 µg/mL)

■■ Bestimmung
(a) DNA-Isolierung
Etwa 100 mg der Probe werden in ein 2-mL-Reaktionsgefäß eingewogen und mit 1 mL DNA-Extraktionspuffer gemischt. Für den Abbau der pflanzlichen Zellwand in einer Kugelmühle wird nach Zugabe von zwei Stahlkugeln bei 30 Hz für 10 min gerüttelt. Alternativ kann für den Abbau der Zellwand der folgende Inkubationsschritt von 30 min bei 65 °C im Wasserbad auf 120 min verlängert werden. Nach Zugabe von 500 µL Chloroform wird gründlich gemischt und 5 min bei 10.000 g zentrifugiert. Der wässrige Überstand wird vorsichtig in ein neues 2-mL-Reaktionsgefäß überführt, mit 1 mL DNA-Präzipitationspuffer gemischt und für 1 h bei Raumtemperatur inkubiert. Nach fünfminütigem Zentrifugieren bei 10.000 g wird der Überstand vorsichtig abdekantiert, ohne dass nicht sichtbare DNA-Präzipitat mit auszuschwemmen.

Das Präzipitat wird in 350 µL NaCl-Lösung aufgenommen und mit 350 µL Chloroform gemischt. Um die wässrige Phase in ein neues 2-mL-Reaktionsgefäß überführen zu können, wird für 2 min bei 10.000 g zentrifugiert und pipettiert. Anschließend wird mit 200 µL *iso*-Propanol gemischt und für 30 min bei 4 °C inkubiert. Durch Zentrifugation für 5 min bei 10.000 g wird die DNA präzipitiert und durch vorsichtiges Abdekantieren vom Überstand befreit. Es wird mit 500 µL 70Vol.-%igem Ethanol gewaschen. Durch erneute Zentrifugation für 5 min bei 10.000 g wird ein weiteres DNA-Präzipitat erzeugt welches ebenfalls durch vorsichtiges Abdekantieren vom Überstand befreit wird. Verbleibendes Ethanol sollte im Vakuumexsikkator während 15 min bei 300 mbar vollständig abgedampft werden.

Die trockene DNA wird in 50 µL bidest. sterilem Wasser resuspendiert und kann bei 4 °C gelagert werden.

Als Positivkontrolle sollte eine Bt-176-haltige Maisprobe, als Negativkontrolle eine GVO-freie Maisprobe und als Blindkontrolle ein leeres Reaktionsgefäß mit den entsprechenden Reagenzien für die Aufarbeitung eingesetzt werden.

(b) PCR
Die PCR wird mit beiden Primerpaaren durchgeführt. Als DNA-Matrize dienen Isolate der zu untersuchenden Proben, der Positiv-, der Negativ- und der Blindkontrollen.

Für die PCR sollte ein Mastermix vorbereitet werden. Hierzu werden folgende Reagenzien in den angegebenen Mengen multipliziert mit der Anzahl der Proben (inkl. Blind-, Negativ- und Positivkontrollen) in ein Reaktionsgefäß pipettiert und gemischt. Zur Kompensation von Pipettierverlusten sollten ca. 5 % mehr Mastermix hergestellt werden.

16,5	µL Wasser
2,50	µL PCR-Puffer
2,00	µL dNTP-Mix
1,50	µL MgCl-Lösung
0,15	µL Vorwärts-Primer
0,15	µL Rückwärts-Primer
0,20	µL Taq-DNA-Polymerase

Nach Durchmischen werden je 23 µL des Mastermix in 0,2-mL-Reaktionsgefäßen vorgelegt und mit 2 µL der Isolate bzw. bidest. sterilem Wasser als Blindkontrolle der PCR gemischt. Anschließend wird die PCR im Thermocycler bei folgendem Programm durchgeführt.
1. 94 °C/5 min
2. 94 °C/30 s
3. 63 °C/30 s
4. 72 °C/30 s
5. 72 °C/5 min
6. 4 °C/∞

Die Schritte 2. bis 4. werden 38mal wiederholt.

(c) Agarose-Gelelektrophorese

Zur Vorbereitung der Proben werden je 10 μL der PCR Reaktionsansätze mit 1 μL Lade-Puffer gemischt. Um ein 3 % Agarosegel herzustellen werden 1,5 g Agarose in einen 250-mL-Erlenmeyerkolben eingewogen, mit 50 mL TAE-Puffer gemischt und zum Sieden erhitzt.

Die vollständig gelöste Agarose wird auf ca. 65 °C abgekühlt und anschließend in den Gelträger mit Gelspurkamm gegossen. Nach Verfestigung der Agarose wird das Gel mit dem Gelträger in die Laufkammer gelegt und mit TAE-Puffer (ca. 5 mm) überschichtet. Der Gelspurkamm wird vorsichtig entfernt und die entstandenen Spurtaschen werden mit 10 μL der vorbereiteten Proben bzw. DNA-Leitermix befüllt. Die Trennung erfolgt bei einer Spannung von 120 V. Das Ende der Trennung ist an den Laufhöhen der beiden blauen Farbstoffe zu erkennen, zwischen denen sich die zu erwartenden Banden befinden sollten. Das Gel wird für 30 min in einem Bad mit Ethidiumbromid-Färbelösung entwickelt. Die Detektion bzw. Dokumentation erfolgt unter UV-Strahlung.

■ **Auswertung**

Das maisspezifische Primerpaar liefert ein Amplifikat mit einer Länge von 226 bp und sollte in allen Proben, in der Positiv- und in der Negativkontrolle zu beobachten sein. Das Bt-176-spezifische Primerpaar liefert ein Amplifikat mit einer Länge von 211 bp und sollte nur in der Bt-176-haltigen Positivkontrolle zu beobachten sein. Ist dieses Amplifikat in einer Probe zu beobachten, ist gentechnisch veränderter Mais mit dem Event Bt-176 nachgewiesen. Die Blindkontrolle muss in beiden Ansätzen negativ sein.

16.4.2 Differenzierung von Kakaoarten mittels PCR–RFLP

■ **Anwendungsbereich**

▬ Kakaobohnen, Kakao- und Schokoladenprodukte

■ **Grundlagen**

Nach allgemeiner Verkehrsauffassung ist davon auszugehen, dass ausschließlich die **Kakaoart** *Theobroma cacao* bei der Herstellung von Schokolade zur Anwendung kommt. Die Kakaoart *T. grandiflorum* (**Cupuassu**) gewinnt auf dem südamerikanischen Markt immer mehr an Bedeutung. Bislang erfolgte die Unterscheidung von *T. cacao* und *T. grandiflorum* nur morphologisch und dadurch bedingt nur in einem sehr frühen Verarbeitungsstadium. Die DNA-basierte Differenzierung von Kakaoarten stellt eine Methode dar, die auch zu einem fortgeschrittenen Produktionszeitpunkt noch eingesetzt werden kann [47].

■ **Prinzip der Methode**

Aus der Probe wird die DNA isoliert und anschließend eine Kakaoarten-unspezifische PCR durchgeführt. Die entstandenen Amplifikate werden einem Restriktionsverdau unterworfen. Durch geringe Unterschiede in der Sequenz zwischen den beiden Kakaoarten (Polymorphismus) ist die Erkennungssequenz für das Restriktionsenzym *Msc*I lediglich im Amplifikat von *T. cacao* vorhanden; in analoger Weise schneidet das Enzym *Cla*I nur das Amplifikat aus *T. grandiflorum*. Dieser Effekt wird als **RFLP** (engl. Restriction Fragment Length Polymorphism, dt. Restriktionsfragmentlängenpolymorphismus) bezeichnet (vgl. hierzu ▶ Abschn. 13.5). Die qualitative Auswertung erfolgt mittels Agarosegel-Elektrophorese.

- **Durchführung**
- ■ **Geräte und Hilfsmittel**
- — sterile Reaktionsgefäße: 1,5 mL und 0,2 mL
- — Pipetten: 10 µL und 100 µL, variabel
- — Thermocycler
- — Wasserbad
- — Agarose-Gelelektrophorese-Apparatur (▶ Abschn. 16.4.1)

■ ■ **Chemikalien (p. a.)**
- — 10-fach PCR-Puffer:
  c = 500 mM Tris-HCl, c = 5 mM $MgCl_2$, c = 150 mM $(NH_4)_2SO_4$, c = 1 % Triton X-100, pH 9,0
- — Taq-DNA-Polymerase
- — dNTP-Mix: c = 2,5 mM je dNTP
- — Vorwärts-Primer: 5'-AAGAGGGCAACTTCAAGATC-3' (c = 100 µM in Wasser)
- — Rückwärts-Primer: 5'-CGCTGTACATTATAGGACTC-3' (c = 100 µM in Wasser)
- — Restriktionsenzyme: *Cla*I (c = 5000 U/mL); *Msc*I (c = 3000 U/mL)
- — 10-fach Reaktionspuffer: c = 500 mM Kaliumacetat, c = 200 mM Tris-Acetat, c = 100 mM Magnesium-Acetat, c = 10 mM Dithiothreitol, pH 7,9

■ ■ **Bestimmung**
(a) PCR:
In ein steriles 0,2-mL-Reaktionsgefäß werden die Reagenzien in folgender Reihenfolge pipettiert:
- — x µL Wasser
- — 10 µL PCR-Puffer
- — 8 µL dNTP-Mix
- — 1 µL Vorwärts-Primer
- — 1 µL Rückwärts-Primer
- — y µL isolierte DNA (ca. 2 ng)
- — 1 µL Taq-DNA-Polymerase
- — 100 µL Gesamtvolumen

Nach Durchmischen und kurzer Zentrifugation werden die Reaktionsgefäße in den Thermocycler gesetzt und folgendes PCR-Programm durchgeführt:

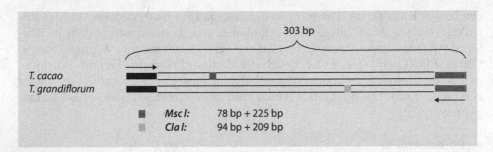

❏ Abb. 16.12 PCR-Amplifikat und Restriktionsfragmentlängenpolymorphismus. *Erläuterungen:* siehe Text

1. 94 °C/5 min
2. 94 °C/30 s
3. 50 °C/30 s
4. 72 °C/30 s
5. 72 °C/5 min
6. 4 °C0/∞

Die Schritte 2. bis 4. werden 40-mal wiederholt.

(b) Restriktionsverdau:
Zweimal 17 μL des PCR-Ansatzes werden je in sterile 1,5-mL-Reaktionsgefäße pipettiert und mit 2 μL Reaktionspuffer versetzt. Zu einem Ansatz werden 1 μL *Cla*I zum anderen 1 μL *Msc*I zugegeben. Nach einer Inkubation von 2 h bei 37 °C erfolgt die Auswertung mittels Agarose-Gelelektrophorese (▶ Abschn. 16.4.1). Neben den Ansätzen des Verdaus wird auch ein Aliquot des unverdauten PCR-Ansatzes mit aufgetragen.

▪ **Auswertung**
Die Auswertung erfolgt anhand des Bandenmusters auf dem Agarosegel (❏ Abb. 16.12). Nach der PCR sollte ein Amplifikat mit einer Länge von ca. 300 bp sichtbar sein. Der anschließende Restriktionsverdau mit *Msc*I führt bei einem Amplifikat aus *T. cacao* DNA zu Fragmenten der Länge 225 bp und 78 bp, *T. grandiflorum* wird nicht geschnitten. Umgekehrt verdaut *Cla*I nur das Amplifikat aus *T. grandiflorum* DNA (209 bp und 94 bp) und nicht das Amplifikat aus DNA von *T. cacao*.

16

Literatur

1. Spegg H (1983) Ernährungslehre und Diätetik. Deutscher Apotheker Verlag, Stuttgart
2. Brenner M, Niederwieser A (1960) Dünnschicht-Chromatographie von Aminoauren. Cell Mol Life Sci 16(8):378–383
3. ASU: L 31.00–8
4. SLMB: Kap. 28A, 9.4

5. IFU: Nr. 30

6. Schröder H (1954) Die Formoltitration als Mittel zum Nachweis des Fruchtsaftgehaltes in Zitrus-fruchtsaftgetränken. Mineralwasser-Ztg 7: 625; ref. in Z Lebensm Unters Forsch 102:287

7. Schröder H (1955) Der Einfluss der Schwefligen Saure auf die Formoltitration von Zitrusfrüchten und Zitrusfruchtsaftgetränken. Mineralwasser-Ztg 8: 616; ref. in Z Lebensm Unters Forsch 104:386

8. ASU: L 06.00–8

9. BGS: S 451, 639

10. HLMC: Bd III/2 (1969). S 1205

11. Möhler K, Antonacopoulos N (1957) Chemische Bestimmung von Bindegewebe in Fleisch und seinen Zubereitungen. Z Lebensm Unters Forsch 106:425

12. Wyler OD (1972) Routine-Untersuchungsmethoden für Fleisch und Fleischwaren. 2. Mitt.: Die Bestimmung des kollagenen Bindegewebes durch vereinfachte Ermittlung des Hydroxyprolinge-haltes. Die Fleischwirtschaft 52(1):42

13. Möhler K, Niermann F (1974) Zur Hydroxyprolinbestimmung in Lebensmitteln. Z Lebensm Unters Forsch 156(1):196

14. SLMB: Kap. 11, 5.5.4; Kap. 40, 4.2

15. Deutsche Lebensmittelbuch-Kommission. Leitsätze für Fleisch und Fleischerzeugnisse. Neufassung vom 25.11.2015 BAnz AT 23.12.2015 B4

16. Bielig HJ, Faethe W, Koch J, Wallrauch S, Wucherpfennig K (1977) Richtwerte und Schwankungsbreiten bestimmter Kennzahlen (RSK-Werte) für Apfelsaft, Traubensaft und Orangensaft. Die ind Obst Gemüseverwertung 62:209

17. ASU: L 31.00–7

18. BGS: S 639

19. SLMB: Kap. 28A, 9.2; 23A, 10

20. Hofsommer HJ, Bielig HJ (1982) Ein Beitrag zur Aussagekraft der RSK-Werte. Flüss Obst 49:237–243

21. Lange R, Friebe R, Linow F (1979) Zur Anwendung der Methodenkombination Kjeldahl-Nassaufschluss/Berthelot-Reaktion bei der Stickstoff-Bestimmung in biologischen Materialien. Nahrung 23:255

22. ASU: diverse

23. DIN 10334: Teil 1

24. HLMC: Bd. II/2

25. Official Methods of Analysis for the AOAC. 991.20 (Milch). Washington D.C.

26. Souci SW, Fachmann W, Kraut H (2008) Die Zusammensetzung der Lebensmittel. Wissenschaftliche Verlagsges, Stuttgart

27. Hadorn H, Jungkunz R, Biefer KW (1953) Über die N_2-Bestimmung in Lebensmitteln nach Kjeldahl und den Einfluss des Katalysators im Besonderen. Mitt Gebiete Lebensm Hyg 44:14

28. Hadorn H, Obrist C (1973) Systematische Versuche mit verschiedenen Katalysatoren für den Kjeldahl-Aufschluss. Deut Lebensm Rundsch 69:105

29. Kjeldahl J (1883) Über die N_2-Bestimmung. Z anal Chem 22:3

30. Middleton G, Stuckey RE (1951) Standardisation of digestion in Kjeldahl nitrogen determination. J Pharm Pharmacol 3:829

31. Schlage C (1975) Die Berechnung von Protein aus Stickstoff. Lebensmittelchem gerichtl Chem 29:346

32. Ugronovits M (1980) Kjeldahl-Stickstoff-Bestimmung mit verschiedenen Katalysatoren. Mitt Gebiete Lebensm Hyg 71:124

33. SLMB: Kap. 22, 4.1

34. Lebensmittelchemische Gesellschaft, Fachgruppe in der GDCh (Hrsg) (1995) Nahrwertkennzeichnung. Bd 22 der Schriftenreihe Lebensmittelchemie, Lebensmittelqualität

35. Lebensmittel-Informationsverordnung (VO (EU) 1169/2011)

36. M-LMS: S 134, 152

37. EFSA (2010) European Food Safety Authority (eds) Scientific ppinion on melamine in food and feed. EFSA J **8**(4): 1573

38. REF: S 92

39. Rehm H (2006) Der Experimentator – Proteinbiochemie/ Proteomics. Spektrum Akademischer Verlag, München
40. Laemmli UK (1970) Cleavage of structural proteins during the assembly of the head of bacteriophage T4. Nature 227:680–685
41. Haase I (2002) Dissertation, Biosynthese von Vitamin B_2 Die Lumazinsynthase: Charakterisierung und Anwendung. Lehrstuhl für Organische Chemie und Biochemie der Technischen Universität München
42. ASU: L 06.00–17
43. ASU: L 11.00–6
44. Weber P, Steinhart H, Paschke A (2007) Investigation of the allergenic potential of wines fined with various proteinogenic fining agents by ELISA. J Agric Food Chem 55:3127–3133
45. ASU: L 15.05–1
46. Hupfer C (1998) Detection of the genetic modification in heat-treated products of Bt maize by polymerase chain reaction. Z Lebensm Unters Forsch A 206:203–207
47. Haase I, Fischer M (2007) Differenzierung von *Theobroma cacao* und *Theobroma grandiflorum* mittels PCR. J Verbr Lebensm 2:422–428

16

Kohlenhydrate – Saccharide

Inhaltsverzeichnis

© Der/die Autor(en), exklusiv lizenziert durch Springer-Verlag GmbH, DE, ein Teil von Springer Nature 2021
R. Matissek und M. Fischer, *Lebensmittelanalytik*,
https://doi.org/10.1007/978-3-662-63409-7_17

Zusammenfassung

Die Gruppe der Kohlenhydrate umfasst niedermolekulare sowie mittelmolekulare bis hochmolekulare, polymere Verbindungen. Kohlenhydrate werden deshalb unterteilt in Mono-, Di-, Oligo- und Polysaccharide. Die den Kohlenhydraten handelt es sich um Polyhydroxycarbonylverbindungen sowie einige davon abgeleitete, strukturell ähnliche Stoffe. Mengenmäßig gehören die Kohlenhydrate zu den bedeutendsten Naturstoffen und kommen als süßschmeckende Bestandteile der Früchte sowie als wichtige Reservestoffe wie Stärke resp. Glykogen im Pflanzen- resp. im Tierreich vor. Sie stellen ferner die Stützsubstanz der Pflanzen (Cellulosen, Hemicellulosen, Pentosane, Pektine) dar. Kohlenhydrate sind Verbindungen mit stark polaren Eigenschaften, die bis auf einige Ausnahmen (Polysaccharide) in Wasser löslich sind. Die Analytik findet deshalb in der Regel im wässrigen Medium statt. Bei den Zuckern kommen zur Identifizierung DC-, HPLC- und GC-Methoden, zur quantitativen Bestimmung polarimeterische und chemische Summen- und Selektivmethoden sowie enzymatische UV-Tests zum Einsatz. Zur Bestimmung der hochmolekularen Stoffe Stärke und Pektin dienen polarimetrische resp. photometrischen Methoden.

17.1 Exzerpt

Die Gruppe der **Kohlenhydrate** (≙ Saccharide, engl. carbohydrates) umfasst niedermolekulare sowie mittelmolekulare bis hochmolekulare, polymere Verbindungen. Kohlenhydrate werden deshalb unterteilt in Mono-, Di-, Oligo- und Polysaccharide (sowie Glycoside) (Einteilung siehe ◘ Abb. 17.1).

Im Allgemeinen handelt es sich bei Kohlenhydraten um **Polyhydroxycarbonylverbindungen** (Polyhydroxyaldehyde und Polyhydroxyketone) sowie einige davon abgeleitete, strukturell ähnliche Stoffe. Mengenmäßig gehören die Kohlenhydrate zu den bedeutendsten Naturstoffen und kommen als süßschmeckende Bestandteile der Früchte sowie als wichtige Reservestoffe wie Stärke resp. Glykogen im Pflanzen- resp. im Tierreich vor. Sie stellen ferner die Stützsubstanz der Pflanzen (Cellulosen, Hemicellulosen, Pentosane, Pektine) dar.

Kohlenhydrate besitzen die allgemeine Summenformel $C_nH_{2n}O_n$, mit $n \geq 3$. Nach Definition der IUPAC [1] werden zu den Kohlenhydraten auch Zuckeralkohole, Zuckersäuren, Desoxyzucker, Aminozucker, Thiozucker und ähnliche Verbindungen gezählt.

17

Kohlenhydrate sind ausgehend vom **Glycerinaldehyd** (einer Aldotriose) (◘ Abb. 8.19) immer chirale Verbindungen. Da Pentosen und Hexosen sowohl Fünf- als auch Sechsringe bilden können, wodurch ein neues **Chriralitätszentrum** entsteht, existieren bereits für ein Monosaccharid einschließlich der offenkettigen Form fünf Isomere. Durch glykosidische Bindungen können aus Monosacchariden Di-, Tri-, Oligo- bzw. Polysaccharide entstehen, wodurch sich die Strukturvielfalt weiter drastisch erhöht.

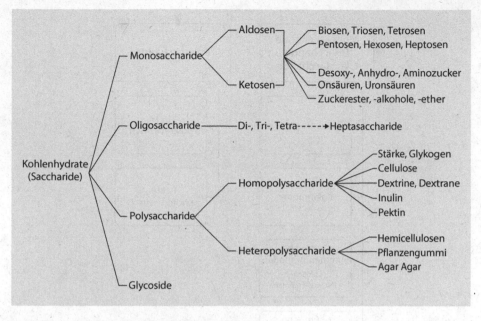

■ **Abb. 17.1**   Einteilung der Kohlenhydrate (Saccharide)

Der physiologische Brennwert von Kohlenhydraten beträgt allgemein: 1 g Kohlenhydrate ≙ 4,1 kcal ≙ 17,2 kJ.

Kohlenhydrate sind Verbindungen mit stark polaren Eigenschaften, die bis auf einige Ausnahmen (Polysaccharide) in Wasser löslich sind. Die Analytik findet deshalb in der Regel im wässrigen Medium statt.

Eine Übersicht zu den beschriebenen Analysenmethoden zeigt ■ Abb. 17.2.

17.2 Mono-, Di- und Oligosaccharide

Zur Gruppe der Mono- und Oligosaccharide gehören die wichtigsten als **Zucker** bezeichneten Substanzen. In ■ Abb. 17.3 ist der Stammbaum der Aldosen, in ■ Abb. 17.4 der der Ketosen mit D-Konfiguration dargestellt. Es existiert eine Vielzahl von nach verschiedenen Prinzipien arbeitenden Methoden zu ihrer Bestimmung. Die Aussagekraft der einzelnen Methoden ist u. a. von der Probenzusammensetzung bzw. -matrix abhängig und kann sehr unterschiedlich sein.

Monosaccharide

— **Monosaccharide** (Einfachzucker) sind eine Stoffgruppe von organischen Verbindungen und bestehen aus einer Kette von mindestens drei C-Atomen als Grundgerüst. Sie weisen ferner eine Carbonylgruppe sowie mindestens eine Hydroxylgruppe auf.

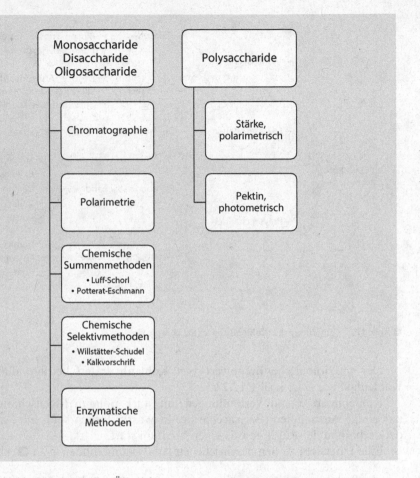

Monosaccharide
Disaccharide
Oligosaccharide

Polysaccharide

Chromatographie

Stärke,
polarimetrisch

Polarimetrie

Pektin,
photometrisch

Chemische
Summenmethoden
• Luff-Schorl
• Potterat-Eschmann

Chemische
Selektivmethoden
• Willstätter-Schudel
• Kalkvorschrift

Enzymatische
Methoden

◘ Abb. 17.2   Kohlenhydratanalytik – Übersicht

— Monosaccharde sind die Bausteine aller **Kohlenhydrate.** Sie stellen die kleinste Einheit dar: $N = 1$ (mit $N =$ Anzahl der Monosaccharideinheiten).
— Monosaccharide können sich zu **Oligosacchariden** (Mehrfachzuckern) bzw. **Polysacchariden** (Vielfachzuckern) verbinden.

Oligosaccharide

17

— **Oligosaccharide** (Mehrfachzucker) sind Kohlenhydrate, die aus mehreren gleich oder verschiedenen Monosaccharideinheiten (N) über glycosidische Bindungen aufgebaut sind; mit $N = 2$–10.
— Entsprechend der Anzahl der vorliegenden Monosaccharideinheiten wird von **Disacchariden** (Zweifachzuckern), **Trisacchariden** (Dreifachzuckern) etc. gesprochen.

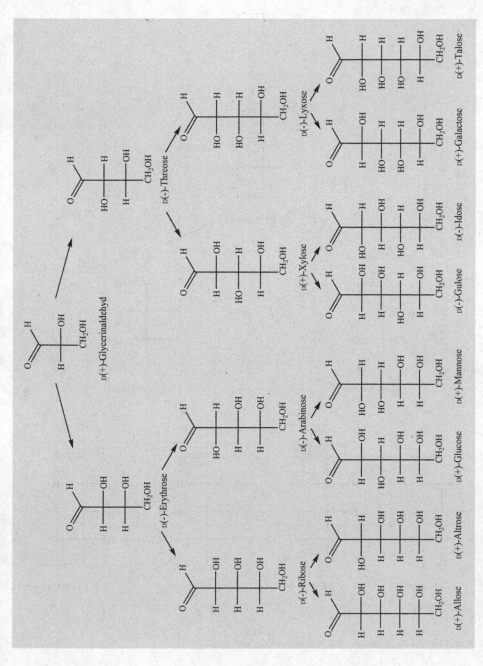

◻ Abb. 17.3 Stammbaum der Aldosen mit D-Konfiguration

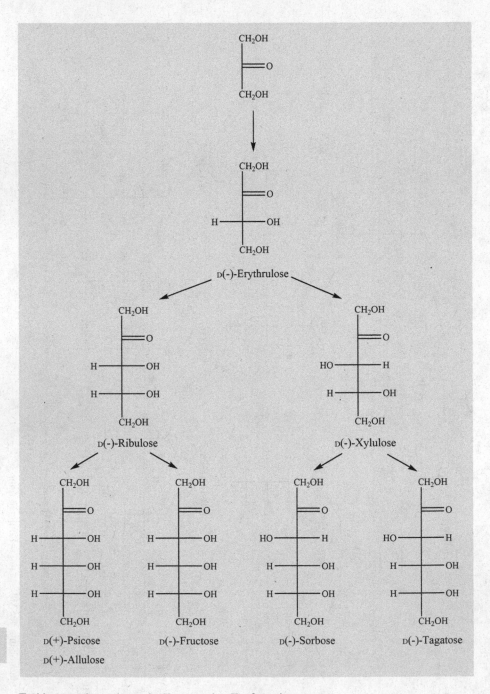

17

◘ **Abb. 17.4** Stammbaum der Ketosen mit D-Konfiguration

Zu nennen sind in erster Linie folgende Messprinzipien:
- Chromatographische Methoden
- Messung des optischen Drehvermögens (Polarimetrie)
- Oxidation der Aldehyd-/Ketogruppe in alkalischer Lösung
- Enzymatische Methoden und
- Photometrische Methoden nach Umsetzung zu farbigen Reaktionsprodukten
- Kopplung mit chromatographischen Methoden

17.2.1 Chromatographische Methoden

Chromatographische Methoden sind in erster Linie Trennmethoden. Sie finden deshalb insbesondere dort Anwendung, wo Gemische mehrerer Zucker zu trennen sind. Im zweiten Schritt erfolgt dann die Detektion der getrennten Substanzen.

Zum Nachweis bzw. zur Identifizierung von Zuckern hat sich die DC bewährt (▶ Abschn. 17.2.1.1). Ihre Anwendung ist vor der quantitativen Untersuchung unbekannter Proben (▶ Abschn. 17.2.2 bis 17.2.4) unerlässlich, da mit wenig Aufwand die für die anschließende Analyse erforderlichen Aussagen erhalten werden können.

Da es sich bei den Zuckern um stark polare Verbindungen handelt, ist zur quantitativen Bestimmung mit chromatographischen Verfahren die HPLC (▶ Abschn. 17.2.1.2) oder die GC die Methode der Wahl (▶ Abschn. 17.2.1.3). Bei der GC ist allerdings eine Derivatisierung z. B. zu Trimethylsilylethern oder Aldonitrilacetaten vorzuschalten. Jedoch können neben den Zuckern auch die Zuckeralkohole parallel bestimmt werden. Basisinformationen zu Theorie und Praxis der chromatographischen Verfahren enthält ▶ Kap. 5.

17.2.1.1 Identifizierung von Zuckern mittels DC

- **Anwendungsbereich**
- Fruchtsäfte, Fruchtsaftgetränke
- Wein
- Gemüseprodukte
- Backwaren
- Konfitüre, Marmelade, Fruchtaufstriche, Honig
- Milch-/Molkenerzeugnisse

- **Grundlagen**

Die Dünnschichtchromatographie (DC) eignet sich zur vollständigen Trennung der in Früchten und den daraus bereiteten Getränken vorkommenden Hauptzuckerarten Fructose, Glucose und Saccharose sowie der in Molkengetränken enthaltenen Lactose.

Weiterhin kann auch Rhamnose abgetrennt und nachgewiesen werden. Arabi-nose zeigt ähnliche Retentionsfaktoren (r_f-Werte) wie Fructose, kann von dieser jedoch durch unterschiedliche Farbreaktionen differenziert werden.

Außerdem werden Hydroxymethylfurfural (HMF) und Galacturonsäure er-fasst. Galacturonsäure ist ein Abbauprodukt der enzymatischen Pektinspaltung und weist den gleichen r_f-Wert wie Lactose auf, die jedoch im Unterschied dazu in Kernobst-, Trauben- und Beerensäften nicht vorkommt [1–5].

■ **Prinzip der Methode**

Nach einem Verdünnungs- bzw. Aufbereitungsschritt werden die Zucker dünn-schichtchromatographisch getrennt und durch Umsetzung mit Sprühreagenzien aufgrund charakteristischer Färbungen identifiziert.

■ **Durchführung**
■■ **Geräte und Hilfsmittel**
━ ► Abschn. 5.1; außerdem:
━ Messzylinder: 100 mL

■■ **Chemikalien (p. a.)**
━ für die DC

DC-Platten (selbst gezogen oder Fertig-platten)	25 g Cellulose-Pulver werden mit 125 mL Natriumacetat-Lösung (1 %ig in dest. Wasser) etwa 1 min lang homogenisiert. Das Homogenisat wird auf die gut gereinigten und getrockneten Glasplatten mit der Streichvorrichtung aufgetragen (Schicht-dicke: 0,3 mm); die beschichteten Platten werden etwa 2 h lang an der Luft und anschließend im Trockenschrank bei 105 °C get-rocknet
Laufmittel	n-Butanol/Eisessig/dest. Wasser 8 + 3 + 3 ($v/v/v$), (frisch ansetzen!)
Vergleichslösungen	Je 0,125 g Glucose, Fructose, Saccharose bzw. 0,25 g Lactose und Rhamnose werden in jeweils 50 mL Ethanol (20 Vol.-%ig) gelöst
Sprühreagenzien	Reagenz I: 10 g Trichloressigsäure, 5 g Phthalsäure und 1,2 g p-Aminohippursäure werden in 200 mL Ethanol (96 Vol.-%ig) gelöst. Haltbarkeit in dunkler Flasche im Kühlschrank: etwa 1 Woche Reagenz II: 15 g Harnstoff werden in 45 mL Salzsäure ($c = 2$ mol/L) gelöst. Haltbarkeit: etwa 2 Tage

■■ **Bestimmung**

(a) Herstellung der Probenlösung

Fruchtsaftgetränke und Fruchtsäfte, gezuckerte Tafelgetränke und Süßweine werden vor der Auftragung im Verhältnis 1:10 verdünnt, Weine je nach Restzuck-ergehalt bis etwa 1:3 und Konzentrate und Sirupe im Verhältnis 1:50; vollständig vergorene Maischen bzw. Weine werden unverdünnt eingesetzt. Von Konfitüre- und Honigproben werden 1–2 g in 100 mL dest. Wasser gelöst und filtriert; feste Proben werden zerkleinert, gut durchmischt und mit dest. Wasser (ggf. auf 60 °C erwärmt) extrahiert, worauf der Extrakt filtriert und eventuell weiter verdünnt wird.

(b) DC-Trennung
Auftragung der Lösungen:
2–10 µL der nach (a) hergestellten Probenlösung (bei unbekannten Zuckergehalten verschiedene Volumina auftragen!) sowie je 5 µL der Vergleichslösungen.
Entwicklung:
Aufsteigend in N-Kammer (ohne Filterpapiereinlage) bis zu einer Laufhöhe von etwa 13 cm. Die entwickelten Platten werden unter dem Abzug an der Luft oder durch vorsichtiges Aufblasen von Pressluft getrocknet.

(c) Detektion
Die entwickelten und getrockneten Platten werden gleichmäßig mit Reagenz I besprüht und darauf 15 min lang im Trockenschrank auf 135 °C erwärmt; rote bzw. rotbraune Substanzflecken von Galacturonsäure und Lactose werden sofort markiert, da sie bei der folgenden Behandlung an Intensität verlieren.

Die noch heißen Platten werden anschließend mit Reagenz II besprüht und wie oben auf 135 °C erwärmt.

■ **Auswertung**
Nach einigen Minuten sind charakteristisch gefärbte Substanzflecken zu erkennen. In ◘ Tab. 17.1 sind die Anfärbungen zusammengestellt.

17.2.1.2 Bestimmung von Zuckern mittels HPLC-RI

■ **Anwendungsbereich**
- Lebensmittel, allgemein

◘ **Tab. 17.1** Anfärbungen der Zucker bei der DC

	Färbung nach dem Besprühen mit	
Zucker bzw. andere Verbindungen	**⇒ Reagenz I**	**⇒ Reagenz II**
Saccharose	Bräunlich	Grauschwarz
Glucose	Rotbraun	Braunrot
Fructose	Bräunlich	Graublau
Rhamnose	Gelbgrün	Braunrot
Lactose	Rotbraun	Violett
Arabinose	Rot	Rötlich
HMF	Braun	Blau
Galacturonsäure	Rot	Graublau

Weitere Detektionsmöglichkeiten

Als weitere empfindliche Nachweismethode wird das Besprühen der DC-Platten mit Anisaldehyd/Schwefelsäure-Reagenz beschrieben [4].

■ **Grundlagen**

Zur Trennung von Kohlenhydraten sind in den letzten Jahren effiziente Methoden mit Hilfe der Hochleistungs-Flüssigchromatographie (HPLC) entwickelt worden. Die streng differenzierende Analytik der Kohlenhydrate ist deshalb nicht ganz einfach, weil diese Stoffklasse eine Akkumulierung gleicher funktioneller Gruppen, nämlich von Hydroxylgruppen, aufweist und zudem eine große Zahl von Stereoisomeren bekannt ist, die sich häufig nur in der Stellung einer einzigen Hydroxylgruppe unterscheiden.

Hinzu kommt, dass Zucker mit freier Lactolhydroxylgruppe in Lösung mutarotieren (vgl. Kasten „Mutarotation" in ▶ Abschn. 17.2.2.1) so dass ein Gleichgewicht (◪ Abb. 17.5) zwischen den α- und β-Anomeren der Furanose- und Pyranoseformen entsteht (vgl. Kasten „Anomere"; unten). Dieses Gleichgewicht kann jedoch durch den chromatographischen Prozess gestört werden, so dass es zu einer zusätzlichen Bandenverbreiterung kommen kann. Diese Effekte treten in beträchtlichem Ausmaß vor allem bei niedrigen Temperaturen und hauptsächlich bei Eluenten mit hohem Anteil an organischer Komponente auf und können unter Umständen sogar zur Auftrennung der isomeren Formen führen. In der Literatur wurden verschiedene chromatographische Prinzipien zur Trennung der Zucker beschrieben. Einen ausführlichen Überblick über die HPLC von Kohlenhydraten geben H. Bauer et al., auf deren Arbeit an dieser Stelle verwiesen sei [6].

17

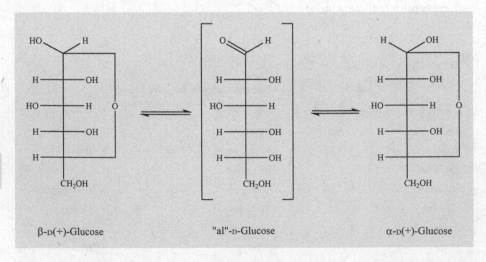

β-D(+)-Glucose   "al"-D-Glucose   α-D(+)-Glucose

◪ **Abb. 17.5** Anomere Formen von D-Glucopyranose im Mutarotationsgleichgewicht. *Erläuterungen:* siehe Text

Anomere

- **Anomere** sind bei Strukturen von Kohlenhydraten eine besondere Art von Isomeren, die sich nur in der Konfiguration am anomeren Zentrum unterscheiden. Sie treten bei Kohlenhydraten und analogen Verbindungen in der cyclischen Form auf. Die Konfiguration am anomeren Zentrum wird durch die Stereodeskriptoren α und β beschrieben, wobei das α-Anomer jenes Isomer ist, bei dem die Konfiguration des anomeren Kohlenstoffatoms der Konfiguration des höchstbezifferten chiralen Zentrums entgegengesetzt ist. Diese Definition gilt sowohl für D- als auch L-Zucker.
- Die Hydroxylgruppe des anomeren Zentrums ist in der Fischer-Projektion der D-**Kohlenhydrate** auf der gleichen Seite der Hauptkette wie die Hydroxylgruppe des Bezugsatoms. Folglich ist bei β-Anomeren die Hydroxylgruppe des Bezugsatoms der D-Kohlenhydrate auf entgegengesetzter Seite der Hauptkette.

Am vorteilhaftesten werden freie Zucker verteilungschromatographisch oder mittels ihrer Borat-Komplexe ionenaustauschchromatographisch getrennt. Die anzuwendende Methode richtet sich auch danach, ob hochmolekulare Oligosaccharide und evtl. Zuckeralkohole miterfasst werden sollen. Für verteilungschromatographische Trennungen sind neben Ionenaustauscherphasen modifizierte Silicagele wie Aminophasen geeignet. Für labile Zucker wie Tetrulosen und Pentulosen ist der Einsatz von stationären Phasen mit basischen Gruppen insbesondere bei erhöhter Temperatur aufgrund evtl. auftretender Endiolatbildung und anschließender Folgereaktionen, die beispielsweise zu Isomerisierungs- und Abbauprodukten führen können, jedoch wenig geeignet [6].

Zur Detektion der getrennten Kohlenhydrate werden in der Regel Refraktionsindex-Detektoren (RI) eingesetzt. Zum empfindlichen und selektiven Nachweis haben Nachsäulenderivatisierungen (mit Kupfer-Bicinchoninant-Reagenz bzw. Orcin-Schwefelsäure-Reagenz bzw. Periodat-Acetylaceton-Reagenz) große Bedeutung erlangt.

Das im Folgenden beschriebene Aminophasen-HPLC-System mit RI-Detektion ist vornehmlich für die Bestimmung von Fructose und Glucose neben Saccharose, Maltose, Lactose und Maltotriose geeignet [7].

■ **Prinzip der Methode**
Nach einem Verdünnungs- bzw. Aufarbeitungsschritt werden die Zucker verteilungschromatographisch mit Hilfe der HPLC an einer Aminophase getrennt. Zur Detektion wird ein RI-Detektor eingesetzt.

■ **Durchführung**
■■ **Geräte und Hilfsmittel**
— Flüssigkeitschromatograph mit RI-Detektor (▶ Abschn. 5.5)
— Glasspritze: 25 μL
— Membranfilter: Porenweite 0,5 μm
— diverse Messkolben, Bechergläser

■■ **Chemikalien (p. a.)**

— Acetonitril: zur Rückstandsanalyse, membranfiltriert
— bidest. Wasser: für die HPLC, membranfiltriert
— Petroleumbenzin
— Carrez-Lösung I:
   150 g Kaliumhexacyanoferrat(II) in dest. Wasser lösen und auf 1000 mL auffüllen
— Carrez-Lösung II:
   230 g Zinkacetat in dest. Wasser lösen und auf 1000 mL auffüllen

■■ **Bestimmung**

(a) Herstellung der Probenlösung

Die Aufarbeitung des Probenmaterials richtet sich nach dessen Eiweiß- und Fettgehalt. In vielen Fällen (Kekse, Schokolade, Zuckerwaren, Schnitten etc.) genügt es, die Probe in heißem dest. Wasser aufzuschlämmen, anschließend von Unlöslichem abzufiltrieren und auf ein definiertes Volumen aufzufüllen; nach geeigneter Verdünnung kann die Lösung direkt auf die HPLC-Säule injiziert werden.

Bei fett- und eiweißhaltigen Lebensmitteln wird das Fett durch Extraktion mit Petroleumbenzin entfernt. Eiweiß kann durch Klärung der aufgeschlämmten Probe mit Carrez-Lösungen I und II entfernt werden (zu evtl. Zuckerverlusten durch Klären ► Abschn. 17.2.2; siehe auch Kasten „Anmerkung").

Klare Lösungen wie Fruchtsäfte können nach evtl. Verdünnung direkt zur HPLC-Analyse eingesetzt werden.

Die Konzentration der einzelnen Zucker sollte bei einem Einspritzvolumen von 10 µL zwischen 1 % und 5 % betragen.

(b) HPLC-Parameter

Trennsäule	LiChrosorb-NH$_2$: 5 µm, 200 mm × 4,6 mm
Eluent	Acetonitril/Wasser 8 + 2 (*v/v*)
Durchfluss	2,5 mL/min
Modus	Isokratisch
Temperatur	20–22 °C
Detektor	RI
Injektionsvolumen	10 µL (Schleife)

17

■ **Auswertung**

Die Peaks des erhaltenen Flüssigchromatogramms werden durch Vergleich der Retentionszeiten (genauer: k'-Werte) von Referenzsubstanzen zugeordnet (◘ Abb. 17.6; zur Definition des k'-Wertes ► Abschn. 6.4).

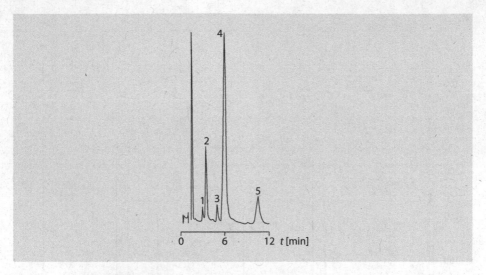

☐ **Abb. 17.6** Flüssigchromatogramm von Zuckern in Bier. *Erläuterung:* **1** Fructose; **2** Glucose; **3** Saccharose; **4** Maltose; **5** Maltotriose

Die quantitative Bestimmung erfolgt durch die Methode des Externen Standards mit den jeweiligen Substanzen. Die Kalibrierlösungen zur Erstellung der Kalibriergerade sollen jeweils 1–5%ig in Wasser sein. Es können die Peakhöhen oder die Peakflächen zur Auswertung herangezogen werden.

> **Anmerkung – Carrez-Reagentien**
>
> Die Dosierung der **Carrez-Reagentien** beim notwendigen Klären muss sorgfältig und vor allem in proportionalen Teilen geschehen, um keine zusätzlichen (Stör-)Signale im RI-Detektor zu erzeugen.

17.2.1.3 Bestimmung von Zuckern mittels GC-FID

- **Anwendungsbereich**
- Lebensmittel, allgemein

- **Grundlagen**

Neben der Analytik mittels HPLC ist auch die gaschromatographische Analytik der Zucker möglich. Hierbei können Mono- und Disaccharide sowie einige Oligosaccharide, wie die Maltotriose erfasst werden. Vor einer gaschromatographischen Trennung müssen die Zucker zunächst in leicht flüchtige Silylderivate überführt werden. Mit der nachfolgend beschriebenen Methode können neben den Zuckern auch Zuckeralkohole erfasst werden [10, 11].

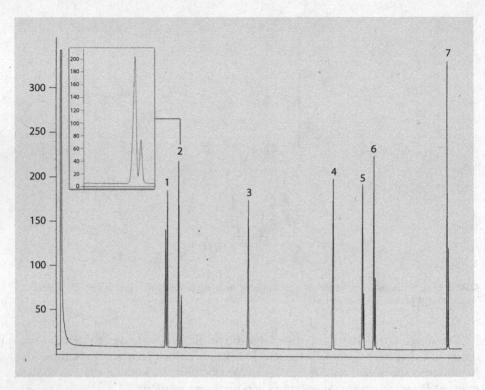

● **Abb. 17.7**   Chromatogramm einer Zucker-Lösung. *Erläuterung:* **1** Fructose; **2** Glucose; **3** Phenyl-β-ᴅ-glucopyranosid; **4** Saccharose; **5** Lactose; **6** Maltose; **7** Maltotriose

● **Prinzip der Methode**

Die im Lebensmittel vorhandenen Zucker werden wässrig extrahiert und nach Carrez-Klärung (zweistufig) derivatisiert. Zunächst werden die reduzierenden Zucker in Oxime überführt (▶ Gl. 17.1), anschließend die Zucker-Oximderivate und die nichtreduzierenden Zucker silyliert und gaschromatographisch vermessen (Beispielchromatogramm siehe ● Abb. 17.7). Die Quantifizierung erfolgt über Phenyl-β-ᴅ-glucopyranosid als Internem Standard.

17

Glucose   Hydroxylamin   Oxim-Derivat   (17.1)

- **Durchführung**
- **Geräte und Hilfsmittel**
- Kapillar-Gaschromatograph mit FID (► Abschn. 5.4)
- Heizblock mit Temperaturkontrolle und Stickstoff-Strom, passend für Reagenzgläser
- Becherglas: 50 mL
- graduierte Messkolben verschiedener Größe
- Trichter
- Erlenmeyerkolben: 100 mL
- verschiedene Kolbenhubpipetten
- Reagenzgläser mit Schliffstopfen: 10 mL
- Rührfische
- Glasstäbe
- temperierbares Wasserbad: 20 °C und 70 °C
- Kontaktthermometer
- Zentrifuge
- Pasteurpipetten
- Watte, entfettet
- GC-Vial

- **Chemikalien (p. a.)**
- Calciumcarbonat
- Natriumsulfat, geglüht
- n-Hexan
- Methanol
- Bidest. Wasser: membranfiltriert
- Methanol/Wasser: 1 + 1 *(v/v)*
- iso-Propanol
- Trimethylsilylimidazol (TSIM)
- Trimethylchlorsilan (TMCS)
- Pyridin, wasserfrei
- Hydroxylaminhydrochlorid
- Kaliumhexacyanoferrat(II) $K_4[Fe(CN)_6] \cdot 3\ H_2O$
- Zinkacetat
- Oximreagenz:
  1,25 g Hydroxylaminhydrochlorid in 47 mL Pyridin lösen (1 Monat haltbar).
- Carrez-Lösung I: Herstellung ► Abschn. 17.2.1.2
- Carrez-Lösung II: Herstellung ► Abschn. 17.2.1.2
- Interner Standard Phenyl-β-D-glucopyranosid; $c = 15$ mg/mL:
  150 mg Phenyl-β-D-glucopyranosid im 100-mL-Messkolben mit Methanol/Wasser 1 + 1 *(v/v)* auf 100 mL auffüllen (1 Jahr haltbar).
- Zucker-Standardlösung; $c = 6$ mg/mL:
  Je 150 mg Fructose, Glucose, Phenyl-β-D-glucopyranosid, Saccharose, Lactose, Maltose, Maltotriose in einen 25-mL-Messkolben einwiegen und mit Methanol/Wasser 1 + 1 *(v/v)* auf 25 mL auffüllen (1 Jahr haltbar).

■■ Bestimmung

a) Probenvorbereitung
10 g der homogenisierten Probe werden in einen 100-mL-Messkolben auf ±0,1 mg eingewogen. Die Probe mit ca. 40 mL warmen bidest. Wasser unter Rühren auf dem Magnetrührer (30 min) lösen. Zur Klärung der wässrigen Probenextrakte werden jeweils 2 mL Carrez I und II zugegeben, der Messkolben anschließend auf 20 °C temperiert, bis zur Marke aufgefüllt und der Extrakt durch einen Faltenfilter filtriert. 1 mL des Filtrates und 2 mL der Internen Standardlösung in einem Reagenzglas mischen und 100 µL dieser Lösung in einem Reagenzglas mit Schliffstopfen bei 80 °C unter Stickstoff-Strom zur Trockne eindampfen. Zur Entfernung von restlichem Wasser werden 300 µL *iso*-Propanol zugegeben und wiederum eingedampft. Der Vorgang wird ein zweites Mal wiederholt.

b) Derivatisierung
Der Rückstand wird mit 400 µL Oximreagenz versetzt, das Reagenzglas verschlossen und für 30 min bei 75 °C im Wasserbad erwärmt (hierbei hat sich der Einsatz eines Kontaktthermometers bewährt). Anschließend werden 400 µL TSIM und 10 µL TMCS zugegeben und die Mischung für weitere 30 min auf 75 °C erwärmt. Das Reagenzglas wird erst unter fließendem Wasser und anschließend für 10 min im Kühlschrank abgekühlt. Nach Zugabe von je 2 mL kühlschrankkaltem Wasser und *n*-Hexan wird gründlich gemischt und für 10 min bei 4000 U/min zentrifugiert. Die überstehende, klare Hexanphase wird mit einer Pasteurpipette abgenommen und über eine mit Watte und getrocknetem Natriumsulfat befüllte Pasteurpipette filtriert. Das Filtrat kann in ein GC-Vial abgefüllt und gaschromatographisch vermessen werden.

c) Derivatisierung der Standardsubstanzen
200 µL der Zucker-Standardlösung werden bei 80 °C unter Stickstoff-Strom zur Trockne eingedampft. Zur Entfernung von restlichem Wasser werden 300 µL *iso*-Propanol zugegeben und wiederum eingedampft. Der Vorgang wird ein zweites Mal wiederholt. Die Derivatisierung wird analog zu den Probenextrakten durchgeführt.

d) Kapillar-GC-Parameter

Trennsäule	Kapillarsäule belegt mit 100 % Dimethyl-Polysiloxan: ID 0,25 mm, Länge 15 m, Filmdicke 0,10 µm
Temperaturprogramm	130 °C (0 min), 4 °C/min bis 220 °C, 8 °C/min bis 260 °C, 20 °C/min bis 325 °C (9 min)
Injektionsvolumen	1 µL
Injektortemperatur	350 °C
Split-Flow	50 mL/min
Trägergas	Wasserstoff 1,2 mL/min konstanter Fluss
FID-Temperatur	350 °C

17

- **Auswertung**

◨ Abb. 17.7 zeigt das Chromatogramm einer Zuckerlösung. Zur Quantifizierung wird für die jeweiligen Zucker der Standardlösung der Responsefaktor R_f nach folgender Formel berechnet:

$$R_f = \frac{c(\text{Zucker}) \cdot A(\text{ISTD})}{c(\text{ISTD}) \cdot A(\text{Zucker})}$$

mit

C – Konzentration des Zuckers bzw. des Internen Standards in der Standardlösung

A – Peakfläche

Der Gehalt des Zuckers w in g/100 g Probe wird wie folgt berechnet:

$$w = \frac{A\ (\text{Zucker}) \cdot c\ (\text{ISTD})_{\text{Probe}} \cdot R_f \cdot 100}{A\ (\text{ISTD}) \cdot m}$$

mit

R_f – Responsefaktor des Zuckers

c – Konzentration des Zuckers bzw. des Internen Standards in der Standardlösung

A – Peakfläche

$c(\text{ISTD})_{\text{Probe}}$ – Absolutmenge des Internen Standards in 2 mL Interner Standardlösung (mg)

m – Probeneinwaage bezogen auf 1 mL Aliquot (mg)

100 – Faktor zur Umrechnung auf g/100 g

Anmerkung – Oximderivate

Reduzierende Zucker bilden während der Derivatisierung **cis- und trans-Isomere** der jeweiligen Oxime, daher sind im Chromatogramm (◨ Abb. 17.7) für diese Zucker stets zwei Peaks zu finden. Zur quantitativen Auswertung wird die Summe der Peakflächen herangezogen.

17.2.2 Polarimetrische Methoden

Polarimetrische Methoden (engl. polarimetric methods) haben den Vorteil, dass sie schnell und mit einfachen Mitteln durchzuführen sind und zudem zerstörungsfrei arbeiten, das heißt, die Lösungen für weitere Untersuchungen verwendet werden können. Für die Bestimmung von Zuckern mit Hilfe der Polarimetrie sind jedoch die nachfolgenden Voraussetzungen zu beachten:

— Neben dem zu bestimmenden Zucker dürfen **keine anderen optisch aktiven Substanzen** vorliegen:
   ⇒ Diese Voraussetzung wird in Lebensmitteln im Allgemeinen nicht immer erfüllt. Bei der Saccharosebestimmung durch Messung vor und nach der Inversion (Säurehydrolyse, vgl. ▶ Abschn. 17.2.3.2) wird die Anwesenheit anderer optisch aktiver Substanzen kompensiert, so dass diese nicht in Erscheinung treten.

— Die Messlösungen dürfen **nicht getrübt bzw. stark gefärbt** sein:
   ⇒ Trübungen und Färbungen lassen sich mit verschiedenen Klärungsmitteln entfernen. Nicht alle bekannten Klärungsmittel sind gleichermaßen geeignet.

— **Bei der Klärung** (engl. clarification) **mit Carrez-Lösungen** treten höhere Zuckerverluste auf,
   ⇒ so dass die Klärungsmittel Bleiacetat bzw. **Bleiessig** besser geeignet sind (vgl. unten Kasten „Klärung"). Da die Drehwerte durch Schwermetallionen beeinflussbar sind, sollen nur sehr geringe Mengen zum Klären eingesetzt werden und diese möglichst vollständig entfernt werden.

— Die Messlösungen müssen **relativ konzentriert** sein:
   ⇒ Damit die Polarisation noch genau messbar ist, müssen die Messlösungen einen relativ hohen Gehalt an Zuckern aufweisen. Die Herstellung ausreichend konzentrierter Messlösungen gelingt nur bei Lebensmitteln, bei denen der zu bestimmende Zucker wesentlichster Bestandteil ist (beispielsweise saccharosereiche Lebensmittel wie Zuckerprodukte, Sirupe, Konfitüren, Marmeladen, Fruchtaufstriche).

Ihre **Hauptanwendung** findet die Polarimetrie auf dem Gebiet der Zuckeranalytik zur quantitativen Bestimmung von Saccharose, daneben auch von Invertzucker und Glucose. Vor der Anwendung der Polarimetrie ist ein Nachweis bzw. eine Identifizierung der in der Probe vorliegenden Zucker zweckmäßig (▶ Abschn. 17.2.1.1). Ferner hat die Polarimetrie bei der Stärkebestimmung (▶ Abschn. 17.3.2) große Bedeutung. Zur Theorie und Praxis der polarimetrischen Messung siehe ▶ Abschn. 8.7.

17

17.2.2.1 Polarimetrische Bestimmung von Saccharose und Glucose

■ **Anwendungsbereich**
— Zuckerprodukte, Zuckerlösungen
— zuckerhaltige Lebensmittel (vornehmlich saccharosehaltige)

- **Grundlagen**

Die **Polarimetrie** ist eine Methode zur Reinheitsprüfung und zur quantitativen Bestimmung von optisch aktiven Flüssigkeiten bzw. von Lösungen optisch aktiver Stoffe. Das Messprinzip besteht darin, dass derartige Flüssigkeiten bzw. Lösungen die Ebene eines linear polarisierten Lichtstrahls in Abhängigkeit ihrer Konzentration um einen bestimmten Betrag (Drehwinkel α) drehen.

Zur Polarimetrie und zur optischen Aktivität vgl. ► Abschn. 8.6; dort sind auch die Werte der spezifischen Drehung [α] der wichtigsten Zucker angegeben.

Die Bestimmung von Saccharose neben Invertzucker und Monosacchariden basiert darauf, dass eine Saccharose-Lösung durch **Inversion** (*Umkehrung des Drehwinkels des polarisierten Lichtvektors*) eine Drehwertänderung erfährt. Sind jedoch außer Saccharose andere Disaccharide oder Polysaccharide zugegen, so ist zu berücksichtigen, dass auch diese eine Drehwertänderung bewirken [12–16].

- **Prinzip der Methode**

Der Drehwinkel einer saccharosehaltigen – ggf. zusätzlich glucosehaltigen – Lösung wird vor und nach der Inversion (Säurehydrolyse) polarimetrisch bestimmt. Die Differenz zwischen beiden Drehwerten ergibt den Saccharose-Gehalt. Der Glucose-Gehalt kann aufgrund der Kenntnis der spezifischen Drehung der beteiligten Zucker ebenfalls berechnet werden.

- **Durchführung**
- ■ **Geräte und Hilfsmittel**
- Polarimeter, Halbschattengerät (► Abschn. 8.7)
- Polarimeterrohr: 2 dm = 200 mm
- temperierbares Wasserbad
- Messkolben: 100 mL
- Messpipette: 0,5 mL
- Vollpipette: 50 mL
- Faltenfilter

- ■ **Chemikalien (p. a.)**
- für die Inversion: ► Abschn. 17.2.3.2
- Blei(II)-acetat $Pb(CH_3COO)_2 \cdot 3\,H_2O$ (neutral)
- neutrale Bleiacetat-Lösung: $Pb(CH_3COO)_2 \cdot 3\,H_2O$ gesättigt in dest. Wasser

- ■ **Bestimmung**

a) Drehwert vor der Inversion
Etwa 10 g Probe werden genau abgewogen, in einen 100-mL-Messkolben gegeben und mit ca. 50 mL heißem dest. Wasser gelöst. Farbige Lösungen werden durch Zusatz von 0,5 mL der neutralen Bleiacetat-Lösung (siehe Anmerkung) geklärt/entfärbt. Nach Umschwenken wird der Kolben mit dest. Wasser bis zur Marke aufgefüllt und die Lösung filtriert. Die ersten 10 mL des Filtrats werden verworfen. Danach werden 50 mL Filtrat aufgefangen. Für die Polarimetrie sind

nur völlig klare Lösungen zu verwenden. Die Lösung wird vor dem Einfüllen in das Polarimeterrohr (vor der Messung zweimal mit der Lösung vorspülen) auf 20 °C ± 1 °C temperiert.

Die gesamte Polarisationsmessung soll bei 20 °C ± 1 °C durchgeführt werden. Andernfalls sind Temperaturkorrekturen (beispielsweise nach [12]) vorzunehmen.

Die Drehung wird bis auf eine Genauigkeit von 0,02 Winkelgraden abgelesen. Es wird der Mittelwert von 5 Ablesungswerten gebildet.

⇨ Erhaltener Messwert: α_v (Vorzeichen berücksichtigen!)

Keine Luftblasen!

Beim Aufsetzen des Verschlusses des Polarimeterrohres ist strengstens darauf zu achten, dass **keine Luftblasen** eingeschlossen werden. Das befüllte Rohr wird in das Polarimeter eingesetzt, welches „Null" anzeigen muss.

(b) Drehwert nach der Inversion

Mit 50 mL des Filtrats nach (a) wird in einem 100-mL-Messkolben wie unter ► Abschn. 17.2.3.2 angegeben eine Säurehydrolyse (Inversion) durchgeführt. Nach Auffüllen des Kolbens mit dest. Wasser bis zur Marke wird die Lösung auf 20 °C ± 1 °C temperiert, anschließend in das Polarimeterrohr gefüllt und polarimetriert.

Die unter (a) angegebenen Hinweise sind zu beachten.

⇨ Erhaltener Messwert: α_n (Vorzeichen berücksichtigen!)

- **Auswertung**

a) Saccharose-Gehalt

Der Gehalt der Polarisationslösung an Saccharose c_S in g/100 mL ergibt sich nach folgender Gleichung:

$$c_S\,[\text{g}/100\,\text{mL}] = (\alpha_v - 2\alpha_n) \cdot 0{,}567$$

mit

α_v – Drehwinkel der Probenlösung vor der Inversion in Winkelgraden (erhalten nach (a))

α_n – Drehwinkel der Probenlösung nach der Inversion in Winkelgraden (erhalten nach (b))

2 – Verdünnungsfaktor, da von dem Filtrat nach (a) nur 50 mL zur Inversion eingesetzt wurden

Mit c_S wird unter Berücksichtigung der Einwaage und evtl. Verdünnung auf den Gehalt an Saccharose in der Probe zurückgerechnet.

b) Glucose-Gehalt

Der Gehalt der Polarisationslösung an Glucose c_G in g/100 mL ergibt sich durch Auflösung der folgenden Gleichung

$$\alpha_v = \frac{[\alpha]_G \cdot l \cdot c_G}{100} + \frac{[\alpha]_S \cdot l \cdot c_S}{100}$$

mit

$[\alpha]_G - = +52{,}7°$

$[\alpha]_S - = +66{,}5°$

$l - = 2$ dm

c_S – Saccharose-Gehalt berechnet nach a)

nach $\quad c_G\,[\text{g}/100\,\text{mL}] = 0{,}948 \cdot \alpha_v - 1{,}26 \cdot c_S$

Klärung

— Zur **Klärung** wird davon ausgegangen, dass **Schwermalle** störende Kolloide wie Proteine ausfällen oder dass bestimmte, in diesen Lösungen mit Metallsalzen erzeugte Niederschläge diese Kolloide mitreißen. Die Klärungsmittel sollen die störenden Stoffe möglichst vollständig entfernen, ohne dabei die Analyten (hier: die Zucker) zu adsorbieren oder chemisch zu verändern. Die Klärungsmittel bewirken zugleich auch eine mehr oder weniger starke Entfärbung, beispielsweise durch Absorption von Farbstoffen an den Niederschlägen oder durch Ausfällen von natürlichen Farbstoffen mit Polyphenolcharakter etwa durch Bleisalze [17].

— Bei polarimetrischen Messungen können Färbungen der Messlösung oder bereits schwache Trübungen durch kolloidal gelöste Stoffe wie Protein, Stärle u. dgl. zu erheblichen Fehlern führen. Es wird deswegen vorwiegend mit Bleisalz-Lösungen geklärt. Zur Bestimmung reduzierender Zucker (zum Beispiel Glucose, wie im vorliegenden Fall) kommt ausschließlich die Klärung mit **neutraler Bleiacetat-Lösung** in Betracht, mit der sich gute Klärwirkungen erreichen lassen [14].

— Ist nur Saccharose zu bestimmen, wird zur Klärung **basische Bleiacetat**-Lösung empfohlen (vgl. [13, 14].

Mutarotation

Erzeugnisse, die Glucose oder andere reduzierende Zucker in kristalliner Form enthalten, zeigen **Mutarotation** (vgl. ▶ Abschn. 8.6). Um konstante Drehwerte zu erhalten, werden die Polarisationslösungen zur Gleichgewichtseinstellung über Nacht stehen gelassen, oder es wird zur sofortigen Messung die neutrale Lösung nach (a) (pH 7,0) vor dem Auffüllen zum Sieden erhitzt, mit wenigen Tropfen Ammoniak-Lösung (25%ig) versetzt, erst dann bis zur Marke aufgefüllt und anschließend polarimetriert.

17.2.3 Chemische Summenmethoden

Bei den chemischen Methoden sind insbesondere **reduktometrische Methoden** von Bedeutung, bei denen das Reduktionsvermögen der verschiedenen Zucker auf Salzlösungen von Schwermetallen (meist Kupfer) analytisch ausgenutzt wird.

— **Monosaccharide:**

⇒ wie Glucose und Fructose liegen als Halbacetale vor. In alkalischer Lösung wird die Halbacetalstruktur zerstört und die reduzierende Carbonylfunktion freigesetzt. Diese wird in carbonatalkalischer Lösung bei Siedetemperatur unter genau festgelegten Arbeitsbedingungen mit $Cu^{2\oplus}$ oxidiert. Dabei entsteht eine (nicht linear) von der jeweiligen Zuckermenge abhängige Menge an Cu_2O. Das Cu_2O wird anschließend entweder direkt oder über die Menge an unverbrauchtem $Cu^{2\oplus}$ iodometrisch bestimmt.

— **Disaccharide:**

⇒ wirken nur dann reduzierend, wenn einer ihrer Saccharidbausteine in Halbacetalstruktur vorliegt (z. B. Lactose, Maltose). Demgegenüber ist beispielsweise Saccharose ein Disaccharid ohne Halbacetalkomponente, also ein Vollacetal und weist aus diesem Grund selbst keine reduzierende Wirkung auf.

— **Reduzierende Zucker:**

⇒ Mit reduktometrischen Methoden werden vorliegende **reduzierende Zucker** in ihrer Gesamtheit direkt bestimmt (► Abschn. 17.2.3). Nicht reduzierende Zucker müssen zu ihrer Erfassung zuerst durch saure Hydrolyse in reduzierende Verbindungen (d. h. in sog. Invertzucker) gespalten werden. Diese Hydrolysereaktion wird als **Inversion** bezeichnet. Aus der Differenz zwischen dem Zuckergehalt vor und nach der Inversion lässt sich der Saccharose-Gehalt berechnen (► Abschn. 17.2.3.2).Da Glucose und Fructose in Lebensmitteln häufig gemeinsam vorliegen und mit den allgemein üblichen chemischen Methoden vor der Inversion nur zusammen bestimmt werden, ist eine gesonderte Fructosebestimmung (► Abschn. 17.2.4.1) erforderlich, um die Anteile an Glucose und Fructose differenzieren zu können.

Acetale

— **Acetale** (oder auch Vollacetale genannt) zeichnen sich durch zwei Alkoxy- oder Aryloxygruppen ($-OR$) aus, die an dasselbe C-Atom gebunden sind.
— Acetale sind geminal angeordnete **Diether**: $R'_2C(OR)_2$; R' kann ein H-Atom sein.

17

Halbacetale

— **Halbacetale** (oder Hemiacetale) entstehen als Zwischenprodukte bei der Bildung von Acetalen.
— Halbacetale zeichnen sich durch eine Alkoxy- der Aryloxygruppe (-OR) und eine Hydroxylgruppe (-OH) aus, die an **dasselbe C-Atom** gebunden sind: $R'_2C(OR)(OH)$.

— Halbacetale sind nur dann stabil, wenn ein **Ringschluss** zur Stabilisierung in relativ entspannten Ringsystemen führt. Viele Monosaccharide bilden stabile, cyclische Halbacetale.

Vor der Anwendung der im Folgenden angegebenen Methoden zur Bestimmung der Zucker ist ein Nachweis bzw. eine Identifizierung der in der Probe vorliegenden Zucker unerlässlich (▶ Abschn. 17.2.1.1). Nach ihrem Ergebnis richtet sich die Analysenstrategie.

17.2.3.1 Bestimmung der direkt reduzierenden Zucker vor der Inversion – Reduktometrische Methode nach Luff-Schoorl

■ **Anwendungsbereich**
— Zuckerprodukte, Zuckerlösungen
— zuckerhaltige Lebensmittel (z. B. Konfitüre, Marmelade, Fruchtaufstriche)
— Fruchtsäfte, Fruchtsaftgetränke
— Gemüseprodukte
— Wein

■ **Grundlagen**
Die wichtigsten **reduzierenden Monosaccharide** (engl. reducing monosaccarides) in Lebensmitteln sind **Glucose** (◘ Abb. 17.3) und **Fructose** (◘ Abb. 17.4). Eine Merkregel zur Konfiguration von D-Glucose gemäß der Tonfolge „Ta–Tü–Ta–Ta" ist in ◘ Abb. 17.8 schematisch visualisiert.

Zu den wichtigsten **reduzierenden Disacchariden** zählen **Lactose** (◘ Abb. 17.9) und **Maltose** (◘ Abb. 17.9). Beispiele für reduzierende und nichtreduzierende Disaccharide sind in ◘ Abb. 17.9 wiedergegeben. Reduzierende Zucker liegen in alkalischer Lösung in der offenkettigen Aldehyd- bzw. Ketoform vor und nicht in der stabilen Ringstruktur. Fructose, mit ihrer hohen Oxidationsstufe als Ketozucker, wirkt reduzierend, da sich aufgrund der Acyloin-Endiol-Tautomerie reduzierend wirkende Endiole (Reduktone) bilden.

Die genannten Verbindungen werden aufgrund der ihnen gemeinsamen reduzierenden Eigenschaften vor der Inversion summarisch erfasst und als Invertzucker berechnet angegeben [18–24].

Reduzierende Zucker

Als **reduzierende Zucker** werden Mono- oder Disaccharide bezeichnet, deren Moleküle in Lösung eine freie Aldehydgruppe besitzen.

■ **Prinzip der Methode**
Die in der Probe vorliegenden Zucker werden vor der Inversion – jedoch nach Abtrennung und Reinigung (Klären) – mit einer definiert hergestellten Kupfer(I-

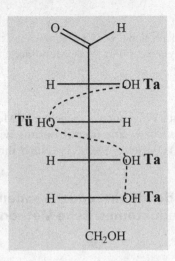

☐ **Abb. 17.8**   Merkregel zur Konfiguration von D-Glucose: „Ta–Tü–Ta–Ta"

I)-Ionen-haltigen, carbonatalkalischen Lösung (Luffsche Lösung) in der Siedehitze umgesetzt. Die direkt reduzierenden Zucker werden dabei oxidiert und
$Cu^{2\oplus}$ zu $Cu^{\oplus}$ reduziert, welches als Cu_2O ausfällt (▶ Gl. 17.2). Der Überschuss
an $Cu^{2\oplus}$-Ionen wird iodometrisch bestimmt (▶ Gl. 17.3 und 17.4; zum Prinzip
der Iodometrie vgl. auch Kasten „Iodometrie ↔ Iodimetrie" ▶ Abschn. 15.4.1.2).
Von Bedeutung ist für die quantitative Anwendung von ▶ Gl. 17.2, dass durch
die große Menge von zugegebenem Kaliumiodid und Bildung von unlöslichem
Kupfer(I)-iodid das Gleichgewicht auf die rechte Seite verschoben wird.

$$2\,Cu^{2\oplus} \xrightarrow{\text{red. Zucker}} Cu_2O \downarrow \qquad (17.2)$$

$$2\,Cu^{2\oplus} + 4\,I^{\ominus} \longrightarrow 2\,CuI_2 \longrightarrow 2\,CuI \downarrow + I_2 \qquad (17.3)$$

$$I_2 + 2\,S_2O_3{}^{2\ominus} \longrightarrow 2\,I^{\ominus} + S_4O_6{}^{2\ominus} \qquad (17.4)$$

- **Durchführung**
- ■ **Geräte und Hilfsmittel**
- ▬ Heizplatte
- ▬ Kühlwasserbad
- ▬ pH-Meter
- ▬ Messkolben: 100 mL, 250 mL
- ▬ Vollpipetten: 5 mL, 10 mL, 20 mL (evtl. Zwischengrößen)
- ▬ Erlenmeyerkolben mit Schliff NS 29: 300 mL
- ▬ Rückflusskühler mit Schliff NS 29
- ▬ Kurzzeitmesser (besser: Stoppuhr)

17

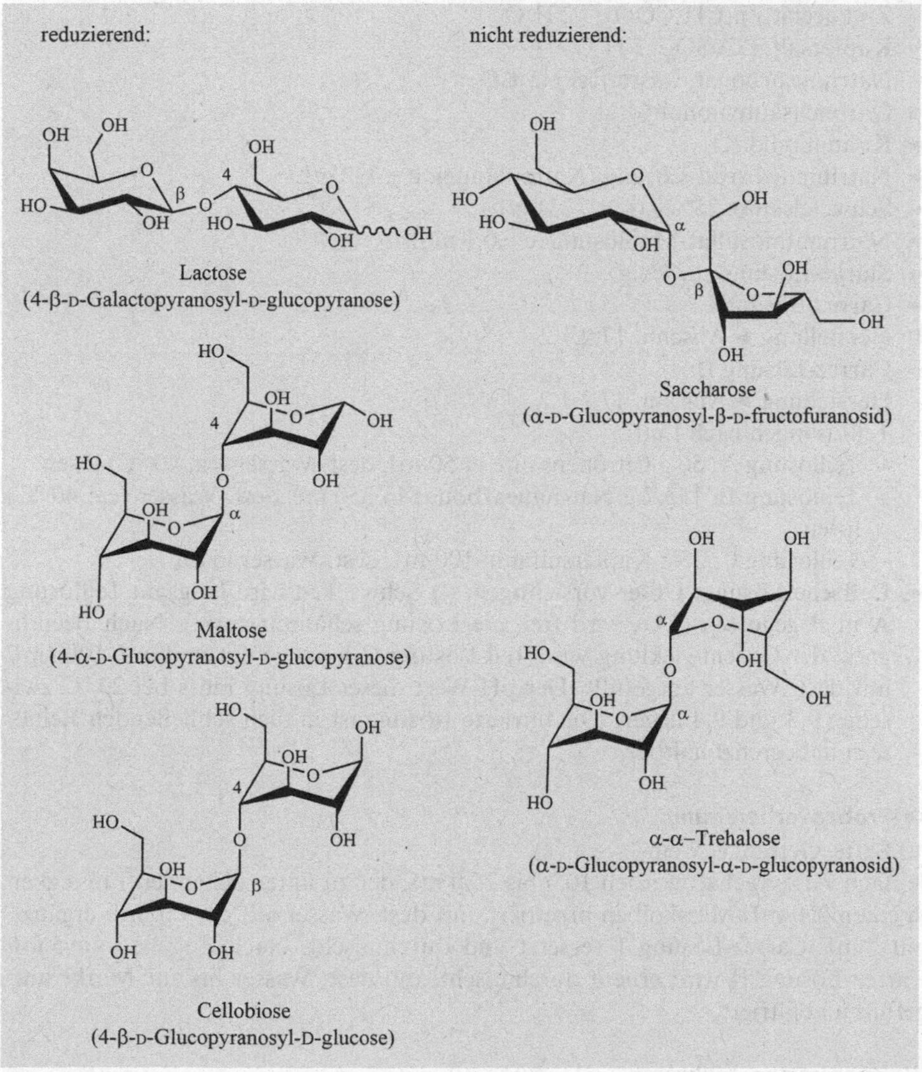

reduzierend: nicht reduzierend:

Lactose
(4-β-D-Galactopyranosyl-D-glucopyranose)

Saccharose
(α-D-Glucopyranosyl-β-D-fructofuranosid)

Maltose
(4-α-D-Glucopyranosyl-D-glucopyranose)

α-α–Trehalose
(α-D-Glucopyranosyl-α-D-glucopyranosid)

Cellobiose
(4-β-D-Glucopyranosyl-D-glucose)

◘ **Abb. 17.9** Beispiele reduzierender und nichtreduzierender Disaccharide. *Erläuterungen:* Bezüglich ihrer Reduktivität bzw. enzymatischen Spaltbarkeit ist wichtig, ob die Verknüpfung über eine α- oder eine β-ständige glycosidische Hydroxylgruppe eingetreten ist. Dies ist in den Formeln extra vermerkt!

- Bürette: 25 mL
- Messzylinder: 50 mL
- Siedesteinchen
- Faltenfilter

■■ **Chemikalien (p. a.)**
- Kaliumhexacyanoferrat(II) $K_4[Fe(CN)_6] \cdot 3\,H_2O$

- Zinkacetat $Zn(CH_3COO)_2 \cdot 2\,H_2O$
- Kupfersulfat $CuSO_4 \cdot 5\,H_2O$
- Natriumcarbonat, wasserfrei Na_2CO_3
- Citronensäuremonohydrat
- Kaliumiodid KI
- Natriumhydroxid-Lösung (Natronlauge): $c = 323$ g/L
- Schwefelsäure: 25%ig ($\triangleq c = 231$ g/L)
- Natriumthiosulfat-Maßlösung: $c = 0,1$ mol/L
- Stärke-Lösung: ca. 1%ig
- Carrez-Lösung I:
  Herstellung ▶ Abschn. 17.2.1.2
- Carrez-Lösung II:
  Herstellung ▶ Abschn. 17.2.1.2
- Teillösungen nach Luff:
  - Teillösung A: 50 g Citronensäure in 50 mL dest. Wasser (ca. 40 °C) lösen
  - Teillösung B: 143,7 g Natriumcarbonat in 350 mL dest. Wasser (ca. 40 °C) lösen
  - Teillösung C: 25 g Kupfersulfat in 100 mL dest. Wasser lösen
- Luffsche Lösung: Unter vorsichtigem (!) Schwenken wird langsam Teillösung A in B gegossen (CO_2 wird frei, die Lösung schäumt stark!). Nach Beendigung der Gasentwicklung wird Teil-Lösung C hinzugefügt und auf 1000 mL mit dest. Wasser aufgefüllt. Der pH-Wert dieser Lösung muss bei 20 °C zwischen 9,3 und 9,4 liegen. Die filtrierte Lösung ist in dichtschließenden Behältern unbegrenzt haltbar.

▪▪ Probenvorbereitung

(a) Säfte, Getränke, Wein
Je nach Zuckergehalt werden 10,0 bis 25,0 mL der zu untersuchenden Flüssigkeit in einen 250-mL-Messkolben pipettiert, mit dest. Wasser auf ca. 150 mL ergänzt, mit 5 mL Carrez-Lösung I versetzt und durchmischt. Nach Zugabe von 5 mL Carrez-Lösung II wird erneut durchmischt, mit dest. Wasser bis zur Marke aufgefüllt und filtriert.

(b) Zuckerarten, Süßwaren
Bei Zuckerarten wie Flüssigzucker, Invertzuckersirup, Glukosesirup, Dextrose oder Süßwaren werden 5 g der Probe auf ±1 mg genau abgewogen und in einen 250-mL-Messkolben gegeben, zunächst gelöst und wie unter a) angegeben geklärt, aufgefüllt und filtriert.

(c) Tomatenmark
25 g konzentriertes Tomatenmark werden auf ±10 mg genau abgewogen, in einen 250-mL-Messkolben gegeben, mit etwa 150 mL dest. Wasser gelöst, bis zur Marke aufgefüllt, gut durchmischt und filtriert. 20 mL des Filtrats werden in einem 100-mL-Messkolben wie unter a) beschrieben mit je 5 mL der Carrez-Lösungen geklärt und nach dem Auffüllen auf die 100-mL-Marke filtriert. 20 mL dieses

Filtrats werden mit Natronlauge (c = 323 g/L) unter Kontrolle mit einem pH-Meter auf pH = 9 eingestellt, in einen 100-mL-Messkolben überspült und bis zur Marke aufgefüllt. Da die auf pH 9 eingestellte Lösung nicht stabil ist, muss sie sofort zur Zuckerbestimmung eingesetzt werden.

▪▪ **Bestimmung**

(a) Hauptversuch

Die zur Bestimmung eingesetzte Probenlösung sollte in einem Volumen von 25 mL nicht mehr als 50 mg reduzierende Zucker enthalten. Ist dies nicht der Fall, ist die Lösung entsprechend zu verdünnen.

25,0 mL der Luffschen Lösung werden in einen 300-mL-Erlenmeyerkolben pipettiert und 25,0 mL der – wie oben beschrieben – aufgearbeiteten, evtl. entsprechend verdünnten Probenlösung zugesetzt. Nach Zugabe von Siedesteinchen wird der Kolben mit dem Rückflusskühler verbunden und der Inhalt auf einer vorgeheizten Heizplatte innerhalb von 2 min zum Sieden erhitzt. Ab Siedebeginn wird genau 10 min (Uhr!) am Sieden gehalten und danach sofort mit kaltem Wasser abgekühlt. Sollte die Lösung durch entstehendes Kupfer(I)-oxid eine rotbraune Farbe annehmen, bedeutet dies, dass der Überschuss an $Cu^{2\oplus}$-Ionen verbraucht ist. In einem solchen Fall ist der Ansatz mit einer entsprechend verdünnten Proben-Lösung zu wiederholen.

Nach Erkalten der grün-blau gefärbten Lösung werden ca. 3 g Kaliumiodid (die Zugabe ist auch als 10 mL einer Lösung mit c = 30 g KI/100 mL möglich) und unter vorsichtigem Umschwenken (Vorsicht! Starkes Schäumen! CO_2-Entwicklung!) 25 mL Schwefelsäure (25%ig) zugegeben. Danach wird mit Natriumthiosulfat-Maßlösung (c = 0,1 mol/L) bis zum Auftreten einer mattgelben Farbe titriert und nach Zugabe einiger mL Stärke-Lösung als Indikator (Erläuterungen zur Iod-Stärke-Reaktion siehe ▶ Abschn. 17.3.1) die Titration bis zum Verschwinden der Blaufärbung fortgeführt.

(b) Blindversuch

In gleicher Weise wird ein Blindwert mit 25,0 mL Luffscher Lösung und 25,0 mL dest. Wasser ermittelt.

▪ **Auswertung**

Der Verbrauch an Natriumthiosulfat-Maßlösung c in mL, der der Menge an vorliegenden direkt reduzierenden Zuckern entspricht, errechnet sich nach:

$$c \, [\text{mL}] = b - a_v$$

mit

a_v – Verbrauch an Natriumthiosulfat-Maßlösung (c = 0,1 mol/L) in mL im Hauptversuch vor der Inversion

b – Verbrauch an Natriumthiosulfat-Maßlösung (c = 0,1 mol/L) in mL im Blindversuch

Der Wert c dient zum Ablesen der Menge an reduzierenden Zuckern I aus
◘ Tab. 17.2 und bezieht sich auf das eingesetzte Volumen (25,0 mL) der Probenlösung. Der aus der Tabelle abgelesene Wert I (in mg) ergibt unter Berücksichtigung der Verdünnung und Probeneinwaage den Gehalt an reduzierenden Zuckern
vor der Inversion Z_v, angegeben als Invertzucker.

◘ **Tab. 17.2** Ermittlung des Gehalts an Glucose und Fructose sowie Lactose bzw. Maltose
nach **Luff-Schoorl:** Luffsche Lösung, 10 min Kochzeit (entnommen aus [22])

c	I		L		M	
(mL)	(mg)	Δ	(mg)	Δ	(mg)	Δ
1	2,4	2,4	3,6	3,7	3,9	3,9
2	4,8	2,4	7,3	3,7	7,8	3,9
3	7,2	2,5	11,0	3,7	11,7	3,9
4	9,7	2,5	14,7	3,7	15,6	4,0
5	12,2	2,5	18,4	3,7	19,6	3,9
6	14,7	2,5	22,1	3,7	23,5	4,0
7	17,2	2,6	25,8	3,7	27,5	4,0
8	19,8	2,6	29,5	3,7	31,5	4,0
9	22,4	2,6	33,2	3,8	35,5	4,0
10	25,0	2,6	37,0	3,8	39,5	4,0
11	27,6	2,7	40,8	3,8	43,5	4,0
12	30,3	2,7	44,6	3,8	47,5	4,1
13	33,0	2,7	48,4	3,8	51,6	4,1
14	35,7	2,8	52,2	3,8	55,7	4,1
15	38,5	2,8	56,0	3,9	59,8	4,1
16	41,3	2,9	59,9	3,9	63,9	4,1
17	44,2	2,9	63,8	3,9	68,0	4,2
18	47,1	2,9	67,7	4,0	72,2	4,3
19	50,0	3,0	71,7	4,0	75,5	4,4
20	53,0	3,0	75,7	4,1	80,9	4,5
21	56,0	3,1	79,8	4,1	85,4	4,6
22	59,1	3,1	83,9	4,1	90,0	4,6
23	62,2		88,0		94,6	

c Verbrauch an Natriumthiosulfat-Maßlösung (c = 0,1 mol/L) in mL, der der Menge an reduz-
ierenden Zuckern entspricht
I Glucose, Fructose als Invertzucker: $C_6H_{12}O_6$
L Lactose, wasserfrei: $C_{12}H_{22}O_{11}$
M Maltose, wasserfrei: $C_{12}H_{22}O_{11}$
Δ Differenz zum nachstehenden Wert der Spalte

> **Hinweise zur Analysengenauigkeit**
>
> ▬ Da die Reaktion zwischen Zuckern und Luffscher Lösung **nicht stöchiometrisch** abläuft, hängen Wiederholbarkeit und Vergleichbarkeit von der exakten Einhaltung der Arbeitsbedingungen ab.
> ▬ Ein Überschreiten der **Siedezeit** um 1 min führt bei Glucose, Lactose und Maltose allerdings nur zu einem Fehler von 1 %, bei Fructose von 0,25 %. Die Siedezeit von 10 min hat jedoch den Vorteil, dass die Reduktionswirkung von Glucose und Fructose zu diesem Zeitpunkt im Allgemeinen gleich ist und für beide Zuckerarten eine einzige Tabelle verwenden kann.
> ▬ Die Stärke des Reduktionsvermögens der Untersuchungslösung kann auch von Begleitsubstanzen beeinflusst werden, die durch Klärung evtl. nicht entfernbar sind.

17.2.3.2 Bestimmung der gesamt-reduzierenden Zucker nach der Inversion – Reduktometrische Methode nach Luff-Schoorl

▪ **Anwendungsbereich**
▬ ► Abschn. 17.2.3.1

▪ **Grundlagen**

Saccharose gehört zu den am häufigsten in Lebensmitteln vorkommenden Zuckern. Saccharose selbst wirkt **nicht reduzierend,** kann jedoch zur Erfassung mit reduktometrischen Methoden durch saure Hydrolyse der Acetalbindung gespalten werden. Bei der Inversion (genauer: Hydrolyse, ► Gl. 17.5) von Saccharose (Reaktionsschema ◯ Abb. 17.10) entstehen äquimolare Mengen an Glucose und Fructose (sog. **Invertzucker,** zur optischen Aktivität und spezifischen Drehung $[\alpha]_D^{20}$ vgl. ► Abschn. 8.6), die mit evtl. in der Probe zusätzlich vorhandenen direkt reduzierenden Zuckern gemeinsam bestimmt werden. Aus der Differenz der Bestimmung des Zuckergehaltes „nach der Inversion" minus „vor der Inversion" lässt sich der Gehalt an Saccharose berechnen (Inversion = „Umkehrung").

$$\text{Saccharose} + H^{\oplus} + H_2O \rightarrow \text{Glucose} + \text{Fructose} \qquad (17.5)$$

$$[\alpha]_D^{20} = +66,5° \quad [\alpha]_D^{20} = -20,5°$$

Die Anwendung der Inversion basiert auf der Tatsache, dass Saccharose als Fructofuranosid durch Säuren wesentlich rascher gespalten wird als andere in Lebensmitteln vorkommende Disaccharide bzw. die meisten Oligosaccharide (mit Ausnahme solcher, die ebenfalls Fructofuranosidkomponenten aufweisen, wie beispielsweise Raffinose) [25–29].

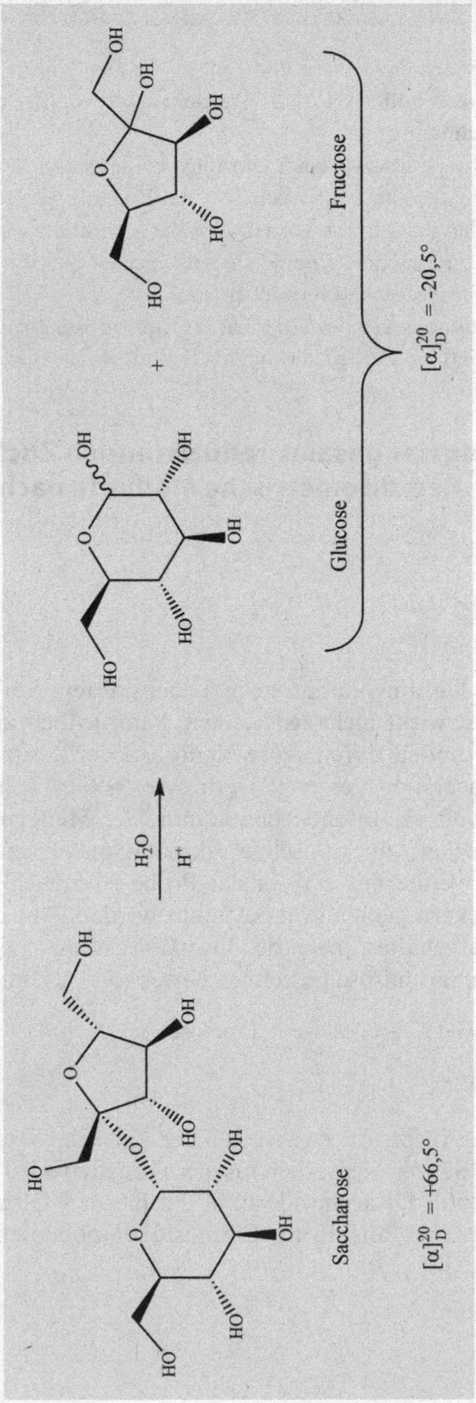

17

□ **Abb. 17.10** Inversion von Saccharose. *Erläuterungen:* $[\alpha]_D^{20}$ Drehwinkel. *Weitere Erläuterungen: siehe Text*

Inversion – Invertierung

— Die Spaltung (**Invertierung**) von Saccharose führt zu einem Gemisch aus gleichen Teilen Glucose und Fructose (**Invertzucker**).

— Die Bezeichnung **Invertierung/Inversion** stammt von dem Befund, dass sich der zunächst schwach positive Drehwert der Saccharose im Verlaufe der Spaltung durch den stark negative Drehwert der Fructose nach „links" umkehrt (◘ Abb. 17.10).

■ **Prinzip der Methode**

Die in der Probe vorliegende Saccharose wird nach Abtrennung und Reinigung (Klären) mit Salzsäure nach der deutschen **Zollvorschrift** invertiert („**Zollinversion**"). Die invertierte Lösung und die Lösung vor der Inversion nach ▶ Abschn. 17.2.3.1 werden mit alkalischer Kupfercitrat-Lösung (Luffsche Lösung) in der Siedehitze umgesetzt. Anschließend wird der Überschuss an nicht reduzierten $Cu^{2\oplus}$-Ionen iodometrisch bestimmt.

■ **Durchführung**
■■ **Geräte und Hilfsmittel**

— ▶ Abschn. 17.2.3.1; außerdem:
— temperierbares Wasserbad

■■ **Chemikalien (p. a.)**

— ▶ Abschn. 17.2.3.1; außerdem:
— Ethanol: 96 Vol.-%ig
— Salzsäure: 32%ig
— Natriumhydroxid-Lösung: 20%ig
— Natriumhydroxid-Lösung: $c = 0,1$ mol/L
— Essigsäure: 96%ig (Eisessig)
— Salzsäure: $c = 0,1$ mol/L
— Natriumthioasulfat-Maßlösung: $c = 0,1$ mol/L
— Phenolphthalein-Lösung: 1%ig in Ethanol

■■ **Probenvorbereitung**
— ▶ Abschn. 17.2.3.1

■■ **Inversion**

25,0 mL der – wie oben angegeben – aufgearbeiteten, evtl. entsprechend verdünnten Probenlösung werden in einen 100-mL-Messkolben pipettiert, mit dest. Wasser zu 75 mL verdünnt und mit 5 mL Salzsäure (32%ig) versetzt. Anschließend wird in den Kolben ein Thermometer eingebracht und dieser in ein auf 70 °C thermostatisiertes Wasserbad gestellt. Sobald das Thermometer im Messkolben auf 67 °C gestiegen ist (2–3 min), wird die Temperatur genau 5 min lang auf 67–70 °C gehalten. Der Kolben ist dabei häufig umzuschwenken. Nach der Inversion wird sofort auf 20 °C abgekühlt, das Thermometer quantitativ abgespült, die Lösung mit wenigen Tropfen Phenolphthalein-Lösung versetzt und die Säure vorsichtig zuerst durch Zutropfen von Natriumhydroxid-Lösung (20%ig) abgestumpft und danach mit Natriumhydroxid-Lösung (c = 0,1 mol/L) neutralisiert. Alkalische Reaktion ist zu vermeiden! (Sollte die Lösung dennoch durch Farbumschlag des Indikators nach schwach rot leicht alkalische Reaktion anzeigen, sind sofort einige Tropfen Eisessig oder ein Tropfen Salzsäure (c = 0,1 mol/L) bis zum Verschwinden der roten Farbe zuzugeben. Anschließend wird der Messkolben mit dest. Wasser bis zur Marke aufgefüllt.

▪▪ Bestimmung

(a) Hauptversuch
25,0 mL der invertierten Lösung werden wie unter ▶ Abschn. 17.2.3.1 (Hauptversuch) beschrieben mit 25,0 mL Luffscher Lösung versetzt, zum Sieden erhitzt und Natriumthiosulfat-Maßlösung (c = 0,1 mol/L) titriert.

(b) Blindversuch
Die Ermittlung des Blindwertes wird im Allgemeinen bereits bei der Zuckerbestimmung vor der Inversion (▶ Abschn. 17.2.3.1) vorgenommen und braucht hier nicht wiederholt zu werden, muss jedoch für die Auswertung vorliegen.

▪ Auswertung

(a) Gehalt an Gesamtinvertzucker
Der Verbrauch an Natriumthiosulfat-Maßlösung c in mL, der der Menge an vorliegenden gesamt-reduzierenden Zuckern entspricht, errechnet sich nach:

$$c[mL] = b - a$$

mit

a – Verbrauch an Natriumthiosulfat-Maßlösung (c = 0,1 mol/L) in mL im Hauptversuch nach der Inversion

b – Verbrauch an Natriumthiosulfat-Maßlösung (c = 0,1 mol/L) in mL im Blindversuch (entspricht dem Wert b von ▶ Abschn. 17.2.3.1)

Der Wert c dient zum Ablesen der Menge an reduzierenden Zuckern I aus ◨ Tab. 17.2 (▶ Abschn. 17.2.3.1) und bezieht sich auf das eingesetzte Volumen der Probenlösung zur Reduktion. Mit I (in mg) wird unter Berücksichtigung der Verdünnung und Probeneinwaage der Gehalt an reduzierenden Zuckern nach der Inversion Z_n, angegeben als Invertzucker, berechnet. Z_n wird auch als Gesamtinvertzucker (≙ Summe aus Glucose + Fructose + Invertzucker) bezeichnet.

Bei flüssigen Proben wird der Gehalt Z_n in g/L, bei festen Proben in % (≙ g/100 g) angegeben.

17

(b) Saccharose-Gehalt

Der Saccharose-Gehalt Z_s in g/L oder % ($\triangleq$ g/100 g) ergibt sich nach der Gleichung:

$$Z_s = (Z_n - Z_v) \cdot 0{,}95$$

mit

Z_n – Gesamtinvertzucker nach der Inversion in g/L bzw. %

Z_v – Direkt reduzierende Zucker vor der Inversion in g/L bzw. %

$(Z_n - Z_v)$ – Invertzucker

0,95 – Umrechnungsfaktor von 2 Mol Monosaccharid in 1 Mol Disaccharid (der Austritt von 1 Mol H_2O wird dadurch berücksichtigt)

(c) Gesamtzuckergehalt

Der Gesamtzuckergehalt Z_G in g/L oder % (g/100 g) entspricht der Summe aus dem Zuckergehalt vor der Inversion Z_V und dem Saccharose-Gehalt Z_S:

$$Z_G = Z_V + Z_S$$

17.2.3.3 Bestimmung von reduzierenden Zuckern (Lactose) und Saccharose – Komplexometrische Methode nach Potterat-Eschmann

- **Anwendungsbereich**
- Milchschokolade

- **Grundlagen**

Manche Verfahren der reduktometrischen Zuckerbestimmung führen nur dann zu genauen Werten, wenn die Saccharose nicht den Reduktionswert vor der Inversion beeinflusst. Die Methode nach **Potterat-Eschmann** nimmt auf diese Verhältnisse Rücksicht.

Die Methode ist für Verhältnisse von **Lactose und Saccharose,** wie sie in Milchschokoladen vorliegen, sehr gut geeignet. Bei anderen Verhältnissen können Fehlwerte auftreten. Lactose wird aus der Reduktionswirkung vor der Inversion bestimmt, Saccharose aus den Werten vor und nach der Inversion berechnet.

Zur Berechnung der Saccharose wird nach Potterat-Eschmann die ermittelte Menge an Lactose auf das theoretisch verbrauchte Volumen der Titrierlösung für die gleiche Menge der Probe, die der Lösung zur Bestimmung der Zucker nach der Inversion entspricht, umgerechnet. Aus der Differenz ergibt sich dann das Volumen an Titrierlösung, das zur Berechnung der Saccharose dient. Diese Berechnungsweise unterscheidet sich von der sonst üblichen (▶ Abschn. 17.2.3.2) und gibt etwas andere Werte [30–37].

∎ **Prinzip der Methode**

Die in der Probe vorliegenden Zucker werden gelöst und nach dem Klären der Lösung mit einer definiert hergestellten Kupfer-Komplexonat-Lösung vor und nach der Inversion in der Siedehitze umgesetzt. Die $Cu^{2\oplus}$-Ionen werden wie unter ▶ Abschn. 17.2.3.1 und ▶ Abschn. 17.2.3.2 erläutert zu $Cu^{\oplus}$ reduziert, welches als Cu_2O (▶ Gl. 17.6) ausfällt. Der Kupfer(I)-oxid-Niederschlag wird abfiltriert, in Salpetersäure gelöst und das Kupfer in der Lösung anschließend komplexometrisch titriert (▶ Gl. 17.7 und 17.8).

$$2\,Cu^{2\oplus} \xrightarrow{\text{red.Zucker}} Cu_2O\downarrow \tag{17.6}$$

$$Cu_2O \xrightarrow{\text{HNO}_3} 2\,Cu^{2\oplus} \tag{17.7}$$

$$2\,Cu^{2\oplus} + [H_2Y]^{2\ominus} \rightleftharpoons [CuY]^{2\ominus} + 2\,H^{\oplus} \tag{17.8}$$
$$\underset{Na_2H_2Y = EDTA, Na\text{-Salz}}{}$$

∎ **Durchführung**
∎∎ **Geräte und Hilfsmittel**
— Heizplatte mit Mulde
— Kurzzeitmesser
— Filterkolben nach Potterat-Eschmann („P-E-Kolben"): 100-mL-Rundkolben mit Schliff NS 19 und angesetzter Glasfritte G4 (◖ Abb. 17.11)
— Rückflusskühler mit Schliff NS 19
— Erlenmeyerkolben mit Schliff NS 29: 300 mL
— Messkolben: 200 mL
— Saugflasche mit Gummimanschette: 200–300 mL
— Titrierbecher: 300 mL
— Vollpipetten: 1 mL, 2 mL, 5 mL, 7 mL, 10 mL, 25 mL, 100 mL
— Bürette: 25 mL
— Glasperlen
— Faltenfilter

∎∎ **Chemikalien (p. a.)**
— Kaliumhexacyanoferrat(II) $K_4[Fe(CN)_6] \cdot 3\,H_2O$
— Zinkacetat $Zn(CH_3COO)_2 \cdot 2\,H_2O$
— Calciumcarbonat $CaCO_3$
— Kupfersulfat $CuSO_4 \cdot 5\,H_2O$
— Natriumchlorid
— Ethylendiamintetraessigsäure (EDTA), di-Natrium-Salz $C_{10}H_{14}N_2Na_2O_8$ · 2 H_2O (sog. Komplexon III bzw. Titriplex III): 2–3 h bei 80 °C getrocknet
— Natriumcarbonat $Na_2CO_3 \cdot 10\,H_2O$
— Salzsäure: c = 1 mol/L
— Natriumhydroxid-Lösung: c = 0,1 mol/L und 1 mol/L
— Salpetersäure: 65%ig

17

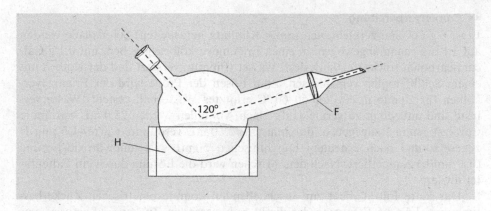

Abb. 17.11   Filterkolben nach Potterat-Eschmann. *Erläuterung:* **F** Fritte; **H** Heizplatte

- Salpetersäure: ca. 1 mol/L (7 mL Salpetersäure, 65%ig zu 100 mL in dest. Wasser lösen)
- Ammoniak-Lösung: ca. 1 mol/L (7,5 mL Ammoniak-Lösung, 25%ig zu 100 mL in dest. Wasser lösen)
- Bromthymolblau-Lösung: 0,1%ig in dest. Wasser
- Murexid ($\triangleq$ Purpursäure, Ammoniumsalz)
- Verdünnte Carrez-Lösung I:
  36,0 g Kaliumhexacyanoferrat(II) in dest. Wasser lösen und auf 1000 mL auffüllen
- Verdünnte Carrez-Lösung II:
  72,0 g Zinkacetat in dest. Wasser lösen und auf 1000 mL auffüllen
- Alkalische Kupfer-Komplexonat-Lösung:
  – Teillösung A: 25 g Kupfersulfat in 100 mL dest. Wasser lösen
  – Teillösung B: 38 g Komplexon III in 250 mL dest. Wasser lösen
  – Teillösung C: 286 g Natriumcarbonat in 300 mL dest. Wasser lösen
- Kupfer-Komplexonat-Lösung:
  Teillösung B und C werden in einem 1000-mL-Messkolben gemischt; Teillösung A wird zugefügt. Nach gutem Durchmischen wird bis zur Marke aufgefüllt. Die filtrierte Lösung ist in dichtschließenden Behältern unbegrenzt haltbar.
- Komplexon-Maßlösung; c = 0,02 mol/L:
  7444 g Komplexon III (getrocknet) werden genau abgewogen und mit dest. Wasser in einem 1000-mL-Messkolben gelöst und bis zur Marke aufgefüllt.
  Der genaue Titer der Maßlösung wird direkt aus der Einwaage bestimmt. Wird die Lösung wie oben angegeben hergestellt, braucht der Titer nicht mehr kontrolliert zu werden. Die Lösung ist unbegrenzt haltbar und titerstabil.
- Murexid-Kochsalz-Mischung:
  Murexid und Kochsalz werden im Achatmörser im Mengenverhältnis 1:100 zu einem staubfeinen Pulver gemischt und zerrieben. Von dieser Mischung werden pro Titration je 10–30 mg als Indikator verwendet.

▪▪ Probenvorbereitung

Etwa 6 g der fein zerkleinerten (unter Kühlung geraspelten) Schokolade werden auf ±1 mg genau abgewogen, in einen Erlenmeyerkolben gegeben, mit 0,1 g Calciumcarbonat sowie 100,0 mL dest. Wasser (Pipette) versetzt und der Kolben mit einem Schliffstopfen verschlossen. Zum Lösen der Probe wird der Erlenmeyerkolben für 20 min in ein auf 50–60 °C erhitztes Wasserbad gestellt (Wasserverluste sind unbedingt zu vermeiden!). Nach Abkühlen werden 25,0 mL verdünnte Carrez-Lösung I zugegeben, durchmischt, 25,0 mL verdünnte Carrez-Lösung II zugesetzt und nach erneutem Durchmischen 50 mL Natriumhydroxid-Lösung (0,1 mol/L) zupipettiert. Nach dem Mischen wird die Lösung durch ein Faltenfilter filtriert.

Das klare Filtrat dient zur anschließenden komplexometrischen Zuckerbestimmung. Für die Erfassung der direkt reduzierenden Zucker (= Lactose; „vor Inversion") wird ein aliquoter Teil direkt eingesetzt, während für die Bestimmung der nicht reduzierenden Zucker (= Saccharose; „nach Inversion") zuerst eine Invertierung erforderlich ist.

▪▪ Inversion

25,0 mL Filtrat werden in einen 200-mL-Messkolben pipettiert, mit 2,0 mL Salzsäure (c = 1 mol/L) und einigen Tropfen Bromthymolblau-Lösung (zur späteren Kontrolle der Wasserstoffionenkonzentration) versetzt und 30 min lang in ein kochendes Wasserbad gestellt. Nach Abkühlen der Lösung wird soviel Natriumhydroxid-Lösung (c = 1 mol/L) zugegeben, bis eine Grünfärbung eintritt (Alkalische Reaktion vermeiden! Umschlag von Bromthymolblau: pH = 6,0 → gelb; pH = 7,6 → blau). Anschließend wird der Kolben mit dest. Wasser bis zur Marke aufgefüllt. Dies ist die Lösung mit der Bezeichnung ⇨ „nach Inversion".

▪▪ Bestimmung

(a) Zucker vor der Inversion: Lactose

Die zur Bestimmung eingesetzte Lösung sollte in einem Volumen von 10 mL zwischen 5 mg und 35 mg reduzierende Zucker enthalten. Ist dies nicht der Fall, ist die Lösung entsprechend zu verdünnen.

10,0 mL des Filtrats aus Abschnitt „Probenvorbereitung" werden in den P-E-Kolben pipettiert, 10,0 mL Kupfer-Komplexonat-Lösung sowie einige Glasperlen dazugegeben und der Kolben wie in ❑ Abb. 17.11 dargestellt, mit dem entsprechend schräg gestellten Rückflusskühler verbunden (evtl. mit Schliffklammer oder Feder sichern!). Der Inhalt des P-E-Kolbens wird auf einer vorgeheizten Heizplatte innerhalb von 2 min zum Sieden erhitzt und ab Siedebeginn genau 10 min lang am Sieden gehalten. Danach wird der Kolben von der Heizplatte (**H**) weggedreht, und zur Siedeunterbrechung werden durch den Kühler von oben 20–25 mL dest. Wasser zugegeben. Beim Abnehmen des P-E-Kolbens wird das Kühlerende mit wenig dest. Wasser nachgespült und der Kolben anschließend unter kaltem Wasser, mit der Fritte (**F**) nach unten gedreht, abgekühlt.

Die über dem gebildeten Kupfer(I)-oxid-Niederschlag stehende Flüssigkeit wird mit Hilfe einer Saugflasche unter Wasserstrahlvakuum abgesaugt und der Rückstand mit dest. Wasser ausreichend gewaschen. Nach Entfernen des Vakuums wird der P-E-Kolben abgenommen, die Saugflasche geleert (Filtrat verwerfen), gereinigt und für die nachfolgenden Arbeitsvorgänge wiederverwendet.

Die Hauptmenge des Kupfer(I)-oxids im P-E-Kolben wird zuerst mit etwa 1 mL Salpetersäure (65%ig) und evtl. Erwärmen in Kochstellung (d. h. Fritte nach oben) gelöst, ca. 5 mL Salpetersäure (c ~ 1 mol/L) zum vollständigen Auflösen zugegeben, danach wird der P-E-Kolben mit der Saugflasche verbunden und die Lösung unter Vakuum abgesaugt. (Falls sich nicht alles Cu_2O lösen sollte, ist der Vorgang zu wiederholen.) Anschließend wird der P-E-Kolben sorgfältig mit dest. Wasser nachgespült; die Lösung wird ebenfalls aufgefangen.

Die Lösung wird nach quantitativem Überspülen in einen Titrierbecher mit Ammoniak-Lösung (c ~ 1 mol/L) bis zur deutlichen Blaufärbung versetzt (blauer Kupfertetraminkomplex). Zur Erzielung eines genügend großen Überschusses werden noch 7 mL der Ammoniak-Lösung zugegeben (tiefblaue Farbe), und die Lösung wird auf ein Volumen von etwa 250 mL mit dest. Wasser verdünnt. Nach Zugabe von 10–30 mg Murexid-Kochsalz-Mischung wird mit der Komplexon-Maßlösung (c = 0,02 mol/L) auf einen Umschlag von gelbgrün nach blauviolett titriert. Der Farbumschlag ist scharf: Es ist jedoch oftmals eine Reaktionszeit von wenigen Sekunden zu gewähren.

⇨ V_v – Verbrauch an Komplexon-Maßlösung (c = 0,02 mol/L) vor der Inversion in mL

(b) Zucker nach der Inversion: Saccharose
25,0 mL der *nach Inversion* erhaltenen Lösung werden analog zu (a) behandelt. Ebenso wird der Verbrauch an Komplexon-Maßlösung (c = 0,02 mol/L) ermittelt.

⇨ V_n – Verbrauch an Komplexon-Maßlösung (c = 0,02 mol/L) nach der Inversion in mL

■ **Auswertung**
Die Gehalte an wasserfreier Lactose Z_L bzw. an Saccharose Z_S werden nach folgenden Gleichungen berechnet. Dabei ist zu beachten, dass diese Formeln nur für die exakte Einhaltung aller angegebenen Volumina gelten. Wird davon abgewichen, so sind die Faktoren und Formeln dementsprechend anzupassen.

$$Z_L[\%] = \frac{l \cdot V_{korr}}{E \cdot 100}$$

$$Z_S[\%] = \frac{s \cdot V_{korr} \cdot 8}{E \cdot 100}$$

mit

l – wasserfreie Lactose in mg, die in 10 mL der Lösung vor der Inversion enthalten ist. Dieser Wert wird über den Verbrauch V_v direkt aus Spalte „L" der ◘ Tab. 17.3 abgelesen.

s – Saccharose in mg, die in 10 mL der Lösung nach der Inversion enthalten ist, berechnet aus den titrimetrisch ermittelten mL an Komplexon-Maß-

⬛ **Tab. 17.3**   Ermittlung des Gehalts an Lactose und Saccharose nach **Potterat-Eschmann** (entnommen aus [34])

V (mL)	S (mg)	L (mg)	V (mL)	S (mg)	L (mg)	V (mL)	S (mg)	L (mg)
			5,4	4,13	5,81	8,4	6,27	8,92
⇨ **2,5**	2,09	2,70	5,5	4,20	5,92	8,5	6,34	9,02
2,6	2,16	2,81	5,6	4,28	6,02	8,6	6,41	9,13
2,7	2,23	2,92	5,7	4,35	6,12	8,7	6,48	9,23
2,8	2,30	3,02	5,8	4,42	6,23	8,8	6,56	9,33
2,9	2,37	3,13	5,9	4,49	6,33	8,9	6,63	9,44
3,0	2,44	3,24	**6,0**	4,56	6,44	**9,0**	6,70	9,54
3,1	2,51	3,35	6,1	4,63	6,54	9,1	6,77	9,64
3,2	2,58	3,46	6,2	4,70	6,64	9,2	6,84	9,75
3,3	2,65	3,56	6,3	4,77	6,75	9,3	6,91	9,85
3,4	2,72	3,67	6,4	4,85	6,85	9,4	6,98	9,95
3,5	2,79	3,78	6,5	4,92	6,95	9,5	7,05	10,06
3,6	2,86	3,89	6,6	4,99	7,06	9,6	7,13	10,16
3,7	2,93	4,00	6,7	5,06	7,16	9,7	7,20	10,26
3,8	3,00	4,10	6,8	5,13	7,26	9,8	7,27	10,37
3,9	3,07	4,21	6,9	5,20	7,37	9,9	7,34	10,47
4,0	3,14	4,32	**7,0**	5,27	7,47	**10,0**	7,41	10,58
4,1	3,21	4,43	7,1	5,34	7,57	10,1	7,48	10,68
4,2	3,29	4,54	7,2	5,42	7,68	10,2	7,56	10,78
4,3	3,36	4,64	7,3	5,49	7,78	10,3	7,63	10,89
4,4	3,43	4,75	7,4	5,56	7,88	10,4	7,71	10,99
4,5	3,50	4,86	7,5	5,63	7,99	10,5	7,78	11,09
4,6	3,57	4,97	7,6	5,70	8,09	10,6	7,85	11,20
4,7	3,64	5,08	7,7	5,77	8,19	10,7	7,93	11,30
4,8	3,71	5,18	7,8	5,84	8,30	10,8	8,00	11,40
4,9	3,78	5,29	7,9	5,91	8,40	10,9	8,08	11,51
5,0	3,85	5,40	**8,0**	5,99	8,51	**11,0**	8,15	11,61
5,1	3,92	5,50	8,1	6,06	8,61	11,1	8,23	11,71
5,2	3,99	5,61	8,2	6,13	8,71	11,2	8,30	11,82
5,3	4,06	5,71	8,3	6,20	8,82	11,3	8,37	11,92

(Fortsetzung)

17

◻ Tab. 17.3 (Fortsetzung)

V (mL)	S (mg)	L (mg)	V (mL)	S (mg)	L (mg)	V (mL)	S (mg)	L (mg)
11,4	8,45	12,02	14,4	10,67	15,13	17,4	12,94	18,25
11,5	8,52	12,13	14,5	10,74	15,23	17,5	13,02	18,35
11,6	8,60	12,23	14,6	10,82	15,34	17,6	13,09	18,45
11,7	8,67	12,33	14,7	10,89	15,44	17,7	13,17	18,56
11,8	8,74	12,44	14,8	10,97	15,54	17,8	13,24	18,66
11,9	8,82	12,54	14,9	11,04	15,65	17,9	13,32	18,77
12,0	8,89	12,65	**15,0**	11,12	15,75	**18,0**	13,40	18,87
12,1	8,97	12,75	15,1	11,19	15,85	18,1	13,47	18,97
12,2	9,04	12,85	15,2	11,27	15,96	18,2	13,55	19,08
12,3	9,11	12,96	15,3	11,34	16,06	18,3	13,62	19,18
12,4	9,19	13,06	15,4	11,42	16,17	18,4	13,70	19,29
12,5	9,26	13,16	15,5	11,50	16,27	18,5	13,78	19,39
12,6	9,34	13,27	15,6	11,57	16,37	18,6	13,85	19,49
12,7	9,41	13,37	15,7	11,65	16,48	18,7	13,93	19,60
12,8	9,48	13,47	15,8	11,72	16,58	18,8	14,00	19,70
12,9	9,56	13,58	15,9	11,80	16,69	18,9	14,08	19,81
13,0	9,63	13,68	**16,0**	11,88	16,79	**19,0**	14,16	19,91
13,1	9,71	13,78	16,1	11,95	16,89	19,1	14,23	20,01
13,2	9,78	13,89	16,2	12,03	17,00	19,2	14,31	20,12
13,3	9,86	13,99	16,3	12,10	17,10	19,3	14,38	20,22
13,4	9,93	14,09	16,4	12,18	17,21	19,4	14,46	20,33
13,5	10,00	14,20	16,5	12,26	17,31	19,5	14,54	20,43
13,6	10,08	14,30	16,6	12,33	17,41	19,6	14,61	20,53
13,7	10,15	14,40	16,7	12,41	17,52	19,7	14,69	20,64
13,8	10,23	14,51	16,8	12,48	17,62	19,8	14,76	20,74
13,9	10,30	14,61	16,9	12,56	17,73	19,9	14,84	20,85
14,0	10,37	14,72	**17,0**	12,64	17,83	**20,0**	14,92	20,95
14,1	10,45	14,82	17,1	12,71	17,93	20,1	14,99	21,05
14,2	10,52	14,92	17,2	12,79	18,04	20,2	15,07	21,16
14,3	10,60	15,03	17,3	12,86	18,14	20,3	15,15	21,26

(Fortsetzung)

◘ **Tab. 17.3** (Fortsetzung)

V (mL)	S (mg)	L (mg)	V (mL)	S (mg)	L (mg)	V (mL)	S (mg)	L (mg)
20,4	15,23	21,37	23,4	17,56	24,49	26,4	19,93	27,61
20,5	15,30	21,47	23,5	17,64	24,59	26,5	20,01	27,71
20,6	15,38	21,57	23,6	17,72	24,69	26,6	20,09	27,81
20,7	15,46	21,68	23,7	17,80	24,80	26,7	20,17	27,92
20,8	15,54	21,78	23,8	17,88	24,90	26,8	20,25	28,02
20,9	15,62	21,89	23,9	17,96	25,01	26,9	20,33	28,13
21,0	15,69	21,99	**24,0**	18,03	25,11	**27,0**	20,41	28,23
21,1	15,77	22,09	24,1	18,11	25,21	27,1	20,49	28,33
21,2	15,85	22,20	24,2	18,19	25,32	27,2	20,57	28,44
21,3	15,93	22,30	24,3	18,26	25,42	27,3	20,65	28,54
21,4	16,01	22,41	24,4	18,34	25,53	27,4	20,73	28,65
21,5	16,08	22,51	24,5	18,42	25,63	27,5	20,81	28,75
21,6	16,16	22,61	24,6	18,50	25,73	27,6	20,88	28,85
21,7	16,24	22,72	24,7	18,58	25,84	27,7	20,96	28,96
21,8	16,32	22,82	24,8	18,65	25,94	27,8	21,04	29,06
21,9	16,40	22,93	24,9	18,73	26,05	27,9	21,12	29,17
22,0	16,47	23,03	**25,0**	18,81	26,15	**28,0**	21,20	29,27
22,1	16,55	23,13	25,1	18,89	26,25	28,1	21,28	29,37
22,2	16,63	23,24	25,2	18,97	26,36	28,2	21,36	29,48
22,3	16,71	23,34	25,3	19,05	26,46	28,3	21,44	29,58
22,4	16,78	23,45	25,4	19,13	26,57	28,4	21,52	29,69
22,5	16,86	23,55	25,5	19,21	26,67	28,5	21,60	29,79
22,6	16,94	23,65	25,6	19,29	26,77	28,6	21,68	29,89
22,7	17,02	23,76	25,7	19,37	26,88	28,7	21,76	30,00
22,8	17,10	23,86	25,8	19,45	26,98	28,8	21,84	30,10
22,9	17,17	23,97	25,9	19,53	27,09	28,9	21,92	30,21
23,0	17,25	24,07	**26,0**	19,61	27,19	**29,0**	22,00	30,31
23,1	17,33	24,17	26,1	19,69	27,29	29,1	22,08	30,41
23,2	17,41	24,28	26,2	19,77	27,40	29,2	22,16	30,52
23,3	17,49	24,38	26,3	19,85	27,50	29,3	22,24	30,62

17

(Fortsetzung)

◨ **Tab. 17.3**   (Fortsetzung)

V (mL)	S (mg)	L (mg)	V (mL)	S (mg)	L (mg)	V (mL)	S (mg)	L (mg)
29,4	22,32	30,73	32,4	24,85	33,87	35,4	27,42	–
29,5	22,40	30,83	32,5	24,94	33,98	35,5	27,51	–
29,6	22,48	30,93	32,6	25,02	34,08	35,6	27,60	–
29,7	22,56	31,04	32,7	25,11	34,19	35,7	27,69	–
29,8	22,64	31,14	32,8	25,19	34,29	35,8	27,77	–
29,9	22,72	31,25	32,9	25,28	34,40	35,9	27,86	–
30,0	22,80	31,35	**33,0**	25,37	34,50	**36,0**	27,95	–
30,1	22,89	31,46	33,1	25,45	34,61	36,1	28,04	–
30,2	22,97	31,56	33,2	25,54	34,71	36,2	28,12	–
30,3	23,06	31,67	33,3	25,62	34,82	36,3	28,21	–
30,4	23,14	31,77	33,4	25,71	34,92	36,4	28,30	–
30,5	23,23	31,88	33,5	25,79	35,03	36,5	28,39	–
30,6	23,31	31,98	33,6	25,88	35,13	36,6	28,47	–
30,7	23,40	32,09	33,7	25,96	35,24	36,7	28,56	–
30,8	23,48	32,19	33,8	26,05	35,34	36,8	28,65	–
30,9	23,57	32,30	33,9	26,13	35,45	36,9	28,74	–
31,0	23,66	32,40	**34,0**	26,22	35,55	**37,0**	28,82	–
31,1	23,74	32,51	34,1	26,31	35,66	37,1	28,91	–
31,2	23,83	32,61	34,2	26,39	35,76	37,2	29,00	–
31,3	23,91	32,72	34,3	26,48	35,87	37,3	29,09	–
31,4	24,00	32,82	34,4	26,56	35,97	37,4	29,17	–
31,5	24,08	32,93	34,5	26,65	36,08	37,5	29,26	–
31,6	24,17	33,03	34,6	26,73	36,18	37,6	29,35	–
31,7	24,25	33,14	34,7	26,82	36,29	37,7	29,43	–
31,8	24,34	33,24	34,8	26,90	36,39	37,8	29,52	–
31,9	24,42	33,35	34,9	26,99	36,50	37,9	29,61	–
32,0	24,51	33,45	35,0	27,08	36,60	38,0	29,70	–
32,1	24,60	33,56	35,1	27,16	–	38,1	29,78	–
32,2	24,68	33,66	35,2	27,25	–	38,2	29,87	–
32,3	24,77	33,77	35,3	27,34	–	38,3	29,96	–

(Fortsetzung)

◘ **Tab. 17.3**   (Fortsetzung)

V (mL)	S (mg)	L (mg)	V (mL)	S (mg)	L (mg)	V (mL)	S (mg)	L (mg)
38,4	30,05	– .	39,0	30,57	–	39,6	31,10	–
38,5	30,13	–	39,1	30,66	–	39,7	31,18	–
38,6	30,22	–	39,2	30,75	–	39,8	31,27	–
38,7	30,31	–	39,3	30,83	–	39,9	31,36	–
38,8	30,40	–	39,4	30,92	–	**40,0**	31,45	–
38,9	30,48	–	39,5	31,01	–			

V Verbrauch an komplexon-Maßlösung (c = 0,02 mol/L) in mL (als V_v vor der inversion bzw. V_n nach der Inversion)
S Saccharose-Menge in mg
L Lactose-Menge, wasserfrei, in mg

lösung (c = 0,02 mol/L) nach der Inversion V_n, vermindert um die mL Komplexon-Maßlösung (c = 0,02 mol/L), die 1/8 von 1 entsprechen. Das heißt, zunächst wird „*l*"/8 mg berechnet (hier bezeichnet als *x* in mg). Mit *x* (mg) ergibt sich aus ◘ Tab. 17.3 über die Spalte „L" (Lactose) das zugehörige Volumen an Komplexon-Maßlösung (c = 0,02 mol/L) *y* in mL. Die Subtraktion von V_n minus *y* ergibt dann *z* in mL, woraus aus ◘ Tab. 17.3 über die Spalte „S" die Saccharose-Menge *s* in mg abgelesen wird (Ein Beispiel hierzu findet sich in [31]).

E – Einwaage der Probe in g

V_{Korr} – tatsächliches Volumen; die Volumenkorrektur wird vorgenommen nach:
$$V_{Korr} - = 200 + (0,0123 \cdot l) + (0,0984 \cdot s)$$

Störionen

— In größeren Konzentrationen vorliegende **Metallionen** stören die Bestimmung dadurch, dass sie durch die alkalische Kupfersulfat-Lösung gefällt werden. So ist darauf zu achten, dass das von der Klärung aus Carrez-Lösung II stammende Zink nur in Spuren vorliegt. Diese Spuren werden durch den geringen Überschuss an Komplexon der Kupfer-Komplexonat-Lösung komplexiert [35].
— Nach Originalliteratur können in diesem Fall zweckmäßigerweise einige mL Dinatriumphosphat-Lösung (10%ig) nach dem **Klären** zugesetzt werden. Dem Zweck der Zinkionen-Entfernung dient auch die Zugabe von Natriumhydroxid-Lösung (c = 0,1 mol/L) nach dem Klären. So kann ein etwaiger Zinküberschuss durch Einstellen der Lösung auf pH = 8 beseitigt werden [37].

17

Alternative zur Saugflasche

Statt einer Saugflasche kann auch ein **Wittscher Topf** – wie in der Originalliteratur [33] beschrieben – benutzt werden.

17.2.4 Chemische Selektivmethoden

Zur **selektiven Erfassung** von Zuckern werden verschiedene, auf chemischen Prinzipien basierende Methoden angegeben (vgl. hierzu [40]). Derartige Methoden beruhen im Wesentlichen darauf, dass die Zuckerarten gegenüber chemischen Reagenzien unterschiedlich stabil sind. Wichtige Methoden sind die Bestimmung der Fructose nach Zerstörung der anderen reduzierenden Zucker (▶ Abschn. 17.2.4.1) sowie die Bestimmung der Saccharose nach Zerstörung der reduzierenden Zucker (▶ Abschn. 17.2.4.2). Diese Methoden sind aufwändig und nicht immer ganz eindeutig, so dass sie heute weitgehend durch andere wie enzymatische bzw. chromatographische Methoden (HPLC), verdrängt wurden.

Vor der Anwendung der im Folgenden angegebenen Methoden ist ein Nachweis bzw. eine Identifizierung der in der Probe vorliegenden Zucker unerlässlich (▶ Abschn. 17.2.1.1). Nach ihrem Ergebnis richtet sich die Anwendbarkeit der Methoden.

17.2.4.1 Bestimmung von Fructose – Methode nach Willstätter-Schudel

■ **Anwendungsbereich**
━ ▶ Abschn. 17.2.3.1

■ **Grundlagen**
In der Natur kommt **Fructose** stets begleitet von Glucose und Saccharose, zum Beispiel in süßen Früchten und Honig vor. Während die Aldosen und die tautomer reagierenden Ketosen von alkalischer Kupfer(II)-Lösung in der Siedehitze in gleicher Weise weitgehend oxidiert werden (▶ Abschn. 17.2.3.1), verläuft die Oxidation der Aldosen (Glucose, Lactose, Maltose) mit Hypoiodit nur bis zur Stufe der dem Saccharid entsprechenden Carbonsäure.

Ketosen wie Fructose und ebenso die nichtreduzierenden Zucker wie Saccharose werden unter gleichen Bedingungen nur sehr wenig oder gar nicht angegriffen. Diese chemischen Eigenschaften bieten die Möglichkeit, nach vollzogener Oxidation der Aldosen die Ketose Fructose durch ihr Reduktionsvermögen gegenüber carbonatalkalischer Kupfer(II)-Lösung (Luffsche Lösung) selektiv zu bestimmen. Allerdings ist vor der reduktometrischen Bestimmung der Hypoiodit-Überschuss zu entfernen.

In stark alkalischem Medium kann die Oxidation jedoch weitergehen, so dass auch Fructose oder Saccharose angegriffen werden [38–40].

■ **Prinzip der Methode**
Die Fructose sowie andere Zucker enthaltende Lösung wird im alkalischen Milieu mit Iod (Bildung von Hypoiodit durch Disproportionierung nach ▶ Gl. 17.9) im Überschuss versetzt. Nach Oxidation der Aldosen (▶ Gl. 17.10) wird das überschüssige Hypoiodit nach Ansäuern mit Schwefelsäure durch Zugabe von Sulfit in äquimolarem Verhältnis zerstört (▶ Gl. 17.11). Die bei der Reaktion nicht angegriffene, direkt reduzierend wirkende Fructose wird anschließend mit Hilfe der Methode nach Luff-Schoorl (▶ Abschn. 17.2.3.1) bestimmt.

$$I_2 + 2\,OH^{\ominus} \rightleftharpoons IO^{\ominus} + I^{\ominus} + H_2O \tag{17.9}$$

$$\underset{R}{\overset{O}{\|}}\underset{H}{\diagdown} + IO^{\ominus} + OH^{\ominus} \longrightarrow \underset{R}{\overset{O}{\|}}\underset{O^{\ominus}}{\diagdown} + I^{\ominus} + H_2O \tag{17.10}$$

$$I_2 + SO_3^{2\ominus} + H_2O \longrightarrow 2\,I^{\ominus} + SO_4^{2\ominus} + 2H^{\oplus} \tag{17.11}$$

- **Durchführung**
- ■ **Geräte und Hilfsmittel**
- ▶ Abschn. 17.2.3.1; außerdem:
- Messpipette: 10 mL, 20 mL

- ■ **Chemikalien (p. a.)**
- ▶ Abschn. 17.2.3.1; außerdem:
- Iod: doppelt sublimiert
- Kaliumiodid KI
- Iod-Lösung: c = 1 mol/L
- 13 g Iod und 15 g Kaliumiodid werden zu 100 mL mit dest. Wasser gelöst (siehe Kasten „Löslichkeit der Halogene"; unten)
- Natriumhydroxid-Lösung: c = 0,1 mol/L
- Natriumhydroxid-Lösung: c = 4 mol/L
- Schwefelsäure: c = 1 mol/L
- Natriumsulfit-Lösung: etwa 20%ig
- Natriumsulfit-Lösung: etwa 2%ig
- Methylorange-Lösung: 0,04%ig in dest. Wasser

Löslichkeit der Halogene

Die **Löslichkeit der Halogene** sinkt mit steigender Ordnungszahl. In Gegenwart von I⁻-Ionen löst sich Iod aber recht gut unter Bildung eines labilen, leicht in die Bestandteile zerfallenden $[I_3]^-$-Charge-Transfer-Komplexes von brauner Farbe (vgl. hierzu auch ▶ Abschn. 17.3.1).
Der Überschuss an Iod kann nicht mit Thiosulfat zerstört werden, da durch das entstehende Tetrathionat Fructose angegriffen werden kann [38].

17

- ■ **Probenvorbereitung**
- ▶ Abschn. 17.2.3.1

- ■ **Bestimmung**
25,0 mL der – wie oben angegeben – aufgearbeiteten und geklärten Probenlösung werden in einen 100-mL-Messkolben pipettiert. Diese Lösung soll nicht mehr als

300 mg zerstörbare Aldosen (Glucose, Lactose, Maltose) enthalten. Nach Zufügen von 25 mL dest. Wasser wird mit 5 mL Natronlauge ($c = 4$ mol/L) alkalisiert und sofort mit 16 mL Iod-Lösung ($c = 1$ mol/L) unter Umschwenken versetzt. Es soll ein Iod-Überschuss, erkennbar an einer deutlich gelbbraunen Färbung der Lösung, vorhanden sein; andernfalls werden noch 2–4 mL Iod-Lösung ($c = 1$ mol/L) zugesetzt.

Die Lösung wird etwa 5–7 min im Dunkeln stehen gelassen und dann mit mind. 6 mL Schwefelsäure ($c = 1$ mol/L) angesäuert (pH-Wert überprüfen!). Der größte Teil des Iod-Überschusses wird zunächst durch vorsichtige Zugabe von 20%iger Natriumsulfit-Lösung bis zur schwachen Gelbfärbung gebunden und dann nach Zusatz von 1 Tropfen Stärke-Lösung mit 2%iger Natriumsulfit-Lösung der Rest des Iods vollständig umgesetzt (Verschwinden der blauvioletten Färbung; Überschuss an Sulfit ist dabei unbedingt zu vermeiden!). Anschließend wird genau neutralisiert, zuerst mit Natriumhydroxid-Lösung ($c = 4$ mol/L) und gegen Schluss mit Natriumhydroxid-Lösung ($c = 0,1$ mol/L) (z. B. gegen Methylorange als Indikator). Die Lösung wird mit dest. Wasser bis zur Marke aufgefüllt und in einem aliquoten Teil die Fructose, wie unter ▶ Abschn. 17.2.3.1 beschrieben, nach der Methode von Luff-Schoorl bestimmt.

Hinweis – Zerstörung der Aldosen

Wichtig ist bei der **Zerstörung der Aldosen,** dass für die Oxidation genügend Iod sowie auch ausreichend Alkali zur Neutralisation der gebildeten Säure vorhanden sind. In Zweifelsfällen wird die Bestimmung mit der halben Substanzmenge wiederholt.

- **Auswertung**
— ▶ Abschn. 17.2.3.1
Der aus ◘ Tab. 17.2 abgelesene Wert I (in mg) ergibt unter Berücksichtigung der Verdünnung und Probeneinwaage den Gehalt an Fructose.

Bei flüssigen Proben wird der Gehalt an Fructose in g/L, bei festen Proben in % (g/100 g) angegeben.

17.2.4.2 Bestimmung von Saccharose – Kalkvorschrift

- **Anwendungsbereich**
— ▶ Abschn. 17.2.3.1

- **Grundlagen**
Während alle halbacetalischen Zuckerarten wie Glucose und Fructose in stark alkalischer Lösung in der offenkettigen Form vorliegen und deshalb durch Calciumhydroxid zerstört werden, ist **Saccharose** unter diesen Bedingungen hingegen stabil. Dieses Verhalten bietet die Möglichkeit, Saccharose mit Hilfe einer chemischen Selektivmethode in Verbindung mit der Polarimetrie zu bestimmen. Bei der Untersuchung von Lebensmitteln ist im Allgemeinen eine Klärung der Lösungen notwendig. Zum Klären wird in diesem Fall Bleiessig (siehe Kasten „Klärung" in

▶ Abschn. 17.2.2.1) empfohlen, weil im Hinblick auf die Polarimetrie die Lösungen durch die Fällung von Farbstoffen aufgehellt werden [28, 41].

■ **Prinzip der Methode**

Die in der Probe vorliegenden anderen Zuckerarten – außer Saccharose – werden durch Erhitzen mit Calciumhydroxid bei 80 °C zerstört, die Lösung wird neutralisiert, geklärt und der Saccharose-Gehalt durch Polarimetrie bestimmt.

■ **Durchführung**
■ ■ zz **Geräte und Hilfsmittel**

— ▶ Abschn. 17.2.2.1; außerdem:
— Vollpipetten: 1 mL, 5 mL
— Messpipette: 10 mL
— Messkolben: 100 mL
— Faltenfilter

■ ■ **Chemikalien (p. a.)**
— Calciumoxid: frisch geglüht
— Schwefelsäure: ca. 20%ig
— Blei(II)-acetat $Pb(CH_3COO)_2 \cdot 3\, H_2O$
— Blei(II)-oxid PbO
— Dinatriumhydrogenphosphat Na_2HPO_4
— Bleiessig-Lösung:
  60 g Blei(II)-acetat und 20 g Blei(II)-oxid werden mit 10 mL dest. Wasser verrieben und anschließend solange auf dem Wasserbad erhitzt, bis die Mischung weiß bis rötlichweiß geworden ist. Dann werden unter Umrühren 190 mL dest. Wasser zugefügt und filtriert (Dichte der Lösung bei 20 °C: 1224–1229 g/mL).
— Dinatriumhydrogenphosphat-Lösung: gesättigt in dest. Wasser

■ ■ **Bestimmung**

Die Probe, die zwischen 2 g und 10 g Saccharose enthalten darf, wird in einen 100-mL-Messkolben eingewogen, in etwa 50 mL dest. Wasser gelöst und nach Zugabe von 1,2 g Calciumoxid zu etwa 70 mL mit dest. Wasser verdünnt. Der Messkolben wird nach Einbringen eines Thermometers im Wasserbad unter häufigem Umschütteln 1 h lang auf 80 °C erhitzt. Nach Abkühlen der Lösung wird mit etwa 7 mL Schwefelsäure (~20%ig) neutralisiert (siehe Anmerkung, unten), mit 5 mL Bleiessig-Lösung versetzt (vgl. Kasten „Klärung" in ▶ Abschn. 17.2.2.1), geschüttelt, anschließend mit 1 mL Dinatriumhydrogenphosphat-Lösung versetzt, nach gutem Durchmischen bis zur Marke aufgefüllt und filtriert. Aliquote Teile des Filtrats werden wie unter ▶ Abschn. 17.2.2.1 angegeben polarimetriert.

■ **Auswertung**

Die Berechnung erfolgt in Analogie zu ▶ Abschn. 17.2.2.1 und ergibt den Gehalt an Saccharose, da Glucose, Fructose, Lactose und alle anderen Zuckerarten außer Saccharose zerstört wurden.

17

Die zur **Neutralisation** notwendige Menge an 20%iger Schwefelsäure wird durch einen besonderen Versuch mit 1,2 g Calciumoxid und der Schwefelsäure ermittelt.

Um die Adsorption von Zucker durch das Klärungsreagenz zu vermeiden, ist der **Überschuss** an Blei unbedingt zu entfernen (Zugabe von Dinatriumhydrogenphosphat). Das Niederschlagsvolumen wird meist vernachlässigt.

17.2.5 Enzymatische Methoden

Enzymatischen Methoden (engl. enzymatic methods) kommen heute im Rahmen der Zuckeranalytik eine große Bedeutung zu. In vielen Fällen sind sie den chemischen bzw. polarimetrischen Methoden überlegen. Dies liegt daran, dass sich enzymatische Methoden durch ein hohes Maß an Spezifität auszeichnen und somit „wahre Werte" liefern. Während beispielsweise bei der reduktometrischen Bestimmung von Glucose und Fructose nach der Methode von Luff-Schoorl (▶ Abschn. 17.2.3.1) die gleichzeitige Anwesenheit von Ascorbinsäure und Galacturonsäure (aus Pektinen stammend) den Messwert oft in einem extremen Umfang erhöht, ist dies bei der enzymatischen Analyse nicht der Fall.

Ein weiteres Beispiel ist die polarimetrische Saccharosebestimmung (▶ Abschn. 17.2.2.1), die in zuckerarmen Erzeugnissen gänzlich falsche Werte liefert, wenn die Probe relativ viel Glycoside, Stärke, Cellulose oder Quellstoffe enthält, die bei der Säurehydrolyse (Inversion) den Messwert verfälschende Glucose freisetzen.

Da enzymatische Methoden schnell und ohne großen (Probenvorbereitungs-) Aufwand durchführbar sind und zudem aufgrund ihrer Spezifität die Erfassung einzelner Zuckerarten in Gemischen möglich ist, haben sie weiten Eingang in offizielle Analysenvorschriften gefunden.

Zum Prinzip und zur Durchführung der enzymatischen Analyse sei auf ▶ Kap. 10 verwiesen.

17.2.5.1 Enzymatische Bestimmung von Glucose, Fructose und Mannose

- **Anwendungsbereich**
- flüssige Lebensmittel, Getränke, Konzentrate
- Obst- und Gemüseprodukte
- Konfitüre, Marmelade, Fruchtaufstriche
- feste Lebensmittel, z. B. Backwaren

■ **Grundlagen**

Die Monosaccharide **Glucose, Fructose** und **Mannose** gehören zu den Hexosen, wobei Glucose und Mannose Aldohexosen darstellen, während Fructose zu den Ketohexosen gehört. Alle drei können enzymatisch nebeneinander bestimmt werden [42–47].

■ **Prinzip der Methode**

Glucose, Fructose und Mannose werden durch Adenosin-5'-triphosphat (ATP) in Gegenwart des Enzyms Hexokinase (HK) zu Glucose-6-phosphat (G-6-P), Fructose-6-phosphat (F-6-P) bzw. Mannose-6-phosphat (M-6-P) sowie Adenosin-5'-diphosphat (ADP) umgesetzt. G-6-P wird selektiv von NADP$^\oplus$ unter Katalyse durch das Enzym Glucose-6-phosphat-Dehydrogenase (G6P-DH) zu Gluconat-6-phosphat oxidiert, wobei die gleichzeitig gebildete NADPH-Menge ein Maß für die ursprünglich vorhandene Glucose-Menge ist. Anschließend werden nacheinander F-6-P und M-6-P durch Phosphoglucose-Isomerase (PGI) bzw. Phosphomannose-Isomerase (PMI) und PGI in G-6-P überführt und dieses wie oben beschrieben weiter umgesetzt. Das Reaktionsschema ist in ◘ Abb. 17.12 zusammengestellt.

Aus der ersten Zunahme der Extinktion bei 340 nm wird der Glucose-Gehalt berechnet, aus der zweiten der Fructose- und aus der dritten der Mannose-Gehalt.

■ **Durchführung**
■■ **Geräte und Hilfsmittel**
— UV-Spektralphotometer (► Abschn. 8.1)
— Glas- oder Einwegküvetten: $d = 1$ cm

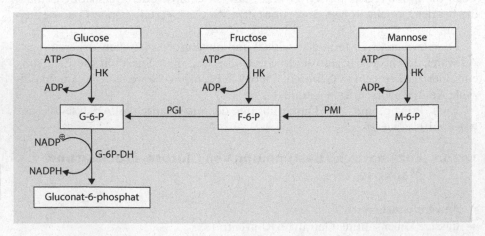

◘ **Abb. 17.12** Reaktionsschema zur enzymatischen Bestimmung von Glucose, Fructose und Mannose. *Erläuterung:* **HK** Hexokinase; **PGI** Phosphoglucose-Isomerase; **PMI** Phosphomannose-Isomerase; **G-6-P** Glucose-6-phosphat; **F-6-P** Fructose-6-phosphat; **M-6-P** Mannose-6-phosphat. *Weitere Erläuterung:* siehe Text

- Kolbenhubpipetten: 20 µL, 100 µL, 1000 µL, 2000 µL, variabel
- Rührspatel
- pH-Messgerät oder pH-Papier

■■ Chemikalien (p. a.)
- Puffer-Lösung:
  4,0 g Triethanolamin-Hydrochlorid und 0,25 g $MgSO_4$ · 7 H_2O im 100-mL-Messkolben in etwa 80 mL bidest. Wasser lösen, mit ca. 5 mL NaOH (5 mol/L) auf pH 7,6 einstellen und mit bidest. Wasser zur Marke auffüllen
- NADP-Lösung:
  60 mg NADP-Na$_2$ in 6 mL bidest. Wasser lösen
- ATP-Lösung:
  300 mg ATP-Na$_2$H$_2$ und 300 mg $NaHCO_3$ in 6 mL bidest. Wasser lösen
- HK/G6P-DH-Suspension: unverdünnt; c=mg HK/mL und c=1 mg G6P-DH/mL
- PGI-Suspension: unverdünnt; c=2 mg/mL
- PMI-Suspension: unverdünnt; c=10 mg/mL

Die Haltbarkeit bei +4 °C beträgt für die Lösungen etwa 4 Wochen und für die Suspensionen etwa 1 Jahr.

■■ Bestimmung
(a) Konzentrationsbereich .
Im Probenvolumen sollte die Gesamtmenge an Glucose, Fructose und Mannose 3 µg bis 50 µg (Messung bei 340 nm oder 334 nm) bzw. 3 µg bis 100 µg (Messung bei 365 nm) betragen; bei dem üblicherweise eingesetzten Probenvolumen von 0,1 mL entspricht dies einer Konzentration von 0,03 g bis 0,5 (bzw. 1,0) g pro Liter Probenflüssigkeit.

Bei höheren Konzentrationen ist die Probenflüssigkeit zu verdünnen, bei geringeren das Probenvolumen zu erhöhen (bis max. 2,0 mL).

(b) Probenaufarbeitung ▶ Kap. 10.

(c) Pipettierschema

	Blindwert (B)	Probe (P)
Puffer-Lösung	1,00 mL	1,00 mL
NADP-Lösung	0,10 mL	0,10 mL
ATP-Lösung	0,10 mL	0,10 mL
Probelösung	–	a mL
bidest. Wasser	2,00 mL	(2,00-a) mL
mischen; nach 3 min Extinktion messen:	E_1 (B)	E_1 (P)
HK/G6P-DH-Suspension	0,02 mL	0,02 mL

	Blindwert (B)	Probe (P)
mischen; nach Ablauf der Reaktion (i. A. 10–15 min) Extinktion messen:	E_2 (B)	E_2 (P)
PGI-Suspension	0,02 mL	0,02 mL
mischen; nach Ablauf der Reaktion (i. A. 10–15 min) Extinktion messen:	E_3 (B)	E_3 (P)
PMI-Suspension	0,02 mL	0,02 mL
mischen; nach Ablauf der Reaktion (i. A. 30–60 min) Extinktion messen:	E_4 (B)	E_4 (P)

-Probenvolumen

$v = a$ mL (bei Konzentrationen ab 0,03 g/L in der Probenflüssigkeit werden a = 0,1 mL eingesetzt, bei geringeren Konzentrationen bis zu 2,0 mL)

-Testvolumina

- $V_1 = 3{,}22$ mL
- $V_2 = 3{,}24$ mL
- $V_3 = 3{,}26$ mL

-Extinktionsdifferenzen

$$\Delta_1 E = [E_2(P) - E_1(P)] - [E_2(B) - E_1(B)] \Rightarrow \text{Glucose}$$

$$\Delta_2 E = [E_3(P) - E_2(P)] - [E_3(B) - E_2(B)] \Rightarrow \text{Fructose}$$

$$\Delta_3 E = [E_4(P) - E_3(P)] - [E_4(B) - E_3(B)] \Rightarrow \text{Mannose}$$

▪ Auswertung

Zum Prinzip der Auswertung ▶ Kap. 10.

Der Glucose-Gehalt G [g/L] der Probe wird wie folgt berechnet:

$$G\,[\text{g/L}] = \frac{3{,}22 \cdot 180{,}16}{\varepsilon \cdot l \cdot v \cdot 1000} \cdot \Delta_1 E \cdot F = 0{,}580 \cdot \frac{\Delta_1 E \cdot F}{\varepsilon \cdot v}$$

Analog gilt für den Fructose-Gehalt F:

$$F\,[\text{g/L}] = \frac{3{,}24 \cdot 180{,}16}{\varepsilon \cdot l \cdot v \cdot 1000} \cdot \Delta_2 E \cdot F = 0{,}584 \cdot \frac{\Delta_2 E \cdot F}{\varepsilon \cdot v}$$

und für den Mannose-Gehalt M:

$$M\,[\text{g/L}] = \frac{3{,}26 \cdot 180{,}16}{\varepsilon \cdot l \cdot v \cdot 1000} \cdot \Delta_3 E \cdot F = 0{,}587 \cdot \frac{\Delta_3 E \cdot F}{\varepsilon \cdot v}$$

mit

17

ε – Extinktionskoeffizient von NADPH

F – Verdünnungsfaktor ($\blacktriangleright$ Kap. 10)

17.2.5.2 Enzymatische Bestimmung von Glucose und Saccharose

■ **Anwendungsbereich**
— Getränke
— Obst-, Gemüse-, Fleisch- und Milcherzeugnisse
— Konfitüre, Marmelade, Fruchtaufstriche, Honig
— Backwaren

■ **Grundlagen**
Saccharose, die wirtschaftlich bedeutendste Zuckerart, ist ein aus den Monosacchariden Glucose und Fructose zusammengesetztes Disaccharid. Saccharose kann durch Säuren ($\blacktriangleright$ Abschn. 17.2.3.2) oder Enzyme invertiert werden [42, 47–49].

■ **Prinzip der Methode**
Zunächst wird enzymatisch der Glucose-Gehalt der Probe bestimmt ($\blacktriangleright$ Abschn. 17.2.5.1). Anschließend wird die vorliegende Saccharose durch das Enzym β-Fructosidase (Invertase) bei pH 4,6 zu Glucose und Fructose hydrolysiert ($\blacktriangleright$ Gl. 17.12) und die dabei gebildete Glucose analog bestimmt.

Der Saccharose-Gehalt ergibt sich aus der Differenz der Glucose-Mengen vor und nach der enzymatischen Inversion.

$$\text{Saccharose} + H_2O \xrightarrow{\ \beta-\text{Fructosidase}\ } \text{Glucose} + \text{Fructose} \qquad (17.12)$$

■ **Durchführung**
■■ **Geräte und Hilfsmittel**
— $\blacktriangleright$ Abschn. 17.2.5.1

■■ **Chemikalien (p. a.)**
— Citrat-Lösung:
   6,9 g Citronensäure · H_2O und 9,1 g Trinatriumcitrat · 2 H_2O im 200-mL-Messkolben in etwa 150 mL bidest. Wasser lösen, mit Natronlauge (2 mol/L) auf pH 4,6 einstellen und mit bidest. Wasser bis zur Marke auffüllen (Haltbarkeit bei +4 °C: 1 Jahr)
— β-Fructosidase-Lösung:
   10 mg β-Fructosidase in 2 mL Citrat-Lösung lösen (Haltbarkeit bei +4 °C: 1 Woche)
— Puffer-Lösung
— NADP-Lösung ($\blacktriangleright$ Abschn. 17.2.5.1)
— ATP-Lösung
— HK/G6P-DH-Suspension

▪▪ Bestimmung

(a) Konzentrationsbereich

Im Probenvolumen sollte die Gesamtmenge an Glucose und Saccharose 5 μg bis 80 μg (Messung bei 340 nm oder 334 nm) bzw. 5 μg bis 150 μg (Messung bei 365 nm) betragen; bei dem üblicherweise eingesetzten Probenvolumen von 0,1 mL entspricht dies einer Konzentration von 0,05 g bis 0,8 (bzw. 1,5) g pro Liter Probenflüssigkeit. Bei höheren Konzentrationen ist die Probenflüssigkeit entsprechend zu verdünnen, bei geringeren das Probenvolumen zu erhöhen (bis max. 1,92 mL bzw. 1,70 mL; siehe Pipettierschema).

(b) Probenaufarbeitung ▶ Kap. 10.

(c) Pipettierschema

	Glucose-Bestimmung		Saccharose-Bestimmung	
	Blindwert (B)	Probe (P)	Blindwert (B)	Probe (P)
Citrat-Lösung	–	–	0,20 mL	0,20 mL
Probelösung	–	a mL	–	a mL
β-Fructosidase-Lösung	–	–	0,02 mL	0,02 mL
mischen; 15 min bei 20–25 °C bzw 5 min bei 37 °C stehen lassen				
Puffer-Lösung	1,00 mL	1,00 mL	1,00 mL	1,00 mL
bidest. Wasser	1,92 mL	$(1{,}92{-}a)$ mL	1,70 mL	$(1{,}70{-}a)$ mL
NADP-Lösung	0,10 mL	0,10 mL	0,10 mL	0,10 mL
ATP-Lösung	0,10 mL	0,10 mL	0,10 mL	0,10 mL
mischen; nach 3 min Extinktion messen:	$E_1(B)_G$	$E_1(P)_G$	$E_1(B)_S$	$E_1(P)_S$
HK/G6P-DH-Suspension	0,02 mL	0,02 mL	0,02 mL	0,02 mL
mischen; nach erfolgter Reaktion (i. A. 10–15 min) Extinktion messen:				
	$E_2(B)_G$	$E_2(P)_G$	$E_2(B)_S$	$E_2(P)_S$

-Probenvolumen

$v = a$ mL (bei Konzentrationen ab 0,05 g/L in der Probenflüssigkeit werden $a = 0{,}1$ mL eingesetzt, bei geringeren Konzentrationen bis zu 1,92 bzw. 1,70 mL)

-Testvolumen

$V = 3{,}14$ mL

-Extinktionsdifferenzen

$$\Delta_1 E = \left[E_2(P)_G - E_1(P)_G\right] - \left[E_2(B)_G - E_1(B)_G\right] \Rightarrow \text{Glucose}$$

$$\Delta_2 E = \left[E_2(P)_S - E_1(P)_S\right] - \left[E_2(B)_S - E_1(B)_S\right] \Rightarrow \text{Gesamtglucose}$$

$$\Delta_3 E = \Delta_2 E - \Delta_1 E \Rightarrow \text{Saccharose}$$

- **Auswertung**

Zum Prinzip der Auswertung Abschn. ▶ Kap. 11.
Der Glucose-Gehalt G der Probe wird wie folgt berechnet:

$$G\,[\text{g/L}] = \frac{3{,}14 \cdot 180{,}16}{\varepsilon \cdot l \cdot v \cdot 1000} \cdot \Delta_1 E \cdot F = 0{,}566 \cdot \frac{\Delta_1 E \cdot F}{\varepsilon \cdot v}$$

Analog gilt für den Saccharose-Gehalt S:

$$S\,[\text{g/L}] = \frac{3{,}14 \cdot 180{,}16}{\varepsilon \cdot l \cdot v \cdot 1000} \cdot \Delta_3 E \cdot F = 1{,}075 \cdot \frac{\Delta_3 E \cdot F}{\varepsilon \cdot v}$$

mit

ε – Extinktionskoeffizient von NADH

F – Verdünnungsfaktor (▶ Kap. 10)

17.3 Polysaccharide

Zur Gruppe der **Polysaccharide** gehören verschiedene Stoffe wie Stärke Dextrine, Dextrane, Glykogen, Inulin, Cellulose, Hemicellulosen (Pentosane, Hexosane), Pektine sowie Schleimstoffe von Meeresalgen und Pflanzengummis.

Die Zusammensetzung der einzelnen Polysaccharide ist recht unterschiedlich, jedoch ist allen gemeinsam, dass sie aus einer mehr oder minder großen Zahl von Monosaccharidkomponenten aufgebaut sind. Polysaccharide können durch säure- bzw. enzymkatalysierte Hydrolyse in ihre Komponenten zerlegt und diese anschließend analysiert werden.

Polysaccharide

- **Polysaccharide** (Vielfachzucker) sind Kohlenhydrate, die aus mehreren gleich oder verschiedenen Monosaccharideinheiten (N) über glycosidische Bindungen aufgebaut sind; mit $N > 10$.
- Es handelt sich um **Biopolymere** wie Stärke, Glycogen, Pektine, Chitin, Cellulose u. dgl.
- Polysaccharide werden auch als **Glycane**/Glykane oder **Polyosen** bezeichnet.

Stärke – Amylose – Amylopektin

- **Stärke (Poly-α-glucose)** besteht aus Amylose und Amylopektion.
- **Amylose** ist aus etwa 200 bis 1000 α-D-Glucose-Einheiten zusammengesetzt, besitzt also molare Massen zwischen 50 und 200 kDa (◘ Abb. 17.13). Sie ist in Form einer Helix gewickelt, die je Windung 6–7 Glucose-Einheiten besitzt. In die dabei entstehende „Röhre" können sich Iod-Moleküle einlagern, wobei eine intensiv blaue Farbe beobachtet wird (**Iod-Stärke-Reaktion**), wenn das Molekül mehr als 50 Glucose-Einheiten enthält. Amylose ist in heißem Wasser löslich, wobei leicht ein Gel gebildet wird.
- **Amylopektin** entsteht ebenso wie Amylose durch $1 \rightarrow 4$-Verknüpfung von α-D-Glucose, besitzt daneben aber im Mittel an jedem 25. Glucose-Molekül durch $1 \rightarrow 6$-Verknüpfung eine seitliche Verzweigung (◘ Abb. 17.13). Auch Amylopektin ist, zumindest teilweise, spiralig gewickelt, gibt aber mit Iod wegen der kurzen, verzweigungsfreien Anteile nur eine schwach rote Färbung. Die molare Masse des Amylopektins liegt mit 200–1000 kDa beachtlich höher als das der Amylose. Oberhalb 60 °C quillt es in Wasser, löst sich jedoch nicht auf. Amylopektin retrogradiert sehr viel langsamer als Amylose.

Stärke – Abbau bzw. Verzuckerung

Stärke kann durch intensive Einwirkung von Mineralsäure vollständig **zu Glucose abgebaut** werden (sog. **Stärkeverzuckerung**). Schonender ist diese Hydrolyse durch Enzyme, sog. Amylasen, zu erreichen. Als Abbauprodukte treten zunächst Dextrine und dann weiterhin Maltose und Glucose auf (◘ Abb. 17.14).

Zur Identifizierung bzw. Charakterisierung nach erfolgter Hydrolyse kann die DC (► Abschn. 17.2.1.1) und/oder die HPLC (► Abschn. 17.2.1.2) bzw. zur quantitativen Bestimmung der Einzelkomponenten die HPLC oder GC (► Abschn. 17.2.1.2 und ► Abschn. 17.2.1.3) herangezogen werden. Eine andere, bedeutungsvolle Möglichkeit zur quantitativen Bestimmung des wichtigen Polysaccharids Stärke besteht in der enzymatischen Analyse, die ebenfalls auf einer zuvor durchgeführten (enzymatischen) Hydrolyse aufbaut.

Polysaccharide können aber auch mit Methoden untersucht werden, die die spezifischen Eigenschaften der Verbindungen wie die Reaktion mit Iod (► Abschn. 17.3.1), die spezifische Drehung (► Abschn. 17.3.2) oder die Fällbarkeit mit geeigneten Reagenzien (Dextrin- bzw. Pektinnachweis) ausnutzen. Die fortgeschrittene Analytik der Polysaccharide ist recht kompliziert und stellt ein Spezialgebiet dar.

17

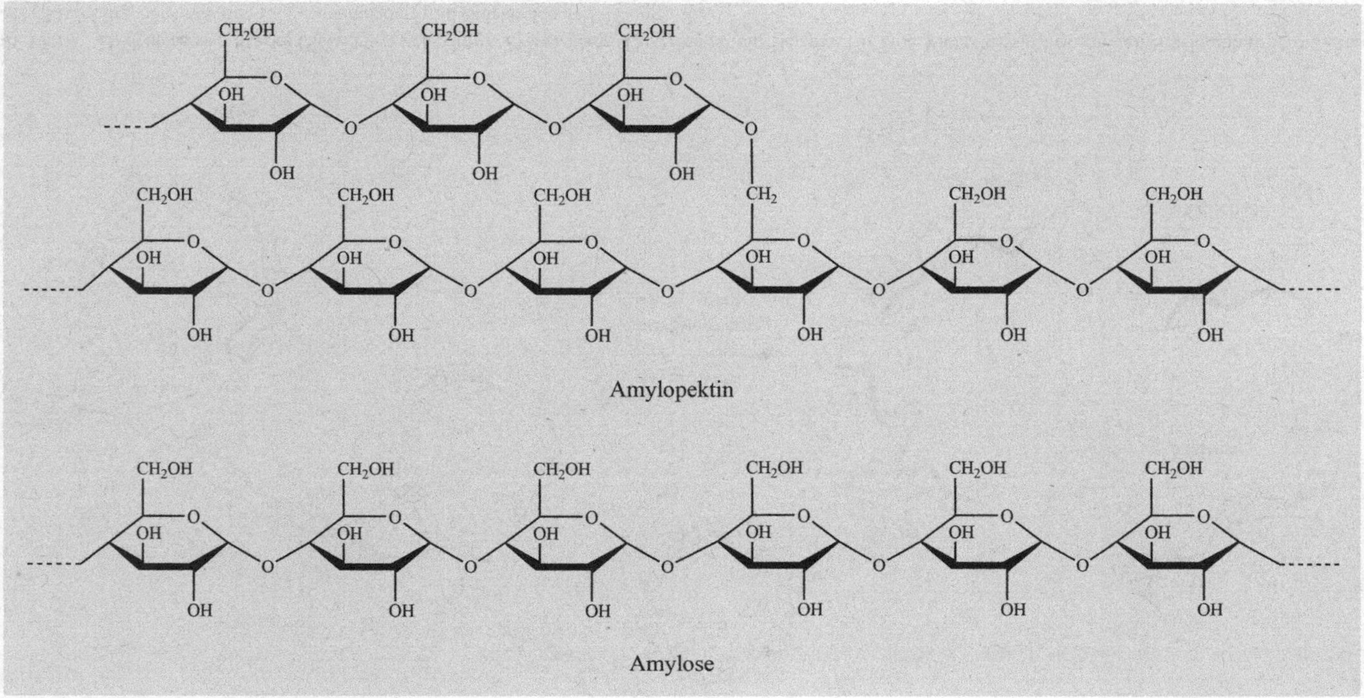

Abb. 17.13 Amylopektin und Amylose, die Bestandteile von Stärke (dargestellt in der Haworth-Projektion). *Erläuterungen:* siehe Text

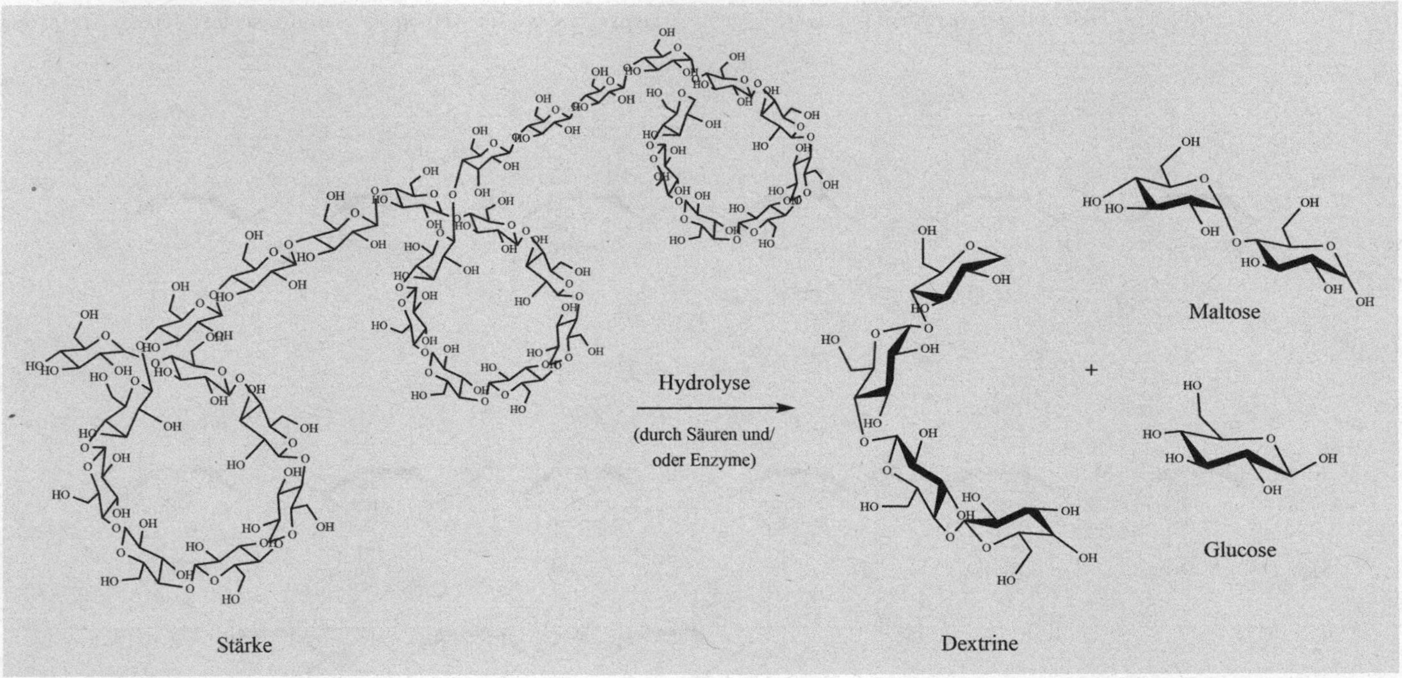

17

□ **Abb. 17.14** Hydrolyse von Stärke (Stärkeverzuckerung). *Erläuterung:* Dextrine ist ein Beispiel für eine Vielzahl von homologen Stärkeabbaupropdukten, die von ihrer Molekülgröße zwischen Oligosacchariden und Stärke liegen

17.3.1 Nachweis von Stärke

- **Anwendungsbereich**
- Lebensmittel, allgemein

- **Grundlagen**

Stärke (engl. starch) ist der Hauptbestandteil vieler wichtiger Nahrungsmittel. Gebunden kommt Stärke als Pflanzengut z. B. in Kartoffeln, Reis, Getreide und Hülsenfrüchten oder in isolierter Form als Mehl bzw. gekörnt als Grieß vor. Stärke ist keine chemisch einheitliche Substanz, sondern besteht aus den Komponenten Amylose (1–4-glycosidische Bindungen) und Amylopektin (1–4- und 1–6-glycosidische Bindungen) [50–55].

- **Prinzip der Methode**

Stärke bildet mit Iod charakteristisch gefärbte Einschlussverbindungen. Je ein Iod-Molekül wird in eine Spirale des schraubenförmigen Molekülgerüstes eingelagert. Amylose gibt dabei eine rein blaue, Amylopektin dagegen eine rote Färbung.

Iod-Stärke-Reaktion (Iod-Probe)

- **Der wechselseitige Nachweis** von löslicher Stärke und Iod (also auch *vice versa*), basiert auf der Bildung einer tiefblau gefärbten Einschlussverbindung, dem sogenannten Iod-Stärke-Komplex. Die Reaktion stellt eine chemisches Gleichgewicht dar, wobei die Bildung des Komplexes exotherm ist:

  Iod + Stärke $\rightleftarrows$ Iod-Stärke-Komplex

- Das Polysaccharid **Stärke** besteht zu etwa 20–30 % aus **Amylose**, das sind lineare Ketten mit helikaler Struktur, die nur α-1,4-glycosidisch verknüpft sind und zu etwa 70–80 % aus **Amylopektin**, das wiederum sind stark verzweigte Strukturen, mit α-1,6-glycosidischen und α-1,4-glycosidischen Verknüpfungen. Bei der **Iod-Stärke-Reaktion** lagert sich Iod in Form von **Polyiodid-Anionen** (wie $[I_3]^-$, auch $[I_5]^-$, $[I_7]^-$, $[I_9]^-$ wird beschrieben [60]), in die helikalen Kanäle der Amylose ein. Die Polyiodid-Anionen wiederum bilden sich aus Iodid-Ionen (I^-) und einem Iod-Molekül (I_2) (oder zwei Iod-Molekülen) wobei zur besseren Löslichkeit der der I_2-Moleküle diese mit Kaliumiodid-Lösung vermischt wird (sog. Lugolsche Lösung):

  $I^- + I_2 \rightleftarrows [I_3]^-$ bzw. $I^- + 2I_2 \rightleftarrows [I_5]^-$ etc.

- Das I_5^--Ion wird beschrieben, als ein lockeres, gewinkeltes Assoziat von zwei Iod-Molekülen an ein zentrales Iodid-Ion und damit vermutlich bereits einen **Charge-Transfer-Komplex** mit dunkelbraue Farbe dar, in dem das Iodid als Elektronendonator wirkt. Wenn nun die Amylose als Donator fungiert, kommt es zu einer Farbvertiefung in Richtung auf Blau [60]. Die Färbung hängt von der Kettenlänge des Amylose-Moleküls ab. Ab einer Kettenlänge von über 45

Glucose-Einheiten ergibt sich eine intensive Blaufärbung, um 30 ist die Farbe purpur, zwischen 20 und 30 ist sie rot, ab 12 leicht gelb [61].
— Die Iod-Stärke-Reaktion hat in der **Iodometrie** als Indikatorreaktion eine große Bedeutung erlangt, weil es möglich ist, mit ihr bei Titrationen das Auftreten eines Iod-Überschusses festzustellen.

■ **Durchführung**
■■ **Geräte und Hilfsmittel**
— Reagenzglas
— evtl. Tüpfelplatte

■■ **Chemikalien**
— Iod-Lösung: $c \sim 0{,}1$ mol/L (genauer: Iod-Kaliumiodid-Lösung, ► Abschn. 17.2.4.1)

■■ **Nachweis**
Zur wässrig-flüssigen Probe bzw. zum wässrigen, evtl. aufgekochten Auszug der Probe wird Iod-Lösung zugetropft. Bei festen Proben ist es möglich, die Reaktion im Tüpfelverfahren auszuführen.

■ **Auswertung**
Eine tiefe blauviolette Färbung zeigt Stärke an. Die Reaktion ist sehr empfindlich; noch 0,002 mg Stärke/mL Lösung können nachgewiesen werden. Beim Erwärmen verschwindet die Färbung, kehrt beim Erkalten der Lösung jedoch wieder zurück. Größere Mengen Ethanol stören die Farbreaktion.

Unterscheidung von Butter ↔ Margarine sowie von Marzipan ↔ Persipan

— Der Stärkenachweis hatte früher zur schnellen Unterscheidung von **Butter und Margarine** große Bedeutung. Als Kennzeichen für Margarine war bis 1986 u. a. ein Zusatz von 0,2–0,3 % Kartoffelstärke gesetzlich vorgeschrieben. Für den Nachweis werden 10 g Probe geschmolzen und mit 10 mL dest. Wasser bis zum Sieden erhitzt. Nach dem völligen Erkalten werden zur wässrigen Schicht ein paar Tropfen Iod-Lösung zugefügt. Eine tiefe blauviolette Färbung zeigt die Stärke an.
— Zur einfachen Unterscheidung von **Persipan** und Marzipan wird laut Leitsätzen für Ölsamen und daraus hergestellten Massen und Süßwaren [53] 0,5 % Stärke als Indikator einer Persipanrohmasse mit 20 % Feuchtigkeitsgehalt zugesetzt.

17

17.3.2 Polarimetrische Bestimmung von Stärke – Methode nach Ewers

- **Anwendungsbereich**
- Feine Backwaren
- Brot und Kleingebäck aus Brotteigen
- Getreidemehle, Getreidemahlprodukte

- **Grundlagen**

Stärke ist in kaltem Wasser unlöslich, quillt beim Erhitzen mit Wasser aber stark auf und bildet eine kolloidale Lösung (Stärkekleister). Durch Kochen mit Säure (Hydrolysieren) bilden sich – je nach Säurekonzentration – zunächst lösliche Dextrine, dann Maltose und schließlich Glucose.

Hydrolysierte Getreidestärke ist optisch aktiv und weist eine außerordentlich hohe spezifische Drehung (zur Theorie der optischen Aktivität und deren Messung ▶ Abschn. 8.6) auf, die je nach Art der Behandlung und Lösungsmittelzusammensetzung bei $[\alpha]_D^{20} \sim +184°$ liegt [55]. Aus diesem Grund können auch verhältnismäßig geringe Stärkegehalte exakt ermittelt werden. Hemicellulosen, die gemeinsam mit Stärke in Lösung vorliegen können, sind bedeutend weniger optisch aktiv, während Dextrine, deren spezifische Drehung selbst groß ist, abgetrennt werden können.

Bei den polarimetrischen Methoden wird zum Hydrolysieren der Stärke verdünnte Salzsäure exakt eingestellter Konzentration verwendet. Da hierbei aber auch ein gewisser Abbau eintritt, der eine Änderung der spezifischen Drehung zur Folge hat, ist die strikte Einhaltung der vorgegebenen Parameter bei derartigen empirischen Methoden zur Erzielung reproduzierbarer Ergebnisse eine zwingende Voraussetzung. Unter den angegebenen Bedingungen der Salzsäurekonzentration und der Erhitzungsdauer sollen vorliegende Pentosane und ähnliche Stoffe, die die Stärkebestimmung sonst ungenau machen könnten, zum Teil noch nicht angegriffen werden [56, 57]. Zu beachten ist, dass die polarimetrische Bestimmung der nativen Stärke nicht anwendbar ist bei Lebensmitteln, die modifizierte Stärken wie Quellstärke (beispielsweise in Kaltpuddingpulver) enthalten [55–59].

- **Prinzip der Methode**

Im Hauptversuch wird die native Stärke der Probe in heißer verdünnter (exakt: 0,0124%iger) Salzsäure hydrolysiert (d. h., in ihre Bausteine zerlegt) und nach Enteiweißen der Drehwinkel ermittelt. Im Blindversuch wird nach Entfernen von löslicher und unlöslicher Stärke mit Tannin/Bleiessig sowie des Eiweißes der Drehwinkel der übrigen optisch aktiven Stoffe (z. B. Mono- und Oligosaccharide) ermittelt und dieser vom Hauptwert subtrahiert. Es handelt sich um die Methode von **E. Ewers** standardisiert nach **Hadorn-Doevelaar** [58] zur Bestimmung der nativen Stärke. Die Methode wurde in die Vorschiften des DIN (DIN EN ISO 10520) übernommen.

- **Durchführung**
- ■ **Geräte und Hilfsmittel**
- — Polarimeter: Halbschattengerät (▶ Abschn. 8.7.4)
- — Polarimeterrohr: 2 dm = 200 mm
- — Magnetrührer
- — Kurzzeitmesser (besser: Stoppuhr)
- — Vollpipetten: 1 mL, 2 mL, 5 mL, 8 mL, 10 mL, 25 mL, 50 mL
- — Messzylinder: 30 mL, 100 mL
- — Messkolben: 100 mL
- — Faltenfilter

■ ■ **Chemikalien (p. a.)**
- — Salzsäure: 25%ig oder c = 1 mol/L
- — Tannin: rein
- — Natriumsulfat $Na_2SO_4 \cdot 10\,H_2O$
- — Salzsäure: 1,124%ig ≙ c = 0,308 mol/L:
  - – 40 mL Salzsäure (25%ig) werden mit dest. Wasser auf 1000 mL aufgefüllt. Die Konzentration muss exakt eingehalten werden und ist maßanalytisch zu überprüfen!
  - – Es können stattdessen auch 308 mL Salzsäure (c = 1 mol/L) auf 1000 mL mit dest. Wasser aufgefüllt werden. Die Konzentration muss exakt eingehalten werden und ist maßanalytisch zu überprüfen!
- — Bleiessig: Herstellung ▶ Abschn. 17.2.4.2
- — Tannin-Lösung: 10%ig
- — Carrez-Lösung I und II: Herstellung ▶ Abschn. 17.2.1.2
- — Natriumsulfat-Lösung: gesättigt in dest. Wasser (bei 20 °C ca. 45 g $Na_2SO_4 \cdot 10\,H_2O$/100 mL)

■ ■ **Bestimmung**
(a) Hauptversuch
   In einen 100-mL-Messkolben werden 2500 g der fein zerkleinerten Probe genau eingewogen und mit 25,0 mL Salzsäure (c = 1,124%ig) unter Umschwenken so versetzt, dass das Material ohne Klumpenbildung völlig suspendiert wird. Anschließend werden weitere 25,0 mL der Salzsäure (c = 1,124%ig) hinzugefügt, der Messkolben wird dann in ein kräftig siedendes Wasserbad gestellt und unter Umschwenken genau 15 min lang erhitzt. Während der ersten 3–5 min ist ständig umzuschwenken, da eine Klumpenbildung vermieden werden muss; danach ist nur noch gelegentliches Umschwenken erforderlich. Nach Ablauf von 15 min (Uhr! – Der Siedevorgang darf nicht unterbrochen werden!) wird der Messkolben aus dem Wasserbad entnommen; es werden sofort 30 mL (Messzylinder) kaltes dest. Wasser zugegeben, und der Kolben unter fließendem Wasser rasch auf Raumtemperatur abgekühlt. Unter Umschütteln werden nacheinander je 1 mL Carrez-Lösung I und II zugesetzt, mit dest. Wasser bis zur Marke aufgefüllt, erneut umgeschüttelt und durch ein trockenes Faltenfilter filtriert. Das klare Filtrat

17

wird auf 20 °C ± 1 °C temperiert und luftblasenfrei in das Polarimeterrohr gefüllt. Das Polarimeterrohr ist zunächst zweimal mit dem Filtrat vorzuspülen. Der Drehwert wird auf eine Genauigkeit von 0,02 Winkelgraden abgelesen. Es wird der Mittelwert von 5 Ablesungen gebildet (Hinweise in ▶ Abschn. 8.6.2 beachten!).

⟹ Erhaltener Messwert: α_H

(b) Blindversuch bei Gebäck oder Produkten mit verkleisterter oder löslicher Stärke

5000 g fein zerkleinerte Probe werden in einen 100-mL-Messkolben genau eingewogen, mit 70–75 mL dest. Wasser versetzt und unter häufigem Schütteln oder durch Rühren auf dem Magnetrührer etwa 1 h ausgelaugt. Nach Auslaugen und ggf. Entfernen des Rührmagneten wird die Probenflüssigkeit mit 5 mL Tannin-Lösung und unter weiterem Umschwenken mit 5 mL Bleiessig versetzt. Dann wird der Messkolben mit gesättigter Natriumsulfat-Lösung bei 20 °C bis zur Marke aufgefüllt (überschüssige Pb-Ionen werden als $PbSO_4$ ausgefällt!) und durch ein trockenes Faltenfilter filtriert.

Falls die Flüssigkeit sehr schlecht filtriert, wird der Niederschlag abzentrifugiert und die überstehende Lösung, wenn sie noch Schwebeteilchen enthält, filtriert. Das Filtrat soll stärkefrei sein (Überprüfen mit der Iod-Reaktion: rotbraune, nicht tiefblaue Färbung!). Ist dies nicht der Fall, wird die Klärung mit 10 mL Tannin-Lösung und 8 mL Bleiessig wiederholt.

50 mL des stärkefreien Filtrats (≙ 2500 g Probenmaterial) werden in einen 100-mL-Messkolben pipettiert, mit 2,0 mL Salzsäure (c = 25 %) versetzt und wie unter (a) beschrieben 15 min lang in einem siedenden Wasserbad erhitzt, anschließend abgekühlt, mit Carrez-Lösungen geklärt, filtriert und polarimetriert.

⟹ Erhaltener Messwert: α_B

(c) Blindversuch bei Mehlen und Materialien ohne lösliche oder verkleisterte Stärke (vereinfachte Arbeitsweise)

5000 g fein zerkleinerte Probe werden in einen 100-mL-Messkolben auf ±1 mg genau eingewogen, mit 70–75 mL dest. Wasser versetzt, am Magnetrührer ca. 15 min lang gerührt oder unter häufigem Umschwenken ausgelaugt. Nach Entfernen des Rührmagneten wird mit je 2 mL Carrez-Lösung I und II (nach jeder Zugabe umschwenken) mit dest. Wasser bei 20 °C bis zur Marke aufgefüllt und dann durch ein trockenes Faltenfilter filtriert.

50 mL des stärkefreien Filtrats (Prüfen!) werden im 100-mL-Messkolben mit 2,0 mL Salzsäure (25%ig) versetzt und wie unter (b) angegeben behandelt.

⟹ Erhaltener Messwert: α_B

Filtrat – Stärkefrei!

Das **Filtrat** muss stärkefrei sein, da der Blindwert sonst zu hoch ist und somit ein zu geringer Stärkegehalt gefunden würde. Gegebenenfalls ist mit Tannin/Bleiessig (vgl. (b)) zu klären.

Warum 1,124%ige Salzsäure?

- Der **Zahlenwert** *1,124%ig*, der zur Analytik eingesetzten, verdünnten Salzsäure basiert auf sorgfältigen, umfangreichen Versuchsreihen von E. Ewers [56] zur Ermittlung der spezifischen Drehwerte für verschiedene Stärkearten – und ist aus Gründen der Konvention und Vergleichbarkeit exakt einzuhalten.
- Die im Abschnitt „Auswertung" (siehe unten) angegeben spezifischen Drehwerte $[\alpha]_D^{20}$ für verschiedene Stärkearten basieren auf diesen Arbeiten.

- **Auswertung**

Der prozentuale Stärkegehalt S in der Probe wird nach folgender Gleichung berechnet (ggf. ist eine Umrechnung auf Trockenmasse vorzunehmen):

$$S = \frac{100 \cdot \Delta\alpha \cdot 100}{[\alpha]_D^{20} \cdot l \cdot m}$$

mit

$\Delta\alpha$	$= \alpha_H - \alpha_B$	
$[\alpha]_D^{20}$	spezifische optische Drehung (nach [56]) von:	
	⇨ Weizenstärke	182,7°
	⇨ Roggenstärke	184,0°
	⇨ Reisstärke	182,9°
	⇨ Gerstenstärke	181,5°
	⇨ Haferstärke	181,3°
	⇨ Kartoffelstärke	185,7°
	⇨ andere Arten von Stärke und Stärkegemischen	184,0°
l	Länge des Polarimeterrohres in dm	
m	Einwaage in g	

Berechnungskorrekturen

Die Berechnung gilt nur für die angegebenen Einwaagen und Verdünnungen. Andernfalls sind entsprechende Korrekturen zu berücksichtigen.

17

17.3.3 **Photometrische Bestimmung von Pektin**

- **Anwendungsbereich**
- Lebensmittel, allgemein

■ **Grundlagen**

Als stetige Begleiter der Cellulose bilden Pektine einen wesentlichen Teil des Zell-gerüstes und der Stützsubstanz der Pflanzen. Sie regeln als selbständige Wand-schicht zwischen den Zellwänden (Mittellamelle) durch ihre starke Quellfähigkeit den Wasserhaushalt der Pflanze.

Das in der Pflanze vorliegende native Pektin, auch Protopektin genannt, be-steht aus Polygalakturonsäuren, deren Carboxylgruppen teilweise mit Methanol verestert sind. Die große Kettenlänge und gleichzeitig die geringe Kettendicke be-dingen ein dreidimensionales Netzwerk, das durch verhältnismäßig starke Van-der-Waals-Kräfte und über ionische Bindungen ($Ca^{2\oplus}$) zusammengehalten wird. Diese Eigenschaften werden lebensmitteltechnologisch genutzt, indem Pektine als Geliermittel, Emulgatoren und Stabilisatoren eingesetzt werden.

Unterschieden werden dabei hoch- und niederveresterte Pektine, die sich be-züglich ihrer Geliereigenschaften stark unterscheiden: Erstere sind in Lösung zu-nächst stark hydratisiert, durch Zugabe von Saccharose tritt eine Dehydratation ein, d. h. es erfolgt eine starke Bindung und Orientierung des „freien" Wassers der Lösung und der Hydrathüllen der Pektine an die Zuckermoleküle, ein Säure-zusatz schließlich drängt die elektrolytische Dissoziation des Pektinmoleküls zu-rück, wobei starke Wasserstoff-Brückenbindungen gebildet werden. Bei den nie-derveresterten Pektinen dagegen ist Zucker zur Gelbildung nicht erforderlich: Hier erfolgt die Ausbildung des dreidimensionalen Gelgerüstes über heteropolare Hauptvalenzbindungen polyvalenter Kationen [62–70].

■ **Prinzip der Methode**

Die Pektine werden aus dem Lebensmittel durch Fällung mit Ethanol isoliert, und der Rückstand wird mit verdünnter Natronlauge extrahiert. Nach Zusatz von Carbazol und Schwefelsäure zum Extrakt entsteht über verschiedene Zwischen-stufen (5-Formylbrenzschleimsäure; 2,5-Diformylfuran) ein orangerotes Konden-sationsprodukt, das bei 525 nm photometriert wird. Der Farbstoff ist ca. 2 h sta-bil.

■ **Durchführung**
■ ■ **Geräte und Hilfsmittel**
— Spektralphotometer (▶ Abschn. 8.2)
— Glasküvetten: $d = 1$ cm
— Zentrifuge mit Zentrifugengläsern: 50 mL
— Wasserbad mit Thermostat: zur Einhaltung einer Temperatur von 85 °C
— Kolbenhubpipette: 500 µL
— Vollpipetten: 1 mL, 5 mL, 6 mL, 10 mL, 15 mL, 20 mL, 50 mL
— Messkolben: 100 mL, 1000 mL
— Messzylinder: 25 mL
— Reagenzgläser: ca. 20 mL
— Trichter: Ø ca. 7 cm, mit Faltenfilter
— Glasstab
— Gummiwischer

▪▪ Chemikalien (p. a.)

- Carbazol Cl_2H_9N, sublimiert
- Galacturonsäure-Monohydrat $C_6H_{10}O_7 \cdot H_2O$, bei 20 °C über P_2O_5 getrocknet
- Ethanol, 96 Vol.-%ig (gereinigt):
  1000 mL 96 Vol.-%iges Ethanol werden mit 4 g Zinkstaub und 2 mL Schwefelsäure (98%ig) 24 h am Rückfluss erhitzt, anschließend destilliert und über 4 g Zinkstaub und 4 g Kaliumhydroxid erneut abdestilliert
- Ethanol, 63 Vol.-%ig:
  100 mL dest. Wasser werden mit 200 mL gereinigtem Ethanol (96 Vol.-%ig) vermischt
- Natriumhydroxid-Lösung: c = 1 mol/L
- Schwefelsäure: 98%ig (d = 1,84 g/mL) (soll mit der Carbazol-Lösung keine Färbung geben)
- Carbazol-Lösung: 0,1%ig (ethanolisch):
  0,1 g Carbazol werden mit gereinigtem Ethanol (96 Vol.-%ig) in einem 100-mL-Messkolben gelöst und bis zur Marke aufgefüllt. Eine Mischung aus 1 mL Wasser, 0,5 mL Carbazol-Lösung und 6 mL Schwefelsäure 98%ig) muss wasserhell sein
- Galacturonsäureanhydrid (GA)-Stammlösung; c = 100 mg/L:
  120,5 mg Galacturonsäure-Monohydrat werden in einem 1000-mL-Messkolben mit 0,5 mL Natriumhydroxid-Lösung (c = 1 mol/L) versetzt, mit dest. Wasser bis zur Marke aufgefüllt, durchgemischt und über Nacht stehen gelassen
- GA-Vergleichslösungen; c = 10 bis 70 µg/mL:
  10–70 mL der GA-Stammlösung werden jeweils in einen 100-mL-Messkolben pipettiert und mit dest. Wasser bis zur Marke aufgefüllt.

▪▪ Bestimmung

(a) Isolierung der Pektinstoffe

15 mL Saft oder 4,0 g pektinhaltiges Lebensmittel werden in einem 50-mL-Zentrifugenglas mit ca. 12 mL Wasser und mit 96 Vol.-%igem gereinigtem heißem Ethanol (75 °C; Vorsicht beim Erhitzen: Ethanol brennt leicht!) auf ca. 40 mL aufgefüllt und dann im Wasserbad 10 min auf einer Temperatur von 85 °C gehalten. Zur vollständigen Fällung wird gelegentlich mit einem Glasstab umgerührt (mit Ethanol abspülen) und anschließend das Volumen des Ansatzes auf 50 mL mit Ethanol ergänzt. Nach Zentrifugieren (15 min) und Dekantieren wird die überstehende Lösung verworfen. Das Aufschlämmen, Heißhalten bei 85 °C (10 min), Zentrifugieren (15 min) und Dekantieren wird anschließend mit 63 Vol.-%igem Ethanol wiederholt.

17

(b) Extraktion der Gesamtpektinstoffe

Der erhaltene Niederschlag wird mit Hilfe eines Gummiwischers unter Zusatz von dest. Wasser in einen 100-mL-Messkolben überführt (Gummiwischer gut mit dest. Wasser abspülen!), mit 5 mL Natriumhydroxid-Lösung (c = 1 mol/L) versetzt, mit dest. Wasser bis zur Marke aufgefüllt, gut durchgemischt und nach 15 min unter gelegentlichem Umschütteln abfiltriert.

(c) Farbreaktion

Je 1 mL des erhaltenen Filtrats werden in zwei Reagenzgläser pipettiert. In eines der beiden Gläser werden anschließend 0,5 mL Ethanol (96 Vol.-%ig) (≙ Vergleichslösung), in das andere 0,5 mL Carbazol-Lösung (≙ Probenlösung) gegeben. – In der Probenlösung bildet sich hierbei ein weißer, flockiger Niederschlag. – In beide Gläser werden unter dauerndem Schütteln je 6 mL Schwefelsäure (c = 98 %) zugegeben; diese sollte *in praxi* in möglichst 7 s zulaufen, um in den Lösungen eine Temperatur von 85 °C zu erreichen. Die Reagenzgläser werden sofort für 5 min in ein Wasserbad (85 °C) gestellt, dann innerhalb von 15 min wieder auf Raumtemperatur abgekühlt, und anschließend wird die Probenlösung gegen die Vergleichslösung bei 525 nm photometrisch gemessen.

Blindwert

Um den durch die Carbazol-Lösung bedingten möglichen Fehler auszuschalten, wird deren **Blindwert** in analoger Weise ermittelt (statt 1 mL Filtrat wird 1 mL Wasser eingesetzt). Die Extinktionsdifferenz beider Messungen (Proben- gegen Vergleichslösung mit Filtrat bzw. Wasser) wird mit Hilfe der Kalibrierkurve ausgewertet (siehe unten).

(d) Kalibrierkurve

Zur Aufstellung der Kalibrierkurve werden die GA(Galacturonsäureanhydrid)-Vergleichslösungen (c = 10 bis 70 μg/mL) entsprechend den unter (c) beschriebenen Bedingungen behandelt und photometriert.

- **Auswertung**

Der Gehalt an Pektin *P* wird in mg GA/L Saft bzw. mg GA/kg pektinhaltiges Lebensmittel angegeben und wie folgt berechnet:

für Saft:	$P[\text{mg GA}/L] = \frac{G \cdot 100}{15}$
für pektinhaltige Lebensmittel:	$P[\text{mg GA}/kg] = \frac{G \cdot 100}{4}$

mit

G – μg Galacturonsäure-Monohydrat/mL Filtrat (entnommen aus der Kalibriergeraden)

100 – Umrechnungsfaktor auf kg bzw. 1 Probe und mg Pektin (GA)

15 – Einsatz Saftprobe in mL

4 – Einsatz pektinhaltiges Lebensmittel in g

> ### Anmerkung – Zentrifugieren
>
> ▬ Beim **Abzentrifugieren** der Pektin-Niederschläge aus den Wasserextrakten frischer Säfte bleiben normalerweise einige unlösliche Bestandteile in der Schwebe. Um dies zu verhindern, wird während der ersten Extraktion ca. ½ Teelöffel einer Filterpapieraufschlämmung in das Zentrifugenglas gegeben.

> ### Anmerkung – Farbreaktion
>
> ▬ Bei der Durchführung der **Farbreaktion** ist es sehr wichtig, dass die Schwefelsäure-Menge in der angegebenen Zeit von nahezu 7 s zugesetzt wird, da nur so eine Temperatur von 85 °C in der Lösung erreicht und ein Fehler durch unterschiedliche Farbintensitäten bei der photometrischen Messung minimal gehalten werden kann.

Literatur

1. IUPAC. Compendium of chemical terminology, 2nd Aufl. (the „Gold Book"). Compiled by McNaught AD, Wilkinson A. Blackwell Scientific Publications, Oxford (1997). Online version (2019-) created by Chalk SJ. ISBN 0-9678550-9-8. ▶ https://doi.org/10.1351/goldbook
2. SLMB: Kap. 22, 6.1; 28A, 5.2
3. IFU: Nr. 31
4. Stahl E (1962) Dünnschichtchromatographie – Ein Laboratoriumsbuch. Springer, Berlin, S 479
5. Tanner H (1966) Schweiz Zeitschrift f Obst- Und Weinbau 102:261
6. Bauer H, Quast H, Shalaby A, Rocek P (1985) HPLC Von Kohlenhydraten. Labor-Praxis 9:660
7. Woidich H, Pfannhauser W, Blaicher G (1978) Über den Einsatz der HPLC zur Bestimmung von Mono- und Disacchariden sowie Sorbit und Xylit in Lebensmitteln. Lebensmittelchem Gerichtl Chem 32:74
8. Rapp A, Bachmann O, Ziegler A (1975) Bestimmung von Zucker, Glycerin und Ethanol im Wein mit Hilfe der HPLC. Deut Lebensm Rundsch 71:345
9. SLMB: Kap. 22, 6.2; 28A, 5.3
10. SLMB: Kap. 24A 5
11. Zürcher K, Hadorn H (1974) Versuche zur Herstellung und gaschromatographische Trennung der Zucker-Silyläther. Deut Lebensm Rundschau 70:12
12. HLMC: Bd II/2. S 362
13. ASU: L 39.00-E, Methode 10
14. REF: S 105, 106, 107, 108, 109, 117, 898, 903
15. BD: S 20
16. SLMB: Kap. 24A, 3
17. HLMC: Bd II/2. S 330
18. ASU: diverse
19. HLMC: Bd II/2, S 349
20. SLMB: Kap. 30A, 4.2; 28A, 5.1.1
21. REF: S 108
22. REF: S 903
23. BGS: S 236
24. BD: S 20
25. ASU: L 26.11.03-7; L 31.00-11
26. HLMC: Bd II/2. S 361, 366
27. SLMB: Bd 1 (1964). S 561

17

28. REF: S 105
29. BD: S 105
30. HLMC: Bd II/2. S 361–397
31. HLMC: Bd VI. S 280
32. HLMC: Bd VI. S 277
33. Office Internat. du Cacao et du Chocolat (1960) Untersuchungsmethoden, Analytische Methodensammlung, Blatt 7d-D. Internat Fachschrift Schok Ind XV
34. REF: S 898
35. SLMB: Bd 1 (1964). S 562
36. REF: S 103
37. REF: S 107
38. SLMB: Bd 1 (1964). S 570
39. REF: S 109
40. HLMC: Bd II/2. S 355
41. BD: S 20
42. Informationsschrift Roche Diagnostics GmbH (2011) Enzymatische BioAnalytik und Lebensmittelanalytik
43. DIN 10381 Untersuchung von Stärke und Stärkeerzeugnissen; Bestimmung von D-Glucose und D-Fructose in derselben Untersuchungsprobe (Enzymatisches Verfahren)
44. Bundesverband der Deutschen Feinkostindustrie (Hrsg) Analysenmethoden für Tomatenmark, Bonn, IV/61
45. Baumann G, Gierschner K (1971) Die Bestimmung von Zuckern in Fruchtsäften ein Vergleich der enzymatischen mit der Luff-Schoorl-Methode. Ind Obst- und Gemüseverwertung 56, 165
46. IFU: Nr. 55
47. SLMB: Kap. 61B
48. Bundesverband der Deutschen Feinkostindustrie (Hrsg) Analysenmethoden für Tomatenmark Bonn, IV/61
49. IFU: Nr. 56
50. HLMC: Bd II/2. S 438
51. BD: S 282
52. SLMB: Kap. 15, 3
53. Deutsche Lebensmittelbuchkommission. Leitsätze für Ölsamen und daraus hergestellte Massen und Süßwaren vom 27.01.1965 (BAnz Nr. 101 vom 02.06.1965, GMBl Nr. 17 S. 165 vom 23.06.1965), zuletzt geändert am 08.01.2010 (BAnz Nr. 16 vom 29.01.2010, GMBl Nr. 5/6 S. 120ff vom 04.02.2010)
54. ASU: L 17.00-5; L 18.00-6
55. HLMC: Bd II/2. S 443
56. Ewers E (1908) Über die Bestimmung des Stärkegehaltes auf polarimetrischem Wege. Zeitschr Öffentl Chem 14:150–1576
57. Ulmann M, Richter M (1961) Zur Kritik der Grundlagen der polaimetrischen Stärkebestimmung nach Ewers. Die Stärke 13(3):1. ► https://doi.org/10.1002/star.19610130302
58. Hadorn H, Doevelaar F (1960) Polarimetrische Stärkebestimmung. Mitt Gebiete Lebensm Hyg 51:64
59. DIN EN ISO 10520:1998 DE Native Stärke – Bestimmung des Stärkegehalts – Polarimetrisches Verfahren nach Ewers (ISO 10520:1997); Deutsche Fassung EN ISO 10520:1998 (Foreign Standard)
60. Der Iod-Stärke-Komplex ► https://www.chemieunterricht.de/dc2/mwg/g-iodsta.htm. Zugegriffen: 12. Nov. 2020
61. Neupert M, Brehm I (2007) Iodstärke-Reaktion. RD-09-01168. In: Böckler F, Dill B, Dingerdissen U, Eisenbrand G, Faupel F, Fugmann B, Gamse T, Matissek R, Pohnert G, Sprenger G, RÖMPP (Hrsg) Stuttgart, Thieme. ► https://roempp.thieme.de/lexicon/RD-09-01168. Zugegriffen: Nov. 2020
62. REF: S 117
63. Dische Z (1947) A new specific color reaction of hexuronic acids. J Biol Chem 167:189

64. Dische Z (1950) A modification of the carbazole reaction of hexuronic acids for the study of po-lyuronides. J Biol Chem 183:489
65. Henglein FA (1950) Die Bewertung von Handelspektinen und deren Gewinnungsverfahren durch Geliereinheiten. Z Lebensm Unters Forsch 90:417
66. McComb EA, McCready RM (1952) Colorimetric determination of pectin substances. J Anal Chem 24:1630
67. McComb EA, McCready RM (1957) Determination of acetyl in pectin and in acetylated car-bohydrate polymers. J Anal Chem 29:819
68. Griebel C, Weiss F (1929) Zur Pektinfrage. Z Unters Lebensm 58:189
69. Koch J, Hess D (1964) Ein Beitrag zur Pektinbestimmung in Fruchtsäften. Z Lebensm Unters Forsch 126:25
70. Stutz E, Deuel H (1956) Über die Bildung von 5-Formylbrenzschleimsäure aus Galakturonsäure. Helv Chim Acta 39:2126

17

Spezielle Inhaltsstoffe

Inhaltsverzeichnis

© Der/die Autor(en), exklusiv lizenziert durch Springer-Verlag GmbH, DE, ein Teil von
Springer Nature 2021
R. Matissek und M. Fischer, *Lebensmittelanalytik*,
https://doi.org/10.1007/978-3-662-63409-7_18

Zusammenfassung

Lebensmittel enthalten neben den eigentlichen Hauptbestandteilen, die vornehmlich für den Energiestoffwechsel des Körpers von Bedeutung sind, auch Bestandteile – hier als spezielle Inhaltsstoffe bezeichnet, die oftmals erst den besonderen (Genuss-)Wert eines Erzeugnisses ausmachen bzw. zur Beurteilung eines Produktes herangezogen werden können. Diese speziellen Inhaltsstoffe liegen in den Lebensmitteln in der Regel in geringeren Konzentrationen vor, so dass zur Analyse nur entsprechend geeignete und empfindliche Methoden, wie sie insbesondere die chromatographischen, optischen bzw. enzymatischen Techniken bieten, eingesetzt werden. Abgehandelt werden Methoden zur Bestimmung des Gehaltes von Gesamtalkohol, Methanol, Alkoholen, organischen Säuren, flüchtigen Säuren, Theobromin, Coffein, Abschätzung der Kakaobestandteile, Gesamtkreatinin, biogenen Aminen, Histamin, Vitaminen A, B_1 und C, Polyphenolen, Active Principles, HMF, Alkali- und Erdalkalimetalle, Eisen und Chlorid.

18.1 Exzerpt

Lebensmittel enthalten neben den eigentlichen Hauptbestandteilen, die vornehmlich für den Energiestoffwechsel des Körpers von Bedeutung sind, auch Bestandteile – hier als **spezielle Inhaltsstoffe** bezeichnet, die oftmals erst den besonderen (Genuss-)Wert eines Erzeugnisses ausmachen bzw. zur (Qualitäts-)Beurteilung eines Produktes herangezogen werden können. Diese speziellen Inhaltsstoffe liegen in den Lebensmitteln in der Regel in geringeren Konzentrationen vor, so dass zur Analyse nur entsprechend geeignete und empfindliche Methoden, wie sie insbesondere die chromatographischen, optischen bzw. enzymatischen Techniken bieten, eingesetzt werden. Eine Übersicht zeigt ◘ Abb. 18.1. Basisinformationen zu Theorie und Praxis dieser Verfahren enthält Buchteil III ► Kap. 5 bis 13.

18.2 Alkohole

Für die Lebensmittelanalytik sind die einwertigen, gesättigten, aliphatischen Alkohole **Methanol, Ethanol** bis zu den Pentanolen von besonderer Bedeutung. Da das Probenmaterial diese Alkohole oft im Gemisch mit anderen Stoffen enthält, ist zunächst eine üblicherweise auf Destillationsverfahren basierende Abtrennung erforderlich. Die Alkohole (engl. alcohols) können je nach Fragestellung anschließend summarisch als Gesamtalkohol (► Abschn. 18.2.1) oder wie im Fall des Methanols als Einzelkomponente (► Abschn. 18.2.2) bestimmt werden.

18   Zur Trennung und Bestimmung der verschiedenen niedrig siedenden Homologen ist die GC gut geeignet (► Abschn. 18.2.3). Daneben existiert eine Vielzahl weiterer Methoden zur Analytik der Alkohole, von denen insbesondere die enzymatische Ethanolbestimmung (mit Alkoholdehydrogenase) zu nennen ist.

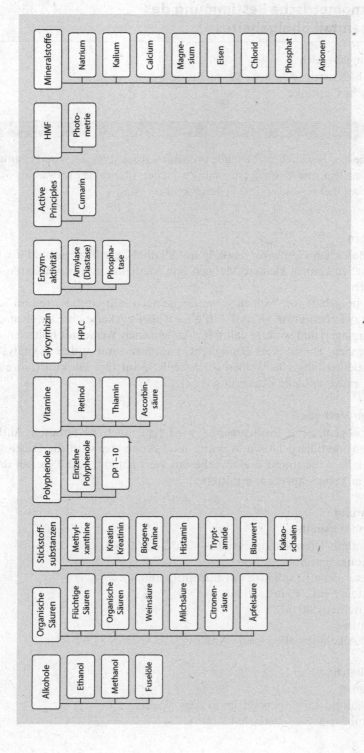

Abb. 18.1 Übersicht – Analytik spezieller Inhaltsstoffe in Lebensmitteln. *Erläuterungen: siehe Text*

18.2.1 Pyknometrische Bestimmung des Gesamtalkoholgehaltes

■ **Anwendungsbereich**
— Wein (siehe Kasten „Amtliche Weinanalyse")
— alkoholische Getränke

> **Amtliche Weinanalyse**
>
> Obwohl die hier beschriebene Methode prinzipiell gleichwertig ist, wird bei amtlichen Weinanalysen die Alkoholbestimmung nach der Allgemeinen Verwaltungsvorschrift (siehe [3] in ► Abschn. 18.2.1) durchgeführt.

■ **Grundlagen**
Der in alkoholischen Getränken enthaltene Alkohol liegt überwiegend als Ethanol vor. Daneben können kleinere Mengen von Methanol und von höheren Alkoholen auftreten.

Der Alkoholgehalt von Weinen schwankt je nach Jahrgang, Sorte und Kellerbehandlung zwischen etwa 55 und 110 g/L, wobei zuckerreiche Traubensorten, gute Weinberglagen und sonnige Jahre im Allgemeinen Weine mit höherem Alkoholgehalt ergeben. Dieser Wert ermöglicht, zusammen mit anderen Analysendaten, bei der Beurteilung von Weinen Rückschlüsse auf ihre Herkunft, ihre Echtheit und auf eine eventuelle Zuckerung [1, 2].

■ **Prinzip der Methode**
Eine genau abgemessene Probenmenge wird (ggf. nach bestimmten Aufbereitungsschritten) destilliert. Durch Wägung im Pyknometer wird die **Dichte** ρ des Destillats bei 20 °C bestimmt und aus diesem Wert anhand von Tabellen der Alkoholgehalt in Volumenprozent ermittelt.

■ **Durchführung**
■ ■ **Geräte und Hilfsmittel**
— Wasserbad mit Thermostat, einstellbar auf 20,0 °C ± 0,1 °C
— Destillationsapparatur
— Pyknometer: 50 mL, 100 mL; mit Einfülltrichter
— Vollpipetten: 5 mL, 10 mL, 50 mL
— Schütteltrichter: 500 mL
— Siedesteinchen
— Amtliche Alkoholtabellen (siehe Anhang von ASU: L 37.00-1[1])

18

■ ■ **Chemikalien (p. a.)**
— Entschäumer
— Natriumchlorid-Lösung: gesättigt in dest. Wasser
— Petroleumbenzin: Siedebereich 40–60 °C

■■ Bestimmung

Pyknometer – Handhabung

Die Messung mit dem **Pyknometer** ist in ▶ Abschn. 14.2 ausführlich beschrieben. Es ist auf ausreichende Temperierzeiten und genaue Wägungen (vorzugsweise Mehrfachmessungen mit Mittelwertbildung) zu achten.

Je nach Menge und Art der flüchtigen Bestandteile der Probenflüssigkeit ist die Bestimmung zu differenzieren (◙ Abb. 18.2):

(a) Proben, die außer Ethanol und Wasser keine nennenswerten Mengen anderer flüchtiger Stoffe enthalten

(a1) Bei einem Alkoholgehalt bis zu 50 Vol.-%
Im Pyknometer werden genau 50 mL der Probenflüssigkeit abgemessen, gewogen und in den Kolben der Destillationsapparatur gefüllt, wobei dreimal mit je 5 mL bis 10 mL dest. Wasser nachgespült wird. Nach Zugabe von Siedesteinchen und ggf. eines Entschäumers wird langsam und unter guter Kühlung in das zum Abmessen benutzte Pyknometer destilliert, bis etwa 45 mL übergegangen sind. Der Pyknometerinhalt wird daraufhin mit luftfreiem dest. Wasser bis knapp unter die Marke aufgefüllt, gut durchmischt, im Wasserbad bei exakt 20,0 °C ± 0,1 °C temperiert und anschließend genau auf die Marke eingestellt. Nachdem der Pyknometerhals über der Flüssigkeit sorgfältig mit Filterpapier getrocknet wurde, wird die Dichte des Destillats ρ_D bestimmt (siehe Auswertung) und daraus der Alkoholgehalt der Probe in Volumenprozenten A [Vol.-%] anhand der Tabellen nach [1] ermittelt.

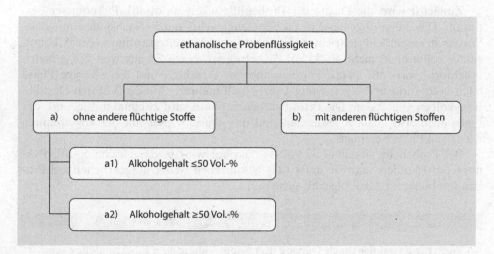

◙ **Abb. 18.2** Analysenschema zur pyknometrischen Gesamtalkoholbestimmung. *Erläuterung:* Differenzierung nach Art und Menge der flüchtigen Bestandteile der Probenflüssigkeit (alkoholisches Getränk)

(a2) Bei einem Alkoholgehalt über 50 Vol.-%

Zunächst wird die Dichte der Probenflüssigkeit im 50-mL-Pyknometer bestimmt. Darauf wird weiter wie unter (a1) angegeben verfahren, die abgemessene Probe vor der Destillation jedoch mit 50 mL bis 70 mL dest. Wasser verdünnt und analog in ein Pyknometer mit 100 mL Inhalt destilliert. Aus der Dichte des Destillats ρ_D (s. Auswertung) wird anhand der Tabellen nach [1] zunächst der Alkoholgehalt in Massenprozenten A_D [m-%] bestimmt und dieser auf den Alkoholgehalt der Probenflüssigkeit in Volumenprozent A_P [Vol.-%] mit:

$$[Vol.-\%] = \frac{[m-\%] \cdot \rho_P}{\rho_E}$$

$$A_P\ [m-\%] = \frac{A_D\ [m-\%] \cdot M_2}{M_1}$$

wie folgt umgerechnet:

$$A_P\ [Vol.-\%] = \frac{A_D\ [m-\%] \cdot M_2 \cdot \rho_P}{M_1 \cdot \rho_E}$$

mit

M_1 – Masse der Probenmenge im 50-mL-Pyknometer in g

M_2 – Masse des aufgefüllten Destillats im 100-mL-Pyknometer in g

ρ_P – bei der Abmessung der Probe durch genaue Wägung bestimmt

ρ_E – $= 789{,}24$ kg/m^3 (alle Werte bei 20,0 °C)

Indizes: – P Probe, D Destillat, E Ethanol

(b) Proben, die außer Ethanol und Wasser größere Mengen anderer flüchtiger Stoffe (z. B. organische Säuren) enthalten

Zunächst wird die Dichte der Probenflüssigkeit im 50-mL-Pyknometer bestimmt. Die dabei abgemessene Probenmenge wird unter Nachspülen mit dest. Wasser in einen Schütteltrichter überführt und ggf. weiterverdünnt (der Alkoholgehalt sollte nicht mehr als 35 Vol.-% betragen). Nach Zugabe von 2–3 g Natriumchlorid wird mit 50 mL Petroleumbenzin extrahiert und die wässrige Phase nach vollständiger Phasentrennung (eventuell mehrere Stunden!) in den Destillationskolben abgelassen. Die Petroleumbenzinphase wird zweimal mit je 5 mL der Natriumchlorid-Lösung gewaschen und das Waschwasser mit der abgetrennten wässrigen Phase vereinigt.

Bei Proben bis maximal 35 Vol.-% Alkohol wird in das gleiche 50-mL-Pyknometer destilliert und wie unter (a1) beschrieben weiter aufgearbeitet; bei Proben mit höherem Alkoholgehalt siehe (a2).

18

Hinweis zu Proben gemäß „Bestimmung (b)"

Wenn die **Extraktion** durch Trübung, Emulsionsbildung oder Flockenbildung keine klar getrennten Schichten ergibt, wird die im Pyknometer abgemessene Probe (ggf.

nach Verdünnung) zunächst langsam destilliert, wobei der Schütteltrichter als Vorlagegefäß dient. Erst dann werden Extraktion und Weiterbearbeitung angeschlossen.

- **Auswertung**

Die Berechnung der Dichte ρ des Destillats erfolgt nach:

$$\rho_D = \frac{M_b - M_a}{V} + \rho_L$$

mit

M_a	$= m_{Py} + m_L$ Masse des leeren (d. h. mit Luft gefüllten) Pyknometers in g
M_b	$= m_{Py} + m_D$ Masse des mit dem Destillat gefüllten Pyknometers in g
V	Volumen des Pyknometers in mL
ρ_L	$= 1{,}20$ kg/m³ (bei 20,0 °C)
Indizes:	Py Pyknometer, D Destillat, L Luft

Herleitung von der obigen Gleichung:

$$M_b - M_a = m_{Py} + m_D - m_{Py} - m_L = m_D - m_L$$

Mit der Definition der Dichte: $\rho = m/V$
wird erhalten: $m_D/V = \rho_D$
und $m_L/V = \rho_L$
und durch Kombination ergibt sich:

$$m_D/V - m_L/V = (m_D - m_L)/V = \rho_D - \rho_L$$

Daraus folgt:

$$\rho_D = \frac{m_D - m_L}{V} + \rho_L = \frac{M_b - M_a}{V} + \rho_L$$

Überprüfung des Pyknometers

Das Volumen V des Pyknometers ist gelegentlich mit frisch ausgekochtem dest. Wasser zu überprüfen.
Es gilt:

$$V = \frac{M_b - M_a}{\rho_W - \rho_L}$$

mit

$\rho_w = 998{,}20$ kg/m^3 (Dichte des Wassers bei 20,0 °C)
$\rho_L = 1{,}20$ kg/m^3 (Dichte der Luft bei 20,0 °C)

Begleitalkohole

Der Einfluss geringer Mengen evtl. vorhandener Begleitalkohole (wie Methanol, *n*-Propanol, *iso*-Propanol) bleibt bei dieser Methode unberücksichtigt. Wenn größere Mengen (0,1 % und mehr) vorliegen, ist dies bei der Berechnung des Ethanol-Gehaltes ggf. zu berücksichtigen.

18.2.2 Bestimmung von Methanol – Chromotropsäure-Methode

■ **Anwendungsbereich**
▬ Wein
▬ Spirituosen

$$(18.1)$$

■ **Grundlagen**

Bei der Herstellung alkoholischer Getränke wird **Methanol** aus Pektinstoffen gebildet (▶ Gl. 18.1). Die Pektine werden durch pektolytische Enzyme abgebaut, die entweder in den Trauben selbst oder in der zugesetzten Hefe vorhanden sind (**Pektinmethylesterase,** PME).

Die Menge des freigesetzten Methanols hängt vom Pektingehalt sowie von Aktivität und Menge der Pektinasen ab.

In alkoholischen Getränken, die auf der Maische vergoren werden, liegt im Allgemeinen ein höherer Methanol-Gehalt vor; beispielsweise enthält Rotwein mehr Methanol als Weißwein, Kirschwasser mehr als Himbeergeist usw. ◘ Tab. 18.1 zeigt die durchschnittlichen Methanolkonzentrationen einiger Getränke.

Synthetisch hergestelltes Ethanol enthält kein Methanol. Methanol führt bei Aufnahme größerer Mengen zur Erblindung und zum Tod (tödliche Dosis$_{Methanol}$: 100–200 mL) [3–7].

18

◘ Tab. 18.1 Durchschnittliche Methanol-Gehalte einiger alkoholischer Getränke

Getränk	Methanol-Gehalt (Vol.-%)
Weißwein	0,005–0,015
Rotwein	0,015–0,025
Beerenlikör	0,01–0,02
Obstbranntwein	0,1–0,5
Kirschwasser	0,3–0,6
Zwetschgenwasser	0,5–0,8
Tresterbranntwein	Bis 1,0
Whisky, Wodka, Rum, Cognac	<0,05

- **Prinzip der Methode**

Das bei der Alkoholbestimmung (▶ Abschn. 18.2.1) erhaltene Destillat wird zur Entfernung von Terpenen und Aldehyden über Silbernitrat und Kaliumhydroxid nochmals destilliert. Das darin enthaltene Methanol wird mit Kaliumpermanganat zu Formaldehyd oxidiert und überschüssiges Kaliumpermanganat durch Oxalsäure entfernt. Das entstandene Formaldehyd wird mit Chromotropsäure zu einem rotviolett gefärbten Reaktionsprodukt umgesetzt und dessen Konzentration photometrisch bestimmt.

- **Durchführung**
- **Geräte und Hilfsmittel**
- ▬ Wasserbad mit Thermostat
- ▬ Spektralphotometer (▶ Abschn. 8.2)
- ▬ Glasküvetten: $d = 1$ cm
- ▬ Heizpilzhaube
- ▬ Rückflusskühler
- ▬ Liebig-Kühler
- ▬ Spezialpipette für Schwefelsäure
- ▬ Feinbürette mit 0,05-mL-Einteilung
- ▬ Vollpipetten: diverse
- ▬ Messpipetten: 1 mL, 10 mL
- ▬ Messkolben: 50 mL, 100 mL
- ▬ Messzylinder mit Schliff und Stopfen: 10 mL
- ▬ Standzylinder: 100 mL
- ▬ Erlenmeyerkolben: 50 mL
- ▬ Iodzahlkolben: 50 mL
- ▬ Weithalsreagenzgläser mit Schliff und Stopfen
- ▬ Siedesteinchen

▪▪ Chemikalien (p. a.)

– Kaliumpermanganat $KMnO_4$
– Oxalsäure $H_2C_2O_4$
– Chromotropsäure
– o-Phosphorsäure: 85%ig ($d = 1,75$ g/mL)
– Schwefelsäure: 98%ig ($d = 1,84$ g/mL)
– Ethanol: ~25Vol.-%ig
– Silbernitrat-Lösung: $c = 1$ mol/L
– Kaliumhydroxid-Lösung: 30%ig (w/v)
– Methanol: frisch destilliert
– Oxidations-Reagenz:
  3 g Kaliumpermanganat werden im 100-mL-Messkolben in ca. 70 mL dest. Wasser und 15 mL o-Phosphorsäure ($d = 1,75$ g/mL) gelöst; nach Erkalten wird mit dest. Wasser zur Marke aufgefüllt. Haltbarkeit in Braunglasflaschen: ca. 8 Wochen
– Oxalsäure-Lösung:
  3,15 g Oxalsäure werden im 50-mL-Messkolben mit ca. 40 mL dest. Wasser und 5 g Schwefelsäure ($d = 1,84$ g/mL) gelöst und nach Erkalten mit dest. Wasser zur Marke aufgefüllt
– Chromotropsäure-Lösung:
  300 mg Chromotropsäure werden unmittelbar vor dem Gebrauch in 20 mL dest. Wasser gelöst

▪▪ Bestimmung

Vorbemerkung

Der Gesamtalkoholgehalt A (Vol.-%) der Untersuchungsflüssigkeit wird als bekannt vorausgesetzt (▶ Abschn. 18.2.1).

Das folgende Verfahren wird bei konstantem Gesamtalkoholgehalt durchgeführt (bei 5 Vol.-%).

(a) Destillation
$250/A$ mL des nach ▶ Abschn. 18.2.1 erhaltenen und eingestellten Destillats werden mit Hilfe der Feinbürette in einen 250-mL-Rundkolben gegeben, auf ca. 50 mL mit dest. Wasser aufgefüllt und mit 1,0 mL Silbernitrat-Lösung sowie einigen Siedesteinchen versetzt. Die Lösung wird 30 min lang unter Rückfluss erhitzt und danach der Kühler mit 10 mL dest. Wasser ausgespült; anschließend werden ca. 25 bis 30 mL des Kolbeninhalts in einen 50-mL-Messkolben überdestilliert und mit dest. Wasser bis zur Marke aufgefüllt (diese Lösung enthält 5 Vol.-% Gesamtalkohol).

18

(b) Oxidation

2,0 mL der nach (a) hergestellten Lösung werden in einem 10-mL-Messzylinder mit 5 mL Oxidationsreagenz versetzt, der Zylinder wird mit einem Stopfen verschlossen und kräftig geschüttelt; wegen des entstehenden Überdrucks ist der Stopfen gelegentlich anzuheben. Darauf wird die Lösung 15 min stehen gelassen, mit 2,0 mL Oxalsäure-Lösung versetzt und wieder kräftig durchgeschüttelt (starke CO_2-Entwicklung!). Nach etwa 15 min sollte die Lösung farblos und klar sein; liegt dagegen noch ungelöster Braunstein vor, so wird nochmals geschüttelt. Anschließend wird mit dest. Wasser auf 10 mL aufgefüllt und die Lösung wieder kräftig durchgeschüttelt, um gelöstes CO_2 zu entfernen.

(c) Farbreaktion

1,0 mL der nach (b) hergestellten Lösung wird in ein Reagenzglas mit Schliff gegeben und mit 1,0 mL der frisch angesetzten Chromotropsäure-Lösung versetzt. Aus der Spezialpipette werden 10,0 mL Schwefelsäure (98%ig) zugegeben. Das Reagenzglas wird verschlossen und vorsichtig geschüttelt, wobei die Flüssigkeit den Schliff nicht benetzen soll. Anschließend wird die Lösung 20 min lang im vorgeheizten Wasserbad auf 60 °C erwärmt, schnell auf 20 °C abgekühlt und bei 570 nm gegen eine Blindlösung gemessen. Für die Blindlösung wird als Ausgangslösung bei der Oxidation nach (b) anstelle der Probenlösung eine Ethanol-Lösung (5 Vol.-%ig) eingesetzt.

(d) Kalibrierkurve

Ein Iodzahlkolben, der etwa 10 mL dest. Wasser enthält, wird genau gewogen. 1,0 mL Methanol werden dazu pipettiert und durch erneute Wägung die eingesetzte Methanolmenge in mg (Einwaage E) bestimmt. Die Lösung wird in einen 100-mL-Messkolben gegeben (Iodzahlkolben dabei gut ausspülen) und mit dest. Wasser bis zur Marke aufgefüllt. Von dieser Grundlösung werden $a = 5$; 10; 15; 20 und 25 mL in je einen 50-mL-Messkolben pipettiert, jeweils mit 10 mL 25 Vol.-%igem Ethanol versetzt und mit dest. Wasser bis zur Marke aufgefüllt. Die Methanolkonzentrationen dieser Kalibrierlösungen betragen c_1 (µg/mL) $= (E \cdot a)/50$. Jeweils 2 mL davon werden zur Oxidation eingesetzt. Die Farbreaktion wird anschließend mit 1 mL der oxidierten und auf 10 mL aufgefüllten Lösung durchgeführt. Die Methanolkonzentrationen dieser Lösungen betragen dann c_2 (µg/mL) $= (E \cdot a)/250$.

- **Auswertung**

Durch Interpolation wird aus der Kalibrierkurve (Extinktion gegen Methanol-Konzentration) die Methanol-Konzentration c_L der zur Farbreaktion eingesetzten Lösung ermittelt; die Umrechnung auf den Methanol-Gehalt M des alkoholischen Getränks in mg/L wird wie folgt durchgeführt:

$$M\,[\text{mgL}] = A \cdot c_L$$

mit

A – Gesamtalkohol des alkoholischen Getränks in Vol.-%

c_L – Methanol-Konzentration der Messlösung in μg/mL (aus der Kalibriergeraden)

L – Messlösung

18.2.3 Identifizierung und Bestimmung von Alkoholen mittels GC

■ **Anwendungsbereich**
- alkoholische Getränke
- Wein
- alkoholische Lösungen, allgemein

■ **Grundlagen**
Während der alkoholischen Gärung wandeln die Hefen über ihren Metabolismus nicht nur Zucker um, sondern auch andere Inhaltsstoffe der Maischen. Auf diese Weise entstehen **Gärungsnebenprodukte,** zu denen die höheren Alkohole wie insbesondere Amylalkohol, Butanol und Propanol, weniger Hexanol, Heptanol und Nonanol gehören. In der Summe werden diese als Fuselöle bezeichnet und prägen (zum Teil als Ester) das Bukett und Aroma von Wein und Bier. Die Menge der gebildeten höheren Alkohole schwankt bei Traubenweinen je nach Sorte, Jahrgang und Gärführung zwischen 2,5 und 4 g auf 1000 g Ethanol.

In Alkoholdestillaten reichern sie sich besonders an und können daher in diesen in größeren Mengen enthalten sein, wenn sie nicht durch sorgfältige Rektifikation abgetrennt werden. Die höheren Alkohole sind starke Nervengifte. Die narkotisierende Wirkung der verschiedenen isomeren **Amylalkohole** (Pentanole) ist im Vergleich zum Ethanol 20–50 mal stärker [8–10].

■ **Prinzip der Methode**
Die in wässriger Lösung vorliegenden Alkohole werden gaschromatographisch an Porapak-Material getrennt. Die quantitative Auswertung erfolgt nach der Methode des Externen Standards.

Bei Porapak-Trennphasen handelt es sich um poröse Polymere (zusammengesetzt aus Ethylvinylbenzol und Divinylbenzol), die sich u. a. zur Trennung flüchtiger, niedermolekularer Substanzen nach adsorptionschromatographischen Prinzipien eignen. Die Substanzen werden in der Folge ihrer Siedepunkte eluiert.

■ **Durchführung**
■■ **Geräte und Hilfsmittel**
- ▶ Abschn. 18.2.1; außerdem:
- Gaschromatograph mit FID (▶ Abschn. 5.4)
- Glasspritze: 10 μL
- Messkolben: diverse
- Vollpipetten: diverse

18

▪▪ Chemikalien (p. a.)
- Methanol
- Ethanol: absolut
- 1-Propanol
- 2-Propanol
- *iso*-Butanol
- *n*-Butanol
- tert.-Amylalkohol
- *n*-Amylalkohol

▪▪ Bestimmung

(a) Herstellung der Probenlösung

Das aus den Proben nach ► Abschn. 18.2.1 gewonnene Destillat wird definiert mit dest. Wasser verdünnt und direkt für die Adsorptionschromatographie an Porapak eingesetzt. 1–2,5 µL der wässrigen Lösung (der Anteil der einzelnen Komponenten soll nicht mehr als 0,03 µL ausmachen) werden injiziert.

(b) GC-Parameter

Trennsäule	Styrol-Divinylbenzol-Polymerisat: 100–120 mesh; 2 m × 2 mm, Glas
Detektor	FID
Trägergas	25–30 mL Stickstoff/min
Injektortemperatur	220 °C
Detektortemperatur	220 °C
Säulenofentemperatur	Temperaturprogramm: 150 °C 5 min, dann 8 °C/min bis 200 °C
	Isotherm: z. B. 160 °C oder 175 °C
Maximaltemperatur der Säule	250 °C

▪ Auswertung

Die Peaks des erhaltenen Gaschromatogramms werden mit Hilfe von Referenzsubstanzen zugeordnet. Für einfache Trennprobleme kann im isothermen Modus zwischen ca. 160 °C und 175 °C gearbeitet werden. Durch die Anwendung eines Temperaturprogramms können auch komplexere Mischungen getrennt werden, jedoch wird dann im Allgemeinen eine höhere Grundliniendrift beobachtet (vgl. ◘ Abb. 18.3).

Zur quantitativen Bestimmung der Alkohole werden Kalibrierungen vorgenommen. Je nach identifizierten Komponenten werden Kalibrierlösungen hergestellt, die zwischen 0,002 mL und 0,02 mL des Alkohols bzw. der Alkohole pro mL Wasser enthalten. Fuselöle im Wein lassen sich nur bei hohen Konzentrationen erfassen.

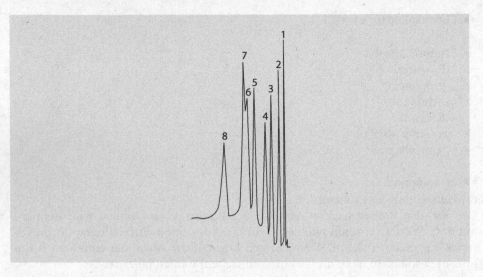

○ **Abb. 18.3**   Gepacktsäulen-Gaschromatogramm eines Testgemisches verschiedener Alkohole (Modus: Temperaturprogramm). *Erläuterung:* **1** Methanol; **2** Ethanol; **3** 2-Propanol; **4** 1-Propanol; **5** Iso-Butanol; **6** *n*-Butanol; **7** tert.-Amylalkohol; **8** *n*-Amylalkohol

---

„Geisterpeaks"

Die Glasspritze darf nicht mit organischen Lösungsmitteln (z. B. Aceton u. dgl.) gespült werden, da dadurch sog. *Geisterpeaks* auftreten. Zum Spülen der Spritze ist ausschließlich dest. Wasser zu verwenden.

18.3 Organische Säuren

Organische Säuren (engl. organic acids) kommen in vergleichsweise hohen Konzentrationen in Obst und Beeren vor, wo sie wesentlich zum Geschmack beitragen.

Ihre analytische Bestimmung bildet ein wichtiges Hilfsmittel, um beispielsweise Verschnitte von Säften mit minderwertigen Produkten festzustellen, und ist auch für andere Fragestellungen von Bedeutung: So kann anhand des Verhältnisses von Citronensäure zu Isocitronensäure auf den Fruchtgehalt von Orangensäften geschlossen werden, und durch Kombination von photometrischer und enzymatischer Bestimmung (▸ Abschn. 18.3.3.3 und 18.3.4.1) ist der Zusatz von D,L-Äpfelsäure nachweisbar.

18

18.3.1 Identifizierung von organischen Säuren mittels DC

■ **Anwendungsbereich**
- Fruchtsäfte, Fruchtsaftgetränke
- Wein

■ **Grundlagen**
Die wichtigsten organischen Säuren wie Citronensäure, Weinsäure, Äpfelsäure, Milchsäure und Fumarsäure können mit Hilfe der Dünnschichtchromatographie auf einfache Art und Weise charakterisiert bzw. identifiziert werden [11–16].

■ **Prinzip der Methode**
Die organischen Säuren werden über Kationen- und Anionenaustauscher von Begleitsubstanzen befreit und anschließend dünnschichtchromatographisch getrennt. Die Detektion erfolgt durch Umsetzung mit Acridin.

■ **Durchführung**
■■ **Geräte und Hilfsmittel**
- ▶ Abschn. 5.2; außerdem:
- Rotationsverdampfer
- UV-Lampe
- Chromatographierohr: Länge ca. 25 cm, Ø ca. 2 cm, mit Vorratsgefäß
- Vollpipette: 25 mL
- Messzylinder: 100 mL
- Becherglas: 200 mL
- Rundkolben: 250 mL

■■ **Chemikalien (p. a.)**
- Ethanol: 96 Vol.-%ig
- Ameisensäure: 98%ig
- Essigsäure: 96%ig (Eisessig)
- *n*-Butanol
- *iso*-Butanol
- tert.-Amylalkohol
- Kationenaustauscher: stark sauer
- Anionenaustauscher: stark basisch
- Salzsäure: 8%ig
- Natriumhydroxid-Lösung: 8%ig (*w/v*)
- Natriumcarbonat-Lösung: 10 g $Na_2CO_3 \cdot 10\ H_2O$ in 75 mL dest. Wasser lösen
- Ammoniumcarbonat-Lösung: c = 1 mol/L
- Acridin (2,3,5,6-Dibenzopyridin)
  Achtung: Sicherheitshinweise beachten! Acridin bewirkt beim Menschen Hautreizungen. Es gilt als mutagen.
- für DC:

DC-Platten	Cellulose-Fertigplatten ohne Fluoreszenzindikator oder selbst herg-estellt nach (▶ Abschn. 5.2.1.2)
Laufmittel	Komponente I: Ameisensäure/Eisessig/dest. Wasser 50 + 15 + 20 ($v/v/v$) Komponente II: n-Butanol/iso-Butanol/tert.-Amylalkohol 25 + 25 + 25 ($v/v/v$) Unmittelbar vor Gebrauch wird 1 Volumenteil I mit 2 Volument-eilen II gemischt (stets frisch herstellen!)
Vergleichslösungen	Citronensäure, Weinsäure, Äpfelsäure, Milchsäure, Fumarsäure u. dgl.; jeweils 1%ig in dest. Wasser
Sprühreagenz	125 mg Acridin in 100 mL Ethanol lösen

▪▪ Bestimmung

(a) Behandlung der Ionenaustauscher

Die Ionenaustauscher werden 30 min lang in dest. Wasser quellen gelassen. Jeweils etwa 50 mL der gequollenen Ionenaustauscher werden in ein Chromatographierohr gegeben und wie folgt regeneriert:

(a1) Kationenaustauscher

Nacheinander durchfließen lassen:
- 50 mL Salzsäure (Durchfluss: 1 Tropfen/s)
- dest. Wasser, bis der Auslauf einen neutralen pH-Wert zeigt (2 Tropfen/s)
- 100 mL auf 70 °C erhitztes dest. Wasser (3 Tropfen/s)

(a2) Anionenaustauscher

Nacheinander durchfließen lassen:
- 75 mL Natriumhydroxid-Lösung (Durchfluss: 1 Tropfen/s)
- 75 mL Natriumcarbonat-Lösung (Durchfluss: 1 Tropfen/s)
- dest. Wasser, bis der Auslauf einen neutralen pH-Wert zeigt (2 Tropfen/s)
- 100 mL auf 70 °C erhitztes dest. Wasser (3 Tropfen/s)

(b) Herstellung der Probenlösung

Trübe Fruchtsäfte mit festen Fruchtanteilen werden zunächst 20 min lang zentrifugiert (3000 rpm).

25 mL der klaren Probenflüssigkeit werden auf die beiden nach (a) vorbereiteten und übereinander angeordneten Ionenaustauschersäulen (oben: Kationenaustauscher; darunter: Anionenaustauscher) gegeben; die Durchflussgeschwindigkeit soll etwa 1 Tropfen/s betragen. Es wird dann mit 100 mL dest. Wasser nachgewaschen (50 mL mit 1 Tropfen/s, die weiteren 50 mL mit 3 Tropfen/s); die abfließenden Flüssigkeiten werden verworfen.

18

Anschließend werden die Säulen voneinander getrennt und die Säuren, die an der Anionenaustauschersäule gebunden sind, mit 75 mL Ammoniumcarbonat-Lösung in Form ihrer Ammoniumsalze eluiert (1 Tropfen/s). Das Eluat im Rundkolben wird am Rotationsverdampfer auf etwa 20 mL eingeengt; falls dann noch Ammoniak geruchlich wahrnehmbar ist, wird weiter eingeengt und anschließend mit dest. Wasser entsprechend verdünnt.

Um aus den Ammoniumsalzen wieder die freien Säuren zu bilden, wird das ammoniakfreie Eluat auf die in der Zwischenzeit nach (a1) regenerierte Kationenaustauschersäule gegeben (Durchfluss: 1 Tropfen/s). Es wird mit dest. Wasser so lange gewaschen, bis die ablaufende Lösung einen neutralen pH-Wert zeigt. Das so gewonnene Eluat wird am Rotationsverdampfer auf etwa 2 mL eingeengt; diese Lösung wird direkt zur DC eingesetzt.

(c) DC-Trennung

Auftragung der Lösungen: 10 µL der Probenlösung nach (b) und je 5 µL der Vergleichslösungen.

Entwicklung: Aufsteigend in N-Kammer bis zu einer Laufhöhe von ca. 13 cm.

(d) Detektion

Die entwickelte Platte wird etwa 30 min lang im Trockenschrank bei 110 °C getrocknet; nach dem Abkühlen auf Raumtemperatur mit dem Sprühreagenz intensiv besprüht, an der Luft getrocknet und anschließend unter der UV-Lampe bei 254 nm betrachtet.

- **Auswertung**

Die Substanzflecken sind anhand ihrer zitronengelb leuchtenden Farben auf hellblauem Untergrund gut zu erkennen.

Alternative Detektion

Die **Detektion** kann auch mit dem folgenden Reagenz vorgenommen werden:
⇒ Die getrockneten Platten werden mit 0,05%iger 8-Hydroxychinolin-Lösung in Ethanol (96Vol.-%ig) besprüht und danach kurz in Ammoniakdämpfe gehalten (z. B. im Abzug über offene Flasche mit konzentrierter Ammoniak-Lösung). Beim Betrachten unter der UV-Lampe bei 254 nm erscheinen dunkle Flecken.

18.3.2 Titrimetrische Bestimmung der flüchtigen Säuren

- **Anwendungsbereich**
- Wein, Traubenmost (teilweise gegoren)
- Obstwein

- **Grundlagen**

Flüchtige, organische Säuren (engl. volatile organic acids) (hauptsächlich Essigsäure: sie entsteht aus dem bei der Gärung als Zwischenprodukt anfallenden Acetaldehyd) werden während der alkoholischen Gärung durch die Hefe gebildet, entstehen aber z. T. auch durch die Tätigkeit von Bakterien, Kahmhefen und anderen Mikroorganismen. Beim Einsatz gesunder Trauben- oder Obstsäfte und Verwendung echter Weinhefen werden bei der Vergärung normalerweise nicht mehr als 0,8 g flüchtige Säuren pro Liter Most bzw. Wein ($\triangleq$ 13 mmol) gebildet. Ist der Gehalt an flüchtigen Säuren größer als 0,9 g/L bei Weißweinen resp. größer als 1,2 g/L bei Rotweinen (15 mmol resp. 20 mmol), dann enthält der Wein Essigsäurebakterien und neigt zum Verderb [17–26].

■ **Prinzip der Methode**

Die flüchtigen Säuren werden durch Wasserdampfdestillation aus der Untersuchungsflüssigkeit abgetrennt und im Destillat titrimetrisch bestimmt. Mitüberdestillierte schweflige Säure wird im Destillat gesondert (▶ Abschn. 19.1.6) bestimmt und der mit Lauge ermittelte Titrationswert entsprechend korrigiert.

■ **Durchführung**
■ ■ **Geräte und Hilfsmittel**

— Apparatur für die Wasserdampfdestillation (◘ Abb. 18.4; vgl. Kasten „Anmerkung Appartur")
— Feinbürette: 10 mL
— Vollpipette: 5 mL
— Erlenmeyerkolben: 200 mL
— Siedesteinchen

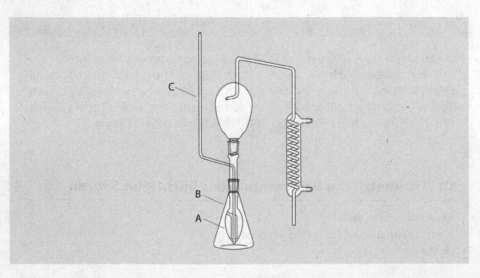

◘ **Abb. 18.4** Apparatur zur Bestimmung der flüchtigen Säuren (Nach [17, 18]). *Erläuterung:* **A** Birnenförmiges Kölbchen zur Aufnahme der Probe; **B** Wasserdampfentwickler (500-mL-Erlenmeyerkolben, NS 45); **C** Steigrohr. *Weitere Erläuterungen:* siehe Text

18

■■ **Chemikalien (p. a.)**
— Natriumhydroxid-Maßlösung: c = 0,01 mol/L
— Phenolphthalein-Lösung: 1%ig, ethanolisch

■■ **Bestimmung**
Hierzu wird die in ◨ Abb. 18.4 wiedergegebene Apparatur verwendet. Zur Erzeugung des Wasserdampfs dient der 500-mL-Erlenmeyerkolben (B).

In das birnenförmige Kölbchen *(A)* der Destillationsapparatur werden 5 mL Untersuchungsflüssigkeit pipettiert. Vor Beginn der Destillation ist darauf zu achten, dass der Wasserspiegel im äußeren Kolben *(B)* über dem Spiegel der Untersuchungsflüssigkeit liegt. Nach Schließen der Apparatur wird der Wasserdampfentwickler so erhitzt (z. B. Bunsenbrenner), dass ein kräftiger Wasserdampfstrom entsteht (kleine Siedesteinchen zugeben, um Siedeverzüge zu vermeiden); insgesamt 60 mL der Probe werden in die Vorlage (200-mL-Erlenmeyerkolben) überdestilliert. Danach wird das Destillat bis zum beginnenden Sieden erhitzt und mit Natriumhydroxid-Maßlösung (c = 0,01 mol/L) gegen Phenolphthalein titriert.

▪ **Auswertung**
Der Gehalt an flüchtigen Säuren *FS* (berechnet als Essigsäure) wird wie folgt errechnet:

$$FS \; [g/L] \; = \; 0,12 \cdot a$$

$$FS \; [mmol/L] \; = \; 2 \cdot a$$

mit

a – Verbrauch an Natriumhydroxid-Maßlösung (c = 0,01 mol/L) in mL

Der Titer der Natriumhydroxid-Maßlösung ist regelmäßig zu überprüfen.

18.3.3 Chemisch-photometrische Methoden

18.3.3.1 Photometrische Bestimmung von Weinsäure

▪ **Anwendungsbereich**
— Fruchtsäfte
— Milcherzeugnisse
— Wein

- Backpulver
- Zuckerwaren

■ **Grundlagen**

Weinsäure (engl. tartaric acid) gehört zu den verbreitetsten organischen Säuren im Pflanzenreich. Besonders hohe Weinsäureanteile sind in Tamarinden (bis zu 97 % der Gesamtsäure) und Weintrauben (ca. 40 % der Gesamtsäure) zu finden. Bei letzteren schwankt der Weinsäure-Gehalt nur begrenzt (6–6,4 g/L) und ist vom Reifegrad des Lesegutes unabhängig. Während des Weinausbaus vermindert sich der Weinsäure-Gehalt jedoch durch einzelne Behandlungsverfahren (z. B. Entsäuerung, Kältestabilisierung usw.) deutlich.

Weinsäure wird in der Lebensmittelindustrie häufig als Zusatzstoff eingesetzt; sie dient als Säuerungsmittel in Limonaden und Zuckerwaren, aber auch zur Kohlendioxidentwicklung in Brausen und Backpulver [4, 24, 25].

■ **Prinzip der Methode**

Die Probenflüssigkeit wird im stark essigsauren Medium mit Ammoniumvanadat versetzt und der dabei entstehende rot gefärbte Weinsäure-Vanadinsäure-Komplex bei 530 nm photometriert. Die gleichzeitig entstehenden und durch ihre Gelbfärbung störenden Polyvanadinsäure-Modifikationen müssen vor der Messung durch Zugabe von Silbernitrat als Silbersalze ausgefällt und abgetrennt werden.

■ **Durchführung**
■■ **Geräte und Hilfsmittel**
- Spektralphotometer (▶ Abschn. 8.2)
- Glasküvetten: $d = 1$ cm
- Vollpipetten: 10 mL, 15 mL
- Messkolben: 100 mL, 1000 mL
- Messzylinder: 500 mL
- Erlenmeyerkolben: 250 mL
- Reagenzgläser
- Glastrichter mit Faltenfilter

■■ **Chemikalien (p. a.)**
- Silbernitrat $AgNO_3$
- Essigsäure: 96%ig (Eisessig)
- Ammoniumvanadat NH_4VO_3
- Natriumhydroxid-Lösung: $c = 1$ mol/L
- Weinsäure
- Silbernitrat-Lösung, $c = 0,1$ mol/L:
  17 g Silbernitrat werden im 1000-mL-Messkolben mit 200 mL dest. Wasser gelöst, mit 300 mL 96%iger Essigsäure versetzt und mit dest. Wasser bis zur Marke aufgefüllt
- Ammoniumvanadat-Lösung ($c = 10$ g/L):

18

10 g Ammoniumvanadat werden im 1000-mL-Messkolben mit 150 mL Natriumhydroxid-Lösung versetzt und mit dest. Wasser bis zur Marke aufgefüllt
— Weinsäure-Standardlösung (c = 4 g/L):
4 g Weinsäure werden im 1000-mL-Messkolben mit dest. Wasser bis zur Marke aufgefüllt
— Aktivkohle

■■ Bestimmung
(a) Probenaufarbeitung und Farbreaktion
10 mL der Probenflüssigkeit (aus festen oder pastösen Proben muss vorher ein wässriger Extrakt hergestellt werden) werden in einen Erlenmeyerkolben pipettiert, mit 15 mL Silbernitrat-Lösung und 0,5 g Aktivkohle versetzt und geschüttelt. Unter kräftigem Schwenken des Kolbens werden 15 mL Ammoniumvanadat-Lösung hinzugegeben und das Gemisch sofort über ein Faltenfilter filtriert. Die ersten 5 mL des Filtrats werden verworfen, der Rest wird in einem Reagenzglas gesammelt und bei 530 nm gegen eine Chemikalienblindprobe (aus 10 mL dest. Wasser anstelle der Probenflüssigkeit) photometrisch gemessen.

(b) Kalibrierkurve
Zur Erstellung der Kalibriergeraden werden $a = 15$; 25; 35; 50 und 65 mL der Weinsäure-Standardlösung in je einen 100-mL-Messkolben pipettiert und mit dest. Wasser aufgefüllt. Die Weinsäurekonzentrationen dieser Kalibrierlösungen betragen c (mg/L) = 40 · a. Jeweils 10 mL dieser Lösungen werden wie oben beschrieben zur Bestimmung eingesetzt.

■ Auswertung
Die Extinktionswerte der Kalibrierlösungen werden gegen die jeweilige Weinsäurekonzentration aufgetragen. Die Bestimmung des Weinsäure-Gehaltes der Probenflüssigkeit erfolgt interpolativ; Werte unterhalb von etwa 6 mg/10 mL können dabei nicht ausgewertet werden, da die Kalibrierkurve in diesem Bereich nicht mehr linear ist.

Das Messergebnis w (Weinsäure-Konzentration in mg pro 10 mL Probevolumen) wird auf den Weinsäure-Gehalt W (g/L Probenflüssigkeit) umgerechnet:

$$W\,[\text{g/L}] = w/10$$

mit

w – Weinsäure-Gehalt der Messlösung in mg/10 mL Ansatz (aus der Kalibriergeraden)

18.3.3.2 Photometrische Bestimmung von Milchsäure

■ Anwendungsbereich
— Fruchtsäfte
— Fruchtsaftgetränke
— Wein

- **Grundlagen**

Milchsäure (α-Hydroxypropionsäure, engl. lactic acid) wird in der Natur bei zahlreichen Gärungsvorgängen aus Kohlenhydraten gebildet. Sie kann entweder anaerob beim Fehlen von Pyruvat-Decarboxylase aus Brenztraubensäure entstehen oder aber z. B. über einen enzymatischen Äpfelsäureabbau (durch Milchsäurebakterien) gebildet werden. Aus einer Dicarbonsäure entsteht also eine Monocarbonsäure; dies führt z. B. bei Wein zu einer erheblichen Geschmacksmilderung. Ähnlich wie die Weinsäure dient Milchsäure als Säuerungsmittel bei der Lebensmittelherstellung [4, 27–29].

- **Prinzip der Methode**

Die in der Probe als Ester gebundene Milchsäure wird durch alkalische Hydrolyse freigesetzt. Aus der Probenflüssigkeit werden dann Acetaldehyd und Ethanol entfernt, und die Milchsäure wird mit Cer(IV)-sulfat zu Acetaldehyd oxidiert. Bei Zusatz von Piperidin und Nitroprussidnatrium entsteht eine violett gefärbte Anlagerungsverbindung, die bei 570 nm gegen eine mit denselben Reagenzien hergestellte Blindlösung photometriert wird.

- **Durchführung**
- **Geräte und Hilfsmittel**
- Spektralphotometer (▶ Abschn. 8.2)
- Glasküvetten: $d = 1$ cm
- Rückflusskühler
- Pilzheizhaube
- Rundkolben: 500 mL
- Vollpipetten: 2 mL, 5 mL, 20 mL, 25 mL, 100 mL
- Messkolben: 50 mL, 100 mL, 200 mL, 250 mL
- Messzylinder mit Schliff und Stopfen: 25 mL
- Messzylinder: 25 mL
- Erlenmeyerkolben: 100 mL
- Glastrichter
- Faltenfilter
- pH-Papier
- Siedesteinchen

- **Chemikalien (p. a.)**
- Natriumhydroxid-Lösung: $c = 2$ mol/L
- Schwefelsäure: $c = 0{,}25$ mol/L
- Schwefelsäure: $c = 1{,}4$ mol/L
- Cer(IV)-Lösung:
  8,086 g $Ce(SO_4)_2 \cdot 4\,H_2O$ werden in einem 200-mL-Messkolben mit genau eingestellter Schwefelsäure ($c = 1{,}4$ mol/L) gelöst und zur Marke aufgefüllt
- Piperidin-Lösung: 20%ig:
  40 mL Piperidin werden in einem 200-mL-Messkolben mit dest. Wasser zur Marke aufgefüllt. (Die Lösung sollte möglichst einige Tage vor der Bestimmung angesetzt werden.)

18

— Nitroprussidnatrium-Lösung: 0,4%ig:
1,0 g Dinatriumpentacyanonitrosylferrat(II) $(Na_2[Fe(CN)_5NO] \cdot 2\ H_2O)$ werden in einem 250-mL-Messkolben mit dest. Wasser gelöst und zur Marke aufgefüllt. Die Lösung ist, in einer Braunglasflasche und möglichst unter Luftabschluss aufbewahrt, mehrere Wochen haltbar.
— Milchsäure-Stammlösung I (c = 4 g/L):
1,356 g Na-L-Lactat werden in einem 250-mL-Messkolben mit dest. Wasser gelöst und zur Marke aufgefüllt
— Milchsäure-Stammlösung II (c = 400 mg/L):
25 mL der Stammlösung I werden in einem 250-mL-Messkolben mit dest. Wasser zur Marke aufgefüllt
— Milchsäure-Standardlösungen:
Von der Milchsäure-Stammlösung II werden je 5; 10; 15; 20; 25; 30 und 40 mL in 100-mL-Messkolben pipettiert und mit dest. Wasser zur Marke aufgefüllt. Die Konzentrationen dieser Standardlösungen betragen 20; 40; 60; 80; 100; 120 und 160 µg pro mL

■■ Bestimmung

(a) Hydrolyse
100 mL Probenflüssigkeit werden im Rundkolben mit 10 mL Natriumhydroxid-Lösung (c = 2 mol/L) versetzt, 15 min lang unter Rückfluss erhitzt, abgekühlt und mit Schwefelsäure neutralisiert. Das Hydrolysat wird unter gründlichem Nachspülen des Kolbens mit dest. Wasser in einen 250-mL-Messkolben überführt und bis zur Marke aufgefüllt.

(b) Aufbereitung des Hydrolysats
2 mL des aufgefüllten Hydrolysats (siehe (a)) werden im Erlenmeyerkolben mit 20 mL dest. Wasser und einigen Siedesteinchen versetzt und auf die Hälfte des Gesamtvolumens eingeengt (Entfernung von Acetaldehyd und Ethanol). Nach Abkühlen der Lösung wird diese unter gründlichem Nachspülen des Erlenmeyerkolbens mit dest. Wasser in einen 50-mL-Messkolben überführt und zur Marke aufgefüllt (≙ Probenlösung).

(c) Farbreaktion
5 mL der nach (b) erhaltenen Probenlösung werden in einem 25-mL-Messzylinder mit 5 mL Cer(IV)-Lösung versetzt. Nach gründlichem Schütteln wird 90 min bei Raumtemperatur stehen gelassen und anschließend 5 mL Piperidin-Lösung zugegeben. Nach nochmaligem Mischen wird der Niederschlag über ein Faltenfilter abfiltriert. Das klare Filtrat wird mit 5 mL Nitroprussidnatrium-Lösung versetzt, gut geschüttelt und bei 570 nm gegen eine Blindlösung aus denselben Reagenzien gemessen.

(d) Kalibrierkurve
Zur Erstellung der Kalibrierkurve werden jeweils 5 mL der oben genannten Standardlösungen zur Farbreaktion eingesetzt; die Konzentrationen der Kalibrierlösungen betragen 100; 200; 300; 400; 500; 600 und 800 µg Milchsäure pro Ansatz (≙ 20 mL).

■ **Auswertung**

Die Extinktionswerte der Kalibrierlösungen werden gegen die Milchsäure-Gehalte (in mg/Ansatz) aufgetragen; aus der Extinktion der analog behandelten Probenlösung wird ihr Milchsäure-Gehalt interpolativ bestimmt und wie folgt umgerechnet:

$$M[g/l] = m \cdot 0{,}0125$$

mit

M – Milchsäure-Gehalt in g/L Probenflüssigkeit

m – Milchsäure-Gehalt in µg/Ansatz (aus der Kalibriergeraden)

18.3.3.3 Photometrische Bestimmung von Äpfelsäure

■ **Anwendungsbereich**
— Fruchtsäfte
— Fruchtsaftgetränke
— Wein

■ **Grundlagen**

L-**Äpfelsäure** (engl. malic acid) kommt in allen pflanzlichen und tierischen Zellen vor, in denen der Citronensäurecyclus abläuft. Der Gehalt eines Fruchtsaftes, Weines oder Fruchterzeugnisses an Äpfelsäure schwankt zwar in weiten Grenzen, lässt aber Aussagen über den Reifezustand des Lesegutes und über die weiterführende Technologie zu. Zum Beispiel kann während der Weinbereitung der Äpfelsäure-Gehalt infolge eines biologischen oder chemischen Säureabbaus deutlich abnehmen. Der Gesamtäpfelsäure-Gehalt, der mit Hilfe chemischer Methoden ermittelt wird, kann andererseits stark vom enzymatischen Wert (hier wird nur die L-Äpfelsäure erfasst) abweichen; vgl. hierzu Nachweis eines Äpfelsäureracematzusatzes [29–33].

■ **Prinzip der Methode**

Äpfelsäure wird aus der Probe mit Hilfe eines basischen Anionenaustauschers isoliert und anschließend mit konz. Schwefelsäure primär zu Formylessigsäure umgesetzt (▶ Gl. 18.2). Das Oxidationsprodukt kondensiert mit Chromotropsäure zu einem Cumarin-Derivat (▶ Gl. 18.3), das bei 420 nm photometriert wird.

$$(18.2)$$

18

$$\text{(18.3)}$$

- **Durchführung**
- ▪▪ **Geräte und Hilfsmittel**
- ▬ Spektralphotometer (► Abschn. 8.2)
- ▬ Glasküvetten: $d = 1$ cm
- ▬ Chromatographierohr: Ø ca. 1 cm, Länge ca. 25 cm
- ▬ Kolbenhubpipetten: 500 µL
- ▬ Vollpipetten: 1 mL, 10 mL
- ▬ Messkolben: 50 mL, 100 mL, 500 mL, 1000 mL
- ▬ Messzylinder: 20 mL, 100 mL
- ▬ Becherglas: 250 mL
- ▬ Reagenzgläser mit Schliff und Stopfen: ca. 30 mL
- ▬ Glaswolle

- ▪▪ **Chemikalien (p. a.)**
- ▬ Essigsäure: 30%ig
- ▬ Essigsäure: 0,5%ig
- ▬ Natriumhydroxid-Lösung: 5%ig
- ▬ Natriumhydroxid-Lösung: $c = 1$ mol/L
- ▬ Natriumsulfat Na_2SO_4
- ▬ Natriumsulfat-Lösung: $c = 0,5$ mol/L
- ▬ Natriumborhydrid $NaBH_4$
- ▬ Chromotropsäure
- ▬ Schwefelsäure: 98%ig ($d = 1,84$ g/mL)
- ▬ Schwefelsäure: $c = 0,5$ mol/L
- ▬ D,L-Äpfelsäure
- ▬ stark basischer Anionenaustauscher:
  ungebrauchter, in dest. Wasser vorgequollener Anionenaustauscher wird in ein Chromatographierohr gefüllt, mehrfach mit dest. Wasser gewaschen (bei 100 g Austauscher mit ca. 1000 mL Wasser) und zweimal mit 5%iger Natronlauge behandelt. Nach dem dritten Natronlaugezusatz bleibt der Ionenaustauscher ca. 1 h mit der Lauge in Kontakt. Dann wird wieder mit ca. 1000 mL dest. Wasser nachgespült und das Säulenmaterial mit 30%iger Essigsäure konditioniert. Der so vorbereitete Ionenaustauscher soll mindestens 24 h in einer braunen Flasche unter 30%iger Essigsäure aufbewahrt werden.
- ▬ Natriumsulfat-Lösung: $c = 0,5$ mol/L:
  71 g Natriumsulfat werden in dest. Wasser gelöst und im 1000-mL-Messkolben bis zur Marke aufgefüllt

— Natriumborhydrid-Lösung:
200 mg Natriumborhydrid werden in 10 mL Natriumhydroxid-Lösung (c = 1 mol/L) gelöst (unmittelbar vor der Bestimmung frisch ansetzen)
— Chromotropsäure-Lösung:
1 g Chromotropsäure wird in 10 mL Schwefelsäure (c = 0,5 mol/L) gelöst (unmittelbar vor der Bestimmung frisch ansetzen)
— Äpfelsäure-Stammlösung: c = 500 mg/L:
250 mg D,L-Äpfelsäure werden in Natriumsulfat-Lösung (c = 0,5 mol/L) gelöst und im 500-mL-Messkolben bis zur Marke aufgefüllt
— Äpfelsäure-Standardlösungen:
von der Äpfelsäure-Stammlösung werden 5; 10; 15; 20; 25 und 30 mL in je einen 50-mL-Messkolben pipettiert und mit Natriumsulfat-Lösung (0,5 mol/L) bis zur Marke aufgefüllt. Die Konzentrationen dieser Standardlösungen betragen 50; 100; 150; 200; 250 bzw. 300 µg/mL

■■ **Bestimmung**
(a) Probenaufarbeitung
Ca. 10 mL des vorbereiteten Anionenaustauschers werden in eine Chromatographiesäule gefüllt und viermal mit je 10 mL Essigsäure (0,5%ig) gewaschen. Dann werden 10 mL der Probenflüssigkeit (Äpfelsäure-Gehalt bis 3 g/L; sonst mit Natriumsulfat-Lösung (c=0,5 mol/L) entsprechend verdünnen) über den Austauscher (5–6 mL/min) gegeben, mit 70 mL dest. Wasser nachgewaschen und mit Natriumsulfat-Lösung (c=0,5 mol/L) in einen 100-mL-Messkolben bis zur Marke eluiert (8–9 mL/min).

(b) Farbreaktion
1 mL des Eluats wird in einem Reagenzglas mit Schliff nacheinander mit 500 µL Natriumborhydrid- und 500 µL Chromotropsäure-Lösung versetzt und kurz geschüttelt. Nach ca. 2 min Standzeit werden 10 mL Schwefelsäure (98%ig) zugegeben, mit aufgesetztem Stopfen kräftig durchgemischt und das Reagenzglas genau 70 min lang in ein Wasserbad von 85 °C gestellt. Anschließend wird 90 min lang im Dunkeln auf Raumtemperatur abgekühlt und dann die Extinktion dieser Lösung bei 420 nm gegen eine mit denselben Reagenzien angesetzte Blindprobe gemessen.

(c) Kalibrierkurve
Zur Erstellung der Kalibriergeraden wird jeweils 1 mL der oben genannten Standardlösungen zur Farbreaktion eingesetzt und gegen eine Blindlösung gemessen; die Konzentrationen der Kalibrierlösungen betragen damit 50; 100; 150; 200; 250 bzw. 300 µg Äpfelsäure pro Ansatz (12 mL).

18   ■ **Auswertung**
Der Äpfelsäure-Gehalt A in g/L Probe errechnet sich wie folgt:

$$A\,[\text{g/L}] = a \cdot F/100$$

mit

a – Äpfelsäurekonzentration in µg/Ansatz (aus der Kalibriergeraden)

F – Wiederfindungsfaktor (100 dividiert durch die Wiederfindungsrate in %; siehe Kasten „Anmerkung – Ionenaustauscherbehandlung"; unten)

100 – Umrechnung von µg auf g; Beachtung der Verdünnung u. dgl.

Ionenaustauscherbehandlung

Bei der Ionenaustauscherbehandlung konnten zum Teil geringfügige Äpfelsäure-verluste festgestellt werden. Um diese in die Berechnung miteinzubeziehen, sollte ein **Wiederfindungsversuch** mit einer Bezugslösung mit bekanntem Äpfelsäure-Gehalt (zum Beispiel 2 g/L in Natriumsulfat-Lösung (c = 0,5 mol/L)) durchgeführt werden.

18.3.4 Enzymatische Methoden

18.3.4.1 Enzymatische Bestimmung von L-Äpfelsäure

- **Anwendungsbereich**
- Fruchtsäfte, Konzentrate, Fruchtsaftgetränke
- Wein
- Obst- und Gemüseprodukte

- **Grundlagen**

In der Natur liegt **Äpfelsäure** (engl. malic acid) stets in ihrer L-Form vor. Zusätze von synthetischer D,L-Äpfelsäure zu Lebensmitteln können somit dadurch festgestellt werden, dass der Äpfelsäure-Gehalt nach der photometrischen Bestimmung (▶ Abschn. 18.3.3.3) mit dem enzymatisch bestimmten verglichen wird. Während ersterer dem Gesamtgehalt aus D- und L-Form entspricht, gibt letzterer aufgrund des stereospezifischen Charakters der enzymatischen Reaktion nur den Gehalt an L-Äpfelsäure an. Die Salze der Äpfelsäure werden als Malate bezeichnet [34–36].

- **Prinzip der Methode**

L-Malat wird in Gegenwart des Enzyms L-Malat-Dehydrogenase (L-MDH) durch NAD$^\oplus$ zu Oxalacetat oxidiert (▶ Gl. 18.4; entsprechend der Rückreaktion von ▶ Gl. 18.8, ▶ Abschn. 18.3.4.2). Das Gleichgewicht dieser Reaktion wird dadurch auf die Seite der Endprodukte verschoben, so dass in einer Folgereaktion das gebildete Oxalacetat mit L-Glutamat in Gegenwart des Enzyms Glutamat-Oxalacetat-Transaminase (GOT) zu L-Aspartat und α-Ketoglutarat umgesetzt wird (▶ Gl. 18.5).

$$(18.4)$$

$$(18.5)$$

Die in Reaktionsgleichung ▶ Gl. 18.4 gebildete NADH-Menge ist der ursprünglich vorhandenen L-Malat-Menge äquivalent und wird zu deren Berechnung benutzt (s. auch ▶ Kap. 10).

- **Durchführung**
- ■■ **Geräte und Hilfsmittel**
- UV-Spektralphotometer (▶ Abschn. 8.2)
- Glas- oder Einwegküvetten: $d = 1$ cm
- Kolbenhubpipetten: 10 µL, 100 µL, 200 µL, 1000 µL, 2000 µL variabel
- Rührspatel

■■ **Chemikalien (p. a.)**
- Pufferlösung:
  4,75 g Glycylglycin und 0,88 g L-Glutaminsäure in ca. 50 mL bidest. Wasser lösen, mit ca. 4,6 mL Natriumhydroxid-Lösung (c = 10 mol/L) auf pH 10,0 einstellen und mit bidest. Wasser auf 60 mL auffüllen.
- NAD-Lösung:
  420 mg NAD in 12 mL bidest. Wasser lösen
- GOT-Suspension, unverdünnt: c = 2 mg/mL
- L-MDH-Lösung, unverdünnt: c = 5 mg/mL

Hinweis: Die Haltbarkeit bei + 4 °C beträgt für die Pufferlösung etwa 3 Monate, für die NAD-Lösung 4 Wochen und für die übrigen Lösungen etwa ein Jahr.

■■ Bestimmung

(a) Konzentrationsbereich

Im Testvolumen sollten 2 bis 20 µg (Messung bei 340 oder 334 nm) bzw. 2 bis 35 µg (Messung bei 365 nm) L-Äpfelsäure enthalten sein; bei dem üblicherweise eingesetzten Probenvolumen von 0,1 mL entspricht dies einer Konzentration von 0,02 bis 0,2 (bzw. 0,35) g L-Äpfelsäure pro Liter Probenflüssigkeit. Bei höheren Konzentrationen ist die Probe entsprechend zu verdünnen, bei geringeren das Probenvolumen zu erhöhen (bis maximal 1,5 mL).

(b) Probenaufarbeitung ► Kap. 10

(c) Pipettierschema

	Blindwert (B)	Probe (P)
Puffer-Lösung	1,00 mL	1,00 mL
NAD-Lösung	0,20 mL	0,20 mL
GOT-Suspension	0,01 mL	0,01 mL
Bidest. Wasser	1,50 mL	$(1,50-a)$ mL
Probenlösung	–	a mL
Mischen; nach 3 min Extinktion messen:	E_1 (B)	E_1 (P)
L-MDH-Lösung	0,01 mL	0,01 mL
Mischen; nach Ablauf der Reaktion		
Extinktion messen (dabei gleiche Zeit bei Blindwert und Probe einhalten):	E_2(B)	E_2(P)

-Probenvolumen

$v = a$ mL (bei Konzentrationen ab 0,02 g/L in der Probenflüssigkeit werden $a = 0,1$ mL eingesetzt, bei geringeren Konzentrationen bis zu 1,5 mL)

-Testvolumen

$V = 2,72$ mL

-Extinktionsdifferenz

$$\Delta E = |E_2(P) - E_1(P)| - |E_2(B) - E_1(B)|$$

■ Auswertung

Zum Prinzip der Auswertung ► Kap. 10.

Der L-Äpfelsäure-Gehalt A der Probe wird wie folgt berechnet:

$$A[\text{g/L}] = \frac{3,14 \cdot 210,1}{\varepsilon \cdot l \cdot v \cdot 1000} \cdot \Delta E \cdot F = 0,660 \cdot \frac{\Delta E \cdot F}{\varepsilon \cdot v}$$

mit

ε – Extinktionskoeffizient von NADH

F – Verdünnungsfaktor (vgl. ▶ Kap. 10)

18.3.4.2 Enzymatische Bestimmung von Citronensäure

■ **Anwendungsbereich**
— Fruchtsäfte, Fruchtsaftgetränke
— Wein
— Obst und Gemüse und Produkte daraus
— Fleischerzeugnisse

■ **Grundlagen**
Citronensäure (engl. citric acid) ist eine der wichtigsten Fruchtsäuren und bildet die Hauptsäure in Beerenobst und Südfrüchten. Der Citronensäurecyclus, bei dem die Kohlenstoffgerüste von Kohlenhydraten, Proteinen und Fetten durch Dehydrierungs- und Decarboxylierungsreaktionen abgebaut werden, spielt im Stoffwechsel eine wichtige Rolle. Aufgrund ihrer guten Komplexierungseigenschaften wird Citronensäure zahlreichen Lebensmitteln zugesetzt, so auch als Synergist von Antioxidantien [34, 36–38].

■ **Prinzip der Methode**
Citrat wird in Oxalacetat und Acetat überführt, wobei das Enzym Citrat-Lyase (CL) als Katalysator wirkt (▶ Gl. 18.6). Oxalacetat und sein Decarboxylierungsprodukt Pyruvat (▶ Gl. 18.7) werden in Gegenwart der Enzyme Malat-Dehydrogenase (MDH) und Lactat-Dehydrogenase (LDH) durch NADH zu L-Malat bzw. L-Lactat reduziert (▶ Gl. 18.8 und 18.9).

Citrat $\xrightarrow{\text{CL}}$ Oxalacetat $+$ Acetat   (18.6)

Oxalacetat $\xrightarrow[-\,CO_2]{+\,H^{\oplus}}$ Pyruvat   (18.7)

Oxalacetat $+$ NADH $+$ H$^{\oplus}$ $\xrightarrow{\text{MDH}}$ L-Malat $+$ NAD$^{\oplus}$ (18.8)

18

$$\text{(Struktur)} + NADH + H^{\oplus} \xrightarrow{LDH} \text{(Struktur)} + NAD^{\oplus} \quad (18.9)$$

Die in den Reaktionen nach ▶ Gl. 18.8 und 18.9 verbrauchte NADH-Menge ist der ursprünglichen Citrat-Menge äquivalent, so dass diese anhand der Abnahme der NADH-Konzentration bestimmt werden kann (▶ Kap. 10).

- **Durchführung**
- ■■ **Geräte und Hilfsmittel**
- — UV-Spektralphotometer (▶ Abschn. 8.2)
- — Glas- oder Einwegküvetten: $d = 1$ cm
- — Kolbenhubpipetten: 20 µL, 100 µL, 1000 µL, 2000 µL variabel
- — Rührspatel

■■ **Chemikalien (p. a.)**
- — Puffer-Lösung:
  7,13 g Glycylglycin im 100-mL-Messkolben in ca. 70 mL bidest. Wasser lösen und mit ca. 13 mL Natriumhydroxid-Lösung (c = 5 mol/L) auf pH 7,8 einstellen; mit 10 mL $ZnCl_2$-Lösung (c = 0,8 g/L) versetzen und mit bidest. Wasser bis zur Marke auffüllen
- — NADH-Lösung:
  30 mg NADH-Na_2 und 60 mg $NaHCO_3$ in 6 mL bidest. Wasser lösen
- — MDH/LDH-Suspension:
  0,1 mL MDH (c = 5 mg/mL) und 0,4 mL Ammoniumsulfat-Lösung (c = 3,2 mol/L) und 0,5 mL LDH (c = 5 mg/mL) mischen
- — CL-Lösung:
  168 mg Lyophilisat (≙ 5 mg Enzymprotein) in 1 mL eiskaltem Wasser lösen

Die Haltbarkeit bei + 4 °C beträgt 4 Wochen für die Puffer- und die NADH-Lösung, ein Jahr für die MDH/LDH-Suspension und 1 Woche für die CL-Lösung.

■■ **Bestimmung**
(a) Konzentrationsbereich
Im Testvolumen sollten 4 µg bis 80 µg Citronensäure enthalten sein; bei dem üblicherweise eingesetzten Probenvolumen von 0,2 mL entspricht dies einer Konzentration von 0,02 g bis 0,4 g Citronensäure pro Liter Probenflüssigkeit. Bei höheren Konzentrationen ist die Probenflüssigkeit entsprechend zu verdünnen, bei niedrigeren das Probenvolumen zu erhöhen (bis max. 2 mL).

(b) Probenaufarbeitung ▶ Kap. 10

(c) Pipettierschema

	Blindwert (B)	Probe (P)
Puffer-Lösung	1,0 mL	1,0 mL
NADH-Lösung	0,1 mL	0,1 mL
Probenlösung	–	a mL
Bidest. Wasser	2,0 mL	$(2,0-a)$ mL
MDH/LDH-Suspension	0,02 mL	0,02 mL
Mischen; nach 5 min Extinktion messen:	E_1 (B)	E_1 (P)
CL-Lösung	0,02 mL	0,02 mL
Mischen; nach 5 min Extinktion messen:	E_2 (B)	E_2 (P)

-Probenvolumen

$v = a$ mL (bei Konzentrationen ab 0,02 g/L in der Probenflüssigkeit werden $a = 0,2$ mL eingesetzt, bei geringeren Konzentrationen bis zu 2,0 mL)

-Testvolumen

$V = 3,14$ mL

-Extinktionsdifferenz

$$\Delta E = |E_2(P) - E_1(P)| - |E_2(B) - E_1(B)|$$

▪ Auswertung

Zum Prinzip der Auswertung ▶ Kap. 10.
Der Citronensäure-Gehalt C der Probe wird wie folgt berechnet:

(a) als wasserfreie Säure:

$$C \,[\text{g/L}] = \frac{3{,}14 \cdot 192{,}1}{\varepsilon \cdot l \cdot v \cdot 1000} \cdot \Delta E \cdot F = 0{,}603 \cdot \frac{\Delta E \cdot F}{\varepsilon \cdot v}$$

(b) als Monohydrat:

$$C \,[\text{g/L}] = \frac{3{,}14 \cdot 210{,}1}{\varepsilon \cdot l \cdot v \cdot 1000} \cdot \Delta E \cdot F = 0{,}6660 \cdot \frac{\Delta E \cdot F}{\varepsilon \cdot v}$$

18

mit

ε – Extinktionskoeffizient von NADH
F – Verdünnungsfaktor (vgl. ▶ Kap. 10)

◼ **Tab. 18.2** Zur Systematik von Alkaloiden bzw. Purinen

Wissenschaftsbereich	Bezeichnungen			
Pharmakologie	Alkaloide	⇨ Stickstoffhaltige natürliche Substanzen aus Pflanzen		
Chemie/Lebensmittelchemie	Purine	Xanthin-Derivate	Methylxanthine	Theobromin
				Coffein
				Theophyllin

18.4 Stickstoff-Substanzen

Unter den **Nichteiweiß-Stickstoff-Substanzen** (engl. non-protein nitrogenous substances) werden in diesem Kapitel wichtige Purinalkaloide, Guanidin-Verbindungen, einige ausgewählte biogene Amine sowie Fettsäuretryptamide abgehandelt.

- **Purinalkaloide (Xanthinderivate/Methylxanthinderivate)**

Grundkörper dieser Stoffgruppe ist **Purin** und davon abgeleitet Xanthin. Die hier im Fokus stehende Gruppe der **Methylxanthine** stellt eine chemisch definierte Stoffgruppe mit den Einzelverbindungen Coffein, Theobromin und Theophyllin dar. Das Schema in ◼ Tab. 18.2 dient der besseren Übersichtlichkeit dieser Zusammenhänge.

Unter den Stickstoff-Substanzen des Kaffees ist aufgrund seiner pharmakologischen Wirkungen das Coffein am besten bekannt (Coffein-Gehalt im Rohkaffee im Mittel 0,8–2,5 %; bei Robusta *(Coffea canephora)* bis zu 4 %; es gibt auch coffeinfreie *Coffea*-Arten).

Physiologisch bedeutungsvoll im Kakao *(Theobroma cacao)* ist das **Theobromin** (Theobromin-Gehalt in fermentierten, lufttrockenen Kakaokernen im Mittel 1,2 %), dem er seine anregende, gegenüber dem coffeinhaltigen Kaffee jedoch weit weniger ausgeprägte Wirkung verdankt. Neben Theobromin kommt im Kakao auch Coffein, allerdings in recht geringer Menge (um 0,2 %) vor.

Zur Bestimmung von **Coffein** bzw. von Rohtheobromin existieren herkömmliche Methoden, die in der Regel auf einer Extraktion und anschließender Kjeldahl-Stickstoff-Bestimmung beruhen; auch UV-photometrische Messung ist möglich (▶ Abschn. 18.4.1.1). Moderne Methoden basieren auf chromatographischen Trennungen; insbesondere ist die HPLC relevant (▶ Abschn. 18.4.1.2). Basierend auf den Methylxanthin-Gehalten können in Schokoladen daraus die wertbestimmenden Kakaobestandteile ermittelt werden (▶ Abschn. 18.4.1.3).

- **Guanidin-Verbindungen**

Die zu den Guanidinen zählenden Verbindungen **Kreatin** und **Kreatinin** sind charakteristische Bestandteile des Muskelfleisches und können deshalb zum Nachweis von Fleischextrakt herangezogen werden. Zur Bestimmung werden üblicherweise photometrische Methoden eingesetzt (▶ Abschn. 18.4.2).

■ **Biogene Amine**

Aus Aminosäuren können unter Decarboxylierung die entsprechenden Amine entstehen, die wegen ihrer physiologischen Wirksamkeit als **biogene Amine** bezeichnet werden. Biogene Amine sind in der Natur weit verbreitet und dienen in biologischen Systemen auch zum Aufbau anderer Naturstoffe z. B. Alkaloide. In diesem Kapitel werden eine DC-Methode zur Identifizierung (▶ Abschn. 18.4.3) sowie eine fluorimetrische Methode zur Bestimmung (▶ Abschn. 18.4.4) beschrieben.

■ **Fettsäuretryptamide und Blauwert**

Fettsäuretryptamide entstehen während der Reifung der Früchte am Kakaobaum. Nach derzeitigem Kenntnisstand verändert sich die Konzentration dieser Verbindungen durch anschließende technologische Verarbeitungsprozesse kaum, weswegen sie als Indikatorsubstanzen zur Abschätzung des Schalenanteils in Kakaoprodukten herangezogen werden können. Auch zur Qualitätsbeurteilung von Kakaobutter können sie dienen. In diesem Kapitel wird auf der einen Seite eine HPLC-Methode zur Trennung und quantitativen Bestimmung der verschiedenen in Kakao vorkommenden Fettsäuretrypamide (▶ Abschn. 18.4.5) beschrieben sowie andererseits eine einfachere phometrische, als Blauwert bezeichnete, Summenmethode (▶ Abschn. 18.4.6).

18.4.1 Theobromin und Coffein

■ **Anwendungsbereich**
— Kaffee
— Tee
— Kakao und Kakaoerzeugnisse
— Coffeinhaltige Getränke
— Feine Backwaren

■ **Grundlagen**
Die **Alkaloide** (engl. alcaloids) Coffein (1,3,7-Trimethylxanthin, engl. caffeine) und **Theobromin** (3,7-Dimethylxanthin, engl. theobromine) sind für den Genuss –

□ **Tab. 18.3**   Durchschnittliche Gehalte an Coffein bzw. Theobromin einiger Lebensmittel

Lebensmittel	Coffein (%)	Theobromin (%)
Kaffee, geröstet	1,3	–
Kaffeeextrakt, Pulver	2,5–5,4	–
Schwarzer Tee	3,3	0,07–0,17
Kakaopulver	0,1–0,5	1,5–3,0
Kakaomasse	0,05–0,3	0,9–2,4
Vollmilchschokolade	–	0,18
–unbedeutende Gehalte		

18

insbesondere für die anregende Wirkung – von Kaffee, Tee und Kakao bedeutungsvoll. **Theophyllin** (engl. theophylline) kommt nur in sehr geringen Mengen in Kakao und Tee vor. Der Gehalt dieser auch als Gruppe der Methylxanthinederivate bezeichnete Alkaloide in den genannten Lebensmitteln kann mitunter zur Qualitätsbeurteilung herangezogen werden (▶ Abschn. 18.4.1.3). In ◘ Tab. 18.3 sind die durchschnittlichen Gehalte bzw. Gehaltsschwankungen angegeben.

Coffein
1,3,7-Trimethylxanthin

Theobromin
3,7-Dimethylxanthin

Theophyllin
1,3-Dimethylxanthin

18.4.1.1 Photometrische Bestimmung von Methylxanthinen

■ **Anwendungsbereich**
— ▶ Abschn. 18.4.1

■ **Grundlagen**
Methylxanthine (Coffein, Theobromin, Theophyllin) sind überwiegend in Pflanzen auftretende stickstoffhaltige Naturstoffe und besitzen eine anregende Wirkung. Über den Methylxanthin-Gehalt kann der Gehalt an fettfreier Kakaotrockenmasse, einem wichtigen Qualitätsparameter für Schokoladen, abgeschätzt werden [39–42].

■ **Prinzip der Methode**
Die in heißem Wasser löslichen Methylxanthine werden extrahiert und im geklärten, gefilterten Extrakt UV-photometrisch als Summenparameter bestimmt.

■ **Durchführung**
■■ **Geräte und Hilfsmittel**
— Spektralphotometer (▶ Abschn. 8.2)
— Zentrifuge mit Zentrifugengläsern
— Membranfilter: Porengröße 0,5 µm
— Vollpipetten: 4 mL
— Messzylinder: 100 mL
— Erlenmeyerkolben: 300 mL
— Faltenfilter
— Siedesteine

■■ **Chemikalien (p. a.)**

- Blei(II)-acetat Pb $(CH_3COO)_2 \cdot 3\ H_2O$ (neutral)
- Blei(II)-oxid PbO
- Salzsäure, rauchend: 37%ig
- Salzsäure HCl, c = 2,7 mol/L:
  224,8 mL rauchende Salzsäure mit dest. Wasser auf 1000 mL auffüllen
- Natriumhydrogencarbonat $NaHCO_3$
- Basische Bleiacetat-Lösung (Bleiessig):
  230 g neutrales Blei(II)-acetat werden in ca. 700 mL kochendem dest. Wasser gelöst und anschließend unter Rühren 120 g Blei(II)-oxid zugefügt. Den Ansatz heiß filtrieren und nach Abkühlen im 1000-mL-Messkolben bis zur Marke auffüllen
- Stammlösung, c = 0,1 mg/mL:
  0,1 g Theobromin werden in einem 1000-mL-Messkolben mit 50 mL Salzsäure (c = 2,7 mol/L) und 300 mL Wasser gelöst und bis zur Marke aufgefüllt
- Standardlösung, c = 0,01 mg/mL:
  Von der Stammlösung werden 10 mL in einen 100-mL-Messkolben pipettiert; dieser wird bis zur Marke mit dest. Wasser aufgefüllt

■■ **Bestimmung**

(a) Herstellung der Probenlösung

(a1) Probenaufarbeitung für Kakao und Kakaoerzeugnisse:
1,5 g Kakao oder Kakaopulver bzw. 3–5 g des Kakaoerzeugnisses werden auf ± 0,1 mg genau in einen 300-mL-Erlenmeyerkolben eingewogen. Nach Zugabe einiger Siedesteine wird das Taragewicht (+ Einwaage) des Kolbens ermittelt; 96 mL kaltes dest. Wasser werden zugegeben und unter leichtem Umschwenken erhitzt. Der gesamte Ansatz wird 5 min lang am leichten Sieden gehalten, anschließend werden der auf ca. 60 °C abgekühlten Lösung unter ständigem Umschwenken des Kolbens langsam 4 mL Bleiessig zupipettiert. Nach Abkühlen auf Raumtemperatur wird das Gewicht des Kolbens ermittelt und die verdampfte Flüssigkeit durch Zugabe von Wasser auf ein Flüssigkeitsgewicht von 101,0 g ergänzt (4 mL Bleiessig ≙ 5 g). Der Kolbeninhalt wird quantitativ in ein 250-mL-Zentrifugenglas überführt und 10 min bei 20 °C und 3400 rpm zentrifugiert. Der Überstand wird in ein 150-mL-Becherglas, das ca. 1 g Natriumhydrogencarbonat enthält, überführt. Die gut durchmischte Lösung wird durch ein trockenes Faltenfilter filtriert, wobei die ersten 10 mL des Filtrats verworfen werden. Ein Aliquot von 10 mL bei Schokoladen (5 mL bei Kakaopulver) werden in einen 100-mL-Messkolben pipettiert und 0,5 mL Salzsäure (c = 2,5 mol/L) zugegeben. Anschließend wird mit dest. Wasser bis zur Marke aufgefüllt.

18

(a2) Probenaufarbeitung für Kaffee, Kaffeeextrakt und Tee:
Die feinzerkleinerte Probe wird in einen 300-mL-Erlenmeyerkolben genau eingewogen, mit jeweils 5 g Magnesiumoxid und mit dest. Wasser versetzt (Probeneinwaage und Endvolumen sowie Erhitzungszeit ❏ Tab. 18.4) und zum Sieden

◘ Tab. 18.4   Bedingungen zur Probenaufbereitung von Kaffee, Kaffeeextrakt und Tee

Probenart	Einwaage (g)	Endvolumen (mL)	Erhitzungszeit (min)
Kaffee, geröstet, gemahlen	1,5	250	45
Kaffee, geröstet, entcoffeiniert, gemahlen	10	250	45
Bohnenkaffeeextrakt	0,5	250	15
Bohnenkaffeeextrakt, entcoffeiniert	5	250	15
Schwarzer Tee	0,5	250	120

erhitzt. Nach Abkühlen auf Raumtemperatur wird wie unter (a1) beschrieben das definierte Endgewicht eingestellt (Taragewicht des Erlenmeyerkolbens + 5 g MgO + Einwaage + Gewicht des Wasser-Endvolumens). Es erfolgt wieder eine Vorfiltration durch ein trockenes Faltenfilter und anschließend eine Ultrafiltration durch ein Membranfilter mit 0,5 µm Porengröße.

(b) Photometrische Messung
Die Probenlösung und die Standardlösung werden bei 272 nm und 306 nm gegen dest. Wasser photometrisch gemessen.

■ **Auswertung**
Der Gehalt an Methylxanthinen *Summe MeX* in der Probe in g/100 g berechnet sich nach:

$$Summe\ MeX\ [g/100g] = \frac{(E_{272} - E_{306})_{Probe} \cdot 10 \cdot F}{m \cdot V} = \frac{\Delta E_{Probe} \cdot 10 \cdot F}{m \cdot V}$$

mit

E_{272} – Extinktion bei 272 nm
E_{306} – Extinktion bei 306 nm
F – Standardfaktor bezogen auf Theobromin-Standardlösung, berechnet nach

$$= \frac{1}{(E_{272} - E_{306})_{Std}} = \frac{1}{\Delta E_{Std}}$$

m – Einwaage in g
V – Aliquot der Probenlösung

18.4.1.2 Bestimmung von Coffein und Theobromin mittels HPLC–UV

■ **Anwendungsbereich**
— ► Abschn. 18.4.1

- **Grundlagen**
— ▶ Abschn. 18.4.1.1

- **Prinzip der Methode**

Die in heißem Wasser löslichen Methylxanthine Coffein und Theobromin werden extrahiert und im geklärten, gefilterten Extrakt mittels HPLC (UV-Detektion) bestimmt. Die Gehalte an Coffein bzw. Theobromin werden einzeln angegeben oder es wird die Summe von Coffein und Theobromin berechnet [43–50].

- **Durchführung**
- **■ Geräte und Hilfsmittel**
— Flüssigchromatograph mit UV-Detektor (▶ Abschn. 5.5)
— Membranfilter: Porengröße 0,5 μm
— Vollpipetten: 4 mL
— Messzylinder: 100 mL
— Erlenmeyerkolben: 300 mL
— Faltenfilter
— Siedesteine

- **■ Chemikalien (p. a.)**
— Blei(II)-acetat $Pb(CH_3COO)_2 \cdot 3H_2O$ (neutral)
— Blei(II)-oxid PbO
— Magnesiumoxid MgO
— Natriumacetat CH_3COONa
— Natriumhydrogencarbonat $NaHCO_3$
— Basische Bleiacetat-Lösung (Bleiessig): Herstellung ▶ Abschn. 18.4.1.1
— Acetonitril (zur Rückstandsanalyse): membranfiltriert
— bidest. Wasser: membranfiltriert
— Natriumacetat-Lösung: 0,4%ig
— Stammlösung, c = 0,5 mg/L:
  0,5 g Coffein und 0,5 g Theobromin werden in einem 1000-mL-Messkolben mit dest. Wasser gelöst und bis zur Marke aufgefüllt.
— Standardlösung, c = 0,1 mg/L:
  von der Stammlösung werden 10 mL in einen 50-mL-Messkolben pipettiert; dieser wird bis zur Marke mit dest. Wasser aufgefüllt.

- **■ Bestimmung**
(a) Herstellung der Probenlösung

(a1) Probenaufarbeitung für Kakao und Kakaoerzeugnisse:
siehe ▶ Abschn. 18.4.1.1

18

(a2) Probenaufarbeitung für Kaffee, Kaffeeextrakt und Tee: siehe ▶ Abschn. 18.4.1.1

(b) HPLC-Parameter

Trennsäule	RP-18: 200 mm × 4 mm
Eluent	Acetonitril/Natriumacetat-Lösung ($c_{Na_2SO_4}$=0,4 g/100 g) 15 + 85 (*v/v*)
Durchfluss	0,7 mL/min (200 bar bzw. 20 mPa)
Modus	Isokratisch
Temperatur	20–22 °C
Detektor	UV 254 nm
Einspritzvolumen	20 μL

- **Auswertung**

Je 20 μL der Stamm- und Standardlösung werden nach den unter (b) aufgeführten Trennbedingungen chromatographiert (◘ Abb. 18.5).

Die Konzentration an den jeweiligen Methylxanthinen Coffein *C* bzw. Theobromin *T* berechnet sich nach:

$$C \ [\text{g/100g}] = \frac{S_C \cdot m_{Std} \cdot 5 \cdot V}{S_{Std} \cdot E}$$

$$T \ [\text{g/100g}] = \frac{S_T \cdot m_{Std} \cdot 5 \cdot V}{S_{Std} \cdot E}$$

mit

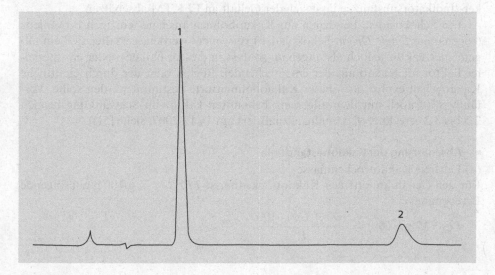

◘ **Abb. 18.5** HPLC-Chromatogramm von Theobromin und Coffein in Kakaopulver. *Erläuterung:* **1** Theobromin; **2** Coffein

S_C – Signal-Peakfläche von Coffein in der Probenlösung

S_T – Signal-Peakfläche von Theobromin in der Probenlösung

S_{Std} – Signalfläche der Standardsubstanzen Coffein oder Theobromin der Stammlösung

m_{Std} – Menge der Standardsubstanzen: µg Coffein oder Theobromin pro 20 µL Stammlösung

V – Volumen der Ausgangslösung in mL

E – Einwaage in g

Die Summe an Coffein und Theobromin berechnet sich nach:

$$\sum C + T \ [\text{g} / 100\text{g}] \ = \ C \ [\text{g} / 100\,\text{g}] \ + T \ [\text{g} / 100\,\text{g}]$$

18.4.1.3 Abschätzung der Kakaobestandteile

■ **Anwendungsbereich**
- Kakao und Kakaoerzeugnisse
- Schokoladen und Schokoladenerzeugnisse
- Feine Backwaren

■ **Grundlagen**
Der Gehalt an den Methylxanthinen **Theobromin** und **Coffein** (nur als Summe!) kann zur Abschätzung der fettfreien Kakaotrockenmasse (**FFKTM,** engl. fat free dry cocoa solids) herangezogen werden. Da in der Praxis überwiegend Mischungen verschiedener Kakaosorten *(Theobroma cacao)* eingesetzt werden, egalisiert sich häufig der Methylxanthin-Gehalt und mit Hilfe eines Faktors für diese Marker-/Indikatorsubstanzen lässt sich der Gehalt an FFKTM abschätzen.

Für Schokoladen, bei denen nur Kakaobohnen aus einer einzigen Provenienz (sogenannte *Single Origin*-Schokoladen) verwendet werden, gestaltet sich ein allgemeiner Faktor jedoch als ungenau, so dass in diesem Fall entweder ein spezieller Faktor für Kakao aus der entsprechenden Region oder der durchschnittliche Kakaogehalt explizit aus dieser Kakaobohnensorte bestimmt werden sollte. Vorläufig wird noch mit dem allgemein bekannten Faktor im Schwankungsbereich 2,5 bis 3,2 gerechnet (letztmalig aktualisiert am 14.12.2007; siehe [51]).

■ **Abschätzung der Kakaobestandteile**
(a) Fettfreie Kakaotrockenmasse
Für den Gehalt an fettfreier Kakaotrockenmasse *FFKTM* in g/100 g gilt folgende Berechnung:

18

$$FFKTM \ [\text{g}/100\text{g}] = \frac{(G_C + G_T) \cdot 100}{F}$$

mit

$G_C + G_T$ – Summe der Gehalte von Coffein und Theobromin in der Probe in g/100 g (ermittelt nach ▶ Abschn. 18.4.1.1 oder 18.4.1.2)

F – Faktor: 2,5–3,2 [51]

(b) Kakaobutter

Der Gehalt an **Kakaobutter** (KB) in reinen Kakao- und Schokoladenerzeugnissen wird durch die Bestimmung des Gesamtfettgehaltes (▶ Abschn. 15.2.2) ermittelt. In Schokoladenerzeugnissen, bei denen eine Fettmigration stattgefunden hat, und bei Feinen Backwaren ist zu beachten, dass auch andere Fette als Kakaobutter enthalten sein können. In derartigen Fällen ist der Gehalt an Kakaobutter über die Triglyceridverteilung (▶ Abschn. 15.5.3.6) zu ermitteln.

(c) Gesamtkakaotrockenmasse

Der Gehalt an **Gesamtkakaotrockenmasse** (GKTM) einer Probe setzt sich zusammen aus dem Gehalt an FFKTM und dem Gehalt an KB und wird vereinfachend als **„Kakaobestandteile"** bezeichnet. Exakt betrachtet enthalten die Kakaobestandteile jedoch noch geringe Mengen (etwa 1 %) natives Wasser; was jedoch häufig vernachlässigt wird und auch vernachlässigbar ist (vgl. Kasten „Abschätzung der Kakaobestandteile").

Lebensmittelanalytisch ist jedoch der Begriff GKTM exakter. Auf Verpackungen von Schokoladen muss der Gehalt an Kakaobestandteilen als **„Kakao: mindestens …%"** angegeben werden.

Der Gehalt an Gesamtkakaotrockenmasse GKTM in Kakao in g/100 g wird abgeschätzt nach:

$$GKTM_{Kakao}\,[g/100g] = FFKTM + KB$$

mit

$FFKTM$ – Gehalt an FFKTM in g/100 g

KB – Gehalt an Kakaobutter in g/100 g

Der Gehalt an Gesamtkakaotrockenmasse in Schokoladen und Schokoladenerzeugnissen in g/100 g berechnet sich nach:

$$GKTM_{Schokolade}\,[g/100g] = \frac{GKTM_{Kakao} \cdot 100}{GKTM_{Kakao} + G_{Zu} + G_{PF} + G_W}$$

mit

$GKTM_{Kakao}$ – Gehalt an GKTM in Kakao in g/100 g

G_{Zu} – Gehalt an Zucker in der Schokolade in g/100 g

G_{PF} – Gehalt an Pflanzenfett außer Kakaobutter in der Schokolade in g/100 g

G_W – Gehalt an Wasser aus den Kakaobestandteilen in g/100 g

Abschätzung der Kakaobestandteile

- ▬ Die **Kakaobestandteile** setzen sich wie oben beschrieben aus der Summe des ermittelten Kakaobuttergehaltes und der FFKTM zusammen.
- ▬ Augrund der natürlich vorkommenden **Streubereiten** der Methylxanthin-Gehalte (siehe oben) sind alle Berechnungen – auch wenn sie noch so genau durchgeführt werden – letztendlich immer nur **Abschätzungen!** Abschätzen bedeutet in diesem Zusammenhang daher keinen Verzicht an Zuverlässigkeit (vgl. hierzu Kasten „Maßlose Schärfe im Zahlenrechnen").
- ▬ Der Begriff **„Abschätzung"** ist ein mathematischer Fachbegriff im Zusammenhang mit Ungleichungen (obere und untere Abschätzung). Dieser Term ist nicht mit dem gängigen Begriff des **„Schätzens"** zu verwechseln. Die Abschätzung kann von dem „abgeschätzen" Wert – gegebenenfalls sogar sehr weitabweichen, allerdings unter der Voraussetzung, dass die richtige Richtung eingeschlagen wird.
- ▬ Zur unterstützenden **Abschätzung** können auch Vollanalysen der Schokolade durchgeführt werden. Über Differenzrechnung können daraus die Kakaobestandteile berechnet werden. Für Schokoladen wurden in der Kakaoverordnung bestimmte Mindestgehalte an Kakaobestandteilen festgelegt.

Maßlose schärfe im Zahlenrechnen

⇨ *Merksatz: „Der Mangel an mathematischer Bildung gibt sich durch nichts so auffallend zu erkennen, wie durch maßlose Schärfe im Zahlenrechnen."*
Zitat: Carl Friedrich Gauß (1777–1855)

18.4.2 **Photometrische Bestimmung von Gesamtkreatinin**

■ **Anwendungsbereich**
▬ Fleisch und Fleischerzeugnisse
▬ Fleischextrakt, fleischhaltige Fertiggerichte

■ **Grundlagen**
Stickstoffhaltiges **Kreatin (I)** und **Kreatinphosphat (II),** die zu den sogenannten Fleischbasen gehören, übernehmen im Wirbeltiermuskel und im Nervengewebe neben ATP eine wichtige Funktion bei der Speicherung und Übertragung phosphatgebundener Energie (▶ Gl. 18.10). Kreatin steht im Gleichgewicht mit dem im Stoffwechsel unwirksamen Kreatinin **(III),** das im Harn ausgeschieden wird (▶ Gl. 18.11).

18   Der Gehalt an Kreatin/Kreatinin (≙ Gesamtkreatinin) von magerem Muskelfleisch ist relativ konstant (0,3–0,6 %) und kann bei der Untersuchung von Fleischextrakt (durchschnittlicher Gehalt 7,2 % Gesamtkreatinin), aber auch von anderen fleischhaltigen Lebensmitteln zur Qualitätsbeurteilung bzw. zur Bestimmung des Fleischanteils herangezogen werden [52–55].

$$(18.10)$$

$$(18.11)$$

- **Prinzip der Methode**

Kreatin (**I**) wird durch Säurebehandlung zu Kreatinin (**III**) cyclisiert (▶ Gl. 18.11). Dabei entstehende Kohlenhydratabbauprodukte (Lävulinsäure, Hydroxymethylfurfural usw.) stören die nachfolgende photometrische Bestimmung und werden daher durch Adsorption an Aluminiumoxid und anschließende Etherextraktion entfernt. Das isolierte Kreatinin bildet mit Pikrinsäure in alkalischer Lösung einen sog. Meisenheimer-Komplex (**Jaffé-Reaktion**, ▶ Gl. 18.12), der bei 510 nm photometriert wird.

$$(18.12)$$

- **Durchführung**
- ■ **Geräte und Hilfsmittel**
- Spektralphotometer (▶ Abschn. 8.2)
- Glasküvetten: $d = 1$ cm
- Zentrifuge mit ZentrifugengLäsern (100 mL)
- Chromatographierohre: Ø 0,8–1 cm, Länge ca. 20 cm
- Vollpipetten: 1 mL, 3 mL, 5 mL, 10 mL, 20 mL, 25 mL
- Pasteurpipetten
- Messkolben: 50 mL, 100 mL
- Messzylinder: 50 mL, 200 mL
- Erlenmeyerkolben: 250 mL
- Porzellanschalen: Ø 7–8 cm, Höhe ca. 2 cm
- Reagenzgläser

■ ■ **Chemikalien (p. a.)**
- Kreatinin
- Trichloressigsäure-Lösung: 20%ig
- Salzsäure: 18%ig
- Aluminiumoxid: standardisiert nach Brockmann, Aktivitätsstufe I
- Kationenaustauscher:
  in dest. Wasser vorgequollen und mit Salzsäure in die $H^{\oplus}$-Form überführt
- Diethylether: peroxidfrei (sonst Explosionsgefahr! Siehe Kästen „Gefährliche Peroxide/Hydroperoxide in Diethylether", „Wie bilden sich Peroxide/Hydroperoxide?" und „Diethylether – Lagern und testen!"; ▶ Abschn. 15.2.1)
- Pikrinsäure-Lösung: 1,2%ig (in dest. Wasser)
- Natriumhydroxid-Lösung: 10%ig
- Kreatinin-Vergleichslösung, c = 100 mg/L:
  100 mg Kreatinin werden im 100-mL-Messkolben mit dest. Wasser zur Marke aufgefüllt und anschließend nochmals 1:10 verdünnt

■ ■ **Bestimmung**
(a) Probenaufarbeitung
Je nach Gesamtkreatinin-Gehalt werden 0,25–10 g der gut homogenisierten Probe mit 50 mL heißem dest. Wasser gelöst bzw. ca. 2 bis 4 h lang unter gelegentlichem Umschütteln extrahiert. Die heiße, wässrige Lösung wird mit 10 mL Trichloressigsäure-Lösung (20%ig) versetzt, gut geschüttelt, nach Erkalten ggf. zentrifugiert und über einen angefeuchteten Wattebausch in einen 100-mL-Messkolben filtriert. Mit dest. Wasser wird bis zur Marke aufgefüllt, wobei ein beim Zentrifugieren entstandener Rückstand mehrfach mit dest. Wasser gewaschen wird.

20 mL des aufgefüllten Filtrats werden in einer Porzellanschale mit 5 mL Salzsäure (18%ig) versetzt und langsam zur Trockne eingedampft. Der Rückstand wird nach Erkalten mit 20 mL dest. Wasser aufgenommen; die Lösung wird (zweckmäßigerweise unter leichtem Vakuum) über eine mit etwa 8 g trockenem Aluminiumoxid gefüllte Chromatographiesäule in einen 50-mL-Messkolben filtriert und dieser bis zur Marke mit weiterem Elutionswasser aufgefüllt.

Anschließend werden 25 mL des aufgefüllten, farblosen Filtrats in einer Porzellanschale mit 4 Tropfen Salzsäure (18%ig) angesäuert und auf dem Wasserbad auf ein kleines Volumen eingeengt. Die salzsaure Lösung wird unter Nachspülen der Schale mit wenig dest. Wasser in ein Reagenzglas überführt (Endvolumen max. 1 mL) und viermal mit je 5 mL Diethylether ausgeschüttelt. Die ausgeetherte wässrige Lösung wird nochmals in der Porzellanschale auf dem Wasserbad zur Trockne eingedampft.

Filtratfarbe

Sollte nach der Behandlung mit Aluminiumoxid das Filtrat noch gelb gefärbt sein, ist es ratsam, eine **Ionenaustauscherbehandlung** durchzuführen: 25 mL des aufgefüllten Aluminiumoxid-Filtrats werden auf die vorbereitete Kationenaustauschersäule gegeben und mit 150 mL dest. Wasser nachgewaschen. Das Kreatinin wird anschließend mit 150 mL Ammoniak-Lösung (1%ig) in ca. 40 min eluiert und das farblose Eluat in einer Porzellanschale auf dem Wasserbad zur Trockne eingedampft (die Etherextraktionsschritte entfallen bei dieser Aufarbeitungsart).

(b) Farbreaktion
Der Trockenrückstand wird mit 10 mL dest. Wasser quantitativ in einen 100-mL-Messkolben überführt und mit 10 mL Pikrinsäure-Lösung sowie 1 mL Natriumhydroxid-Lösung (10%ig) versetzt. Nach gutem Durchmischen und wird die Lösung genau 20 min lang bei $20\,°C \pm 2\,°C$ stehen gelassen. Darauf wird mit dest. Wasser bis zur Marke aufgefüllt und nach weiteren 20 min bei 510 nm gegen eine Chemikalienblindprobe gemessen. Für letztere wird bei der Probenvorbereitung anstelle der homogenisierten Probe dest. Wasser eingesetzt.

(c) Kalibrierkurve
Von der verdünnten Kreatinin-Vergleichslösung werden $a = 1$ mL bis 10 mL in je einen 100-mL-Messkolben pipettiert und wie unter (b) beschrieben weiterbehandelt und photometriert. Die Kreatinin-Konzentrationen der Kalibrierlösungen betragen $c\ (\mu g/mL) = a$.

- **Auswertung**
Der Gesamtkreatinin-Gehalt K in mg/100 g der Probe errechnet sich wie folgt:

$$K\ [\mathrm{mg}/100\,\mathrm{g}] = \frac{a \cdot 100}{E}$$

mit

a – interpolierte Kreatinin-Konzentration in $\mu g/mL$ (aus der Kalibrierkurve)

E – Probeneinwaage in g

100 – Faktor aus der Verdünnung, der Umrechnung von μg auf mg sowie der Angabe des Ergebnisses bezogen auf 100 g Probe

18.4.3 Identifizierung von biogenen Aminen mittels DC

- ▪ **Anwendungsbereich**
- ▬ Lebensmittel, allgemein

- ▪ **Grundlagen**

Biogene Amine (engl. biogenic amines) entstehen durch enzymatische Decarboxylierung aus Aminosäuren (▶ Gl. 18.13) und werden beim Proteinintermediärstoffwechsel oder durch Mikroorganismen gebildet.

Histidin   Histamin

$$- CO_2$$

(18.13)

Besondere Bedeutung besitzen Histamin und Tyramin, da sie starke physiologische Wirkungen haben und eine Aufnahme dieser Amine unter bestimmten Bedingungen schon nach einer Inkubationszeit von 30 min bis zu 1 h zu Vergiftungserscheinungen (z. B. Blutdruckveränderung, Übelkeit, Erbrechen usw.) führen kann.

Biogene Amine dienen in gewissen Grenzen als Indikator für eine mikrobielle Belastung von Lebensmitteln, wie sie beispielsweise bei unsachgemäßer Aufbewahrung auftreten kann (Fleisch, Fisch, Geflügel, Wild usw.). Vor einer endgültigen Bewertung muss aber berücksichtigt werden, dass manche Lebensmittel (wie Käsesorten) aufgrund ihres Herstellungsprozesses schon biogene Amine aufweisen, ohne einem Verderb zu unterliegen [50–59].

- ▪ **Prinzip der Methode**

Die homogenisierte Untersuchungssubstanz wird mit Trichloressigsäure behandelt, der Extrakt über einen stark sauren Kationenaustauscher gereinigt und das Eluat zur DC eingesetzt. Die Detektion erfolgt durch Anfärbung mit Sprühreagenzien.

- ▪ **Durchführung**
- ▪▪ **Geräte und Hilfsmittel**
- ▬ ▶ Abschn. 5.2; außerdem:
- ▬ Zentrifuge mit Zentrifugengläsern (150 mL)

18

- Ultra-Turrax-Homogenisator
- Rotationsverdampfer
- Chromatographierohr: Ø ca. 10 mm, Länge ca. 20 cm
- Messpipetten: 1 mL, 2 mL, 10 mL, 20 mL
- Messzylinder: 25 mL, 50 mL, 100 mL
- Mischzylinder: 100 mL
- Schütteltrichter: 250 mL
- Rundkolben: 500 mL
- Spitzkolben: 25 mL
- Erlenmeyerkolben: 100 mL, 250 mL
- Glaswolle

■■ **Chemikalien (p. a.)**
- Salzsäure: 25%ig
- Salzsäure: c = 2 mol/L
- Schwefelsäure: 70%ig
- Schwefelsäure: c = 0,05 mol/L
- Essigsäure: 96%ig (Eisessig)
- Wasserstoffperoxid-Lösung: 1%ig
- Trichloressigsäure-Lösung: 5%ig
- Ammoniak-Lösung: c ~ 1 mol/L und c ~ 8 mol/L
- Methanol
- Chloroform
- Ethylacetat
- Aceton
- Diethylether
- Kationenaustauscher (100–200 mesh)
- Natriumsulfit Na_2SO_3
- Cadmiumacetat-Dihydrat $(CH_3COO)_2Cd \cdot 2\,H_2O$
- Ninhydrin (2,2-Dihydroxy-1,3-dioxohydrinden)
- Vorbereitung des Kationenaustauschers:
  ca. 20 mL vorgequollenes Austauscherharz werden mit Salzsäure (c = 2 mol/L) in das Chromatographierohr eingeschlämmt, mit 100 mL Salzsäure (c = 2 mol/L) in die $H^{\oplus}$-Form gebracht und mit dest. Wasser neutral gewaschen.
- Regenerierung: Das Austauscherharz wird nach 2 h Behandlung bei 70 °C mit 70%iger Schwefelsäure und anschließendem 24 stündigem Kontakt mit 1%iger Wasserstoffperoxid-Lösung wieder verwendungsfähig. Die Beladung mit $H^{\oplus}$-Ionen erfolgt wie oben angegeben.
- für DC:

DC-Platten	Kieselgel 60-Fertigplatten ohne Fluoreszenzindikator
Laufmittel	24 mL Chloroform und 20 mL Methanol werden in einem 100-mL-Erlenmeyerkolben vermischt und tropfenweise mit dest. Wasser gesättigt. Bei Übersättigung ergibt sich eine milchige Emulsion, die mit einigen Tropfen Methanol wieder geklärt werden kann. Das wassergesättigte Chloroform–Methanol-Gemisch wird mit 2–3 Spatelspitzen Natriumsulfit versetzt, ca. 30 min unter gelegentlichem Umrühren zugedeckt stehen gelassen und dann unter Zurücklassen eines eventuell vorhandenen Bodensatzes in die Chromatographiekammer gefüllt (Zeit zur Kammersättigung: ca. 15 min)
Vergleichslösungen	I bis III: Je 15 mg Histamindihydrochlorid, Tyraminhydrochlorid und Tryptaminhydrochlorid werden in 10 mL Methanol gelöst IV: 15 mg Dopaminhydrochlorid werden mit einigen Tropfen 25%iger Salzsäure und einer kleinen Spatelspitze Natriumsulfit versetzt und in 10 mL Methanol gelöst
Sprühreagenz	Reagenz I: 15 mL Ethylacetat, 15 mL Eisessig und 1 mL dest. Wasser werden in einem 100-mL-Erlenmeyerkolben gemischt Reagenz II: 0,1 g Cadmiumacetat-Dihydrat werden in 10 mL Wasser/Eisessig (5 + 1, *v/v*) gelöst und mit Aceton auf 100 mL verdünnt Vor dem Besprühen werden 0,1 g Ninhydrin in 50 mL dieser Cadmiumacetat-Lösung gelöst

▪▪ Bestimmung

(a) Herstellung der Probenlösung

(a1) Probenaufarbeitung

Circa 30 g zerkleinertes Probenmaterial (flüssige Lebensmittel wie Wein und Fruchtsäfte werden nach einer eventuell notwendig werdenden Filtration direkt über den Kationenaustauscher (siehe (a2)) gegeben) werden mit 60 mL 5%iger Trichloressigsäure im Zentrifugenglas mit dem Ultra-Turrax homogenisiert, 15 min im Wasserbad bei 60 °C digeriert und anschließend zentrifugiert (5 min bei 3000 rpm). Nach Abdekantieren der überstehenden Lösung über Glaswolle in einen 250-mL-Erlenmeyerkolben wird die Extraktion des Rückstandes mit 40 mL Trichloressigsäure-Lösung wiederholt; die beiden Überstände werden vereinigt. Der Extrakt wird mit 5 mL Schwefelsäure ($c = 0{,}05$ mol/L) versetzt, dreimal mit je 50 mL Diethylether behandelt und die wässrige Phase unter Zusatz einer Spatelspitze Natriumsulfit am Rotationsverdampfer (Wasserbad bei ca. 45 °C) bis auf einen kleinen Flüssigkeitsrest eingeengt.

(a2) *Clean up* mittels Kationenaustauscher

Der eingeengte Extrakt wird mit 20 mL Trichloressigsäure-Lösung versetzt, auf den vorbereiteten Kationenaustauscher gegeben und einsickern gelassen. Durch Elution mit 40 mL dest. Wasser, 60 mL Ammoniak-Lösung ($c \sim 1$ mol/L) und anschließend wieder 40 mL dest. Wasser werden Zucker, Säuren und neutrale Aminosäuren entfernt. Anschließend wird mit 70 mL Ammoniak-Lösung ($c \sim 18$ mol/L) und 50 mL dest. Wasser in einen 500-mL-Rundkolben eluiert, die

18

Lösung am Rotationsverdampfer (bei 45 °C) auf ein kleines Volumen (ca. 3 mL) eingeengt, der Flüssigkeitsrest mit 2–3 Tropfen 25%iger Salzsäure versetzt und unter Nachwaschen des Kolbens mit salzsaurem Wasser in einen 25-mL-Spitzkolben überführt. Nach Einengen zur Trockne wird der Rückstand in 2 mL Methanol und 2–3 Tropfen 25%iger Salzsäure aufgenommen und dünnschichtchromatographisch untersucht.

(b) DC-Trennung
Auftragung der Lösungen:
2–5 μL der nach (a2) erhaltenen Probenlösung sowie der Vergleichslösungen.
Entwicklung:
Aufsteigend in N-Kammer bis zu einer Laufhöhe von ca. 13 cm (Laufzeit: ca. 1,5 h).

(c) Detektion
Die entwickelte Platte wird unter dem kalten Luftstrom (Fön) getrocknet, dann zuerst mit dem Sprühreagenz I besprüht, nochmals getrocknet und anschließend mit Sprühreagenz II behandelt. Eine maximale Farbentwicklung der Substanzflecken wird erzielt, wenn die besprühte DC-Platte für ca. 5 min im Trockenschrank auf 100 °C erhitzt wird.

■ **Auswertung**
Die r_f-Werte und Farben der Vergleichssubstanzen werden mit den resultierenden Flecken der Probenlösung verglichen.

Oxidationsschutz von Dopamin

Den verwendeten Elutionsmittelportionen werden jeweils 1–2 Spatelspitzen Natriumsulfit zugesetzt. Dies verhindert die **Oxidation** des sehr empfindlichen Dopamins.

18.4.4 Fluorimetrische Bestimmung von Histamin

■ **Anwendungsbereich**
— Lebensmittel, allgemein

■ **Grundlagen**
Histamin, das Decarboxylierungsprodukt der Aminosäure Histidin (▶ Abschn. 18.4.3; ▶ Gl. 18.13) kann außer durch mikrobiellen Verderb auch in allen Lebensmitteln gebildet werden, deren Herstellung über mikrobiologische Verfahren abläuft (Sauerkraut, Käse, Wein usw.). Dabei treten zum Teil unphysiologische Konzentrationen (ca. 70–1000 mg Histamin pro Mahlzeit) auf [60–63].

■ **Prinzip der Methode**

Das Histamin wird aus dem Probenmaterial durch saure Extraktion und Reinigung des Extraktes über einen Kationenaustauscher isoliert und nach der Umsetzung mit o-Phthaldialdehyd im alkalischen Milieu aufgrund der intensiven Fluoreszenz des Kondensationsproduktes bei 450 nm (Anregungswellenlänge: 336 nm) photometrisch bestimmt (▶ Gl. 18.14).

$$(18.14)$$

■ **Durchführung**
■■ **Geräte und Hilfsmittel**
— Fluorimeter bzw. Spektralphotometer mit Fluoreszenzzusatz
— Fluoreszenzküvetten: $d = 1$ cm
— Ultra-Turrax-Homogenisator
— Chromatographiesäulen: Länge 13 cm; Ø ca. 7–8 mm
— Vollpipetten: 1 mL, 2 mL
— Kolbenhubpipette: 250 μL
— Messkolben: 10 mL, 25 mL, 50 mL, 100 mL, 1000 mL
— Messzylinder: 200 mL
— Bechergläser: 100 mL, 200 mL
— Trichter: Ø ca. 7–8 cm
— Reagenzgläser
— Faltenfilter
— Glaswolle

■■ **Chemikalien (p. a.)**
— Essigsäure: 96%ig (Eisessig)
— Trichloressigsäure-Lösung: 10%ig
— Histamindihydrochlorid $C_5H_{11}Cl_2N_3$
— Kationenaustauscher:
  0,9–1,0 g Austauschermaterial werden in einem 100-mL-Becherglas mit ca. 20 mL Acetatpuffer versetzt und einige Stunden stehen gelassen. Der so vorbereitete Kationenaustauscher wird in eine Chromatographiesäule überführt und mit ca. 20 mL Acetatpuffer gewaschen.
— Acetatpuffer (c = 0,2 mol/L):
  16,4 g wasserfreies Natriumacetat werden in einem 1000-mL-Messkolben in dest. Wasser gelöst, mit ca. 10 mL Eisessig auf pH 4,6 eingestellt und mit dest. Wasser bis zur Marke aufgefüllt.

18

- Salzsäure: c = 0,1 mol/L
- Salzsäure: c = 0,2 mol/L
- Salzsäure: c = 0,7 mol/L
- Natriumhydroxid-Lösung: c = 1 mol/L
- o-Phthaldialdehyd (OPT)-Lösung; 1%ig:
  0,1 g OPT werden mit Methanol auf 10 g verdünnt. Lösung frisch herstellen!
- Histamin-Stammlösung (c = 2,5 mg/mL):
  0,207 g Histamindihydrochlorid (≙ 125 mg Histamin) werden in einem 50-mL-Messkolben mit Salzsäure (c = 0,1 mol/L) gelöst und bis zur Marke aufgefüllt.
- Histamin-Standardlösung (c = 100 μg/mL):
  Von der Histamin-Stammlösung werden 4,0 mL in einem 100-mL-Messkolben mit 10 %iger Trichloressigsäure-Lösung bis zur Marke aufgefüllt.
- Histamin-Kalibrierlösungen:
  Von der Standardlösung werden 0,5; 1,5; 2,5; 3,5 und 5 mL in je einen 100-mL-Messkolben pipettiert und mit Salzsäure (c = 0,2 mol/L) bis zur Marke aufgefüllt (c = 1; 3; 5; 7 und 10 μg/2 mL).

■■ **Bestimmung**

(a) Extraktion
Circa 10 g Probe werden in ein 200-mL-Becherglas auf ± 1 mg genau eingewogen, mit dem Ultra-Turrax verlustfrei homogenisiert und nach Zugabe von ca. 80 mL 10%iger Trichloressigsäure-Lösung 1–2 min lang extrahiert. Nach Filtration durch ein Faltenfilter wird der erhaltene Extrakt in einem 100-mL-Messkolben mit 10%iger Trichloressigsäure-Lösung bis zur Marke aufgefüllt.

(b) Reinigung des Extraktes
250 μL des aufgefüllten Extraktes nach (a) werden auf die vorbereitete Chromatographiesäule gegeben, und das Austauschermaterial wird mit insgesamt ca. 120 mL Acetatpuffer gewaschen (Eluat verwerfen!). Das Histamin wird anschließend mit Salzsäure (c = 0,2 mol/L) in einen 25-mL-Messkolben bis zur Marke eluiert.

(c) Fluorimetrische Messung
2 mL des Eluates nach (b) werden in einem Reagenzglas mit 1 mL Natriumhydroxid-Lösung (c = 1 mol/L) und 0,1 mL OPT-Lösung (1%ig) versetzt, und der Ansatz wird gut durchgemischt; diesem werden nach genau 3,5 min Standzeit 2 mL Salzsäure (c = 0,7 mol/L) zugegeben, und es wird erneut durchgemischt. Das Fluorimeter wird mit einer mit denselben Reagenzien hergestellten Blindlösung auf 0 Skalenteile abgeglichen und anschließend die Fluoreszenz der Reaktionslösung bei 450 nm nach einer Anregung bei 366 nm gemessen.
Zur Theorie und Praxis der fluorimetrischen Verfahren sei auf die Spezialliteratur verwiesen.

Hinweis zur Messung

Nach Einbringen der Küvette in den Strahlengang des Photometers unbedingt sofort den Messwert ablesen, ggf. die Reaktion nochmals wiederholen.

(d) Kalibrierkurve
Jeweils 2 mL der Histamin-Kalibrierlösungen werden zur oben beschriebenen fluorimetrischen Messung (c) eingesetzt, wobei das Fluorimeter wiederum mit der Blindlösung auf 0 Skalenteile abgeglichen werden muss.

- **Auswertung**
Die Fluoreszenzmesswerte (abgelesene Skalenteile) der Kalibrierlösungen werden gegen die Histamin-Gehalte in µg/Ansatz aufgetragen (c = 1; 3; 5; 7 und 10 µg Histamin/Ansatz).
Der Histamin-Gehalt H in mg/100 g Probe ergibt sich nach:

$$H\left[\mathrm{mg}/100g\right] = \frac{h \cdot 500}{E}$$

mit

h – Histamin-Konzentration in µg/Ansatz (aus der Kalibrierkurve)

E – Einwaage in g

500 – Verdünnungsfaktor; Umrechnung von µg auf mg und 100 g Probe

18.4.5 Bestimmung der Fettsäuretryptamide mittels HPLC-FD

- **Anwendungsbereich**
- Kakaobutter
- Kakaomasse
- Kakaopulver
- Schokolade

- **Grundlagen**
Der Anteil an Kakaoschalen kann als Qualitätsparameter zur Beurteilung von Kakaoerzeugnissen herangezogen werden, denn er gibt Auskunft über die Frage nach der Gründlichkeit der Schalenabtrennung der Rohstoffe vor der Verarbeitung. Hohe Anteile an Schalen werden aus verschiedenen Gründen als wertmindernd und daher als unerwünscht angesehen.

Fettsäuretryptamide (FAT) setzen sich aus einem Indolring und der entsprechenden Fettsäure zusammen (◘ Abb. 18.6). In Kakaobutter wurden die Fettsäuretryptamide Behensäuretryptamid (BAT) und Lignocerinsäuretryptamid (LAT) in analytisch bedeutsamen Konzentrationen gefunden. Später wurden noch zwei

18

x	Tryptamid
14	Margarinsäuretryptamid (MAT) (IS)
19	Behensäuretryptamid (BAT)
20	Tricosansäuretryptamid (TAT)
21	Lignocerinsäuretryptamid (LAT)
23	Cerotinsäuretryptamid (CAT)

◻ **Abb. 18.6** Fettsäuretrytamide

weitere homologe Fettsäuretryptamide, Tricosansäuretryptamid (TAT) und Cerotinsäuretryptamid (CAT), die jedoch nur als Minorkomponenten vorkommen, nachgewiesen.

Die Fettsäuretryptamide entstehen während der Reifung der Früchte am Kakaobaum. Nach derzeitigem Kenntnisstand verändert sich die Konzentration der FAT durch anschließende technologische Verarbeitungsprozesse, wie beispielsweise Rösten oder Walzen, kaum. Die FAT eigenen sich als Indikatorsubstanzen zur Abschätzung des Schalenanteils in Kakaoprodukten, da deren Konzentration in den Schalen gegenüber der Konzentration in den Kernen deutlich (um den Faktor 16) erhöht ist. Aufgrund der Fettlöslichkeit der FAT gehen diese Substanzen beim Abpressen in die Kakaobutter über. Daher kann der FAT-Gehalt auch zur Qualitätsbeurteilung von Kakaobutter herangezogen werden [64, 67].

Was versteht man eigentlich unter Kakaoschalen?

— Im botanischen Sinn handelt es sich bei *Kakaoschale* um die dünne Samenschale **(Testa)** von der die **Kotyledonen** (der Kakaobohnen von *Theobroma cacao*) überzogen sind. Die Testa dient als semipermeable Membran, die den Kakaokern vor äußeren Umwelteinflüssen schützt. Aus diesem Grund ist die Testa häufig mit Sand/Boden, Bakterien, Hefezellen, Pilzen und zahlreichen weiteren Kontaminanten behaftet [68].

— Diese „Anhaftungen" werden bei der analytischen Bestimmung nicht miterfasst. Zum vertiefenden Studium der Problematik **Kakaoschalenanalytik** sei auf die Spezialliteratur verwiesen (Auswahl: [67]).

■ **Prinzip der Methode**

Die Fettsäuretryptamide werden mittels Kaltextraktion aus der Probe isoliert und nach Aufreinigung an einer Kieselgelsäule mithilfe einer RP-HPLC getrennt und anschließend mittels Fluoreszenzdetektion analysiert. Die Auswertung erfolgt durch Zugabe eines Internen Standards (IS). Hierbei wird Margarinsäuretryptamid (MAT; chemisch exakter als Heptadecansäuretryptamid, HAT bezeichnet) eingesetzt, da dieses nicht natürlicherweise in Kakaobohnen/Kakaoschalen (*Theobroma cacao*) vorkommt.

■ **Durchführung**
■■ **Geräte und Hilfsmittel**

— Flüssigchromatograph mit Fluoreszenzdetektor (▶ Abschn. 5.5)
— Kieselgel-Kartuschen
— Kunststoff-Zentrifugengläser: 50 mL; verschraubbar
— Rundkolben: 50 mL
— Messkolben: 100 mL
— Messpipetten: 5 mL, 10 mL
— Pipetten: 1000 µL, 100 µL
— Magnetrührer
— Rührfische
— Zentrifuge
— Rotationsverdampfer

■■ **Chemikalien (p. a.)**

— Methanol
— Ethylacetat
— bidest. Wasser
— n-Hexan
— Tetrahydrofuran (THF)
— Margarinsäuretryptamid (MAT als IS)
— Behensäuretryptamid (BAT)
— Lignocerinsäuretryptamid (LAT)
— Interne Standardlösungen (IS):
  – IS-Stammlösung: 10 mg MAT in 100 mL THF lösen → 100 µg MAT/mL
  – IS-Standardlösung: 1 mL IS-Stammlösung mit THF auf 20 mL verdünnen → 5 µg MAT/mL
— Externe Standardlösungen (ES) zur Ermittlung des Responsefaktors:
  – ES-Stammlösung: je 100 mg MAT, BAT und LAT in 20 mL THF → 5 mg je FAT/mL
  – ES-Standardlösung I: 0,1 mL ES-Stammlösung mit THF auf 100 mL verdünnen
    → 5 µg je FAT/mL
  – ES-Standardlösung II: 10 mL ES-Stammlösung mit THF auf 100 mL verdünnen
    → 0,5 µg je FAT/mL

18

■■ **Bestimmung**

(a) Herstellung der Probenlösung

(a1) Kakaokerne/Kakaomasse/Kakaopulver
1 g Kakaokerne, Kakaomasse, Kakaopulver oder ca. 0,05 g Kakaoschalen werden in ein 50-mL-Zentrifugenglas eingewogen und mit 1 mL IS-Standardlösung und 3 mL Ethylacetat versetzt und für 15 min bei Raumtemperatur auf einem Magnetrührer extrahiert. Anschließend wird 10 min bei 4 °C zentrifugiert und der Überstand in einen Kolben überführt. Das Lösungsmittel wird abrotiert. Der Rückstand wird in 1 mL THF aufgenommen.

(a2) Kakaobutter
Alternativ werden ca. 0,5 g Kakaobutter eingewogen und in 1 mL IS-Standardlösung gelöst.

(b) Probenaufarbeitung
Die Aufreinigung des Extraktes erfolgt über eine Kieselgel-Kartusche. Auf die mit 3 mL Hexan/Ethyl–acetat (90 + 10, v/v) vorkonditionierte Säule 100 μL des Extraktes nach (a1) oder der Kakaobutter nach (a2) geben und mit etwas Druck auf die Säule drücken. Anschließend werden 3 Fraktionen eluiert. Fraktion 1 und 2 werden verworfen:
⇨ Fraktion 1: Hexan/Ethylacetat (90 + 10, v/v), 5 mL
⇨ Fraktion 2: Hexan/Ethylacetat (80 + 20, v/v), 3 mL
⇨ Fraktion 3. Ethylacetat, 15 mL

Fraktion 3 wird in einem weiteren Kolben aufgefangen. Am Ende wird Luft durch die Säule gepresst um letzte Lösungsmittelrückstände zu entfernen. Das Lösungsmittel wird abrotiert, der Rückstand wird in 1 mL THF aufgenommen und zur HPLC-Messung eingesetzt.

(c) HPLC-Parameter

Trennsäule	Hypersil ODS RP 18: 3 μm, 150 × 3,0 mm
Eluent	Methanol/THF/Wasser (95 + 4 + 5, v/v/v)
Modus	Isokratisch
Detektion	Fluoreszenz: Anregung bei 281 mm, Emission bei 330 nm
Flussrate	0,3 mL/min
Säulentemperatur	20 °C
Injektionsvolumen	1 μL

■ **Auswertung**
Die Berechnung der individuellen Tryptamid-Gehalte erfolgt nach der Internen Standardmethode mit MAT als IS. In ◘ Abb. 18.7 ist beispielhaft das Flüssigchromatogramm einer typischen Kakaoschalenprobe wiedergegeben.

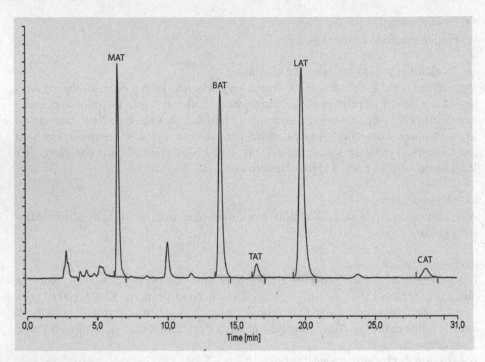

⊡ Abb. 18.7   Flüssigchromatogramm der Fettsäuretryptamide einer Kakaoschalenprobe. (Nach [67]. *Erläuterung:* Zuordnung der Abkürzungen siehe ⊡ Abb. 18.6. Gehalte in (mg/kg): **MAT** (5,0); **BAT** (143,1); **TAT** (1,2); **LAT** (208,8); **CAT** (1,5))

Der Responsefaktor berechnet sich nach:

$$Rf = \frac{c_{FAT} \cdot A_{MAT}}{c_{MAT} \cdot A_{FAT}}$$

mit

R_f – Responsefaktor

c_{FAT} – Konzentration von FAT (BAT, LAT) in der ES-Standardlösung in µg/mL

c_{MAT} – Konzentration von MAT in der ES-Standardlösung in µg/mL

A_{FAT} – Fläche von FAT (BAT, LAT) in der ES-Standardlösung

A_{MAT} – Fläche von MAT in der ES-Standardlösung

Der Gehalt an *FAT* in mg/kg wird wie folgt berechnet:

$$FAT \; [mg/kg] = \frac{c_{MAT} \cdot A_{FAT} \cdot Rf}{m_{Probe} \cdot A_{MAT}}$$

18

mit

R_f – Responsefaktor

c_{MAT} – Konzentration MAT in der Probenlösung in µg/mL

A_{FAT} – Fläche von FAT (BAT, LAT) in der Probe

A_{MAT} – Fläche von MAT in der Probe

m_{Probe} – Einwaage in g

18.4.6 Photometrische Bestimmung des Blauwerts (B-Wert)

■ **Anwendungsbereich**
— Kakaobutter
— Kakaomasse
— Kakaopulver
— Schokolade

■ **Grundlagen**

Ein möglicher **Schalenanteil** gilt als wichtiger Qualitätsparameter für Produkte, die aus gerösteten Kakaobohnen hergestellt werden. Bei der Beurteilung von Kakaobutter stellt sich die Frage, inwieweit schalenreiche Rohstoffe oder ein zu starkes Abpressen bei der Kakaobutterherstellung zum Einsatz kommen. Dabei können unerwünschte Begleitsubstanzen aus der Kakaoschale (u. a. Kakaofett) in die Kakaobutter übergehen und das Aroma sowie die Kristallisationseigenschaften negativ beeinflussen. Die Methode kann auch auf – aus Kakaomasse und Kakaopulver bzw. auf keine weiteren Fette als Kakaobutter enthaltenden Schokoladenprodukte – isolierte Fette (Kakaobutter) angewandt werden.

Zur **Reinheitsprüfung** von **Kakaobutter** findet in der industriellen Qualitätssicherung eine in der 60er Jahren entwickelte und sich bislang gut bewährte einfache Summenparametermethode Anwendung [69]. Diese als **Blauwert** (engl. blue value) oder auch als **B-Wert** bezeichnete optische Methode wurde in der Methodensammlung des IOCCC (International Office of Cocoa, Chocolate and Sugar Confectionary) veröffentlicht [70].

Als Bestandteil der Kakaoschalen färben sich Fettsäuretryptamide (FAT) und weitere Substanzen mit Indolstruktur mit p-Dimethylaminobenzaldehyd blau. Mittels photometrischer Messung des gebildeten blauen Farbstoffes kann eine Aussage über die Kakaobutterqualität getroffen werden. Ein Blauwert von < 0,04 deutet aufgrund langjähriger empirischer Beobachtungen auf eine einwandfreie Kakaobutter hin.

Bezüglich Struktur und zum Aufbau der FAT sei auf ► Abschn. 18.4.5 verwiesen. Eine Übersicht zu diesem komplexen Thema vermittelt eine Literaturauswahl: [64–73].

Kakaoschalen – Rechtliche Regelungen?

In der gültigen **Kakaoverordnung** von 2003 [71] sind keine gesetzlichen Regelungen zu Schalenanteilen bei Kakaoerzeugnissen mehr festgelegt worden, jedoch wird in der Praxis bei Kakaomasse ein Kakaoschalengehalt incl. Keimwurzel von maximal 5 % (bezogen auf die fettfreie Kakaotrockenmasse, FFKTM) als technologisch unvermeidbar angesehen. Ein höherer Schalenanteil gilt als qualitätsmindernd.

■ **Prinzip der Methode**

Bei der **Blauwertmethode** reagieren Fettsäuretryptamide und andere Substanzen mit Indolstruktur mit *p*-Dimethylaminobenzaldehyd (*p*-DMAB) in saurem Milieu zu einem Komplex, der mittels Wasserstoffperoxid zu einem blauen Farbstoff oxidiert wird. In ◘ Abb. 18.8 ist das Reaktionsschema zur Farbstoffbildung (nach [72]) und in ◘ Abb. 18.9 das Absortionsspektrum des Farbkomplexes

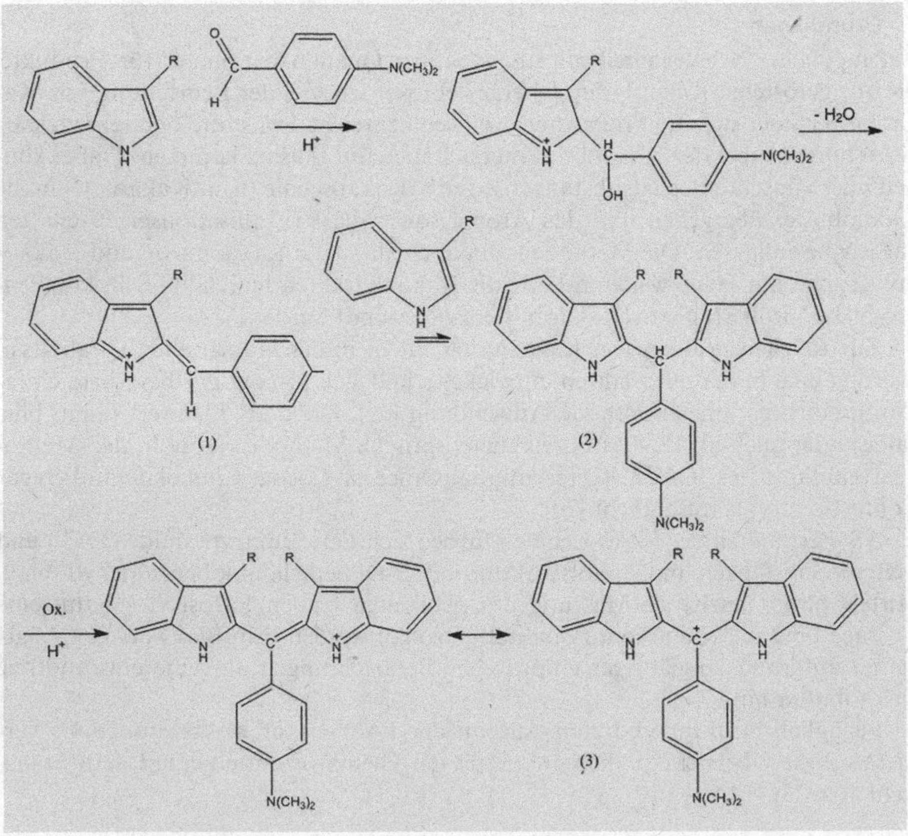

◘ **Abb. 18.8** Blauwertmethode – Farbstoffbildung durch Reaktion zwischen Indolen und p-Dimethylaminobenzaldehyd (Nach [72]). *Erläuterungen:* siehe Text

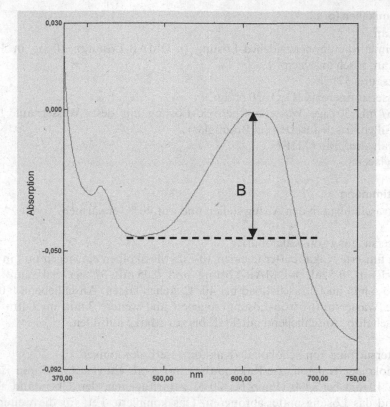

◘ Abb. 18.9 Absorptionsspektrum des Reaktionsproduktes bei der Blauwertmessung. *Erläuterung:* Die gestrichelte Hilfslinie beschreibt die Basis von E_{625} bis E_{675}. *Weitere Erläuterungen:* siehe Text

wiedergegeben. Bei der Farbreaktion entsteht aus einem Indol mit *p*-DMAB in einer Hydroxyalkylierung ein violettrotes Kation (**1**), welches mit überschüssigem Indol in einer säureabhängigen Gleichgewichtsreaktion zu 2,2'-Diindolylmethan (**2**) weiter reagiert. Durch Oxidation mit H_2O_2 bildet sich das Aryl-2,2'-diindolyl–carbenium-Ion (**3**), ein blauer Triphenylmethanfarbstoff [73]. Anschließend wird mittels photometrischer Messung anhand der Intensität der Farbstoffbildung der Blauwert berechnet.

- **Durchführung**
- ▪▪ **Geräte und Hilfsmittel**
- ▬ Messkolben: 10 mL
- ▬ Ultraschallbad: 40 °C
- ▬ Photometer (▶ Abschn. 8.2.5)
- ▬ Glasküvetten: $d = 1$ cm
- ▬ Pipetten: 1000 μL, 500 μL, 50 μL

■■ **Chemikalien (p. a.)**
— Hexan
— p-Dimethylaminobenzaldehyd-Lösung (p-DMAB-Lösung): 10 mg in 10 mL Hexan; frisch ansetzen
— Salzsäure: 37%ig
— Wasserstoffperoxid (H_2O_2); 0,5%ig: 0,167 mL 30%ige Wasserstoffperoxid-Lösung mit dest. Wasser auf 10 mL auffüllen; frisch ansetzen (in Braunglas)
— Tetrahydrofuran (THF)
— Ethylacetat

■■ **Bestimmung**
Ein Ultraschallbad in den Abzug stellen und auf 40 °C erwärmen.

(a) Untersuchung von Kakaobutter
200 mg filtrierte Kakaobutter in einen 10-mL-Messkolben einwiegen und in 1 mL Hexan lösen. 0,5 mL p-DMAB-Lösung und 0,05 mL 37%ige Salzsäure zugeben und 5 min im Ultraschallbad bei 40 °C stehen lassen. Anschließend 0,05 mL 0,5%ige Wasserstoffperoxid-Lösung zugeben und weitere 3 min im Ultraschallbad beschallen. Anschließend mit THF bis zur Marke auffüllen.

(b) Untersuchung von Schokolade/Kakaomasse/Kakaopulver
1 g Schokolade/Kakaomasse/Kakaopulver mit 3 mL Ethylacetat 15 min rühren, danach 10 min bei 3400 U/min bei 20 °C zentrifugieren, den Überstand abnehmen und das Lösungsmittel abrotieren. Das komplette Fett für die weitere Bestimmung wie unter (a) beschrieben, einsetzen.

(c) Photometrische Messung
Die photometrische Messung erfolgt bei 510; 625 und 675 nm gegen THF als Blindwert. Nach Zugabe der Wasserstoffperoxid-Lösung muss die photometrische Messung innerhalb von 10 min erfolgen.

■ **Auswertung**
In ◘ Abb. 18.9 ist exemplarisch das Absorptionsspektrum einer Blauwert-Bestimmung in Kakaobutter dargestellt. Die eingezeichnete mit **B** bezeichnete Strecke wird als Maß für die Ausprägung des Absorptionsmaximums bei 625 nm betrachtet.

Die Berechnung des Blauwertes (*B-Wert;* eine dimensionslose Zahl) erfolgt nach:

$$B\text{-}Wert = 2 \cdot (E_{625} - 0,5(E_{475} + E_{675}))$$

18   mit

E_{625} – Extinktion bei 625 nm

E_{475} – Extinktion bei 475 nm

E_{675} – Extinktion bei 675 nm

Der um die Einwaage korrigierte B-Wert ergibt sich aus Formel 2.

$$\textit{B-Wert}_{korr.} = \frac{\textit{B-Wert} \cdot 0{,}200}{m}$$

mit

m – Einwaage in g

Die Methode ist mit einer Messunsicherheit U von 28 % behaftet.

18.5 Vitamine

Vitamine werden in fett- bzw. wasserlösliche Verbindungen unterteilt (◘ Tab. 18.5). Aufgrund dieser Charakterisierung sind bereits einige allgemeine Aussagen über das Vorkommen, die Speicherung und den Transport sowie zielgerichtete Strategien für die Analytik möglich. Die früher übliche Benennung der Vitamine mit Buchstaben ist begründet in der damals nicht bekannten chemischen Struktur dieser Stoffe; heute setzen sich jedoch mehr und mehr die

◘ Tab. 18.5 Benennung der Vitamine

Vitamine	Buchstabe	Name
Fettlösliche	A_1	Retinol (Axerophthol)
	A_2	Dehydroretinol
	D_2	Ergocalciferol
	D_3	Cholecalciferol
	E	α-, β-, γ-, ..., Tocopherol
	K_1	Phyllochinon
	K_2	Menachinon-7
Wasserlösliche	B_1	Thiamin
	B_2	Riboflavin
	B_6	Pyridoxal (Pyridoxin, Pyridoxamin)
	B_{12}	Cyanocobalamin
	B_9	Folsäure
	B_5	Pantothensäure
	B_3	Nicotinsäure
	B_3	Nicotinamid (Niacin)
	C	Ascorbinsäure
	H	Biotin

Trivialnamen durch. Als streng essentiell gelten nach Angaben der FAO/WHO die Vitamine A_1, B_1, B_2, B_6, B_{12}, Nicotinsäure(amid), Folsäure, C und D.

Zur Bestimmung der Vitamine wurden verschiedene Methoden vorgeschlagen. Dabei wurde versucht, die jeweiligen besonderen chemisch-physikalischen Eigenschaften der Verbindungen auszunutzen (beispielsweise die Redox-Wirkung des Ascorbinsäure/Dehydroascorbinsäure-Systems). Neben photometrischen, fluorimetrischen, remissionsspektralphotometrischen, polarographischen, titrimetrischen u. a. Methoden kommen heute insbesondere HPLC-Methoden zum Einsatz, die hochempfindliche Simultanbestimmungen ermöglichen. Darüber hinaus existieren auch Einzelbestimmungsmethoden wie die Isotachophorese (Vitamin C), die enzymatische Analyse (Vitamin C) oder der Proteinbindungsassay (Biotin).

18.5.1 Photometrische Bestimmung von Vitamin A (Retinol)

- **Anwendungsbereich**
- Fetthaltige Lebensmittel
- Multivitaminpräparate

- **Grundlagen**

Aufgrund der Molekülstruktur des **Vitamins A** sind theoretisch 16 Isomere möglich; es sind jedoch nur sechs bekannt. Von praktischer Bedeutung ist im Wesentlichen das Vitamin A_1 (Retinol), das in der Natur hauptsächlich mit Fettsäuren verestert vorkommt. Bestimmte Carotinoide wie α-Carotin, β-Carotin, γ-Carotin und Kryptoxanthin sind Provitamine, aus denen im menschlichen und tierischen Organismus das Vitamin A gebildet wird.

Die höchsten Vitamin A-Gehalte finden sich in der Leber von Fischen und Säugetieren, in Milch und Milchprodukten und im Eidotter. Carotinoide sind immer pflanzlichen Ursprungs und sind vor allem in Gemüse und Früchten enthalten. Die folgende Tabelle zeigt die durchschnittlichen Vitamin A- und Carotinoid-Gehalte einiger Lebensmittel (◐ Tab. 18.6). Vitamin A besitzt im Körper mehrere Funktionen: Es ist für das Wachstum, die Sexual-, Haut- und Schleimhautfunktionen und vor allem für den Sehvorgang [74] unentbehrlich.

Der Vitamin-Bedarf des Erwachsenen liegt bei ca. 1,5 bis 1,8 mg/d (≙ 5000 bis 6000 i. E. (Internationale Einheit); 1 i. E. = 0,3 µg Retinol) und wird zu ca. 75 % durch Retinol und zu ca. 25 % durch Provitamine gedeckt [57, 75–78].

- **Prinzip der Methode**

Vitamin A (Retinol) (all-trans)

18

◻ Tab. 18.6 Durchschnittliche Vitamin A- und Carotinoid-Gehalte einiger Lebensmittel

Lebensmittel	Gehalt (mg/100 g)[a]	
	Carotinoide mit Vitamin A-Aktivität	Vitamin A
Milch und Milchprodukte	0,02–0,38	0,03–0,63
Eier	–	1,12
Fleisch und Fleischprodukte	0,02	3,92–11,6
Fisch und Fischprodukte	–	0,04–30[b]
Getreide und Getreideprodukte	0,02–0,37	
Gemüse	0,01–12[c]	1,94–3,1
Obst	0,02–1,8	–

[a]Durchschnittswerte nach [74]
[b]Lebertran
[c]Karotte
–keine Angabe

Vitamin A wird durch alkalische Hydrolyse aus den Fettsäureestern freigesetzt, mit Ether extrahiert und der erhaltene Extrakt durch Säulenchromatographie gereinigt. Das Lösungsmittel wird entfernt, der Rückstand in *iso*-Propanol gelöst und bei 310 nm, 325 nm und 334 nm photometrisch gemessen. Störabsorptionen durch Vitamin A-Abbauprodukte und Carotinoide können durch ein rechnerisches Verfahren weitgehend eliminiert werden: die sog. Morton-Stubbs-Korrektur.

- **Durchführung**
- ■■ **Geräte und Hilfsmittel**
- – Spektralphotometer (► Abschn. 8.2)
- – Quarzküvetten: $d = 1$ cm
- – Rotationsverdampfer
- – Rückflusskühler mit Zweihalsrundkolben: 250 mL
- – Chromatographierohr
- – Rundkolben: 250 mL
- – Messkolben: 25 mL (mit Glasstopfen!), 100 mL
- – Messzylinder: 50 mL
- – Scheidetrichter: 250 mL

- ■■ **Chemikalien (p. a.)**
- – Kaliumhydroxid-Lösung, methanolisch: c = 1 mol/L
- – Hydrochinon $C_6H_6O_2$
- – Diethylether: peroxidfrei! (sonst Explosionsgefahr! Siehe Kästen „Gefährliche Peroxide/Hydroperoxide in Diethylether", „Wie bilden sich Peroxide/Hydroperoxide?" und „Diethylether – Lagern und testen!"; ► Abschn. 15.2.1)

- Phenolphthalein-Lösung: 1%ig, ethanolisch
- Aluminiumoxid (nach [75]):
  50 g Al_2O_3 (2 h bei 440 °C geglüht, unter Vakuum abgekühlt und unter luft-
  dichtem Verschluss aufbewahrt) werden in einem Erlenmeyerkolben mit
  Schliffstopfen mit 7,5 mL dest. Wasser versetzt und homogen geschüttelt. Vor
  Gebrauch 1 h bei Raumtemperatur stehen lassen. (Circa 1 Tag haltbar. Gefäß
  stets gut verschließen!)
- *iso*-Propanol
- Vitamin A-Acetat (Retinolacetat; 1 g $\triangleq$ 500.000 i. E.)
- Vitamin A-Stammlösung (c = 10^6 i. E./100 mL):
- 2 g Vitamin A-Acetat werden auf $\pm 0{,}1$ mg genau in iso-Propanol gelöst und
  auf 100 mL aufgefüllt.

■ ■ Bestimmung

Ca. 1 g Probe wird in den Zweihalsrundkolben auf $\pm 0{,}1$ mg genau eingewogen,
mit 30 mL methanolischer Kaliumhydroxid-Lösung sowie einer Spatelspitze Hydrochinon versetzt und im siedenden Wasserbad 30 min lang unter Rückfluss und
Luftausschluss (Stickstoff-Gas einleiten) hydrolysiert.

Nach Abkühlen wird das Hydrolysat mit ca. 30 mL dest. Wasser versetzt und
die Lösung unter dreimaligem Ausspülen mit je ca. 50 mL Diethylether in einen
Scheidetrichter überführt. Das Ether-Wasser-Gemisch wird ca. 2 min lang kräftig geschüttelt und die wässrige Phase nach der Trennung der Schichten entfernt.
Die Etherphase wird portionsweise mit je ca. 50 mL dest. Wasser gewaschen (bis
das Waschwasser mit Phenolphthalein keine Rosafärbung mehr ergibt) und dann
über eine Aluminiumoxidsäule gereinigt, wobei die Säulenfüllung noch mit ca.
20 mL Ether nachgewaschen wird. Das Eluat wird am Rotationsverdampfer eingeengt, der Rückstand in *iso*-Propanol gelöst und im 25-mL-Messkolben bis zur
Marke aufgefüllt. Die Extinktionen ($d = 1$ cm) der Lösung bei 310 nm, 325 nm
und 334 nm werden in Quarzküvetten gegen eine mit denselben Reagenzien angesetzte Blindlösung gemessen.

■ Auswertung

Der Gehalt der Probe an Vitamin A (Retinol) A in internationalen Einheiten
(i. E.) berechnet sich wie folgt:

$$A\left[\text{i.E.VitA/100}g\right] = \frac{E_{korr}}{c \cdot d} \cdot 1830 \cdot 100$$

mit

E_{korr} – korrigierte Extinktion: sie berechnet sich nach Morton und Stubbs [78] wie
folgt:

$$E_{korr} = 6{,}815 \cdot E_{325} - 2{,}555 \cdot E_{310} - 4{,}260 \cdot E_{344}$$

c – Einwaage in g bezogen auf 100 mL Messlösung

d – Schichtdicke in cm

1830 – Umrechnungsfaktor von g auf i. E. unter Berücksichtigung der spezifischen Extinktion einer 1%igen Retinol-Lösung

100 – Umrechnung auf 100 g Probe

- **Wiederfindung**

Hierzu wird der Probe eine genau bekannte Menge an Vitamin A-Acetat zugemischt und wie oben beschrieben behandelt. Wichtig ist, vorher den wahren Gehalt des Vitamin A-Acetats (in i. E.) zu bestimmen: Hierzu wird die Vitamin A-Stammlösung um den Faktor 1000 mit *iso*-Propanol verdünnt und die Extinktion der Lösung bei 326 nm (≙ Absorptionsmaximum für Vitamin A-Acetat) gegen *iso*-Propanol bestimmt. Die Berechnung verläuft wie oben:

$$a = \frac{E}{c \cdot d} \cdot 1900 \cdot 1000$$

mit

a – i. E. Vit. A/100 mL Vitamin A-Stammlösung

E – gemessene Extinktion bei 326 nm

c – Vitamin A-Acetat-Einwaage in g bezogen auf 100 mL Stammlösung

d – Schichtdicke in cm

1900 – Umrechnungsfaktor von g auf i. E. unter Berücksichtigung der spezifischen Extinktion einer 1%igen Vitamin A-Acetat-Lösung

1000 – Verdünnungsfaktor der Messlösung (gegenüber der Stammlösung)

18.5.2 Fluorimetrische Bestimmung von Vitamin B_1 (Thiamin)

- **Anwendungsbereich**
- zahlreiche Lebensmittel mit natürlichem Vitamin B_1-Gehalt (z. B. Fleisch, Brot)
- vitaminisierte Lebensmittel
- Multivitaminpräparate

- **Grundlagen**

Thiamin

Vitamin B_1 (Thiamin) gehört aufgrund seiner ionischen Struktur zu den wasserlöslichen Vitaminen. In Form verschiedener funktioneller Derivate greift das Thiamin in den Kohlenhydratstoffwechsel (Citronensäurecyclus, Glycolyse,

Pentosephosphat-Cyclus), die Biosynthese des Acetylcholins und des Isoleucins sowie den Aufbau der Lipide ein. Im tierischen Organismus liegt das Thiamin überwiegend in seiner phosphorylierten Wirkform, dem Thiaminpyrophosphat (TPP), vor, während es im pflanzlichen Gewebe als freies Thiamin vorkommt. Einen relativ hohen Gehalt an Thiamin besitzen Hefe, Weizen- und Roggenkeime, Kartoffeln, Hülsenfrüchte, grüne Gemüse sowie Schweinefleisch und Innereien wie Leber, Niere, Herz und Hirn.

Der tägliche Vitamin B_1-Bedarf liegt für Kinder zwischen 0,3 mg und 0,9 mg und für Frauen und Männer zwischen 1,0 mg und 1,8 mg [77, 79–84].

■ **Prinzip der Methode**

Nach Extraktion in saurem Medium und enzymatischer Hydrolyse wird das aus seinen Phosphorsäureestern freigesetzte Thiamin durch Kationenaustausch von Störsubstanzen weitgehend gereinigt. In alkalischer Lösung erfolgt anschließend die Oxidation des Thiamins mit Kaliumhexacyanoferrat(III) zum intensiv blau fluoreszierenden Thiochrom gemäß ▶ Gl. 18.15.

$$\text{Thiaminium-dichlorid} \quad \xrightarrow[\text{K}_3[\text{Fe(CN)}_6]]{\text{OH}^\ominus}$$

(18.15)

Die quantitative Bestimmung erfolgt anhand einer Vergleichslösung, der eine definierte Menge Vitamin B_1 zugesetzt wurde.

■ **Durchführung**
■■ **Geräte und Hilfsmittel**
— Fluorimeter bzw. Spektralphotometer mit Fluoreszenzzusatz
— Fluoreszenzküvetten: $d = 1$ cm
— Rückflusskühler
— Rundkolben mit Schliff: 200 mL
— 2 Chromatographierohre: Ø 6 mm
— Vollpipetten: 1 mL, 3 mL, 5 mL, 10 mL, 15 mL, 25 mL, 40 mL
— Messkolben: 25 mL, 100 mL, 200 mL
— Messzylinder: 100 mL
— Scheidetrichter: 100 mL
— Glastrichter und Filterpapier
— pH-Papier
— Stoppuhr

■■ **Chemikalien (p. a.)**
— Thiaminiumdichlorid (Thiaminchloridhydrochlorid) $C_{12}H_{18}Cl_2N_4OS$
— Natriumhydroxid-Lösung: 15%ig

— Schwefelsäure: $c = 0,05$ mol/L
— Natriumsulfat: getrocknet
— Natriumacetat-Lösung: 10%ig
— Diastase-Suspension:
  10%ige Suspension von Diastase in dest. Wasser
— Salzsäure: $c = 1$ mol/L
— Salzsäure: $c = 0,15$ mol/L
— Oxidationslösung:
  1 mL einer 1%igen wässrigen $K_3[Fe(CN)_6]$-Lösung werden unmittelbar vor
  Gebrauch mit 24 mL Natriumhydroxid-Lösung (15%ig) gemischt
— Schwach saurer Kationenaustauscher (Korngröße 0,08–0,15 mm):
  Ein einige Stunden in dest. Wasser vorgequollener Kationenaustauscher wird
  in ein Chromatographierohr gefüllt (Füllhöhe ca. 7 cm), mindestens zweimal
  mit dest. Wasser gewaschen, mit 50 mL Salzsäure (1 mol/L) aktiviert und danach mit Wasser neutral gewaschen
— *iso*-Butanol
— Ethanol: abs.
— Vitamin B_1-Stammlösung:
  Thiaminiumdichlorid wird im Trockenschrank etwa 2 h lang bei 100 °C getrocknet; davon werden 100 mg im 100-mL-Messkolben mit Schwefelsäure (c
  $= 0,05$ mol/L) gelöst und bis zur Marke aufgefüllt
— Vitamin B_1-Standardlösung:
  1 mL der Stammlösung wird mit Schwefelsäure ($c = 0,05$ mol/L) auf 10 mL
  verdünnt und 1 mL dieser Verdünnung wiederum auf 100 mL: Die Konzentration dieser Standardlösung beträgt 1 µg Thiaminiumdichlorid pro mL.
  In dunkler Flasche und im Kühlschrank ist diese Lösung ein bis zwei Monate
  haltbar

▪▪ **Bestimmung**

(a) Saure Extraktion der Vitamin B_1-Verbindungen

(a1) Probenlösung
Die eingesetzte Menge der fein zerkleinerten Probe sollte maximal 330 µg Thiamin enthalten; dies entspricht ca. 1 g bei Multivitaminpräparaten bzw. bis
zu 50 g bei vitaminisierten Lebensmitteln (bei Präparaten ohne Vitaminzu-
satz siehe beispielsweise [82]). Die Probenmenge wird mit 65 mL Schwefelsäure
($c = 0,05$ mol/L) versetzt und 1 h lang im siedenden Wasserbad erhitzt (Rundkolben mit Rückflusskühler).

(a2) Vergleichslösung
Parallel zur Probenlösung wird eine Vergleichslösung mit derselben Probenmenge, aber unter Zusatz von 40 mL Standardlösung hergestellt.

(b) Enzymatische Hydrolyse

Die nach (a) erhaltenen Lösungen werden nach dem Abkühlen auf Raumtemperatur mit Natriumacetat-Lösung auf pH 4–4,5 eingestellt, mit 5 mL Diastase-Suspension versetzt und im Trockenschrank 20 min lang auf 45 °C erwärmt. Nach Abkühlen auf Raumtemperatur werden die Lösungen in je einen 200-mL-Messkolben überführt, mit dest. Wasser bis zur Marke aufgefüllt und filtriert, wobei die ersten 10 mL des Filtrats verworfen werden.

(c) Reinigung
20–50 mL des Filtrats nach (b) (entsprechend 10–50 µg Thiamin) werden auf den vorbereiteten Kationen-Austauscher gegeben und nicht gebundene Störsubstanzen mit 25 mL Wasser ausgewaschen. Das Thiamin wird anschließend mit Salzsäure (c = 0,15 mol/L) in Portionen von 10 mL eluiert. Das saure Eluat wird im 25-mL-Messkolben aufgefangen, bis die Marke erreicht ist.

(d) Oxidation
5 mL (bei geringeren Thiamin-Konzentrationen 10 mL) des Eluats werden im 100-mL-Scheidetrichter mit 3 mL Oxidationslösung versetzt, geschüttelt und genau 1 min lang (!) stehen gelassen. Die Lösung wird mit 15 mL *iso*-Butanol versetzt und 2 min lang kräftig durchgeschüttelt (Stoppuhr!). Die organische Phase wird mit 1 mL Ethanol versetzt und nach Abtrennen von der wässrigen Phase über wenig getrocknetes Natriumsulfat filtriert.

(e) Blindlösung
Zur Ermittlung der durch störende Substanzen hervorgerufenen Fluoreszenz werden 5 (bzw. 10) mL des nach (c) erhaltenen Eluats mit 3 mL Natriumhydroxid-Lösung (15%ig) anstelle des Oxidationsreagenzes versetzt; wie unter (d) beschrieben wird parallel zur Proben- und Vergleichslösung die Oxidationsreaktion durchgeführt.

(f) Fluorimetrische Messung
Die Fluoreszenzmessung erfolgt für Proben-, Vergleichs- und Blindlösung bei einer Anregungswellenlänge von 365 nm und einer Emissionswellenlänge von 436 nm. Der Messwert sollte jeweils sofort abgelesen werden, da sich das Thiochrom unter UV-Bestrahlung allmählich zersetzt.

Zur Theorie und Praxis der fluorimetrischen Verfahren sei auf die Spezialliteratur verwiesen.

■ **Auswertung**
Wenn bei der Verarbeitung der Proben- und der Vergleichslösung die Volumina von Filtrat (nach (b)) *und* Eluat (nach (d)) jeweils genau gleich waren, berechnet sich der Vitamin B_1-Gehalt B_1 in µg pro 100 g Probe wie folgt:

$$B_1 \left[\mu g/100g \right] = \frac{(a-b) \cdot z \cdot 100}{(v-b) \cdot E}$$

18

mit

a – Fluoreszenz der Analysenlösung in Skalenteilen (Skt.)

b – Fluoreszenz der Blindlösung in Skt

v – Fluoreszenz der Vergleichslösung in Skt

z – Vitamin B$_1$-Zusatz zur Vergleichslösung (vgl. (a)) in µg

E – Einwaage in g

Sind die Volumina von Filtrat und Eluat für Proben- und Vergleichslösung nicht gleich, muss dies bei der Berechnung berücksichtigt werden!

18.5.3 Bestimmung von Vitamin C (L-Ascorbinsäure)

Mensch sowie Affe, Meerschweinchen und einige andere Tierarten benötigen die L(+)-Ascorbinsäure (L-Ascorbinsäure, **Vitamin C**) als Vitamin, weil ihnen verschiedene Enzyme zur körpereigenen Synthese fehlen. Die Endiolgruppierung der Ascorbinsäure besitzt ein großes Redoxpotential, das für den Ablauf physiologischer Reduktions- und Oxidationsprozesse benötigt wird.

L-Ascorbinsäure

$$\text{Ascorbinsäure} - 2H^{\oplus} \leftrightarrow \text{Dehydroascorbinsäure} + 2H^{\oplus}$$

Die biochemischen Wirkungen der Ascorbinsäure beruhen auf einer Beteiligung am mikrosomalen Elektronentransport sowie an zahlreichen Hydroxylierungsreaktionen.

Bei der Vitamin C-Avitaminose (Skorbut) werden Symptome beobachtet, die das mesenchymale Gewebe betreffen, z. B. Blutungen in der Muskulatur und Schmerzen in den Extremitäten. Die Resistenz gegen Infektionen lässt stark nach. Der tägliche Vitamin C-Bedarf von ca. 50–100 mg kann durch den Verzehr pflanzlicher Lebensmittel, die zum Teil reich an Vitamin C sind, wie Hagebutten, schwarze Johannisbeeren, Zitrusfrüchte, Paprika etc. gedeckt werden. Auch Kartoffeln sind mit einem Gehalt von 3–30 mg/100 g eine wichtige Vitamin C-Quelle.

Ascorbinsäure ist im neutralen oder alkalischen Milieu, bei erhöhter Temperatur und in Gegenwart von Schwermetallionen sehr oxidationsempfindlich; es kann zu Vitamin C-Verlusten beim Zubereiten der Speisen kommen.

In der Lebensmitteltechnologie wird Ascorbinsäure in immer größerem Umfang als Antioxidationsmittel zur Stabilisierung von Lebensmitteln eingesetzt. Die Oxidation von Fetten und Ölen kann z. B. durch Zusatz von fettlöslichem Ascorbylpalmitat verhindert werden.

Zur Bestimmung von Ascorbinsäure existieren verschiedenartige Methoden [74, 85–89].

18.5.3.1   L-Ascorbinsäurebestimmung – Methode nach Tillmanns

- **Anwendungsbereich**
- frisches Obst und Gemüse
- Frucht- und Gemüsesäfte
- Konservenprodukte
- Multivitaminpräparate, Bonbons

- **Grundlagen**
- ▶ Abschn. 18.5.3

- **Prinzip der Methode**

L-**Ascorbinsäure (AS)** wird aus dem entsprechend vorbereiteten Untersuchungsmaterial mit Oxalsäure-Lösung extrahiert und anschließend mit 2,6-Dichlorphenolindophenol **(DI)** zur Dehydroascorbinsäure **(DAS)** umgesetzt (▶ Gl. 18.16) [89–91].

DI	AS	DI-Leukoform	DAS
pH <7: rot		farblos	
pH >7: blau			

(18.16)

- **Durchführung**
- **Geräte und Hilfsmittel**
- Feinbürette: 10 mL
- Kolbenhubpipette: 200 µL
- Vollpipetten: 1 mL, 2 mL
- Messpipetten: 2 mL
- Messzylinder: 100 mL
- Erlenmeyerkolben: 100 mL
- Reagenzgläser

∎∎ Chemikalien (p. a.)

- 2,6-Dichlorphenolindophenol, Natriumsalz-Dihydrat $C_{12}H_6Cl_2NNaO_2$ · 2 H_2O
- L(+)-Ascorbinsäure $C_6H_8O_6$
- Oxalsäure $C_2H_2O_4$ · 2 H_2O
- Oxalsäure-Lösung: 2%ig
- DI-Lösung:
  200 mg 2,6-Dichlorphenolindophenol (DI) werden in ein 100-mL-Becherglas genau eingewogen, mit ca. 80 mL dest. Wasser versetzt und unter ständigem Rühren auf etwa 50 °C erhitzt. Nach Abkühlen wird die Lösung in einen 500-mL-Messkolben überführt, dieser unter Nachwaschen des Becherglases mit dest. Wasser bis zur Marke aufgefüllt und die Lösung gut durchgemischt. Nicht gelöste Substanz abfiltrieren!
  DI sowohl in fester Form als auch in Lösung gut verschlossen im Dunkeln und kühl aufbewahren.
  ⇨ *Hinweis:* Der Titer der Lösung ist nur sehr kurze Zeit stabil!
- AS-Standardlösung:
  ca. 200 mg L(+)-Ascorbinsäure (AS) werden auf ±1 mg genau in einen 100-mL-Messkolben eingewogen und mit Oxalsäure-Lösung (2%ig) bis zur Marke aufgefüllt. Die Lösung ist nur wenige Stunden haltbar!
- Trichloressigsäure
- Diethylether
- bidest. Wasser

∎∎ Bestimmung

(a) Titerbestimmung der DI-Lösung
In 10–20 mL Oxalsäure-Lösung (2%ig) werden 0,2 mL AS-Standardlösung pipettiert und mit DI-Lösung bis zur deutlichen Rosafärbung, die 10–15 s beständig sein soll, titriert. Zur Feststellung des Titers muss die Titration wenigstens dreimal wiederholt und ein Blindwert (statt AS-Standardlösung bidest. Wasser einsetzen!) berücksichtigt werden. Der Titer F_{DI} berechnet sich nach:

$$F_{DI}\,[\text{mg/mL}] = \frac{Z}{(a-b)}$$

mit

Z – Ascorbinsäure-Zusatz in mg pro 0,2 mL AS-Standardlösung

a – Verbrauch an DI-Lösung für AS-Standardlösung in mL

b – Verbrauch an DI-Lösung für Blindwert in mL

(b) Probenaufarbeitung
Die zur Titration verwendete Probenmenge sollte so gewählt werden, dass sie maximal 0,5 mg L-Ascorbinsäure enthält:

- Flüssigkeiten wie Frucht- und Gemüsesäfte werden auf das gewünschte Volumen mit Oxalsäure-Lösung verdünnt und wenn nötig filtriert.

— Feste Lebensmittelproben wie Früchte und Gemüse werden grob zerkleinert, unter Zusatz von Oxalsäure-Lösung homogenisiert und filtriert.

— Sonstige Vitamin-C-haltige, feste Lebensmittel werden in Oxalsäure-Lösung gelöst, zur Ausfällung von Proteinen mit etwas Trichloressigsäure versetzt und filtriert.

(c) Titration

Ein aliquoter Teil der nach (b) vorbereiteten Probenlösung wird in einen 100-mL-Erlenmeyerkolben genau pipettiert, mit Oxalsäure-Lösung auf 20–30 mL verdünnt und sofort mit DI-Lösung (wie unter (a) beschrieben) titriert.

(d) Titration bei Proben mit starker Eigenfärbung

In mehrere Reagenzgläser werden je 2 mL der nach (b) vorbereiteten, aber gefärbten Probenlösung pipettiert, diese mit einer kleinen Spatelspitze Oxalsäure versetzt und gut gemischt. In das erste Reagenzglas wird dann 1 mL der DI-Lösung gegeben, der Ansatz gemischt, nach 15 s 1,5 mL Diethylether zugegeben, erneut gemischt und 1 min lang stehen gelassen. Bleibt die Etherschicht farblos, wird diese Arbeitsweise mit steigenden Volumina DI-Lösung (zweckmäßig sind 0,5-mL-Schritte) solange fortgeführt, bis sich die Etherschicht rosa anfärbt.

In einer zweiten Versuchsreihe wird der Verbrauch an DI-Lösung dann näher eingegrenzt. Der Titrationsendpunkt ist mit der Menge an DI-Lösung identisch, bei der die erste Rosafärbung der Etherschicht auftritt.

■ Auswertung

Der Ascorbinsäure-Gehalt der Probe in mg/100 mL (bzw. 100 g) wird aus dem Verbrauch an DI-Lösung und unter Berücksichtigung des Titers der DI-Lösung berechnet.

18.5.3.2 Iodometrische Bestimmung von L-Ascorbinsäure

■ Anwendungsbereich

— ▶ Abschn. 18.5.3.1

■ Grundlagen

— ▶ Abschn. 18.5.3.1

■ Prinzip der Methode

Ascorbinsäure (AS) ist ein Reduktionsmittel, welches mit Iod im Überschuss zu Dehydroascorbinsäure (DAS) schnell umgesetzt wird.

$$H_2AS + 2\,H_2O + I_2 \longrightarrow DAS + 2\,I^{\ominus} + 2\,H_3O^{\oplus} \tag{18.17}$$

$$IO_3^{\ominus} + 5\,I^{\ominus} + 6\,H^{\oplus} \longrightarrow 3\,I_2 + 3\,H_2O \tag{18.18}$$

- **Durchführung**

■■ **Geräte und Hilfsmittel**

— Erlenmeyerkolben: 50 mL
— Messkolben: 100 mL
— Bürette: 10 mL
— Vollpipetten:10 mL, 0,5 mL

■■ **Chemikalien (p. a.)**

— dest. Wasser
— Schwefelsäure: 25%ig
— Maßlösung: Iodid/Iodat-Lösung: c = 1/128 mol/L
— Stärkelösung (als Indikator): 1%ig in Wasser

■■ **Bestimmung**

1 g Probe werden auf $\pm\,0{,}1$ mg genau in einen 100-mL-Messkolben eingewogen, 40 mL Wasser zugegeben und im Ultraschallbad gelöst. Nach Temperieren auf 20 °C wird mit Wasser bis zur Marke aufgefüllt.

Zu 10 mL der Probenlösung werden 10 mL 25%iger Schwefelsäure und 0,5 mL 1%iger Stärkelösung pipettiert. Unter Rühren wird langsam mit Iodid/Iodat-Maßlösung (c = 1/128 mol/L) bis zum Farbumschlag nach blau titriert (zur Iod-Stärke-Reaktion siehe Erläuterungen unter ▶ Abschn. 17.3.1).

- **Auswertung**

Der Gehalt an Ascorbinsäure *AS* in mg/100 g berechnet sich nach:

$$AS\,[\text{mg/mL}] = \frac{V \cdot c \cdot M \cdot F}{E} \cdot 100$$

mit

V – Volumen der Maßlösung in mL

1/128 – Konzentration der Iodid/Iodat-Maßlösung in mmol/mL

M – molekulare Masse der Ascorbinsäure in mg/mmol

F – Verdünnungsfaktor

E – Einwaage in g

18.5.3.3 Polarographische Bestimmung von L-Ascorbinsäure

- **Anwendungsbereich**
— ▶ Abschn. 18.5.3.1

- **Grundlagen**
— ▶ Abschn. 18.5.3

• Prinzip der Methode

Nach geeigneter Extraktion kann L-**Ascorbinsäure** (AS, Vitamin C) aufgrund ihrer leichten Oxidierbarkeit polarographisch bestimmt werden. Das Halbstufenpotential liegt bei ca. + 100 mV.

Zur Theorie und Praxis der Polarographie sei auf ► Kap. 9 verwiesen.

• Durchführung

•• Geräte und Hilfsmittel

— Polarograph (► Kap. 9)

— Kolbenhubpipette: 100 µL

— Vollpipette: 15 mL

•• Chemikalien (p. a.)

— Oxalsäure

— L(+)-Ascorbinsäure $C_6H_8O_6$

— Essigsäure: 96%ig (Eisessig)

— Natriumhydroxid-Plätzchen

— Oxalsäure-Lösung: 0,1%ig in bidest. Wasser

— Ascorbinsäure-Standardlösung; c = 10 µg/100 µL:
  ca. 100 mg L(+)-Ascorbinsäure werden auf ±0,1 mg genau in einem 100-mL-Messkolben mit Oxalsäure-Lösung bis zur Marke aufgefüllt und anschließend nochmals 1:10 mit Oxalsäure-Lösung verdünnt.

— Grundelektrolyt (Puffer):
  6 g Eisessig und 2 g Natriumhydroxid-Plätzchen werden mit bidest. Wasser in einem 500-mL-Messkolben bis zur Marke aufgefüllt (pH 4,64).

•• Bedingungen am Polarographen

Methode	DPP, rapid (Differential-Puls-Polarographie); ► Kap. 9
Arbeitselektrode	DME (Dropping Mercury Electrode)
Referenzelektrode	Ag/AgCl, 3 mol/L KCl
Hilfselektrode	Glassy-Carbon
U_{Start}	+400 mV
U_{DP}	−250 mV ×0,2 mV
Empfindlichkeit	$6 \times 0,1 \times 10^{-9}$ oder $1 \times 0,1 \times 10^{-8}$ A/mm
t_{drop}	0,6 s bzw. 0,75 mm/s
Dämpfung	0

•• Bestimmung

In das Polarographiegefäß werden 15 mL Grundelektrolyt pipettiert; dieser Ansatz wird 10 min lang durch Einleiten von Stickstoff-Gas entlüftet und anschließend polarographiert (≙ Grundlinie). Dann werden 100 µL Probenlösung (sie sollte zwischen 8 µg und 15 µg L-Ascorbinsäure enthalten) pipettiert, entlüftet und das Polarogramm aufgezeichnet. Dasselbe wird weitere dreimal mit je 100 µL Ascorbinsäure-Standardlösung durchgeführt (Beispiel hierzu ◨ Abb. 18.10).

■ **Auswertung**

Die Polarogramme (◨ Abb. 18.10) werden über die Peakhöhe ausgewertet. Da die aktuelle Konzentration der elektrochemisch aktiven Substanz gemessen wird, muss die Höhe der Peaks unbedingt entsprechend der Volumenänderung, wie in der Graphik (◨ Abb. 18.11) dargestellt, korrigiert werden.

Erläuterungen zu ◨ Abb. 18.11:

Allgemeine Regressionsgerade: $y = A\,x + b$

für y = 0 gilt dann: $x_{AS} = \left| \frac{b}{A} \right|$

mit

x_{AS} – L-Ascorbinsäure-Gehalt der Probe ohne Zusatz

18.5.3.4 Bestimmung von L-Ascorbinsäure mittels HPLC–UV

■ **Anwendungsbereich**
━ ▶ Abschn. 18.5.3

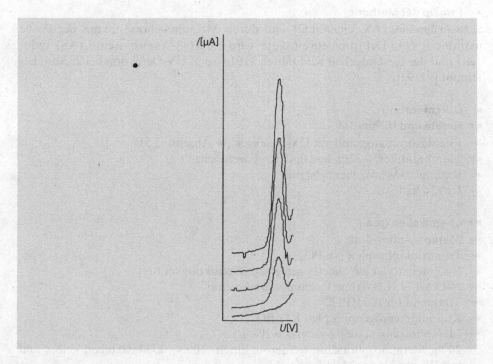

◨ **Abb. 18.10** DPP-Polarogramme – Beispiel einer Messung mit Kalibrierung. *Erläuterung:* **I** Stromstärke; **U** Spannung

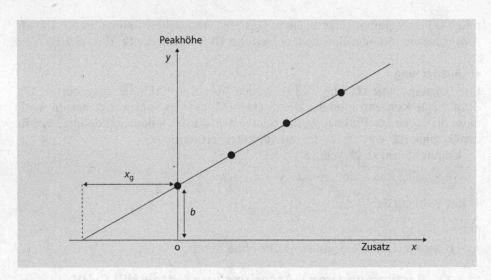

● **Abb. 18.11**   Volumenkorrektur. *Erläuterungen:* sieheText

- **Grundlagen**
- ▶ Abschn. 18.5.3

- **Prinzip der Methode**

L-**Ascorbinsäure** (AS, Vitamin C) wird durch Metaphosphorsäure aus der Probe extrahiert. L(+)-Dehydroascorbinsäure wird zu L(+)-Ascorbinsäure (AS) reduziert und der Gesamtgehalt wird mittels HPLC und UV-Detektion bei 265 nm bestimmt [92, 93].

- **Durchführung**
- ■ **Geräte und Hilfsmittel**
- Flüssigchromatograph mit UV-Detektor (▶ Abschn. 5.5)
- Membranfilter: 0,2 μm und 0,45 μm Porenweite
- Braunglas-Messkolben: 100 mL
- Ultraschallbad

- ■ **Chemikalien (p. a.)**
- Metaphosphorsäure
- Trinatriumphosphat Na_3PO_4
- L-Cystein (oder ein anderes geeignetes Reduktionsmittel)
- N-Cetyl-N,N,N-Trimethylammoniumbromid
- Methanol für die HPLC
- Kaliumdihydrogenphosphat KH_2PO_4
- Metaphosphorsäure-Lösung; c = 200 g/L:
  200 g Metaphosphorsäure werden in einem 1000-mL-Messkolben gelöst und mit Wasser bis zur Marke aufgefüllt.

18

— Metaphosphorsäure-Lösung; c = 20 g/L:
  50 mL der Metaphosphorsäurelösung werden in einen 500-mL-Messkolben pipettiert und mit Wasser bis zur Marke aufgefüllt. Die Lösung wird frisch hergestellt.

— Trinatriumphosphat-Lösung; c = 200 g/L:
  200 g Trinatriumphosphat werden in einem 1000-mL-Messkolben gelöst und mit Wasser bis zur Marke aufgefüllt

— L-Cystein-Lösung; c = 40 g/L:
  20 g Cystein werden in einem 500-mL-Messkolben in Wasser gelöst und mit Wasser bis zur Marke aufgefüllt. Die Lösung wird frisch hergestellt.

— Eluentherstellung:
  – Lösung A: 13,6 g KH_2PO_4 werden in einem Becherglas in 900 mL Wasser gelöst und durch einen 0,45 µm Filter filtriert.
  – Lösung B: 1,82 g N-Cetyl-N,N,N-Trimethylammoniumbromid werden in einem Becherglas in 100 mL Methanol gelöst. Die Lösung wird durch einen 0,45 µm Filter filtriert.
  – Fertiger Eluent: 900 mL Lösung A und 100 mL Lösung B werden gemischt.

— AS-Stammlösung; c = 1 mg/mL:
  ca. 100 mg L(+)-Ascorbinsäure werden auf ±1 mg genau in einen 100-mL-Messkolben eingewogen und in Metaphosphorsäure gelöst. Die Lösung frisch herstellen.

— AS-Standardlösung:
  0,5 mL bis 5 mL AS-Stammlösung wird in einen 100-mL-Messkolben pipettiert und mit Metaphosphorsäure bis zur Marke aufgefüllt (c = 5 bis 50 µg/mL). Die Lösung frisch herstellen.

■■ Bestimmung

(a) Probenaufarbeitung

Etwa 1–3 g zerkleinerte und homogenisierte Probe wird auf ±1 mg genau in einen 100-mL-Messkolben eingewogen, 80 mL Metaphosphorsäure zugegeben, der Messkolben geschüttelt, bis zur Marke aufgefüllt und nach nochmaligem Schütteln wird die Lösung filtriert.

20 mL Filtrat werden sofort in ein 50-mL-Becherglas gegeben und mit 10 mL L-Cysteinlösung versetzt. Die Lösung wird gerührt, der pH-Wert wird unter Rühren durch Zugabe von Trinatriumphosphat-Lösung auf einen Wert zwischen 7,0 und 7,2 eingestellt und genau 5 min weitergerührt. Dann wird der pH-Wert unter Zugabe von Metaphosphorsäure-Lösung auf einen Wert zwischen 2,5 und 2,8 eingestellt. Die Lösung wird quantitativ in einen 50-mL-Messkolben überführt, mit Wasser bis zur Marke aufgefüllt und durch einen Membranfilter filtriert. Dieses Filtrat wird zur HPLC-Analyse eingesetzt.

(b) HPLC-Parameter

Trennsäule	RP 18: 5 µm, 250 mm × 4,0 mm
Eluent	Pufferlösung A + B
Durchfluss	0,7 mL/min
Modus	isokratisch
Temperatur	25 °C
Detektor	UV 265 nm
Einspritzvolumen	40 µL

- **Auswertung**

Der prozentuale Gehalt an L-Ascorbinsäure w in g/100 g errechnet sich wie folgt:

$$w = \frac{c_S \cdot A_1 \cdot 100}{A_2 \cdot m}$$

mit

A_1 – Peakfläche des Ascorbinsäure-Peaks in der Probenmesslösung in Flächenein-heiten

A_2 – Peakfläche des Ascorbinsäure-Peaks in der Standardmesslösung in Fläche-neinheiten

m – Probeneinwaage in g

c_s – Konzentration der Ascorbinsäure in der Standardlösung in mg/100 mL

18.6 Polyphenole

Polyphenole (engl. polyphenols) werden von ausnahmslos allen Pflanzen als se-kundäre Pflanzeninhaltsstoffe (Sekundärmetabolite) produziert. Sie sind insbe-sondere aufgrund ihrer antioxidativen Eigenschaften in Lebensmitteln erwünscht, da sie mit vielfältigen positiven Wirkungen auf die menschliche Gesundheit in Verbindung gebracht werden.

Polyphenole bilden eine der zahlenmäßig größten, mengenmäßig wichtigsten und weit verbreitetsten Verbindungsklasse in der Natur. Sie machen rund 30 % der Gesamtbiomasse aus, was vor allem auf Lignin als Bestandteil von Holz oder auch auf Huminsäuren als Abbauprodukt verstorbener Pflanzenteile zurückzuführen ist. Polyphenole werden von ausnahmslos allen Pflanzen als **sekundäre Pflanzenin-haltsstoffe** (Sekundärmetabolite) produziert und sind vor allem in den Blättern und Früchten zu finden. Im Gegensatz zu den Primärmetaboliten, zu denen beispiels-weise Kohlenhydrate und Aminosäuren zählen, sind Sekundärmetabolite organis-che Verbindungen, die in der Pflanze nicht essentiell für die Entwicklung oder das Wachstum einzelner Zellen sind. Den Pflanzen dienen sie als Abwehrstoffe gegen Schädlinge, Blütenfarbstoffe und Farbpigmente, aber auch als Lockstoffe für Inse-kten. Außerdem schützen sie Pflanzen vor schädlicher UV-Strahlung.

Der Mensch nimmt etwa 10 g an Polyphenolen pro Tag mit der (pflanzlichen) Nahrung auf. Zu den Lebensmitteln, die besonders reich an Polyphenolen sind,

18

gehören neben Kakao beispielsweise auch grüner Tee, Kaffee, Äpfel, Zwiebeln und Tomaten. Schätzungsweise kommen bis zu 10.000 polyphenolische Verbindungen in der Nahrung vor.

Polyphenole weisen zwei besondere Eigenschaften auf, wodurch sie in den letzten Jahren vermehrt wissenschaftliches, physiologisches, technologisches und wirtschaftliches Interesse erlangt haben:

- Zum einen sind sie **antioxidativ** wirksam
  ⇨ wodurch sie als Radikalfänger und Chelatbildner für Metallionen fungieren sowie einen Schutz vor Lipid-(LDL)-Peroxidation und vor oxidativen Schäden an der DNA bieten.
- Zum anderen zeigen sie **anticancerogene** bzw. **antigenotoxische** Eigenschaften
  ⇨ indem sie die Bildung von Entgiftungsenzymen induzieren, die Aktivierung von Prokarzinogenen hemmen und DNA-Bindungsstellen für Cancerogene maskieren. Obwohl es sich um Verbindungen ohne Nährstoffcharakter handelt, werden Polyphenole, insbesondere aufgrund ihres antioxidativen Potenzials, mit vielfältigen positiven Wirkungen auf die menschliche Gesundheit in Verbindung gebracht. Aus epidemiologischen sowie klinischen Studien geht hervor, dass Polyphenole unter anderem für eine Verringerung von Herz-Kreislauf-Erkrankungen und Schlaganfall, Reduktion des Blutdrucks, Verminderung von Entzündungsmarkern im Blut, Erhöhung der Blutflussgeschwindigkeit und für eine Verbesserung der kognitiven Leistung sorgen können [94].

Epicatechin

Catechin

Procyanidin B2

Procyanidin C1

18.6.1 Bestimmung ausgewählter Polyphenole mittels HPLC-FD

- **Anwendungsbereich**
- Kakao und Schokoladen

- **Grundlagen**

In Kakao sind sie für den bitteren bis adstringierenden Geschmack sowie für die typische Farbgebung verantwortlich. Oligomere und polymere Verbindungen der Flavanole, eine Untergruppe der Polyphenole, werden als **Proanthocyanidine** bezeichnet. Ihre molekulare Masse wird entsprechend ihres Polymerisierungsgrades (Monomer, Dimer, Trimer usw.) ausgedrückt.

- **Prinzip der Methode**

Die Probe wird zunächst mit Hexan entfettet. Dann werden die Polyphenole mit einem Lösungsmittelgemisch bestehend aus Methanol und Wasser extrahiert und anschließend über eine SPE-Säule aufgereinigt. Nach Membranfiltration kann der Probenextrakt dann direkt mittels HPLC-FD analysiert werden. Die Quantifizierung erfolgt mit Hilfe Externer Standards ([95, 96]).

- **Durchführung**
- ■ **Geräte und Hilfsmittel**
- Flüssigchromatograph mit Fluoreszenzdetektor (▶ Abschn. 5.5)
- Zentrifugenröhrchen: verschraubbar, 30 mL
- Messzylinder: 10 mL, 5 mL
- Ultraschallbad
- Vortexer
- Zentrifuge
- SPE-Kartuschen
- Membranfilter: 0,45 µm

- ■ **Chemikalien**
- n-Hexan, p. a.
- Methanol, HPLC-grade
- Acetonitril, HPLC-grade
- Ameisensäure: 98–100%ig
- (+)-Catechin-Standard: $c = 2$ µg/µL
- (−)-Epicatechin-Standard: $c = 2$ µg/µL
- Procyanidin B2-Standard: $c = 1$ µg/µL
- Procyanidin C1-Standard: $c = 0,2$ µg/µL
- Standardlösung:
  10 µL (+)-Catechin-Lösung, 15 µL (−)-Epicatechinlösung, 20 µL Procyanidin C1-Lösung und 100 µL Procyanidin B2-Lösung in einem 1000-mL-Messkolben mit Methanol/Wasser (80 + 20, v/v) bis zur Marke auffüllen

18

▪▪ Bestimmung

(a) Probenvorbereitung

1 g homogenisierte Probe werden auf ± 0,1 mg genau in ein Zentrifugenröhrchen eingewogen. Nach Zugabe von 10 mL *n*-Hexan wird das Röhrchen verschlossen, per Hand geschüttelt und dann für 10 min bei 40 °C in ein Ultraschallbad gestellt. Daraufhin wird die Suspension für etwa 10 s *gevortext* und anschließend für 5 min bei 20 °C und 3000 rpm zentrifugiert. Die *n*-Hexan-Phase wird abdekantiert und verworfen. Der Entfettungsvorgang wird insgesamt drei Mal durchgeführt. Anschließend werden die *n*-Hexan Reste in der Probe unter N_2-Strom entfernt.

(b) Extraktion

Zu der entfetteten Probe werden 5 mL Methanol/bidest. Wasser (80 + 20, *v/v*) in das Zentrifugenröhrchen gegeben und per Hand geschüttelt. Anschließend wird die Probe für 10 min bei 40 °C in ein Ultraschallbad gestellt und nach 25 s *vortexen* für 5 min bei 20 °C und 3000 rpm zentrifugiert. Der Überstand wird abdekantiert, gesammelt und der Extraktionsvorgang mit weiteren 5 mL Extraktionslösung wiederholt.

(c) SPE

2 mL der vereinigten Überstände werden auf eine zuvor mit etwa 5 mL bidest. Wasser konditionierte SPE-Säule gegeben, eluiert und anschließend verworfen. Danach werden weitere 2 mL des Probenextraktes gesäult und durch einen Membranfilter direkt in ein HPLC-Vial eluiert, wobei die ersten Tropfen verworfen werden.

(d) HPLC-Parameter

Trennsäule	Pentafluorophenylpropyl: 3 μm, 100 × 3 mm
Eluent	A: 0,1%ige wäßrige Ameisensäure B: 0,1 % Ameisensäure in Acetonitril
Durchfluss	0,4 mL/min
Modus	isokratisch
Säulentemperatur	30 °C
Detektor	Anregung bei 280 nm, Emission bei 318 nm
Einspritzvolumen	1 μL

▪ Auswertung

Die Kalibrierung erfolgt extern über die Standards.

Der Gehalt an einzelnen Polyphenolen in mg/100 g berechnet sich nach folgender Formel:

$$w = \frac{A_{Probe} \cdot c_{Std} \cdot V_{Probe}}{A_{Std} \cdot E \cdot 1000} \cdot 100$$

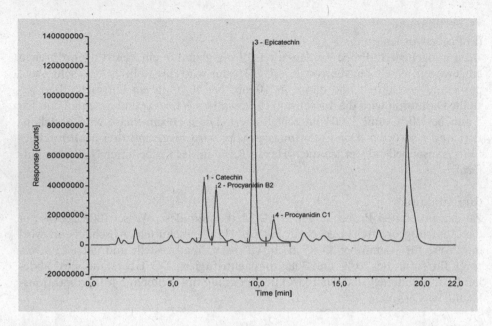

■ **Abb. 18.12** Typisches Flüssigchromatogramm der Polyphenole einer Kakaoprobe. *Erläuterung:* **1** Catechin; **2** Procyanidin B2; **3** Epicatechin; **4** Procyanidin C1. *Strukturformeln:* siehe oben

mit

A_{Probe} – Peakfläche der Probe

c_{Std} – Konzentration des externen Standards in µg/mL

V_{Probe} – Volumen des Probenextraktes in mL

A_{Std} – Peakfläche des externen Standards

E – Probeneinwaage in g

1000 – Faktor zur Umrechnung von g auf mg

100 – Faktor zur Umrechnung der Einheit auf mg/100 g

■ Abb. 18.12 zeigt ein typisches Chromatogramm einer Kakaoprobe.

18.6.2 Bestimmung der Gesamtflavanole DP1–10 mittels HPLC-FD

■ **Anwendungsbereich**
Kakao und Schokolade

18

■ **Grundlagen**
— ► Abschn. 18.6.1

Beim **Kakao** spielen vor allem Catechine, insbesondere (–)-Epicatechin, sowie Proanthocyanidine eine Rolle. Die Catechine machen von der gesamten Polyphenolfraktion in der Kakaobohne etwa 37 % aus, Anthocyane etwa 4 % und Proanthocyanidine sogar etwa 58 %. Sie sind nicht nur für die typische Färbung, sondern auch für den Geschmack von Kakao- und Schokoladenerzeugnissen verantwortlich. Insbesondere die Bitterkeit durch Interaktionen mit den Bitterrezeptoren kann den Flavonoiden zugeschrieben werden. Zudem wirken sie durch Fällung von Speichelproteinen in hohen Konzentrationen adstringierend, das heißt sie sorgen für ein raues, pelziges Mundgefühl.

Kakaoflavanole und Gessundheit – Health Claim

Bereits 2011 wurde von einem weltweit führenden Hersteller von qualitativ hochwertigen Kakao- und Schokoladenerzeugnissen mit Hauptsitz in Zürich (Schweiz), ein Antrag für einen **Health Claim** für **Kakaoflavanole** (dt. nährwert- und gesundheitsbezogene Angabe) bei der EFSA eingereicht. Mit dem positiven Gutachten der EFSA wurde im Juli 2012 diesem, als erstem kakaoverarbeitendem Unternehmen in der EU folgendes Gesundheitsversprechen zugestanden (Originaltext in Deutsch und in Englisch):

⇨ „Kakaoflavanole helfen die Endothelabhängige Elastizität der Blutgefäße aufrechtzuerhalten und tragen damit zu einem normalen Blutfluss bei."

⇨ „Cocoa flavanols help maintain endothelium-dependent vasodilation, which contributes to normal blood flow".

Um die versprochene Wirkung zu erlangen, wird laut EFSA eine tägliche Aufnahme von 200 mg Kakaoflavanolen empfohlen, was mit einem Konsum von 2,5 g flavanolreichen Kakaopulver oder 10 g flavanolreicher dunkler Schokolade erreicht werden könne. Unter dem Begriff **„Kakaoflavanole"** werden entsprechend den Ausführungen der EFSA insbesondere monomere (vor allem Epicatechin) und oligomere Flavanole (verschiedene Procyanidine) mit Polymerisierungsgrad (DP, Degree of Polymerization) 1 bis 10 verstanden. Der Health Claim darf auch für Kapseln und Tabletten, die Kakaoextrakte mit einem hohen Gehalt an Kakaoflavanolen enthalten, angewandt warden [97].

- **Prinzip der Methode**

Die Probe wird zunächst mit Hexan entfettet. Dann werden die Polyphenole mit einem Lösungsmittelgemisch bestehend aus Aceton, Wasser und Essigsäure extrahiert und anschließend aufgereinigt. Nach Membranfiltration kann der Probenextrakt direkt mittels HPLC-FD analysiert werden [98].

- **Durchführung**
- ▪ **Geräte und Hilfsmittel**
- ─ Flüssigchromatograph mit Fluoreszenzdetektor (▶ Abschn. 8.5)
- ─ Faltenfilter

— Verschraubbare Zentrifugenröhrchen: 30 mL
— Bechergläser
— Messkolben: 10 mL, 25 mL, 50 mL
— Messzylinder: 10 mL und 5 mL
— Vortexer
— Ultraschallbad
— Zentrifuge
— Stativgestell mit Klemmen
— SPE-Kartuschen
— Membranfilter: 0,45 µm
— Kunststoffspritze als Pumpeinheit

■■ Chemikalien (p. a.)
— *n*-Hexan
— Aceton
— Methanol, HPLC-grade
— Acetonitril, HPLC-grade
— Essigsäure: 98–100%ig
— Extraktionslösung: Aceton/Wasser/Essigsäure 70 + 29,5 + 0,5 (*v/v/v*)
— (-)-Epicatechin-Standardlösung: c = 0,1 mg/mL
— (-)-Epicatechin-Kalibrierlösungen: c = 0,002–0,01 mg/mL;
   aus der Standardlösung wird eine Verdünnungsreihe angesetzt.

■■ Bestimmung
(a) Probenvorbereitung
1 g der aufgeschmolzenen homogenen Probe wird auf ± 0,1 mg genau in ein Zentrifugenröhrchen eingewogen. 10 mL *n*-Hexan zugegeben, das Röhrchen verschlossen, gut geschüttelt und dann für 5 min bei 50 °C in ein Ultraschallbad gestellt. Anschließend wird die Probe für 5 min bei 20 °C und 3000 rpm zentrifugiert. Die *n*-Hexan-Phase wird abdekantiert und verworfen. Der Entfettungsvorgang wird insgesamt drei Mal wiederholt. Danach werden die *n*-Hexan-Rückstände im Sediment unter N_2-Strom entfernt.

Zu der entfetteten Probe werden 5 mL Extraktionslösung in das Zentrifugenröhrchen gegeben und per Hand geschüttelt und mindestens 2 min gevortext. Anschließend wird die Probe für 5 min bei 50 °C in ein Ultraschallbad gestellt und für 5 min bei 20 °C und 3000 rpm zentrifugiert. Der Überstand wird abdekantiert und gesammelt.

2 mL des Überstandes werden auf eine zuvor mit etwa 5 mL bidest. Wasser konditionierte SPE-Säule gegeben, mit verminderten Druck eluiert und anschließend verworfen. Danach werden weitere 2 mL des Probenextraktes gesäult und durch einen Membranfilter direkt in ein HPLC-Vial eluiert, wobei die ersten Tropfen verworfen werden.

18

(b) HPLC-Parameter

Trennsäule	Diol-Säule: 5 μm, 250 × 4,6 mm
Eluent	A: Acetonitril/Essigsäure 98 + 2 (*v/v*) B: Methanol/bidest. Wasser/Essigsäure 95 + 3 + 2 (*v/v/v*)
Flussrate	0,7 mL/min
Modus	Gradient: 0 min 10,0 % B, bis 25 min 37,6 % B, bis 30 min 100,0 % B, bis 33 min 10,0 % B
Säulentemperatur	35 °C
Detektor	Anregung bei 230 nm, Emission bei 321 nm
Einspritzvolumen	5 μL

- **Auswertung**

Die Kalibrierung erfolgt extern über die Verdünnungsreihe von (-)-Epicatechin als Referenz-Standard. Durch Auftragung der Konzentration gegen das Messsignal (Peakfläche) und anschließender linearer Regression erhält man eine Kalibriergerade. Mithilfe der Steigung dieser Kalibriergeraden und methodenspezifischer „Relativer Response-Faktoren" (RRF) für die einzelnen Oligomere lassen sich die Polyphenole mit Polymerisierungsgrad 1 bis 10 in der Probe mit folgender Formel berechnen:

$$c_{DPn} = \frac{\text{Peakfläche}_{DPn}}{m_{Epi} \cdot RRF_{DPn}}$$

$$\text{Gehalt}_{DPn} \; [\text{mg/kg}] = \frac{c_{DPn} \cdot V_f}{E}$$

mit

$DP\mathbf{n}$ – Polymerisierungsgrad mit n = 1–10

$m_{\mathbf{Epi}}$ – Steigung der Kalibriergeraden

RRF_{DPn} – relative Response-Faktor für den entsprechenden Polymerisierungsgrad

E – Probeneinwaage in g

Vf – Verdünnungsfaktor; hier 100

Die Integration wird dabei mittels *valley-to-valley*-Methode (dt. „Tal-zu-Tal")manuell durchgeführt. Der Gesamtpolyphenol-Gehalt der Probe (DP 1–10) ergibt sich aus der Aufsummierung der einzelnen DP-Gehalte.

18.7 Glycyrrhizin

18.7.1 Bestimmung von Glycyrrhizin mittels HPLC–UV

- **Anwendungsbereich**
- Lakritzerzeugnisse
- Rohlakritz, Blocklakritz

- **Grundlagen**

Glycyrrhizin ist ein natürlicher Inhaltsstoff der Süßholzwurzel und wird auch Süßholzzucker genannt. Es ist das β,β'-Glucuronidoglucuronid der Glycyrrhetinsäure.

R = H: Glycyrrhetinsäure Glycyrrhizin

Der aus der Süßholzwurzel gewonnene Saft wird zur Herstellung von Lakritzwaren eingesetzt. Glycyrrhizin besitzt die 50-fache Süßkraft der Saccharose sowie einen ausgeprägten Lakritzgeschmack. Neben einer entzündungshemmenden Wirkung können bei höheren Dosierungen Mineralcorticoid-ähnliche Effekte ausgelöst werden. Aus diesem Grund wurden vom Wissenschaftlichen Lebensmittelausschuss (Scientific Committee for Food, SCF) der Kommission der Europäischen Gemeinschaft Empfehlungen erarbeitet, wonach regelmäßig nicht mehr als 100 mg Glycyrrhizin pro Tag aufgenommen werden sollen. Mineralcorticoide regulieren den Wasser- und Mineralstoffhaushalt des Körpers. Sie bewirken, dass weniger Mineralien und Wasser von den Nieren als Urin ausgeschieden werden. Dadurch führen sie zu erhöhtem Blutdruck [99–101].

18

- **Prinzip der Methode**

Die Probe wird in einem Gemisch aus Acetonitril, Wasser und Eisessig gelöst. Die Bestimmung des Glycyrrhizins erfolgt nach Auftrennung mittels RP-HPLC mit

Hilfe der UV-Detektion. Die Identifizierung wird anhand der Retentionszeit, die Quantifizierung nach der Methode des Externen Standards über die Peakflächen vorgenommen.

- **Durchführung**
- **Geräte und Hilfsmittel**
- Flüssigchromatograph mit UV-Detektor (▶ Abschn. 5.5)
- Faltenfilter
- Membranfilter: 0,45 µm Porenweite

Chemikalien (p. a.)
- Acetonitril, HPLC-grade
- Essigsäure: 96%ig (Eisessig)
- Glycyrrhizinsäure, Ammoniumsalz mit bekanntem Reinheitsgehalt: Bestimmung des exakten Wasser-Gehaltes mittels Karl-Fischer-Titration! (▶ Abschn. 14.4.1)
- Glycyrrhizin-Stammlösung; c = 1 mg/mL:
  100 mg Glycyrrhizin (Glycyrrhizinsäure, Ammoniumsalz) werden in einem 100-mL-Messkolben im Eluenten bei 40 °C gelöst und nach Temperieren bei 20 °C bis zur Marke aufgefüllt. Die Lösung wird täglich frisch angesetzt.
- Glycyrrhizin-Standardlösung; c = 0,04 mg/mL:
  von der Stammlösung werden 4 mL in einen 100-mL-Messkolben pipettiert. Dieser wird mit dem Eluenten bis zur Marke aufgefüllt. Diese Lösung wird täglich frisch angesetzt. Durch entsprechende Verdünnungen werden weitere Standardlösungen für die Aufstellung einer Kalibrierkurve zur Ermittlung der Konzentrationsabhängigkeit der Korrekturfaktoren hergestellt.
- Elutionslösung: Acetonitril/Wasser/Eisessig 39 + 60 + 1 (*v/v/v*)

Probenvorbereitung
Pulverförmige Proben werden gut durchmischt. Feste Proben von gummiartiger Konsistenz (wie die meisten Lakritzwaren) werden mittels Schere oder Messer auf etwa Reiskorngröße zerkleinert. Feste spröde Proben (wie Blocklakritz) werden durch Zerschlagen mit einem festen Gegenstand zerkleinert, wobei ca. 10 g zerkleinertes Material (Standardvorgabe) erzeugt werden soll.

Bestimmung
(a) Herstellung der Probenlösung
Die Einwaage der Probe richtet sich nach dem zu erwartendem Glycyrrhizin-Gehalt:

(a1) Bei einem erwarteten Gehalt von 3–10 g/100 g werden 0,5 g Probe in einen 50-mL-Erlenmeyerkolben mit Kühleraufsatz auf 1 mg genau eingewogen und anschließend 30 mL Elutionslösung zugegeben.

(a2) Bei einem erwarteten Gehalt von > 0,2–3 g/100 g ist die Einwaage so abzustimmen, dass der Glycyrrhizin-Gehalt der Probenmesslösung im Konzentrationsbereich der Kalibrierlösungen liegt.

(a3) Bei einem erwarteten Gehalt von ≤ 0,2 g/100 g werden 10 g Probe in einen 100-mL-Erlenmeyerkolben mit Kühleraufsatz auf ± 1 mg genau eingewogen und anschließend 50 mL Elutionslösung zugegeben.

Die Probenlösung wird 1 h bei 55 °C im Wasserbad unter Rückfluss und Rühren extrahiert. Der Inhalt des Erlenmeyerkolbens wird quantitativ in einen 100-mL-Messkolben überführt, auf 20 °C temperiert und mit Elutionsmittel bis zur Marke aufgefüllt. Von dieser Lösung werden 5 mL (Standardvorgabe nach (a1)) bzw. 10 mL (Standardvorgabe nach (a3)) in einen 50-mL-Messkolben pipettiert, bei 20 °C temperiert und mit dem Eluenten bis zur Marke aufgefüllt (Probenmesslösung).

(b) Filtration

Etwa 5 mL der Probenmesslösung werden in eine Plastikspritze gegeben, das Membranfilter aufgesetzt und die Lösung durch das Filter gedrückt.

(c) HPLC-Parameter

Trennsäule	C18 bzw. RP18: 300 mm × 3,9 mm
Eluent	Acetonitril/Wasser/Eisessig 39 + 60 + 1 (*v/v/v*)
Durchfluss	0,7 mL/min
Modus	Isokratisch
Temperatur	35 °C
Detektor	UV 254 nm
Einspritzvolumen	20 µL

■ **Auswertung**

Der prozentuale Gehalt an Glycyrrhizin G in g/100 g errechnet sich wie folgt:

$$G \ [\text{g/100g}] = \frac{A_1 \cdot V_1 \cdot m_1 \cdot f \cdot 100 \cdot 0,980 \cdot k}{A_2 \cdot V_2 \cdot m_0}$$

mit

A_1 – Peakfläche des Glycyrrhizin-Hauptpeaks in der Probenmesslösung in Flächeneinheiten

A_2 – Peakfläche des Glycyrrhizin-Hauptpeaks in der Standardmesslösung in Flächeneinheiten

V_1 – Gesamtvolumen der Probenmesslösung in mL

V_2 – Gesamtvolumen der Standardmesslösung in mL

m_1 – Masse der in V_2 enthaltenen Glycyrrhrizin-Standardsubstanz in mg

m_0 – Probeneinwaage in g

f – Einwaagequotient

0,980 – Umrechnungsfaktor für Glycyrrhizinsäure-Ammoniumsalz in Glycyrrhizin

k – Korrekturfaktor für den Wasser-Gehalt W (in %) des Glycyrrhizin-Standards
$$k = \frac{100 - W}{100\,\%}$$

Wasser-Gehalt der Standardsubstanz

Glycyrrhizin, Ammoniumsalz kann als Standardsubstanz unbekannte Mengen an Wasser enthalten. Zur Ermittlung und entsprechenden Berücksichtigung des Korrekturfaktors f ist die exakte Bestimmung des Wasser-Gehaltes (W) erforderlich.

18.8 Aktivität von Enzymen

Enzyme (engl. enzymes) sind biochemische Katalysatoren. Sie sind grundsätzlich Proteine, die häufig sog. Cofaktoren (Coenzyme. prosthetische Gruppen und Metallionen) enthalten. Die **Aktivität von Enzymen** ist von Parametern wie pH-Wert, Temperatur und Wasser-Gehalt abhängig. Enzyme zeigen ausgeprägte Temperaturempfindlichkeit: Im Allgemeinen tritt bei 50–60 °C irreversible Inaktivierung (Schädigung) ein; es gibt aber auch Enzyme, die bei Temperaturen bis 80 °C aktiv bleiben. Tiefe Temperaturen bis zu -100 °C bewirken Einschränkungen der Enzymaktivität, haben jedoch keine schädigende Wirkung auf das Enzym selbst zur Folge.

Zur Bestimmung der Enzym-Aktivität wird das Enzym unter bestimmten Bedingungen auf ein geeignetes Substrat einwirken gelassen und die Konzentrationsänderung von Umsetzungsprodukten bzw. des Substrats pro Zeiteinheit gemessen.

18.8.1 Photometrische Bestimmung der Amylase-Aktivität (Diastase-Zahl)

- **Anwendungsbereich**
- Honig

- **Grundlagen**

Die thermische Behandlung von Lebensmitteln kann u. a. eine Inaktivierung von Enzymen zur Folge haben, so dass unter Umständen für die Qualitätsbeurteilung eines solchen Lebensmittels die Enzymaktivität als Indikator herangezogen werden kann. Die wichtigsten Enzyme in Honig sind z. B. die Glucoseoxidase, die Katalase und die saure Phosphatase sowie die α-Glucosidasen und die

α- und β-Amylasen. Letztere hydrolysieren α-1,4-Glucan-Bindungen (α-Amylase: innermolekulare, zufällige Hydrolyse; β-Amylase: sukzessive Hydrolyse von Maltose-Einheiten).

Die Amylase-Aktivität eines schonend behandelten Honigs schwankt sehr stark, liegt aber normalerweise zwischen 16 und 24 ($\triangleq$ g abgebaute Stärke/100 g Honig und h bei 40 °C). Die Amylase-Aktivität eines hitzegeschädigten und deshalb minderwertigen Honigs liegt dagegen unter 8 [102].

■ **Prinzip der Methode**

Der zu prüfende Honig wird unter Zusatz von Pufferlösung (pH = 5,4) und Chloridionen nach Thermostatisierung auf 40 °C mit Stärkelösung in Kontakt gebracht; nach genau festgelegten Zeitabständen werden aliquote Anteile dieser Reaktionslösung mit einer Iod-Lösung versetzt. Die Intensität des gebildeten Iod-Stärke-Komplexes wird photometrisch bei 565 nm gegen eine Blindlösung gemessen (zur Iod-Stärke-Reaktion siehe auch ▶ Abschn. 17.3.1). Der Extinktionsunterschied dieser Lösung zur Zeit $t = 0$ und $t = 60$ min ist ein Maß für die Enzymaktivität.

■ **Durchführung**
■ ■ **Geräte und Hilfsmittel**

— Spektralphotometer (▶ Abschn. 8.2)
— Glasküvetten: $d = 1$ cm
— Reaktionsgefäß (◘ Abb. 18.13)
— Vollpipetten: 1 mL, 5 mL, 15 mL, 20 mL
— Messpipette: 2 mL
— Messkolben: 50 mL
— Messzylinder: 50 mL

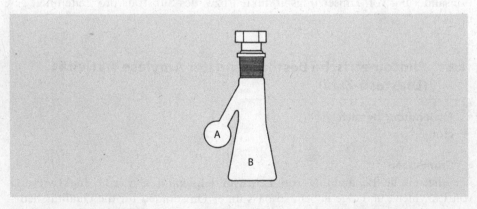

◘ **Abb. 18.13** Reaktionsgefäß zur Bestimmung der Amylase-Aktivität (Nach [102]). *Erläuterung:* **A** Seitlicher Ansatz (25 mL); **B** Reaktionsgefäß (100 mL, NS 29/32). *Weitere Erläuterungen:* siehe Text

■■ **Chemikalien (p. a.)**
- Natriumchlorid NaCl
- Dinatriumhydrogenphosphat Na_2HPO_4
- Citronensäure $C_6H_{10}O_7$
- Kaliumiodid KI
- Stärke: wasserfrei (90 min lang bei 130 °C getrocknet)
- Natriumchlorid-Lösung:
  4 g NaCl werden im 100-mL-Messkolben mit frisch ausgekochtem, dest. Wasser gelöst und bis zur Marke aufgefüllt
- Pufferlösung I (pH = 5,4):
  40 g di-Natriumhydrogenphosphat und 9,29 g Citronensäure werden in einem 1000-mL-Messkolben mit dest. Wasser gelöst und bis zur Marke aufgefüllt
- Pufferlösung II (pH 7,0):
  58,9 g Dinatriumhydrogenphosphat und 3,7 g Citronensäure werden in einem 1000-mL-Messkolben mit dest. Wasser gelöst und bis zur Marke aufgefüllt
- Iod-Lösung; c = 0,001 mol/L:
  5 mL Iod-Lösung (c = 0,05 mol/L) und 10 g Kaliumiodid werden in einem 250-mL-Messkolben mit dest. Wasser gelöst und bis zur Marke aufgefüllt
- Stärke-Lösung; 0,5%ig:
  0,5 g wasserfreie Stärke werden mit 20 mL dest. Wasser zu einem dünnen Brei angerührt, mit 5 mL Pufferlösung I und 50 mL kochendem Wasser versetzt und unter ständigem Rühren zum Sieden erhitzt. Nach Abkühlen wird die Lösung in einen 100-mL-Messkolben überführt und bis zur Marke mit dest. Wasser aufgefüllt

■■ **Bestimmung**
(a) Honig-Lösung
1,00 g Honig werden in einem 50-mL-Messkolben in ca. 25 mL Pufferlösung I gelöst, anschließend mit 1,5 mL Natriumchlorid-Lösung versetzt und mit der Pufferlösung bis zur Marke aufgefüllt (⇨ Honiglösung).

(b) Reaktionslösung
Von der Honiglösung nach (a) werden 20 mL in den seitlichen Ansatz A des Reaktionsgefäßes (❏ Abb. 18.13) und anschließend 20 mL Stärke-Lösung in das Reaktionsgefäß B selbst pipettiert. Nach 15 min Thermostatisierung bei 40 °C werden die beiden Lösungen im Reaktionsgefäß gut gemischt. Nach genau festgelegten Zeitabständen (Stoppuhr!) – zum Beispiel 2; 6; 12; 20 und 30 min – wird je 1 mL dieser Reaktionslösung entnommen und in je einen 50-mL-Messkolben pipettiert, der als Vorlage 30 mL Pufferlösung II und 5 mL Iod-Lösung enthält. Die einzelnen Messkolben werden nach gutem Durchmischen der Lösungen in ein Wasserbad (20 °C) gestellt und nach Beendigung des Versuchs bei 565 nm gegen eine Blindlösung (30 mL Pufferlösung II, 5 mL Iod- und 0,5 mL Honiglösung werden in einen 50-mL-Messkolben mit dest. Wasser bis zur Marke aufgefüllt) photometriert.

■ **Auswertung**

Die gemessenen Extinktionswerte E werden gegen die Reaktionszeit t aufgetragen und am Schnittpunkt dieser Geraden mit der Ordinate der Extinktionswert für $t = 0$ sowie der Extinktionswert für $t = 30$ min abgelesen.

Die Amylase-Aktivität AZ (entsprechend der abgebauten Stärke in g/h und 100 g Honig) berechnet sich wie folgt:

$$AZ = \frac{1500 \cdot (E_0 - E_{30})}{E_0 \cdot 30}$$

mit

E_0 – Anfangsextinktion (graphisch oder rechnerisch ermittelt)

E_{30} – Extinktion nach 30 min (graphisch oder rechnerisch ermittelt)

30 – Reaktionszeit 30 min

1500 – Umrechnung auf 1 h und 100 g Honig

Diastasezahl

An Stelle von Amylasen wurde früher der Begriff „Diastasen" als Sammelbezeichnung für Stärke bzw. Glykogen spaltende Enzyme verwendet. Darauf ist der alte Begriff **Diastase-Zahl** (engl. diastase activity) zurückzuführen; vgl. hierzu [102, 104].

18.8.2 Photometrische Bestimmung der Phosphatase-Aktivität

■ **Anwendungsbereich**
- Milchpulver
- Milch

■ **Grundlagen**
Je nach pH-Wert des Wirkungsoptimums werden alkalische (pH = 9–10) und saure (pH = 5) Phosphatasen unterschieden; beide können in analoger Weise bestimmt werden.

Für Milchprodukte ist besonders die alkalische Phosphatase von Bedeutung: Sie weist eine wesentlich höhere Hitzeempfindlichkeit auf, so dass in kurzzeit- und dauererhitzter Milch das Fehlen der alkalischen Phosphatase auf eine ausreichende Erhitzung schließen lässt.

Die **Phosphatase-Aktivität** (engl. phosphatase activity) hängt vom jeweiligen Laktationsstand des Milchtieres ab. Das Enzym befindet sich in der Membran der Fettkügelchen; 50–60 % verteilen sich auf die fettfreie Phase, der Rest auf die Fettphase [103, 104].

18

- **Prinzip der Methode**

Die in der Probe enthaltene alkalische Phosphatase setzt im alkalischen Medium bei 37 °C Phenol aus Dinatriumphenylphosphat frei. Die dabei gebildete Menge an Phenol wird nach Umsetzung mit 2,6-Dibromchinon-1,4-chlorimid (Gibb's Reagenz) photometrisch bestimmt und auf die Phosphatase-Aktivität umgerechnet.

- **Durchführung**
- **Geräte und Hilfsmittel**
- Spektralphotometer(▶ Abschn. 8.2)
- Glasküvetten: $d = 1$ cm
- pH-Messgerät
- Wasserbad: temperierbar auf 37 °C ±1 °C
- Vollpipetten: 1 mL, 2 mL, 3 mL, 5 mL, 10 mL, 20 mL
- Messpipetten: 1 mL, 5 mL
- Pipettierhilfen
- Messkolben: 100 mL, 500 mL, 1000 mL
- Messzylinder: 100 mL
- Schütteltrichter: 100 mL

- **Chemikalien (p. a.)**
- Pufferlösung I:
  25,0 g $Ba(OH)_2$ · 8 H_2O und 11 g Borsäure werden jeweils in einem 500-mL-Messkolben mit dest. Wasser bis zur Marke aufgefüllt und auf 50 °C erwärmt. Beide Lösungen werden gemischt, erst dann auf Raumtemperatur abgekühlt und mit Bariumhydroxid-Lösung auf pH = 10,6 ±0,1 eingestellt (pH-Messgerät). Die Lösung wird in einer dicht verschlossenen Flasche aufbewahrt und vor der Verwendung mit dest. Wasser im Verhältnis 1 + 1 (v/v) gemischt.
- Pufferlösung II:
  0,6 g $NaBO_2$ (oder 1,25 g $NaBO_2$ · 4 H_2O) und 2,0 g NaCl werden im 100-mL-Messkolben in dest. Wasser gelöst und bis zur Marke aufgefüllt.
- Substrat-Pufferlösung:
  - 0,5 g Dinatriumphenylphosphat werden in 4,5 mL Pufferlösung II gelöst und mit zwei Tropfen der Gibb's-Reagenz-Lösung (s. unten) versetzt. Nach 30 min wird der Farbstoff mit 2,5 mL n-Butanol extrahiert (ggf. Extraktion wiederholen); Butanol verwerfen.
  - Die Lösung kann mehrere Tage lang im Kühlschrank aufbewahrt werden; unmittelbar vor Gebrauch werden die Entwicklung des Farbstoffs durch Zugabe von Gibb's-Reagenz-Lösung und die Extraktion mit n-Butanol wiederholt; 1 mL der wässrigen Lösung wird dann im 100-mL-Messkolben mit Pufferlösung I bis zur Marke aufgefüllt.
- Fällungsreagenz-Lösung:
  3,0 g $ZnSO_4$ · 7 H_2O und 0,6 g $CuSO_4$ · 5 H_2O werden im 100-mL-Messkolben in dest. Wasser gelöst und bis zur Marke aufgefüllt.

— Gibb's-Reagenz-Lösung:
40 mg 2,6-Dibromchinon-1,4-chlorimid werden in 10 mL Ethanol (96 Vol-%ig) gelöst (in dunkler Flasche im Kühlschrank aufbewahren!).
— Kupfersulfat-Lösung:
50 mg $CuSO_4 \cdot 5\ H_2O$ werden im 100-mL-Messkolben in dest. Wasser gelöst und bis zur Marke aufgefüllt.
— Phenol-Stammlösungen:
  – I: 0,2000 g ± 0,001 g Phenol werden im 100-mL-Messkolben in dest. Wasser gelöst und bis zur Marke aufgefüllt (im Kühlschrank mehrere Monate haltbar).
  – II: 10 mL von Stammlösung I werden im 100-mL-Messkolben mit dest. Wasser bis zur Marke aufgefüllt (Phenolkonzentration: c = 200 µg/mL).
— Phenol-Standardlösungen:
In vier 100-mL-Messkolben werden jeweils 1; 3; 5 und 10 mL der Phenol-Stammlösung II pipettiert und mit dest. Wasser bis zur Marke aufgefüllt (Phenolkonzentration: c = 2; 6; 10 bzw. 20 µg/mL).

Speichel

Da **Speichel** (lat. *Saliva*) Phosphatase enthält, ist eine Verunreinigung der Geräte und Lösungen durch Speichelspuren (beim Pipettieren) zu vermeiden.

▪▪ Bestimmung
10 g Milchpulver werden in 90 mL dest. Wasser gelöst, wobei die Temperatur unter 35 °C bleiben muss.
Probe und Blindversuch werden parallel angesetzt und gegeneinander gemessen:
In zwei Reagenzgläser (A und B) wird jeweils 1 mL der Probelösung pipettiert. Zur Herstellung der Blindprobe wird der Inhalt von Reagenzglas B durch Erhitzen im siedenden Wasserbad (etwa 2 min) inaktiviert und anschließend auf Raumtemperatur abgekühlt.
Beide Lösungen werden mit 10 mL Substrat-Pufferlösung vermischt und 60 min lang bei 37 °C ± 1 °C im Wasserbad inkubiert; während dieser Zeit sind die Proben gelegentlich zu schütteln. Nach der Inkubationszeit werden die Reagenzgläser im siedenden Wasserbad etwa 2 min lang erhitzt und dann unter kaltem Wasser auf Raumtemperatur abgekühlt. Beide Proben werden mit 1 mL der Fällungsreagenz-Lösung versetzt und durch ein trockenes Filterpapier filtriert (die ersten, noch nicht klaren mL der Filtrate verwerfen).
Von jeder der beiden Parallelproben werden 5 mL in jeweils ein Reagenzglas pipettiert und mit 5 mL Pufferlösung II sowie 0,1 mL Gibb's-Reagenz-Lösung versetzt. Nach 30 min (lichtgeschützt stehen lassen!) wird die Extinktion der Probe (A) gegen die Blindprobe (B) bei 610 nm gemessen (vgl. auch Kasten „Hinweis zur Extinktion").

18

In analoger Weise können Milchproben behandelt und untersucht werden.

■■ Kalibrierkurve

Zur Erstellung der Kalibrierkurve werden jeweils 1 mL der Phenol-Standardlösungen nacheinander mit 1 mL Kupfersulfat-Lösung, 5 mL der zuvor verdünnten (1:10) Pufferlösung II, 3 mL dest. Wasser und 0,1 mL Gibb's-Reagenz-Lösung versetzt. Die Lösungen werden jeweils gut durchmischt; nach 30 min (lichtgeschützt stehen lassen!) wird die Extinktion der Phenol-Lösungen gegen eine Blindlösung gemessen, die parallel aus 1 mL dest. Wasser und den genannten Reagenzien angesetzt wurde.

Die Konzentrationen der Kalibrierlösungen betragen 2; 6; 10 und 20 µg Phenol pro Ansatz (10,1 mL).

Hinweis zur Extinktion

Falls die Extinktion der Probe größer als der Wert der Standardlösung mit 20 µg Phenol ist, sollte die Bestimmung mit einer stärker verdünnten Probenlösung wiederholt werden. Zum Verdünnen wird dabei nicht wie sonst üblich dest. Wasser verwendet, sondern inaktivierte (d. h. etwa 2 min im siedenden Wasserbad erhitzte) Probenlösung.

■ Auswertung

Die Extinktionswerte der Kalibrierlösungen werden gegen die Phenol-Gehalte (in µg/Ansatz) aufgetragen. Aus der Extinktion der Probenlösung wird ihr Phenol-Gehalt p (µg/Ansatz) interpolativ bestimmt und wie folgt auf die Phosphatase-Aktivität P umgerechnet:

$$P = 2{,}4 \cdot p \cdot F$$

mit

p – Phenol-Gehalt in µg/Ansatz

F – (ggf.) Verdünnungsfaktor

18.9 Active Principles

Zur Gruppe der **Active Principles** (dt. aktive Wirkprinzipien) zählen gemäß der Definition des „Blaubuches" des Europarates bestimmte Inhaltsstoffe von Gewürzen und Kräutern, die zwar einen gewissen aromagebenden Anteil haben, aber aufgrund ihres toxikologischen Profils als unerwünscht in Lebensmitteln gelten [105]. Diese Stoffe dürfen nicht als einzelner Stoff einem Lebensmittel zugesetzt werden. Für einige sind in der Aromenverordnung als natürlicher Bestandteil eines Lebensmittels Höchstmengen festgelegt.

18.9.1 Bestimmung von Cumarin mittels HPLC–UV und LC–MS/MS

- **Anwendungsbereich**
- aromatisierte Lebensmittel
- zimthaltige Lebensmittel
- Zimtarten

- **Grundlagen**

Cumarin (engl. coumarin) ist ein natürlich – zum Beispiel in bestimmten Zimtsorten und Waldmeister – vorkommender Stoff, der zu den Active Principles zählt. Je nach Zimtsorte unterscheiden sich die Cumarin-Gehalte, so enthält **Cassia-Zimt** hohe Gehalte, während **Ceylon-Zimt** praktisch keine Gehalte an Cumarin aufweist. In hoher Dosierung kann Cumarin bei empfindlichen Personen leberschädigend wirken (normalerweise reversibel [106, 107]).

Cumarin

- **Prinzip der Methode**

Die homogenisierten Proben werden mit einem Ethanol/Wasser-Gemisch extrahiert, mittels Carrez-Klärung gereinigt und der Extrakt anschließend flüssigchromatographisch analysiert.

Bei der massenspektrometrische Detektion erfolgt die Quantifizierung gegen den deuterierten Internen Standard (SIVA; ▶ Abschn. 3.2.1.3.3).

- **Durchführung**
- **Geräte und Hilfsmittel**
- Flüssigchromatograph mit UV-Detektor oder MS/MS (▶ Abschn. 5.5)
- Membranfilter: Porenweite 0,45 µm

- **Chemikalien (p. a.)**
- Acetonitril, HPLC-grade
- Methanol, HPLC-grade
- Ethanol, HPLC-grade
- Ethanol-Wasser-Mischung: Ethanol/Wasser 70 + 30 (*v/v*)
- Carrez-Lösung I + II: Herstellung ▶ Abschn. 17.2.1.2
- Cumarin
- Cumarin-d_4 (für MS-Detektion)
- Cumarin-Stammlösung; c = 1 mg/mL:

18

50 mg Cumarin werden auf ±1 mg genau in einen 50-mL-Messkolben eingewogen, in Ethanol-Wasser-Mischung gelöst und bis zur Marke aufgefüllt.
- Cumarin-Standardlösung; c = 1 µg/mL:
  0,1 mL der Cumarin-Stammlösung werden in einen 100-mL-Messkolben pipettiert und mit Ethanol-Wasser-Mischung bis zur Marke aufgefüllt.
- Cumarin-d_4-Standardlösung; c = 200 µg/mL:
  20 mg Cumarin-d_4 werden auf ±1 mg genau in einen 100-mL-Messkolben eingewogen, in Ethanol/Methanol/Wasser 7 + 45 + 48 (*v/v/v*) gelöst und bis zur
  Marke aufgefüllt.

■■ Bestimmung

(a) Herstellung der Probenlösung.

(a1) Messung mit UV-Detektor.
Die flüssige Probe wird direkt mit Ethanol-Wasser-Mischung verdünnt.
1–5 g der fein zerkleinerten oder geschmolzenen festen Probe werden in ein Becherglas eingewogen, 50 mL Ethanol-Wasser-Mischung zugegeben und ggf. unter
leichtem Erwärmen 30 min gerührt und anschließend für 10 min im Ultraschallbad extrahiert. Danach wird die Probe quantitativ in einen 100-mL-Messkolben
überführt, je 2 mL Carrez I- und Carrez II-Lösung zugegeben, bis zur Marke mit
Ethanol-Wasser-Mischung aufgefüllt, geschüttelt und durch ein Faltenfilter filtriert. Von dieser Lösung werden 100 µL mit 900 µL Methanol/Wasser (50 + 50,
v/v) in einem HPLC-Gefäß verdünnt und zur Messung eingesetzt.

(a2) Messung mit MS-Detektor.
Die flüssige Probe wird direkt mit Ethanol-Wasser-Mischung verdünnt.
1–5 g der fein zerkleinerten oder geschmolzenen festen Probe werden in ein
Becherglas eingewogen, mit 50 µL Cumarin-d_4-Standardlösung versetzt und
30 min bei Raumtemperatur stehen gelassen. Danach wird 50 mL Ethanol-Wasser-Mischung zugegeben und ggf. unter leichtem Erwärmen 30 min gerührt und
anschließend für 10 min im Ultraschallbad extrahiert. Danach wird die Probe
quantitativ in einen 100-mL-Messkolben überführt, je 2 mL Carrez I- und Carrez
II-Lösung zugegeben, bis zur Marke mit Ethanol-Wasser-Mischung aufgefüllt,
geschüttelt und durch ein Faltenfilter filtriert. Von dieser Lösung werden 100 µL
mit 900 µL Methanol/Wasser (50 + 50, *v/v*) in einem HPLC-Gefäß verdünnt und
zur Messung eingesetzt.

(b) HPLC-Parameter

(b1) mit UV-Detektion

Trennsäule	RP C8: 125 mm × 4 mm, 5 µm
Vorsäule	ODS, 20 mm × 4 mm, 5 µm
Eluent	A Ammoniumacetat-Puffer; B Acetonitril/Methanol 1 + 2 (*v/v*)
Durchfluss	0,8 mL/min

Modus	Gradient; 0–15 min 22 % B; 15–22 min 70 % B, bis 25 min 22 % B
Temperatur	40 °C
Detektor	UV 279 nm
Einspritzvolumen	10 µL

(b2) mit MS/MS-Detektion

Trennsäule	Octadecylsilan: 125 mm × 4 mm, 3 µm
Eluent	Methanol/Wasser mit 0,1 % Ameisensäure/Acetonitril 80 + 19,9 + 0,1 (*v/v/v*)
Durchfluss	0,25 mL/min
Modus	Gradient; 0–15 min 22 % B; 15–22 min 70 % B, bis 25 min 22 % B
Temperatur	20 °C
Detektor	MS/MS, Massenübergang *m/z* 147,1 → 91,1 und *m/z* 147,1 → 103,1 für Cumarin, Massenübergang *m/z* 151,1 → 95,1 und *m/z* 151,1 → 107,1 für Cumarin-d_4
Einspritzvolumen	20 µL

- **Auswertung**

Der Gehalt an Cumarin in mg/kg errechnet sich über die Kalibrierung mit Externem Standard für die UV-Detektion. Bei der MS-Detektion erfolgt die Berechnung unter Einbeziehung des Internen Cumarin-d_4-Standards. ◘ Abb. 18.14 zeigt ein typisches Chromatogramm.

18.10 Hydroxymethylfurfural (HMF)

18.10.1 Photometrische Bestimmung von Hydroxymethylfurfural

- **Anwendungsbereich**
- Honig

- **Grundlagen**

Hydroxymethylfurfural (HMF) entsteht bei der thermischen Zersetzung von Kohlenhydraten. HMF kann in vielen hitzebehandelten Lebensmitteln wie Milch, Fruchtsaft, Konfitüre und Honig vorkommen.

Eine geringe Menge an HMF in Honig ist ein Indikator für die Frische und Naturbelassenheit. Erst höhere Gehalte deuten auf eine längere Erhitzung oder Lagerung hin [108–111].

18

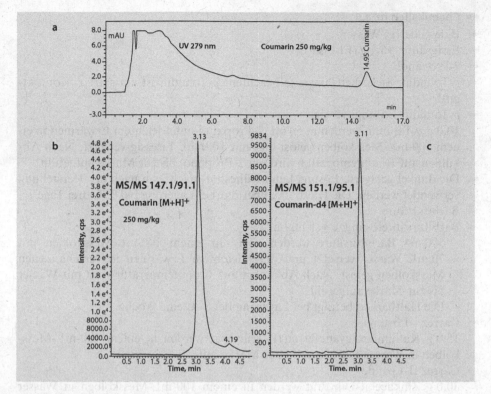

■ **Abb. 18.14**   Chromatogramm von Cumarin. **a** LC-Chromatogramm bei 279 nm; **b** Massenspektrum von Cumarin beim Übergang m/z 147,1 → 91,1; **c** Massenspektrum von Cumarin-d_4 beim Übergang m/z 151,1 → 95,1

Hydroxymethylfurfural

- **Prinzip der Methode**

Die Probe wird mit p-Toluidin und Barbitursäure versetzt und die gefärbte Lösung photometrisch gegen Wasser bei 550 nm gemessen.

- **Durchführung**
- - **Geräte und Hilfsmittel**
- Spektralphotometer (► Abschn. 8.2)
- Messkolben: 50 mL, 100 mL
- Becherglas: 100 mL
- Reagenzgläser

■■ Chemikalien (p. a.)
— Bidestilliertes Wasser
— Essigsäure: 96%ig (Eisessig)
— 2-Propanol
— *p*-Toluidin: Sicherheitshinweise beachten! *p*-Toluidin ist ein starkes Kontakt-
  gift!
— *p*-Toluidin-Lösung: 10%ig:
  10,0 g *p*-Toluidin werden in 50 mL 2-Propanol unter leichtem Erwärmen in einem 100-mL-Messkolben gelöst und mit 10,0 mL Eisessig versetzt. Nach Abkühlen auf Raumtemperatur wird mit 2-Propanol bis zur Marke aufgefüllt.
— Die dunkel gelagerte Lösung kann frühestens nach 24 h nach der Herstellung
  verwendet werden. Die Haltbarkeit beträgt bei Lagerung bei 8 °C drei Tage.
— Barbitursäure
— Barbitursäurelösung; c = 5 mg/mL:
  – 500 mg Barbitursäure werden zügig in einem 100-mL-Messkolben mit
    70 mL Wasser versetzt und unter leichtem Erwärmen in verschlossenen
    Messkolben gelöst. Nach Abkühlen auf Raumtemperatur wird mit Wasser
    bis zur Marke aufgefüllt.
  – Die Haltbarkeit beträgt bei Lagerung bei 8 °C eine Woche.
— Carrez I-Lösung:
  15,0 g Kaliumhexacyanoferrat(II)-Trihydrat werden in einem 100-mL-Mess-
  kolben in Wasser gelöst und bis zur Marke aufgefüllt.
— Carrez II-Lösung:
  30,0 g Zinkacetat-Dihydrat werden in einem 100-mL-Messkolben in Wasser
  gelöst und bis zur Marke aufgefüllt.

■■ Bestimmung
(a) Herstellung der Probenlösung
10 g homogenisierter und von groben Verunreinigungen befreiter Honig wird
auf ± 1 mg genau in einen 50-mL-Messkolben eingewogen und ohne Erwärmen in
20 mL Wasser gelöst. Nacheinander werden je 1 mL Carrez I und II zugegeben
und nach Durchmischen mit Wasser bis zur Marke aufgefüllt. Die Lösung wird
durch ein trockenes Faltenfilter filtriert, wobei die ersten 10 mL verworfen werden.

(b) Photometrische Messung
In zwei Reagenzgläser werden je 2,0 mL Probenlösung pipettiert und je 5,0 mL
p-Toluidin-Lösung zugegeben. In das eine Reagenzglas werden 1,0 mL Wasser für
den Blindwert pipettiert und in das andere Reagenzglas 1,0 mL Barbitursäure gegeben und beide Reagenzgläser vorsichtig durchmischt. Anschließend wird die
Extinktion bei 550 nm nach ca. 3–4 min gegen den Blindwert gemessen.

■ Auswertung
Der Gehalt an HMF in w_{HMF} in mg/kg berechnet sich wie folgt:

$$w_{HMF}\,[\text{mg/kg}] = \frac{E \cdot 1920}{m}$$

mit

E – Extinktion bei 550 nm gegen den Blindwert

m – Einwaage in g

1920 – Faktor, der die Verdünnung und den molaren Extinktionskoeffizienten berücksichtigt

18.11 Mineralstoffe

Neben den hauptsächlich in organischen Verbindungen enthaltenen Elementen C, H, O, N und S kommen im menschlichen Organismus etwa 50 weitere Elemente aus dem mineralischen Bereich in größeren bzw. geringeren Konzentrationen vor. Die Elemente Ca, P, K, Cl, Na, Mg und Fe bilden zusammen mit den vorgenannten Elementen etwa 99,5 % der Körpersubstanz und werden daher als Mengenelemente bezeichnet. Die restlichen 0,5 % verteilen sich auf die sog. Spurenelemente, zu denen unter anderem Co, Ni, Al, Si, Zn, As, Mo, F, I, Mn, Cu, B, Se, Cr und V gerechnet werden.

Die mineralischen Stoffe (engl. minerals) des Organismus unterliegen in Analogie zu den organischen einem ständigen Austausch, so dass sie über die Nahrung in ausreichender Menge zugeführt werden müssen. Funktionen wie die Bildung von Gerüst- und Stützsubstanzen, die Steuerung von Enzymreaktionen, die Beeinflussung der Nervenaktivität sowie die Erhaltung elektrolytischer und osmotischer Gleichgewichte werden ihnen im Organismus zugeschrieben. Das Element Fe wird bei Menschen und Tieren nicht zu den Spurenelementen gerechnet; der Körper eines erwachsenen Menschen enthält immerhin 5–8 g Fe, dessen Hauptmenge an das Hämoglobin in den Erythrocyten gebunden ist. In den Zellen jedoch fungiert das Fe in Form aktiver Enzyme wie ein Spurenelement.

18.11.1 Bestimmung von Natrium und Kalium mittels Flammenphotometrie

■ **Anwendungsbereich**
— Fruchtsäfte

■ **Grundlagen**
Die Gehalte an **Natrium** und **Kalium** geben bei Fruchtsäften wertvolle Hinweise auf deren Echtheit. So korrelieren bei Orangensaft die Kaliumkonzentrationen mit den Aschewerten; in der Regel beträgt der Kalium-Gehalt 46–49 % der Asche. Sachgemäß hergestellte, unverfälschte Orangensäfte enthalten Natrium-Konzentrationen um 10 mg/L. Werte über 30 mg/L sind Anzeichen für eine nicht ordnungsgemäße Herstellung.

Bei Apfelsaft bewegt sich der Kalium-Gehalt nur in verhältnismäßig engen Grenzen und beträgt im Durchschnitt 48 % der Asche. Der Gehalt an Natrium liegt in der Regel unter 20 mg/L. Bei Werten über 30 mg/L besteht der Verdacht einer Verfälschung [111–115].

■ **Prinzip der Methode**
Der Natrium- bzw. Kalium-Gehalt wird ohne Probenvorbereitung direkt aus dem verdünnten Fruchtsaft mit Hilfe der Flammenphotometrie bestimmt. Zur Verhinderung einer teilweisen Ionisation, welche die Lichtemission inhibieren würde, wird der Messlösung Cäsiumchlorid zugesetzt (siehe Kasten „Störungen", siehe unten). Zur Theorie und Praxis der Flammenphotometrie ▶ Abschn. 8.6.

Störungen

Über die Beseitigung der gegenseitigen Anregungsbeeinflussung der in der Probe vorhandenen anregbaren Elemente bei flammenphotometrischen Untersuchungen siehe Spezialliteratur (z. B. [114]).

■ **Durchführung**
■■ **Geräte und Hilfsmittel**
— Flammenphotometer (▶ Abschn. 8.6)
— Messkolben: 100 mL, 1000 mL
— Vollpipetten

■■ **Chemikalien (p. a.)**
— Natriumchlorid NaCl: ca. 2 h getrocknet bei 150 °C
— Kaliumchlorid KCl: ca. 2 h getrocknet bei 150 °C
— Cäsiumchlorid CsCl
— bidest. Wasser
— Natrium-Standardlösung: c = 1000 mg Na$^{\oplus}$/L:
  2,542 g Natriumchlorid werden in einem Messkolben mit bidest. Wasser zu 1000 mL gelöst.
— Kalium-Standardlösung; c = 1000 mg K$^{\oplus}$/L:
  1,907 g Kaliumchlorid werden in einem Messkolben mit bidest. Wasser zu 1000 mL gelöst.
— Cäsiumchlorid-Stammlösung; c = 40 g/L:
  40 g Cäsiumchlorid werden in einem Messkolben mit bidest. Wasser zu 1000 mL gelöst.

■■ **Bestimmung**
(a) Probenmesslösung
Der zu untersuchende Fruchtsaft wird entsprechend den zu erwartenden Gehalten an Natrium- bzw. Kalium-Ionen mit bidest. Wasser verdünnt. Durch Zugabe entsprechender Volumenteile Cäsiumchlorid-Stammlösung wird der Cäsiumchlorid-Gehalt auf 100–400 mg/100 mL Probenmesslösung eingestellt.

(b) Kalibrierlösungen
Aus der Natrium- bzw. Kalium-Standardlösung werden den zu erwartenden Gehalten in der Probe entsprechend jeweils geeignete Verdünnungen hergestellt. Diese Kalibrierlösungen werden ebenso wie die Probenmesslösung nach (a) auf einen Cäsiumchlorid-Gehalt von 100–400 mg/100 mL eingestellt.

(c) Blindlösung
Es wird eine verdünnte Cäsiumchlorid-Stammlösung hergestellt, deren Cäsiumchlorid-Konzentration zwischen 100 mg und 400 mg/100 mL liegt. Dazu werden 2,5 mL bis 10 mL der Cäsiumchlorid-Stammlösung (c = 40 g/L) in einen 100-mL-Messkolben pipettiert und mit bidest. Wasser bis zur Marke aufgefüllt.

(d) Flammenphotometrische Messung
Messwellenlänge für Natrium: 589 nm; für Kalium 766 nm oder 770 nm [112].
Der Nullpunkt des Flammenphotometers wird mit der verdünnten Cäsiumchlorid-Stammlösung (siehe (c)) eingestellt. Anschließend werden die Extinktionswerte E (≙ Skalenteile) der Probenmesslösungen gemessen.
Für jede Messreihe ist eine gesonderte Kalibrierkurve aufzunehmen; dazu werden die nach (b) hergestellten Kalibrierlösungen gemessen. Die Extinktionswerte werden als Funktion gegen die Alkaligehalte in mg/L der entsprechenden Kalibrierlösung aufgetragen (vgl. auch Kasten „Einschachtelungsverfahren").

- **Auswertung**
Unter Berücksichtigung des Verdünnungsfaktors der Probenmesslösungen wird der Gehalt c an Natrium- bzw. Kalium-Ionen in mg/L in der Probe nach folgender Gleichung berechnet:

$$c \; [\text{mg/L}] \; = \; a \cdot F$$

mit
a – aus der Kalibrierkurve abgelesener Natrium- bzw. Kalium-Gehalt der Probenmesslösung in mg/L
F – Verdünnungsfaktor der Probenmesslösung

Einschachtelungsverfahren

Statt Ermittlung der Gehalte über eine Kalibrierkurve kann auch nach dem **Einschachtelungsverfahren** ausgewertet werden (vgl. auch ▶ Abschn. 3.2.1.3.5). Für diesen Zweck werden zwei Kalibrierlösungen mit Gehalten an Natrium- bzw. Kalium-Ionen hergestellt, die möglichst nahe ober- und unterhalb des Gehaltes der Probenmesslösung liegen. Die Konzentrationen der Kalibrierlösungen können der der Probenmesslösung beliebig genähert werden. Bei größeren Unterschieden zwischen den Kalibrierlösungen und nicht gegebener Linearität in diesem Bereich können Fehler auftreten. Bei Serienuntersuchungen ist zudem der Aufwand größer als beim Kalibrierkurvenverfahren.

Die Konzentration des betreffenden Alkali-Ions in der Probenmesslösung c_x in mg/L wird beim Einschachtelungsverfahren wie folgt berechnet:

$$c_x \, [\text{mg/L}] = c_1 + \frac{E_x - E_1}{E_2 - E_1} \cdot (c_2 - c_1)$$

mit

c_1 – Konzentration der Kalibrierlösung mit niedrigem Gehalt an $Na^\oplus$ bzw. $K^\oplus$ in mg/L
c_2 – Konzentration der Kalibrierlösung mit höherem Gehalt an $Na^\oplus$ bzw. $K^\oplus$ in mg/L
E_x – Extinktionswert ($\hat{=}$ Skalenteile) bei Messung der Probenmesslösung
E_1 – Extinktionswert ($\hat{=}$ Skalenteile) bei Messung der Kalibrierlösung mit niedrigem Gehalt an $Na^\oplus$ bzw. $K^\oplus$
E_2 – Extinktionswert ($\hat{=}$ Skalenteile) bei Messung der Kalibrierlösung mit höherem Gehalt an $Na^\oplus$ bzw. $K^\oplus$

18.11.2 Bestimmung von Calcium und Magnesium mittels AAS

- **Anwendungsbereich**
- Fruchtsäfte

- **Grundlagen**
Hauptbestandteile bei den Mineralstoffen der Früchte sind neben Kalium und Natrium Calcium und das meist in etwas geringerer Menge vorliegende Magnesium. Die Gehalte der Erdalkali-Ionen können daher ebenso wie die der Alkali-Ionen (▶ Abschn. 18.11.1) bei Fruchtsäften Hinweise auf deren Echtheit geben.

Bei Orangensaft schwanken die Calcium-Konzentrationen relativ stark; Werte über 250 mg/L geben einen Hinweis auf unzulässige Zusätze wie beipielsweise Schalenextrakt. In Verbindung mit anderen Kriterien deuten zu niedrige Magnesium-Gehalte auf Überstreckung und zu hohe Zusätze von anderen Stoffen hin [111].

Bei Apfelsaft fällt der Magnesium-Gehalt durch seine äußerst geringe Schwankungsbreite auf. Liegt der Gehalt wesentlich unter 40 mg/L, so ist dieser Wert kritisch zu beurteilen und gibt unter Umständen einen Hinweis auf eine Überstreckung. Der Gehalt an Calcium kann durch unzulässige Verwendung von nicht den Anforderungen entsprechendem Wasser deutlich erhöht werden; hierbei kann gleichzeitig auch eine Erhöhung des Magnesium- und Nitrat-Gehaltes eintreten [111, 112–125].

18

■ **Prinzip der Methode**

Der Calcium- bzw. Magnesium-Gehalt wird ohne Probenvorbereitung direkt aus dem verdünnten Fruchtsaft mit Hilfe der Atomabsorptionsspektrometrie (AAS) bestimmt. Zur Verhinderung einer teilweisen Ionisation wird der Messlösung Lanthan zugesetzt. Zur Theorie und Praxis der AAS s. ▶ Abschn. 8.4.

■ **Durchführung**
■■ **Geräte und Hilfsmittel**
— Atomabsorptionsspektrometer(▶ Abschn. 8.5)
— Becherglas: 400 mL
— Messkolben: 100 mL, 1000 mL
— Vollpipetten

■■ **Chemikalien (p. a.)**
—· Calciumchlorid $CaCl_2$: getrocknet
— Magnesiumchlorid-Hexahydrat $MgCl_2 \cdot 6\ H_2O$: getrocknet
— Lanthanoxid La_2O_3
— Salzsäure: 37%ig
— verdünnte Salzsäure: 3,7%ig
— bidest. Wasser
— Calcium-Standardlösung; $c = 1000$ mg $Ca^{2\oplus}$/L:
  2,769 g Calciumchlorid werden in einem Messkolben mit bidest. Wasser zu 1000 mL gelöst.
— Magnesium-Standardlösung; $c = 1000$ mg $Mg^{2\oplus}$/L:
  8,362 g Magnesiumchlorid-Hexahydrat werden in einem Messkolben mit bidest. Wasser zu 1000 mL gelöst.
— Lanthan-Stammlösung; $c = 50$ g/L:
  58,6 g Lanthanoxid werden in einem 400-mL-Becherglas mit bidest. Wasser befeuchtet und vorsichtig mit 100 mL Salzsäure (37%ig) versetzt, bis sich das Lanthanoxid vollständig gelöst hat. Anschließend wird die Lösung in einen 1000-mL-Messkolben überführt und mit bidest. Wasser bis zur Marke aufgefüllt. (Statt Lanthanoxid kann auch Lanthanchlorid-Heptahydrat ($LaCl_3 \cdot 7\ H_2O$) verwendet werden. Es werden dann 134 g $LaCl_3 \cdot 7\ H_2O$ mit bidest. Wasser zu 1000 mL gelöst.)

■■ **Bestimmung**
(a) Probenmesslösung
Der zu untersuchende Fruchtsaft wird entsprechend den zu erwartenden Gehalten an Calcium bzw. Magnesium mit bidest. Wasser verdünnt. Durch Zugabe entsprechender Volumenteile Lanthan-Stammlösung wird der Lanthan-Gehalt auf 100–500 mg/100 mL Probenmesslösung eingestellt.

(b) Kalibrierlösungen
Aus der Calcium- bzw. Magnesium-Standardlösung werden den zu erwartenden Gehalten in der Probe entsprechend jeweils geeignete Verdünnungen hergestellt.

Diese Kalibrierlösungen werden ebenso wie die Probenmesslösung nach (a) auf einen Lanthan-Gehalt von 100–500 mg/100 mL eingestellt.

(c) Blindlösung
Es wird eine verdünnte Lanthan-Stammlösung hergestellt, deren Lanthan-Konzentration zwischen 100 mg und 500 mg/100 mL liegt. Dazu werden 2–10 mL der Lanthan-Stammlösung (50 g/L) in einen 100-mL-Messkolben pipettiert und mit bidest. Wasser bis zur Marke aufgefüllt.

(d) AAS-Messung [112]
— Messwellenlänge für Calcium: 423 nm
— Messwellenlänge für Magnesium: 285 nm

Die Nullpunkteinstellung des Atomabsorptionsspektrometers wird mit der verdünnten Lanthan-Stammlösung (siehe (c)) vorgenommen. Anschließend werden die Extinktionswerte E der Probenmesslösung gemessen.

Für jede Messreihe ist eine gesonderte Kalibrierkurve aufzunehmen; dazu werden die nach (b) hergestellten Kalibrierlösungen gemessen. Die Extinktionswerte werden als Funktion gegen die Erdalkaligehalte in mg/L der entsprechenden Kalibrierlösung aufgetragen.

▪ Auswertung
Unter Berücksichtigung des Verdünnungsfaktors der Probenmesslösungen wird der Gehalt c an Calcium- bzw. Magnesium-Ionen in mg/L in der Probe nach folgender Gleichung berechnet:

$$c \, [\text{mg/L}] = a \cdot F$$

mit

a – aus der Kalibrierkurve abgelesener Calcium- bzw. Magnesium-Gehalt der Probenmesslösung in mg/L

F – Verdünnungsfaktor der Probenmesslösung

18.11.3 Photometrische Bestimmung von Eisen

▪ Anwendungsbereich
— Wasser
— natürliches Mineralwasser

▪ Grundlagen
Eisen kann in Wasser in Form von gelösten Eisen(II)- und Eisen(III)-Ionen, in kolloidal gelösten, dispergierten oder ungelösten Verbindungen vorliegen; es kann in organischer Bindung oder in Komplexverbindungen vorkommen.

18

Eisen ist in Spuren in fast allen natürlichen Wässern anzutreffen. Obwohl Eisen u. a. zum Aufbau des Hämoglobins nötig (Tagesbedarf: 5 bis 20 mg Fe) und eine toxische Wirkung nicht bekannt ist, gilt es in Wasser als unerwünscht. Bereits 0,3 mg Fe^{2+}/L verursachen einen eigenartigen metallischen Geschmack. Zudem tritt leicht Oxidation zum biologisch unwirksamen Fe^{3+} ein. Durch die Einwirkung aggressiver Kohlensäure kann aus dem Leitungsnetz Eisen in das Wasser gelangen [118–121].

- **Prinzip der Methode**

Eisen(II)-Ionen werden nach Umsetzung mit 1,10-Phenanthrolin zu einem orangeroten Komplex bei 510 nm photometrisch bestimmt. Das nicht in Form von Eisen(II)-Ionen vorliegende Eisen wird ggf. nach Lösen bzw. Aufschluss und Reduktion mittels Hydroxylammoniumchlorid in Eisen(II)-Ionen überführt und wie oben angegeben bestimmt („Gesamteisen" bzw. „gesamtes lösliches Eisen"). Über Störungen der Bestimmungsmethode siehe Kasten „Störungen", siehe unten.

Störungen

Störungen durch Kupfer, Cobalt, Chrom und Zink sowie durch Phosphat-Ionen können auftreten, wenn ihre Konzentrationen die des Eisens um das Zehnfache übersteigen. Nickel stört bei Konzentrationen >2 mg/L, Bismut, Silber und Quecksilber stören bei Konzentrationen >1 mg/L, Cadmium stört bei >50 mg/L.

- **Durchführung**
- - **Geräte und Hilfsmittel**

Alle Glasgeräte sind vor dem Gebrauch mit Salzsäure (25%ig) zu waschen und mit dest. Wasser zu spülen.

- Spektralphotometer (▶ Abschn. 8.2)
- Glasküvetten: $d = 1$ cm
- Glasflaschen, mit abgeschrägtem Stopfen: 100 mL
- Messkolben: 100 mL
- Vollpipetten: diverse
- Erlenmeyerkolben: 100 mL
- pH-Papier oder pH-Messgerät
- Membranfilter: 0,45 μm

- - **Chemikalien (p. a.)**
- Schwefelsäure: 98%ig
- verdünnte Schwefelsäure: 1 Volumenteil Schwefelsäure (98%ig) wird vorsichtig mit 3 Volumenteilen dest. Wasser verdünnt.
- Essigsäure: 96%ig (Eisessig)
- Ammoniumacetat CH_3COONH_4
- Hydroxylammoniumchlorid $NH_2OH \cdot HCl$
- Kaliumperoxodisulfat $K_2S_2O_8$

— 1,10-Phenanthrolin $C_{12}H_9ClN_2\,H_2O$
— Ammoniumeisen(II)-sulfat-Hexahydrat $(NH_4)_2Fe(SO_4)_2 \cdot 6\,H_2O$ (Mohrsches Salz)
— Ammoniumacetat-Eisessig-Lösung:
  40 g Ammoniumacetat und 50 mL Eisessig werden in dest. Wasser zu 100 mL gelöst
— Hydroxylammoniumchlorid-Lösung:
  10 g Hydroxylammoniumchlorid werden mit dest. Wasser zu 100 mL gelöst. Die Lösung ist ca. eine Woche haltbar.
— Kaliumperoxodisulfat-Lösung:
  4 g Kaliumperoxodisulfat werden mit dest. Wasser zu 100 mL gelöst. Die Lösung ist im Dunkeln einige Monate haltbar.
— Phenanthrolin-Lösung:
  0,5 g 1,10-Phenanthrolin werden mit dest. Wasser zu 100 mL gelöst. Die Lösung ist im Dunkeln eine Woche haltbar.
— Eisen(II)-Stammlösung, $c = 1000$ mg $Fe^{2\oplus}$/L:
  7,0215 g Ammoniumeisen(II)-sulfat-Hexahydrat werden in einem 1000-mL-Messkolben in dest. Wasser gelöst, mit 30 mL Hydroxylammoniumchlorid und 2 mL Schwefelsäure (98%ig) versetzt und mit dest. Wasser bis zur Marke aufgefüllt. Die Lösung ist etwa 6 Monate haltbar
— Eisen(II)-Standardlösung I; $c = 20$ mg $Fe^{2\oplus}$/L:
  20 mL der Eisen(II)-Stammlösung werden in einem 1000-mL-Messkolben mit dest. Wasser bis zur Marke aufgefüllt.
— Eisen(II)-Standardlösung II; $c = 1$ mg $Fe^{2\oplus}$/L:
  1 mL der Eisen(II)-Stammlösung wird in einem 1000-mL-Messkolben mit dest. Wasser bis zur Marke aufgefüllt.

■■ Probenahme/Probenvorbereitung

Zur Bestimmung des gelösten Fe(II), des gesamten gelösten Fe(II) + Fe(III) sowie des Gesamteisens werden drei getrennte Proben entnommen und wie folgt vorbehandelt:

— Zur Bestimmung des gelösten Fe(II) wird eine Glasflasche mit abgeschrägtem Stopfen verwendet, in die je 100 mL Wasserprobe und 1 mL verdünnte Schwefelsäure ($1 + 3$, v/v) gegeben wurde (pH ~1).
— Zur Bestimmung des gesamten gelösten Fe(II) + Fe(III) wird die Wasserprobe unmittelbar nach der Probenahme durch ein Membranfilter (Porenweite: 0,45 μm) filtriert und das Filtrat je 100 mL Wasserprobe mit 1 mL verdünnter Schwefelsäure ($1 + 3$, v/v) angesäuert (pH ~1).
— Zur Bestimmung des Gesamteisens wird die homogenisierte, nicht filtrierte Wasserprobe je 100 mL mit 1 mL verdünnter Schwefelsäure ($1 + 3$, v/v) angesäuert (pH ~1).

■■ Bestimmung

(a) Bestimmung des gelösten Eisens Fe(II)
50 mL des Wassers (bei Wasser mit ungelösten Stoffen wird vom überstehenden, feststofffreien Teil abgenommen) werden in einen 100-mL-Messkolben pipet-

tiert und 5 mL Ammoniumacetat-Eisessig-Lösung zugegeben. Der pH-Wert dieser Lösung soll zwischen 3,4 und 5,5 liegen. Nach Durchmischen und Zufügen von 2 mL Phenanthrolin-Lösung wird mit dest. Wasser bis zur Marke aufgefüllt und die Lösung 15 min lang stehen gelassen. Anschließend wird die Lösung bei 510 nm gegen einen Reagenzienblindwert (d. h. statt 50 mL Wasserprobe werden 50 mL dest. Wasser eingesetzt) photometriert.

(b) Bestimmung des gesamten gelösten Eisens Fe(II) + Fe(III)
50 mL der vorbehandelten Wasserprobe (Vorbehandlung s. oben) werden in einen 100-mL-Messkolben pipettiert und 5 mL Ammoniumacetat-Eisessig-Lösung sowie 2 mL Hydroxylammoniumchlorid-Lösung zugegeben. Der pH-Wert dieser Lösung soll zwischen 3,4 und 5,5 liegen. Nach dem Durchmischen und Zufügen von 2 mL Phenanthrolin-Lösung wird die Lösung wie unter (a) angegeben behandelt und gemessen.

(c) Direkte Bestimmung des Gesamteisen-Gehaltes
50 mL der Wasserprobe werden in einen 100-mL-Erlenmeyerkolben pipettiert, 5 mL Kaliumperoxodisulfat-Lösung zugegeben und ca. 40 min lang am leichten Sieden gehalten. Um die Bildung eines Trockenrückstands zu vermeiden, darf dabei das Volumen nicht kleiner als 20 mL werden. Nach Abkühlen auf Raumtemperatur wird die Lösung in einen 100-mL-Messkolben überführt, mit dest. Wasser auf ein Volumen von etwa 50 mL gebracht und mit 5 mL Ammoniumacetat-Eisessig-Lösung und 2 mL Hydroxylammoniumchlorid-Lösung versetzt. Der pH-Wert soll zwischen 3,4 und 5,5 liegen. Nach Durchmischen werden 2 mL Phenanthrolin-Lösung zugefügt und die Lösung wie unter (a) angegeben behandelt und gemessen.

Störungen

Wenn die Wasserprobe **Eisenoxid** oder metallisches **Eisen** enthält, ist statt der Behandlung mit Kaliumperoxodisulfat-Lösung ein Aufschluss mit Salpetersäure/Schwefelsäure vorzunehmen. Die Ausführung des Aufschlusses ist in der Originalliteratur explizit beschrieben [119–121].

Zur Bestimmung des Gesamteisen-Gehaltes nach vorangegangenem Aufschluss vgl. [119].

(d) Kalibrierkurve
Zur Erstellung der Kalibrierkurve werden jeweils entsprechend der zu erwartenden Eisenkonzentration in der Wasserprobe aus den Eisen(II)-Standardlösungen I oder II Kalibrierlösungen hergestellt. Für einen Bereich von beispielsweise 1–5 mg $Fe^{2\oplus}$/L wird wie folgt vorgegangen:

In sechs 100-mL-Messkolben wird zunächst jeweils 1 mL verdünnte Schwefelsäure (1 + 3, *v/v*) gegeben. Dann werden 5; 10; 15; 20 und 25 mL sowie 0 mL (= Blindprobe!) der Eisen(II)-Standardlösung I zugegeben und mit dest.

Wasser bis zur Marke aufgefüllt und gut durchmischt ($\triangleq$ 1; 2; 3; 4; 5 sowie 0 mg $Fe^{2\oplus}$/L). Je 50 mL dieser Kalibrierlösungen werden zur Farbbildung und photometrischen Messung wie unter (b) beschrieben behandelt. Die Lösungen werden gegen einen Reagenzienblindwert bei 510 nm photometriert.

■ **Auswertung**
Die Extinktionswerte der Kalibrierlösungen werden gegen die jeweiligen Eisen(II)-Gehalte aufgetragen. Unter Berücksichtigung des Verdünnungsfaktors und des Faktors für die Verdünnung durch die Säurezugabe bei der Probenahme (zum Beispiel 1,01) wird aus der Extinktion der Probenmesslösung ihr Eisen-Gehalt berechnet. Der Eisen-Gehalt wird in mg/L angegeben.

18.11.4 Methoden zur Bestimmung von Chlorid

Chlorid wird üblicherweise durch Reaktion mit Silbernitrat bzw. Quecksilber(II)-nitrat bestimmt. Zur Ausführung kommen in der Lebensmittelanalytik vornehmlich die direkte Titration mit Silbernitrat-Lösung und visueller Endpunktsanzeige (Methode nach Mohr) oder mit potentiometrischer Endpunktsindikation sowie die Rücktitration der nach Zugabe definierter Mengen an Silbernitrat überschüssigen Silber-Ionen mit Thiocyanat-Lösung (Methode nach Volhard). Daneben findet auch die Titration mit Quecksilber(II)-nitrat-Lösung aufgrund einiger Vorteile zunehmend in bestimmten Bereichen der Lebensmittelanalytik Anwendung.

Zur Chlorid-/Kochsalzbestimmung in neutralen und phosphatfreien Lösungen wird in der Regel die sehr verbreitete Methode nach Mohr (▶ Abschn. 18.11.4.1) mit Erfolg eingesetzt. Die potentiometrische Titration mit Silbernitrat (▶ Abschn. 18.11.4.2) kann anstelle der Methode nach Mohr angewendet werden und kommt immer dann zur Anwendung, wenn getrübte bzw. stark gefärbte Probenlösungen untersucht werden sollen. In phosphathaltigen und nichtneutralen Lebensmitteln wie in Fleisch und Fleischerzeugnissen sowie Wurstwaren wird die Methode nach Volhard empfohlen (▶ Abschn. 18.11.4.3), für Brot und Backwaren die Titration mit Quecksilber(II)-nitrat (▶ Abschn. 18.11.4.4).

Die Bestimmung des Chlorid-Gehaltes wird vorteilhaft in einem wässrigen Auszug der Analysensubstanz vorgenommen; bei Bestimmungen in Aschen von Proben ist mit z. T. höheren Verlusten zu rechnen.

18.11.4.1 Bestimmung von Chlorid – Methode nach Mohr

■ **Anwendungsbereich**
— Wasser
— Butter
— Mayonnaise und emulgierte Soßen
— Lebensmittel, phosphatfrei und neutral

- **Grundlagen**

Chloride sind in allen natürlichen Wässern enthalten. Ein plötzlicher Anstieg der Chlorid-Konzentration kann auf Verunreinigungen durch Abwässer hindeuten. Lebensmittel enthalten ebenfalls im Allgemeinen Chloride; häufig werden Lebensmitteln bei der Ver- und Bearbeitung Chloride in Form von Kochsalz zugesetzt. Butter gilt als gesalzen, wenn sie mehr als 0,1 % Kochsalz enthält. Die Ermittlung des Kochsalzes wird im Allgemeinen über die Bestimmung des Chlorid-Gehaltes und anschließende stöchiometrische Umrechnung durchgeführt.

In neutralem Milieu lassen sich Chloride mit Silbernitrat-Lösung auch in relativ verdünnter Lösung direkt titrieren. Der Endpunkt der Titration wird mit Hilfe von Kaliumchromat als Indikator dadurch erkannt, dass ein geringer Überschuss an Silberionen zur Ausfällung eines rötlich braunen Niederschlags von Silberchromat führt. Von besonderer Bedeutung ist, dass die Titration nur bei einem pH-Wert zwischen 6,5 und 10,5 gelingt, da einerseits die in sauren Lösungen beständigen Dichromat-Ionen kein schwerlösliches Silbersalz bilden, so dass die Endpunktsanzeige versagt, und andererseits in stärker alkalischem Milieu Silberhydroxid ausfällt. Schwach saure Lösungen lassen sich durch Zugabe von Calciumcarbonat u. ä. abstumpfen; alkalisch reagierende Lösungen werden mit verdünnter Schwefelsäure neutralisiert. Phosphat-, Sulfit- und Fluorid-Ionen stören [122–126].

- **Prinzip der Methode**

Chlorid-Ionen werden durch Titration mit Silbernitrat-Maßlösung (▶ Gl. 18.19) in Gegenwart von Kaliumchromat als Indikator (▶ Gl. 18.20) gefällt. Butter wird zunächst in heißem dest. Wasser geschmolzen und die heiße Mischung zur Titration eingesetzt. Mayonnaisen und emulgierte Soßen werden in Wasser homogen verteilt; aus anderen Lebensmitteln wird ein wässriger Auszug hergestellt.

$$Cl^{\ominus} + Ag^{\oplus} \longrightarrow AgCl \tag{18.19}$$

$$CrO_4^{2\ominus} + 2\,Ag^{\oplus} \longrightarrow AgCrO_4 \downarrow \tag{18.20}$$
$$\text{rotbraun}$$

- **Durchführung**
- ■ **Geräte und Hilfsmittel**
- Erlenmeyerkolben: weithalsig, 200 mL
- Messzylinder: 100 mL
- Vollpipette: 2 mL
- Bürette: 10 mL
- Magnetrührer mit Rührstäbchen
- pH-Papier oder pH-Messgerät

- ■ **Chemikalien (p. a.)**
- Kaliumchromat K_2CrO_4
- Calciumcarbonat $CaCO_3$

- Natriumhydrogencarbonat $NaHCO_3$
- Silbernitrat-Maßlösung: $c = 0,1$ mol/L
- Kaliumchromat-Lösung: 5%ig

■ ■ Probenvorbereitung
Wässer werden vor der Analyse ggf. filtriert und neutralisiert.

Bei inhomogenen Butterproben bzw. zur Vermischung von Einzelproben wird die Butter in ein Glasgefäß gebracht und so lange in ein Wasserbad von höchstens 39 °C gestellt, bis sie geschmolzen ist. Anschließend wird das Glasgefäß aus dem Wasserbad genommen und die Probe unter ständigem Schütteln auf Raumtemperatur abgekühlt, bis die Butter zu einer cremigen Masse erstarrt ist.

Mayonnaisen und emulgierte Cremes werden durch Verrühren bei Raumtemperatur homogenisiert.

Andere Lebensmittel werden durch geeignete Methoden gemischt und homogenisiert.

■ ■ Bestimmung
Zur Überprüfung der Reagenzien wird ein Blindversuch in der gleichen, unten beschriebenen Weise (jedoch ohne Probeneinwaage) durchgeführt.

(a) In Wasser
Zu 100 mL der filtrierten Wasserprobe (pH~7) werden 2 mL Kaliumchromat-Lösung pipettiert (siehe Kasten „Endpunkt der Titration", unten) und mit Silbernitrat-Maßlösung auf einen rötlich braunen Farbton titriert, der ½ min bestehen bleiben muss. Ist die Chlorid-Ionenkonzentration nur gering (Trinkwasser), kann zur Titration eine geringer konzentrierte Silbernitrat-Maßlösung (zum Beispiel $c = 0,01$ mol/L) herangezogen werden; dies ist bei der Berechnung entsprechend zu berücksichtigen. Die klassische Titration nach Mohr ist für $[Cl^{\ominus}] < 3$ mg/L ungeeignet. In solchen Fällen ist eine etwas modifizierte Vorgehensweise angebracht (vgl. hierzu [123]).

(b) In Butter
Circa 5 g Butter werden auf ± 10 mg in einen 200-mL-Erlenmeyerkolben eingewogen und 100 mL siedendes dest. Wasser zugegeben; die Mischung wird unter gelegentlichem Umschwenken 5–10 min lang stehen gelassen. Nach Abkühlen auf 50–55 °C werden mit einer Pipette 2 mL Kaliumchromat-Lösung (siehe hierzu Kasten „Endpunkt der Titration", unten) sowie bei Sauerrahmbutter mit einem pH-Wert < 6,5 zusätzlich etwa 0,1 g Calciumcarbonat zugefügt; es wird sorgfältig durchmischt und die heiße Lösung mit Silbernitrat-Maßlösung auf einen rötlich braunen Farbton titriert, der ½ min lang bestehen bleiben muss.

18

(c) In Mayonnaise und emulgierten Soßen
Von der gut durchmischten Probe werden 2 g in einen Erlenmeyerkolben auf ± 1 mg genau eingewogen und mit 50 mL dest. Wasser versetzt. Der Kolben wird mit einem Stopfen verschlossen und der Inhalt gut durchgeschüttelt (evtl.

Homogenisiergerät benutzen!). Nachdem die Probe homogen verteilt vorliegt, werden weitere 50 mL dest. Wasser und 0,5 g Natriumhydrogencarbonat zugegeben (der pH-Wert des Ansatzes soll >7 sein) und nach Zupipettieren von 2 mL Kaliumchromat-Lösung (siehe Kasten „Endpunkt der Titration" unten) unter ständigem Rühren (Magnetrührer) solange titriert, bis ein rötlich brauner Farbton ½ min lang bestehen bleibt.

(d) Andere phosphatfreie, neutral reagierende Lebensmittel
Die Einwaage richtet sich nach dem zu erwartenden Chlorid-Gehalt der Probe (die Titrierlösung soll nicht mehr als ca. 30 mg $Cl^\ominus$ bzw. 50 mg NaCl enthalten). Die Bestimmung wird in Analogie zu den o. a. Vorschriften vorgenommen.

Endpunkt der Titration

Um eine einwandfreie Erkennung des **Titrationsendpunktes** zu gewährleisten, ist es notwendig, die Konzentration des Indikators in einem bestimmten Bereich zu halten: Die Menge an Silbernitrat-Lösung, die über den Äquivalenzpunkt hinaus zur Erkennung des Farbumschlags zugesetzt werden muss, ist von der Chromat-Ionenkonzentration abhängig. Dies liegt daran, dass der Ag_2CrO_4-Niederschlag ein Löslichkeitsprodukt in nicht vernachlässigbarer Größenordnung besitzt:

$$\left[Ag^\oplus\right]^2 \cdot \left[CrO_4^{2\ominus}\right] = 2 \cdot 10^{-12} (mol/L)^3 \text{ bei } T = 18\,°C$$

⇨ Eine Erhöhung der Chromat-Konzentration bedeutet also eine Verminderung der Silberionenkonzentration, welche bis zur Ausfällung notwendig ist. Die Literatur empfiehlt im Allgemeinen einen Zusatz von 2 mL einer 5%igen K_2CrO_4-Lösung auf 100 mL Probenlösung. Dies entspricht einer Chromat-Konzentration von etwa $5 \cdot 10^{-3}$ mol/L [123]. Die Dosierung der Kaliumchromat-Lösung soll deshalb bei allen Bestimmungen exakt gleich sein (Vollpipette).

Auswertung

1 mL AgNO₃-Maßlösung (c = 0,1 mol/L) ≙ 3,546 mg $Cl^\ominus$ bzw. 5,845 mg NaCl.

Der Chlorid-Gehalt $Cl^\ominus$ bzw. der Kochsalzgehalt K der Probe wird wie folgt berechnet:

(a) Für flüssige Proben:

$$Cl^\ominus [g/L] = \frac{3{,}546 \cdot (a-b)}{V} \qquad K\,[g/L] = \frac{5{,}845 \cdot (a-b)}{V}$$

(b) Für feste Proben:

$$Cl^{\ominus}\ [g/100\ g] = \frac{3{,}546 \cdot (a - b)}{E} \qquad K\ [g/100\ g] = \frac{5{,}845 \cdot (a - b)}{E}$$

mit

a – Verbrauch an Silbernitrat-Maßlösung (c = 0,1 mol/L) in mL im Hauptversuch
b – Verbrauch an Silbernitrat-Maßlösung (c = 0,1 mol/L) in mL im Blindversuch
E – Probeneinwaage in g
V – Volumen der zur Bestimmung eingesetzten Probenflüssigkeit

Ergänzung:
$M_{Cl} = 35{,}45$ g/mol
$M_{NaCl} = 58{,}45$ g/mol

18.11.4.2 Bestimmung von Chlorid – Potentiometrische Titration

■ **Anwendungsbereich**
— getrübte bzw. stark gefärbte Lösungen und Wässer
— Aufgussflüssigkeiten bzw. Presslaken (z. B. von Sauerkraut)
— Tomatenmark
— Käse, Schmelzkäse

■ **Grundlagen**
Die potentiometrische Bestimmungsmethode basiert auf der Ausfällung der Halogenide bei der Titration mit Silbernitrat-Lösung. Sie ist insbesondere für getrübte und stark gefärbte Probenlösungen geeignet. Die **Halogenid-Ionen** $I^{\ominus}$, $Br^{\ominus}$ und $Cl^{\ominus}$ können potentiometrisch simultan erfasst werden. Voraussetzung ist, dass die Löslichkeitsprodukte (wie bei den angeführten Halogeniden der Fall) mindestens um den Faktor 10^3 verschieden sind (vgl. hierzu [127]).
Der potentialbestimmende Vorgang ist vereinfacht in ▶ Gl. 18.21 dargestellt.

$$\text{Hal} + Ag^+ \rightarrow \text{AgHal} \downarrow \tag{18.21}$$

Die potentiometrische Messung muss möglichst stromlos erfolgen, da sonst eine Polarisation der (Indikator-)Elektrode und somit eine Störung des einfachen Zusammenhangs zwischen Potential und Konzentration auftreten würde. Titriert werden kann je nach dem zur Verfügung stehenden Gerät auf ein bestimmtes Endpotential (das Umschlagspotential liegt bei Verwendung einer Ag/AgCl-Bezugselektrode in Schwefelsäure-Lösung (c = 0,05 mol/L) bei + 0,24 V) oder bei Geräten mit Schreiber und gekoppelter automatischer Bürette durch Aufnehmen und Auswerten der Titrationskurve [43, 127, 128].

18

- **Prinzip der Methode**

Die Probe wird in dest. Wasser suspendiert, mit Salpetersäure angesäuert und das Chlorid mit Silbernitrat-Lösung potentiometrisch titriert.

- **Durchführung**
- **■ Geräte und Hilfsmittel**
- Potentiograph
- Ag/AgCl-Einstabmesskette oder Ag-Elektrode mit Kalomel-Bezugselektrode o. ä.
- Stabhomogenisator
- Magnetrührer mit Rührstäbchen
- Becherglas: 100 mL
- Messzylinder: 100 mL
- Vollpipetten: 1 mL, 2 mL, 5 mL, 10 mL

- **■ Chemikalien (p. a.)**
- Salpetersäure: $c \sim 2$ mol/L
- Silbernitrat-Maßlösung: $c = 0,1$ mol/L

- **■ Bestimmung**

Zur Überprüfung der Reagenzien wird ein Blindversuch in der gleichen, unten beschriebenen Weise (jedoch ohne Probe) durchgeführt.

(a) In Käse und Schmelzkäse

Ca. 2–5 g der homogenisierten Probe werden auf ± 1 mg genau in ein 100-mL-Becherglas eingewogen, mit 20 mL etwa 55 °C warmem dest. Wasser versetzt und mit Hilfe eines Stabhomogenisators im Wasser suspendiert. Nach Abspülen des Homogenisierstabes mit ca. 10 mL dest. Wasser werden 2–3 mL Salpetersäure ($c \sim 2$ mol/L) zugegeben und die Elektroden eingetaucht. Unter mäßigem Rühren auf dem Magnetrührer wird mit Silbernitrat-Maßlösung ($c = 0,1$ mol/L) bis auf das Endpotential titriert oder die Titrationskurve aufgenommen.

(b) In Tomatenmark und Flüssigkeiten

Die Probeneinwaage bzw. bei Aufgussflüssigkeiten das Probenvolumen richtet sich nach dem zu erwartenden Kochsalzgehalt.

Bei Tomatenmark werden 2–4 g in ein 100-mL-Becherglas eingewogen. Bei Presslake von Sauerkraut werden bei einem Gehalt von < 1 g NaCl/100 mL 10 mL, bei 1–2 g NaCl/100 mL 5 mL, bei 2–4 g NaCl/100 mL 2 mL und bei > 4 g NaCl/100 mL 1 mL in ein 100-mL-Becherglas gegeben. Nach Zugabe von etwa 80–100 mL dest. Wasser sowie ca. 1 mL Salpetersäure erfolgt die potentiometrische Titration wie unter (a) angegeben.

Auswertung

1 mL $AgNO_3$-Maßlösung ($c = 0,1$ mol/L) $\triangleq$ 3,545 mg $Cl^{\ominus}$ bzw. 5,845 mg NaCl

Aus den S-förmig verlaufenden Kurven wird im Wendepunkt (Äquivalenzpunkt) der Verbrauch a an Silbernitrat-Maßlösung ermittelt. Der Chlorid-Gehalt $Cl^{\ominus}$ bzw. der Kochsalzgehalt K der Probe wird wie folgt berechnet:

(a) Für feste Proben:

$$Cl^{\ominus}[g/100\ g] = \frac{3{,}545 \cdot (a-b)}{E} \qquad K\,[g/100\ g] = \frac{5{,}845 \cdot (a-b)}{E}$$

(b) Für flüssige Proben:

$$Cl^{\ominus}\,[g/100\ L] = \frac{0{,}3545 \cdot (a-b)}{V} \qquad K\,[g/100\ L] = \frac{0{,}5845 \cdot (a-b)}{V}$$

mit

a – Verbrauch an Silbernitrat-Maßlösung (c = 0,1 mol/L) in mL im Hauptversuch

b – Verbrauch an Silbernitrat-Maßlösung (c = 0,1 mol/L) in mL im Blindversuch

E – Probeneinwaage in g

V – Volumen der zur Bestimmung eingesetzten Probenflüssigkeit in mL

Ergänzung
$M_{Cl} = 35{,}46$ g/mol
$M_{NaCl} = 57{,}45$ g/mol

18.11.4.3 Bestimmung von Chlorid – Methode nach Volhard

- **Anwendungsbereich**
— Fleisch und Fleischerzeugnisse
— Wurstwaren

- **Grundlagen**
Siehe auch ▶ Abschn. 18.11.4.1. In neutralen oder phosphathaltigen Lösungen kann die Bestimmung des Chlorids nach der Methode von Volhard vorgenommen werden. Die Methode ist jedoch mit einem prinzipiellen Nachteil behaftet (vgl. Kasten „Störungen"), so dass in bestimmten Fällen der Titration mit Quecksilber(II)-nitrat-Lösung (▶ Abschn. 18.11.4.4) der Vorzug gegeben werden sollte [43, 122, 129, 130].

Störungen vermeiden

Diese einfache Durchführung der Volhard-Titration kann zu fehlerhaften Ergebnissen führen, da die Löslichkeit des Silberchlorids etwas größer ist, als die des Silberthiocyanats (Silberrhodanids). Bei der Rücktitration kann sogar eine reversible Lösung des bereits ausgefällten Silberchlorids stattfinden, besonders wenn sehr langsam gearbeitet wird.

18

> ⇨ Um diesen Fehler zu vermeiden, wird empfohlen, den Niederschlag durch Auf-
> kochen oder kräftiges Schütteln kompakter zu machen, um so das Lösen zu ver-
> langsamen (vgl. hierzu [43, 129, 130]) oder den Niederschlag abzufiltrieren (vgl.
> hierzu [122]).

■ **Prinzip der Methode**

Die Probe wird mit heißem dest. Wasser extrahiert. Der Extrakt wird nach dem
Ausfällen und Abfiltrieren der Proteine angesäuert. Anschließend werden die
Chlorid-Ionen der Probe durch Zugabe von Silbernitrat-Lösung im Überschuss
ausgefällt (▶ Gl. 18.22). Der Überschuss an Silber-Ionen wird mit Thiocyanat-Lösung (▶ Gl. 18.23) gegen Eisen(III)-Ionen als Indikator (▶ Gl. 18.24) zu-
rücktitriert.

$$Cl^\ominus + Ag^\oplus \longrightarrow AgCl \qquad\qquad (18.22)$$

$$Ag^\oplus + SCN^\ominus \longrightarrow AgSCN\downarrow \qquad\qquad (18.23)$$

$$Fe_3^\oplus + 3\ SCN^\ominus \rightleftharpoons \underset{\text{tiefrot}}{Fe(SCN)_3} \qquad\qquad (18.24)$$

■ **Durchführung**

■■ **Geräte und Hilfsmittel**

- Erlenmeyerkolben mit Schliff NS 29 und Stopfen: 300 mL
- Vollpipetten: 1 mL, 2 mL, 5 mL, 20 mL
- Messkolben: 200 mL
- Bürette: 25 mL
- Faltenfilter: Ø 18,5 cm

■■ **Chemikalien (p. a.)**

- Salpetersäure: 65 %ig
- Salpetersäure-Lösung; c ~ 4 mol/L:
  1 Volumenteil Salpetersäure (65%ig) wird mit 3 Volumenteilen dest. Wasser
  verdünnt.
- Ammoniumeisen(III)-sulfat $NH_4Fe(SO_4)_2 \cdot 12\ H_2O$
- Kaliumhexacyanoferrat(II) $K_4[Fe(CN)_6] \cdot 3\ H_2O$
- Zinkacetat $Zn(CH_3COO)_2 \cdot 2\ H_2O$
- Essigsäure: 96%ig (Eisessig)
- Silbernitrat-Maßlösung: c = 0,1 mol/L
- Kaliumthiocyanat-Maßlösung: c = 0,1 mol/L
- Indikator-Lösung: gesättigte Lösung von Ammoniumeisen(III)-sulfat

— Lösungen zum Fällen der Proteine:
  – Carrez-Lösung I:
  – 106 g Kaliumhexacyanoferrat(II) in dest. Wasser lösen und auf 1000 mL auffüllen.
  – Carrez-Lösung II: 220 g Zinkacetat und 30 mL Eisessig in dest. Wasser lösen und auf 1000 mL auffüllen.

▪▪ Bestimmung

Etwa 10 g der homogenisierten Probe werden auf ± 1 mg genau in einen Erlenmeyerkolben mit Schliff eingewogen, 100 mL heißes dest. Wasser zugefügt und mit aufgesetztem Stopfen 15 min lang unter wiederholtem Durchschütteln im kochenden Wasserbad erhitzt. Nach Abkühlen auf Raumtemperatur werden zur Ausfällung der Proteine nacheinander 2 mL Carrez-Lösung I und 2 mL Carrez-Lösung II zugegeben. Nach jeder Zugabe wird gründlich gemischt. Nach etwa 30 min Standzeit der Lösung wird der Inhalt des Erlenmeyerkolbens quantitativ in einen 200-mL-Messkolben überführt, mit dest. Wasser bis zur Marke aufgefüllt, gründlich gemischt und durch ein trockenes Faltenfilter filtriert.

Anschließend werden 20 mL des Filtrats in einen Erlenmeyerkolben mit Schliff pipettiert und nach Zugabe von 5 mL Salpetersäure (c∼4 mol/L) sowie 1 mL Indikatorlösung exakt 20,0 mL Silbernitrat-Maßlösung (c=0,1 mol/L) zudosiert (Bürette oder Pipette). Nach gründlichem Durchmischen und kräftigem Schütteln (Niederschlag koaguliert!) wird mit Kaliumthiocyanat-Maßlösung (c=0,1 mol/L) zügig bis zur schwachen Braunfärbung titriert.

▪ Auswertung

1 mL AgNO$_3$-Maßlösung (c=0,1 mol/L) ≙ 3,545 mg $Cl^{\ominus}$ bzw. 5,845 mg NaCl

Der Chlorid-Gehalt $Cl^{\ominus}$ bzw. der Kochsalzgehalt K in g/100 g der Probe wird wie folgt berechnet:

$$Cl^{\ominus} \, [g/100g] = \frac{0,03545 \cdot (a-b) \cdot 100}{E}$$

$$K \, [g/100g] = \frac{0,05845 \cdot (a-b) \cdot 100}{E}$$

mit

a – vorgelegtes Volumen an Silbernitrat-Maßlösung (c=0,1 mol/L) in mL (20,0 mL)

b – Verbrauch an Kaliumthiocyanat-Maßlösung (c=0,1 mol/L) in mL

E – Probeneinwaage in g

18

Ergänzung
$M_{Cl} = 35{,}45$ g/mol
$M_{NaCl} = 58{,}45$ g/mol

18.11.4.4 Bestimmung von Chlorid – Titration mit Quecksilber(II)-nitrat

- **Anwendungsbereich**
- Brot, Kleingebäck aus Brotteigen
- Feine Backwaren

- **Grundlagen**
Bei Brot und Backwaren kann die Bestimmung von Chlorid ohne Vorveraschung direkt in der geklärten Probenlösung durchgeführt werden. Diese Methode hat neben der besonderen Einfachheit den Vorteil, dass sie im stark sauren Bereich durch gängige Begleitstoffe (z. B. durch Phosphate) nicht gestört wird und einen scharfen Endpunkt aufweist. Ebenfalls reagierende andere Halogenid- und Pseudohalogenid-Ionen sind meistens abwesend oder zu vernachlässigen. Die Methode ist auch für andere Lebensmittel geeignet [43, 131].

- **Prinzip der Methode**
Die fein zerkleinerte, ggf. vorgetrocknete Probe wird mit dest. Wasser extrahiert, geklärt und das Chlorid in salpetersaurer Lösung mit Quecksilber(II)-nitrat-Lösung titrimetrisch bestimmt. Als Indikator dient Natriumpentacyanonitrosylferrat(II).

Die Methode beruht darauf, dass Quecksilber(II)-Ionen mit Chlorid-Ionen gut lösliche, aber kaum dissoziierte Komplexe bilden (▶ Gl. 18.25). Der Endpunkt der Titration wird mit Hilfe von Natriumpentacyanonitrosylferrat(II) angezeigt, das mit Quecksilber(II)-Ionen ein schwerlösliches Salz bildet, welches als weißliche, opaleszierende Trübung in Erscheinung tritt (▶ Gl. 18.26).

$$2\,Cl^{\ominus} + Hg^{2\oplus} \longrightarrow HgCl_2 \tag{18.25}$$

$$Hg^{2\oplus} + [Fe(CN)_5NO]^{2\ominus} \longrightarrow \underset{\text{weiß}}{Hg[Fe(CN)_5NO]} \downarrow \tag{18.26}$$

- **Durchführung**
- **Geräte und Hilfsmittel**
- Stabhomogenisator
- Becherglas: 250 mL
- Messkolben: 200 mL
- Erlenmeyerkolben: weithalsig, 200 mL

- Vollpipetten: 5 mL, 25 mL
- Messzylinder: 10 mL
- Bürette: 10 mL
- Magnetrührer mit Rührstäbchen
- Faltenfilter: Ø 18,5 cm

■■ Chemikalien (p. a.)
- Kaliumhexacyanoferrat(II) $K_4[Fe(CN)_6] \cdot 3\ H_2O$
- Zinkacetat $Zn(CH_3COO)_2 \cdot 2\ H_2O$
- Natriumpentacyanonitrosylferrat(II) $Na_2[Fe(CN)_5NO] \cdot 2\ H_2O$ ($\triangleq$ Nitroprussidnatrium, Natriumnitroprussiat)
- Salpetersäure: c ~ 2 mol/L
- Carrez-Lösung I:
  150 g Kaliumhexacyanoferrat(II) in dest. Wasser lösen und auf 1000 mL auffüllen.
- Carrez-Lösung II:
  230 g Zinkacetat in dest. Wasser lösen und auf 1000 mL auffüllen.
- Quecksilber(II)-nitrat-Maßlösung $Hg(NO_3)_2$: c = 0,05 mol/L

■■ Bestimmung
Die Probeneinwaage richtet sich nach dem zu erwartenden Kochsalzgehalt: Die zu titrierende Lösung soll zwischen 40 mg und 55 mg NaCl entsprechend 24–33 mg $Cl^{\ominus}$ enthalten (entsprechend einem maximalen Verbrauch von 9,4 mL der Quecksilber(II)-nitrat-Maßlösung (c = 0,05 mol/L).

10–20 g Probe werden in ein Becherglas auf ± 10 mg genau eingewogen, mit ca. 100 mL dest. Wasser angerührt und ggf. mit Hilfe eines Stabhomogenisators homogenisiert. Nach quantitativem Überführen in einen 200-mL-Messkolben wird die Lösung etwa 15 min lang auf dem Magnetrührer gerührt, nacheinander mit je 5 mL Carrez-Lösung I und II versetzt, mit dest. Wasser bis zur Marke aufgefüllt, geschüttelt und durch ein Faltenfilter filtriert.

Anschließend werden 25 mL des klaren Filtrats in einen Erlenmeyerkolben (weithalsig) pipettiert und mit 5 mL Salpetersäure und etwa 40 mg Natriumpentacyanonitrosylferrat(II) versetzt. Die Lösung wird durchgemischt und mit Quecksilber(II)-nitrat-Maßlösung (c = 0,05 mol/L) bis zum ersten Auftreten einer weißlichen, opaleszierenden Trübung (zur besseren Endpunktserkennung vor schwarzem Hintergrund) titriert, die mindestens 3 min lang bestehen bleiben muss.

Zur Überprüfung der Reagenzien wird ein Blindversuch in der gleichen Weise (anstelle des Probenfiltrats werden 25 mL dest. Wasser eingesetzt) durchgeführt.

■ Auswertung

18

1 mL Quecksilber(II)-nitrat-Maßlösung (c = 0,05 mol/L) $\triangleq$ 3,545 mg $Cl^{\ominus}$ bzw.
5,845 mg NaCl

Der Chlorid-Gehalt $Cl^{\ominus}$ bzw. der Kochsalzgehalt K in g/100 g der Probe wird wie folgt berechnet:

$$Cl^{\ominus} \; [g/100g] = \frac{0,3545 \cdot (a - b) \cdot F}{E}$$

$$K \; [g/100g] = \frac{0,5845 \cdot (a - b) \cdot F}{E}$$

mit

a – Verbrauch an Quecksilber(II)-nitrat-Maßlösung (c = 0,05 mol/L) in mL im Hauptversuch

b – Verbrauch an Quecksilber(II)-nitrat-Maßlösung (c = 0,05 mol/L) in mL im Blindversuch

F – Verdünnungsfaktor (Gesamtvolumen der Lösung dividiert durch Volumen der titrierten Lösung; z. B. 200/25 = 8)

E – Probeneinwaage in g

Ergänzung
M_{Cl} = 35,45 g/mol
M_{NaCl} = 58,45 g/mol

Anmerkung – Vortrocknung

In einigen Fällen ist es vorteilhaft, die Chlorid-Bestimmung in der **vorgetrockneten,** fein zerkleinerten Probe vorzunehmen. Bei der Berechnung ist dies entsprechend zu berücksichtigen [43].

18.11.5 Photometrische Bestimmung von Phosphat

- **Anwendungsbereich**
- Fruchtsäfte

- **Grundlagen**

Bei Orangensäften wird die maximale Konzentration von 550 mg PO_4/L (exakt: [$PO_4^{3\ominus}$], der bequemen Schreibweise wegen wird häufig jedoch „PO_4" verwendet.) von Natur aus nur bei Säften mit sehr hohen Aschegehalten überschritten. Bei Säften mit höheren Werten sowie solchen mit einem Asche/PO_4-Quotienten < 6 besteht der Verdacht auf Phosphatzusatz [111].

Bei Traubensäften liegt der natürliche Phosphat-Gehalt in der Regel unter 500 mg PO_4/L und kann nur in besonders mineralstoffreichen Säften überschritten werden.

Bei Apfelsäften liegt der Phosphat-Gehalt zwischen 130 und 350 mg PO_4/L (RSK-Werte). Abweichungen nach unten deuten auf eine Streckung, Abweichungen nach oben auf einen Zusatz von Phosphat-Verbindungen hin [111, 132–135].

■ **Prinzip der Methode**

In saurer Lösung werden Phosphate mit Molybdaten zu Molybdatophosphaten umgesetzt. Durch ausschließliche Reduktion der Molybdatophosphate mit Ascorbinsäure wird Molybdän zu **Molybdänblau** reduziert [132], welches bei 720 nm photometriert wird und der Phosphat-Konzentration direkt proportional ist. Bei Molybdänblau handelt es sich um tiefblaue, kolloidale Lösungen von Mischoxiden des vier- und sechswertigen Molybdäns [133].

■ **Durchführung**

■■ **Geräte und Hilfsmittel**

— zur Veraschung der Probe: ▶ Abschn. 15.6.1; außerdem:
— Spektralphotometer (▶ Abschn. 8.2)
— Glasküvetten: $d = 1$ cm
— Messkolben: 50 mL, 100 mL
— Vollpipetten: 2 mL, 4 mL, 5 mL, 20 mL, 25 mL
— Messzylinder: 10 mL

■■ **Chemikalien (p. a.)**

— Ammoniumheptamolybdat $(NH_4)_6Mo_7O_{24} \cdot 4\,H_2O$
— Dinatriumhydrogenphosphat $Na_2HPO_4 \cdot 12\,H_2O$
— L-Ascorbinsäure $C_6H_8O_6$
— Salzsäure: c = 2 mol/L
— Schwefelsäure: c = 1 mol/L
— Ammoniumheptamolybdat-Lösung:
   2 g Ammoniumheptamolybdat werden in ca. 60 mL dest. Wasser unter Erwärmen (ca. 60 °C) gelöst und auf 100 mL aufgefüllt.
— Ascorbinsäure Lösung; c = 0,02 mol/L:
   0,353 g L-Ascorbinsäure werden in dest. Wasser zu 100 mL gelöst (Die Lösung ist täglich frisch anzusetzen!).
— Phosphat-Stammlösung ($\triangleq$ 1000 mg P/L):
   11,5000 g $Na_2HPO_4 \cdot 12\,H_2O$ werden in dest. Wasser zu 1000 mL gelöst.

■■ **Bestimmung**

(a) Probenaufarbeitung.

25,0 mL der Fruchtsaftprobe werden wie unter ▶ Abschn. 14.6.1 beschrieben verascht und die reinweiße Asche wird in 2–3 mL Salzsäure gelöst. Dann wird die Lösung mit dest. Wasser in einen 50-mL-Messkolben überspült, bis zur Marke aufgefüllt und gut durchgemischt (→ sog. „Aschelösung").

Von der Aschelösung werden bei Orangen- und Traubensaft 2,0 mL, bei Apfelsaft 5,0 mL in einen 100-mL-Messkolben pipettiert, auf etwa 50 mL mit dest. Wasser verdünnt und nacheinander 20 mL Schwefelsäure (c = 1 mol/L),

18

4 mL Ammoniumheptamolybdat-Lösung und 2 mL Ascorbinsäure-Lösung (c=0,02 mol/L) zugegeben. Der Messkolben wird unverschlossen 15 min lang in ein siedendes Wasserbad gestellt, anschließend abgekühlt und mit dest. Wasser bis zur Marke aufgefüllt. Nach Durchmischen wird die Lösung bei 720 nm gegen dest. Wasser photometriert. Die Extinktion der Messlösung bleibt bis zu 3 h konstant [132].

(b) Kalibrierkurve
Zur Erstellung der Kalibrierkurve werden aus der Phosphat-Stammlösung oder entsprechend verdünnten Phosphat-Standardlösungen Kalibrierlösungen im Bereich von 0,1–1,5 mg P/L hergestellt, die wie unter (a) angegeben in 100-mL-Messkolben pipettiert und analog weiter behandelt werden.

- **Auswertung**
Die Extinktionswerte der Kalibrierlösungen werden gegen die jeweiligen P-Gehalte aufgetragen. Der aus der Kalibrierkurve ermittelte Wert a für die Probenmesslösung in mg P/L wird zur Berücksichtigung der eingesetzten Volumina der Aschelösungen in die zutreffende Gleichung eingesetzt und der Phosphat-Gehalt c als mg PO_4/L erhalten:
- Für **Orangen- und Traubensaft** bei Einsatz von 2,0 mL Aschelösung
  $\Rightarrow c$ (mg PO_4/L) $= a \cdot 306,6$
- Für **Apfelsaft** bei Einsatz von 5,0 mL Aschelösung
  $\Rightarrow c$ (mg PO_4/L) $= a \cdot 122,6$

mit

a – aus der Kalibrierkurve entnommener Wert in mg P/L für die gemessene Extinktion der Messlösung

18.11.6 Simultanbestimmung von Anionen mittels Ionenchromatographie (SCIC)

- **Anwendungsbereich**
- Wasser
- Getränke (Bier, Mineralwasser, Wein)

- **Grundlagen**
Die Ionenaustauschchromatographie (engl. High Performance Ion Chromatography, **HPIC**) in Ausführung ohne die zusätzlich zur Trennsäule sonst üblicherweise eingesetzten Suppressorsäulen (bzw. -systeme) wird als Einsäulen-Ionenchromatographie (engl. Single Column Ion Chromatography, **SCIC**) bezeichnet. Die Aufgabe des Suppressorsystems ist es, bei Einsatz von Leitfähigkeitsdetektoren, die hohe Grundleitfähigkeit des für die Elution der Ionen verwendeten Elektrolyten chemisch zu verringern und die zu analysierende Probe in eine stärker leitende Form zu überführen.)

Die SCIC einiger Spezies gestattet an geeigneten Austauschermaterialien eine Arbeitsweise in Analogie zur HPLC, das heißt, ohne spezielle Ausstattung. Zur Detektion können je nach Art der zu bestimmenden Ionen RI(Refraktionsindex)-, UV-, Leitfähigkeitsdetektoren o. a. eingesetzt werden.

Bei der HPIC ebenso wie bei der SCIC beruht die Trennung auf einem Ionenaustauschprozess zwischen der mobilen Phase und den an der stationären Phase gebundenen Austauschergruppen. Ähnlich wie bei anderen Chromatographietechniken können Simultanbestimmungen von Spezies innerhalb bestimmter Gruppen vorgenommen werden. Es ist eine Vielfalt von Austauschermaterialien von verschiedenen Anbietern im Handel. Zur Theorie und Praxis der Ionenchromatographie siehe ▶ Abschn. 5.5.4.4 ([136, 137]).

■ **Prinzip der Methode**

Einsäulen-Ionenchromatographie (SCIC) an speziellem Anionenaustauschermaterial mit hoher Kapazität und anschließender RI-Detektion.

■ **Durchführung**
■ ■ **Geräte und Hilfsmittel**

— Flüssigchromatograph mit RI-Detektor und Auswerteinheit (▶ Abschn. 5.3)
— Glasspritze: 25 µL und Membranfilter mit Porenweite: 0,5 µm

■ ■ **Chemikalien (p. a.)**

— Natriumsalicylat $C_7H_5O_2Na$
— Essigsäure: 96%ig (Eisessig)
— bidest. Wasser

■ ■ **Bestimmung**

(a) Herstellung der Probenlösung

Wässer und Getränke können nach Filtration (Membranfilter) ohne weitere Probenaufarbeitung direkt in das ionenchromatographische System injiziert werden. Von sonstigen Lebensmitteln sind in der Regel zunächst wässrige Extrakte (mit dest. Wasser; anschließend filtrieren) herzustellen.

(b) SCIC-Parameter

Trennsäule	ChromSep IonoSpher A: 100 mm × 3,0 mm
Eluent	0,025 m (≙ 0,025 mol/L) Natriumsalicylat-Lösung; mit Essigsäure auf pH 4,0 eingestellt
Durchfluss	1 mL/min (8 MPa)
Temperatur	25 °C
Detektor	RI
Einspritzvolumen	10 µL (Schleife)

18

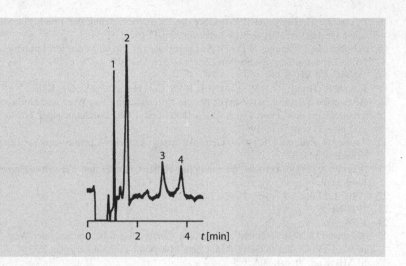

Abb. 18.15 Ionenchromatogramm von Anionen in einer Bierprobe (nach [137]). *Erläuterung:* 1 $PO_4^{3\ominus}$; **2** $Cl^{\ominus}$; **3** $CO_3^{2\ominus}$; **4** $SO_4^{2\ominus}$

■■ **Auswertung**

Die Auswertung des Ionenchromatogramms erfolgt über Vergleiche bzw. Kalibriermessungen mit Referenzsubstanz-Lösungen (◘ Abb. 18.15). Das zitierte System zeigt nach Herstellerangaben sehr gute Selektivität für die meisten der üblicherweise analysierten Anionen; sie können bis in den ppm-Bereich erfasst werden.

Literatur

1. ASU: L 37.00–1
2. SLMB: Kap. 30 A, 3.1, Kap. 31, 3.1
3. HLMC: Bd VII. S 329
4. Dittrich HH (1977) Mikrobiologie des Weines. Eugen Ulmer Verlag, Stuttgart. S 76, 236
5. Wüstenfeld H (1950) Trinkbranntweine und Liköre. Paul Parey, Berlin. S 66
6. Bäuerle G et al (1977) Bestimmung des Polyuronidgehaltes und des Veresterungsgrades des Pektinanteils in Handelspektinpräparaten. Apfelsäften Und Apfelmaceraten. Deut Lebensm Rundsch 73:281
7. Bremanis E (1951) Ein Beitrag zum Nachweis und zur Bestimmung kleinerer Methanolmengen. Z Lebensm Unters Forsch 93:1
8. M-LMC: S 707 ff.
9. McNair HM, Bonelli EJ (1973) Grundlagen der Gaschromatographie. Varian GmbH, Walnut Creek USA, S 132
10. SLMB: Kap. 28A, 7.3
11. HLMC: Bd II/2, S 1363
12. 12. SLMB: Kap. 28A, 7.3
13. IFU: Nr. 5, 23, 34, 50
14. Herrmann K (1968) Obst und Obsterzeugnisse. Verlag Paul Parey, Berlin

15. Reutschler H, Tanner H (1954) Über die Zusammensetzung der Fruchtsäuren von schweizerischen Obstsäften. Mitt Gebiete Lebensm Hyg 45:142

16. Schormüller J, Langner H (1960) Analysengang zur quantitativen Bestimmung organischer Säuren in Lebensmitteln. Z Lebensm Unters Forsch 113:104

17. HLMC: Bd VII, S 389

18. Franck R (Hrsg) (1983) Weinanalytik, B V8. Carl Heymanns Verlag, Köln.

19. Allgemeine Verwaltungsvorschrift für die Untersuchung von Wein und ähnlichen alkoholischen Erzeugnissen sowie von Fruchtsäften (1960 und 1969) Bundesanzeiger Nr. 86 vom 05.05.1960 und Nr. 171 vom 16.09.1969

20. Tanner H, Brunner HR (1979) Getränke-Analytik, Heller Chemie- und Verwaltungsgesellschaft, Schwäbisch Hall

21. Schmitt A (1983) Aktuelle Weinanalytik, Heller Chemie- und Verwaltungsgesellschaft, Schwäbisch Hall

22. ASU: L 52.01.01-7

23. IFU Nr. 5

24. BGS: 906

25. Rebelein H (1973) Verfahren zur genauen serienmäßigen Bestimmung der Wein- und Milchsäure in Wein und ähnlichen Getränken. Chem Mikrobiol Technol Lebensm 2:33

26. SLMB: Kap. 30, 6.4; 30A, 6.5

27. Heimann, S 496

28. SLMB: Kap. 30A, 6.7

29. HLMC: Bd I. S 777

30. Rebelein H (1961) Kolorimetrisches Verfahren zur gleichzeitigen Bestimmung der Wein- und Milchsäure in Wein und Most. Deut Lebensm Rundsch 57:36

31. Rebelein H (1964) Kolorimetrische Bestimmung der Äpfelsäure in Verbindung mit der gleichzeitigen Bestimmung der Wein- und Milchsäure in Most und Wein. Deut Lebensm Rundsch 60:140

32. Reinhard C, Koeding G von (1978) Zur Bestimmung der Äpfelsäure in Fruchtsäften. Flüssiges Obst 45:373

33. Wallrauch S (1978) Äpfelsäurebestimmung in Fruchtsäften und Weinen. Die Ind Obst- Und Gemüseverwertung 63:488

34. Möhler K, Looser S (1969) Enzymatische Bestimmung von Säuren in Wein. Z Lebensm Unters Forsch 140:94

35. Olschimke D, Niesner W, Junge Ch (1969) Bestimmung der Äpfelsäure in Weinen und Traubensäften. Deut Lebensm Rundsch 65:383

36. SLMB: Kap. 61B

37. ASU: L 07.00-13

38. Bundesverband der Deutschen Feinkostindustrie (Hrsg), Analysenmethoden. Bonn. IV/41

39. ICA 107/1988

40. Jürgens U, Grundherr K (1980) Vergleich der UV-Spektrophotometrischen und hochdruckflüssigchromatographischen Bestimmung von Theobromin und Coffein in Kakao und Kakaoerzeugnissen. Lebensmittelchem Gerichtl Chem 34:109

41. Matissek R (1997) Evalutation of xanthine derivatives in chocolate – nutritional and chemical aspects. Z Lebensm Unters Forsch A 205:175–184

42. Hadorn H, Zürcher K (1965) UV-Spektrophotometrische Theobromin-Bestimmung in Kakao und Schokolade. Mitt Gebiete Lebensm Hyg 56:491

43. ASU: diverse

44. Wildanger W (1976) Beitrag zur quantitativen Bestimmung von Coffein, Theophyllin und Theobromin mit Hilfe der Hochdruckflüssigkeits-Chromatographie (HPLC). Deut Lebensm Rundsch 72:160

45. Duijn J van, Stegen GHD von der (1979) Analysis of caffeine and trigonelline using high-performance liquid chromatography. J Chromatogr 179:199

46. Jürgens U, Riessner R (1980) Zur quantitativen Bestimmung des Coffeingehaltes in Lebensmitteln mit Hilfe der HPLC. Deut Lebensm Rundsch 76:39

47. Terada H, Sakabe Y (1984) High-Performance Liquid Chromatographic Determination of Theobromine, Theophylline and Caffeine in Food Products. J Chromatogr 291:453

18

48. Belliardo F, Martelli A, Valle MG (1985) HPLC Determination of Caffeine and Theophylline in Paullinia cupana Kunth (Guarana) and Cola spp. Samples. Z Lebensm Unters Forsch 180:398

49. Blauch JL, Tarka jr SM (1983) HPLC determination of caffeine and theobromine in coffee, tea and instant hot cocoa mixes. J Fd Science 48:745

50. AOAC Official Method 980.14 (1981)

51. Bundesverband der Deutschen Süßwarenindustrie (Hrsg) Kommentar zum Recht der Süßwarenwirtschaft. Behr's Verlag, Hamburg (Stand: 14.12.2007)

52. BGS: 572

53. Bergner KG, Kiefer H (1965) Über das Verhalten des Gesamtkreatiningehaltes bei der Verarbeitung von Fleisch und Fleischextrakt. Deut Lebensm Rundsch 61:118

54. Bergner KG, Kiefer H (1965) Der Gesamtkreatiningehalt bei der Verarbeitung von Fleisch und Fleischextrakten. Deut Lebensm Rundsch 61:378

55. SLMB: Kap. 12, 4.1

56. BGS: 572, 614

57. Lindner E (2008) Toxikologie der Nahrungsmittel. Dt Apotheker Verlag, Stuttgart

58. Baumgart J, Genuit A, Mecklenburg C, Prösl P (1979) Biogene Amine in Feinkost-Erzeugnissen. Fleischwirtschaft 59:719

59. Foo LY (1977) Simple and rapid paper chromatographic method for the simultaneous determination of histidine and histamine in fish samples. J Assoc off Anal Chem 60:183

60. Staruszkiewicz WF, Waldron EM, Bond JF (1977) fluorometric determination of histamine in tuna: development of method. J Assoc Off Anal Chem 60:1125

61. Staruszkiewicz WF (1977) Fluorometric determination of histamine in tuna: collaborative study. J Assoc Off Anal Chem 60:1131

62. Stockemer J, Stede M (1979) Quantitative Histamin-Bestimmung durch Fluorimetrie. Arch Lebensmittelhyg 30:59

63. Taylor SL, Lieber ER, Leatherwood M (1978) A simplified method for histamine analysis of foods. J Fd Science 43:247

64. Sacher H (1965) Behensäuretryptamid, ein Inhaltsstoff der Kakaoschale. Z Lebensm Unters Forsch 128:264–267

65. Matissek R, Janßen K (2002) Erfassung des Schalenanteils in Kakaoerzeugnissen über Fettsäuretryptamide als Indikatoren. Charakterisierung und Analytik von Fettsäuretryptamiden, Teil 1. Zucker Süßwaren Wirtschaft ZSW 54(9):1–3

66. Janßen K, Matissek R (2002) Fatty acid tryptamides as shell indicator for cocoa products and as quality parameters for cocoa butter. Eur Food Res Tecnol 214:259–264

67. Raters M, Einspenner A, Thenert J, Hamscher G, Matissek R (2019) Zur Analytik von Kakaoschalen – Ein historischer Abriss. Dtsch Lebensm Rundsch 115:299–307

68. M-LMC: S 758

69. Fincke A, Sacher H (1963) Untersuchungen zur Reinheitsprüfung von Kakaobutter und Schokoladenfetten. Süsswaren 7(9):428–431

70. IOCCC (1988) Method for determination of the „Blue Value". IOCCC Intenational Office of Cocoa, Chocolate, and Sugar Confectionary. Anal Met 108:1–3

71. Kakaoverordnung (2003) Verordnung über Kakao- und Schokoladenerzeugnisse vom 15. Dezember 2003 (BGBl. I S 2738), zuletzt geändert durch Art. 9 V v. 5.7.2017/2272.

72. Kakac B, Vejdelek ZJ (1974) Handbuch der photometrischen Analyse organischer Verbindungen, Bd 2. Verlag Chemie, Weinheim

73. Münch M, Schieberle P, Janßen K, Raters M, Matissek R (2000) Schnellmethode zur Erfassung des Schalengehalts in Kakaoerzeugnissen über Fettsäuretryptamide als Indikatorverbindungen. Süßwaren 43(9):28–31

74. Auterhoff H, Knabe J, Höltje HD (1999) Lehrbuch der pharmazeutischen Chemie. Wissenschaftliche Verlagsgesellschaft, Stuttgart

75. SLMB: Bd 1 (1964). S 656

76. BGS: 396

77. Strohecker R, Henning H (1963) Vitamin-Bestimmungen. Darmstadt/Verlag Chemie, Weinheim, S 36

78. Morton RA, Stubbs AL (1946) Photoelectric spectrophotometry applied to the analysis of mixtures and vitamin a oils. Analyst 71:348
79. HLMC: Bd II/2, S 715
80. SLMB: Bd I (1964). S 681
81. Gstirner F (1965) Chem.-phys. Vitamin-Bestimmungsmethoden. Ferdinand Enke Verlag, Stuttgart
82. List PH (Hrsg) (1969) Hagers Handbuch der pharmazeutischen Praxis. Springer-Verlag, Berlin, Bd II
83. Höhne E (1984) Vitamine-Mineralien-Spurenelemente, Bd 1. O Hoffmanns Verlag, München, Vitamine
84. Rettenmaier R, Vuilleumier JP, Müller-Mulot W (1979) Zur quantitativen Vitamin-B_1-Bestimmung in Nahrungsmitteln und biologischem Material. Z Lebensm Unters Forsch 168:120
85. SLMB: Kap. 62, 14.2.2
86. Bersin Th (1966) Biochemie der Vitamine. Akademische Verlagsgesellschaft, Frankfurt
87. Bässler KH (1989) Vitamine. Steinkopf-Verlag, Darmstadt
88. Reimann J, Krötsch U (1997) Vitamine. Dt Apotheker-Verlag, Stuttgart
89. Tillmanns J (1927) Über die Bestimmung der elektrischen Reduktions-Oxydations-Potentiale und ihre Anwendung in der Lebensmittelchemie. Z Unters Lebensm 54:33
90. Tillmanns J, Hirsch P, Hackisch J (1932) Das Reduktionsvermögen pflanzlicher Lebensmittel und seine Beziehung zum Vitamin C – V. Die antiskorbutische Wirkung verschiedener Auszüge der Gurke. Z Unters Lebensm 63:276
91. Pongracz G (1971) Neue potentiometrische Bestimmungsmethoden für Ascorbinsäure und deren Verbindungen. Fresenius Z Anal Chem 253:271
92. ASU: L 00.00-85
93. Dennison DB, Brawley TG, Hunter GLK (1981) Rapid high-performance liquid chromatographic determination of ascorbic acid and combined ascorbic acid-dehydroascorbic acid in beverages. J Agric Food Chem 29:927–929
94. M-LMC: S776 ff.
95. Kelm MA, Johnson JC, Robbins RJ, Hammerstone JF, Schmitz HH (2006) High-performance liquid chromatography separation and purification of cacao (Theobroma cacao L.) procyanidins according to degree of polymerisation using a diol stationary phase. J Agric Food Chem 54:1571–1576
96. Raters M, Lotz F, Matissek R (2015) Schnelle Analysenmethode zur Bestimmung ausgewählter Polyphenole in Kakao- und Schokoladenerzeugnissen. Lebensmittelchemie 69:127
97. Raters M, Matissek R (2018) Schokolade – ein besonderes Lebensmittel. Forschung zu Polyphenolen. In: Wissenschaftlicher Pressedienst Moderne Ernährung Heute (Matissek R, Hrsg) 2/2018: 1–11
98. Robbins RJ, Leonczak J, Li J, Johnson C, Collins T, Kwik-Uribe C, Schmitz HH (2012) Determination of Flavanol and Procyanidin (by Degree of Polymerization 1–10) Content of Chocolate, Cocoa Liquors, Powder(s), and Cocoa Flavanol Extracts by Normal Phase High-Performance Liquid Chromatography: Collaborative Study. J AOAC Int 95:1153–1159
99. ASU: L 43.08-1
100. Matissek R (1994) Zur Qualitätskontrolle Von Süßwaren. . Lebensmittelchemie 48:93
101. Matissek R, Spröer P (1996) Bestimmung von Glycyrrhizin in Lakritzwaren und Rohlakritz mittels RP-HPLC. Deutsch Lebensm Rundsch 92:381
102. Zürcher K, Hadorn H (1972) Eine einfache kinetische Methode zur Bestimmung der Diastasezahl in Honig. Deut Lebensm Rundsch 68:209
103. ASU: L 01.00-12; L 02.06-E (EG) Methode 7
104. SLMB: Kap. 1, 11.1
105. Council of Europe (1981) Flavouring substances and natural sources of flavourings. Blue Book, Strasbourg
106. Kohn A, Gratzfeld-Hüsgen A (1997) Bestimmung von Aromastoffen in Lebensmitteln mit HPLC und Diodenarray-Detektion. GIT Labor Fachz 9(97):888–889
107. Raters M, Matissek R (2008) Analysis of coumarin in various foods using liquid chromatography with tandem mass spectrometric detection. Eur Food Res Technol 227:637–642

18

108. ASU: L 40.00-10/1
109. DIN 10751
110. Winkler O (1955) Beitrag zum Nachweis und zur Bestimmung von Oxymethylfurfural in Honig und Kunsthonig. Z Lebens Unters Forsch 102(3):161–167
111. Bielig HJ, Faethe W, Koch J, Wallrauch S, Wucherpfennig K (1985) Richtwerte und Schwankungsbreiten bestimmter Kennzahlen (RSK-Werte) für Apfelsaft Traubensaft Und Orangensaft. Confructa 29(3/5):191–207
112. ASU: L 31.00-10
113. Maier HG (1985) Lebensmittelanalytik. Bd 1 Optische Methoden. UTB f Wissenschaft, Stuttgart
114. Schuhknecht W, Schinkel H (1963) Beitrag zur Beseitigung der Anregungsbeeinflussung bei flammenspektralanalytischen Untersuchungen – Eine Universalvorschrift zur Bestimmung von Kalium, Natrium und Lithium in Proben jeder Zusammensetzung. Z Analyt Chem 194:11
115. DIN EN 1134
116. Herrmann K (1966) Obst, Obstdauerwaren und Obsterzeugnisse. Verlag Paul Parey, Berlin. S 77
117. IFU: Nr. 34
118. Hütter LA (1984) Wasser und Wasseruntersuchung. Verlag Moritz Diesterweg, Otto Saale Verlag, Verlag Sauerländer, Frankfurt, S 61
119. ASU: L 49.00-2; 59.11-17
120. DIN 38406 (1983) Teil 1
121. REF: S 842
122. Jander G, Jahr KF, Schulze G, Simon J (2009) Maßanalyse. de Gruyter, Berlin
123. Freier RK (1974) Wasseranalyse. de Gruyter, Berlin
124. ASU: L 04.00-10; L 20.01/02-4
125. REF: S 86, 833
126. DIN 10323
127. Kliem M, Streck R (1987) Elektrochemische und optische Analyse in der Pharmazie. Wissenschaftliche Verlagsges, Stuttgart, S 28
128. DIN 10328
129. REF: S 85
130. HLMC: Bd II/2, S 72
131. Getreideforschung A (Hrsg) (1994) Standardmethoden für Getreide, Mehl und Brot. Verlag Moritz Schäfer, Detmold
132. ASU: L 31.00-6
133. Holleman AF, Wiberg E (2007) Lehrbuch der anorganischen Chemie. de Gruyter, Berlin
134. DIN EN 1136
135. IFU: Nr. 50
136. Weiss J (2001) Ionenchromatographie. VCH, Weinheim
137. DEV: D 19 (DIN EN ISO 10304-1)

Lebensmittelzusatzstoffe

Inhaltsverzeichnis

© Der/die Autor(en), exklusiv lizenziert durch Springer-Verlag GmbH, DE, ein Teil von Springer Nature 2021
R. Matissek und M. Fischer, *Lebensmittelanalytik*,
https://doi.org/10.1007/978-3-662-63409-7_19

Zusammenfassung

Lebensmittelzusatzstoffe sind Stoffe oder Stoffgemische, die bei der Herstellung von Lebensmitteln zur Erzielung chemischer, physikalischer (technologischer) oder auch physiologischer Effekte zum Einsatz kommen. Hierzu zählen auch Zuckeraustauschstoffe (mit Ausnahme der Fructose), die Vitamine A und D, Aminosäuren, Mineralstoffe und Spurenelemente. Zusatzstoffe dürfen nur nach amtlicher Zulassung verwendet werden. Die Analytik der Zusatzstoffe ist aufgrund der Fülle der möglichen Substanzen sehr umfangreich. In diesem Kapitel wird eine Auswahl analytisch relevanter Methoden beschrieben zur Identifizierung bzw. Quantifizierung verschiedener Konservierungsstoffe, Süßungsmittel, Farbstoffe, Antioxidantien, Nitrit und Nitrat, Phosphate, Milcheiweiß sowie Ammoniumchlorid.

19.1 Exzerpt

Lebensmittelzusatzstoffe (engl. food additives) sind Stoffe oder Stoffgemische, die bei der Herstellung von Lebensmitteln zur Erzielung chemischer, physikalischer (technologischer) oder auch physiologischer Effekte zum Einsatz kommen. Hierzu zählen auch Zuckeraustauschstoffe (mit Ausnahme der Fructose), die Vitamine A und D, Aminosäuren, Mineralstoffe und Spurenelemente. Zusatzstoffe dürfen nur nach amtlicher Zulassung verwendet werden. Unabdingbare Voraussetzung für eine Zulassung sind der Nachweis der gesundheitlichen Unbedenklichkeit und der Nachweis der technologischen Notwendigkeit. Die Zusatzstoffe sind namentlich in Positivlisten der Zusatzstoff-Zulassungs-Verordnung zusammengefasst.

Beispiele einiger wichtiger Anwendungsgebiete von Zusatzstoffen:

- **Konservierungsstoffe**
  ⇨ werden eingesetzt, um zum Beispiel die Schimmelbildung zu verhindern, d. h. die Haltbarkeit eines Lebensmittels zu verbessern
- **Süßstoffe**
  ⇨ sollen die geschmacklichen Eigenschaften positiv beeinflussen, z. B. bei zuckerfreien Lebensmitteln
- **Farbstoffe**
  ⇨ sollen die optischen Eigenschaften positiv beeinflussen
- **Emulgatoren** oder **Geliermittel**
  ⇨ sollen die Konsistenz eines Lebensmittels verändern bzw. erhalten
- **Antioxidantien**
  ⇨ sollen den oxidativen bzw. autoxidativen Fettverderb verhindern u. dgl. Mehr

Die Analytik der Zusatzstoffe ist aufgrund der Fülle der möglichen Substanzen sehr umfangreich. In diesem Kapitel kann deswegen nur eine Auswahl analytisch relevanter Methoden beschrieben werden (siehe Übersicht in ◘ Abb. 19.1). Lebensmittelrechtliche Aspekte werden hier nicht berücksichtigt; diesbezüglich sei auf die geltenden Rechtvorschriften verwiesen.

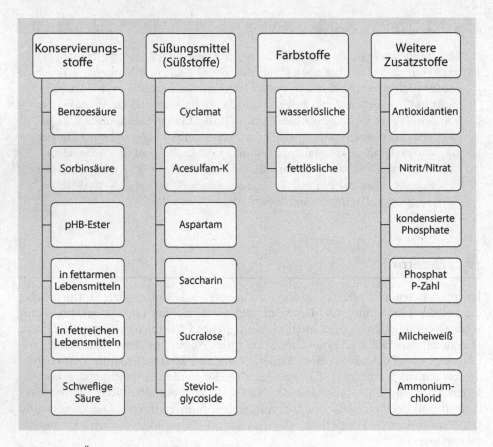

◘ Abb. 19.1   Übersicht – Analytik von ausgewählten Zusatzstoffen

19.2 **Konservierungsstoffe**

Für bestimmte Lebensmittel bzw. Lebensmittelgruppen ist der Zusatz von chemischen **Konservierungsstoffen** (engl. preservatives) zugelassen, wobei diese einzeln oder als Mischung unter Beachtung der zulässigen Höchstmengen eingesetzt werden können (VO (EU) Nr. 1333/2008). In ◘ Tab. 19.1 sind ausgewählte Zusatzstoffe dargestellt.

Die chemischen Konservierungsstoffe verlängern die Haltbarkeit von Lebensmitteln, dürfen jedoch nur dort angewendet werden, wo eine technologische Notwendigkeit nachgewiesen ist. Konservierungsstoffe wirken im Wesentlichen mikrobiostatisch, d. h. keimhemmend. Die antimikrobielle Wirkung beruht bei einigen auf physikalischen oder physikalisch-chemischen Vorgängen wie Adsorption, Diffusion, Resorption oder Denaturierung und Zerstörung von Zellmembranen, bei anderen auf chemischen Reaktionen mit Zellbestandteilen, wie etwa der Umsetzung (Blockierung, Inaktivierung) reaktionsfähiger Gruppen von Enzymen (beispielsweise SH-, CO- oder NH_2-Gruppen). Die Wirkung ist abhängig

19

◘ Tab. 19.1 Auswahl wichtiger Konservierungsstoffe

Kenn-Nr	Stoff	Formel	
1	Sorbinsäure[a]	H_3C ... O ... OH	
2	Benzoesäure[a]	O ... OH	
3	p-Hydroxyben-zoesäureester[b]	HO ... O ... OR	R = Methyl-, Ethyl-, Propyl-

[a]auch als Na-, K- und Ca-Salz
[b]auch als Na-Salz

vom Anfangskeimgehalt, dem pH-Wert, der Temperatur sowie der Organismenart.

Neben den in ◘ Tab. 19.1 aufgeführten organischen Säuren bzw. deren Estern gibt es weitere Stoffe mit konservierender Wirkung; dazu gehören zum Beispiel Schweflige Säure (SO_2 und Sulfite), Nitrit, Nitrat, Räucherrauch sowie Natamycin (Makrolid-Antibioticum). Aus toxikologischen Gründen nicht mehr zugelassene Stoffe mit konservierenden Eigenschaften sind z. B. Salicylsäure, Wasserstoffperoxid, Hexamethylentetramin, Monobromessigsäure, Pyrokohlensäurediethylester und andere.

19.2.1 Identifizierung von Konservierungsstoffen mittels DC

▪▪ Anwendungsbereich

— Fischerzeugnisse, Feinkostsalate
— Mayonnaisen, Remouladen
— Gewürzsoßen, Salatsoßen, Senf
— Fruchtsäfte, Fruchtzubereitungen
— Sauerkonserven, Sauergemüse

▪ Grundlagen

Neben den vielfach eingesetzten Konservierungsstoffen Benzoesäure, Sorbinsäure, p-Hydroxybenzoesäureester (pHB-Ester) (◘ Tab. 19.1) sollte auch auf die Ab- bzw. Anwesenheit weiterer Konservierungsstoffe (wie Salicylsäure, p-Hydroxybenzoesäure, evtl. Borsäure u. a.) geprüft werden. Diese Methode umfasst die Prüfung auf die Stoffe Benzoe-, Sorbin-, Salicyl- und pHB-Säure sowie die pHB-Ester [1–3].

- **Prinzip der Methode**

Die Konservierungsstoffe werden mit einem Diethylether/Petroleumbenzin-Gemisch aus dem Lebensmittel extrahiert und dünnschichtchromatographisch getrennt. Die Detektion erfolgt aufgrund der Fluoreszenzminderung der Substanzflecken auf DC-Schichten mit Fluoreszenzindikator.

- **Durchführung**

Für die Durchführung werden die folgenden Materialien benötigt.

- ■ **Geräte und Hilfsmittel**
- ▶ Abschn. 5.1; außerdem:
- Rotationsverdampfer
- UV-Lampe (254 nm)
- Vollpipetten: 1 mL, 10 mL, 25 mL, 50 mL
- Scheidetrichter: 250 mL
- Erlenmeyerkolben, NS 29, mit Stopfen: 250 mL
- Rundkolben: 250 mL

- ■ **Chemikalien (p. a.)**
- Ethanol: 96 Vol.-%ig
- Diethylether: peroxidfrei! (sonst Explosionsgefahr! Siehe Kästen „Gefährliche Peroxide/Hydroperoxide in Diethylether", „Wie bilden sich Peroxide/Hydroperoxide?" und „Diethylether – Lagern und testen!"; ▶ Abschn. 15.2.1)
- Petroleumbenzin: Siedebereich 40–60 °C
- Tetrachlorkohlenstoff
- Chloroform
- Ameisensäure
- Essigsäure: 96%ig (Eisessig)
- Diethylether/Petroleumbenzin-Gemisch:
  1 Volumenteil Diethylether und 1 Volumenteil Petroleumbenzin mischen.
- Schwefelsäure: 20%ig
- Natriumsulfat: wasserfrei
- Seesand
- Faltenfilter
- für DC

DC-Platten	Polyamid/UV 254-Fertigplatten oder selbst hergestellt wie folgt: 12 g Polyamidpulver „für die DC" werden mit 0,2 g Fluoreszenzindikator F_{254} gemischt, mit 60 mL Methanol homogenisiert und in einer Schichtdicke von 0,25 mm unter Verwendung einer Streichvorrichtung auf Glasplatten aufgetragen
Laufmittel	Petroleumbenzin/Tetrachlorkohlenstoff/Chloroform/Ameisensäure/Eisessig 50 + 40 + 20 + 8 + 2 ($v/v/v$). Vor Gebrauch frisch ansetzen!
Vergleichslösungen	Benzoesäure, Sorbinsäure, Salicylsäure, pHB-Säure, pHB-Methylester, pHB-Ethylester, pHB-Propylester, pHB-Butylester jeweils 0,1–0,2 %ig in Ethanol

19

■■ Bestimmung

a. Herstellung der Probenlösung

(a1) Flüssige Proben

50–100 mL Probenflüssigkeit werden mit 10 mL Schwefelsäure angesäuert und dreimal nacheinander mit je 25 mL des Diethylether/Petroleumbenzin-Gemisches im Scheidetrichter je 3 min lang extrahiert. Emulsionen lassen sich zumeist beseitigen, indem der klare Teil der wässrigen Phase abgelassen und das im Scheidetrichter verbliebene Gemisch erneut geschüttelt wird. Die restliche wässrige Phase trennt sich dann in den meisten Fällen glatt von der Etherphase ab. Etwa noch verbliebene Emulsionen werden durch Zugabe weniger Tropfen Ethanol beseitigt.

Die vereinigten organischen Extrakte werden mit 5–10 mL dest. Wasser gewaschen (geschüttelt), über Natriumsulfat getrocknet und in einen Rundkolben filtriert. Das Extraktionsmittel wird anschließend am Rotationsverdampfer (bei 30–35 °C) entfernt und der Rückstand in 1 mL Ethanol aufgenommen.

Auftrennung der Konservierungsstoffe in Säuren und Ester

Zur **Trennung der Konservierungsstoffe in Säuren und Ester** kann wie folgt verfahren werden:

— Die organische Phase im Scheidetrichter wird zunächst mit 50 mL Natriumhydrogencarbonat-Lösung ($c = 0,05$ mol/L) geschüttelt; anschließend wird die organische Phase mit 50 mL Natriumhydroxid-Lösung ($c = 0,05$ mol/L) extrahiert.

— In dem **Hydrogencarbonat-Auszug** befinden sich dann die **Konservierungsstoffsäuren,** im **Natriumhydroxid-Auszug** die **Ester.** Anschließend werden die beiden wässrigen Auszüge jeweils mit Schwefelsäure (20%ig) angesäuert und erneut mit Diethylether/Petroleumbenzin-Gemisch extrahiert.

— Die organischen Phasen werden dann mit Wasser gewaschen, über Natriumsulfat getrocknet und wie oben angegeben eingeengt und in Ethanol aufgenommen.

(a2) Feste, wasserlösliche Proben

Die Probe wird in 50–100 mL dest. Wasser gelöst und wie unter (a1) beschrieben weiter behandelt.

(a3) Feste, wasserunlösliche Proben

10–20 g der fein gemahlenen oder zerkleinerten Probe werden mit Seesand verrieben und im Erlenmeyerkolben dreimal mit je 25 mL Diethylether/Petroleumbenzin-Gemisch je 3 min lang geschüttelt. Die organischen Phasen werden vereinigt und wie unter (a1) angegeben weiter behandelt.

b. DC-Trennung

Auftragung der Lösungen:
3–5 µL der nach (a) erhaltenen Probenlösung und je 2 µL der Vergleichslösungen.

Eine andere Möglichkeit der DC-Trennung besteht in folgender Arbeitsweise:

DC-Platten	Kieselgel F_{254}
Laufmittel	I: *n*-Hexan/Eisessig 88 + 12 (*v/v*) II: Petroleumbenzin/Diethylether/Eisessig 81 + 5 + 15 (*v/v/v*)
Entwicklung	Aufsteigend in N-Kammer bis zu einer Laufhöhe von ca. 13 cm in Laufmittel I. Nach dem sorgfältigen Trocknen der entwickelten Platte (Fön) wird die Platte in der gleichen Laufrichtung, nun jedoch in Laufmittel II entwickelt (Zweifachentwicklung mit unterschiedlichen Laufmitteln; eindimensional)

Die Detektion erfolgt wie unter (c) angegeben.

Entwicklung:
Aufsteigend in N-Kammer bis zu einer Laufhöhe von ca. 13 cm; danach die DC-Platte zwischentrocknen (Fön) und nochmals in der gleichen Laufrichtung chromatographieren (Zweifachentwicklung mit dem gleichen Laufmittel; eindimensional).

c. Detektion
Die entwickelte Platte wird im Trockenschrank bei 110 °C getrocknet. Der Nachweis der Konservierungsstoffe erfolgt durch Betrachten der DC-Platte unter der UV-Lampe (254 nm).

▪ Auswertung
Die Substanzflecken bewirken eine Fluoreszenzminderung des Fluoreszenzindikators und erscheinen als dunkle Flecken auf gelbgrünem Grund. Salicylsäure zeigt eine bläuliche Eigenfluoreszenz und ist als einziger Konservierungsstoff unter UV-Strahlung von 366 nm sichtbar.

Die **Differenzierung von Benzoesaure und Sorbinsaure** bereitet oftmals Schwierigkeiten. In solchen Fällen ist die DC-Methode nach ► Abschn. 19.2.2 (*in-situ*-Derivatisierung) zu empfehlen.

19

Ein weiteres DC-Verfahren wird bei [2] beschrieben. Nachweis und Identifizierung der Konservierungsstoffe erfolgen dabei durch Umsetzung mit verschiedenen Reagenzien unter Bildung charakteristischer Färbungen.

19.2.2 Differenzierung von Benzoesäure und Sorbinsäure mittels DC nach prächromatographischer *In-situ*-Derivatisierung

- **Anwendungsbereich**
- Lebensmittel (▶ Abschn. 19.2.1)
- Kosmetische Mittel

- **Grundlagen**

Benzoesäure und **Sorbinsäure** werden aufgrund ihrer sich ergänzenden Wirksamkeit häufig in Kombination eingesetzt (Synergismus). Bei den üblichen DC-Methoden werden diese Verbindungen in ihrer originären Form chromatographiert (Abschn. 19.2.1). Dabei ist von Nachteil, dass die genannten Konservierungssäuren in der Regel nicht hinreichend voneinander getrennt werden können und somit eine Differenzierung, d. h. eindeutige Identifizierung Schwierigkeiten bereitet.

Zur Erhöhung der Signifikanz von Substanzidentität und Empfindlichkeit kann die Methode von Krull und Matissek [4] herangezogen werden, bei der eine prächromatographische Derivatisierung der sauren Konservierungsstoffe (Carbonsäuren) zu eigenfluoreszierenden Reaktionsprodukten führt, die nachfolgend mit Hilfe der DC getrennt werden. Neben Benzoe- und Sorbinsäure können auch andere Konservierungsstoffsäuren (z. B. Propionsäure, Salicylsäure, pHB-Säure) miterfasst werden [4–6].

---

in situ ↔ In-situ-Derivatisierung

- *in situ* (lat. für „am Ort") bedeutet: *unmittelbar am Ort* oder *in der ursprünglichen Position bzw. Lage*.
- *In-situ*-Derivatisierung bezeichnet die Derivatisierung der bei der DC aufgetrennten Substanzen unmittelbar am Ort auf der DC-Platte mit entsprechenden Reagentien.

- **Prinzip der Methode**

Die sauren Konservierungsstoffe (Benzoe- und Sorbinsäure) werden mit Diethylether aus dem Substrat extrahiert. Die Extrakte werden auf die DC-Platte aufgetragen und die enthaltenen Carbonsäuren auf der Startlinie durch Umsetzung mit α-Brom-2-acetonaphthon in Gegenwart von Lithiumcarbonat als Katalysator bei 60 °C derivatisiert (nucleophile Substitution; ▶ Gl. 19.1). Nach der anschließenden kompletten Trennung werden die resultierenden Säureester anhand ihrer Eigenfluoreszenz unter UV-Strahlung identifiziert.

$$R-\overset{\displaystyle O}{\underset{\displaystyle OH}{C}} \;+\; \text{(2-Acetonaphthon-Br)} \quad\xrightarrow[60\,°C]{Li_2CO_3}\quad \text{(Produkt)} \tag{19.1}$$

- **Durchführung**

Für die Durchführung werden die folgenden Materialien benötigt.

■■ **Geräte und Hilfsmittel**

- ▶ Abschn. 5.2; außerdem:
- Flachboden-DC-Kammer mit Konditionieraufsatz
- Tauchkammer für DC-Platten
- Rotationsverdampfer
- UV-Lampe (254 nm und 366 nm)
- Scheidetrichter: 250 mL
- Erlenmeyerkolben, NS 29, mit Stopfen: 50 mL, 200 mL, 250 mL
- Messzylinder: 25 mL, 100 mL
- Messpipetten: 1 mL, 20 mL
- Vollpipetten: 0,5 mL, 20 mL
- Probefläschchen: 5 mL
- pH-Indikatorpapier (pH 1–11)
- Faltenfilter

■■ **Chemikalien (p. a.)**

- α-Brom-2-acetonaphthon $C_{10}H_7COCH_2Br$
- Lithiumcarbonat Li_2CO_3
- Calciumchlorid $CaCl_2 \cdot 2\,H_2O$
- Salzsäure: $c \sim 4$ mol/L
- Kaliumhydroxid-Lösung: $c \sim 4$ mol/L
- Flüssigparaffin
- n-Hexan
- Aceton
- Toluol
- Acetonitril
- Diethylether: peroxidfrei! (sonst Explosionsgefahr! Siehe Kästen „Gefährliche Peroxide/Hydroperoxide in Diethylether", „Wie bilden sich Peroxide/Hydroperoxide?" und „Diethylether – Lagern und testen!"; ▶ Abschn. 15.2.1)
- α-Brom-2-acetonaphthon-Lösung:
  50 mg α-Brom-2-acetonaphthon in 10 mL Acetonitril lösen. (Die Lösung muss jede Woche frisch hergestellt und im Kühlschrank aufbewahrt werden!)
- Lithiumcarbonat-Lösung:
  0,3 g Li_2CO_3 in 100 mL dest. Wasser lösen
- für DC

19

DC-Platten	Kieselgel 60 mit Konzentrierungszone
Laufmittel	Toluol/Aceton 20 + 0,50! (*v/v*) (vgl. hierzu Anmerkung) Tauchreagenz: Paraffin/*n*-Hexan 1 + 2 (*v/v*)
Vergleichslösungen	Jeweils 0,2 g Benzoesäure, Sorbinsäure, Propionsäure, Salicylsäure, p-Hydroxybenzoesäure in 100 mL Diethylether lösen

Dosierung des Acetonanteils

Die **Dosierung** des Acetonanteils (0,50 mL Aceton + 20 mL Toluol) bei der Herstellung des Laufmittels ist *exakt* z.B. Mikropipette, Spritze, Kolbenhubpipette u. dgl.) vorzunehmen. Schon geringe Abweichungen führen zu extrem abweichenden R_f-Werten und damit zu schlechter Reproduzierbarkeit.

▪▪ Bestimmung

(a) Herstellung der Probenlösung

Etwa 1 g der ggf. fein zerkleinerten Probe wird in einen 50-mL-Erlenmeyerkolben eingewogen, Salzsäure (ca. 4 mol/L) bis zur sauren Reaktion (ca. 4 Tropfen ≙ ca. 0,5 mL; pH < 7) sowie 40 mL Aceton zugegeben und nach Verschließen 1 min lang geschüttelt; für stark basische Produkte ist die Zugabe der Salzsäure (c~4 mol/L) auf 20 Tropfen zu erhöhen. Zur Förderung der Extraktion wird die Mischung langsam auf ca. 60 °C erhitzt

Anschließend wird die Lösung auf Raumtemperatur abgekühlt und durch ein Faltenfilter filtriert. 20 mL des Filtrates werden in einen 200-mL-Erlenmeyerkolben überführt, 60 mL dest. Wasser zugefügt und durchmischt; der pH-Wert der Lösung wird auf etwa 10 mit Kaliumhydroxid-Lösung (c~4 mol/L) eingestellt.

Nach Zusatz von ca. 1 g Calciumchlorid wird kräftig geschüttelt, durch ein Faltenfilter in einen 250-mL-Scheidetrichter filtriert, mit 75 mL Diethylether versetzt und 1 min lang geschüttelt. Nach Absetzen wird die wässrige Phase in einen 250-mL-Erlenmeyerkolben abgelassen; die Etherphase wird verworfen. Der wässrigen Phase wird Salzsäure (c~4 mol/L) bis zu einem pH-Wert von ca. 2 zugegeben; anschließend wird zweimal mit je 10 mL Diethylether extrahiert.

Die Etherphasen werden vereinigt und am Rotationsverdampfer schonend eingeengt. Der Rückstand wird in 1 mL Diethylether aufgenommen, in Probefläschchen überführt und zur In-situ-Derivatisierung nach (b) eingesetzt.

(b) In-situ-Derivatisierung

Innerhalb der Konzentrierungszone der DC-Platte werden je Spot 3 µL Lithiumcarbonat-Lösung punktförmig aufgetragen und unter dem Kaltluftstrom getrocknet. Auf jeden Spot werden 10 µL der jeweiligen Vergleichslösung bzw. Probenisolate (nach (a)) punktförmig aufgetragen und unter dem Kaltluftstrom getrocknet. Anschließend werden auf jeden Spot 5 µL α-Brom-2-acetonaphthon-Lösung punktförmig aufgetragen. Danach wird die DC-Platte 45 min lang auf 60 °C im Trockenschrank erhitzt

(c) DC-Trennung

Zur Standardisierung der DC-Trennung empfiehlt es sich, die DC-Platte vor der eigentlichen Entwicklung zu konditionieren. Dazu ist jedoch der Einsatz einer DC-Kammer mit Konditionieraufsatz erforderlich. Steht eine derartige Kammer nicht zur Verfügung, kann im Allgemeinen auch mit den üblichen N-Kammern gearbeitet werden.
    Konditionierung:
    Die DC-Platte in den Konditionieraufsatz einklemmen und 15 min lang im Gasraum über dem in der Flachbodenkammer eingefüllten Laufmittel konditionieren. Steht eine Kammer mit Konditionieraufsatz nicht zur Verfügung, kann dieser Schritt entfallen (allerdings sind dann die Bedingungen nicht exakt definiert).
    Entwicklung:
    Aufsteigend bis zu einer Laufhöhe von ca. 13 cm.

(d) Detektion

Die entwickelte Platte wird unter dem Kaltluftstrom getrocknet und anschließend unter der UV-Lampe bei 254 nm und 366 nm betrachtet.

Erhöhung der Fluoreszenzaktivität

Zur Erhöhung der **Fluoreszenzaktivität** der Ester wird die DC-Platte kurz in das Tauchreagenz getaucht und anschließend unter der UV-Lampe bei 254 nm und 366 nm betrachtet [4–6]. Nachweisgrenzen vgl. [4].

■ **Auswertung**
Die Derivate der Konservierungsstoffsäuren zeigen grünlich-bläuliche Eigenfluoreszenzfarben. Die Eigenfluoreszenz des Sorbinsäure-Derivates ist besonders ausgeprägt, während die des Propionsäurederivates wenig intensiv erscheint.
    Darüber hinaus ist anzumerken, dass pHB-Säure bei der DC-Trennung zwei Flecken aufweist [4].

19.2.3 **Photometrische Bestimmung von Sorbinsäure**

■ **Anwendungsbereich**
━ Konservierte Lebensmittel, wie möglicherweise Margarine, Halbfettmargarine, Milcherzeugnisse, Fleisch- und Fischwaren, Obst- und Gemüseprodukte, Getränke, Süßwaren, Backwaren etc.

19

Grundlagen

Sorbinsäure ist aufgrund ihrer physiologischen Unbedenklichkeit (sie wird im Organismus analog zu anderen Fettsäuren über den Weg der β-Oxidation abgebaut) und ihrer Geschmacks- und Geruchsneutralität für die Lebensmittelkonservierung von Interesse. Sie wirkt fungistatisch gegen Hefen und Schimmelpilze vorwiegend durch irreversible Hemmung von Zellenzymen (SH-Enzyme, Katalase, Enolase u. a.).

Sorbinsäure und die besser wasserlöslichen Na-, K- und Ca-Sorbate können, im Gegensatz zu anderen Konservierungssäuren, auch bei verhältnismäßig hohem pH-Wert (pH 5–6) eingesetzt werden. Allerdings sind sie zur Konservierung stark keimhaltiger Substrate nicht geeignet, da die Mikroorganismen selbst die Sorbinsäure im Stoffwechsel verwerten und abbauen können. So können Geruchs- und Geschmacksfehler (Geranienton) in Weinen, denen Sorbinsäure zugesetzt wurde, auf eine Einwirkung heterofermentativer Milchsäurebakterien zurückgeführt werden (Abbau zu Sorbinol (≙ Hexadienol) und anschließende Isomerisierung und Veretherung zu 2-Ethoxyhexa-3,5-dien) [7–13].

Prinzip der Methode

Aus der homogenisierten, angesäuerten Lebensmittelprobe lässt sich die Sorbinsäure mit Hilfe der Wasserdampfdestillation abtrennen. Im Destillat wird sie durch Kaliumdichromat zu Malondialdehyd oxidiert, mit 2-Thiobarbitursäure zu einer rot gefärbten Verbindung umgesetzt und bei 532 nm photometriert. Die Bildung des Kondensationsproduktes erfolgt nach folgender Gleichung [8] (► Gl. 19.2):

$$(19.2)$$

Durchführung

Für die Durchführung werden die folgenden Materialien benötigt.

■■ Geräte und Hilfsmittel

— Spektralphotometer(► Abschn. 8.2)
— Glasküvetten: $d = 1$ cm
— Apparatur zur Wasserdampfdestillation
— Vollpipetten: 2 mL, 10 mL, 50 mL
— Messpipette: 20 mL
— Messkolben: 10 mL, 100 mL, 250 mL, 1000 mL
— Reagenzgläser

■■ **Chemikalien (p. a.)**

— Schwefelsäure: $c = 0,15$ mol/L; $c = 0,5$ mol/L und 98%ig ($d = 1,84$ g/mL)
— Natriumhydroxid-Lösung: $c = 1$ mol/L
— Salzsäure: $c = 1$ mol/L
— Thiobarbitursäure
— Magnesiumsulfat $MgSO_4 \cdot 7\,H_2O$
— Kaliumdichromat
— Kaliumsorbat
— Sorbinsäure
— Oxidationsreagenz:
  Kaliumdichromat-Lösung ($c = 0,005$ mol/L) und Schwefelsäure ($c = 0,15$ mol/L) werden 1:1 (v/v) gemischt.
— Farbreagenz:
  0,5 g Thiobarbitursäure (TBS) werden in einem 100-mL-Messkolben in 20 mL dest. Wasser und 10 mL Natriumhydroxid-Lösung (1 mol/L) unter Umschwenken gelöst, dann mit 11 mL Salzsäure ($c = 1$ mol/L) versetzt und mit dest. Wasser bis zur Marke aufgefüllt. Die TBS-Lösung ist maximal einen Tag lang haltbar.
— Sorbinsäure-Stammlösung I; $c = 100$ mg/L:
  Kaliumsorbat wird im Trockenschrank bei 105 °C oder im Exsikkator über konz. Schwefelsäure bis zur Gewichtskonstanz getrocknet; davon werden 134 mg im 1000-mL-Messkolben mit dest. Wasser bis zur Marke aufgefüllt.
— Sorbinsäure-Stammlösung II; $c = 5$ mg/L:
  50 mL der Stammlösung I werden in einen 1000-mL-Messkolben pipettiert und mit dest. Wasser bis zur Marke aufgefüllt.
— Sorbinsäure-Standardlösungen:
  Von der verdünnten Sorbinsäure-Stammlösung II werden 10; 20; 30 bzw. 40 mL in 50-mL-Messkolben pipettiert und mit dest. Wasser bis zur Marke aufgefüllt. Die Konzentrationen dieser Standardlösungen betragen 50; 100; 150 bzw. 200 μg Sorbinsäure pro 50 mL.

■■ **Bestimmung**

(a) Wasserdampfdestillation

Circa 2 g (bei Flüssigkeiten: 3–6 mL) der gut durchmischten Probe werden auf ± 1 mg genau in das Destilliergefäß eingewogen und mit 10 mL Schwefelsäure ($c = 0,5$ mol/L) und 10 g Magnesiumsulfat versetzt. Es wird so lange Wasserdampf in das Destilliergefäß eingeleitet (20–25 min), bis ca. 200 mL Destillat in den 250-mL-Messkolben der Vorlage übergegangen sind. Danach wird mit dest. Wasser bis zur Marke aufgefüllt.

(b) Farbreaktion

2 mL des so hergestellten Destillats werden in ein Reagenzglas pipettiert und mit 2 mL Oxidationsreagenz versetzt. Der Inhalt wird 5 min lang im siedenden

Wasserbad erhitzt, dann mit 2 mL Farbreagenz versetzt und für genau weitere 10 min im Wasserbad belassen. Danach wird das Reagenzglas unter fließendem Leitungswasser abgekühlt und die Extinktion der Farblösung bei 532 nm gegen eine Blindlösung (statt 2 mL Destillat werden 2 mL dest. Wasser eingesetzt) gemessen.

(c) Kalibrierkurve

Zur Erstellung der Kalibrierkurve werden jeweils 2 mL der oben genannten Standardlösungen zur Farbreaktion eingesetzt und gegen eine Blindlösung gemessen. Die Konzentrationen der Kalibrierlösungen betragen damit 2; 4; 6 bzw. 8 µg Sorbinsäure pro Ansatz.

■ **Auswertung**

Der Sorbinsäure-Gehalt S in mg/100 g der Probe errechnet sich wie folgt:

$$S \ [\text{mg}/100 \ \text{g}] = \frac{12,5 \cdot a}{E} \cdot F$$

mit

a – Sorbinsäure-Konzentration in µg/Ansatz (aus der Kalibriergeraden)

E – Probeneinwaage in g

F – Wiederfindungsfaktor (100 dividiert durch die Wiederfindungsrate in %)

12,5 – Faktor aus Verdünnung und Umrechnung auf mg; bezogen auf 100 g Probe

---

Verluste von Sorbinsäure

Sorbinsäure-Verluste bei der Wasserdampfdestillation wurden – auch bei Verwendung kleiner Destilliergefäße – festgestellt. Um diese zur Berechnung des tatsächlichen Sorbinsäure-Gehaltes der Probe erfassen zu können, ist ein Wiederfindungsversuch durchzuführen: Entweder durch Zudosieren einer bekannten Menge Sorbinsäure (als Kaliumsorbat) zur Probe vor der Destillation oder durch Wasserdampfdestillation einer Standardlösung.

19.2.4 Bestimmung von Konservierungsstoffen in fettarmen Lebensmitteln mittels HPLC–UV

■ **Anwendungsbereich**

▬ Fettarme Lebensmittel

▪ **Grundlagen**

Diese Methode gestattet die Bestimmung der **Konservierungsstoffe** Benzoesäure, Sorbinsäure, pHB-Methylester, pHB-Ethylester und pHB-Propylester in fettarmen Lebensmitteln.

Da bei der HPLC-Analyse auf Reversed-Phase-Säulen das aus fettreichen Lebensmitteln mitextrahierte Fett (Triglyceride) wegen der schlechten Löslichkeit in den für RP-Systemen benötigten (polaren) Eluenten und wegen der Belastung des Säulenmaterials (Fett wird nicht eluiert, sondern retardiert; die Folge sind sog. Memory-Effekte) stören würde, ist diese Methode nur auf fettarme Produkte anwendbar. Für die Untersuchung von fettreichen Lebensmitteln steht eine spezielle Methode (► Abschn. 19.2.5) zur Verfügung [14, 15].

▪ **Prinzip der Methode**

Die Konservierungsstoffe werden mit einer Extraktionslösung (bestehend aus Ammoniumacetat-Lösung, Essigsäure und Methanol), deren pH-Wert so eingestellt ist, dass eine mögliche Dissoziation zurückgedrängt wird, im Ultraschallbad aus dem Lebensmittel extrahiert. Trübe Extrakte werden geklärt; bei nicht trüben Extrakten ist eine Membranfiltration anstelle Klärung ausreichend. Nach Trennung an einer RP-C8-Phase mit Hilfe der HPLC erfolgt die Bestimmung mittels UV-Detektion simultan bei 235 nm oder im jeweiligen Absorptionsmaximum:

— Sorbinsäure: $\lambda_{max} = 259$ nm
— Benzoesäure: $\lambda_{max} = 230$ nm

▪ **Durchführung**

Für die Durchführung werden die folgenden Materialien benötigt.

▪▪ **Geräte und Hilfsmittel**

— Flüssigchromatograph mit UV-Detektor (► Abschn. 5.6)
— Glasspritze: 25 μL
— Membranfilter: Porenweite 0,45 μm
— Ultraschallbad
— Ultra-Turrax-Homogenisator
— Becherglas: 50 mL
— Messkolben: 100 mL
— Vollpipetten: 1 mL, 5 mL, 10 mL
— Faltenfilter
— pH-Papier oder pH-Messgerät
— Glasstab

▪▪ **Chemikalien (p. a.)**

— Methanol
— Methanol: zur HPLC
— Essigsäure: 96%ig (Eisessig)
— Ammoniumacetat CH_3COONH_4

19

- Ammoniumacetat/Essigsäure-Pufferlösung:
  1000 mL Ammoniumacetat-Lösung (c = 0,01 mol/L) mit 1,2 mL Eisessig mischen
- Extraktionslösung:
  Ammoniumacetat/Essigsäure-Pufferlösung/Methanol 60 + 40 (*v/v*)
- Carrez-Reagenz I und II: Herstellung ▶ Abschn. 17.3.1.2
- Standardlösungen:
  jeweils 10, 25 und 50 mg von Benzoesäure, Sorbinsäure, pHB-Methylester, pHB-Ethylester und pHB-Propylester in 1000 mL Methanol/Wasser-Gemisch (40 + 60, *v/v*). Hierzu werden jeweils 100 mg des Konservierungsstoffs in 40 mL Methanol gelöst, mit dest. Wasser auf 100 mL aufgefüllt und entsprechende Verdünnungen mit Methanol/Wasser-Gemisch (40 + 60, *v/v*) hergestellt

■■ **Bestimmung**

(a) Herstellung der Probenlösung

(a1) Feste Proben

5–10 g der zerkleinerten/homogenisierten Probe werden in ein 50-mL-Becherglas auf ± 10 mg genau eingewogen, mit 10–20 mL Extraktionslösung versetzt, durchgerührt (Glasstab) und 10 min lang in einem Ultraschallbad homogenisiert. Die Suspension wird mit Extraktionslösung in einen 100-mL-Messkolben überspült, wobei das Gesamtvolumen an Extraktionslösung ca. 80 mL nicht überschreiten sollte.

Der Kolbeninhalt wird zur Klärung mit je 1 mL der Carrez-Reagenzien I und II versetzt, nach jeder Zugabe gut gemischt und mit Extraktionslösung bis zur Marke aufgefüllt. Nach dem Durchmischen wird die Lösung durch ein Faltenfilter filtriert (Vorlauf verwerfen!) und – falls erforderlich nach Ultrafiltration – zur HPLC-Analyse eingesetzt.

(a2) Flüssige Proben

Bei flüssigen Proben (z. B. Getränken) werden 5,00–10,00 mL direkt in einen 100-mL-Messkolben pipettiert, mit Extraktionslösung auf ein Volumen von etwa 80 mL ergänzt und weiter wie unter (a1) angegeben behandelt.

(b) HPLC-Parameter

Trennsäule	Ultrasphere-Octyl (RP-8): 5 µm, 250 mm ×4 mm
Eluent	Ammoniumacetat-Lösung (0,01 mol/L)/Methanol 50+40 (*v/v*); pH 4,5–4,6; mit Eisessig eingestellt (vgl. hierzu Kasten „Eluentenzusammensetzung" und „Anmerkung")
Durchfluss	1,2 mL/min

Modus	Isokratisch
Temperatur	Raumtemperatur
Detektor	UV 235 nm
Einspritzvolumen	10 μL

Eluentzusammensetzung

- Zur **Verkürzung** der Retentionszeiten für pHB-Ethyl- bzw. pHB-Propylester kann der Methanolanteil im Eluenten auf 50 Volumenteile erhöht bzw. der Ammoniumacetat-Lösungsanteil auf 40 Volumenteile gesenkt werden; allerdings ist dann die vollständige Trennung von Benzoesäure, Sorbinsäure und pHB-Methylester nicht mehr möglich [14].
- Soll nur **Benzoe- oder Sorbinsäure** bestimmt werden, hat es sich als zweckmäßig erwiesen, den Ammoniumacetat-Lösungsanteil auf 90 Volumenteile – bei konstant gehaltenem Methanolanteil – zu erhöhen.

▪ Auswertung

Die Identifizierung der zu bestimmenden Konservierungsstoffe erfolgt durch den Vergleich mit Referenzsubstanzen. Die quantitative Bestimmung wird nach der Methode des Externen Standards mit Standardlösungen (z. B. jeweils 25 mg der einzelnen Konservierungsstoffe gelöst in einem Liter 40Vol.-%igem Methanol) vorgenommen. ◻ Abb. 19.2 zeigt das Flüssigchromatogramm einer Konservierungsstoff-Standardlösung mit fünf Substanzen.

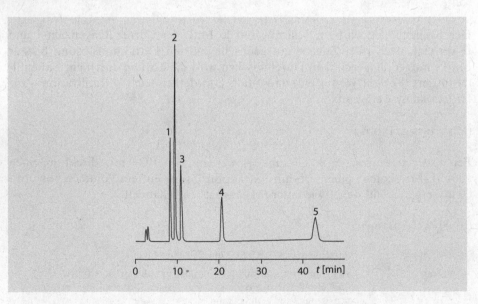

◻ **Abb. 19.2**   Flüssigchromatogramm einer Konservierungsstoff-Standardlösung. *Erläuterung:* **1** Benzoesäure; **2** Sorbinsäure; **3** pHB-Methylester; **4** pHB-Ethylester; **5** pHB-Propylester

19

19.2.5 Bestimmung von Konservierungsstoffen in fettreichen Lebensmitteln mittels HPLC–UV

■ **Anwendungsbereich**
— Fettreiche Lebensmittel

■ **Grundlagen**

Diese Methode gestattet die Bestimmung der Konservierungsstoffe Benzoesäure, Sorbinsäure, pHB-Methylester, pHB-Ethylester und pHB-Propylester in fettreichen Lebensmitteln [16].

Da bei der HPLC-Analyse auf Reversed-Phase-Säulen (▶ Abschn. 19.2.4) das aus fettreichen Lebensmitteln mitextrahierte Fett (Triglyceride) wegen der schlechten Löslichkeit in den für RP-Systemen benötigten (polaren) Eluenten und wegen der Belastung des Säulenmaterials (Fett wird nicht eluiert, sondern retardiert; die Folge sind sog. *Memory-Effekte*) stören würde, ist diese Methode nur auf fettarme Produkte anwendbar. Für die Untersuchung von fettreichen Lebensmitteln steht die in diesem Abschnitt beschriebene, spezielle Methode zur Verfügung [16, 17].

■ **Prinzip der Methode**

Die Konservierungsstoffe werden mit dem Fett zusammen aus der Probe unter Zuhilfenahme von Extrelut®-Säulen extrahiert. Der fetthaltige Extrakt wird dann direkt über eine Kieselgel-HPLC-Säule in einem fettverträglichen Elutionsmittelsystem im Modus der Dissoziationsunterdrückung (auf mit Eisessig dynamisch belegten Kieselgelsäulen) aufgetrennt und mittels UV-Detektion bei 230 nm bestimmt.

■ **Durchführung**

Für die Durchführung werden die folgenden Materialien benötigt.

■■ **Geräte und Hilfsmittel**
— Abschn. 19.2.4; außerdem
— Rotationsverdampfer
— Extraktionssäule (Glas oder Kunststoff):
  100 mL Volumen; mit 5–6 g Kieselgur gepackt (auch als Extrelut®-Säulen, Fa. Merck)
— Rundkolben: 250 mL
— Messkolben: 10 mL, 100 mL
— Pipetten: 2 mL, 10 mL, 20 mL, 40 mL

■ ■ **Chemikalien (p. a.)**

— Kieselgur: speziell behandelt (z. B. Extrelut®, Fa. Merck)
— Essigsäure: 96%ig (Eisessig)
— Dichlormethan
— Diethylether: peroxidfrei! (sonst Explosionsgefahr! Siehe Kästen „Gefährliche Peroxide/Hydroperoxide in Diethylether", „Wie bilden sich Peroxide/Hydroperoxide?" und „Diethylether – Lagern und testen!"; ▶ Abschn. 15.2.1)
— Diisopropylether
— *n*-Heptan: zur HPLC
— Schwefelsäure: c~0,5 mol/L
— Extraktionslösung:
  Dichlormethan/Diethylether 80 + 20 (*v/v*)
— Standardlösungen:
  jeweils 50 mg Benzoesäure und Sorbinsäure sowie jeweils 100 mg pHB-Methylester, pHB-Ethylester und pHB-Propylester in 5–10 mL Diisopropylether (ggf. erwärmen) lösen und mit *n*-Heptan auf 100 mL auffüllen.

■ ■ **Bestimmung**

(a) Herstellung der Probenlösung

2 g der zerkleinerten/homogenisierten Probe werden in ein 50-mL-Becherglas auf ± 10 mg genau eingewogen und 16 mL dest. Wasser zugegeben. Das Gemisch wird mit etwa 2 mL Schwefelsäure (c~0,5 mol/L) auf einen pH-Wert von 1–2 eingestellt und sorgfältig durchmischt.

Anschließend wird die Probensuspension mit ca. 10–11 g Kieselgur gut vermengt und auf die Extrelut®-Extraktionssäule gegeben. Am Becherglas haftende Reste des Probenmaterials werden erst nach 15 min (Gleichgewichtseinstellungsdauer in der Säule!) mit zweimal 10 mL der Extraktionslösung auf die Säule gegeben; das Eluat wird aufgefangen. Es wird dann viermal mit je 40 mL der Extraktionslösung eluiert. Die Eluate werden in einem Rundkolben vereinigt und am Rotationsverdampfer bei einer Temperatur von 40 °C bis fast zur Trockne eingeengt; bei stark emulgatorhaltigen Proben kann eine Elution bis zu achtmal mit je 40 mL erforderlich sein. Der Rückstand wird nachfolgend mit 1–2 mL Diisopropylether unter Erwärmen gelöst und mit *n*-Heptan in einen 10-mL-Messkolben überführt und bis zur Marke aufgefüllt. Diese Lösung wird – falls erforderlich nach Ultrafiltration – zur HPLC-Analyse eingesetzt.

(b) HPLC-Parameter.

Trennsäule	LiChrosorb Si60: 5 µm, 150 mm × 4,6 mm (vgl. Kasten „Konditionierung der Kieselgelsäulen")
Vorsäule	Kieselgel, Korngröße 7–20 µm, 150 mm × 4,6 mm
Eluent	*n*-Heptan/Diisopropylether/Eisessig 88 + 12 + 0,1 (*v/v/v*) (vgl. Kasten „Eluentenhinweis")
Durchfluss	1,8 mL/min

19

Modus	Isokratisch
Temperatur	Raumtemperatur
Detektor	UV.230 nm
Einspritzvolumen	10 µL

Konditionierung von Kieselgelsäulen

Neue Kieselgelsäulen werden wie folgt konditioniert:

⇨ Eisessiganteil im Elutionsmittel auf ca. 0,5 Volumenteile erhöhen und mehrere Stunden durch die Säule pumpen. Dann wird auf das oben angegebene Elutionsmittel (mit 0,1 Volumenanteil Eisessig) umgestellt, und die Säule ist zur Analyse bereit.

⇨ Wegen der besseren Verteilung und Gleichgewichtseinstellung der Laufmittel-Modifier wird empfohlen, zwischen Pumpe und Injektor eine Vorsäule einzubauen [17].

Hinweis zum Eluenten bei Dauerbetrieb

Die **Zusammensetzung** des Eluenten muss den jeweiligen Gegebenheiten angepasst werden; für den Dauerbetrieb wird deshalb empfohlen: *n*-Heptan/Diisopropylether/Eisessig 90 + 10 + 0,02 bis 0,05 (*v/v/v*), mit evtl. Zusatz von 1–2 Tropfen dest. Wasser/100 mL.

■ **Auswertung**

Die Identifizierung der zu bestimmenden Konservierungsstoffe erfolgt durch Vergleich mit Referenzsubstanzen. Die quantitative Bestimmung wird nach der Methode des Externen mit Standardlösungen vorgenommen. ◘ Abb. 19.3 zeigt das Flüssigchromatogramm einer Konservierungsstoff-Standardlösung mit den fünf eingangs genannten Stoffen. pHB-Butylester sowie pHB-Heptylester können ebenfalls abgetrennt werden; pHB-Heptylester eignet sich als Interne Standardsubstanz [17].

19.2.6 Bestimmung der Schwefligen Säure (Gesamt-SO_2)

■ **Anwendungsbereich**
— Wein

■ **Grundlagen**

Die **Schweflige Säure** (engl. sulphurous acid) übernimmt bei der Weinbereitung verschiedene Funktionen. Sie hat auf bestimmte Mikroorganismen (z. B. Essigsäurebakterien) eine biostatische (hemmende) Wirkung, wodurch ein reintöniger

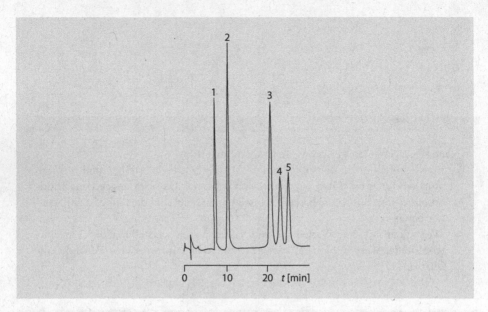

■ **Abb. 19.3** Flüssigchromatogramm einer Konservierungsstoff-Standardlösung. Erläuterung: *1* Benzoesäure; **2** Sorbinsäure; **3** pHB-Propylester; **4** pHB-Ethylester; **5** pHB-Methylester

Gärungsverlauf erreicht werden kann. Außerdem kann durch frühe SO_2-Gaben während der Weinbereitung die enzymatische Oxidation gehemmt werden. Die Schweflige Säure besitzt außerdem reduzierende Wirkung auf oxidierte Most- und Weininhaltsstoffe, wodurch vor allem geschmacklich nachteilige Veränderungen im Wein weitgehend verhindert werden. Die Schweflige Säure liegt im fertigen Wein zum Teil frei oder an verschiedene Inhaltsstoffe wie Acetaldehyd, Glucose usw. gebunden vor. Alle Zustandsformen zusammen ergeben die Gesamt-Schweflige Säure [18–21].

■ **Prinzip der Methode**
Die Schweflige Säure wird zunächst unter Zusatz von Phosphorsäure und Methanol aus bindenden Weinbestandteilen freigesetzt, in Natronlauge überdestilliert und iodometrisch mittels Titration mit Iodid-Iodat-Maßlösung bestimmt. Vereinfachte Darstellung der Reaktion siehe ▶ Gl. 19.3 und ▶ Gl. 19.4:

$$5\,I^{\ominus} + IO_3^{\ominus} + 6\,H^{\oplus} \longrightarrow 3\,I_2 + 3\,H_2O \tag{19.3}$$

$$SO_3^{2\ominus} + I_2 + H_2O \longrightarrow SO_4^{2\ominus} + 2\,I^{\ominus} + 2\,H^{\oplus} \tag{19.4}$$

■ **Durchführung**
Für die Durchführung werden die folgenden Materialien benötigt.

19

■■ Geräte und Hilfsmittel

— Combitest-Apparatur (nach Schmitt [20]) mit 250-mL-Destillationskolben und Spiegelbrenner (◘ Abb. 19.4)
— Bürette: 50 mL (mit 0,1-mL-Teilung)
— Kipp-Pipette: 20 mL
— Vollpipette: 2 mL, 10 mL, 25 mL
— Messpipette: 15 mL
— Bentonitgranulat
— Siedesteine

■■ Chemikalien (p. a.)

— Methanolische Phosphorsäure-Lösung:
— ortho-Phosphorsäure (85%ig)/Methanol/Wasser mischen: $7 + 10 + 3$ (*v/v/v*)
— Natriumhydroxid-Lösung: $c = 2$ mol/L
— Schwefelsäure: $c = 2,5$ mol/L
— Stärkelösung: 2%ig
— Iodid-Iodat-Maßlösung; $c = 1/256$ mol/L:
500 mL Iodid-Iodat-Maßlösung ($c = 1/128$ mol/L) im 1000-mL-Messkolben mit dest. Wasser bis zur Marke auffüllen: 1 mL ≙ 0,25 mg SO_2

■■ Bestimmung

25 mL Wein und 20 mL methanolische Phosphorsäure-Lösung werden unter Zusatz von Bentonitgranulat und einigen Siedesteinen in den Destillationskolben (◘ Abb. 19.4) pipettiert, nach Schließen der Apparatur mit Hilfe des Spiegelbrenners schnell erhitzt und in die Vorlage, die 12,5 mL Natriumhydroxid-Lösung ($c = 2$ mol/L) und ca. 12,5 mL dest. Wasser enthält, überdestilliert, bis aus

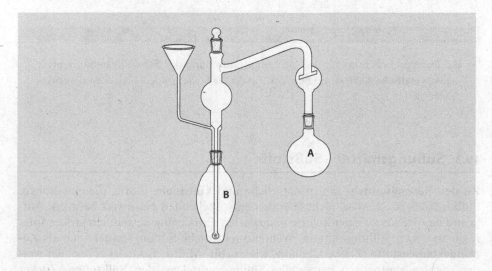

◘ **Abb. 19.4** Combitest-Apparatur (Nach Schmitt) zur Bestimmung der Gesamt-Schwefligen Säure [20]. *Erläuterung:* **A** Destillationskolben; **B** Vorlagekolben

dem Trichter der Apparatur Dampf austritt. Dann wird der Vorlagekolben unter gründlichem Abspülen des Gaseinleitungsrohres entfernt und unter fließendem Wasser schnell (!) abgekühlt (Vorsicht: Die alkalische Sulfit-Lösung ist sehr oxidationsempfindlich, deshalb rasch und ohne zu starkes Umschütteln abkühlen!). Nach Zusatz von 10 mL Schwefelsäure (c = 2,5 mol/L) und 2 mL Stärke-Lösung wird mit Iodid-Iodat-Maßlösung (c = 1/256 mol/L) rasch bis zur Blaufärbung titriert (Erläuterungen zur Iod-Stärke-Reaktion vgl. ► Abschn. 17.3.1).

▪ **Auswertung**
Der Gehalt an Gesamt-SO_2 G_{SO2} der Probe in mg/L errechnet sich wie folgt:

$$G_{SO_2} \ [\text{mg/l}] = 10 \cdot a$$

mit

a – Verbrauch an Iodid-Iodat-Maßlösung in mL

10 – Umrechnungsfaktor (u. a. auf 1000 mL Probe)

Anmerkung bei Höchstmengenüberschreitungen

Bei **Höchstmengenüberschreitungen** sollte die Bestimmung der Schwefligen Säure nach dem amtlichen Untersuchungsverfahren [18] erfolgen. Dieser Methode liegt das im Folgenden kurz skizzierte Prinzip zugrunde: Die Schweflige Säure wird von bindenden Weinbestandteilen freigesetzt und in eine Wasserstoffperoxid-Lösung überdestilliert. Dabei oxidiert das Sulfit zu Sulfat, das mit einer bekannten Bariumchlorid-Menge gefällt wird. Die überschüssigen Barium-Ionen werden komplexometrisch bestimmt.

Alterative Methode – Enzymantische Annalyse

Bei anderen Lebensmitteln hat sich zur Bestimmung der Schwefligen Säure auch die **enzymatische Analyse** gut bewährt. An dieser Stelle soll lediglich darauf verwiesen werden.

19.3 Süßungsmittel – Süßstoffe

Zu den **Süßungsmitteln** zählen natürliche und künstliche Stoffe, die eine höhere Süßkraft als Saccharose, nicht aber den entsprechenden Nährwert besitzen. Aufgrund des Trends zu einer kalorienreduzierten Ernährung besteht ein großes Interesse an neuen Süßungsmitteln. Während natürliche Süßungsmittel auch als **Zuckeraustauschstoffe** (Zuckeralkohole, wie Sorbit, Maltit, Isomalt) bezeichnet werden, zählen synthetisch hergestellte Süßungsmittel zu den **Süßstoffen**. Zucker (Monosaccharide und Disaccharide) gelten lebensmittelrechtlich nicht als Sü-

19

ßungsmittel, da sie keine Lebensmittelzusatzstoffe sind. In diesem Kapitel wird die analytische Bestimmung einiger Süßstoffe beschrieben.

Süßungsmittel – Definition

Zuckeraustauschstoffe und Süßstoffe werden unter dem Begriff Süßungsmittel (engl. sweeteners) zusammengefasst.

Süßstoffe – Definition

Synthetisch oder natürlich gewonnene (extrem) süß schmeckende Ersatzstoffe für Zucker, die dessen Süßkraft (erheblich) übertreffen (engl. intense sweeteners). Der physiologische Brennwert ist sehr gering (nahe Null). Sie werden insulinunabhängig verstoffwechselt und sind anti-kariogen, da sie Karies verursachende Bakterien nicht als Nährstoff dienen.

Zuckeraustauschstoffe (Zuckeralkohole) – Definition

Diese süßschmeckenden Substanzen sind meistens Polyole, also Zuckeralkohole. Sie haben einen geringen Einfluss auf den Blutzuckerspiegel, da sie insulinunabhängig verstoffwechselt werden. Der physiologische Brennwert wird in der EU mit 2,4 kcal/g angegeben. Zuckeraustauschstoffe werden im Englischen als *bulk sweeteners* bezeichnet.

Saccharin (► Abschn. 19.33) hat die etwa 200–700fache Süßkraft von Saccharose. Cyclamat(Abschn. 19.3.2) weist die ca. 20–50fache Süßkraft von Saccharose auf.

Bekannte Süßstoffe sind ferner Acesulfam-K (Abschn. 19.3.3), welches eine etwa 80–250fache Süßkraft von Saccharose besitzt und Aspartam (L-Aspartyl-L-phenyl-alanin-methylester, APM) mit einer 100–200fachen Süßkraft sowie Thaumatin mit 300facher Süßkraft und Neohesperidin mit 500facher Süßkraft der Saccharose. Als weitere sind die Süßstoffe Neotam, das aus Aspartam und 3,3-Dimethylbutyraldehyd synthetisiert wird, mit ca. 7000–13.000facher Süßkraft, und Sucralose, eine Trichlorsaccharose, mit 600facher Süßkraft, zugelassen. Daneben sind noch verschiedene andere zum Teil auch pflanzliche Süßstoffe bekannt (z. B. Steviolglycoside). Dulcin (4-Ethoxyphenylharnstoff) ist als Süßstoff im Lebensmittelverkehr aus toxikologischen Gründen nicht mehr zugelassen.

Die Identifizierung der herkömmlichen Süßstoffe wird üblicherweise mittels DC vorgenommen (► Abschn. 19.3.1). Zur quantitativen Bestimmung dieser Verbindungen wurden zunächst chemische Methoden entwickelt (► Abschn. 19.3.2.1), die jedoch heute durch die modernen instrumentellen Analysentechniken (HPLC, Isotachophorese etc.) weitgehend abgelöst wurden (► Abschn. 19.3.2.2 und 19.3.3).

19.3.1 Identifizierung von Süßstoffen mittels DC

- **Anwendungsbereich**
- Getränke
- Brausen
- zuckerfreie Lebensmittel
- Tafelsüßen

- **Grundlagen**

Süßstoffe werden in zuckerfreien und nährwertverminderten (kalorienvermin-
derten) Lebensmitteln als Ersatzstoffe für natürliche Zucker eingesetzt. Sie sollen keinen, d. h. einen im Verhältnis zu ihrer Süßkraft vernachlässigbaren Nährwert haben, physiologisch unschädlich sein, möglichst keinen Neben- oder Nach-
geschmack aufweisen und eine normale Wärmebehandlung des damit gesüßten
Lebensmittels unverändert überstehen [22, 23].

- **Prinzip der Methode**

Die Süßstoffe **Saccharin**, **Cyclamat** und **Acesulfam-K** werden mit Hilfe eines flüssigen Anionenaustauschers abgetrennt, mit Ammoniak-Lösung eluiert und dünnschichtchromatographisch analysiert. Der Nachweis erfolgt durch Behandlung
der entwickelten DC-Platten mit Fluorescein-Lösung und Brom.

- **Durchführung**

Für die Durchführung werden die folgenden Materialien benötigt.

- ■ **Geräte und Hilfsmittel**
- ► Abschn. 5.2; außerdem:
- Rotationsverdampfer
- Scheidetrichter: 250 mL
- Vollpipetten: 1 mL, 8 mL, 15 mL, 20 mL, 25 mL, 50 mL

- ■ **Chemikalien (p. a.)**
- Diethylether: peroxidfrei! (sonst Explosionsgefahr! Siehe Kästen „Gefährliche
  Peroxide/Hydroperoxide in Diethylether", „Wie bilden sich Peroxide/Hydro-
  peroxide?" und „Diethylether – Lagern und testen!"; ► Abschn. 15.2.1)
- Petroleumbenzin: Siedebereich 40–60 °C
- Xylol
- *n*-Propanol
- Methanol
- Methanol: 50 Vol.-%ig
- Essigsäure: 96%ig (Eisessig)
- Essigsäure: ca. 25%ig
- Ameisensäure: 98–100%ig
- Diethylether/Petroleumbenzin-Gemisch:
  Diethylether/Petroleumbenzin: 1 + 1 (*v/v*) mischen

19

— Flüssiger Ionenaustauscher; Acetat-Form
— Ionenaustauscher-Lösung:
   5 mL Ionenaustauscher mit 95 mL Petroleumbenzin und 20 mL Essigsäure
   (ca. 25%ig) versetzen und kräftig schütteln. Nach der Phasentrennung die
   obere Phase verwenden. Nach dem Gebrauch kann der Ionenaustauscher
   durch Waschen mit Wasser und Abdampfen des Lösungsmittels regeneriert
   werden.
— Ammoniak (konz.): 25%ig
— Ammoniak-Lösung: 5%ig
— Fluorescein $C_{20}H_{12}O_5$
— Brom
— für DC:

DC-Platten	Polyamid-Fertigplatten oder selbst hergestellt nach Abschn. 19.2.1 (Polyamid 6 D; jedoch ohne Fluoreszenzindikator)
Laufmittel	Xylol/n-Propanol/Ameisensäure 50 + 50 + 10 ($v/v/v$)
Vergleichslösungen	200 mg Saccharin, Na-Cyclamat bzw. Acesulfam-K in jeweils 100 mL 50Vol.-%igem Methanol lösen
Sprühreagenz	Gesättigte Lösung von Fluorescein in Methanol

■■ **Bestimmung**

(a) Herstellung der Probenlösung

Flüssige Proben können direkt zur nachfolgenden Aufarbeitung eingesetzt werden; feste Proben werden – sofern möglich – in dest. Wasser gelöst oder zerkleinert und mehrfach mit dest. Wasser ausgezogen.
   50 mL der Probenlösung bzw. der wässrigen Lösung oder der vereinigten wässrigen Auszüge werden in einen Scheidetrichter gegeben, mit einigen Tropfen Eisessig angesäuert und dreimal mit je 20 mL des Diethylether/Petroleumben-
zin-Gemisches extrahiert.
   Hinweis: Die vereinigten organischen Phasen können auch zur DC-Identifizie-
rung von Konservierungsstoffen verwendet werden; siehe hierzu Abschn. 19.2.1.
   Die wässrige Phase wird zweimal mit je 25 mL der Ionenaustauscher-Lösung
extrahiert (zur besseren Phasentrennung ggf. zentrifugieren). Die vereinigten Aus-
tauscher-Phasen werden dann zur Abtrennung der organischen Säuren dreimal
mit je 8 mL dest. Wasser gewaschen und anschließend zur Elution der gebundenen Süßstoffe dreimal mit je 15 mL Ammoniak-Lösung (5%ig) geschüttelt. Die
ammoniakalischen Lösungen werden vereinigt und am Rotationsverdampfer bei
etwa 50 °C vorsichtig bis zur Trockne eingeengt. Der Rückstand wird in 1 mL
50Vol.-%igem Methanol aufgenommen.

(b) DC-Trennung

- Auftragen der Lösungen:
  2–10 μL der nach (a) erhaltenen Probenlösung sowie jeweils 5 μL der Vergleichslösungen.
- Entwicklung:
  Aufsteigend in N-Kammer bis zu einer Laufhöhe von ca. 13 cm.

(c) Detektion

Die entwickelte Platte wird unter dem Kaltluftstrom getrocknet, mit dem Sprühreagenz besprüht, nochmals getrocknet und anschließend in ein Gefäß mit Bromdämpfen (z. B. eine einseitig befüllte DC-Doppeltrogkammer; Abzug!) gestellt. Nach etwa 5 min wird die Platte über konzentrierter Ammoniak-Lösung (geöffnete Flasche) geschwenkt (Abzug!), bis die Substanzflecken erscheinen. Die Nachweisgrenze liegt bei ca. 2 μg/Spot.

Zu langes Bromieren

Bei zu langem **Bromieren** färbt sich der Untergrund gleichmäßig rötlich und die getrennten Süßstoffe sind dann *nicht* mehr erkennbar.

- **Auswertung**
Die Substanzen werden als helle Flecken auf rötlichem Untergrund sichtbar.

Alternative Detektion

Die **Detektion** kann auch auf andere Weise erfolgen: Die DC-Platten werden nach dem Trocknen mit einer 0,2%igen Lösung von 2,7-Dichlorfluorescein in Methanol besprüht und unter der UV-Lampe bei 366 nm betrachtet. Die Süßstoffe erscheinen als dunkle Flecken auf gelbgrün fluoreszierendem Untergrund.

19.3.2 Bestimmung von Cyclamat

19.3.2.1 Chemisch-gravimetrische Methode

- **Anwendungsbereich**
- Getränke
- zuckerfreie Lebensmittel
- Tafelsüßen

- **Grundlagen**

19

Cyclamat (Cyclohexylaminsulfamid bzw. Cyclohexylsulfamat) wird in Form der Natrium- oder Calciumsalze als Süßstoff eingesetzt. Es weist einen reineren Süßgeschmack als Saccharin auf, ist allerdings nicht so süß (Süßkraft 20-50fach stärker als Saccharose). Cyclamat ist bei Koch- und Backprozessen und beim Gefrieren beständig; es ist auch in sauren Produkten (z. B. in sauren Fruchtsäften) einsetzbar. In Mischungen mit anderen Süßstoffen wirkt es potenzierend auf die Süßkraft [24].

Natriumcyclamat

- **Prinzip der Methode**

Cyclamat wird in salzsaurer Lösung durch Nitrit gespalten und das dabei entstandene Sulfat durch Fällung mit Barium-Ionen gravimetrisch bestimmt. Vor der Bestimmung muss das eventuell in der Probenflüssigkeit enthaltene Sulfat in gleicher Weise ausgefällt werden.

- **Durchführung**

Für die Durchführung werden die folgenden Materialien benötigt.

- - **Geräte und Hilfsmittel**
- Zentrifuge mit Zentrifugengläsern
- Vollpipetten: 10 mL, 20 mL
- Messkolben: 100 mL
- Bechergläser: 250 mL (hohe Form)
- Filtertiegel: A-1
- Uhrgläser
- Glasstäbe

- - **Chemikalien (p. a.)**
- Salzsäure: 38%ig ($d = 1,19$ g/mL, rauchend)
- Bariumchlorid $BaCl_2 \cdot 2\,H_2O$
- Natriumnitrit $NaNO_2$
- Bariumchlorid-Lösung:
  10 g $BaCl_2 \cdot 2\,H_2O$ in 100 mL dest. Wasser lösen
- Natriumnitrit-Lösung:
  10 g $NaNO_2$ in 100 mL dest. Wasser lösen

- - **Bestimmung**

Feste Proben werden sofern möglich in dest. Wasser gelöst oder zerkleinert und mehrfach mit jeweils 20 mL dest. Wasser extrahiert; die wässrigen Extrakte werden vereinigt und im Messkolben mit dest. Wasser auf 100 mL aufgefüllt.

Flüssige Proben können direkt eingesetzt werden, wenn sie nicht mehr als 300 mg Cyclamat pro 100 mL enthalten; bei höheren Konzentrationen sind sie entsprechend zu verdünnen.

100 mL (ggf. verdünnte) Probenflüssigkeit bzw. die auf 100 mL aufgefüllten wässrigen Extrakte werden im Becherglas mit 10 mL Salzsäure und 10 mL Bariumchlorid-Lösung versetzt, umgerührt und etwa 30 min stehen gelassen; ein dabei gebildeter Niederschlag (ursprünglich vorhandene Sulfate) wird abzentrifugiert. Die Lösung wird im Becherglas mit 10 mL Natriumnitrit-Lösung vermischt, mit einem Uhrglas abgedeckt und mindestens 2 h lang auf dem siedenden Wasserbad unter gelegentlichem Umrühren (Glasstab) erhitzt. Die Lösung abkühlen und zugedeckt über Nacht stehen lassen. Der entstandene Niederschlag wird über einen vorher genau gewogenen Filtertiegel filtriert, mit warmem dest. Wasser chloridfrei gewaschen und 2 h lang bei 103 °C im Trockenschrank getrocknet. Darauf werden Tiegel und Rückstand etwa 10 min lang bei 500 °C geglüht, im Exsikkator auf Raumtemperatur abgekühlt und gewogen.

- **Auswertung**

Der Cyclamat-Gehalt C von Untersuchungsflüssigkeiten wird wie folgt berechnet:

a. als Natriumcyclamat

C [g/100 ml] $= a \cdot 0{,}8621 \cdot F$

b. als Calciumcyclamat

C [g/100 ml] $= a \cdot 0{,}9266 \cdot F$

mit

a – Gewichtsdifferenz in mg zwischen Filtertiegel mit und ohne Rückstand
F – Verdünnungsfaktor

Dabei entspricht:

1 mg Bariumsulfat $\triangleq$ 0,8621 Natriumcyclamat $\triangleq$ 0,9266 mg Calciumcyclamat.

Für gelöste bzw. extrahierte Feststoffe gilt analog:

a. als Natrium-Cyclamat

$$C\,[\text{g/100g}] = \frac{a \cdot 0{,}8621 \cdot 100}{E}$$

b. als Calcium-Cyclamat

$$C\,[\text{g/100g}] = \frac{a \cdot 0{,}9266 \cdot 100}{E}$$

19

mit

E – Einwaage in g

Für a sollte dabei jeweils der Mittelwert aus drei Parallelbestimmungen eingesetzt werden.

19.3.2.2 Bestimmung mittels HPLC–UV

- **Anwendungsbereich**
– ► Abschn. 19.3.2.1

- **Grundlagen**
– Abschn. 19.3.2.1 [25, 26].

- **Prinzip der Methode**
Cyclamat wird mit Wasser aus der Probe extrahiert, zu N,N-Dichlorcyclohexylamin umgesetzt und anschließend flüssgchromatographisch im UV bei 314 nm getrennt (► Gl. 19.5).

$$\text{Cyclamat} \quad -\text{NHSO}_3\text{H} + 2\text{Cl}_2 + \text{H}_2\text{O} \xrightarrow{\text{H}^{\oplus}} \quad -\text{NCl}_2 + 2\,\text{HCl} + \text{H}_2\text{SO}_4 \quad \text{N,N-Dichlorcyclohexylamin}$$

$$(19.5)$$

- **Durchführung**
Für die Durchführung werden die folgenden Materialien benötigt.

- ■ ■ **Geräte und Hilfsmittel**
– Flüssigchromatograph mit UV-Detektor (► Abschn. 5.5.)
– Ultraschallbad
– Zentrifuge mit Zentrifugengläsern
– Wasserbad
– Vollpipetten: 10 mL, 20 mL
– Messkolben: 100 mL
– Bechergläser: 250 mL (hohe Form)
– Membranfilter, 0,45 μm

- ■ ■ **Chemikalien (p. a.)**
– Methanol
– n-Heptan
– Petroleumbenzin, Siedebereich 40–60 °C
– Natriumsulfat Na_2SO_4, getrocknet
– Natriumcarbonat Na_2CO_3
– Natriumcarbonat-Lösung:
  50 g Na_2CO_3 in 1000 mL dest. Wasser lösen

— Natriumhypochlorit-Lösung NaClO mit 1,7 % aktivem Chlor:
Handelsübliche NaClO-Lösung, die mehr als 1,7 % aktives Chlor enthält, mit
dest. Wasser zu einer Lösung verdünnen, die exakt 1,7 % aktives Chlor enthält. Der Gehalt an aktivem Chlor muss regelmäßig überprüft werden

— Schwefelsäure: 50%ig in dest. Wasser (w/v)

— Carrez-Lösung I und II: Herstellung ▶ Abschn. 17.2.1.2

— Natriumcyclamat-Stammlösung; c = 4,5 Na-Cyclamat/mL ≙ 4 mg Cyclohe-
xylaminsulfonsäure/mL:
898 mg Natriumcyclamat auf ± 0,1 mg genau in einen 200-mL-Messkolben
einwiegen und mit dest. Wasser bis zur Marke auffüllen.

— Natriumcyclamat-Standardlösungen:
0,25; 1; 2,5; 5; 10 und 20 mL der Stammlösung jeweils in einen 100-mL-Mess-
kolben pipettieren und bis zur Marke auffüllen (c = 10; 40; 100; 200; 400 und
800 mg/L).

■ ■ **Bestimmung**

(a) Probenvorbereitung

⇨ Flüssige Proben werden mit dest. Wasser so verdünnt, dass der Cyclamat-Gehalt ca. 400 mg/L beträgt.

⇨ Feste Proben werden in dest. Wasser gelöst und so verdünnt, dass der Cyclamat-Gehalt ca. 400 mg/L beträgt.

⇨ Fetthaltige Proben werden mit Petroleumbenzin entfettet. Dazu werden 15 g
Probe auf ± 1 mg genau in ein Zentrifugenglas eingewogen, mit 25 mL Petroleumbenzin versetzt, 30 s im Ultraschallbad behandelt und nach erneutem
Durchmischen 10 min bei 4500 U/min zentrifugiert. Die Petroleumbenzinschicht wird abdekantiert und das Zentrifugat erneut mit 25 mL Petroleumbenzin versetzt und nach gutem Durchmischen im Ultraschallbad zentrifugiert. Die Petroleumbenzinschicht wird abdekantiert. Zum Entfernen des restlichen Petroleumbenzins aus dem Zentrifugat wird das Zentrifugenröhrchen
15 min in ein Wasserbad bei 60 °C gestellt, anschließend 30 mL Wasser zugegeben und gut durchmischt. Das Zentrifugenröhrchen wird 5 min in ein Ultraschallbad gestellt. Die Lösung wird mit ca. 40 mL Wasser quantitativ in einen 100-mL-Messkolben überführt, nacheinander mit je 1 mL Carrez I- und
II-Lösung versetzt und durchmischt. Nach Abkühlen auf 20 °C wird mit Wasser bis zur Marke aufgefüllt und durch ein Faltenfilter filtriert.

⇨ 20 mL dieser Lösung werden derivatisiert.

(b) Derivatisierung

Aufgrund der Chlorgasentwicklung muss die Derivatisierung unter einem Abzug
durchgeführt werden.

20 mL Probenlösung oder 20 mL Standardlösung werden in einen Scheidetrichter pipettiert, 1 mL Schwefelsäure, 10 mL n-Hepan und 2,5 mL Natriumhypochlorit-Lösung zugegeben und 1 min kräftig geschüttelt. Nach der Phasentren-

19

nung wird die untere Phase verworfen. Die organische Phase wird mit 25 mL Natriumcarbonat-Lösung versetzt und 30 s kräftig geschüttelt. Die untere Phase wird verworfen. Die organische Phase wird mit 1 g Natriumsulfat getrocknet und durch einen Faltenfilter filtriert. Die derivatisierten Lösungen sind 24 h bei 4 °C haltbar.

(c) HPLC-Parameter

Trennsäule	RP-18: 250 mm × 4 mm, 5 µm
Eluent	Methanol/Wasser 80 + 20 (v/v)
Durchfluss	1,0 mL/min
Modus	Isokratisch
Temperatur	20 °C
Detektor	UV 314 nm
Einspritzvolumen	20 µL

- **Auswertung**

Der Cyclamat-Gehalt C der Probe in mg/kg berechnet sich nach:

$$C \ [mg/kg] = \frac{A_P \cdot V_P \cdot m_S \cdot F}{A_S \cdot V_S \cdot m_P} \cdot 1000$$

mit

A_P – Peakfläche des Derivats in der Probe

A_S – Peakfläche des Derivats im Standard

V_P – Volumen der Probenlösung in mL

V_S – Volumen der Standardlösung in mL

m_S – Einwaage des Standards in mg

m_P – Einwaage der Probe in g

F – Verdünnungsfaktor

Der Umrechnungsfaktor von Natriumcyclamat zu Cyclohexylaminsäure beträgt 0,8906.

19.3.3 Bestimmung von Acesulfam-K, Aspartam und Saccharin mittels Ionenpaar-HPLC–UV

- **Anwendungsbereich**
- Lebensmittel, allgemein (insbesondere auch solche mit komplexer Matrix wie Speisesenf, Sauerkonserven, Dressings und Feinkostsalate)

■ **Grundlagen**

Saccharin (Benzoesäuresulfimid, auch als Na-, K- bzw. Ca-Salz) ist der älteste und bekannteste Süßstoff. Der Süßgeschmack wird begleitet von einem unangenehmen, metallischen Beigeschmack, der durch Kombination mit anderen Süßstoffen unterdrückt werden kann. Beim Erhitzen der Lebensmittel (Kochen u. dgl.) wird der Imid-Ring hydrolytisch gespalten, so dass die Süßkraft verloren geht.

Acesulfam-K (K-Salz von 6-Methyl-1,2,3-oxanthiazin-4(3 H)-on-2,2-dioxid; Acetosulfam) ist ein hochwirksamer Süßstoff für die Verwendung in Lebensmitteln, Getränken und Mundkosmetika.

Aspartam (L-Aspartylphenylalaninmethylester) ist als Dipeptid toxikologisch harmlos. Beim Kochen oder längerer Lagerung in wässrigen Lösungen sowie bei der Metabolisierung im Körper kann es Phenylalanin bilden. Aus diesem Grund ist die Kennzeichnung von Aspartam bei einer Verwendung in Lebensmitteln als Phenylalanin-Quelle besonders für Personen mit angeborenen Stoffwechselkrankheit Phenylketonurie (PKU) leiden [27–30].

Acesulfam-K

Aspartam

Saccharin

■ **Prinzip der Methode**

Die Süßstoffe werden mit Wasser extrahiert, gegebenenfalls an einer·RP-C18-Phase gereinigt, mit Hilfe der Ionenpaar-HPLC getrennt und anschließend mittels UV-Absorption bei 220 nm oder den spezifischen Absorptionsmaxima bestimmt.

■ **Durchführung**

Für die Durchführung werden die folgenden Materialien benötigt.

■■ **Geräte und Hilfsmittel**
- Flüssigchromatograph mit UV-Detektor (► Abschn. 5.5)
- Membranfilter: Porenweite 0,5 μm bzw. 0,2 μm
- Ultraschallbad
- Ultra-Turrax-Homogenisator
- RP-C18-Kartuschen, 500 mg Füllung
- Messkolben: 100 mL, 500 mL, 1000 mL
- Vollpipetten: 1 mL, 5 mL, 10 mL, 20 mL, 25 mL, 100 mL
- Messzylinder: 1000 mL
- Kolbenhubpipette: 1000 μL
- Zentrifuge mit Zentrifugengläsern
- Glasspritze: 25 μL
- Bechergläser
- Faltenfilter

■■ **Chemikalien (p. a.)**
- Acetonitril: membranfiltriert
- Methanol: membranfiltriert
- bidest. Wasser: membranfiltriert
- Kaliumdihydrogenphosphat KH_2PO_4
- di-Kaliumdihydrogenphosphat K_2HPO_4
- Phosphorsäure, 85%ig
- Phosphorsäure, 5%ig:
  6 mL Phosphorsäure vorsichtig in einen 100-mL-Messkolben pipettieren, der 80 mL Wasser enthält, dann bis zur Marke auffüllen.
- Phosphatpuffer; c = 0,02 mol/L (pH 4,3):
  2,72 g KH_2PO_4 in dest. Wasser zu 1000 mL lösen. Der pH wird mit Phosphorsäure auf pH 4,3 eingestellt.
- Acesulfam-K: mind. 99%ig (Handelsware)
- Aspartam: mind. 99%ig (Handelsware)
- Saccharin: mind. 99%ig (Handelsware)
- Carrez I- und II-Lösung: Herstellung ► Abschn. 17.2.1.2
- Süßstoff-Stammlösung; c = 1 mg/mL:
  Je 100 mg Süßstoff in einem 100-mL-Messkolben mit Wasser bis zur Marke auffüllen.
- Süßstoff-Standardlösung I; c = 0,1 mg/mL:
  10 mL Stammlösung in einem 100-mL-Messkolben mit Wasser bis zur Marke auffüllen.
- Süßstoff-Standardlösung II; c = 0,05 mg/mL:

- 5 mL Stammlösung in einem 100-mL-Messkolben mit Wasser bis zur Marke auffüllen.
- Süßstoff-Standardlösung III; c = 0,01 mg/mL: 1 mL Stammlösung in einem 100-mL-Messkolben mit Wasser bis zur Marke auffüllen.

▪▪ Bestimmung

(a) Herstellung der Probenlösung

(a1) Klare, flüssige Proben

20 mL Probe werden in einem 100-mL-Messkolben mit Wasser bis zur Marke aufgefüllt. Die Lösung wird vor der Injektion durch ein Membranfilter filtriert.

(a2) Trübe, flüssige Proben

20 mL Probe werden in einem 100-mL-Messkolben mit 50 mL Wasser verdünnt, nacheinander mit je 2 mL Carrez I- und II-Lösungen versetzt und nach jeder Zugabe gemischt. Der Kolben wird 10 min bei Raumtemperatur stehen gelassen und anschließend mit Wasser bis zur Marke aufgefüllt. Nach Durchmischen wird der Inhalt durch ein Faltenfilter filtriert, wobei die ersten 10 mL verworfen werden. Das Filtrat wird vor der Injektion durch ein Membranfilter filtriert.

(a3) Feste Proben

10–20 g der zerkleinerten/homogenisierten Probe werden auf ± 0,1 mg genau in einem 100-mL-Messkolben eingewogen, mit 60 mL Wasser versetzt und 20 min in ein Ultraschallbad bei 40 °C gestellt. Die Temperatur darf 40 °C nicht übersteigen, da Aspartam zersetzt werden kann. Nach Abkühlen auf Raumtemperatur wird die Lösung mit je 2 mL Carrez I- und II-Lösung versetzt und der Kolben nach 10 min Stehenlassen mit Wasser bis zur Marke aufgefüllt. Nach gutem Durchmischen wird die Lösung durch ein Faltenfilter filtriert, wobei die ersten 10 mL verworfen werden. Das Filtrat wird vor der Injektion durch ein Membranfilter filtriert.

Komplexe Matrices

Bei sehr komplexen Matrices kann eine Reinigung an einer Festphasenextraktionssäule erforderlich sein.

(b) HPLC-Parameter
Trennsäule – RP-18: 7 μm, 250 mm × 4 mm
Eluent – Phosphatpuffer/Acetonitril 90 + 10 *(v/v)*
Durchfluss – 1,2 mL/min

19

Modus – Isokratisch

Temperatur – 35 °C

Detektor – UV 217 nm für Aspartam

UV 227 nm für Acesulfam-K

UV 265 nm für Saccharin

UV 220 nm für alle Süßstoffe, wenn keine Wellenlängenumschaltung während des Laufes möglich ist

Einspritzvolumen – 10 µL

- **Auswertung**

Die Berechnung der Gehalte der einzelnen Süßstoffe S in der Probe in mg/kg berechnet sich nach:

$$S \ [\text{mg/kg}] = \frac{A_P \cdot V_P \cdot m_S \cdot F}{A_S \cdot V_S \cdot m_P} \cdot 1000$$

mit

A_P – Peakfläche des jeweiligen Süßstoffs in der Probe

A_S – Peakfläche des jeweiligen Süßstoffs im Standard

V_P – Volumen der Probenlösung in mL

V_S – Volumen der Standardlösung in mL

m_S – Einwaage des des jeweiligen Süßstoffs in mg

m_P – Einwaage der Probe in g

F – Verdünnungsfaktor

In ◘ Abb. 19.5 ist ein Flüssigchromatogramm einer Probe Heringssalat wiedergegeben.

19.3.4 Bestimmung von Sucralose mittels HPLC-RI

- **Anwendungsbereich**
- Lebensmittel, allgemein
- Süßwaren

- **Grundlagen**

Sucralose ist ein Süßstoff, der unter anderem in Bonbons eingesetzt wird. Es handelt sich um eine Trichlorsaccharose. Diese entsteht durch die Chlorierung von gewöhnlichem Speisezucker.

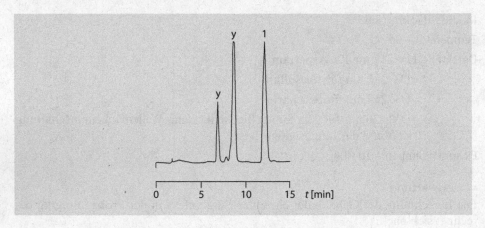

■ **Abb. 19.5**   Flüssigchromatogramm einer Probe Heringssalat. *Erläuterung:* **1** Saccharin (Gehalt in Probe: 195 mg/kg); **y** unbekannt

- **Prinzip der Methode**

Der Süßstoff wird mit Wasser extrahiert und nach Membranfiltration zur Bestimmung eingesetzt [31, 32].

- **Durchführung**

Für die Durchführung werden die folgenden Materialien benötigt.

■■ **Geräte und Hilfsmittel**

— Flüssigchromatograph mit RI-Detektor(▶ Abschn. 5.5)
— Ultraschallbad
— Messkolben: 50 mL, 100 mL
— Vollpipetten: 5 mL, 10 mL
— Kolbenhubpipette: 100 μL, 1000 μL

■■ **Chemikalien (p. a.)**

— Methanol: membranfiltriert
— bidest. Wasser: membranfiltriert

19

- Eluent: Methanol/Wasser-Mischung: 1 + 3 (*v/v*)
- Sucralose: mind. 99%ig (Handelsware)
- Sucralose-Stammlösung; c = 1 mg/mL:
  100 mg werden auf ±0,1 mg genau in einen 100-mL-Messkolben eingewogen und in etwas Eluent gelöst und mit Eluent bis zur Marke aufgefüllt.
- Sucralose-Kalibrierlösung:
  Durch Verdünnen der Stammlösung werden Kalibrierlösungen mit Konzentrationen von 0,5 mg/50 mL bis 5 mg/50 mL hergestellt. Die Kalibrierlösungen sind arbeitstäglich frisch herzustellen.

■■ Bestimmung

(a) Herstellung der Probenlösung

5–8 g der homogenisierten Probe werden auf ± 0,1 mg in einen 50-mL-Messkolben eingewogen und mit ca. 35 mL Eluent versetzt. Mittels Rührfisch werden die Proben bei 30–35 °C auf der Rührplatte gelöst. Nach dem Entfernen der Rührfische die Proben für 5–10 min in ein Ultraschallbad stellen und gelegentlich umschwenken. Anschließend werden die Proben temperiert und aufgefüllt.

Sowohl der Standard als auch die Probenlösung werden über einen Membranfilter in ein Vial gegeben und zur Messung verwendet.

(b) HPLC-Parameter

Trennsäule	C18: 250 mm × 4 mm
Eluent	Methanol/Wasser 1 + 3 (*v/v*)
Durchfluss	1,0 mL/min
Modus	Isokratisch
Temperatur	35 °C
Detektor	RI
Einspritzvolumen	100 µL

■ Auswertung

Der Gehalt an Sucralose in mg/kg berechnet sich mittels Externer Standardberechnung nach folgender Formel:

$$W = \frac{A \cdot DF}{n \cdot m}$$

mit

A – Peakfläche

DF – Dilutionfaktor (ohne weitere Verdünnung)

$$DF = \frac{c_{Std}\ (mg/50ml) \cdot V_{Probe} \cdot 1000}{m} = \frac{mg \cdot 50ml \cdot 1000g}{50ml \cdot g \cdot kg} = 1000$$

n – Steigung der Kalibriergeraden

m – Einwaage der Probe (g)

19.3.5 Bestimmung der Steviolglycoside mittels HPLC–UV

- **Anwendungsbereich**
- Lebensmittel, allgemein

- **Grundlagen**

Steviolglycoside (engl. steviol glycosides) sind Pflanzeninhaltsstoffe der Pflanze *Stevia rebaudiana* Bertoni, welche eine 200-300fach höhere Süßkraft gegenüber Saccharose besitzen. Die VO (EU) Nr. 1333/2008 legt die zulässigen Höchstmengen in verschiedenen Lebensmittelkategorien fest. Es wird die Gesamtmenge an Steviolglycosiden angegeben, zusammengefasst als Steviol-Äquivalente in mg/kg.

- **Prinzip der Methode**

Die Probe wird in einem ACN/Wasser-Gemisch (3 + 7, *v/v*) gelöst, mit Carrez geklärt, abfiltriert und anschließend quantitativ mittels HPLC bestimmt [33, 34]. Die verschiedenen Steviolglycosid-Standardsubstanzen werden als sog. *JEC-FA-Mixed Solution* eingesetzt [33].

- **Durchführung**

Für die Durchführung werden die folgenden Materialien benötigt.

- ■ ■ Geräte und Hilfsmittel
- Flüssigchromatograph mit UV-Detektor (▶ Abschn. 5.5)
- Ultraschallbad
- Wasserbad: 20 °C
- Messkolben: 50 mL

19

- Kolbenhubpipetten 10–100 µL, 100–1000 µL und 500–2500 µL
- Bechergläser
- Membranfilter: 0,2 µm
- pH-Meter mit Leitfähigkeitsmesszelle

■■ Chemikalien (p. a.)
- Acetonitril: membranfiltriert
- Kaliumhexcyanoferrat $K_4[Fe(CN)_6] \cdot 3\ H_2O$
- Zinksulfat $ZnSO_4 \cdot 7\ H_2O$
- Carrez I + Carrez II: Herstellung ▶ Abschn. 17.2.1.2
- Rebaudiosid A-Stammlösung (Steviavida 97; Reinheit (ungetrocknet): 91,61%ig), $c = 1$ mg/mL:
  100 mg Rebaudiosid A werden in 100 mL eines ACN/Wasser-Gemischs 3 + 7 (v/v) gelöst.
- Rebaudiosid A-Standardlösung, $c = 0,1$ mg/mL:
  100 µL der Stammlösung in einem HPLC-Vial mit 900 µL des Lösungsmittelgemisches verdünnen.
- JECFA-Mixed Solution, $c_{Steviolglycosid} \sim 0,2$ mg/mL:

Steviolglycosid	Konzentration c (mg/mL)
Rebaudiosid D	0,192
Rebaudiosid A	0,213
Steviosid	0,209
Rebaudiosid F	0,197
Rebaudiosid C	0,209
Dulcosid A	0,208
Rubusosid	0,198
Rebaudiosid B	0,216
Steviolbiosid	0,202

- Standardlösung, $c \sim 0,02$ mg/mL:
  100 µL der JECFA-Mixed Solution werden in einem HPLC-Vial mit 900 µL des Lösungsmittelgemischs verdünnt. Die Standardlösung ist einige Monate haltbar, sollte aber bei 4 °C gelagert werden.
- Salzsäure, 25 %ig
- Lösungsmittelgemisch: Acetonitril/bidest. $H_2O = 3 + 7$ (v/v)

■■ Bestimmung

(a) Herstellung der Probenlösung

5 g der fein vermahlenen und homogenisierten Probe werden auf ±0,1 mg genau in ein 50-mL-Becherglas eingewogen und mit etwa 30 mL eines ACN/Wasser-Gemisches (3 + 7, *v/v*) versetzt. Die Lösung wird bei Raumtemperatur (Schokoladen bei 50 °C) für 30 min gerührt, anschließend quantitativ durch Nachspülen mit dem Lösungsmittelgemisch in einen 50-mL-Messkolben überführt. Zur Abtrennung störender Substanzen wird die Probe im Messkolben mit je 2 mL Carrez I und II versetzt, kräftig geschüttelt und mit dem Lösungsmittelgemisch bis knapp unter die Marke aufgefüllt. Der Kolben wird im Wasserbad auf 20 °C temperiert und bis zur Marke aufgefüllt. Anschließend wird die Messlösung durch einen Membranfilter in ein Vial gegeben.

(b) HPLC-Parameter

Trennsäule	C18: 5 μm
Eluent	Acetonitril/Wasser (auf pH 2,75 mit HCl eingestellt) 29 + 71 *(v/v)*
Durchfluss	1,0 mL/min
Modus	Isokratisch
Temperatur	50 °C
Detektor	UV, Messung bei 210 nm
Einspritzvolumen	20 μL

- **Auswertung**

Der Gehalt *w* des jeweiligen Steviolglycosids in mg/kg wird nach folgender Gleichung berechnet:

$$w = \frac{c_{Std.} \cdot A_{Probe} \cdot V \cdot 1000 \cdot Vf}{A_{Std.} \cdot E}$$

mit

c_{Std} – Konzentration des Steviolglycosids in der Standardlösung (mg/mL)

A_{Probe} – Peakfläche des jeweiligen Steviolglycosids in der Probe (mAU · min)

V – Volumen, auf das die Probe aufgefüllt wurde (mL)

1000 – Umrechnungsfaktor von g auf kg

Vf – Verdünnungsfaktor, falls notwendig

A_{Std} – Peakfläche des jeweiligen Steviolglycosids in der JECFA Mixed-Solution oder des Rebaudiosid A-Einzelstandards (mAU·min)

E – Probeneinwaage in g

Um den Gesamtgehalt an Steviolglycosiden zu erfassen und die Einhaltung der Grenzwerte zu überprüfen, erfolgt die Umrechnung in Stevioläquivalente *SE:*

19

$$SE \ [\text{mg/kg}] = \sum UF \cdot SG$$

mit

UF – Umrechnungsfaktor, abhängig von der molaren Masse des Steviolglycosids
SG – Gehalt jedes Steviolglycosids in mg/kg

Umrechnung in Steviol-Äquivalente:

Steviolglycosid	Molare Masse (g/mol)	Umrechnungsfaktor *UF*
Steviosid	804,38	0,395
Dulcosid	788,38	0,400
Rebaudiosid A	966,43	0,329
Rebaudiosid B	804,38	0,395
Rebaudiosid C	950,44	0,334
Rebaudiosid D	1128,48	0,282
Rebaudiosid F	936,42	0,340
Rubusosid	642,33	0,496
Steviolbiosid	642,33	0,494

19.4 Farbstoffe

Viele Lebensmittel bzw. deren Bestandteile sind farbig. Mit bestimmten Farben werden oftmals bestimmte Geschmacksvorstellungen bzw. Qualitätsansprüche verbunden. Da die natürlichen **Farbstoffe** aber in der Regel leichter ihren Farbton unter Wärme- und Lichteinwirkung verlieren, d. h. Lebensmittel in bestimmten Fällen verarbeitungsbedingte Farbverluste aufweisen (ausbleichen) können, werden Lebensmitteln evtl. Farbstoffe (engl. food colourings) zugesetzt.

Für die Färbung von Lebensmitteln sind nach einer Positivliste der VO (EU) Nr. 1333/2008 eine Reihe von Farbstoffen zugelassen. ◘ Tab. 19.2 gibt eine Übersicht über einige Farbstoffe (nach [35]). Die färbenden Verbindungen sind dabei zum Teil natürlichen Ursprungs (z. B. Betanin, der Farbstoff aus der Roten Bete; oder Chlorophyll, das aus grünen Pflanzen, oftmals Spinat, stammt), naturidentisch oder rein synthetischer Art. Unterschieden werden die Farbstoffe auch nach ihrem Löslichkeitsverhalten in wasserlösliche und fettlösliche Stoffe. Aus diesem Grund unterscheiden sich auch die Methoden zur Isolierung und zur Identifizierung (▶ Abschn. 19.4.1 bzw. ▶ Abschn. 19.4.2) [35, 36].

19.4.1 Identifizierung wasserlöslicher, synthetischer Farbstoffe mittels DC

▪ **Anwendungsbereich**
— Lebensmittel, allgemein (außer Fette und Öle)

◘ **Tab. 19.2**   Farbstoffe – Übersicht

Bezeichnung (Ringbuch [36])	Handelsbezeichnung	EWG-Nr	Colour-Index (1986)
Lebensmittel-			
Gelb 7	Curcumin	E 100	75.300
Gelb 6	Riboflavin	E 101	–
Gelb 2	Tartrazin	E 102	19.140
Gelb 3	Chinolingelb	E 104	47.005
Orange 2	Gelborange S	E 110	15.985
Rot 1	Azorubin	E 122	14.720
Rot 3	Amaranth	E 123	16.185
Rot 4	Ponceau 4 R (Cochenillerot A)	E 124	16.255
Rot 7	Karmin (Cochenille)	E 120	75.470
Rot 11	Erythrosin	E 127	45.430
Blau 3	Patentblau V	E 131	42.051
Blau 2	Indigotin I	E 132	73.015
Grün 1	Chlorophyll	E 140	75.810
Grün 2	Cu-Komplex der Chlorophylle	E 141	75.810
Grün 3	Brillantsäuregrün BS	E 142	44.090
Schwarz 1	Brillantschwarz BN	E 151	28.440
L-Pigmentschwarz 3	Kohlenschwarz (*Carbo medicinalis vegetabilis*)	E 153	77.266
Orange 3	α-,β-Carotin (wasserlöslich)	E 160a	40.800
Orange 4	Bixin (Annatto)	E 160b	75.120
Orange 6	Lycopin	E 160d	75.125
Orange 8	β-Apo-8'-carotinal (wasserdispergierbar)	E 160e	40.820
Orange 9	β-Apo-8'-carotinsäure-(C30)-ethylester	E 160f	40.825
Orange 7	Xanthophylle (Carotinoide)	E 161/ E 161 g	40.850/ 75.135
Rot 10	Betenrot (Betanin)	E 162	
Rot 9a–9f	Anthocyane (z. B. Traubensaftrot)	E 163	
Pigmentrot 4	Eisenoxidrot	E 172	77.491
Pigmentschwarz 4	Eisenoxidschwarz	E 172	77.499
LB-Rot 2	Rubinpigment BK (Litholrubin BK)	E 180	15.850

19

(Fortsetzung)

⬛ Tab. 19.2 (Fortsetzung)

Bezeichnung (Ringbuch [36])	Handelsbezeichnung	EWG-Nr	Colour-Index (1986)
L-ext. Rot 1	Sudanrot G		12.150
L-ext. Grün 1	Naphtholgrün B		10.020
L-ext. Gelb 1	Ceresgelb GRN		21.230
L-ext. Violett 2	Echtsäureviolett R		45.190
L-ext. Violett 1	Methylviolett		42.535
L-ext. Grün 2	Acilanechtgrün 10 G		42.170
L-ext. Blau 6	Ultramarin		77.007

■ **Grundlagen**

Bei den meisten synthetischen **Lebensmittelfarbstoffen** (engl. synthetic food colorants, food colouring agents, food colourings, food dyes) handelt es sich um hydrophile, d. h. gut wasserlösliche Verbindungen. Trotz ihrer Wasserlöslichkeit werden sie aber durch die Matrix der zu färbenden Lebensmittel unterschiedlich fest adsorbiert, so dass unterschiedliche Methoden zur Probenaufarbeitung/Isolierung erforderlich sind. Wasserlösliche Lebensmittelfarbstoffe bestehen üblicherweise aus Phenolderivaten oder tragen Sulfonsäure- bzw. Carbonyl-Gruppierungen, die besonders in saurer Lösung mit proteinhaltigen Lebensmittelinhaltsstoffen durch Ausbildung von Wasserstoff-Brückenbindungen Adsorptionsbindungen eingehen. Vergleiche auch die Ausführungen in Abschn. 19.4 [35–40].

■ **Prinzip der Methode**

Die wasserlöslichen Farbstoffe werden aus saurer Lösung an einen Wollfaden bzw. an Polyamidpulver adsorbiert und anschließend in ammoniakalischer Lösung wieder desorbiert (vgl. ⬛ Abb. 19.6). Die Identifizierung der Farbstoffe erfolgt mittels DC.

■ **Durchführung**

Für die Durchführung werden die folgenden Materialien benötigt.

■ ■ **Geräte und Hilfsmittel**

— ▶ Abschn. 5.2; außerdem:
— Wasserbad, siedend oder Rotationsverdampfer
— Zentrifuge mit Zentrifugengläsern (100 mL)
— Mikrochromatographierohr: ca. 25 mm × 150 mm oder 10 mm × 150 mm oder 8 mm × 150 mm mit einem Auslaufrohr 3 mm × 100 mm anstelle eines Auslaufrohres mit Schliffhahn (⬛ Abb. 19.7)
— Pipetten: 3 mL, 5 mL
— Messzylinder: 100 mL

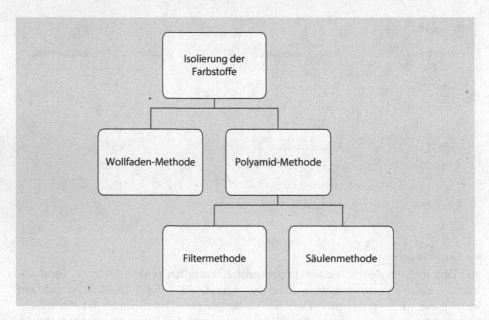

◘ **Abb. 19.6**   Schema zur Isolierung der Farbstoffe. *Erläuterungen:* siehe Text

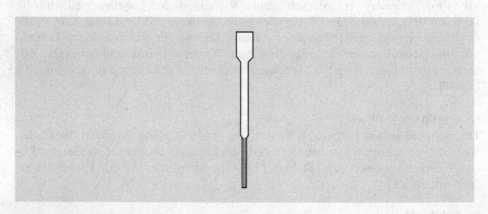

◘ **Abb. 19.7**   Mikrochromatographierohr zur Isolierung der Farbstoffe nach der Polyamid-Methode.
Erläuterungen: siehe Text

- Bechergläser: 100 mL, 250 mL
- Abdampfschale (Glas): 50 mL oder Spitzkolben: 50 mL
- Glasfritte: G 3
- Soxhlet-Apparatur (▶ Abschn. 15.2.1, ◘ Abb. 15.4)

■ ■ **Chemikalien (p. a.)**
- Ammoniak (konz.): 25%ig
- Ammoniak-Lösung: 5%ig

19

- Methanol
- *n*-Butanol
- Ethanol
- Essigsäure: 96%ig (Eisessig)
- Toluol
- Ethylacetat
- methanolische Ammoniak-Lösung:
  Ammoniak (25%ig)/Methanol = 5 + 95 (*v/v*)
- Kaliumhydrogensulfat-Lösung: 10%ig
- Petroleumbenzin: Siedebereich 40–60 °C
- Wollfäden (Schafwollfäden), entfettet:
  Weiße Schurwolle (kräftiges Strickgarn) wird mit Petroleumbenzin extrahiert
  (Soxhlet-Apparatur; 25–30 Abläufe). Die entfetteten und an der Luft getrock-
  neten Wollfäden werden in methanolischer Ammoniak-Lösung 1 h lang auf
  80 °C erhitzt, anschließend mit reichlich dest. Wasser ausgespült und getrock-
  net.
- Polyamid-Pulver
- Glaswolle
- Seesand
- für DC (s. auch Anmerkung):

DC-Platten	Kieselgel 60-Fertigplatten ohne Fluoreszenzindikator oder selbst hergestellt: 0,25 mm, Kieselgel G (vgl. ► Abschn. 5.2)
Laufmittel	L I: *n*-Butanol/Ethanol/dest. Wasser/Eisessig 60 + 10 + 20 + 0,5 (*v/v/ v/v*) oder L II: Toluol/Eisessig 65 + 35 (*v/v*) oder LIII: Ethylacetat/Methanol/Ammoniak (25 %)/dest. Wasser 60 + 18 + 5 + 12 (*v/v/v/v*)
Vergleichslösungen	Diverse hydrophile Farbstoffe jeweils ca. 0,1 % in Methanol bzw. Methanol/Wasser-Gemischen (vgl. ◙ Tab. 19.2)

■■ **Bestimmung**

(a) Probenaufarbeitung

(a1) Lebensmittel auf Stärkebasis

5–10 g der fein zerkleinerten Probe werden mit ca. 50 mL der methanolischen
Ammoniak-Lösung gut vermischt und einige Zeit stehen gelassen. Der Ansatz
wird zentrifugiert, die klare, methanolische Farbstoff-Lösung in einer Abdampfschale eingedampft, mit dest. Wasser auf ca. 30 mL verdünnt und dann mit 5 mL
einer 10%igen Kaliumhydrogensulfat-Lösung schwach angesäuert.

(a2) Vorwiegend zuckerhaltige Lebensmittel

Ca. 5 g Probe oder einer 5 g Trockenmasse entsprechende Probenmenge werden mit 30 mL dest. Wasser gelöst oder homogenisiert, mit 5 mL 10%igen Kaliumhydrogensulfat-Lösung versetzt und anschließend zentrifugiert. Achtung: Lösung muss deutlich sauer sein, da sonst bei der nachfolgenden Isolierung mit Hilfe des Wollfadens oder mit Polyamid eine störende Karamelisierung der Zucker erfolgt!

(a3) Stark fetthaltige Lebensmittel

Die Probe wird zuerst mit Petroleumbenzin entfettet, anschließend mit heißem dest. Wasser behandelt und mit 10%igen Kaliumhydrogensulfat-Lösung angesäuert. Ist das zu untersuchende Lebensmittel außerdem eiweißreich, wird die entfettete, fein zerkleinerte Probe zunächst mit methanolischer Ammoniak-Lösung extrahiert. Weitere Aufarbeitung siehe unter (a1).

(b) Isolierung der Farbstoffe/Herstellung der Probenlösung

Die Isolierung nach (b1) oder (b2) kann alternativ angewandt werden.

(b1) Isolierung der Farbstoffe mit dem Wollfaden (Wollfaden-Methode)

Ein ca. 20 cm langer Wollfaden oder mehrere kurze Wollfäden (entfettet) werden in die nach (a) aufgearbeitete, schwach saure Probenlösung gegeben; der Ansatz wird vorsichtig erhitzt und solange am Sieden gehalten, bis der Farbstoff vollständig auf die Wolle aufgezogen ist. Der gefärbte Faden wird zunächst mit warmem Wasser, dann mit dest. Wasser gründlich abgespült, anschließend mit ca. 30 mL der methanolischen Ammoniak-Lösung versetzt und auf dem Wasserbad solange erhitzt, bis sich der Farbstoff vollständig abgelöst hat.

(b2) Isolierung der Farbstoffe mit Polyamid (Polyamid-Methode)

Zu der nach (a) erhaltenen Probenlösung wird ca. 1 g Polyamid-Pulver gegeben, das Gemisch zum Sieden erhitzt und ca. 10 min stehen gelassen. Der/die Farbstoff/e zieht/ziehen auf das Polyamid auf. Zur Entfernung von Begleitstoffen und zur Desorption des Farbstoffs/der Farbstoffe gibt es folgende Möglichkeiten:

Filtermethode

Das gefärbte Polyamid-Pulver wird abfiltriert (Glasfritte G3), zunächst mit 50 mL 5%iger heißer Essigsäure und anschließend mit 150 mL siedendem dest. Wasser gewaschen. Die Desorption der Farbstoffe vom Polyamid-Pulver erfolgt durch Zugabe eines Gemisches aus 3 mL Methanol (bzw. Ethanol) und 5 mL 5%iger Ammoniak-Lösung zum Filterrückstand. Die Lösung wird wie unten angegeben eingeengt.

19

Säulenmethode

Die Suspension des gefärbten Polyamid-Pulvers wird in ein Mikrochromatographierohr (Abb. 19.7) gefüllt, das vorher mit Glaswolle und etwas Seesand abgedichtet wurde. Die so im Mikrorohr entstandene Säule aus Polyamid-Pulver mit den adsorbierten Farbstoffen wird zunächst mit 100–200 mL heißem dest. Wasser und anschließend zweimal mit je 5 mL Methanol gewaschen, um andere Probeninhaltsstoffe weitgehend zu entfernen. Die Farbstoffe werden mit der methanolischen Ammoniak-Lösung in eine Abdampfschale (oder einen Spitzkolben) eluiert; die Lösung wird auf dem siedenden Wasserbad (oder am Rotationsverdampfer) schonend bis auf ein Volumen von 0,5–1 mL eingeengt und dann zur DC-Analyse eingesetzt.

(c) DC-Trennung

Auftragung der Lösungen:
1–10 µL der Probenlösung bzw. der Vergleichslösungen.

Entwicklung:

Aufsteigend in N-Kammer bis zu einer Laufhöhe von ca. 13 cm. Die Laufmittel LI, LII bzw. LIII können alternativ eingesetzt werden: LI eignet sich besonders für saure Farbstoffe mit Sulfongruppen, LII eignet sich besonders für saure Farbstoffe mit Carbonyl-Gruppen, LIII ist universell einsetzbar (s. auch Anmerkung).

- **Auswertung**

Die luftgetrockneten DC-Platten werden visuell ausgewertet.

DC mit Fluoreszenzindikator

Wenn DC-Schichten mit **Fluoreszenzindikator** verwendet werden, besteht die Möglichkeit zur weiteren Differenzierung der Farbstoffe (insbesondere bei den gelben Farbstoffen) durch Betrachten der entwickelten Platte unter der UV-Lampe. Einige Farbstoffe weisen eine beachtliche UV-Aktivität auf und sind daher aufgrund der Fluoreszenzminderung von anderen unterscheidbar (zum Beispiel L-Gelb 3: Chinolingelb).

Alternative Detektion

Zur **dünnschichtchromatographischen Differenzierung** der Farbstoffe können auch andere als die beschriebenen Kieselgel-Systeme eingesetzt werden. Beispielsweise kann für bestimmte Zwecke das System Cellulose/n-Propanol/Ethylacetat/dest. Wasser 60 + 10 + 30 ($v/v/v$) mit Erfolg eingesetzt werden.
Zur Trennung insbesondere von blauen Farbstoffen eignet sich auch das System Cellulose/Ethylacetat/Pyridin/dest. Wasser 55 + 25 + 20 ($v/v/v$).

19.4.2   Identifizierung fettlöslicher Farbstoffe mittels DC

■ **Anwendungsbereich**
— Fette und Öle, kakaobasierte Lebensmittel

■ **Grundlagen**
— Abschn. 19.4

■ **Prinzip der Methode**
Die **Farbstoffe** werden nach extraktiver Entfernung der Fettanteile der Probe an einer Polyamidsäule aufgrund ihres unterschiedlichen Lösungs-Verhaltens in verschiedenen organischen Lösemitteln fraktioniert bzw. isoliert und anschließend mittels DC identifiziert.

■ **Durchführung**
Für die Durchführung werden die folgenden Materialien benötigt.

■■ **Geräte und Hilfsmittel**
— ▶ Abschn. 5.2; außerdem:
— Rotationsverdampfer oder Wasserbad, siedend
— Scheidetrichter: 250 mL
— Messzylinder: 50 mL
— Mikrochromatographierohr: ◘ Abb. 19.7
— Bechergläser: 50 mL, 100 mL, 250 mL
— Abdampfschale (Glas): 50 mL oder Spitzkolben: 50 mL

■■ **Chemikalien (p. a.)**
— Petroleumbenzin: Siedebereich 40–60 °C
— Dimethylformamid (DMF)
— Methanol
— Chloroform
— Ammoniak (konz.): 25%ig
— Methylisobutylketon
— methanolische Ammoniak-Lösung:
  Ammoniak (25%ig)/Methanol = 5 + 95 (v/v)
— Polyamid-Pulver
— für DC

DC-Platten	Kieselgel 60-Fertigplatten ohne Fluoreszenzindikator oder selbst hergestellt: 0,25 mm, Kieselgel G (▶ Abschn. 5.2)
Laufmittel	LI: Chloroform/Methanol 20 + 80 (v/v) oder LII: Petroleumbenzin/Methanol/Methylisobutylketon 50 + 25 + 25 (v/v/v)
Vergleichslösungen	Diverse lipophile Farbstoffe jeweils ca. 0,1 % in Methanol bzw. Chloroform: z. B. Lactoflavin, Ceresrot, Carotinoide (Xanthophylle), Betenrot, Bixin, Curcumin bzw. Curcuma (◘ Tab. 19.2)

19

■ ■ Bestimmung

(a) Isolierung der Farbstoffe/Herstellung der Probenlösung

10–20 g Probe (je nach Farbintensität) werden in ca. 50 mL Petroleumbenzin gelöst bzw. mit Petroleumbenzin in der Wärme extrahiert (unlösliche Anteile abfiltrieren!). Anschließend wird der Petroleumbenzinextrakt dreimal mit jeweils 30 mL DMF ausgeschüttelt und die Petroleumbenzinphase verworfen. Die vereinigten DMF-Extrakte werden nochmals mit Petroleumbenzin ausgeschüttelt (dient zur Entfernung letzter Fettspuren), mit ca. 25 mL dest. Wasser verdünnt und auf ein mit Polyamidpulver (6–8 g) befülltes Mikrochromatographierohr gegeben. Das DMF wird mit dest. Wasser ausgewaschen (Lactoflavin wird dabei teilweise eluiert). Die Farbstoffe werden dann wie folgt eluiert:

Fraktion 1: – 20 mL Methanol (enthält z. B. Lactoflavin, Ceresrot)

Fraktion 2: – 20 mL Chloroform (fettlösliche Farbstoffe wie Carotinoide)

Fraktion 3: – 15 mL methanolische Ammoniak-Lösung (Beetenrot, Bixin, Curcumin)

Die einzelnen Fraktionen werden vorsichtig am Rotationsverdampfer oder auf dem siedenden Wasserbad in einer Abdampfschale eingeengt und die einzelnen Farbstoffe mit Hilfe der DC identifiziert.

(b) DC-Trennung

Auftragung der Lösungen:
    1–10 μL der Probenlösung bzw. der Vergleichslösungen.
Entwicklung:
    Aufsteigend in N-Kammer bis zu einer Laufhöhe von ca. 13 cm. Es wird entweder Laufmittel LI oder LII verwendet.

■ Auswertung
Die luftgetrockneten DC-Platten werden visuell ausgewertet.

19.5 Weitere Zusatzstoffe

19.5.1 Identifizierung von Antioxidantien mittels DC

■ Anwendungsbereich
— Speiseöle und -fette
— fetthaltige Lebensmittel
— Kartoffelerzeugnisse
— Knabberartikel(z. B. Kartoffelchips)

■ **Grundlagen**

Zur Stabilisierung der Fettphase in Lebensmitteln können diesen mitunter **Antioxidantien** (engl. antioxidants) zugesetzt werden. Ihre Wirkung beruht auf dem „Abfangen" der Radikale, die bei Autooxidationsvorgängen gebildet werden, und damit auf einem Abbruch bzw. einer Einschränkung der betreffenden Kettenreaktionen. Wichtige Antioxidantien sind α-, β- und γ-Tocopherole sowie Ascorbinsäure und einige ihrer Ester. Propyl-, Octyl- und Dodecylgallate, Butylhydroxyanisol (BHA) und Butylhydroxytoluol (BHT) sind nur begrenzt zugelassen [41–43].

■ **Prinzip der Methode**

Die Antioxidantien werden mit einem Lösungsmittelgemisch, bestehend aus Ethanol, 2-Propanol und Acetonitril, extrahiert und nach Abtrennung störender Begleitstoffe durch zweidimensionale DC aufgetrennt. Der Nachweis erfolgt durch Umsetzung mit Sprühreagenzien.

■ **Durchführung**

Für die Durchführung werden die folgenden Materialien benötigt.

■ ■ **Geräte und Hilfsmittel**
— ▶ Abschn. 5.2; außerdem:
— Zentrifuge mit Zentrifugengläsern (100 mL)
— Ultraschallbad
— Rotationsverdampfer
— Spitzkolben: 100 mL
— Vollpipetten: 1 mL, 20 mL, 25 mL
— Messzylinder: 100 mL
— Faltenfilter

■ ■ **Chemikalien (p. a.)**
— Ethanol: mind. 95Vol.-%ig
— 2-Propanol
— Acetonitril
— *n*-Hexan
— Essigsäureethylester
— Ethylmethylketon
— tert.-Butylmethylether (t-BME)
— Petroleumbenzin: Siedebereich 30–60 °C
— Dichlormethan
— Methanol
— Ammoniak (konz.): 25%ig
— Essigsäure: 96%ig (Eisessig)
— Ameisensäure: 98%ig
— Natriumsulfat: 3 h bei 550 °C geglüht
— Cer(IV)-sulfat Tetrahydrat $Ce(SO_4)_2 \cdot 4\,H_2O$
— 2-Hydrazono-2,3-dihydro-3-methylbenzothiazolhydrochlorid

19

- Lösungsmittelgemisch:
  Ethanol/2-Propanol/Acetonitril = 25 + 25 + 50 (*v/v/v*)
- für DC

DC-Platten	Kieselgel 60-Fertigplatten ohne Fluoreszenzindikator oder selbst hergestellt: 0,25 mm, Kieselgel G (vgl. ► Abschn. 5.2)
Laufmittel	Für die 1. Laufrichtung: LI: *n*-Hexan/Essigsäureethylester 93 + 7 (*v/v*) für die 2. Laufrichtung: LII: *n*-Hexan/Ethylmethylketon/tert.-Butylmethylether/Ameisensäure 70 + 17 + 13 + 2 (*v/v/v/v*) *bzw* LIII: Petroleumbenzin/Eisessig 80 + 20 (*v/v*) oder LIV: Dichlormethan/Methanol/Eisessig 90 + 10 + 2 (*v/v/v*)
Vergleichslösungen	Jeweils 1 mg/mL in Ethanol von folgenden Antioxidantien: Propyl-, Octyl-, Dodecylgallat; Butylhydroxytoluol (BHT), Butylhydroxyanisol (BHA), Ascorbylpalmitat (ACP), Tocopherol (Isomeren-Gemisch), Nordihydroguajeretsäure (NDGA), Ethoxyquin (6-Ethoxy-1,2-dihydro-2,2,4-trimethylchinolin (EMQ), tert.-Butylhydrochinon (TBHQ), 2,4,5-Trihydroxybutyrophenon (THBP), 4-Methoxy-2,6-di-tert-butylphenol (di-BHA) Lösungen bei Temperaturen ≤ 18 °C aufbewahren!
Sprühreagenz	Reagenz RI: 1 g Cer(IV)-sulfat in 100 mL Schwefelsäure (2,5 mol/L) Reagenz RII: 500 mg 2-Hydrazono-2,3-dihydro-3-methylbenzothiazolhydrochlorid in 20 mL dest. Wasser Reagenz RIII: 500 mg Dichlorchinonchlorimid in 100 mL Ethanol

■■ **Bestimmung**

(a) Herstellung der Probenlösung

5 g der zerkleinerten, gut durchmischten Probe (bei Speiseölen mit hohem Linolsäureanteil nur 2 g) werden mit 10 g Natriumsulfat in ein Zentrifugenglas gegeben und mit 25 mL des Lösungsmittelgemischs extrahiert (ggf. mit einem Homogenisator mischen und 10 min lang zentrifugieren). Die untere (wässrige) Phase wird nochmals wie angegeben extrahiert, die überstehenden (organischen) Phasen aus beiden Extraktionen werden über ein Faltenfilter in ein zweites Zentrifugenglas filtriert, vermischt und 2 h lang auf mindestens −18 °C abgekühlt, um Fett und Fettbegleitstoffe auszufrieren.

Anschließend wird die Lösung über ein Faltenfilter in den Spitzkolben dekantiert/filtriert; das Lösungsmittel wird am Rotationsverdampfer bei einer Wasserbadtemperatur von max. 30 °C im Vakuum abdestilliert (Vakuum unter Stickstoff aufheben!) und der Rückstand in 1 mL Ethanol, ggf. unter kurzem Eintauchen des Kolbens in ein Ultraschallbad, gelöst.

Sollten noch mitextrahierte Fettreste vorliegen, ist die Lösung noch einmal zu extrahieren.

(b) DC-Trennung

(b1) Vorversuche mittels eindimensionaler DC zur Bestimmung der R_f-Werte der eingesetzten Vergleichssubstanzen

Auftragung der Lösungen:
Je 5 µL der Vergleichslösungen.

Entwicklung:

Aufsteigend in N-Kammer bis zu einer Laufhöhe von ca. 13 cm; eindimensional. Laufmittel: Je eines der oben angegebenen Laufmittel LI bis LIV pro Platte.

Hinweis zur Entwicklung und Detektion

- Die **Entwicklung** der DC-Platten soll **lichtgeschützt** erfolgen; die entwickelten Platten werden nicht wie bei anderen Versuchen mit dem Fön, sondern kalt durch Aufblasen von Stickstoff unter dem Abzug getrocknet.
- Der **Nachweis** (die Detektion) erfolgt durch alternierende Umsetzung mit den Sprühreagenzien RI bis RII wie unter (c) beschrieben.

(b2) Hauptversuch mit Hilfe der zweidimensionalen DC

1. Schritt (erste Laufrichtung):

⇨ Auftragung der Lösungen: Auf zwei DC-Platten (① und ②) jeweils 20 µL der nach (a) hergestellten Probenlösung auf Punkt **S,** der sich zunächst in der linken unteren Ecke befindet, sowie 5 µL von jeder der Vergleichslösungen auf die Punkte **1, 2** und **3** auf der rechten Seite von **S** (vgl. Schema in ◘ Abb. 19.8).
Entwicklung in der ersten Laufrichtung:
Aufsteigend in N-Kammer bis zu einer Laufhöhe von ca. 13 cm. Laufmittel: Für beide Platten (① und ②) Laufmittel LI. Die Entwicklung soll lichtgeschützt erfolgen; die entwickelten Platten werden unter dem Abzug durch Aufblasen von Stickstoff getrocknet.

2. Schritt (zweite Laufrichtung):

⇨ Auftragung der Lösungen: Die Platten ① und ② werden um 90° gegen den Uhrzeigersinn gedreht, so dass der ursprüngliche Auftragungspunkt (**S**) der Probenlösung jetzt in der rechten unteren Ecke liegt (so wie in ◘ Abb. 19.8 dargestellt); in die nun linke untere Ecke werden wieder je 5 µL der Vergleichslösungen auf die Punkte **1′, 2′** und **3′** aufgetragen (s. Schema in ◘ Abb. 19.8).
Entwicklung in der zweiten Laufrichtung:
Aufsteigend in N-Kammer bis zu einer Laufhöhe von ca. 13 cm. Laufmittel: Für DC-Platte ① Laufmittel LII, für DC-Platte ② Laufmittel LIII oder LIV. LIV ist besonders zur weiteren Auftrennung der Gallate, ACP und NDGA geeignet.

19

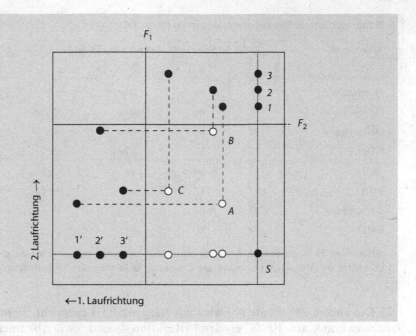

◘ Abb. 19.8 Auswertung einer zweidimensionalen DC-Trennung – Schematische Darstellung. Korrelation der Substanzflecken aus der Probe **(A-C)** mit denen der Vergleichssubstanzen **(1–3)**. *Erläuterung:* **S** Startpunkt der Probe; **F₁** Laufmittelfront der 1. Entwicklung; **F₂** Laufmittelfront der 2. Entwicklung; **1–3** bzw. **1'–3'** Vergleichssubstanzen (Startpunkte, 1. bzw. 2. Laufrichtung); **A-C** Substanzflecken aus der Probe. *Weitere Erläuterungen:* **Schwarze Punkte:** Am Ende des Versuchs erkennbare Flecken der Vergleichssubstanzen; **Punkte mit gestrichelter Linie:** Zwischenpositionen der Substanzen aus der Probe nach der 1. Entwicklung; **Punkte mit durchgezogener Linie:** Am Ende des Versuches erkennbare Flecken der Substanzen aus der Probe

Nach der Entwicklung (lichtgeschützt) werden Lösungsmittelreste wie oben beschrieben mit Stickstoff verblasen.

(c) Detektion

Nachweis und Identifizierung der Antioxidantien erfolgen durch Umsetzung mit den Sprühreagenzien wie folgt:

(c1) Eine der entwickelten DC-Platten (beispielsweise DC-Platte ①) wird mit Reagenz RI besprüht, getrocknet und unter der UV-Lampe betrachtet (Reaktion 1)

Anschließend wird die Platte mit Reagenz RII übersprüht, etwa 5 min lang im Trockenschrank auf 105 °C erwärmt (Reaktion 2) und nach Abkühlen mit Ammoniak bedampft (Reaktion 3).

⬛ Tab. 19.3   Anfärbungen der Antioxidantien bei der DC

Antioxidans	Farbe der Substanzflecken nach Reaktion				
	1	2	3	4	5
Propylgallat	Fl	br	dbr	br	gr
Octylgallat	Fl	br	dbr	br	gr
Dodecylgallat	Fl	br	dbr	br	gr
NDGA	Fl	kr	dbr	vbr	gr
ACP	Fl	ro/or	ro	–	–
BHA	Fl	kr	ro	rbr	vi
α-Tocopherol	Fl	ro	vi	–	–
EMQ	Fl	bl	bl	vi	gbr

Erläuterung: **Fl** Fluoreszenz; **br** braun; **gr** grau; **ro** rot; **or** orange; **vi** violett; **bl** blau; **dbr** dunkelbraun; **vbr** violettbraun; **rbr** rotbraun; **gbr** graubraun: **kr** karminrot; – keine Reaktion

(c2) Die andere DC-Platte (②) wird mit Reagenz RIII besprüht, 10 min lang im Trockenschrank auf 105 °C erwärmt (Reaktion 4) und nach Abkühlen mit Ammoniak bedampft (Reaktion 5)

Die bei den Reaktionen 1 bis 5 zu erwartenden Farben sind in ⬛ Tab. 19.3 zusammengestellt.

- **Auswertung**

Die Identifizierung der in der Probe enthaltenen Antioxidantien erfolgt anhand ihrer Farbreaktionen und durch Korrelation mit den R_f-Werten der Vergleichssubstanzen aus beiden Versuchsschritten (b1) und (b2).

19.5.2 Photometrische Bestimmung von Nitrit und Nitrat

- **Anwendungsbereich**
- Fleisch und Fleischerzeugnisse
- Wurstwaren

- **Grundlagen**

Der natürliche, physiologisch bedingte Nitrat-Gehalt in tierischen Lebensmitteln ist äußerst gering. **Nitrat** (engl. nitrates) und **Nitrit** (engl. nitrites) werden jedoch vielfach bei der Herstellung von tierischen Veredelungsprodukten als Zusatzstoff verwendet. Zum Pökeln von Fleisch und Fleischerzeugnissen ist in Deutschland ein gesetzlich geregelter Zusatz an Nitrat bzw. Nitritpökelsalz (Gemisch aus Kochsalz mit einem gesetzlich festgelegten Nitrit-Gehalt von 0,4–0,5 %) erlaubt. Sogenannte *Weiße Ware* wie Weißwurst, Bratwurst, Kalbskäse etc. dürfen einen solchen Zusatz nicht enthalten [44–46].

19

Wirksames Agens ist das aus Nitrit gebildete NO, weshalb evtl. verwendetes Nitrat zunächst durch (allmähliche) bakterielle Reduktion (Nitratreduktasen) reduziert werden muss. Bei Fleischwaren sind durch die Verwendung von Nitrat bzw. Nitrit folgende Wirkungen erwünscht [45]:

- Bildung einer hitze- und lagerbeständigen roten **Pökelfärbung** (sog. Umrötung):
  ⇨ der Muskelfarbstoff Myoglobin wird dabei durch Anlagerung von NO in Stickoxid-Myoglobin umgewandelt
- Verlängerung der **Haltbarkeit** durch Hemmung verderbniserregender Mikroorganismen:
  ⇨ Konservierungseffekt, der sich vor allem auf den Botulismustoxin-Bildner *Clostridium botulinum* auswirkt
- Erzeugung eines typischen **Pökelaromas:**
  ⇨ durch Reaktion verschiedener Fleischinhaltsstoffe mit Nitrit oder Stickoxiden bilden sich Alkohole, Aldehyde, Inosin, Hypoxanthin und besonders schwefelhaltige Verbindungen. Zur Ausbildung des typischen Pökelaromas in Fleischerzeugnissen sind 20–40 mg Nitrit/kg ausreichend.
- Verringerung des **Ranzigwerdens** der Fette.

■ **Prinzip der Methode**

Die Probe wird mit heißem dest. Wasser extrahiert und der Extrakt nach dem Ausfällen der Proteine filtriert. Das Filtrat enthält das extrahierte Nitrit und Nitrat. Nitrit wird als solches direkt durch Reaktion mit Sulfanilamid und N-(1-Naphthyl)-ethylendiammoniumdichlorid zu einem roten Farbstoff umgesetzt und bei 540 nm photometrisch bestimmt.

Nitrat wird zuvor durch metallisches Cadmium (in der sog. Reduktorsäule) zu Nitrit reduziert und anschließend analog der oben angegebenen Farbreaktion bestimmt. Die Nitrat-Bestimmung, auf dem Weg über die Reduktion mit metallischem Cadmium zum photometrisch leicht erfassbaren Nitrit, hat wegen der hohen Spezifität und Empfindlichkeit weite Anwendung gefunden.

■ **Durchführung**

Für die Durchführung werden die folgenden Materialien benötigt.

■■ **Geräte und Hilfsmittel**
- Spektralphotometer (▶ Abschn. 8.2)
- Glasküvetten: $d = 1$ cm
- Labormixgerät (z. B. Ultra-Turrax-Homogenisator)
- Homogenisiergerät (Küchenmixer)
- Glassäule: Ø 14 mm, Höhe 250 mm, mit Vorratsbehälter und Kapillar-Überlaufrohr für die Reduktion des Nitrats (Reduktorsäule, ◘ Abb. 19.9)
- Weithals-Erlenmeyerkolben: 200 mL
- Erlenmeyerkolben: 100 mL
- Messzylinder: 50 mL
- Messkolben: 100 mL, 200 mL

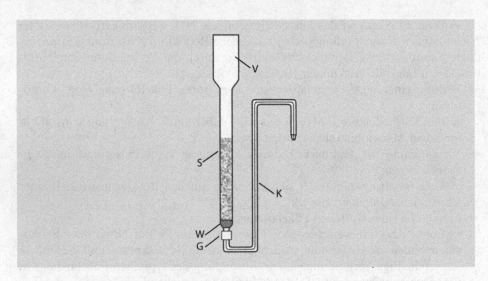

■ **Abb. 19.9** Cadmium-Reduktorsäule zur Reduktion von Nitrat (Nach [47]). *Erläuterung:* **V** Vorratsbehälter (Ø 30 mm, Höhe 90 mm); **S** Cadmiumsäule (Ø 14 mm, Höhe 170 mm); **K** Kapillar-Überlaufrohr (Ø 2 mm, Höhe 250 mm); **W** Glaswolle; **G** Gummischlauch. *Weitere Erläuterungen:* siehe Text

- Vollpipetten: diverse
- Faltenfilter: Ø 15 cm
- Glaswolle

■■ **Chemikalien (p. a.)**
- Zinkstäbe: ca. 150 mm × 5–7 mm
- Salzsäure: 37%ig, d (20 °C) = 1,19 g/mL
- Salzsäure: c = 0,1 mol/L
- Natriumhydroxid-Lösung: c = 0,1 mol/L
- Ammoniak-Lösung: 25%ig, d (20 °C) = 0,91 g/mL
- Cadmiumsulfat-Oktahydrat $CdSO_4 \cdot 8\ H_2O$
- Ethylendinitrilotetraessigsäure-Dinatriumsalz-Dihydrat (EDTA) $(CH_2N(CH_2COOH)CH_2COONa)_2 \cdot 2\ H_2O$
- Kaliumhexacyanoferrat(II) $K_4[Fe(CN)_6] \cdot 3\ H_2O$
- Zinkacetat $Zn(CH_3COO)_2 \cdot 2\ H_2O$
- Essigsäure: 96%ig (Eisessig)
- Dinatriumtetraborat-Dekahydrat $Na_2B_4O_7 \cdot 10\ H_2O$ (Borax)
- Sulfanilamid $NH_4C_6H_4SO_2NH_2$
- N-(1-Naphthyl)-ethyldiammoniumdichlorid $C_{12}H_{16}Cl_2N_2$
- Kaliumnitrat KNO_3
- Natriumnitrit $NaNO_2$
- Cadmiumsulfat-Lösung:
  3,7 g Cadmiumsulfat-Oktahydrat werden in dest. Wasser zu 100 mL gelöst.

19

- Cadmium-Schlamm (Füllung für die Reduktorsäule):
3–5 Zinkstäbe werden zur Abscheidung des Cadmiums in ein mit 1 Liter Cadmiumsulfat-Lösung gefülltes 2000-mL-Becherglas gestellt (1 Liter reicht für die Herstellung einer Reduktorsäule aus). Der sich an den Stäben bildende lockere, metallische Cadmiumbelag wird nach ca. 8 h durch Abreiben oder Rühren von den Stäben entfernt. Nach weiteren 8 h Standzeit wird die Lösung abdekantiert und der Niederschlag zweimal mit je 1000 mL dest. Wasser gewaschen. Wichtig ist dabei, dass das Cadmium ständig mit Flüssigkeit bedeckt ist.
Anschließend wird der Cadmiumniederschlag mit 400 mL Salzsäure (c = 0,1 mol/L) versetzt und mit Hilfe eines Labormixgerätes 10 s lang gemischt. Der gesamte Inhalt wird dann mit einem Glasstab gelegentlich gerührt und über Nacht stehen gelassen. Danach wird zum Entfernen von Gasblasen gut gerührt, die Säure abdekantiert und der entstandene Cadmium-Schlamm zweimal mit jeweils 1000 mL dest. Wasser gewaschen.
- Ammoniak-Pufferlösung (pH 9,6–9,7):
20 mL Salzsäure (37%ig) werden mit 500 mL dest. Wasser verdünnt, anschließend werden 10 g EDTA und 55 mL Ammoniak-Lösung (25%ig) zugefügt und mit dest. Wasser auf 1000 mL aufgefüllt. Der pH-Wert ist zu prüfen und ggf. zu korrigieren.
- verdünnte Ammoniak-Pufferlösung:
1 Volumenteil Ammoniak-Pufferlösung wird mit 9 Volumenteilen dest. Wasser verdünnt.
- Lösungen zum Fällen der Proteine:
  - Carrez-Lösung I: 106 g Kaliumhexacyanoferrat(II) in dest. Wasser lösen und auf 1000 mL auffüllen.
  - Carrez-Lösung II: 220 g Zinkacetat und 30 mL Eisessig in dest. Wasser lösen und auf 1000 mL auffüllen.
- Borax-Lösung (gesättigt):
50 g Dinatriumtetraborat in lauwarmem dest. Wasser lösen und auf 1000 mL auffüllen
- Reagenzien zur Farbentwicklung:
  - Farbreagenz A: 6 g Sulfanilamid werden in 500 mL dest. Wasser unter Erwärmen auf dem Wasserbad gelöst, die Lösung wird abgekühlt, unter ständigem Rühren werden anschließend 250 mL Salzsäure (37%ig) zugegeben und mit dest. Wasser auf 1000 mL aufgefüllt.
  - Farbreagenz B: 0,25 g N-(1-Naphthyl)-ethylendiammoniumdichlorid in dest. Wasser lösen und auf 250 mL auffüllen. Die Lösung wird in einer braunen Glasflasche im Kühlschrank aufbewahrt; sie ist nicht länger als eine Woche haltbar.
  - Farbreagenzmischung: Jeweils 1 Volumenteil Farbreagenz A und B werden vor dem Gebrauch gemischt. Die Mischung ist mehrere Stunden lang haltbar.
- Nitrat-Stammlösung; $c = 146,5$ mg KNO_3/L $\triangleq c = 89,84$ mg $NO_3^{\ominus}$/L:
732,5 mg Kaliumnitrat werden auf ±0,1 mg genau gewogen, in dest. Wasser gelöst und auf 500 mL aufgefüllt. 20 mL dieser Lösung werden in einen 200-mL-Messkolben pipettiert und mit dest. Wasser bis zur Marke aufgefüllt. Die Lösung ist stets frisch anzusetzen.

- Nitrat-Standardlösung:
  25 mL der Nitrat-Stammlösung werden in einen 200-mL-Messkolben pipettiert und mit etwa 100 mL dest. Wasser sowie 10 mL gesättigter Borax-Lösung vermischt. Dann werden nacheinander je 2 mL Lösung I und II zugegeben, wobei nach jeder Zugabe gemischt wird. Nach Auffüllen mit dest. Wasser bis zur Marke wird gründlich gemischt, 30 min stehen gelassen und anschließend durch ein Faltenfilter filtriert. Die Lösung ist stets frisch anzusetzen. 20 mL dieser Lösung enthalten 0,3662 mg Kaliumnitrat $\triangleq c = 0,2246$ mg $NO_3^{\ominus}$/L.
- Nitrit-Stammlösung; c = 50 mg NaNO$_2$/L $\triangleq$ 33,34 mg $NO_3^{\ominus}$/L:
  500 mg Natriumnitrit werden auf ±0,1 mg genau gewogen, in dest. Wasser gelöst, mit 1 mL Natriumhydroxid-Lösung (c = 0,1 mol/L) versetzt und mit dest. Wasser auf 500 mL aufgefüllt. 10 mL dieser Lösung werden in einen 200-mL-Messkolben pipettiert und mit dest. Wasser bis zur Marke aufgefüllt. Die Lösung ist stets frisch anzusetzen.
- Nitrit-Standardlösungen: Von der Nitrit-Stammlösung werden je 2,5; 5; 10 bzw. 15 mL in einen 200-mL-Messkolben pipettiert und mit etwa 150 mL dest. Wasser sowie 10 mL gesättigter Borax-Lösung vermischt. Dann werden nacheinander je 2 mL Lösung I und II zugegeben, wobei nach jeder Zugabe gemischt wird. Nach Auffüllen mit dest. Wasser bis zur Marke wird gründlich gemischt, 30 min stehen gelassen und anschließend durch ein Faltenfilter filtriert. Die Lösung ist stets frisch anzusetzen. 10 mL der so hergestellten Lösungen enthalten entsprechend der Dosierung der Nitrit-Stammlösung 6,25; 12,5; 25 bzw. 37,5 µg Natriumnitrit $\triangleq$ 4,17; 8,34; 16,67 bzw. 25,01 µg $NO_3^{\ominus}$.

■■ Herstellung der Reduktorsäule

1) Füllung

Das untere, verjüngte Ende der Glassäule (◨ Abb. 19.9) wird mit Glaswolle verschlossen, um das Cadmium zurückzuhalten. Dann wird der Cadmium-Schlamm (Gewinnung siehe „Chemikalien") mit dest. Wasser in die Säule überspült, und zwar so, dass das obere Niveau der Cadmiumsäule (Höhe ca. 170 mm) und die Auslauföffnung des Kapillarüberlaufrohres so weit auf gleicher Höhe liegen, dass beim Abfließen einerseits der Flüssigkeitsspiegel nicht unter das Niveau der Cadmiumsäule fällt und andererseits das überstehende Totvolumen möglichst gering bleibt.

Gaseinschlüsse

Eventuelle **Gaseinschlüsse** werden z. B. mit einem Metalldraht entfernt. Die so hergestellte Säule soll einen Durchfluss von max. 6 mL/min aufweisen. Wenn die Säule nicht benutzt wird, ist der Vorratsbehälter zu verschließen (zum Beispiel mit Parafilm).

2) Vorbehandlung

19

Die nach 1) gefüllte Cadmiumsäule wird nacheinander mit 25 mL Salzsäure (0,1 mol/L), 50 mL dest. Wasser und 25 mL verdünnter Ammoniak-Pufferlösung gewaschen. Dabei ist darauf zu achten, dass der Flüssigkeitsspiegel nicht unter das Niveau des Auslaufs des Kapillarüberlaufrohres fällt.

3) Überprüfung der Reduktionsleistung

20 mL der Nitrat-Standardlösung (0,3662 mg Kaliumnitrat enthaltend und vorbehandelt wie unter „Chemikalien" angegeben) werden mit 5 mL Ammoniak-Pufferlösung gemischt und quantitativ auf die Reduktorsäule gegeben. Das auslaufende Eluat wird in einem 100-mL-Messkolben gesammelt und der Vorratsbehälter der Säule, sobald er fast leer ist, zweimal nacheinander mit jeweils 15 mL dest. Wasser nachgespült. Dann wird der Vorratsbehälter vollständig mit dest. Wasser gefüllt und weiter eluiert. Der Messkolben wird, kurz bevor das Eluat die Marke des Messkolbens erreicht hat, von der Säule entfernt, mit dest. Wasser bis zur Marke aufgefüllt und gut durchmischt (sog. „reduzierte Messlösung"). 10 mL des Eluats werden zur Farbreaktion nach (b2) eingesetzt.

4) Bewertung

Die Nitrit-Konzentration des Eluats wird anhand der Kalibrierkurve (siehe (d)) ermittelt und darf nicht weniger als 95 % des theoretischen Wertes betragen. Ist dies aber der Fall, so ist eine neue Cadmium-Reduktorsäule herzustellen.

■■ Bestimmung

(a) Probenaufarbeitung

(a1) Hauptwertansatz

Die Probe wird mit Hilfe eines Homogenisiergerätes sorgfältig homogenisiert. Die weitere Untersuchung ist unmittelbar danach vorzunehmen.

Etwa 10 g Probe werden auf ±1 mg genau in einen Weithals-Erlenmeyerkolben eingewogen, mit 10 mL Borax-Lösung und 50 mL dest. Wasser versetzt, ca. 1 min mit Hilfe des Ultra-Turrax-Homogenisators homogenisiert, das Gerät mit 50 mL dest. Wasser sorgfältig abgespült und die Probenlösung anschließend im siedenden Wasserbad unter gelegentlichem Umrühren 15 min lang erhitzt. Nach Abkühlen werden nacheinander 2 mL Lösung I und Lösung II zugegeben, wobei nach jeder Zugabe gründlich gemischt wird; der Inhalt wird quantitativ in einen 200-mL-Messkolben überführt. Nach Auffüllen bis zur Marke mit dest. Wasser wird die Lösung gut durchmischt und nach 30 min Stehen lassen die überstehende Flüssigkeit durch ein Faltenfilter filtriert. Der erste Teil des Filtrats wird verworfen.

⇨ Das Filtrat dient sowohl zur Bestimmung des Gesamt-Nitrit/Nitrat-Gehaltes (nach Reduktion, siehe (b)) als auch des Nitrit-Gehaltes derselben Probe (ohne Reduktion, siehe (c)).

(a2) Blindwertansatz

In gleicher Weise wird ein Blindwertansatz (statt 10 g Probe werden 10 mL dest. Wasser eingesetzt) durchgeführt.

(b) Bestimmung des Gesamt-Nitrit/Nitrat-Gehaltes

(b1) Reduktion

20 mL des nach (a1) erhaltenen Filtrats werden mit 5 mL Ammoniak-Pufferlösung gemischt und quantitativ auf die Reduktorsäule (◨ Abb. 19.9) gegeben. Das Eluat wird in einem 100-mL-Messkolben aufgefangen und der Vorratsbehälter der Säule, sobald er fast leer ist, zweimal nacheinander mit jeweils 15 mL dest. Wasser nachgespült. Dann wird der Vorratsbehälter vollständig mit dest. Wasser gefüllt und weiter eluiert. Der Messkolben wird, kurz bevor das Eluat die Marke erreicht hat, von der Säule entfernt, mit dest. Wasser bis zur Marke aufgefüllt und gut durchmischt (sog. „reduzierte Probenlösung").

⇨ 10 mL dieser Lösung werden zur Farbreaktion nach (b2) eingesetzt.

(b2) Farbreaktion
    10 mL der Farbreagenzmischung werden in einem 100-mL-Erlenmeyerkolben mit 10 mL der reduzierten Probenlösung (nach (b1)) gemischt und 30 min lang bei Raumtemperatur im Dunkeln stehen gelassen.

⇨ Anschließend wird die Extinktion der Farblösung bei 540 nm gegen eine Blindlösung (Blindwertansatz s. (a2)) gemessen.

(c) Bestimmung des Nitrit-Gehaltes

10 mL der Farbreagenzmischung werden mit 10 mL der Probenlösung nach (a1) (Filtrat) versetzt und wie unter (b2) angegeben behandelt und photometriert.

(d) Kalibrierkurve

Jeweils 10 mL der Farbreagenzmischung werden mit je 10 mL der jeweiligen, unterschiedlich konzentrierten Nitrit-Standardlösungen versetzt und wie unter (b2) angegeben behandelt und photometriert.

⇨ Die erhaltenen Extinktionen werden gegen den Nitrit-Gehalt der Kalibrierlösungen (4,17; 8,34; 16,67 bzw. 25,01 µg/10 mL) aufgetragen.
⇨ Die Kalibrierkurve sollte in kürzeren Abständen, insbesondere, wenn neue Chemikalien verwendet werden, überprüft werden.

19

- **Auswertung**

Der Gehalt an Gesamt-Nitrit/Nitrat *GNN,* angegeben als Nitrit $NO_2^{\ominus}$ bzw. Natriumnitrit ($NaNO_2$) in mg/kg der Probe, errechnet sich nach:

$$GNN \ [\text{mg/kg}] = \frac{a \cdot F}{E}$$

mit

a – µg Nitrit bzw. Natriumnitrit, die in 10 mL der reduzierten Probenlösung (b1) enthalten sind (entnommen aus der Kalibrierkurve)

F – Verdünnungsfaktor (beim Einhalten dieser Vorschrift: 100)

E – Probeneinwaage in g

Zur Umrechnung von *GNN* angegeben als Natriumnitrit in *GNN* angegeben als Kaliumnitrat wird der Faktor 1,465 angewendet 1.

Der Nitrit-Gehalt *NI*, angegeben als Nitrit $NO_2^{\ominus}$ bzw. Natriumnitrit ($NaNO_2$) in mg/kg der Probe, errechnet sich wie folgt:

$$NI \ [\text{mg/kg}] = \frac{b \cdot F}{E}$$

mit

b – µg Nitrit bzw. Natriumnitrit, die in 10 mL der Probenlösung (a1) enthalten sind (entnommen aus Kalibrierkurve)

F – Verdünnungsfaktor (beim Einhalten dieser Vorschrift: 20)

E – Probeneinwaage in g

19.5.3 Nachweis von kondensierten Phosphaten mittels DC

- **Anwendungsbereich**
- Fleisch und Fleischerzeugnisse

- **Grundlagen**

Kondensierte Phosphate (engl. condensed phosphates) entstehen unter intermolekularer Wasserabspaltung aus primären Phosphaten ($H_2PO_4^{\ominus}$) bei Einwirkung höherer Temperaturen (>200 °C). Die zunächst gebildeten Diphosphate („Pyrophosphate") können ihrerseits oberhalb 300 °C unter weiterem Wasseraustritt auf dem Wege über höhere Polyphosphate (Tri-, Tetrapolyphosphate etc., engl. polyphosphate) in Metaphosphate übergehen. Unterschieden werden bei den kondensierten Phosphaten (lineare) Polyphosphate und (cyclische) Polymetaphosphate, wobei letztere durch Ringschluss (H_2O-Abspaltung) aus den linearen Polyphosphaten hervorgehen.

Die kondensierten Phosphate können wie folgt unterteilt werden: Niedermolekulare Polyphosphate haben die allgemeine Formel $M_{n+2}P_nO_{3n+1}$ (M = einbindiges Metall wie zum Beispiel Na; $n \geq 2$) bzw. die folgende Strukturformel:

$$\text{Me} - \text{O} - \left[\begin{array}{c} \overset{\displaystyle O}{\underset{\displaystyle OMe}{\vert\vert}} \\ P \\ \end{array} - \text{O} - \begin{array}{c} \overset{\displaystyle O}{\underset{\displaystyle OMe}{\vert\vert}} \\ P \\ \end{array} - \text{O} \right]_n - \text{Me}$$

Hochmolekulare Polyphosphate (z. B. Grahamsches Salz, Madrellsches Salz) weisen die allgemeine Formel: $Na_nH_2P_nO_{3n+1}$, niedermolekulare Polymetaphosphate die Formel: $M_nP_nO_{3n} = (MPO_3)_n$ auf.

Unter den kondensierten Phosphaten finden Diphosphate als lebensmitteltechnologisch relevante Zusatzstoffe Anwendung, wobei ihre Wirkung hauptsächlich auf ihrem Bindungsvermögen gegenüber zweiwertigen Ionen, ihren Pufferungseigenschaften und ihrem Wasserbindungsvermögen beruht; daneben zeigen sie emulgierende und emulsionsstabilisierende Wirkungen.

Die kondensierten Phosphate können infolge von Hitzebehandlung der Fleischerzeugnisse und Einwirkung von Enzymen hydrolysiert werden; daher erfasst diese Methode nur die zum Zeitpunkt des Versuchs noch vorhandenen kondensierten Phosphate [46–49].

■ **Prinzip der Methode**

Die kondensierten Phosphate werden mit Trichloressigsäure-Lösung aus der Probe extrahiert, dünnschichtchromatographisch getrennt und mit Farbreagenzien nachgewiesen.

■ **Durchführung**

Für die Durchführung werden die folgenden Materialien benötigt.

■■ **Geräte und Hilfsmittel**
— ▶ Abschn. 5.2; außerdem:
— Ultra-Turrax-Homogenisator
— Vollpipetten: 7 mL
— Faltenfilter

■■ **Chemikalien (p. a.)**
— Trichloressigsäure-Lösung: 20 %ig
— Ammoniak-Lösung: 20%ig
— 2-Propanol
— Natriumdihydrogen(mono)phosphat-Monohydrat $NaH_2PO_4 \cdot H_2O$
— Tetranatriumdiphosphat-Dekahydrat $Na_4P_2O_7 \cdot 10\ H_2O$
— Pentanatriumtripolyphosphat $Na_5P_3O_{10}$
— Schwefelsäure: 98%ig ($d = 1,4$ g/mL)
— Ammoniumheptamolybdat-Tetrahydrat $(NH_4)_6Mo_7O_{24} \cdot 4\ H_2O$
— Weinsäure $C_4H_6O_6$

19

- Natriummetabisulfit (Natriumdisulfit) $Na_2S_2O_5$
- Natriumsulfit Na_2SO_3
- 1-Amino-2-naphthol-4-sulfonsäure (1-Amino-2-hydroxynaphthalin-4-sulfon-säure) $C_{10}H_9NO_4S$
- Natriumacetat CH_3COONa
- für DC

DC-Platten	Cellulose-Fertigplatten ohne Fluoreszenzindikator oder selbst hergestellt wie folgt: 0,3 g lösliche Stärke werden in 90 mL siedendem dest. Wasser gelöst, nach Abkühlen mit 15 g Cellulose-Pulver versetzt und etwa 1 min lang homogenisiert. Das Homogenisat wird mit einem Streichgerät zur DC mit gleichmäßiger Schichtdicke (0,25 mm) auf Glasplatten (i. A. 20 cm × 20 cm) aufgetragen; die beschichteten Platten werden an der Luft getrocknet
Laufmittel	2-Propanol/Trichloressigsäure-Lösung (20%ig)/dest. Wasser/Ammoniak-Lösung (20%ig) 35 + 10 + 5 + 0,5 (*v/v/v/v*)
Vergleichslösungen	200 mg NaH_2PO_4 · H_2O, 300 mg $Na_4P_2O_7$ · H_2O bzw. 200 mg $Na_5P_3O_{10}$ jeweils in 100 mL dest. Wasser lösen. (Haltbarkeit bei 4 °C: etwa 4 Wochen)
Sprühreagenz	Reagenz I: 50 mL Ammoniumheptamolybdat-Lösung (c = 75 g/L) mit 50 mL Schwefelsäure (*d* = 1,4 g/mL) vorsichtig mischen und mit 10 g Weinsäure versetzen (frisch ansetzen) Reagenz II: 195 mL Natriummetabisulfit-Lösung (c = 150 g/L) und 5 mL Natriumsulfit-Lösung (c = 200 g/L) mischen und mit 0,5 g 1-Amino-2-naphtho-4-sulfonsäure sowie 40 g Natriumacetat versetzen. (Diese Lösung ist in einer Braunglasflasche im Kühlschrank aufzubewahren.)

■■ Bestimmung

(a) Herstellung der Probenlösung

Die Probe wird zerkleinert und nach Entfernen von fleischfremden Bestandteilen (Hülle, Einlagen usw.) homogenisiert. 5 g der so vorbereiteten Probe werden mit 7 mL Trichloressigsäure-Lösung homogenisiert und durch ein Faltenfilter filtriert.

(b) DC-Trennung

Auftragung der Lösungen:
Je 4 μL der nach (a) hergestellten Probenlösung und der Vergleichslösungen (Spots wegen der Hydrolyseempfindlichkeit nicht mit Heißluft trocknen!).

Entwicklung:

Aufsteigend in N-Kammer bis zu einer Laufhöhe von mind. 10 cm.

(c) Detektion

Die entwickelte und an der Luft getrocknete Platte wird intensiv mit Reagenz I besprüht: Dabei treten gelbe Substanzflecken auf.

Zur besseren Erkennbarkeit der Spots kann die besprühte Platte getrocknet, auf 100° C erwärmt und nach Abkühlen intensiv mit Reagenz II besprüht werden: Die Substanzflecken erscheinen jetzt blau.

■ **Auswertung**

Die Spots werden anhand ihrer r_f-Werte mit den Vergleichssubstanzen verglichen.

19.5.4 **Photometrische Bestimmung von Phosphat – Ermittlung der P-Zahl**

■ **Anwendungsbereich**
▬ Fleisch und Fleischerzeugnisse

■ **Grundlagen**
Bei der Verarbeitung von Fleisch zu Wurstwaren besitzen die Na-Salze von Mono- und Diphosphaten als Kutterhilfsmittel eine wichtige Funktion: Sie steigern einerseits durch Erhöhung des pH-Wertes die Wasserbindungskapazität, besitzen aber auch eine gewisse Emulgatorwirkung (durch teilweise Verseifung des Fettes). Je höher der Kondensationsgrad dieser Phosphate ist, desto größer sind diese Wirkungen.

Der chromatographische Nachweis von **Phosphaten** (engl. phosphates) (▶ Abschn. 19.5.3) sollte immer in Verbindung mit einer quantitativen Phosphat-Bestimmung stehen, da kondensierte Phosphate leicht hydrolytisch (enzymatisch oder durch Hitzeeinwirkung) gespalten werden und dann nicht mehr als solche nachweisbar sind, aber trotzdem ein erhöhter Phosphat-Gehalt feststellbar ist [44–48].

■ **Prinzip der Methode**
Die Probe wird, um Phosphat-Verluste zu vermeiden, mit Magnesiumacetat verascht und anschließend der Phosphat-Gehalt in der Asche nach Lösen mit Salpetersäure und Umsetzung mit Molybdat-Vanadat-Reagenz bei 430 nm photometriert. Die Definition der **P-Zahl** ist im nachfolgend wiedergegebenen Kasten „P-Zahl – Definition" beschrieben.

■ **Durchführung**
Für die Durchführung werden die folgenden Materialien benötigt.

■■ **Geräte und Hilfsmittel**
▬ Spektralphotometer (▶ Abschn. 8.2)
▬ Glasküvetten: $d=2$ cm
▬ Muffelofen

19

- Oberflächenverdampfer (Infrarotstrahler)
- Quarz- oder Quarzgutschalen
- Messkolben: 100 mL, 1000 mL
- Vollpipetten: 5 mL, 10 mL, 20 mL, 30 mL, 50 mL
- Messpipetten: 5 mL, 10 mL

■■ **Chemikalien (p. a.)**
- Magnesiumacetat-Lösung:
  150 g Magnesiumacetat $Mg(CH_3COO)_2 \cdot 4 \ H_2O$ werden in einem 1000-mL-Messkolben mit dest. Wasser gelöst und bis zur Marke aufgefüllt.
- Salpetersäure, verdünnt:
  1 Volumenteil Salpetersäure (mind. 65%ig) mit 2 Volumenteilen dest. Wasser verdünnen.
- Ammoniumvanadat-Lösung:
  2,5 g Ammoniummonovanadat NH_4VO_3 werden im 1000-mL-Messkolben in ca. 500 mL siedendem, dest. Wasser gelöst, nach Erkalten mit 20 mL Salpetersäure (mind. 65%ig) versetzt und mit dest. Wasser bis zur Marke aufgefüllt.
- Ammoniummolybdat-Lösung:
  50 g Ammoniumheptamolybdat $(NH_4)_6Mo_7O_{24} \cdot 4 \ H_2O$ werden im 1000-mL-Messkolben in ca. 700–800 mL warmem, dest. Wasser gelöst und nach Erkalten bis zur Marke aufgefüllt.
- Reagenzlösung:
  Je 1 Volumenteil verd. Salpetersäure, Ammoniumvanadat- und Ammoniummolybdat-Lösung miteinander mischen. Die Reagenzlösung muss klar und schwach gelblich gefärbt sein.
- Phosphat-Stammlösung; $c = 100$ mg/L:
  Kaliumdihydrogenphosphat KH_2PO_4 wird 2 h bei 105 °C bis zur Gewichtskonstanz getrocknet. Von der trockenen Substanz werden genau 439,5 mg in einen 1000-mL-Messkolben eingewogen und dieser mit dest. Wasser bis zur Marke aufgefüllt.
- Phosphat-Kalibrierlösungen:
  Von der Phosphat-Stammlösung werden 10; 20; 30; 40; 50 und 60 mL in je einen 100-mL-Messkolben pipettiert, jeweils 10 mL verdünnte Salpetersäure zugegeben und dann mit dest. Wasser bis zur Marke aufgefüllt ($c = 1$; 2; 3; 4; 5 und 6 mg/L).

■■ **Bestimmung**

(a) Probenaufarbeitung

Circa 5 g der fein zerkleinerten, genau gewogenen Probe werden in einer Quarzschale mit 5 mL Magnesiumacetat-Lösung gut vermischt, mit Hilfe des Oberflächenverdampfers vorsichtig verkohlt und dann bei 550 °C im Muffelofen verascht.

Die weiße Asche wird mit 10 mL verd. Salpetersäure versetzt, erhitzt und im Trockenschrank ca. 1 h lang bei einer Temperatur von 105 °C gehalten. Die Aschelösung wird in einen 100-mL-Messkolben überführt (Quarzschale gründlich mit dest. Wasser nachspülen), auf Raumtemperatur abgekühlt und mit dest. Wasser bis zur Marke aufgefüllt.

(b) Farbreaktion

Je nach zu erwartendem Phosphat-Gehalt werden 5–20 mL (= x mL) der völlig klaren und farblosen Aschelösung in einen 100-mL-Messkolben pipettiert, mit 30 mL Reagenzlösung versetzt und mit dest. Wasser bis zur Marke aufgefüllt. Nach ca. 30 min wird die Extinktion dieser Lösung bei 430 nm (Schichtdicke: $d = 2$ cm!) gegen einen Reagenzienblindwert gemessen.

(c) Aufstellung der Kalibrierkurve

Je 20 mL der Phosphat-Kalibrierlösungen werden in 100-mL-Messkolben mit je 30 mL Reagenzlösung versetzt und mit dest. Wasser bis zur Marke aufgefüllt. Nach ca. 30 min werden die Extinktionen dieser Lösungen bei 430 nm gegen eine Blindprobe (0,5 mL verd. Salpetersäure + 30 mL Reagenzlösung auf ein Volumen von 100 mL mit dest. Wasser auffüllen) gemessen ($c = 0,2$; 0,4; 0,6; 0,8; 1,0 und 1,2 mg P/100 mL Messlösung).

- **Auswertung**

Der Phosphat-Gehalt (berechnet als P_2O_5) in g/100 g Probe errechnet sich wie folgt:

$$P_2O_5 \ [g/100g] = \frac{P \cdot 22,9}{x \cdot E}$$

mit

P – mg Phosphor/100 mL Messlösung (ermittelt aus der Kalibrierkurve)

22,9 – Umrechnungsfaktor (berücksichtigt Umrechnung von Phosphor auf Phosphorpentoxid sowie Verdünnung)

x – Volumen in mL der zur Farbreaktion eingesetzten Asche-Lösung

E – Probeneinwaage in g

P-Zahl – Definition

Ein Phosphatzusatz kann über die Ermittlung der **P-Zahl** nachgewiesen werden. Die P-Zahl ist eine empirische Kennzahl, der das im Fleisch relativ konstante Verhältnis Phosphat-Gehalt zu Rohproteingehalt (Ermittlung des Proteingehaltes vgl. ► Abschn. 16.3.1) zugrunde liegt.

$$P\text{-}Zahl = \frac{\%P_2O_5 \cdot 100}{\%Rohprotein}$$

19

Die durchschnittliche **P-Zahl** bei Fleisch und Fleischerzeugnissen liegt bei 2,2. Bindegewebe (Sehnen und Schwarten) weisen erheblich niedrigere P-Zahlen (0,5) auf; Innereien dagegen erheblich höhere (Leber: 4; Hirn: 7). Bei Brühwürsten (ohne Leberzusatz) gilt ein Phosphat-Zusatz als erwiesen, wenn die P-Zahl über 2,4 liegt.

19.5.5 Photometrische Bestimmung von Milcheiweiß

- **Anwendungsbereich**
- Brühwürste und brühwurstartige Fleischerzeugnisse
- Kochstreichwürste (ohne Leberzusatz)
- tafelfertig zubereitete Fleischerzeugnisse

- **Grundlagen**

Mit Alkali aufgeschlossenes und anschließend sprühgetrocknetes **Milcheiweiß** (≙ Caseinat, engl. milk protein) ist löslich und besitzt gut dispergierbare Eigenschaften. Cascinate werden häufig als Lebensmittelzusatzstoffe eingesetzt, da mit ihrer Hilfe das physikalische Verhalten von Lebensmittelzubereitungen positiv verändert bzw. stabilisiert werden kann [49–51].

- **Prinzip der Methode**

Aus der homogenisierten Untersuchungssubstanz werden die Phosphoproteine (≙ Casein) mittels geeigneter Extraktionsmittel von den übrigen löslichen Phosphorverbindungen abgetrennt, mit Säure hydrolysiert und die freigesetzte Phosphorsäure nach Umsetzung mit Molybdat-Vanadat-Reagenz bei 430 nm photometriert.

- **Durchführung**

Für die Durchführung werden die folgenden Materialien benötigt.

- ■ **Geräte und Hilfsmittel**
- Spektralphotometer (▶ Abschn. 8.2)
- Glasküvetten: $d = 2$ cm
- Zentrifuge mit Zentrifugengläsern (100 mL)
- Kjeldahl-Kolben: 100 mL (◘ Abb. 16.7)
- Messzylinder: 50 mL, 100 mL
- Messkolben: 100 mL, 1000 mL, 2000 mL
- Vollpipetten: 5 mL, 10 mL, 20 mL, 30 mL, 50 mL
- Messpipette: 5 mL
- pH-Papier oder pH-Messgerät
- Glasperlen

- ■ **Chemikalien (p. a.)**
- Ethanol: 96 Vol.-%ig
- Toluol
- Ethanol-Toluol-Gemisch: 2 + 1 *(v/v)*

— Perchlorsäure, verdünnt:
   95 mL Perchlorsäure (ca. 70%ig) werden im 2000-mL-Messkolben mit dest.
   Wasser bis zur Marke aufgefüllt
— Aufschlusssäure:
— Salpetersäure (mind. 65%ig)/Perchlorsäure (ca. 70%ig)/Schwefelsäure (95–
   97%ig) 3 + 3 + 1 (v/v/v) mischen
— Ammoniak-Lösung (konz.): 25%ig

Folgende Chemikalien ▶ Abschn. 19.5.4:
— verd. Salpetersäure
— Ammoniumvanadat-Lösung
— Ammoniummolybdat-Lösung
— Reagenzlösung
— Phosphat-Stammlösung
— Phosphat-Kalibrierlösungen

■ ■ Bestimmung

(a) Extraktion

Circa 3 g des gut homogenisierten Untersuchungsmaterials werden genau eingewogen, mit ca. 20 mL Ethanol in einem Zentrifugenglas digeriert, 15 min Stehen
gelassen und zentrifugiert; die überstehende Lösung wird verworfen (Entfernung
der löslichen Phospholipide!). Zur Fettextraktion wird der übriggebliebene Bodensatz mit 50 mL Ethanol-Toluol-Gemisch ca. 15 min lang im Wasserbad auf
ca. 70 °C erhitzt, dann erneut zentrifugiert und der Überstand verworfen. Der
Vorgang wird anschließend noch einmal wiederholt!
   Zur Entfernung des säurelöslichen Phosphat-Anteils werden ca. 50 mL verdünnte Perchlorsäure in das Zentrifugenglas gegeben, unter mehrmaligem Umrühren auf 80 °C im Wasserbad erwärmt, zentrifugiert und die überstehende Lösung verworfen. Den Vorgang anschließend wiederholen!

(b) Aufschluss

Der Rückstand wird mit sehr wenig Wasser und 5 mL Aufschlusssäure in einen
100-mL-Kjeldahl-Kolben überführt und nach Zugabe von zwei Glasperlen auf
dem Bunsenbrenner so lange erhitzt (ca. 20 min), bis die Aufschlusslösung farblos
und klar ist.

(c) Farbreaktion

Die Aufschlusslösung wird mit dest. Wasser in einen 100-mL-Messkolben überführt, bis dieser etwa zur Hälfte gefüllt ist. Nach Abkühlen der Lösung wird mit
konz. Ammoniak-Lösung (ca. 4 mL) auf einen pH-Wert von ca. 7 eingestellt, mit
einigen Tropfen verd. Salpetersäure schwach angesäuert, 30 mL Reagenzlösung

19

zupipettiert und mit dest. Wasser bis zur Marke aufgefüllt. Nach ca. 30 min wird die Extinktion dieser Lösung bei 430 nm gegen einen Reagenzienblindwert gemessen.

(d) Aufstellung der Kalibrierkurve

Je 5 mL der Phosphat-Kalibrierlösungen werden in 100-mL-Messkolben mit je 30 mL Reagenzlösung versetzt und mit dest. Wasser zur Marke aufgefüllt. Nach ca. 30 min werden die Extinktionen dieser Lösungen bei 430 nm gegen eine Blindprobe (0,5 mL verd. Salpetersäure und 30 mL Reagenzlösung auf ein Volumen von 100 mL mit dest. Wasser auffüllen) gemessen (c = 5; 10; 15; 20; 25 und 30 µg P/100 mL Messlösung).

- **Auswertung**

Der Milcheiweißgehalt M in g/100 g Probe errechnet sich wie folgt:

$$M \text{ [g/100g]} = \frac{m}{E \cdot 65}$$

mit

m – µg Phosphor/100 mL Messlösung (ermittelt aus der Kalibrierkurve)

E – Probeneinwaage in g

65 – Faktor berücksichtigt u. a. die Umrechnung vom ermittelten Phosphor- auf den Milcheiweißgehalt (der Phosphor-Gehalt des handelsüblichen Milcheiweißes wird zu 0,65 % angenommen)

19.5.6 Titrimetrische Bestimmung von Ammoniumchlorid

- **Anwendungsbereich**
- Lakritzerzeugnisse
- Salzlakritz

- **Grundlagen**

Ammoniumchlorid (Salmiaksalz, E510, engl. ammonium chloride) ist ein Zusatzstoff, der zur Aromatisierung von **Lakritzwaren** verwendet werden kann (Höchstgehalte beachten) und den salzig-würzigen Geschmack dieser Erzeugnisse bewirkt.

Zur Bestimmung eines dissoziierenden Salzes können sowohl das Kation als auch das Anion analysiert werden. Die Bestimmung als Chlorid ist nur dann möglich, wenn die Anwesenheit anderer Chloride in dem Lebensmittel ausgeschlossen werden kann. Dies ist jedoch bei Lakritzerzeugnissen selten der Fall. Deshalb erfolgt die Bestimmung über Ammonium, welches destillativ als Ammoniak abgetrennt und dieser anschließend titrimetrisch analysiert wird [52, 53].

■ **Prinzip der Methode**

Die Probe wird in Wasser gelöst und mit Magnesiumoxid schonend alkalisiert. Anschließend wird der freigesetzte Ammoniak mittels Wasserdampfdestillation in eine Vorlage überführt. Die Bestimmung erfolgt titrimetrisch entweder als Direkttitration nach der Borsäure-Methode (Variante 1) oder als Rücktitration mit potentiometrischer Endpunktsbestimmung (Variante 2).

■ **Durchführung**

Für die Durchführung werden die folgenden Materialien benötigt.

■■ **Geräte und Hilfsmittel**

— Wasserdampfdestillationsapparatur (z. B. nach Antonacopoulos oder Fa. Büchi)

— Bürette oder automatischer Titrator mit pH-Glaselektrode

■■ **Chemikalien (p. a.)**

— Magnesiumoxid

— Variante 1:
   – Borsäure-Lösung: 2%ig (w/v)
   – Ethanolische Methylrot-Lösung: 0,25%ig (w/v)
   – Salzsäure-Lösung: c = 0,1 mol/L

— Variante 2:
   Schwefelsäure-Maßlösung: c = 0,05 mol/L
   Natriumhydroxid-Maßlösung: c = 0,1 mol/L

■■ **Bestimmung**

(a) Herstellung der Probenlösung

Nach Zerkleinerung der meist festen Proben (▶ Abschn. 18.7; vgl. Probenvorbereitung) wird eine Menge der Probe, die etwa 500–1000 mg Ammoniumchlorid enthält, in einen 300-mL-Erlenmeyerkolben auf ± 1 mg genau eingewogen. Unter Rühren und Erwärmen wird die Probe in ca. 150 mL Wasser gelöst, quantitativ in einen 250-mL-Messkolben überführt und bis zur Marke aufgefüllt.

(b) Destillation

Die Vorlage für die Wasserdampfdestillation besteht entweder aus 100 mL Borsäure-Lösung, versetzt mit 5 Tropfen Methylrot-Lösung (Variante 1) oder aus 50,00 mL Schwefelsäure-Maßlösung (Variante 2). Das Auslaufröhrchen soll mindestens 1 cm in die Vorlagelösung tauchen. Für die Destillation wird die Dichtigkeit der Apparatur überprüft. Dann werden 50,00 mL der Probelösung in den Destillationskolben pipettiert. Sofort nach Zugabe von ca. 4 g Magnesiumoxid wird der Kolben dicht an die Apparatur angeschlossen. Die Wasserdampfzufuhr wird gestartet und erst nach Übergang von ca. 50 mL Destillat beendet. Die Vorlage wird unter Abspülen des Auslaufröhrchens mit Wasser von der Apparatur genommen.

(c) Titration

Die Titration des Destillats erfolgt mit Salzsäure-Maßlösung (c = 0,1 mol/L) bis zum bleibenden Farbumschlag nach Rot (Variante 1) oder mit Natriumhydroxid-Maßlösung (c = 0,1 mol/L) bis zum Erreichen des potentiometrischen Äquivalenzpunktes (Variante 2).

- **Auswertung**

Der prozentuale Ammoniumchlorid-Gehalt NH_4Cl in g/100 g in der Probe errechnet sich wie folgt:

Für die Direkttitration (Variante 1):

$$NH_4Cl \ [\text{g/100 g}] = \frac{V \cdot f \cdot 0,5349}{m}$$

mit

V – Verbrauch an Salzsäure-Maßlösung (c = 0,1 mol/L) in mL

f – Verdünnungsfaktor

$0,5349$ – Umrechnungsfaktor für Ammoniumchlorid

m – Probeneinwaage in g

Für die Rücktitration (Variante 2):

$$NH_4Cl \ [\text{g/100 g}] = \frac{(V_1 - V_2) \cdot f \cdot 0,5349}{m}$$

mit

V_1 – Volumen der Vorlage an Schwefelsäure-Maßlösung (c = 0,05 mol/L) in mL

V_2 – Verbrauch an Natriumhydroxid-Maßlösung (c = 0,1 mol/L) in mL

f – Verdünnungsfaktor

$0,5349$ – Umrechnungsfaktor für Ammoniumchlorid

m – Probeneinwaage in g

Literatur

1. IFU: Nr. 41
2. Diemair W, Postel W (1967) Nachweis und Bestimmung von Konservierungsstoffen in Lebensmitteln. Wissenschaftl Verlagsges, Stuttgart. S 9 ff
3. Woidich H, Gnauer H, Galinovsky E (1967) Dünnschichtchromatographische Trennung einiger Konservierungsmittel. Z Lebensm Unters Forsch 133:317

4. Krull L, Matissek R (1988) DC-Nachweis saurer Konservierungsstoffe in Lebensmitteln und kosmetischen Mitteln nach In-situ-Derivatisierung. Deut Lebensm Rundsch 84:144
5. Funk W (1984) Derivatisierungsreaktionen im Bereich der quantitativen Dünnschichtchromatographie. Fresenius Z Anal Chem 318:206
6. Uchiyama S, Uchiyama M (1978) Fluorescence enhancement in thin-layer chromatography by spraying viscous organic solvents. J Chromatogr 153:135
7. Lück E (1996) Chemische Lebensmittelkonservierung – Stoffe, Wirkungen, Methoden. Springer, Berlin
8. Kuhn R, Lutz P (1963) Über Formylbrenztraubensäure und den Farbstoff der Warren-Reaktion. Biochem Z 338:554
9. Lück E (1974) Geranienton im Wein. Deut Weinb 29:816
10. Lück E (1984) Sorbinsäure und Sorbate – Konservierungsstoffe für Fleisch und Fleischwaren. Fleischwirtschaft 64:727
11. Schmidt H (1960) Eine spezifische colorimetrische Methode zur Bestimmung der Sorbinsäure. Fresenius Z Anal Chem 178:173
12. Würdig G, Schlotter HA, Klein E (1974) Über die Ursachen des sogenannten Geranientones. Allg Deut Weinfachzeitg 110:578
13. SLMB: Kap. 30A, 17.2
14. ASU: L 00.00-9, L 17.00-10, L 00.00-10
15. Gieger U (1982) Benzoesäure in Sauermilcherzeugnissen und Frischkäse. HPLC-Analyse von Benzoesäure, Sorbinsäure und pHB-Estern in Lebensmitteln. Lebensmittelchem gerichtl Chem 36:109
16. ASU: L 00.00–10
17. Aitzetmüller K, Arzberger E (1984) Analyse von Konservierungsstoffen in fetthaltigen Lebensmitteln mittels HPLC. Z Lebensm Unters Forsch 178:279
18. Allgemeine Verwaltungsvorschrift zur Änderung und Ergänzung der allgemeinen Verwaltungsvorschrift für die Untersuchung von Wein u. ä. alkoholischen Erzeugnissen sowie Fruchtsäften vom 26. April 1960 (BAnz Nr. 86 vom 5. Mai 1960) i.d.F. vom 8. September 1969 (BAnz Nr. 171 vom 16. September 1969)
19. Franck R (Hrsg) (1983) Die Weinanalytik. Carl Heymanns, Köln. Stand, Februar
20. Schmitt A (2005) Aktuelle Weinanalytik, 3. Aufl. Verlag Heller Chemie- u, Schwäbisch Hall
21. Vogt E, Jakob L, Lemperle E, Weiss E (1984) Der Wein. E Ulmer, Stuttgart
22. Rymon Lipinski GW v, Brixius HC (1979) Dünnschichtchromatographischer Nachweis von Acesulfam, Saccharin und Cyclamat. Z Lebensm Unters Forsch 168:212
23. Woidich H, Gnauer H, Galinovsky E (1969) Dünnschichtchromatographischer Nachweis künstlicher Süßstoffe in Lebensmitteln. Z Lebensm Unters Forsch 139:142
24. HLMC: Bd. VI. S 733
25. ASU: L 00.00-29
26. Lehr M, Schmid W (1991) Einfaches und spezifisches HPLC-Verfahren zur Bestimmung von Cyclamat in fruchtsafthaltigen Getränken nach Derivatisierung zu N, N-Dichlorcyclohexylamin. Z Lebensm Unters Forsch 192:335–338
27. ASU: L 00.00-28
28. Henning W (1983) Bestimmung von Saccharin in Lebensmitteln komplexer Matrix mit Ionenpaar-HPLC. Deut Lebensm Rundsch 79:16
29. Großpietsch H, Hachenberg H (1980) Analyse von Acesulfam-K durch Hochleistungsflüssigkeitschromatographie. Z Lebensm Unters Forsch 171:41
30. Rymon Lipinski GWv (1987) Neue Süßstoffe. Lebensmittelchem gerichtl Chem 41:101
31. ASU: L 00.00-126
32. Quinlan ME, Jenner MR (1990) Analysis and stability of the sweetener sucralose in beverages. J Food Sci 55(1):244–246
33. Joint FAO/WHO Expert Commitee on Food Additives (JECFA) (2010) Steviol glycosides. In: Compendium of Food Additive Specifications, 73rd Meeting, FAO JECFA Monographs 10. FAO, Rome, S 17–22
34. Bergs D, Burghoff B, Joehnck M, Martin G, Schembecker G (2012) Fast and isocratic HPLC-method for steviol glycosides analysis from *Stevia rebaudiana* leaves. J Verbr Lebensm 7:147–154

35. Lehmann G, Kalibrier H (Hrsg) (1980) Anleitung zur Abtrennung und Identifizierung von Farbstoffen in gefärbten Lebensmitteln, Farbstoff-Kommission der Deutschen Forschungsgemeinschaft. Mitteilung IV, Boldt, Boppard

36. Farbstoff-Kommission der Deutschen Forschungsgemeinschaft (Hrsg) (1998) Farbstoffe für Lebensmittel (Ringbuch). Wiley VCH

37. Thiel H (1958) Zum Farbstoff-Nachweis in Backwaren. Lebensmittelchem gerichtl Chem 12:41

38. Thaler H, Sommer G (1953) Studien zur Farbstoffanalytik. IV. Mitteilung. Die papierchromatographische Trennung wasserlöslicher Teerfarbstoffe. Z Lebensm Unters Forsch 97:345

39. Laub E, Lichtenthal H, Link M (1978) Schnelle dünnschicht-chromatographische Unterscheidung der Farbstoffe E 110 und E 111. Lebensmittelchem Gerichtl Chem 32:137

40. Sabir M, Edelhäuser M, Bergner KG (1980) Zur Isolierung von Lebensmittelfarbstoffen mittels Wolle und Polyamidpulver. Deut Lebensm Rundsch 76:314

41. ASU: L 00.00-11

42. Gertz C, Herrmann K (1983) Identifizierung und Bestimmung antioxidativ wirkender Zusatzstoffe in Lebensmitteln. Z Lebensm Unters Forsch 177:186

43. SLMB: Kap. 44C, 6

44. ASU: diverse

45. Hofmann K (1986) Nitrat und seine Folgeprodukte in Lebensmitteln tierischer Herkunft. AID-Verbraucherdienst 31(5):98

46. ASU: L 06.00-15

47. Ruf F (1962) Polyphosphate in der Fleischtechnologie. Nahrung 6:295

48. Thalacker R (1965) Beitrag zum Nachweis eines Phosphatzusatzes in Fleischwurst. Lebensmittelchem gerichtl Chem 19:170

49. ASU: L 08.00-10

50. Thalacker R (1963) Die Bestimmung von Milcheiweiß in Fleischerzeugnissen. Deut Lebensm Rundsch 59:111

51. Kutscher W, Nagel W, Pfaff W (1961) Nachweis und quantitative Bestimmung von Milcheiweiß in Fleischerzeugnissen. Z Lebensm Unters Forsch 115:117

52. ASU: L 43.08-2

53. Matissek R, Spröer PD, Werner D (2004) Bestimmung von Ammoniumchlorid in Lakritzerzeugnissen. Deut Lebensm Rundsch 100:1

Sicherheitsrelevante/ unerwünschte Stoffe – Kontaminanten, Prozesskontaminanten und Rückstände

Inhaltsverzeichnis

Zusammenfassung

Aufgrund verschiedener Kontaminationsrisiken und durch ständig verfeinerte Analysentechniken mit extrem niedrigen Erfassungsgrenzen sowie nicht zuletzt wegen eines geschärften Gesundheitsbewusstseins wird heute der Frage nach der Sicherheit der Lebensmittel vermehrte Bedeutung zugemessen wird. Beachtung findet dabei insbesondere die Problematik der Kontamination von Lebensmitteln durch Standort-/Umweltbedingungen, durch Einwirkung von Mikroorganismen, durch Zusätze, Rückstände und Verunreinigungen oder durch thermische Reaktionsprodukte. Weiterhin ist aber auch zu beachten, dass Lebensmittel aus natürlichen Prozessen oder als Folge von Verderbnisvorgängen gesundheitlich bedenkliche Stoffe enthalten können, die nicht anthropogenen Ursprungs sind. Subsumieren lassen sich all diese Vertreter unter den Begriffen gesundheitlich unerwünschte Stoffe oder sicherheitsrelevante Stoffe. Behandelt werden ausgewählte Beispiele aus den Bereichen der Kontaminanten, Prozesskontaminanten und organischen Rückstände, wie die Bestimmung von Blei und Quecksilber mittels AAS, von Elementen mittels ICP-MS, von Mykotoxinen mittels verschiedener HPLC-Methoden, von MOSH/MOAH mit Hilfe der LC-GC-FID, von PAKs mittels HPLC-FD, von BTX und Per mittels GC, von Acrylamid sowie von Chlorpropandiolen und Glycidol mittels LC–MS/MS, von Chlormethylfurfural mit Hilfe der GC–MS, von den Imidazolen MEI und THI mittels LC–MS/MS, von Nitrosaminen mittels GC-TEA sowie von Malachitgrün unter Anwendung der DC-Densitometrie.

20.1 **Exzerpt**

Qualität und Sicherheit von Lebensmitteln zu gewährleisten, ist seit jeher Hauptaufgabe angewandter Lebensmittelchemie. Während zeitweilig jedoch hauptsächlich gesetzte Normen kontrolliert und ihre Einhaltung überwacht wurden, tritt heute als neue Komponente die Vorsorge, also die Früherkennung möglicher Gefahren verstärkt in den Vordergrund. Dies liegt daran, dass aufgrund verschiedener Kontaminationsrisiken und durch ständig verfeinerte Analysentechniken mit extrem niedrigen Erfassungsgrenzen sowie nicht zuletzt wegen eines geschärften Gesundheitsbewusstseins heute der Frage nach der Sicherheit der Lebensmittel vermehrte Bedeutung zugemessen wird.

Beachtung findet dabei insbesondere die Problematik der Kontamination von Lebensmitteln durch Standort-/Umweltbedingungen, durch Einwirkung von Mikroorganismen, durch Zusätze, Rückstände und Verunreinigungen oder durch thermische Reaktionsprodukte. Weiterhin ist aber auch zu beachten, dass Lebensmittel aus natürlichen Prozessen oder als Folge von Verderbnisvorgängen gesundheitlich bedenkliche Stoffe enthalten können, die nicht anthropogenen Ursprungs sind. Subsumieren lassen sich all diese Vertreter unter den Begriffen **gesundheitlich unerwünschte Stoffe** oder **sicherheitsrelevante Stoffe** (engl. substances relevant to safety).

20

Zur besseren Übersicht kann die Vielzahl der möglichen gesundheitlich nicht erwünschten Stoffe (engl. undesirable substances to health) in Lebensmitteln wie folgt differenziert bzw. klassifiziert werden:

— **Gesundheitsschädliche Pflanzeninhaltsstoffe**
  ⇨ Nitrate, Oxalsäure, Blausäure (meist glykosidisch gebunden in Form von Cyanhydrinen)
  ⇨ goitrogene Stoffe (Kropfbildung, Struma; zum Beispiel Goitrin in Kohl- und Rübensorten)
  ⇨ Solanin (in grünen Kartoffeln)
  ⇨ Trypsin- und Chymotrypsin-Inhibitoren (in Bohnen)
  ⇨ Phytohämagglutinine (in Bohnen)
  ⇨ Cumarin (in Waldmeister, Cassia-Zimt)
  ⇨ Thujon (in Wermutkraut)
  ⇨ biogene Amine (in Bananen, Käse, Fleisch, Fisch, Wein)
  ⇨ Pyrrolizidinalkaloide
  ⇨ Tropanalkaloide
  ⇨ und andere
— **Toxine in Fischen und Muscheln**
  ⇨ durch Dinoflagellaten auf Muscheln übertragen und dort gespeichert
  ⇨ Tetrodotoxin
  ⇨ und andere
— **Gesundheitsschädliche Stoffe in verdorbenen Lebensmitteln**
  ⇨ Bakterientoxine (z. B. Botulinum-Toxin)
  ⇨ Ergot-Alkaloide (Ergotismus) durch Verzehr von Mutterkorn *(Claviceps purpurea)*
  ⇨ biogene Amine (in Käse, Fleisch, Fisch)
  ⇨ Mykotoxine (wie Aflatoxine, Patulin; Ochratoxin A (OTA), Deoxynivalenol (DON), Fumonisine,
  Sterigmatocystin, Citrinin, Trichothecene)
  ⇨ und andere
— **Bildung gesundheitsschädlicher Stoffe bei der Herstellung bzw. Zubereitung von Lebensmitteln, sog. Prozesskontaminanten (auch: prozessbedingte Schadstoffe, Reaktionskontaminanten, thermische Reaktionsprodukte)**
  ⇨ Polycyclische aromatische Kohlenwasserstoffe (PAK, Leitsubstanz: Benzo[a]pyren)
  ⇨ Nitrosamine
  ⇨ aus Protein entstehende Mutagene (zum Beispiel IQ-1, Harman)
  ⇨ Acrylamid
  ⇨ Furan
  ⇨ Monochlorpropandiole (MCPD) und MCPD-Ester
  ⇨ Glycidol-Ester
  ⇨ und andere
— **Umweltrelevante Kontaminanten in Lebensmitteln**
  ⇨ Anorganische Kontaminanten (Schwermetalle wie Pb, Cd, Hg)
  ⇨ leichtflüchtige Aromaten (wie Benzol, Toluol, Xylol)
  ⇨ Polyhalogenierte Aromaten (wie Polychlorierte Biphenyle (PCB))

⇨ Polychlorierte Dibenzodioxine (PCDD)
⇨ Polychlorierte Dibenzofurane (PCDF)
⇨ halogenierte leichtflüchtige Verbindungen (Tetrachlorethen/Perchlorethylen, Fluorchlorkohlenwasserstoffe (FCKW) etc.
⇨ Weichmacher (z. B. Phthalate)
⇨ Holzschutzmittel (wie Pentachlorphenol)
⇨ und andere

— **Kontaminanten aus Lebensmittelbedarfsgegenständen**
⇨ Diisopropylnaphthaline (DIPN)
⇨ Mineralölkohlenwasserstoffe (MOSH/MOAH) aus recyclierten Cellulosefasern
⇨ Kontaminanten aus Kunststoffmaterialien wie Monomere (z. B. Vinylchlorid)
⇨ Abbauprodukte
⇨ Hilfsstoffe
⇨ Mikroplastik

— **Radionuklide in Lebensmitteln**
⇨ Kalium-40
⇨ Kohlenstoff-14
⇨ Tritium
⇨ Cäsium-137 und -134
⇨ Iod-131
⇨ Strontium-90 und -89
⇨ Zirkon-95
⇨ Niob-95
⇨ Radium-226
⇨ Blei-210
⇨ Polonium-210
⇨ und andere

— **Gesundheitsschädliche Stoffe zur Streckung oder Verfälschung von Lebensmitteln**
⇨ Sudan-Rot-Farbstoffe
⇨ Melamin
⇨ Diethylenglycol (DEG)
⇨ und andere

— **Rückstande in Lebensmitteln aus der landwirtschaftlichen Produktion**
⇨ Pestizide (Insektizide, Akarizide, Nematizide, Fungizide, Rodentizide, Molluskizide)
⇨ Herbizide
⇨ Antibiotika (z. B. Tetracycline, Penicillin, Bacitracin, Chloramphenicol)
⇨ Thyreostatika
⇨ β-Rezeptorenblocker
⇨ Tranquilizer
⇨ Anabolika (pharmakologische Wirkung wie als Sexualhormone)
⇨ und andere

20

▬ **Kontaminanten und Rückstände aus multiplen Quellen**
⇨ beispielsweise Chlorat
⇨ und andere

Die Analytik dieser Substanzen ist häufig sehr kompliziert und aufwändig. An dieser Stelle ist es daher nur möglich, aus der Fülle der Stoffe einige Beispiele herauszugreifen und deren Analytik darzustellen (◘ Abb. 20.1). Nachfolgend werden ausgewählte Beispiele aus den Bereichen der Kontaminanten, Prozesskontaminanten und organischen Rückstände beschrieben.

20.2 Elementanalytik

In diesem Kapitel wird an ausgewählten Beispielen nur ein kleiner Ausschnitt aus der **Elementanalytik** behandelt. Neben den „klassischen" Methoden zur Bestimmung der toxischen Schwermetalle Blei (▶ Abschn. 20.2.1) und Quecksilber (Abschn. 20.2.2) mittels AAS wird eine ICP-MS-Methode (▶ Abschn. 20.2.3) vorgestellt, die eine schnelle Übersicht über die im Lebensmittel enthaltenen Elemente zulässt. Zur weiteren Vertiefung des Problemkreises toxischer Metalle in Lebensmitteln wird auf die Spezialliteratur verwiesen.

20.2.1 Bestimmung von Blei mittels AAS

▪ **Anwendungsbereich**
▬ Lebensmittel, allgemein

▪ **Grundlagen**
Blei (engl. lead) ist eines der ältesten Gebrauchsmetalle. In der Vergangenheit hat die Verwendung von Blei-Rohren in der Trinkwasserversorgung immer wieder zu chronischen Blei-Vergiftungen geführt. Weitere Kontaminationsquellen sind bleihaltige Zinngefäße, gelötete Konservendosen und bleihaltige Glasuren. Auch heute noch sind Gesundheitsgefährdungen durch extreme Blei-Aufnahmen über Lebensmittel, die längere Zeit in stark bleilässigen Keramikgegenständen aufbewahrt wurden, nicht völlig ausgeschlossen.

Die Kontamination der Umwelt mit Blei ist durch die Industrialisierung und durch die inzwischen verbotene Verwendung von bleihaltigen Antiklopfmitteln bei Kraftstoffen nachweislich gestiegen, der Blei-Gehalt in Lebensmitteln hat sich hier jedoch nicht wesentlich erhöht. Da Blei im Boden relativ gut festgehalten wird, steigt die Blei-Konzentration im Lebensmittel nicht proportional zur Blei-Konzentration im Boden an. Gemüse mit großer Oberfläche (z. B. Spinat, Grünkohl) können größere Mengen Blei enthalten, wenn sie in der Nähe von Emissionsquellen angebaut werden [1–3].

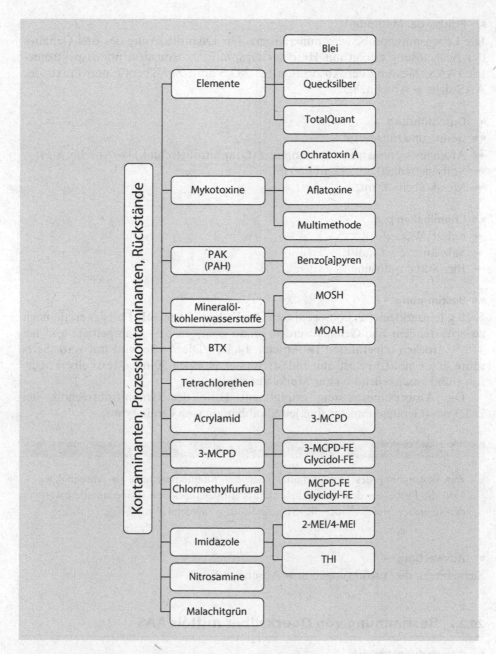

◘ Abb. 20.1 Übersicht – Analytik ausgewählter sicherheitsrelevanter Stoffe: Kontaminanten, Prozesskontaminanten und Rückstände

20

■ **Prinzip der Methode**

Die Lebensmittelprobe wird mineralisiert. Die Quantifizierung des Blei-Gehaltes der Aschelösung erfolgt mit Hilfe der Graphitrohr-Atomabsorptionsspektrometrie (AAS; Messung der Absorption bei 283,3 nm). Zur Theorie und Praxis der AAS siehe ▶ Abschn. 8.5.

■ **Durchführung**
■ ■ **Geräte und Hilfsmittel**

— Atomabsorptionsspektrophotometer (Graphitrohrtechnik) (▶ Abschn. 8.5)
— Vollpipetten: 20 mL, 25 mL, 50 mL
— Messkolben: 50 mL

■ ■ **Chemikalien p. a.**
— bidest. Wasser
— Salzsäure: c = 1 mol/L
— Blei-Standardlösung

■ ■ **Bestimmung**

5–20 g feinzerkleinerte, homogenisierte Probe bzw. 20–50 mL Flüssigkeit (je nach zu erwartendem Blei-Gehalt) werden genau gewogen bzw. einpipettiert und bei 450 °C trocken mineralisiert (▶ Abschn. 14.5.1). Die Asche wird mit verd. Salzsäure (c = 1 mol/L) gelöst, mit bidest. Wasser in einen 50-mL-Messkolben überführt und anschließend bis zur Marke aufgefüllt.

Die Absorptionsmessung erfolgt mit Hilfe der Graphitrohrtechnik bei 283,3 nm (Geräteparameter sind jeweils abhängig vom Gerätetypus).

Additionsmethode

Zur Bestimmung des Metallgehaltes nach der **Additionsmethode** (▶ Abschn. 8.5) wird die Probe vor dem Aufschluss aliquot aufgeteilt; diesen Probenanteilen werden steigende Mengen einer Blei-Standardlösung zugesetzt.

■ **Auswertung**

Siehe hierzu die Ausführungen in ▶ Abschn. 8.5.

20.2.2 Bestimmung von Quecksilber mittels AAS

■ **Anwendungsbereich**
— Lebensmittel, allgemein

■ **Grundlagen**

Während **Quecksilber** (engl. mercury) im Erdboden hauptsächlich als Sulfid fixiert ist, wird es im aquatischen Milieu aufgrund mikrobiologischer

Methylierungsreaktionen zu organischen Quecksilberverbindungen, den stark toxischen Methylquecksilber-Verbindungen, umgesetzt. Diese sind lipophil, gut resorbierbar und reichern sich deshalb in der Nahrungskette leicht an. In Japan konnte ein Nervenleiden, die sogenannte **Minamata-Krankheit,** eindeutig auf den Verzehr von Fischen und Schalentieren zurückgeführt werden, die einen hohen Gehalt an Methylquecksilber aufwiesen. Aufgrund der gesundheitlichen Relevanz dieser Quecksilber-Verbindungen wurden in vielen Ländern Höchstgehalte für verschiedene Lebensmittel festgelegt.

Obwohl Fische, aber auch Wild und Pilze (können Hg-Verbindungen akkumulieren) relativ hohe Quecksilber-Gehalte aufweisen können, ist die durchschnittliche Quecksilber-Belastung des Menschen durch Lebensmittel relativ gering [2, 4, 5].

- **Prinzip der Methode**

Das Probenmaterial wird chemisch aufgeschlossen, das Quecksilber aus alkalischer Lösung nach Reduktion mit Zinnchlorid-Lösung an Gold-Wolle amalgamiert und anschließend durch Messung der Absorption bei 253,7 nm mittels Graphitrohr-AAS (Kaltdampftechnik) bestimmt. Zur Theorie und Praxis der AAS (▶ Abschn. 8.5).

- **Durchführung**
- **■■ Geräte und Hilfsmittel**
- — Atomabsorptionsspektrophotometers (Graphitrohrtechnik) (▶ Abschn. 8.5)
- — Reaktionsgefäß zur Reduktion und Quarzrohr (beheizbar) mit Gold-Wolle zur Amalgamierung (◘ Abb. 20.2)
- — Messkolben: 100 mL, 500 mL
- — Messpipetten: 1 mL, 5 mL, 10 mL
- — Messzylinder: 50 mL, 100 mL

- **■■ Chemikalien (p. a.)**
- — bidest. Wasser
- — Salzsäure: 37%ig
- — Natriumhydroxid-Lösung, 30%ig:
  150 g Natriumhydroxid-Plätzchen werden in ca. 300 mL bidest. Wasser gelöst, mit 2 mL einer 50%igen Zinn-(II)-chlorid-Lösung versetzt und ca. 2 h

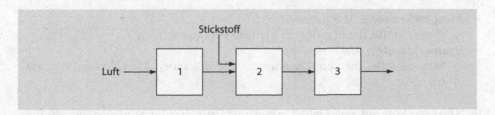

◘ **Abb. 20.2** Schematischer Aufbau der Reduktionsapparatur und Zuleitung der Gase. *Erläuterung:* **1** Reaktionsgefäß zur Reduktion: 250-mL-Dreihalskolben; **2** Beheizbares Quarzrohr mit Gold-Wolle zur Amalgamierung; **3** Graphitrohrküvette. *Weitere Erläuterungen:* siehe Text

20

mit Stickstoff behandelt; anschließend wird mit bidest. Wasser in einem 500-mL-Messkolben zur Marke aufgefüllt.
- Zinnchlorid-Lösung:
  50 g Zinn-(II)-chlorid, $SnCl_2$, werden unter Zusatz von 1–2 mL Salzsäure in bidest. Wasser vollständig gelöst. 10 g Cadmiumchlorid, $CdCl_2$, werden zugefügt, gelöst und im 100-mL-Messkolben mit bidest. Wasser bis zur Marke aufgefüllt.
- Quecksilber-Standardlösung

▪▪ Bestimmung
Die Probenvorbereitung bzw. der Probenaufschluss erfolgt gemäß [4].

Ein aliquoter Anteil der Aufschlusslösung ($\hat{=}$ ca. 0,5 g Probe) wird in das Reaktionsgefäß gegeben, zunächst mit 30%iger Natriumhydroxid-Lösung neutralisiert und dann mit 40 mL bidest. Wasser, 7,5 mL 30%iger Natriumhydroxid-Lösung und 1 mL Zinnchlorid-Lösung versetzt. Das durch Reduktion entstehende metallische Quecksilber wird mit Hilfe eines Luftstromes über – auf 110 °C beheizte – Gold-Wolle geleitet, wobei eine quantitative Amalgamierung erfolgt (Anreicherungszeit 10 min). Anschließend wird unter Stickstoff-Atmosphäre schnell abgekühlt und der Quecksilber-Dampf in die Graphitrohrküvette geleitet (siehe Schema in ◙ Abb. 20.2). Die Absorptionsmessung erfolgt bei 253,7 nm.

▪ Auswertung
Siehe hierzu die Ausführungen in ▶ Abschn. 8.5.

20.2.3 Bestimmung von Elementen mit ICP-MS – TotalQuant

▪ Anwendungsbereich
- Lebensmittel, allgemein
- Nahrungsergänzungsmittel (NEM)
- Trinkwasser

▪ Grundlagen
Mineralstoffe sind anorganische Verbindungen, von denen viele dem pflanzlichen und tierischen Organismus als Bau- und Wirkstoffe dienen. Unterschieden werden:
- **Mengenelemente** $\hat{=}$ *Makroelemente*
  ⇨ Mineralstoffe, die in größeren Mengen benötigt werden
- **Spurenelemente** $\hat{=}$ *Mikroelemente*
  ⇨ Mineralstoffe, die vom Organismus nur in kleinen Mengen benötigt werden.

In NEM wird oft auf den Gehalt von Mineralstoffen und Spurenelementen hingewiesen und diese Angaben in Verbindung mit gesundheitsbezogener Werbung gebracht. Aufgrund gesetzlicher Vorgaben ist auf dem Fertigprodukt die Menge der Nährstoffe oder sonstigen Stoffe mit ernährungsspezifischer oder physiologischer Wirkung, sowie die enthaltenen Vitamine und Mineralstoffe anzugeben, sofern dort für diese Stoffe Referenzwerte festgelegt sind. Auch gilt es zu beurteilen, ob evtl. eine Kontamination des Lebensmittels mit einem toxikologisch relevanten Element vorliegt. Eine derartige Beurteilung kann erfolgen, wenn das Elementspektrum des jeweiligen Lebensmittels bekannt ist [6].

■ **Prinzip der Methode**

Das Probenmaterial wird chemisch aufgeschlossen und mittels ICP-MS geprüft, welches Elementspektrum detektiert werden kann. Zur Theorie und Praxis der ICP-MS ▶ Abschn. 7.2.5.

■ **Durchführung**

■ ■ **Geräte und Hilfsmittel**

— Massenspektrometer mit induktiv gekoppeltem Plasma und Auswerteeinheit
— geeignete Probengefäße: 10 mL, 50 mL aus Kunststoff
— Messkolben: diverse
— Pipetten: diverse

■ ■ **Chemikalien (p. a.)**

— bidest. Wasser
— Salpetersäure suprapur
— ICP-Mehrelementstandardlösung (zertifizierter Standard für die ICP-MS):
 Ag, Al, Ba, Bi, Cd, Co, Cr, Cu, Ga, K, Li, Mg, Mn, Mo, Na, Pb, Rb, Sr, Te, Tl, U, V (c = je 10 mg/L)
 As, B, Be, Fe, Se, Zn (c = je 100 mg/L)
 Ca (c = 1000 mg/L)
— ICP-Kalibrierlösung:
 Hierfür werden 100 μL der ICP-Mehrelementstandardlösung sowie 250 μL Salpetersäure in einen 100-mL-Messkolben gegeben und mit bidest. Wasser zur Marke aufgefüllt.Folgende Konzentration werden erreicht:
 – c = je 0,01 mg/L für: Ag, Al, Ba, Bi, Cd, Co, Cr, Cu, Ga, K, Li, Mg, Mn, Mo, Na, Pb, Rb, Sr, Te, Tl, U, V
 – c = je 0,1 mg/L für: As, B, Be, Fe, Se, Zn
 – c = 1 mg/L für: Ca

Erweiterung der ICP-Kalibrierlösung

Es können bei Bedarf weitere Einelementstandards zur ICP-Kalibrierlösung zugegeben werden. Diese Lösungen müssen aber zuvor mit einer Total-Quant-Messung auf ihre Elementreinheit geprüft werden. Die Konzentration der Zugabe richtet sich nach der Messempfindlichkeit des Elementes. In der Regel wird eine Konzentration von c = 0,01 mg/L eingestellt.

20

- Rhodium-Stammlösung für ICP (Interner Standard): $c = 1000$ mg/L
- Interne-Standardlösung:
  100 µg/L Rhodium-Stammlösung sowie 250 µL Salpetersäure werden in einen 100-mL-Messkolben pipettiert und mit bidest. Wasser zur Marke aufgefüllt (c = 1 mg/L)
- Argon: Qualität Schweißargon

▪▪ Bestimmung

Flüssige Proben bzw. Aufschlusslösungen mit unbekanntem Elementgehalt werden mit bidest. Wasser im Verhältnis 1:100 verdünnt (⇨ Probenlösung). Auf den Verdünnungsschritt kann dann verzichtet werden, wenn bekannt ist, dass keine hohen Elementgehalte in der Probe zu erwarten sind.

Zu je 10 mL Probenlösung werden 100 µL Interne-Standardlösung gegeben und dann mittels ICP-MS gegen einen Blindwert (250 µL Salpetersäure und 100 µL Interne Standardlösung in 100 mL bidest. Wasser) gemessen.

Das System wird gegen wässrige Bezugslösungen (⇨ ICP-Kalibrierlösung) der zu bestimmenden Elemente kalibriert.

▪ Auswertung

Die Auswertung erfolgt mit Hilfe der Gerätesoftware des ICP-MS, die automatisch eine Kalibrierkurve für die einzelnen Elemente erstellt, wobei die Intensität in cps (engl. counts per second, dt. Zählimpulse pro Sekunde) sowie die gemessene Konzentration gegenübergestellt werden.

Die Ergebnisse werden in mg/kg oder in mg/L angegeben und in einer Übersichtsliste dargestellt.

TotalQuant

- Bei der Methode **TotalQuant** wird eine Gesamtübersicht über die in der Probe enthaltenen Elemente erstellt. Je nach Art der Matrix ist dabei mit einer Messabweichung von bis zu ± 50 % zu rechnen. Diese Messabweichung kann aus den unterschiedlichsten Interferenzen, d. h. Störeinflüsse während der Messung, resultieren. Sie können chemisch (zum Beispiel Reaktionen der Probe mit Geräteteilen, Bildung von Oxiden), spektroskopisch (beispielsweise bei der Zerstäubung der Probe) sowie physikalisch (z. B. Bildung von doppelt geladenen Ionen) bedingt sein.
- Die häufigste Ursache von Interferenzen sind Massenüberlagerungen, die durch die unterschiedlichen Massen der für die meisten Elemente natürlich vorkommenden Isotopen bedingt werden. Im Allgemeinen ist die Methode TotalQuant für eine Übersichtsanalyse und für eine semiquantitative Bestimmung von Elementen gut geeignet.

20.3 Kontaminantenanalytik

Aus dem äußerst umfangreichen und komplexen Bereich der Kontaminations-problematik von Lebensmitteln mit unerwünschten/sicherheitsrelevanten organi-schen Stoffen (vgl. die Übersicht in ▶ Abschn. 20.1) sollen hier stellvertretend nur einige aktuelle Beispiele behandelt werden.

20.3.1 Mykotoxine

Mykotoxine (engl. mycotoxins) sind natürlich vorkommende sekundäre Stoff-wechselprodukte von Schimmelpilzen, die beim Menschen und Tieren eine toxi-sche Wirkung zeigen bzw. eine Mykotoxikose verursachen. Sie können in Cerea-lien, ölhaltigen Samen und Früchten vorkommen.

Derzeit sind ca. 400 Mykotoxine bekannt, die von ungefähr 350 Schimmelpil-zen produziert werden. Als wichtigste Toxinbildner konnten Pilzspezies der Gat-tung *Aspergillus* (Aflatoxine, Ochratoxin A (OTA)), *Penicillium* (OTA, Citrinin, Patulin), *Fusarium* (Trichothecene (Deoxynivalenol (DON), Nivalenol, T-2-/HT-2-Toxin), Zearalenon, Fumonisine), *Alternarium* und *Claviceps* identifiziert werden.

Zur analytischen Bestimmung von Mykotoxinen sind viele Methoden mit un-terschiedlichen Extraktions- und Detektionsverfahren veröffentlicht worden [7–9].

Besondere Sicherheitshinweise

- **Mykotoxine** sind gesundheitsgefährdende Substanzen. Deshalb sind während der ganzen Testdurchführung Gummihandschuhe, Schutzkleidung und Schutz-brille zu tragen.
- Zur Reinigung der **Laborgeräte** werden diese für mind. 2 h in Natriumhypoch-lorit-Lösung (10%ig) getaucht, anschließend kurz mit kaltem Wasser abgespült und wie üblich gespült.
- Mykotoxine sind **lichtempfindlich,** daher sind die Arbeiten möglichst lichtge-schützt durchzuführen.

20.3.1.1 Bestimmung von Ochratoxin A mittels HPLC-FD

■ **Anwendungsbereich**
— pflanzliche Lebensmittel, z. B. Getreideerzeugnisse, Kaffee, Kakao, Wein, Bier

■ **Grundlagen**
Ochratoxine sind Verbindungen, die aus der Aminosäure L-Phenylalanin und Dihy-droisocumarin zusammengesetzt sind. Das Haupttoxin ist Ochratoxin A (**OTA**), weitere Toxine spielen nur eine untergeordnete Rolle. OTA wird hauptsächlich vom Schimmelpilz *Aspergillus ochraceus* (heute bezeichnet als: *A. alutaceus*) gebildet. OTA wirkt nierenschädigend und ist im Tierversuch cancerogen und teratogen [10, 11].

20

Ochratoxin A (OTA)

● **Prinzip der Methode**

Die Mykotoxine werden mit einem Gemisch aus Methanol und Natriumhydrogencarbonat aus der Probe extrahiert. Mit Hilfe spezieller **Immunoaffinitätssäulen** (Säulen für die sog. Immunoaffinitäts-Chromatographie, engl. Immuno Affinity Chromatography, IAC) werden die Toxine gebunden, Begleitsubstanzen werden ausgewaschen. Die Mykotoxine werden anschließend eluiert und mittels HPLC und Fluoreszenzdetektion quantitativ mit einem Externen Standard bestimmt.

● **Durchführung**
■ ■ **Geräte und Hilfsmittel**
— Flüssigchromatograph mit Fluoreszenzdetektion (► Abschn. 5.5)
— Immunoaffinitätssäulen für Ochratoxin A-Analytik
— Absaugeinheit

■ ■ **Chemikalien (p. a.)**
— Natriumhydrogencarbonat $NaCO_3$
— Methanol (HPLC)
— Eisessig
— Natriumchlorid NaCl
— Natriumhypochlorit-Lösung, NaClO: 10%ig
— Natriumhydrogencarbonat-Lösung, 2%ig:
  2 g in 100 mL Wasser lösen
— phosphatgepufferte Kochsalzlösung (PBS-Pufferlösung):
  8 g Natriumchlorid, 1,2 g di-Natriumhydrogenphosphat, 0,2 g Kaliumdihydrogenphosphat und 0,2 g Kaliumchlorid werden in 900 mL dest. Wasser gelöst. Der pH-Wert wird mit Natriumhydroxid-Lösung auf pH 7,4 eingestellt und die Lösung auf 1000 mL aufgefüllt oder 10 Puffer-Tabletten in einem 1000-mL-Messkolben in Wasser lösen und bis zur Marke auffüllen.
— Ochratoxin A-Stammlösung: 10,5 µg/mL, gelöst in Acetonitril
— Ochratoxin A-Standardlösung; c = 5,25 ng/mL:
  5 µL Ochratoxin A-Stammlösung in einem 10-mL-Messkolben mit Methanol/Wasser 50 + 50 (v/v) bis zur Marke auffüllen.

▪▪ Bestimmung

(a) Extraktion

Genau 5,00 g werden in ein 150-mL-Becherglas eingewogen. Anschließend werden 0,4 g Natriumchlorid hinzugefügt, 20 mL Methanol/Natriumhydrogencarbonat-Gemisch (80 + 20, v/v) zugegeben und mindestens 2 min mit dem Ultra-Turrax homogenisiert. Dann wird die Probe 10 min bei 2900 U/min und 4 °C zentrifugiert. Die Probe wird wie die Affinitätssäulen auf Raumtemperatur gebracht.

4 mL des zentrifugierten Überstandes werden in ein 100-mL-Becherglas pipettiert, ca. 80 mL PBS-Pufferlösung hinzugefügt und die gesamte Lösung portionsweise über die Säule gegeben. Die Durchflussrate sollte dabei ca. 1 Tropfen/s betragen. Die Gelschicht darf während der ganzen Zeit nicht trocken laufen.

Nach der Anreicherung wird die Säule zweimal unter Nachspülen des Becherglases mit ca. 20 mL Pufferlösung gewaschen. Die verbleibenden Flüssigkeitsrückstände werden durch mehrfaches Durchpressen von Luft weitgehend entfernt.

(b) Elution

1,5 mL Methanol/Eisessig 98 + 2 (v/v) werden auf die Säule gegeben und mit einer Durchflussrate von einem Tropfen/s durchgedrückt. Anschließend wird mit 1,5 mL Wasser die Säule gewaschen und die Lösung im gleichen Probengefäß aufgefangen. Die so erhaltene Probe wird in ein HPLC-Injektionsfläschen gefüllt, verschlossen und in die HPLC-Anlage eingespritzt.

(c) HPLC-Parameter

Trennsäule	RP18: 2 µm, 250 mm × 4,6 mm
Eluent	Methanol/Wasser/Eisessig 750 + 255 + 40 ($v/v/v$)
Durchfluss	1,0 mL/min
Modus	isokratisch
Temperatur	20 °C
Detektion	Fluoreszenz: Anregung bei 330 nm; Emission bei 470 nm
Injektionsvolumen	20 µL
Säulentemperatur	20 °C

▪ Auswertung

Die quantitative Bestimmung wird nach der Methode des Externen Standards vorgenommen. ◘ Abb. 20.3 zeigt ein typisches Chromatogramm.

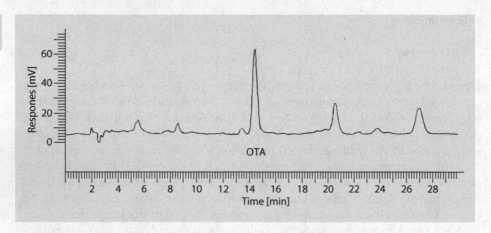

Abb. 20.3   Flüssigchromatogramm Ochratoxin A. *Erläuterungen:* siehe Text

20.3.1.2 Bestimmung von Aflatoxinen mittels HPLC-FD

■ **Anwendungsbereich**

■ pflanzliche Lebensmittel, wie Haselnüsse, Erdnüsse, Pistazien, Gewürze u. v. a. m.

■ **Grundlagen**

Aflatoxine werden überwiegend von Schimmelpilzen der Gattung *Aspergillus flavus* und *A. parasiticus* gebildet. Die vier ursprünglichen Aflatoxine sind Aflatoxin B_1 und B_2 (blau fluoreszierend) sowie Aflatoxin G_1 und G_2 (grün fluoreszierend). Weitere wichtige Aflatoxine wie Aflatoxin M_1 und M_2 sind Metabolite und treten in Kuhmilch nach Gabe aflatoxinhaltigen Futters auf (■ Tab. 20.1) [12–14].

■ **Prinzip der Methode**

Die Aflatoxine werden mit Methanol oder Acetonitril aus der Probe extrahiert und an einer Immunoaffinitätssäule (IAC) aufgereinigt und mittels HPLC und Fluoreszenzdetektion bestimmt (Methode des Externen Standards).

Da nur Aflatoxin B_2 und Aflatoxin G_2 eine ausreichend starke Eigenfluoreszenz besitzen, müssen Aflatoxin B_1 und G_1 derivatisiert werden. Eine Möglichkeit besteht in der *On-line*-Nachsäulenderivatisierung mit Hilfe einer elektrochemischen Zelle (sog. **Cobra-Zelle,** engl. Cobra® Cell [12]) und Zusatz von Kaliumbromid zum Elutionsmittel, wodurch das elektrochemisch freigesetzte Brom durch Additionsreaktion *in situ* an die isolierte Doppelbindung gebunden und die Eigenfluoreszenz gestärkt wird [12]. ■ Abb. 20.4 zeigt den möglichen Derivatisierungsweg für Aflatoxin B_1 und Aflatoxin G_1.

Zum Begriff *in situ* vgl. Kasten *„in situ ↔ In-situ*-Derivatisierung" in ▶ Abschn. 19.2.1; zum Akronym *Cobra* siehe Kasten „Cobra-Zelle (Cobra® Cell)" unten.

◘ **Tab. 20.1** Struktur der Aflatoxine. *Erläuterung: AF* Aflatoxin

- **Durchführung**
- ■■ **Geräte und Hilfsmittel**
- — Flüssigchromatograph mit Fluoreszenzdetektion (► Abschn. 5.5)
- — Cobra-Zelle für Nachsäulenderivatisierung (◘ Abb. 20.5)
- — Immunoaffinitätssäulen für Aflatoxin-Analytik
- — Absaugeinheit

■■ **Chemikalien (p. a.)**
- — Natriumhydrogencarbonat $NaHCO_3$
- — Methanol (HPLC)
- — Eisessig
- — Natriumchlorid $NaCl$
- — Natriumhypochlorit-Lösung: 10%ig

20

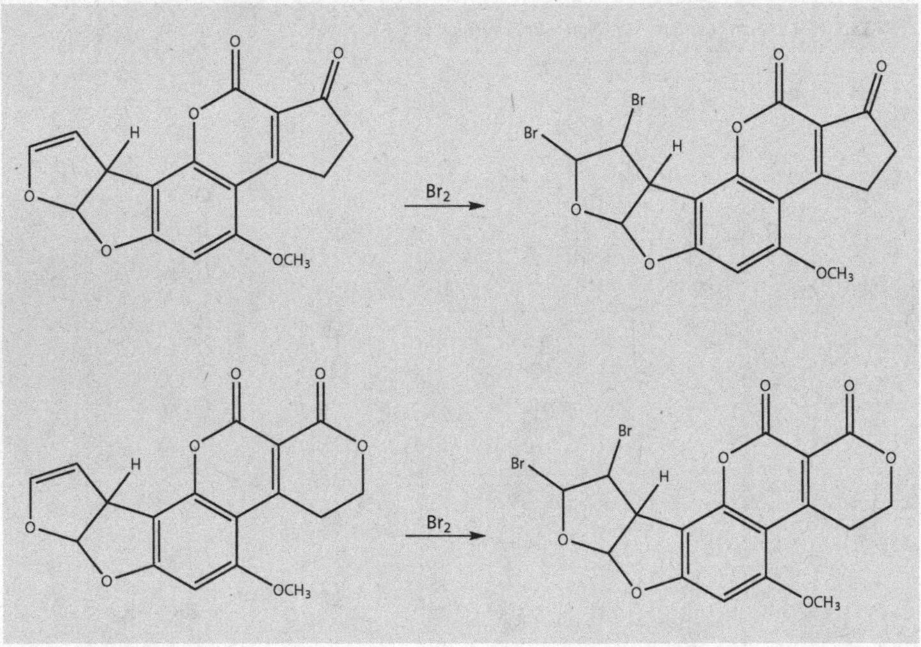

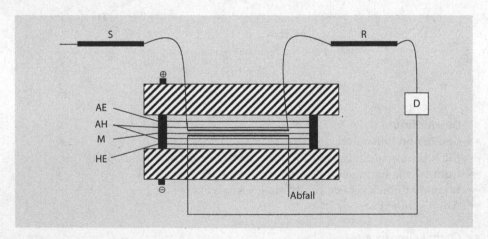

□ **Abb. 20.4**   Möglicher Derivatisierungsmechanismus von Aflatoxin B$_1$ (oben) und Aflatoxin G$_1$ (unten) im Rahmen der *On-line*-Nachsäulenderivatisierung mittels Kaliumbromid (Cobra-Zelle). *Erläuterung:* **AF** Aflatoxin. *Weitere Erläuterungen:* siehe Text

□ **Abb. 20.5**   Schematischer Aufbau einer Cobra-Zelle (Cobra® Cell). *Erläuterung:* **S** Säule; **AE** Arbeitselektrode; **AH** Abstandhalter; **M** Membran; **HE** Hilfselektrode; **R** Reaktionszone; **D** Detektor. *Weitere Erläuterungen:* siehe Text und Kasten „Cobra-Zelle (Cobra® Cell)"

- Kaliumbromid KBr
- Salpetersäure HNO_3
- Natriumhydrogencarbonat-Lösung, 2 %ig:
  2 g in 100 mL Wasser lösen
- phosphatgepufferte Kochsalzlösung (PBS-Pufferlösung):
  8 g Natriumchlorid, 1,2 g di-Natriumhydrogenphosphat, 0,2 g Kaliumdihydrogenphosphat und 0,2 g Kaliumchlorid werden in 900 mL dest. Wasser gelöst. Der pH-Wert wird mit Natriumhydroxid-Lösung auf pH 7,4 eingestellt und die Lösung auf 1000 mL aufgefüllt oder 10 Puffer-Tabletten in einem 1000-mL-Messkolben in Wasser lösen und bis zur Marke auffüllen.
- Aflatoxin-Stammlösung:
  2,0 µg Aflatoxin B_1/mL; 2,0 µg Aflatoxin G_1/mL; 0,5 µg Aflatoxin B_2/mL und 0,5 µg Aflatoxin G_2/mL, jeweils gelöst in Acetonitril.
- Aflatoxin-Standardlösung; $c = 0,2$ ng für B_1; G_1/mL; $c = 0,05$ ng für B_2, G_2/mL: je 10 µL Aflatoxin-Stammlösung werden in einem 100-mL-Messkolben mit Methanol/Wasser 50 + 50 (v/v) bis zur Marke gefüllt.

■■ **Bestimmung**

(a) Extraktion

Genau 5,00 g werden in ein 150-mL-Becherglas eingewogen. Anschließend werden 0,4 g Natriumchlorid hinzugefügt, 20 mL eines Gemisches aus Methanol und Natriumhydrogencarbonat (80 + 20, v/v) zugegeben und mindestens 2 min mit dem Ultra-Turrax homogenisiert. Dann wird die Probe 10 min bei 2900 U/min und 4 °C zentrifugiert. Die Probe wird wie die Affinitätssäulen auf Raumtemperatur gebracht.

4 mL des zentrifugierten Überstandes werden in ein 100-mL-Becherglas pipettiert, ca. 80 mL PBS-Pufferlösung hinzugefügt und die gesamte Lösung portionsweise über die Säule gegeben. Die Durchflussrate sollte dabei ca. 1 Tropfen/s betragen. Die Gelschicht darf während der ganzen Zeit nicht trocken laufen.

Nach der Anreicherung wird die Säule zweimal unter Nachspülen des Becherglases mit ca. 20 mL Pufferlösung gewaschen. Die verbleibenden Flüssigkeitsrückstände werden durch mehrfaches Durchpressen von Luft weitgehend entfernt.

(b) Elution

1,5 mL Methanol werden auf die Säule gegeben und mit einer Durchflussrate von einem Tropfen/s durchgedrückt. Anschließend wird mit 1,5 mL Wasser die Säule gewaschen und die Lösung im gleichen Probengefäß aufgefangen. Die so erhaltene Probe wird in ein HPLC-Injektionsfläschen gefüllt, verschlossen und in die HPLC-Anlage eingespritzt.

(c) HPLC-Parameter

Trennsäule	RP18: 2 µm, 250 mm × 4,6 mm
Eluent	Wasser/Methanol/Acetonitril 600 + 200 + 200 (*v*/*v*/*v*) + 100 µL HNO_3 + 119 mg KBr
Durchfluss	1,2 mL/min
Modus	isokratisch
Temperatur	20 °C
Detektion	Fluoreszenz Anregung: 362 nm; Emission: 440 nm
Injektionsvolumen	100 µL
Säulentemperatur	20 °C

Cobra-Zelle (Cobra® Cell)

- Die **Cobra-Zelle**, eine aus zwei Teilkammern aufgebaute elektrochemische Zelle, deren Teilkammern durch eine Membran voneinander getrennt sind (◘ Abb. 20.5). Diese Membran dient der elektrischen Verbindung zwischen der Platin-Arbeitselektrode und einer Hilfselektrode aus Stahl. Das Prinzip der Cobra-Zelle besteht darin, aus dem in der mobilen Phase enthaltenem Kaliumbromid das für die Derivatisierung benötigte Brom auf elektrochemischem Weg, durch Anlegen eines konstanten Strompotentials an die Platin-Elektrode, an der Membran zu erzeugen. Die Aflatoxine und das elementare Brom reagieren beim Verlassen der Cobra-Zelle zu bromierten Aflatoxin-Derivaten [12].
- Die **Bezeichnung** (das Akronym) *Cobra* leitet sich ab aus dem Herstellernamen Coring System (***Co***) und der Funktionsweise. Brom (***Br***) wird aus KBr elektrolytisch gewonnen und zur Bromierung der Aflatoxine (***A***) verwendet.

- **Auswertung**

Die quantitative Bestimmung wird nach der Methode des Externen Standards vorgenommen. ◘ Abb. 20.6 zeigt das Flüssigchromatogramm einer Aflatoxin-Standardlösung.

20.3.1.3 Multimethode zur Bestimmung von Mykotoxinen mittels LC-MS/MS

- **Anwendungsbereich**
  - pflanzliche Lebensmittel, wie Haselnüsse, Erdnüsse, Pistazien, Gewürze u. dgl.

- **Grundlagen**
  - ► Abschn. 20.3.1

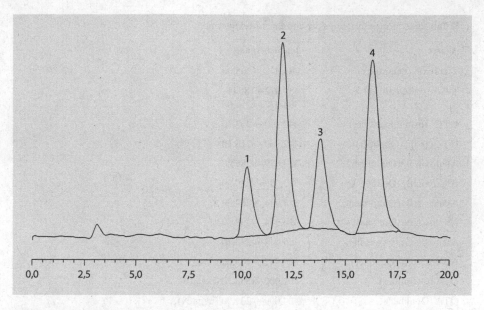

◘ **Abb. 20.6** Flüssigchromatogramm einer Aflatoxin-Standardlösung. *Erläuterung:* **1** Aflatoxin G_2; **2** Aflatoxin G_1; **3** Aflatoxin B_2; **4** Aflatoxin B_1

▪ **Prinzip**

Die **Mykotoxine** (Auflistung siehe ◘ Tab. 20.2) werden mit einem Acetonitril/ Wasser-Gemisch aus der Probe extrahiert. Nach Aufreinigung der Probe und Verdünnung des Extrakts kann die Probe mittels LC-MS/MS vermessen werden. Die Quantifizierung erfolgt durch interne und externe Standards [15, 16].

▪ **Durchführung**
▪▪ **Geräte und Hilfsmittel**
— Flüssigchromatograph mit MS/MS-Detektor (▶ Abschn. 7.2.3)
— Teflonzentrifugengläser, verschraubbar: 50 mL
— Analysenwaage
— Kolbenhubpipetten: diverse
— Temperierbad
— Vollpipette: 10 mL
— SPE-Säule
— Zentrifuge
— *Vortex*-Schüttler

▪▪ **Chemikalien (p. a.)**
— Methanol HPLC-gradient grade
— Acetonitril HPLC-gradient grade
— Ammoniumacetat
— Ameisensäure

20

◼ **Tab. 20.2**   Ionenübergänge der einzelnen Mykotoxine

Analyt	Ionenübergang
T-2-Toxin (Quantifier)	$484{,}072 \rightarrow 305{,}00$
T-2-Toxin (Qualifier)	$484{,}072 \rightarrow 185{,}00$ $484{,}072 \rightarrow 215{,}00$
HT-2-Toxin (Quantifier)	$442{,}100 \rightarrow 263{,}10$
HT-2-Toxin (Qualifier)	$442{,}100 \rightarrow 215{,}10$
Aflatoxin B_1 (Quantifier)	$313{,}039 \rightarrow 285{,}00$
Aflatoxin B_1 (Qualifier)	$313{,}039 \rightarrow 240.90$
Aflatoxin B_2 (Quantifier)	$314{,}934 \rightarrow 287{,}00$
Aflatoxin B_2 (Qualifier)	$314{,}934 \rightarrow 259{,}00$
Aflatoxin G_1 (Quantifier)	$329{,}042 \rightarrow 243{,}10$
Aflatoxin G_1 (Qualifier)	$329{,}042 \rightarrow 283{,}00$
OTA (Quantifier)	$402{,}000 \rightarrow 358{,}10$ (negativ)
OTA (Qualifier)	$404{,}000 \rightarrow 239{,}00$ (negativ) $402{,}000 \rightarrow 211{,}00$ $402{,}000 \rightarrow 167{,}00$
DON (Quantifier)	$355{,}100 \rightarrow 295{,}20$
DON (Qualifier)	$355{,}100 \rightarrow 264{,}80$ $355{,}100 \rightarrow 59{,}000$
Zearalenon (Quantifier)	$317{,}030 \rightarrow 131{,}00$
Zearalenon (Qualifier)	$317{,}030 \rightarrow 174{,}70$
Sterigmatocystin (Quantifier)	$325{,}006 \rightarrow 281{,}00$
Sterigmatocystin (Qualifier)	$325{,}006 \rightarrow 309{,}82$
Aflatoxin-B_1 IS	$330{,}200 \rightarrow 255{,}30$
Ochratoxin A- IS	$424{,}200 \rightarrow 250{,}20$
DON-IS	$370{,}000 \rightarrow 310{,}00$
T2-Toxin-IS	$508{,}072 \rightarrow 322{,}00$
Parameter	Aflatoxine, Ochratoxin A, Zearalenon, Sterigmatocystin
Trennsäule	RP-C18, $125 \times 4{,}6$ mm, 3 µm Filmdicke
Elutionsmittel	A: 0,1 % Ameisensäure B: Methanol
Modus	Gradient, 3 min 70 % A, in 1,5 min 25 % A, in 2,5 min 5 % A, in 9 min 5 % A
Flussrate	500 µL/min
Temperatur	40 °C
Detektion	MS/MS, ESI-Modus: positiv/negativ (◼ Tab. 20.2)
Injektionsvolumen	20 µL

— Carrez-Lösung I + II: Herstellung ▶ Abschn. 17.2.1.2
— T-2-Toxin Standard: $c = 100$ µg/mL
— HT-2-Toxin Standard: $c = 100$ µg/mL
— Aflatoxin Standardlösungen: $c_{B1} = 2$ µg/mL; $c_{B2} = 0,5$ µg/mL; $c_{G1} = 2$ µg/mL; $c_{G2} = 0,5$ µg/mL
— Ochratoxin A-Standardlösung: $c = 10$ µg/mL
— Deoxynivalenol Standardlösung: $c = 100$ µg/mL
— Zearalenon Standardlösung: $c = 100$ µg/mL
— Sterigmatocystin Standardlösung: $c = 50$ µg/mL
— U-[$^{13}C_{20}$]-Ochratoxin A-Standardlösung: $c = 10$ µg/mL
— U-[$^{13}C_{17}$]-Aflatoxin B$_1$-Standardlösung: $c = 0,5$ µg/mL
— U-[$^{13}C_{15}$]-Deoxynivalenol-Standardlösung: $c = 25$ µg/mL bzw. $c = 250$ ng/mL
— U-[$^{13}C_{24}$]-T-2-Toxin-Standardlösung: $c = 250$ ng/mL
— Eluent A: 39,6 mg Ammoniumacetat in 1000 mL bidest. Wasser lösen

■■ **Bestimmung**

(a) Probenaufarbeitung

1 g Probe wird auf ± 20 mg genau direkt in ein Zentrifugenglas eingewogen und mit 10 mL eines ACN/Wasser-Gemisches (50 + 50, *v/v*) versetzt und für 45 s homogenisiert. Anschließend werden die verschlossenen Zentrifugengläser auf einem Magnetrührer ohne Erwärmen für 60 min extrahiert. Anschließend wird je 1 mL Carrez-Lösung I und II hinzugegeben, nach jeder Zugabe gründlich *gevortext* und danach über einen Faltenfilter filtriert. Zu 1500 µL dieses filtrierten Extraktes werden 1000 µL MeOH/H$_2$O (80 + 20, *v/v*) und 125 µL Eisessig pipettiert und die Mischung kurz geschüttelt. Von dieser Mischung werden 750 µL in eine SPE-Säule überführt, die Säule verschlossen und 1 min am Vortex gemischt. Anschließend wird der untere Verschluss der Säule abgebrochen und die Säulen werden in die 2 mL Mikrozentrifugenröhrchen gestellt. Die Zentrifugenröhrchen mit eingesetzter SPE-Säule werden 30 s bei 10.000 rpm zentrifugiert.

(b) Verdünnung

Die extrahierten Lösungen werden im Anschluss 1:10 mit MeOH/H$_2$O (80 + 20, *v/v*) bzw. einer entsprechenden Verdünnung der Internen Standardlösung(en) verdünnt.

(c) HPLC-Parameter

Die Messung der Mykotoxine erfolgt im MRM-Mode mit ESI positiv/negativ.

Parameter	DON, T-2-, HT-2-Toxin
Trennsäule	RP-C18: 125 × 4,6 mm, 3 µm Filmdicke
Elutionsmittel	A: 0,5 mmol/L Ammoniumacetat B: Methanol

20

Modus	Gradient, 5 min 70 % A, in 1,5 min 25 % A, in 2,5 min 5 % A, bis 8 min 5 % A
Flussrate	500 µL/min
Temperatur	40 °C
Detektion	MS/MS, ESI-Modus: positiv/negativ (siehe ◘ Tab. 20.2)
Injektionsvolumen	20 µL

(d) Massenspektrometrie

▪ **Auswertung**

Der Gehalt M des jeweiligen Mykotoxins in µg/kg wird nach folgender Gleichung berechnet:

$$M = \frac{c_{Std} \cdot A_{Probe} \cdot V \cdot VF}{A_{Std} \cdot E}$$

mit

c_{Std} – Konzentration des jeweiligen externen Standards in ng/mL

A_{Probe} – Fläche des zu bestimmenden Mykotoxins in der Probe

V – Volumen, auf das die Probe aufgefüllt wurde in mL

VF – Verdünnungsfaktor

A_{Std} – Fläche des jeweiligen externen Standards

E – Einwaage in g

20.3.2 Bestimmung von Mineralölkohlenwasserstoffen (MOSH/MOAH) mittels LC-GC-FID

Die Welt der mineralischen Kohlenwasserstoffe ist multidimensional und aufgrund ihrer Komplexität kaum überschaubar. Mineralöle setzen sich im Wesentlichen aber aus zwei chemisch und strukturell unterschiedlichen Fraktionen von Kohlenwasserstoffen zusammen; aus MOSH und MOAH. Beide umfassen **Myriaden von Einzelverbindungen** und Isomeren mit Kohlenstoff-Ketten zwischen 10 und 50 C-Atomen. Je nach Eintragsquelle kommen MOSH und MOAH als Verunreinigungen von Lebensmitteln und deren Rohstoffen vergesellschaftet bei einem ungefähren Verhältnis MOSH:MOAH~4:1 vor und sind im strengeren Sinne durch die Analysenmethodik definierte Summenwerte. Die Summe von **MOSH** und **MOAH** wird geläufig als **MOH** bezeichnet.

Mineralölkohlenwasserstoffe werden in gesättigte Kohlenwasserstoffe (engl. Mineral Oil Saturated Hydrocarbons; MOSH) und aromatische Kohlenwasserstoffe (engl. Mineral Oil Aromatic Hydrocarbons; MOAH) eingeteilt. MOSH und MOAH stellen äußerst komplexe Stoffgemische dar, die aus Myriaden von Einzelstoffen bestehen.

MOSH/MOAH können Kontaminanten für Lebensmittel und deren Rohstoffe darstellen. Eine ausführliche Behandlung der Chemie und Toxikologie, der Kontaminations- bzw. möglichen Eintragswege, der Minimierungsansätze und der Analytik ist in der Spezialliteratur zu finden (Literaturauswahl: [17–21]), auf die an dieser Stelle verwiesen wird.

MOSH ↔ MOAH

- **MOSH** sind aus Mineralöl stammende gesättigte paraffinartige, d. h. offenkettige, meist verzweigte und naphthenartige (cyclische) Kohlenwasserstoffe.
- Bei **MOAH** handelt es sich um eine große Zahl verschiedener aus Mineralöl stammender aromatischer Kohlenwasserstoffe, die überwiegend aus einem bis vier Ringsystemen bestehen und zu 97 % alkyliert sind (◘ Abb. 20.7)

MOH

Das Akronym **MOH** kommt von Mineral Oil Hydrocarbons und wird verwendet für die Summe von MOSH und MOAH – wenn also nicht weiter differenziert werden soll oder kann.

- **Anwendungsbereich**
- Verpackungen aus Karton
- Lebensmittel, allgemein

- **Grundlagen**

Aufgrund der hohen Komplexität der Verbindungen führt die gaschromatographische Trennung mit FID-Detektion zu unaufgelösten **Peakbergen** (Hügel, engl. hump). Da der FID einen Einheitsresponse bietet, kann durch Integration des unaufgelösten Peakbergs die Summe an MOSH und MOAH getrennt voneinander, aber gut quantifiziert werden [18–24].

Peakberge ↔ Hügel ↔ Humps ↔ UCM

Aufgrund der unzähligen Verbindungen, die sich hinter den Begriffen MOSH bzw. MOAH verbergen, resultieren aus der gaschromatographischen Analyse komplexer Mineralölgemische, keine scharfen Peaks, sondern **sehr breite Signale**. Analytiker sprechen in solchen Fällen von einem chromatographischen Hügel (engl. hump oder Unresolved Complex Mixtures, UCM).

- **Prinzip der Methode**

Die MOSH/MOAH-Fraktionen werden extrahiert und mittels eines on-line-HPLC-GC-FID-System (kurz: LC-GC-FID) analysiert. Dabei werden in der

20

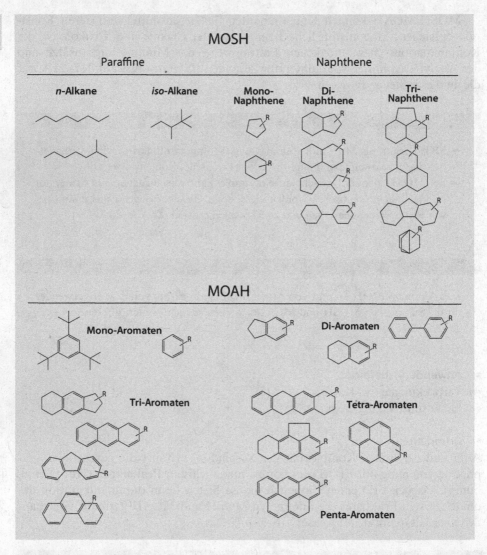

□ **Abb. 20.7**   Beispiele zu gesättigten und aromatischen Kohlenwasserstoffen (MOSH und MOAH). *Erläuterungen:* siehe Text

Flüssigchromatographie Matrixkomponenten abgetrennt und die MOSH- von der MOAH-Fraktion getrennt. Anschließend werden die MOSH- und die MO-AH-Fraktion separat auf zwei verschiedene Trennsäulen in das GC-System überführt. Die Quantifizierung der unaufgelösten Peakberge erfolgt als Total-MOSH bzw. Total-MOAH mittels des Internen Standards [19, 22].

MOSH – Total-MOSH

MOSH steht für **Mineral Oil Saturated Hydrocarbons**. In der Analytik umfasst dies den gesamten Zahlenbereich der Alkane von n-C10 bis n-C50. Es wird entweder der Gesamtgehalt **Total-MOSH** (das heißt, n-C10 bis n-C50) gemessen oder unterteilt in die einzelnen Gehalte der sechs folgenden **Fraktionen**:

— ≥ C10 bis ≤ C16
— > C16 bis ≤ C20
— > C20 bis ≤ C25
— > C25 bis ≤ C35
— > C35 bis ≤ C40
— > C40 bis ≤ C50

Erläuterung: Erfasst werden mit der üblichen Analytik (LC-GC-FID) zwar alle n-(= normal)-Alkane und iso-Alkane sowie die cyclischen Alkane, die Zuordnung in die Einzelfraktionen erfolgt aber über die Zudotierung von Standardalkanen (dies sind n-Alkane), so dass aus diesem Grund die Definition der Einzelfraktionen über die n-Alkane erfolgt [20, 21].

MOAH – Total-MOAH

MOAH ist das Akronym für **Mineral Oil Aromatic Hydrocarbons**. In der Analytik umfasst dies den gesamten Zahlenbereich der Aromaten von n-C10 bis n-C50. Es wird entweder der Gesamtgehalt **Total-MOAH** (das heißt, n-C10 bis n-C50) gemessen oder unterteilt in die einzelnen Gehalte der vier folgenden **Fraktionen**:

— ≥ C10 bis ≤ C16
— > C16 bis ≤ C25
— > C25 bis ≤ C35
— > C35 bis ≤ C50

Erläuterung: Erfasst werden mit der üblichen Analytik (LC-GC-FID) zwar alle (hoch-)alkylierten und nicht alkylierten Mono- und Polyaromaten, die Zuordnung in die Einzelfraktionen erfolgt aber analog zu den MOSH-Fraktionen über die Zudotierung derselben Standardalkane, so dass aus diesem Grund die Definition der Einzelfraktionen über die n-Alkane erfolgt [20, 21].

- **Durchführung**
- ■■ **Geräte und Hilfsmittel**

Zur Vermeidung von Blindwerten müssen alle verwendeten Glasgeräte vor Gebrauch entweder ausgeheizt (14 h bei 400 °C) oder mit Hexan und Aceton gespült werden.

— Rotationsverdampfer
— Messkolben: diverse

20

- Kolbenhubpipetten: diverse
- Glasfläschchen mit Schraubverschluss: 40 mL, 60 mL
- GC-Vials: 2 mL
- HPLC gekoppelt mit GC und Flammenionisationsdetektor (LC-GC-FID) (▶ Abschn. 7.3.1, 7.7)

■■ Chemikalien (p. a.)
- *n*-Hexan: für Pestizid-Rückstandsanalytik
- Dichlormethan: für Pestizid-Rückstandsanalytik
- Toluol: für Pestizid-Rückstandsanalytik
- Ethanol: für HPLC
- Ethanol/*n*-Hexan: 50 + 50 (*v/v*)
- Wasser: bidest.
- Perylen (Abschluss der MOAH-Fraktion)
- 5-α-Cholestan (zur Absicherung der MOSH/MOAH-Trennung)
- *n*-Undecan (Interner Standard für MOSH-Fraktion)
- *n*-Tridecan (Interner Standard für MOSH-Fraktion)
- 1,3,5-Tri-tert.-Butylbenzol (zur Absicherung der MOSH/MOAH-Trennung)
- *n*-Tetracontan
- Bicyclohexyl (Interner Standard für MOSH-Fraktion)
- 1-Methylnaphthalin (Interner Standard für MOAH-Fraktion)
- 2-Methylnaphthalin
- Pentylbenzol (sog. *Wächter* für MOAH-Fraktion)
- Interne Stammlösung:
  Je 100 mg 5-α-Cholestan, *n*-Undecan, *n*-Tridecan, Tri-tert.-Butylbenzol, *n*-Tetracontan, Bicyclohexyl, 1-Methylnaphthalin, 2-Methylnaphthalin, Pentylbenzol werden auf ±1 mg genau in je einen 10-mL-Messkolben eingewogen und mit Toluol zur Marke aufgefüllt. Die Lösung ist bei Raumtemperatur zwei Monate haltbar.
- Interne Standardlösung:
  1 mL der Internen Stammlösung mit Hexan 1:30 verdünnen
- *n*-Alkan-Standardmix (C7-C40): c = 1000 µg/mL in Hexan
- Kieselgel 60, Partikelgröße: 60–200 µm: Vor Gebrauch 14 h bei 400 °C konditioniert.
- Natriumsulfat, wasserfrei, Reinheit mindestens 99 %: Vor Gebrauch 14 h bei 400 °C trocknen.

■■ Bestimmung
Für jede Aufarbeitungsserie wird arbeitstäglich je ein Reagenzienblindwert parallel zu den Proben aufgearbeitet.

(a) Fette

200 mg Fett werden auf ± 0,1 mg genau in ein Gefäß eingewogen, ca. 0,3 mL Hexan und 20 µL Interne Standardlösung zugegeben und intensiv geschüttelt. Die

Mischung wird auf die Trennsäule aufgetragen, das Gefäß und die Pasteurpipette werden mit Hexan gespült und das Hexan ebenfalls auf die Trennsäule gegeben.

(b) HPLC-Parameter

Trennsäule	Kieselgelsäule: 5 µm, 2 mm × 250 mm
Eluent	Hexan/Dichlormethan *(v/v)*
Flussrate	1,0 mL/min
Modus	Gradient: 0 min 100 % Hexan/1,5 min 65 % Hexan/6 min 0 % Hexan/15,5 min 100 % Hexan
Temperatur	20 °C
Injektionsvolumen	20 µL
Säulentemperatur	20 °C

(c) GC-Parameter:

Vorsäule	Unbelegte Metallsäule: 10 m × 0,53 mm
Trennsäule	Dimethylpolysiloxan-Phase: Länge 15 m, i. D. 0,25 mm, 0,25 µm Filmdicke
Ofentemperaturprogramm	60 °C (8 min)/5 °C/min bis 80 °C/15 °C/min bis 110 °C/20 °C/min bis 325 °C/325 °C (7 min)
Trägergasfluss	35 mL/min Wasserstoff und 550 mL/min Luft MOSH: Einlassdruck: 90 kPa, nach Schließen der SVE-Ventile: 120 kPa MOAH: Einlassdruck: 90 kPa, nach Schließen der SVE-Ventile: 120 kPa
FID-Temperatur	350 °C

- **Auswertung**

(a) Peak-Identifizierung/Überprüfung des Systems

Um die Peaks des Internen Standards identifizieren zu können, werden in jeder Sequenz 50 µL einer 1:10-Verdünnung der Internen Standardlösung injiziert. Die Injektion von 10 µL des *n*-Alkan-Standardmixes dient zum Setzen der Retentionszeitmarker. Das gaschromatographische System sollte überprüft werden, wenn das Peakflächenverhältnis von C40 zu C20 kleiner 80 % beträgt.

(b) Quantifizierung

Die quantitative Bestimmung erfolgt über Bicyclohexyl als internem Standard für die MOSH-Fraktion und über 1-Methylnaphthalin für die MOAH-Fraktion.

20

Der Gesamtgehalt w_{KW} an Kohlenwasserstoffen (Total-MOSH bzw. To-tal-MOAH) wird wie folgt berechnet:

$$w_{KW} = \frac{\sum A_i \cdot m_{IS} \cdot 1000}{A_{IS} \cdot m}$$

mit

$\sum A_i$ – integrierte Peakfläche des unaufgelösten Peakbergs (hump)

A_{IS} – Peakfläche des internen Standard-Peaks

m_{IS} – zudotierte Masse an internem Standard (Cycy bzw. 1-MN) in mg

M – Einwaage der Probensubstanz in g

Einen typischen Peakberg am Beispiel von MOSH bzw. MOAH zeigt ◘ Abb. 20.8.

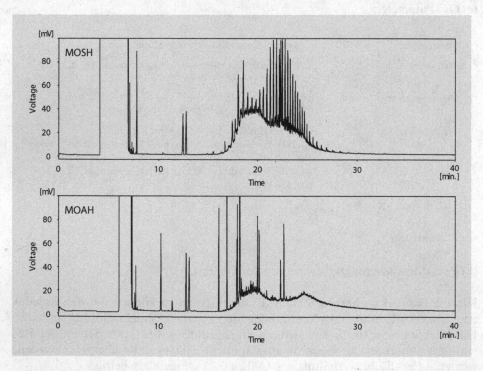

◘ **Abb. 20.8** Gaschromatogramm der MOSH-Fraktion (oben) bzw. der MOAH-Fraktion (unten). *Erläuterungen:* siehe Text

---

Störungen ↔ Interferenzen ↔ Epoxidierung

— **Störungen** können durch polyolefinische Kohlenwasserstoffe (engl. **Polyolefine Oligomeric Saturated Hydrocarbons, POSH**) aus Kunststoffen (Polyethylen, PE oder Polypropylen, PP) hervorgerufen werden. Diese werden in der MOSH-Fraktion miterfasst. Die meisten Lebensmittel enthalten n-Alkane natürlichen Ursprungs, die ebenfalls in der MOSH-Fraktion erfasst werden und von den mineralischen Kohlenwasserstoffen unterschieden werden müssen. Bei der Auswertung und Interpretation der Ergebnisse ist Erfahrung erforderlich, um keine falsch-positiven Ergebnisse zu erhalten (◘ Abb. 20.10).

— **Epoxidierung.** Die Analyse nativer Öle stellt eine Herausforderung dar, weil diese natürlichen Olefine wie Squalen, Carotenoide etc. enthalten sein können, die mit der MOAH-Fraktion interferieren und somit zu Fehlinterpretationen können. Diese Störungen lassen sich durch Epoxidierung (Epoxidation) mit 3-Chlorbenzoesäure (mCPBA) beseitigen, indem die Doppelbindungen der Olefine zunächst in Epoxide und in der Folge in Peroxide umgewandelt werden (◘ Abb. 20.9), die das Retentionsverhalten der Verbindungen so verändern, dass sie aus dem MOAH-Transferfenster wandern [25, 26].

— **Massenspektrometrische Bestätigungsanalysen** (LC-GC-MS) bzw. vertiefende Messungen mittels Comprehensive GCxGC-TOF-MS sind sinnvoll und in manchen Fällen zwingend notwendig.

20.3.3 Bestimmung von polycyclischen aromatischen Kohlenwasserstoffen (PAK) mittels HPLC-FD am Beispiel Benzo[a]pyren

- **Anwendungsbereich**
— Fleischerzeugnisse

- **Grundlagen**
PAK (Polycyclische Aromatische Kohlenwasserstoffe, engl. Polycyclic Aromatic Hydrocarbons, **PAH**) sind Stoffgemische, die bei unvollständiger Verbrennung

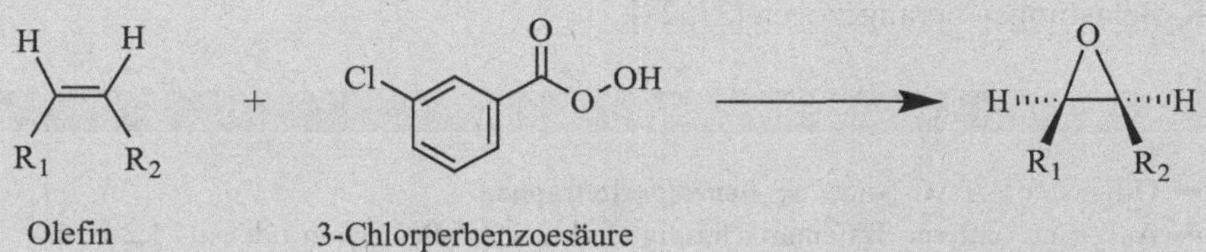

◘ **Abb. 20.9** Epoxidierung olefinischer Doppelbindungen mit 3-Chlorperbenzoesäure (mCPBA). *Erläuterung:* R_1, R_2 nicht weiter spezifizierte Reste. *Weitere Erläuterungen:* siehe Text

20

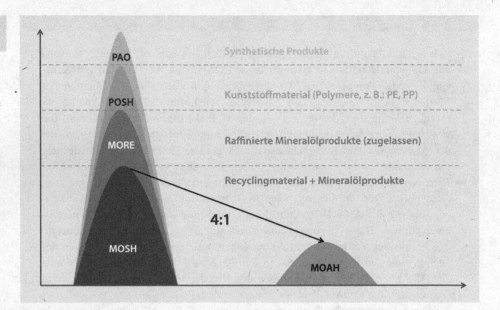

■ **Abb. 20.10**   MOSH & MORE – Mögliche Zusammensetzung des MOSH-humps. Erläuterung: **MOSH:** gesättigte Mineralölkohlenwasserstoffe; **MORE:** Mineral Oil Refined (Paraffinic) Hydrocarbons, z. B. mikrokristalline Wachse, Weißöle, Trennmittel, Schmierstoffe, PE Polyethylen, PP Polypropylen; **POSH** Polyolefinische gesättigte Kohlenwasserstoffe; **PAO** Polyalphaolefine. *Weitere Erläuterungen:* siehe Text

von organischen Materialien, beispielsweise aus Kohle, Kraftstoffen, Tabak entstehen. Sie werden insbesondere auch beim Räuchern, Grillen und Braten von Fleischprodukten gebildet.

PAK ist die Sammelbezeichnung für eine chemische Stoffklasse von mehreren hundert Einzelverbindungen von kondensierten, aromatischen Kohlenwasserstoffen. In ■ Abb. 20.11 sind die vom Scientific Committee on Food (SCF) eingeteilten PAK dargestellt. PAK werden aufgrund ihrer krebserregenden Wirkung als eine in hohem Maße relevante Schadstoffklasse angesehen.

Der bekannteste Vertreter der PAK ist Benzo[*a*]pyren (IARC, Kategorie 2, krebserzeugende Wirkung). Diese Verbindung wird im Allgemeinen als Leitsubstanz bei der analytischen Erfassung und der toxikologischen Beurteilung von PAK-Belastungen herangezogen [27, 28].

Benzo[a]pyren – Viele Namen, doch welcher ist richtig?

— Offizieller IUPAC-Name: ⇨ **Benzo[*pqr*]tetraphen**
— Aufgrund anderer Systematik häufig auch als **3,4-Benzpyren** oder als **1,2-Benzpyren** bezeichnet.
— Die Bezeichnung **Benzo[a]pyren** (BaP) ist in der chemischen Literatur sehr verbreitet und von IUPAC ausdrücklich als Alternative zu gelassen!

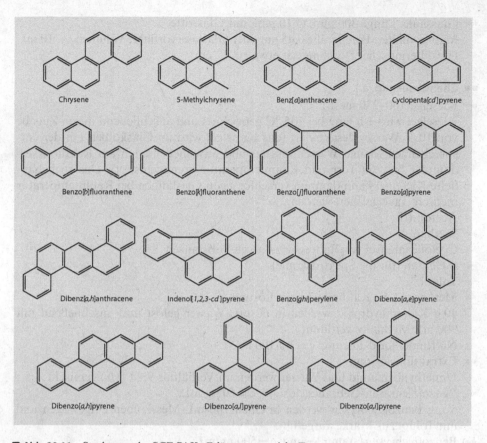

Chrysene 5-Methylchrysene Benz[*a*]anthracene Cyclopenta[*cd*]pyrene

Benzo[*b*]fluoranthene Benzo[*k*]fluoranthene Benzo[*j*]fluoranthene Benzo[*a*]pyrene

Dibenz[*a,h*]anthracene Indeno[*1,2,3-cd*]pyrene Benzo[*ghi*]perylene Dibenzo[*a,e*]pyrene

Dibenzo[*a,h*]pyrene Dibenzo[*a,l*]pyrene Dibenzo[*a,i*]pyrene

◻ **Abb. 20.11** Strukturen der SCF-PAK. *Erläuterungen:* siehe Text

■ **Prinzip der Methode**

PAK werden nach Verseifen der Probe mit Cyclohexan extrahiert, anschließend mit Dimethylformamid ausgeschüttelt und dann erneut mit Cyclohexan extrahiert. Der Extrakt wird über Kieselgel gereinigt. Die Bestimmung erfolgt mit Hilfe der HPLC durch Messung der Fluoreszenz.

■ **Durchführung**
■ ■ **Geräte und Hilfsmittel**
— Flüssigchromatograph mit Fluoreszenzdetektor (▶ Abschn. 5.5)
— Spektralphotometer (▶ Abschn. 8.2)
— Küvetten: $d = 1$ cm
— Homogenisator
— Rundkolben: 500 mL, mit Schliff NS 29
— Glaswolle
— Scheidetrichter: 1000 mL
— Rotationsverdampfer

20

- Glassäule: Länge 300 mm, Ø 10 mm, mit Glasfritte
- Membranfilter: Porengröße 0,45 μm oder Glasfaservorfilter: Volumen ca. 10 mL
- Glasfilternutsche: Durchmesser etwa 10–12 cm

■ ■ **Chemikalien (p. a.)**

- Kieselgel (60–230 mesh):
  Kieselgel wird 1 h lang bei 105 °C getrocknet und anschließend durch Zugabe von 10 % Wasser desaktiviert (das Kieselgel wird im Glaskolben mit der entsprechenden Menge Wasser versetzt und anschließend 1 h am Rotationsverdampfer bei 760 Torr und Raumtemperatur homogenisiert). Das so behandelte Kieselgel kann dann im verschlossenen Glaskolben bei Raumtemperatur mehrere Tage gelagert werden.
- Acetonitril
- Methanol
- Cyclohexan, frei von fluoreszenzaktiven Substanzen
- *n*-Heptan (für die Spektroskopie)
- Toluol
- Methanolische Kaliumhydroxid-Lösung:
  40 g Kaliumhydroxid werden in 60 mL Wasser gelöst und anschließend mit 900 mL Methanol verdünnt
- Natriumchlorid-Lösung: $c = 1$ g/100 mL
- Extraktionslösung:
  Dimethylformamid und Wasser werden im Verhältnis 9 + 1 (*v/v*) gemischt
- Benzo[*b*]chrysen-Gebrauchslösung; $c = 50$ μg/mL:
  5 mg Benzo[*b*]chrysen werden in einen 100-mL-Messkolben eingewogen und mit Toluol zur Marke aufgefüllt.
- Benzo[*b*]chrysen-Stammlösung; $c = 500$ ng/mL:
  1,00 mL der Benzo[*b*]chrysen-Gebrauchslösung wird in einen 100-mL-Messkolben pipettiert und mit Acetonitril zur Marke aufgefüllt.
- Benzo[*b*]chrysen-Standardlösung (ISTD); $c = 50$ ng/mL:
  1,00 mL der Benzo[*b*]chrysen-Stammlösung wird in einen 10-mL-Messkolben pipettiert und mit Acetonitril zur Marke aufgefüllt.
- Benzo[*a*]pyren-Gebrauchslösung; $c = 500$ μg/mL:
  5 mg Benzo[*a*]pyren werden in einen 10-mL-Messkolben eingewogen und mit *n*-Heptan zur Marke aufgefüllt.

Feststellung des genauen Gehaltes der Gebrauchslösung

Der genaue Gehalt der Lösung wird durch spektralphotometrische Messung bei 297 nm bestimmt. Dazu wird 1,00 mL der **Gebrauchslösung** in einen 100-mL-Messkolben pipettiert, mit n-Heptan zur Marke aufgefüllt und die Extinktion gegen n-Heptan bei 297 nm und Schichtdicke 1 cm gemessen. Der Benzo[a]-pyren-Gehalt (c_{BaP}) in μg/mL der Lösung wird wie folgt berechnet:

$$c_{BaP} = \frac{252,3 \cdot E \cdot 1000}{\varepsilon}$$

mit

E – ermittelte Extinktion der verdünnten Benzo[a]pyren-Gebrauchslösung
ε – spezifischer, molarer Extinktionskoeffizient von Benzo[a]pyren in n-Heptan (= 63.000)

- Benzo[a]pyren-Stammlösung; c = 100 ng/mL:
  Von der verdünnten Benzo[a]pyren-Gebrauchslösung mit einem ermittelten Gehalt von 5,00 μg/x mL werden x mL in einen 50-mL-Messkolben pipettiert. Das Lösungsmittel wird vorsichtig abgeblasen und der Kolben mit Acetonitril zur Marke aufgefüllt.
- Benzo[a]pyren-Standardlösungen (≙ Standardmesslösungen):
  ⇨ Von der Benzo[a]pyren-Stammlösung werden 1,00; 2,50 und 5,00 mL sowie jeweils 5,00 mL der Benzo[b]chrysen-Stammlösung (ISTD) in einen 50-mL-Messkolben pipettiert und mit Acetonitril zur Marke aufgefüllt.
  ⇨ Die Standardlösungen enthalten 2; 5 und 10 ng Benzo[a]pyren sowie jeweils 50 ng Benzo[b]chrysen pro mL (≙ 0,02; 0,05 und 0,10 ng Benzo[a]pyren sowie jeweils 0,5 ng Benzo[b]chrysen pro 10 μL).

■■ Bestimmung

(a) Probenvorbereitung

Die Probe wird grob zerkleinert und gemischt. Eine Durchschnittsprobe von etwa 100 g wird fein zerkleinert.

(b) Extraktion

15,00 g der fein zerkleinerten Durchschnittsprobe werden in einen 500-mL-Rundkolben eingewogen und nach Zugabe von 300 mL methanolischer Kaliumhydroxid-Lösung sowie 1,00 mL der Benzo[b]chrysen-Standardlösung (≙ ISTD) etwa 1 h unter Rückfluss erhitzt. Das aufgeschlossene Material wird dann sofort (noch warm) über Glaswolle in einen 1-L-Scheidetrichter überführt. Nach Abkühlen der Verseifungslösung werden 100 mL Cyclohexan zugegeben, 3 min geschüttelt und die Cyclohexanphase in einem weiteren Scheidetrichter gesammelt. Dieser Vorgang wird mit weiteren 100 mL Cyclohexan wiederholt und danach die vereinigten Cyclohexan-Phasen zweimal mit 100 mL Methanol/Wasser-Gemisch 80 + 20 (v/v) gewaschen (Waschlösungen werden verworfen).

Die so behandelte Cyclohexan-Phase wird bei 40 °C am Rotationsverdampfer unter Vakuum auf etwa 50 mL eingeengt und mit dem gleichen Volumen Dimethylformamid/Wasser-Gemisch 9 + 1 (v/v) ausgeschüttelt. Die Dimethylformamid/Wasser-Phase wird von der Cyclohexanphase abgetrennt, mit Natriumchlorid-Lösung im Verhältnis 1 + 1 (v/v) versetzt und dieses Gemisch wiederum mit 100 mL Cyclohexan extrahiert. Die erhaltene Cyclohexan-Phase wird am Rotationsverdampfer auf etwa 3 mL eingeengt, auf die vorbereitete Kieselgelsäule aufgebracht und

20

mit 110 mL Cyclohexan eluiert. Das Eluat wird bis fast zur Trockne eingeengt und dann das restliche Lösungsmittel im Stickstoff-Strom entfernt.

Der Rückstand wird in 1,00 mL Acetonitril aufgenommen und die Lösung vor der HPLC-Messung (◘ Abb. 20.12) durch einen Membranfilter filtriert (⇨ Probenmesslösung).

(c) HPLC-Parameter

Trennsäule	RP18-PAH: 5 µm, 250 × 4,6 mm
Elutionsmittel	A: 1 L H_2O bidest. + 4 mL/L H_3PO_4 *(v/v)* B: 1 L Acetonitril + 4 mL/L H_3PO_4 *(v/v)* C: 1 L Acetonitril + 1 L Benzylalkohol + 4 mL/L H_3PO_4 *(v/v)*
Modus	Gradient, ◘ Tab. 20.3
Temperatur	18 °C ± 0,8 °C
Detektion	Fluoreszenzdetektor (zum Beispiel Messwellenlängen für Benzo[*a*] pyren und Benzo[*b*]chrysen: Extinktion 300 nm, Emission 416 nm)
Injektionsvolumen	10 µL

- **Auswertung**

Der Gehalt an Benzo[*a*]pyren *BaP* in µg/kg der Probe wird wie folgt berechnet:

$$BaP = \frac{A_1 \cdot A_4 \cdot m_1 \cdot m_3}{A_2 \cdot A_3 \cdot m_2 \cdot m_0}$$

mit

A_1 – Peakfläche des Benzo[*a*]pyren in der Probenmesslösung

A_2 – Peakfläche des Benzo[*a*]pyren in der Standardmesslösung

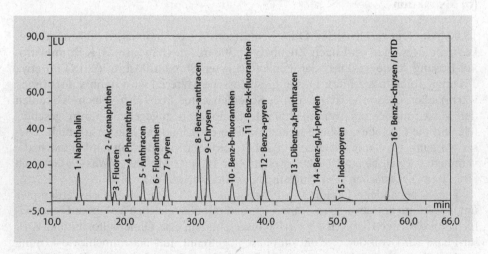

◘ **Abb. 20.12** Flüssigchromatogramm eines PAK-Gemisches mit 16 Substanzen. *Erläuterungen:* siehe Text

◻ Tab. 20.3 Gradient/Flussrate – Bestimmung von BaP mittels HPLC-FD

Zeit (min)	Eluent A (%)	Eluent B (%)	Eluent C (%)	Flussrate (mL/min)
0	0	0	0	1,0
5	50	50	0	1,0
35	0	100	0	1,0
55	0	100	0	1,0
60	0	0	100	1,0
73	0	0	100	1,0
74	0	100	0	1,0
84	0	100	0	1,0

A_3 – Peakfläche des Internen Standards (ISTD) in der Probenmesslösung

A_4 – Peakfläche des Internen Standards (ISTD) in der Standardmesslösung

m_1 – Masse des Benzo[a]pyrens in der injizierten Standardmesslösung in ng

m_2 – Masse des Internen Standards in der injizierten Standardmesslösung in ng

m_3 – Masse des Internen Standards in der Probe in ng

m_0 – Probeneinwaage in g

20.3.4 Bestimmung von Benzol, Toluol und Xylol-Isomeren mittels GC/MS

■ **Anwendungsbereich**
— Lebensmittel, allgemein

■ **Grundlagen**
Bei **Benzol**, **Toluol** und **Xylol**-Isomeren (**BTX**) handelt es sich um Substanzen, die große toxikologische Relevanz besitzen. So ist insbesondere Benzol in Kategorie 1 der MAK-Liste aufgeführt [28] und gilt als Stoff, der beim Menschen Krebs erzeugt und bei dem davon auszugehen ist, dass er einen nennenswerten Beitrag zum Krebsrisiko leistet. BTX sind typische Vertreter aromatischer Substanzen, die u. a. auch in Benzindämpfen enthalten sind. Trotz aller Vorsichtsmaßnahmen ist es demnach nicht ausgeschlossen, dass Lebensmittel, die zum Beispiel in Tankstellen-Shops angeboten werden, durch diese Substanzen kontaminiert sein können [27–30].

■ **Prinzip der Methode**
BTX werden aus dem Lebensmittel durch Wasserdampfdestillation und mittels modifizierter Clevenger-Apparatur (◻ Abb. 20.13) isoliert. Die Bestimmung erfolgt mit Hilfe der Kapillar-Gaschromatographie und massenspektrometrischer

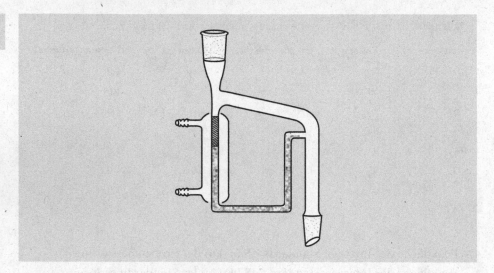

◼ **Abb. 20.13**   Modifizierte Clevenger-Apparatur. *Erläuterungen:* siehe Text

Detektion (MS). Dabei werden die charakteristischen Bruchstücke dieser Stoffe registriert und nach der Methode des Internen Standards über 8fach deuteriertes Toluol (Toluol-d_8) ausgewertet.

- **Durchführung**
- ■ **Geräte und Hilfsmittel**
- Kapillar-Gaschromatograph mit massenspektrometrischer Detektion (MSD) (▶ Abschn. 5.4; ▶ Kap. 7)
- Clevenger-Apparatur (modifiziert: ◼ Abb. 20.13) mit Intensivkühler und Trockenrohraufsatz
- Mikrospritzen zum Dosieren: 50 µL, 100 µL und 500 µL

■ ■ **Chemikalien (p. a.)**
- tert.-Butylmethylether (t-BME): Muss vor der Verwendung auf Verunreinigungen an den zu bestimmenden Substanzen geprüft werden.
- Aktivkohle gekörnt und ausgeheizt zum Befüllen des Trockenrohres
- Methanol
- Benzol
- Toluol
- Toluol-d_8: Isotopenreinheit mind. 99,9 %
- *p*-Xylol: Isomerenreinheit mind. 99,5 %
- *m*-Xylol: Isomerenreinheit mind. 99,5 %
- *o*-Xylol: Isomerenreinheit mind. 99,5 %
- Interne Standardlösung:
  10 µL Toluol-d_8 werden in einem 20-mL-Messkolben in 10 mL Methanol gelöst und dann zur Marke aufgefüllt. 100 µL dieser Lösung werden in einen 50-mL-Messkolben pipettiert und mit t-BME bis zur Marke aufgefüllt.

- BTX-Stammlösungen:
  50 µL Toluol sowie jeweils 20 µL Benzol, *p*-, *m*-, und *o*-Xylol werden in einem 10-mL-Messkolben in ca. 5 mL t-BME aufgenommen und dann zur Marke aufgefüllt.
- BTX-Standardlösung I:
  In einem 50-mL-Messkolben werden ca. 40 mL tert.-Butylmethylether vorgelegt, dann 10 µL Stammlösung zu pipettiert und mit t-BME zur Marke aufgefüllt.
- BTX-Standardlösung II:
  Standardlösung I und Interne Standardlösung werden im Verhältnis 1:1 gemischt.
  Hinweis: Wegen Kontaminationsgefahr unbedingt verschiedene Mikrospritzen verwenden!

■■ **Bestimmung**

(a) Vorbereitung zur Destillation

Um Kontaminationen zu vermeiden, müssen sämtliche Glasgeräte über Nacht bei 120 °C im Trockenschrank ausgeheizt, Clevenger-Apparatur sowie Kühler außerdem vor dem Ausheizen mit einer ausreichenden Menge an heißem, bidestilliertem Wasser (ca. 1 bis 2 L) gespült werden. Zur Kontrolle der Apparatur wird dann zunächst eine Blindwertbestimmung durchgeführt (Destillation unter Einsatz aller Reagenzien, aber ohne Probe).

(b) Herstellung der Probenlösung

5–20 g (auf ± 0,01 g genau einwiegen) der homogenisierten Probe werden in einen 1000-mL-Rundkolben mit ca. 200 mL bidestilliertem Wasser versetzt und dann 2 mL Interne Standardlösung zugegeben. Nach Zusatz eines Rührstabes (bzw. Siedeperlen) wird dann unter kräftigem Rühren zum Sieden erhitzt und ca. 90 min lang destilliert. Mit Hilfe einer Pasteurpipette wird dann nach Abkühlen die obere Flüssigkeitsphase (⇨ Probenmesslösung) aus der Clevenger-Apparatur entnommen, in ein GC-Injektionsfläschchen überführt und verschlossen.

(c) Kapillar-GC-Parameter

Trennsäule	Polyethylenglycol 20 M: Länge 60 m, ID 0,2 mm, Filmdicke 0,25 µm
Temperaturprogramm	50 °C (3 min), 50–220 °C (10 °C/min)
Detektor	MS
Injektortemperatur	250 °C
Injektion	1 µL, splitless
Temperatur GC–MS-Kopplung	240 °C

20

(d) Massenspektrometrie

Zur spezifischen Erfassung von BTX sowie von Toluol-d_8 als Internem Standard werden in verschiedenen Zeitfenstern nach der Elektronenstoßionisation die spezifischen Massen registriert. Zur quantitativen Bestimmung sind folgende Massen besonders geeignet:

Masse 78 für Benzol, Masse 91 für Toluol, Masse 98 für Toluol-d_8, Masse 91 und 106 für Xylol-Isomere.

- **Auswertung**

(a) Ermittlung des Quotienten aus den Messwerten von Probe und Internem Standard

Aus den Peakflächen der Analyten der Standard- und Probenmesslösung und der Peakfläche des Internen Standards (❏ Abb. 20.14) wird folgender Quotient Q gebildet:

$$Q \;=\; \frac{A_1}{A_2}$$

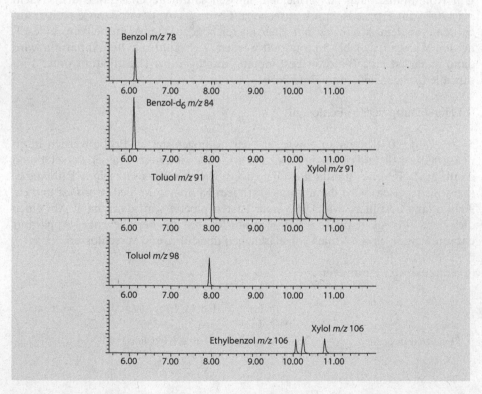

❏ **Abb. 20.14**   Typisches Kapillar-Gaschromatogramm einer Mischung von BTX. *Erläuterung:* **Benzol** 6,16 min; **Benzol-d_6** 6,13 min; **Toluol** 8,04 min; **Toluol-d_8** 7,90 min; **Ethylbenzol** 10,05 min; **p-Xylol, m-Xylol** 10,24 min; **o-Xylol** 10,78 min

mit

A_1 – Peakfläche des Analyten
A_2 – Peakfläche des Internen Standards

(b) Berechnung
Der Gehalt an Benzol, Toluol und Xylol-Isomeren M an dem zu bestimmenden Analyten in mg/kg der Probe wird wie folgt berechnet:

$$M = \frac{Q_p \cdot m_1 \cdot F}{Q_s \cdot m_0}$$

mit

Q_p – Quotient für den zu bestimmenden Analyten in der Probenmesslösung

Q_s – Quotient für den zu bestimmenden Analyten in der Standardmesslösung

m_1 – Masse des zu bestimmenden Analyten in der Standardmesslösung in µg

m_0 – Probeneinwaage in g

F – Quotient aus dem Volumen Interne Standardlösung in der Probenmesslösung und Volumen Interne Standardlösung in der Standardmesslösung

20.3.5 Identifizierung und Bestimmung von Tetrachlorethen mittels GC-ECD

■ **Anwendungsbereich**
– Lebensmittel, allgemein (insbesondere solche mit hohem Fettgehalt)

■ **Grundlagen**
Tetrachlorethen (Perchlorethylen, **Per**) gehört zu den leichtflüchtigen Halogenkohlenwasserstoffen (LHKW). Es ist das wichtigste Lösungsmittel in der Chemischen Reinigung. In Europa werden ca. 90 % des Reinigungsgutes damit behandelt [1]. Es kann in hohen Konzentrationen (1–100 mg/m^3) in über oder neben Chemischen Reinigungen gelegene Räume (z. B. Bäckereien) gelangen und in dort gelagerte Lebensmittel, insbesondere solche mit hohem Fettgehalt, übergehen. Dabei können Konzentrationen von weit über 10 mg/kg im Lebensmittel auftreten. Bis 1981 wurde Tetrachlorethen auch als Entfettungsmittel in Tierkörperbeseitigungsanstalten eingesetzt. Entfettete, stark mit Tetrachlorethen belastete Tierkörpermehle wurden Futtermitteln zugesetzt, die hauptsächlich an Hühner und Schweine verfüttert wurden. In Lebensmitteln tierischer Herkunft, z. B. in Rohwurst oder Hühnereiern, wurden damals ebenfalls Rückstandsgehalte im mg/kg-Bereich festgestellt [31–33].

20

■ **Prinzip der Methode**

Viele leichtflüchtige organische Stoffe lassen sich mit Hilfe der Wasserdampf-destillation aus Lebensmitteln abtrennen. Die zu untersuchende Probe wird in einer modifizierten Clevenger-Apparatur (◘ Abb. 20.13) unter Rückfluss destilliert und das Destillat mit einem organischen Lösungsmittel kontinuierlich extrahiert. Die so erhaltenen Extrakte lassen sich ohne weitere Aufarbeitung gaschromatographisch analysieren (Interne Standardmethode). Die Trennung erfolgt nach *On-Column*-Injektion auf Kapillaren, belegt mit unpolaren Phasen (beispielsweise mit Methylsilikon) mit großer Filmdicke (1–5 μm). Zum Nachweis wird ein Elektroneneinfangdetektor (ECD) eingesetzt.

■ **Durchführung**

■■ **Geräte und Hilfsmittel**

– Gaschromatograph mit ECD (► Abschn. 5.4)
– modifizierte Clevenger-Apparatur (◘ Abb. 20.13)
– Intensivkühler
– Gasspritzen: 5 μL, 10 μL
– Rundkolben: 250 mL
– Messkolben: 1 mL, 10 mL, 20 mL, 50 mL
– Vollpipetten: 1 mL, 2 mL
– Siedesteine
– Silikon-Antischaumemulsion: auf Rückstandsfreiheit geprüft

■■ **Chemikalien (p. a.)**

– *iso*-Octan bzw. *n*-Pentan: auf Rückstandsfreiheit geprüft
– Tetrachlorethen
– Dibromchlormethan (DBCM)
– Bromtrichlormethan (BTCM) (Interner Standard)

■■ **Bestimmung**

(a) Herstellung von Extraktions- und Kalibrierlösungen

(a1) Extraktionslösung

Dem Extraktionsmittel (*iso*-Octan oder *n*-Pentan; vgl. hierzu Anmerkung) werden 50–100 ng DBCM/mL als Standardsubstanz zur Ermittlung der Wiederfindungsrate zugesetzt (⇨ Extraktionslösung).

Anmerkung – Extraktionsmittel

Die Verwendung von *n*-Pentan zur Extraktion ermöglicht die Bestimmung einer ganzen Reihe von LHKW (◘ Abb. 20.15a). Soll nur Tetrachlorethen bestimmt werden, lässt sich mit *iso*-Octan als Lösungsmittel die Reproduzierbarkeit der Aufarbeitung verbessern.

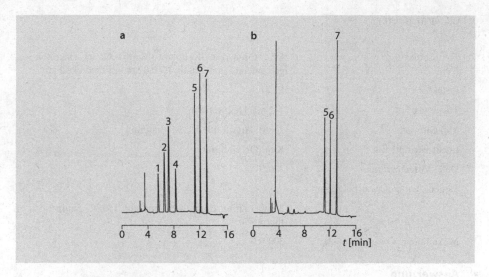

■ **Abb. 20.15** Typische Kapillar-Gaschromatogramme von Halogenkohlenwasserstoffen. *Erläuterung:* **a** Standardmischung: **1** Trichlormethan 59,6 pg; **2** 1,1,1-Trichlorethan 53,6 pg; **3** Tetrachlormethan 25,4 pg; **4** Trichlorethen 58,4 pg; **5** Bromtrichlormethan 80,4 pg; **6** Dibromchlormethan 49,0 pg; **7** Tetrachlorethen 25,9 pg. **b** Untersuchung von Haselnussmehl: **5** Bromtrichlormethan 80,4 pg; **6** Dibromchlormethan 40,7 pg; **7** Tetrachlorethen 127,4 pg

(a2) Kalibrierlösungen

Die Verdünnungen der Kalibriersubstanzen werden mit einer 10-µL-Glasspritze in *iso*-Octan (oder *n*-Pentan) hergestellt. Die zugegebenen Mengen der Halogenkohlenwasserstoffe werden durch Multiplikation der Volumina mit der Dichte der Substanzen berechnet (Tetrachlorethen: $d = 1{,}622$ g/mL, DBCM: $d = 2{,}453$ g/mL, BTCM: $d = 2{,}008$ g/mL).

Konzentration der ⇨ Kalibrierlösungen: Je Halogenwasserstoff 20–200 ng/mL.

(b) Herstellung der Probenlösung

1–10 g homogenisierte Probe werden im 250-mL-Rundkolben mit 2 mL Extraktionslösung und einigen Siedesteinen versetzt. Bei stark schäumenden Proben (z. B. Getreideprodukten) kann ein Silikon-Antischaummittel zugegeben werden. Anschließend wird an der modifizierten Clevenger-Apparatur mit Intensivkühler 90 min lang am Rückfluss extrahiert.

Nach beendeter Extraktion werden zu 1 mL des Probenextraktes mit der Glasspritze einige µL (günstig sind 4 µL) einer Stammlösung von BTCM im entsprechenden Lösungsmittel (günstig: 20 ng/µL) als Interner Standard für die GC zugegeben. Die Konzentration von BTCM muss in allen Proben- und Kalibrierlösungen gleich sein und sollte 80–150 ng/mL betragen (im aufgeführten Beispiel entspricht dies 80 ng/mL). Die durch die Zugabe des Internen Standards auftretende Volumenänderung ist vernachlässigbar klein. 1 µL der so hergestellten ⇨ Probenlösung wird zur GC-Analyse eingesetzt.

20

(c) GC-Parameter

Trennsäule	BP-1 fused-silica-Kapillare (Methylsilikon), chemisch gebundene Phase: 50 m, ID 0,32 mm, Filmdicke 2 µm
Detektor	ECD
Trägergas	1–2 mL Helium/min
Make-up-Gas	25 mL Argon mit 5 % Methan/min
Injektortemperatur	Kalt (On Column)
Detektortemperatur	300 °C
Säulenofentemperaturprogramm	
	80 °C 10 min, dann 20 °C/min auf 150 °C, 5 min isotherm 150 °C
Maximaltemperatur der Säule	300 °C!

- **Auswertung**

Der Tetrachlorethen-Peak im Chromatogramm (◘ Abb. 20.15) wird durch Vergleich mit der Retentionszeit der Kalibriersubstanz zugeordnet. Zur quantitativen Bestimmung des Tetrachlorethens und zur Ermittlung der Extraktionsausbeute über die DBCM-Konzentration in der Probenlösung werden Kalibriermessungen vorgenommen. Die Kalibrierlösungen werden wie oben beschrieben hergestellt und sollen 20–200 ng Tetrachlorethen und DBCM/mL sowie eine stets gleiche Menge BTCM enthalten.

Die Berechnung der Gehalte in den Proben wird nach der Methode des Internen Standards durchgeführt. Dazu werden die Peakflächen von Tetrachlorethen und DBCM eines Kalibrierchromatogramms durch den Wert für BTCM aus derselben Messung dividiert. Aus den so erhaltenen Verhältniszahlen der Kalibriermessung wird eine Kalibriergerade erstellt. Die Methode des Internen Standards macht die Auswertung unabhängig von kleineren Schwankungen der in das gaschromatographische System eingebrachten Probenmenge. Dies ist insbesondere bei der On-Column-Injektion und bei der Bestimmung von leichtflüchtigen Substanzen in einem leichtflüchtigen Lösungsmittel wie n-Pentan von großer Wichtigkeit.

20.4 Prozesskontaminantenanalytik

20.4.1 Bestimmung von Acrylamid mittels LC-MS/MS

- **Anwendungsbereich**
- stark erhitzte Lebensmittel insbesondere auf Basis von Kartoffeln und Getreide

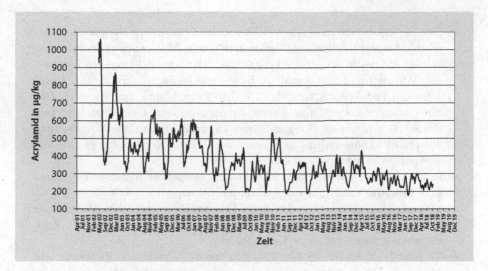

◘ **Abb. 20.16** Wochenmittelwerte von Kartoffelchips von Kartoffelchips. *Erläuterungen:* siehe Text. (Quelle: ▶ http://www.lci-koeln.de/deutsch/verbraucherinformation-zur-thematik-acrylamid-bei-kartoffelchips)

■ **Grundlagen**

Acrylamid (engl. acrylamide) ist ein thermisches Reaktionsprodukt der Maillard-Reaktion, das beim starken Erhitzen in kohlenhydratreichen Lebensmitteln entsteht (eine sog. **Prozesskontaminante**, auch als Reaktionskontaminante bezeichnet, engl. foodborne toxicants). Grundvoraussetzung ist dabei, dass reduzierende Zucker (Glucose, Fructose) und die Aminosäure Asparagin im Lebensmittel enthalten sind. Diese Bausteine befinden sich insbesondere in Getreide und Kartoffeln.

Eine ausführliche Beschreibung der Einflussgrößen der Acrylamid-Bildung sowie von Ansätzen zur Minimierung von Acrylamid sind der Spezialliteratur zu entnehmen, auf die an dieser Stelle verwiesen sei (Auswahl: [34–38]).

Seit Beginn der Entdeckung von Acrylamid im Jahr 2002 ist die Lebensmittelindustrie an der Minimierung in Zusammenarbeit mit Behörden und wissenschaftlichen Einrichtungen beteiligt. Es werden von kartoffelverarbeitenden Betrieben in Deutschland regelmäßig die Wochenmittelwerte der Acrylamid-Gehalte in Kartoffelchips veröffentlicht. ◘ Abb. 20.16 zeigt den aktuellen Stand.

Acrylamid: Signalwerte ↔ Benchmark Values ↔ Indicative Values ↔ Richtwerte

━ Seit der Entdeckung von Acrylamid sind insbesondere in Deutschland immense Bestrebungen sowohl von Seiten der Lebensmittelindustrie als auch der Behörden und Forschungseinrichtungen unternommen worden, relevante Erkenntnisse zu gewinnen, um die Gehalte auf breiter Linie zu senken. Weltweit wurde eine Vielfalt von Forschungsprojekten zu Acrylamid in verschiedenen Disziplinen mit unterschiedlichen Ansätzen durchgeführt.

20

- Das EU-weit bisher einzigartige in Deutschland praktizierte **dynamische Mini-mierungskonzept** mit den sog. **Signalwerten** wurde 2002 zwischen dem Bundes-amt für Verbraucherschutz und Lebensmittelsicherheit (BVL) und den Ländern, der Wirtschaft und dem damaligen Bundesministerium für Ernährung, Land-wirtschaft und Verbraucherschutz (BMELV) abgestimmt und mit dem Ziel, eine stufenweise, aber stetige Absenkung der Acrylamid-Gehalte zu bewirken. Die Signalwerte wurden in regelmäßigen Abständen durch Datenaktualisierung überprüft und entsprechend angepasst. Nach diesem Konzept hat es acht Sig-nalwertberechnungen in Deutschland gegeben.
- In 2011 wurden auf EU-Ebene erstmals sog. **europäische Signalwerte** (genauer engl. **Indicative Values**) für einige Lebensmittelkategorien veröffentlicht, die die nationalen Signalwerte in vorhandenen Fällen ablösten. Im Jahre 2017 erfolgte in der EU dann zunächst die Einführung von sog. **Benchmark Levels** (dt. Refe-renzniveau), die die Indicative Values ablösten.
- Zu guter Letzt wurden im Jahr 2017 von der EU-Kommission **Richtwerte** und **Minimierungsmaßnahmen** für die Senkung des Acrylamid-Gehaltes in Lebens-mitteln festgelegt (Verordnung (EU) 2017/2158). Acrylamid wird hier definiert als ein Kontaminant im Sinne der Verordnung (EWG) Nr. 315/93 des Rates und stellt als solche eine „chemische Gefahr in der Lebensmittelkette" dar. Es han-delt sich um folgende Lebensmittel(-gruppen):
  a) Pommes frites, andere geschnittene (frittierte) Erzeugnisse und Chips aus fri-schen Kartoffeln/Erdäpfeln
  b) Kartoffel-/Erdapfelchips, Snacks, Cracker und andere Kartoffel-/Erdapfeler-zeugnisse auf Teigbasis
  c) Brot
  d) Frühstückscerealien (ausgenommen Porridge)
  e) Feine Backwaren: Plätzchen, Kekse, Zwieback, Getreideriegel, Scones, Eis-waffeln, Waffeln, Crumpets und Lebkuchen, Cracker, Knäckebrot und Bro-tersatzprodukte. In dieser Kategorie ist unter einem Cracker ein Hartkeks (eine Backware auf Getreidemehlbasis) zu verstehen
  f) Kaffee: d. h. gerösteter Kaffee und Instant-Kaffee (löslicher Kaffee)
  g) Kaffeemittel
  h) Getreidebeikost und andere Beikost für Säuglinge und Kleinkinder im Sinne der Verordnung (EU) Nr. 609/2013

Acrylamid-Toolbox

Auf **europäischer Ebene** hat der Europäische Verband der Lebensmittelindustrie (FoodDrinkEurope – FDE) die Bemühungen von Wissenschaft und Industrie ko-ordiniert und ein sog. **Acrylamid-Toolbox**-Konzept (dt. Werkzeugkastensystem) entwickelt. Es beschreibt wissenschaftliche Ansätze, Möglichkeiten und Methoden zur Acrylamid-Reduzierung in Lebensmitteln sowie deren praktische Umsetzung.

Theoretisch besteht aber auch die Möglichkeit, dass Acrylamid durch echte Kontamination in Lebensmitteln vorkommt. So gibt es Anwendungsgebiete für Acrylamid als Flockungsmittel bei der Trinkwasseraufbereitung, als Mittel zur Bodenkonditionierung sowie als Dispersionsmittel bei der Herstellung von Anstrichüberzügen.

Toxikologische Studien zeigen, dass das erste Abbauprodukt von Acrylamid im menschlichen Körper, das sog. Glycidamid, der Hauptträger der Giftwirkung ist.

▪ **Prinzip der Methode**

Aus der ggf. vorgetrockneten, zerkleinerten und entfetteten Probe wird das Acrylamid mit Wasser extrahiert. Die Probenlösung wird mittels Carrez-Klärung gereinigt und der erhaltene Extrakt mittels LC–MS/MS analysiert. Die Quantifizierung erfolgt gegen den deuterierten Internen Standard.

▪ **Durchführung**

▪▪ **Geräte und Hilfsmittel**

— Flüssigchromatograph mit massenspektrometrischem Detektor (MS/MS) (▶ Abschn. 7.2.3)
— Absaugapparatur
— Membranfilter, 0,45 μm
— Rundfilter: Ø 110 mm
— Zentrifugenglas: 12 mL

▪▪ **Chemikalien (p. a.)**

— Acrylamid
— deuteriertes Acrylamid (Acrylamid-d_3)

20

- Acrylamid-Stammlösung; c = 1 mg/mL:
  0,05 g Acrylamid werden in einen 50-mL-Messkolben eingewogen und in Acetonitril/Wasser 50 + 50 (*v/v*) gelöst und bis zur Marke aufgefüllt.
- Acrylamid-Standardlösung; c = 5 µg/mL:
  0,5 mL der Stammlösung werden in einem 100-mL-Messkolben mit Acetonitril/Wasser 50 + 50 (*v/v*) bis zur Marke aufgefüllt.
- Acrylamid-d_3-Stammlösung; c = 1 mg/mL:
  0,05 g Acrylamid-d_3 werden in einen 50-mL-Messkolben eingewogen und in Acetonitril/Wasser 50 + 50 (*v/v*) gelöst und bis zur Marke aufgefüllt.
- Acrylamid-d_3-Standardlösung; c = 5 µg/mL:
  0,5 mL der Stammlösung werden in einem 100-mL-Messkolben mit Acetonitril/Wasser 50 + 50 (*v/v*) bis zur Marke aufgefüllt.
- Carrez-Lösung I + II: Herstellung ▶ Abschn. 17.2.1.2
- *n*-Hexan
- Acetonitril
- Ameisensäure: 98–100%ig

■■ **Bestimmung**

(a) Herstellung der Probenlösung

2 g des zerkleinerten Probenmaterials wird auf ± 0,01 g genau auf einem Filterpapier eingewogen. Das Filterpapier wird direkt auf die Absaugapparatur gesetzt und die Probe unter Anlegen eines leichten Vakuums mit insgesamt 80 mL Hexan entfettet. Der Rückstand wird mitsamt Filterpapier quantitativ in einen 100-mL-Erlenmeyerkolben überführt, 400 µL Acrylamid-d_3-Standardlösung zugegeben und 30 min stehen gelassen.

Nach Zugabe von 20 mL Wasser wird die Probensuspension bei 60 °C im Ultraschallbad 15 min extrahiert. Danach werden 20 mL Acetonitril und jeweils 500 µL Carrez I- und Carrez II-Lösung zugegeben, wobei nach jeder Zugabe gut durchmischt wird.

Ca. 8 mL der Probensuspension wird in ein Zentrifugenglas überführt und die Probe zentrifugiert. Der Überstand wird membranfiltriert und in ein HPLC-Vial überführt und verschlossen.

(b) LC-MS/MS-Parameter (◘ Abb. 20.17)

Trennsäule	Siica-Cyanopropyl: 5 µm, 250 mm × 4 mm
Elutionsmittel	Acetonitril/(Wasser mit 0,1 % Ameisensäure) 0,5 + 99,5 (*v/v*)
Durchfluss	0,25 mL/min
Modus	isokratisch
Temperatur	20 °C
Detektion	MS/MS, Massenübergänge *m/z* für Acrylamid 72→44, 72→55, 72→72 und für Acrylamid-d_3 75→44, 75→58, 75→75
Injektionsvolumen	20 µL

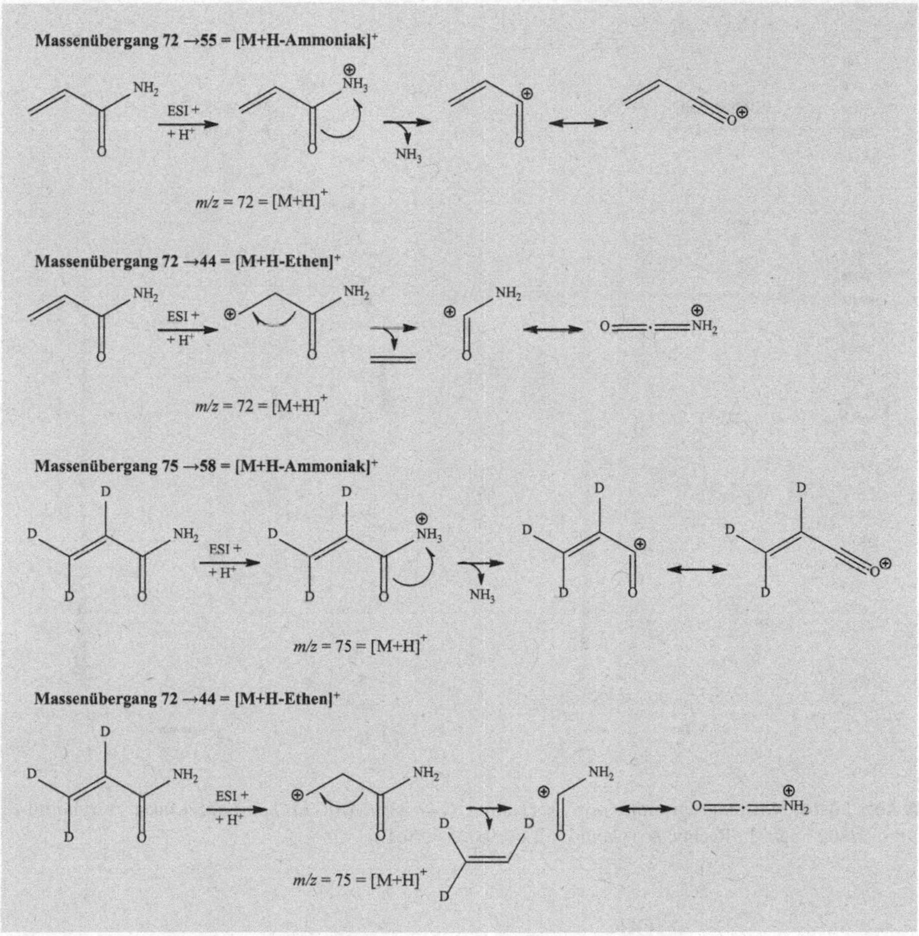

Massenübergang 72 →55 = [M+H-Ammoniak]⁺

$m/z = 72 = [M+H]^+$

Massenübergang 72 →44 = [M+H-Ethen]⁺

$m/z = 72 = [M+H]^+$

Massenübergang 75 →58 = [M+H-Ammoniak]⁺

$m/z = 75 = [M+H]^+$

Massenübergang 72 →44 = [M+H-Ethen]⁺

$m/z = 75 = [M+H]^+$

⬛ Abb. 20.17 Fragmentierungsgleichungen bei den Massenübergängen $72 \rightarrow 55$, $72 \rightarrow 44$, $75 \rightarrow 58$, $75 \rightarrow 44$ für Acrylamid. *Erläuterungen:* siehe Text

■ **Auswertung**

Die Auswertung erfolgt über eine Kalibrierung mit Acrylamid-Standard und Methode des Internen Standards (Acrylamid-d_3) (⬛ Abb. 20.18).

20.4.2 Bestimmung von Chlorpropandiolen und Glycidol

3-Monochlorpropandiol (**3-MCPD**) wurde erstmals 1978 in Lebensmitteln wie Sojasaucen, Würzen und Brühen nachgewiesen. Es gehört wie 2-Monochlor-1,3-propandiol (2-MCPD) zu den Chlorpropanolen und wird als „freies MCPD" bezeichnet [27, 28].

20

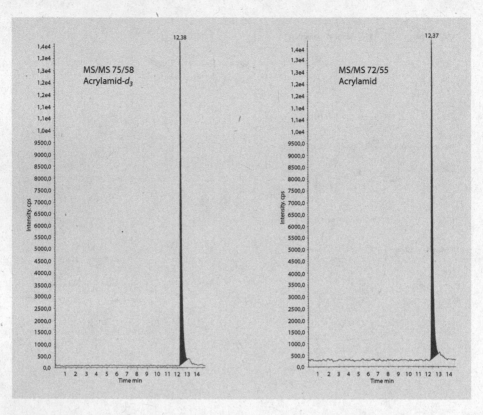

■ **Abb. 20.18**   Chromatogramme von Acrylamid (LC–MS/MS). *Erläuterung:* **Links:** Acrylamid-d_3 mit c = 0,025 µg/mL. **Rechts:** Acrylamid mit c = 0,025 µg/mL

3-Monochlorpropandiol (3-MCPD)

Seit 2007 ist auch „gebundenes 3-MCPD" in Form von Mono- und Diestern unterschiedlicher Fettsäuren (3-MCPDE) bekannt. Als weitere relevante Substanzen wurden die Glycidyl-Ester (GE) identifiziert.

3-MCPD-Fettsäureester

Glycidyl-Fettsäureester

MCPDE und GE entstehen während der Fettraffination beim Schritt der Desodorierung. Bei der Desodorierung werden die Speisefette und -öle einer Wasserdampfdestillation bei 200–270 °C unterzogen, um unerwünschte Geschmacks-
und Geruchsstoffe zu entfernen. Aus chloridhaltigen Komponenten können ab
Temperaturen von 180 °C Chlorid-Ionen abgespalten werden und mit Triglyceriden zu MCPDE reagieren. GE bilden sich aus Mono- und Diglyceriden ab Temperaturen von 230 °C.

20.4.2.1 Bestimmung von 3-MCPD mittels GC-MS

- **Anwendungsbereich**
— Speisewürzen und Sojasaucen

- **Grundlagen**
3-Monochlorpropan-1,2-diol (3-MCPD) gilt als Leitsubstanz für die Gruppe der
sog. Chlorpropanole. Chlorpropanole können während der Verarbeitung von Lebensmitteln durch säurekatalysierte Hydrolyse von Pflanzenproteinen gebildet
werden [38–41].

- **Prinzip der Methode**
Zur Analytik wird die sog. Stabilisotopen-Verdünnungsanalyse (SIVA, ▶ Abschn. 3.2.1.2) eingesetzt. Das Probenmaterial wird mit fünffach deuteriertem
3-MCPD (3-MCPD-d_5) als Internem Standardversetzt und in Natriumchlorid-Lösung gelöst. Anschließend wird ein aliquoter Teil mit Phenylboronsäure derivatisiert und nach Extraktion mit Hexan mittels GC–MS analysiert. Die Reaktionsgleichung ist in ☐ Abb. 20.19 dargestellt [38, 39].

20

◙ Abb. 20.19   Derivatisierung von 3-MCPD. *Erläuterungen:* siehe Text

■ **Durchführung**

■■ **Geräte und Hilfsmittel**

— Kapillar-Gaschromatograph mit massenspektrometrischem Detektor (GC-MSD) (► Abschn. 5.4)
— Wasserbad: beheizbar (80 °C)
— Heizblock mit Temperaturkontrolle und Stickstoff-Strom: passend für die Reagenzgläser
— Bechergläser: 100 mL
— Reagenzgläser mit Schraubverschluss: 10 mL
— Reagenzgläser mit Schliffstopfen: 10 mL
— graduierte Messkolben: verschiedene Größen
— verschiedene Vollpipetten
— verschiedene Kolbenhubpipetten
— Pasteurpipetten
— GC-Vials mit Mikroeinsatz: 250 µL

■■ **Chemikalien (p. a.)**

— Aceton
— Hexan oder *iso*-Hexan
— *iso*-Octan
— Natriumchlorid-Lösung (c = 200 g/L):
  200 g NaCl in 1000 mL Wasser lösen.
— Derivatisierungsreagenz Phenylboronsäure:
  ca. 5 g Phenylboronsäure in 19 mL Aceton und 1 mL Wasser lösen.
— Interne Stammlösung 3-MCPD-d_5:
  1 mg/mL gelöst in Methanol (z. B. von Cambridge Isotope Laboratories)
— Interne Standardlösung 3-MCPD-d_5; c = 1 µg/mL:
  100 µL der Stammlösung im 100-mL-Messkolben mit NaCl-Lösung auf 100 mL auffüllen.
— 3-MCPD-Stammlösung; c = 1 mg/mL:
  50 mg 3-MCPD in einen 50-mL-Messkolben einwiegen und mit Natriumchlorid-Lösung auf 50 mL auffüllen.
— 3-MCPD-Standardlösung I; c = 10 µg/mL:
  1 mL Stammlösung in einem 100-mL-Messkolben mit Natriumchlorid-Lösung auf 100 mL auffüllen.
— 3-MCPD-Standardlösung II; c = 0,2 µg/mL:

1 mL Standardlösung I in einem 50-mL-Messkolben mit Natriumchlorid-Lösung auf 50 mL auffüllen.

— 3-MCPD-Kalibrierlösungen; c = 0,005 bis 0,1 µg/5 mL:
Jeweils 25 µL der Internen Standardlösung 3-MCPD-d_5 in ein 10-mL-Schraubreagenzglas vorlegen und je Kalibrierpunkt 25–500 µL der 3-MCPD-Standardlösung II zugeben. Mit Natriumchlorid-Lösung auf ein Endvolumen von 5 mL auffüllen. Die Kalibrierlösungen werden wie unten beschrieben derivatisiert.

■■ **Bestimmung**

(a) Probenvorbereitung

30 g Probenmaterial werden in ein 100-mL-Becherglas eingewogen und mit 500 µL der Internen Standardlösung 3-MCPD-d_5 versetzt. Die Probe wird anschließend in so viel heißem Wasser gelöst, dass die entstehende Lösung etwa 20 % Natriumchlorid enthält. Die Lösung wird unter Nachspülen mit Natriumchlorid-Lösung quantitativ in einen 100-mL-Messkolben überführt, bis zur Marke aufgefüllt und gut durchmischt.

(b) Derivatisierung

Die Derivatisierung der Probenlösung wird immer gleichzeitig mit den Kalibrierlösungen durchgeführt.

5 mL der Probenlösung werden in ein Reagenzglas mit Schraubverschluss gegeben, mit 1 mL Derivatisierungsreagenz versetzt und die Reagenzgläser dicht verschlossen für 20 min auf 80 °C im Wasserbad erhitzt. Nach Abkühlen auf Raumtemperatur wird das 3-MCPD-Derivat mit 3 mL Hexan extrahiert und möglichst die komplette Hexan-Phase in ein weiteres Reagenzglas (mit Schliffstopfen) überführt. Zur Schonung des GC-MS-Systems und Erzielung höherer Empfindlichkeiten wird mit Hilfe einer Stickstoff-Eindampfstation bei 40 °C vorsichtig zur Trockne eingeengt. ⇨ Der Rückstand wird in 250 µL *iso*-Octan aufgenommen und in ein GC-Vial mit 250 µL Mikroeinsatz überführt.

(c) Kapillar-GC-Parameter

Trennsäule	Fused-Silica-Kapillare belegt mit 95 % Methylsilicon und 5 % Phenylsilicon: ID 0,25 mm, Länge 30 m, Filmdicke 0,25 µm
Temperaturprogramm	60 °C (1 min), 6 °C/min bis 190 °C, 30 °C/min bis 280 °C (10 min)
Injektionsvolumen	2 µL
Injektortemperatur	180 °C
Splitless-Time	1,5 min
Split-Flow	20 mL/min

20

Trägergas	Helium 1,2 mL/min; konstanter Fluss
Transferline	280 °C
Detektion	MS

(d) Massenspektrometrie

Aufnahmemodus	EI+, SIM
Interner Standard	$m/z = 201$ (Quantifier), Dwell* = 80 ms (*dt. Verweilzeit) $m/z = 150$ (Qualifier), Dwell = 80 ms
3-MCPD-Derivat	$m/z = 196$ (Quantifier), Dwell = 80 ms $m/z = 147$ (Qualifier), Dwell = 80 ms

- **Auswertung**

Die Auswertung erfolgt über eine auf den Internen Standard normierte Kalibriergerade, hierdurch werden Störungseinflüsse der Derivatisierung zusätzlich minimiert. Dazu werden die SIM-Massenspuren 201 für den Internen Standard und 196 für das 3-MCPD-Derivat herangezogen (◘ Abb. 20.20).

Aus den Peakflächen des Internen Standards und des Analyten wird folgender Quotient Q gebildet:

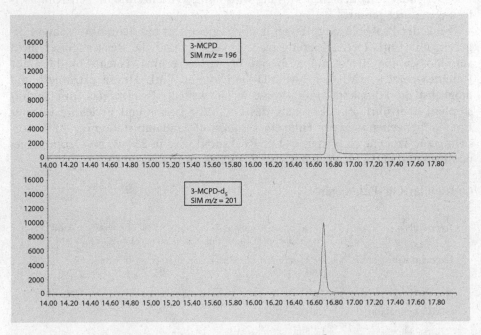

◘ **Abb. 20.20** Chromatogramm SIM von 3-MCPD (GC–MS). *Erläuterung:* **Oben:** 3-MCPD mit $c = 6$ mg/kg; **Unten:** 3-MCPD-d_5 mit $c = 4$ mg/kg

$$Q = \frac{A\ (196)}{A\ (201)}$$

mit

A – Peakfläche des Analyten bzw. des Internen Standards

Zur Erstellung einer Kalibriergeraden wird die 3-MCPD-Konzentration im Derivatisierungsansatz (μg/5 mL) gegen die berechneten Flächenquotienten Q aufgetragen und folgende Regressionsgerade aufgestellt:

$$Q = a \cdot m_{3\text{-}MCPD/K} + b$$

mit

Q – Flächenverhältnis $A(m/z = 196)/A(m/z = 201)$

$m_{3\text{-}MCPD/K}$ – Gehalt an 3-MCPD in der Kalibrierlösung im Derivatisierungsansatz (μg/5 mL)

a – Steigung der Regressionsgerade

b – Achsenabschnitt der Regressionsgerade

Mit Hilfe der Regressionsgeraden wird die 3-MCPD-Konzentration der Probe $c_{3\text{-}MCPD/P}$ in (μg/5 mL) in der Derivatisierungslösung nach folgender Formel berechnet:

$$c_{3\text{-}MCPD/P} = \frac{Q_{Probe}}{a} - b$$

Der Gehalt an freiem 3-MCPD in der Probe $w_{3\text{-}MCPD}$ in mg/kg berechnet sich nach:

$$w_{3\text{-}MCPD} = \frac{c_{3\text{-}MCPD/P} \cdot 20}{m}$$

mit

Q_{Probe} – Flächenverhältnis der Probe $A(m/z = 196)/A(m/z = 201)$

$c_{3\text{-}MCPD/P}$ – Gehalt an 3-MCPD im Derivatisierungsansatz der Probe (μg/5 mL)

20 – Verdünnungsfaktor

$w_{3\text{-}MCPD}$ – Gehalt an 3-MCPD in der Probe (mg/kg)

20.4.2.2 Summenbestimmung von 3-MCPD- und Glycidyl-Estern mittels GC-MS – DGF-Methode

- **Anwendungsbereich**
- Fette und Öle, oder schonend aus Lebensmitteln (ohne Säureaufschluss) extrahierte Fette

- **Grundlagen**
- ▶ Abschn. 20.4.2

Ein detaillierter Bildungsmechanismus ist noch nicht bekannt; es wird jedoch allgemein anhand von Modellversuchen angenommen, dass die **3-MCPD-Ester** (genauer: 3-MCPD-Fettsäureester) aus Acylglycerin bzw. Glycerin mit Chlorid-Ionen unter Hitzeeinwirkung gebildet werden (◘ Abb. 20.21) [42, 43].

Im Magen wird aus den 3-MCPD-Estern nicht-verestertes, sog. freies 3-MCPD freigesetzt. Ebenso wie die 3-MCPD-Ester können auf ähnlichem Wege auch sog. **Glycidyl-Ester** (genauer: Glycidyl-Fettsäureester, GE) während der Verarbeitung von pflanzlichen Fetten und Ölen gebildet werden. Diese sind den 3-MCPD-Estern strukturell sehr ähnlich und es wird angenommen, dass aus GE im Magen analog das für den Menschen wahrscheinlich als cancerogen eingestufte Glycidol freigesetzt wird.

Mit der vorliegenden Methode wird die Summe von 3-MCPD-Estern und GE ermittelt. Eine Differenzierung kann mit Hilfe anderer Methoden erfolgen (siehe z. B. [42] und [43]).

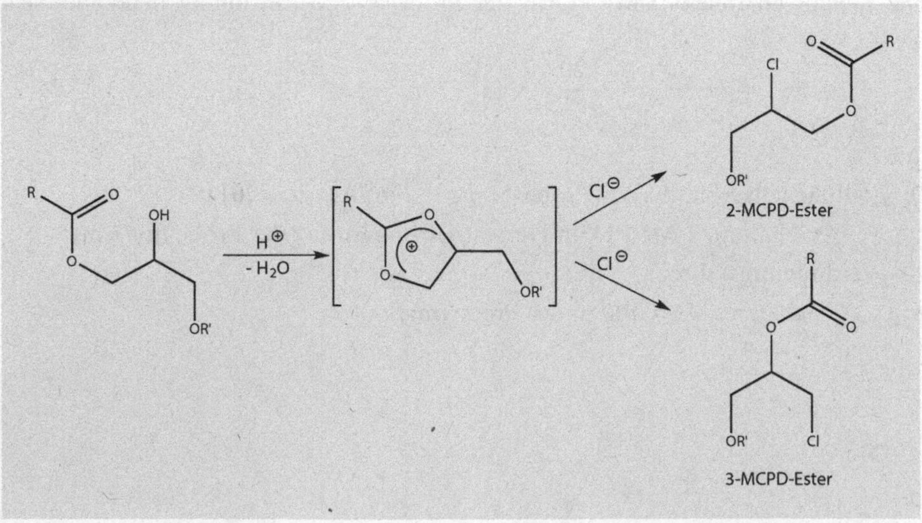

◘ **Abb. 20.21** Bildungsmechanismus von MCPD-Estern. *Erläuterungen:* siehe Text

- **Prinzip der Methode**

Gemäß *DGF-Einheitsmethoden CVI-18* wird die Probe in tert.-Butylmethy-
lether (t-BME) gelöst und mit 3-MCPD-d_5 als Internem Standard versetzt. Die
3-MCPD-Ester und GE werden durch Umesterung mit methanolischem Natriummethylat aus ihren Esterbindungen freigesetzt (siehe ▶ Gl. 20.1 und
▶ Gl. 20.2). Dabei entstehende Fettsäuremethylester und Unverseifbares werden
mittels Hexan aus dem Reaktionsansatz entfernt. Das freigesetzte 3-MCPD wird
in Anwesenheit von Natriumchlorid mit Phenylboronsäure zu einem cyclischen
Boronsäureester umgesetzt. Nach Extraktion mit Hexan werden nun die Phenylboronsäure-Derivate (Formelschema ▶ Abschn. 20.4.2.1) des Internen Standards
und des 3-MCPD mittels GC-MS analysiert.

$$(20.1)$$

$$(20.2)$$

- **Durchführung**
- **Geräte und Hilfsmittel**
- ▶ Abschn. 20.4.2.1.

- **Chemikalien (p. a.)**
- ▶ Abschn. 20.4.2.1; außerdem:
- tert.-Butylmethylether (t-BME)
- Ethanol: absolut
- Ethylacetat
- Essigsäure: mind. 99%ig
- Natriummethylat ($NaOCH_3$): c = 0,5 mol/L in Methanol
- Lösungsmittelgemisch A:
  t-BME/Ethylacetat: 8 + 2 (v/v)
- Lösungsmittelgemisch B:
  1 mL Essigsäure in 30 mL Natriumchlorid-Lösung lösen, diese Lösung ist ar-
  beitstäglich neu herzustellen.
- Phenylboronsäure:
  ca. 2,5 g Phenylboronsäure in 19 mL Aceton und 1 mL Wasser lösen.
- Stammlösung 3-MCPD-d_5; c = 1 mg/mL, gelöst in Methanol
- Standardlösung 3-MCPD-d_5; c = 20 µg/mL:
  1 mL der Stammlösung im 50-mL-Messkolben mit t-BME auf 50 mL auffüllen.

- Stammlösung 3-MCPD; c = 1 mg/mL:
  50 mg 3-MCPD in einen 50 mL Messkolben einwiegen und mit Natriumchlorid-Lösung auf 50 mL auffüllen.
- Standardlösung I 3-MCPD; c = 10 μg/mL:
  100 μL Stammlösung in einem 10-mL-Messkolben mit Natriumchlorid-Lösung auf 10 mL auffüllen.
- Standardlösung II 3-MCPD; c = 1 μg/mL:
  1 mL der Standardlösung I in einem 10-mL-Messkolben mit Natriumchlorid-Lösung auf 10 mL auffüllen.
- 3-MCPD-Kalibrierlösungen:
  Aus den Standardlösungen I und II geeignete Kalibrierlösungen im Konzentrationsbereich von 0,02 μg bis 2,0 μg absolut im Derivatisierungsansatz herstellen. Je Kalibrierpunkt in einem Schraubreagenzglas 50 μL der Internen Standardlösung 3-MCPD-d_5 vorlegen, ein definiertes Volumen der 3-MCPD-Standardlösungen zugeben und mit Natriumchlorid-Lösung auf ein Endvolumen von 3 mL auffüllen.

■ ■ **Bestimmung**

(a) Esterspaltung

100 mg Fett werden auf ± 0,1 mg genau in ein Schraubreagenzglas eingewogen und in 0,5 mL Lösungsmittelgemisch A gelöst. Nach Zugabe von 50 μL der Internen Standardlösung 3-MCPD-d_5 und 1 mL Natriummethylat-Lösung wird das Reagenzglas dicht verschlossen, geschüttelt und 5 min bis maximal 10 min bei Raumtemperatur stehen gelassen. Danach werden zum Abstoppen der Reaktion unmittelbar 3 mL Hexan und 3 mL Lösungsmittelgemisch B zugegeben; hierbei wird nicht geschüttelt. Nach Phasentrennung wird die obere Phase (Hexan) vorsichtig mit einer Pasteurpipette abgenommen und verworfen. Nach Zugabe von weiteren 3 mL Hexan wird vorsichtig geschüttelt und die Hexan-Phase möglichst vollständig abgenommen und verworfen.

(b) Derivatisierung

Die Derivatisierung der Probenextrakte wird immer gleichzeitig mit den Kalibrierlösungen durchgeführt. Zur wässrigen Phase der Probenextrakte und zu den Kalibrierlösungen werden 0,5 mL Derivatisierungsreagenz gegeben und die Reagenzgläser dicht verschlossen für 20 min auf 80 °C im Wasserbad erhitzt. Nach Abkühlen auf Raumtemperatur wird das 3-MCPD-Derivat mit 3 mL Hexan ausgeschüttelt und möglichst die komplette Hexanphase in ein weiteres Reagenzglas (mit Schliffstopfen) überführt. Zur Schonung des GC-MS-Systems und Erzielung höherer Empfindlichkeiten wird mit Hilfe einer Stickstoff-Eindampfstation bei 40 °C vorsichtig zur Trockne eingeengt.
⇨ Der Rückstand wird in 250 μL *iso*-Octan aufgenommen und in ein GC-Vial mit 250 μL Mikroeinsatz überführt.

(c) Kapillar-GC-Parameter

▶ Abschn. 20.4.2.1

(d) Massenspektrometrie

▶ Abschn. 20.4.2.1

■ **Auswertung**

Zur Erstellung einer Kalibriergeraden wird die Absolutmenge 3-MCPD im Derivatisierungsansatz in μg gegen die berechneten Flächenquotienten Q aufgetragen und eine Regressionsgerade aufgestellt (Abschn.20.4.2.1).

Mit Hilfe der Regressionsgeraden wird der Massenanteil $w_{3\text{-}MCPD}$ in μg in der Probelösung nach folgender Formel berechnet:

$$w_{3\text{-}MCPD}[\mu g] = \frac{Q_{Probe}}{a} - b$$

mit

Q_{Probe} – Flächenverhältnis der Probe $A(m/z = 201)/A(m/z = 196)$

a – Steigung der Regressionsgerade

b – Achsenabschnitt der Regressionsgerade

Die Summe an estergebundenem Glycidol und 3-MCPD $w_{3\text{-}MCPD\text{-}Ester}$ in mg/kg Probe wird wie folgt berechnet:

$$W_{3\text{-}MCPD\text{-}Ester} [\text{mg/kg}] = \frac{w_{3\text{-}MCPD}}{m}$$

20.4.2.3 Simultanmethode zur Bestimmung von 2-, 3-MCPD- und Glycidyl-Estern mittels GC-MS – AOCS-Methode (Kuhlmann 3-in-1)

■ **Anwendungsbereich**
— Fette und Öle, oder schonend aus Lebensmitteln (ohne Säureaufschluss) extrahierte Fette

■ **Grundlagen**
— ▶ Abschn. 20.4.2.2

■ **Prinzip der Methode**

Das ohne Säureaufschluss extrahierte Fett wird gemäß *AOCS Official Method Cd 29b-13* in zwei verschiedenen Ansätzen aufgearbeitet:

20

⇨ *Ansatz A* dient der Bestimmung von estergebundenem Glycidol in der Probe. Das Fett oder Öl wird in Diethylether gelöst und mit den Internen deuterierten Standards versetzt. Durch Umesterung mit tiefgekühlter methanolischer Natriumhydroxid-Lösung wird Glycidol aus den Esterbindungen frei – und gleichzeitig die Fettsäurereste zu Fettsäuremethylestern umgesetzt. Die Esterspaltung findet für 16 h bei –22 °C bis –25 °C unter sehr milden Reaktionsbedingungen statt. Die Reaktion wird durch Zugabe einer angesäuerten, tiefgekühlten Natriumbromid-Lösung abgestoppt. Dadurch reagiert im sauren Milieu das freie Glycidol zu 3-Monobrompropandiol (3-MBPD). Fettsäuremethylester und die unverseifbaren Verbindungen werden mit *iso*-Hexan entfernt. Der Analyt wird durch mehrfache Extraktion mit einer organischen Extraktionslösung in die organische Phase überführt. Das freigesetzte 3-MBPD wird mit Phenylboronsäure zu einem cyclischen Boronsäureester umgesetzt [44].

⇨ *Ansatz B*: Für die Bestimmung von gebundenem 3-MCPD und 2-MCPD werden in diesem Ansatz die Internen deuterierten Standards zugesetzt. Die weitere Aufarbeitung erfolgt analog zu der Aufarbeitung von Ansatz A: Estergebundenes 3-MCPD bzw. 2-MCPD wird aus den Esterbindungen freigesetzt, reagiert jedoch nicht zu weiterem Glycidol.

„Kuhlmann 3-in-1"

Die Methode wurde maßgeblich von Jan Kuhlmann in Jahren 2008–2011 entwickelt [43] und wird deshalb auch als **„Kuhlmann 3-in-1"**-Methode bezeichnet; sie wurde als AOCS-Methode übernommen und publiziert [44].

■ **Durchführung**
■■ **Geräte und Hilfsmittel**
━ ▶ Abschn. 20.4.2.1

■■ **Chemikalien (p. a.)**
━ Methanol: zur Rückstandsanalyse
━ *iso*-Hexan: zur Rückstandsanalyse
━ *iso*-Octan: zur Rückstandsanalyse
━ Ethylacetat
━ Diethylether: peroxidfrei! (sonst Explosionsgefahr! Siehe Kästen „Gefährliche Peroxide/Hydroperoxide in Diethylether", „Wie bilden sich Peroxide/Hydroperoxide?" und „Diethylether – Lagern und testen!"; ▶ Abschn. 15.2.1)
━ Toluol
━ Phosphorsäure: 85%ig
━ Natriumhydroxid-Lösung:
250 mg frisch zerkleinerte (gemörserte) Natriumhydroxid-Plätzchen werden in eine Plastikflasche eingewogen und in 100 mL Methanol gelöst. Diese Lösung bei −22°C bis −25°C lagern.

- Natriumbromid-Lösung; c = 600 g/L:
  600 g Natriumbromid werden in einen 1000-mL-Messkolben eingewogen und mit bidest. Wasser bis zur Marke aufgefüllt. Diese Lösung ist bei −22°C bis −25°C aufzubewahren.
- Die tiefgekühlte Natriumbromid-Lösung wird arbeitstäglich mit Phosphorsäure (85%ig) angesäuert: 10 mL Natriumbromid-Lösung + 30 µL Phosphorsäure (85%ig)
- Natriumsulfat, geglüht
- Extraktionslösung: Diethylether/Ethylacetat: 60 + 40 (v/v) gemischt
- Derivatisierungsreagenz: 1 g Phenylboronsäure werden in 10 mL Diethylether gelöst.
- 3-MCPDE-d_5-Stammlösung; c = 0,25 mg/mL):
  2,5 mg 3-MCPD-1,2-*bis*-palmitoylester-d_5 werden in einen 10-mL-Messkolben eingewogen und mit Toluol bis zur Marke aufgefüllt.
- 3-MCPDE-d_5-Standardlösung; c = 25 µg/mL
- 3-MCPDE-Stammlösung; c = 1,5 mg/mL:
  15 mg 3-MCPD-1,2-*bis*-palmitoylester werden in einen 10-mL-Messkolben eingewogen und mit Toluol bis zur Marke aufgefüllt.
- 3-MCPDE-Standardlösung; c = 30 µg/mL
- 3-MCPD-d_5-Stammlösung; c = 1 mg/mL:
  25 mg 3-MCPD-d_5 werden in einen 25-mL-Messkolben eingewogen und mit Methanol bis zur Marke aufgefüllt.
- 3-MCPD-d_5-Standardlösung; c = 10 µg/mL
- 2-MCPDE-d_5-Stammlösung; c = 0,1 mg/mL:
  1 mg 2-MCPD-1,3-bis-stearoylester-d_5 wird in einen 10-mL-Messkolben eingewogen und mit Toluol bis zur Ringmarke aufgefüllt.
- 2-MCPDE-d_5-Standardlösung; c = 25 µg/mL
- 2-MCPDE-Stammlösung; c = 1,5 mg/mL:
  15 mg 2-MCPD-1,3-*bis*-stearoylester werden in einen 10-mL-Messkolben eingewogen und mit Toluol bis zur Marke aufgefüllt.
- 2-MCPDE-Standardlösung; c = 30 µg/mL
- 2-MCPD-d_5-Stammlösung; c = 0,1 mg/mL:
  2,5 mg 2-MCPD-d_5 werden in einen 25-mL-Messkolben eingewogen und mit Methanol bis zur Marke aufgefüllt.
- 2-MCPD-d_5-Standardlösung; c = 10 µg/mL
- GE-Stammlösung; c = 1 mg/mL:
  20 mg Glycidyloleat werden in einen 20-mL-Messkolben eingewogen und mit Toluol bis zur Marke aufgefüllt.
- GE-Standardlösung; c = 20 µg/mL
- GE-d_5-Stammlösung (GE-d_5); c = 0,25 mg/mL:
  2,5 mg Glycidyloleat-d_5 werden in einen 10-mL-Messkolben eingewogen und mit Toluol bis zur -Marke aufgefüllt.
- GE-d_5-Standardlösung; c = 25 µg/mL

20

▪▪ Bestimmung

(a) Probenvorbereitung

Feste oder halbfeste Fette werden auf Temperaturen etwas oberhalb ihres Schmelzpunktes erwärmt und homogenisiert, ohne sie zu überhitzen. Sichtbare Verunreinigungen werden nach dem Mischen abfiltriert. Je 100 mg Fett werden auf ± 0,1 mg genau in zwei verschiedene 2-mL-GC-Vials (Ansatz A und B) eingewogen und in 600 µL Diethylether gelöst.

Die Aufarbeitung der Proben erfolgt in zwei Ansätzen:

⇨ *Ansatz A:* Zu der Probenlösung und der R_f-(Responsefaktor)-Lösung A werden jeweils 50 µL 2-MCPD-d_5-Standardlösung + 50 µL 3-MCPD-d_5-Standardlösung + 100 µL GE-d_5-Standardlösung pipettiert und gemischt.

⇨ *Ansatz B:* Zu der Probenlösung und der R_f-Lösung B werden jeweils 100 µL 2-MCPDE-d_5-Standardlösung + 100 µL 3-MCPDE-d_5-Standardlösung pipettiert und gemischt.

Die verschlossenen Vials werden für mindestens 15 min auf − 22 °C bis − 25 °C (Tiefkühler) gekühlt.

(b) Esterspaltung

Zu den auf −22 °C bis −25 °C gekühlten Proben werden 350 µL tiefgekühlte methanolische Natriumhydroxid-Lösung pipettiert und schnell geschüttelt. Anschließend werden die Proben und R_f-Lösungen 16 h (über Nacht) bei −22 °C bis −25 °C inkubiert. Zum Abstoppen der Esterspaltung werden 600 µL der angesäuerten Natriumbromid-Lösung zu den tiefgekühlten Proben gegeben und geschüttelt (*Vortex*). Die obere organische Phase wird anschließend mit Hilfe der Stickstoff-Eindampfstation bei 40 °C auf 100 µL eingeengt.

(c) Matrixabreicherung

Zu den Proben werden 600 µL *iso*-Hexan pipettiert und geschüttelt. Die Proben werden anschließend für 5–10 min bei Raumtemperatur stehen gelassen und erneut durchmischt. Nach der Phasentrennung wird die obere organische Phase abgenommen und verworfen. Die Extraktion wird wiederholt, indem die wässrige Phase erneut mit 600 µL *iso*-Hexan gemischt (*Vortex*) und die obere organische Phase abgenommen und verworfen wird.

(d) Derivatisierung

Die wässrige Phase wird nun mit 600 µL Extraktionslösung versetzt und geschüttelt. Die obere organische Phase wird mit Hilfe einer Pasteurpipette abgenommen und in ein mit einer Spatelspitze geglühtem Natriumsulfat vorbereitetes Vial (Schraubverschluss) überführt. Diese Extraktion wird anschließend noch zweimal wiederholt. Dabei ist darauf zu achten, dass kein Wasser mit überführt wird. Die vereinigten organischen Extrakte werden mit 25 µL Derivatisierungsreagenz versetzt und gut geschüttelt (*Vortex*, 10 s).

(e) Weiterbehandlung der Proben und Standardlösungen

Die Phenylboronsäure-Derivate der Proben und Standardlösungen werden zur Schonung des GC–MS-Systems und zur Erzielung einer höheren Empfindlichkeit an der Stickstoff-Eindampfstation bei 40 °C vollständig bis zur Trockne eingeengt. Der Rückstand wird in 300 µL *iso*-Octan aufgenommen und gelöst (*Vortex*, 20 s). Ein Aliquot dieser Lösung wird in ein GC-Vial mit Mikroeinsatz pipettiert und nach Verschließen für 2 min (3900 U/min) zentrifugiert. Die Proben können sofort zur GC–MS-Analyse verwendet werden.

(f) GC-Parameter

Die Proben- und Standardlösungen werden mit folgender Methode gemessen:

Trennsäule	Fused-Silica-Kapillare belegt mit 95 % Methylsilicon und 5 % Phenylsilicon: ID 0,25 mm, Länge 30 m, Filmdicke 0,25 µm
Injektor	180 °C
Injektionsvolumen	2 µL
Injektionsparameter	pulsed splittless: 25 psi bis 1,5 min
Liner	Direct Liner 2 mm, deaktiv
Fluss	1,2 mL/min
Druck	10,39 psi
Trägergas	Helium
Ofenprogramm	60 °C (1 min), 6 °C/min bis 190 °C (0 min), 30 °C/min bis 280 °C (10 min)
Temp. Transferline	280 °C
Temp. Ionenquelle	230 °C
Temp. Quadrupol	150 °C

— Ausgewählte Ionenübergänge (*m/z*):

	m/z **Quantifier**	*m/z* **Qualifier**	R_t **(min)**
3-MCPD	147	196	15,91
3-MCPD-d_5	150	201	15,85
2-MCPD	196	147	16,50
2-MCPD-d_5	201	150	16,43
Glycidol (als 3-MBPD)	240	242	17,67
Glycidol-d_5 (als 3-MBPDd_5)	245	247	17,60
Dwell-time (ms)	100	100	–

20

- **Auswertung**

(a) Ermittlung des Transformationsfaktors *(t)*

Der Transformationsfaktor beschreibt, in welcher Menge sich aus 3-MCPD-d_5 3-MBPD-d_5 (über Glycidol-d_5) bildet. Der Transformationsfaktor wird zur Berechnung von Glycidol benötigt und wird über den Ansatz B berechnet.

$$t = \frac{A_{(3\text{-MBPD-}d_5 \text{ (B)})}}{A_{(3\text{-MCPD-}d_5 \text{ (B)})}}$$

mit

t – Transformationsfaktor

$A_{(3\text{-MBPD-}d_5)}$ – Fläche von 3-MBPD-d_5 aus Ansatz B ($m/z = 245$)

$A_{(3\text{-MCPD-}d_5)}$ – Fläche von 3-MCPD-d_5 aus Ansatz B ($m/z = 150$)

(b) Ermittlung des Isotopenfaktors *(I)*

Der Isotopenfaktor beschreibt das Verhältnis von 3-MBPD zu 3-MBPD-d_5. Die Umsetzung von 3-MCPD (über Glycidol) zu 3-MBPD erfolgt 1,2-mal schneller als die Umsetzung von 3-MCPD-d_5 (über Glycidol-d_5) zu 3-MBPD-d_5. Der Isotopenfaktor wird für die Berechnung von Glycidol benötigt und sollte bei Änderung der Bedingungen der Esterspaltung neu berechnet werden. Dazu wird ein Blankmaterial mit dem gleichen Gehalt an deuteriertem und undeuteriertem 3-MCPD gespiked und gemessen.

$$I = \frac{A_{(3\text{-}MBPD)}}{A_{(3\text{-MBPD-}d_5)}}$$

mit

I – Isotopenfaktor

$A_{(3\text{-MBPD})}$ – Fläche von 3-MBPD ($m/z = 240$)

$A_{(3\text{-MBPD-}d_5)}$ – Fläche von 3-MBPD-d_5 ($m/z = 245$)

Bei den oben genannten Bedingungen kann der Isotopenfaktor mit 1,2 angenommen werden.

(c) Berechnung des Responsefaktors *(Rf)*

Aus Ansatz A berechnet sich der Responsefaktor für Glycidyl-Ester folgendermaßen:

$$R_f = \frac{c_{(GE)} \cdot A_{(GE\text{-}d_5)}}{c_{(GE\text{-}d_5)} \cdot A_{(GE)}}$$

mit

R_f – Responsefaktor

$c_{(GE)}$ – Konzentration von Glycidyl-Ester in mg/kg

$A_{(GE)}$ – Fläche von Glycidyl-Ester ($m/z = 240$)

$c_{(GE\text{-}d_5)}$ – Konzentration Glycidyl-Ester-d_5 in mg/kg

$A_{(GE\text{-}d_5)}$ – Fläche von Glycidyl-Ester-d_5 ($m/z = 245$)

Aus Ansatz B berechnet sich der Responsefaktor R_f für 3-MCPDE und 2-MCPDE:

$$R_f = \frac{c_{(3\text{-MCPDE})} \cdot A_{(3\text{-MCPDE-}d_5)}}{c_{(3\text{-MCPDE-}d_5)} \cdot A_{(3\text{-MCPDE})}}$$

mit

$c_{(3\text{-MCPDE})}$ – Konzentration von 3-MCPDE in mg/kg

$A_{(3\text{-MCPDE})}$ – Fläche von 3-MCPDE ($m/z = 147$)

$c_{(3\text{-MCPDE-}d_5)}$ – Konzentration 3-MCPDE-d_5 in mg/kg

$A_{(3\text{-MCPDE-}d_5)}$ – Fläche von 3-MCPDE-d_5 ($m/z = 150$)

$$R_f = \frac{c_{(2\text{-MCPDE})} \cdot A_{(2\text{-MCPDE-}d_5)}}{c_{(2\text{-MCPDE-}d_5)} \cdot A_{(2\text{-MCPDE})}}$$

mit

$c_{(2\text{-MCPDE})}$ – Konzentration von 2-MCPDE in mg/kg

$A_{(2\text{-MCPDE})}$ – Fläche von 2-MCPDE ($m/z = 196$)

$c_{(2\text{-MCPDE-}d_5)}$ – Konzentration 2-MCPDE-d_5 in mg/kg

$A_{(2\text{-MCPDE-}d_5)}$ – Fläche von 2-MCPDE-d_5 ($m/z = 201$)

Die Berechnung der Probengehalte als freies 3-MCPD bzw. freies 2-MCPD in mg/kg erfolgt aus Ansatz B:

3-MCPD:

$$w\ (3\text{-MCPD}) = \frac{A_{(3\text{-MCPDE})} \cdot c_{(3\text{-MCPDE-}d_5)} \cdot R_{f(3\text{-MCPDE})}}{A_{(3\text{-MCPDE-}d_5)} \cdot E} \cdot \frac{M_{(3\text{-MCPD})}}{M_{(3\text{-MCPD-palmitoylester})}}$$

mit

$A_{(3\text{-MCPD})}$ – Fläche von 3-MCPD in der Probe ($m/z = 147$)

$c_{(3\text{-MCPDE-}d_5)}$ – Konzentration von 3-MCPDE-d_5 in mg/kg

R_f – Responsefaktor für 3-MCPDE

$A_{(3\text{-MCPDE-}d_5)}$ – Fläche von 3-MCPDE-d_5 ($m/z = 150$)

E – Einwaage in g

20

$M_{(3\text{-MCPD})}$ – Molare Masse 3-MCPD $= 110{,}54$ g/mol

$M_{(3\text{-MCPD-palmitoylester})}$ – Molare Masse 3-MCPDE $= 587{,}36$ g/mol

2-MCPD:

$$w\ (2\text{-MCPD}) = \frac{A_{(2\text{-MCPDE})} \cdot c_{(2\text{-MCPDE-}d_5)} \cdot R_{f(2\text{-MCPDE})}}{A_{(2\text{-MCPDE-}d_5)} \cdot E} \cdot \frac{M_{(2\text{-MCPD})}}{M_{(2\text{-MCPD-stearoylester})}}$$

mit

$A_{(2\text{-MCPDE})}$ – Fläche von 2-MCPDE in der Probe ($m/z = 196$)

$c_{(2\text{-MCPD-}d_5)}$ – Konzentration von 2-MCPD-d_5 in mg/kg

R_f – Responsefaktor für 2-MCPDE

$A_{(2\text{-MCPD-}d_5)}$ – Fläche von 2-MCPD-d_5 ($m/z = 201$)

E – Einwaage in g

$M_{(2\text{-MCPD})}$ – Molare Masse 2-MCPD $= 110{,}54$ g/mol

$M_{(2\text{-MCPD-stearoylester})}$ – Molare Masse 2-MCPDE $= 643{,}46$ g/mol

Die Berechnung des Glycidol-Gehaltes als freies Glycidol in mg/kg erfolgt über Ansatz A unter Einbeziehung des Isotopen- und Transformationsfaktors:

$$w\ (G) = \frac{(A_{(3\text{-MBPD(A)})} - (t_{(B)} \cdot A_{(3\text{-MCPD(A)})} \cdot I)) \cdot c_{(GE\text{-}d_5)} \cdot R_{f(GE)}}{A_{(GE\text{-}d_5)} \cdot E} \cdot \frac{M_{(G)}}{M_{(GE)}}$$

mit

$A_{(3\text{-MBPD (A)})}$ – Fläche von Glycidol als 3-MBPD aus Ansatz A ($m/z = 240$)

T – Transformationsfaktor (berechnet aus Ansatz B)

$A_{(3\text{-MCPD (A)})}$ – Fläche von 3-MCPD aus Ansatz A ($m/z = 147$)

I – Isotopenfaktor 1,2

$c_{(GE\text{-}d_5)}$ – Konzentration von GE-d_5 in mg/kg

R_f – Responsefaktor für GE

$A_{(GE\text{-}d_5)}$ – Fläche von GE aus Ansatz A ($m/z = 245$)

E – Einwaage der Probe in g

$M_{(G)}$ – Molare Masse$_{\text{Glycidol}} = 74{,}08$ g/mol

$M_{(GE)}$ – Molare Masse$_{\text{Glycidyloleat}} = 338{,}52$ g/mol

20.4.3 **Bestimmung von 5-Chlormethylfurfural mittels GC-MS**

- **Anwendungsbereich**
- Lakritzerzeugnisse

■ **Grundlagen**

5-Chlormethylfurfural (CMF) ist eine chlorhaltige Verbindung der chemischen Gruppe der Furan-Verbindungen. CMF bildet sich leicht durch Einwirkung von konzentrierter Salzsäure auf Zucker, wie Glucose oder Saccharose, Cellulose oder cellulosereiche Biomasse. CMF wird als energiereiche Zwischenstufe bei der Herstellung von Biosprit aus Biomasse beschrieben. Die Substanz hydrolysiert sehr leicht zu HMF und 4-Oxopentansäure, in Anwesenheit von Ethanol erfolgt innerhalb von Sekunden die Umsetzung zu 5-(Ethoxymethyl)furfural.

CMF konnte in traditionell hergestellten Proteinhydrolysaten im Bereich von 0,95–1,77 mg/kg nachgewiesen werden. Das Vorkommen von CMF als chlorierte Maillard-Verbindung in weiteren Lebensmitteln ist bisher nicht bekannt. Im Tierversuch mit Mäusen zeigte CMF eine verstärkte Hautkrebsaktivität, nach Injektion von CMF (in Dimethylsulfoxid) konnte eine starke Lebercancerogenität nachgewiesen werden [45–48].

■ **Prinzip der Methode**

Zur Analytik wird die Stabilisotopen-Verdünnungsanalyse (SIVA) eingesetzt (▶ Abschn. 3.3). Das Probenmaterial wird nach Äquilibrierung mit ^{13}C-CMF (siehe untere Strukturformel, * ^{13}C-markierte Atome) als Internem Standard für maximal fünf Minuten mit gesättigter Natriumchlorid-Lösung extrahiert, anschließend erfolgt eine flüssig/flüssig-Extraktion mit Dichlormethan. Der so erhaltene Probenextrakt wird über Kieselgelkartuschen gereinigt, am Rotationsverdampfer aufkonzentriert und mittels GC–MS quantifiziert.

■ **Durchführung**

■■ **Geräte und Hilfsmittel**

— Kapillar-Gaschromatograph mit massenspektrometrischem Detektor (GC-MSD) (▶ Abschn. 5.4)
— Zentrifuge
— Rotationsverdampfer
— Magnetrührplatte
— Magnet-Rührstäbe
— Kieselgel-Festphasenkartusche
— Bechergläser: 100 mL

20

- Spitzkolben: 25 mL
- Zentrifugengläser: 30 mL
- graduierte Messkolben verschiedener Größe
- Kolbenhubpipetten: diverse
- GC-Vials mit Mikroeinsatz (250 µL)

■■ **Chemikalien (p. a.)**

- Natriumchlorid-Lösung, gesättigt; c = 360 g/L: 360 g NaCl in 1000 mL Wasser lösen.
- Dichlormethan
- Petrolether (Petroleumbenzin)
- Diethylether: Siedebereich 34–35 °C (peroxidfrei: sonst Explosionsgefahr! Siehe Kästen „Gefährliche Peroxide/Hydroperoxide in Diethylether", „Wie bilden sich Peroxide/Hydroperoxide?" und „Diethylether – Lagern und testen!"; ▶ Abschn. 15.2.1)
- Interne Stammlösung ^{13}C-CMF; c = 6 mg/mL:
  30 mg ^{13}C-CMF in einem 5-mL-Messkolben mit Dichlormethan auf 5 mL auffüllen.
- Interne Standardlösung ^{13}C-CMF; c = 12 µg/mL:
  200 µL Stammlösung in einem 100-mL-Messkolben mit Dichlormethan auf 100 mL auffüllen.
- CMF-Stammlösung; c = 6 mg/mL:
  30 mg CMF in einem 5-mL-Messkolben mit Dichlormethan auf 5 mL auffüllen.
- CMF-Standardlösung; c = 12 µg/mL:
  200 µL Stammlösung in einem 100-mL-Messkolben mit Dichlormethan auf 100 mL auffüllen.
- Waschlösung für Festphasenextraktion: Petrolether/Diethylether 99 + 1 (*v/v*)
- Elutionslösung für Festphasenextraktion: Petrolether/Diethylether 92 + 8 (*v/v*)

■■ **Bestimmung**

(a) Probenvorbereitung

10 g Probenmaterial werden in einem 100-mL-Becherglas eingewogen und mit 100 µL der internen Standardlösung (^{13}C-CMF) versetzt. Die Probe wird anschließend in 25 mL Natriumchlorid-Lösung (gesättigt) gelöst und insgesamt für maximal fünf Minuten gerührt. Nach Ablauf der fünf Minuten wird die Lösung sofort in ein 30-mL-Zentrifugenglas überführt und 5 mL Dichlormethan zugefügt (Hinweis: Die Reaktionszeit von maximal fünf Minuten ist zwingend einzuhalten, da CMF schnell zu HMF hydrolysieren kann.) Nach gründlichem Schütteln wird 10 min zur besseren Phasentrennung zentrifugiert, die Dichlormethan-Phase abgenommen und in einen 25-mL-Spitzkolben überführt. Die Extraktion mit 5 mL

Dichlormethan wie oben beschrieben wiederholen und den zweiten Dichlormethan-Extrakt ebenfalls in den ersten Spitzkolben geben. Die vereinigten Extrakte werden am Rotationsverdampfer eingeengt und der Rückstand in 0,5 mL Dichlormethan aufgenommen.

(b) Festphasenextraktion

Eine Festphasenkartusche mit 5 mL Dichlormethan konditionieren und den Probenextrakt auf die Säule geben. Die Kartusche mit 5 mL Waschlösung waschen und das Eluat verwerfen. Anschließend mit 5 mL Elutionslösung eluieren, das Eluat in einem Spitzkolben auffangen und am Rotationsverdampfer zur Trockne einengen. ⇨ Den Rückstand in 250 µL Dichlormethan aufnehmen und in ein Vial mit Mikroeinsatz überführen.

(c) Kapillar-GC-Parameter

GC-Säule	Fused-Silica-Kapillare belegt mit 95 % Methylsilicon und 5 % Phenylsilicon, z. B. Rtx-5MS: I.D. 0,25 mm, Länge 30 m, Filmdicke 0,25 µm
Injektor	180 °C
Injektionsvolumen	2 µL
Splitless-Time	1,5 min
Split-Flow	20 mL/min
Fluss	1,2 mL/min
Trägergas	Helium 1,2 mL/min; konstanter Fluss
Ofenprogramm	40 °C (5 min), 6 °C/min bis 150 °C (5 min)
Temp. Transferline	280 °C

(d) Massenspektrometrie

Aufnahmemodus	EI +, SIM
Interner Standard	m/z 115 (Quantifier), Dwell* = 80 ms (*dt. Verweilzeit) m/z 150 (Quantifier), Dwell = 80 ms
CMF	m/z 109 (Quantifier), Dwell = 80 ms m/z 144 (Quantifier), Dwell = 80 ms

In ◘ Abb. 20.22 sind die Massenspektren des Internen Standards und von CMF im Vergleich abgebildet.

▪ **Auswertung**

Die Auswertung erfolgt über die Methode des Internen Standards (^{13}C-CMF).

20

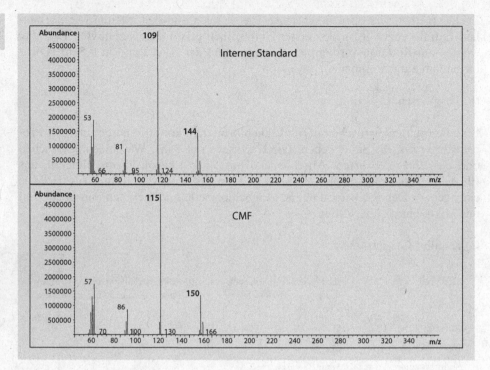

◘ **Abb. 20.22**   Massenspektren von CMF *vs.* ^{13}C-CMF im Vergleich. **Oben:** ^{13}C-CMF als Interner Standard. **Unten:** CMF. *Erläuterungen:* siehe Text

20.4.4 Bestimmung von Imidazolen mittels LC-MS/MS

■ **Anwendungsbereich**
— Lakritz
— Zuckerkulör

■ **Grundlagen**
Bei der Herstellung des Zusatzstoffes **Ammoniak-Zuckerkulör** können die unerwünschten Imidazolderivate **4-Methylimidazol** (4-MEI) und **2-Acetyl-tetrahydroxy-butylimidazol** (THI) entstehen. 2011 wurde 4-MEI von der IARC (International Agency for Research on Cancer) als möglicherweise cancerogen für den Menschen eingestuft. Für THI wurde eine immunsuppressive Wirkung beschrieben.

Bei Ammoniak-Zuckerkulör handelt es sich um einen braunen Farbstoff, der eingesetzt wird, um Lebensmittel einzufärben, wie Getränke (zum Beispiel Cola, Whisky, Alkopops), Wurst, Konfitüre, Würzsaucen, Essig, Süßwaren etc.

- **Prinzip der Methode**

Aus der zerkleinerten und ggf. entfetteten Probe werden die Imidazole mit Methanol/Wasser (50 + 50, *v/v*) extrahiert. Die Probenlösung wird mittels Carrez-Klärung gereinigt und der erhaltene Extrakt mittels LC-MS/MS analysiert. Die Quantifizierung erfolgt mit Hilfe entsprechender interner isotopenmarkierter Standards [49–51].

- **Durchführung**
- - **Geräte und Hilfsmittel**
- Flüssigchromatograph mit MS/MS-Detektor (▶ Abschn. 7.2.3)
- Becherglas, hohe Form: 150 mL, 100 mL
- Erlenmeyerkolben mit Schliff NS 29 und Stopfen: 100 mL
- Messzylinder: 50 mL, 100 mL
- Kolbenhubpipetten: 100 μL, 1000 μL
- Ultraschallbad
- Membranfilter: 0,45 μm
- Einmalspritzen: 1 mL
- Filterpapier: ⌀ 110 mm (z. B. 589[2] Schleicher & Schuell)

4-Methylimidazol

2-Methylimidazol

THI

20

Chemikalien (p. a.)

- Carrez Reagenz I + Carrez Reagenz II: Herstellung ▶ Abschn. 17.2.1.2
- Methanol (MeOH)
- Ammoniak-Lösung: 25%ig
- Ameisensäure (FA): 98–100%ig
- 2-Methylimidazol (2-MEI)-Stammlösung; $c = 1$ mg/mL
- 2-MEI-Standardlösung; $c = 5$ µg/mL
- 4-Methylimidazol (4-MEI)-Stammlösung; $c = 1$ mg/mL
- 4-MEI-Standardlösung; $c = 5$ µg/mL
- 4-Methylimidazol-d_6 (4-MEI-d_6)-Stammlösung; $c = 1$ mg/mL
- 4-MEI-d_6-Interne Standardlösung; $c = 100$ µg/mL
- 4-MEI-d_6-Standardlösung; $c = 5$ µg/mL
- 2-Acetyl-4(5)-(1,2,3,4-tetrahydroxybutyl)-imidazol (THI) Stammlösung; $c = 1$ mg/mL
- THI-Standardlösung; $c = 5$ µg/mL
- THI-^{13}C-Stammlösung; $c = 1$ mg/mL
- THI-^{13}C-Interne Standardlösung; $c = 100$ µg/mL
- THI-^{13}C-Standardlösung; $c = 5$ µg/mL
- Externe Standardlösungen: für 2-MEI, 4-MEI und 4-MEI-d_6 je $c = 5$ ng/mL) bzw. für THI und THI-^{13}C je $c = 10$ ng/mL

▪▪ Bestimmung

(a) Probenaufarbeitung

4 g (bzw. 0,5 g bei Zuckerkulören) der feinzerkleinerten bzw. homogenisierten Probe werden auf ± 0,01 g genau in einem Erlenmeyerkolben eingewogen. Anschließend werden jeweils 200 µL 4-MEI-d_6-Interne Standardlösung sowie 150 µL THI-^{13}C-Interne Standardlösung zugegeben und die Probe 30 min bei Raumtemperatur stehen gelassen.

Anschließend wird die Probe mit 50 mL MeOH/H$_2$O (50 + 50, *v/v*) versetzt und 30 min bei Raumtemperatur unter Rühren gelöst.

Nach Zugabe von 50 mL MeOH/H$_2$O 50 + 50 (*v/v*) wird der Extrakt weitere 15 min im Ultraschallbad bei Raumtemperatur behandelt. Im Anschluss wird jeweils 500 µL Carrez I und Carrez II zugegeben, wobei nach jeder Zugabe die Lösung gut durchmischt wird und durch ein Faltenfilter filtriert. Das Filtrat wird membranfiltriert und 100 µL dieser Lösung werden mit 900 µL H$_2$O direkt in ein Vial verdünnt.

(b) Flüssigkeitschromatographie:

Die Messung der Imidazole erfolgt im MRM-Mode mit ESI positiv (▶ Abschn. 6.6.4).

Trennsäule	C18: 2,7 µm, 4,6 × 50 mm
Eluent	A: 50 % MeOH/Wasser-Gemisch (0,5 + 99,5, v/v) + 0,1 % Ameisensäure B: 50 % MeOH/0,05 % Ammoniak-Lösung (1,7 mL NH$_3$ in 1000 mL H$_2$O) (10 + 90, v/v)
Durchfluss	450 µL/min
Modus	Isokratisch
Temperatur:	40 °C
Detektor	MS/MS im MRM ESI +
Injektionsvolumen	20 µL

Ausgewählte Ionenübergänge (m/z) für den MRM-Mode:

Analyt	Ionenübergang (m/z)
2-MEI	83 → 42,1
4-MEI	83 → 55,9
4-MEI-d_6	88 → 60
THI	230,9 → 194,8 (Quantifier) 230,9 → 153 (Qualifier)
THI-^{13}C	236,94 → 200,8

■ **Auswertung**

Die Auswertung erfolgt über eine Kalibrierung mit dem 4-MEI bzw. THI-Standard und Korrektur der 4-MEI- bzw. THI-Peakflächen mit den Peakflächen des Internen 4-MEI-d_6 bzw. THI-^{13}C.

Der Responsefaktor R_f für 2-MEI, 4-MEI bzw. THI berechnet sich nach folgender Formel:

$$Rf = \frac{c_{(Analyt)} \cdot A_{(ISTD)}}{c_{(ISTD)} \cdot A_{(Analyt)}}$$

mit

$c_{(Analyt)}$ – Konzentration des Analyten in der Standardlösung in ng/mL

$c_{(ISTD)}$ – Konzentration von 4-MEI-d_6 bzw. THI-^{13}C in der Standardlösung in ng/mL

$A_{(Analyt)}$ – Fläche der Analyten in der Standardlösung

$A_{(ISTD)}$ – Fläche von 4-MEI-d_6 bzw. THI-^{13}C in der Standardlösung

20

Der Gehalt w an 2-MEI, 4-MEI bzw. THI in mg/kg berechnet sich nach folgender Formel:

$$w_{(Analyt)} = \frac{n_{(ISTD)} \cdot A_{(Analyt)} \cdot R_f}{A_{(ISTD)} \cdot m_{(Probe)}}$$

mit

$n_{(ISTD)}$ – Stoffmenge an 4-MEI-d_6 bzw. THI-^{13}C in der Probenlösung in μg (= $c_{ISTD} \cdot V_{ISTD}$)

$A_{(Analyt)}$ – Fläche des Analyten in der Probe

$A_{(ISTD)}$ – Fläche von 4-MEI-d_6 bzw. THI-^{13}C in der Probe

$M_{(Probe)}$ – Einwaage in g

20.4.5 Bestimmung von Nitrosaminen mittels GC-TEA

■ **Anwendungsbereich**
▬ Bier

■ **Grundlagen**

Nitrosamine (engl. nitrosamines) sind krebserregende Stoffe, die in proteinreichen Lebensmitteln insbesondere in Gegenwart von Nitrit und Nitrat aber auch von anderen nitrosierenden Agentien gebildet werden (siehe ▶ Gl. 20.3 und ▶ Gl. 20.4) und vor allem in Bier, gepökelten Wurst- und Fleischwaren und Käse vorkommen.

$$HNO_2 + H^{\oplus} \rightleftharpoons H_2O + NO^{\oplus} \tag{20.3}$$

$$R_2NH + NO^{\oplus} \rightleftharpoons R_2N\text{-}NO + H^{\oplus} \tag{20.4}$$

Hauptkontaminationsquelle für Nitrosamine in Bier ist das Malz. N-Nitrosodimethylamin (NDMA) wird z. B. beim Darren von Malz durch Reaktion der Stickoxide in der Heißluft mit Dimethylamin aus dem Malz gebildet. Die Stickoxide entstehen beim direkten Erhitzen der Heißluft mit Heizbrennern [52], [53].

■ **Prinzip der Methode**

Wichtige **flüchtige Nitrosamine** (N-Nitrosodimethylamin (NDMA), N-Nitrosodiethylamin (NDEA), N-Nitrosodipropylamin (NDPA), N-Nitrosodiisopropylamin (NDiPA), N-Nitrosodibutylamin (NDBA), N-Nitrosopiperidin (NPIP), N-Nitrosopyrrolidin (NPYR), N-Nitrosomorpholin (NMOR), ◘ Abb. 20.23) werden in der Lebensmittelprobe nach Zugabe von Natriumhydroxid an einer Festphasen-Säule adsorbiert und anschließend mit Dichlormethan eluiert. Nach Einengen des Eluats werden die Nitrosamine unter Verwendung eines GC

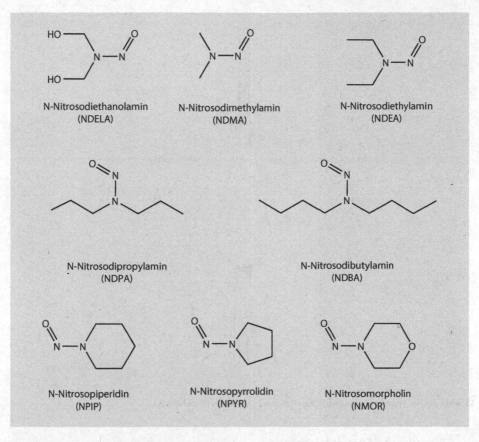

HO
N—N
HO
N-Nitrosodiethanolamin
(NDELA)

N—N
N-Nitrosodimethylamin
(NDMA)

N—N
N-Nitrosodiethylamin
(NDEA)

O
N
N
N-Nitrosodipropylamin
(NDPA)

O
N
N
N-Nitrosodibutylamin
(NDBA)

O
N—N
N-Nitrosopiperidin
(NPIP)

O
N—N
N-Nitrosopyrrolidin
(NPYR)

O
N—N   O
N-Nitrosomorpholin
(NMOR)

■ Abb. 20.23   Strukturformeln flüchtiger Nitrosamine (Auswahl). *Erläuterungen:* siehe Text

getrennt und mittels **Chemolumineszenzdetektor (TEA,** engl. Thermal Energy Analyzer) quantitativ bestimmt.

- **Durchführung**
- ■ **Geräte und Hilfsmittel**
- Gaschromatograph mit Chemolumineszenzdetektor (▶ Abschn. 5.4))
- Glasextraktionssäule mit D 3-Fritte
- modifizierter Kuderna-Danish-Evaporator (■ Abb. 20.24)
- Heizblock (bis ca. 85 °C)
- Bechergläser: 50 mL; 100 mL
- Messkolben: 100 mL
- Siedeperlen aus Glas

- ■ **Chemikalien (p. a.)**
- Natriumhydroxid-Lösung: c = 1 mol/L
- bidest. Wasser

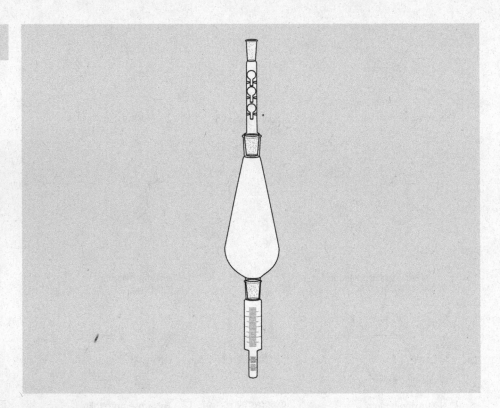

■ **Abb. 20.24**   Kuderna-Danish-Evaporator. *Erläuterungen:* siehe Text

— Seesand: mit Säure gereinigt
— Methanol: nitrosaminfrei
— Dichlormethan: nitrosaminfrei
— Stickstoff: Reinheit 99,996 Vol.-%
— Morpholin
— Extrelut NT
— N-Nitrosodiisoproylamin (NDiPA)-Stammlösung; $c = 100$ µg/mL, gelöst in Methanol:
— N-Nitrosodiisoproylamin (NDiPA)-Standardlösung; $c = 0,1$ µg/mL:
  10 µL NDiPA-Stammlösung werden in einen 10-mL-Messkolben pipettiert und mit Methanol (für Dotierung) bzw. Dichlormethan (für Kalibrierung) bis zur Marke aufgefüllt.
— Nitrosamin-Mix-Stammlösung; $c = 100$ µg/mL:
  Lösung aus folgenden flüchtigen Nitrosaminen in Methanol: NDMA, NDEA, NDPA, NDiPA, NDBA, NPIP, NPYR und NMOR.
— Nitrosamin-Mix-Standardlösung; $c = 0,1$ µg/mL:
  10 µL Nitrosamin-Mix-Stammlösung werden in einem 10-mL-Messkolben pipettiert und mit Methanol (für Dotierung) bzw. Dichlormethan (für Kalibrierung) bis zur Marke aufgefüllt.

Kuderna-Danish-Evaporator

Der sog. **Kuderna-Danish-Evaporator** wurde zur Konzentrierung von flüchtigen Substanzen in verdampfbaren Lösemitteln (hier Dichlormethan) entwickelt.

■■ **Bestimmung**

(a) Prüfung auf Kontamination

Die mögliche Kontamination der verwendeten Chemikalien durch Nitrosamine muss auf etwa acht Analysen überprüft werden. Anstelle von Bier werden 20 g Wasser zur Analyse verwendet.

(b) Prüfung auf Artefaktbildung

Bei Verdacht auf Artefaktbildung werden 20 g der Probe nach Zugabe von 1 mL Natriumhydroxid-Lösung (Stabilisierungsmittel) mit 50 bis 500 µg Morpholin versetzt. Die Bildung von Nitrosomorpholin zeigt an, dass die Maßnahmen zur Vermeidung von Artefakten nicht ausreichend waren, z. B. Kontaminanten.

(c) Vorbereitung der Extraktionssäulen

Die Extraktionssäulen werden jeweils mit 18–20 g Extrelut NT gefüllt. Die Säulenfüllung wird durch vorsichtiges Klopfen verdichtet und durch eine Seesandschicht von ca. 1 cm Dicke abgedeckt.

(d) Probenaufarbeitung

20 g Bier werden auf ± 0,1 g genau in ein 50-mL-Becherglas eingewogen, mit genau 1 mL NDiPA-Standardlösung versetzt, gründlich gemischt und auf die vorbereitete Extraktionssäule gegeben. Zum Einstellen eines für die Extraktion günstigen Gleichgewichts werden etwa 10–15 min benötigt. Danach werden die Nitrosamine mit 25 mL Dichlormethan eluiert. Das Eluat wird direkt im modifizierten Kuderna-Danish-Evaporator aufgefangen und mit einigen Siedeperlen versetzt. Reste von Dichlormethan auf der Extraktionssäule können mit einem Stickstoff-Strom ausgetrieben werden.

20

Die Probenlösung soll sich während der Gleichgewichtseinstellung nur in den oberen vier Fünfteln der Säule verteilen. Eine Extrelut-Zone von etwa 3 cm über der Fritte muss trocken bleiben. Während der Elution mit Dichlormethan dient diese Zone zum Rücktrocknen des Lösungsmittels und verkleinert sich auf ca. 1–2 cm. Dieser Vorgang kann wegen der unterschiedlichen Färbung der mit wässrigem Destillat bzw. mit organischem Lösungsmittel benetzten Zone verfolgt werden. Wird die Kapazität der Trocknungszone überschritten, kann das Eluat Wasser enthalten, was Verluste beim Einengen zur Folge haben kann.

Der Kuderna-Danish-Evaporator wird in einen Heizblock von etwa 60 °C gestellt und das Lösungsmittel bis auf ca. 5 mL abgedampft. Nach dem Abkühlen wird der Luftkühler mit 1,5 mL Dichlormethan nachgespült und abgenommen. Das Konzentrat wird dann unter schwachem Stickstoff-Strom (2–3 L/min) auf 1 mL eingeengt und in ein GC-Probenfläschchen überführt (Probenmesslösung).

Als Kalibrierstandard zur GC-Messung werden noch jeweils ca. 1,5 mL einer 100 ng/mL Nitrosamin-Mix-Standardlösung (in Dichlormethan) und einer NDi-PA-Standardlösung (in Dichlormethan) in ein GC-Probenfläschchen abgefüllt.

(c) GC-Parameter

Trennsäule	Polyethylenglycol in Sol–Gel-Matrix: Länge 30 m, ID 0,53 mm, Filmdicke 1 μm
Temperaturprogramm	60 °C; 12 °C/min auf 110 °C; 3 °C/min auf 170 °C
Interface-Temperatur	250 °C
Temperatur des Pyrolyseofens	500 °C
Injektionsvolumen	10 μL (On-Column)
Trägergas	Helium 1,2 psi
Detektion	TEA

- **Auswertung**

Die quantitative Bestimmung wird nach der Methode des Internen Standards:interner:interne vorgenommen. Der Gehalt jedes einzelnen Nitrosamins NA in μg/kg in der Probe berechnet sich nach:

$$NA \ [\mu g/kg] \ = \ \frac{c_{Nitrosamin} \cdot A_{IS} \cdot A_{NP}}{E \cdot A_{NS} \cdot A_{IP}}$$

mit

$c_{Nitrosamin}$ – Konzentration des einzelnen Nitrosamins in der Standardlösung in ng/mL

A_{IS} – Peakfläche des Internen Standards in der Standardlösung

A_{NS} – Peakfläche des Nitrosamins in der Standardlösung

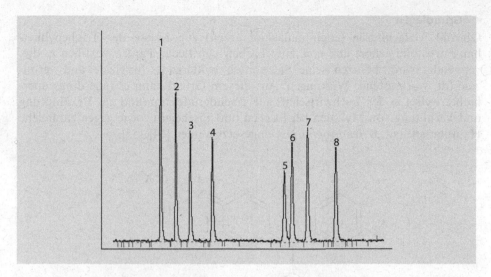

⬛ Abb. 20.25 Chromatogramm einer Nitrosamin-Mix-Standardlösung (GC-TEA). *Erläuterung:* **1** DMNA; **2** DENA; **3** NDiPA; **4** DPNA; **5** DBNA; **6** NPIP; **7** NPYR; **8** NMOR. *Weitere Erläuterungen:* Struktur und Abkürzungen der Nitrosamine s. ◉ ⬛ Abb. 20.23

A_{IP} – Peakfläche des Internen Standards in der Probenmesslösung

A_{NP} – Peakfläche des Nitrosamins in der Probenmesslösung

E – Probeneinwaage in g

Das GC-Chromatogramm einer Nitrosamin-Mix-Standardlösung zeigt ⬛ Abb. 20.25.

20.5 Analytik organischer Rückstände

Zur systematischen Analyse von (organischen) Rückständen insbesondere von Pestiziden und pharmakologisch wirksamen Stoffen (Tierarzneimitteln) sei auf die Spezialliteratur verwiesen. Hier ist stellvertretend nur das Beispiel Malachitgrün dargelegt.

20.5.1 Nachweis und Bestimmung von Malachitgrün mittels DC-Densitometrie

■ **Anwendungsbereich**
— Speisefische

■ Grundlagen

20

Obwohl **Malachitgrün** (engl. malachite green) zur Klasse der Triphenylmet-
han-Farbstoffe gehört und u. a. zum Färben von Leder, Papier, Textilien u. dgl.
verwendet wird, besitzen seine Salze auch bakterizide, fungizide und vermi-
zide (dt. wurmtötend) Wirkungen. Aus diesem Grund kann es (allerdings uner-
laubterweise) in der Teichwirtschaft zur Teichdesinfektion und zur Bekämpfung
und Verhütung von Mykosen bei Fischen und Fischeiern sowie gegen zahlreiche
Hautparasiten (z. B. *Ichthyophtirius*) eingesetzt werden [54], [55].

Malachitgrün

■ Prinzip der Methode

Malachitgrün wird nach Lösungsmittelextraktion, Clean-up und Anreicherung
mittels DC nachgewiesen und densitometrisch bestimmt.

■ Durchführung
■■ Geräte und Hilfsmittel

— ► Abschn. 20.2.1; außerdem:
— Zentrifuge mit Zentrifugengläsern: 100 mL
— DC-Auftragegerät
— Spektral-Densitometer
— Rotationsverdampfer
— Labormixgerät (Ultra-Turrax-Homogenisator)
— Küchenmixer
— Scheidetrichter: 250 mL
— Erlenmeyerkolben: 200 mL
— Vollpipette: 1 mL
— Messzylinder: 50 mL, 100 mL
— pH-Papier
— Glaswatte, silanisiert

■■ **Chemikalien (p. a.)**
— Acetonitril
— *n*-Hexan
— Dichlormethan
— Methanol
— Ethylacetat
— Ammoniak (konz.): 25%ig
— Natriumchlorid
— Natriumsulfat: wasserfrei, fein gepulvert, bei 130 °C getrocknet
— Naphthalinsulfonsäure $C_{10}H_8O_3S$
— Naphthalinsulfonsäure-Lösung: c = 0,01 mol/L, in dest. Wasser
— Malachitgrünoxalat (C.I. 42.000) $C_{48}H_{50}N_4O_4 \cdot 2\,C_2H_2O_4$
— für DC:

DC-Platten	Kieselgel 60-Fertigplatten (ohne Fluoreszenzindikator) oder selbst hergestellt: 0,25 mm Kieselgel G (▶ Abschn. 5.2)
Laufmittel	LI: Ethylacetat/Methanol/Ammoniak 75 + 30 + 15 (*v/v/v*) oder LII: Acetonitril/Naphthalinsulfonsäure-Lösung 70 + 30 (*v/v/v*)
Vergleichslösungen	2–10 mg Malachitgrünoxalat/mL Methanol

■■ **Bestimmung**

(a) Herstellung der Probenlösung

25 g des fein zerkleinerten Fischfleisches werden in ein Zentrifugenglas einge-wogen, der pH-Wert wird sauer eingestellt. Nach Zusatz von 40 mL Acetonitril wird mit dem Ultra-Turrax homogenisiert und anschließend zentrifugiert. Der klare Überstand wird in einen Scheidetrichter abdekantiert. Der Rückstand wird ein weiteres Mal mit 40 mL Acetonitril homogenisiert und der Überstand nach Zentrifugieren ebenfalls in den Scheidetrichter überführt. Die vereinigten Ace-tonitril-Auszüge werden mit 100 mL *n*-Hexan extrahiert, die Hexan-Phase wird verworfen. Die Acetonitril/Wasser-Phase wird anschließend in den Scheidetrich-ter zurückgegeben, mit 3 g Natriumchlorid versetzt und bis zur Lösung geschüt-telt. Nach Zusatz von 50 mL Dichlormethan wird kurz geschüttelt, nach erfolgter Phasentrennung die organische Phase in einen Erlenmeyerkolben abgelassen, mit 10 g Natriumsulfat versetzt, kräftig geschüttelt und durch einen mit einem Wat-tebausch belegten Trichter filtriert. Das Filtrat wird am Rotationsverdampfer bis zur Trockne eingeengt und der Rückstand in 1 mL Methanol aufgenommen.

(b) DC-Trennung

Auftragung der Lösungen:
Für ein Screening werden 20 µL des in Methanol aufgenommenen Rückstan-des (≙ 0,5 g Probe) pro Spot in mehreren Portionen aufgetragen, ohne dabei zum Entfernen des Lösungsmittels zu erhitzen. Für die anschließende quantitative

20

Bestimmung soll das Auftragevolumen nicht mehr als 5 µL pro Spot betragen (vgl. ▶ Abschn. 5.2); ggf. muss die Probenlösung konzentrierter hergestellt werden. Auf alle Fälle müssen die Volumina von Proben- und Kalibrierlösungen gleich sein.

Zur Erstellung einer Kalibrierkurve werden gleiche Volumina (zum Beispiel 5 µL) von Kalibrierlösungen, die 10–50 ng Malachitgrünoxalat, in Methanol gelöst, enthalten, aufgetragen (5 Kalibrierpunkte).

Entwicklung:

Aufsteigend in N-Kammer bis zu einer Laufhöhe von ca. 10 cm in Laufmittel LI oder LII. Zur Absicherung positiver Befunde können beide Systeme auch zu einer zweidimensionalen DC kombiniert werden: Entwicklung in der ersten Laufrichtung mit LI, anschließend erfolgt die Entwicklung in der zweiten Laufrichtung mit LII. Zur Technik der zweidimensionalen DC ▶ Abschn. 19.5.1 sowie ▶ Abschn. 5.2.

(c) Detektion

(c1) Qualitativer Nachweis

Die entwickelte Platte wird im Kaltluftstrom 20–30 min lang getrocknet; die Flecken werden visuell verglichen.

(c2) Quantitative Bestimmung/Densitometrie

Die quantitative Bestimmung erfolgt durch densitometrische *In-situ*-Auswertung von Probe und Standards auf derselben DC-Platte. Messwellenlänge: 610 nm; Remissionsmessung.

Zur Theorie und Praxis der Densitometrie (Remissionsspektralphotometrie) sei auf die spezielle Fachliteratur verwiesen.

Hinweise zur Detektion

— Bei Anwendung des alkalischen **Laufmittels LI** wird die charakteristische Farbe erst nach Entfernung des Ammoniaks sichtbar, da Malachitgrün in alkalischer Lösung farblos ist (Malachitgrün ist ein pH-Indikator).

— Bei der **Entwicklung der Farbe** nach der DC ergeben sich gelegentlich Schwierigkeiten: Malachitgrün reagiert sehr empfindlich auf saure bzw. alkalische Einflüsse, weshalb beim Abblasen des Laufmittels auf saubere Raumluft zu achten ist. Die Farbentwicklung wird als einwandfrei betrachtet, wenn der Standard-Spot mit 10 ng Malachitgrünoxalat noch deutlich zu sehen ist. Bei der Probe dauert die Farbentwicklung länger als beim Standard.

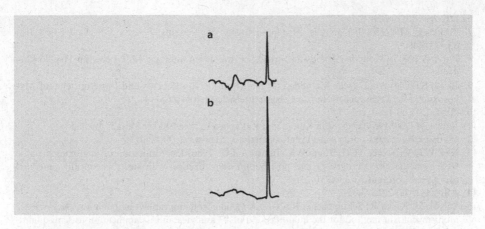

◘ Abb. 20.26 Remissionsortskurve bei der Malachitgrün-Bestimmung. **A:** Positive Probe mit 0,03 mg/kg. **b** Standard mit 40 ng absolut. *Erläuterung:* Scan: 600 nm

■ **Auswertung**

Malachitgrün wird unter den angegebenen Bedingungen als blauer Fleck detektiert (R_f-Wert in LI~97; R_f-Wert in LII~80) und von dem in der Teichwirtschaft ebenfalls gebräuchlichen Methylenblau deutlich abgetrennt. Zur Bestätigung der Identität kann ein Remissionsspektrum im Bereich von 350–700 nm aufgenommen werden.

Die quantitative Bestimmung wird über eine Kalibrierkurve, die bei Remissionsmessung und Auswertung über die Peakflächen im Bereich 10–50 ng Malachitgrünoxalat linear verläuft [54], vorgenommen.

In ◘ Abb. 20.26 ist die Remissionsortskurve der Analyse einer positiven Probe und die eines Standards wiedergegeben.

Absicherung bei ungefärbten Proben

Im **Fischfleisch** liegt vermutlich nur die farblose Carbinolbase des Malachitgrüns vor, so dass selbst bei Proben mit sehr hohen Rückstandsgehalten keine Verfärbungen sichtbar sind und auch die Extrakte in der Regel nur schwach gelbliche Färbungen zeigen [54]. Zur Absicherung kann eine HPLC-Methode eingesetzt werden [55].

Literatur

1. BGS: 461
2. Diehl JF (2000) Chemie in Lebensmitteln – Rückstände, Verunreinigungen. Wiley VCH-Verlag, Weinheim, Inhaltsund Zusatzstoffe
3. ASU: L 00.00-19/3
4. ASU: L 00.00-19/4
5. Luckas B, Montag A (1983) Methode zur differenzierten Quecksilberbestimmung in Meerestieren. Deut Lebensm Rundsch 79:111

20

6. DIN EN ISO 17294-2

7. Trucksess MW (2000) Comittee on natural toxins: Mycotoxins. J Assoc Off Anal Chem Inst 83:442–448

8. Pittet A (2005) Modern methods and trends in mycotoxin analysis. Mitt Lebensm Hyg 96:424–444

9. Biselli S (2006) Analytische Methoden für die Kontrolle von Lebens- und Futtermitteln auf Mykotoxine. J für Verbraucherschutz u Lebensmittelsicherheit 1:106–114

10. ASU: L 15.03-1

11. Raters M (2008) Mykotoxine in Kakao und Kakaoprodukten. Shaker Verlag, Aachen

12. Matissek R (1999) Cobras in der Aflatoxinanalytik. Süsswaren 30(4):10

13. Kok WT, Van Neer TCH, Traag WA, Tuinstrac LG (1986) Determination of aflatoxins in cattle feed by liquid chromatography and postcolumn derivatization with electrochemically generated bromine. J Chromatogr 367:231–236

14. ASU: L 15.00-2; L 23.05-2

15. Sulyok M, Krska R, Schuhmacher R (2007) A liquid chromatography/tandem mass spectrometric multi-mycotoxin method for the quantification of 87 analytes and its application to semi-quantitative screening of moldy food samples. Anal Bioanal Chem 389(5):1505–1523

16. Coring System (2014) Zur Probenaufbereitung für die quantitative Bestimmung von Aflatoxinen, Ochratoxin, Zearalenon, Fumonisinen, Trichothecenen (Typ A, Typ B) mit der LC-MS, Firmenschrift

17. M-LMS: S 105ff

18. Bundesinstitut für Risikobewertung. Kompendium Messung von Mineralöl-Kohlenwasserstoffen in Lebensmitteln und Verpackungen

19. Biedermann M, Fiselier K, Grob K (2009) Aromatic hydrocarbons of mineral oil origin in foods: method for determining the total concentration and first results. J Agric Food Chem 57:8711–8721

20. JRC (2019) Guidance on sampling, analysis and data resorption for the monitoring of mineral oil hydrocarbons in food and food contact materials. Bratinova S, Hopkstra E (Eds) JRC Technical Reports, EU, JRC 115694, EUR29666EN

21. Matissek R, Stauff A, Schnapka J (2018): MOSH, MOAH & MORE – Mineralische Kohlenwasserstoffe in Lebensmitteln. Ergebnisse und Erkenntnisse eines Forschungsprojektes zur Identifizierung von Eintragswegen. In Behr's (Hrsg.) (2018): Festschrift für Dr. Axel Preuß, Behr's Verlag, Hamburg. S. 187–203. ISBN 978-3-95468-568-4

22. Biedermann M, Grob K (2012) On-line coupled high performance liquid chromatography-gas chromatography (HPLC-GC) for the analysis of mineral oil: Part 1: method of analysis. J Chromatogr A 1255:56–75

23. Scientific opinion on mineral oil hydrocarbons in food (2012) efsa panel on contaminants in the food chain (contam). EFSA J 10(6):2704

24. Matissek R, Dingel A, Schnapka J (2016) Minimierung von Mineralölbestandteilen in Lebensmitteln. In: Matissek R (Hrsg) Wissenschaftlicher Pressedienst Moderne Ernährung Heute. 4/2016

25. Nestola M, Schmidt TC (2017) Determination of mineral oil aromatic hydrocarbons in edible oils and fats by online liquid chromatography–gas chromatography–flame ionization detection – Evaluation of automated removal strategies for biogenic olefins. Chromatogr A 1505:69–76

26. Letner E, Walzl A (2018) Mineralölrückstände in Lebensmitteln. MOSH- und MOAH-Bestimmung mit LC-GC-Online-Verfahren und comprehensive Chromatographie. Food-Lab 3/2018:26–30

27. ASU: L 07.00-40

28. Deutsche Forschungsgemeinschaft: MAK- und BAT-Werte-Liste 2012, Mitteilung 48., Senatskommission zur Prüfung gesundheitsschädlicher Arbeitsstoffe

29. ASU: L 00.00-24

30. Rothenbücher L, Köbler H (1989) Bestimmung von Benzol und Toluol in Lebensmittelproben aus Tankstellen. Deut Lebensm Rundsch 85:140

31. Helmecke R (1975) in: Ullmanns Enzyklopädie der technischen Chemie, Bd 9. Verlag Chemie, Weinheim. S 263

32. Vieths S et al (1987) Kontaminationen von Lebensmitteln über die Gasphase durch Tetrachlorethen-Emissionen einer Chemischen Reinigung. Z Lebensm Unters Forsch 185:267
33. Vieths S et al (1988) Lebensmittelkontaminationen im Emissionsbereich Chemischer Reinigungen. Z Lebensm Unters Forsch 186:393
34. Friedman M, Mottram D (Hrsg) (2005) Chemistry and safety of acrylamide in food. Springer Verlag, Heidelberg
35. Rosen J, Hellenäs KE (2002) Analysis of acrylamide in cooked food by liquid chromatography tandem mass spectrometry. Analyst 127:880–882
36. Matissek R, Raters M (2005) Analysis of acrylamide in food. In: Friedman M, Mottram D (Hrsg) Chemistry and safety of acrylamide in food. Springer Verlag, Heidelberg. S 293
37. Matissek R (2020) Lebensmittelsicherheit. Springer-Verlag, Berlin. Kapitel 9.3
38. ASU: L 52.02-1
39. ASU: L 00.00-104
40. Breitling-Utzmann CM, Kobler H, Herbolzheimer D, Maier A (2003) 3-MCPD – Occurence in bread crust and various food groups as well as formation in toast. Deutsch Lebensm Rundsch 99:280–285
41. Food Standards Agency (FAO) (2001) Survey of 3-monochlorpropane-1,2-diol (3-MCPD) in selected food groups. Food Standards Agency, London
42. DGF Einheitsmethoden CVI-18 (10)
43. Kuhlmann J (2011) Determination of bound 2,3-epoxy-1-propanol (glycidol) and bound monopropanediol (MCPD) in refined oils. Eur J Lipid Sci Technol 113:335–344
44. AOCS Official Method Cd 29b-13
45. Mascal M, Nikitin EB (2010) High-yield conversion of plant biomass into the key value-added feedstocks 5-(hydroxymethyl)furfural, levulinic acid, and levulinic esters via 5-(chloromethylfurfural). Green Chem 12:370–373
46. Velisek J, Ledahudcová K, Pudil F, Davidek J, Kubelka V (1992) Chlorine-containing Compounds derived from Saccharides in Protein Hydrolysates. I. 5-Chloromethyl-2-furancarboxaldehyde. LWT 26(1):38–41
47. Surh Y-J, Liem A, Miller JA, Tannenbaum SR (1994) 5-Sulfooxymethylfurfural as a possible ultimate mutagenic and carcinogenic metabolite of the Maillard reaction product, 5-hydroxymethylfurfural. Carcinogenesis 15(10):2375–2377
48. Dingel A, Elsinghorst P, Matissek R (2015) Stable-isotope dilution analysis of 5-chloromethylfurfural (CMF) – a transient contaminant absent from liquorice. Lebensmittelchemie 69:10
49. Elsinghorst PW, Raters M, Dingel A, Fischer J, Matissek R (2013) Synthesis and application of 13C labeled 2 Acetyl-4-((1R,2S,3R) 1,2,3,4-tetrahydroxybutyl) imidazole (THI) an immunosuppressant observed in caramel food colorings. J Agric Food Chem 61:7494–7499
50. Raters M, Elsinghorst PW, Goetze S, Dingel A, Matissek R (2015) Determination of 2-Methylimidazole, 4-Methylimidazole, and 2-Acetyl-4-(1,2,3,4-tetrahydroxybutyl) imidazole in licorice using high-performance liquid chromatography–tandem mass spectrometry stable-isotope dilution analysis. J Agric Food Chem 63(25):5930–5934
51. Wang J, Schnute WC (2012) Simultaneous quantitation of 2-Acetyl-4-tetrahydroxybutyl-imidazole, 2- and 4-Methylimidazoles, and 5-Hydroxyfurfural in beverages by ultrahigh-performance liquid chromatography-tandem mass spectrometry. J Agric Food Chem 60:917–921
52. ASU: L 36.00-6
53. Spiegelhalder B, Eisenbrand G, Preußmann R (1983) Environmental carcinogens, selected methods of analysis, Vol 6 – N-Nitroso-Compounds. International Agency for Research on Cancer IARC Scientific Publications 45:135
54. Edelhäuser M, Klein E (1986) Bestimmung von Malachitgrün-Rückständen in Speisefischen. 1. Mitt: Dünnschichtchromatographische Methode. Deut Lebensm Rundsch 82:386
55. Klein E, Edelhäuser M (1988) Bestimmung von Malachitgrün-Rückständen in Speisefischen. 2. Mitt.: Hochdruckflüssigkeitschromatographische Methode. Deut Lebensm Rundsch 84:77

Authentizität und Herkunft

Inhaltsverzeichnis

21

Zusammenfassung

Authentizität von Lebensmitteln bedeutet Originalität, Echtheit bzw. Unverfälschtheit. Alle im Rahmen der Omics-Analyse eingesetzten Verfahren folgen dem zunächst nicht-zielgerichteten Ansatz, das heißt, sie liefern elementare sowie molekulare Fingerabdrücke, die mit Referenzdatensätzen verglichen werden. Notwendig ist es hierbei, die Datenmenge, d. h. die Komplexität auf das Wesentliche zu reduzieren, um Unterschiede sichtbar zu machen, die dann mittels einfacher, spektroskopischer oder biochemischer Methoden sowohl qualitativ als auch quantitativ nachgewiesen werden können. Für einzelne Analyten bieten sich darüber hinaus Schnelltestverfahren an, die im Wesentlichen auf der Basis der Lateral Flow Assay-Technologie entwickelt werden. Behandelt wird die Bestimmung von DNA-Sequenzen, von Peptiden und Proteinen, von Stoffwechselprodukten, von Elementen und von Isotopen mit Hilfe des Food-Targeting-Ansatzes sowie die Anwendung des Food-Profiling-Ansatzes auf der Ebenen der Genomics, Proteomics, Metabolomics und Isotopolomics.

21.1 Exzerpt

Authentizität

Authentizität von Lebensmitteln bedeutet Originalität, Echtheit bzw. Unverfälschtheit.

Der Handel mit gefälschten und verdorbenen Lebensmitteln war schon zu allen Zeiten von Relevanz. Die ersten schriftlichen Aufzeichnungen lassen sich bis in das 17. Jahrhundert vor Christus zurückverfolgen und entstammen einer babylonischen Sammlung von Rechtstexten, dem Codex Hammurabi.

Trotz der inzwischen besser definierten Rechtslagen ist die **Authentizität,** d. h. die Echtheit oder Originalität oder Unverfälschtheit von Lebensmitteln, immer noch ein entscheidendes Kriterium in allen Bereichen der komplexen und globalen Beschaffungskette. Gegenüber früher sind die Herausforderungen heute weitaus diffiziler, sie bestehen aufgrund der globalen Stoffkreisläufe unter anderem in der Bestimmung der Art des Rohstoffes (z. B. der Sorte), im Nachweis der exakten regionalen Herkunft (zum Beispiel zur Verifizierung regional geschützter Lebensmittel), der Abgrenzung gentechnikfreier von gentechnisch veränderter Ware sowie der Unterscheidung spezieller Produktionsweisen (biodynamisch und nachhaltig *vs.* konventionellem Anbau).

Unterschiedliche Ausprägungen von Lebensmittelfälschungen sind in den letzten Jahren bekannt geworden. Viele Rohstoffe werden aus Anbauländern außerhalb Europas eingekauft oder aufgrund ökonomischer Überlegungen nicht aus dem europäischen Wirtschaftsraum bezogen. Zu den weltweit am häufigsten

„gefälschten" Rohstoffen zählen beispielsweise Olivenöl, Honig, Milch, Orangensaft, Apfelsaft, Kaffee, Wein, Fisch und Gewürze (besonders Safran).

Warum werden **Rohstoffverfälschungen** häufig erst spät entdeckt?

- Ein wertgebender (teurer) Bestandteil wird meistens nur teilweise oder nicht vollständig durch ein preiswerteres (billiges) Surrogat ersetzt. So werden beispielsweise Mischungen von Ersatzstoffen eingesetzt oder kleine Überschreitungen der zulässigen technisch unvermeidbaren Anteile vorgenommen, was wiederum erhebliche analytische Anforderungen zur Folge hat.
- Viele Verfälschungen führen nicht zu gesundheitlichen Problemen und fallen dadurch nicht zwangsläufig und nicht unmittelbar auf.
- Grenzüberschreitende Hindernisse oder spezifische Anbaustrukturen (z. B. kleinbäuerliche Erzeugung) erschweren zusätzlich die Überprüfungen im Erzeugerland.

Der Begriff Authentizitätsparameter wurde bereits in ► Abschn. 1.3.3.3 beschrieben.

21.2 Ansätze zur Authentizitätsprüfung

Alle im Rahmen der *Omics*-Analyse eingesetzten Verfahren (Technologien) folgen zunächst dem **nicht-zielgerichteten Ansatz** (engl. non-targeted analysis), d. h. sie liefern elementare sowie molekulare Fingerabdrücke (engl. food fingerprinting), die mit Referenzdatensätzen verglichen werden (◘ Abb. 21.1; siehe auch ◘ Tab. 21.1). Notwendig ist es hierbei, die Datenmenge, d. h. die Komplexität auf das Wesentliche zu reduzieren, um Unterschiede sichtbar zu machen, die dann mittels einfacher, spektroskopischer oder biochemischer Methoden sowohl qualitativ als auch quantitativ nachgewiesen werden können (engl. food targeting).

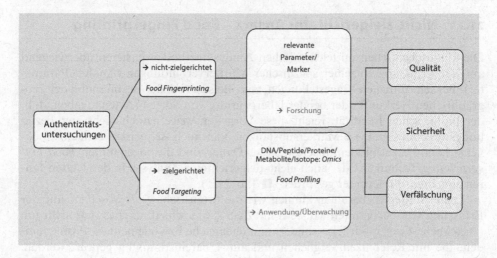

◘ **Abb. 21.1** Schematische Übersicht – Authentizitätsprüfung von Lebensmitteln

21

☐ **Tab. 21.1**   Nicht-zielgerichtete und zielgerichtete Ansätze in der Analytik

Term	Erläuterung
Fingerprinting Methoden/nicht-zielgerichtete (*non-targeted*) Analyse	Ungerichtetes, hypothesenfreies Screening des gesamten molekularen und elementaren Profils einer Probe; Probenidentifizierung durch Vergleich mit Referenzdatensätzen unter Anwendung multivariater Datenanalyse; Extraktion relativer Konzentrationsunterschiede und Identifizierung der zugrundeliegenden Marker (Sequenzen, Moleküle, Elemente, Isotope)
Profiling Methoden	Identifizierung und absolute Quantifizierung von Substanzen, die einer Substanzklasse (z. B. Lipide), einem Stoffwechselweg (z. B. Citratcyclus) oder einem Organismus angehören
Zielgerichtete (*targeted*) Analyse	Zielgerichtete, absolute Quantifizierung einzelner Analyten, Analytgruppen oder Sequenzen
Mini Fingerprint	Identifizierte Markergruppen oder Sequenzbereiche, die als Grundlage für die Entwicklung von zielgerichteten Analysen genutzt werden und eine Unterscheidung verschiedener Probengruppen ermöglichen
Maxi Fingerprint	Durch die Nutzung von *omics*-Technologien wird ein hochaufgelöster molekularer oder elementarer Fingerabdruck (Profil) über ein Lebensmittel erhalten
Ultra Fingerprint	Die Kombination verschiedener *omics*-Ebenen und komplementärer Analysemethoden führt zum einem ultrahochaufgelösten Profil über ein Lebensmittel sowie synergetischer Ergebnisse, sodass die Wahrscheinlichkeit maximiert wird, spezifische Merkmale zu extrahieren

Für einzelne Analyten bieten sich darüber hinaus Schnelltestverfahren (engl. rapid testing) an, die im Wesentlichen auf der Basis der Lateral Flow Assay (LFA)-Technologie (▶ Abschn. 13.9.2) entwickelt werden.

21.2.1 Nicht-zielgerichteter Ansatz – Food Fingerprinting

Die klassischen lebensmittelchemischen Analysemethoden basieren überwiegend auf der Erfassung einzelner spezifischer Markerverbindungen (Analyt, Parameter). Bei sehr diffizilen Fragestellungen, zum Beispiel bei der Bestimmung der geographischen Herkunft oder bei der Überprüfung von Sorten-/Artenangaben, d. h. der biologischen Identität, reicht diese Vorgehensweise jedoch nicht aus, beziehungsweise müssen diese Markersubstanzen oder auch -sequenzen zunächst möglichst hypothesenfrei identifiziert werden. Daher sind die sogenannten *Food Fingerprinting*-Techniken oder auch **nicht-zielgerichteten Analysen** in den letzten Jahren zunehmend relevanter geworden (☐ Tab. 21.1).

Diese Strategien beruhen, ähnlich wie die forensische *Daktyloskopie,* auf der Erfassung von bestimmten Mustern mit dem Unterschied, dass es sich nicht um tatsächliche Fingerabdrücke, sondern um chemische bzw. elementare Profile handelt, die mit Referenzen verglichen und auf Übereinstimmung geprüft werden. Mittels sehr sensitiver und hochauflösender Technologien wird hierbei zunächst ein hypothesenfreies Screening verschiedener Komponenten und/oder Sequenzen anhand von authentischem Probenmaterial durchgeführt.

Durch die Anwendung von ultra-hochauflösenden apparativen Technologien kann ein möglichst genaues molekulares bzw. elementares Abbild einer Probe erzeugt werden. Je mehr Datenpunkte erfasst werden, umso höher wird die Wahrscheinlichkeit auch zwischen sehr ähnliche Proben noch Unterschiede detektieren zu können. Zwangsläufig werden dabei sehr große und unübersichtliche Datenmengen generiert. Für eine geeignete Auswertung kommen daher computergestützte bioinformatische Methoden zur Anwendung.

Daktyloskopie

Die **Daktyloskopie** (von altgriech. *Dáktylos,* dt. „Finger" und *skopiá,* dt. „Ausschauen", „Spähen") beschäftigt sich mit den Papillarleisten in den Handinnen- und Fußunterseiten. Darauf basiert das biometrische Verfahren des daktyloskopischen Identitätsnachweises – auch Fingerabdruckverfahren genannt –, das auf der biologischen Unregelmäßigkeit menschlicher Papillarleisten in den Handinnenseiten und Fußunterseiten beruht. Es wird in der Kriminalistik zur Identifizierung von Personen verwendet.

21.2.1.1 Identifizierung relevanter Parameter

Für die Identifizierung der relevanten Parameter (Marker) werden zur Auswertung multivariate Analyseverfahren eingesetzt, mit denen die unübersichtlichen Datensätze reduziert und die relevanten Informationen extrahiert werden. Sogenannte **Strukturerkennungsmethoden** (engl. pattern recognition methods) werden allgemein in überwachte (engl. supervised) und unüberwachte (engl. unsupervised) Methoden eingeteilt.

- Für die Durchführung von **überwachten Methoden**
  - ⇨ wird zuerst ein Probensatz analysiert, dessen Klassifikation bereits eingegrenzt ist, z. B. ein Lebensmittel mit unterschiedlichen, aber definierten und bekannten geographischen Ursprüngen.
  - ⇨ Diese Proben werden analysiert und anschließend auf Basis der bereits bekannten Informationen ein Modell entwickelt, welches zur Unterscheidung der Herkunft herangezogen werden kann.
  - ⇨ Anhand der identifizierten Profile kann anschließend die Klassifizierung von Proben unbekannter Identität oder Herkunft erfolgen.
  - ⇨ Häufig angewendete überwachte Verfahren sind die Methode der kleinsten Fehlerquadrate (engl. Partial Least Square Analysis, PLS), die Partial Least Square Projection to Latent Structures discriminant-Analysis (PLS-DA) und die Orthogonal Projections to Latent Structures-Analysis (OPLS).
- Bei **unüberwachten Methoden**
  - ⇨ werden dahingegen zunächst keine Eingangsdaten berücksichtigt. Im Rahmen dieser Vorgehensweise erfolgt eine Reduktion der Datensätze unter Erhaltung derjenigen Merkmale, die den größten Einfluss auf die Varianz der

21

Proben haben, ob diese Merkmale aber abhängig von der Identität oder der Herkunft der Proben sind, wird nicht einkalkuliert.

⇨ Bei einer Herkunftsanalyse könnten z. B. auch unterschiedliche Sorten zu einer Klassifizierung der Proben führen.

⇨ Eine häufig eingesetzte unüberwachte Methode ist die **Hauptkomponenten-analyse** (engl. Principal Component Analysis, PCA). Die Hauptkomponenten (PCs) fassen die Variablen, die miteinander korrelieren, zusammen und stellen somit die gewichteten Summen der ursprünglichen Variablen dar. Die Hauptkomponenten, die auch als latente Variablen bezeichnet werden, sind nicht direkt messbar. Die erste Hauptkomponente legt die größte Varianz eines Datensatzes dar, zu der die zweite Hauptkomponente orthogonal steht und die zweitgrößte Varianz abbildet. Die weiteren PCs werden anlog zu den ersten beiden PCs berechnet und beschreiben die jeweiligen nächst geringeren Varianzen.

⇨ Mit Hilfe von Plots können die berechneten Varianzen graphisch dargestellt und Zusammenhänge leichter nachvollzogen werden (◘ Abb. 21.2) [1].

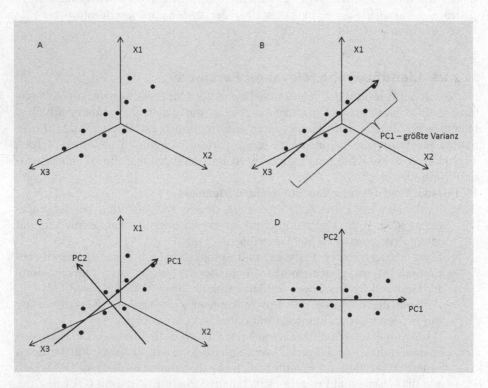

◘ **Abb. 21.2**   Vereinfachte graphische Darstellung der Hauptkomponentenanalyse. **A:** N-dimensionaler Datensatz. **B:** Illustration der ersten Hauptkomponente zur Beschreibung der maximalen Varianz. Durch orthogonale Projektion der Datenpunkte auf die erste Hauptkomponente werden die neuen Koordinatenwerten erhalten, die ursprüngliche Datenstruktur bleibt aber erhalten. **C:** Einführung der zweiten Hauptkomponente. **D:** Neues Hauptachsensystem durch Reduktion des n-dimensionalen Datensatzes in ein kartesisches Koordinatensystem. *Erläuterungen:* siehe Text

21.2.2 Zielgerichteter Ansatz – Food Targeting

Bei hypothesen-gesteuerten **zielgerichteten Ansätzen** werden ausgewählte Parameter (Analyte, Substanzen oder Sequenzen) absolut quantifiziert und auf diese Weise eine maximale Vergleichbarkeit der Proben erreicht, d. h. es ist nicht mehr notwendig zahlreiche Informationen in unterschiedlichen Proben relativ miteinander ins Verhältnis zu setzen, sondern es findet eine Reduktion auf die relevanten Substanzen/Sequenzen statt.

Diese Vorgehensweise setzt aber voraus, dass die relevanten Marker bereits bekannt und zuvor chemisch identifiziert wurden. Gegenüber den nicht zielgerichteten Technologien können für die zielgerichteten Ansätze in der Regel weniger hochauflösende und robustere und dadurch kostengünstigere Geräte eingesetzt werden. Ebenfalls erfordern diese Technologien weniger Erfahrung und lassen somit auch eine Bedienung durch technisches Personal zu, sodass ein Transfer der Methoden in die Wirtschaft oder die staatlichen Überwachungssysteme leichter erfolgen kann.

21.2.2.1 Bestimmung von DNA-Sequenzen

Die Auswahl der am besten geeignetsten zielgerichteten Methoden für eine DNA-basierte Analytik beruht auf der Größe der zuvor identifizierten Sequenzunterschiede. Bei Differenzen von 4–5 benachbarten Basen bieten sich die Entwicklung von spezifischen Primern an, mit denen eine PCR-SSP (engl. PCR Amplification with Sequence Specific Primers) durchgeführt werden kann. Aufgrund der gewählten Stringenz binden die spezifischen Oligonucleotide lediglich an denjenigen Sequenzabschnitt, welcher vollständig komplementär zur Zielsequenz der Probe ist und dadurch eine optimale Watson–Crick-Wechselwirkung zulässt.

Nach der anschließenden PCR-Amplifikation werden die erhaltenen DNA-Fragmente elektrophoretisch aufgetrennt und mittels Zugabe eines Interkalationsfarbstoffes (z. B. Ethidiumbromid) angefärbt, sodass ein charakteristisches Bandenmuster sichtbar wird. Existieren jedoch ausschließlich Punktmutationen, können die LPA (engl. Ligation-dependent Probe Amplification) sowie die PCR-RFLP eingesetzt werden (▶ Abschn. 13.5). Beide Methoden ermöglichen den parallelen Nachweis mehrerer Zielsequenzen (Multianalytmethoden). Für einen quantitativen Nachweis wird in der Regel eine real-time PCR durchgeführt, die eine Erfassung der PCR-Zyklen anhand einer Fluoreszenzmessung in Echtzeit erlaubt [2] (▶ Abschn. 13.6).

21.2.2.2 Bestimmung von Peptiden und Proteinen

Für eine gezielte Proteom-Analytik zur sensitiven Detektion, Charakterisierung und Quantifizierung ausgewählter Proteine wird in der Regel eine elektrophoretische oder chromatographische Auftrennung des Proteingemisches und anschließend eine *bottum-up*-Analyse, d. h. zunächst ein tryptischer Verdau gefolgt von einem massenselektiven Nachweis der erhaltenen Peptide, durchgeführt.

21

Aufgrund der hohen Selektivität und Sensitivität erfolgt die Detektion des erhaltenen Peptidgemisches üblicherweise mit Triple-Quadrupol-Massenspektrometern im sogenannten MRM-Modus (engl. Multiple Reaction Monitoring) (siehe ▶ Abschn. 6.6.4). Bei diesem Messprinzip wird der Umstand genutzt, dass Peptide im Massenspektrometer spezifisch an ihrem Aminosäurerückgrat gespalten werden. Nur das ausgewählte Massenpaar Peptid/Fragment wird dabei analysiert und dadurch eine erhöhte Selektivität und Sensitivität erreicht. Diese Vorgehensweise wird zum Beispiel zum simultanen Nachweis verschiedener allergener Proteinsequenzen angewendet.

21.2.2.3 Bestimmung von Stoffwechselprodukten

Die Verwendung eines LC-ESI-Triple-Quadrupol-Massenspektrometers im MRM-Modus ist ebenfalls die bevorzugte Vorgehensweise für eine zielgerichtete Metabolom-Analyse und ermöglicht einen sehr schnellen und sensitiven Nachweis von Stoffwechselprodukten (Metaboliten). Alternativ können, in Abhängigkeit der chemischen und physikalischen Eigenschaften der Markersubstanzen, aber auch andere einfachere Detektionstechnologien zum Einsatz kommen, die zum Beispiel UV- oder fluoreszenzbasiert sind [3].

21.2.2.4 Bestimmung von Elementen und Isotopen

Zur Analyse von Elementen werden üblicherweise ICP-Massenspektrometer (▶ Abschn. 7.2.5), AAS- oder AES-Geräte (Atomabsortionsspektrometrie, Atomemissionsspektrometrie, ▶ Abschn. 8.5) eingesetzt, während die Analyse der Stabilisotopenverhältnisse eine komplexere Infrastruktur erfordert (vgl. ▶ Abschn. 7.2.5.8 und ▶ Abschn. 21.2.3.4).

21.2.3 Omics-Verfahren – Food Profiling

Omics

- *Omics*-Verfahren sind im engen Sinne *High-Troughput*-Methoden, also Verfahren mit einem hohen Durchsatz, die es ermöglichen, parallel zahlreiche (Hunderte bis Tausende) biologische Prozesse (beispielsweise auch in Lebensmitteln) zu untersuchen.
- Ein wichtiges Charakteristikum der diversen *Omics*-Verfahren ist deren (sehr) hohe Effizienz. Im Gegensatz dazu erlauben die konservativen Verfahren die Untersuchung nur einzelner Prozesse oder Analyten.

Für die Detektion von Signalen, die eine Unterscheidung verschiedener Probenpopulation oder Klassifizierungsdaten z. B. der geographischen Herkunft, der Sorte oder einer besonderen Anbauweise zulassen, haben sich in den letzten Jahren insbesondere die *omics*-Technologien als geeignet herausgestellt (◘ Tab. 21.2) (vgl. auch ▶ Abschn. 7.2.5.8).

◘ Tab. 21.2 *Omics*-Verfahren

Fachgebiet	Bezugsgröße	Einzelelement
Genomic (Genomik)	Genom	Gen
Metabolomic (Metabolomik)	Metabolom	Metabolit (Stoffwechselprodukt)
Proteomic (Proteomik)	Proteom	Protein
Transkriptomic (Transkriptomik)	Transkriptom	Transkript (mRNA)
() deutsche Begriffe		

Die Stufe des **Transkriptoms** (RNA) spielt in der Lebensmittelanalytik allerdings wegen der eingeschränkten chemischen Stabilität der RNA keine Rolle. Für die Analyse der einzelnen *omics*-Ebenen können darüber hinaus unterschiedliche vertikale Technologien eingesetzt werden, so kann z. B. die Untersuchung des Metaboloms sowohl mittels massenspektrometrischen Verfahren als auch mittels kernresonanzspektroskopischen Technologien erfolgen. Beide Techniken beruhen auf verschiedenen physikalischen Prinzipien, so dass in Summe mehr Datenpunkte erhalten werden als mit einer einzigen Disziplin.

Neben den molekularen Profilen kann zusätzlich die Analyse bestimmter **Isotopenverhältnisse** (*Isotopolomics*) und **Elementprofile** (*Metallomics*) zur Authentifizierung beitragen (◘ Abb. 21.3) (vgl. auch ► Abschn. 7.2.5.8). Die Gesamtheit aller Erkenntnisse aus der *omics*-Kaskade plus Elementen und Isotopen wird als *Food Profile* (◘ Abb. 21.4) bezeichnet [4].

Ausgehend vom **nicht-zielgerichteten Ansatz** (*Fingerprinting*) liefern die Methoden zur Analyse der *omics*-Ebenen die Markersubstanzen und -sequenzen (zielgerichtete Analyse, *Targeting*) für die Entwicklung einfach durchführbarer Schnelltests (engl. Sensing) (◘ Abb. 21.5), zu deren Bestätigung und Absicherung, aber üblicherweise auf die genannten Methoden zurückgegriffen wird (► Abschn. 13.9).

21.2.3.1 Genomics

Die vergleichende Studie der einzelnen Ebenen kann unterschiedliche Informationen über ein Lebensmittel liefern. So eignet sich die Untersuchung der **DNA** bzw. des **Genoms** z. B. mittels Next-Generation-Technologien (► Abschn. 13.8) insbesondere zur Feststellung der biologischen Identität (Art, Sorte). Das Verfahren kann zudem für den Nachweis gentechnisch veränderter Rohstoffe herangezogen werden, da dies ebenfalls die biologische Identität betrifft.

Alternativ zur Sequenzierung können **Fingerprinting-Verfahren** wie die RAPD (engl. Randomly Amplified Polymorphic DNA) oder die Analyse von Mikrosatelliten als Screening-Verfahren eingesetzt werden. Bei der RAPD werden kurze, zufällig erzeugte Primer verwendet werden. Bei einer Amplifikation und der

21

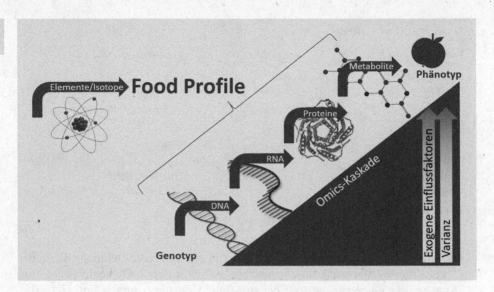

■ **Abb. 21.3**   Food Profile – Illustration der *omics*-Kaskade einschließlich der Element- und Isotope-nebenen. *Erläuterung:* Als **Genotyp** wird die gesamte genetische Ausstattung (Kerngenom, mitochond-riales und plastidäres Genom) bezeichnet, die in einer biologischen Zelle vorkommt. Der Genotyp ist die Basis für den Aufbau, d. h. die äußere Erscheinung eines Individuums und wird als **Phänotyp** be-zeichnet. Exogene Einflussfaktoren sind Anbaubedingungen, Nacherntebehandlungen, Lagerung, Transport, Bodenbeschaffenheiten und klimatische Verhältnisse. *Weitere Erläuterungen:* siehe Text

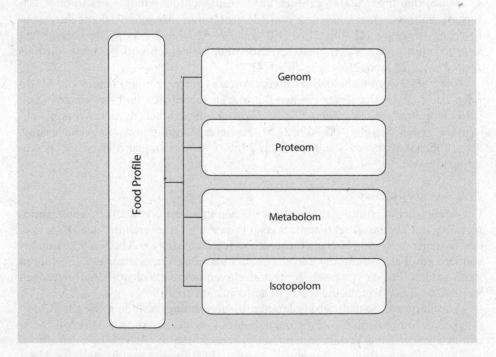

■ **Abb. 21.4**   Food-Profile – Übersicht. *Erläuterungen:* siehe Text

○ Abb. 21.5 Workflow von der nicht-zielgerichteten Methode zum Schnelltest. *Erläuterungen:* siehe Text

anschließenden elektrophoretischen Auftrennung werden individuelle Banden-muster erhalten, die einen Vergleich der DNA ermöglichen ohne die Sequenz im Detail analysieren zu müssen. **Mikrosatelliten** sind kurze, nicht codierende und sich wiederholende DNA-Sequenzen. Verschiedene Sorten/Arten unterscheiden sich in der Anzahl an Wiederholungen der Mikrosatelliten und können auf diese Weise für eine Differenzierung genutzt werden.

Neben den genannten Möglichkeiten existieren noch zahlreiche weitere Varianten, die im Rahmen einer genetischen Fingerprinting-Analyse angewendet werden (► Kap. 13) [5–9].

21.2.3.2 Proteomics

Durch Transkription und Translation wird die genetische Information in die Aminosäuresequenz eines Proteins umgeschrieben. Die Analyse des Proteoms kann Rückschlüsse auf das allergene Potential, den Herstellungsprozess bzw. auf Lagerungseinflüsse liefern. Darüber hinaus eignet sich die Analyse der Proteine ebenfalls für die Bestimmung von Tierarten [10, 11].

Bei einem klassischen *bottum-up*-Ansatz (dt. von unten nach oben) werden die Proteine zunächst enzymatisch mit Trypsin verdaut, so dass einzelne kürzere Peptid-Fragmente vorliegen, welche mittels massenspektrometrischer Verfahren sequenziert werden. Anhand der erhaltenen Sequenzen wird ein Datenbankabgleich durchgeführt, um die entsprechenden zugrundeliegenden Proteine zu identifizieren.

Dahingegen wird bei der *top-down*-Analytik (dt. von oben nach unten) ausgehend von den intakten, unverdauten Proteinen eine massenspektrometrische Analyse vorgenommen. Eine derartige Analyse ist technisch viel aufwendiger, liefert allerdings detailliertere Informationen zu vorliegenden posttranslationalen Proteinmodifikationen bzw. Proteinveränderungen, da nicht nur kurze Proteinbruchstücke, sondern das ursprüngliche Protein als komplexes Molekül betrachtet werden [12].

21.2.3.3 Metabolomics

Das Metabolom, die Gesamtheit aller Stoffwechselprodukte, steht dem Phänotyp am nächsten und ist ein sensibler Indikator für umwelt- oder prozessbedingte Einflüsse. Daher ist die Analyse der Stoffwechselprodukte (*Metabolomics*) sowohl für die Differenzierung einer spezifischen Anbauweise (biologisch oder

21

konventionell) als auch für die Bestimmung der geographischen Herkunft, zur Rückverfolgbarkeit sowie für die Überprüfung diverser weiterer Authentizitätsparameter geeignet.

Früher wurde zudem der Begriff **Metabonomics** als die Messung der globalen, dynamischen Veränderung des Metaboloms eines Organismus durch biologische, genetische oder äußere Einflüsse verwendet. In der Praxis sind diese beiden Begriffe jedoch verschmolzen, sodass der Begriff **Metabolomics** heute beide Definitionen umfasst.

Im Bereich des Nachweises einer besonderen Produktionsform könnte die Verwendung von Pflanzenschutzmitteln z. B. auch aufgrund der verwendeten Substanzen nachgewiesen werden, allerdings nur, wenn diese oder zumindest deren Derivate oder Abbauprodukte auch detektierbar und als Voraussetzung chemisch/strukturell bekannt sind. Jedoch ist dies nicht immer der Fall, wenn nicht zugelassene oder unbekannte Substanzen verwendet werden. Durch den Vergleich der Metabolitmuster können aber Änderungen von Stoffwechselprozessen detektiert werden, welche zwar von den Pestiziden verursacht wurden, aber nicht auf der Analyse der tatsächlich verwendeten Substanz beruhen müssen [13, 14]. Für Metabolomics-basierte Anwendungen sind sowohl verschiedene massenspektrometrische als auch kernresonanzspektroskopische Technologien etabliert worden. Aufgrund der individuellen Eigenschaften der Massenspektrometrie und der NMR-Spektroskopie ergänzen sich diese beiden Techniken gegenseitig.

Durch MS-Applikationen kann z. B. eine wesentlich höhere Zahl an Verbindungen detektiert werden als mittels NMR. Sowohl NMR- als auch MS-basierte **Metabolomanalysen** ermöglichen die Identifizierung einer Vielzahl von Metaboliten in einer einzelnen Messung ohne die Selektion bestimmter Analyten. Je nach Extraktion und vorliegender Matrix gelingt mittels LC–MS in einer einzelnen Messung eine Detektion von ca. 1000 Verbindungen und mittels NMR bis zu 200. Beide Methoden liefern Strukturinformationen und lassen die Bestimmung relativer und absoluter Konzentrationen zu.

Hinsichtlich der NMR-Analyse ist es vorteilhaft, dass eine *de-novo*-Strukturaufklärung inklusive der Konfiguration eines Moleküls erzielt werden kann und dass die Messung reproduzierbarer als mit LC–MS-basierten Methoden ist. Im Gegensatz dazu besitzt die Massenspektrometrie eine höhere Empfindlichkeit. Während in der NMR-Spektroskopie der abbildbare dynamische Konzentrationsbereich eine Einschränkung darstellt, kann sich je nach angewandter MS-Technik die Ionisierbarkeit bestimmter Verbindungsklassen als limitierend erweisen.

In der NMR-Spektroskopie kann die Zahl der identifizierbaren Nebenkomponenten durch Anwendung bestimmter Pulssequenzen, die mehrere Hauptsignale im Spektrum unterdrücken können, erhöht werden, jedoch bleibt der erfassbare Konzentrationsbereich im mikro- bis millimolaren Bereich. Der dynamische Bereich von LC–MS-Analysen ist im Vergleich zur NMR-Spektroskopie deutlich größer und umfasst üblicherweise einen Konzentrationsbereich von wenigen Nanomol pro Liter bis in den millimolaren Bereich [15].

21.2.3.4 Isotopolomics

Neben den zellulären Ebenen wurde zudem die Analyse von Stabilisotopen (**Isotopolom**, Isotopenverhältnis-Massenspektrometrie (engl. Isotope-Ratio Mass Spectrometry), IRMS; vgl. ► Abschn. 7.2.5.7) und diverser Metalle etabliert. Die Untersuchungen auf der Basis von Stabilisotopen beruhen auf der Tatsache, dass Elemente mit verschiedenen Neutronenanzahlen (**Isotope**) vorkommen und diese sich dadurch in ihrer Masse, allerdings nicht in ihrer Ordnungszahl unterscheiden.

Schwerere und leichtere Isotope reagieren unterschiedlich träge. Die resultierenden Diskriminierungseffekte, vorzugsweise der Elemente Wasserstoff, Sauerstoff, Kohlenstoff, Stickstoff und Schwefel, können für verschiedene Problemstellungen eingesetzt werden. Die Analyse von Wasserstoff ($^2H/^1H$) und Sauerstoff ($^{18}O/^{16}O$) kann zur Klärung des Herkunftsortes herangezogen werden, da sich beim Verdunsten von Wasser die leichteren Isotope in der Gasphase anreichern, während die schwereren Isotope eher kondensieren. Aufgrund dessen enthalten Grund- und Regenwasser je weiter die Entfernung zum Meer ist verhältnismäßig mehr leichtere, aber dafür weniger schwerere Isotope dieser Elemente. Dieses Verhältnis wird zusätzlich noch durch das Klima, die Höhenlage sowie dem Wandel der Jahreszeiten beeinflusst und spiegelt sich auch in dem Pflanzenwasser wieder, so dass mit Hilfe von Referenzproben und der Analyse des Pflanzenwassers auf die ursprüngliche Anbauregion zurückgeschlossen werden kann (vgl. ► Abschn. 7.2.5.8).

Die Untersuchung des **Isotopenverhältnisses** von Kohlenstoff ($^{13}C/^{14}C$) kann Hinweise auf die Verwendung verschiedener Futtermittel oder Zuckerquellen geben, da C4-Pflanzen (Mais, Zuckerrohr etc.) zur Fixierung von Kohlenstoffdioxid für die Photosynthese einen anderen und effektiveren Stoffwechselweg über Oxalacetat anstatt über 3-Phosphoglycerat nutzen, als die sogenannten C3-Pflanzen (Getreide, Zuckerrüben etc.) (vgl. ► Abschn. 7.2.5.8). Das in C3-Pflanzen beteiligte Enzym Ribulosebisphosphat-Carboxylase-Oxidase (RuBisCO) katalysiert die Bindung von Kohlenstoffdioxid an den Zucker Ribulose-1,5-bisphosphat, so dass anschließend zwei Moleküle 3-Phosphoglycerat entstehen. Da die RuBisCO allerdings ^{13}C-Isotope aufgrund der größeren Reaktionsträgheit diskriminiert, ist der Gehalt an ^{13}C-Isotopen in C3-Pflanzen deutlich verringert. Während bei dem Enzym PEP-Carboxylase der C4-Pflanzen dieser Effekt nicht so stark ausgeprägt ist.

Das Verhältnis von ^{15}N und ^{14}N wiederum kann Hinweise zur Bearbeitung des Bodens und zum Einsatz von Dünger geben (vgl. ► Abschn. 7.2.5.8)., während die Verhältnisse von Schwefel- und Strontium-Isotope ebenfalls zur Bestimmung des Anbauortes herangezogen werden. Bei der Untersuchung der Strontium-Isotope $^{87}Sr/^{86}Sr$ stört allerdings das Rubidium-Isoptop ^{87}Rb aufgrund der isobaren Interferenzen mit ^{87}Sr, so dass dieses vor der Analyse zunächst entfernt werden muss.

Alternativ kann die Analyse verschiedenster Metalle z. B. mittels Massenspektrometrie mit induktiv gekoppeltem Plasma (ICP-MS, engl. Inductively Coupled Plasma Mass Spectrometry, siehe ► Abschn. 7.2.5) als zusätzliche Möglichkeit für einen Herkunftsnachweis genutzt werden. Insbesondere die sogenannten seltenen Erden, zu denen insgesamt 17 Elemente zählen, eignen sie für eine Untersuchung der Herkunft, da diese Elemente trotz ihrer Bezeichnung in der Erdkruste sehr häufig und in charakteristischen Mustern vorkommen [16–18].

21.2.3.5 Anwendungsgebiete

Studien der einzelnen *Omics*-Ebenen eignen sich für unterschiedliche Fragestellungen und beinhalten diverse Vor- aber auch entsprechende Nachteile. Neben dem finanziellen und zeitlichen Aufwand betrifft dies vor allem die Auflösung, also wie ähnlich sich zwei Proben sein dürfen, um sie noch voneinander unterscheiden zu können. So werden einige der aufgeführten Einzeltechnologien in der Lebensmittelanalytik für Routineanalysen bereits eingesetzt, allerdings sind die Resultate teilweise wenig eindeutig und schwer interpretierbar. Einige Anwendungsbeispiele in der Praxis siehe ▶ Abschn. 7.2.5.8.

In vielen Fällen ist es möglich durch höher auflösende apparative Technologien sowie durch Kombination der unterschiedlichen Blickwinkel (*Data Fusion*) Abhilfe zu schaffen. Durch die Nutzung der synergistischen Effekte dieser komplementären Analysemethoden wird ein ultrahochaufgelöstes Profil (*Ultra-Fingerprint*) über ein Lebensmittel erhalten und die Wahrscheinlichkeit gesteigert spezifische Merkmale zu extrahieren.

Literatur

1. Kessler W (2006) Multivariate Datenanalyse: für die Pharma-. Wiley-VCH, Bio- und Prozessanalytik
2. Schelm S, Haase I, Fischer C, Fischer M (2017) Development of a multiplex real-time PCR for determination of apricot in marzipan using the plexor system. J Agric Food Chem. ▶ https://doi.org/10.1021/acs.jafc.6b04457
3. Klockmann S, Reiner E, Cain N, Fischer M (2017) Food targeting: geographical origin determination of hazelnuts (Corylus avellana) by LC-QqQ-MS/MS based targeted metabolomics application. J Agric Food Chem. ▶ https://doi.org/10.1021/acs.jafc.6b05007
4. Fischer M, Creydt M, Felbinger C, Fischer C, Klockmann S, Werner P, Klare J, Hüninger T, Hackl T (2014) Food Profiling – Strategien zur Überprüfung der Authentizität von Rohstoffen. J Verb Lebensm. ▶ https://doi.org/10.1007/s00003-014-0921-9
5. Behrmann K, Rehbein H, Von Appen A, Fischer M (2015) Applying population genetics for authentication of marine fish: the case of Saithe (Pollachius virens). J Agric Food Chem 63:802
6. Mayer F, Haase I, Graubner A, Heising F, Paschke-Kratzin A, Fischer M (2012) Use of polymorphisms in the gamma-Gliadin gene of spelt and wheat as a tool for authenticity control. J Agric Food Chem 60:1350
7. Herrmann L, Felbinger C, Haase I, Rudolph B, Biermann B, Fischer M (2015) Food fingerprinting: characterization of the Ecuadorean type CCN-51 of Theobroma cacao L. Using microsatellite markers. J Agric Food Chem 63:4539
8. Brüning P, Haase I, Matissek R, Fischer M (2011) marzipan polymerase chain reaction-driven methods for authenticity control. J Agric Food Chem 59:11910
9. Herrmann L, Haase I, Blauhut M, Barz N, Fischer M (2014) DNA-based differentiation of the Ecuadorian cocoa types CCN-51 and Arriba based on sequence differences in the chloroplast genome. J Agric Food Chem 62:12118

10. Gaso-Sokac D, Kovac S, Josic D (2011) Use of proteomic methodology in optimization of processing and quality control of food of animal origin. Food Technol Biotech 49:397

11. Volta P, Riccardi N, Lauceri R, Tonolla M (2012) Discrimination of freshwater fish species by matrix-assisted laser desorption/ionization-time of flight mass spectrometry (MALDI-TOF MS): a pilot study. J Limnol 71:164–169

12. Chait BT (2006) Mass spectrometry: bottom-up or top-down? Science 314:65

13. Klockmann S, Reiner E, Bachmann R, Hackl T, Fischer M (2016) Food fingerprinting: metabolomic approaches for geographical origin discrimination of hazelnuts (Corylus avellana) by UPLC-QTOF-MS. J Agric Food Chem 64:9253

14. Hohmann M, Monakhova Y, Erich S, Christoph N, Wachter H, Holzgrabe U (2015) Differentiation of organically and conventionally grown tomatoes by chemometric analysis of combined data from proton nuclear magnetic resonance and mid-infrared spectroscopy and stable isotope analysis. J Agric Food Chem 63:9666

15. Emwas AH (2015) The strengths and weaknesses of NMR spectroscopy and mass spectrometry with particular focus on metabolomics research. Methods Mol Biol 1277:161

16. Luo DH, Dong H, Luo HY, Xian YP, Guo XD, Wu YL (2016) Multi-Element (C, N, H, O) Stable isotope ratio analysis for determining the geographical origin of pure milk from different regions. Food Anal Method 9:437

17. Laursen KH, Schjoerring JK, Kelly SD, Husted S (2014) Authentication of organically grown plants – advantages and limitations of atomic spectroscopy for multi-element and stable isotope analysis. Trac-Trend Anal Chem 59:73

18. Fragni R, Trifiro A, Nucci A (2015) Towards the development of a multi-element analysis by ICP-oa-TOF-MS for tracing the geographical origin of processed tomato products. Food Control 48:96

Serviceteil

Sachverzeichnis – 889

Sachverzeichnis

Hinweis In das Sachverzeichnis wurden vornehmlich ausgeschriebene Begriffe und Ausdrücke aufgenommen. Nur sehr wichtige gebräuchliche Abkürzungen bzw. Akronyme wurden in das Sachverzeichnis integriert. Im Bedarfsfall soll aus dem Anhang „Abkürzungen" der ausgeschriebene Begriff herausgesucht und anschließend hier nachgeschlagen werden..

Printed in the United States
by Baker & Taylor Publisher Services